生物の事典

石原勝敏　末光隆志

総編集

朝倉書店

plate 1

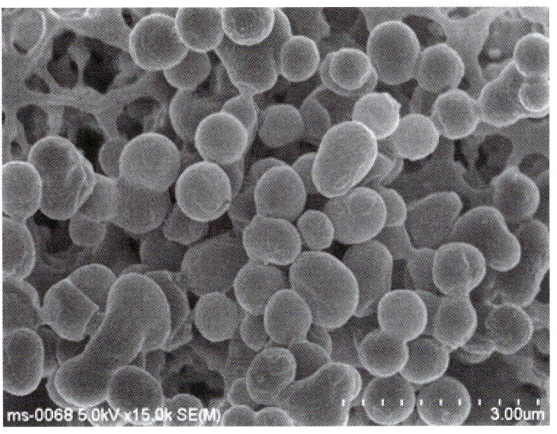

1. 高度好塩古細菌 *Halomarina oriensis*【第1章】
（写真提供：木暮一啓，撮影：井上健太郎）
直径 0.6～2.0 μm 程度の球形．活発な増殖には 10% 以上の塩分を必要とする．写真の古細菌は塩分 3% 程度の海水から発見された新種．

2. 後期白亜紀に北太平洋で多数生息していたアンモナイト類【第2章】（北海道留萌郡産［写真提供：平野弘道］）
上：*Gaudryceras denseplicatum*（Jimbo）．下：異常巻きアンモナイト類 *Polyptychoceras psuedogaultinum*（Yokoyama）．

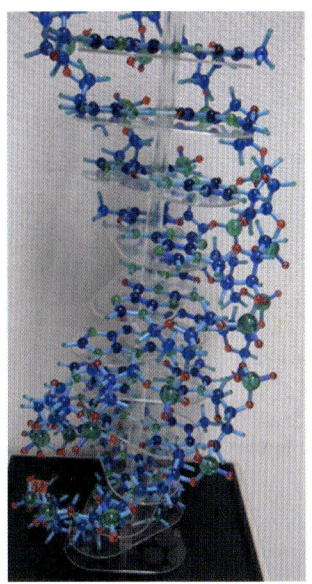

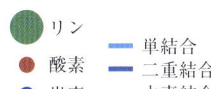

● リン　　　― 単結合
● 酸素　　　― 二重結合
● 炭素　　　― 水素結合
● 窒素
・ 水素

3. HGS 模型を用いて作製した DNA（B 型）二重らせんの分子モデル【第3章】
（埼玉大学理学部 分子生物学科所蔵［写真提供：田中秀逸］）
DNA のような複雑な構造も，それぞれの原子を表す色と大きさが異なる「たま」と，原子間の結合を示す「棒（ボンド）」を用いてつくることができる．

↓網紋　　　　　　　　　　　　　網紋↓　↓環紋

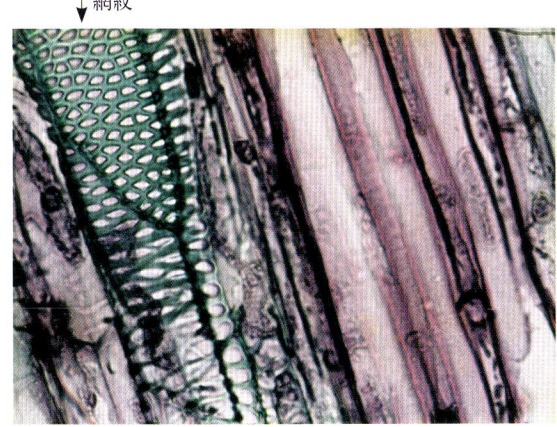 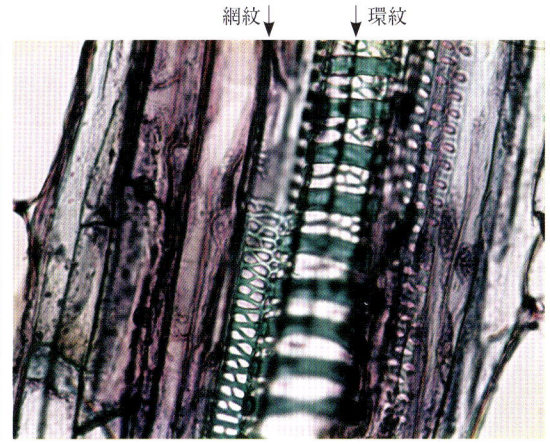

4. 木部の道管，仮道管の壁にみられる模様【第4章】（写真提供：相馬早苗）
トウモロコシの茎の縦断切片（トルイジンブルー O 染色）．

plate 2

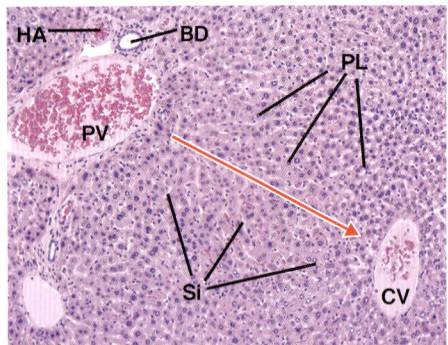

5. 肝臓【第4章】（写真提供：深町博史）

血液は門脈域から中心静脈（CV）へと，肝細胞索（PL）の間にある類洞（Si）を赤矢印方向へ流れる．胆汁は逆に中心静脈方面から門脈域へ，隣り合う肝細胞の間にある毛細胆管（細いため光学顕微鏡では見えない）を流れる．門脈域には門脈（PV）以外に肝動脈（HA）と胆管（BD）がある．

6. 小腸【第4章】

（写真提供：深町博史）

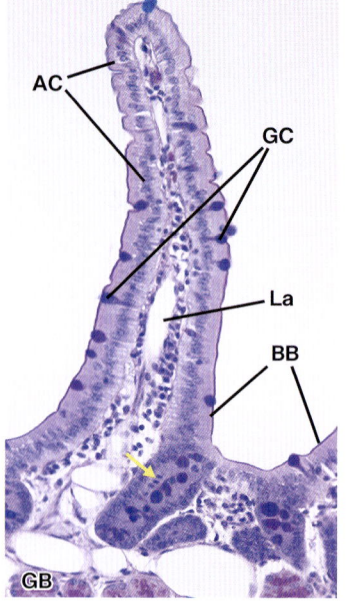

内腔（L）に向かって伸びる絨毛（V）の表面に吸収上皮細胞（AC）が並び，表層の刷子縁（BB）で栄養吸収を行う．また絨毛上には，粘液顆粒（青く染まっている）を分泌する杯細胞（GC）が散在し，絨毛内には吸収した栄養を運ぶ乳糜管（La）というリンパ管が発達する．陰窩（CL：リーベルキューン腺）では細胞分裂（黄矢印）が盛んにみられ，吸収上皮細胞に分化する（MMは粘膜筋板）．吸収上皮細胞は絨毛上を先端に向かって赤矢印方向に移動し，4日ほどで絨毛先端から脱落する．十二指腸では底部にブルンネル腺（GB）が見られる．

7. ネムノキ【第5章】（写真提供：伊野良夫）

夕立後に窓の外を見ると，ネムノキの葉が折りたたまれていた．同じように小葉の開閉運動を行うオジギソウは温度や光の変化，振動や切傷などいろいろな刺激に反応する．雨滴にも反応し，これには強い暴風雨をかわす効果や落ちてくる雨水を茎の方へ向きやすくする効果があるという説がある．しかし，雨が降り出してしばらくすると葉を再び開くとの研究結果も知られている．

8. アセビ【第5章】

（写真提供：伊野良夫）

早春に白いつぼ状の花を多数咲かせる．「馬酔木」と漢字を当てる（馬が食べたときの状態とするが，そのような実験記録は不明である）．「足痺れ」の意などもある（「あしび」は古名）．ツツジ科に含まれる毒物質を総称してグラヤノイドという．アセビに含まれる主毒成分はアセボトキシンIである．微量のアセボトキシンIが塗られたミールワームを食べたヤモリは嘔吐を繰り返し死亡したという記録がある．

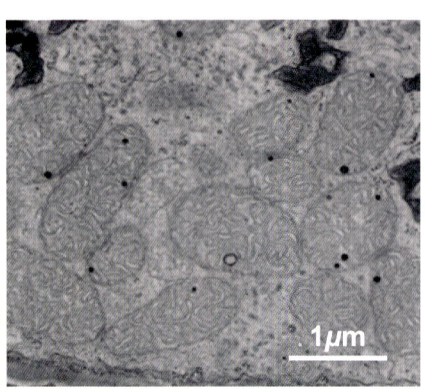

9. ミトコンドリア【第6章】（写真提供：金子康子，撮影：厚沢季美江）

食虫植物ムジナモの消化腺毛細胞の一部．活発な細胞活動部位に多数のミトコンドリアが集積している．

10. 葉緑体【第6章】

（写真提供：金子康子）

ヒメツリガネゴケ原糸体細胞の一部．陸上植物の葉緑体の基本構造はよく似ており，立体的には凸レンズ型である．N：核，S：デンプン粒，CW：細胞壁．

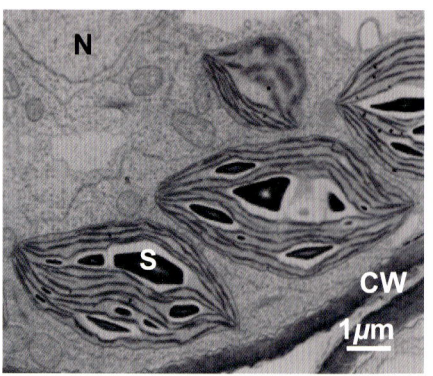

plate 3

11. 渡り中のハチクマ（♀）【第5章】
（写真提供：長崎県野鳥の会＝林田 博）
秋の渡りルートと春の渡りルートが異なっていることが報告されている．長崎県佐世保市で撮影．

12. カエデの小枝をたぐり寄せて若葉を食べるムササビ【第5章】
（写真提供：安藤元一）
完全な樹上生活者であり，葉食傾向が強い．

13. 滑空するニホンモモンガ【第5章】
（写真提供：安藤元一，自動撮影）
小さな体にもかかわらず，ムササビ並みに数十mもの距離を滑空する．しばしば巣箱にも営巣する．

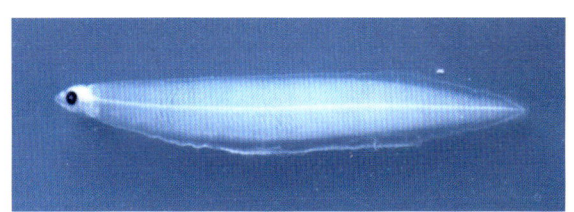

14. ウナギのレプトケファルス（仔魚）【第5章】
（写真提供：静岡県水産技術研究所 浜名湖分場）
ウナギの成長段階：卵→プレレプトケファルス→レプトケファルス→シラスウナギ（透明なウナギの幼魚）→クロコ→黄ウナギ→銀ウナギ（成熟）→産卵

15. 渡りをする蝶：アサギマダラ（♂）【第5章】
（写真提供：伊丹市昆虫館，撮影：長島聖大）
とまっている花はヨツバヒヨドリ．滋賀県大津市で撮影．

16. 生後1日のツキノワグマの親子【第5章】（写真提供：坪田敏男）
ブナやミズナラなどの堅果類，さらにはミズキやサルナシなどの果実類を冬眠前に食べて体脂肪を蓄えることによって，冬眠中の体の維持や繁殖をまかなっている．すなわち，栄養状態をよくしたクマが繁殖に成功するという図式が成り立っている．
デジタルカメラでフラッシュを焚いて撮影した．子グマはまだ毛が生えそろっておらず，皮膚の色が透けているため白く見える．

17. 初夏なのに休眠状態で，すぐには目を覚まさない野生のヤマネ【第5章】（写真提供：森田哲夫，撮影：加藤悟郎）
非冬眠季にヤマネは日内休眠をしばしば行う．ヤマネの英名 dormouse は「眠りねずみ」の意である．

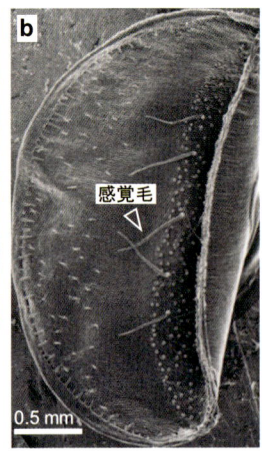
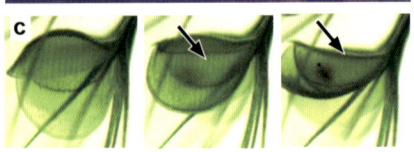

18. 絶滅が危惧されている水生の食虫植物ムジナモ【第6章】（写真提供：金子康子，撮影：a, c＝坂本君江，b＝松島 久）

6〜8枚の捕虫葉が輪生し水面下に浮遊する（a）．2枚貝のように開いた捕虫葉の感覚毛（b）に獲物が触れると瞬時に閉じる（c）．
矢印は捕獲されたミジンコ．

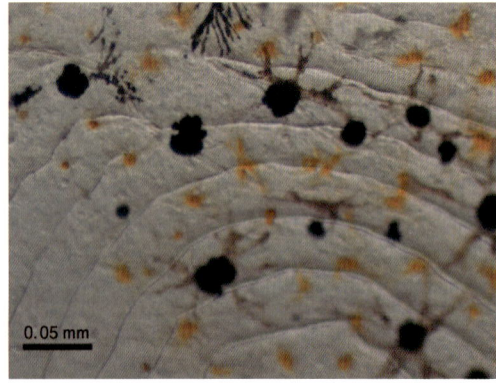

19. メダカの体色変化【第6章】（写真提供：大島範子）

同じ鱗上の皮膚に存在している黒色素胞，黄色素胞，白色素胞．
左は鱗を生理的塩類溶液に浸したもの（刺激前）．多くの黒色素胞，黄色素胞が拡散状態にある．白色素胞もあるが，凝集状態で黒色素胞の下に重なっており，ここでは明確に認識できない．
右は交感神経伝達物質のノルアドレナリン（濃度は 2.5 μM）を作用させて2分後の状態．黒色素胞，黄色素胞は凝集し，白色素胞（暗視野落射顕微鏡では光が反射されて白く見えるが，この写真は透過照明下で観察しているので薄い褐色）は逆に拡散している．
黒色素胞，黄色素胞はアルファ型のアドレナリン受容体を持ち，白色素胞はベータ型のアドレナリン受容体を持つので，同じノルアドレナリンに対して，異なる方向の反応を示す．

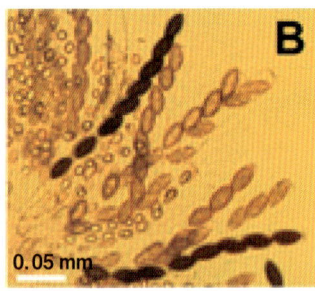
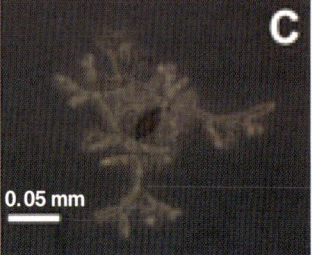

20. アカパンカビ【第6章】（写真提供：田中秀逸）

A：野生株の生育の様子：オレンジ色の菌糸を生育させた後，その先端に無数の無性胞子（分生子）を形成する．
B：有性生殖によりつくられる休眠型の子嚢胞子：このカビは，それぞれの雌雄株に由来する2核の核融合の後，ただちに起こる減数分裂とそれに続く1回の有糸分裂により8個1組の胞子（半数体）を形成する．黒色の胞子が成熟したもの．
C：子嚢胞子からの発芽：子嚢胞子の休眠打破には物理的な処理を必要とする．写真は60度30分の熱処理を行い，16時間後に撮影した．

plate 5

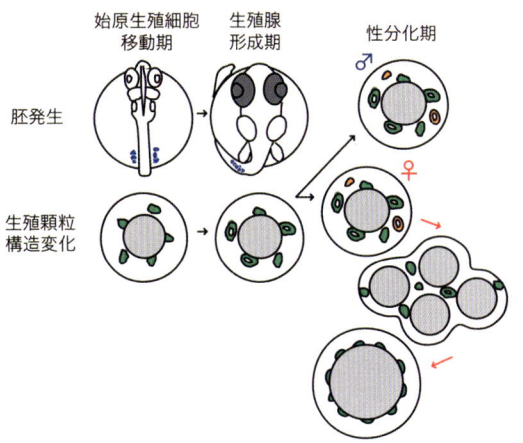

21. 発生に伴う生殖細胞の位置の変化と生殖顆粒構造変化【第6章】（図提供：田中 実）
上段：胚上での生殖細胞の位置（青色）．下段：生殖細胞内の生殖顆粒の構造変化．灰色は核，緑は生殖顆粒．性分化時期になるとTUDORが主になる生殖顆粒（オレンジ）が出現する．メダカ性分化期では雌で減数分裂が先に始まる（赤矢印）．

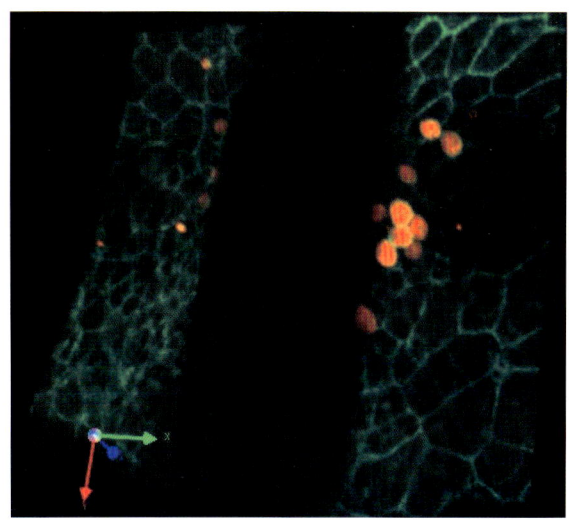

22. 移動中のメダカ始原生殖細胞（赤色）【第6章】（写真提供：田中 実）
黒く抜けた部分が胚体部．緑は卵黄上に存在している体細胞．この体細胞上を胚体部に沿って下方（生殖腺のあるところ）へと移動している．

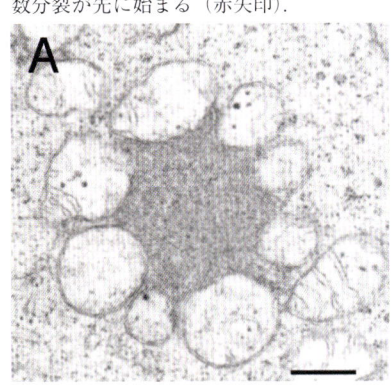
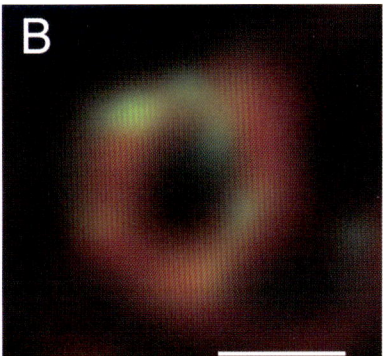
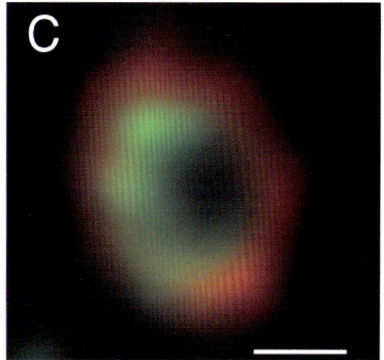

23. メダカの生殖顆粒【第6章】（写真提供：田中 実）
A：メダカ生殖顆粒の電顕像．黒く電子密度の濃い部分がメダカ生殖顆粒．円形のミトコンドリアに取り囲まれている．
B, C：構成タンパク質 TUDOR, VASA, NANOS の生殖顆粒上での分布を電顕像にほぼ合わせて示したもの（B：赤はVASA，緑はNANOS．C：赤はVASA，緑はTUDOR）．

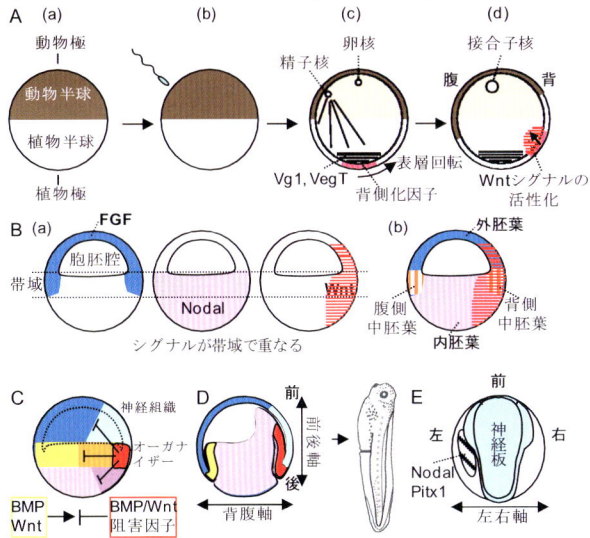

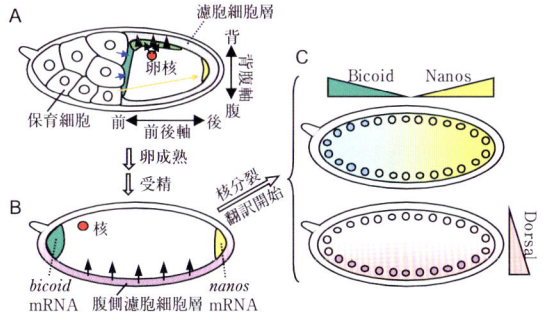

25. ショウジョウバエにおける体軸形成【第6章】
（図提供：平良眞規）
A：受精前の卵ですでに前後軸と背腹軸が決定．B, C：受精直後は核だけが分裂して細胞の周辺に移動．細胞内のタンパク質の濃度勾配に従ってそれぞれの核は前後軸と背腹軸に沿った位置情報を受け取る．詳細は本文 p.244 を参照．

24. アフリカツメガエルにおける背腹軸の決定と三胚葉の分化【第6章】（図提供：平良眞規）
A：受精により背腹軸が決定．B：3つのシグナルにより三胚葉と背側中胚葉（オーガナイザー）が決定．
C, D：オーガナイザーにより体軸に沿ったパターンが形成．E：左側だけに発現する遺伝子で左右が決定．詳細は本文 p.243 を参照．

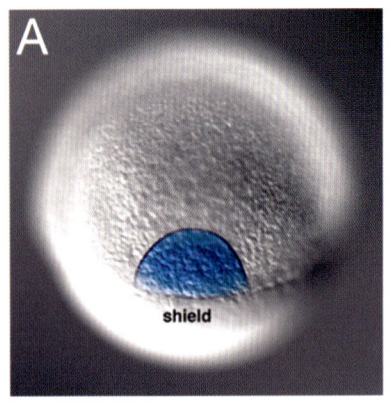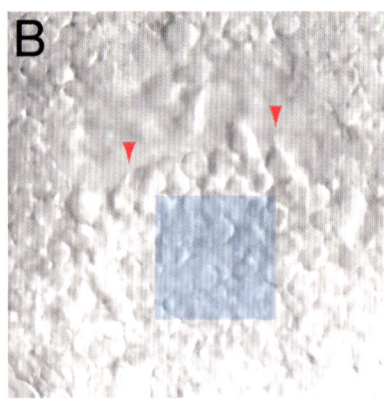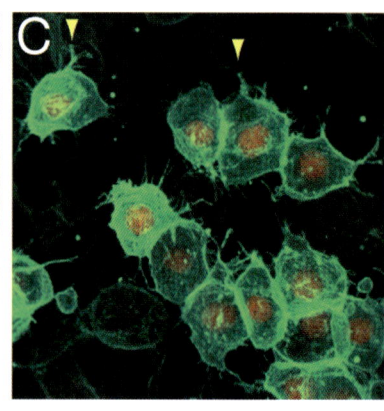

26. ゼブラフィッシュ初期胚において細胞塊を形成し移動する脊索前板【第6章】（写真提供：多田正純）
A：初期原腸胚を背側から観察した様子（胚盾［shield］を青で示す）．B：胚盾を拡大観察した様子．予定脊索前板の細胞塊は能動的に前方へ移動する．最前列の数個の細胞は方向性を獲得し，葉状仮足（赤色矢印）を進行方向に出しながら能動的に移動する．C：B図の水色領域の細胞群を細胞膜（緑色），核（赤色）で，モザイクに標識し，共焦点顕微鏡を用いて観察した様子．この細胞群は偽足（黄色矢印）を出し，協調性を保ちながら受動的に追従する．

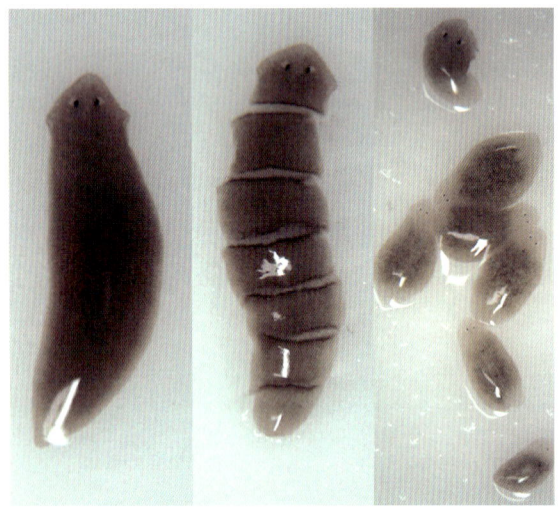

27. プラナリアの再生【第6章】（写真提供：阿形清和）
切っても，元の頭側に頭の再生芽を，元の尾側に尾の再生芽を形成し，インターカレーションを起こすことによって再生する．

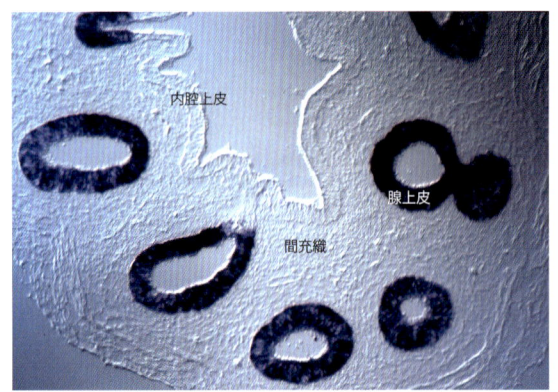

28. ニワトリ胚胃の内胚葉性上皮で発現するペプシノゲン遺伝子【第6章】（写真提供：八杉貞雄，撮影：坂本信之）
内腔上皮では発現せず，腺上皮でのみ発現する．

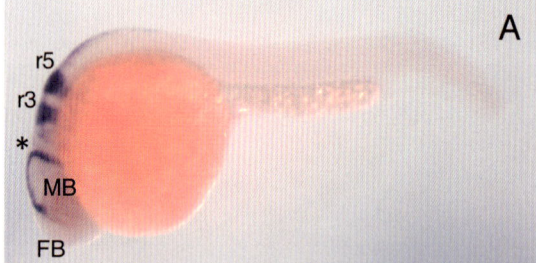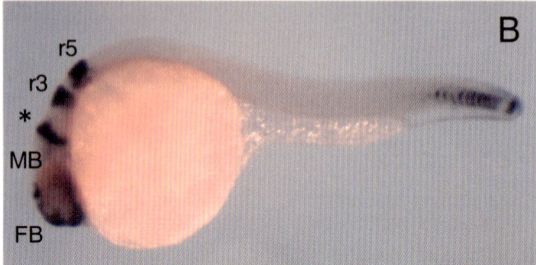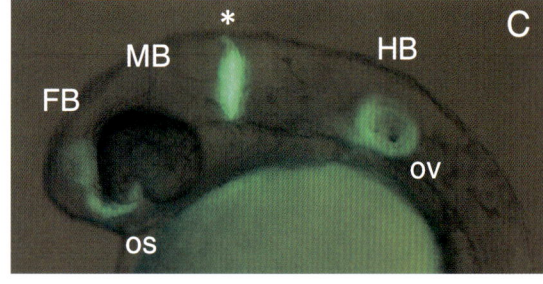

29. ゼブラフィッシュの胚における脳形成シグナル遺伝子の発現【第6章】（写真提供：弥益 恭）
ゼブラフィッシュは脊椎動物脳発生のモデル動物である．FB：前脳，MB：中脳，HB：後脳，ov：耳胞，os：眼柄．
A, B：脳形成を制御する分泌因子 Wnt1 と Fgf8 の中脳後脳境界（MHB）での mRNA の発現を，1日胚において in situ hybridization 法で検出した．比較のため，後脳にある第3および第5菱脳節（r3, r5）における krox20 の発現も同時に染色した．なお，いずれの遺伝子も MHB 以外でも発現し，多様な発生制御機能を果たす．C：Fgf8 遺伝子の脳における発現領域を蛍光タンパク質（GFP）で標識し，蛍光顕微鏡で観察した．

plate 7

30. 日本の自然植生【第7章】（写真提供：舘野正樹）
a：富士山の一次遷移初期の様子，b：暖温帯照葉樹林（静岡），c：冷温帯夏緑樹林（福島），d：亜高山帯針葉樹林（栃木），
e：高山帯の矮小林と高山草原（長野），f：冷温帯ブナ－スギ混交林（福島）

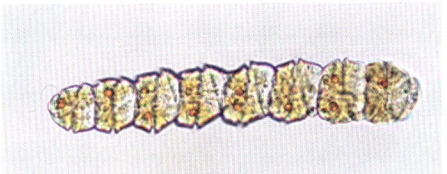

31. コクロディニウム赤潮の原因となる渦鞭毛藻 *Cochlodinium polykrikoides*【第7章】（写真提供：今井一郎）
8連鎖細胞の顕微鏡写真．1細胞のサイズは，長さ約30～40 μm，幅約20～30 μm．

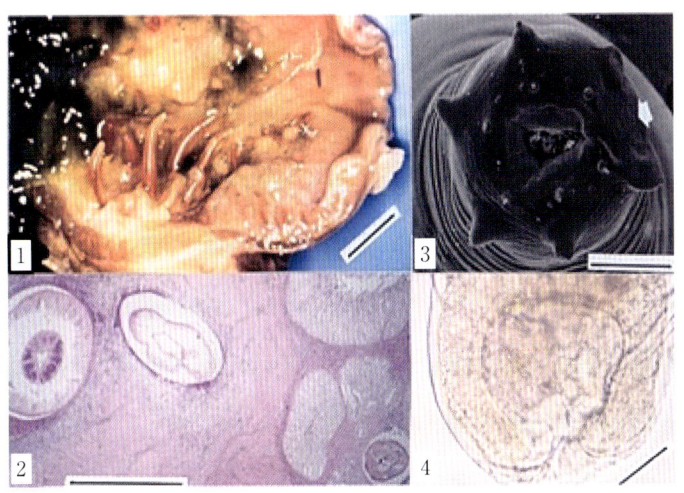

32. カイツブリ筋胃に寄生するエウストロンギリデス属線虫【第8章】
（写真提供：浅川満彦）
1. 寄生部肉眼像，2. 寄生部組織像，3. 線虫頭部SEM像，4. 線虫尾部光顕像．この幼虫が餌となる淡水魚に寄生し，その魚を食べた鳥に感染する．中国では保護増殖中のトキに寄生し，致死的線虫症を起こした事例がある．当然，淡水魚の生食はヒトにも幼虫移行症を惹起する．

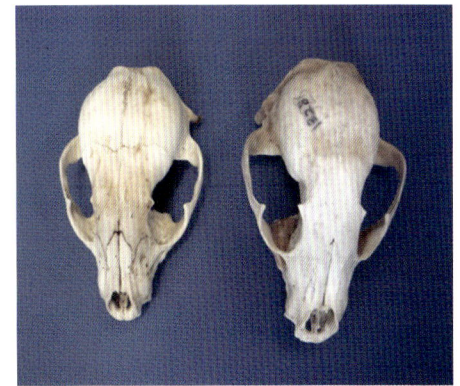

33. アライグマの頭骨縫合線【第8章】
（写真提供：安藤元一）
癒合状態により年齢を推定できる．（左）縫合線が明瞭な若齢個体，（右）癒合の進んだ老齢個体．

34. 重粒子線治療装置の一部【第9章】（群馬大学 重粒子線医学研究センター［写真提供：群馬大学］）
上：シンクロトロン．この装置で炭素イオンを光速の約70%まで加速する．下：予備的加速を行う入射器．

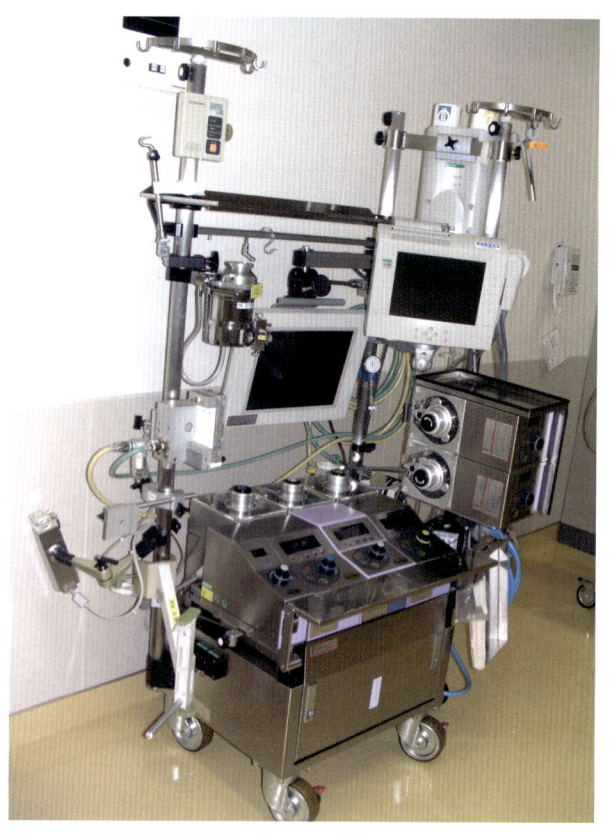

35. 人工心肺【第9章】（写真提供：桑野博行）
心臓や大血管の手術の際に，心臓を止めて手術をしている間，体循環，肺循環およびガス交換を代行する装置．

36. ニューギニア近くのトロブリアンド諸島で使われた儀礼用装身具【第9章】（写真提供：国立民族学博物館）
赤い貝（ウミギクガイ）のビーズを用いた首飾り［左：ソウラヴァ］と，白い貝（イモガイ）を用いた腕輪［右：ムワリ］．クラと呼ばれる儀礼的交換で使われた．

はじめに

　生物に関わるさまざまなテーマについて，単に生物学の中で扱われてきたいわゆる植物や動物の「生理学」とか「遺伝学」とか称される分野だけに留まらず，生物に関わるすべての分野について，専門外の人々にも関心が持てるような，そしてそれに応え得る幅広い生物の事典（辞典ではなく）をまとめてほしいという朝倉書店の要望があった．そのとき頭の中を駆けて通り抜けたのは，現在の生物に関わる事象の幅広さと，今後発展するであろう生命の不思議と複雑さであった．それらは極めて有意義な問題ばかりである．それをまとめることができるであろうか．しかし，今後発展しなければならない生物学の――あるいはその関連分野の――発展の礎として役立つものが必要であることは自明の理であるし，必要ならば役立つものを作らなければならないことも明らかである．

　生物とは，生命活動を行っている，いわゆる生きているものすべてである．その成り立ちが千差万別であるように，生命活動はより幅広くより奥深い．そして未知の世界の広さと深さは想像を超える．

　生物と呼ばれるにふさわしい生命活動の部分的・個別的な活動は，生物と呼ばれるものが生まれる前から始まっていた．本書は，そこから生命をもつ生物が誕生し，分化し，進化して現状に至る状況になった道筋や大まかな姿をだいたい把握できるようになっている．それは埼玉大学の先生方が労力を惜しまず協力して下さったことと，多くの専門家の方々までが研究活動，教育活動の合間を割いて寄稿して下さったお陰である．本書には地球や生物の誕生から，微生物・植物・動物などの生息環境，生態系の形成や社会の形成まで記述されている．部分的にはより専門的な書を開いて理解を深めなければならない部分もあるが，それは限られた紙面というより記述の範囲が広すぎることをご理解いただき，お許しいただきたい．

　最近急速に発展しつつある生物に関わるさまざまな分野，特に遺伝学，薬学，ES細胞（胚性幹細胞）やiPS細胞（人工多能性幹細胞）の研究などを含めた再生医学をはじめとして身近な話題を必要に応じていつでも検索し，興味や関心を満たし得る事典――あるいは生物学を志す学生のための辞典――にもなり，研究者が研究の指針を見出す参考になり，さらに専門外の人々の興味や関心にも応え得る幅の広い生物の事典をまとめたいという思いは強くなった．

　最近，サプリメントや医薬品がドラッグストアの店頭でよく見られるようになってきたが，遺伝学（あるいは遺伝子）の研究の発展に伴って，医療において創薬が進歩し，オーダーメイド医療とかテーラーメイド医療（個人の遺伝子を解析し，最適な医薬品を用いる）などの呼び名で呼ばれる医療の時代が来そうである．手や脚は遺伝子の指令によって造られるが，同一種間では同じ遺伝子あるいは遺伝子産物（タンパク質）の分布などによって形成される．同一種で手脚が長いか短いか，あるいはその形の違いなどには個人差（個体差）があり，これは個人の遺伝子の差異や遺伝子産物の濃淡，その重複性の差異などによって決まると考えられる．また，形質の発現には，遺伝子を構成する塩基のわずかな変異によって生じる遺伝子多型なども，厳密にコントロールされている遺伝子の働きに様々な影響を与える．その真実は今後の研究を待たなければならない．その基礎知識として本書が役立つこ

とを期待したい．

　生物多様性については巻末の付録でも触れているが，2010年は国際生物多様性年であり，10月には名古屋市で生物多様性条約第10回締約国会議が開催される．この会議においては先進国と開発途上国との間で対立が予想されるが，生物多様性を確保するために何らかの実効性のある方策の確立が求められている．生物多様性の確保にとって正念場である本年に，生物多様性の重要性を示す本書が刊行されることは，大いに有意義であろう．

　理系，あるいは項目によっては文系の学生諸君が学問・研究の基礎を習得し，さらに造詣を深めたり，あるいは一般の人々が仕事の合間に拾い読みすることによって個々の分野の興味を掘り起こしたり，知見を深めたりするのに本書が役立てば幸いである．歴史は繰り返すと言われるように，これからの進歩の方向を探るには過去を知るに如くはないと誰かが言ったような気がする．

　最後に，本書の全体をまとめるにあたって，朝倉書店編集部の方々には，長い間個々の印象的な表現の統一や細かい校正などに辛抱強く対応するなど，さまざまな点でご助力いただいたことを深く感謝する．

　2010年7月

石　原　勝　敏
末　光　隆　志

● 総編集者 ●

石原勝敏　埼玉大学 名誉教授
末光隆志　埼玉大学大学院理工学研究科 教授

○ 編集者 (50音順) ○

石原勝敏　埼玉大学 名誉教授
坂井貴文　埼玉大学大学院理工学研究科 教授
末光隆志　埼玉大学大学院理工学研究科 教授
菅原康剛　埼玉大学大学院理工学研究科 教授
能村哲郎　埼玉大学 名誉教授
町田武生　埼玉大学 名誉教授
弥益　恭　埼玉大学大学院理工学研究科 教授

執筆者一覧 (50音順)

阿形清和　京都大学
浅川満彦　酪農学園大学
安部由美子　群馬大学
安藤元一　東京農業大学
石原勝敏　埼玉大学 名誉教授
一石昭彦　東洋大学
伊野良夫　早稲田大学 名誉教授
井上弘一　埼玉大学 名誉教授
井上裕介　群馬大学
今井一郎　北海道大学
岩崎俊晴　群馬大学
上田　均　岡山大学
大串隆之　京都大学
大島範子　東邦大学
大西純一　埼玉大学
加藤泰建　埼玉大学
金子康子　埼玉大学
河内美樹　神戸大学
熊澤慶伯　名古屋市立大学
桑野博行　群馬大学
小池文人　横浜国立大学

鯉淵典之　群馬大学
小柴共一　首都大学東京
小林哲也　埼玉大学
坂井貴文　埼玉大学
佐藤利幸　信州大学
白山義久　京都大学
末光隆志　埼玉大学
菅原　敬　首都大学東京
須永伊知郎　日本生態系協会
相馬早苗　文教大学 名誉教授
平良眞規　東京大学
竹内　隆　鳥取大学
武田洋幸　東京大学
多田正純　University College London
舘　鄰　元 東京大学 名誉教授
舘野正樹　東京大学
田中　修　甲南大学
田中秀逸　埼玉大学
田中　実　基礎生物学研究所
土屋公幸　株式会社 応用生物
戸田年総　東京都健康長寿医療センター研究所

執筆者一覧

戸田任重	信州大学		前島正義	名古屋大学
二階堂昌孝	University of Bath		町田武生	埼玉大学 名誉教授
野本茂樹	東京都健康長寿医療センター研究所		溝口　元	立正大学
乘越皓司	上智大学 名誉教授		宮本武典	日本女子大学
橋口康之	大阪医科大学		森田哲夫	宮崎大学
畠山　晋	埼玉大学		八杉貞雄	京都産業大学
林　　進	鹿児島大学		弥益　恭	埼玉大学
平野弘道	早稲田大学		吉田　学	東京大学
深町博史	東京医科歯科大学		吉村建二郎	University of Maryland

目　次

第 1 章　生命とは何か　　　石原勝敏：編

1.1 生物と無生物 ……………(石原勝敏) *1*
1.2 生命の流れ ………………(石原勝敏) *2*
 1.2.1 化学進化による生命の誕生 ……… *2*
 1.2.2 単細胞生物から多細胞生物，高等動植物へ ……… *4*
 1.2.3 種の形成から，様々な生物界への広がり ……… *4*
 1.2.4 生殖による生命の時間的な連続性 ‥ *5*
1.3 生物の分類 ………………(白山義久) *6*
 1.3.1 生物分類学 ……… *6*
 1.3.2 種の定義（生物学的種概念）…… *7*
 1.3.3 二名法と命名規約 ……… *7*
 1.3.4 分類体系 ……… *9*
 1.3.5 自然分類と人為分類 ……… *10*
 1.3.6 系統樹 ……… *10*
 1.3.7 遺伝情報の応用 ……… *14*
 1.3.8 生物の大分類 ……… *14*
 1.3.9 新たな生物の系統の見方 ……… *16*
1.4 生物の多様性 ……………(白山義久) *18*
 1.4.1 真正細菌ドメイン ……… *18*
 1.4.2 古細菌ドメイン ……… *19*
 1.4.3 真核生物ドメイン ……… *19*

第 2 章　生命の誕生と進化　　　末光隆志：編

2.1 地球の誕生と変遷 ………(平野弘道) *29*
 2.1.1 宇宙と原始大気 ……… *29*
 2.1.2 地球の誕生 ……… *29*
 2.1.3 最古の化石と酸素の増加 ……… *31*
 2.1.4 カンブリア紀の大爆発 ……… *32*
 2.1.5 顕生累代の大量絶滅 ……… *33*
2.2 生命の初期の記録 ……… *34*
 2.2.1 生命の誕生 ……………(平野弘道) *34*
 2.2.2 種の進化，大進化，および遺伝子進化 …………………(橋口康之) *37*
 2.2.3 生物の突然変異，自然淘汰，進化論 ……… *39*
 2.2.4 植物の進化 ……………(佐藤利幸) *42*
 2.2.5 動物の進化 ……………(熊澤慶伯) *43*
 2.2.6 植物の分布の変遷 ……(佐藤利幸) *45*
 2.2.7 動物の分布の変遷 ……(熊澤慶伯) *47*
2.3 ヒトの誕生と進化 ………(加藤泰建) *49*
 2.3.1 ヒトの祖先たち ……… *49*
 2.3.2 直立二足歩行と道具の製作 ……… *51*
 2.3.3 原人と旧人 ……… *52*
 2.3.4 ホモ・サピエンスの出現と拡散 …… *54*

第 3 章　遺 伝 子　　　末光隆志：編

3.1 遺伝情報の発現 ‥(田中秀逸・井上弘一) *58*
 3.1.1 遺伝子発現に関する基礎 ……… *58*
 3.1.2 遺伝子発現の調節 ……… *63*
 3.1.3 遺伝子発現の解析 ……… *70*
3.2 遺伝子 ……………(一石昭彦・井上弘一) *75*
3.3 染色体 ……………(田中秀逸・井上弘一) *87*

第4章　生物の形，構造，構成　　　菅原康剛：編

- 4.1 細菌の形，構造，DNA，タンパク質
  ……………………………（畠山　晋）*97*
  - 4.1.1 顕微鏡と細菌…………………… *97*
  - 4.1.2 細菌の構造………………………… *98*
  - 4.1.3 共生進化説………………………… *99*
- 4.2 植物の形，構造，組織……（相馬早苗）*100*
  - 4.2.1 根………………………………… *101*
  - 4.2.2 茎………………………………… *102*
  - 4.2.3 葉………………………………… *104*
  - 4.2.4 花………………………………… *105*
  - 4.2.5 果　実…………………………… *108*
  - 4.2.6 裸子植物の種子………………… *108*
  - 4.2.7 植物に含まれる物質
    ………………（河内美樹・前島正義）*109*
- 4.3 動物の形，構造，組織……（深町博史）*114*
  - 4.3.1 動物の形………………………… *114*
  - 4.3.2 動物の体の構造——器官系について
    …………………………………… *118*
  - 4.3.3 動物の器官……………………… *120*
  - 4.3.4 動物の組織と細胞……………… *124*
  - 4.3.5 動物の相似性と相同性………… *125*

第5章　生物の生息環境　　　町田武生：編

- 5.1 微生物……………………（畠山　晋）*127*
  - 5.1.1 分解できるものがある場所に生息する微生物…………………… *128*
  - 5.1.2 「寄生」と「共生」………………… *129*
  - 5.1.3 光のあるところに生息し，光合成を行う微生物……………… *130*
  - 5.1.4 光も有機物も必要としない微生物
    …………………………………… *130*
  - 5.1.5 熱に対抗する微生物の戦略とは？
    …………………………………… *131*
  - 5.1.6 塩分好きバクテリア…………… *132*
- 5.2 植　物……………………（伊野良夫）*133*
  - 5.2.1 植物の生育環境要因…………… *133*
  - 5.2.2 環境汚染………………………… *138*
  - 5.2.3 植物の遷移……………………… *139*
  - 5.2.4 植物の日周変化，季節変化，光発芽，暗発芽………………………… *141*
  - 5.2.5 相互関係（捕食，病気など）：微生物，動物………………………… *142*
  - 5.2.6 植物の生育地と集団の形成……… *145*
  - 5.2.7 植物の季節変化………………… *148*
  - 5.2.8 植物の生存競争………………… *149*
  - 5.2.9 植物の栽培……………………… *150*
  - 5.2.10 植物の越冬戦略………………… *151*
  - 5.2.11 植物の生育適地と分布………… *152*
- 5.3 動　物……………………………………… *154*
  - 5.3.1 動物の生息環境要因…（安藤元一）*154*
  - 5.3.2 動物の外敵……………………… *156*
  - 5.3.3 動物の生息適地と集団形成……… *158*
  - 5.3.4 動物の回遊・渡り……（野本茂樹）*161*
  - 5.3.5 動物の冬眠と夏眠……（森田哲夫）*165*
  - 5.3.6 動物の食性：草食性，肉食性，雑食性…………………（安藤元一）*167*
  - 5.3.7 動物の人工飼育法……（土屋公幸）*169*
  - 5.3.8 動物の生存競争：弱肉強食，在来種と外来種の生存競争…（安藤元一）*172*
  - 5.3.9 動物種の生息適地と分布………… *174*

第6章　生物の機能　　弥益　恭：編

- 6.1 生体の情報伝達 ……………… 177
  - 6.1.1 細胞間連絡と細胞間結合 ……………（坂井貴文） 177
  - 6.1.2 植物体内の物質移動と植物ホルモン ……………（小柴共一） 179
  - 6.1.3 動物の神経系，内分泌系，免疫系 ……………（町田武生） 181
  - 6.1.4 生理活性物質と受容体，細胞内情報伝達 ……………（小林哲也） 185
- 6.2 感覚と反応 ……………………… 187
  - 6.2.1 植物の感覚と反応 …（金子康子） 187
  - 6.2.2 動物の感覚器（視覚，聴覚，嗅覚，味覚，触覚，平衡感覚）…（宮本武典） 189
  - 6.2.3 細胞の走性 ………（吉村建二郎） 191
  - 6.2.4 動物の体色変化 …（大島範子） 193
- 6.3 エネルギー生成 ………………… 194
  - 6.3.1 炭素と窒素の地球環境内での循環 ……………（大西純一） 194
  - 6.3.2 呼吸と光合成 ………………… 196
  - 6.3.3 人における食物の消化・吸収・代謝と異物の代謝 …（井上裕介） 205
- 6.4 ホメオスタシス ………（町田武生） 210
  - 6.4.1 ホメオスタシス制御のシグナル …… 210
  - 6.4.2 赤血球数のホメオスタシス ……… 211
  - 6.4.3 体液浸透圧の調節 ……………… 211
  - 6.4.4 行動によるホメオスタシス維持 …… 212
  - 6.4.5 中枢神経系による機能制御 ……… 212
  - 6.4.6 自律神経系による調節 …………… 213
  - 6.4.7 内分泌系によるフィードバック調節 ……………………………………… 213
- 6.5 生殖と性 ……………………… 214
  - 6.5.1 生命の連続性 ………（舘　鄰） 214
  - 6.5.2 微生物の生殖方法 …（畠山　晋） 222
  - 6.5.3 植物の生殖様式 ……（菅原　敬） 224
  - 6.5.4 植物の性表現（plant sex expression） ……………………………………… 225
- 6.6 動物における生殖と種分化 …（舘　鄰） 227
  - 6.6.1 種形成と生殖 …………………… 227
  - 6.6.2 生殖様式 ………………………… 227
  - 6.6.3 有性ミクシス生殖における性決定機構 ……………………………… 232
- 6.7 個体の形成 ……………………… 239
  - 6.7.1 始原生殖細胞の形成 …（田中　実） 239
  - 6.7.2 受　精 ……………（吉田　学） 241
  - 6.7.3 卵軸・体軸の決定 …（平良眞規） 242
  - 6.7.4 細胞増殖と形態形成 …（竹内　隆） 244
  - 6.7.5 細胞の形態変化と細胞移動 ……………（多田正純） 246
  - 6.7.6 胚葉の形成と分化 …（武田洋幸） 248
  - 6.7.7 脳および他の外胚葉性器官の形成 ……………（弥益　恭） 250
  - 6.7.8 中胚葉性器官の形成 ……………（二階堂昌孝） 252
  - 6.7.9 内胚葉性器官の形成 …（八杉貞雄） 254
  - 6.7.10 再　生 ……………（阿形清和） 255
  - 6.7.11 変　態 ……………（上田　均） 258
  - 6.7.12 老化と死 …………（戸田年総） 260
  - 6.7.13 植物の花芽形成 ……（田中　修） 261

第7章　生物の行動と生態　　町田武生：編

- 7.1 個体の行動 ……………（林　進） 265
  - 7.1.1 捕食行動 ………………………… 265
  - 7.1.2 求愛行動 ………………………… 267
- 7.2 行動の発達 ……………………… 268
  - 7.2.1 学　習 …………………………… 268
  - 7.2.2 行動と社会形成 ………………… 270
  - 7.2.3 動物の縄張り ……（町田武生） 272
- 7.3 生態系の形成 …………………… 275
  - 7.3.1 微生物による赤潮の形成 ……………（今井一郎） 275

7.3.2　食物連鎖と生態ピラミッド
　　　　………………………（伊野良夫）*277*
　7.3.3　植物遷移…………………（舘野正樹）*279*
　7.3.4　環境要因と気候帯………………… *280*
7.4　生物と自然……………………（舘野正樹）*281*
　7.4.1　生物地理――植物地理区，動物地理区
　　　　………………………………………*281*
　7.4.2　個体群と密度効果………………… *282*
　7.4.3　水平分布，垂直分布……………… *283*
　7.4.4　生物群集とその多様性…………… *283*
7.5　生物の相互作用……………………… *285*
　　　共生（相利共生，片利共生，菌根，共生）

　　　………………………（伊野良夫）*285*
　7.5.1　植物の相互作用………（小池文人）*287*
　　　　アレロパシー………………（伊野良夫）*289*
　7.5.2　動物の相互作用………（大串隆之）*291*
　7.5.3　植物と動物の相互作用…………… *292*
7.6　人間と自然…………………………… *295*
　7.6.1　食物連鎖，エネルギーの流れ，
　　　　物質循環………………（戸田任重）*295*
　7.6.2　生態系を管理する（生態系の維持・
　　　　保全）………………………………… *297*
　7.6.3　自然との共存（開発と保全）
　　　　………………………（須永伊知郎）*298*

第8章　生物の社会　　末光隆志：編

8.1　微生物の社会………………（畠山　晋）*301*
　8.1.1　ウシの反芻胃の微生物集団……… *301*
　8.1.2　腸内細菌…………………………… *303*
8.2　植物の社会…………………………… *304*
　8.2.1　自然・気象環境と集団
　　　　………………………（舘野正樹）*304*
　8.2.2　植物の年齢の査定………………… *309*
8.3　動物の社会…………………………… *310*

　8.3.1　脊椎動物の社会………（乗越皓司）*310*
　8.3.2　昆虫の社会…………（須永伊知郎）*324*
　8.3.3　成長と寿命………………………… *325*
　　a.　成長曲線………………（安藤元一）*325*
　　b.　動物の寿命…………………………… *328*
　　c.　動物の年齢査定……………………… *330*
　　d.　動物の病気と診断………（浅川満彦）*332*
　8.3.4　ヒトの社会……………（加藤泰建）*335*

第9章　人　類　　坂井貴文：編

9.1　ヒトの個体数（人口）………（加藤泰建）*343*
　9.1.1　世界の人口動態…………………… *343*
　9.1.2　アンバランスな人口の分布……… *344*
9.2　人類の最新医療……………………… *346*
　9.2.1　現代人を取り巻く疾病
　　　　………………（岩崎俊晴・鯉淵典之）*346*
　9.2.2　生殖医療……………（安部由美子）*357*
　9.2.3　移植と再生医療………（桑野博行）*363*
9.3　人類と動物…………………（加藤泰建）*372*
　9.3.1　人類と動物との関わり…………… *372*
　9.3.2　牧　畜……………………………… *373*
　9.3.3　家　畜……………………………… *374*

　9.3.4　想像上の動物……………………… *375*
9.4　人類の習慣…………………（加藤泰建）*377*
　9.4.1　習慣と慣習………………………… *377*
　9.4.2　儀礼的交換………………………… *378*
9.5　人類の宗教…………………（加藤泰建）*380*
　9.5.1　宗教と呪術………………………… *380*
　9.5.2　アニミズムとシャマニズム……… *381*
9.6　人類の文化…………………（加藤泰建）*383*
　9.6.1　分化の様々な定義………………… *383*
　9.6.2　文化と言語………………………… *384*
　9.6.3　相対主義と多文化主義…………… *385*

付　録

I　生物多様性について……（末光隆志）　391
II　生物のレッドリスト……（石原勝敏）　397
III　生命科学年表……………（溝口 元）　473
IV　日本の主な動物園・水族館・植物園‥　504
V　生物学に関連する展示のある主な博物館
　………………………………………… 508
VI　生物学に関連のある学会…………… 512
VII　都道府県のシンボルとなっている生物
　………………………………………… 521
VIII　主要参考文献………………………… 523

索　引……………………………… 527

1 生命とは何か

『生物の事典』と題して，微生物から人類までのすべての生物の生命現象や社会生活，文化など可能な限りの事象をまとめるのは容易なこととは思えないが，少なくとも，生物とはどんなものかを明らかにしておかなければならない．生物であるとは生命を持っているということであるから，生命という生物の本質的属性を明確にすることから始めることにする．

1.1 生物と無生物

この地球上にあるすべての物体（哲学でいう形而上学的な存在を除く意味であえて物体という）は生物と無生物に分けられる．自然科学で扱う生命の有るものと無いものである．空気や岩石や水などを無生物というのはやさしいが，生物とは何か，生命とは何かを明確に表現するのは難しい．ウイルスやバクテリアのようなものもあり，生殖能力のない異形精子（無核精子［カイコ］，貧核精子［タニシ］，過剰精子［カワニナ］など）もある．

現在，生物は核膜のない原核生物と核膜を持つ真核生物に分けられ，動物と植物（細菌，藻類，菌類を別にする場合もある）に分けられ，さらにそれらは自然分類において種，属，科，目，綱，門，界などに分けられている．

しかし，生物とは何かを，1つの属性を基準にして無生物と区別して古代から考えてきたわけではない．本来，生命とは何かが定義されていて，それをもとに生物あるいは生物学が体系づけられてきたわけではない．古代には生命の本質を，意識しないまま成長するもの，増殖するものなど，直感的に生きていると考えられるものを生物として扱ってきた．その中には人が生物と認識しうる様々な属性が含まれていた．

Aristoteles 以来，生物学が学問体系を確立し発達した．Leeuwenhoek, A. が微生物を発見すると，生物は可視的なものだけではなくなった．やがて生物の分類が必要となり，人為分類学，自然分類学，系統分類学，進化分類学などの体系で発達してきたが，生物の多様性ゆえに多くの問題点が含まれている．この分野は 1.3 節で詳しく解説される．そこでは生命を持つ生物にはどんなものがあるかを整理するための原則から論じられる．

生命は生物の本質的な属性であるが，具体的には遺伝情報の伝達とエネルギーの変換・利用が可能なことである．つまり，細胞構造や遺伝情報を担う核酸，形態形成を行い酵素活性を持つタンパク質などがその主体である．古くは細胞構造，増殖，成長，調節性（非刺激性），物質代謝などが生物の特性として考えられてきた．

しかし，ウイルスが発見されると，この考え方も修正される．ウイルスは，はじめは微小な細菌と考えられていたが，DNA (deoxyribonucleic acid) か RNA (ribonucleic acid) の一方しか持っていないことがわかった．リボソームを持たず宿主のリボソームをタンパク合成に利用すること，エネルギー産生系を持たないこと，二分裂で増殖しないこと，などが明らかにされて，生物とは区別して扱われるようになり，ウイルス学という分野を構成している．

逆に考えると，生物とはDNAとRNAを持つ，あるいはその産生能を持つものである．遺伝現象を行うこと，タンパク質が関与する物質代謝によってエネルギー産生が可能であることや増殖によって子孫を残すことが本質的な生命現象であり，この生命現象を営むことができる個体を生物と呼ぶようになった．このような本質的な属性を持っている生物は細胞構造を持ち，調節性や被刺激性（反応性）を持っているということができる．そうすると，ウイルスは生物ではなく濾過性微粒子であり，これらの条件を満たしているバクテリア（細菌）は生物であるということができる．

これまで生物とは生命を持っている個体と表現してきたが，必ずしも正しくない．いくつかの論議があることを付記しておこう．植物の挿し木や接ぎ木などの栄養生殖と呼ばれる方法による増殖や，動物の個体の断片が1個体に復元するミミズやプラナリアの再生にみられるように，個体でなくても個体の一部だけで物質代謝や遺伝的な増殖を行うものもある．脳を失ったとしても，生物個体の組織や器官が生きていて環境条件が整えば物質代謝や増殖が可能になる．これは生物が生命を持っているがゆえに可能な生命現象であり，生命の基本単位は個体ではなく細胞である．

有性生殖を行う生物では，卵は通常受精によって発生を開始し，個体を形成する．哺乳類の受精は胎内で起こる体内受精である．受精しなかった卵は細胞分裂（卵割）する能力がなく死滅するが，受精した卵は物質代謝と遺伝子発現が活性化され，分裂（細胞増殖）して成長し形態形成によって個体を形成する．その意味で生命が宿るのは受精卵である．生物学的な真の意味は誤っていたにしても，「生命は子宮に宿る胎児が母親から授かる」と考えたLeonardo da Vinciの思想が想起される．しかし胎児も，胎内で個体形成のための物質代謝を行い，出産後に個体を成熟させ子孫形成による増殖が起こる．

だから，生命と生物とは切り離せないが，生物はすべて生命を持っているというのは正しくても，生命を持つものは生物（個体）であるというには生命観に基づく定義が必要である．

1.2 生命の流れ

生命とは何か．生命は生物に宿っている．だが，この生命はいつどのようにしてできてきたのか．生物学の始祖といわれるAristotelesは『動物誌』，『動物発生論』，『動物部分論』，『霊魂論』などを著して生物を体系的にまとめているが，その『霊魂論』の中で，「生命は大気中に霊魂として存在し，形のあるものが機能を発現するために合目的的に形の中に入り込む」と考えていた．この思想はその後2000年の間，引き継がれ，実証的な発展はみられなかった．自然科学の発達が遅れて，生命がどのように誕生したかを考える発想も資料もない時代が続いた．それよりも生物の進化論や分類学の発展が先であった．

生命がどのように生まれ，どのように広がっていったかは，これに続く各章で詳細に解説されるが，この生命の流れには大きく4つの方向があるように思われる．

① 化学進化による生命の誕生，② 単細胞生物から多細胞生物，高等動植物への流れ，③ 種の形成から，系統進化ともいえる様々な生物界への広がり，④ 生殖による生命の時間的な連続性である．

1.2.1 化学進化による生命の誕生

地球上でいつどのようにして生命は生まれたか．といっても，何もないところに生命がぽっかり生まれることはない．前述した生物の本質的な属性と呼んだ生命現象を営む物体が，いつどのようにして誕生したかという問題である．Leeuwenhoekにより単眼顕微鏡が，Hooke, R.により組合せ顕微鏡が発明され，生物の構造の研究は着々と進められていた．1831年，イギリスのBrown, R.が植物細胞における核を発見したこと

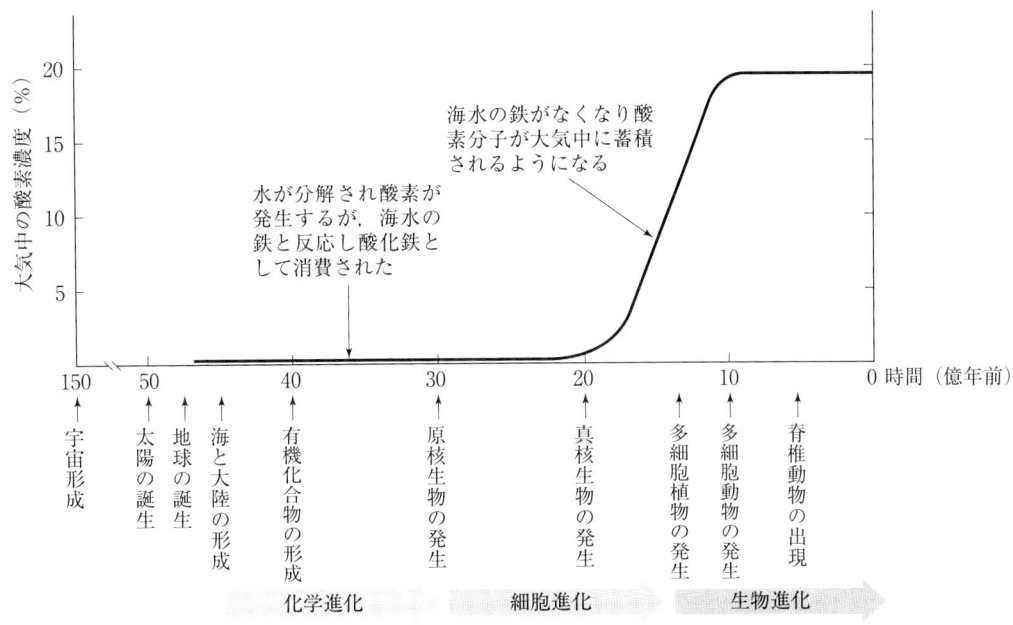

図 1.1 地球大気の酸素量の変化と進化
Alberts, et al., 1995 を参考に描く.

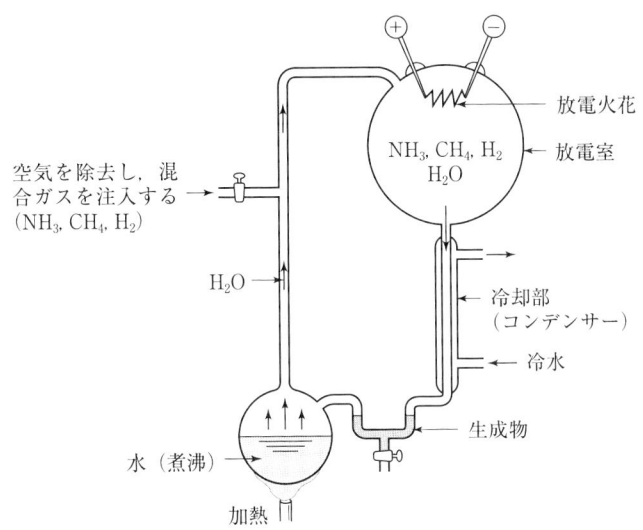

図 1.2 Miller の実験装置

に刺激されたドイツの Schleiden, M. は植物の構造を研究し，植物の基本単位は細胞であり，植物では核を中心に粘液質が濃縮し，周りに膜ができて細胞がつくられると考えた．友人の Schwann, T. はカエルの幼生の脊索や軟骨を観察し，動物の細胞も植物と同じで核を中心につくられ，上皮，ひづめ，羽，レンズ，骨，神経なども，もとをたどればすべて細胞であり，生命の基本単位は細胞で，機能に応じて発達し分化して形を変えると考えた．これを細胞説という．このような細胞形成における核中心説は誤っているが，やがて，生命現象を行う最小単位は細胞であり，細胞は，核を失っても細胞質を失っても生命現象を営むことができなくなり，生命を失うことが明らかにされた.

このような生命の基本単位となる細胞は，いつどのようにしてつくられたのであろうか．それが論じられるようになったのは自然科学が進歩した最近のこと，20世紀になってからである．生物（細胞）が長い年月をかけて形成されうるような地球環境が40億年の遠い過去にただ一度あったのではないかと考えられている．それは地球の大気がメタンや二酸化炭素あるいは水やアンモニアなどでできており，酸素などはなく特殊な成分比で構成されていた時代のことであり，当然ではあるが，ゆっくりと，10億年かけて物質変化が起こった化学進化の時期があったと考えられている（図1.1）．この学説を最初に発表したのはソ連の生化学者Oparin, A. I. である．彼は著書『生命の起源（1936年）』の中で，地球上で自然発生的に生物が生じたと主張した．その可能性を実験的に示したのがアメリカのMiller, S. L. である．彼は混合気体中での放電によりアミノ酸が生ずるという実験（1955年）を行った（図1.2）．そこでは無機物から有機物質ができ（表1.1），機能を持つ核酸やタンパク質が合成されて，やがて境界膜を持つ細胞へと変化し，それが様々な機能を持つ細胞へ分化する細胞進化を起こし，生物進化へと引き継がれていった．これについては第2章で詳しく述べられる．

1.2.2　単細胞生物から多細胞生物，高等動植物へ

最初にできた最古の細胞は無酸素呼吸で増殖する細菌である．その活動の結果，二酸化炭素や酸素が増加する．原核細胞から真核細胞への進化もあった．やがて多細胞植物が増加し酸素が増えると，有酸素呼吸が可能になり動物細胞が生まれる．細胞間では様々な変化があり，その間で細胞選択や生存競争があったであろう．これらの細胞が生命を繁栄させ生き延びるために選んだのが，性の進化という繁殖法の進化であったと思われる．生物進化の過程では遺伝的な伝承手段の中で生物の多様化と多細胞化が生じ，これが生物進化を加速させたと考えられる．ただし，地球環境（大気の成分や温度）の変化や地殻の変動，大陸移動，隕石の衝突など様々な出来事があり，生物進化の過程は決して直線的ではなかった．

それでもなお生き残った生命は，形を変え生活様式を適応させて着実に一歩一歩進化し続けてきた．エネルギー獲得の手段として酸素を利用できるようになると，水生生物は陸上へと生命活動の場を広げていった．生物にとって水中と陸上および大気中は，三者三様に異なった生息環境であったに違いない．魚が簡単に陸上で生活できるとは思えないし，大繁栄をした爬虫類でも簡単に空中を飛翔できたとは考えられない．鰓呼吸を皮膚呼吸や肺呼吸へと進化させ，前肢を翼に変えるには，長年にわたる進化と適応があったに違いない．このような生命の流れや拡大については，Aristotelesの種分類学に始まって系統分類学へ向かう流れ，Darwin, C.の進化論に始まった生物進化の道筋とともに，生命の誕生と進化の章（第2章）で論じられる．

1.2.3　種の形成から，様々な生物界への広がり

古細菌とも呼ばれる原核細胞には，メタン生成細菌など色々な細菌がある．このような細菌に別の細菌が共生することによって色々な機能を営む原始的な真核細胞が生じたと考えるのが，細胞進

表1.1 Millerの実験で生成された，いくつかの有機物

ギ酸	HCOOH
酢酸	CH_3COOH
プロピオン酸	$CH_3CH_2 \cdot COOH$
コハク酸	$COOH \cdot CH_2CH_2 \cdot COOH$
グリコール酸	$HOCH_2 \cdot COOH$
乳酸	$CH_3CH \cdot COOH$ 　　OH
尿素	$NH_2-CO-NH_2$
グリシン	NH_2-CH_2-COOH
α-アラニン	NH_2 $CH_3 \cdot CH-COOH$
β-アラニン	NH_2 CH_2-CH_2-COOH
アスパラギン酸	NH_2 $COOH-CH_2-CH-COOH$
グルタミン酸	NH_2 $COOH \cdot CH_2 \cdot CH_2-CH-COOH$
サルコシン	$CH_3 \cdot CHCH_2 \cdot COOH$

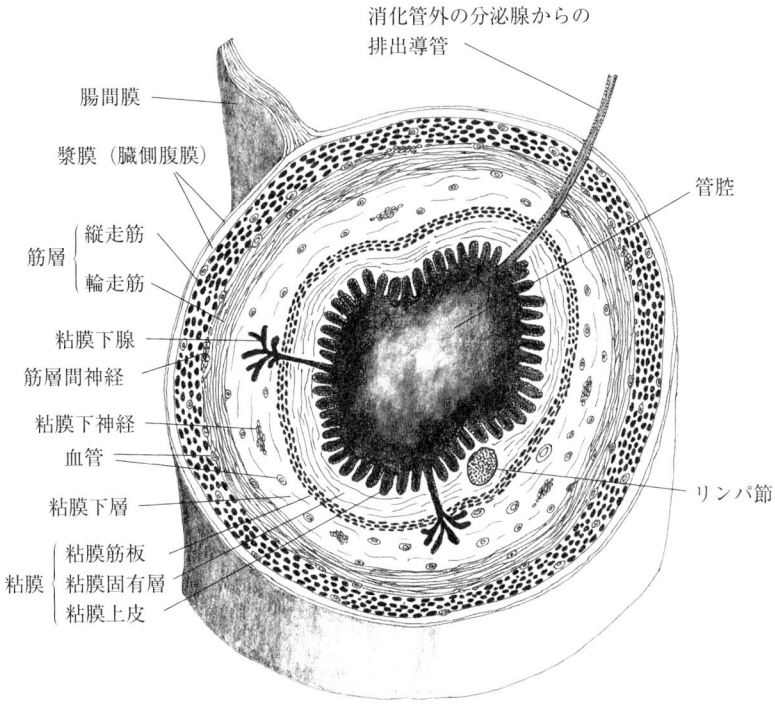

図 1.3　消化管壁の基本構造

化における共生説である．生存を容易にする手段としてさらに共生を重ね，藻類，菌類，多細胞植物，多細胞動物へと進化したと考えられるが，多細胞生物が生存のために最初に進化させたのは体制の分化であろう．つまり，胚葉の形成である．体を保護し個体を物理的に維持しているのは外胚葉である．そして生存のためのエネルギー確保に必要なのが消化管（内胚葉）である．さらに各種器官の形成のために中胚葉が分化する．この進化の道筋は現存する生物の系統発生をたどれば明らかになる．胚葉は同じ作用を持つ細胞を集合させて組織を形成し，組織は個体の生命活動の分業化に伴って，器官と呼ばれる機能共同体を形成する．こうして生命は様々な活動を営むようになり，単に細胞の数を増やしただけの個体では，生命を制御できなくなってしまうため，より有利な機能性を持つために組織や器官を分化し分業を図ることになった．この器官の機能の相違や構成の差などによって生命活動は多様化し，生命の存在様式が拡大した．

消化器官を例に観察してみよう．消化器官は，食道，胃，小腸，大腸などの消化管を主体に，膵臓，肝臓，胆嚢，唾液腺などの付属の消化腺でできている．消化管は，いくつかの組織の集合体である．1層の粘膜上皮の周りを結合組織と薄い平滑筋でできた粘膜筋板が取り囲む．その外側に比較的厚い疎性結合組織があり，この中に血管や神経，リンパ管が分布している（図 1.3）．これらは生物の形，構造，構成の章（第 4 章）で述べられる．

1.2.4　生殖による生命の時間的な連続性

生物は生殖という手段で生命の流れをさらに広げる．生物個体の数の広がりは栄養生殖や無性生殖でも生じるが，現在のような種の多様性は生じない．種の多様性が生じる原因には様々な議論があるが，大きな原因として異所的な生存環境の影響と，有性生殖の交雑におけるゲノムの多様化（分離の不規則性など）が考えられる．生物の生存環境の影響は，生物の生息環境の章（第 5 章）などで触れられ，有性生殖による生物の多様化は生物の機能の章（第 6 章）で述べられる．

海産下等動物を研究した Haeckel, E. は進化論に強い関心を持ち，生物発生原則（1866年）を想定した．個体発生は系統発生を繰り返す（個体発生は系統発生の縮図である）という大胆な仮説で，生物進化の祖先として自然発生による原始的な有機体を想定した．最初につくられた分子の複合体は，不定形で無核の原形質塊を形成するとして，これをモネラと呼んだ．このアメーバ状のモネラの1つあるいはいくつかが集まることですべての生物は進化すると考え，生物全体の系統樹を設定し，これをもとに進化を論じたのである．個体発生はこの系統発生を単に時間的に短縮したものであるとし，これを生物発生原則と呼んだ．

個体発生では，モネラに相当する無核の段階をモネルラと呼び，モネルラ，未分割卵，桑実胚，胞胚，杯状胚（原腸陥入の初期），原腸胚にいたる個体発生を考えている．彼の仮説は様々な議論を生んだが，発生段階は現在でも少し修正して使われている．

無性生殖で増殖する生物は，栄養条件が十分に良好である限り，個体数という形で生命を広げ連続させる．有性生殖をする生物は多様性をつくるには有利であるが，数を増やすのには向いていない．個体の生命に限りがあるので，有性生殖という形で生命の連続性を維持しているが，有性生殖によって生じる多様性は自然選択を受けるので，すべてが生存し続けるわけではない．生存に有利な生物と，天変地異によって絶滅の危機にさらされる生物とが生じてくる．

地球上で最も発達して生命を広げたのは人類である．人類は民族・社会を形成し，宗教や文化を異にしながらも国家単位の協力のもとで繁栄の道を探っている．

人類は他のすべての生物の生命を支配しうる生物であることを認識して，他のすべての生物の衰退は同時に人類自身の滅亡につながることを知っている．よって「人類」は本書に欠かせない項目である．これについては第9章で解説される．

〔石原勝敏〕

● 文　献

Alberts, B., et al.（中村桂子 訳）(1995) 細胞の分子生物学, 教育社.

1.3　生物の分類

およそ40億年前の原始の地球に生まれた最初の生命は，その後の長い時間を経て，様々な形や機能を持った生物に進化してきた．現在地球上に生息する生物は1億種を超えると推定されている．1.3～1.4節では，このように多様な生物たちを，どのような方法で分類して整理しているのかをみる．そしてこのような分類の研究成果として，地球上には現在どのような生物が生息しているのか，これらの生物たちが進化してきた道筋や今生きている生物たちの類縁関係（系統）はどのように分析され，その結果現在どのように考えられているのかを解説する．

1.3.1　生物分類学

様々なものがある中で，ある共通する特徴をもとに一部のものをまとめ，他のものと区別することを分類という．人間は，このような行為を色々な事物に対して行っている．例えばスーパーマーケットに行くと，風呂で使う色々なものが1つの棚に集められ，シャンプーとリンスは色々なメーカーの製品がそれぞれまとまって並び，同じメーカーの同じ製品は1ヶ所に集まっている．生物の分類では，同じような方法で生物の様々な特徴を調べ，その相違と類似に基づいて，類縁関係を反映するようにいくつかの段階に分けて生物を分類し整理する．このような方法で生物の多様性を記載していくのが，生物分類学である．

生物分類学には α, β, γ の3段階が認識できる．α 分類学は，種を区別・命名・記載する分類学の最も基礎的な部分である．この段階の研究が完成して初めて β あるいは γ 段階の分類学を行うこ

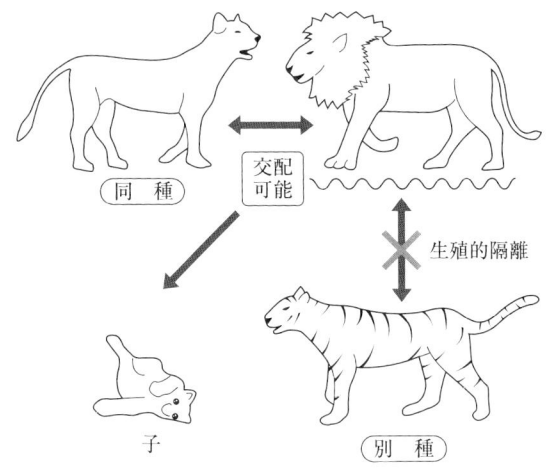

図 1.4 生殖的隔離
ライオンのオスとメスは同種であるので交配が可能であり，子孫を残すことができる．トラとライオンは別種なので，その間には生殖的隔離が存在し，交配して子孫を残すことはできない．

とが可能になる．β分類学は，α分類学が区別した種間の関係を明らかにし，分類体系を構築する段階である．γ分類学では，α分類学が認識した種の，生成機構を明らかにすることを目的としている．

1.3.2 種の定義（生物学的種概念）

生物を分類する基本単位を種 (species) という．種という分類単位は，現在では遺伝学に基づいて明確に定義されており，生物学的な実体を伴う唯一の単位である．Mayr, A. はこの分類単位を，「種とは現実に，あるいは潜在的に相互に交配し，他のグループから生殖的に隔離された集団のグループである（1940 年）」と定義した（図 1.4）．

生殖的に隔離されるとは，2 つの生物の集団が互いに交配できない，あるいは交配しても子孫を残す能力の十分でない子供しかつくることができない状態のことである．この定義は生物学的種概念 (biological species concept) と呼ばれる．この定義に従えば，同種の中では遺伝子が自由に交流するが，他の種とは遺伝子の交換ができない．このように，生物学的種概念には，遺伝の視点が含まれている．

認識可能な形態の差は，生殖的隔離が成立していることを背景としているので，α分類学では形態を，異なる種を区別するための最大のよりどころとする．しかし生殖的に隔離されている 2 つの種が，形からはほとんど区別できない場合もある（同胞種または隠蔽種：sibling species）．また逆に，植物や家畜化した動物（例えばイヌ）には色々な品種があり，形は千差万別だが，お互いに交配することができる．つまりこれらの品種の間には生殖的隔離がないので，それぞれの品種は，分類上はみな同じ種に属する．これらの複雑な現象も，生物学的種概念によって，理解することができる．

しかし生物学的種概念には限界もある．例えば，有性生殖をしないものでは，ある個体と別の個体との間に生殖的隔離があるかどうかを確認できない．また，絶滅した生物については，生殖的隔離があるかどうかをもはや実験的に確認することはできない．さらに，物理的に隔離された個体の間に遺伝的な生殖的隔離があるかどうかを確認するには，実験的に同じ場所で飼育する以外に方法がない．

1.3.3 二名法と命名規約

生物を研究しようとしたとき，試料を前にしてまず行うことは，分類体系を参照して，その試料

の種名を明らかにすることである．この作業を同定（identification）という．分類体系では，それぞれの種について基準となる標本（模式標本：type specimen）を指定し，その標本に名前を与え，その標本に関する詳細な記載（description）を出版して，初めて全世界共通の有効な種名となる．もし目前の試料が，どの記載にも当てはまらず，分類体系に位置づけられていない場合は，上記のような手続きで新種を記載し，新たに分類体系に加えていく．このようにして，分類学は一歩一歩，種の多様性を明らかにしていくことができる．

分類群（タクサ：taxa）へ名称を与える方法は，命名規約によって規定されている．動物については，国際動物命名法審議会が出版した『国際動物命名規約（International Code of Zoological Nomenclature）』に詳細に規定されている．1985年に第3版が出版され，最新の第4版は1999年1月1日に発行された．また動物とは別に，植物，園芸植物，菌類にはそれぞれに独立した国際命名規約がある．これらは，従来の経緯を反映して色々な部分に違いがみられる．例えば植物の命名規約は6年ごとに改正され，2005年に最新のものに改訂されているが，動物のものは定期的には改訂されない．また植物の現生種を記載する場合，記載文にラテン語以外の使用は認められていないが，動物では，英語・ドイツ語など広く用いられている他の言語の使用も可能である．

生物に名前をつけることは古くから行われていたが，その方法はまちまちだった．しかし現在ではすべての生物について，その命名方法はほぼ同じである．それぞれの命名規約が規定している基本となる学名の命名法は，属名（generic name）と種小名（specific name）を1つずつ組み合わせたもので，二名式名（binominal name）と呼ばれる．この起源はLinne, C.が『自然の体系（Systema Naturae）』の第10版において，4千2百余種の動物の名前すべてに統一してこの形式を用いた時点（1758年1月1日）まで遡ることができる．Linne自身，それ以前には属名の他に複数の種小名を使っていたこともあったが，種名は1つの記号にすぎないという概念のもとに二名式

Octopus vulgaris Cuvier, 1797

属名　　種小名　　命名者　　年号

図 1.5 二名法による学名の書き方（マダコ）

名を発案し，現在では二名法として定着している．

二名法において各々の種は，属名を表す名詞と，種小名を表す形容詞とを組み合せた名前を持つ．例えばヒトの種名は，*Homo sapiens* である．属名と種小名はイタリック体で記し，属名は大文字で，種小名は小文字で始める（植物では，地名などに由来する種小名を大文字で始めることが認められている）．

二名式名の後には，原則として命名者名と命名の西暦年が付随する．例えばマダコは *Octopus vulgaris* Cuvier, 1797 と記す（図 1.5）．命名者名とは，その種の記載として有効な論文の著者の名前である．西暦年は，その論文が実際に出版された年である．命名者名と西暦年が，括弧で括られることがある．これは，現在の学名が，命名者が記載したときに用いたものと異なっていることを示す．

Linne が二名法を用いた当時，種名をラテン語またはラテン語化した単語で記述することはすでに慣例であった．現在でもそれはルールとして引き継がれており，命名規約にも明文化されている．すでに過去の言語となっているラテン語を用いる利点として，個々の単語の持つ意味や文法が将来にわたって変化する可能性がなく，学名の安定性に寄与することが指摘できる．

規約の扱う名称を，学名（scientific name）という．国際的に正式な生物の名前は，学名だけである．しかしマダコのように，多くの生物には日本語の名前もつけられている．この名前を和名という．和名は科学的に正式な生物の名前ではない．またその命名法について，学名のような厳密な規約があるわけでもない．また他の言語でも名前がつけられている場合もあるが，それらもみな分類体系の中では扱われることはない．

1つの種には，1つの学名しか認められない．しかし同じ種に異なる学名をつけようとする複数の論文が発表される場合がある．その場合は，

先に出版された記載論文の用いた名前だけが学名として認められる．これを先取権といい，認められなかった学名を，同物異名（シノニム：synonym）という．

逆に，同じ学名が，2つ以上の異なる種につけられる場合もある（異物同名，ホノニム：hononym）．この場合も，先に使われた学名はそのまま残り，あとからつけられた種名は別のものに変えなければならない．

他にも色々なケースがあるが，すべて国際命名規約に従って処理して，分類体系では種と学名とが1対1に対応するようにする．このように命名規約は，分類体系の中で法律のような役割を果たしている．そして命名規約は，一貫して学名の安定性の最大化を目指している．

1.3.4 分類体系

生物の多様な種の中においても，ある共通の属性から種の集合を認識することができる．そして，この集合を複数まとめて，さらに大きな集合を識別することも可能である．このように，種を最小の単位として集合を弁別し，それに名前をつけ，さらにより大きな集合にまとめるといったことを繰り返して，生物の多様性をパターン化するという体系化は，現代分類学の始祖であるスウェーデンの博物学者Linneが確立したもので，リンネ式階層分類体系と称されている．各集合の段階（あるいは階層）は分類階級と呼ばれ，種の集合は属（genus）という階級にまとめられる（図1.6）．種の二名式名に用いられる属名は，このリンネ式階層分類体系の中の属名でもある．そして，属の集合は科（family）に，科を集めたものは目（order）にまとめ，さらに綱（class），門（phylum），界（kingdom）と次第に大きな単位としてまとめて整理する．

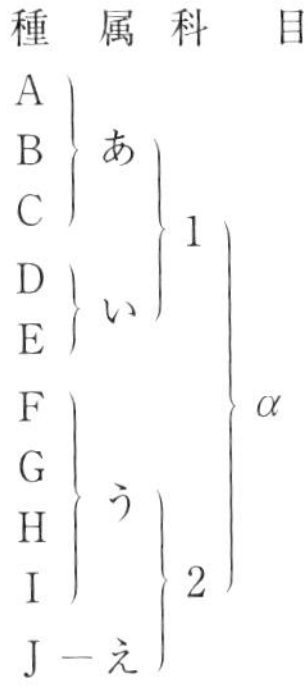

基本の分類階級である界・門・綱・目・科・属・種をさらに細分する場合には，原則として，より下位の分類階級に「亜」という接頭語をつけ，さらにその下の分類階級には「下」という接頭語を用いる．一方，より上位の分類階級を使う場合には，「上」という接頭語を用い，「上科」などと使う．

ただし動物命名規約が扱うのは，科階級群（family group），属階級群（genus group）および種階級群（species group）であり，それより上位の階級（界，門，綱，目など）や下位の階級は扱わない．また，科については例外的に，亜科の下に「族」という分類階級を用い，その下に「亜族」という分類階級を使うことが動物命名規約では規定されている．一方，植物では亜種より下位の変種・品種さらには雑種までも規約の中で扱われている．

それぞれの分類階級に実際に存在する生物の集合を，分類群（タクソン：taxon．複数形はタクサ：taxa）という（表1.2）．種よりも上位の分類階級には，生物学的な実体を伴った設定基準はない．したがって，ある属の集合にa科という名称を与えるといったβ分類学の研究段階では，分類学者の任意性が認められている．

```
種 属 科 目 綱 門 界
A ┐
B ├ あ ┐
C ┘    │
       ├ 1 ┐
D ┐    │  │
E ├ い ┘  │
         ├ α
F ┐    ┐  │
G ├ う │  │
H ┘    ├ 2│
I ┐    │
J ┴ え ┘
```

図1.6 リンネ式階層分類体系
いくつかの種を共通の属性でまとめて，属をつくる．さらに属をまとめて科をつくる．科より上位の分類階級である，目，綱，門，界については，動物命名規約では扱わない．

表1.2 リンネ式階層分類に基づく分類体系における，ヒトとオオシマザクラの扱い

界	動物界	植物界
門	脊索動物門	種子植物門
綱	哺乳綱	双子葉植物綱
目	霊長目	バラ目
科	ヒト科	バラ科
属	ヒト属	サクラ属
種	ヒト	オオシマザクラ

それでは分類体系は自由に構築することが許されるのであろうか．生物が進化をすることは，Darwin が『種の起源』を記し，適者生存の概念を用いて，種が変化し得ることを説いてから，現在では広く受け入れられている．そして進化論に立脚し複数のタクサをまとめて上位の分類階級を認識することの是非は，その認識が生物進化の過程を正しく反映したものであるか？という点から，客観的に検討することが現在では可能になっている．

1.3.5 自然分類と人為分類

すでに述べたように種以外の分類階級は，人間が便宜的に決めるものである．種をまとめて属をつくるとき，色々な方法が考えられる．例えば食べられるものと食べられないものとか，薬用になるものと有毒のものという基準もありうる．このような，人間にとって識別しやすい性質や生活に関連した特徴に基づいた分類を，人為分類という．しかしこの方法では，生物の進化の過程が考慮されていないので，類縁関係（系統）の近いものが別の分類群に所属してしまうことがある．これに対して，生物自身の特徴に基づいて，系統の近いものを集めて分類体系を構築しようとするのが自然分類である．この分類体系の中では，下位の分類階級まで同じ分類群に属するものほど，類縁関係が近い．

実例を挙げよう．図 1.7 には，適当に海産の動物を図示してある．自然分類では，クジラ・ヒラメ・チョウチンアンコウは，脊椎を持つという共通の生物学的な特徴から脊索動物門（この例の場合には，脊椎動物と同じ意）に分類される．フジツボ・カニは脚に関節があるという共通の属性から節足動物門に，カイ・イカ・タコは体が頭・胴体・足の 3 部分に分かれるなどの共通の特徴から軟体動物門に，それぞれ属している．このような分類は，生物の系統を反映していると考えられるので，自然分類と呼ばれる．

これに対し，生態の違い（プランクトン，ネクトン，ベントス），食用になるかどうかなどを基

図 1.7 海洋に生息する様々な動物たち
これらの多様な動物を整理して分類体系としてまとめるには，色々な考え方がありうる．分類学では，進化の道筋を反映するように整理したものを構築しようとしており，そのようにしてつくられた分類体系を自然分類と呼ぶ．

準とすると，まったく異なるグループが構成される．例えば，図 1.7 の生物のうち，クジラなどの脊椎動物にイカを加えたものが，遊泳力があるという共通の属性を持つネクトンである．しかし，イカと脊椎動物との間には，進化系統的にはほとんど類縁関係がない．あるいは図 1.7 に挙げた生物は，大部分が食用になる．しかしフジツボを食用にするのは，南アメリカのチリなど限られた地域のみである．また，生のものは食用にしないなど，食用になるかどうかは地域によって千差万別であり，かなり曖昧な基準であるといえる．したがって自然科学である生物学ではこのような分類基準を使うことはなく，生物の進化の過程を反映するようにすべての生物を自然分類によって整理しようとしている．

1.3.6 系 統 樹

進化論が正しければ，われわれは現在の多様な生物たちの進化の過程を遡ることによって，ついには最初の生物に辿り着くことができるはずである．系統樹（phylogenetic tree または dendrogram）とは，このような生物の進化の過程を表現しようとしたものである．

系統樹によって分類体系を表現するというのは，Haeckel の発案である．Haeckel は，全生物

の多様な広がりを1本の大樹にみたて，最も太い幹が最初に植物，原生生物，動物の3界に枝分かれし，その後さらに，多様な生物へと進化していったと主張した（図1.8）．

系統樹では，普通，横方向に各分類群を配置し，縦軸が時間を表している．時間軸は，一番上が現在を示し，下に行くほど時代を遡る．分類群どうしをつなぐ線は類縁関係を示し，枝別れの位置（時間）で新しい分類群が生じたことを表している．したがって，分類群間の類縁関係が近いほど，分岐の位置は現在に近い（つまり上にある）．

系統樹において，1つの分類群から進化したタクサをすべて包含する分類群の集合をクレード（clade）という．系統分類学において，この単一の祖先分類群から生じた分類群の集合は非常に重要な分類単位であり，単系統群とも呼ばれる．

一方，系統樹の横軸は，ある生物の機能的側面に関する進化の段階を意味することもできる．このような系統樹において，系統関係に関わらず，特定の段階に属する分類群の集合を，グレード

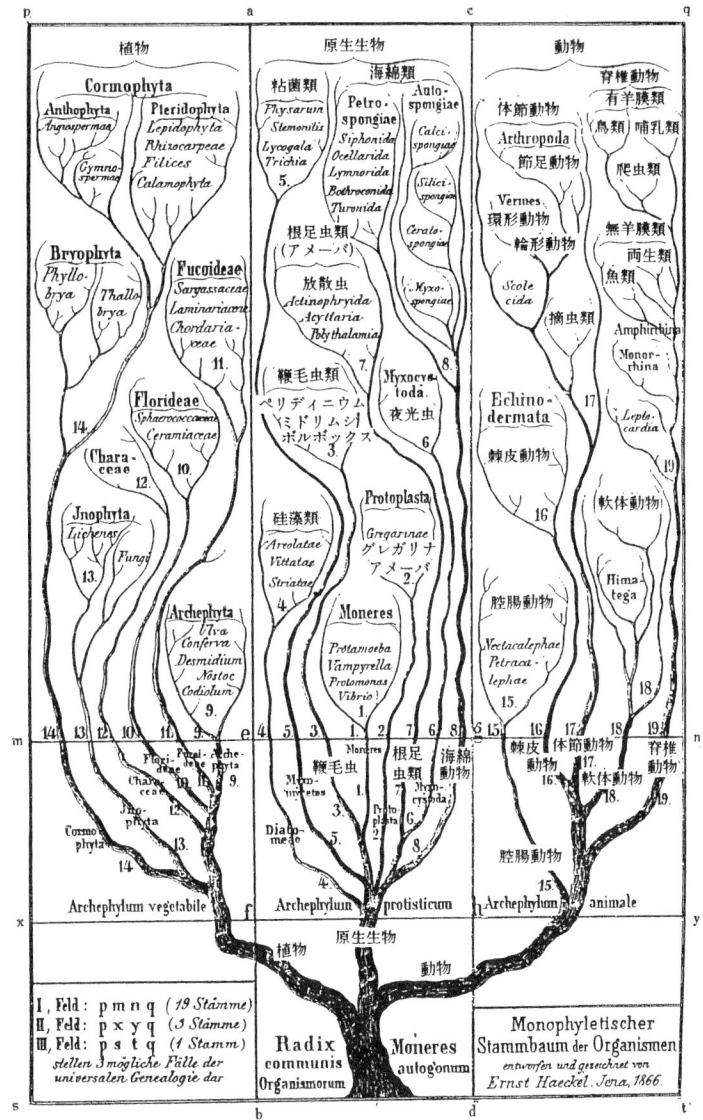

図1.8 Haeckelが提唱した系統樹
すべての生物が，植物・原生生物・動物の3分類群にまず分岐したことを主張している．

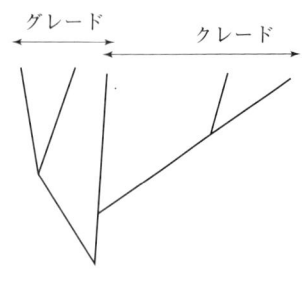

図 1.9　クレードとグレード
クレードは，ある分類群から進化したすべてのタクサを含む集合体である．グレードは，類似の進化段階の分類群の集合体であり，単系統群ではない．

(grade) という（図 1.9）．

　グレードは単系統群ではない．しかし形態分類では，しばしばこのグレードを上位分類階級として認識する．それは，形態的な進化の速度が一定ではないためである．例えば，現在の鳥綱は，多様な恐竜が地球生態系の優占種であった時代に，そのうちの1つの分類群から始祖鳥が進化し，それを共通の祖先として，急速に多様な種に進化したとされる単系統群である．一方，現在の分類体系で認められている爬虫綱は，この鳥類に進化したグループを含まない，四足卵生の完全な陸生動物といってよい．したがってこれはグレードである．

　すでに述べたように，系統樹は分類群どうしの血縁関係の遠近を示すので，最も血縁関係の濃い分類群が，現在に一番近い場所で枝分かれするように描かれる．そして類縁関係が遠いものほど，過去に分岐するように表現される．

　では，血縁関係の遠近はどのようにして決めるのだろうか．生物の進化は，過去に起こった一度きりの出来事であり，実験的に再現することはできないので，系統関係はすべて仮説である．しかし，類縁関係を正しく推定するのに役立つ証拠は色々あり，系統樹が妥当かどうかを検討することはできる．

　系統関係を決めるには，まずそれぞれの生物で対応する特徴を比較する．比較に用いる特徴を形

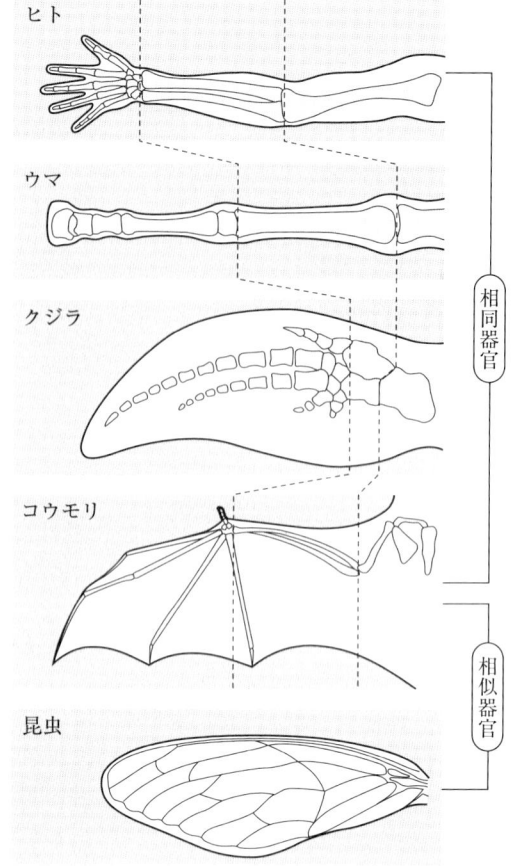

図 1.10　相同器官の例
ヒトの腕，ウマの前足，クジラの鰭，コウモリの翼はどれも4本足の動物の前足が進化して多様な形態を示すようになったもので，この形態形質の比較は，系統を解析するうえで有益である．このような器官どうしは相同であるという．一方，昆虫の翅はコウモリの翼と機能的・形態的に類似しているが，それらを比較して系統を論じることにはつながらない．

質といい，それぞれの分類群がその形質について持っている特徴を形質状態という．形質の比較を正しく行うことは，系統樹を作成するときの要件である．

　2つの分類群で同じ形質状態が認識されるとき，そのような現象がみられる原因には2つの可能性がある．1つは，系統類縁関係を反映している場合である．その場合，2つの分類群は，両者の共通の祖先が持っていた形質状態を，現在比較の対象としている2つの分類群にも引き継いでいて，そのために同じ形質状態を示しているもの

と考えられる．このように，系統関係を反映して比較しうる形質は，相同であるという．コウモリの翼やヒトの腕は哺乳類の前足と相同な器官であり，すべて4本の足を持つという共通の形質状態にあると考えてよい（図1.10）．

一方，同じような形質状態を示していても，それが単なる他人の空似で，2つの分類群には類縁関係がない場合もある．特殊な生態に適応するために，類似の形態形質が別々のタクサで独立に進化することは，珍しくない．例えば，海産哺乳類のイルカと魚類のマグロは，どちらも流線型の体型をしている．しかしイルカは偶蹄目のカバに近縁と考えられており，もともとは陸上に生息していて体型は流線型ではなかった．体型の類似は両者がどちらも捕食性であり，流体抵抗の大きな水中で高速に遊泳して餌を捕らえることに適応した結果だと考えられる．このような現象を収斂現象と呼ぶ（図1.11）．系統関係を推定する際にはこの収斂現象に注意を払い，非相同な形質を利用して類縁関係を推定しないように気を付ける必要がある．

相同な形態形質を用いて系統樹を作成する方法には，大きく分けて3つの考え方がある．伝統的な分類学である進化分類学（evolutional taxonomy）では，相同な形質を認識し，進化史を正しく反映すると思われる形質を重視して，その形質を共有するタクサをまとめて高次分類群とすることで，分類体系を構築してきた．しかし，このような方法は，特定の形質を重視する根拠が主観的で，客観性にかけるという批判があった．このような批判に対して，Sokal, R. R. などの数学者が中心となってすべての形態形質を等価に扱い，その系統関係を多変量解析法によって明らかにしようとしたのが，表形分類学（numerical taxonomy）である．

もう1つの考え方は，分岐分類学（cladistics）と呼ばれる．形質が相同ならば，どちらかの形質は，別の形質から進化して生じたものである．このとき，進化の結果として新たに生まれた形質状態を派生形質（apomorphic character），進化する以前の形質状態を原始形質（plesiomorphic character）という．分岐分類学では，派生形質を共有すること（共有派生形質：synapomorphic character）を根拠として姉妹群（sister group）をつくり，その作業を繰り返して系統樹を作成していく．

例えば，白くて丸い種Xから白くて四角い種Yが進化し，種Yから黒くて四角い種Zが進化したとすると，正しい系統樹は図1.12(a) のようになる．しかし，われわれの知りうることは種X Y Zの形質状態の組合せだけであり，別の系統樹も可能性がある．例えば白いという相同な形質が同じであることからは，図1.12(b) のような誤った系統樹が導かれてしまう．この誤りは，タクサが派生形質を共有していることを根拠とせず，白いという原始形質を共有することを根拠にしたために起こったものである．正しい系統関係を得るためには，相同な形質において，形質の極性を正しく把握することも重要である．

分岐分類学の手法で系統樹を作成しようとすると，ある形質について共有派生形質に基づいた姉妹群をつくったときに，別の形質については同じ進化を複数回仮定しなければならなくなることが

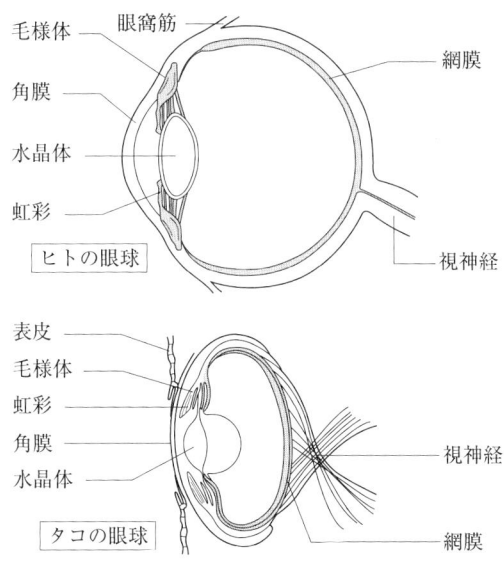

図1.11 収斂現象の例
ヒトの眼球とタコの眼球の構造はきわめて類似しているが，両者には系統関係がない．物をみるなどの目的に適応して，系統関係に関係なく複数の分類群が類似の形態形質を持つようになることを収斂現象という．

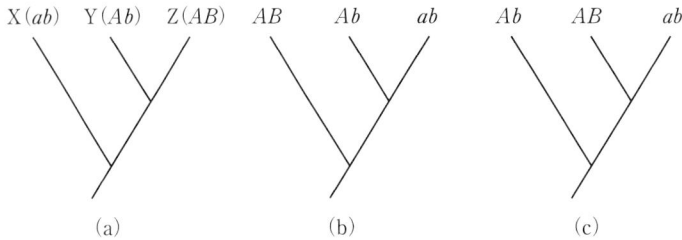

図 1.12 分岐分類学を理解するための概念図

仮に A（四角い）と B（黒い）という2つの形質があり，それぞれが原始形質 a（丸い）と b（白い）の派生形質だとすると，正しい系統樹は (a) である．その場合，A という共有派生形質で姉妹群がつくられている．それに対し，(b) では，b という共有原始形質で姉妹群がつくられているため，誤った系統樹が導かれている．(c) の系統樹をつくるためには，進化に $A→a$ と $b→B→b$ という3ステップが必要であり，他の系統樹の2ステップに比べて多くのステップを必要とするので，最節約原理から推定される正しい系統樹とはいえない．

しばしばある（図 1.12(c)）．そこで，実際に系統樹を作成するときには，仮定する進化の回数が最も少ない系統樹を，実際の進化のパターンを反映している可能性の最も高い系統樹として採用する（最節約原理）．検討するタクサの数や形質の数が多くなると，系統樹のとりうるパターンの数が急速に増加し，人の手には負えなくなるので，最節約原理を満足する最も適切な系統樹を計算機によって検索するのが一般的である．

1.3.7 遺伝情報の応用

遺伝子の塩基配列にはある確率で突然変異が起こる．相同な遺伝子どうしで塩基配列を比べて，違いが最も少ない組合せを見出せば，両者が最も類縁関係が近いと判断される（上記の最節約原理を適用している）．

ただしこれにも注意が必要である．アミノ酸をコードしている3番目の塩基が同じアミノ酸をコードしている場合，塩基の置換は表現形に影響を与えないため確率現象といえるが，そうでない場合は自然選択が働いていて，あるアミノ酸から別のアミノ酸への置換の確率は組合せごとに異なる．最尤法という系統解析法では，この側面も考慮に入れて系統を推定する．

また，塩基には AGCT の4つの形質状態しかないため，ある部位の塩基に違いがある場合，その部位において塩基の置換が過去に1回しか起こっていないという保証はない．2回以上の置換が起こっていた場合，相違を過小評価していることになる．このような現象は，単位時間に塩基の置換の起こる確率が高い（分子進化速度が速い）遺伝子を用いて，遠い過去に分化したと考えられる分類群の系統関係を推定しようとする場合に，誤った系統を推定するケースを生み出してしまう．一方，分子進化速度の遅い遺伝子を用いて，最近分化した分類群の系統を推定しようとしても，系統の推定が可能な数の塩基の置換がそろわないケースもある．したがって，分子生物学的な情報から系統を推定しようとする場合は，適切な進化速度を持つ遺伝子を用いることが肝要である．

染色体上の遺伝子の並び方や転写方向なども，系統の推定に利用できる．このような分子系統上の大進化は稀にしか起こらないので，その形質の共有は類縁関係の有力な証拠となる．

従来は，特定の形態形質を重視して系統を推定していたが，重視する形態はしばしば恣意的に選択されたため，主観を排除できなかった（図 1.12(b) の系統樹の推定はその例）．分子生物学的な情報を使うと客観的に系統関係を推定できるので，近年では色々な生物の系統を調べるときに盛んに利用されている．

1.3.8 生物の大分類

生物の世界を初めて体系的に理解しようとし

た，ギリシャの哲学者 Aristoteles は，まず生物を動物（動く生物）と植物（動かない生物）に二分し，さらに動物を陸生・水生・飛翔生に，植物を木本と草本に分類した．このように生物を動物界と植物界の 2 界に分ける考え（2 界説）は，Linne にも受け継がれた．その後，進化論が受け入れられるようになって，Haeckel は単細胞の原生生物から多細胞の植物と動物が進化したと考え，原生生物界（プロティスタ）を新たにつくった（3 界説）．

20 世紀に入って，細胞の構造と機能，様々な生物の発生に関する知見などが蓄積した結果，生物の進化の過程も詳しくわかってきた．その知見に基づいて，Copeland, H. F. は 4 界説を提唱した．この考えでは，細胞に核があるかどうかに着目して，細胞に核を持たない原核生物の細菌やラン藻（シアノバクテリア）をモネラ界とし，原生生物界から独立した分類群として認識した．また，真核単細胞または単純な多細胞体制のものを原生生物界とし，そこから多細胞体制の動物界と植物界が進化したと考えた．

Whittaker, R. H. は，1969 年にさらに生態学的な視点を加えて，生物をモネラ界・原生生物界・動物界・菌界・植物界の 5 界に分ける考えを提唱した（5 界説）．生態学では，食物連鎖における位置づけから，生物全体を，有機物を生産する生産者，他の生物を摂食し体内消化してエネルギーを得る消費者と，体外消化で有機物を吸収してエネルギーを得る分解者とに分類する．Whittaker は，生産者に植物，消費者に動物，分解者に菌類という真核多細胞生物が対応していることを重視して，5 界説を提唱した．この考えは，進化における自然選択では生態学的な地位が重要な役割を果たしてきたという主張に基づいており，従来の説との主要な違いは，キノコ・カビなどの生物を菌界として植物界から独立させたことである．

5 界説はその後 Margulis, L. がさらに発展させた．彼女は，細胞の共生進化説を提唱したことで知られる．5 界説においても細胞分裂・生殖様式など，Whittaker の生態学的地位によるものとは大きく異なる視点から生物の系統を論じた．彼女による多細胞生物 3 界の定義では，動物界は配偶体世代を持たず，卵と精子とによって生殖をする多細胞の従属栄養生物とされる．植物界は胞子体と配偶体との 2 世代で世代交代をし，胚発生をする独立栄養生物とされ，菌界は鞭毛を持たず，胞

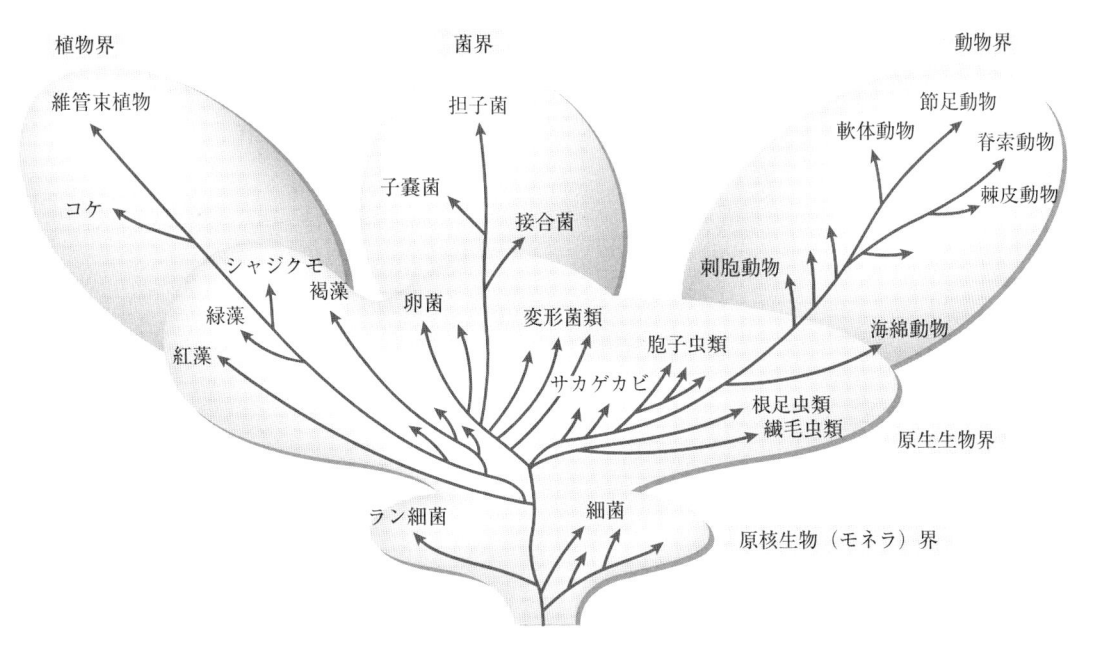

図 1.13　生物 5 界説に基づく，様々な生物間の系統関係

子体世代がなく，胞子を形成する多細胞生物とされる．特に単純な体制を持つ多細胞生物がほとんど原生生物界に入れられているのが特徴で，例えば光合成生物である褐藻・紅藻などのいわゆる藻類は，生態学的な機能を重視するWhittakerの体系では植物界に属していたが，Margulisの体系では原生生物界の一員とされている（図1.13）．

従来，5界説は広く受け入れられてきたが，明らかな問題点も包含していた．特に原生生物界は，真核生物全体から植物・動物・菌類を除いたものとなっており，単系統群でないことは明らかである．このことは，5界説を提唱した2人がどちらも認めていることでもある．近年の分子系統学の発展によって，生物の系統に関する科学的なデータは以前に比べて飛躍的に増大した．そして，5界説をさらに区分した，6界説や8界説というものも提案されている．

6界説には，2つの考えがある．1つは，Cavalier-Smith, T.が提唱したクロミスタ界を従来の5界に加えたものである．当初クロミスタ界は，クリプト藻類，不等毛類，ハプト藻類からなるグループで，鞭毛から小毛であるマスチゴネマ（mastigoneme）が分岐し，葉緑体が4枚の膜に包まれるという共通の特徴を持つとされた．この構造は，葉緑体を持つ真核生物が別の真核生物に内部共生して生まれたものと考えられていて，この界に含まれる光合成をする生物の共通の特徴である．その後，卵菌類などもこの界に含まれるとされている．

クロミスタ界を認めた場合，原生生物は主に従属栄養のものからなるので原生動物と呼ばれる．

もう1つの6界説として，Woese, C. R.の提唱した，原核生物を古細菌と真正細菌との2つの大きな分類群に区分する考えを受け入れたものがある．この場合，真核生物の系統に変化はない．古細菌と真正細菌とは，様々な面ではっきりと区別されるため，原核生物を二分するこの考えは，広く受け入れられている．両者の最大の違いは，脂質の生化学的特徴で，真正細菌のものはアシルグリセロールだが，古細菌のものは，グリセロールにイソプレノイドアルコールがエーテル結合した

いわゆるエーテル型脂質である．また真正細菌の細胞壁にはムレインがみられるが，古細菌の細胞壁はシュードムレイン・タンパク質などからなり，ムレインはない．Woeseはさらに，真正細菌・古細菌・真核生物と生物全体を大きく三分し，界より上位の新たな分類階級としてドメインを提唱している．

8界説というのは，上記の2つの6界説に，さらにアーケゾアという界を加えて全生物を8つの界（真正細菌・古細菌・アーケゾア・原生動物・クロミスタ・植物・動物・菌）に区分するものである．いわゆる原生動物には，微胞子虫など嫌気的環境に生息し，70Sリボソームを持ち（真核細胞のリボソームは原則として80S），細胞の中にゴルジ装置，ミトコンドリア，ペルオキシソームを持たないものがいる．初期の分子系統解析では，この生物が真核生物の中ではじめに分岐したとされたため，ミトコンドリアを獲得する前の原始的な真核生物であると考えられ，アーケゾアと命名された．しかし，最近になって多くのアーケゾアはミトコンドリア由来の遺伝子を持つことがわかってきており，二次的にミトコンドリアという構造を失った真核生物というのが真相らしい．したがって将来，8界説は根本的に見直されると思われる．

1.3.9 新たな生物の系統の見方

一方で，分子系統学的にも，また細胞の微細構造などの表現形の分析からも単系統群であることがほぼ確実な生物のグループが，新たにいくつか明らかになってきた．古くから，動物界の海綿動物が持つ襟細胞との形態の類似から，多細胞動物の起源と考えられていたのが，襟鞭毛虫である．この原生動物を含む，コアノゾアと呼ばれる分類群は，分子系統解析からも多細胞動物と近縁であり，さらに菌界とも類縁関係が近いことから，この3つの分類群をまとめて，オピストコンタと呼ぶ．これらの生物には，形態学的にも，細胞後端から生じる1本の鞭毛を持つという共通の特徴がある．

1.3 生物の分類

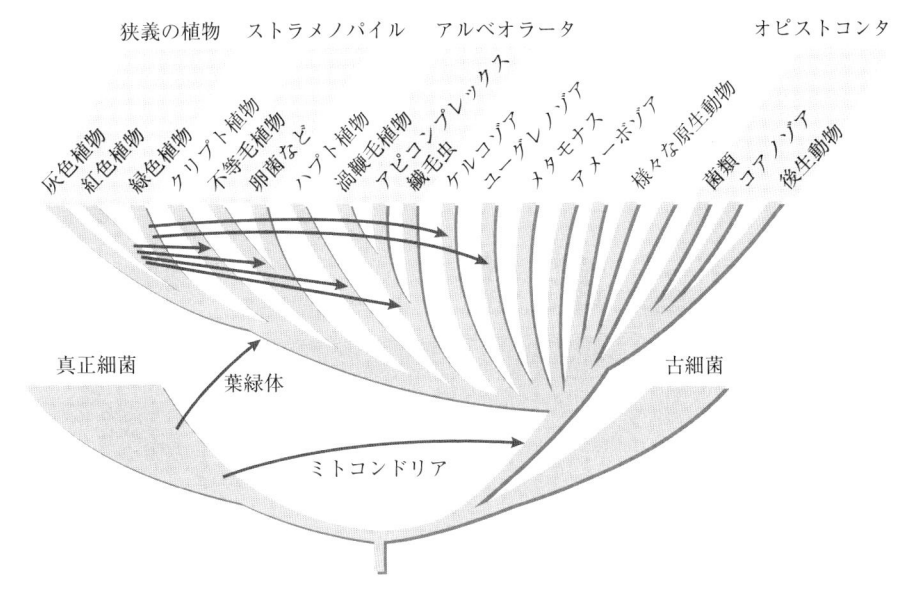

図1.14 生物の系統に関する最新の考え方の1つ
多数の二次共生が起こって，様々な生態的地位にある生物が単系統群を形成している（中山，2003を参考に作図）．

　二次共生型の葉緑体を持つグループでは，光合成を行わない従属栄養の生物と単系統群を構成するものが色々とあることが，最近明らかになってきた．ユーグレノゾアは，光合成をするミドリムシ類と，寄生性で眠り病を引き起こすトリパノソーマを含むキネトプラスト類とから構成される分類群で，分子系統学的に，さらにミトコンドリアの構造や細胞分裂の様式などにユニークな共通点を持つといった表現形の類似からも，単系統であることが強く支持されている．
　繊毛虫・アピコンプレックス・渦鞭毛藻の3分類群が近縁であることについては，分子系統学的に示唆されるだけでなく，細胞表面の構造が類似しているという形態学的な証拠も集まってきている．この3生物群をまとめたものは，繊毛虫の細胞の表面構造の名称にちなんでアルベオラータと呼ばれる．繊毛虫がみな従属栄養であるのに対し，渦鞭毛藻の半数は光合成をするので，渦鞭毛藻が二次的に葉緑体を獲得したと考えられていた．しかし最近，アピコンプレックスに属するマラリア原虫が葉緑体の痕跡器官を持つことがわかって，むしろ，アピコンプレックスと渦鞭毛藻の共通祖先に紅色植物が二次的に共生したと考えられるようになった．

　すでに述べたように，クロミスタ界には，提唱後に卵菌類などが追加されている．これは，クロミスタ界の主要な構成要素である黄色植物とこれらの生物との間に，分子系統学的に近縁性があるばかりでなく，鞭毛の微細構造に共有派生形質が認められるからである．ストラメノパイルと呼ばれるこの分類群はすべて，鞭毛に管状マスチゴネマと呼ばれる特有の構造を持つ．この構造は，基部・軸部・先端毛の3部分からなり，軸部は中空になっている．ストラメノパイルでは，この構造が鞭毛から多数分岐して羽のようにみえ，どの遊泳細胞も運動時にこの鞭毛を進行方向の前のほうに配置して移動する．
　このように，分子生物学的情報とそれ以外の生物学的情報はいずれも，様々な原核・真核細胞の間で，複数回の共生関係が過去に成立したことを示唆している．そしてストラメノパイルに含まれる分類群を例にとると，それには光合成をする藻類以外に，分解者である卵菌類や原生動物の太陽虫といった様々な生態的地位を占めるものが含まれており，従来の5界説のように，分類群をその生態的特徴から括って界を認識するという考え方は，大きな挑戦を受けているといえるだろう（図1.14）．

1.4 生物の多様性

生物は3ドメイン（真正細菌・古細菌・真核生物）8界に分類されるというのが定説だったが，最近ではアーケゾアの独自性が疑問視されるようになっている．ここではアーケゾアを除く7界に生物を分類し，各界に分類される生物について，可能な限り網羅的に解説する．

なお，ウイルスを生物に含めるべきかどうかについては論争があり，3ドメインに含まれていないので，ここでは扱わない．

1.4.1 真正細菌ドメイン

細胞核を持たない原核生物には，真正細菌と古細菌ドメインがあるが，真正細菌は次のような特徴から古細菌と区別できる．まずグリセロールに脂肪酸がエステル結合した脂質骨格を持つ（古細菌はイソプレノイドアルコールがエーテル結合したエーテル型脂質）．また，細胞壁にムレインが含まれる．その他にも，翻訳開始コドンが異なることなどが挙げられる．

真正細菌の分類は，真核生物と違って形態だけから行うことは難しい．従来からグラム染色法は最も基本的な真正細菌の分類に用いられる手法である．その他に形態，生化学的・生理学的・生態学的特性も重要な分類形質となっている．また近年発展が著しい分生生物学から得られる情報は，

表 1.3 真正細菌

門	主要な分類群や特徴など
ゲマティモナス門 (Gemmatimonadetes)	*Gemmatimonas* 属など
アクイフェックス門 (Aquificae)	*Aquifex* 属（高温で生育する独立栄養細菌）など
テルモトガ門 (Thermotogae)	*Thermotoga* 属（高温で生息する従属栄養細菌）など
テルモデスルフォバクテリア門 (Thermodesulfobacteria)	桿状の好熱硫酸還元菌の一群
デイノコックス・テルムス門 (Deinococcus-Thermus)	極限環境（放射能・高熱・真空など）に耐性のある球状の真正細菌
クリシオゲネス門 (Chrysiogenetes)	砒酸を呼吸に使う
ニトロスピラ門 (Nitrospira)	硝化菌
デフェリバクター門 (Deferribacteres)	好熱性の絶対嫌気性細菌
放線菌門 (Actinobacteria)	主要な土壌細菌 *Streptomyces* は多様な抗生物質を生産する．グラム陽性で GC 含量が高い
発酵菌門 (Firmicutes)	*Bacillus* 属など．グラム陽性で GC 含量が低い
緑色硫黄細菌門 (Chlorobi)	酸素非発生型光合成を行う絶対嫌気性細菌．電子供与体として硫黄を用いる
フィブロバクター門 (Fibrobacteres)	グラム陰性の嫌気性細菌
アシドバクテリウム門 (Acidobacteria)	酸化条件で光合成．大部分は好酸性
バクテロイデス門 (Bacteroidetes)	*Bacteriodes* 属（主要な腸内細菌），*Porphyromonas* 属（主要な口腔内細菌）
フソバクテリウム門 (Fusobacteria)	グラム陰性の嫌気性細菌
緑色非硫黄細菌門 (Chloroflexi)	酸素非発生型光合成細菌．糸状の群体を形成し滑走により運動する
ディクティオグロムス門 (Dictyoglomi)	超好熱嫌気性細菌でシキロースを持つ
プラクトミセス門 (Planctomycetes)	特異な細胞内構造を持つ水生細菌
クラミディア門 (Chlamydiae)	代謝エネルギー生産系がなく，細胞内でしか増殖しない．トラコーマ・性器クラミジア感染症の原因となる
スピロヘータ門 (Spirochaetes)	らせん状の体形が特徴．梅毒・回帰熱などの病原となる．またシロアリやゴキブリの腸内細菌としても重要
シアノバクテリア（ラン色細菌）門 (Cyanobacteria)	ユレモ・ネンジュモなど．酸素発生型の光合成を行う
プロテオバクテリア門 (Proteobacteria)	大腸菌・サルモネラ菌・コレラ菌・窒素固定細菌などを含む

現在では最も重要な分類形質である．これらの情報をもとにして，現在，真正細菌は22門に分類される（Systema Naturae 2000．表1.3）．

1.4.2 古細菌ドメイン

古細菌とは，高度好塩菌，好熱菌，メタン菌など，従来は極限環境に局在すると考えられていた原核生物である．さらに熱水生態系や大深度地下生態系などにも古細菌が見つかっている．しかし近年，環境中に分布するDNAから生息する生物を同定する方法（FISH；fluorescence in situ hybridizationと呼ばれる）を用いた結果，極限とはいえない環境にも多数の古細菌が生息していることが明らかになっている．しかし，これらの古細菌の培養は成功していないため，その生物学的な特徴は依然として明らかになっていない．

古細菌ドメインは，4門に分類される．主要なものはEuryarchaeota（ユリアーキオータ門）とCrenarchaeota（クレンアーキオータ門）であり，前者にはメタン菌・高度好塩菌および一部の好熱古細菌などが，また後者には大部分の好熱古細菌が分類される．Korarchaeota（コルアーキオータ門）とNanoarchaeota（ナノアーキオータ門）とは近年提唱された門で，前者には分離株がまだ発見されていない．後者には熱水生態系から分離された，古細菌に寄生する微小な古細菌が分類されている．

1.4.3 真核生物ドメイン

真核生物の系統については伝統的に原生生物界（主に単細胞生物）・動物界・植物界・菌界の4界が認識されていた．しかし原生生物界は異質な多数の分類群の寄せ集めであることが明確になり，単系統性が支持されるグループは個別に扱われるようになっている．この原生生物の整理は現在，分子生物学的情報と電子顕微鏡観察による細胞の微細構造の情報から急速に進んでおり，系統樹が日々書き換えられているといっても過言ではない．

原生生物界の一部は，クロミスタと呼ばれるグループにまとめられ，旧来の8界説の中で単系統群とされていた．この界の生物は，みな鞭毛の側部に中空の小さな毛状の枝（マスチゴネマ）があり，葉緑体が4枚の膜に包まれている．しかし，この分類群も現在の新しい分類体系では違った形で取り上げられている．

真核生物の分子生物学的な系統解析は従来rRNAの塩基配列を中心に行われてきた．そして，この方法で得られた系統樹では，クラウン生物というグループが認識された．このグループには，動物・植物・菌のすべての多細胞生物が含まれ，これらの生物界は共通の祖先を持つと考えられた．1990年代に主流であったこの系統樹は，このほかに，寄生生活に特化したグループを認識してしまった．しかし，これは特異的に分子進化速度が速まったために系統樹の根元付近で分岐するLBA（long branch attraction）という現象の結果にすぎず，この分子系統樹には大きな問題があることがわかった．

最近の様々な分子生物学的情報を総合的に扱って提唱されている系統樹では，従来の多細胞生物の3界は，従来原生生物界に含まれていた種々の分類群の1つの小群として扱われている．このような系統樹が現在では多数提唱されていて，今のところコンセンサスは得られていない．

例えば最近のCavalier-Smith（2003）の考えでは，真核生物ドメインは大きく2分類群に分けられる（図1.15）．1つはバイコンタ（Bikonta）と呼ばれ，鞭毛を1細胞に2本持つことを共通の特徴としている．このグループには，カボゾア（Cabozoa）とコルチカータ（Corticata）という2つの小グループが含まれる（Cavalier-Smithは，アプソゾア（Apusozoa）という従来所属不明とされるものも含むと主張している）．カボゾアにはリザリア（Rhizaria）とエクスカバータ（Excavata）という2分類群が含まれるが，前者は従来の分類で根足虫と呼ばれていたものを主とし，有孔虫・放散虫・有殻アメーバなどを含む．エクスカバータに属する多くの生物は，細胞に大きな溝がある．ミドリムシはこのグルー

```
                      ┌─ Apusozoa
              ┌Corticata┤    ┌─ Archaeplastida
              │         └────┤
      ┌Bikonta┤              └─ Chromalveolata
      │       │         ┌─ Rhizaria
      │       └Cabozoa──┤
Eukarya┤                └─ Excavata
      │       ┌─ Amoebozoa
      └Unikonta┤         ┌─ Metazoa
              └Opisthokonta┤─ Choanozoa
                          └─ Eumycota
```

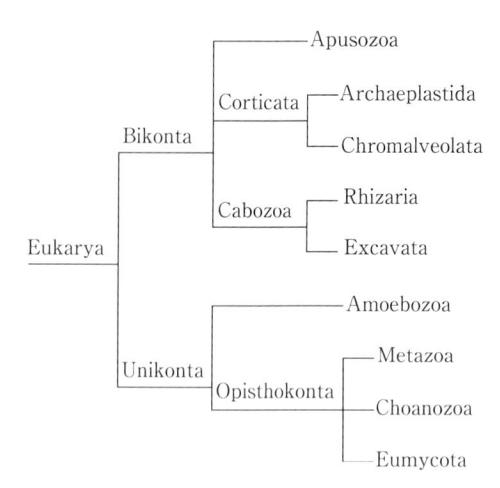

図 1.15 分子生物学的知見に基づく，最近の真核生物の系統樹の例

プの代表的な生物で，その他に寄生性のトリパノソーマやトリコモナスなど，ヒトの病原性原生生物を含む．コルチカータは，アルケオプラスチダ（Archaeplastida）とクロマルベオラータ（Chromalveolata）という2分類群に分かれる．前者は植物界を含み，その他に緑藻・紅藻・灰色藻もそのメンバーである．後者は従来のクロミスタ界とアルベオラータ（界）からなる．

いま1つの大きな真核生物の系統はユニコンタ（Unikonta）と名付けられている．こちらは鞭毛が1細胞に1本である．このグループはオピストコンタ（後鞭毛類．Opisthokonta）とアメーボゾア（Amoebozoa）を含む．前者は，細胞の（進行方向）後ろ側に鞭毛を持つことを共通の形質とし，動物界・真菌界・襟鞭毛虫類を含む．後者はいわゆるアメーバの仲間である．

すでに述べたように，分子生物学的な系統関係はまだ十分に固まっていない．そこでここでは，あえて従来の8界説に近い形で，動物・植物・菌の多細胞生物3界と原生動物・クロマルベオラータの原生生物2界に分けて，それぞれに含まれる各門を概説する．繰返しになるが，このような分類体系は，現在の最新の真核生物の系統に関する知見とは完全には一致していないことに注意する必要がある．

a. クロマルベオラータ界

渦鞭毛藻類・繊毛虫類・アピコンプレックス類は，外側の細胞膜を扁平な袋状の構造が裏打ちしている特殊な構造の細胞外被を持つことを共有派生形質とする．この三者が単系統群を構成することが，近年，複数の分子生物学的解析から確実なものとなり，その細胞外被の名称にちなんでアルベオラータと名付けられた．

一方，クロミスタは，鞭毛に特殊な管状の分枝を持つことを共通の派生形質として，はじめは認識された．この分類群には多くの葉緑体を持つ生物が含まれるが，紅藻類が鞭毛虫類に二次共生した結果と考えられており，どれも4枚の膜が葉緑体にある．また葉緑体にクロロフィルCがあることも，この分類群の特徴である．不等毛藻類はクロミスタの主要な構成員で，その他に，クリプト藻，ハプト藻などが含まれる．また，葉緑体を持たないラビリンツラ，卵菌，サカゲカビもこのグループに含まれる．

さらに，アルベオラータとクロミスタとは姉妹群をなすことが強く示唆されることから，クロマルベオラータという分類群が提唱されるようになった．その結果，この界の現在の分類は，不等毛植物門・ハプト藻門・クリプト藻門およびアルベオラータに整理された．

不等毛植物門はストラメノパイルとも呼ばれ，黄金藻・褐藻・珪藻など，緑藻を除く大部分の旧来の藻類が含まれる．さらに卵菌・オパリナ・ラビリンツラなどの葉緑体を持たないグループもこの仲間である．生態学的には水圏の一次生産者としてきわめて重要である．

ハプト藻門に属する藻類は，細胞の表面に有機質の鱗片や炭酸カルシウムでできた円石を持つ．ハプト藻類の代表的な分類群は，円石を持つ円石藻類である．この仲間は北大西洋において，ときに大発生し，海色を白くすることもある．

クリプト藻門は比較的小さな分類群で，淡水に多くみられる．細胞には2本の鞭毛があり，その基部にガレット（咽喉部）と呼ばれる陥入部がある．その内壁に毛胞（trichocyst）と呼ばれる射出装置があり，これがこのグループの特徴である．

アルベオラータには，渦鞭毛藻類・繊毛虫類・アピコンプレックス類が含まれる．これらは従来まったく異なる分類群に属していた．渦鞭毛藻類は2本の直交する鞭毛を持つのが特徴である．発光性の夜光虫はこの仲間である．多くの赤潮は渦鞭毛藻類の異常発生が原因である（7.3.1項参照）．海洋の一次生産者として重要であり，特に造礁サンゴ類に共生する褐虫藻は，サンゴ礁生態系の基幹的な生産者である．

繊毛虫類は，体表が繊毛で覆われること，大核と小核の2種の核を持つことなどを特徴とする．ゾウリムシ・ツリガネムシ・ラッパムシなどがよく知られている．淡水・海水のどちらにも多数生息しており，重要な消費者である．またテトラヒメナはモデル生物としてよく知られている．

アピコンプレックスは，生活環の中で頂端複合構造（apical complex）という構造を持つことを共通の特徴としている．ほとんどが寄生性で，マラリア原虫などを含む．

b. 原生動物界

原生動物界は，現在の分子系統学的な真核生物の系統から考えると，多系統であることが明らかな分類群である．バイコンタの中からは，リザリアとエクスカバータからなるカボゾアのすべてと，アルケオプラスチダのうちの植物界以外のもの，それにユニコンタの中のアメーボゾアと襟鞭毛虫類を含む．

(1) リザリア

カボゾアのうち，リザリアにはケルコゾア門・放散虫門・有孔虫門が所属する．ケルコゾア門には，かつて有殻糸状根足虫と呼ばれた分類群の大部分が入る．代表的な生物はユーグリファ（ウロコカムリ）類で，珪質の殻を持ち，糸状仮足で捕食するアメーバのような生き物である．また細胞内共生の研究によく用いられるクロララクニオン藻もこの仲間である．

放散虫門は，珪酸質あるいは硫酸ストロンチウムからなる骨格を持つ原生動物である．かつては肉質鞭毛虫類の中の有軸仮足虫類の1つとして扱われていた．海洋に多産する従属栄養のプランクトンで，殻が海底に沈んで堆積物の主要な構成要素となることもある．

有孔虫門は，網状仮足を持つアメーバ様の原生生物である．大部分が，炭酸カルシウムまたは堆積物粒子を集めてつくった殻を持つ．仮足を出すための穴が殻に多数あいていることが名前の由来である．プランクトン性と底生性のものがあり，どちらも殻が集まって堆積物をつくることがある．星砂は，有孔虫の殻の集まったものである．従来は，放散虫と同じく肉質鞭毛虫類の根足虫の1つとされていた．

(2) エクスカバータ

エクスカバータは，ユーグレノゾア門（Euglenozoa）・ペルコロゾア門（Percolozoa）・メタモナダ門（Metamonada）に分類される．ユーグレノゾア門は，ミドリムシの仲間と眠り病の原因となる寄生種を含むキネトプラスト類を含む分類群で，3個の鞭毛根を持つこと，扇状のミトコンドリアクリステを持つことなどが共通した特徴である．

ペルコロゾア門は細胞性粘菌類を含む分類群で，やはりミトコンドリアクリステが扇状をしている．アメーバ・鞭毛虫・シストの異なる状態をとることができるものを含む．

メタモナダ門は嫌気性の鞭毛虫で，典型的なミトコンドリアを持たないことが特徴である．このことから，8界説のアーケゾアに含まれていた．性感染症の原因となるトリコモナスを含む．

(3) アルケオプラスチダの一部

アルケオプラスチダのうち原生生物に含まれるのは，灰色藻門と紅藻門である．どちらもラン藻の一次共生による葉緑体を持つ．灰色藻は淡水産の藻類で，葉緑体の膜の間には細菌同様ペプチドグリカンがある．紅藻は，鞭毛をまったく持たないことを特徴とする．この類が他の原核生物に二次共生して，クロマルベオラータが進化したと考えられている．テングサなど食用となるものや，サンゴ藻など生態学的に重要な種を含む．

(4) アメーボゾア

典型的なアメーバの仲間と，粘菌類の一部がこの門に分類されている．鞭毛を持たないものが多

く，微小管も細胞分裂装置以外は見当たらない．

(5) 襟鞭毛虫門

オピストコンタの中で唯一の単細胞生物である．主要なグループは，門の名前にもなっている襟鞭毛虫である．この鞭毛虫は鞭毛が1本で，その基部を微絨毛が襟のように取り囲んでいる．この構造が名前の由来である．鞭毛で水流を起こし，浮遊している有機物を襟で捕捉する．自由生活型の種は鞭毛を後ろにして泳ぐ．この性質が動物と共通し他の鞭毛虫と異なるため，動物との近縁性が強く示唆される．

c. 植物界

植物界は，現在の真核生物の系統の中では，アルケオプラスチダの中で多細胞の生物という位置づけになる．

かつての5界説・8界説では，植物界の生物は生態系の中で光合成を行う生産者としての役割を果たすとされていた．光合成に使う集光色素は，すべて緑藻類と同じクロロフィルbである．そのため植物は，4億年ほど前に，原生生物の緑藻類の一群が，光合成の効率が水中よりはるかに高い陸上に進出してきたものと考えられている．

植物には，陸上に生息するための様々な適応をみることができる．陸上では水中のように浮力がないので，重力に抗して姿勢を保たねばならない．そのため細胞壁が発達している．また陸上では，いかに水を得るかが重要である．根・茎・葉という器官が分化し，さらに，水を運ぶ仮道管や道管と，光合成産物を輸送する師管が発達し，これらが集まって維管束となり，より効率よく働くようになっている．また，配偶子も乾燥に耐える構造になっている．

植物界は，器官の発達の程度と生殖方法の違いから，コケ植物・シダ植物・種子植物に分類され，種子植物はさらに裸子植物と被子植物とに分類される．

コケ植物は，根・茎・葉の分化がまだみられない原始的な植物で，湿度の高い場所に生育する．胞子による無性生殖を行う世代と，精子と卵による有性生殖を行う世代との間で世代交代を行う．

普通われわれが目にするのは，核相が単相の配偶体（有性世代）である．胞子体は従属栄養性で，配偶体に寄生している．ゼニゴケ・ウロコゴケなどの苔類と，スギゴケ・ミズゴケなどの蘚類がある．

シダ植物と種子植物は，胞子体が植物の本体であり，根・葉・茎という器官への分化がみられる．また茎には維管束が発達するため，維管束植物と呼ばれることがある．

シダ植物はコケ植物同様，世代交代をする．胞子体は種子をつくらず，葉の胞子嚢中につくられる胞子で増える．胞子は発芽して前葉体と呼ばれる配偶体になり，そこに造卵器と造精器ができる．精子は水を介して卵と受精し，受精卵が発生して胞子体となる．現生のシダ植物は，マツバラン類・ヒカゲノカズラ類・トクサ類・シダ類に分類される．マツバラン類は根を欠き，「地下茎」を持つ．ヒカゲノカズラ類には小葉があるのに対し，シダ類のうち，ワラビ・ヘゴなどの典型的なシダの仲間は大葉を持つ．トクサ類は，スギナを含み，楔葉からなる輪生葉と胞子嚢穂を持つ．

シダ植物から進化した種子植物では，胞子体に生殖器官として花が発達し，配偶体はその中で世代を終える．つまり花の内部にある胚珠の中で大胞子嚢が発達して生じる胚嚢が雌の配偶体，小胞子に由来する花粉が雄の配偶体である．花粉は，胚珠に達すると花粉管が伸長し，精細胞を授精させる．受精した胚は，胚珠の中で成長して種子となる．このような進化の結果，種子植物は受精に水を必要とせず，陸上の乾燥環境によく適応した分類群である．

裸子植物は花に花被（花びら，萼（がく））がなく，胚珠が裸の状態にある．現生のものはマオウ類・イチョウ類・ソテツ類・球果類に分類される．マオウ類は，生殖器官が花穂状，珠皮は1枚でさらに苞葉で包まれる．イチョウ類はイチョウ1種で，胚珠は裸出し，珠皮は1枚である．ソテツ類では，胚珠が大胞子葉に直生し，珠皮は1枚だが3層に分かれる．球果類は，マツ・スギ・ヒノキなどの仲間で，雌雄異体である．雌の球果（いわゆるマツボックリ）は，種鱗と苞鱗が組になった種鱗複

合体が集まったものである.

被子植物は花が発達し,花のめしべが袋状になってつくる子房の中に胚珠が包み込まれている.これによって耐乾燥性がさらに高まり,また虫害なども防ぐことができるようになった.また,受精後に胚乳に栄養を供給する重複受精をするのも,被子植物の特徴である.現在の陸上植物の大部分の種は被子植物である.

被子植物は,大きく単子葉植物と双子葉植物に分類される.前者は,イネ・ラン・ユリ・ヤシなどを含み,子葉が1枚で葉が平行脈,花が3数性などの特徴を共有する.双子葉植物は,キク・サクラ・バラ・ツバキ・ブナ・ケシなどを含む.

d. 動物界

動物界は,現在の真核生物の系統ではオピストコンタの中の多細胞性の1界として扱われる.襟鞭毛虫は近縁の単細胞生物である.

ヒトを含む動物界の生物は,みな真核多細胞である.筋肉細胞を持っていて運動性があり,ほとんどのものが消化管を持ち,他の生物を摂食する消費者の役割を生態系で果たしている.動物界は多様で,40近い門に分類される.単純な形態のものに新しい構造が付け加わって,より優れた機能を持つように進化してきたと従来は考えられていた.しかし,動物の進化は常にこのようなベクトルを持つものではない.これらの動物門の系統を反映すると考えられている構造には,胚葉の数,器官の有無,相称性,体腔の構造,発生の特徴,幼生の特徴などが挙げられる.現在認められているすべての動物門の系統を,表1.4に示す.

(1) 胚葉を形成しない動物(無胚葉性の動物)

動物界の祖先は,原生動物の襟鞭毛虫類だと考えられている.この単細胞生物が集合し,やがて役割分担をするようになって,多細胞動物が進化した.そのような初期の動物の特徴をとどめているのが海綿動物である.海綿動物には,まだ器官がみられず,発生過程で胚葉を形成しない.海綿動物は,原生動物の襟鞭毛虫にそっくりの襟細胞が持つ鞭毛を動かして水流をつくり,水中に浮遊する有機物を濾し取って食べる.また,体内に骨片を多数持つ.骨片が炭酸カルシウムのもの(石灰海綿類・硬骨海綿類),スポンギンと呼ばれるタンパク質のもの(尋常海綿類),およびガラス質のもの(ガラス海綿類)がある.

(2) 二胚葉性で放射相称の動物

平板動物は風船を潰したような2層の細胞からなる小型の動物で,主に珊瑚礁海域に生息する.地面に接している層の細胞は,腺性の細胞が多く内胚葉的な特徴を持つ.一方,外界に面している

表1.4 すべての現生動物門

側生動物	海綿動物(Porifera)
後生動物	平板動物(Placozoa)
放射相称動物	刺胞動物(Cnidaria),有櫛動物(Ctenophora)
左右相称動物	二胚虫動物(Rhombozoa),直游動物(Orthonectida),無腸動物(Acoelomorpha),毛顎動物(Chaetognatha)
後口動物	脊索動物(Chordata),半索動物(Hemichordata),棘皮動物(Echinodermata),珍渦虫動物(Xenoturbellida)
脱皮動物	動吻動物(Kinorhyncha),胴甲動物(Loricifera),鰓曳動物(Priapulida),線形動物(Nematoda),類線形動物(Nematomorpha),有爪動物(Onychophora),緩歩動物(Tardigrada),節足動物(Arthropoda)
平形動物	扁形動物(Platyhelminthes),腹毛動物(Gastrotricha),輪形動物(Rotifera),鉤頭動物(Acanthocephala),顎口動物(Gnathostomulida),微顎動物(Micrognathozoa),有輪動物(Cycliophora)
冠輪動物	星口動物(Sipuncula),紐形動物(Nemertea),箒虫動物(Phoronida),外肛動物(Bryozoa),内肛動物(Entoprocta),腕足動物(Brachiopoda),軟体動物(Mollusca),環形動物(Annelida),ゆむし動物(Echiura)

層の細胞には繊毛が多数生えており，外胚葉的な特徴がある．しかし，この動物には明確な消化管はなく，体を屈曲させて一時的な消化盲管をつくり，餌を体外消化する．海綿動物は個体性がはっきりしないが，平板動物では個体性を認識できる．

器官を持ち，発生過程で胚葉を形成する動物としてはじめに登場したのは，体に背腹の区別がない放射相称の刺胞動物と有櫛動物である．これらの動物は二胚葉性である．外胚葉と内胚葉の間は中膠または間充織で，わずかな細胞が浮遊しているにすぎない．放射相称の体制は，餌を待ち伏せするのに適しているが，ある水平方向に積極的に移動して獲物を捕らえるという生態には適していない．さらにこれらの動物では中枢神経系が未発達で運動性が低い．またこれらの動物では，消化管が盲管で，口はあるが肛門を持たない．

刺胞動物は多数の触手を持ち，刺胞という，針と毒を持つ特殊な細胞がある．遊泳性のクラゲと付着性のポリプの二型で世代交代をする．クラゲ世代を持つ鉢虫類・ヒドロ虫類（ミズクラゲなど）と，持たない花虫類（イソギンチャク・ハナギンチャク・イシサンゴなど）に大別される．群体性のものが少なくない．

有櫛動物は刺胞を持たず，運動のための繊毛の連なった板（櫛板）を8本持っている．触手を持つ有触手類（クシクラゲ・オビクラゲなど）と，持たない無触手類（ウリクラゲ）がある．なお従来，有櫛動物は二胚葉性とされてきたが，近年は三胚葉とする意見も有力である．

またミクソゾアは，生涯のほとんどが単細胞であるため原生生物界に分類されていたが，近年の分子系統学的研究から動物界に所属することはほぼ間違いないとされている．また刺胞動物の刺胞に良く似た構造がみられるため，おそらく刺胞動物に近縁ではないかと考えられており，最近では分子系統学的にもその考え方が支持されている．

(3) 三胚葉性で左右相称の動物

さらに進化したすべての動物は，中枢神経系が発達し，運動性が高まった．また体制が左右相称となり，体に前後と上下の軸を持つようになった．また中胚葉起源の筋肉組織の発達した三胚葉性の動物となり，原腎管からなる排泄器官も持つようになった．これらの特徴はすべて，ある方向に積極的に移動して餌を捕らえるという生態に適した体制に進化した結果だと考えられる．

左右相称の動物は，発生の特徴から，主にらせん卵割で原口がそのまま成体の口になる前口（旧口）動物と，放射卵割で口が新たにつくられる後口（新口）動物とに大別される．両者には，その他にも際立った違いがみられる．前口動物の中胚葉が端細胞と呼ばれる一対の細胞から形成され，体腔はその細胞塊の中にできる（裂体腔）のに対し，後口動物の中胚葉は消化管が風船のように膨らんで形成され，その内側がそのまま体腔になる（腸体腔）．また，前口動物の幼生が主にトロコフォア幼生であるのに対し，後口動物の幼生は3節に分節した仮想的な幼生であるディプルールラ幼生が共通の祖先形であると考えられている．

イカやタコの腎臓に寄生するニハイチュウ（二胚虫）という動物は，きわめて細胞数が少なく，消化管や神経系がない．中胚葉性の器官を持たないので，三胚葉を持つ動物の起源となった原始的な動物と考えられていた．しかし最近の分子系統学的な解析により，中生動物はもともと三胚葉性だった祖先から，寄生生活に適応して単純な体制に進化してきたことがわかった．

(4) 前口動物の系統

伝統的に前口動物は，体腔の構造から，無体腔動物（体腔がない），偽体腔動物（体腔が胞胚腔に由来し上皮性の細胞が表面を覆っていない），真体腔動物（上皮性の細胞で裏打ちされた体の中の空所が，胞胚腔とは別に新たにつくられる）へと進化したと考えられてきた．しかし最近の分子系統学の研究では，これを否定する結果が出ている．それによると，前口動物は脱皮をする系統と，繊毛を使って移動と摂食をする系統とに大別される．前者を脱皮動物，後者を冠輪動物という．脱皮動物には線形動物（偽体腔動物）と節足動物（真体腔動物）が含まれ，冠輪動物にも輪形動物（偽体腔動物）と環形動物・軟体動物（真体腔動物）が含まれる．では，脱皮動物と冠輪動物の共有祖先は偽体腔動物なのだろうか，それとも真体腔動

物なのだろうか？

後口動物はすべて真体腔動物なので，前口動物と後口動物との共通祖先は真体腔動物だったと考えるほうが自然である．したがって，前口動物の共通の祖先もおそらく真体腔動物であったと考えられる．偽体腔動物は，体の小型化に伴って真体腔動物から退化的に進化した動物なのかもしれない．ただし分子系統学的に脱皮動物とも冠輪動物とも区別がつかない左右相称動物の門が多数あり，これらの動物門の所属を早急に確定する必要がある（最近の分類では，これらの動物門は平形動物（Platyzoa）という1つの分類群にまとめられている）．冠輪動物・脱皮動物はともに多数の動物門を含むが，紙面の関係からそのすべては解説できないので，ここでは代表的なもののみを解説する．

無体腔動物の代表例は扁形動物である．扁形動物はまだ消化管に肛門がなく，腹側にかご型の中枢神経系がある．プラナリアなどの水生性のものとサナダムシなどの寄生性のものがある．

偽体腔動物には，線形動物・輪形動物などが含まれる．消化管には肛門があり，一般に体は小型で，原腎管がある．

線形動物は体の断面が円形である．体表を分厚いクチクラが覆っており，原腎管がない．非常に多様で，水中・陸上のあらゆる環境に生息し，さらに寄生性のものも多い．カイチュウなど医学的に重要なもの，マツノザイセンチュウなど植物の脅威となるものを含む．

輪形動物（ワムシ類）は繊毛環を体の前方に持ち，水中の有機物を濾し取って食べる．世代交代をし，単為生殖と有性生殖を交互に行う．

真体腔動物には，ゴカイ・ミミズ・ヒルなどを含む環形動物，二枚貝やイカ・タコなどを含む軟体動物，昆虫・エビ・カニ・サソリ・ムカデなどを含む節足動物をはじめ，様々な動物たちが含まれている．体の大型化に伴って心臓と血管が発達し，排泄器官も腎管に進化した．

軟体動物は体が頭部・足・内臓塊の3つの部分からなる．筋肉が発達していて，内臓塊を包む外套膜が分泌する炭酸カルシウムの外骨格を持つものが多い．

環形動物は体に同じ構造の繰返しがみられ（体節性），各体節が協調的に動いて，活発に運動する．各体節に神経節があり，はしご形神経系と呼ばれる．環形動物と軟体動物はどちらもトロコフォア幼生を持ち，神経系の基本構造も同じなので，近縁であると考えられている．

節足動物は，体がキチン質の外骨格に完全に包まれ，体は体節に分かれる．各体節には運動のための附属肢が一対あり，附属肢には関節がある．非常に多様で，既知の種数は，昆虫を中心に全動物門の中で最も多い．

(5) 後口動物の系統

後口動物はすべて真体腔動物である．中胚葉性の内骨格を持つ棘皮動物や，生涯の一時期に中胚葉から脊索という器官を形成するという特徴を共有する脊索動物が含まれる．

棘皮動物では水管系と呼ばれる閉鎖された管が体内に広がり，呼吸・循環の役割を果たすとともに，管足と呼ばれる運動器官にもつながっている．ウニ，ヒトデ，ナマコなどを含む．

脊索動物はさらに，発生の初期だけ尾部に脊索を持つ尾索動物（ホヤの仲間），終生脊索だけを持つ原索動物（ナメクジウオ），脊索から誘導された神経管とそれを取り囲む脊椎骨を持つ脊椎動物に分類される．脊椎動物以外の動物は，無脊椎動物と呼ばれる．脊椎動物には，哺乳類・鳥類・爬虫類・両生類・魚類という，われわれに馴染みのある動物が多い．一方，無脊椎動物は，普段われわれが目にすることは少ないが，実際の多様性は無脊椎動物のほうがはるかに高い．

(6) 脊椎動物の系統

脊椎動物は脊椎骨を持つ以外に，口器として顎を持ち，腎臓が発達し，神経管が脳と脊髄に分化するなどの特徴を共有する．

最も原始的な無顎類（ヤツメウナギ）では，顎が未発達である（顎を持つことを脊椎動物の共有派生形質とする考えが最近では有力であり，この場合，無顎類は，頭骨を持つという派生形質を脊椎動物と共有する「頭骨動物」という分類群の一群として扱われる）．

魚類は体表が鱗で覆われ、呼吸器官として鰓、運動器官として鰭を持つ。水中で放卵放精して受精するものが多い。サメ・エイなどの軟骨魚類は、脊椎骨など顎以外の部分が骨化しておらず、軟骨からなる。すべての骨格が骨化している硬骨魚類では、ニシン・サケなどの細い骨が多数あるものから、タイ・スズキなどの太い骨が少数あるものへと進化したと考えられている。

両生類は四肢が発達し、遊泳より歩行に適した体制となって、陸上に進出した。交尾後、水中に産卵された受精卵からオタマジャクシが孵化し、幼生期には鰓を持ち水中生活をする。サンショウウオの一部には、成体になっても肺を持たず生涯を水中で生活するものもいるが、大部分の両生類では成体は肺を持ち、陸上生活に適応したものも出てきた。

爬虫類ではさらに陸上生活に適応し、交尾後、受精卵は卵殻で保護されて陸上に産卵されるようになった。卵には、胚を包む羊膜、老廃物を蓄え呼吸を司る尿膜、および全体を包み込む漿膜からなる胚膜がある。また、皮膚が鱗で覆われていること、老廃物を尿酸で排出することによって、水分をほとんど失わずに生活できるようになった。爬虫類の一部から恐竜類が進化し、その中から、鱗が羽毛に変化し口が嘴に変化するなど飛翔に適応した鳥類が進化した。

哺乳類は、鳥類に進化したのとは別の系統の爬虫類から進化した。肩と腰の関節が発達して、体を地面から持ち上げて（腹を擦らずに）四肢で運動できるようになった。また、交尾後の受精卵は雌の子宮で成長し、発生の進んだ胎児が出産されるようになった。その他に乳で子を育て（哺乳）、体温を一定に保つ（恒温性）ようにもなった。初期の哺乳類は胎盤が未発達で、未熟な胎児が出産され、育児嚢の中で長期間哺乳される有袋類（現生種はカンガルー、コアラなど）であった。それに対し、漿膜と尿膜が合わさって子宮内壁に入り込む胎盤が発達した有胎盤類では、胎児が親から胎盤を通して十分な栄養を受け、発育が進んだ状態で出産されるため、乳児の死亡率が低く、また哺乳期間も短くなった。現在、オーストラリアを除くほとんどの陸上では、ヒトをはじめとする有胎盤類の哺乳類が優占している。

e. 菌　界

菌界はいわゆるキノコ・カビ・酵母などで、現在の真核生物の系統では動物と同じオピストコンタに属する多細胞生物である。菌界は生態系の中で動物や植物などの遺骸の有機物を分解する分解者の役割を果たしている。菌類は、長い菌糸を伸ばして成長し、胞子によって増殖する。その体制は比較的単純だが、体の表面積が大きく、有機物の分解・吸収に適している。菌糸が集まって子実体となったものを「キノコ」、糸状の菌糸体が伸び、胞子を多数つける状態になったものを「カビ」という。菌界は、動物界と共通の祖先から進化したと考えられている。

菌界には、ツボカビ門、接合菌門、子嚢菌門、担子菌門の4門が含まれる。その他に、不完全菌と呼ばれるグループが便宜的につくられているが、これは有性世代が見つかっていない子嚢菌あるいは担子菌の仲間からなる。

（1）ツボカビ門

栄養体に細胞壁があり、運動性はなく、単細胞体あるいは管状菌糸体である。生殖細胞が鞭毛を持ち運動するのが、ツボカビ門の特徴である。卵と精子による有性生殖を行うものを含むのも、ツボカビ門だけである。カワリミズカビなどを含む。

（2）接合菌門

栄養体だけでなく、生殖細胞にも細胞壁があり、運動性がない。栄養体は管状菌糸体で、細胞は多核で細胞壁はキチン質である。クモノスカビなどを含む。

（3）子嚢菌門

栄養体は菌糸に仕切りがある多細胞の菌糸体である。接合後、2核性の菌糸をつくり、さらに8個の子嚢胞子を含む子嚢と呼ばれる胞子嚢をつくる。アカパンカビのほか、昆虫に寄生する冬虫夏草などがある。

（4）担子菌門

子実体は2核性の菌糸からなり、成熟後、担子器と呼ばれる胞子嚢を形成し、その中に担子胞子

をつくる．シイタケ・マツタケなどのいわゆるキノコのほとんどが担子菌門である．

(5) 不完全菌門

この門に属する菌類は，有性生殖世代が確認されていない分類群で，便宜的にこのグループに入れられている．食品の加工に利用されるコウジカビや，ペニシリンを生産するアオカビなどを含む．

(6) 地衣類

地衣類は，菌界の生物とラン藻または緑藻との共生体である．光合成をするので，生態学の視点からは生産者であり藻類と考えられるが，分類は地衣形成菌類の作り出す形態の特徴に基づいて，菌類に準じて行う．このように異なる界の生物の共生体なので，地衣類はどちらの界にも属するといえる．

地衣類の体の大部分は菌糸からなる．その中に，ゴニジア層と呼ばれる，緑藻あるいはラン藻が集中する層がある．

f. 生物の総種数

地球上に生息する生物の総種数はどのくらいあるのだろうか．この究極の問題に対する答えは，もちろんはっきりしない．推定値には3ケタ以上の違いがあり，数千万～数十億の範囲に広がっている．しかし近年の情報科学，特にデータベースの充実と分子生物学的な解析によって，従来の推定と実際の地球上の生物の多様性とには大きな違いがあるらしいことがわかってきている．

〔白山義久〕

● 文　献

Cavalier-Smith, T. (2003) Protist phylogeny and the high-level classification of Protozoa. European Journal of Protistology **39**：338-348.

中山　剛（2003）生物多様性研究の現在．つくば生物ジャーナル **2**：4-5.

Systema Naturae 2000 のホームページ（http://sn2000.taxnomy.nl）

2 生命の誕生と進化

2.1 地球の誕生と変遷

2.1.1 宇宙と原始大気

宇宙の始まりはビッグバンという大爆発で，200億～100億年前のことといわれるが，NASAはおよそ137億年前と報告している（Spergel, et al., 2003）．そして太陽系は，46億年ほど前に，銀河系の片隅にあった星間雲や星雲などの星間物質から誕生したとされる（鹿園，1992；阿部，1998）．46億年前という数値は，地球に落下した太陽系隕石の放射年代に基づいている．星間物質の大部分を占める水素，ヘリウムが回転しながら円盤状に収縮して，回転の中心部に原始太陽が形成された．その周りを回転する円盤部分から微惑星が誕生した．成長途上にある原始惑星を取り巻くガスを原始大気という．原始大気の主成分は星雲ガスである水素とヘリウム，およびその惑星に含まれていた二酸化炭素と水蒸気であったと考えられている．

2.1.2 地球の誕生

地球は太陽系の微惑星が衝突してできたと考えられている．地球に落下した隕石の化学組成から，1種類の微惑星ではなく，異なった化学組成を持つ微惑星が集まってできたと考えられる．隕石の化学組成による分類でいうと鉄隕石（鉄・ニッケル合金），炭素質コンドライト（炭素の多い珪酸塩鉱物からなる），エンスタタイトコンドライト（エンスタタイト＝$Mg_2(Si_2O_6)$ を含む珪酸塩）などの隕石成分からなる微惑星の集合ということになる．

地球が誕生したのは太陽系の誕生とほぼ同時で，隕石の放射年代から45億～46億年前と考えられる（鹿園，1992；阿部，1998；図2.1）．地球の起源は微惑星であるから，地球に落下した微惑星，すなわち隕石から年代を求めるのである．地球は微惑星の集合によって大きくなったため，層状構造をつくり，プレート運動を始めた結果，岩石に変成作用を及ぼす．岩石が変成作用を受けると新しい鉱物が形成され，その年代が記録される．隕石として落下する微惑星の多くは変成作用を受けていないので，地球上の岩石と放射年代を比較することで，地球が誕生した年代を測ることができるのである．地球上の岩石で最も古い年代を示すものは，グリーンランドのイスア地方の変成岩で，38億年前である（鹿園，1992；清川，1998）．38億年前というのは，この岩石が堆積後に変成作用を受け，その温度が下がり鉱物が形成された時代である．

地球が誕生したときの大気を一次大気という．現在の地球大気の化学組成，中でも希ガスの組成は太陽系星雲ガスの組成とは異なっている．地球誕生後の数億年の間に，地球内部から脱ガスしてその化学組成が大きく変わったと考えられる．脱ガスの結果，二酸化炭素が多く遊離酸素が存在しない大気が形成された．二酸化炭素濃度が高かったと推定する根拠は，次のことによる．① 太陽

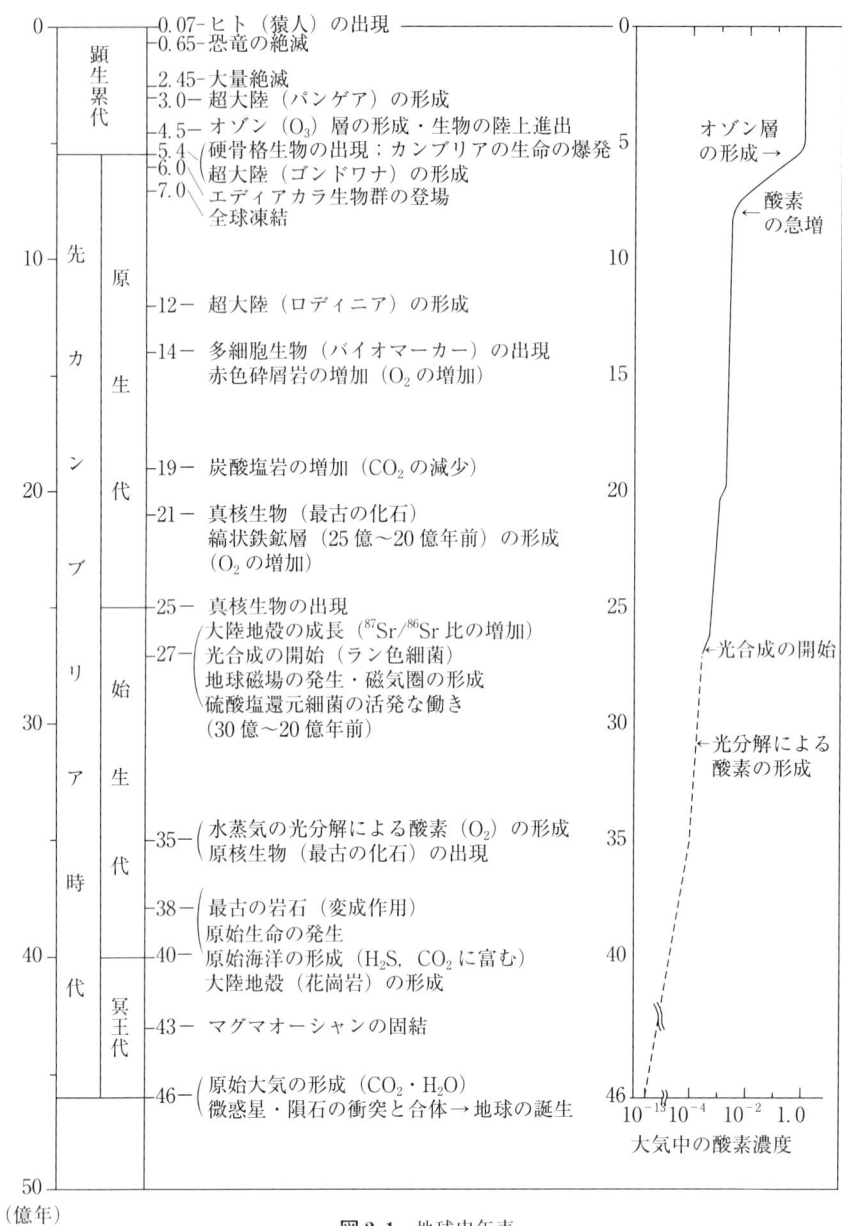

図 2.1 地球史年表
地球の誕生から今日までの主要な出来事が記してある.

における水素の核融合反応は，時間の経過とともに温度，圧力，輝度を増す．したがって，地球が誕生した頃の太陽は今より温度が低く，地球は今より氷河が発達していたはずである．ところが，最古の氷河の存在が確認されているのは28億年前で，それ以前には存在しなかったことがわかっている．これを「暗い太陽のパラドックス」という．この矛盾を解決するためには，地球大気の温室効果を考えなければならない．② 古水温の指標である酸素同位体比が温暖な値を示す．③ 古土壌研究の結果，二酸化炭素濃度は高かった．

前述のイスア地方の変成岩の原岩は海成堆積岩であるので，38億年前に地球には海洋があったといえる．また，35億年前頃には古地磁気が強かったことから，これ以前にマントルと核が分離し，現在の層状構造が形成されていたことがわか

る．核における放射性壊変による発熱と，それによるマントルの対流があるとプレート運動が発生する．

2.1.3 最古の化石と酸素の増加

最古の化石はオーストラリアにある35億年前の地層（チャート）から知られている原核生物で，繊維状や球状の細菌（バクテリア）である（清川，1998）．30億〜20億年前には硫酸塩還元細菌が活動していたことが，硫化鉄のイオウ同位体比の変動から知られている（酒井・松久，1996）．また，この頃の海洋は硫酸イオン濃度がかなり高かったと考えられる．世界各地の同じ頃の地層からは，光合成を行うラン色細菌（ラン藻類，シアノバクテリア）の化石であるストロマトライトが知られている．

今から20億年前頃になると，縞状鉄鉱層（BIF; banded iron formation）が形成された．縞状鉄鉱層は，生物活動により海水中のFe^{2+}が酸化され沈殿したもので，世界の鉄資源の90%以上はこのときできた．これらは，北アメリカ，オーストラリア，南アフリカ，ウクライナ，ブラジルなどに分布している．このことから，大気・海洋中の酸素濃度（大気中では酸素分圧，水中では溶存酸素量ということが多い）が上昇したことがわかる．この原因は，光合成をするシアノバクテリアが増加したためであると考えられる．化石記録に基づいて地球の生物の歴史をみると，これ以後の生物進化と酸素の増加には強い関係があると考えられている．

さらに下って19億年前以降は，石灰岩などの炭酸塩岩が増え，大気・海洋中の二酸化炭素は減少の一途にあったことがわかる．16億年前頃には赤色を呈する堆積岩（赤色砕屑岩）が出現するようになる．これはFe^{3+}/Fe^{2+}比の高い堆積岩で，このような堆積岩は大気・海洋中の酸素量が増加していないと形成されない．

今から6億3500万〜5億4200万年前までの9300万年間をエディアカラ紀という．これは，オーストラリアのエディアカラ丘陵から保存のよい先カンブリア時代の化石が多数産したことによ

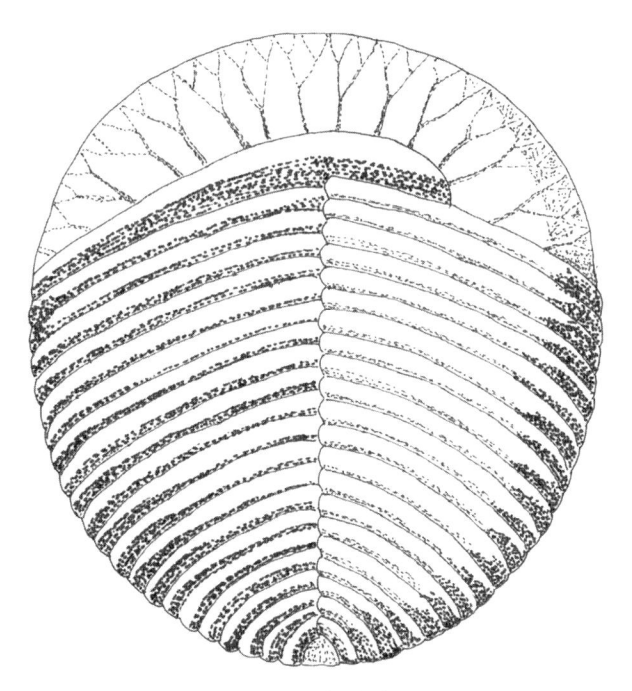

図2.2 エディアカラ化石群の代表の1つ，ヨルギア
直径16 cm．内部はキルティングと同じ構造で，細胞膜で仕切られてはおらず，単細胞生物と考えられている．

るもので，その地名を冠して時代名とした．この時代はカンブリア紀（古生代の始まり）の直前に当たる．面白いことに，この時代に突然様々な形の生物が出現した．それらがどのような生物であるかの分類の仕方は，大きく分けて3説ある（平野，2006）．① すべてを現在知られている動物門に分類する説．この考えでは，刺胞動物，環形動物，節足動物などがいたことになる．② 最も特徴的な扁平な生物を，キルト構造を持った単細胞生物（Vendobiontaと命名されている）とする説（図2.2）．③ Vendobiontaと呼ばれる一群の化石は地衣類であるとする説．いずれが正しいか，未だ解明されてはいない．エディアカラ化石群には多くの生痕化石が含まれており，すでに多細胞生物がいたことについては共通の了解が得られている．

2.1.4　カンブリア紀の大爆発

5億4200万～4億8800万年前までの5400万年間をカンブリア紀という（Gradstein, et al., 2004）．この時代は，化石記録の上では画期的な時代とされている．それは，現在の動物界のすべての門の先祖がほぼ一斉に出現したからである．カンブリア紀前期の地層では，中国雲南省澄江（Chengjiang）から保存のよい化石が多数報告されている（Chengjiang fauna）．カンブリア紀中期の地層では，カナダのバージェス頁岩層（Burgess Shale）から保存のよい動物化石が多数得られている（Burgess fauna）．

エディアカラ化石群の生物は骨格（堅い組織）を持っていなかったが，カンブリア紀に出現した動物は捕食や防御のための骨格を有していた．エ

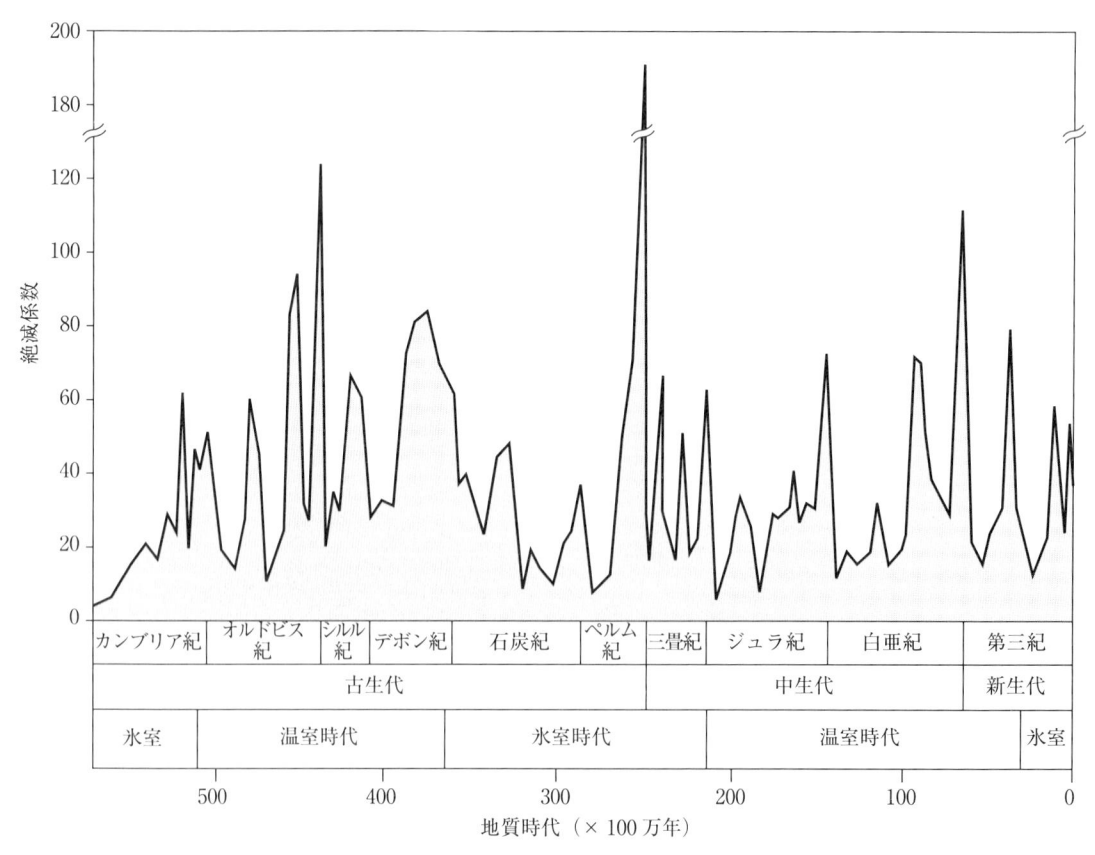

図2.3　顕生累代に繰り返し生じた絶滅
横軸は地質時代．縦軸は絶滅係数（500万年ごとの海生無脊椎動物の絶滅科数）を示してある．

ディアカラ化石群とカンブリア紀動物群は共産しないので，後者が前者を滅ぼした関係にあるとは考えられていない．また，カンブリア紀に突然爆発的に高度な体制を持った多様な動物が出現した原因は不明であるが，大気・海洋系の酸素濃度が着実に増加したことと関係があるかもしれない．なお，水中の生物が陸上に進出するためには，紫外線を防ぐオゾン層が発達していなければならない．生物が上陸を始めた4億5000万年前頃には，オゾン層が発達していたと考えられている．

2.1.5 顕生累代の大量絶滅

カンブリア紀以降，現在までに大量絶滅事変が何度か（古生代に3回，中生代に2回）生じている（平野，2006；図2.3）．古いほうから，オルドビス紀末，デボン紀後期，ペルム紀末（古生代末），三畳紀末，白亜紀末（中生代末）である．

オルドビス紀末の大量絶滅　およそ100科が絶滅し，科の絶滅率は25％以上，属の絶滅率57％，種の絶滅率50％以上とされ，筆石類，コノドント類，三葉虫類，腕足類の絶滅が顕著である．絶滅したのは海洋動物だけで，原因として気温・海水準の変動に伴う無酸素水塊の発達が考えられている．

デボン紀後期の大量絶滅　海生動物の科の絶滅率は21％，属の絶滅率は50％である．代表的な絶滅動物は，腕足類，三葉虫類，コノドント類，アクリターク類，床板サンゴ類，層孔虫類，アンモナイト類などである．デボン紀は魚類時代ともいわれるが，海生板皮魚類の種絶滅率は65％，海生棘魚類の種絶滅率は88％である．絶滅が生じた時期と無酸素水塊が発生した時期とは一致しているが，低緯度の海生動物に選択的な絶滅が生じているので，さらに詳しく研究が進められている．

ペルム紀（古生代）末の大量絶滅　詳しい研究が進み，海生動物の種絶滅率は96％と見積もられている．代表的な絶滅動物は，腕足類，棘皮動物の有柄類，コケムシ類，四放サンゴ類である．ペルム紀末の大量絶滅に先行して，ペルム紀中期末にもほぼ同じ規模の大量絶滅（ウミユリ類，床板サンゴ類，海綿類，コケムシ類，フズリナ類）があったことがわかり，近年2つの事変の絶滅動物の違いや，一連の環境変動か個別の変動かなどについて研究が進められている．2つの大量絶滅事変の時間間隔は900万年以下である．原因としては，ペルム紀末にあったシベリア西部の玄武岩の噴出が注目されている．噴出した溶岩の体積は2億年以上経過した今日でも150万〜250万km^{3}あり，顕生累代で知られている最大規模の噴火である．海成層の研究は同時に海洋無酸素事変が発生したことを記録している．大規模な火山活動は短期間の寒冷化の後に地球温暖化をもたらし，海洋循環を停滞させることがよく知られている．

三畳紀末の大量絶滅事変　海生動物およそ300科の20％以上が絶滅した．中でもアンモナイト類は，ペルム紀末の大量絶滅の後に大繁栄していたが，その主体であるセラタイト類48科が全滅した．古生代前期から続いたコノドント類は三畳紀をもって完全に絶滅した．六放サンゴの石サンゴ類では50属のうち39属が絶滅した．陸生動

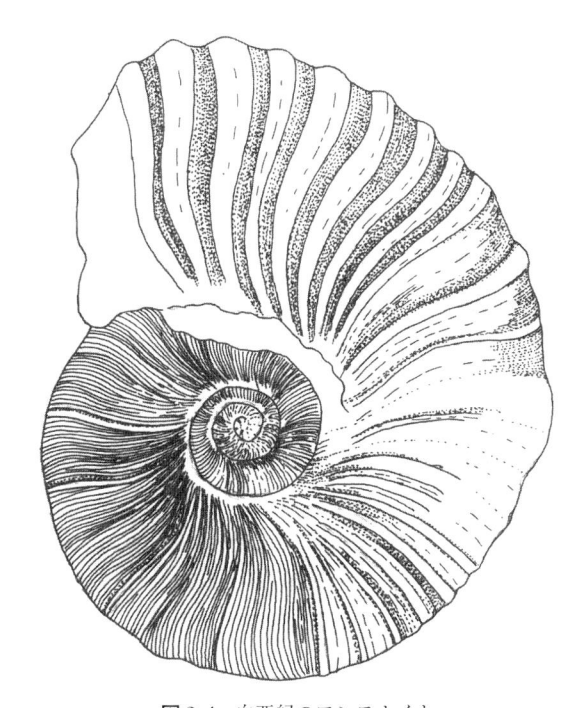

図2.4　白亜紀のアンモナイト
白亜紀末の隕石衝突による環境変動で，標準（示準）化石の代表であるアンモナイト類も絶滅した．

物では昆虫類が35科絶滅した．陸生脊椎動物については研究者間で見解が一致せず未解明である．三畳紀末には大規模な海退（海水準の低下）があり，世界的に記録が乏しい．ジュラ紀最初期の地層をみると無酸素水塊が地球規模で広がった記録をみることができるが，これは三畳紀末の海退のためであるとする見解がある．

白亜紀（中生代）**末の大量絶滅事変**　海生動物の90科が絶滅し（図2.4），科の絶滅率は66.3%である．絶滅した主な海生生物は石灰質ナノプランクトン（種絶滅率85%），浮遊性有孔虫類（種絶滅率56%），モササウルス類，陸生生物としては恐竜12種がある．哺乳類は被害が少なく22科のうち5科が絶滅しただけである．原因は，ユカタン半島にクレーターを残した直径10km程度の隕石の衝突であると考えられる（Alvarez, et al., 1980）．

以上の大量絶滅事変のうち，白亜紀末だけが隕石の衝突という天体の運動による地球環境の変動が原因で，その他は地球内部の活動に由来する環境変動が原因であると考えられる．これらの環境変動は，地球の氷河の発達とは一致せず，むしろ温暖化したときに生じている．地球が温暖化すると，気候が変動するとともに海洋循環が停滞し，酸素極小層が拡大するためである．

2.2　生命の初期の記録

2.2.1　生命の誕生

a.　化石の意義，生きている化石

過去の生物の遺骸である化石は，最初期の生命がいつ出現し，どのように進化し，また多様性を増加させてきたかを記録した直接的な証拠である．化石の意義は大きく分けて3つある．

1つは上記のように，生物進化の記録としての意義である．光合成をする生物の出現後，大気に遊離酸素分子が増加していく過程は，単細胞生物から多細胞生物，骨格を持った生物の出現，生物の陸上への進出という進化過程と調和的であるだけでなく，他の地質学的証拠ともよい調和を示している．また，形態レベルでみられる生物進化についても多くの情報を提供している．多様性の変動の記録をみると，上に述べたような大量絶滅，より規模の小さい同時絶滅などの出来事が，地球環境の変動に伴って繰り返し起こったことがわかる．

2つ目は，環境の指示者としての意義である．単に鹹水（塩分濃度が30‰以上）か，汽水（0.5～30‰）か，淡水（0.5‰以下）か，といったレベルから，水温，水深，透明度などを伝えるものもある．炭酸塩の殻を有する化石であれば，酸素同位体分析により成長時の水温がわかる．近年は，海洋性古細菌の膜脂質の分子構造が水温により変化することを利用した海水温代理指標（TEX_{86}）も用いられている．また，付加成長をする貝殻などの成長線を解析すれば，干満の周期についての情報も得られる．1年が何日であったかを調べると，地球の誕生以来，自転速度がだんだんと遅くなっていることがわかる（Rhoads and Lutz, 1980）．このことから，地球と月の距離がだんだんと大きくなっていることも導かれる．考古学・人類学の分野では，貝塚の貝殻の成長線を解読することにより，1年のうちのいつ頃に貝を食したかを読み取る作業が行われている（Koike, 1980）．

3つ目の意義は，化石により地質時代がわかることである．このような化石を標準（示準）化石というが，この精度はきわめて高い．例えば，中生代のアンモナイト類では，種の生存期間が15万年程度のものがある．他方，放射年代で求める方法では1～2%の誤差がある．1億年前について調べる場合，その誤差は100万～200万年ということになり，アンモナイトによる時代区分の精度にははるかに及ばない．

現在にいたるまで，地質学的な長い期間にわたって形態や体制が変わらない生物を，生きてい

る化石と呼ぶ．語義が拡張されて，地質時代に出現してからの歴史が長い割にあまり大きな変化をしていないものまでも含まれることがある．腕足動物のシャミセンガイ，魚類のうちの総鰭類のシーラカンス，植物のイチョウなどはその代表例とされている．これらのうち，シャミセンガイを含む *Lingula* 属の歴史は白亜紀から現在まで，Lingula 目となると古生代カンブリア紀から現在までと，長い．

b. 化学進化

最古の化石は 35 億年前の地層から産出している（Schopf, 1993）．生物の出現以降の歴史は生物進化と呼ばれるが，最古の生物が出現する以前の，生命誕生の過程は，化学進化と呼ばれる．これは，地球の原始大気からどのような過程を経て生命が誕生したかという，無機物から有機物，そして生物へという化学的に複雑になっていく過程であるからである．

最初の原始生物がそのような化学進化を経て誕生したという考えは，Lamarck, J. B. や Darwin, C. の著作でも述べられている．より具体的，化学的に考察したのは，Oparin, A. I. の『生命の起源（1924）』である．Oparin は，無機物から簡単な有機物が形成され，さらに化学進化により複雑な有機物ができるとした．すなわち，小さくて簡単な分子から，大きくて複雑な分子へと進化し，さらに，大きくて複雑な分子が集合してコロイドをつくり，やがて代謝活動をし増殖をする生命体になったと考えた（太田ほか，1992）．

ついで Halden, J. B. S. が，有機物がどのような過程を経て形成されたかについて 1928 年に発表した．Halden は，原始大気に太陽の紫外線が当たり，アミノ酸や糖が形成されたと考えた（太田ほか，1992）．前述のように，原始大気の主成分は星雲ガスである水素とヘリウム，およびその惑星に含まれていた二酸化炭素と水蒸気であったと考えられている．そして，それからメタン，アンモニアなどが形成されたと考えた．また，Bernal, J. D. はこのような有機物が濃縮するのに粘土（粒子の直径が 1/256 mm 以下の珪酸塩）が役割を果たしたと考えた．粘土は層状珪酸塩で，層間に様々な元素を吸着させることにより光触媒反応をはじめ，まったく異なる機能を発揮することが知られ，新しい素材開発の対象となっている．他方，浅海域で形成された有機物は，オゾン層が形成される以前の地球大気のもとでは太陽の紫外線によりすぐに分解されたであろうと考えられている．したがって，長い時間をかけて徐々に複雑になるという過程は適切でない．

1953 年になって Miller, S. L. が発表した実験結果は，この問題点をうまく解決した．メタン，アンモニア，水素，水の混合気体に，雷を想定した火花放電が行われ，7 種類のアミノ酸が形成された．現在では，これらのアミノ酸が形成された化学反応の過程が詳細に復元されている．

このような化学進化が地球上のどのような場所で進行したかについては，確かではない．かつては浅海域と考えられたが，現在では深さよりもマグマ起源の熱水が湧出するようなところが有力であるとする考えもある．それは，このようなところではメタン，水素，硫化水素，アンモニアなどの還元ガスの濃度がきわめて高く，反応を促進させる熱エネルギーが存在するからである．微量金属イオンは生命の誕生に一定の役割を果たしたとする考えがあるが，このような水域では鉄，マンガン，銅，亜鉛などの金属イオン濃度も高いのである．

c. RNA ワールド

形成された原始生命において，その設計図の情報が伝達されなければ複製は行われず，世代は継続しないし進化も生じない．このような情報の伝達は RNA が担ったと考えられている．それは，DNA に比べて RNA のほうがより多くの機能を持っているからである．1970 年代に Eigen, M. らは，RNA の存在しない系の中で，触媒の働きで核酸の重合が起こり RNA が形成されることを示した．さらに，この RNA は複製を繰り返すこともわかった．この実験は，遺伝情報の起源を説明するものとして重要である．このような複製は，初期の段階においてはきわめて不精確であり，結

果として様々な塩基配列と，異なる長さのRNAが形成されたと考えられる．様々なRNAが誕生すれば，複製されやすいRNAが相対的に増加するであろう．そして，現在のRNAがそうであるように，それぞれ何らかの機能を持ったであろう．これらのRNAと形成されたタンパク質との間で相互作用があり，やがて，それぞれのRNAの担う遺伝情報，複製・発現というプロセスが進化していったと考えられる．推定されているこのような相互作用の繰返しを，Eigenらはハイパーサイクルと呼んだ（太田ほか，1992）．このハイパーサイクルの結果，DNAが生み出されたと考えられている．これにより，遺伝情報の担い手がRNAからDNAに継承されたと考えられる．

このように，RNAからDNAが進化したのである．DNAからRNAが形成され，RNAからタンパク質が形成されるという遺伝情報の発現機構とは順序が逆であったと考えられているのである．

d. 細胞進化

最初に生じた生命体である原始細胞は，その誕生後35億年の進化を経た今日の細菌よりも単純であったと考えられる．化石記録では，最古の生命体は，繊維状や球状の細菌である．硫酸塩還元細菌が30億～20億年前に活動したことは，細菌化石からではなく硫黄同位体比の変動からわかったことである（酒井・松久，1996）．また同じ頃から，光合成を行うラン色細菌（シアノバクテリア）が全地球規模で分布していたことが，縞状鉄鉱層の分布からわかっている．これらは，いずれも原核細胞である．ラン色細菌が全地球的に分布して酸素分子を海洋・大気に供給したのち，酸化により赤色を呈する堆積物が初めて出現したのは15億年ほど昔のことである．したがって，それ以前の細菌は嫌気性のものが主体であったと考えられる．

e. 細菌の進化

現在生存している細菌は，リボソームRNAの構造の違いから真正細菌，ラン色細菌，古細菌の3群があり，これらが原核生物を構成している．

古細菌の代表例はメタン細菌であり，その他には好塩菌や好酸好熱菌などがある．これらは，リボソームRNAの構造が他と異なるだけでなく，細胞壁に含まれるタンパク質に特徴があったり，細胞膜に他と異なる脂肪酸が含まれていたりする．古細菌の遺伝子には，真核細胞に含まれるイントロンが含まれているものがあり，系統を考えるうえで大変に示唆的である．

ラン色細菌には，光合成機能を担う平たい袋状の特殊な内膜構造があり，他と異なっている．また，光合成に際して，水が電子供与体として働く点が，植物と同じであるが，他の原核細胞と異なる点である．

細菌のうち，以上の古細菌，ラン色細菌以外のものを真正細菌と呼んでいる．おそらく真正細菌の起源が最も古く，古細菌やラン色細菌が真核生物への進化につながると考えられている．

f. 原核生物と真核生物

細菌は原核細胞を持つ原核生物である．原核細胞は，遺伝情報を持ったDNAが細胞内に裸で存在し，細胞壁，細胞膜の化学組成も真核細胞とは異なっている．

真核生物は真核細胞からなる生物である．真核細胞では，DNAが核膜に包まれているために，核としてのDNAの存在が明瞭である．また真核細胞では，内膜に包まれたミトコンドリア，葉緑体，ゴルジ体などの細胞器官がある点でも原核細胞とは異なっている．しかし，ミトコンドリアや葉緑体に含まれる遺伝子の塩基配列は核内ゲノムとは異なり，それぞれ好気性細菌とラン色細菌に近縁であることが知られている．このことなどから，真核細胞は複数の原核細胞，中でも古細菌の細胞がもととなり，そこに他の細菌が共生して進化したものであると考えられている．原核細胞の系統が特殊な進化をして真核細胞が誕生したという考えもある．

地層中のバイオマーカー（生物起源の有機物の中で，生物によってしかつくられない炭素骨格をもつもの）の分析からわかる最古の真核生

物は27億年前に出現している．ラン色細菌のバイオマーカーも同様に27億年前には出現している．しかし，化学化石でなく体化石記録で知られる最古の真核生物は，アメリカのミシガン州にある21億年前の縞状鉄鉱層から得られたグリパニアとされている（田近，1998）．

また，多細胞生物の細胞膜を特徴づけるバイオマーカーは14億年前には出現している．

〔平野弘道〕

● 文　献

阿部　豊（1998）地球システムの形成．（岩波講座地球惑星科学13）地球進化論（住　明正，ほか 編），pp.1-54，岩波書店．

Alvarez, L. W., et al. (1980) Extraterrestrial cause for the Cretaceous-Tertiary extinction. Experimental results and theoretical interpretation. Science **208** (4448): 1095-1108.

Gradstein, F. G., et al. (eds.) (2004) *A Geologic Time Scale*, Cambridge University Press, Cambridge.

平野弘道（2006）絶滅古生物学，岩波書店．

清川昌一（1998）テクトニクスと地球環境の変遷．（岩波講座地球惑星科学13）地球進化論（住　明正，ほか 編），pp.447-520，岩波書店．

Koike, H. (1980) *Seasonal Dating by Growth-line Counting of the Clam, Meretrix lusoria: Toward a reconstruction of shell-collecting in Japan*, University of Tokyo Press.

太田次郎，ほか 編（1992）（基礎生物学講座8）生物の起源と進化．朝倉書店．

Rhoads, D. C. and Lutz, R. A. (1980) *Skeletal Growth of Aquatic Organisms*, Prenum Press, New York.

酒井　均，松久幸敬（1996）安定同位体地球化学，東京大学出版会．

Schopf, J. W. (1993) Microfossils of the Early Archean Apex chert: New evidence of the antiquity of life. Science **260**: 640-646（ショップ，J. ウィリアム（阿部勝巳 訳）（1998）失われた化石記録，講談社）．

鹿園直建（1992）地球システム科学入門，東京大学出版会．

Spergel, D. N., et. al. (2003) First year Wilkinson Microwave Anisotropy Probe (WMAP) observations: determination of cosmological parameters. Astrophysical Journal (Supplement Series) **148**(1): 175-194.

田近英一（1998）大気海洋系の進化．（岩波講座地球惑星科学13）地球進化論（住　明正，ほか 編），pp.303-366，岩波書店．

2.2.2　種の進化，大進化，および遺伝子進化

a.　種の進化

進化理論は，現存する生物種の多様性を説明するための理論である．生物の種多様性は，新しい種の生成，いわゆる「種分化」によってもたらされる．生物の「種」とは何かという問題についても多くの議論があるが，ここでは「種」を「他の集団から生殖的に隔離されている，交配可能な自然集団」と定義しておく（生物学的種概念）．この定義に従うと，種分化とは生殖隔離が進化することである．それでは，種分化はどのようにして起こるのであろうか．

最も一般的な種分化の起こり方は「異所的種分化」である．異所的種分化では，まずある生物集団が，何らかの地理的な障壁（海や山脈など）の形成によって，複数の隔離された集団に分かれる．それぞれの集団間で交配が起こらずに世代を繰り返していくと，集団ごとに独自の環境適応や進化が起こる（生態的分化）．十分に時間が経過して集団間の違いが大きくなった結果，障壁がなくなって集団間での移動が可能になっても異なる集団間で交配が起こらなくなれば，種分化が成立する．あるいは，集団間で交配が起こるとしても，遺伝的な違いが大きいため，集団間での交配によって生まれた子孫の生存力が低下する場合もある．その結果，異なる場所に由来する個体間での交配を避けるような性質が選択され，進化するかもしれない（生殖隔離の強化）．どのような形質の生態的分化が生殖隔離を引き起こすのか（例：視覚や嗅覚などの感覚系の分化は生殖隔離を促進するのか），また生殖隔離の強化は実際に起こるのか，などについては未だ解明されておらず，現在も研究が進められている．

地理的隔離を伴わない種分化は「同所的種分化」と呼ばれる．同所的種分化では，同種の集団内に異なる生態的地位（ニッチ）を持つ生活史多型が生じ，それらの間に生殖隔離が生じる．しかし，異なるニッチを利用する生活型間に生殖隔離が生じるためには，強い自然選択を考える必要があり，

同所的種分化が実際に起こる可能性は高くないと考えられている．同所的種分化がどのような条件で成立するのかについては，現在も理論的な研究が行われている．

b. 大進化

大進化とは，生物の種やそれ以上の階層における系統分岐のことである．種分化研究は生物の多様化メカニズムの解明を目指す研究分野だが，大進化を扱う生物系統学は，地球上に存在する生物種が分岐してきた「歴史」の解明を目指す研究分野である．生物が単一の共通祖先から進化したとすると，すべての生物は1つの系統樹上に位置づけることができる．

従来，生物間の系統関係は主に形態学的な方法によって推定されていた．しかし，形態形質は非常に複雑なため，客観的な系統推定を行うことは困難であった．近年，生物種間の系統関係を解明するためのより有力な方法論として，分子系統学が発展している．分子系統学とは，生物間の系統関係を，DNAやタンパク質の配列データや，転移因子などの分子マーカーによって調べる研究分野である．分子系統学では，相同な遺伝子（またはタンパク質）配列を複数の生物種間で比較し，個々の塩基またはアミノ酸サイトの変異をそれぞれ1つの形質として用いる．そのため，非常に多数のほぼ独立な形質を用いて系統推定を行うことができる．塩基配列決定技術の進歩した現在では，かなり多量の配列データを用いた分子系統推定が盛んに行われており（脊椎動物ミトコンドリアDNAの全塩基配列，約16000 bpなど），さらに系統樹を推定するための統計学的手法も発達している．

c. 遺伝子進化のメカニズム

1990年代以降，DNA塩基配列決定技術の進歩によって，遺伝子進化の研究は急速に進展している．遺伝子レベルの進化を扱う研究分野は分子進化学と呼ばれる．遺伝子進化の基本となる理論は，1960〜1970年代に木村資生が提唱した「分子進化の中立説」である（木村，1986）．中立説の考えでは，遺伝子に生じた突然変異は，生物の生存に不利な変異か，有利でも不利でもない「中立」な変異のいずれかである（有利な突然変異は無視できるほど少ない）．中立な突然変異が生物集団内に固定する確率は，中立突然変異率に等しく，集団サイズによらず一定である．また，不利な突然変異は自然選択で除かれるため子孫には伝わらない．したがって，単位時間あたりの塩基置換率（分子進化速度）は生物種間でほぼ一定になる．木村は中立説の仮定から，分子進化にみられる以下のようなパターンを説明した．

(1) 分子進化速度の一定性

中立説のもとでは，相同な遺伝子間の塩基置換数は，種が分岐してからの時間に比例して増大すると予測される．この予測は実際のデータで確かめられており，分子系統学の基本的な仮定として用いられている．

(2) 機能的な重要性に応じた分子進化速度の違い

遺伝子のアミノ酸をコードする領域に生じた変異の多くはアミノ酸変異を起こす（非同義置換）ので，負の自然選択によって除去される可能性が高い．一方，イントロンや偽遺伝子に生じる変異の多くは，概して自然選択と無関係な中立的な変異である．このため，非同義置換サイトの分子進化速度は遅く，イントロンや偽遺伝子およびアミノ酸を変えない同義置換サイトの進化速度は速いと考えられ，実際そのようなデータが得られている（図2.5）．また，遺伝子産物（タンパク質）において機能的に重要な領域，例えば酵素の反応部位や基質との結合部位などのアミノ酸が置換すると，そのタンパク質は機能を失う可能性が高いため，このような領域では遺伝子（塩基）レベルにおいても分子進化速度が大幅に減少する．

中立説は，正の自然選択を考慮しない場合の分子進化パターンを説明する．正の選択（適応的な進化）は，中立説の場合に予測される分子進化パターンからのずれとして検出される．遺伝子進化の研究では，中立進化を基準にして特定の遺伝子（さらには特定の塩基サイト）に働く正の選択の検出を行う．正の選択を受けている変異（有利な

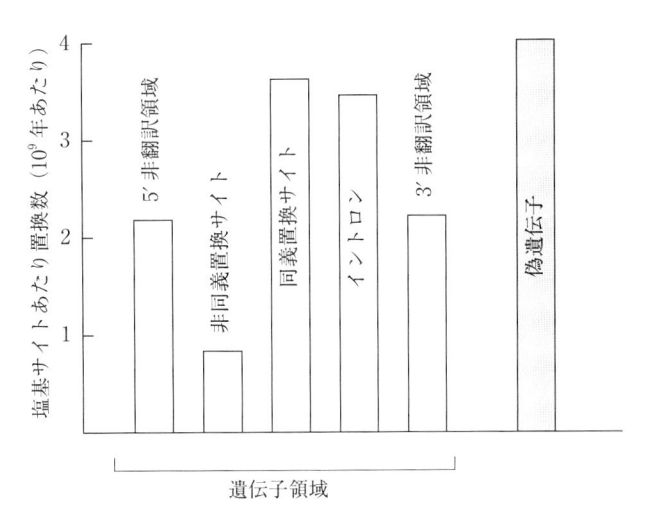

図 2.5 遺伝子の異なる領域ごとの平均塩基置換率および偽遺伝子の塩基置換率
Graur and Li, 2000 の図を改変.

変異)は，中立変異よりも急速に集団内に固定するため，遺伝子の進化速度を速めると考えられる．そこで，非同義置換速度の同義置換速度に対する比を調べる検定が行われる．もし調べている遺伝子の複数のアミノ酸サイトで有利な変異が種内に固定していれば，非同義置換速度が同義置換速度よりも高くなる可能性がある．例えば，脊椎動物が細菌を分解するために分泌する酵素であるリゾチームの遺伝子では，非同義置換が同義置換を上回る進化速度を示すことが知られている(Yang, 1998)．なお，正の選択を受ける有利な突然変異がどのくらいの割合で生じるのかは，まだよくわかっていない．

2.2.3 生物の突然変異，自然淘汰，進化論

a. Lamarck の進化論

生物が進化するということを最初に提唱したのは，Lamarck だといわれている．Lamarck は，生物は単純なものから複雑なものに時間とともに変化すると考えた．ただし彼は，多様な生物が単一の祖先から分岐したとは考えず，複数回の自然発生によって生じたと考えていた．Lamarck 説では，哺乳類などの複雑な生物はより古い時代に生じたもので，昆虫などは比較的最近に生じたものとされる．Lamarck が考えた進化メカニズムは，獲得形質の遺伝と，それに基づく「用・不用説」である．例えば，キリンの長い首の進化について，キリンの祖先は首が短かったが，樹上など高いところの食物を採るために少しずつ首を伸ばし，その性質が子孫代々に遺伝することによって現在のキリンになった，と考えるのである．しかし，遺伝子の実体が明らかになった現在では，獲得形質の遺伝は起こらないことが示されており，Lamarck 説は否定されている．

b. Darwin の進化論

Darwin は 1859 年に『種の起源』を出版し，現代進化論の基礎をつくった(Darwin, 1859)．Darwin の進化論の骨子となる概念は，多型と自然淘汰である．同種個体の集団内には，様々な遺伝的変異(多型)が存在する．多型は遺伝子の突然変異によって集団内に生じる．もし特定の個体が，他の同種個体よりもより多くの子孫を残せた場合，その個体の持つ性質が遺伝的変異によるものならば，次の世代では，その変異を持つ個体の割合が増加する．世代を繰り返すたびに，ある変異を持つ個体は自然淘汰によって選ばれ，やがて集団はその変異を持つ個体のみで占められるようになる(突然変異の固定)．この一連の過程(突

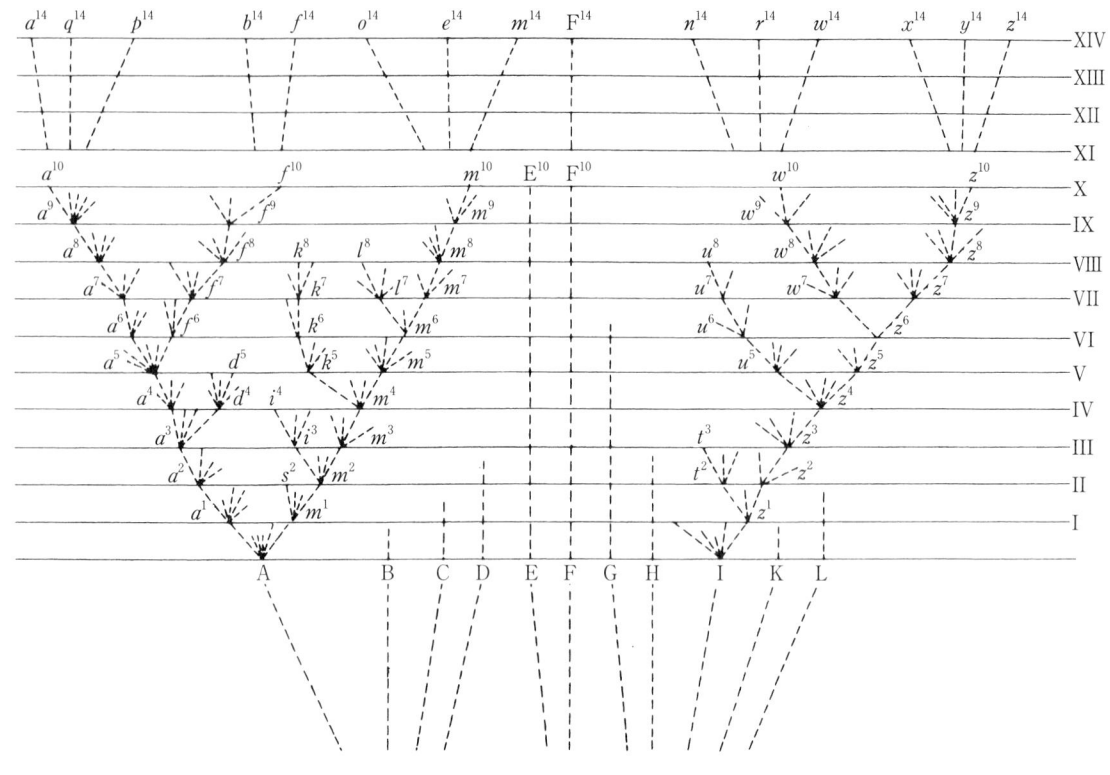

図 2.6 Darwin の『種の起原』における唯一の図
図の下から上への方向は時間（世代）を表している．祖先種における遺伝的多型，自然淘汰，時間とともに生じる種の分岐，そして祖先種の絶滅という Darwin の進化論の要点が示されている（Darwin, 1859 より）．

然変異-自然淘汰による固定）が繰り返されることによって，生物は徐々に複雑なものへと進化してきたと Darwin は考えたのである．キリンの例で説明すると，まず，首が短かったキリンの祖先集団内に，少しだけ首の長い遺伝的変異を持ったキリンが現れた（突然変異）．そのキリン個体は，他の個体より高い樹上の餌を採ることができ，その結果生き残り，子孫を多く残す確率が高かった（自然淘汰）．したがって，少し首の長いキリンの割合が集団内で世代ごとに増加し，やがて集団に固定した．このような一連の過程が繰り返されることによって，現在のキリンが進化した，となる（実際にキリンの首が長くなった進化的理由については，雄間闘争による「性淘汰」の結果であるという説もある．Freeman and Herron, 2001 を参照）．また Darwin は，地球上の多様な生物種は単一の共通祖先から分岐して生じたと考えた．しかし，Darwin の時代には，キリスト教的な世界観（すべての生物は神が創造したものであるという考え）が支配的だったため，その進化論は数多くの批判を受けた．また Darwin の時代には遺伝のメカニズムが知られていなかったため，Darwin の進化論は明確な根拠を持たなかった．

c. 進化の総合説

Darwin の進化論が遺伝学的な裏付けを得るのは，20世紀になってからである．Darwin の進化論と Mendel, G. J. の遺伝学を組み合わせて1930年代に定式化された進化のメカニズムについての理論を，「進化の総合説」またはネオ・ダーウィニズムと呼ぶ．進化の総合説は現在のところ最も総合的で，多くの研究者に受け入れられている進化理論である．総合説に基づく進化過程を数学的に定式化したものが集団遺伝学であり，現在でも活発に研究が進められている．集団遺伝学では，進化は「集団内の対立遺伝子頻度の時間的な変

化」と定義される．ある同種の生物集団内の対立遺伝子頻度は，集団サイズが十分大きく，任意交配し，外部からの個体の移住，突然変異，自然淘汰がなければ，世代を越えて一定である（Hardy-Weinbergの法則）．異なる対立遺伝子を持つ個体間で，残せる子孫の数の期待値（適応度）に違いが生じる場合，遺伝子頻度は世代ごとに変化する（自然淘汰による進化）．また，遺伝子頻度は偶然によって変化する可能性もある（遺伝的浮動による進化）．集団の個体数が少ない場合，偶然によって遺伝子頻度が変化する割合が高くなり，自然淘汰の効果は相対的に弱くなる．一方，集団が十分に大きい場合，自然淘汰の効果が強くなる．

1960年代以降，進化の総合説，特に自然淘汰による適応的進化に着目して，生物の様々な形態や行動の進化を研究する進化生態学が発展した．進化生態学は，適応度の高い個体がより多くの子孫を残すことができるという原理のもとで，各個体は自分の遺伝子を次世代により多く伝達するように「利己的に」振る舞うとして，そこから実際の生物にみられる様々な行動に適応論的な説明を与えた．例えば，多くの生物で雄と雌の比が1：1であることの進化的な説明（Fisher, R. A. の性比理論）や，アリやハチなどの社会性昆虫にみられる一見利他的な行動の進化（Hamilton, W. D. の血縁淘汰理論）は，進化生態学の成果として有名である（Freeman and Herron, 2001）．なお，個体の適応度に違いをもたらす原因である「遺伝子」の実体は，進化生態学では長い間ブラックボックスとされていたが，分子遺伝学やゲノム生物学が発達した現在では，生物の行動や生態の進化に関わる遺伝子を特定する試みがなされており，進化ゲノム学と呼ばれる新しい研究分野が成立しつつある（清水，2006）．

d. 進化論に対する批判

進化論は，他の多くの理論と比較すると，批判にさらされることが多い学説である．しかし，進化論が他の科学と比較して特に「あやしい」理論であるわけではない．遺伝子の実態が解明された現在では，生物が進化することに対する証拠は数多く得られており，進化研究は進化論の研究ではなく，進化学と呼ばれるべきとの認識も定着しつつある．現在の進化論に対する批判の多くは宗教的，思想的なものである．ここでは，主な批判を2つ紹介しておく．

(1) 「天地創造論」からの批判

キリスト教国（特にアメリカ）では，聖書に記載されている「天地創造」の立場から，進化論を認めない人々が今でも根強く存在する．「天地創造」が正しいことを実証しようとする「創造科学」と呼ばれる営みもなされているが，これはいわゆる「疑似科学」と呼ばれるべきものであり，進化論に対する科学的な批判にはなっていない．

(2) 「優生思想」に対する危惧

Darwinの進化論はしばしば「階級制度」や「人種差別」を正当化する根拠を与える危険があるという指摘を受けてきた．「種の起源」に出てくる「適者生存」という言葉は，実際にナチスなどによる優生思想の根拠として使われてきた経緯を持つ（社会ダーウィニズム）．もちろん，進化論を人類が作り出した制度（階級制度など）に当てはめるのは誤りである．ただし，進化論的な視点からヒトの行動や性質を研究するアプローチ自体の妥当性が否定されることはない．ヒトも生物である以上，その性質の一部を進化論的に説明できる可能性はある．

〔橋口康之〕

● 文　献

Darwin, C. (1859) *On the Origin of Species by Means of Natural Selection*, John Murray, London（ダーウィン（八杉龍一 訳）(1990) 種の起原（上，下），岩波書店）．

Freeman, S. and Herron, J. C. (2001) *Evolutionary Analysis* (2nd ed.), Prentice-Hall, New Jersey.

Graur, D. and Li, W. H. (2000) *Fundamentals of Molecular Evolution* (2nd ed.), Sinauer Associates, Sunderland.

河田雅圭 (1990) はじめての進化論，講談社 (2010年現在，http://meme.biology.tohoku.ac.jp/INTROEVOL/index.html から全文のダウンロードが可能)．

木村資生 著・監訳（向井輝美，日下部真一 訳）(1986) 分子進化の中立説，紀伊国屋書店．

佐倉統 (2002) 進化論という考えかた，講談社．

清水健太郎 (2006) 進化ゲノム学（進化生態機能ゲノム学）── シロイヌナズナの適応を中心に．日本生態学会誌

56 : 28-43.
Yang, Z. (1998) Likelihood ratio test for detecting positive selection and application to primate lysozyme evolution. Molecular Biology and Evolution 15 : 568-573.

2.2.4 植物の進化

a. 生命の起源

化石証拠から，ラン藻（シアノバクテリア）の起源は約10億年前に遡ることがわかっている．ラン藻から紅藻,褐藻さらには緑藻へと分化する．海の浅瀬に生育する緑藻類の一部がシャジク藻のような形態分化をとげ，汽水域に侵入し，やがて陸上生活をする種群になったとされる．植物の進化では，多様な形態・生理能力を持った個体群・種群が次々と生み出され，その時代・その場の環境のもとで，その個体群・種群のうち成熟段階まで発達し子孫を残すことのできたグループが生命系を紡いできた．

b. 海から陸へ

植物の海から陸への進出は，地球の陸域環境の劇的な変化に伴って起こったと思われる．永い時間をかけてラン藻が大気へ酸素を放出したことによってオゾン層が形成された．地上にふりそそぐ紫外線はオゾン層によって弱められることになる．太陽光からの紫外線が低下することで，陸域環境でも植物の生育が可能となったようである．

c. 陸域での適応放散

陸上へ侵入した藻類はコケ植物に進化し，コケ植物からシダ植物へと進化を続ける．水分を葉の表面から吸収する藻類から，細胞の隙間（アポプラスト）に水分を蓄積することができるコケ的植物が誕生したのであろう．いったん植物器官内で水分を移動できるシステムを進化させると，さらに複雑なネットワークを形成するようになる．それが維管束へと器官分化し，大型のシダ植物・シダ種子植物・原裸子植物へと移行したのであろう．

d. 種子植物への道

裸子植物までいたった植物は次の進化をむかえる．確実に子孫を残せる被子植物の出現である．種子植物では母親の個体内で種子段階までの生育が保障される．裸子植物まではその種子の父親を風による花粉の運搬に期待するしかなかった．一部の裸子植物は花粉を昆虫に運搬させる手法を獲得した．すなわち選択的に父親を選ぶ段階へと移行したのである．この段階で海や湖（水界）で生育する藻類や水生植物とは一線を画した．

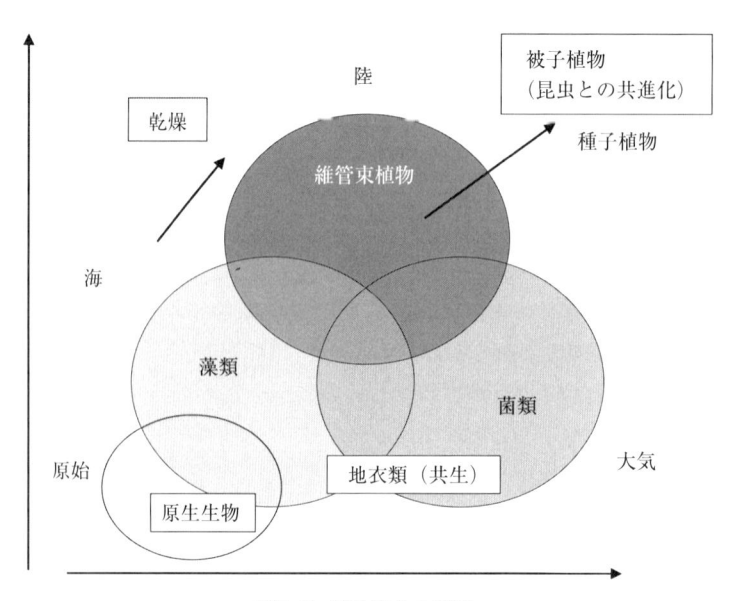

図 2.7 植物進化の概略

e. 種子植物の多様性と繁栄

昆虫と植物の共進化，これが今日の植物を莫大に進化させた源であった．植物の種類は世界に約25万種，藻類を含めても100万種程度と推測されるが，昆虫はおそらく水生（淡水産）を含めると1000万種以上になるであろう．世代時間の短い昆虫までとはいえずとも，まだまだ陸上植物の進化は続くであろう．水生植物と水生昆虫や動物との共進化については未解明な部分が多い．

さて，植物進化は地球環境の悠久ともいえる地史的な変遷に伴って行われたわけである．ただし，その生物進化を地球環境との対応だけで考えてはならない．すなわち，進化する植物側にとっても，その進化プロセス（段階）の準備が必要であったと考えるべきである．陸上へ上がったコケ植物のような存在（現在のコケ植物とは違い，むしろコケシダ種子植物というべき）が，シダ植物・シダ裸子植物・裸子植物・被子植物へと体構造を複雑化させていくプロセスである．

爆発的な進化を考えるうえで，共進化（共生・寄生）を忘れてはならない．大きな進化的出来事として，細胞共生説と昆虫・種子植物との共進化の２つを取り上げるべきであろう．もう１つ重要なこととして，1976年以来の地球温暖化がこれまでに例をみないほど急速に進んでいることが挙げられる．人間による過剰な地下資源の燃焼や急速な森林破壊・草原減少が重要要因と考えられる．この急速な温暖化は，種移動（もちろん種分化も）が間に合うスピードではない．名前が明らかにされないまま人知れず絶滅していく微生物や昆虫が多いと予想される．46億年もかけて形成されてきた生命系が，今，分断されつつあることを肝に銘じるべきである．

地球温暖化が叫ばれて久しい．地球の環境変化（温度変化）が太古から繰り返されていることは，よく知られている．しかし1976年以来観測されている冬季の温暖化は，地球史では考えられない急速なものである．植物の種分化がまったく対応できない速度での温暖化であるこを再認識すべきだと思う．その他にも，環境ホルモン・温暖化・環境汚染が植物の繁殖特性(有性生殖から無配生殖・栄養繁殖）にも影響を与え，種内の遺伝的多様性が失われることが危惧される． 〔佐藤利幸〕

2.2.5 動物の進化

a. 後生動物の多様化

多細胞体制を持つ後生動物は30門あまりに分類される．古生物学的証拠から，それらの門の多くは古生代カンブリア紀に一斉に出現したと考えられてきた．これをカンブリア大爆発と呼ぶ．しかしこれらの門の間の系統関係や，そもそも本当にカンブリア大爆発があったのかという点は，現在も盛んに議論されている．後生動物の中では，組織や器官がほとんど分化しない海綿動物門が最も原始的な進化段階にあり，次に二胚葉性の放射相称動物である刺胞動物門と有櫛動物門が現れ，そこから三胚葉性の左右相称動物が進化したと考えられている．左右相称動物は，初期胚にできる原口と呼ばれる陥没部が成体の口となる前口動物と，成体の肛門になる後口動物とに分けられる．

近年の分子系統学的研究に基づき，前口動物は冠輪動物（貝類を含む軟体動物門やミミズ類を含む環形動物門など）と脱皮動物（昆虫類を含む節足動物門やセンチュウ類を含む線形動物門など）に二分できるという見解が有力になっている（Aguinaldo, et al., 1997）．また，多細胞動物の体に機能的な多様化をもたらすうえで重要な役割を果たした真体腔（体の内部に，中胚葉性組織に由来する体腔と呼ばれる空洞を持つこと）という体制の進化に関しても重要な示唆が得られつつある．三胚葉性動物の中でも原始的な位置を占めると思われていた無体腔性の扁形動物門（プラナリア類など）と偽体腔性の線形動物門（センチュウ類など）が，それぞれ冠輪動物と脱皮動物の派生系統であることが示され，真体腔の体制が三胚葉性動物の進化の初期段階ですでに成立していた可能性が高くなった．すなわち扁形動物や線形動物は，いったん獲得した真体腔の体制を退化させたグループであると考えられる（1.4.3項 d (4)「前口動物の系統」を参照）．

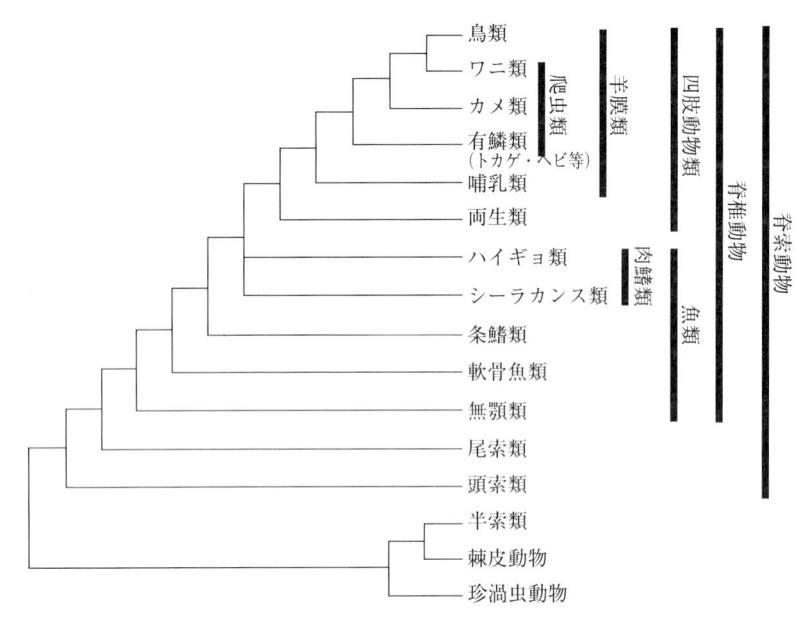

図 2.8 後口動物の系統関係に関する最近の仮説の 1 つ
Iwabe, et al., 2005；Bourlat, et al., 2006；Delsuc, et al., 2006 などに基づく．

b. 後口動物の進化

後口動物には，ウニ類・ヒトデ類を含む棘皮動物門，ギボシムシ類を含む半索動物門，最近になって後口動物の一員であることが判明した珍渦虫動物門，そして脊索という棒状の支持器官を持つ脊索動物門が属する（Bourlat, et al., 2006）．脊索動物門の中には，脊椎骨を有する脊椎動物亜門に加えて，脊椎骨を持たない尾索動物亜門（ホヤ類）や頭索動物亜門（ナメクジウオ類）が含まれる．近年まで脊椎動物亜門の姉妹群は頭索動物亜門であろうと考えられてきたが，最近の研究成果に基づけば尾索動物亜門のほうが脊椎動物亜門に近縁であると考えられる（Delsuc, et al., 2006）．

脊椎動物亜門は，顎を持たない無顎上綱（メクラウナギ類やヤツメウナギ類）と顎を持つ顎口上綱とに二分される．後者は軟骨魚綱（サメ類やエイ類），肉鰭綱（ハイギョ類やシーラカンス類），条鰭綱（その他大多数の魚類），両生綱，爬虫綱，鳥綱，哺乳綱に分けられるのが最も一般的な分類である（松井，2006）．両生類は，骨と筋肉で支えられた鰭を持つ肉鰭類の 1 系統から進化して四肢を獲得し，鰓呼吸から肺呼吸への移行により陸上生活に適応したと考えられているが，四肢動物類・ハイギョ類・シーラカンス類の 3 者間の系統関係はまだ決着していない．両生類の中で乾燥に強い構造の皮膚や卵（羊膜卵）を進化させたものが，より高度に陸上生活への適応を果たし爬虫類となった．鳥類と哺乳類は爬虫類の異なる系統から派生して，独立に内温性を獲得した分類群である．鳥類は爬虫類の 1 系統であるワニ類と姉妹群を形成するので，現生の分類群だけに限ってみても，爬虫綱が単系統群でないことは明らかである．したがって上記の分類体系は，脊椎動物の系統関係を厳密に反映したものではない（図 2.8）．

c. 系統進化史の総合的復元

脊椎動物の系統関係については，分岐分類学や分子系統学などの新しい手法を取り入れて近年盛んに再検討が行われている．その結果，従来の見解を支持するケースも多いが，それと異なる新たな結論を導くケースもある．例えばカメ類は頭骨に側頭窓と呼ばれる空洞を持たないため，古生代の絶滅爬虫類と同様に無弓亜綱に分類され，爬虫類の進化の初期に分岐したグループであると考えられてきた．しかし分子系統の結果は，カメ類が鳥類とワニ類を含む主竜類と姉妹群を形成するこ

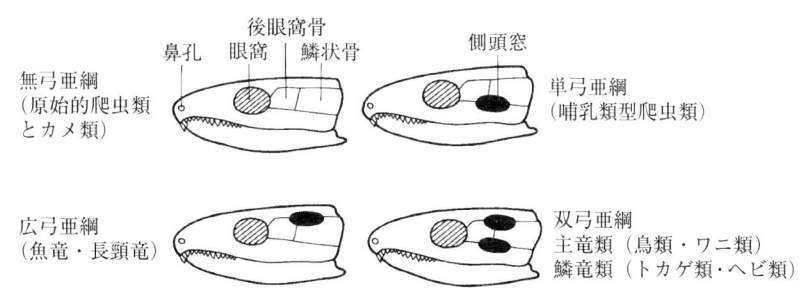

図 2.9 爬虫類の分類と側頭窓の形態
奥野, 1989 を改変.

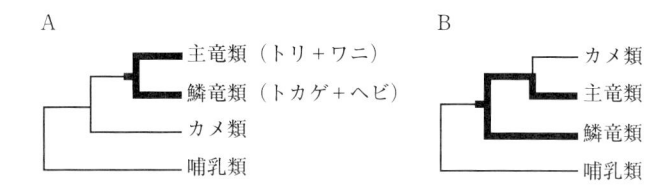

図 2.10 カメ類の系統的位置に関する仮説
A：形態的特徴に基づく従来の仮説（カメ類は無弓的な初期爬虫類から派生）．B：分子系統による新しい仮説（カメ類は主竜類に近縁．Kumazawa and Nishida, 1999；Iwabe, et al., 2005）．双弓的な側頭窓を持ったと考えられる系統を太線で示す．

とを明快に示した（図2.9, 2.10参照）．カメ類は側頭窓を持つ双弓類から派生した後に，側頭窓を二次的に消失した動物だったのである．

このように特定の形態形質に依存した分類体系は，その形質状態の進化に非相同同形（収斂進化，平行進化，派生形質の二次的消失）が生じないという保証がない限り，絶対的なものではない．一方，分子データといえども非相同同形とまったく無縁ではなく，不十分な分子データを不適切に解析した場合には，誤った系統関係や他の系統仮説とほとんど区別できないような，精度の低い結論が導かれることもある．動物の進化史を正確に復元するためには，古生物学，生態学，比較解剖学，分子系統学，発生学など異なる研究手法によって独立に得られたデータを総合的に考察するのが最も有効な手段であると考えられる．

〔熊澤慶伯〕

● 文　献

Aguinaldo, A. M., et al. (1997) Evidence for a clade of nematodes, arthropods, and other moulting animals. Nature **387**：489-493.

Bourlat, S. J., et al. (2006) Deuterostome phylogeny reveals monophyletic chordates and the new phylum Xenoturbellida. Nature **444**：85-88.

Delsuc, F., et al. (2006) Tunicates and not cephalochordates are the closest living relatives of vertebrates. Nature **439**：965-968.

Iwabe, N., et al. (2005) Sister group relationship of turtles to the bird-crocodilian clade revealed by nuclear DNA-coded proteins. Molecular Biology and Evolution **22**：810-813.

Kumazawa, Y. and Nishida, M. (1999) Complete mitochondrial DNA sequences of the green turtle and blue-tailed mole skink：Statistical evidence for archosaurian affinity of turtles. Molecular Biology and Evolution **16**：784-792.

奥野良之助（1989）さかな陸に上る，創元社．
松井正文 編（2006）脊椎動物の多様性と系統，裳華房．

2.2.6　植物の分布の変遷

a. 種の分布の個性

生物の分布様式と広がりは，別種である限り1つとしてまったく同じものは存在しないといわれる．類似した分布はあっても，特別な寄生関係が成立していない限り，種ごとに分布様式は異なる．

b. 地点からの拡大

新しい種の分布は，突然変異を起こした個性的な種子あるいは胞子が散布されることから始まる．栄養繁殖あるいは有性繁殖によってその範囲は次第に拡大する．定着した個体から栄養繁殖（クローン繁殖）で個体数が増加拡大する場合，安定した環境では，ゆっくりではあるが確実に成育範囲を拡大することができる．一方，種子繁殖では，一般に色々な父方の遺伝子を持つ花粉が母親の卵と融合し，その胚珠が母親個体で種子となり移動することで，分布拡大が開始する．種子は栄養繁殖よりも速く広く分布するが，定着できる環境は容易には見出されない．ただし環境の変化や環境異質性が多く見出される地点では，種子の定着が期待できる．

c. 同心円状分布拡大

分布は時間とともにその範囲を拡大し，やがて同心円状の巨大なドーナッツ型へと変化する．その同心円が分断されて隔離分布するのが一般的である．はじめの狭い範囲では同一環境がある程度保障されるが，生育場所の変化（外的あるいは内的）が中心部分での生育を制限することになる．理想的には，静かな水面に何かが落下して波紋が広がるように分布域が拡大すると予想される．山岳や，異なる環境要因の障害物が波紋を乱すため，現実には理想的な同心円状の分布は容易にはみられない．

分断された同心円はやがてパッチ（つぎはぎ）状の姿となる．そのパッチ間の距離が遺伝子交流の低下を導くほど離れると，それぞれのパッチで独自の遺伝子プールをつくる．そうして隔離分布による種分化（生態的分化）が進行する（図 2.11）．

d. 分断分布（遺存分布と隔離分布）

レフージア（残存分布）や遺存分布する植物の多くは，かつていくつかのパッチ構造を持っていた種群の分布が，現在ではただ1ヶ所に限定されている場合と理解できよう．

隔離分布はまだ複数の場所にパッチが残っている場合を指す．しかしそのパッチの間での遺伝的交流はかなり難しい場合が多い．すなわち隔離分布による生態的分化と種分化の萌芽がみられるはずである．ここで取り上げるのは disjunctive distribution（分断（分離）分布）であり，種分化からかなり長い時間が経過して同心円状の分布が成立し，その同心円がいくつにも分断された状態を指す．

1つの種が極端に広い分布を持つものは多くはない．世界中に分布するワラビにしても，12の亜種として形態分化が進行している．動物の場合，ヒトは文明や文化を発達させ，外的逃避能力（avoidance）によって地球上のいたるところで生活できる段階まで達している．ヒトを除いて最も広い分布をする大型動物はヒョウであるという．ユーラシア大陸の南半分に広く生息するという．植物では何であろうか？　シダ植物やコケ植物には世界中に点在する種群がある．しかしながら頻度は必ずしも高くない．地域的にみるとむしろ稀な種群となる．ナヨシダ・イワウサギシダなどは北半球に広く分布するが，点在しており，大きな個体群を形成することはない．ギンゴケなどは，コンクリートや道路などの人工物に侵入し世界的に分布する．

e. 植物分布のパターンを決める要因

チャバネゴキブリなどは北極海（ロシア連邦サハ共和国北部の港湾都市 Tiksi）のアパートにも生息していた．人間活動の作り出した暖かい住居に沿って世界中に広く生息しているのであろう．今日の生物分布に最も過酷な影響（制限や促進）を与えた要因が，ヒトの作り出した文明・文化であるのは明確である．

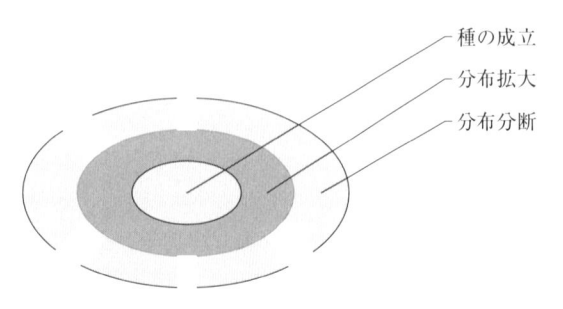

図 2.11　植物の分布変遷の概念図

人為的影響の少ない環境（Nature Spots）を地球のあちこちに準備することができれば，46億年もの間続いてきた地球生命系のネットワークを維持できると思う．

地域個体群としては多数の個体からなる種群の分布でも，地球規模でみると限られた分布を持つ場合が多い．ある地域の外的環境下で最も繁栄している段階を意味するのであろう．

分布が分断され長い時間を経ると，分断された個体群間の遺伝子交流が減少して，生態型さらには品種・変種へと種分化の準備が整うことになる．突然変異による種分化と同様に，異所的分布は種分化を導く要因となる．同じ属に属するが別種であるという異所的分布が起こるためには，日本列島から北アメリカ大陸という広大な地理的広がり，および長い時間が必要のようである．種子植物では日本列島と北アメリカでの同属内種分化が普通にみられるが，シダ植物では，形態に関する限りほとんど種分化を認識できない場合もある（ヤマドリゼンマイ・オニゼンマイ）．

〔佐藤利幸〕

2.2.7 動物の分布の変遷

a. 動物の陸上進出

2.2.5項で挙げた後生動物の門の多く（とりわけ原始的な海綿動物や放射相称動物）はもっぱら海生の種から構成されている．後生動物が海生起源であり，後に複数の系統で陸上進出を果たしたことはほぼ間違いない．先カンブリア時代にラン藻（シアノバクテリア）などが光合成の副産物として排出した分子状酸素は，海洋底に大量の酸化鉄の沈降をもたらした．海洋中に還元状態の鉄イオンが存在しなくなると酸素は大気中に放出され，酸素呼吸を行う生物の生存にとって好都合な環境を作り出した．成層圏にはオゾン層が形成され，陸上に進出した生物が過度の紫外線を浴びて遺伝子を損傷する危険は減少した．一方，先カンブリア時代末に超大陸ロディニアが分裂を始め，以後，顕生代にかけてプレートテクトニクスによる大陸の分裂・再集合が頻繁に繰り返されるようになった．これにより，動物の陸上進出とさらに多様な陸上環境への適応放散を生み出す土台が完成したと考えられる．

古生物学的証拠に基づけば，シルル紀（4億数千万年前）までには陸上植物が出現し，つづくデボン紀の前-中期には節足動物が，そしてやや遅れてデボン紀末には脊椎動物が陸上進出を果たしたものと考えられている（Ward, et al., 2006）．その後，動物の生息域は様々な場所に拡大した．鳥類は飛翔能力を獲得して空に進出したし，クジラ類のように二次的に海生に適応したものも多い．現在では，砂漠のような乾燥地帯から，極域の極低温地帯，さらには太陽光が届かないような深海底にまでも，様々な動物が適応して生息している．

b. 生物地理学と大陸移動

現生の動物は，動物相における共通性を指標にしていくつかの動物地理区に分けられている．地球上における動物の地理的分布を決定する主な要因としては，歴史的要因と生態的要因がある．特に陸上動物の場合は，その祖先がどこに起源し，大陸移動や古環境変動などに伴ってその分布をどのように変遷させてきたかが，現在の地理的分布を決定するうえで第一義的な要因となる．それに加えて，各々の種がどのような生態的環境に適応しているかにより，一定地域内で様々に分布パターンが決定されている．特定の分類群において，それを構成するメンバー間の系統関係と分岐年代を知ることができれば，関連する地域の地質学的背景に照らして，その分類群の起源および移動・放散経路をある程度合理的に推定することができる．このような歴史生物地理の研究においては，地理的障壁の形成に伴って系統分岐が引き起こされる分断と，いったん形成された地理的障壁を越えて生物の移動が起きる分散の2つが主要な議論の対象となる．

近年の分子系統学的研究により，有胎盤哺乳類は4つの大きなグループにまとめられることがわかってきた（Hasegawa, et al., 2003；Springer, et al., 2003；Bininda-Emonds, et al., 2007）．1番目は，

長鼻目（ゾウ類），海牛目（ジュゴンなど），管歯目（ツチブタ），アフリカ食虫目（テンレック，キンモグラ）などが属するアフリカ獣類である．このグループは孤立していた頃のアフリカ大陸に起源を持つと思われる．2番目は，アルマジロ，ナマケモノ，アリクイなどの貧歯目が属する南米獣類である．最後に残った2グループは，齧歯目（ネズミ類），ウサギ目（ウサギ類），霊長目（サル類）などからなるユーアルコントグリレス類と，クジラ偶蹄目（クジラ，カバ，ウシなど），奇蹄目（ウマなど），食肉目（ネコなど），翼手目（コウモリ類），真食虫目（モグラなど）などからなるローラシア獣類である．前者の2グループは，ゴンドワナ大陸起源の陸塊であるアフリカ大陸と南米大陸にそれぞれ起源を持ち，後者の2グループは北半球のローラシア大陸に起源を持つと考えられる．分子データに基づいた推定では，これら4グループ間の分岐は約1億2000万年前に遡るので，大陸の分裂時期ともおおよそ整合性がある（Nishihara, et al., 2009）．哺乳類の系統関係と現生分布は，過去の大陸移動の歴史に大きく依存しているのである．このような歴史生物地理の研究は，哺乳類以外にも様々な分類群の動物を用いて行われている（図2.12）．

c. 分子系統地理学と古環境変動

より最近に起きた古環境変動に対応して動物種内の地理的集団構造がどのように変化したかを調べる系統地理学的研究も，盛んに行われている．この分野の開拓者の1人であるAvise, J. C. らは，アメリカ東南部の陸域・沿岸域に生息する様々な動物（魚類，鳥類，カメ類，アメリカカブトガニ，バージニアガキなど）を用いて，様々な生息地から得た多数の個体について種内の分子系統地理解析を行った（Avise, 2000）．その結果，フロリダ半島を境に大西洋側とメキシコ湾側に二分された明確な地理的集団構造が，どの動物にもほぼ共通に認められた．この結果は，各生物間で異なるであろう生態的要因を超えて何らかの歴史的要因が強く働いて，類似した系統地理パターンを形成させたことを示唆する．ほとんどの種において，種内の2集団が分岐した年代は，更新世であることが分子的に裏付けられた．Aviseらは，更新世に繰り返し起こった氷期・間氷期のサイクルによって，分布域の南進・北進とそれに伴う地理的隔離・集団の融合が繰り返され，そのことが共通の系統地理パターンの形成につながったという仮説を立てている．

〔熊澤慶伯〕

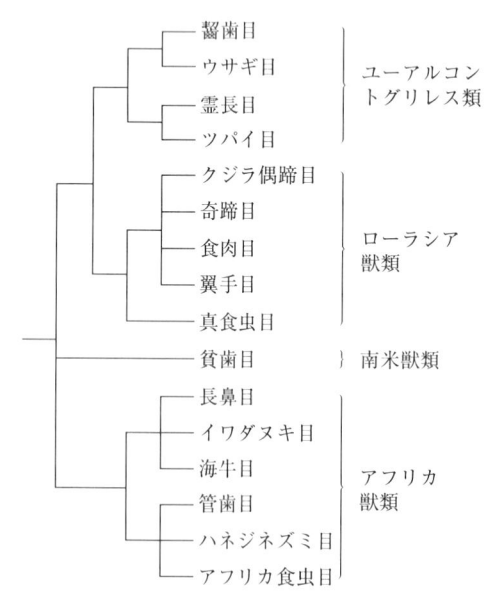

図2.12 真獣類（有胎盤哺乳類）の系統関係に関する最近の仮説の1つ
Hasegawa, et al., 2003；Bininda-Emonds, et al., 2007；Nishihara, et al., 2009 などに基づく．

● 文 献

Avise, J. C. (2000) *Phylogeography : The history and formation of species*, Harvard University Press, London.

Bininda-Emonds, O. R. P., et al. (2007) The delayed rise of present-day mammals. Nature **446** : 507-512.

Hasegawa, M., et al. (2003) Time scale of eutherian evolution estimated without assuming a constant rate of molecular evolution. Genes and Genetic Systems **78** : 267-283.

Nishihara, H., et al. (2009) Retroposon analysis and recent geological data suggest near-simultaneous divergence of the three superorders of mammals. Proceedings of the National Academy of Sciences USA **106** : 5235-5240.

Springer, M., et al. (2003) Placental mammal diversification and the Cretaceous-Tertiary boundary. Proceedings of the National Academy of Sciences USA

Ward, P., et al. (2006) Confirmation of Romer's Gap as a low oxygen interval constraining the timing of initial arthropod and vertebrate terrestrialization. Proceedings of the National Academy of Sciences USA **103**：16818-16822.

2.3 ヒトの誕生と進化

2.3.1 ヒトの祖先たち

ヒトは，いつ，どこで誕生し，どのように進化して，今日のわれわれ（ホモ・サピエンス）となったのだろうか．この問題についての人類学的研究は，近年急速に進んできた遺伝子研究の成果と化石人骨の新発見などによって大きな進展をみせ，これまでとはかなり違う見通しが得られるようになっている．

a. 人類最初の祖先

ヒトは，動物界の中では霊長類（霊長目）に属し，原生の近縁種としてはゴリラ，チンパンジー，ボノボの3種がいると考えられてきた．その後ゲノムの解読が進み，遺伝子レベルの比較からヒトに最も近い動物はチンパンジーであり，双方のDNAはわずか1.23％の違いしかないことがわかってきた．これは計算上では，ヒトとチンパンジーが今から600万年ほど前に共通の祖先から分岐し，それぞれ独自の進化の途を歩み始めたことを意味する．一方，やはりヒトとは近い関係にあると考えられていたゴリラの場合には，それよりかなり前の段階（900万年前）に分岐していたことがわかってきた．

遺伝子レベルでの研究から得られた人類誕生の見通しは，近年アフリカで次々に発見されてきた人類化石によっても立証されつつある．サヘラントロプス・チャデンシス，オロリン・ツゲネンシス，アルディピテクス・ラミダス・カバダなどと命名された化石の年代は，遺伝子による研究成果とほぼ合致している．こうして，人類最初の祖先は今から600万年ほど前にアフリカでチンパンジーの祖先から分かれ，今日のヒトへと向う進化を始めたことがほぼ確実になってきた．

人類最初の祖先はどのような生物体であったのだろうか．発見された化石人骨だけではまだ十分な証拠が得られていないが，歯や足の指などは，チンパンジーと比べると明らかにヒトに近い特徴を持っており，食性と移動様式に変化があったことを示している．人類進化において最も重要な事柄として挙げられるのは直立二足歩行であり，それを可能にする形態的諸特徴の獲得であるが，ヒトは600万年前にこのような独自の進化の最初の一歩を踏み出したようだ．

現生人類は学名でいえばヒト科ヒト（ホモ）属ヒト（サピエンス）種であり，ヒト科の中でただ1種の生物体である．この孤立性は人類進化上の大きな特徴だが，長い進化の歴史の中では，様々な属や種に分かれたヒト科動物がときに共存していた．現生種に限定しなければヒト科にはいくつかの属が含まれる．サヘラントロプス，オロリン，アルディピテクスなどの学名で呼ばれている最初の祖先たちの候補は，ヒト科でも別の属を構成している．

その後200万年の進化の歩みの中で，猿人として知られるアウストラロピテクス属が分岐していった．しかし，最初のヒト属の出現はまだ先の話である．

b. 猿人アウストラロピテクス

猿人アウストラロピテクスは400万～100万年前までアフリカに住んでいたヒトの祖先であり，多くの種に分かれていた．知られている限り最も古いのはアウストラロピテクス・アファレンシス（アファール猿人）である．東アフリカで発見されたアファレンシスの女性の化石標本は，たまたま全身各部位40％以上の骨が残っていたため，その骨学的特徴などから完全な直立二足歩行を行っていたことがわかった．この有名な標本は

900万年前
・ゴリラの祖先との分岐

600万年前
・チンパンジーの祖先との分岐
・人類の祖先が登場
・サヘラントロプス・チャデンシス
・オロリン・ツゲネンシス
・アルディピテクス・ラミダス・カバダ

400万年前
・アウストラロピテクス属の登場
・アウストラロピテクス・アファレンシス
・アウストラロピテクス・ガルヒ

200万年前
・ヒト（ホモ）属の登場
・ホモ・ハビリス

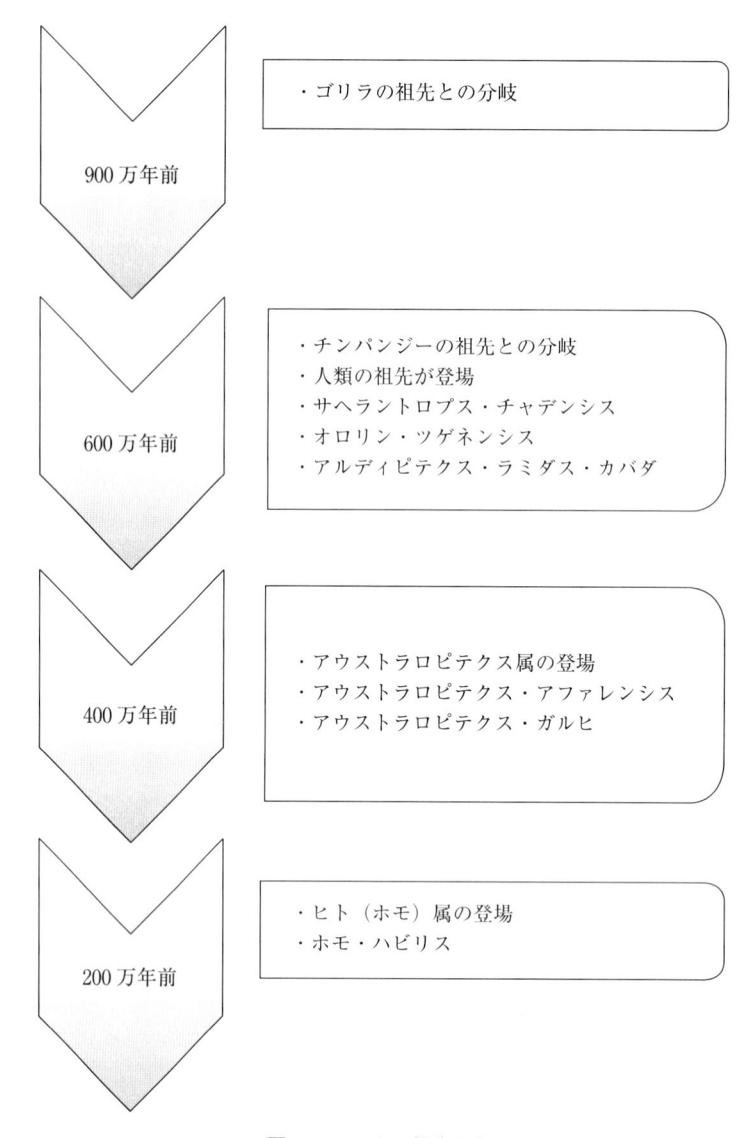

図2.13 ヒトの祖先たち

「ルーシー」というニックネームで呼ばれている．

直立二足歩行の直接的な証拠も発見されている．東アフリカ，タンザニアのラエトリ遺跡では，350万年前に降り積もった火山灰が，ぬかるみを歩いていたアウストラロピテクス・アファレンシスの足跡を覆い，いわば人類最古の足跡を化石として残した．この足跡は大小2種類あり，男女のものとされる．しっかりとした足取りでまっすぐ歩いており，完全な直立二足歩行を行っていたことがわかる．

アファレンシスをはじめとする猿人アウストラロピテクスの化石人骨は，東アフリカと南アフリカの各地で発見されている．多様な生態環境に適応できた小型のアウストラロピテクス・アフリカヌス，頑丈な体躯で特定の環境のもとに生息したアウストラロピテクス・ロブストゥスなど，その年代も400万〜100万年前と様々である．

ヒトの仲間たちは当初アフリカの限られた地域だけに生息していたが，複数の関連する属，そして多くの種が共存し，棲み分けを行っていたことがわかっている．猿人が生息していた時代の後半，少なくとも200万年前になるとヒト属（ホモ・ハ

ビリス)が分岐し,その後で原人ホモ・エレクトゥスも登場してくる.最初のヒト属であるハビリスがアウストラロピテクス属のいかなる種から分岐したのかは,まだ確定できていない.古いアファレンシスに直接由来するという説や,260万年前に現れたアウストラロピテクス・ガルヒから分岐したという説など様々である(図2.13).

2.3.2 直立二足歩行と道具の製作

a. 直立二足歩行

ヒトの進化においては,直立二足歩行を行ったことが決定的であった.チンパンジーなどは前足と後足を使い,地上だけではなく樹上においても,様々なやり方で移動しており,実は二足歩行も行っている.したがって二足歩行はヒトだけが獲得した特別の移動様式というわけではない.むしろヒトの祖先は,近縁の霊長類の仲間が共通して持っていた特性,つまり地上でも樹上でも様々な方法で移動できるという多様性を棄て,直立の姿勢で二足歩行だけを行うようになったのである.

二足歩行への特化は,結果としてヒトの重要な特徴を生み出すことになった.直立した姿勢を保つことで脊柱の構造などに変化が生じてくる.とりわけ重要なのは,この体躯構造が,大きくて重い頭を支えることを可能にした点であり,これが脳の容量を増大させるという決定的な進化を促した.また前足を移動のために使わなくてすむことから手の指先が発達し,細かい手作業ができるようになった.

ヒトは,なぜ二足歩行だけを始めたのだろうか.多様な移動方法を捨てるのは,個体の生存にとって決して有利とはいえない.脳や手の発達は長い進化の結果であり,むしろ当初は明らかに不利な選択であったと考えられる.これまで様々な解釈がなされてきたが,近年の研究は,前足つまり手で物を運ぶことが,次世代に子孫を残す(遺伝子を伝える)うえで有利に働いたという仮説を支持している.このときヒトの祖先が運んだのは食糧と未成熟な子どもであった.受胎中や育児中の女性に食糧を運ぶこと,まだ自立できない子どもに食糧を運ぶこと,あるいは移動するとき子どもを放置せず,親が安全かつ確実に運ぶことは,明らかにその子どもの生存率を高め,次世代に子孫を残す可能性を高める.こうして,直立二足歩行を行うという遺伝子上の変化が,より確実に伝達される結果となったと考えられる.

このような変化はチンパンジーのような群れの生活,生殖を独占する1頭の雄と多数の雌からなる社会では起こらない.アウストラロピテクス・アファレンシスがラエトリ遺跡に残した足跡がまさに男女一対のものであったことが示唆的である.直立二足歩行は雌雄一対という行動様式とも関連していたと考えられる.霊長類一般の観察によれば,雌雄一対で行動するのは,食糧の欠乏や外敵の脅威など厳しい環境条件のもとで起こる例外的な場合である.人類進化にとって決定的に重要な直立二足歩行は,群れの中での安定した生活を不可能にさせた危機的状況において生じた消極的対応策の結果であった.

b. 道具の製作

ヒトは直立二足歩行を行ったために手が自由になり,道具を使用することができるようになった,という説明は必ずしも正確ではない.様々な実験結果によればチンパンジーも道具を使うし,つくることもできる.そのことは実験室内だけではなく野外観察においても確認されている.例えば有名な「シロアリ釣り」という行動がある.チンパンジーは木の枝を折り取り,形を整えて「道具」をつくり,アリ塚を見つけて中に差し込む.そして枝にくっついてきたシロアリを食べるのである.

完全な直立二足歩行を行っていた猿人アウストラロピテクスが実際にどのような道具を製作し使用していたのかを知ることはかなり困難である.チンパンジーが利用するような道具,例えば木の枝などは腐食してしまうので,その発見や確認がほとんど期待できないからである.しかし近年の発掘調査から,猿人が石器を製作していたことがわかってきた.その最古の痕跡が,エチオピア北部ゴナ川沿いにある260万年前の遺跡から発見さ

れた．解体された動物の骨と一緒に見つかった数百点の簡素な形の石器である．この最古の石器を考案し製作したのは猿人の仲間アウストラロピテクス・ガルヒとされている．

人類進化の観点からいえば，チンパンジーとヒトを分け隔てるのは道具一般の使用や製作ではなく，石器の製作であった．最初の石器は肉などを叩き切る，そぎ落とす，あるいは皮を剥ぐための道具として考案されたようだ．石器の使用によって肉食が容易になり，食糧の確保に新しい可能性を開いた．しかし，それだけではなく，石器を製作するには手間がかかり一定の技術を要する点，そして耐久性ゆえに繰り返し使用することができたという点が重要である．そのため道具の製作技法が仲間の間で共有され，次世代にも伝達され，改良の可能性を持ったのである．チンパンジーのつくる道具はその場しのぎのものであり，使用した後は捨てられてしまう．また，道具の工夫を他のチンパンジーが真似することで結果として共有されることはあるが，きちんとした技術の伝達や改良ということは決して起こらない．一方，ヒトが開発した石器という道具は，その後様々に改良され，ますます優れた道具になっていく．この点がチンパンジーの道具製作との決定的な違いといえる．

石器製作の画期的なところは，後の人類史を通じて，重要な社会発展の起動力となる技術伝統の継承や技術革新と結び付く点にある．ただし，猿人が製作した石器は食糧獲得の新たな可能性を切り拓いたものの，まだその重要な結果である社会発展をもたらすにはいたっていない．

2.3.3 原人と旧人

猿人アウストラロピテクスから進化した人類の系統は，総称して原人ホモ・エレクトゥスと呼ばれる．原人が進化して旧人となり，やがて新人ホモ・サピエンスが現れたという単線的な進化の道筋が考えられていたが，近年の研究により，それほど単純な話ではないことがはっきりしてきた．また原人が出現する年代も，猿人が姿を消す100万年前以降であるとされてきたが，新たな化石人骨の発見で，それよりはるかに古いことが確認された．ヒトは常に単一の種から構成されていたという考えは，もはや否定されたといってよい．猿人と原人，原人と旧人は明らかに同じときに生息していた時代があり，ホモ・サピエンスが出現した後でも，まだ旧人は存在していた．今日のようにヒトの仲間がホモ・サピエンスという単一種だけになったのは，人類史の中ではきわめて特殊な状況といえる．

a. 原人ホモ・エレクトゥス

最も古い原人の化石人骨の年代は190万年前に遡る．この最初の原人はホモ・エルガステルと命名されている．このときアフリカでは，石器の製作者アウストラロピテクス・ガルヒの他に各種の猿人アウストラロピテクス属が同時に生息していたし，最初のヒト属で，かつては最初の石器製作者と考えられていたホモ・ハビリスも共存していた．

人類進化の舞台は400万年以上の長い間にわたってアフリカの地に限定されていた．ところが少なくとも175万年前になると，原人の仲間はアフリカを出てユーラシア大陸にも現れるようになった．新しい環境に移動しても適応できるというヒト特有の能力を原人は身に付けていったのである．同時代に生息していた猿人の仲間がついにアフリカを出ることはなく，やがて100万年前を境に絶滅していったのとは対照的である．

アフリカ以外の場所における原人の最古の痕跡は，グルジアのドマニシ遺跡で確認されている．やがて原人はアジアやヨーロッパの各地に拡散していった．日本でもよく知られているジャワ原人（旧名ピテカントロプス属），北京原人（旧名シナントロプス属）も，拡散していった原人ホモ・エレクトゥスの仲間である．

猿人と原人の形態的特徴にははっきりとした違いがあり，同じヒト科でも別の属（ヒト属）に分類することに異論はない．原人への進化においては体の大きさ，特に脳を収容する頭蓋骨内腔部の大きさが重要であった．脳容量は現生のチンパ

ンジーで400 cc（1 cc = 1 ml）程度，猿人の場合もそれと大差はないが，ホモ・ハビリス段階で600 ccと増大したのが最初のステップであり，原人はそれを大きく超えて900 ccとなった．直立二足歩行という移動様式が大きな頭を支える形態上の構造を可能にしたが，その利点が実際に活かされたのは原人段階ということになる．ちなみに現代人の脳容量は1350 ccぐらいとされる．

原人は優れた狩猟能力を持ち，石器を製作し，火を利用することで肉食を中心とする生活を送っていた．集団で大型の動物を狩り，仲間たちの間で獲物を分配し，居住地に持ち帰ることもあった．

ヨーロッパやアフリカで確認されている原人の遺跡からは，アシュール型石器と呼ばれる見事な形の握り斧（ハンドアックス）も発見されている．定型化された道具の存在は，石器を製作する技術伝統の確立を意味する．ヒトはまさに技術革新の第一歩を踏み出したといえる．

ところがユーラシア大陸の各地に拡散していった原人は必ずしも現在の人類ホモ・サピエンスの直接の祖先とはならなかった．

b. 旧人ネアンデルタール人

原人から進化した旧人を代表するのはヨーロッ

190万年前
- 原人ホモ・エレクトゥスの登場
- ホモ・エルガステル

175万年前
- 人類アフリカを出る
- ドマニシ原人

60万年前
- ネアンデルタール人の祖先との分岐

20万年前
- ホモ・サピエンスの登場
- ホモ・サピエンス・イダルトゥ

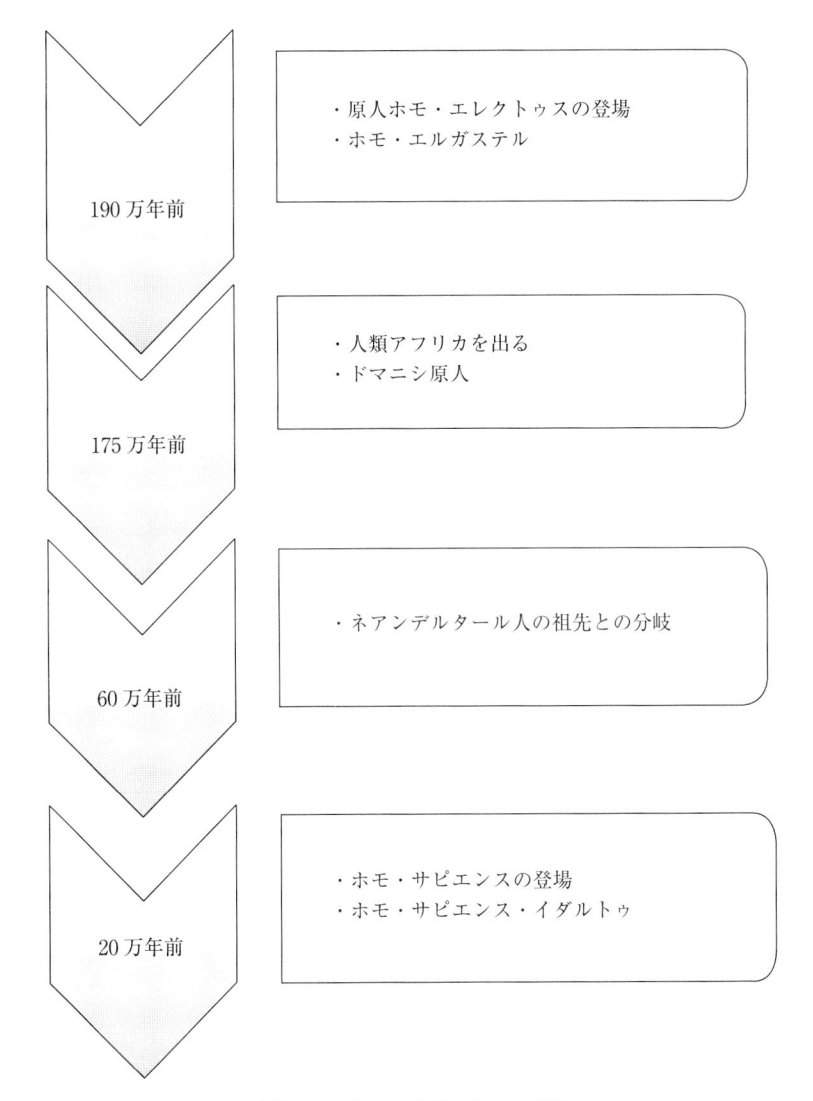

図2.14 ホモ・サピエンスの登場

パを中心に生息していたネアンデルタール人であり，数多くの考古学資料はホモ・サピエンスとの強い連続性を示している．ネアンデルタール人はアシュール型石器をさらに発展させたムスティエ型石器を製作し，狩猟民としての生活をますます確立させていった．墓をつくり死者を埋葬する儀礼を行っていたことも確認されている．死の観念などの抽象思考を発達させ，シンボル能力を開花させていたのである．ヒトの重要な特徴の1つである言語能力も備えていた可能性がある．

旧人の登場は30万年前頃とされる．近年までは，各地に拡散していた原人がそれぞれの地域で旧人そして新人へと進化したと考えられていた．これを人類の多地域進化説と呼ぶ．ところが遺伝子研究の成果が，この考えを根本的に変えてしまった．ホモ・サピエンスは今から20万年ほど前に単一の起源地であるアフリカで登場し，それが現在のすべてのヒトの祖先になるというものである．実際に，ネアンデルタール人の化石から抽出されたミトコンドリアDNAを現代人のものと比較した結果から，両者は60万年前，つまり原人段階ですでに分岐していたことがわかった．旧人ネアンデルタール人の進化は氷河時代の厳しい環境に特殊適応した結果であり，氷河時代が終わる頃には絶滅の運命をたどったと考えられる．こうしてユーラシア各地に拡散した原人，そして，それから進化した旧人はいずれも現生人類への道筋からは枝分かれし，最終的には子孫を残すことができなかった絶滅種であることが明らかとなっている（図2.14）．

2.3.4 ホモ・サピエンスの出現と拡散

a. ミトコンドリア・イブ

遺伝子研究の成果が人類進化史の研究を決定的に転換させた．その発端が1987年に発表された「ミトコンドリアDNAと人類の進化」という論文である．それによれば，現在の地球上に住むあらゆるヒトは，計算上20万～15万年前にアフリカにいた1人の女性のミトコンドリアDNAを受け継いでいるというのである．このホモ・サピエンスの理論的な起源と想定される女性は，聖書の話になぞらえてミトコンドリア・イブと呼ばれる．

もちろんミトコンドリア・イブが突然出現したわけではなく，特別の能力を持つ特別の存在ということでもない．イブもまた猿人以来の人類進化の系列の中にあり，同時代にいた多くの女性の1人でしかない．しかしイブの子孫だけが，まさに遺伝子を残すチャンスに恵まれ続けて今日のすべてのヒトにいたったということである．

ミトコンドリアDNAは母親だけを通して伝えられる遺伝子で，しかも比較的少ない遺伝子情報で構成されている．遺伝子伝達のプロセスが単純であるため，それぞれの個体にみられる遺伝的違いは，伝達されたときに生じる突然変異にのみ起因するとみなせる．そこで突然変異の生じた頻度を計算すれば，最初の起点がいつなのかを知ることができる．

イブ理論の根拠は，世界中の様々な地域の女性から採取したミトコンドリアDNAを比較分析した結果によるものであった．明らかになったのは，現在のすべてのヒトが持つミトコンドリアDNAの変異は15万～20万年という時間の経過によって生じる程度の違いということであり，その後の研究から，現在では20万年前という年代がほぼ確かめられつつある．またミトコンドリアDNAの分析からは，アフリカ出身の女性にみられるDNAの変異が他地域の場合よりはるかに大きいことがわかった．それだけ長い時間が経過しているということであり，他地域の人々はそれより後で順次分岐していったと考えられる．つまり現生人類すべてに共通の祖先となる女性はアフリカにいたのである．

すべての人類が20万年前にアフリカにいた1人の女性の遺伝子を受け継いでいるということは，それ以前にユーラシア大陸に移動して各地に定着していた原人ホモ・エレクトゥスの子孫はホモ・サピエンスへは進化しなかったという結論になる．そのときすでにヨーロッパに住んでいたネアンデルタール人は，ホモ・サピエンスと直接の系統関係がない絶滅種であった．実際に，ネアンデルタール人とホモ・サピエンスの遺伝的距離は

60万年前という分析結果が出ている．これは両者が祖先の原人段階ですでに分岐しており，その後は遺伝子の交換がなかったことを意味する．こうして長い間信じられてきたヒトの多地域進化説は否定され，アフリカにいたミトコンドリア・イブがあらゆるヒトの祖先であるという単一起源説が受け入れられるようになってきた．

ヒトの祖先ミトコンドリア・イブの理論的な存在は，化石人骨の証拠からも確かめられつつある．2003年にエチオピアのミドル・アワッシュで発見されたホモ・サピエンス・イダルトゥと命名されている完全な頭骨（ヘルト1号）は脳容量が1450 cc で，明らかにホモ・サピエンスの特徴を備えていた．年代も16万年前であり，イブ理論に近い．また，アフリカを出たときの経由地と想定される中近東では，10万年前頃のいくつかの遺跡においてホモ・サピエンスとネアンデルタール人が同時代に別々に暮らしていたことが確認されている．

b. ヒトの拡散

ヒトを他の生物体と比較したときの際立った特徴は，地球上のあらゆる場所に生息していること，そして別の種や亜種を生み出すことなく単一のホモ・サピエンスであり続けている点である．それは地球規模の拡散が比較的短期間のうちに起こったこと，また，進化という観点からみて，その出現からそれほど長い時を経過していないということを示している．

今から100万年前に始まったとされる氷河時代は，厳しい寒さの氷期と温暖な間氷期との繰り返しであった．ヒトの祖先はこのような大きな気候変動の中で移動を繰り返し，環境への適応能力を高めていったが，例えばネアンデルタール人のように寒い環境に過度に適応し特殊化してしまうと，次の大きな環境変化などには対応しにくくなる．

一方，ホモ・サピエンスの拡散は今から12万年前に始まり1万年前に終わる最後の氷期に起こっている．現在の遺伝子研究の成果は，この頃のホモ・サピエンスの拡散について次のような見通しを与えてくれる．それによれば，アフリカから中近東へ出たホモ・サピエンスは，やがて6万年前頃に南アジアへ拡散していき，オーストラリア大陸へは5万年前に渡っているという．ヨーロッパへの移動は4万2000年前とされる．5万～4万年前に北アジアに移動していった人々は，やがて1万4000年前にベーリング地帯（当時は陸地になっていた）を通って北米大陸に渡り，その後の1000年ぐらいの間に南米大陸にまでいたった．こうしてホモ・サピエンスは地球規模に拡散していった．

このような移動と拡散において人類は生物体としての進化ではなく，技術や文化による適応を行ったようだ．そのため各地域の環境に特化することはなく，単一種ホモ・サピエンスとしての特徴を保持し続けたと考えられる．〔加藤泰建〕

● 文 献

馬場悠男 編（2005）（別冊日経サイエンス151）人間性の進化——700万年の軌跡をたどる，日経サイエンス社．
Cann, R. L., et al. (1987) Mitochondrial DNA and human evolution. Nature **325**: 31-36.
Johanson, D. and Edey, M. (1981) *Lucy, the Beginnings of Humankind*, Granada, London.
海部陽介（2005）人類がたどってきた道——文化の多様化の起源を探る，日本放送出版協会．

3 遺伝子

遺伝子，DNA，染色体，ゲノムとは何か？

DNA（デオキシリボ核酸）は，すべての生物（一部のウイルスを除く）の遺伝情報を担う化学物質である．遺伝情報は，DNA上に4種の塩基の並びとして記載されている．真核生物のDNAは，2本の鎖が，らせん構造をとる長い紐のようなもので，タンパク質と結合して染色体をつくる．染色体とは，狭義には動植物細胞において有糸分裂の際に観察される，塩基性色素で染色される棒状の構造体（図3.1）を指す．現在ではDNA（あるいはRNA：リボ核酸）を含む遺伝情報担体の総称として用いられる．原核生物のDNAは通常環状で，少量のタンパク質とともに超らせん状に凝縮されている．真核生物のDNAはヒストンと呼ばれる塩基性タンパク質に巻き付き，順次折り畳まれた状態にある．さらに酸性の非ヒストンタンパク質も加えて，最も高次に折り畳まれたものが，上述した細胞分裂時の染色体である（図3.1はイメージであり，細胞分裂時に核膜は消失する）．

遺伝子とは，タンパク質のアミノ酸配列を特定し，個々の遺伝形質を決めるDNAの領域を指す．全DNA上で遺伝子およびその発現に関わるような遺伝子関連の塩基配列は，大腸菌では約75%であるが，ヒトでは20～30%にすぎない（図3.2）．これら以外の配列は，遺伝子外DNAと呼ばれる．この中には役割が不明な反復配列も含まれる．真核生物の遺伝子外配列には，染色体の構造上重要な動原体（セントロメア）や，末端部のテロメアを構成する配列も含まれる．

ゲノムとは，半数体世代の細胞（多くの真核生物においては配偶子，原核生物はそれ自身）が持つDNAの塩基配列情報全体を指す．ゲノムの大きさは，そこに含まれる塩基対の数で表される．高等な生物群ほど大きなゲノムを持つ傾向がある．しかし，生物により様々で，ヒトより大きいゲノムを持つ生物も多い．

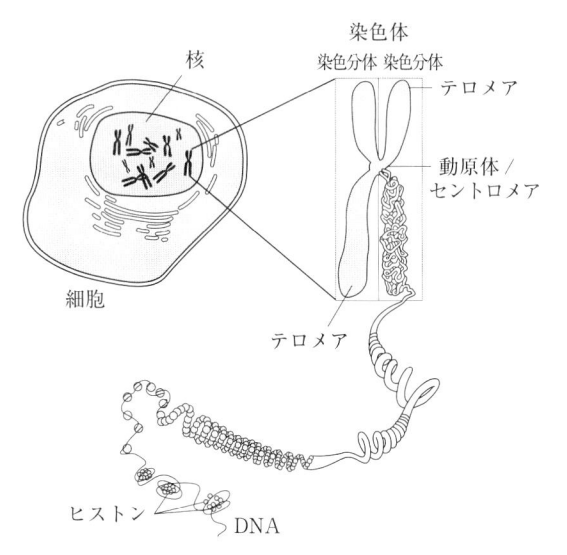

図3.1 真核生物のDNAと染色体の関係

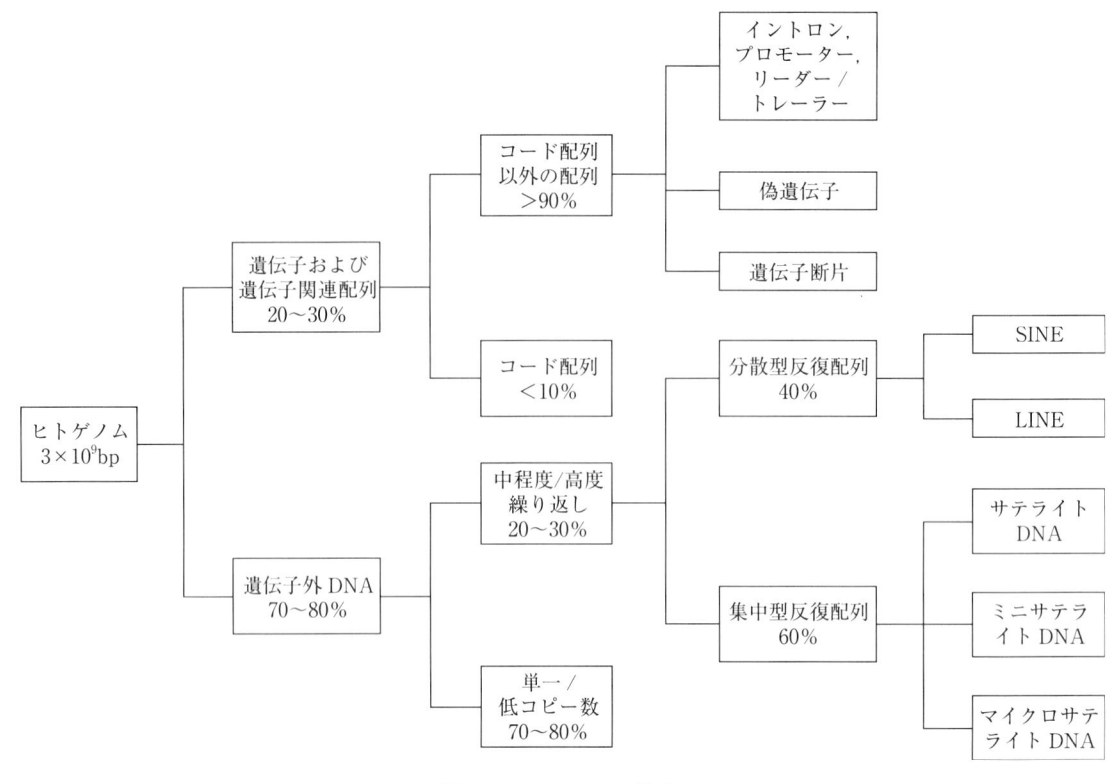

図 3.2 ヒトゲノムの構成
Winter, et al., 2003 を改変.

3.1 遺伝情報の発現

3.1.1 遺伝子発現に関する基礎

a. 核

細胞核ともいう．真核生物において，DNAを含む染色体が核膜と呼ばれる膜に包まれた構造を核と呼ぶ（原核生物には核構造は存在せず，主にDNA繊維が集まった小体の部分は核様体と呼ばれる）．核内とその外側の細胞質は，核孔を通してつながっている．完成したmRNAやタンパク質は核孔から出入りする．核膜は，細胞分裂の際に断片化され消失し，分裂の終期に再生される．核内には核小体（仁）が存在し，rRNAの合成とリボソームの組み立てが行われる．活発に活動する細胞では核小体が大きい．

b. DNA

DNA（デオキシリボ核酸）は，塩基，糖（2′-デオキシリボース）およびリン酸からなるヌクレオチドの重合体である（図3.3）．DNAの鎖は，ヌクレオチド三リン酸がそれ自身の2つのリン酸を外しながら重合したものであり，その鎖には方向性がある．鎖の一方の端は，糖の炭素の位置における5′にリン酸基があり，5′末端となる．この糖の3′の位置に次のヌクレオチドがつく．鎖は5′→3′方向に伸長し，この末端は3′末端と呼ばれる．Watson, J. D. と Crick, F. H. C. は，1953年，生物における遺伝情報の担い手としてのDNAは通常二重らせん構造をとることを提示した．DNAを構成している塩基は，アデニン（A），グアニン（G），シトシン（C），チミン（T）の4種類である．二重らせんにおいて，

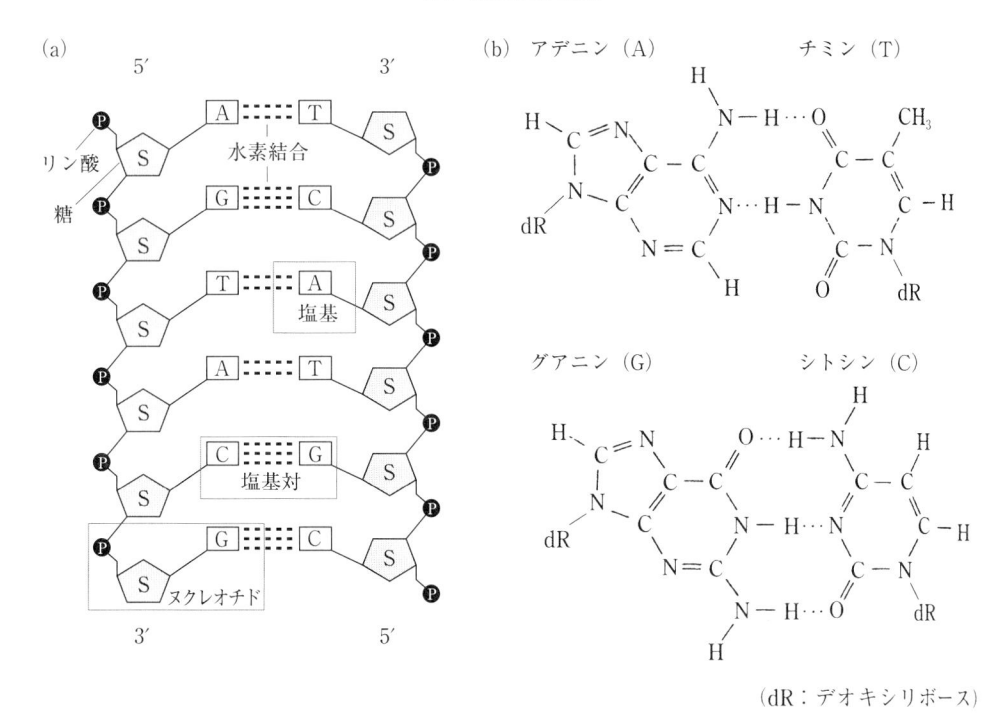

図 3.3 DNA の基本構造
(a) DNA 二本鎖, (b) 塩基対.

2本の鎖は逆方向に重合している．糖とリン酸よりなる2本の鎖から内側に飛び出した塩基がAとT，GとCとで対合して，はしご状に塩基対を形成する．塩基対は，それぞれ2本と3本の水素結合で結ばれる．この結合と上下のはしごの積み重なり（スタッキング）が，DNA構造に安定性をもたらす．二重らせんは，通常の生理的条件下では右巻きにねじれ，10.5塩基対で1回転する形状（B型）をとる．らせんの直径は2nmで，らせんの1回転の長さ（ピッチ）は3.4nmである．

真核生物のDNAは，ヒストンの8量体からなる円盤状のヌクレオソームコアに巻き付いた後，さらに折り畳まれる．1つのコアに2周（146塩基対）巻き付いた直径11nmの構造をヌクレオソームと呼ぶ．ヌクレオソーム間は約60塩基対でつながり，この部分はリンカー（連結）DNAと呼ばれる．ヒストンはアセチル化やメチル化の修飾を受けることで，DNAの巻付きを弱めたり強めたり変化させる．修飾の程度により，遺伝子の発現（転写）レベルが増減する．

遺伝子は，DNA二重らせんの一方の鎖のみにあるのではなく，どちらの鎖にも存在する．すなわち，遺伝情報はDNA上に5′→3′方向に書かれており，向きはその遺伝子により決まる．遺伝情報が書かれている鎖をセンス/(+)/コード鎖と呼ぶ．あるいはRNAに読み取られるのは反対側の鎖になるので，非鋳型鎖と呼ばれる．これに対する鎖は，アンチセンス/(-)/非コード鎖，あるいは鋳型鎖と呼ばれる．

c. RNA

RNA（リボ核酸）は，糖は異なるがDNAと同様の塩基，糖（リボース）およびリン酸からなるヌクレオチドの重合体である．RNAの塩基配列は，DNAの一方の鎖から写し取られる（後のe「転写」を参照）．その際DNA鎖のアデニンに対合してウラシル（U）が入るので，RNAの塩基はA, U, G, Cの4種類を基本とする．RNAの鎖は，DNAと同様に方向性を持つ．RNAは機能により分類される．タンパク質に翻訳されるRNAは，伝令RNA（メッセンジャーRNA：mRNA）と呼ばれる．mRNAは，核膜を持つ真

核生物では前駆体 mRNA（プレ mRNA）として合成される．前駆体 mRNA は，イントロンの切り出し（後の i「スプライシング」を参照）や 5′ 末端のキャッピング，3′ 末端のポリアデニル化などの修飾を受ける．この成熟 mRNA は，核外に運ばれリボソーム上でタンパク質に翻訳される．運搬 RNA（トランスファー RNA：tRNA）は，翻訳の際のアミノ酸の運び屋である．tRNA により運ばれてきたアミノ酸は，mRNA の配列に従って順に並べられる．リボソームは多くのタンパク質の複合体であり，さらにタンパク質以外の構成要素としてリボソーム RNA（rRNA）を含む．rRNA は翻訳開始反応などに関わる．さらに，核内低分子 RNA（snRNA）として分類されているものもある．それらは，一般に核においてタンパク質と複合体をつくり，核内低分子リボ核タンパク質として存在する．それらの仲間には，真核生物において mRNA 前駆体からイントロンを切り出すスプライソソームとして重要な役割を持つものもある（後の i「スプライシング」を参照）．最近では，分断されて 21～28 の低分子 RNA となり，mRNA の翻訳に対して負の調節に関わる RNA もあることがわかってきた（3.2.2 項 m「RNA 干渉」を参照）．また RNA には，それ自身がタンパク質と同様の酵素としての性質を持つもの（リボザイム）が存在する．このことから，RNA は生命の誕生に必須であったと推測されている（第 2 章 2.2.1 項 c「RNA ワールド」参照）．

d． タンパク質

細胞の主要成分で，一群の高分子含窒素有機化合物の総称である．細胞の構成物質，活性物質(酵素)などとして働く生命活動の機能分子である．その一次構造は，DNA から写し取られた mRNA の塩基配列に従って，個々のアミノ酸（H_2N-CHR-COOH）がペプチド結合（‥-CO-NH-‥）によりつなげられたポリペプチド鎖（H_2N-CHR$_1$-CO-NH-CHR$_2$-CO-‥）からなる（後の f「翻訳」を参照）．ポリペプチド鎖の一方の端はアミノ基（H_2N-）が残るため N 末，もう一方はカルボキシル基（-COOH）になるため C 末と呼ばれる．各タンパク質は，含まれるアミノ酸の種類・量，結合順序が異なっており，それがタンパク質のそれぞれに異なる機能を与える．タンパク質は，生体内においてそれぞれ固有の速度で合成される一方，分解もされる．アミノ酸の配列である一次構造は，α ヘリックスや β 構造などの二次構造に折り畳まれる．さらに三次元的な立体構造（三次構造）をとることでタンパク質は機能する．また，それが複数で，あるいは他のタンパク質と複合体（四次構造）を形成して機能するものも多い．各タンパク質は，リン酸化，メチル化，ユビキチン化，スモ化などの修飾を受けることでその構造・機能を変化させる．これを翻訳後修飾と呼ぶ．

e． 転　写

遺伝子が発現する際，DNA の塩基配列が

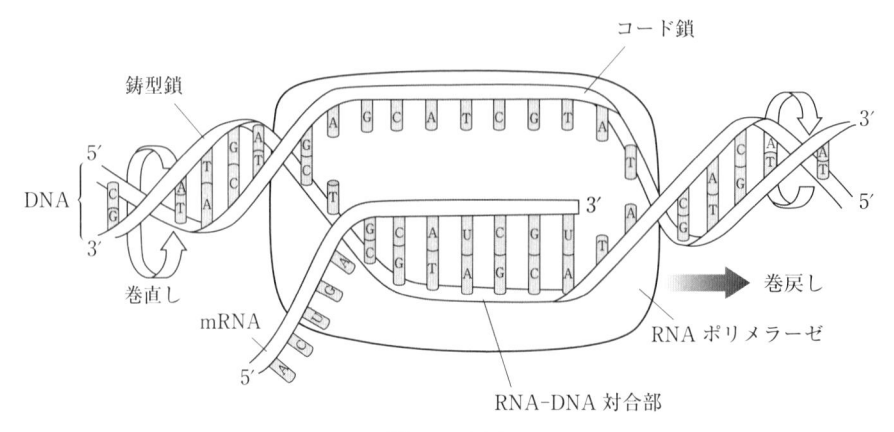

図 3.4 転写
Raven, et al., 2004 を改変．

RNA に写し取られる反応を指す（図 3.4）．転写は RNA ポリメラーゼにより触媒され，RNA 鎖は 5′ から 3′ 方向に合成される．この酵素は特定配列を持つ DNA 上の部位（プロモーター）を認識してそこに結合し，その下流（3′ 側）にある転写開始点より転写を開始する．さらに RNA ポリメラーゼは RNA 鎖を伸長させ，やはり特定の転写終結配列（ターミネーター）で転写を終結させる．この開始と終結において，RNA ポリメラーゼの他に種々の調節因子が関与する．それらにより遺伝子の転写量が調節される．RNA ウイルス（レトロウイルスを除く）においては，RNA を鋳型として RNA を合成するが，これも転写と呼ばれる．また，レトロウイルスにおいて行われる RNA 依存性 DNA ポリメラーゼによる RNA を鋳型にした DNA 合成は，逆転写と呼ばれる．

f. 翻　訳

　転写により写し取られた mRNA の塩基配列をアミノ酸の配列に置き換える反応を指す．遺伝情報は，4 種類の塩基がつくる 3 つの塩基の並び（コドン/遺伝暗号/トリプレット，4^3 種類になる）を単位としてアミノ酸に翻訳される．それぞれの暗号が，20 種類のうちの特定のアミノ酸（ただしコドンのうち 3 種類は終止コドン）を指定する．翻訳は，rRNA とタンパク質の複合体であるリボソーム上で行われる．この反応は，大きくは開始，伸長，終結の 3 段階に分けられる．各アミノ酸は，それぞれ特定の tRNA に結合してリボソームに運ばれる．tRNA のアンチコドンが mRNA のコドンと相補的に結合することで，正確な翻訳が成立する（図 3.5）．第 1 番目のアミノ酸には，開始コドン（AUG）によって指定されるメチオ

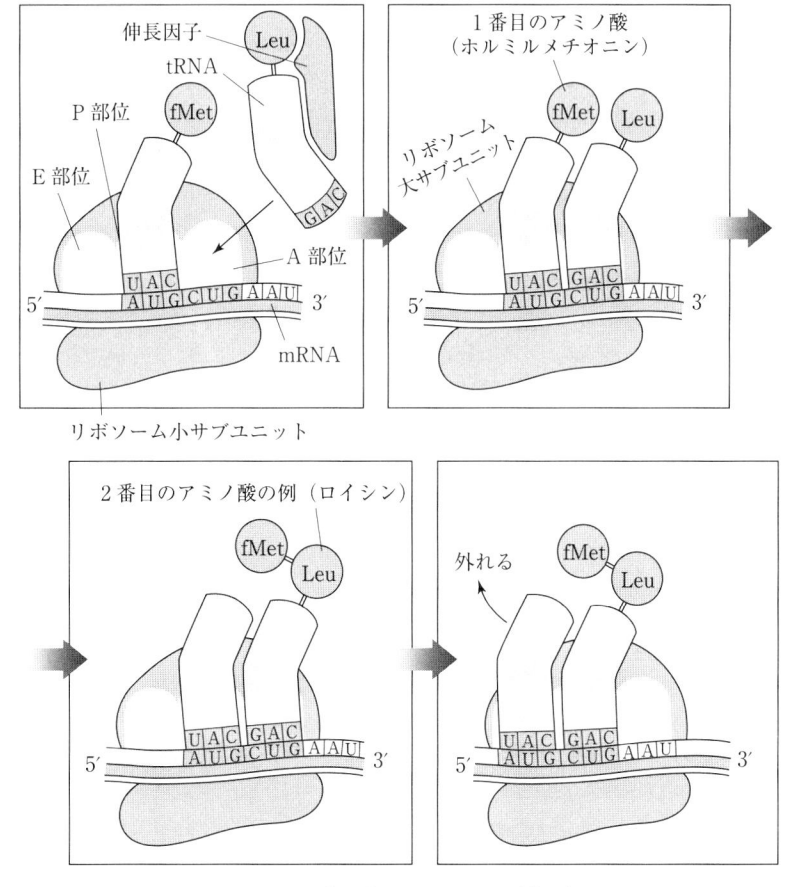

図 3.5　原核生物における翻訳（伸長）
Raven, et al., 2004 を改変．

ニン（原核生物ではホルミル化されている）が入る．ここがポリペプチド鎖のN末になる．伸長反応は，リボソームが1つ1つのコドン分ずつ移動することで進む．手前のtRNAに横並びするように，次のアミノ酸をつけたtRNAがリボソームの特定の位置（A部位）に入る．そして，新たに来たアミノ酸に，それまで合成された（P部位のtRNAに連れられていた）ポリペプチド鎖が結合される．この繰返しでポリペプチド鎖は伸長する．空になったtRNAは，最後にE部位に移り，外れる．終止コドンが現れると，そこに終結因子が結合する（終止コドンに相当するtRNAはない）．それがポリペプチド鎖を遊離させることで翻訳は終了する．

g. DNA複製

細胞は分裂し，同じ遺伝情報を持った2つの娘細胞を生じる．分裂に先立ち，遺伝情報を正確に複製する必要がある．この過程がDNA複製である．この際，二本鎖DNAのそれぞれの鎖を鋳型に，塩基の相補性に従い新たな鎖を合成する．このことから，この複製は半保存的複製と呼ばれる．

複製は，DNA上の決まった複製開始点より始まる．DNA合成を触媒するDNAポリメラーゼの合成方向は5′→3′であるので，2本の鎖の合成方法は異なる（図3.6）．二重らせんのほどける方向に合わせて鎖の合成が進むほうをリーディング鎖と呼ぶ．こちらでは，新たな鎖は連続した長い鎖として合成される．もう一方の鎖は，ラギング鎖と呼ばれる．こちらの鎖では，らせんのほどけるのとは逆方向に短い鎖を不連続に合成し，それをつなげる．DNAの合成はDNAポリメラーゼが行うが，DNA鎖の合成開始にはRNA鎖のプライマーが必要となる．そのため，ラギング鎖においては，別のDNAポリメラーゼによるプライマーの除去とそれによってできるギャップを埋める作業，最後にDNAリガーゼによってDNA鎖を連結するという複雑な工程で短い鎖がつながれる．ラギング鎖にできる短いDNA鎖は，その発見者（岡崎令治）の名前から岡崎フラグメントと呼ばれる．その長さは，原核生物では1000〜2000塩基であるのに対し，真核生物ではその1/10程度である．これは，真核生物のDNAがヌクレオソーム構造をとっており，複製の際にそ

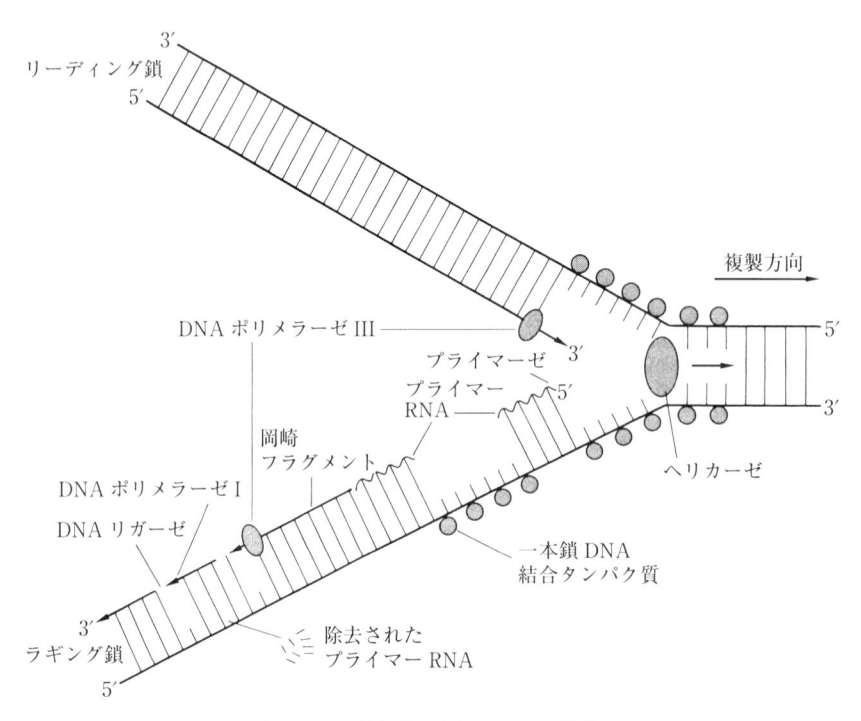

図3.6 原核生物におけるDNA複製

の巻きほどきが必要になるためと考えられる．

また，真核生物の二重鎖 DNA は線状で末端にテロメア構造を持つが，最末端の DNA 鎖においてはそのプライマー分は合成できない．したがって，真核生物は複製すなわち細胞分裂を繰り返すたびにそのテロメアが短くなる．このことが個体の寿命を決めるとする考えもある．

h. イントロンとエキソン

真核生物の RNA（mRNA のみを指す場合が一般的）は，前駆体の形で転写される．前駆体は，最終的な RNA として残る領域（mRNA のタンパク質に翻訳される領域）が，介在する配列により分断されている．この，最終的に不要となる部分をイントロン，必要な部分をエキソンと呼ぶ．一般に，1 つの遺伝子に含まれるイントロンの数は高等な生物ほど多い．イントロンはスプライシングと呼ばれる機構により前駆体から除かれ，エキソン部分のみが再結合する（次のi「スプライシング」を参照）．

i. スプライシング

真核生物の前駆体 RNA（プレ RNA）からイントロンが切り出され，エキソンが再結合される過程をスプライシングと呼ぶ．mRNA のスプライシングは通常，スプライソームと呼ばれる複合体を形成して行われる．また，RNA によっては，RNA 自身がリボザイムとして酵素のように働き，自らのイントロンを除く．これは，自己スプライシングと呼ばれる．

スプライソームは，主として前駆体 mRNA と，いくつかの核内低分子 RNA（snRNA）とタンパク質からなる核内低分子リボ核タンパク質（snRNP）から形成される（図 3.7）．イントロンには切り出されるためのシグナルとなる共通の配列がある．一般に，イントロンの 5′ 末の配列は GU，3′ 末の配列は AG であり，共通配列の一部としてその認識に関わる．それぞれ 5′，3′ スプライス部位と呼ばれる．また，3′ スプライス部位の 5′ 側上流にはアデニン（A）を含む分岐点配列がある．イントロンが切り出される際，5′ スプライス部位はまずこの A につながれ，投げ縄構造（ラリアート構造）となる．その後 3′ スプライス部位の切断とエキソンどうしの結合が起こり，投げ縄構造が放出される．

同じ前駆体 mRNA からのスプライシングのされ方で，異なる mRNA がつくられる場合もある．これを選択的スプライシングという．これは，エキソンを含んだ形でのイントロンの除去や，異なる 3′ 末端を用いることで起こる．これにより，例えば臓器や発達時期に応じた，細胞によってより有効なタンパク質の作製が可能になる．

3.1.2 遺伝子発現の調節

a. コドン

mRNA のタンパク質情報を持つ領域における，連続する 3 つの塩基の並びを指す．トリプレットとも呼ばれ，遺伝暗号の単位である（表 3.1）．この暗号は，ミトコンドリアにおけるタンパク質合成系に例外がみられるが，基本的にすべての生物において共通である．mRNA の塩基は 4 種類（アデニン，グアニン，シトシン，ウラシル）よりなるので，コドンは $64 (4^3)$ 個存在する．そのうち 61 個のコドンは，20 種類のアミノ酸のいずれかに対応し，残る 3 個のコドンは翻訳の停止を指令する終止コドンである．メチオニンを指定するコドンは 1 つであるが，翻訳を開始するのはメチオニンであるので，開始コドンとも呼ばれる．コドンの数に比べアミノ酸の種類が少ないので，同じアミノ酸に対し複数のコドンが対応するものが多い（コドンの縮重）．同じアミノ酸を指定するコドンは同義コドンと呼ばれる．コドンは 5′ 側から 1, 2, 3 番（文字）目と番号がつく．コドンは 3 番目の塩基が違っても同じアミノ酸を指定することが多い．この 3 番目はゆらぎの位置とも呼ばれる．ただし，同義コドンの中でも生物により優先的に用いられるコドンが決まっている．

b. オペロン

現在は，ひとつながりの mRNA に転写される転写単位をオペロンと呼ぶ．オペロンは原核生物

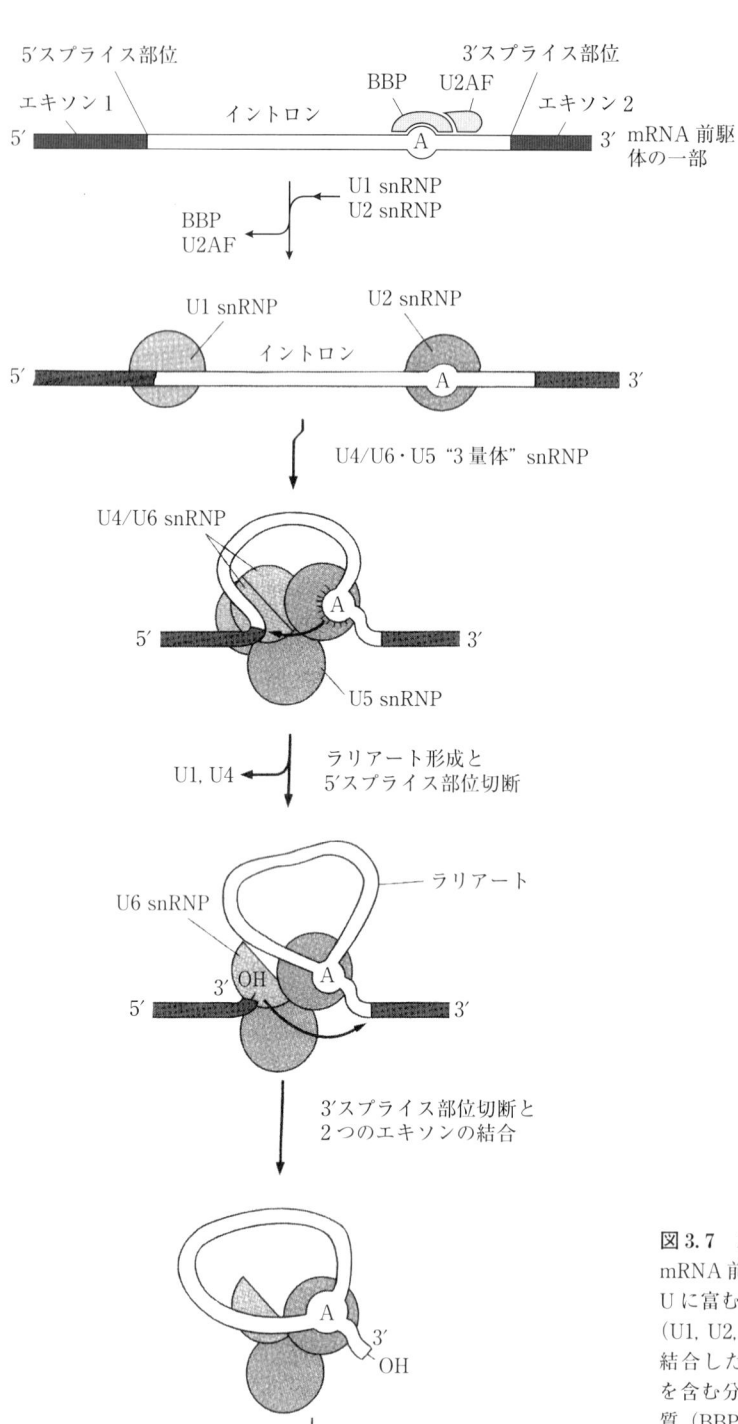

図 3.7 スプライソソームによるスプライシング mRNA 前駆体上の特異的な共通配列の認識には，U に富む短い（長くても 200 塩基程度）の RNA（U1, U2, U4, U5, U6 の 5 つ）が，タンパク質と結合した snRNP として関与する．A 残基（A）を含む分岐点の認識には，分岐点結合タンパク質（BBP）や U2 と結合した補助因子（AF）も必要となる．-OH は，RNA 鎖，3′ 末端の水酸基を示す．Alberts, 2002 を改変．

3.1 遺伝情報の発現

表 3.1 遺伝暗号

1番目の塩基	2番目の塩基				3番目の塩基
	U	C	A	G	
U	UUU ⎫ フェニルアラニン (Phe) UUC ⎭ UUA ⎫ ロイシン (Leu) UUG ⎭	UCU ⎫ UCC ⎪ セリン UCA ⎬ (Ser) UCG ⎭	UAU ⎫ チロシン UAC ⎭ (Tyr) UAA 終止 UAG 終止	UGU ⎫ システイン (Cys) UGC ⎭ UGA 終止 UGG トリプトファン (Trp)	U C A G
C	CUU ⎫ CUC ⎪ ロイシン (Leu) CUA ⎬ CUG ⎭	CCU ⎫ CCC ⎪ プロリン CCA ⎬ (Pro) CCG ⎭	CAU ⎫ ヒスチジン CAC ⎭ (His) CAA ⎫ グルタミン CAG ⎭ (Gln)	CGU ⎫ CGC ⎪ アルギニン (Arg) CGA ⎬ CGG ⎭	U C A G
A	AUU ⎫ AUC ⎪ イソロイシン (Ile) AUA ⎭ AUG メチオニン (Met)：開始	ACU ⎫ ACC ⎪ トレオニン ACA ⎬ (Thr) ACG ⎭	AAU ⎫ アスパラギン AAC ⎭ (Asn) AAA ⎫ リシン (Lys) AAG ⎭	AGU ⎫ セリン (Ser) AGC ⎭ AGA ⎫ アルギニン (Arg) AGG ⎭	U C A G
G	GUU ⎫ GUC ⎪ バリン (Val) GUA ⎬ GUG ⎭	GCU ⎫ GCC ⎪ アラニン GCA ⎬ (Ala) GCG ⎭	GAU ⎫ アスパラギン GAC ⎭ 酸 (Asp) GAA ⎫ グルタミン GAG ⎭ 酸 (Glu)	GGU ⎫ GGC ⎪ グリシン (Gly) GGA ⎬ GGG ⎭	U C A G

Raven, et al., 2004 を改変.

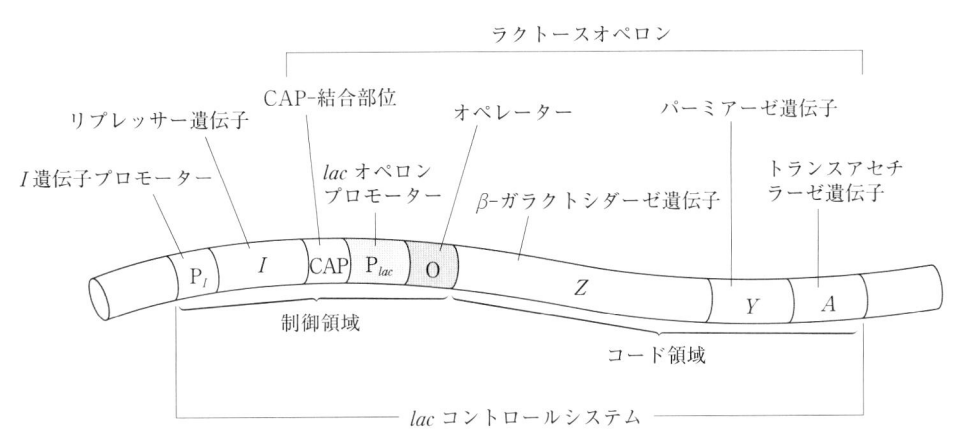

図 3.8 ラクトースオペロンの制御システム
Raven, et al., 2004 を改変.

の遺伝子にみられる特徴である．そこでは，同一の代謝経路に関わる遺伝子群がセットになって発現するように組織化されている．これに対し，真核生物の遺伝子はほとんどが単独に発現する．原核生物の1つのオペロンにおける遺伝子群は，転写抑制因子（リプレッサー）がその遺伝子群の上流にあるオペレーターに結合することで発現が抑えられている．必要なときにリプレッサーが外れ，プロモーターに RNA ポリメラーゼが結合し，転写が起こる．本来はこの調節領域も含め，1つのプロモーターにより制御される単位をオペロンと呼んだ（次のc「ラクトースオペロン」を参照）．

c. ラクトースオペロン

Jacob, F. と Monod, J. により提唱されたオペロン説（1961 年）のもととなる実験に用いられた．図 3.8 は，大腸菌のラクトース（*lac*）オペロンとその上流のラクトースオペロンのリプレッサーを発現するオペロンを示す．調節遺伝子 *I* からは *lac* リプレッサーが常に発現している．*lac* リプ

レッサーは lac オペレーター (O) に結合することでラクトースオペロンからの転写を抑制する．培地中にグルコースがなくなったときにラクトースがあると，細胞はラクトースを分解しグルコースをつくる．細胞にわずかにある酵素により，ラクトースの一部がアロラクトースになると，これが誘導物質として働く．アロラクトースは，lac リプレッサーに結合しリプレッサーを不活性型に変える．不活性型になった lac リプレッサーは lac オペレーターへ結合できない．これにより，RNA ポリメラーゼが lac プロモーターへ結合可能となり，ラクトースの代謝に関わる 3 つの遺伝子 (Z, Y, A) が同時に転写される．

また，lac オペロンは，そのプロモーターのすぐ上流のカタボライト活性化因子タンパク質 (CAP；catabolite activator protein) 結合部位による調節も受けることがわかっている．ラクトースの代謝産物であるグルコースがあると，細胞内の cAMP（サイクリック AMP）が減少する．CAP は cAMP と結合することで CAP 結合部位に結合し，そこで初めて lac オペロンからの転写が起こる．すなわち，培地中にラクトースが存在しても，グルコースがある場合には余分なラクトース代謝が抑えられている．これをカタボライトリプレッション（異化代謝産物抑制）という．

d. プロモーター

初期の定義としては，転写の際に RNA ポリメラーゼが結合する DNA 上の領域を指した（前の c「ラクトースオペロン」を参照）．広義には，転写開始に関わる全領域を指す．この場合，転写開始に必要な最少限の 50～80 塩基対の領域はコアプロモーターと呼ばれる．塩基には転写開始の塩基から +1, +2, …と番号がつくのに対し，プロモーターの位置はその逆方向（5′ 側）に −1, −2, …と数えることで表示される．

原核生物の RNA ポリメラーゼは，それぞれその数字近辺にある −35 配列 (TTGACA) と −10 配列 (TATAAT) を認識して，DNA に結合する．RNA ポリメラーゼは 5 つのサブユニット (α が 2 つと β, β', σ が各 1 つ) よりなる．DNA への

(a) RNA ポリメラーゼ II プロモーター

(b) 2 つの RNA ポリメラーゼ I プロモーター

(c) 上流および下流の RNA ポリメラーゼ III プロモーター

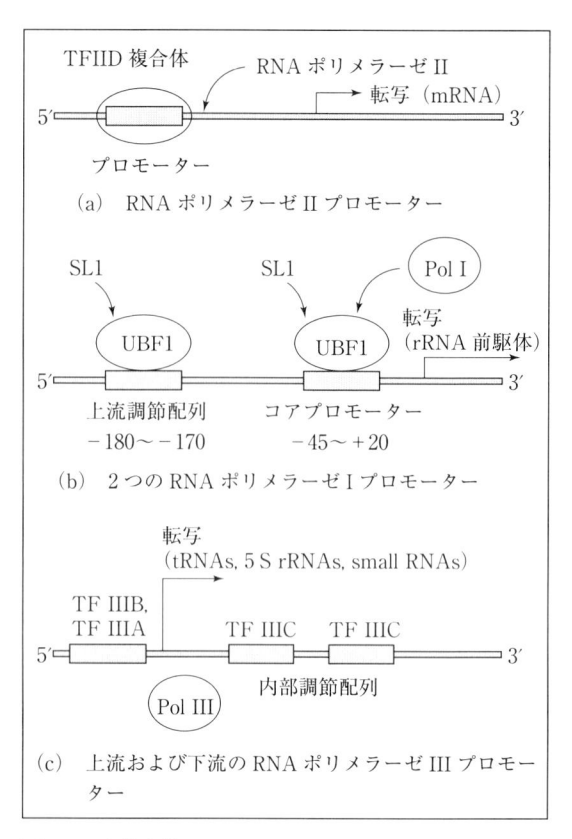

図 3.9 真核生物の 3 つの RNA ポリメラーゼとそのプロモーター

結合は σ 因子の認識配列への特異性に依存する．特別なプロモーター（例えば高温時のみに発現するヒートショックタンパク質のプロモーター）への結合には，異なる σ 因子が入れ替わる．

真核生物では，3 つの RNA ポリメラーゼがそれぞれの役割を分担している．それぞれの認識するプロモーターも異なる（図 3.9）．また，それらに複数の転写調節因子（転写因子 (TF)，UBF1 など）が関わり，転写が調節される．mRNA の転写は，RNA ポリメラーゼ II によって行われる．この酵素による転写は −30 付近の TATA ボックス (TATAAAA) に依存する（後の g「転写制御（転写調節）」を参照）．rRNA の前駆体（18 S, 25 S, 5.8 S がつくられる）は RNA ポリメラーゼ I により転写される．この酵素による転写には，転写開始点を含むコアエレメントと −100 付近の上流調節配列を必要とする．RNA ポリメラーゼ III は，tRNA や 5 S rRNA などの

転写を受け持つ．このプロモーターは転写される配列の内部にもあり，それは内部調節配列と呼ばれている．

e. オペレーター

原核生物の遺伝子発現制御の調節単位であるオペロンにおいて，転写の抑制因子であるリプレッサーが結合する領域をオペレーターと呼ぶ．一般的には，オペレーターは転写される領域の上流（5′側）で，RNAポリメラーゼが結合するプロモーター領域の下流に存在する．この位置にリプレッサーが結合することで，RNAポリメラーゼによる転写が阻害される．原核生物の遺伝子は，特定の条件下においてリプレッサーが外れることで発現する．オペレーターへ結合できないようなリプレッサーの突然変異やリプレッサーが結合できないオペレーターの配列変化は，そのオペロンからの構成的な転写をもたらす（前のc「ラクトースオペロン」を参照）．

f. リプレッサー

初期の定義としては，原核生物の遺伝子発現制御の特徴であるオペロンにおいて，オペレーターに結合しその転写抑制に働く因子をリプレッサーと呼んだ．現在では，真核生物の転写において，抑制性に働くトランス作用性のタンパク質因子もリプレッサーと呼ばれる（次のg「転写制御（転写調節）」を参照）．オペロンとして発現制御される酵素群には，誘導性のものと抑制性のものがある．例えば，誘導性のラクトースオペロンにおいては，リプレッサーは単独で活性型であり，転写を抑制する．誘導物質として働くラクトースの代謝異性体は，リプレッサーと結合する．この結合によりリプレッサーは不活性型となり，転写が誘導される（前のc「ラクトースオペロン」を参照）．一方，抑制性の例として，トリプトファン合成酵素を発現するトリプトファンオペロンがある．このオペロンにおいては，リプレッサーは単独で不活性型であり，アポリプレッサーと呼ばれる．トリプトファンはコリプレッサーとして働き，アポリプレッサーと結合することでこれを活性型にする．このため，トリプトファン存在下では，その合成酵素の発現が抑制される．

g. 転写制御（転写調節）

遺伝子の発現量は，その転写される量に第一次的に依存する．この転写量の調節は，DNA上の特異的な塩基配列（シス作用性エレメント／シス作用性因子）と，そこに結合するタンパク質性の調節因子（トランス作用性エレメント／トランス作用性因子）によって行われる．特に真核生物では，特徴のあるDNA上の配列がいくつもあり，また，それらに結合する様々なタンパク質が存在する．これらが，調節レベルの多様性を可能にしている（図3.10）．RNAポリメラーゼとともにコアプロモーター部分に結合する基本転写因子は，転写開始複合体を形成する．この複合体は，基底レベルの転写能力を持つ．高レベルの転写にはDNA上の特別な配列と，そこに結合する特異的な転写因子を必要とする．このDNA上の配列はエンハンサーと呼ばれ，活性化因子（アクチベーター）が結合する．逆に発現レベルを低く抑えるようなDNA配列はサイレンサーと呼ばれ，リプレッサーが結合する．これらの因子は，転写開始複合体に直接，あるいはさらに補助因子を介して結合することで作用する．またシス作用性エレメントは，DNAループの形が変われば作用しうるので，DNA上の位置や遺伝子からの距離に依存しない．したがって，それらは遺伝子の上流，下流，あるいは遺伝子内でも存在する．その効果はその配列の向きにも左右されない．

h. エンハンサー

転写開始複合体に働いて，転写の活性化に関わるDNA上の領域をエンハンサーという．大きさは100〜200塩基対ほどで，コアプロモーターから数千塩基離れて作用するものもある．エンハンサーは，活性化因子（アクチベーター）に結合することで作用する（前のg「転写制御（転写調節）」を参照）．

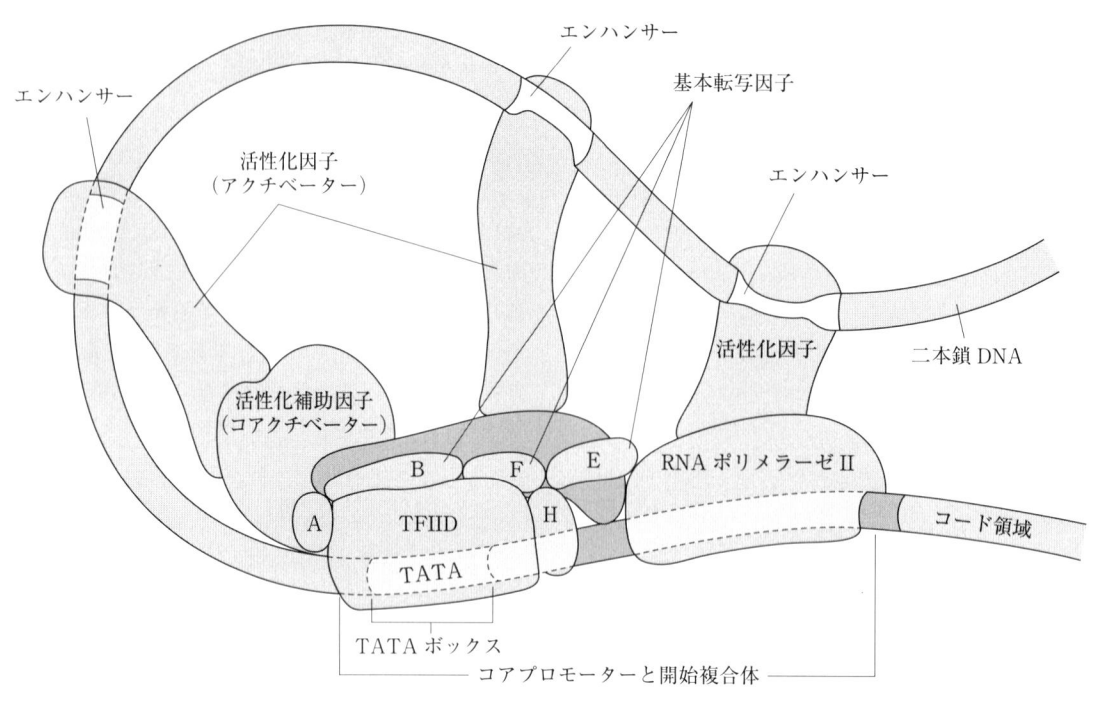

図 3.10 真核生物の転写開始制御
Raven. et al., 2004 を改変.

i. 基本転写因子

真核生物の転写開始に必須なタンパク質よりなる複合体である．この複合体が，RNAポリメラーゼとともにDNA上のコアプロモーター領域，特にTATAボックスに結合する．この複合体を構成するタンパク質（TFA, ⅡB, ⅡD, ⅡE, ⅡF, ⅡHおよびⅡI）はそれぞれがタンパク質複合体で，TATA配列の認識と結合, DNAヘリカーゼ活性, RNAポリメラーゼⅡのC末端ドメインのリン酸化機能を持つ．TATA配列に直接結合するのはⅡDで，それはTATA結合タンパク質（TBP；TATA binding protein）による（前のg「転写制御（転写調節）」を参照）．

j. TATA ボックス

多くの真核生物のmRNAをコードする遺伝子において，転写開始点の約25塩基対上流にあり，転写におけるコアプロモーターの一部となる特定の領域を指す．その塩基配列は，5′-TATA(A/T)A(A/T)-3′である．この塩基の並びをとってTATAボックスと呼ばれる．基本転写因子がここに結合し，RNAポリメラーゼⅡをリクルートする（前のg「転写制御（転写調節）」を参照）．

k. 転写制御因子

転写反応およびその制御に関わるすべてのトランス作用性のタンパク質を転写因子と呼ぶ．このうち，転写開始に必須なRNAポリメラーゼと基本転写因子を除いた，転写量の調節に働く因子を転写制御因子と呼ぶ．エンハンサー領域に結合するアクチベーター，抑制性に働くリプレッサー，それらとのタンパク質相互作用により働きを仲介・補助する補助因子（メディエーター，コアクチベーター，コリプレッサー）が含まれる．クロマチン構造を変化させたりヒストンを修飾することで転写の調節に働く因子も，コアクチベーターやコリプレッサーと呼ばれる（前のg「転写制御（転写調節）」を参照）．

l. エピジェネティクス

DNAの塩基配列によらない後天的DNA修飾による遺伝子発現調節の機構を，エピジェネティ

クスと呼ぶ．同じ遺伝子情報を持つ一卵性双生児にも個体差があることや，同じ遺伝子を持つ細胞からなるにも関わらず三毛猫においては個体ごとに異なる模様ができることも，これにより説明される．エピジェネティクスには複数の機構が存在する．DNAのメチル化もその1つである．メチル化（主な標的はシトシン）された遺伝子は，発現が抑制される．例えば，哺乳類のX染色体の一方はメチル化により不活化している．また真核生物において，ヌクレオソームを形成した際，DNAが巻き付いたヒストンに対する修飾も，遺伝子発現に影響する．まず，ヒストンの特定のア

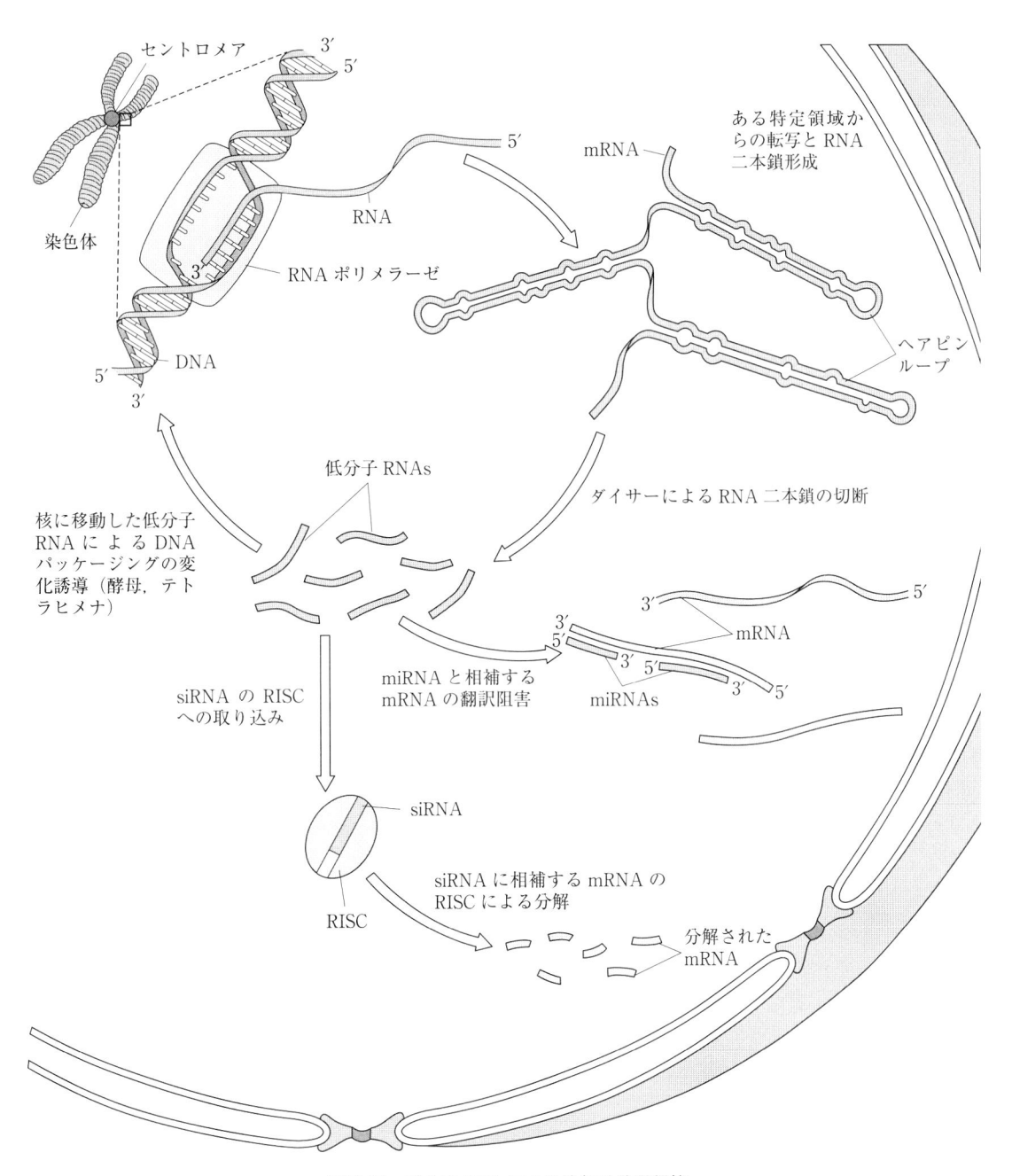

図 3.11　低分子 RNA による遺伝子発現調節
Raven, et al., 2004 を改変．

ミノ酸がメチル化やアセチル化を受ける．メチル化はヌクレオソーム構造を緊張させ，その付近の遺伝子からの転写を抑制する．アセチル化は弛緩させ，転写を促進する．それぞれの修飾の加減により発現量は多様化する．特定の配列を持つ低分子 RNA が，DNA の折り畳み構造を変化させることで発現調節に関わることもわかってきた（次の m「RNA 干渉」を参照）．

m. RNA 干渉

21〜28 塩基長の低分子 RNA が遺伝子転写後の発現制御に関わることが，1990 年代のはじめに相次いで判明した．RNA 干渉は線虫で見つかったが，アカパンカビで報告されていたクエリング，植物の転写後遺伝子サイレンシング（PTGS；post-transcriptional gene silencing）と同じ現象であることが明らかとなった．これらにより，RNA 干渉が真核生物における共通の発現調節機構として認識された．転写された RNA の中に，ヘアピンループを持つ二本鎖 RNA を形成するものがある．この二本鎖はダイサーと呼ばれるタンパク質により切断され，一本鎖の低分子 RNA を生じる．この断片はミクロ RNA（miRNA）として，直接それと相補する mRNA に結合し，その翻訳を阻害する．あるいは低分子干渉 RNA（siRNA）として，RISC と呼ばれる酵素タンパク質複合体に取り込まれ，その配列と相補する mRNA に結合し，それを分解させる．また低分子 RNA の一部は，DNA の折り畳み構造を直接変化させることでも発現調節に関わることがわかってきた（図3.11）．現在では，ベクターを用いて人工的にそのような RNA を作らせることで，特定の遺伝子の発現抑制に広く利用されている．

3.1.3 遺伝子発現の解析

a. ポリメラーゼ連鎖反応（PCR；polymerase chain reaction）

耐熱性の DNA ポリメラーゼを用い，反応サイクルを繰り返すことで特定の DNA 配列を 100 万倍以上に複製あるいは増幅する方法である（図3.12）．反応には鋳型 DNA，プライマー，酵素，そして 4 種のヌクレオチドが必要となる．鋳型 DNA は増幅のもとになる．鋳型 DNA には，標的とする遺伝子配列を含むゲノムや遺伝子ライブラリーの DNA，または RNA から逆転写反応により作製した cDNA が主に使われる．プライマーは，標的配列の両端にそれぞれ相補する 1 組が必要で，長さが 20 塩基前後の合成オリゴヌクレオチドを用意する．酵素は，熱安定性の DNA ポリメラーゼを必要とする．代表として高熱耐性の古細菌などから単離された Taq ポリメラーゼが挙げられる．さらに，反応の基質として 4 種類のデオキシヌクレオチド三リン酸（dNTPs：dATP, dCTP, dGTP, dTTP）を用いる．

合成反応は，変性，プライマーアニーリング，そして伸長のサイクルを繰り返すことで行う．変性では，90℃以上の温度にすることで二本鎖 DNA を一本鎖に分離させる．その後，40〜70℃（プライマーの配列・長さによって異なる）に温度を下げることにより，標的配列の末端にプライマーを結合させる．伸長反応ではもう一度 72℃まで温度を上げ，酵素によるプライマーからの相補的な鎖の合成を促す．このサイクルを 20〜40 回繰り返すことで，標的配列は各サイクルで指数関数的に増える．増幅する DNA の長さは，通常でも数千塩基対，条件を調整すれば 3 万塩基対まで可能である．反応には，的確な温度への速やかな移動が必要となる．そのため，サーマルサイクラーと呼ばれる，マイクロプロセッサーで制御するヒートブロックが用いられる．PCR は，mRNA を材料に逆転写酵素による反応とその後の PCR 反応を連続して行うことで，mRNA 発現量の定量にも利用されている（RT-PCR）．

b. ベクター

組換え DNA 実験において標的の DNA 断片を組み込ませることが可能で，さらに宿主細胞内で自立的に増殖することができる DNA 分子を指す．いわば DNA の運び屋である．標的 DNA の増幅を目的としたベクターはクローニングベクター，遺伝子の機能発現を目的としたベクターは

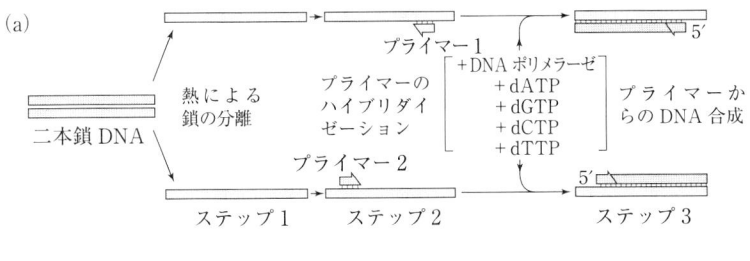

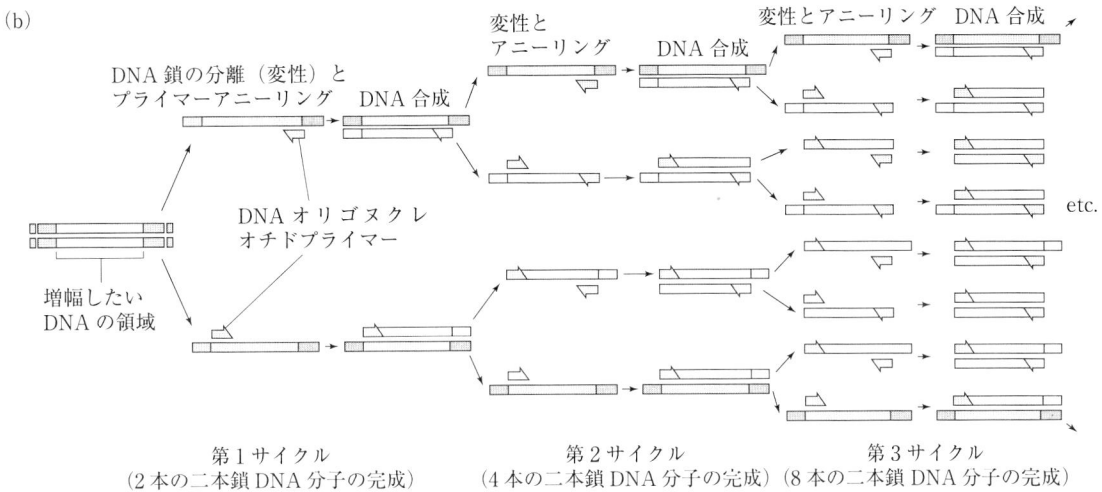

図 3.12 ポリメラーゼ連鎖反応（PCR）
(a) PCR 1 サイクル中の反応の流れ，(b) PCR による増幅．Alberts, 2002 を改変．

発現ベクターと呼ばれる．ベクターとして，プラスミド，ファージ，ウイルスや人工染色体が利用されている．構造的には，宿主細胞内で自立的に複製するための複製起点，宿主細胞への導入を確認するための選択マーカー，そして標的 DNA 断片の組込み・取出しに利用する制限酵素切断部位配列よりなるクローニングサイトが必要となる．

最も一般的な宿主は，扱いが容易で増殖の速い大腸菌である．プラスミドとしては，細胞内でのコピー数が多い pUC 系や pBR322 系が用いられる．これらには約 10 キロ塩基対（kbp）までの DNA 断片を組み込むことができる．一般的な選択マーカーとしては，抗生物質耐性遺伝子が用いられる．抗生物質が入った培地では生育できない大腸菌でも，抗生物質耐性遺伝子を持つプラスミドを取り込むことによって生育可能となる．その結果，プラスミドを取り込んだ大腸菌と，取り込んでいない大腸菌とを選択することができる．λファージは，感染に必須でない領域（染色体中央部）を除き，その分，外来遺伝子を取り込ませることでベクターとして利用される．こちらは，約 25 kbp までの DNA 断片の導入が可能である．組換えた DNA は，酵素とファージの外被タンパク質と合わせて人工的なファージ粒子にした後（試験管内パッケージング），大腸菌に感染させる．ファージに感染した大腸菌は溶菌するので，プラークが形成される．コスミドはλファージの cos 配列を持つプラスミドで，約 44 kbp までの DNA 断片を導入できる．コスミドも，試験管内パッケージング，および大腸菌への感染の過程を必要とする．しかし，コスミドは選択において抗生物質耐性遺伝子を用いてプラスミドと同様に扱える．大腸菌で用いる細菌人工染色体（*BAC*）は 120〜300 kbp，動原体やテロメアの構造を人工的に持たせた酵母で用いる酵母人工染色体（*YAC*）は 250〜400 kbp の DNA 断片の導入に用いられる．長い DNA 断片の導入が可能なベクター（一般にはλファージ以上）は，全ゲノ

ムをカバーできるような遺伝子ライブラリー（ゲノムライブラリー）や，特定の組織において発現している全mRNAから逆転写反応により得られるcDNAをもとにしたcDNAライブラリーの構築にも使用される．

植物を宿主細胞に用いる場合は，土壌細菌のアグロバクテリウムが持つTiプラスミド由来のT-DNAが利用される．動物細胞を宿主とする場合は，バキュロウイルス（昆虫細胞），ワクシニアウイルス，レトロウイルスが用いられる．植物細胞が抗体をつくらない点，昆虫細胞ではタンパク質の糖修飾が哺乳類細胞と類似するという特徴を利用して，それらにおいてヒトのタンパク質を作製させることも行われている．複数の宿主細胞で増殖可能なベクターは，シャトルベクターと呼ばれる．

c. 制限酵素

DNAの特定の塩基配列を認識し二本鎖DNAを切断するエンドヌクレアーゼの総称である．これらの酵素は，切断部位の特異性が高く種類も豊富であることから，遺伝子工学における遺伝子切り出しのツールとして広く使用されている．いわばDNAのハサミである．この呼び名は，バクテリオファージが宿主と異なる細菌に感染した際，細菌が持つこれらの酵素によりDNAが切断され感染率が制限される（低下する）ことからつけられた．現在では，種々の細菌から特異性の異なる酵素が単離されている．その数は500種類を超える．それぞれの酵素は，由来する細菌の学名の一部と数字をつけて区別されている．その中には，認識する配列が同じものもあるため，認識配列からすると約100種類になる．認識配列から離れた位置でDNAを切断する酵素もある．遺伝子工学で使われているものは，認識配列の中または数塩基離れた特定の位置で切断する．制限酵素の例とその切断の仕方を図3.13に挙げる．制限酵素の認識配列は，どちらの鎖も5′→3′方向に読むと同じ配列になる4〜8塩基の回転対称（パリンドローム）配列である．酵素により，切断面に5′末端または3′末端が突出した粘着末端を生じる

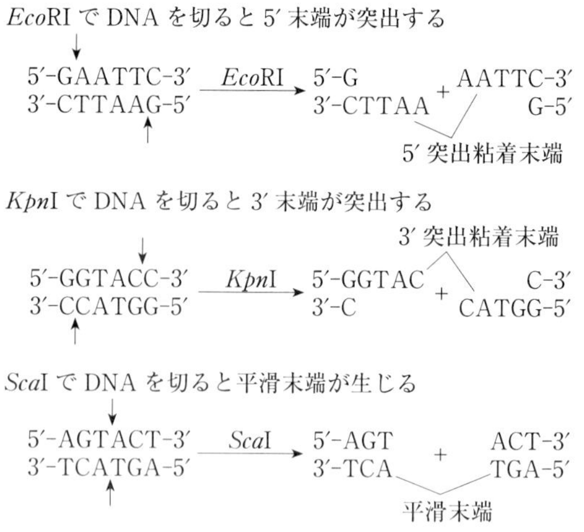

*Eco*RIでDNAを切ると5′末端が突出する

5′-GAATTC-3′　*Eco*RI　5′-G　　　　AATTC-3′
3′-CTTAAG-5′　──→　3′-CTTAA ＋ G-5′
　　　　　　　　　　　　　　　5′突出粘着末端

*Kpn*IでDNAを切ると3′末端が突出する

　　　　　　　　　　　　　　　3′突出粘着末端
5′-GGTACC-3′　*Kpn*I　5′-GGTAC　　　C-3′
3′-CCATGG-5′　──→　3′-C　　＋　CATGG-5′

*Sca*IでDNAを切ると平滑末端が生じる

5′-AGTACT-3′　*Sca*I　5′-AGT　　　ACT-3′
3′-TCATGA-5′　──→　3′-TCA　＋　TGA-5′
　　　　　　　　　　　　　　　平滑末端

図3.13 制限酵素の認識配列とその切断の例
Winter, et al., 2003を改変．

ものと，二本鎖を同じ位置で切り平滑末端を生じるものとがある．切り離したDNAは，DNAの糊と呼ばれるDNAリガーゼを用いて再結合できる．このとき，平滑末端どうしは認識配列に左右されずに結合できる．粘着末端を持つDNA鎖の間では塩基の相補性が必要となり，同じ末端どうしでしか結合できない．

d. DNA塩基配列決定法（シークエンシング）

1970年代中頃に2つの方法が開発され，現在も用いられている（図3.14）．

化学法（化学修飾・分解法）は，Maxiam, A. M.とGilbert, W.によって開発された．この方法では，末端を標識した一本鎖DNAに対し解析を行う．DNAは，配列特異的に修飾・切断する低分子化合物を用いて部分分解される．その後，アクリルアミド電気泳動により断片を分け，その長さの違いを読み取る．グアニンについては，グアノシン残基に特異的に働くジメチル硫酸でDNAを処理し，Gを部分的に修飾する．次にピペリジンで処理することで，修飾された位置で切断する．異なる薬剤を用いることにより，標的のDNAをグアニン，グアニンとアデニン，チミンとシトシン，そしてシトシンの位置でそれぞれ部分的に切断する．この4つのDNAは，同時に電気泳動される．

酵素法（ジデオキシ鎖停止法）は，Sanger, F.に

3.1 遺伝情報の発現

(a)

1. 塩基配列を決定したい DNA

2. 一本鎖化と標識（G の例）
   ● ━━━━━━━━━━━━
   　 T A G T C G C A G T A C C G T A

3. 部分切断
   　　　　　　　　　ジメチル硫酸処理
   　　 CH₃
   ● G　G　G　　G
   　　　 CH₃
   ● G　G　　G　G
   　　　　　 CH₃
   ● G　　G　G　G
   　　　　　　　 CH₃
   ● 　G　G　G　G
   　　　　　　　　 ピペリジン処理

4. 標識された断片
   ●━
   ●━━
   ●━━━
   ●━━━━

5. 4 つの反応液
   　 1　2　3　4
   　 G　G+A　T+C　C

6. ゲル電気泳動
   ↓泳動方向　　　　　　　A
   　　　　　　　　　　　　T
   　　　　　　　　　　　　G
   　　　　　　　　　　　　C
   　　　　　　　　　　　　C
   　　　　　　　　　　　　A
   　　　　　　　　　　　　T
   　　　　　　　　　　　　G
   　　　　　　　　　　　　A
   　　　　　　　　　　　　C
   　　　　　　　　　　　　G
   ↑読む方向　　　　　　　C
   　　　　　　　　　　　　T
   　　　　　　　　　　　　G
   　　　　　　　　　　　　A
   　　　　　　　　　　　　T

7. 配列の決定
   T A G T C G C A G T A C C G T A

(b)

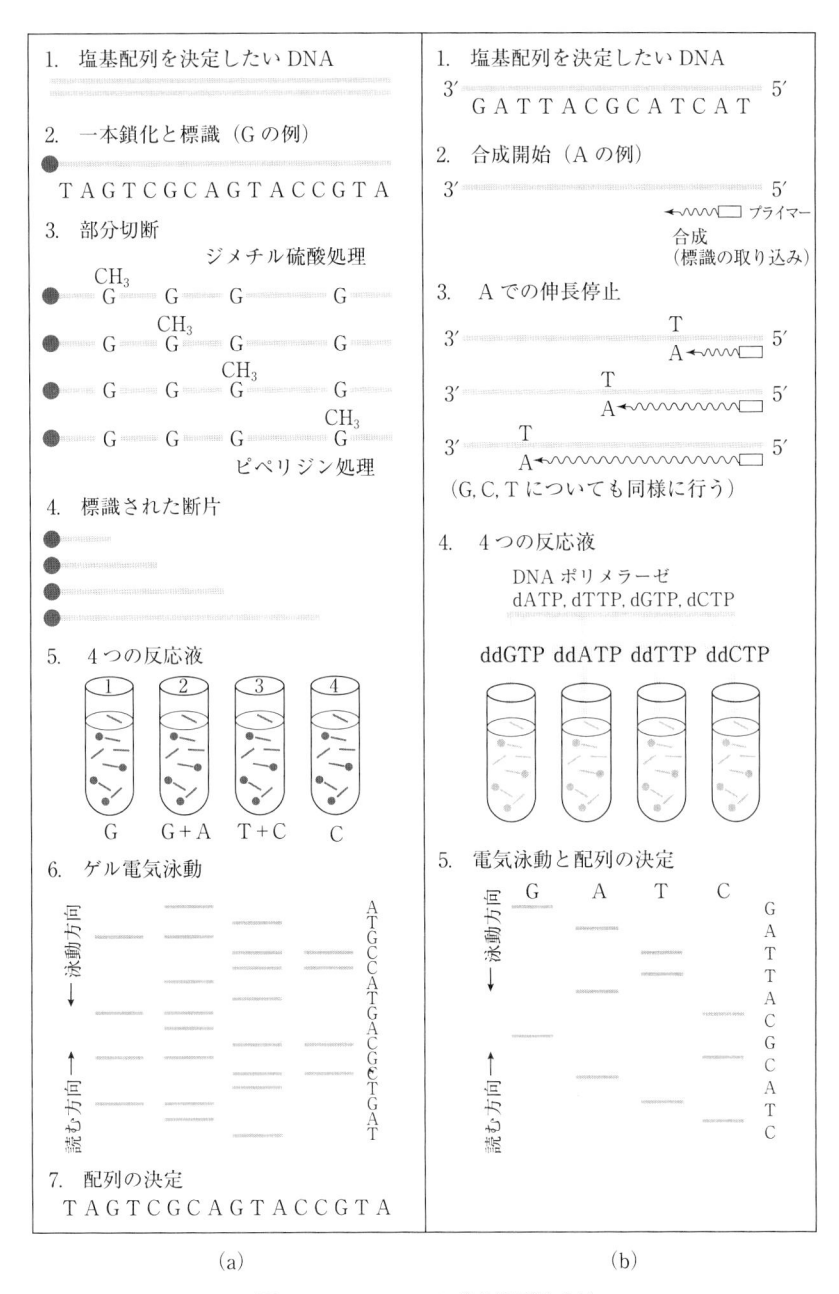

1. 塩基配列を決定したい DNA
   3′ G A T T A C G C A T C A T 5′

2. 合成開始（A の例）
   3′ ━━━━━━━━━━━━ 5′
   　　　　　　　　　← ∿∿∿▭ プライマー
   　　　　　　　　　　合成
   　　　　　　　　　（標識の取り込み）

3. A での伸長停止
   　　　　　T
   3′ ━━━━━━━━━━━━ 5′
   　　　　　A ← ∿∿∿▭
   　　　　　　　T
   3′ ━━━━━━━━━━━━ 5′
   　　　　　　　A ← ∿∿∿▭
   　　　T
   3′ ━━━━━━━━━━━━ 5′
   　　　A ← ∿∿∿▭
   （G, C, T についても同様に行う）

4. 4 つの反応液
   　　 DNA ポリメラーゼ
   　　 dATP, dTTP, dGTP, dCTP

   ddGTP　ddATP　ddTTP　ddCTP

5. 電気泳動と配列の決定
   　　　　G　A　T　C
   ↓泳動方向　　　　　　　G
   　　　　　　　　　　　　A
   　　　　　　　　　　　　T
   　　　　　　　　　　　　T
   　　　　　　　　　　　　A
   　　　　　　　　　　　　C
   　　　　　　　　　　　　G
   　　　　　　　　　　　　C
   　　　　　　　　　　　　A
   ↑読む方向　　　　　　　T
   　　　　　　　　　　　　C

図 3.14 2 つの DNA 塩基配列決定法
(a) 化学修飾・分解法，(b) ジデオキシ鎖停止法．Passarge, 2001 を改変．

より開発された．この方法では，配列を知りたい一本鎖について，その末端の配列と相補的な配列を持つプライマーを用意する．プライマーと基質（DNA の 4 種のデオキシヌクレオチド三リン酸の混合物/dNTPs）と 5′→3′ エキソヌクレアーゼ活性を持たない DNA ポリメラーゼを用いて DNA 複製反応をさせる．このとき，標識のついた dNTP と塩基のアナログであるジデオキシヌクレオチド（ddNTP）を，反応液に少量加える．ddNTP が取り込まれると，それ以降の鎖が伸長できなくなる．したがって，それぞれの取り込まれた位置で鎖が停止した様々な長さの合成鎖が得られる．この反応を 4 つの各塩基について行う．その後，アクリルアミド電気泳動により断片を分

け，その長さの違いを読み取る．現在では，改良型の酵素法が主流となっている．各ddNTPは異なる蛍光で標識されている．合成反応は，サーマルサイクラー（前のa「ポリメラーゼ連鎖反応」を参照）と高温安定性のDNAポリメラーゼを用いて1本のチューブで行う．さらに，泳動により分離させたDNA断片はレーザーを用いて検出される．この方法の自動化により塩基配列決定にかかる時間は一気に短縮され，ヒトの全ゲノム配列も2003年に解明された．

e. ハイブリダイゼーション

異なる一本鎖のDNAやRNAの間で，塩基配列の相補性により雑種分子を形成させることをハイブリダイゼーションという．主に，試料となるDNAやRNA中に標的とする配列があるかどうかを調べる方法として利用されている．標的に相補的な配列を標識し，プローブとして用いる．試料中のDNAやRNAの塩基配列とプローブの塩基配列間の相補性により雑種分子を形成（ハイブリダイズ）させ，標識のシグナルを検出する．雑種分子の形成は，相補的な塩基配列の長さ，反応温度，反応液の塩濃度，核酸分子の濃度に依存する．サザン法では，DNA（稀にRNA）をプローブに用いる．試料には，ゲノムDNAなどを適当な長さに制限酵素で断片化したものを用いる．DNA断片は，アーガロースゲル電気泳動により分離した後，適当なナイロンまたはニトロセルロースメンブレンの表面に移される（ブロット）．プローブは，このメンブレン上でハイブリダイズされる．試料にRNAを用いた同様の解析法はノーザン法と呼ばれる．固定した細胞を試料として，細胞中における特定のmRNAの存在をDNAやRNAプローブを用いて検出する方法はインシトゥ（in situ）ハイブリダイゼーションと呼ばれる．また，クローニングしたコロニーや

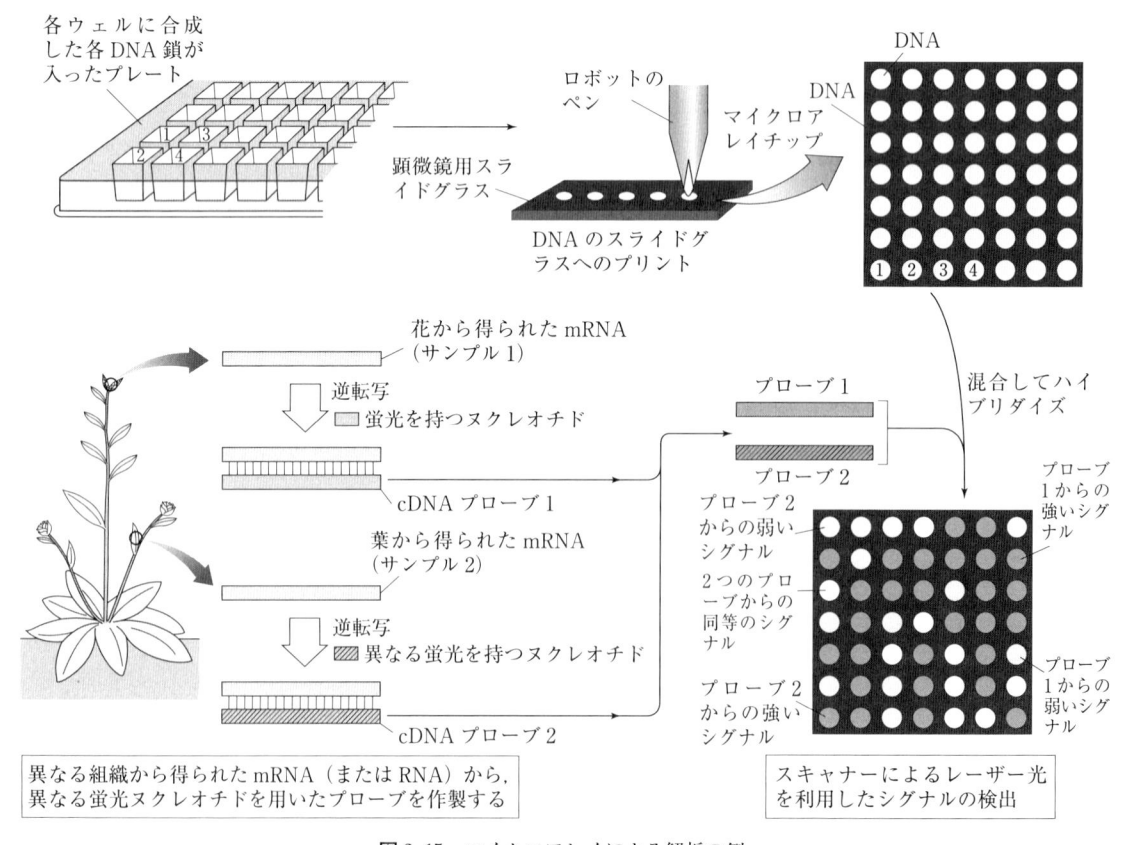

図3.15 マイクロアレイによる解析の例
Raven, et al., 2004 を改変.

プラークに目的の遺伝子配列があるかどうかを調べることにも利用され，それぞれコロニーハイブリダイゼーション，プラークハイブリダイゼーションと呼ばれる．試料やプローブが二本鎖DNAの場合はあらかじめ一本鎖にする必要がある．プローブのシグナルは，放射性同位体や蛍光による標識を直接に，あるいは特殊な化学物質がついた塩基をその抗体を用いることで検出する．Southern, E. M. によって開発された方法をはじめサザン（南の意ともとれる）法と呼んだことから，RNAに対する解析方法はノーザン（北の意）法と名づけられた．ちなみに，試料となるタンパク質を膜に移し特定のタンパク質をその抗体（タンパク質）を用いて検出する方法は，ウェスタン（西の意）法と呼ばれる．

f. マイクロアレイ解析

DNA-DNAのハイブリダイゼーションを利用した，数千〜数万個の遺伝子のmRNA発現レベルを一度に解析する方法である．一般的な方法を以下に示す（図3.15）．まず，解明されたゲノム情報をもとに，標的とする遺伝子についてそれぞれのmRNAにおける特異的な配列（例えば70塩基長）を選ぶ．次に，それらに相当する塩基配列のDNA鎖を合成する．合成したDNAは，スライドグラス（またはメンブレン）上の架空の格子状に区切った各四角の中に順番にブロットしていく．結果として，数千〜数万種類の一本鎖DNA断片が並んだものができる．これをDNAマイクロアレイまたはDNAチップと呼ぶ．これらの作業は専用のロボットを用いて行われる．異なる条件から得られた2種類のRNA（またはmRNA）を用い，デオキシチミジル三リン酸（dTTP）のオリゴマーをプライマーとして逆転写反応によりcDNAを作製する．この際，2種のcDNAが異なる蛍光で標識されるようにして，これをプローブとする．それぞれのプローブを同時に1枚のDNAチップにハイブリダイズさせ，チップ上の各DNA鎖にハイブリダイズした2種の蛍光の強さの違いをレーザー光により検出する．これにより，2つの試料間におけるそれぞれの遺伝子の発現量の違いが比較できる．この方法は，ゲノム解析で新たに見つかった機能未知な遺伝子の解析にも利用される．

〔田中秀逸・井上弘一〕

● **文　献**

Alberts, B. (ed.) (2002) *Molecular Biology of the Cell* (4th ed.), Garland, New York.
Passarge, E. (2001) *Color Atlas of Genetics* (2nd ed.), George Thieme Verlag, Stuttgart.
Raven, P. H., et al. (2004) *Biology* (7th ed.), McGraw Hill, Columbus.
Winter, P. C., et al.（東江昭夫，ほか　訳）(2003) 遺伝学キーノート，シュプリンガー・フェアラーク．

3.2　遺　伝　子

a. ゲノム

各生物が生きていくのに最小限必要な遺伝子群を含む染色体またはDNA全体のことを，ゲノム（genome）と呼ぶ．また現在では，ゲノムの概念は各生物に必要な遺伝情報の総体という意味になっている．ゲノムの語源は，遺伝子（gene）と染色体（chromosome）を結合したものである．

高等生物の細胞は通常2倍体となっている．ヒトの場合は46本の染色体（22対の常染色体と1対の性染色体）に分かれており，母親から23本（22本の常染色体＋X染色体）と父親から23本（22本の常染色体＋XまたはY染色体）を受け継いだ2倍体である．したがって，高等生物では，ゲノムとは半数体あたりに含まれる全DNA情報のことである．大腸菌などの原核生物では，核を持っておらず，代わりに環状のDNA分子を細胞質に持っており，これをゲノムと呼ぶ．ウイルスの遺伝情報はDNAまたはRNAから構成されているので，その核酸分子がゲノムに相当する．

真核細胞では，核以外にミトコンドリアにもDNAが存在する．また植物や藻類の細胞では，

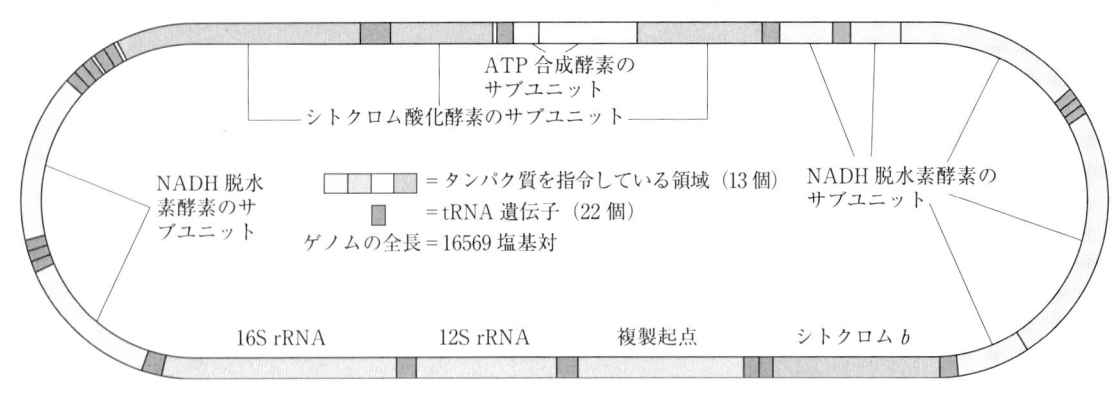

図 3.16 ミトコンドリアゲノムの例
Alberts, 2004 を改変.

ミトコンドリアに加えて葉緑体にも DNA がある．しかし，細胞のゲノムといった場合は，これらの核外 DNA は含めない．ミトコンドリアに含まれる DNA のことをミトコンドリアゲノム，葉緑体に含まれる DNA のことを葉緑体ゲノムと呼び，核ゲノムとは区別している．

(1) ミトコンドリアゲノム

ミトコンドリアは，ほとんどすべての真核生物の細胞内に存在する細胞内小器官である．細胞の活動には，タンパク質や DNA などを合成する生化学的活動や，運動などの力学的活動があるが，いずれの場合も ATP をエネルギー源としている．このエネルギー源である ATP を合成しているのがミトコンドリアである．

ミトコンドリアは，二重の膜からなる構造をしている．外側にある膜（外膜）には特別な構造はみられないが，内側にある膜（内膜）には多くのひだが存在する．内膜の内側はマトリクスと呼ばれ，ミトコンドリア DNA，リボソームやミトコンドリア遺伝子の発現に必要な酵素類が存在している．

ミトコンドリア DNA は環状の構造をしており，独立的な増殖を行う．ミトコンドリア DNA の大きさは生物によって異なっており，ヒトのミトコンドリア DNA は約 1 万 6500 塩基対であるのに対して，シロイヌナズナのミトコンドリア DNA はその 22 倍の大きさである．また，そこに指定されている遺伝子の数も生物によって異なっている．ヒトのミトコンドリアゲノムには 13 種類のタンパク質を指定する遺伝子が存在している（図 3.16）．ミトコンドリアが機能するには，ミトコンドリアゲノムにある遺伝子だけではなく，核ゲノムにある遺伝子が協調して働く必要がある．核ゲノムによって指令されているタンパク質は，細胞質で合成された後，ミトコンドリアに運ばれて機能している．ミトコンドリアマトリクスは，ゲノム DNA とともに，ミトコンドリア独自の RNA 合成装置やタンパク質合成装置を持っており，ミトコンドリアゲノム上にある遺伝子はこのシステムを使って転写・翻訳される．また，ミトコンドリアゲノム上にある遺伝子の翻訳には，核遺伝子には見られないいくつかの例外があることがわかっており，独自のコドン暗号を使用してタンパク質をつくっている．

高等動物のミトコンドリアの遺伝においては，ほぼ完全に母親のミトコンドリアが子に遺伝する．これは，卵子に入った精子のミトコンドリアが選択的に排除されてしまうからである．

共生進化説では，ミトコンドリアは嫌気性の真核細胞に共生した好気性細菌のなごりだと考えられている．

(2) 葉緑体ゲノム

葉緑体は，緑色色素を持つ植物細胞特有の細胞内小器官で，光合成の行われる場所である．核ゲノムとは別の独立したゲノムが存在し，細胞質遺伝の一部を担っている．また，独自のタンパク質合成装置も持っている．

葉緑体には，単一の二本鎖 DNA からなる環状

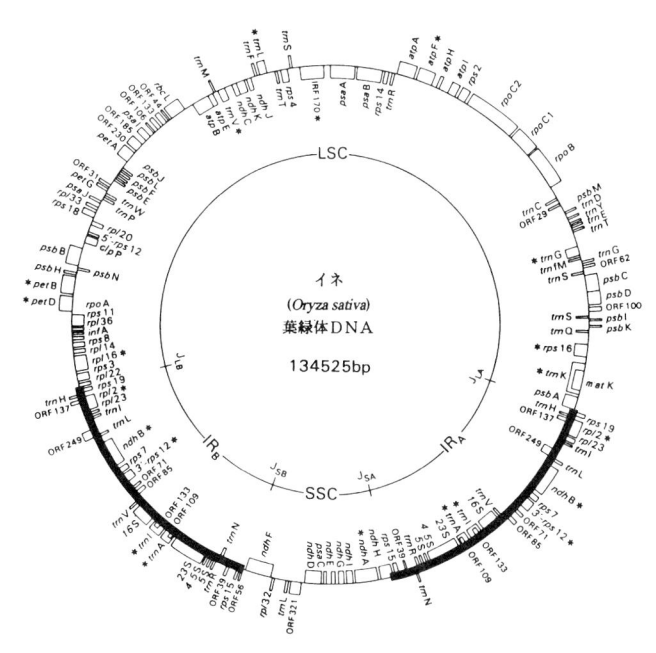

図 3.17 イネの葉緑体ゲノム
杉浦, 1991 を改変.

ゲノムが存在し，その典型的な構造は 4 つの部分から構成されている．単一コピー大領域（LSC；large single copy），単一コピー小領域（SSC；small single copy），単一コピー領域によって隔てられている 2 つの逆位反復配列（IR_A と IR_B）の 4 つである（図 3.17）．葉緑体ゲノムの大きさは種によって異なっているが，タバコ，イネ，トウモロコシなどを含む大部分の植物の葉緑体ゲノムは 120〜160 kb の大きさを持っている．葉緑体ゲノムの大きさの違いは，逆位反復配列の大きさによるところが大きい．

葉緑体ゲノムに指定されている遺伝子は約 120 個あることが知られている．rRNA 遺伝子とすべてのアミノ酸に対応する tRNA 遺伝子，および光合成に関するいくつかの遺伝子を含んでいる．葉緑体の機能に関わるタンパク質のすべてが葉緑体 DNA 上に存在するわけではなく，かなりの部分のタンパク質は核ゲノム上にコードされており，葉緑体ゲノムと核ゲノムとが協調的に働く必要がある．

葉緑体ゲノムの多くの遺伝子は，ポリシストロニックな転写単位を構成している．すなわち，複数の遺伝子が単一のプロモーターから転写される．これは，原核生物のオペロンに似ている．このようなことから，葉緑体もミトコンドリアと同様に，真核細胞に共生した光合成細菌のなごりだと考えられる．

（3） ウイルスゲノム

ウイルスの構造は，基本的にはウイルスゲノムとそれを包むタンパク質でできた殻により構成された粒子である．ウイルスの形や大きさは様々で，小さいものでは数十 nm から，大きいものでは数百 nm のものまで存在する．ウイルスは，タンパク質合成システムやエネルギー生産システムを持っていないため，自分自身だけでは増殖することはできない．したがってウイルスが増殖するには，必ず宿主に感染し，宿主細胞の持つタンパク質合成システムやエネルギーを利用しなくてはならない．

生物の持つゲノムは，真核生物であっても原核生物であっても例外なく DNA である．原核生物のゲノムはほとんどの場合，環状の二本鎖 DNA を 1 個持ち（少数ではあるが，直鎖状の二本鎖 DNA を持つ原核生物が見つかってきている），真核生物の場合は直鎖状の二本鎖 DNA を複数本持っている．これに対して，ウイルスのゲノム

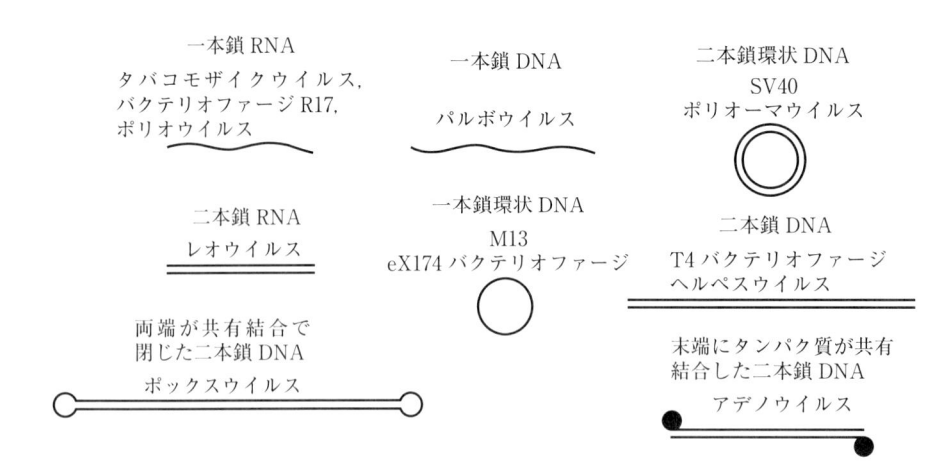

一本鎖 RNA
タバコモザイクウイルス，
バクテリオファージ R17,
ポリオウイルス

一本鎖 DNA
パルボウイルス

二本鎖環状 DNA
SV40
ポリオーマウイルス

二本鎖 RNA
レオウイルス

一本鎖環状 DNA
M13
φX174 バクテリオファージ

二本鎖 DNA
T4 バクテリオファージ
ヘルペスウイルス

両端が共有結合で
閉じた二本鎖 DNA
ポックスウイルス

末端にタンパク質が共有
結合した二本鎖 DNA
アデノウイルス

図 3.18 様々なウイルスゲノムの構造
Alberts, 2004 を改変.

は DNA とは限らず RNA からできている場合もある．また，どちらの場合にも一本鎖と二本鎖の場合があり，その形状には，直鎖状のものもあれば環状のものもある．このように，ウイルスのゲノムは，ウイルスの種類によって様々である（図 3.18）.

医学や農業分野で重要なウイルスについては，その全ゲノム塩基配列が決定されている．ウイルスのゲノムは他の生物と比べてはるかにサイズが小さく，また指定している遺伝子の数もきわめて少ないことがわかっている．ウイルスゲノムに乗っている遺伝子の数はウイルスによって様々である．たった 3 つの遺伝子しか持たないウイルスもあるが，多くても 100 個程度である．

遺伝子工学において，ある種のウイルス（ファージ）は，遺伝子を運ぶベクターとして利用されている．

b. 生物種による DNA 塩基数，遺伝子数の違い

近年，分子生物学の進歩により，様々な生物においてそのゲノムの全塩基配列が決定されてきている．ヒトゲノムは約 30 億塩基対からなり，体細胞は 2 倍体であるため，約 60 億塩基対の DNA を核内に持っていることになる．

ゲノムサイズは，生物の複雑性が増すにつれて増加しているようにみえる．原核生物のゲノムサイズは，ほぼ 1000 万塩基対（10 Mb）以下であり，菌類などの単細胞真核生物のゲノムサイズは 5000 万塩基対（50 Mb）以下である．これに対して，多細胞生物はだいたい 1 億塩基対（100 Mb）以上のゲノムサイズを持ち，ユリの中には 1200 億塩基対（12 万 Mb）にも達するゲノムサイズを持つものさえ存在する（表 3.2）.

しかし，生物の複雑性とゲノムサイズの大きさとは完全には一致していない．例えば，大腸菌は単細胞の生物である．それに対して，ヒトは 60 兆個の細胞が集まってできている多細胞生物である．1 つの細胞どうしを比較すると，大腸菌は 460 万塩基対（4.6 Mb）からなるゲノムを含んでおり，一方，ヒトは約 30 億塩基対（3000 Mb）からなるゲノムを持っている（ヒトは 2 倍体なので，細胞あたりで考えると実際は約 60 億塩基対になる）．つまり，ヒトは大腸菌に比べて約 650 倍の長さのゲノムを持っている．こうみると，ヒトが大腸菌よりも複雑性が増していることがわかる．一方で，同じ植物であるイネ（430 Mb）とユリ（12 万 Mb）を比較すると 280 倍という違いがある．このことから，ゲノムの大きさと生物の複雑性とは必ずしも対応していないことがわかる．生物の複雑性とゲノムの大きさの関係よりも，遺伝子数のほうがより生物の複雑性と対応している．つまり，生物が複雑になるには，より多くの遺伝子（タンパク質）が必要になるということである．

表 3.2 各生物種のゲノムサイズおよび遺伝子数

生物	ゲノムサイズ（Mb）(1倍体あたり)	遺伝子数
原核生物		
マイコプラズマ	0.58	500
大腸菌	4.6	4400
真核生物		
菌類		
酵母	12	5800
アカパンカビ	40	10600
無脊椎動物		
線虫	97	19000
ショウジョウバエ	180	13700
脊椎動物		
フグ	365	>31000
ヒト	2900	27000
マウス	2500	29000
植物		
シロイヌナズナ	125	25500
イネ	430	>45000
ユリ	120000	-

　ヒトのゲノムは約30億個の塩基対からなっているが，実はこの中で遺伝子が占めている割合はわずか1.6%（約3万遺伝子，48 Mb）である．それ以外の部分は，遺伝子の発現を制御する発現調節領域やイントロン，および遺伝子と遺伝子の間にある遺伝子間領域である．これに対して大腸菌などの細菌はとても効率よくゲノムを使用している．1 Mbあたりに存在する遺伝子の数を計算すると，大腸菌は950遺伝子（4400遺伝子/4.6 Mb）であるのに対して，ヒトでは9.3遺伝子である．

(1) 遺伝子解析（遺伝子鑑定）**による種間の相違**

　ヒト，チンパンジー，マウス，ショウジョウバエ，イネ，シロイヌナズナ，酵母，大腸菌など，多数の生物のゲノムの塩基配列が決定され，それらに含まれる情報（遺伝子塩基配列情報，ゲノム構造など）を比較解析できるようになってきた．これにより，生物の進化や種の特異性についての情報を引き出せるようになってきた．

　DNAの塩基配列は複製の過程で稀に塩基の変化が起きる可能性があり，塩基配列をランダムに変化させてしまう．塩基配列の変化は世代交代とともに蓄積されていく．このため，2つの生物の進化上の距離を，DNA塩基配列の間の変化数から定量的に求めることができる．ヒトとチンパンジーでは，枝分かれは最近起きたので塩基配列の変化量は少なく，ヒトとマウスはそれよりも以前に枝分かれしたため，塩基配列の変化は大きくなる．

　例えば，リボゾームRNAの1つのサブユニット（原核生物では16S RNA，真核生物では18S RNA）遺伝子は，原核生物からヒトまで，すべての生物が共通に持っている遺伝子の1つであり，非常によく保存されている．この遺伝子を比較解析すると，原核生物は進化の初期に枝分かれした「真正細菌」と「古細菌」に分けられることが明らかになり，生物の世界は「真正細菌」，「古細菌」と「真核生物」の3つの大きなグループに分けられることがわかった（図3.19参照）．

　また，機能のわからない遺伝子の塩基配列が決定された場合には，既知の遺伝子の塩基配列データベースを調べ，塩基配列またはアミノ酸配列の似た遺伝子を検索して，そこから機能を推測できるようになった．

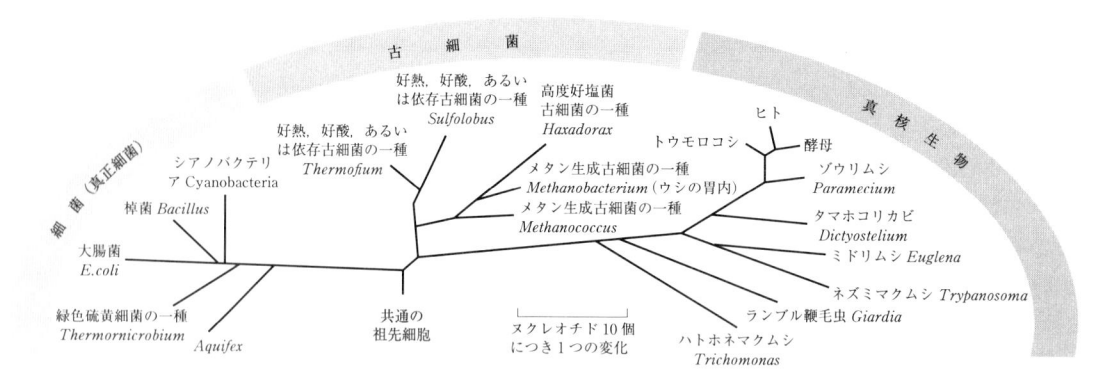

図 3.19 リボゾーム RNA 遺伝子に基づいた系統樹
Alberts, 2004 を改変.

(2) 遺伝子解析における同種個体間の相違

DNA の塩基配列に変化が起きても機能に大きな影響を与えない場合がある．このような変化は個体群の中から排除されず，集団の中に保存される．ある DNA の配列の変化が集団の中に 1% 以上の頻度で観察される場合，このような変化を遺伝子多型という．このような変化にはいくつかある．1 個の塩基が他の塩基で置き換わっている多型を，SNP（single nucleotide polymorphism）と呼ぶ（スニップまたは 1 塩基多型と呼ばれる場合もある．図 3.20）．ヒトの場合，任意の 2 人を比較するとゲノム全体で約 250 万ヶ所（約 1300 塩基に 1 ヶ所）の違いがあるといわれている．これは 1 つの遺伝子あたり 1 ヶ所程度の SNP が存在する見当になる．したがって，多くの遺伝子に SNP のわずかな違いがあり，これにより個人個人の体型の違いや体質の差が生じていると考えられている．

ヒトゲノムにある様々な SNP の位置を確定する研究が進んでいる．そのようなデータが集まることで，今後は病気へのかかりやすさの判定，薬の利きやすさや薬に対する副作用の違いなどが個人レベルでわかるようになる．このような 1 人 1 人に最適な医療を施すことを，「オーダーメイド医療」と呼ぶ．

SNP のほかに，ゲノムには 2～数十塩基を基本単位とした配列の繰返しが存在する場合があり，その繰返しの回数が異なる多型が存在する．この多型はその基本単位の長さにより，マイクロサテライト多型（繰返し単位が 2～4 塩基）と VNTR 多型（variable number of tandem repeat；繰返し単位が 5 以上）の 2 つがあり，こちらも現在精力的に研究が進められている．

c. がん関連遺伝子

がんは，体細胞変異が積み重なって生じる病気である．がん関連遺伝子とは，その機能が異常な状態に変異することにより，正常細胞から悪性腫瘍細胞への分化を引き起こす遺伝子のことである．がん関連遺伝子は，機能が過剰になることによりがんの原因となる発がん遺伝子（proto-oncogene）と，正常な状態では発がんを抑制しており，その機能が失われることによってがんの原因となるがん抑制遺伝子（tumor suppressor gene）の 2 種類に大別される（図 3.21）．がん関連遺伝子の多くは，細胞の成長や増殖を制御する色々なタンパク質をコードする遺伝子である．ただ，ある 1 つのがん関連遺伝子が変異しただけでがんになることは稀であり，いくつかのがん関連

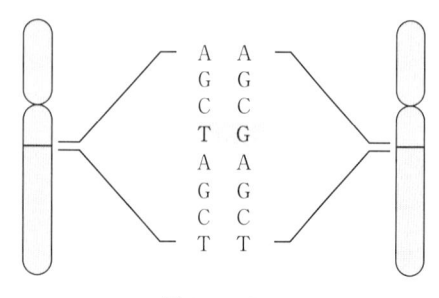

図 3.20 SNP

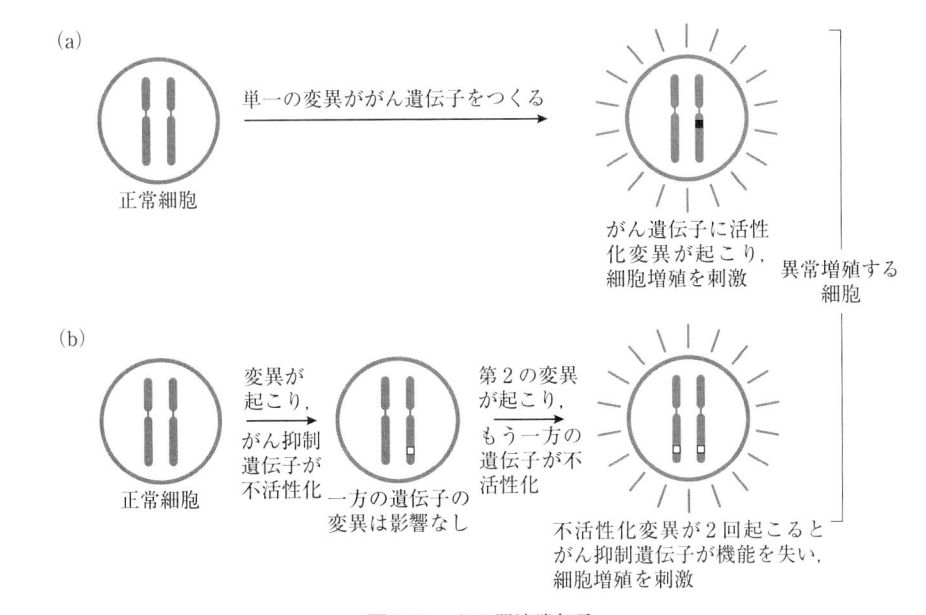

図 3.21 がん関連遺伝子
(a) 過剰活性変異(機能獲得型), (b) 過少活性変異(機能欠損型).
Alberts, 2004 を改変.

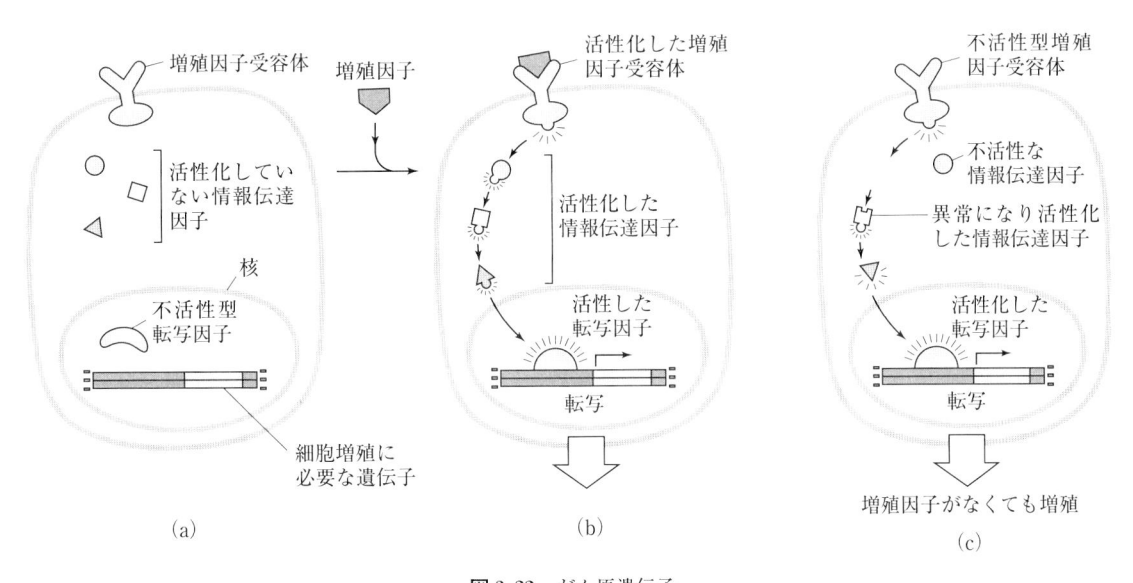

図 3.22 がん原遺伝子
(a) 増殖していない細胞, (b) 正常に増殖している細胞, (c) がん化した細胞.
Alberts, 1997 を改変.

遺伝子に変異が生じて初めてがんになることが多い.

(1) 発がん遺伝子(がん原遺伝子)

発がん遺伝子の大部分は, 細胞増殖に正に作用する細胞増殖因子, その受容体, 情報伝達因子, 転写因子, 細胞周期制御タンパク質などの遺伝子である. これらの遺伝子に活性型の変異が生じるとがん遺伝子になり, 不必要なときでも細胞を増殖させるシグナルを送り, 細胞分裂や DNA 複製, 細胞増殖が常に動いている状態にしてしまい, 細胞のがん化につながる(図 3.22). 細胞に 2 つある発がん遺伝子(2倍体であるため同じ遺伝子が

2つある）のうち一方の遺伝子に活性化変異が生じるだけでがん遺伝子になってしまい，細胞のがん化につながる．したがってがん遺伝子は優性形質を示す．

発がん遺伝子のがん遺伝子への活性化は，点突然変異，遺伝子重複，転座などにより起こる．点突然変異で生じるがん遺伝子は，正常な発がん遺伝子にコードされているタンパク質とは少し異なるタンパク質を生産し，このタンパク質が常に活性化するように変化することで細胞をがん化する．遺伝子重複や転座では，がん遺伝子からは正常な発がん遺伝子がつくるタンパク質と同じタンパク質がつくられる．遺伝子重複や転座などにより遺伝子の数が増えたり転写の制御が異常になることで，タンパク質の発現量が多くなったり，正常では発現しないような組織で発現したりするようになり，細胞をがん化させる．

(2) がん抑制遺伝子

発がん遺伝子とは逆に，正常な細胞で機能していた遺伝子が機能を失うことでがんになるタイプの遺伝子群がある．したがって，正常な細胞ではがんを抑制しているという意味で，がん抑制遺伝子という．正常な細胞におけるこれらの遺伝子は，がんを抑制しているタンパク質（がん抑制タンパク質）をコードする遺伝子である．細胞周期を調節しているタンパク質，DNAや染色体に異常が起きたときに細胞周期を止めるチェックポイントタンパク質，細胞増殖を阻止するように働く分泌ホルモンの受容体，アポトーシスを促進するタンパク質などを，がん抑制遺伝子はコードしている．

発がん遺伝子とは異なり，2倍体の細胞において2つのがん抑制遺伝子の両方ともに変異が起きることにより，がん抑制タンパク質がつくられなくなったり，変異した遺伝子から合成される異常ながん抑制タンパク質が正常ながん抑制タンパク質の機能を阻害したりすることで，細胞のがん化につながると考えられている．

代表的ながん抑制遺伝子として *Rb* 遺伝子がある．*Rb* 遺伝子のRbはRetinoblastoma（網膜芽細胞腫）の意であり，ヒトで初めて見つかったがん抑制遺伝子である．

Rbタンパク質は，細胞分裂周期に必要な遺伝子の発現を調節しているE2F転写活性化因子の活性を制御している．増殖していない細胞では，RbタンパクE2F因子と結合することでE2F因子の働きを抑制している．これに対して，増殖している細胞では，Rbタンパク質がリン酸化されることで不活性化される．これにより，E2F因子が活性化され，細胞分裂周期に必要な様々なタンパク質の遺伝子の発現が活性化される．*Rb* 遺伝子に突然変異が生じると，E2F因子が常に活性化の状態になり増殖のブレーキが効かず，がんになる（図3.23）．

d. 突然変異

突然変異とは，遺伝情報に変化が生じることを意味する．実際には，遺伝物質であるDNAの塩基配列の変化である．単に変異といわれる場合もある．突然変異の生じた細胞または個体を突然変異体と呼ぶ．

遺伝物質であるDNAは，生体中では常に化学的，物理的および生物的な刺激にさらされている．活性酸素，紫外線，アルキル化剤，ラジカルなどはすべて，DNA塩基にランダムに損傷を引き起こす．これらによって，DNA上には，鎖の切断，塩基の化学的修飾などの損傷が生じる．損傷を受けたDNAの多くはDNA修復機構（次のe「DNA修復」を参照）により修復される．しかし，いくつかの損傷は不可逆的であり，また仮に修復されても不完全である場合には突然変異を起こしてしまう．複製時のエラーによっても突然変異は生じる．

突然変異には，1つのヌクレオチドが変化する点突然変異（点変異）や，1～数個のヌクレオチドの挿入または欠失による突然変異がある．また，大きな変異としては，染色体の広い領域が他の染色体に入れ換わる転座や，失われる欠失などがある（図3.24）．

このような変異が遺伝子上に起きると遺伝子の塩基配列が変化してしまうため，アミノ酸配列が変化し異常なタンパク質を生じることになる．ただし，DNAの変化は常に表現型に現れるわけで

(A)

- P16 (Cdk インヒビター)
  - ┤ サイクリン D1-Cdk4 複合体 G_1-Cdk
    - ┤ Rb (遺伝子調節タンパクの阻害因子)
      - → E2F (遺伝子調節タンパク)
        - → S期への進行を制御する標的遺伝子群の転写

(B)

増殖していない細胞 / 増殖している細胞

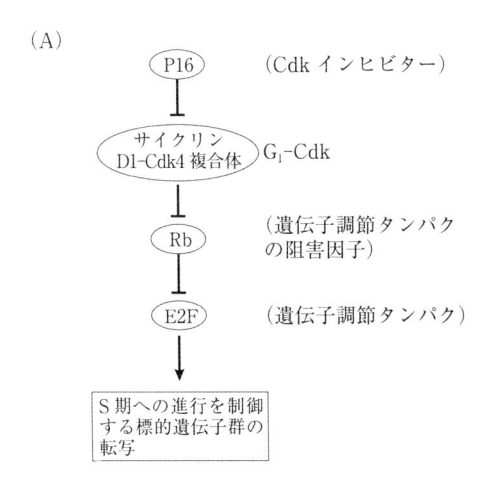

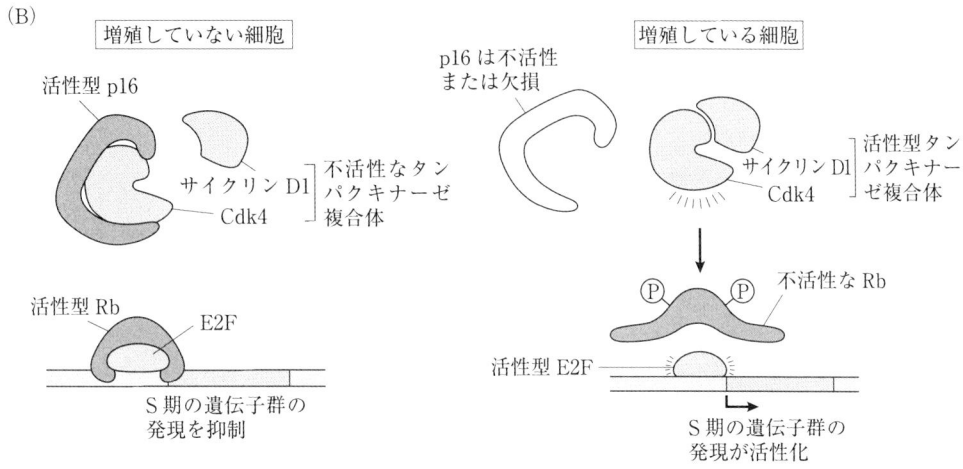

活性型 p16／サイクリン D1／Cdk4：不活性なタンパクキナーゼ複合体

p16 は不活性または欠損／サイクリン D1／Cdk4：活性型タンパクキナーゼ複合体

活性型 Rb — E2F：S期の遺伝子群の発現を抑制

不活性な Rb／活性型 E2F：S期の遺伝子群の発現が活性化

図 3.23 がん抑制遺伝子の例
Alberts, 2004 を改変.

点変異：ゲノム上の1点，つまり1個の遺伝子の1個の塩基対，あるいはごく一部分に変異が起こったもの

逆位：染色体の一部が逆転したもの

欠失：染色体の一部が失われたもの

転座：1本の染色体から一部が離れて別の染色体に結合したもの

図 3.24 突然変異
Alberts, 2004 を改変.

はない．例えば，DNA 上の遺伝子以外の領域で起きる突然変異は表現型に現れないことが多い．また，遺伝子領域に突然変異が起きる場合でもコドンの退縮（1つのアミノ酸に対していくつものコドンが対応すること）により表現型に現れない場合がある．また，タンパク質のアミノ酸配列が変化しても機能を失わないこともある．1 または 2 個のヌクレオチドの挿入または欠失が起きるとコドンの読み枠がずれ，アミノ酸配列が大きく変わるフレームシフト変異が起きる．

e. DNA 修復

DNA に生じた損傷を取り除く機構は，総称して DNA 修復と呼ばれる．細胞は生じた損傷のほとんどを正常に修復するが，修復しきれない損傷

3. 遺伝子

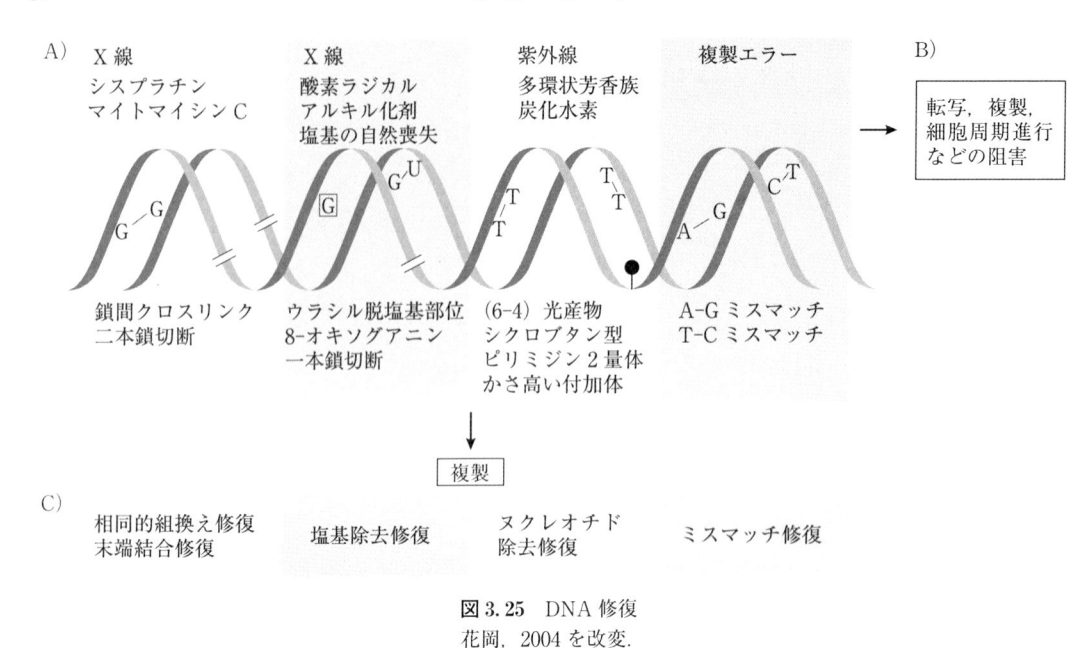

図3.25 DNA修復
花岡，2004を改変．

A) X線／シスプラチン／マイトマイシンC → 鎖間クロスリンク 二本鎖切断

X線／酸素ラジカル／アルキル化剤／塩基の自然喪失 → ウラシル脱塩基部位 8-オキソグアニン 一本鎖切断

紫外線／多環状芳香族炭化水素 → (6-4)光産物 シクロブタン型ピリミジン2量体 かさ高い付加体

複製エラー → A-Gミスマッチ T-Cミスマッチ

B) → 転写，複製，細胞周期進行などの阻害

↓ 複製

C) 相同的組換え修復 末端結合修復 ／ 塩基除去修復 ／ ヌクレオチド除去修復 ／ ミスマッチ修復

はDNAの塩基配列の変化（突然変異）につながり，それが遺伝子上に生じると遺伝子突然変異となる．

DNA修復には様々な機構があり，損傷の種類により異なる酵素が利用され修復が行われる（図3.25）．その代表的なものが，塩基損傷の除去修復と二本鎖切断の修復である．

除去修復は，塩基の損傷した部分を切り取り，傷ついていない鎖を鋳型としてDNAポリメラーゼでもとのDNAを複製し，最後にDNAリガーゼでつなぐ．除去修復には，損傷塩基のDNAからの切り出し方により2つの異なった経路がある．

1つ目は塩基除去修復と呼ばれ，DNAグリコシラーゼと呼ばれる一群の酵素が関与している（図3.26）．異常塩基の種類に応じて，特異性の異なる種々のDNAグリコシラーゼが存在するが，いずれも塩基とデオキシリボースの間のN-グリコシド結合を切断して異常塩基を除去し，脱塩基部位を生じさせる．脱塩基部位は，APエンドヌクレアーゼによって1本鎖切断がいれられ，その後DNAポリメラーゼによる新たなDNA鎖合成とDNAリガーゼによるDNA鎖の再結合により修復される．

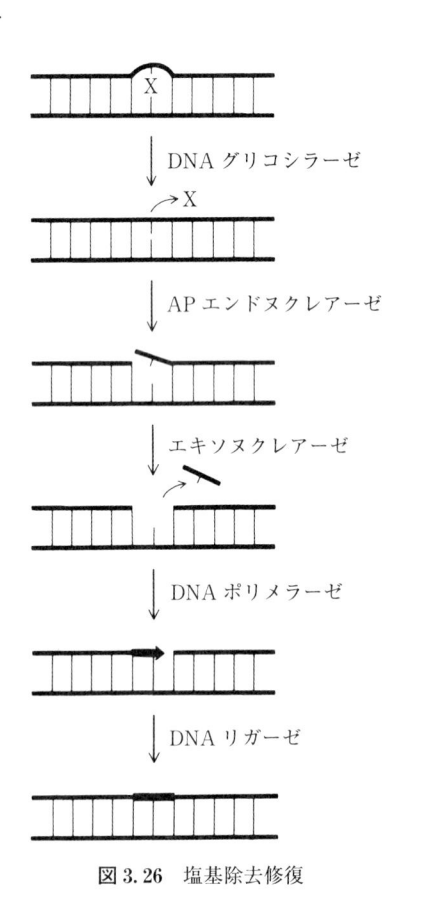

図3.26 塩基除去修復

2つ目の除去修復経路は，ヌクレオチド除去修復である（図3.27）．この経路は，DNAの二重

らせんに生じた大きな損傷のほとんどを修復する．この経路では，多数のタンパク質からなる複合酵素系が，特定の塩基ではなく，DNA二重らせんに生じた大きなゆがみを認識する．その後，そのゆがみの両側で，異常があるほうの鎖を切断して，損傷を含んだオリゴヌクレオチドを二重らせんから取り除き，生じた大きな一本鎖のギャップをDNAポリメラーゼとDNAリガーゼで修復する．ヌクレオチド除去修復で認識されるDNA鎖に大きなゆがみを生じさせる損傷には，大型の炭化水素（発がん物質であるベンゾピレンなど）の塩基への付加や，紫外線により生じるシクロブタン型ピリミジン2量体などが含まれる．

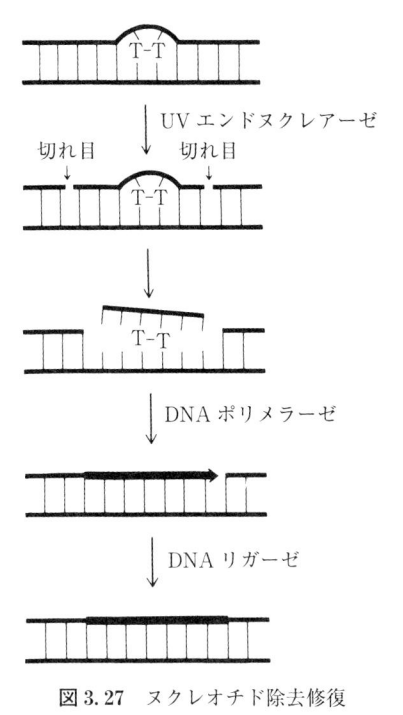

DNA損傷の中でも危険性が高いのは，DNA二重らせんの両方の鎖が同時に切れる二重鎖切断である（図3.28）．このような切断は放射線照射，酸化剤や細胞内のある種の代謝産物によって生じる．この損傷は2種類の異なった機構で修復される．1つは，切断された末端を並べてDNAリガーゼによって再びつなぐ非相同末端結合である．この機構は二本鎖切断を修復する応急措置といえ，切断部位にはヌクレオチド消失が起き，塩基配列に変化（変異）が生じてしまう．もう1つの機構は，2倍体の細胞あたり2コピーずつあるDNAを利用した相同末端結合であり，相同組換え機構と同

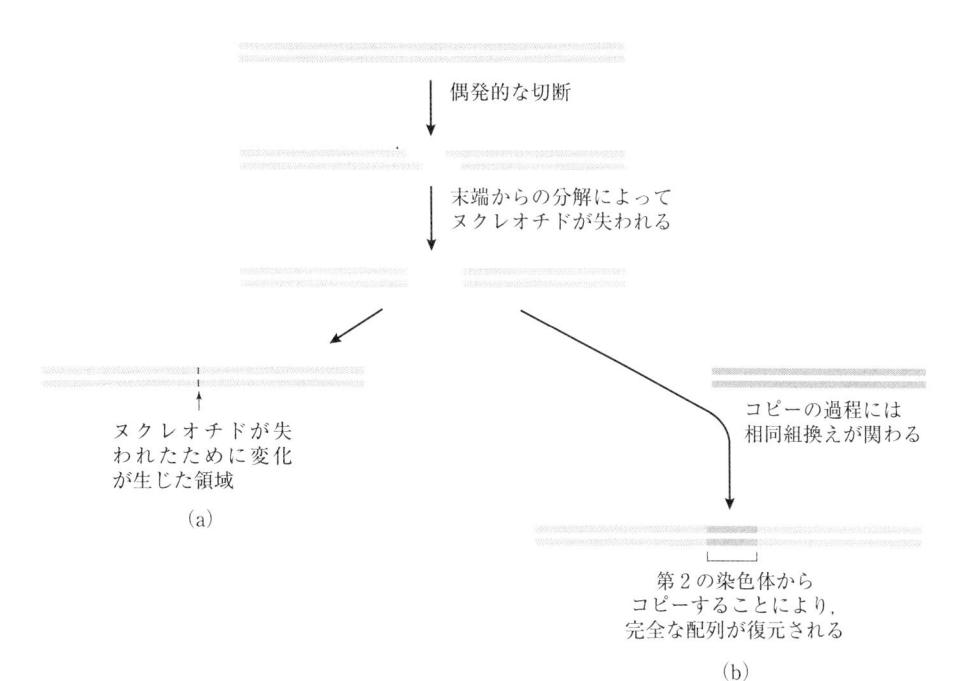

図 3.27 ヌクレオチド除去修復

図 3.28 二重鎖切断
(a) 非相同末端結合，(b) 相同末端結合．Alberts, 2004を改変．

様の機構により，二重鎖切断を完全な配列に修復する．

f. 遺伝子組換え

遺伝子組換えとは，特定の形質を伝える遺伝子を含んだ DNA の断片を別の DNA 断片に結合させる技術，または，この組換え DNA を他の生物に導入する技術である．この技術を用いて，ある生物の持つ有用な性質の遺伝子を取り出し，他の生物に組み込むことにより，今までは不可能だった様々な形質を持った生物を作出することが可能になった（図 3.29）．現在では，工業，医療，農業などの様々な分野で応用・利用されている．

特に農業分野では実用化が進んでいる．従来の品種改良では，新しい品種を作出するのに長い年月をかけていたが，遺伝子組換え技術を用いると，目的とする性質だけを効率よく短期間に目的の植物に導入できる．さらに，従来の品種改良では不可能であったが，種を超えて色々な生物から有用な遺伝子を組み込むことができるという利点もあ

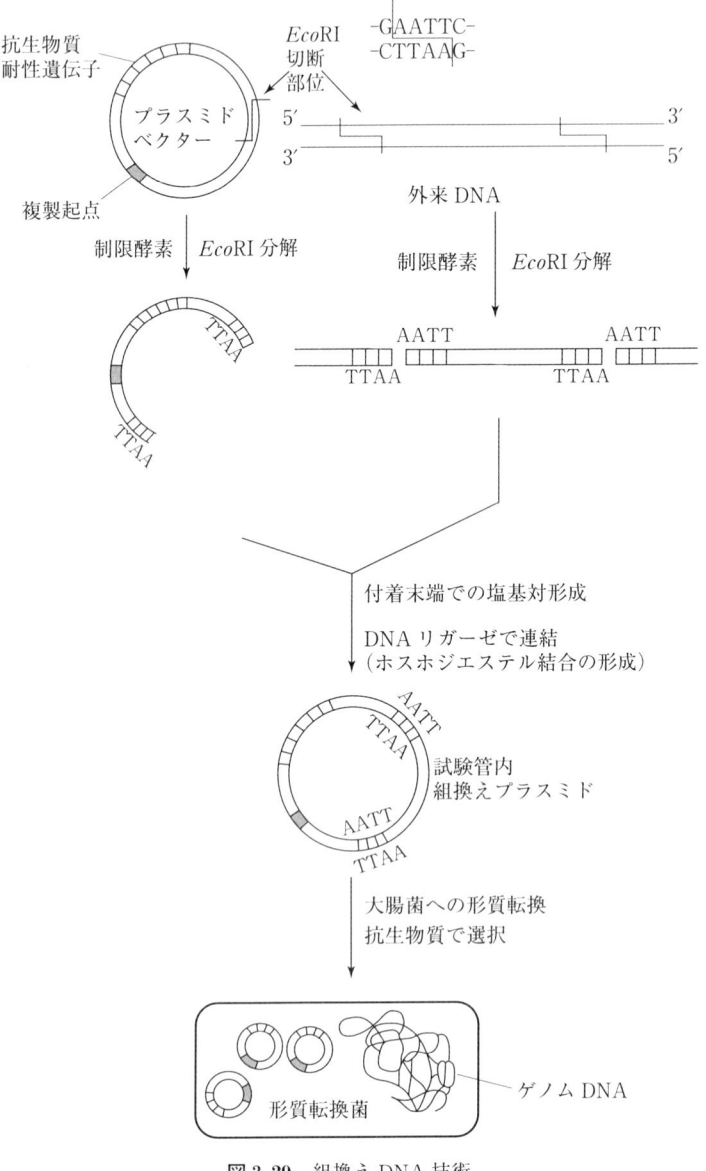

図 3.29　組換え DNA 技術

る．このようにして作出された遺伝子組換え植物としては，微生物がつくる殺虫性タンパク質遺伝子を植物に導入して，特定の害虫に耐性を示す植物や，除草剤に耐性を示す植物，さらには植物でのワクチンの生産などが挙げられる．その他，遺伝子組換え技術を使って，有用なタンパク質（酵素やペプチドホルモンなど）を微生物につくらせることで安価に大量に生産できるようになり，工業や医療分野で利用されている．

しかし，組み換えられた遺伝子を持つ生物が自然界に流出することによる自然生態系への影響や，食品としての安全性に対する疑問や課題も多い．

g. 遺伝子工学

遺伝子工学とは，遺伝子またはDNAを人為的に操作する様々な技術の総称である．したがって，遺伝子工学は，遺伝子組換え技術（または組換えDNA技術とも呼ぶ）を中心として，突然変異技術，細胞の取扱い技術などから構成される．

遺伝子組換え技術は，生物から遺伝子（DNA）を取り出し，これを制限酵素などの酵素で人為的に処理し，試験管内で異なる生物のDNAどうしを結合して組換えDNAを作製し，細胞に導入し増殖させる技術である．

遺伝子工学の技術を用いて任意の遺伝子を改変して，それを再び細胞に戻すことにより，細胞や生物を人為的に改変する道が開けた．これにより，あるタンパク質またはRNA分子を変化させたときに生物個体にどのような影響が現れるかを調べることなどができるようになった．さらに様々な生物のゲノム配列情報がわかってくることにより，遺伝子工学は，ゲノム規模で遺伝子の機能を調べる研究にも拡張されている．このように現在では，遺伝子工学的な手法は生物学，特に分子生物学分野の研究にはなくてはならない技術となっている．

また，遺伝子工学の技術は基礎研究だけではなく，応用の研究でも非常に重要な技術となってきている．例えば，有用な酵素やペプチドホルモンなどを微生物に大量生産させたり，遺伝子を人工的に操作して有益な家畜や植物を作り出したりするなど，医療，医薬品工業，農業，食品工業，畜産業，水産業，化学工業などの多彩な分野において，遺伝子工学の応用展開に向けた技術の開発が盛んに行われている．　〔一石昭彦・井上弘一〕

● **文　献**

Alberts, B.（1997）*Essential Cell Biology*, Garland, New York.
Alberts, B.（中村桂子，松原謙一 訳）(2004)　細胞の分子生物学（第4版），ニュートンプレス．
花岡文雄 編（2004）（わかる実験医学シリーズ）ＤＮＡ複製・修復がわかる，羊土社．
杉浦昌弘（1991）文部省科学研究費報告書．

3.3　染　色　体

a. 染色体の構造

原核生物の染色体は通常環状で，1本の二本鎖DNAからなる．これに対し，真核生物の染色体は線状の二本鎖DNAで複数本あり，多量のタンパク質がそれに結合している．

(1) 真核生物の染色体の基本構造

真核生物の核内におけるDNAとタンパク質よりなる複合体は，染色質（クロマチン）と呼ばれる．DNAは，塩基性タンパク質であるヒストン（Hと略記）の8量体｛(H2A, H2B, H3, H4)×2からなる円盤型｝を2周巻いてヌクレオソームと呼ばれる構造をとる（図3.30）．この巻き付いた分の長さは，146塩基対に相当する．各ヌクレオソームは，連結（リンカー）DNAと呼ばれる約60塩基対でつながる．この連結部にはH1が結合する．さらなる折り畳みにより，クロマチンは直径約30 nmのソレノイドと呼ばれる繊維構造になる．さらに高次の構造へのパッキングには，酸性核タンパク質が核骨格となり，クロマチン繊維がループ状に折り畳まれる．最も高次に折り畳まれた状態が，細胞分裂時の染色体である．細胞分裂に先立ち，各DNAは半保存的に複製し染色分体

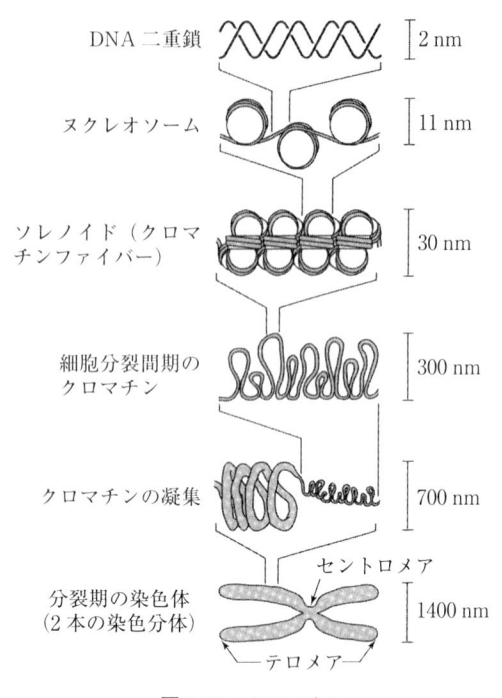

図 3.30　クロマチン

になる．この 2 本の染色体は動原体（セントロメア）でつながった形として観察される（図 3.30）．

(2) 真核生物の染色体のマクロな構造

細胞分裂期の染色体に観察されるくびれた部分は動原体（セントロメア/第 1 次狭窄），また染色体の末端はテロメアと呼ばれる．細胞分裂中期において，紡錘糸は動原体に付着する．各染色体はこの部分で，娘細胞となる両極に引っ張られる．染色体は長さ，形，動原体の位置などにより核型として分類される（後の f「染色体数」を参照）．動原体の位置によって，中部，次中部，端部，末端動原体染色体に分類される．さらに，各染色体の細部は動原体の位置をもとに長腕（q アーム）と短腕（p アーム）とが区別され，G バンド法のような特殊な染色法で区別されるバンドパターンをもとにして番号がつけられ，これを用いて染色体上の特定の位置が表記される．テロメアは，特徴的な反復配列を持つ特殊な構造をとっている．この構造は，ヌクレアーゼにより DNA 鎖末端が分解することや，染色体末端どうしが融合することを防いでいる（図 3.31）．ヒトにおけるテロメアの反復配列は，5′-TTAGGG-3′ である．多くの生物種も類似した配列を持つ．反復の数は，体細胞では細胞分裂に伴い減少する．そのため，テロメア長は加齢の分子指標として使われる．テロメアの長さの回復には，テロメラーゼという RNA 依存性逆転写酵素の働きを必要とする．テロメラーゼはテロメアの反復配列に相補する RNA を持っており，これを鋳型としてテロメア末端を伸長させる．

透過型電子顕微鏡で細胞核を観察する際，電子密度が高いため暗く観察される領域と，比較的電子密度が低いため明るく観察される領域とがある．暗くみえる部分はクロマチン繊維が密な状態にあることを示している．そこは異質染色質（ヘテロクロマチン）と呼ばれ，遺伝子をコードしない，あるいは遺伝子が発現していない部分と考えられる．明るくみえる部分は真正染色質（ユークロマチン）と呼ばれ，その付近では遺伝子が転写されていると考えられる．動原体やテロメア部分には，発現する遺伝子はない．動原体も含め，すべての組織あるいは発生の全過程を通して常にヘテロクロマチンとして存在する部分は，構成的ヘテロクロマチンと呼ばれる．この部分は C バンド法で検出される．

rRNA 前駆体をコードする遺伝子は多コピーで存在する．ヒトでは約 200 個の遺伝子があり，これらが 5 つのクラスターとして存在する．この DNA 上の領域が rDNA である．rDNA は，核分裂の終期に核小体（仁）が形成されるとき，核小体染色体としてその中に入る．

b．遺伝の 3 法則と遺伝子

ある遺伝形質の世代間における伝わり方に関する規則性は，優劣（優性），分離，独立の 3 法則として，1865 年にオーストリアの僧侶である Mendel, G. J. により明らかにされた（図 3.32, 3.33）．そのため，この法則は「メンデルの法則」と呼ばれる．これらは，8 年にも及ぶエンドウの交配実験の結果から得られた．彼が用いた，子孫に伝わるそれぞれの遺伝形質を規定する「因子（Merkmal. 英語でいうところの factor）」は，後に遺伝子（gene）と呼ばれることになった．分

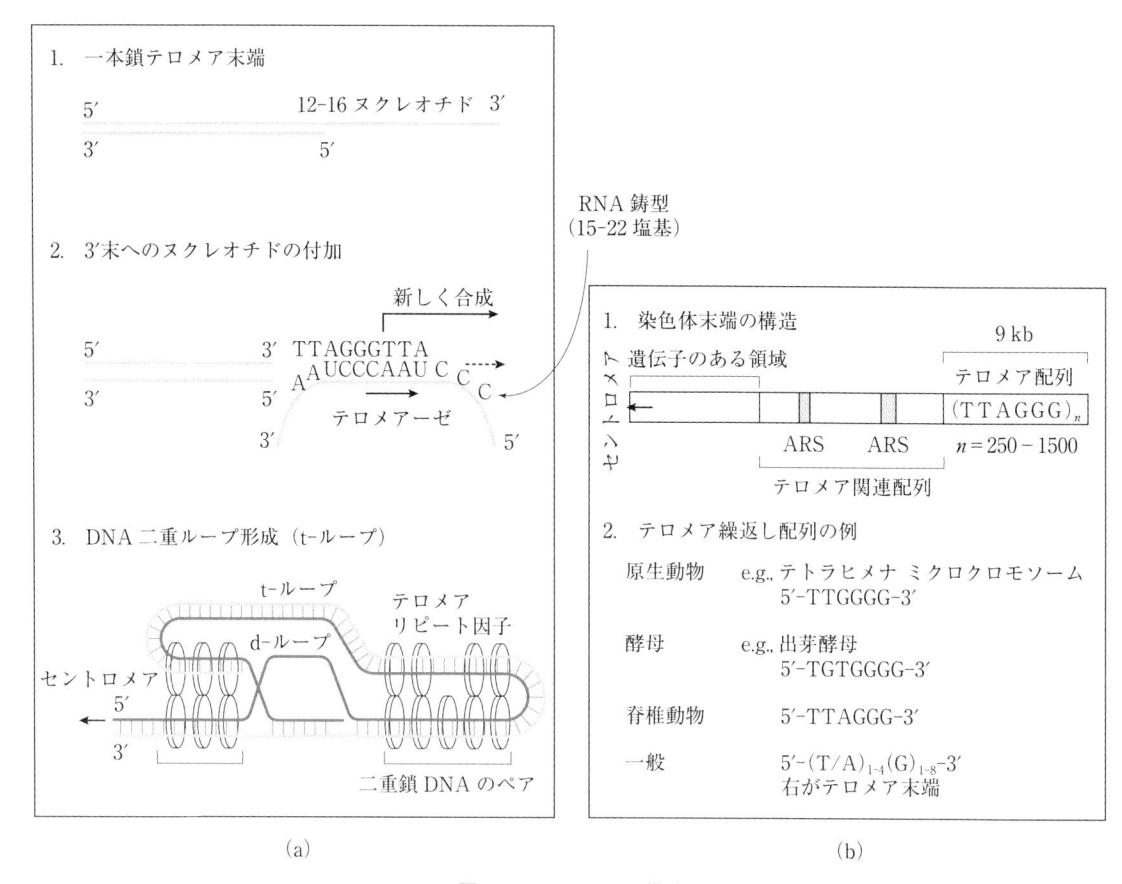

図 3.31 テロメアの構造
(a) 哺乳類テロメア末端の微細構造，(b) テロメアの一般的構造．
Passarge, 2001 を改変．

離・独立の法則で説明された遺伝の仕組みは，減数分裂時の相同染色体の物理的な分離に一致している．当時は，染色体も減数分裂もまだ理解されておらず，Mendel が表現型の分離比から遺伝の仕組みを正しく解釈できたことは驚くべきことである．だが，これらの法則も，Mendel が発表した当時は評価されず，1900 年の 3 人の研究者による個別の「再発見」を経て，その功績が認知されていった．

(1) 優劣（優性）の法則

ある形質に関した色や形のように，実際に現れる形質を表現型と呼ぶ．その表現型を示す原因となる遺伝子の組合せを遺伝子型と呼ぶ．ある形質に関する遺伝子型は通常，複数存在する．これはその形質を決める遺伝子に突然変異が起こり，対立遺伝子（アリル）が生じているためである．し たがって，対立遺伝子どうしは，それぞれ父（雄）および母（雌）由来の同じ染色体（相同染色体）の対応する位置（遺伝子座）に存在する．

エンドウの花の色を例に考えてみる．それぞれの相同染色体の対立遺伝子が同じ親，すなわち純系の親どうし（図 3.32(a) の VV と vv）を交配させると，生じる子ども（雑種第 1 代，F1）の遺伝子型は Vv となり，すべて紫色の花になる．このとき V は優性であり，v を劣性という．このように F1 においてすべて優性の表現型になることを優劣（優性）の法則と呼ぶ．優性の遺伝子は大文字で，劣性の遺伝子は小文字で表記する．また，VV や vv のように同じ遺伝子を 2 コピー持つ個体をホモ接合，Vv のように異なる場合をヘテロ接合という．ただし実際は，2 つの対立遺伝形質にはっきりとした優劣関係が存在しないこと

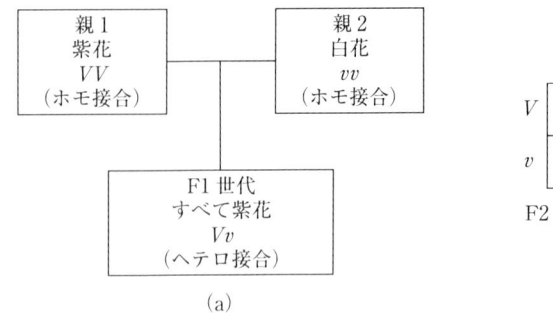

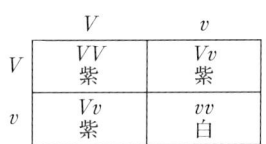

図 3.32 単一雑種交配
(a) エンドウの花の色と遺伝子型 (V, v), (b) F1 の配偶子の組合せパターンと F2 世代.

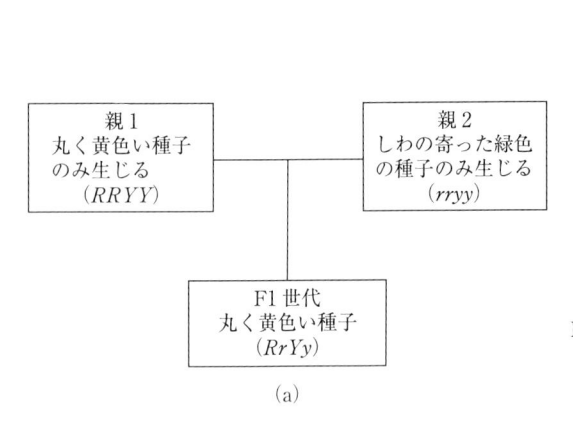

図 3.33 二遺伝子雑種交配
(a) エンドウの種子の色・形と遺伝子型 (R, r, Y, y), (b) F1 の配偶子の組合せパターンと F2 世代.

が多い.そのため,この法則はメンデルの法則から外される場合もある.

(2) 分離の法則

優劣の法則で示されたように,劣性の遺伝子は F1 における表現型で隠されてしまう.ここで,F1 どうしを親として交配すると,2 つの対立遺伝子は配偶子が形成されるときにそれぞれ分離する.その子(雑種第 2 代,F2)では,遺伝子型は $VV:Vv:vv = 1:2:1$ となり,表現型は優劣で $3:1$ となる(図 3.32(b)).これが分離の法則である.この比は,メンデル比とも呼ばれる.

(3) 独立の法則

この法則は,異なる 2 つの形質を表す遺伝子間の関係を明らかにした.ここでは,二遺伝子雑種間の交配を考える(図 3.33).最も簡単な実験として,両対立遺伝子に関し優性対立遺伝子のホモ接合体($RRYY$)と劣性対立遺伝子のホモ接合体($rryy$)の交配を行う.この F1 の遺伝子型は $RrYy$ で,種子の表現型はすべて優性の「丸い」・「黄色」となる.この F1 どうしの交配で生じる F2 の分離は,図 3.33(b) のようになる.「丸い」と「しわ」の分離比は $3:1$,「黄色」と「緑色」の分離比も $3:1$ になる.2 つの異なる遺伝子の対立遺伝子どうしは,それぞれ独立して分離することがわかる.これが独立の法則である.

なお,図 3.32,3.33 のように,配偶子の遺伝

子型をそれぞれ縦と横に列記し，その子孫の遺伝子型や表現型を求める表は，パネット方形と呼ばれる．図表化した遺伝的解析法として用いられる．

c. 染色体突然変異

染色体の大規模な構造変化を伴った突然変異をいう．染色体異常は，1つもしくは数塩基対の変化である点突然変異（ゲノムの1ヶ所で起きた突然変異）に対比される（3.3節 d「突然変異」および図3.24を参照）．染色体突然変異の発生には，不等組換えや，染色体上に散在する繰返し配列間の組換えが関与するものもある．そこではゲノムの維持機構の不安定化がその引き金になると考えられる．遺伝子の変異も含め，これらの変異は生物進化のうえで重要な役割を果たしてきたと考えられる．

(1) 逆位

1本の染色体上のある領域が逆向きになる突然変異を指す．

(2) 欠失

染色体のある領域が失われる突然変異を指す．

(3) 転座

ある染色体の腕が別の染色体に移動する突然変異を指す．

(4) 挿入

ある染色体に新たな領域が加わる突然変異を指す．トランスポゾンやウイルスが入り込むことも，この突然変異である．

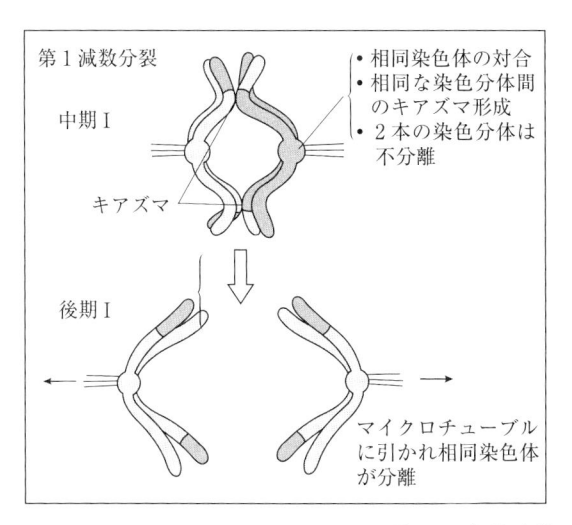

(5) 重複

染色体のある領域がもう1つ，同じあるいは別の染色体にできる突然変異を指す．

(6) 再編成（シャフリング）

いくつかの変異の混合でもある．染色体あるいは遺伝子内の一部が移動し再構成される突然変異を，このように呼ぶこともある．

d. 交叉（交差）

乗換えともいう．減数分裂の際，相同染色分体の相同な部分でそれぞれ切断が起こることがある．このとき，それぞれが相手の染色分体と結合・再切断されることで，染色体の部分交換（遺伝的組換え）が起こる．交叉は通常，減数分裂時に起こる．その際に観察されるキアズマは，その結果とみなされる．稀に体細胞分裂（有糸分裂）の際にも起こる（図3.34）．交叉の起こる頻度は，交叉価（組換え価）と呼ばれる．この値は交叉が起きた遺伝子間の実際の距離に相関する．この値をもとに，遺伝子間の位置を図示した遺伝学的地図がつくられる．ただし，実際に交叉が起こる頻度は，染色体上において均一ではない．したがって，遺伝学的地図は，塩基配列から決定される遺伝子の物理的地図には一致しない．

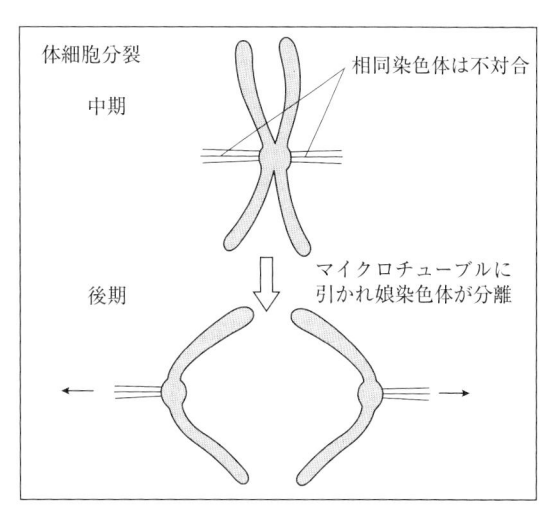

図3.34 細胞分裂における染色体の分離

e. 遺伝的組換え

両親のそれぞれに由来する相同な染色体の分体間で交差が起こり，両者の間で遺伝子の交換が起こるなどの，生物活動において遺伝子の組合せが変化することを指す．単に組換えとも呼ばれる．交叉による組換えのようにDNA塩基配列の相同性を用いて行われる遺伝的組換えは，一般的組換えまたは相同組換えと呼ばれる．

相同組換えの機構の説明として，二本鎖切断モデルが提唱されている（図3.35）．このモデルは，Holliday, R.により提唱されたモデル（ホリディモデル）から発展した．ホリディモデルには2つの特徴がある．1つは，交換した鎖の分岐点はDNA上を移動できるとする分岐点移動である．もう1つは，1本の鎖の交換地点から出ている4つの二重らせんは構造的に等価であり，鎖の異性化が可能で2種類の切断が起こりうる点である．

鎖の交換は，一方のDNAの二本鎖切断から始まる．切断した鎖はヌクレアーゼによる分解を受けるため，ギャップができる．その修復のために，相同組換え修復機構が働く．2つの一本鎖末端は，相同な配列を見つけて相手の二本鎖に侵入する．鎖が相同配列で対合するとDNAポリメラーゼが働く．ギャップが埋められ，DNAリガーゼにより鎖はつながる．このとき，2つの二本鎖DNAは2つの鎖の交叉部（ホリディ構造）をつくる．2つの分岐点はそれぞれ移動する．また鎖は異性化によりそれぞれ2種類の切れ方をして，最終的に2本の二本鎖DNAに戻る．2つの切断が異なる鎖で起きた場合は，二本鎖が入れ換わった交叉型組換えになる（図3.35，最下段左）．2つの切断が同じ鎖で起きた場合は，二本鎖の一方の鎖の一部分が入れ替わった非交叉型組換えになる（図3.35，最下段中央および右）．互いの相同部分が交換された領域の塩基配列は，それぞれ異なる親の染色体に由来する．したがって，完全に同一ではなく一部の配列に違い（ミスマッチ）がある．この部分にはミスマッチ修復が働く．その修復のされ方でその遺伝子の分離比がずれる場合がある．これを遺伝子変換という．

遺伝的組換えには，相同領域を利用しない組換えもある．感染した溶原性ファージ（λファージなど）は，そのゲノムを宿主細胞の染色体に組み込みプロファージとなることがある．これは特定の配列に対して起こる組換えで，部位特異的組換えと呼ばれる．その他，転座（前のc「染色体突然変異」を参照）やトランスポゾンの移動のようなランダムな組換えもある．

f. 染色体数

染色体は，調べられたすべての真核生物で認められるが，その数は生物種で大きく異なる（表3.3）．1対の染色体しか持たない生物があるのに対し，ある種のシダのように500対以上の染色体を持つものも存在する．また，同じ酵母の仲間でも，パンの製造などに利用される出芽酵母（*Saccharomyces cerevisiae*）の染色体は16本なのに対し，分裂酵母（*Schizosaccharomyces pombe*）の染色体は6本である．

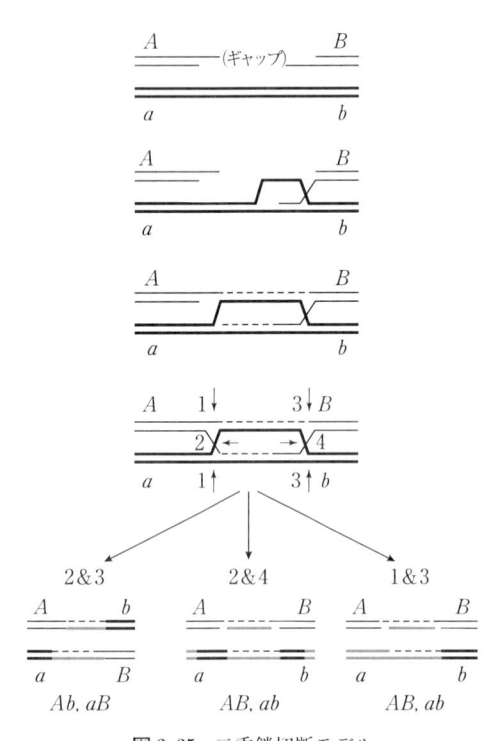

図3.35 二重鎖切断モデル
アルファベット（*A, a, B, b*）は遺伝子型，数字（1～4）は鎖の切断位置を示す．Davis, 2000を改変．

表3.3 真核生物の染色体数の例

グループと生物種	全染色体数
菌類	
アカパンカビ（半数体）*	7
出芽酵母	16
昆虫	
カ	6
ショウジョウバエ	8
ミツバチ	32
カイコ	56
植物	
Haplopappus gracilis（キク科）	2
エンドウ	14
トウモロコシ	20
パンコムギ	42
サトウキビ	80
トクサ	216
ハナヤスリ（シダ類）	1262
脊椎動物	
オポッサム（有袋類）	22
カエル	26
マウス	40
ヒト	46
チンパンジー	48
ウマ	64
ニワトリ	78
イヌ	78

*アカパンカビは，その生活環のほとんどが半数体のため，半数体が持つ染色体数を示してある．
Raven, et al., 2004 を改変．

ヒトの染色体数は，常染色体22対と性染色体1対の23対，合計46本である．チンパンジーをはじめとして近縁のゴリラ，オランウータンは24対，48本で，ヒトより1対多い．これは，進化の過程でそれらから離れた後，ヒトでは2本の染色体が1本につながったためである．このことは，DNAの遺伝子の並びや特殊な染色法による染色体上のバンドパターンからも明らかである．

各生物種の完全な1セットの2倍体染色体の構成を核型と呼ぶ．大きさの順に番号をつけた常染色体と性染色体よりなる．核型は，細胞分裂中期または前中期の染色体を試料として写真撮影し，相同染色体を対にして順番に並べて表示する（図3.36）．この表示法はイデオグラムと呼ばれる．

g. 染色体異常

染色体異常には，染色体数の異常（倍数性および異数性）と，異常染色体を有する構造異常がある．染色体数は，配偶子形成時の減数分裂中の間違いによって変わる．ヒトの自然流産は全妊娠の約15％を占める．早期流産の原因の50～60％が染色体数の異常と考えられる．出生児では0.6％に染色体異常が認められる．体細胞分裂の際に起こることもある．この場合，個体は複数の核型を持つモザイクとなる．

(1) 倍数性

半数体の染色体のセット数が変化することである．配偶子は1倍体（体細胞の半分になるため半数体ともいう），体細胞は2倍体である．2倍体より多い場合が倍数性である．3倍体は細胞分裂の間違い以外に，2つの精子が受精することでも

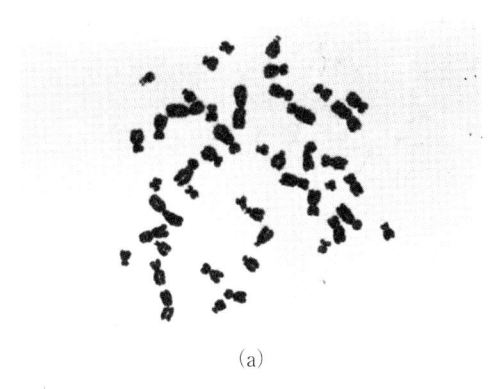

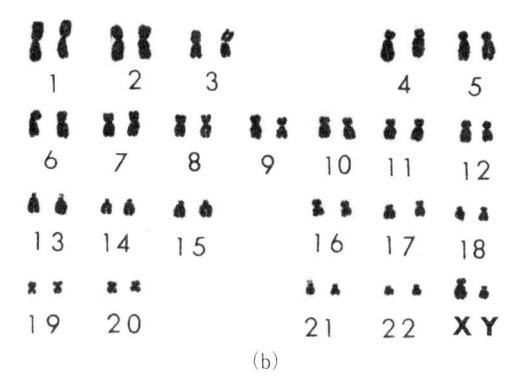

図3.36 ヒトの核型
(a) 分裂中期の染色体．(b) 核型（イデオグラム．(a) の染色体を並べたもの）．
遠山，1999より．

起こる．ヒトの場合，3倍体で生まれることは非常に稀である．

植物の倍数性は，自然界でも頻繁に起こる．植物における倍数性は，進化にも重要な役割を果たしてきたと考えられる．花をつける植物（顕花植物）の47%は倍数体である．また3倍体を人工的に誘導することで，種なし果実やその他の育種に利用される．

(2) 異数性

染色体数がその種に固有な基本数 x の整数倍より1～数個多い，または少ないことを指す．よって倍数体においても用いられる（例えば2染色体性3倍体，$3x-1$）．ある染色体が何本あるかで表し，0染色体性（ヌルソミー），1染色体性（モノソミー），2染色体性（ダイソミー），3染色体性（トリソミー）とする．ヒトの異数体を表3.4に示す．

常染色体に関しては小型の染色体についてのトリソミーが存在する．通常，13, 18, 21染色体のトリソミーのみが出生する．性染色体の異数性は比較的よくみられる．Yが1本多い男性(計47本，XYY)やXが1本多い女性（計47本，XXX）は，異常を示さない場合が多い．モノソミーはきわめて稀で，出生しても短命である．性染色体のモノソミーであるタナー症候群（計45本，XO）は，正常な染色体を持つ細胞とのモザイクであることが多い．ヒトのヌルソミーの個体は生存できない．

出生した子が異数性を持つかどうかは，母親の出産する年齢に大きく関係する（図3.37）．ヒトの卵は，母親が胎児のうちに第1減数分裂前期まで進行し，排卵されるまでそのまま止まっている．したがって，卵は母親とともに年齢を重ねることになる．トリソミーの原因の多くは第1減数分裂で起きる染色体の不分離と考えられるが，不分離は第2減数分裂でも起こりうる．ダウン症候群の子供が生まれる確率は，20～30歳の母親では約

表3.4 ヒトの異数体の例

状態	関係する染色体	おおよその頻度
常染色体が1つ多い		
エドワード症候群	18	1/5000
パトー症候群	13	1/5000
ダウン症候群	21	1/750
性染色体の異数体		
タナー症候群	XO	1/10000
クラインフェルター症候群	XXY	1/2000
三重X症候群	XXX	1/2000

Winter, et al., 2003を改変．

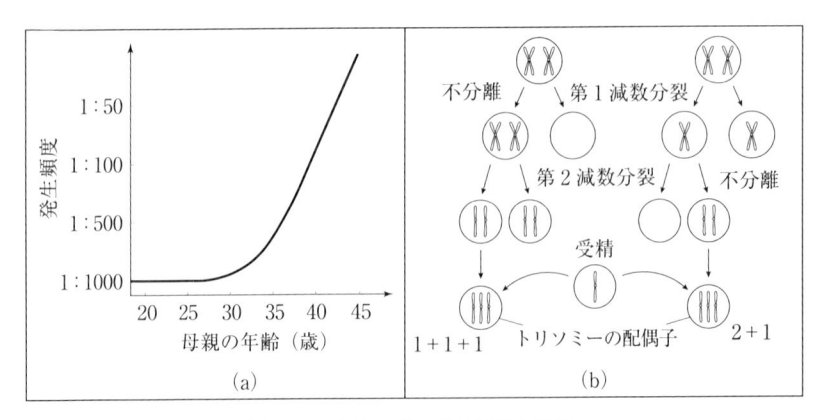

図3.37 ダウン症の発生頻度と原因
(a) 出生児におけるトリソミー21の発生頻度．(b) 1つの染色体の不分離．
Passarge, 2001を改変．

1400人に1人だが，40歳の母親では約100人に1人にまで増加する．

(3) 構造異常

染色体が切断された結果生じる．これにより，ヒトでは部分欠失や部分トリソミーの先天異常が起こる．染色体切断の自然発生率は，放射線被爆や変異原性物質の存在で著しく増加する．その他，Li-Fraumeni症候群（がん抑制遺伝子 *p53* の異常）も含めたガン，Ataxia毛細血管拡張症（細胞周期チェックポイント関連遺伝子 *ATM* の異常），Bloom症候群（RecQヘリカーゼ遺伝子ファミリーの *BLM* 遺伝子の異常），Fanconi貧血（DNA鎖のクロスリンクと呼ばれる損傷の修復に関わる遺伝子群 *Fanc* の異常）などのゲノム不安定性を示す疾患において増加する．症状は染色体の領域とその大きさにより異なる．

h. 遺伝性疾患（遺伝病）

遺伝子の変異や染色体の異常から生じる病気や体の変調を指す．先天異常は，出生時に異常が認められる疾患を指し，遺伝子の関与の有無は患者により異なるので，同義ではない．非常に多くの種類があり，以下の5つに分類される．

(1) 単一遺伝子病（メンデル性遺伝病）

単一遺伝子座の遺伝子の異常により起こる疾患をいう（表3.5）．この疾患はその遺伝子座のある染色体によって常染色体性と伴性（X連鎖，Y連鎖）に分けられ，さらに遺伝様式により優性，劣性，共優性，部分優性などに分けられる．例えば，X連鎖劣性遺伝病の場合，女性が発症していれば両X染色体ともその遺伝子に異常があることになる．この女性が正常な男性と結婚し子どもを産んだ場合，生まれてくる子どもが男性であれば必ず母親の異常遺伝子を持ったX染色体を受け継ぐ．したがって，その子どもも発症する．子どもが女性であれば，母親の異常遺伝子を持ったX染色体を受け継ぐが父親の正常な遺伝子も受け継ぐ．この子どもは発症することはないが，保因者となる．

(2) 多因子遺伝子病

2つ以上の遺伝子の組合せと環境要因によると考えられる疾患を指す．ほとんどの病気は多因子遺伝子病と考えることができる．糖尿病や高血圧などのよくみられる病気や，多くの奇形などもこのカテゴリーに入る．

(3) 染色体異常

染色体数の異常や構造異常が原因で起こる疾患を指す（前のg「染色体異常」を参照）．ヒトの自然流産の約半数は，これが原因と考えられている．出生児では0.6%に染色体異常が認められる．

表3.5 単一遺伝子病の例

疾患	新生児1000人あたりの頻度	遺伝様式	変異遺伝子	特徴
血友病A	0.1	X染色体連鎖	血液凝固第VIII因子	出血異常
血友病B	0.03	X染色体連鎖	血液凝固第IX因子	出血異常
デュシェンヌ型筋ジストロフィー	0.3	X染色体連鎖	ジストロフィン	筋萎縮
ベッカー型筋ジストロフィー	0.05	X染色体連鎖	ジストロフィン	筋萎縮
脆弱X症候群	0.5	X染色体連鎖	FMR1	精神遅滞
ハンチントン病	0.5	常染色体優性	ハンチントン	痴呆
神経線維腫症	0.4	常染色体優性	NF-1, 2	がん
サラセミア	0.05	常染色体劣性	グロビン遺伝子	貧血
鎌形赤血球貧血症	0.1	常染色体劣性	β-グロビン	貧血，虚血
フェニルケトン尿症	0.1	常染色体劣性	フェニルアラニンヒドロキシラーゼ	フェニルアラニンを代謝できない
嚢胞性繊維症	0.4	常染色体劣性	CFTR	進行性肺障害，ほか

Winter, et al., 2003を改変．

(4) ミトコンドリア遺伝病

ミトコンドリアが持つ遺伝子（3.3節a(1)「ミトコンドリアゲノム」を参照）の異常が原因で起こる疾患を指す．約60種類のミトコンドリア遺伝病が認められている．父親からのミトコンドリアは精子にあるが受精後に分解されるため，その子どもの細胞が持つミトコンドリアは，すべて母親の卵由来になる．したがって，この遺伝性疾患は，母系遺伝（細胞質遺伝）を示す．

(5) エピジェネティック機構による疾患

DNAの塩基のメチル化やクロマチン構造の変化など，塩基配列以外の変更による遺伝子発現異常（3.2.2項1「エピジェネティクス」を参照）が原因となる遺伝性疾患を指す．例えば，ヒト第15番染色体の一部（15q11）における欠失は，父親の染色体で起きていればPrader-Willi症候群を，また母親の染色体で起きていればAngelman症候群を，その子どもにそれぞれ発症させる．この欠失部の関わるゲノム刷込み（行動における刷込みとは異なる．DNAがメチル化されることでその遺伝子は不活化する．このうち特に配偶子の段階で起こるDNAのメチル化のことを指す）は男女の配偶子により異なる．欠失を持つ染色体の由来の違いで，発現する遺伝子セットの異常が異なり，症状に違いが出る．〔田中秀逸・井上弘一〕

● 文　献

Alberts, B.（中村桂子，松原謙一 訳）(2004) 細胞の分子生物学（第4版），ニュートンプレス．

Davis, R. H. (2000) *Neurospora : Contributions of a model organism*, Oxford University Press, New York.

Passarge, E. (2001) *Color Atlas of Genetics* (2nd ed.), George Thieme Verlag, Stuttgart.

Raven, P. H., et al. (2004) *Biology* (7th ed.), McGraw Hill, Columbus.

遠山 益 編著（1999）分子・細胞生物学入門，朝倉書店．

Winter, P. C., et al.（東江昭夫，ほか 訳）(2003) 遺伝学キーノート，シュプリンガー・フェアラーク．

4 生物の形，構造，構成

4.1 細菌の形，構造，DNA，タンパク質

4.1.1 顕微鏡と細菌

細菌（バクテリア）は，顕微鏡を用いることによって，やっとその形がわかるほどの微小な生き物である．世界で初めて細菌を観察した人物は，オランダの織物商人 Leeuwenhoek, A. である．アマチュアの顕微鏡製作者でもあった彼は，驚愕すべき手先の器用さとレンズ磨きの技術によって生涯500以上の顕微鏡を製作した．親指ほどのちっぽけな顕微鏡を駆使して，細菌を含むありとあらゆる「微小なもの」を観察し，ロンドン王立協会へ報告したのである．折しも，生命体が「自然に発生しない」ことが示されつつあった時代であり，腐る，発酵する，などといった現象には，眼にみえないくらい「微小な」生物の関わりが予想されていたが，Leeuwenhoek の発見がこの議論に関わることはなかった．

やがて，Koch, R. が病原細菌を解明したことによって拓かれた微生物学（細菌学）という学問分野において，顕微鏡観察による細菌の分類と同定は重要な手法となった．細菌の形状は，球状，桿状，らせん状，繊維状など様々なものが存在する．学名はその形状を表すラテン語に基づいて名付けられることが多い．例えば虫歯の原因となるミュータンス菌（*Streptococcus mutans*）の属名は，strepito（騒々しい）に，球菌を表す coccus をつけたものである．また，食中毒の原因の1つである黄色ブドウ球菌（*Staphylococcus aureus*）の属名は staphyle（ブドウ）と coccus の組合せである．また走磁性らせん菌（*Magnetospirillum magnetotacticum*，後述）は，magneticus（磁石の）と spira（らせん）から属名が構成されている．これらの形状による細菌の分類に加えて，デンマークの Gram, C. は1884年にクリスタルヴァイオレットとサフラニンによって細菌を大きく2群に分類する染色法を完成した．後に，これらの色素によって染まる細菌の構成成分が明らかとなった（特にサフラニンによって染め分けられるグラム陽性の細菌の細胞壁にはペプチドグリカンが豊富に含まれていた）．このグラム染色は，現在では特異的な蛍光色素の増加，および観察技法の格段の発展によって，非常に短時間かつ確実に細菌の種類を同定できるまでに進化している．

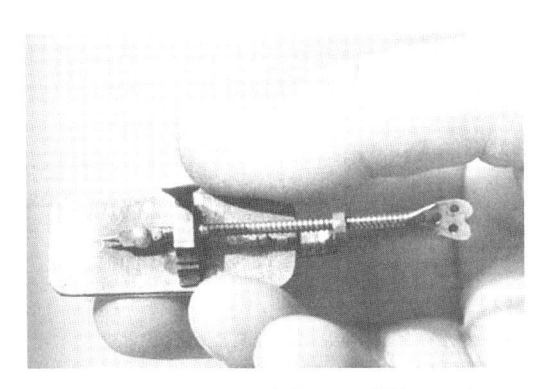

図 4.1 Leeuwenhoek が製作した顕微鏡のレプリカ Madigan, 2003 より引用．

4.1.2 細菌の構造

顕微鏡のさらなる技術革新により，光学顕微鏡よりもさらに微細な構造を解析することができる電子顕微鏡（電子ビームによる）が出現し，細菌を構成する構造の詳細が次々に示されるようになった．

a. 核様体とプラスミド

透過型電子顕微鏡によって，明確な形を持たない染色体（DNA）が細菌の内部に広がっている像が観察された．これは真核生物の染色体が核膜によって囲まれた核の中にパッケージングされていることと好対照であった．「核様体」と称される細菌の染色体は，真核細胞の染色体とは明らかに異なっている．真核細胞の染色体はヒストンという塩基性タンパク質の複合体にDNAが巻き付き，超らせん構造を形成することで，きわめてコンパクトに核に収められている（図3.1参照）が，細菌の染色体はDNAをいくぶん安定化させるタンパク質がくっついているだけで，コンパクトにはなっていない．また，細菌は「プラスミド」という，染色体ではない遺伝物質を有している．プラスミドは自律的に増幅できる環状のDNAであり，接合，病原性の付与など，特殊な機能を与えることができる．プラスミドは遺伝子工学において有用である．複製の起点，抗生物質（後述）に対する耐性遺伝子などを人工的に組み込んだベクター（運び屋の意）を作り，研究者が任意のDNAを組み込むことによって，解析対象のDNA領域を増幅したり，大腸菌の中で人のタンパク質を作ったりする．このようにプラスミドは，生命科学の研究室において日常的に用いられる便利かつ必要不可欠なツールとなっている一方で，人の病気を治療するための物質（例えばインスリンなど）を生産するのにも一役買っている．

b. 封入体

真核生物の細胞では細胞内小器官（オルガネラ）の分化が進み，それが明確な形状で観察されるのが特徴であるのに対して，細菌ではそれが観察されない．代わりに，細菌に特徴的な構造である封入体，ガス胞，繊毛，鞭毛などが観察される．封入体とは，栄養状態や代謝の変化などの生育環境に応じて細菌の内部に形成されるもので，顆粒状の無機化合物の蓄積物や炭水化物の重合体などが，脂質からなる薄い膜で包まれた状態となって存在する．前述の走磁性らせん菌は，生育環境の栄養が枯渇している状態のときに，細胞内の鉄ミネラル磁石が結晶粒子マグネトソームとなり，地球の磁力に沿って移動するようになる．水中を漂うためのエネルギーを浪費することを避けて水底に留まるようになるのだと考えられている．

c. 細胞壁

細菌を取り囲む構造は植物が持つ構造に類似しており，細胞壁と細胞膜を有している．例外もある（マイコプラズマという肺炎の原因となる細菌は細胞壁を持たない）が，概して細菌は細胞壁を持ち，細胞内外の溶質濃度変化による浸透圧変化，形状の維持などに対応していると考えられている．スコットランドのFleming, A.は，非常に多くの実験をこなす細菌学者であった．あるとき，

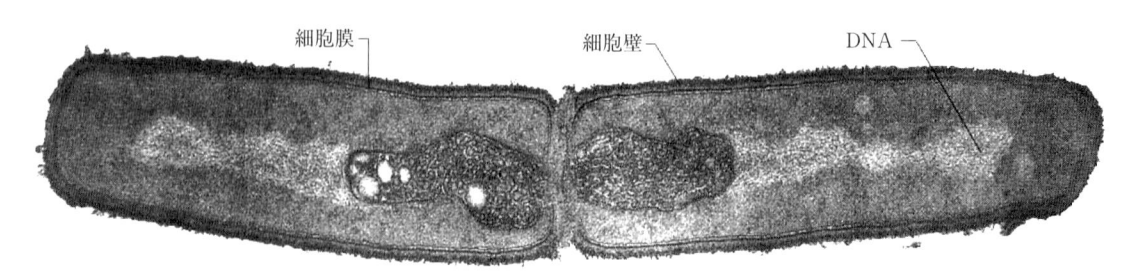

図4.2 透過型電子顕微鏡によって撮影された細菌の細胞 枯草菌（*Bacillus subtilis*）．Madigan, 2003 より引用．

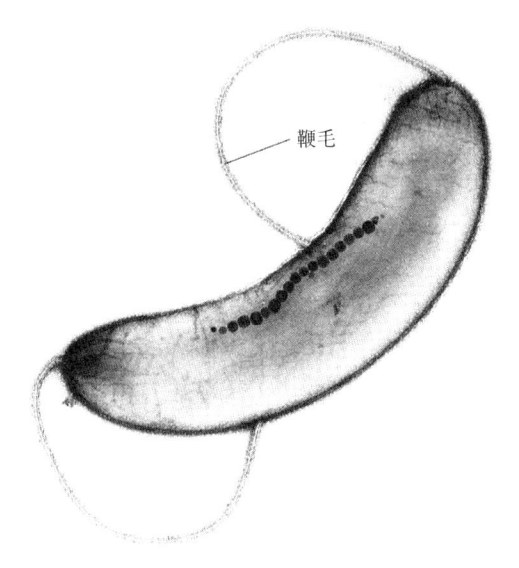

図 4.3 マグネトソームを蓄えた走磁性細菌
Magnetospirillum
Madigan, 2003 より引用.

図 4.4 Alexander Fleming
Roberts, 1993 より引用.

黄色ブドウ球菌（前述）が一面に生育したシャーレに青カビ（*Penicillium*）が混入してしまった．微生物学に携わる者として，このように望ましくない菌が混入する事態（コンタミネーション）は恥ずべきことであるが，Fleming はこのコンタミネーションから新たな発見をした．混入した青カビの周りの黄色ブドウ球菌が死滅していたのである．これに基づいて，細菌の生育を阻害する物質「ペニシリン」を発見した．細菌が細胞壁を合成する際にキーとなるタンパク質にペニシリンが結合することによってタンパク質の働きが抑えられ，細胞壁を合成できなくなった細菌が死滅するという仕組みである．ペニシリンは，細菌による感染症の治療と予防に絶大な効果を与え，現在，幅広い分野で用いられる抗生物質の先駆けとなった．しかしながら，抗生物質に対する耐性菌の出現や，それに伴う院内感染など，深刻な問題をもたらした側面もある．実は Fleming は，ペニシリンを発見するよりも前に，細菌の生育したシャーレに涙を垂らしてしまうという自身の失敗によって，細菌を溶解する酵素である「リゾチーム」を発見している．ペニシリンの発見も，この経験に基づいている．このように，まったくの偶然から新たな発見をする「セレンディピティ：serendipity」の好例として，Fleming は度々登場する．

4.1.3 共生進化説

真核生物の細胞内小器官のうち，ミトコンドリアと葉緑体は独自のゲノムを持っている．これらの器官自体は細菌に由来すると考えられており，真核細胞の起源となる細胞の中に，細菌の細胞が「共生」して進化したと考える「共生進化説」が導かれた．これを支持する根拠として，① ミトコンドリアが独自のリボソームを持ってタンパク質合成を行っていること，② ミトコンドリア内のタンパク質合成が細菌と同じくクロラムフェニコールによって阻害されること（真核細胞の小胞体上でのタンパク質合成はシクロヘキシミドによって阻害される），③ ミトコンドリアのゲノムがプロテオバクテリア（細菌の一群）と由来を一緒にすること（分子系統学的な解析により判明した），④ ミトコンドリアのゲノムが核様体のような構造をとることが挙げられた．真核生物は内部共生により，永続的にエネルギーを生産し続ける相棒を手に入れ，さらに進化したと考えられてい

る．なお葉緑体についても，光合成細菌（クロロフィルによる光受容と光合成により代謝を行う）と起源をともにすると考えられている．ハテナ（*Hatena arenicola*）という原生生物は，藻類の葉緑体を取り込むことによって，本来できなかった光合成が可能になるという興味深い現象を示し，共生進化説の生きた証拠と考えられている．

〔畠山 晋〕

● 文 献

Madigan, M. T., et al.（室伏きみ子，関 啓子 監訳）(2003) Brock 微生物学，オーム社．
Margulis, L.（永井 進 訳）(2004) 細胞の共生進化，学会出版センター．
Roberts, R. M.（安藤喬志 訳）(1993) セレンディピティ，化学同人．
Scheffler, I. E. (2007) Mitochondria (2nd ed.), Wiley-Liss.

4.2 植物の形，構造，組織

日常よく見かける草や樹木の体は根，茎，葉などの器官からなる．器官とは，形や構造に一定のまとまりがあり特定の機能を果たす植物体の部分である．生殖器官である花は最も目立つ器官であるが，これは花の各部分，萼・花弁・雄ずい・心皮などの器官の集合と考えられている．器官は複数の組織からなる．組織は通常同じ形態や機能をもつ1種類の細胞の集まりであるが，維管束組織のように形や機能の異なる複数の細胞からなる組織もある．細胞は植物体の最小単位であり，植物細胞の性質は植物の形態に大きな影響を及ぼしている．

植物細胞の特徴は細胞質に色素体を含むことである．色素体にはクロロフィルを含むクロロプラスト，光合成産物のデンプン粒を蓄えるアミロプラスト，水に不溶の色素を含むクロモプラスト（有色体）などがある．ミトコンドリアも植物体の全細胞の細胞質中に存在する．色素体もミトコンドリアも，細胞の核とは別に独自の DNA や RNA を持ち，細胞分裂とは別に分裂増殖する．これらの DNA は環状であることから，植物細胞の進化の歴史で，細菌様の原核細胞生物が共生してミトコンドリアに，さらにその後ラン藻のように光合成を行う原核細胞生物が共生して色素体になったと考えられている．また細胞質に大きな液胞があるのも植物細胞の特徴である．花弁の色は，細胞質のほとんどを占める液胞に含まれるアントシアニンによることが多い．

植物細胞の最も大きな特徴は，セルロースを主成分とする細胞壁に囲まれることである．植物細胞では，核分裂に続く細胞分裂が行われるとき赤道面に隔膜形成体と細胞板の形成がみられる．細胞分裂直後の娘細胞の間にはペクチンだけが存在するが，セルロース合成酵素に囲まれた細胞膜の微少な孔を通ってミクロフィブリルと呼ばれる微細なセルロースの繊維が細胞内部から分泌されて細胞表面を覆い，細胞壁が形成される．また細胞によってはリグニンを含む二次壁が形成され，さらに壁の厚さを増し堅さも増す．二次壁は水分の通路となる道管や仮道管の細胞にみられる．二次壁は一次壁の内側に形成される．細胞間の物質の移動は，細胞壁にある原形質連絡の小孔のみで可能である．細胞壁は細胞質の活性が失われた後もそのままの形で植物体の中で存在し続ける．樹木の幹や根の大部分は，細胞壁だけになった細胞が占めている．樹木の細胞壁にはリグニンも含まれ，さらに堅さを増している．また伐採されたあとも原型をとどめているので材木として利用される．

細胞壁は堅さを持つため，一次壁が薄く球形にみえる柔細胞でも，隣接する細胞に平均 13.36 面で接している（Marvin, 1939）．植物細胞は一定の形を保っているが，細胞を接着しているペクチンを分解するペクチナーゼと細胞壁を分解するセルラーゼの混合液で処理し，細胞膜だけに包まれたプロトプラストにすると，完全な球形になる．

堅い細胞壁を持つ植物体は分裂組織と呼ばれる限られた組織でのみ成長し，動物のような全体での成長はない．分裂組織は，胚のように細胞分裂を繰り返しどんな細胞にも分化できる全能性を持つ細胞からなる．

以下では，植物の各器官を取り上げながら植物の形態の特徴をみる．

4.2.1 根

地中に伸長し，植物体の地上部を大地に固定し支える．地中から水分や水に溶けたイオンの吸収を行い地上部へ輸送する．また栄養物質の貯蔵などの働きもする器官である．地上部の茎や葉の発達に必要なサイトカイニンなどのホルモンは根で生産されており，この点でも重要な器官である．根は正の重力屈性を示し地球の中心に向かって成長し，光合成をする茎葉は逆に上に向かって成長する．

植物体における最初の根は，胚発生の過程で形成される．植物の胚発生については1870年のHanstein, J.のナズナの研究以来，多くの観察がなされている．胚珠内の受精卵の最初の分裂によって，将来胚に発達する小さな細胞が胚嚢の内部側に，将来胚柄となる大きな基部細胞が珠孔側に生じる．根は胚の胚柄側に分化し，子葉側と根側の極性は胚発生の最初の段階で決定される（図4.12参照）．胚発生では，幼根と根冠になる細胞は胚の最下部の2層の原根層から分化する．根冠は根の先端が土の中に成長するときこれを保護している．根冠細胞からは粘性のあるゲル状物質が分泌され根冠を覆っている．地中を伸長するに従って根冠細胞の先端は壊れるが，根端分裂組織によって修復される．

胚の幼根に由来する主根と，主根から側方に生じる側根のほかに，茎などから生じた不定根を持つものもある．裸子植物，双子葉植物では幼根が主根となるが，単子葉植物では幼根は発芽後まもなく伸長を停止し，幼茎の基部から生じた多数の細い不定根に代わる．双子葉植物・単子葉植物とも根の基本的構造は同じである．根冠に接して根端分裂組織が存在する．根端分裂組織が分裂を繰り返して細胞を増やし根は成長する．根端分裂組織はもっぱら根の伸長成長のみに関与し，側根や根毛などの形成には関係しない．

根の横断面をみると，外側から表皮組織，柔組織からなる皮層と，中央に維管束を含む中心柱がある（図4.5）．表皮組織は細胞が緻密に並んで根の表面を覆っている．根毛は根端から少し離れた表皮細胞の突出によって形成される．土壌中からの水分やイオンの吸収に働く根毛は限られた範囲でのみみられ，少し成長した根では側根を生じる．皮層の中心柱に接する位置に1層の内皮と呼ばれる組織がある（図4.6）．成長に従って内皮細胞はコルクに似たスベリンという物質で覆われ

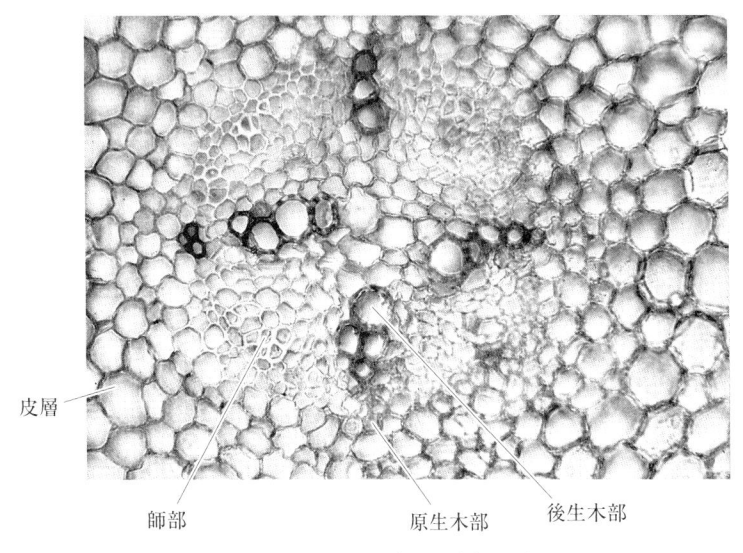

図 4.5 ソラマメの根の中心柱部分
若い根では内皮はわかりにくい．

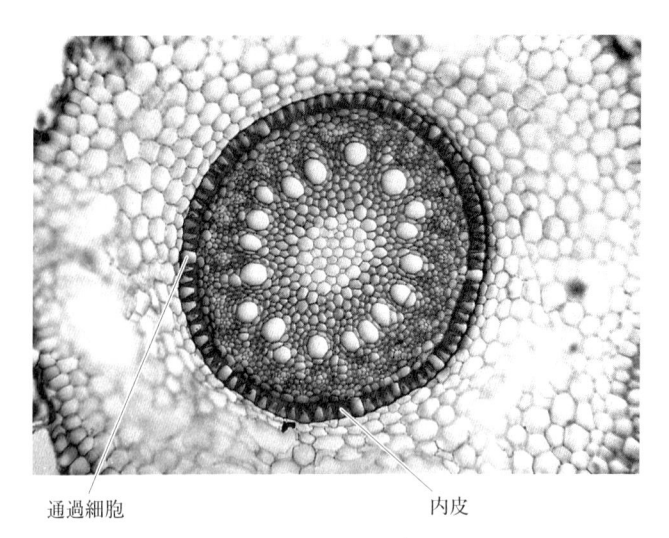

図 4.6 シャガの根
内皮の発達したもの.
通過細胞　　　　　内皮

るようになり，また二次壁がリグニンを含むセルロースで肥厚するので，内皮を通過する水分の移動は徐々に制限されていく．また木部に接した位置の内皮細胞だけはスベリン化が進行せず水分の通過細胞となっている．皮層の柔細胞には葉緑体はないがデンプン粒は存在する．

中心柱の最も外側，内皮のすぐ内側に内鞘と呼ばれる1層の組織がある．側根は根毛の形成が行われなくなった部分の内鞘細胞の並層分裂により生じ，内皮や皮層を突き破って伸びる．側根は原生木部の位置にのみ分化するので，原生木部2個（2原型）のダイコンでは向き合った2列の側根が縦列する．原生木部の数は種によって決まっている．ニンジンでは4個で4列の側根になる．単子葉植物には原生木部の数が多いものがある．

根の維管束は木部と師部が交互に並ぶ放射維管束である．最初の維管束は前形成層細胞から分化する．木部は内鞘側に原生木部が分化し，次第に中心に向かって分化が進行する．原生木部は主に仮道管からなるが，大きな細胞からなる後生木部は仮道管の上下の細胞壁に孔のあいた道管からなる．道管，仮道管ともに長い縦面の二次壁に特有の模様があり，らせん紋，環紋，階紋，網状紋などと呼ばれる．木部，師部のどちらにも厚い二次壁を持つ細い繊維細胞群があり，植物体の支持に役立っている．師部細胞には厚い二次壁がなく，

縦方向に長い細胞の上下の壁に通常の原形質連絡孔より大きい孔があり，カロースが存在する．孔のあいた面が篩いのようにみえるので師管(篩管)と呼ぶ．師部は木部と交互に並んでいる．師部も外側が原生師部，中央に向かって求心的に分化が進行する．中央部分に近い後生師部は師管と柔細胞の伴細胞からなる．師部は細胞壁が厚くなく目立たないが，細胞が化学的特徴を持つので染分けによって識別できる．木部と師部の間には形成層という分裂組織が存在し，根の肥厚に従って二次木部，二次師部を形成する．

根は通常地中にあるが，熱帯の湿地マングローブなどに生育する木で呼吸根を持つものがあったり，地表に垂直に露出した三角板状の板根で幹を支えているものもある．キヅタなどは茎からの不定根で木に着生する．日常よくみるニンジンは，主根が貯蔵根になっている．サツマイモは，植え付けた茎の下部に生じた不定根が肥大して貯蔵根となったものである．

4.2.2 茎

地上に直立する軸状の器官で，多数の葉をつけ分枝し，一定の時期に花をつける．内部には維管束が存在し，根から吸収した水分を葉に輸送し，葉で生産された光合成産物を根や花など他の器官

に供給する．地中に成長する地下茎もある．肥大した地下茎には根茎（ショウガ），塊茎（ジャガイモ），球茎（クロッカス）などがある．茎が形態的に変化しているものとして，茎が蔓になって巻き付くアサガオのような蔓植物のほか，茎が巻きひげになって絡み付くブドウや，茎が棘になっているボケのようなものもある．イチゴでは茎が細長い走出枝となって地上を這う．

　茎は分枝するが，完全に均等に分かれる二又分枝のものは少なく，主軸と側枝の区別がある単軸分枝が多い．また主軸に対する側枝の角度も種によってほぼ決まっている．主軸が成長を止め側枝が主軸となるものは，仮軸分枝という．葉の付着点を節と呼び，節と節の間を節間という．裸子植物のイチョウやマツなどには，節間が伸長する長枝と，節間がほとんど伸長しない短枝とがある．節間が伸長している場合は茎を識別しやすいが，節間がほとんど伸びず葉が密生しているロゼット状の茎の場合や，芽のように幼葉が重なるように存在するときなどでは茎を識別しがたく，茎と葉を合わせてシュートと呼ぶことがある．また茎葉を一体と考えて，シュートを地上部の器官，根を地中の器官とする見方もある．茎の先端部には成長点と呼ばれる茎頂分裂組織があり活発な細胞分裂により伸長成長を行い，また葉や花の原基を形成する．茎頂で葉が分化したあと節間分裂組織が分裂や伸張を行い，葉の成長に伴って茎も伸長する．節間成長のように，ある器官と器官の間での成長を介在成長（部間成長）という．

　茎は発芽直後から先端を細かく回旋させながら伸長している．これは肉眼ではわからないが，低速度撮影のビデオで確認できる．回旋運動の原因は，伸長の大きい部分が，茎の周囲を回るように移動しているためと考えられている．蔓植物で茎そのものが棒などに巻き付いているものでは，時間をおいて観察すると先端がかなり大きく回旋しながら移動しているのがわかる．進化論で有名なDarwin は，蔓植物の茎の動きについて，茎頂の位置の移動を 1876 年に肉眼で詳しく観察している．

　茎の横断面をみると双子葉植物では表皮組織の内側に柔組織，さらに輪状に並んだ維管束組織があり，これを真正中心柱という（図 4.7）．維管束はふつう外側に師部，内側に木部がある並立維管束である．表皮と維管束との間の柔組織を皮層，茎の中心にある柔組織を髄と呼ぶ．表皮組織は通常 1 層で表面にクチクラが存在する．茎の皮層の柔細胞は葉緑体を含み細胞間隙もある．表皮の近くには厚角細胞や厚壁細胞が存在し，茎の堅さを助けているものも多い．皮層の最も内側に内皮のある種もあるが，根と異なり認められない場合が多い．若い髄の柔細胞には葉緑体があるが，茎の成長によって髄の組織が壊れて中空になる場合もある．ナスやキュウリなどのように木部の内側にも師部のある複並立維管束もある．並立維管束では原生木部は最も内側に生じ，後生木部は外側に発達する．原生師部は根と同じで外側が原生師部になっている．

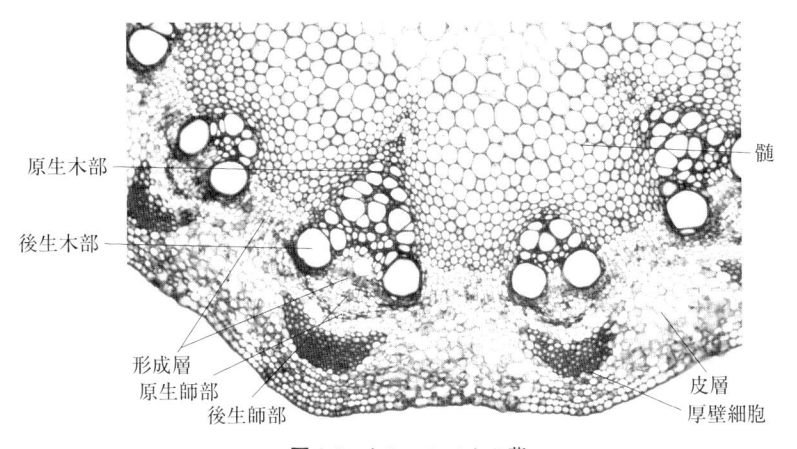

図 4.7　センニンソウの茎

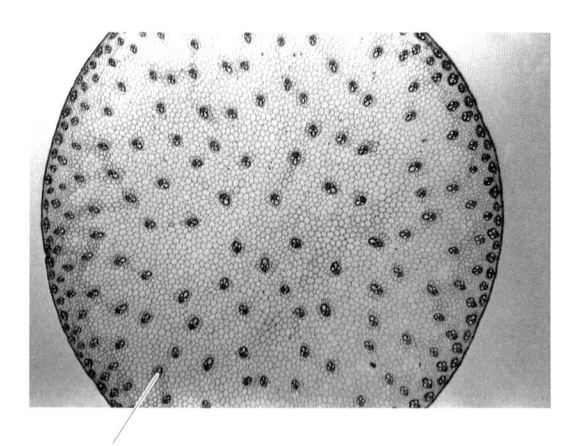

図4.8 トウモロコシの茎・不斉中心柱

樹木や茎の太くなる草本では，木部と師部の間および維管束間の柔組織内に分裂組織である形成層が輪状に発達し茎の肥大成長を行い，内側に二次木部，外側に二次師部を分化する．温帯の樹木では形成層の活動が季節によって変化する．春から夏にかけて形成される春材は大きい木部細胞，夏から秋にかけて形成される秋材は小さい木部細胞からなり，冬には形成層の活動は休止する．幹の横断面には1年ごとの材の成長状態が環状に現れ，これが年輪となる．単子葉植物は茎の横断面全体に維管束が散在する不斉中心柱で，形成層はない（図4.8）．また単子葉植物の維管束には木部が師部を囲むような包囲維管束と呼ばれるものもある．

4.2.3 葉

茎頂分裂組織から葉が分化する際には，その植物に固有の葉の配列になるような位置に葉原基のふくらみが生じる．葉原基は，ドーム型をした茎頂の周囲を囲むような位置に隆起する．

茎に対する葉の配列を葉序という．1節に1枚の葉が出るものを互生，向き合って2枚出るものを対生，3枚以上の葉が出るものを輪生という．互生の場合に葉のつく位置を各節ごとに順にたどると，らせん状になる場合や，180°離れた位置になる場合がある．対生の場合は，向き合った葉が節ごとに直角になり上からみると十字形にみえ

るものが多い．

植物の種類により決まった葉序に従って茎頂分裂組織から葉原基が規則的に分化すると，茎の維管束につながるように葉原基内に前形成層と呼ばれる細長い細胞が分化し，その後，前形成層から維管束が分化する．葉原基の前形成層分化については，茎から葉原基に向かって分化するという説と，葉原基で分化したものが茎の維管束系につながるという説がある．分化した葉の維管束は茎の維管束に連続していて，茎の横断面をみると，節の下部に，葉に入る葉跡と呼ばれる維管束が認められる．葉には葉身だけの葉，葉柄と葉身の葉，まれ葉の基部に托葉のあるものなどがある．1枚の葉身の葉を単葉といい，2つ以上の葉に分れているものを複葉という．複葉を構成する各葉を小葉という．単葉では葉原基から葉の周縁分裂組織による葉縁成長の結果その種に固有の葉形になり，葉身内にも維管束が発達して葉脈となる．葉柄のある葉や複葉の場合には，葉原基から軸部分や小葉への分化と成長が，葉縁成長，介在成長により形成される．葉原基の茎頂側の基部の葉腋には分裂組織が残り，葉が成長したあとで腋芽に分化したり，花芽が形成されたりする．

本来は葉であるものが針になったり，巻きひげになったりしているものもある．葉や茎などの器官が本来の形態と異なり，機能も異なったものに変化することを変態という．植物の変態については，生物学者でもあった文豪 Goethe, J. W. が 1790 年に詳しい観察結果を発表している．針には茎針（ボケ）と葉針（サボテン）がある．どちらも見かけは棘であるが，本来茎であるものが棘になったか，本来葉であるものが棘になったかの違いがある．このように本来別の器官から変態した結果，似た形態になったものを相似という．巻きひげの例では，先端の小葉が巻きひげになったエンドウと，茎が変化したといわれているブドウの巻きひげは相似である．逆に本来同じ器官なのに機能的にも形態的にも異なったものになっている場合これを相同という．サボテンの針は葉と相同であり，ボケの針は茎と相同である（動物の相同，相似については図1.10を参照）．

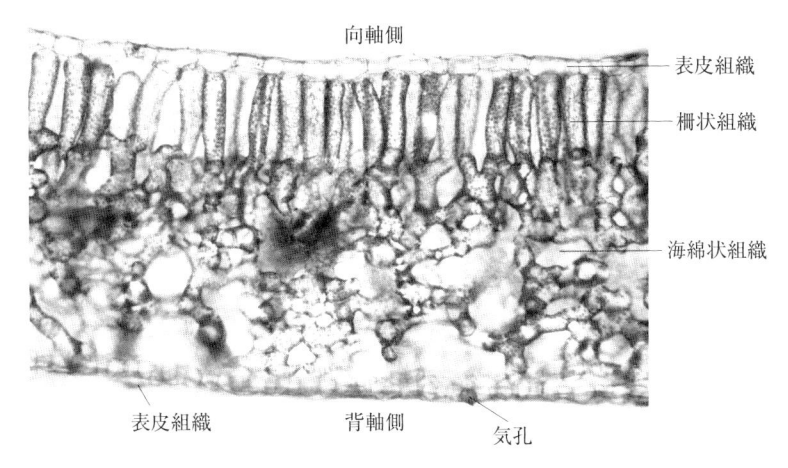

図4.9 ソラマメの葉

　双子葉植物の葉の横断面をみると，細胞が隙間なく並んで表皮を覆う表皮組織と，内部の葉肉組織がある．葉は茎に対しては背腹性を示し，茎側に向いた面を向軸面，反対側を背軸面という（図4.9）．向軸面が光の当たる上側（表面）になるものが一般的である．向軸側の表皮組織は，水分の蒸発を防ぐワックス状の物質からなるクチクラ層に覆われている．ワックス状の物質は表皮細胞から分泌され細胞壁のセルロースを浸透したものといわれている．クチクラは向軸側表皮に目立つが植物体すべての表皮に存在し，水分の蒸発を防いでいる．向軸側の葉肉組織は柵状組織と呼ばれ，葉緑体を多く含む細長い細胞が密に並ぶ．柵状組織の背軸側は海綿状組織と呼ばれ，不定形の細胞からなり細胞間隙が多い．一般に背軸側表皮組織には気孔が多数存在し，葉肉組織への気体の出入りを制御する．葉の維管束は葉脈と呼ばれ，双子葉植物では太い中央脈とそれから分枝した側脈，さらに網状に分かれた脈からなる．単子葉植物では，中央脈は太いが他は大きさにあまり違いのない平行脈が並び，気孔も脈に沿って列状に並ぶ．維管束は葉の場合は向軸側に木部，背軸側に師部が形成される．葉緑体を含まない柔細胞からなる維管束鞘が維管束を囲み，維管束が直接葉肉の細胞間隙に接することはない．光合成で二酸化炭素を C_4 ジカルボン酸に固定する C_4 植物のトウモロコシ，牧草などでは二重の維管束鞘がみられる．外側の維管束鞘細胞は葉緑体を含む柔細胞，内側は厚壁細胞になっている．

　落葉樹と常緑樹では葉の落ちる時期は異なるが，どちらも落葉し新しい葉と交代する．葉には落葉のための形態的な仕組みがある．双子葉植物に属する樹木では，成熟した葉の基部に，周囲の柔細胞よりやや扁平な細胞が緻密に並んだ数層の細胞からなる離層と保護層が存在する．落葉樹では秋の日長時間の減少と低温によって一斉に落葉するが，常緑樹では春の新緑の時期に，上部の若い芽が展開するときに分泌される植物ホルモンによって下部の葉が離層から分離し，春の落ち葉となる．離層に接する細胞はリグニンなどの沈着によって，葉の脱落後に水分の散逸や感染などを防ぐ保護層になる．

　落葉樹では，葉の成長期間中にすでに翌年の枝や葉になる腋芽が葉腋に分化する．これは冬芽となり休眠するが，翌年の春に急速に成長し展開する．腋芽を保護している鱗片葉は腋芽の初期の葉，すなわち前出葉や基部の葉であるが，ケヤキなど托葉のある葉では托葉が冬芽を覆って保護する場合もある．伐採や台風などで夏に枝先の葉が失われると，芽の成長を制御するホルモンがなくなり新たな枝や葉が季節外れに展開することがある．

4.2.4　花

　花という言葉をイチョウやマツなどの裸子植物にも使うことがあるが，ここでは被子植物に限定

する．植物体が一定期間成長した後に，花芽が形成される．発芽後数週間で花芽が形成されるものから，何十年も必要とするものなど色々ある．また日長時間や気温などの環境要因が花芽形成を制御している場合もある．1年生または2年生植物のように開花結実で一生を終わる植物，多年生植物で毎年ある時期に開花するもの，タケのように長年にわたり成長を続け花が咲いたら枯れるものなど様々である．

花は茎頂または腋芽の茎頂などに頂生する器官である．多数の花が集合している場合，全体を花序という．花序には小さな花が集まって1個の花のようにみえるものもある．例えばヒマワリは周囲に舌状花，中央部に多数の管状花が存在し大きな1個の花のようにみえる頭状花序である．花の形は様々であるが，サクラのように対称軸が2本以上存在する放射相称のものが多い．ランなど対称軸が1本の左右相称の花は，より進化した形態といわれている．

植物は無性生殖（栄養生殖），すなわち挿し木や葉挿しなどによる増殖が可能であるが，開花・結実による有性生殖では親と遺伝的に異なる個体の増殖が可能である．有性生殖で重要なことは配偶子である精細胞と卵細胞の形成，受精，胚発生，新個体を含む種子の散布である．花はこれらを行うための器官であり，花の形，色などは陸上での花粉の授受すなわち受粉を容易にするために進化したものである．ブタクサやトウモロコシなどの目立たない花は風媒花で，受粉を昆虫に頼る虫媒花は花弁の色彩が豊かで目立つ．鳥が受粉を媒介するものでは嘴(くちばし)の長さに合わせて花が管状になっているものもある．

花芽の分裂組織では個々の器官原基が，萼片・花弁・雄ずい・雌ずいの順に隆起する．これらの器官は葉と相同で花葉と呼ばれ，発生様式は基本的に葉と同じである．合弁花でも，萼や花冠の原基は，はじめは分かれて隆起するが発達の過程で縁がつながり筒状の萼や花冠に成長する．チューリップのように，萼と花弁が形態的に区別しにくい場合は両者を花被と呼ぶ．外側の3枚の花被片は萼片に相当し，内側の3枚は花弁に相当する．

花の各器官が着生する部分は花床（花托）と呼ばれ，花床は一般に扁平であるが色々な型がある．花の各器官の数は同数またはその倍数からなることが多い．双子葉植物の花は5が多く，単子葉植物では3が多い．

1つの花の中に雄ずいと雌ずいが存在する花を両性花といい，雄ずいだけの花，雌ずいだけの花を単性花（雄花・雌花）という．単性花が同じ個体に生じるキュウリのようなものを雌雄同株といい，キイウのように別の個体に生じるものを雌雄異株という．両性花の中にはエンドウのように雌雄の成熟時期が同じで自家受粉するもの，キキョウのように成熟時期を変えて自家受粉を防いでいるものもある．

有性生殖で重要な配偶子の形成は雌ずいと雄ず

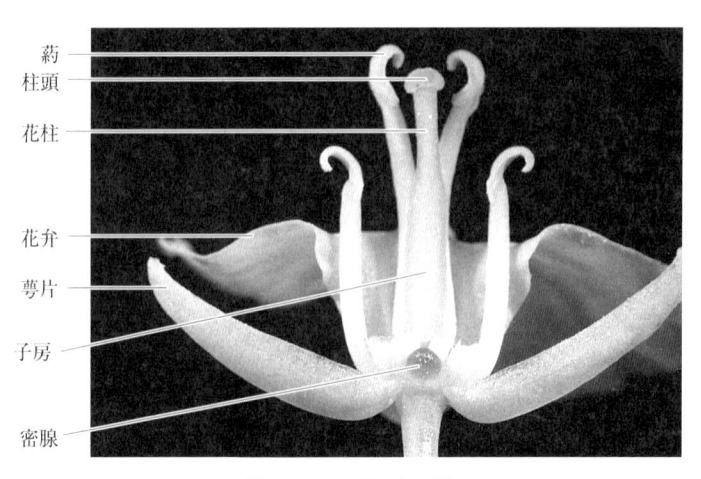

図 4.10 アブラナの花

いで行われる．雌ずいは葉と相同の器官である心皮が複数合着してできた子房とそれに続く花柱，先端の柱頭からなり，子房内には種子になる1個または多数の胚珠がある（図4.10）．マメのように1枚の心皮の両縁が合着してできた雌ずいもあるし，またキンポウゲ科のように複数の心皮が合着せずにそれぞれが雌ずいとなる花もある．

　一般に心皮の縁が，胚珠のつく胎座になる．複数の心皮の合着様式は色々で，子房内の胎座の位置は中央であったり縁であったり様々である．胚珠内に生じる$2n$の大胞子母細胞（胚嚢母細胞）の減数分裂によって4個のnの大胞子が生じるが，1個だけ残って大胞子となり他の3個は退化消失する．大胞子は核分裂を3回繰り返し8個の核を持つ大型の細胞になる（図4.11）．珠孔側の3核は卵とその両側の助細胞に，向かい側の3個は反足細胞になる．中央に2個の極核が存在する．ふつう，このようにして雌の配偶体すなわち胚嚢が形成される．雄ずいの先端部には，葯と呼ばれる袋があり，内部は4つの室からなる．葯内で多数の小胞子母細胞（花粉母細胞）の減数分裂が行われ，1個の$2n$の小胞子母細胞から4個のnの小胞子が形成され互いに分離する．小胞子は細胞

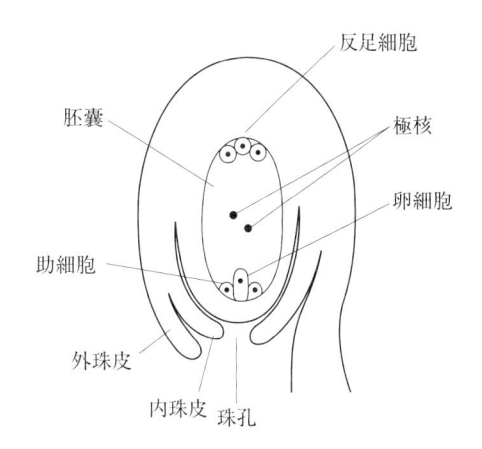

図4.11 胚嚢細胞

分裂をして大きな栄養細胞と小さい生殖細胞になる．またその細胞壁には固有の模様ができ花粉となる．

　花粉は生殖細胞と栄養細胞の2細胞状態で受粉し，その後に花粉管の中で生殖細胞が分裂して2つの精細胞になる種と，花粉内でもう一度生殖細胞が分裂して2つの精細胞が形成されるものとがある．この細胞分裂は花粉という小さな器官で3細胞になるという雄性配偶体の形成である．やがて，葯が開いて花粉が出る．花粉が雌ずいの柱頭に運ばれて付着することを受粉という．受粉後，

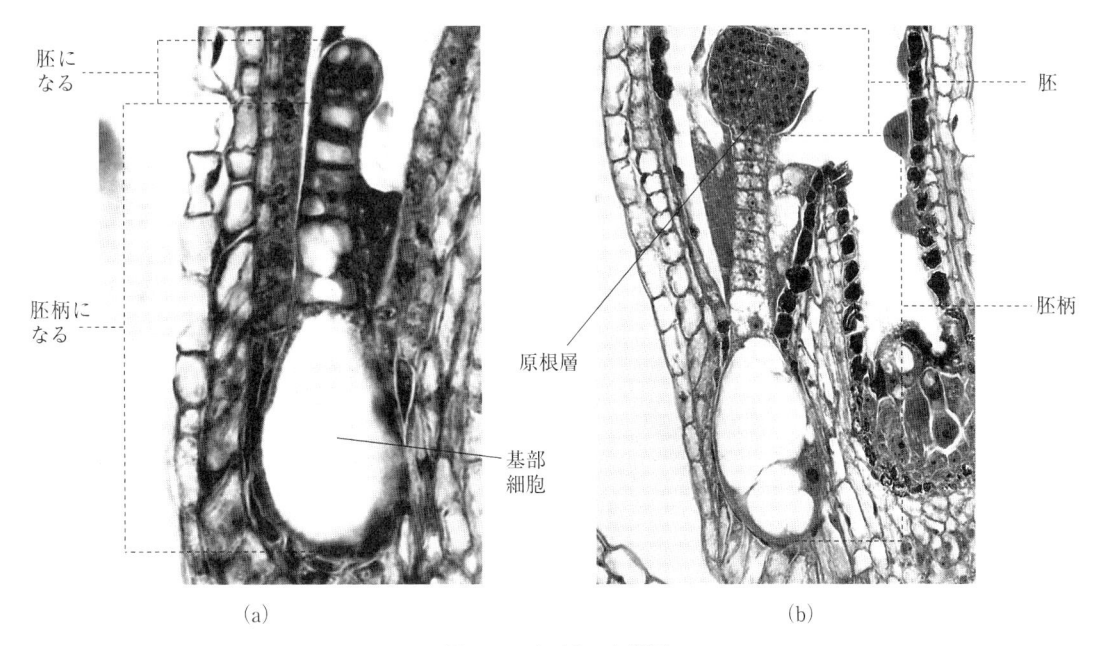

図4.12 ナズナの初期胚
(a) 胚柄の最上部の細胞が将来胚になる．(b) 発生の進んだ胚．上部両側に子葉，胚柄に接する部分が将来根になる．

花粉から花粉管が長く伸び花柱の中を通り胚珠の珠孔から胚嚢内に侵入し精細胞を放出する．2個の精細胞のうち1個は卵細胞と受精し，もう1個は2個の極核と受精する．被子植物の特徴であるこの受精を重複受精といい，$2n$ になった受精卵は胚発生を開始する（図4.12）．胚発生の進行に伴い胚珠も少しずつ成長し種子となり，珠皮は堅く発達して種皮となる．2個の極核と精核とが受精して生じた $3n$ の核は分裂を繰り返して胚乳（内乳）組織になる．助細胞や反足細胞は早い時期に消失する．

種子内の胚が小さく，栄養を貯えた胚乳が大きな容積を占めるカキやトウモロコシのような種子を胚乳種子という．一方，マメのように子葉が栄養を蓄えて大きく成長し，種子内に胚乳を含まない種子を無胚乳種子という．

4.2.5 果　　実

胚発生が進行し胚珠から種子が形成される段階になると，子房が発達して果実となる．しかし種子なしで発達する果実もあり，バナナ，ミカンなど種子がないものを単為結実という．種なしブドウはホルモン処理によって人工的に単為結実を促進したものである．

カキやモモのように子房だけから由来する果実を真果といい，子房以外の部分を含む場合は偽果という．例えば花床が子房を包んでいるナシやリンゴ，多数の小さな粒のような真果を表面に押し上げるように花床が発達したイチゴなどは偽果である．くほんで壺型になった花床が多肉化して食用になるイチジクも偽果である．壺の内側に多数の小花があるが種子にはならず単為結実である．

子房が花床の上側にある子房上位のものは，カキやナスのように果実の基部に萼が残り，へたのついた果実になるが，子房下位のものでは，キュウリのように果実の先にしなびた花の残骸がつく．果実に水分の少ない乾果もある．果実が成熟すると子房の壁に由来する果皮が開く裂開果にはマメの豆果やアサガオの蒴果などがある．成熟しても開かない閉果では，カエデなど翼のあるもの

もある．果皮が多肉になった液果にはサクランボ，ブドウ，トマトなどがある．果皮が3層に発達し内果皮が木化して堅くなっているウメやモモを核果という．果皮と種皮が密着しているものはイネなどの穀物にみられる．果実には，葉の場合と同じように果柄の基部に離層が存在するものが多い．

4.2.6　裸子植物の種子

被子植物のような子房がなく胚珠が露出しているので，裸子植物という．裸子植物は被子植物より以前に地球上に現れたものであり，受粉は昆虫や動物に頼らない風媒である．個体の寿命は非常に長命で，2008年4月27日の新聞で樹齢9550年のトウヒがスウェーデンで発見されたと報じられた．世界一の高さを誇るセンペルセコイア（高さ115.5 m，2006年発見）は，現在の地球環境でも成長し続けている．ここでは食用にしている銀杏（イチョウの種子）と松の実（マツの種子）を取り上げる．

イチョウは落葉樹で雌雄異株である．春，新葉が展開するときに雌の木の短枝に若葉とともに先端に2個の半球形の胚珠がついた細い柄が出る．雄の木の短枝にも小胞子嚢の集まった房が出る．4月下旬には胚珠の珠孔から受粉液が出る．小胞子母細胞が減数分裂をして4個の小胞子が形成されると，小胞子は細胞分裂をして4細胞からなる配偶体の花粉になる．小胞子嚢が裂開し花粉が風による散布で受粉液につくと，珠孔から胚珠内に吸い込まれる．花粉は花粉管を伸ばし胚珠内の壁に寄生する．胚珠内では大胞子母細胞の減数分裂により4個の大胞子が生じるが，3個は消失し1個だけが大胞子となる．大胞子は核分裂と細胞分裂を繰り返して葉緑体を含む栄養組織からなる配偶体を形成する．その珠孔側に形成される2個の造卵器はそれぞれ1個の卵細胞を含む（図4.13）．8月末から9月上旬になると花粉管内には繊毛を持った2個の精子が形成され，泳ぎ出て造卵器の中に入る．2個の卵細胞と2個の精子が受精する場合もあるが，多くは1個の卵細胞が受精する．

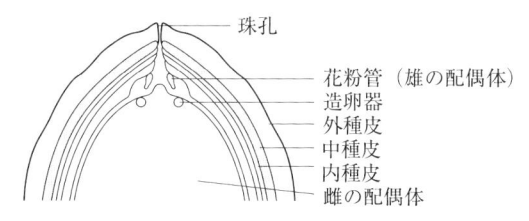

図 4.13 イチョウの胚珠
珠孔側縦断面の模式図.

受精が行われると胚発生が開始する.胚珠の珠皮は発達して多肉の外種皮になり,独特のニオイを発する.中種皮は堅く木化し,内種皮は薄い皮膜となる.食用にするのは栄養を貯えた雌の配偶体の組織で,受精前でも受精後でも食べられる.また受粉していない胚珠でも配偶体は同じように発達しており食用になる.

マツは常緑樹で雌雄同株である.雌雄それぞれの生殖器官は別々の球果となるが,同一の木に生じる.春に,長枝の先端に鱗片葉が集まった小さな球果がみられる.この鱗片葉は大胞子葉で,各葉の向軸面に2個の胚珠を持つ.小胞子嚢を持つ雄の球果は雌の球果の下方に側生する.これらは前年の夏に形成されたものである.大胞子母細胞や小胞子母細胞が減数分裂をするのは春である.大胞子母細胞の減数分裂の結果生じた4細胞のうち3個は消失する.大胞子は核分裂を繰り返し,さらに細胞膜が形成されて栄養組織となる.他方,小胞子嚢の中では多数の小胞子母細胞の減数分裂が行われ,小胞子はそれぞれさらに細胞分裂をして4細胞の配偶体になり,細胞の壁が変化した翼を持つ花粉になる.受粉の頃には雌の球果の密生した鱗片葉に隙間ができ,風によって運ばれた花粉が珠孔に到達し胚珠に入る.胚珠内に入った花粉は花粉管を伸ばして胚珠の内壁に寄生する.この状態で休止期に入り,翌年の春に受精が行われる.受精時までには,胚珠内に形成された栄養組織の珠孔側表面に6〜12の造卵器が形成され,各造卵器に卵細胞がある(図4.14).花粉管内では精核が2個つくられ受精が行われる.受精後すぐに胚発生が開始され,秋までに種子が成熟する.多くの種類では種子に鱗片葉の向軸面に由来する翼があり,種子の散布に役立つ.松の実といって

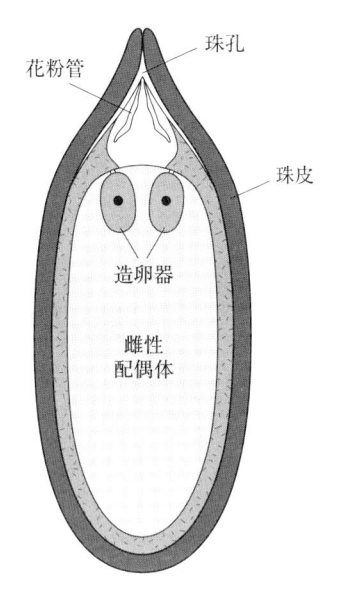

図 4.14 マツの胚珠
池野,1948 を改変.

食用にするのは,種子の大きいチョウセンゴヨウである.
〔相馬早苗〕

● 文 献

Darwin, C. (1876) *The Movement and Habits of Climbing Plants* (2nd ed.), D. Appleton, New York.

Foster, A. S. and Gifford, Jr., E. M. (1959) *Comparative Morphology of Vascular Plants*, Freeman, San Francisco.

Gifford, E. M. and Foster, A. S. (1989) *Morphology and Evolution of Vascular Plants* (3rd ed), W. H. Freeman, New York.

ゲーテ,J. W.(村岡一郎 訳)(1935)ゲーテ全集(第26巻),pp.41-159,改造社.

池野成一郎(1948)植物系統学,裳華房.

Marvin, J. W. (1939) Cell shape studies in the pith of *Eupatorium purpureu*m. American Journal of Botany 26 : 487-504.

4.2.7 植物に含まれる物質

a. 植物ホルモン

植物は自らの発生・分化・成長・環境応答の調節機構の1つとして植物ホルモンを合成し,酵素機能や遺伝子の発現を調節している.植物ホルモンとしてジベレリン,オーキシン,サイトカイニン,ブラシノステロイド,アブシジン酸,エチレ

ン，ジャスモン酸，サリチル酸，ポリアミンが知られ，いずれも植物組織に低濃度（数 ng/g 新鮮重）で存在する．それらの生合成・量的調節機構・受容体・生理機能は詳しく解明されている．

ジベレリンは，イネの馬鹿苗病菌が生産する植物成長因子として日本人研究者によって発見され，その後，植物の内生因子でもあることが確認された．植物の茎の節間伸長を促進する作用が知られているが，それ以外にも，葉と果実の老化を抑制し発芽を促進する作用がある．同じく成長促進作用のあるオーキシンは，化学構造的にはインドール酢酸あるいはその誘導体である．頂芽優性や屈光性などの現象にも関わっており，頂芽や若い葉で合成され下方に極性移動し，植物の成長を制御している．合成オーキシンは発根や果実結実の促進のために農業現場で利用されている．サイトカイニンは，ニンジンの不定胚の成長を促進するココナッツミルクの成分として，またタバコ培養細胞の細胞分裂を促進する酵母エキスの成分として 50 年以上前に発見された．植物の内生因子であることも確認されている．葉の老化を抑制し，オーキシンで誘導される頂芽優性を阻害し，オーキシンとの共存で植物細胞の分裂を促進する作用が知られている．

ステロイド性の成長促進物質としてブラシノステロイドがある．ブラシノステロイドは，茎と花粉管の伸長，葉の展開を促進する作用がある．ブラシノステロイドを生合成できない変異体が矮性を示すことも，成長促進作用を証明する根拠となっている．

成長促進以外の作用を持つホルモンとして，1960 年代に発見されたアブシジン酸がある．このホルモンは，種子成熟時の乾燥耐性の誘導，穂発芽の抑制，乾燥ストレスによる葉の気孔の閉鎖をもたらす作用がある．なお，発見当初は，葉の離脱作用を持つと考えられていたが，これはエチレンによるものであり，アブシジン酸は無関係であることが証明されている．よく知られているエチレンも，植物内生の成長調節ホルモンである．エチレンは，種子芽生えの伸長成長を抑制し肥大化させる作用のほかに，バナナ・リンゴ・トマトなどの果実の熟成を促進する作用，落葉や落花などの器官脱離作用もある．エチレンの受容体は ER 膜（小胞体の膜）に局在することも知られている．プトレッシン，スペルミジン，スペルミンに代表されるポリアミンも，植物内生のホルモンと認識されている．ポリアミンは，動物や微生物での場合と同様に成長と分化に必須であり，細胞分裂・胚発生・花芽分化・塊根形成・果実熟成などを促進する．

ジャスモン酸とサリチル酸は，主に病理応答に関わるホルモンとして知られている．植物組織が傷や病原菌の感染を受けると，ジャスモン酸やメチルジャスモン酸の量が増え，耐病性や抵抗性を高める．また，エチレン生成を促進し，成長抑制または器官の熟成・老化促進作用を持つ．鎮痛剤として知られるサリチル酸は植物内生ホルモンでもあり，植物が病原菌の侵入を受けると量が増加し，感染部位の細胞死を誘導する．その結果，病原菌の増殖と拡散が防止される．このような限定された部位における細胞死の誘導は，離れた部位において病原菌への抵抗性を高める作用もあり，全身獲得抵抗性と呼ばれる．

なお，植物ホルモンではないが，光（赤色，遠赤色）の情報を受容する機能タンパク質としてフィトクロームが存在し，種子発芽の促進，芽生えの伸長成長の制御など，植物が光環境に応答するために不可欠な成分として機能している．

b. 葉緑体と色素体に含まれる色素

葉緑体に含まれる主要な色素成分は，クロロフィルとカロテノイドである．クロロフィルは光合成色素として葉緑体の膜に存在して，可視光の中で波長 430 nm（青）と 680 nm（赤）の光を吸収する．われわれヒトの目には，その補色として緑色が観察される．葉緑体のすべてのクロロフィルは特定の膜タンパク質に結合し，膜中で機能的な配置をとっている．クロロフィルはテトラピロール環（ポルフィリン）構造と長い炭化水素の尾部構造（フィトール鎖）を持ち，テトラピロール環にはマグネシウムが配位している．環構造の違いで分子種の名称が与えられるが，高等植物で

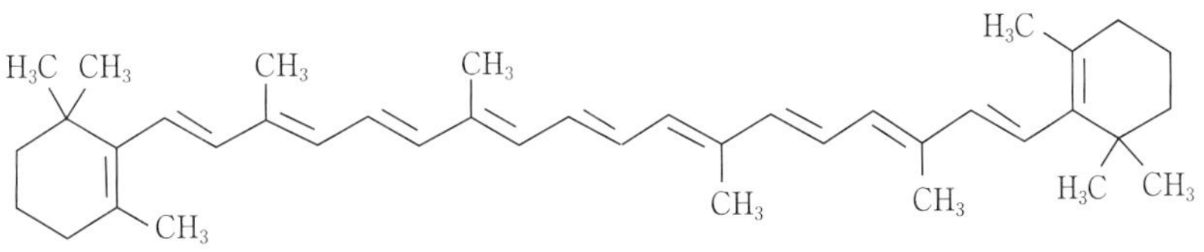

図 4.15 βカロテンの構造

はクロロフィルaとクロロフィルbが含まれる.

すべての光合成生物に存在するカロテノイドは, 8分子のイソプレン基に由来するテトラテルペン分子であり, 黄・橙・赤色を呈する. もちろん, 動物の網膜・肝臓・副腎などにも含まれる. 植物では, 脂溶性のカロテノイドは葉緑体の膜に結合している. 葉緑体に多く含まれるカロテノイドは, 生理的にも重要な役割を果たしている. 例えば, 光エネルギーを吸収してクロロフィルにエネルギーを伝達し, 光合成機能をサポートする光捕集機能を持つ. クロロフィルが過剰な光エネルギーを吸収した場合には, 過剰励起エネルギーを受け取ることにより活性酸素種の生成を防ぐ機能を果たしている. このように光エネルギーを吸収できるのは, カロテノイド分子が長い共役二重結合を持っているためである.

落葉樹が紅葉するときには, クロロフィルの量が減ってカロテノイドの量比が多くなっている. これは葉緑体が有色体と呼ばれる状況に変化したことを意味する. 成熟果実, 花弁あるいは紅葉の赤色や黄色は, この有色体に含まれるカロテノイドや, 後述するフラボノイドによるものである. カロテノイドはカロテンとキサントフィルに大別される. ニンジンのβカロテン (図 4.15) やトマトのリコピンは前者に, 葉緑体に多く含まれるルテインは後者に属する. 食物として摂取したβカロテンは, 動物体内でビタミン A に変換される. カロテノイドの多くは葉緑体の膜に存在するが, トマト果実のリコピンのように, 有色体の中で結晶性構造として存在しているものもある.

c. 液胞に含まれる色素

植物の主要な色素はカロテノイドとフラボノイドである. 多種多様なフラボノイドのほとんどが細胞中の液胞に蓄積されている. その代表例は, 花や果実の表皮に含まれるアントシアニンであり, 化学構造や共存する金属イオン, 補色素成分により, 桃・赤・橙・紫・青などの色を呈する. 花弁や果皮の表皮を剥がしてみると, それらの細胞が高濃度のアントシアニンを蓄積していることを観察できる.

アントシアニンは花や果実に色をつけることで識別信号として情報を伝え, 昆虫による花の授粉を促進し, また鳥などに果実の摂食を促し種子の散布に役立っている. 鳥や昆虫のほうでも, 特定の色を識別して, 花や果実の種類を選んでいると考えられている.

このほか, フラボノイドは植物組織を紫外線から護る機能も果たしている. フラボン, フラボノール, アントシアニンは葉や茎の表皮細胞の液胞にも蓄積されており, 紫外線を吸収して組織を障害から防いでいる. 特に強い光や低温にさらすと茎や葉が赤色を帯びるのは, フラボノイドの合成が促進されるためである. 低温で影響が出るのは, 低温では光障害が顕著になるからである. 一方, フラボンやフラボノールはマメ科植物の根と根粒菌との相互作用, あるいは花粉管の伸長に寄与していると考えられている.

d. 天然化合物

主な天然化合物 (二次代謝産物) を表 4.1 にまとめる. 芳香族化合物は, 芳香物質として知られるもののほかに, 生体防御に関わる成分や, 上述のアントシアニン色素などが含まれる.

クチクラ層やワックス層を含む細胞壁・棘・種皮などは, 食害・感染・水分喪失を防ぐための物理的な鎧の役割を果たす. 植物は, 外敵からの侵入を防ぐための化学物質も合成して蓄積し, 防御の備えをしている. 防御に関わる成分は主に細胞内の液胞に蓄えられており, 他の生物による食害

表 4.1　植物に含まれる代表的な天然化合物

天然化合物	生理・薬理作用	液胞*
芳香族化合物		
アントシアニン	花弁，果皮などの色素	○
クマリン	配糖体はサクラの芳香物質	○
ロテノン	ドクフジなどに含まれる．ミトコンドリア電子伝達阻害	
ゲニステイン	ダイズ種子などに含まれエストロゲン作用を持つ	
ルチン	毛細血管の異常浸透性を抑制する内出血予防作用	○
シキミ酸	シキミの葉と果実に含まれる．芳香族化合物の生合成中間体	○
タンニン	タンパク質と塩基性物質の凝集・沈着作用	○
ケルセチン	酵素阻害作用，変異原性	
テルペノイド		
ジギトニン	サポニンの一種．起泡性，溶血作用を持つ魚毒	○
カルデノライト	キョウチクトウに含まれる．強心配糖体，矢毒	○
カロテノイド	植物色素	
ゲラニオール	バラ，レモングラスの精油成分	
リモネン	柑橘類果皮精油の主成分	
メントール	ハッカの精油主成分．殺菌・防腐作用	
マタタビラクトン	マタタビの果実に含まれる．ネコ属への興奮性生理作用	
アルカロイド		
コカイン	ノルアドレナリン再吸収阻害による交感神経興奮作用	○
ニコチン	アセチルコリン受容体に作用する神経毒	○
ベルベリン	オウバクに多い．健胃・抗菌作用	○
モルフィン	ケシの子房に多い．麻酔・鎮痛作用を持つ中枢神経薬	○
キニン	キナ樹皮に多い．マラリアの化学療法薬	○
コデイン	鎮静作用，鎮咳剤	○
スコポラミン	コリン作動性神経伝達遮断剤	○
ヒヨスチアミン	アセチルコリン受容体に作用し副交感神経遮断	○
カフェイン	コーヒーに多い．中枢神経の興奮作用，心筋興奮作用	○
コルヒチン	イヌサフランに多い．チューブリン重合阻害，痛風の薬	○
ビンブラスチン	微小管形成の抑制作用を制ガン剤として利用	○
その他		
クルクミン	ウコンに含まれる．抗酸化作用	○
カプサイシン	トウガラシ辛味成分	○
ソラニジン	ジャガイモ毒ソラニンの骨格成分	○
シアン配糖体	呼吸阻害作用による生体防御物質	○
葉酸	哺乳動物にとって抗貧血因子	○
テアニン	緑茶に特有のアミノ酸	○

*細胞内の液胞に集積する化合物には丸印を付した．

や侵入によって細胞が破壊されると液胞から防御物質が放出され，食害や病原菌の侵入を防ぐ．カキの渋成分として知られるタンニン，キャッサバ塊根などに含まれるシアン配糖体，そして多様なアルカロイド成分は，植物にとっての生体防御成分と考えられている．その一部は医薬品としても使われている．アルカロイドはアミノ酸由来の塩基性化合物群であり強い生理作用を持つため，モルフィン（モルヒネ），キニンなどのように医薬品として用いられたり，医薬品開発の出発物質として利用されたりするものが多い．古来より生薬・漢方薬として知られる成分の多くがアルカロイドであるが，植物にとっては生体防御物質としての意味が大きいと推測される．

タンニンは植物起源のポリフェノールの総称である．タンパク質や塩基性成分，金属と凝集体を形成しやすく，防御的な役割を果たしている．この成分はタンニン液胞と呼ばれる特殊な液胞に蓄

積されている．ベタインは耐塩性植物で多く蓄積し，浸透圧調節に重要な役割を果たしている．ホウレンソウやカタバミは葉の細胞の液胞にシュウ酸を多量に含む．シュウ酸にはカルシウムと結合して沈着させる作用があり，これも動物による摂食を忌避させる働きとなる．昆虫誘因物質や忌避物質のように液胞に蓄積されることなく，植物組織から少しずつ揮発していくものもある．こうした成分の多くはテルペノイドであり，植物の表皮細胞あるいは腺毛に蓄積されており，葉の表面が擦れたときなどに成分が放出される．

e. 無機イオン

液胞は種々の物質の集積オルガネラとしての機能を充実させているが，上記の成分のほかに，リン酸，カリウム，カルシウム，マグネシウム，ナトリウム，亜鉛，鉄，有機酸なども蓄積している．これらのイオンは細胞質での濃度が厳密に調節されており，過剰な量を液胞に隔離・備蓄しているといえる．各イオンを選択して液胞に輸送するための具体的な膜輸送分子が解明されている．その一例を図4.16にまとめた．人は，植物性食品を食べるとき，これらの無機イオンも摂取していることになる．

f. デンプン

植物が生産するデンプンは主要な食物成分であり，バイオエタノールの原料としても注目されている．緑葉における光合成は，光エネルギーを利用して二酸化炭素からヘキソースリン酸（グルコース1-リン酸など）を生産する（6.3.2節参照）．ヘキソースリン酸の一部は，葉の中で重合しデンプンとして蓄えられ，他はスクロースに変換されて師管により各組織に運ばれる．ショ糖は化学的な反応性が小さいので細胞にダメージを与えず，組織間の長距離輸送に適している．テンサイやサトウキビはショ糖を貯蔵成分として蓄積するが，ジャガイモ塊茎やイネ種子などは，細胞内のアミロプラストでデンプンに変換して貯蔵する．高分子重合体を貯蔵成分とするのは，分子濃度を低くすることで浸透圧を低く抑えるという意義もある．貯蔵デンプンは植物自身の次世代のための炭素源となる．種子や塊茎などが発芽する際に誘導されるアミラーゼなどの作用により，デンプンはグルコースへと分解され利用される．このときに低分子化されることで浸透圧を高め，細胞の吸水力に貢献している．

デンプンはアミロースとアミロペクチンと呼ばれる2つの成分で構成されている．いずれも約1

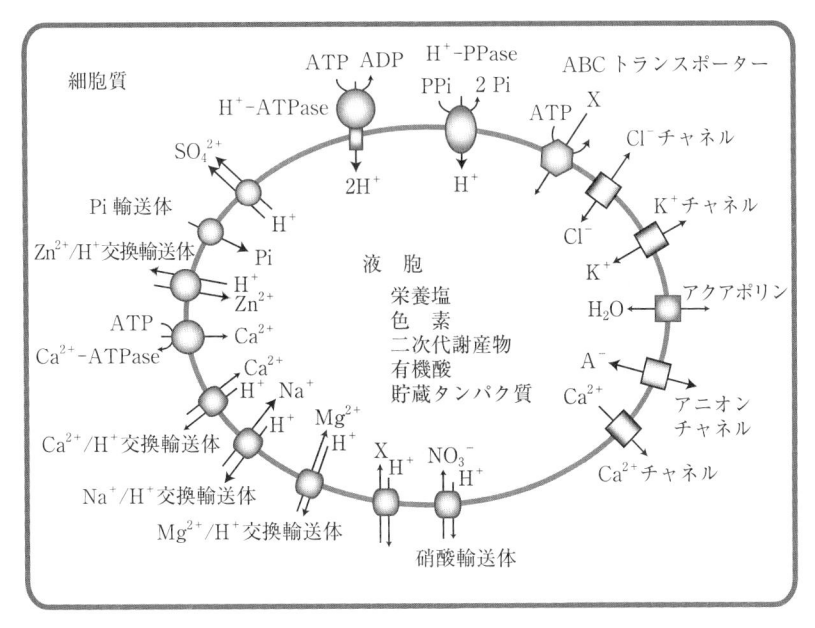

図 4.16 植物の液胞膜で働く膜輸送システム

万個のグルコースが重合しているが，前者は直鎖構造で，後者は分岐があり樹枝状構造である．玄米の70％はデンプンである．一般のコメでは，デンプンの15～20％がアミロースであるが，モチゴメではすべてアミロペクチンであり，粘性が高くもちもちした食感を与えている．生デンプンは糖鎖間の水素結合のために安定した構造であるが，加熱することによりその結合が切れて緩やかな構造となり，人が食べても消化（分解）することができる．デンプンは水飴，グルコース，種々の二糖，オリゴ糖，糊などにも加工されて利用される．

g. 細胞壁に含まれる成分

植物細胞の形や成長の度合いは，細胞壁により規定される．細胞壁の主成分であるセルロースは，細胞壁中では数十本が束ねられて太さ約10 nmの微繊維となる．このセルロースは綿繊維や製紙パルプとして利用される．セルロースは架橋性多糖により水素結合で接着されて，立体的に強度のある細胞壁を構築する．主要な架橋性多糖はキシログリカンとグルクロノアラビノキシランである．また，ペクチンと呼ばれる水和度の高い分岐多糖混合物も含まれる．細胞間どうしの接着の度合い，細胞壁のpHやイオン環境を調節している．果実の場合は細胞壁成分の50％をペクチンが占めている．これらの多糖のほかに，細胞壁固有の構造タンパク質も存在する．ヒドロキシプロリンやプロリン，グリシンに富むタンパク質が知られており，細胞膜と細胞壁の境界面に板状の網状構造を形成している．

一次細胞壁の成長が停止すると，細胞膜と一次細胞壁の間に二次細胞壁が形成される．ワタの繊維細胞の場合はセルロースを主成分とする二次細胞壁となる．また樹木のように二次細胞壁にリグニンを含むこともある．リグニンは芳香族化合物の混合物であり，複雑な網状構造を形成し，細胞壁の力学的強度を高め，腐朽や病害，食害を防ぐ役割がある．製紙産業では，セルロースの量が多く繊維の長い樹種が原料として選ばれる．リグニンは製紙過程で排除され，工場での燃料として利用されている．

〔河内美樹・前島正義〕

● 文 献

Buchanan, B. B., et al (eds.)（杉山達夫 監訳）(2005) 植物の生化学・分子生物学，学会出版センター．
Maeshima, M. (2001) Tonoplast transporters: Organization and function. Annual Review of Plant Physiology and Plant Molecular Biology 52: 469-497.
三室 守，ほか (2006) カロテノイド：その多様性と生理活性，裳華房．

4.3 動物の形，構造，組織

4.3.1 動物の形

a. 動物の形と体軸はどのように決まるのか

多細胞動物の中で，海綿動物は明確な体軸を持っていないが，海綿動物から進化した有櫛動物や刺胞動物（いわゆるクラゲ類）には体軸（前後軸，頭尾軸）がある．これら以外の動物（いわゆる三胚葉動物）では，前後軸だけでなく背腹軸も見出される．

動物の多くは左右相称で，正中線によって2つに切り分けられる．これに対して，ウニ・ヒトデ・ナマコなどの棘皮動物は放射相称で，体は中心軸から放射状に配列している．また，クラゲやイソギンチャクのような刺胞動物も放射相称である．放射相称の動物はゆっくりとした動きしかできない．素早く動く動物はすべて左右相称である．運動を制御するには，左右相称の形が適しているのであろう．進化の過程で，放射相称の動物と左右相称の動物のどちらが先に誕生したかというのは，非常に興味深い問題である．クラゲの幼生（プラヌラ幼生）は左右相称であるが，変態後の成体は放射相称である．個体発生と系統発生は必ずしも対応しないが，クラゲの発生過程から類推すると，左右相称の動物がまず存在し，それから放射相称の動物が進化したのかもしれない（伊

放射相称 　　　　　　　　　　　左右相称

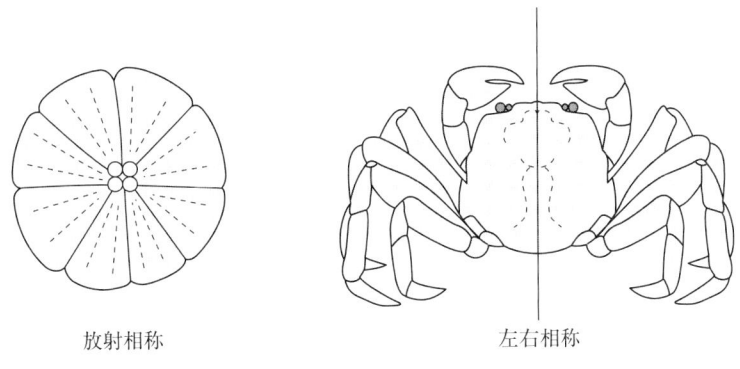

図 4.17 放射相称の動物（クラゲ）と左右相称の動物（カニ）

藤，1992）．

　左右相称の動物では，前後軸が明確に見分けられる．6.7 節「個体の形成」に記されているように，動物の前後軸方向のパターンは，Hox 転写因子によって決定される．この遺伝子ファミリーは染色体上にひとつながりに並んでおり，その配列の順番と発現する部位や時間的な関係が，脊椎動物から節足動物までの多くの動物で対応している．刺胞動物にも *Hox* 遺伝子が存在するので，前後軸方向の動物の形は，*Hox* 遺伝子を中心とした遺伝子発現調節によって決まるのであろうと考えられる（倉谷・佐藤，2007）．

　動物の背腹軸については，種によって大きな差がある．動物は，消化器官の形成過程の違いによって，前口動物（発生の初期に形成される原口がそのまま口になる動物：扁形動物，環形動物，軟体動物，節足動物など．1.4.3 項 d(4)「前口動物の系統」参照）と後口動物（原口が，口ではなく肛門になる動物：棘皮動物や脊索動物など．1.4.3 項 d(5)「後口動物の系統」参照）に分けられる．一般に，地表に近い腹側は防御しやすいので柔らかく，空に向いている背側は太陽光線や敵から身を守る必要があるため，硬い．背腹をこのように定義すると，後口動物である脊椎動物では，背側に脊髄があり腹側に消化管がある．一方，前口動物である節足動物では，神経系は腹側に消化管は背側にある．このように，前口動物と後口動物とでは，背腹における神経系と消化管の配置が逆である．前口動物から後口動物が進化したと考えられているので，後口動物の進化の途中で背腹軸の

逆転が起きたと考えられる．実際，前口動物の腹側をつくる遺伝子と，後口動物の背側をつくる遺伝子は相同であるという報告がある．

　それでは，動物の形の基本はどのようなものであろうか．円柱が基本形であるというのが有力な考え方であるが，後述するように，酸素や栄養の拡散という生理的な制約のため，動物の体は薄くなくてはならない．二次元の薄膜状の組織から三次元の体をつくる場合，中空の円柱を基本形とするのは，きわめて合理的だと考えられる．水中で生活していた初期の動物は，静水性の骨格を利用することにより，円柱状の体を維持し運動したのであろう．脊椎動物でも胴体や手足は円柱状であり，中心に硬い骨を持つ円柱を組み合わせてできた体は，テコの原理を利用することにより非常に速く動かすことができる．すばやく動かせる体制を持つことは，脊椎動物が他の生物との生存競争を勝ち抜くうえで非常に有利だったと思われる（ウエインライト，1989）．そのような体をつくるためには，細胞と組織のレベルで様々な工夫が必要である．1 つは，細胞を互いに密着させて，運動のための動力装置である筋組織をつくることである．また細胞がその外に基質を分泌して，しなやかで丈夫な繊維状の体壁や，テコの支えになるような強固な骨格系を持つことも必要である．このような組織・器官系については，4.3.2 項で詳しく述べる．

b. 動物の形を決める要因

　動物の形は非常に多様であるが，それは動物の

大きさと，生活する環境（水中か，陸上か，空を飛ぶか）と生態（速く動くか，ゆっくり動くか，動かないか）に大きく依存する．例えば水中を高速で移動する動物は，種を問わず（軟体動物のイカでも，脊椎動物のマグロやイルカでも）流線形をしている．これは，水の力に抗して速く動くためには，流線形が最も有効だからである．一方，1mm以下の小さな動物が空中を移動する場合は，空気の粘性が重要な因子となるため，流線形をしていてもあまり意味がない．例えば小さな昆虫は，空気中を「泳ぐ」のに適した「オール型」の翅を使って羽ばたくという工夫をしている．アメンボのような0.1g以下の動物になると，表面張力が重要な因子となる．脚が非常に細かい撥水性の毛で覆われているため，アメンボは水面と空気の間の表面張力を用いて運動する．これに対して，ほとんど動かずに捕食する動物の場合，動きやすさは無意味で，他の生物からの攻撃や波浪な

どによる破壊から身を守ることがより重要である．そのような場合，植物に類似した形態を示す動物も出現する．堅い石灰質の骨格を発達させたサンゴや，海藻のような外見を示すウミユリなどがその例である．

動物の形を決める要因の1つに，生理的な制約がある．動物は従属栄養生物であり，栄養や酸素を常に外界から取り入れる必要がある．食物からの栄養吸収が動物の生存に必須であるため，消化器系を持たない動物は（寄生虫などを除いて）存在しないが，呼吸器系や循環器系を持たない動物は，無脊椎動物には珍しくない．呼吸器系や循環器系のない場合には，拡散によって酸素が到達できる距離が，動物の形や大きさを規制する．球形の動物を考えてみよう．この動物が，個体の表面から拡散する酸素に依存して呼吸すると仮定すると，この動物は半径1mm以上の大きさにはなれないことが，酸素の拡散係数から計算によって求

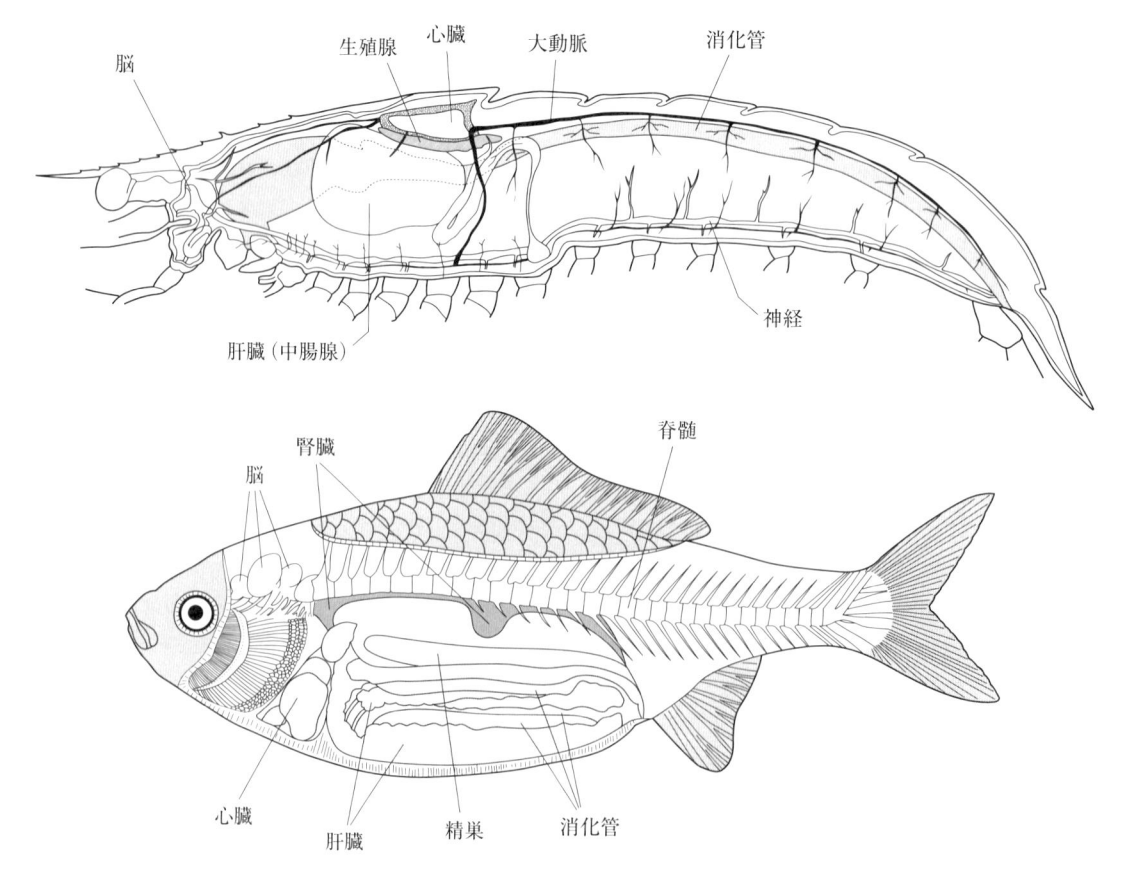

図4.18 前口動物と後口動物の構造

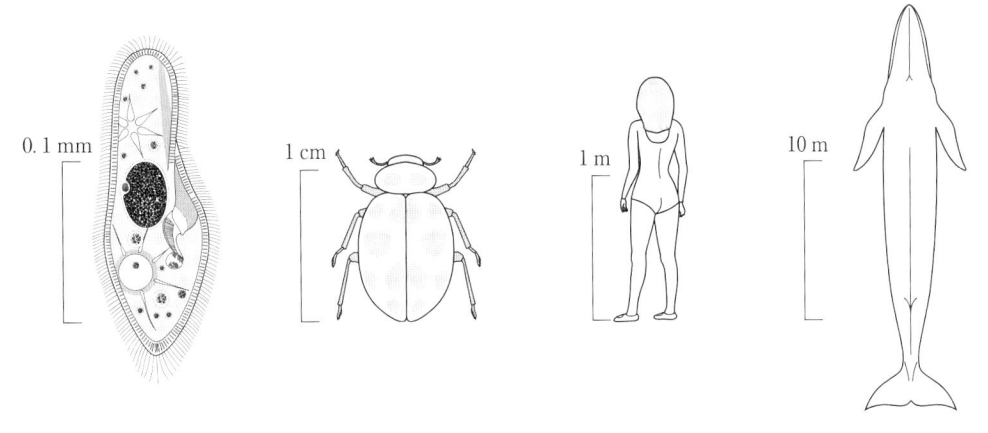

図 4.19 動物の形と大きさ
動物の形は多様である（ゾウリムシ，テントウムシ，ヒト，クジラ）．それは動物の大きさによって，生存に関係する因子が異なることも大きな原因である．

められる．実際に，呼吸器系や循環器系を持たない扁形動物（プラナリアの仲間）の厚さは，最大 0.6 mm 程度である．呼吸器系はないが循環器系はある動物（例えばミミズ）はどうであろうか．その場合の大きさの上限は，半径 13 mm と計算される．体重 1 kg とか長さ 3 m とかという巨大ミミズが知られているが，そのようなミミズでも半径は 13 mm 以下であり，動物の体の大きさは酸素の拡散によって制限されていることが示唆される（計算式などはウエインライト，1989 を参照）．

循環器系と呼吸器系が備わると，動物の形の自由度はきわめて大きくなる．大型の動物のほとんどは，循環器系と呼吸器系の両方を持っている．そのような高等な動物は，様々な形をしている．脊椎動物は，哺乳類と鳥類からなる温血動物と，魚類・両生類・爬虫類からなる冷血動物に分けられるが，温血動物の形は冷血動物の形よりもバラエティに乏しい．これは，温血動物では体温を維持するために，あまり体表面積を増やすことができないことに起因する．体熱の発生は細胞数＝体重に依存し，その消失は体表面積に依存する．よって，体重が多い動物は体温を維持しやすく，体重が少ない動物では体温維持が困難である．そのため温血動物はあまり小さくなることができず，2 g という体重が下限であるといわれている（本川，1992）．

小さな温血動物は，その体温を維持するために，体重比にして大量の食糧を摂取する．また，心臓は大きく，体内に大量の血液を送っている．例えば体重約 2 g のコビトジャコウネズミの心臓は，毎分 1200 回拍動するという．

体重の割に表面積が大きいと体温維持が困難になるため，温血動物は一般に丸い形をしている．細長いとか，平べったいとかという形の温血動物は存在しない．ヤモリのように，重力に逆らって天井を這い回れるような，体表面積が多く体重が軽い動物は，変温動物でのみ可能である．逆に非常に寒冷な環境では，体表からの熱の消失がはなはだしいため，体重のある大型温血動物しか生存できない．

また大型温血動物であるゾウの場合，表面積が少ないため，運動すると体温がすぐに上昇してしまう．そこでゾウが熱帯地方で生存するためには，体温調節装置が必要となる．ゾウの大きな耳には多くの血管が通っており，空気中に熱を放散することにより，体温を効率良く下げる装置として機能している．木陰の多い熱帯雨林に棲むアジアゾウに比べて，木陰の少ない平原に棲むアフリカゾウのほうが耳が大きいのは，体温調節が 1 つの要因であろうと考えられている．

4.3.2 動物の体の構造——器官系について

a. 消化器官系

動物は，栄養を吸収しなければ生存できない．よって，食物を摂取し，それを消化して栄養を吸収する消化器官は（寄生虫などの例外を除いて）動物の生存に必須であり，多くの動物が食物の入口である口と，出口である肛門を持っている（扁形動物などは，出入り口が1つしかない盲嚢状の消化器を持つ）．前口動物と後口動物とは，消化器官の形成機構が大きく異なるが，成体の消化器官の組織構造はよく似ている．これは，後述する「相似（4.3.5項参照）」の一例であり，食物を摂取して消化し栄養を吸収するという目的を果たすためには，進化的に離れた動物であっても，消化器官系の形態は類似せざるを得ないことを示している．

脊椎動物の消化器管は，口・咽頭，食道，胃，小腸，大腸の5つに大別される．この中で，栄養を吸収する小腸が最も基本的な器官であり，無脊椎動物でも類似の器官が観察される．口・咽頭は食物を体内に取り込む入口である．魚類で顎が進化して，食物に噛み付くことができるようになったため，その機能が著しく進化した（ヤツメウナギなど，最も下等な脊椎動物には顎がない）．胃は取り込んだ食物を貯蔵・消化・殺菌する器官で，顎の発達とともに進化した（噛み付くことにより，短時間では消化できない大量の食物が得られるようになったため，それを体内に貯蔵する器官として胃が発達したと考えられる）．大腸は水分の再吸収のために発達した器官で，乾燥した陸上生活に対応して発達した．消化管には，十二指腸でつながる肝臓と膵臓という付属腺があり，それぞれ胆液と膵液を分泌して，食物の消化・吸収を助けている．また節足動物には，肝臓と膵臓の機能を併せ持つ中腸腺がある．

b. 循環器系と呼吸器系

体液を循環させることにより体内環境を一定に保つ機能を果たす器官系を，循環器系と呼ぶ．体液を循環させるポンプの働きをする器官と，体液を産生し一定に保つ器官を含む．脊椎動物の場合は，体液は赤血球・白血球・血小板などを含む血液とリンパ液であり，ポンプは心臓である．血球は骨髄や胸腺でつくられ，白血球はリンパ節や脾臓で増殖・成熟する．また血糖などの血液成分は肝臓で一定濃度になるように調節され，血液中の老廃物は腎臓で濾し出される．赤血球が体内へ運ぶ酸素は肺（水生動物の場合は鰓）によって体外から取り込まれ，体内から運んできた二酸化炭素はここから体外へ排出される．脊椎動物は閉鎖血管系であるため，血液は血管によって体の各部へ運ばれ再び心臓へ戻る．ヒトの場合，強力な心臓の拍動により，体内の血液は平均1分間で体の末端まで行って戻ってくる．このシステムのおかげで，体内の栄養状態は常に安定している．

背腹軸に関して，後口動物と前口動物とでは神

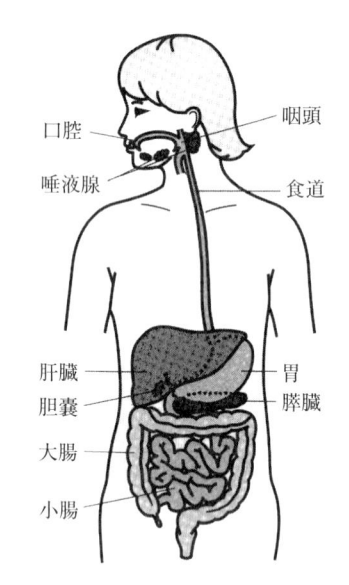

図4.20 ヒトの消化器系

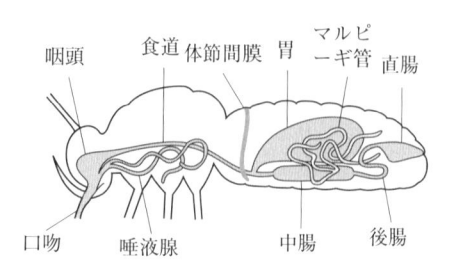

図4.21 成体昆虫の消化器系

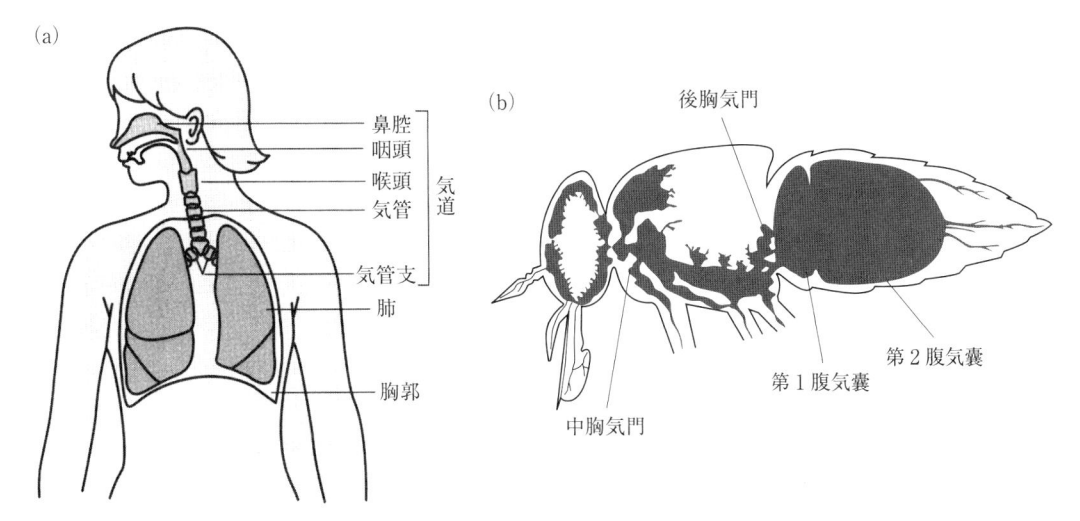

図 4.22 ヒトの呼吸器系（a）と昆虫の気管系（b）
（b）の黒く塗り潰した部分が気囊.

経系と消化器系の背腹での配置が逆であるということを前述したが，血液循環システムに関しても両者は大きく異なる．脊椎動物では一般に，心臓から出た血液は前・上方へ向かい，背側を後ろ（直立しているヒトの場合は下方）へ向かって流れて胴部の器官へ達し，そこから腹側の腸管や肝臓を経て心臓に戻る．これに対し環形動物などでは，心臓から出た血液は腹側を後方に向かって流れて組織に達し，背側を前に向かって循環する．

無脊椎動物の多くで，心臓から送られた体液が血管を介せずに自由に体腔内を流れる開放血管系がみられる．また昆虫では，気門・気管・気管小枝からなる気管系により酸素を組織に供給するため，呼吸は必ずしも循環器系に依存しない．この場合，空気は気門から気管を通り気管小枝にいたる．組織は気管小枝から直接酸素を取り入れ，二酸化炭素を気管小枝に放出する．放出された二酸化炭素は気管と気門を経て体外へ排出される．気管系は，気体の拡散に依存する呼吸系であるため，サイズの増大とともに呼吸の効率は急速に低下する．ただし，ムカデやトンボのように体が細長い場合は，体側の気門から各組織への距離が短いため呼吸効率は悪くなく，長い体が可能となる．大型の昆虫の中には，拡散によらずに空気を入れ換えるために，気管の一部が気囊と呼ばれる袋状の組織となり，腹部の運動によって内部の空気を能動的に入れ替えるものもいる．しかし，気管系に依存したガス交換システムでは，大きなエネルギーを必要とする活動は困難である．このような呼吸器系による制限を考えると，「モスラ」のような巨大昆虫は，実際には出現しえないことがわかる．

c. 運動器系

運動器系とは，体を支え，全身運動を可能にする器官系である．ヒトでは体の支柱である骨格や関節と，それらに結合する筋肉・腱および靭帯が含まれる．運動器系の働きにより，動物は移動ができる．速く移動するためには，テコの原理を利用するのが有利である．そのためには，堅い骨格系と，骨と骨をつなぐ位置にあって運動を引き起こす原動力となる筋肉系と，全身の筋肉の収縮を時間的・空間的に調節することにより能率的な個体の運動を引き起こす神経系が必要である．

非常に急速な個体の運動を行う哺乳類では，前脚は関節からまっすぐ地面へ降りているが，後脚は体に斜めについている．これは捕食者から逃げる際に最大の加速度を得るための工夫である．一方，ゾウのような大型動物では，重い体重を支えるために，前脚と同じような，まっすぐに伸びた後脚がみられる．体の大きさが2倍になると，体重は8倍になる．もし足の形が変わらないと，足

図 4.23 アフリカゾウとグラントシマウマ
後肢の方向が異なること，足の太さが異なることに注意する．

の太さは4倍にしかならないので，体が大きくなると体重を支えきれなくなる．そのため大型動物は小型動物よりもずんぐりとした太い足を持つことになる．実際に陸上動物では，体が大型化するにつれ全体重に対する骨重量の割合が増加する（体重8gのトガリネズミでは約4％なのが，体重60kgのヒトでは約8.5％，そして体重7tのゾウでは約13％）ことが知られている．ゾウのような太い足を持つ大型動物は，速くは動けない．

水中で生活する動物の場合は，浮力があるので，この制約がない．イルカでもクジラでも全体重に対する骨重量の割合に大きな差はない．水中で生活する動物の場合，運動に使用できるエネルギーは筋肉量に比例すると考えられる．一方で，水による摩擦は体表面積に比例すると考えられるので，もし形態が同じであれば，長さの平方根に比例して速く動けることになる（フルードの法則）．水中動物の場合は，陸上動物の場合と異なり，大型動物のほうがより速く動けるのである．

ここでは扱わないが，泌尿器系については6.4節「ホメオスタシス」を，神経系・感覚器系については6.1.3項「動物の神経系・内分泌系・免疫系」を，生殖器系については6.6.2項「生殖様式」および6.7.1項「始原生殖細胞の形成」を，それぞれ参照されたい．

4.3.3 動物の器官

器官は，複数の組織が組み合わさることにより形成される．消化器系の器官として腸と肝臓を，循環器系の器官として心臓と腎臓を，呼吸器系の器官として肺を，運動器系の器官として骨と筋肉を取り上げ，説明する．

a. 腸

小腸や大腸の内腔面は，栄養や水分を吸収する吸収上皮が覆い，外側には2層の筋層があって蠕動運動を行う．筋層の間には蠕動運動を引き起こす神経細胞が存在し，これらの組織の間には，吸収した栄養を肝臓に送るリンパ管や栄養補給のための血管などの結合組織がある．小腸では，栄養を効率よく吸収するために，内腔面に絨毛という突起が突き出ていて，表面積を増やす工夫がなされている．大腸には絨毛はなく，結合組織内に上皮組織が落ち込んだ陰窩という構造が発達している．

b. 肝臓

体液の恒常性の維持に主要な機能を果たしている器官で，ヒトでは体内で最大の器官でもある．①アルブミンなどの血中タンパク質の合成と代謝，②グリコーゲンの貯蔵と血糖値の維持，③脂質の代謝と貯蔵，④アンモニアの尿素への

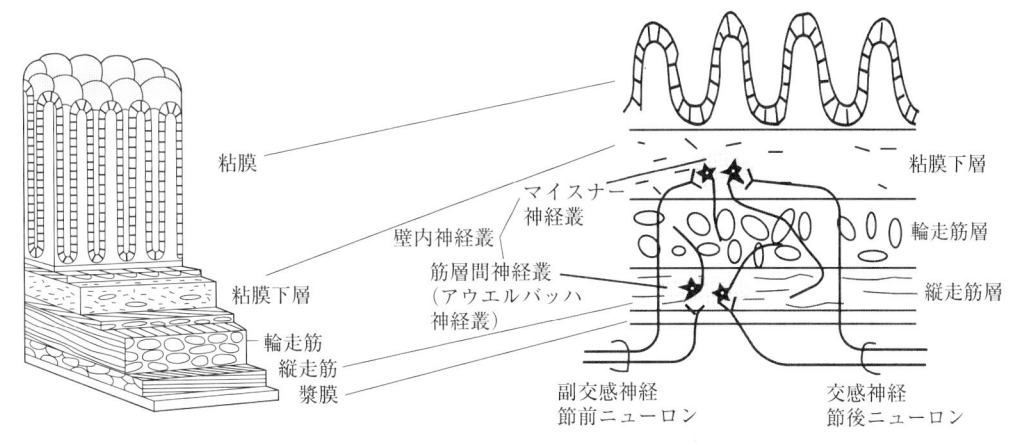

図 4.24　腸

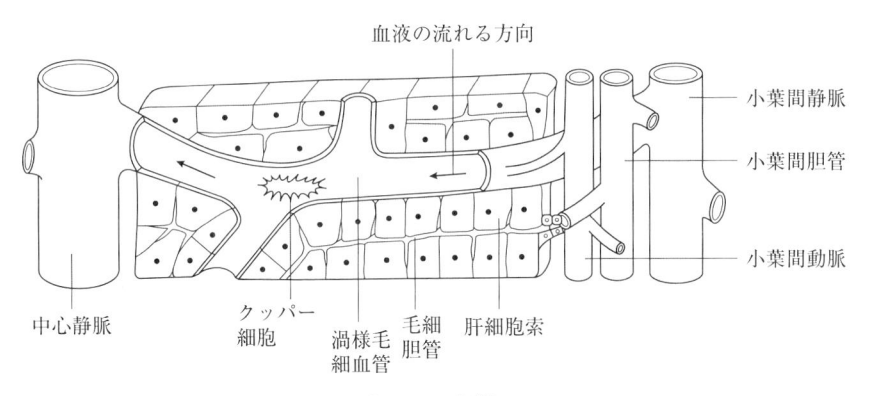

図 4.25　肝臓

変換，⑤血中異物の分解と解毒，⑥胆汁の産生，⑦体温の維持などの機能を担う．肝臓には，上記の機能を果たす上皮細胞である肝細胞以外に，胆汁の導管である胆管上皮細胞，血液の導管である内皮細胞，血管内の異物を処理するマクロファージの一種であるクッパー細胞，線維芽細胞などが存在する．肝細胞は，中心静脈を中心として放射状に配列しており，肝細胞索と呼ばれる列構造に沿って血液が流れ，血液成分が調節される．2つの肝細胞の間に，肝細胞膜によって囲まれて存在するのが毛細胆管で，肝細胞で産生された胆汁を小腸へ運ぶ役割を担っている．

c. 心　臓

血液を体内に循環させるポンプの役割を果たす器官で，筋肉組織が主な構成要素である．脊椎動

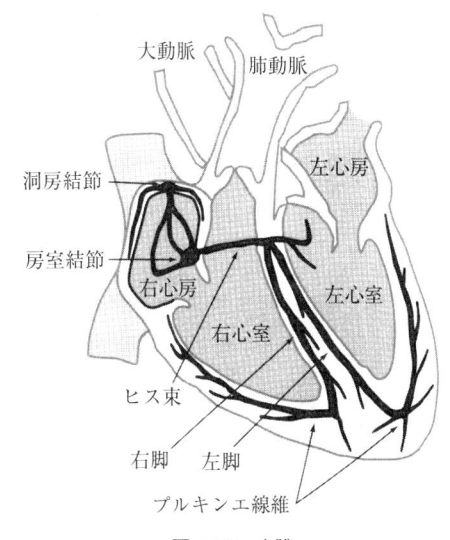

図 4.26　心臓

物では1つであるが，節足動物や環形動物では体節に沿って複数ある．脊椎動物の心臓は，筋肉の収縮により血液を拍出する心室と，心室に入る血液を貯留するための心房からなり，動物によりその数が異なる（魚類では1心房1心室，両生類や爬虫類では2心房1心室，哺乳類では2心房2心室）．心臓が，全身に血液を送るポンプとして機能するためには，心房と心室の筋肉が時間差を保って一定の間隔で収縮する必要がある．そのための電気刺激は，ペースメーカーとして働く右心房の洞房結節から発生し，房室結節を経て，ヒス束・プルキンエ線維へ伝達される．

d. 腎　臓

血液から尿を産生することにより，生体に不要な物質や水分を除去し，体液の恒常性を維持する器官．昆虫などでは，中腸の後ろから体の隙間に伸びるマルピーギ管が，尿酸など体液中の不要な物質や水分を除去する機能を担っている．哺乳類の腎臓の機能単位をネフロンと呼び，腎小体と尿細管からなる．腎小体は，動脈細血管が糸の塊のように丸まった糸球体と，それを包むボーマン嚢からなる．糸球体では，血液中の血漿成分や水分がボーマン嚢内へ濾し出される．これを原尿と呼び，ヒトでは1日約170 l もの原尿がつくられる．ボーマン嚢に濾し出された原尿は，尿細管を移動する過程で有用成分だけが再吸収され，1日約1.5 l の尿がつくられる．このようにして，血液中の不要な物質は尿中に濃縮される．

e. 肺

空気中の酸素を体内に取り込み，体内の二酸化

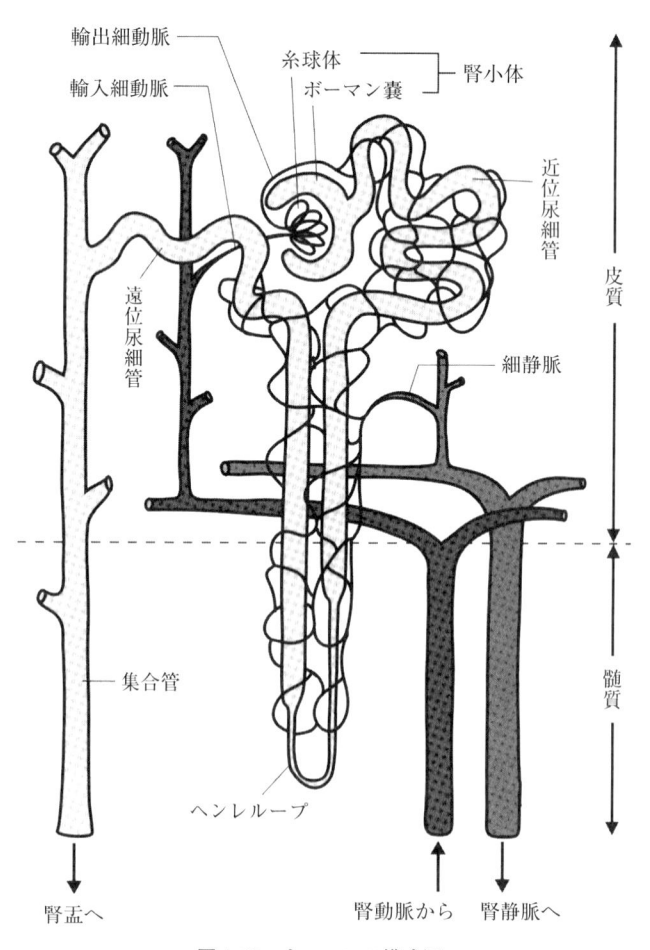

図 4.27　ネフロンの模式図

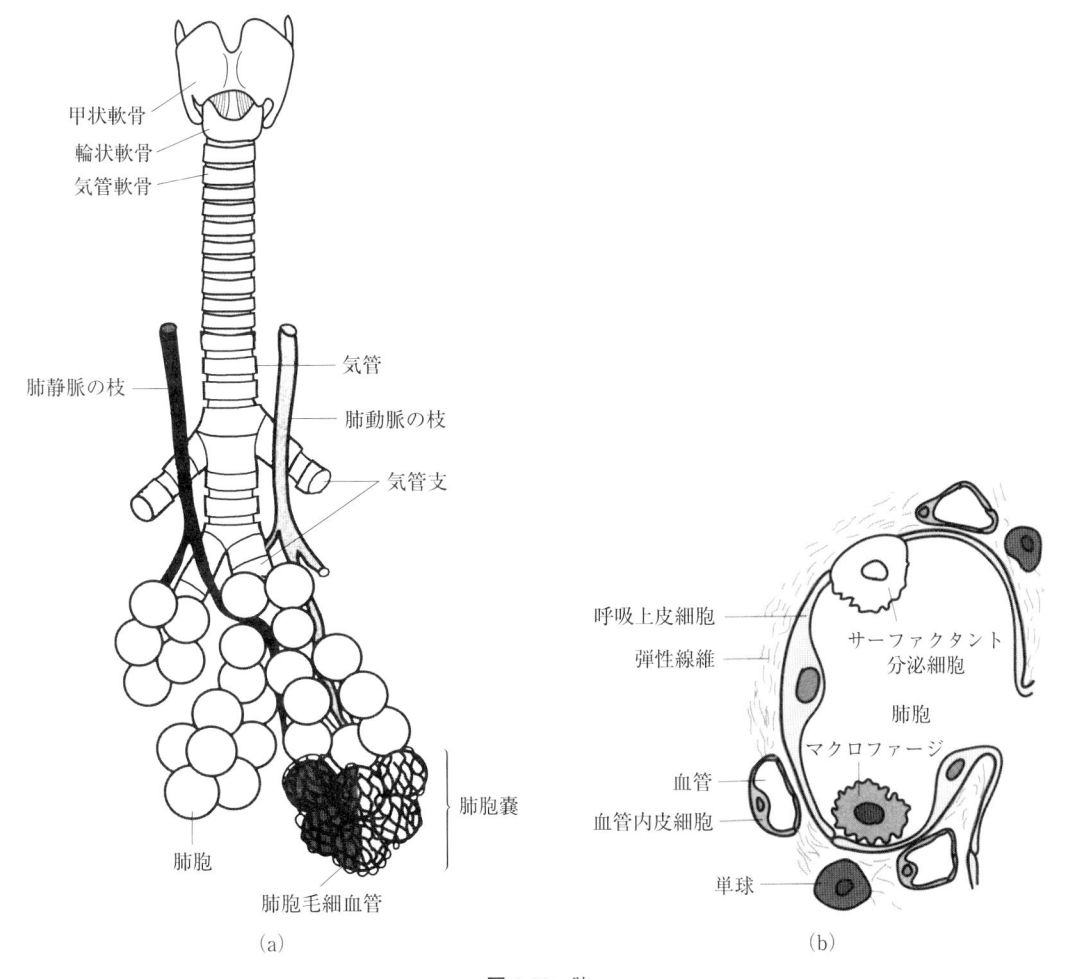

図 4.28　肺

炭素を排出する．陸生の脊椎動物が呼吸を行うための器官．水棲の動物の場合は，水中から酸素を取り込み，二酸化炭素を水中に排出する機能は鰓が担っている．鼻孔から咽頭を経て気管支に達するまでは気道であり（図 4.22(a) 参照），ガス交換は気管支の先の肺胞で行われる．横隔膜を広げて胸腔内を陰圧にすることによって空気を肺胞内へ吸い込み，呼吸を行う．そのため，気管支を軟骨で支えて，吸気の際に気管支が陰圧で押し潰されないよう工夫されている．また，気管支上皮細胞は線毛を持ち，粘液腺が発達しており，吸気に混在する粉塵や細菌を，粘液とともに線毛運動により体外へ痰として排出する．肺胞は非常に小さいので，水の表面張力により潰れる可能性がある．

そのため，表面活性物質（サーファクタント）を分泌する細胞が肺胞上皮内に分化し，表面張力を下げることにより，肺胞でのガス交換を支えている．クモやカタツムリなどの無脊椎動物にも，肺と呼ばれる器官があるが，その構造は脊椎動物の肺とは大きく異なる．

f.　骨

脊椎動物の骨格系を形成する器官．軟骨により形態がつくられた後，軟骨にカルシウム塩が沈着して骨になる．骨は，体の重量を支え，個体の移動を可能にするだけでなく，骨質内に貯蔵されたカルシウムを用いて体液中のカルシウム濃度を調節する働きもする．

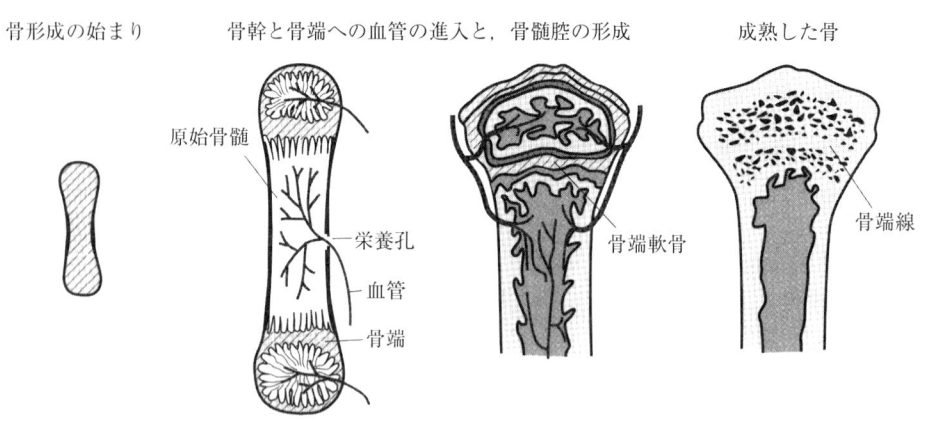

図 4.29 軟骨内骨化の模式図
軟骨を斜線で示す．

g. 筋　肉

収縮することにより，動物の運動を可能とする器官．筋肉の収縮は，アクチンフィラメント上をミオシンが滑ることによって起きる．アクチンとミオシンの2種類のフィラメントが規則正しく交互に配置していると，明るい帯と暗い帯が交互に配列するようにみえる．このような筋肉を横紋筋と呼び，骨格筋と心筋が含まれる．アクチンとミオシンの2種類のフィラメントがバラバラに入っていると横紋はみえない．このような筋肉を平滑筋と呼ぶ．骨格筋は意識して動かせる随意筋であり，心筋と平滑筋は自律的に収縮する非随意筋である．

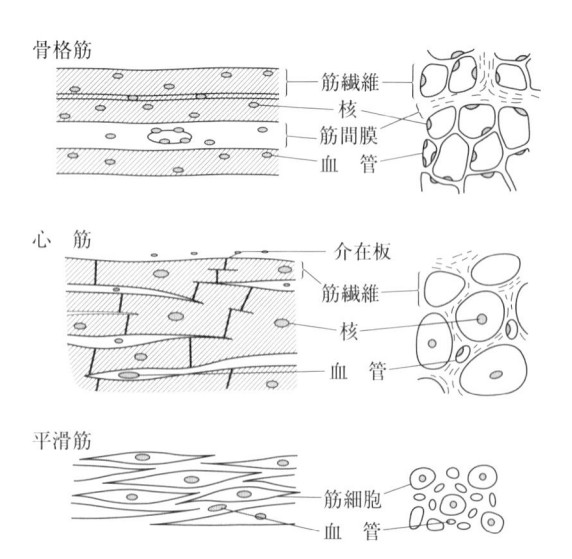

図 4.30 筋肉

4.3.4　動物の組織と細胞

組織とは，特定の機能を果たす細胞集団のことで，一定の形態を持つ細胞からなる．動物の組織は，上皮組織・結合組織・筋肉組織・神経組織に大別される．

a.　上皮組織

動物の表面を覆う細胞からなる組織．体の表面（表皮）だけでなく，消化管のように口と肛門で体外と連絡している器官の内腔や，体外とつながらない体腔表面（中皮）や血管・リンパ管の内面（内皮）も上皮組織で覆われている．上皮組織を構成する上皮細胞どうしは密に接しており，上皮細胞間を物質が容易には移動しないようにしている．また上皮組織の基底側には，細胞外基質からなる基底膜という膜構造があり，この基底膜が上皮細胞の極性の維持に重要な役割を果たしている．上皮組織は機能によって，①皮膚や食道などの表面を物理的な傷害から守る扁平多層上皮，②腸の表面や腎臓の尿細管の表面で栄養や水分の吸収を行う単層円柱上皮，③唾液腺や乳腺の内面を覆い唾液や乳汁などを分泌する単層立方上皮，④網膜の表面や鼻孔の粘膜などで刺激を受容して興奮する感覚細胞に分化した感覚上皮，⑤精巣や卵巣内で精原細胞や卵原細胞を作り出す生殖上皮などに分類される．

b. 結合組織

上皮組織に覆われた生体の内部において，体や器官の形を保ち，その機能を発揮できるよう支える組織．広義には，血液やリンパ，骨や軟骨を含む．また，コラーゲンなどの細胞間物質に富んでいる．他の組織の形態維持と栄養補給は結合組織によってなされるので，他の組織は常に結合組織と密着している．

c. 神経組織

環境の変化を刺激として受け取る感覚器官と，その刺激に反応する効果器官（筋肉など）との間を，機能的に連結する組織．実際に情報の伝達を行う神経細胞と，神経細胞の機能維持のために働くグリア細胞（中枢神経系）やシュワン細胞（末梢神経系）などの支持細胞からなる．神経細胞は，細胞の膜電位を変化させることにより，長い軸索（神経突起）に沿って電気的な興奮を伝導する．神経細胞の軸索末端が効果器官や他の神経細胞と接する部位には，情報伝達のための特別な構造（シナプス）が形成される．

d. 筋肉組織

筋肉細胞と呼ばれる，収縮運動を行う特殊な細胞からなる組織．筋肉組織による収縮が動物個体の運動となるためには，骨などの結合組織の介在が必須である．またその栄養補給のための血管や，収縮運動調節のための神経も必要である．したがって筋肉組織には結合組織と神経組織が常に混在している．

4.3.5 動物の相似性と相同性

相同とは，形が似ているだけでなく，その由来が共通する場合に使う．これに対して，形は似ているが，その由来が異なる場合は相似と呼ぶ．例えば，ヒトの手とイルカの胸鰭は相同であり，蝶の翅と鳥の羽は相似である（図1.10参照）．

相同器官の形態が異なる機構については，Thompson, D. W. の古典的な研究が有名である（トムソン，1986）．彼は，生物の体に座標軸を描き，多くの動物でそれを比較した．その結果，ある動物の座標系をゆがめていく（生物をゴム板に

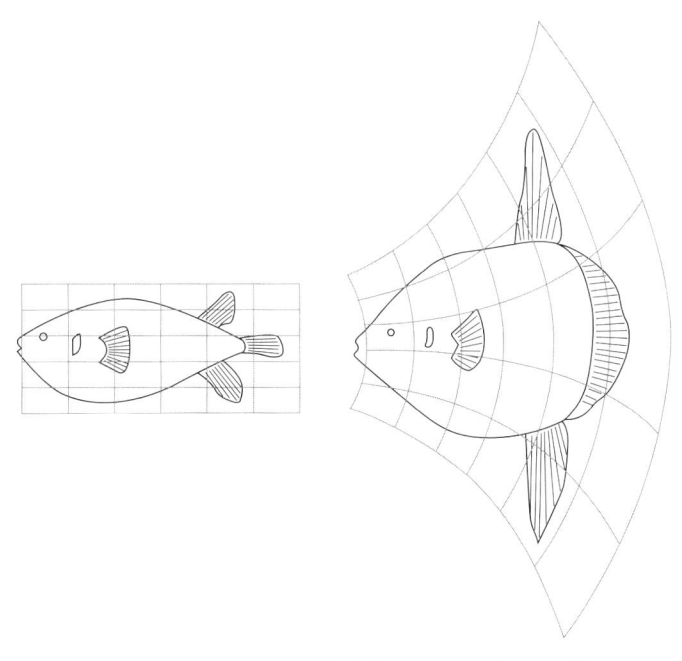

図 4.31 ハリセンボン（左）とマンボウ（右）の比較
近縁の動物の形は，座標軸を縮小したり引き延ばしたりすると，容易に形成できることがわかる．Thompson, D. W. 原図．トムソン，1986を改変．

喩え，これを縮めたり伸ばしたりする)と，別の動物の形態になることが示された．このような変形の一部は，進化に伴って，ある機能が発達したことを反映している場合もある．例えば，ウマの頭骨の変化をみると，草食のために歯が次第に大きくなり，それに伴って鼻面も長くなる．ただし，すべての形態の変化が，このような進化によって説明されるわけではない．このような変化がどのような機構で引き起こされたのかは，これから解明されるべき点である．　　　　　　〔深町博史〕

● 文　献

石津純一，ほか 編 (1986) 図解 生物学データブック，丸善．

伊藤富夫 (1992) 胚という名の宇宙から ── 実験発生学の立場から，サイエンスハウス．

倉谷 滋，佐藤矩行 編 (2007)(シリーズ 21 世紀の動物科学 3) 動物の形態進化のメカニズム，培風館．

レイヴァーズ，クリス (斉藤隆央 訳)(2002) ゾウの耳はなぜ大きい？──「代謝エンジン」で読み解く生命の秩序と多様性，早川書房．

本川達雄 (1992) ゾウの時間ネズミの時間 ── サイズの生物学，中央公論社．

岡田節人 (1994) からだの設計図，岩波書店．

トムソン，ダーシー (柳田友道，ほか 訳)(1986) 生物のかたち，東京大学出版会 (国立遺伝学研究所のホームページに，この「生物のかたち」をわかりやすく示したコーナー (http://www.nig.ac.jp/museum/tomson/body.html) がある．また訳本は絶版になっているが，原著の "On Growth and Form (D'Arcy W. Thompson)" は，ペーパーバック版が 1992 年に再版され，現在でも入手可能である)．

ウエインライト，スチーブン・A. (本川達雄 訳)(1989) 生物の形とバイオメカニクス，東海大学出版会．

山下雅道，馬場昭次 (2004) 大きさと重力の生物学．宇宙生物科学．**18**：13-26.

5 生物の生息環境

5.1 微　生　物

　微生物は，バクテリア（細菌），古細菌，原生動物，カビ類，藻類，キノコなどからウイルスまでも含んでいる．微生物の生育環境について，無理矢理一言でまとめるとしたら，植物や動物の生育するような温和な環境に住むものから，果てはわれわれの想像が及ばないような過酷な環境でもたくましく生きているものまで実にバラエティに富んでいるといえる．例えば，熱湯の噴き出す温泉や，400℃に及ぶ海底火山の噴気口のような極端な高温，逆に氷点下の極端な低温に生きる微生物もいれば，pHが1の強酸性に生きるもの，pHが13の強アルカリ性の環境でも平気なものもいる．さらに，人間がプカプカ浮かぶほどの極端に濃い塩水の中や，酸素がまったくないところ，想像を絶する高い圧力（600気圧！）の場所にも生息できる微生物がいる．つまり微生物は，この地球のあらゆる環境の中に存在している．はたして微生物はどのような手段によって，このような過酷な環境で生きていくのであろうか？

　ここでは，「分解者」としての微生物がどのようにして栄養を摂取しているかについて論じ，ついで「分解する」以外のユニークな栄養摂取の手段を持つ微生物について述べる．そして，多様な環境に生きる微生物の独自の機能を概説する．

　「腹が減っては戦ができぬ」という．戦はやらないにしろ，ただ寝転がっているだけでも腹が減る．要するに生きていくためには飯を食べ，酸素を吸い込んだり水を飲んだりしなければならない．これらの行動はエネルギーの源を生み出し，適切に生産された酵素は体の中のあらゆるパーツを作り続け，生命が維持できるように常に働いている．よって，われわれは生きている限りは食事をして栄養を摂り続けなければならない．さて，生きとし生けるものはすべからく生きるためのエネルギーの源そして体や重要な成分の原料となる物質を外から取り込んでいる．取り込んだ物質を，適切かつ複雑に絡み合った化学反応システムに投入することによって生命を維持している．この反応を「代謝」と総称しているが，2つの反応，すなわちエネルギーを得るための「異化反応」と，体の成分の生合成に関わる「同化反応」が絶妙に結びついているのである．

　はじめに述べたように微生物が生息する場所はバラエティに富んでいるが，それに応じて微生物の代謝も多岐にわたっている．植物と同じように光合成を行うものや，動物と同じように有機化合物を分解してエネルギーや体の成分の源とするものもある．そればかりか，有機物がなくてもエネルギーを作り出せるもの，光がなくてもエネルギーを獲得し二酸化炭素から有機物を合成する微生物がいる．このように，われわれが持っている通念どおりに代謝を行う微生物もあれば，独自のやり方で代謝を行っている微生物もいるのである．微生物の生息する場所を論ずるには，微生物が生きるために必要な代謝を行う環境について考えてみる必要がある．

5.1.1 分解できるものがある場所に生息する微生物

「肉を冷蔵庫に放置していたら腐ってしまった」,「今年のあの酒蔵の日本酒は出来がよい」,「お風呂場にカビが生えて困った」,「やっぱりワインにはブルーチーズだね」,「お父さんの水虫は痒くて辛そうだ」,「庭木が枯れてキノコが生えてきた」などなど,これらは日常生活の中で微生物が関わる現象の例である.どれもキーワードは「分解」である.

微生物は人為的に,またはどこからか飛来して分解の対象となるものに接触すると,「分解酵素」を出して対象を分解する.分解のステップは微生物にとって大切な意味がある.分解とは,自分の中に取り込むことができるように小さくすることである.例えばコウジカビなどは,アミラーゼを分泌することによってデンプンという巨大な糖分を分解して,麦芽糖やグルコースに変え,これを微生物の細胞の中に取り込む.肉を腐らせる微生物は,プロテアーゼを分泌してタンパク質をアミノ酸に分解して取り込んでいる.

「取り込む」と書いたが,それほど積極的ではない.分解したものが細胞内に滲み込んでくるのを待っているような,かなり受動的なやり方で栄養を摂取しているものがほとんどである.人間の場合は食事をすることによって有機物を取り込み,消化酵素などの働きによって「細胞が」取り込むことができる大きさにまで分解するという数段階にわたる消化を行っている.小さくなった分子はエネルギー源や体を構成する成分の材料となる.このように,栄養となるものが有機物であり,それを分解し細胞が摂取するというプロセスを経ることに関しては,分解者である微生物とわれわれ人間は同じである.われわれ動物,そして分解者である微生物は「有機栄養生物」いう大きな括りに入る.無機物から有機物をつくってくれる植物などの生物に依存することから,「従属栄養」であるという.

人間は古くから微生物の持つ分解の作用を「微生物を意識することなく」用いてきた.醸造やパンの醗酵である.最も古い酒は紀元前 5400 年のメソポタミア文明において見出されたワインであるとされているほど歴史が古い.わが国にも世界に誇る日本酒という酒がある.日本酒の製造はコウジカビの持つデンプン分解作用,そしてデンプン分解によって生じた小さな糖分を酵母によってアルコール醗酵させるという,2 種類の微生物の働きを利用する点で世界的にもユニークな微生物の利用方法である.

微生物の機能が注目され,バイオテクノロジーという言葉が生まれた近年では,様々な分野において微生物の分解の働きを利用する試みが行われ,多くの成果がもたらされている.例えば,ある微生物の生産する酵素は洗濯物についた汚れを分解する.これを洗剤に含むことによって画期的な洗剤が開発された.これは洗剤(界面活性剤)の環境下,すなわち弱アルカリの環境で生育できる微生物を発見し,この条件において繊維素の分解,タンパク質分解を効率よく行う酵素を選抜することによって成し遂げられた.

さらにごく最近では,残留農薬など環境によくない物質を分解する際にも微生物の力を借りている.リグニン(樹木の三大構成成分で,セルロースについで多く含まれている物質)を分解できるキノコ,白色腐朽菌がそれである.リグニンは芳香環が非常に複雑に結合した巨大分子であり,これを効率的に分解できる生物はほとんどいないことから,白色腐朽菌は最強のリグニン分解者といわれる.先に登場した微生物たちが分解の際に分泌するアミラーゼやセルラーゼという分解酵素は「加水分解」を起こす酵素である.一方,リグニンを分解する白色腐朽菌が分泌するのは「酸化酵素」である.酸化酵素はラジカル反応を伴って化学結合を切断する.この活性から,芳香族化合物の結合や芳香環の開裂には有効であると考えられ,残留農薬をはじめとして毒性を持つ芳香族化合物の分解に,この白色腐朽菌の出す酸化酵素が役立つと期待されている.このような分解酵素を用いた有害物質分解技術をはじめとして,生物を用いて環境を浄化する技術「バイオレメディエーション(環境浄化)」は,人間が自然に対して行っ

てきた不誠実を払拭する技術として，これからも鋭意開発が進められるであろう．

5.1.2 「寄生」と「共生」

学校を出てもなお住居や家事を親に依存する未婚者をパラサイトシングルというが，パラサイト（寄生する）とはよく言ったものである．生物学的な「寄生」は，「寄生する側」にのみメリットがあり，「寄生される側」にはメリットがなく，そればかりか時として寄生する者によって生命の危険にさらされることもある．

ヒトに寄生し被害を与えるものの代表として寄生虫があるが，その中には病原性微生物も多く含まれている．マラリア原虫，トキソプラズマなど非常に多くの寄生虫が明らかとなり，よく研究されている．生物体の死体を分解する途上のことを腐生といい，別に死物寄生という言葉を使うことがある．5.1.1項で分解について述べたが，生物体の枯死体があるところには分解者たる微生物の多くが生息している．生物の死体のような有機物の固まりは，微生物によって完全に分解することができる．こうして有機物は無機物に分解され，生じた無機物を植物などが再び有機物に合成するという生存圏における物質の循環が成立する．この循環サイクルにおいて微生物の役割が重要であることはいうまでもない．さて，「死物寄生」という言葉についてであるが，死体にとっては寄生されるメリットもデメリットもないこと，および地球の物質循環における腐生の重要性を考え合わせると，この言葉が適当かどうかは疑問である．

「共生」とは，その字のごとく共に生きることであるが，「同じ場所で生きているだけ」の場合には用いない．互いにメリットがある場合にのみ共生という言葉を用いる．その好例がダイズの根粒である．ダイズをはじめとしたマメ科の植物の根に感染するリゾビウム属というグラム陰性の窒素固定細菌がある．これらの細菌は，根に感染すると根粒と呼ばれる瘤状の構造を形成する．根粒を形成することによって，空気中に大量に含まれる窒素を窒素化合物に変換する「窒素固定」を行

図 5.1 ダイズの根粒（Madigan, et al., 2003）

う能力が発現される．合成した窒素化合物は植物側にも取り込まれ植物の栄養となる．どんなに痩せ細った土地においてもマメ科の植物が生育できるのは，このためである．共生を行うために，はじめにリゾビウム属の細菌が感染するが，これは互いに相手を認知してから行われる．その後，細菌の細胞が変形してバクテロイドを形成し，窒素を固定できるようになる．細菌側のメリットとしては，植物が光合成によって得た有機物のうち，クエン酸回路の中間物質のような即効性のあるエネルギー源を供給されるところにある．

秋の食材の象徴としてマツタケがある．マツタケはアカマツの根に棲み着く外性菌根菌であり，樹木との栄養のやりとりによって菌糸が生育する．外性菌根菌の菌糸は樹木の根の細胞の内部に侵入することはなく，細胞の間隙にのみ侵入し，外性菌根を形成する．ご存知のようにマツタケは人工栽培ができないので，採取したものが非常に高い値段で取引されている．人工栽培を実現させるためには外性菌根の持つメカニズムの解明が鍵となる．台風の多い年にはマツタケがよく採れるという．強風のためにアカマツの幹がしなり，根がダメージを受け，そこにマツタケの菌糸がうまく侵入できれば，外性菌根を形成しマツタケの子

図 5.2 マツタケ（衣川・小川, 2000）

実体（キノコの実体）になるという説があるが，あながち的外れとは言えない．近年，徐々に外性菌根の役割，そしてアカマツとの栄養のやりとりについて明らかにされつつあり，いつかは栽培化に成功し，安価なマツタケがスーパーに並ぶ日がくるのであろう．そのときにマツタケならではの季節感と高級感を一度に失うのかと考えると，複雑な思いがする．

5.1.3 光のあるところに生息し，光合成を行う微生物

植物と同様の手法によって光エネルギーを化学エネルギーに変換し，二酸化炭素を固定する，すなわち「光合成」という，生物において重要な反応を行う微生物がいる（例えばシアノバクテリア）．光合成とは，光に感受性のある色素を媒介してエネルギーを取り込み，それをエネルギーの通貨ともいえる ATP に変換し，二酸化炭素を有機化合物に還元する一連の反応である．詳細な過程は 6.3 節に譲るとして，本項では光合成を行う微生物について述べる．

普通の光合成に必要なのは，ある波長の光，そして水（H_2O）と二酸化炭素（CO_2）である．光合成反応の最初の段階は，光のエネルギーによる水分子の還元を伴っており，ここで酸素分子と電子が生じる．これ以後，数段階の電子の受渡しを経て，エネルギー物質である ATP が産生され，二酸化炭素還元のエネルギー源とする．

植物や藻類，一部のバクテリアは，このようにして光合成の際に水分子を使って酸素を生じるが，ある種のバクテリアは水分子を使わない（例えば紅色細菌）．水分子の代わりに硫化水素（H_2S）を用いるのである．

化学式をみてもわかるとおり，硫化水素は酸素原子を含んでいない．つまり，このバクテリアは「酸素を出さない」光合成を行う．光合成の最初の段階で光のエネルギーによって電子を生む際に，酸化される反応を硫化水素が共役しているということである．ご存知のように周期表の上では，硫黄（S）は酸素（O）と同じ 6 族に属しており，化学反応，酸化還元反応の様式が似通っている．進化の過程において，生育環境の変化に応じて，電子を生むために用いる物質が変わってきたのかもしれない．これらのバクテリアのエネルギー獲得反応は，普通の光合成と同様で，電子の受渡しを経て ATP を生産する．この ATP をエネルギー源として二酸化炭素の固定を行うのである．二酸化炭素の固定は，カルビン回路によって行なわれるが，この回路についても 6.3 節を参照されたい．

さて，光合成を行うためには光に感受性を示す色素の存在が必須となる．植物では主にクロロフィル a を用いて緑色以外の光をほぼすべて吸収する．この色素のため植物は緑色にみえる．光合成を行うバクテリアには，これにきわめて近い構造の分子を持つため緑色にみえるもの（ヘリオバクテリア，緑色細菌），置換基のバリエーションによって紅色にみえるもの（紅色細菌）があり，いずれの色素もバクテリオクロロフィル（a〜g）と呼ばれる．

5.1.4 光も有機物も必要としない微生物

繰返しになるが，「光合成」とは光の作用を受けて水を分解して電子を取り出し，酸素を放出してエネルギー物質を合成し，そして空気中の二酸化炭素から有機物を形成することである．この「二酸化炭素の固定」はもっぱら，葉緑体を持つ植物，もしくはそれに似た構造体を持つ細菌や藻類の一部，そして 5.1.3 項で述べたような酸素を放出しない光合成を行う細菌によってのみ行われるものとされていた．いずれもクロロフィルを介することが，これらの生物の特徴である．ところが，光

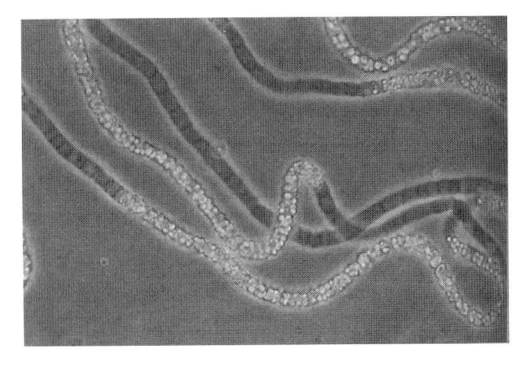

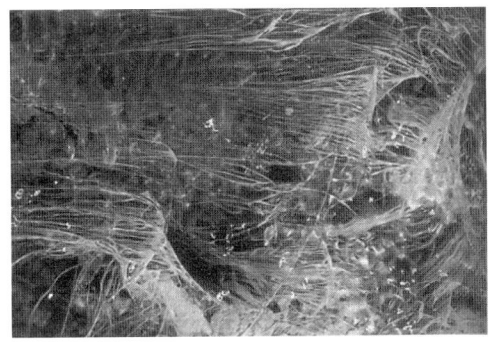

図5.3 硫黄酸化細菌（Madigan, et al., 2003）

を用いることなく「二酸化炭素の固定」を行うことができる微生物（硫黄細菌や硝化細菌）が発見され，生物の栄養についての概念が根本から見直されるようになったのである．5.1.1項で述べたように有機物を分解してエネルギーや体のもとを得るわけでもないし，光のエネルギーを得て二酸化炭素を固定するわけでもない．この種の微生物には硫化水素もしくはアンモニア，そして二酸化炭素といった無機物さえあればよいのである．

少し話がそれるが，微生物学の発展に貢献した巨人を5人挙げよ，と言われたら，自作の顕微鏡によって微生物を観察記録したLeeuwenhoek, A., 白鳥の首の形をしたフラスコによって生命体の自然発生説を覆したPasteur, L., 病原菌の単離と制圧に大きな貢献をしたKoch, R., 集積（選択）培養の概念を提唱したBeijerinck, M., そして「化学無機栄養」である微生物を発見したWinogradsky, S. の名前が挙げられる．

Winogradskyの成果とは，生き物のエネルギー源としての可能性を無機物質に見出し，その最初の証拠を提示したところにある．彼はスイスの硫黄泉に生息するベギアトア属という硫黄細菌を発見し，この細菌の中に蓄積する硫黄顆粒の観察から，この細菌の生育・発達は硫化水素にのみ依存することに気づいた．さらにこの細菌の培養において，硫化水素が酸化することによって硫酸塩が蓄積することを見出した．このことから，この細菌にとっては硫化水素の酸化が主要なエネルギー源であることを導き出したのである．さらにWinogradskyは硝化細菌の研究において，アンモニアを電子供与体として二酸化炭素の固定を行うことも示している．これらの証拠によって，光とクロロフィルがまったく存在しない状況においても，無機化合物の酸化によってエネルギーが獲得され，二酸化炭素が固定されることを示したのである．

5.1.5 熱に対抗する微生物の戦略とは？

微生物のほとんどは，人間が生育できる環境に近い温度付近に生息する．人間に寄生する生き物，口の中や腸に生息する細菌，そして病気を起こす微生物にとっては大抵人間の体温である37℃付近が最も生育に適した温度であるといえる．またカビやキノコ，土の中の微生物はそれよりも低めの温度に好んで生育する．いくら熱いお風呂が好きだといっても60℃のお風呂に入っていられる人間はいない．ちなみに1時間ほど60℃の環境におくと大抵の細菌は死滅する．これが低温殺菌の原理である．また，熱湯消毒と称して，沸騰したお湯に食器などをくぐらせることによって清潔な環境を保つことができるというのは，もはやこの温度で生育できる生き物はいないという前提があるからだ．

しかしながら非常な高温を好む微生物が実存する．分子系統学的に古細菌（太古の地球のような極限の環境でも生育できる）に分類される超好熱菌がそれである．これらの菌は75～105℃を生育に最適な温度とし，5.1.4項で述べたような「化学無機栄養」である細菌が多い．注目に値するのはDNAにおけるG（グアニン）とC（シトシン）の比率が低いことである．DNAの構成ヌクレオ

チドであるGとCは互いにDNAの二本鎖において対を形成し，3本の水素結合を持つ．別の対であるA（アデニン）とT（チミン）の水素結合は2本であり，GとCの結びつきのほうが強い．よってDNAにGとCが多く含まれていると，DNAは「融解」しにくく，GCの比率が高いDNAを持っている生物は熱に強いと考えられていた．事実，古細菌ではなく真正細菌といわれるバクテリアの中でも，熱に強い放線菌などはGCの含有率が70%程度である．一方，陸上の火山に生息している超好熱菌スルフォロバスのGC含有率は37%と低く，GCの含有率と熱に対する抵抗性は必ずしも関連しないことになる．

ではGCの含有率が低い生物は，いかにして熱に対抗するのであろうか？ このような高温で生きていくためには，生体の分子を高温でも安定に保つことが必要である．生体で機能するタンパク質を守るために，超好熱菌の中にはタンパク質の構造維持に関わるシャペロニンが豊富に含まれる．また，高温でもDNAが「融解」しないよう安定に保つために，ヒストンのようにDNAに結合する耐熱性のタンパク質がある．そしてさらに，DNAがほぐれないように常に二本鎖を捻り続ける酵素の存在も明らかとなっている．

そこまでしてこの生物が過酷な環境を好んで生活するのは何故であろうか？ 古細菌は始原の地球環境に適応するために，このような機能を獲得したとも考えられている．この生物は低い温度では培養できないため，研究するには大変厄介な生物である．しかしながらバイオテクノロジー分野において，高温に耐えうる酵素活性が注目されている．PCR技術の発達，DNA安定化機能の解明など，好熱古細菌から得られる情報には貴重で有用なものが多いことは明らかである．

5.1.6　塩分好きバクテリア

戦国時代の兵糧攻めとして最も有効だったのは「塩断ち」である．塩分の欠乏はやがて戦意の喪失を招く．そのような状況に陥らせることによって簡単に城を落とすのである．このようにヒトにとって塩はなくてはならないが，過剰に摂取すると健康上の害があるので適度に摂ることが肝要である．また，ミネラル（ナトリウム，カリウム，マグネシム，カルシウム）のバランスが適度に保たれるような食生活をすることが望ましい．

さて，この項では，塩分を摂り過ぎているともいわれる古細菌を説明する．これらの古細菌は塩濃度が極端に高い環境，例えば海水の塩濃度の10倍に及ぶアメリカのグレートソルトレーク，人工の塩田，塩漬けの魚や肉に生息する．この古細菌の仲間は塩分が高くないと生育できず，NaClの飽和限度（32%）でも増殖できる．人間の場合では，例えば死海のように高い塩濃度の中に入り，浮かんで遊ぶことができるが，それは皮膚の角質層によって守られているからであって，体内に取り込むことが危険であることは自明である．

このような極端な環境に生育する高度好塩性古細菌には2つの特徴的な性質がある．細胞壁が特殊であること，そして浸透圧に適応する術を持っていることである．一般の生物では浸透圧が高くなって細胞が脱水状態に陥ることを防ぐために，適合溶質という有機化合物が合成される．塩濃度の高い状況において高度好塩性古細菌のハロバクテリウムがこのような適合溶質を合成することはないが，あるイオンを適合溶質のようにして利用している．

実験的にハロバクテリウムを高い塩濃度（$3.3\,\text{M}\,\text{Na}^+$, $0.05\,\text{M}\,\text{K}^+$）において培養した．こ

図5.4 グレートソルトレーク （Madigan, et al., 2003）

の培養液にはカリウム，マグネシウム，塩化物イオンも含まれいる．このときにハロバクテリウムの細胞内の塩濃度を測定すると，Na^+ が $0.8 M$, K^+ が $5.3 M$ で，他のイオンは変化がなかった．つまり，外の Na^+ 濃度よりも高い濃度になるように K^+ を細胞内に取り込んだことが示された．高い K^+ によって，この古細菌内のタンパク質の活性化がもたらされ，細胞が正常に機能するようになるのである．このようなやり方で極端な環境に見事に適合して生育し続けている．

〔畠山　晋〕

● 文　献

衣川堅二郎，小川　眞編（2000）きのこハンドブック，朝倉書店．
Madigan, M.T., et al.（室伏きみ子，関 啓子 監訳）（2003）Brock 微生物学，オーム社．

5.2　植　　　物

5.2.1　植物の生育環境要因

植物個体あるいは集団の周囲にある物理的，化学的，および生物的な事象が環境である．太陽光（太陽放射）や大気の状態（気温，風，降水，湿度など），土壌の状態（土壌粒子の粒径，粘土や砂の含有率，含水率など）などは物理的環境である．降水に含まれるイオンの種類，化合物のタイプ，土壌中のイオンの種類，イオンを放出する化合物のタイプなどは化学的環境である．植物の茎葉や花，果実などが，昆虫やその幼虫，鳥などに食べられるなら，その植物にとって，それらの動物たちは生物的環境である．病原体も生物的環境である．また，種の遺伝的多様性は個体の生育や繁殖に大きな影響をもたらすので，これも生物的環境である．生育や繁殖など，生活史に関して影響がよくわかっていないか，ほとんど影響がないと考えられる要因もある．それらは研究上，環境とみなされないことが多い．

ある環境下で，ある植物が塊茎や塊根などの栄養繁殖体や種子などから芽生えて，生育し，繁殖できたとすれば，その環境はその植物にとって適環境である．環境が発芽や生育を抑制するように変化した場合，その環境は不適環境に変わったのである．しかし，適と不適の境界を判断することは難しい．

植物は定着して生活しているので，不適環境に変わった場合でも，その場所から逃れることはできない．そのような場合，植物は生活の仕方を新しい環境下でも生きられるように変化させるか，休眠状態になって適環境に変わるのを待たなければ，子孫を残すことはできない．適環境には，最大数の子孫を残せる最適環境から，わずかな子孫をやっと残せる程度の適環境までと幅がある．

以下に，植物の生活に影響を与える主な環境について概説する．自然界では多くの要因が同時に植物に作用していて，ある要因の変化は他の要因に影響を与える．また，ある要因の変化に応答した個体は，それまでの個体とは性質やサイズなどが異なってしまうので，他の要因が変化しなくても，それらの要因に対する応答が変化する可能性がある．

a.　気　温

大気の温度である．太陽放射や，暖まった物体から放射された赤外線を大気の気体分子が吸収すると，気体の温度（気温）は上昇する．また，暖まった地表面や水面，植物体などに接した大気に，温度勾配に従って熱が供給されることによっても気温は上昇する．暖まった気体は密度が小さくなるので上昇する．その場所に周囲から大気が流れ込み，風が起こる．このようにして気体の垂直・水平方向の移動が起こり，それに伴って熱も移動する．上昇した気体は上空で熱を放出し，冷えて下降する．熱は最終的には宇宙空間に放出される．太陽放射が弱くなると熱の供給は減り，放射を受けていた物体では熱の吸収よりも放射による熱損失が大きくなり，その物体の温度は低下する．地表付近の大気の熱は冷えた地表に移動し，気温は

低下する．

植物の発芽や生育，繁殖に関する諸代謝は化学反応としてみることができる．化学反応は温度の上昇によって促進されるので，発芽や生育現象は周りの温度の影響を受ける．ただし，化学反応の触媒となる酵素はタンパク質なので，ある温度以上では活性を失う．そのため，植物の諸生活現象にはそれぞれ下限温度，最適温度，上限温度が認められる．植物体の温度は大気や水，土壌など周囲の基質の温度や太陽放射に影響されるが，植物体の形態や集団としての構造によっても影響される．構造によって蓄熱や放熱に差が生じるからである．

b. 湿　度

大気に含まれる水蒸気の濃度である．ある体積の大気に含まれる水蒸気量が水蒸気濃度であり，通常，圧力（Pa：パスカル）の単位で表す．気圧が1気圧（101325 Pa）のとき，そのうちで水蒸気が分担している圧が水蒸気圧である．気温によって，ある空間の大気が含みうる水蒸気量（飽和水蒸気量）は変わる．ある気温のもとで，大気の飽和水蒸気量に対する実際の水蒸気量の割合を相対湿度といい，百分率（％）で表す．しかし相対湿度100％の大気がさらに水を含むことがあり，その状態を過飽和という．連続して水蒸気を供給されていたり，相対湿度100％の気体の温度が低下した場合などにこのような状態になる．大気中に塵のような微小な固体が存在すると，過剰な水蒸気はこの粒子の周りで凝縮し，霧や雨，雪などになる．

地衣類や蘚苔類，エアプラントと呼ばれる乾生植物（主にパイナップル科）などは高相対湿度の大気中から水を吸収することができるが，ほとんどの植物は大気中の水蒸気を利用することができない．水蒸気は静気中では拡散で移動するので，同じ気温であれば相対湿度が高いほうから低いほうに水蒸気は移動する．葉内の細胞間隙にある気体の相対湿度はほぼ100％（飽和水蒸気圧）であり，大気の相対湿度は通常100％以下なので，葉内の水は気孔から，あるいは茎葉の表面から周囲の大気中に蒸発する．植物は表皮の構造や機能によって蒸発を調整するので，植物からの水の蒸発を蒸散と呼んでいる．気孔を通らない蒸散をクチクラ蒸散といい，全蒸散量の5％前後であるとされる．気温が高いほど気体の含みうる水蒸気量は多くなるので，相対湿度差が同じなら，気温が高いほど葉内から外気への水蒸気の移動は速くなる（図5.5）．

水は蒸発するときに蒸発熱を必要とするので，蒸散によって葉温は低下する．葉の温度は太陽放射を受けると高くなるが，蒸散によって葉温は低

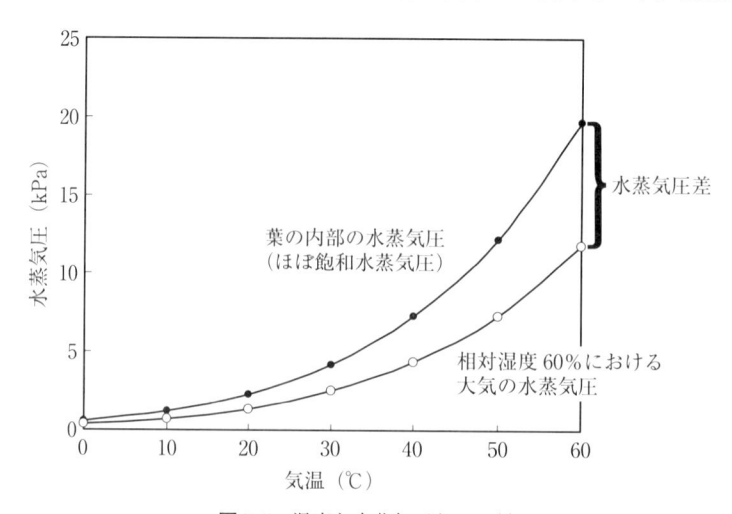

図 5.5 温度と水蒸気圧との関係
外気の相対湿度が一定であっても，気温が高まるほど葉内との水蒸気圧差は大きくなる．1気圧はおよそ100 kPa．

下し，気温よりあまり高くない一定の範囲に維持される．根から葉への水の供給量が蒸散量以下になると，葉表面にある孔辺細胞の膨圧が下がり，気孔は閉じる．さらに水収支が悪化すると，葉はしおれたり丸まったりする．この変化には受光量を減らして葉温を低下させる効果と蒸発面を減少させる効果がある．

c. 光

電磁波の一部で，波長が 1 nm〜1 mm の範囲にあるものを光と呼ぶ．約 400〜700 nm の可視光線に限定することもあるが，この波長域の両外側にある紫外線と赤外線を含めるのが普通である．通常の植物の生活では，光の波長域を外れる電磁波の影響はほとんど考慮されない（図 5.6）．植物は光をエネルギー，また情報として受け取っているが，波長によって影響は異なっている．

エネルギーとしては光合成と体温上昇に利用される．緑色植物はクロロフィル a と b を持ち，約 400〜700 nm の波長域の光を吸収して光合成を行うためのエネルギーとする．クロロフィル a と b の光吸収効率は青および赤の波長域で高く，緑の波長域で最も低い．林床に生育する植物は，樹冠を通った光を受けるので，林外よりもエネルギー量が少なく，青と赤の波長域の割合が低い光を受けている．波長 700 nm 以上の赤外線は植物に吸収されて熱に変わる．気温の低い地域に生育する植物，特に地表植物やコケ類は，この効果および保温に適した形態により，気温よりも 10℃ 以上も高い体温を維持できる．光合成における代謝過程は化学反応であり，その反応速度は低温下では低く，体温が高くなると促進される．最適温度が存在し，それ以上では光合成速度は抑制される．波長 400 nm 以下の紫外線については，波長が短い UV-C（200〜280 nm）はすべての生物にとって害作用があるが，UV-B（280〜320 nm）や UV-A（320〜400 nm）の与える影響は，種や状況によって異なるようである．

植物の胚軸は正の屈光性を示し，幼根は通常，負の屈光性を示す．これは細胞の伸長を調節する

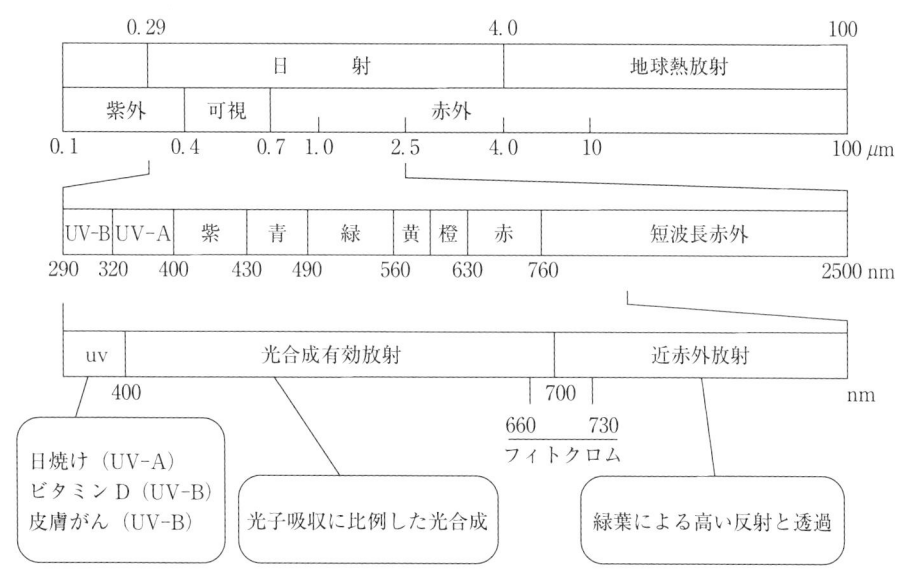

図 5.6 電磁波スペクトルの波長帯の名称と，動植物に対する顕著な生物学的相互作用
一番上の帯は対数目盛りで表してあり，自然環境の放射エネルギー輸送において重要な全波長域より少し広い範囲を示している．この帯の上段は日射と熱放射の波長域を示し，下段は紫外域，可視域，赤外域を示している．紫外域より短い波長は X 線，ガンマ線と呼ばれ，赤外域より長い波長はマイクロ波，電波と呼ばれる．2 番目の帯は紫外域の 2 つの波長帯と可視域の各色の波長帯を示している．UV-B より波長の短い UV-C は示されていない．一番下の帯には電磁波スペクトルの各部分における生物反応のいくつかを示している．Campbell and Norman, 2003 より．1 nm = 10^{-9} m.

ホルモンの移動が光に影響されることによる．このような現象は，植物が光を情報として利用している例である．このほかに，種子の発芽，花芽や茎葉の形成など，形態形成にも重要な情報として利用されている．情報として利用される場合の光の波長域は 360～760 nm とされる．

d. 二酸化炭素濃度

陸上植物は大気中の二酸化炭素ガスを取り込んで光合成を行うので，光エネルギーの供給が十分で温度が好適であれば，二酸化炭素濃度が高いほど光合成速度は高くなる．種によって異なるが，およそ 1000 ppm（1 m^3 の大気中に 1000 ml の二酸化炭素ガスが含まれる）以下の濃度で飽和速度に達する．濃度がこれ以上高くなっても，他の要因（光強度や温度など）によって速度の高まりは抑制される．また，高濃度の二酸化炭素は細胞液中に多量の炭酸イオンを発生させることになり，細胞の諸機能を阻害するため，光合成速度も低下する．

大気中の二酸化炭素濃度は，近年，化石燃料の消費によって高まっている．地球大気の平均濃度は 1800 年頃までは約 280 ppm であったが，2007 年の平均濃度は 383.1 ppm であった．大気中の二酸化炭素濃度の上昇によって光合成速度が高まり，結果として植物の成長が促進されると期待された．しかし，長期間にわたる高濃度の二酸化炭素ガス条件下での栽培実験の多くでは，一時的に高まった光合成速度は，やがてもとの速度程度に戻ってしまう．群落内部や農業用ハウスでは，昼間に光合成によって二酸化炭素濃度が低下する．ハウス栽培では作物の光合成速度の低下を防ぐために，二酸化炭素ガスの施肥を行うこともある．サトウキビやススキなど C_4 植物は二酸化炭素濃縮機構を持っているので，光合成速度に対する二酸化炭素濃度の影響は C_3 植物よりも小さい．

e. 水

水は代謝，物質の輸送，蓄熱などに必要である．植物体中の水量を体重に対する割合でみた場合，葉・花・果肉などには他の組織より高い割合で水が含まれている．陸上植物は，必要な水と栄

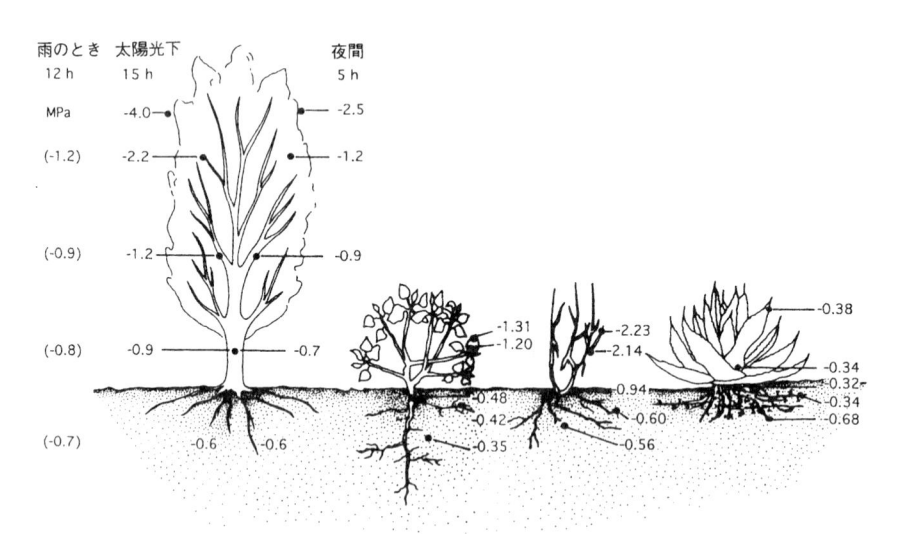

① *Juniperus scopulorum* ② *Encelia farinosa* ③ *Hilaria rigida* ④ *Agave deserti*
（ヒノキ科ビャクシン属）（キク科エンケリア属）（イネ科ヒラリア属）（リュウゼツラン科アガベ属）

図 5.7 異なる生育形を持つ植物の水ポテンシャル（MPa）の体内での分布（Wiebe, et al., 1970；Nobel and Jordan, 1983；Larcher, 1999）
Juniperus scopulorum は，北アメリカ西部の感想地域に生育する樹木の形態を持つビャクシン類である．9月の晴れた日と雨の日，および晴れた日中に引き続く夜間に測定した．
Encelia farinosa は C3 の亜低木，*Hilaria rigida* はイネ科草本，*Agave deserti* はカリフォルニアの半砂漠地域の多肉葉を持つ草本で，最大蒸散量を示すときに測定した水ポテンシャルである．

養塩類のほとんどを土壌中から吸収する．植物による水の吸収や体内での移動を説明するために，水ポテンシャルというエネルギーの概念が用いられる．これはある部位に含まれる水の化学エネルギーであり，この大きさの差によって水は移動する．根における水の吸収は，土壌中の水（土壌水）の水ポテンシャルと根の表皮細胞の水ポテンシャルとの差によって起こる．根毛に吸収された水は中心柱に移動し，道管に入る．水分子は道管中で分子間水素結合によって1本の柱となり，葉の蒸散によって上方に引き上げられる．このような水の垂直方向，水平方向の動きは，体内における水ポテンシャルの勾配で説明される（図5.7）．

細胞中の水は，必須元素の取込みや保持，代謝物質の保持や排出，移動などに関わっているほか，細胞に膨圧を生み出すことにより植物の体勢を支えている．維管束植物では，水が移動するときに栄養塩類や同化産物の移動を伴う．同化産物の移動は師管を通して，生産器官から成長部位に向かって起こる．根で吸収され道管や仮道管を上昇した水のほとんどは気孔から大気中に蒸散する．

水の比熱は大きいので，水を多く含んでいると植物体も気体も暖まりにくく，冷えにくい．高山や高緯度地方などの寒冷地に生育する植物は，昼間の蓄熱によって夜間の凍結から免れる．また，蒸発熱が大きい性質は，熱帯・亜熱帯地方で強い放射を受けて高くなった葉温を蒸散によって下げる際に有効である．

f. 風

風は大気の流れである．台風のときのような強い風は，植物に機械的な破壊作用を及ぼす．通常，植物に対する風の影響は葉の周囲の空気の交換である．光合成で葉が周囲の大気から二酸化炭素を取り込むと，葉の周りの二酸化炭素濃度は低下する．二酸化炭素濃度の低下によって，光合成速度は低下する．周囲の二酸化炭素濃度の高い部分から葉の表面まで，拡散によって二酸化炭素分子が輸送されるのには時間がかかるが，大気の流れ（風）により二酸化炭素濃度の高い空気が葉の周囲に供給されていれば，光合成速度は高い状態

で維持される．

葉の気孔内部の水蒸気濃度はほぼ飽和値に保たれており，水蒸気は気孔内の細胞表面から気孔外側まで拡散で輸送される．通常は植物体に接して大気の流れがあるので，葉表面の空気は水蒸気濃度の低い空気に置き換わり，蒸散が続けられる．無風状態のような静気中で蒸散が行われていると，葉表面の大気は置き換わらないので，水分子は拡散によって葉表面から遠ざかる．拡散による移動は時間がかかるので，葉表面の水蒸気濃度はだんだん高くなる．葉内部と外部との水蒸気圧差が小さくなり，蒸散速度は拡散速度に近づく．おだやかな風のような定常的な大気の流れがあると，葉の表面には境界層が形成される．境界層の中では，分子は拡散のみによって移動するので，境界層が発達していると光合成速度も蒸散速度も低下する．強い風によって葉が波打ったりすると，境界層は葉表面からはがれて吹き飛ばされる．これによって新鮮な空気が葉面に供給され，光合成速度も蒸散速度も高い状態に戻る．乾燥地では，蒸散を低く抑えるために葉表面に毛を生やしたり，気孔の周りに壁をつくったりして厚い境界層を維持できるように適応した植物もある．

g. 栄養塩類

植物体は主に炭素（C），酸素（O），水素（H）で構成されているが，生命活動を行うためにその他様々な元素を必要とする．窒素（N），カリウム（K），リン（P），硫黄（S），カルシウム（Ca），マグネシウム（Mg）は多量に必要とされるので多量元素と呼ばれる．鉄（Fe），塩素（Cl），ホウ素（B），マンガン（Mn），亜鉛（Zn），銅（Cu），モリブデン（Mo），ニッケル（Ni）などは，必要量が少ないので微量元素と呼ばれる．種によってはこれら以外の元素を必要とする．イネやトクサは多量のケイ素（Si）を必要とするとされ，窒素固定細菌を共生させる植物ではコバルト（Co）が必要である．これらの元素は，土壌水中の低分子の化合物あるいはイオンとして，根の表皮細胞によって選択的に吸収される．

必須元素は不足することがあり，元素によって

特有の欠乏傷害が現れる．窒素が欠乏すると，細胞の分裂や伸長が悪化するので，植物は小型になり，早く老化してしまう．また，薄い緑色あるいは黄緑色の葉が形成され，葉の枯れ上がりが生じる．微量元素である亜鉛の欠乏は果樹の節間の伸長を抑制するので，枝が矮生化する．鉄やモリブデンの欠乏はクロロフィル形成不良を引き起こすので，葉にクロロシス（葉の白化現象）が現れる．

h. 基 質

多くの陸上植物は土壌中に根を張ることにより，体勢を維持すると同時に，必要な水や栄養塩類を取り込んでいる．土壌の構成鉱物は粒径により3種に分けられている．2～0.02 mmの砂，0.02～0.002 mmの微砂，0.002 mm以下の粘土である．3種の混合率によって色々な土壌名がつけられている．粒径が小さくなると，一定体積の土壌を構成する粒子の全表面積が増加し，粒子の間隙が小さくなる．表面積の増加はイオンの吸着面積の増加をもたらし，小さな間隙は水保持力を高める．無機物だけで構成される土壌はほとんどなく，通常，生物遺体に由来する有機物が含まれている．有機物は土壌の保水力を増す役割のほか，栄養塩類を保持・供給する役割を担っている．

i. 重 力

植物の根は重力方向に成長する．これを正の重力屈性という．暗黒下の植物の茎は重力方向と反対方向に伸長する．これを負の重力屈性という．茎葉が光を求め，根が水を求めるための性質である．

将来の宇宙旅行を想定して，無重力状態で植物の形態がどのようになるかは，人工衛星の中で植物を生育させることで調べることができる．地上では，無重力状態を擬似的に再現するために，どの方向にも同じように重力をかけられる装置（3方向クリノスタット）を使って，鉢植えの植物を3次元（前後，左右，上下方向）で回転させて調べている．茎の木部幅の減少，木部繊維細胞数の減少など，支持機能の低下が認められる．これらには重力とジベレリンが重要な役割を果たしてい

ると示唆されている．

ヤナギの枝やタンポポの根では，重力方向を変えるとその影響を受けてオーキシンの分布が変わり，出芽や発根の方向が変わることが知られている（6.2.1項参照）．

5.2.2 環境汚染

a. 酸性雨

降水は大気中の二酸化炭素ガスを溶かし込んでいる．二酸化炭素は水中で炭酸イオンを生成するので，降水のpHはおよそ5.6である．このpH値以下の降水には炭酸イオン以外の物質による水素イオンが付加されている．それゆえ，pH 5.6以下の降水を酸性雨という．石炭や石油には硫黄が含まれていて，燃焼によって亜硫酸ガスが排出される．亜硫酸ガスは水に溶けて硫酸イオンを生じるので，酸性雨の原因物質の1つである．燃焼炉や自動車のエンジンの中で燃料が高温で燃焼すると，空気中の窒素が酸素と結合してノックス（NO_x，NO^+，NO_2）になる．NO_2は光化学反応によって硝酸（HNO_3）に変換されるので，これも酸性雨の原因物質である．

森林の立ち枯れは酸性雨や酸性霧が原因とされることがあるが，植物の応答は状態によっても異なるので立ち枯れの原因は単純ではないと思われる．きわめて低いpHの溶液を植物にかけると，その酸の効果で植物の組織は破壊されるが，弱い酸性液の影響は明らかではない．降水に含まれる硝酸イオンが植物の窒素肥料になることもあるとされる．

b. オゾン層破壊

冷蔵庫用の安全な冷媒として開発されたクロロフルオロカーボン（フロンは日本での商品名）を大気中へ廃棄すると，フロン中の塩素イオンが成層圏でオゾン（O_3）と結合し，オゾンを破壊する．生物に害作用のある紫外線B（UV-B．太陽放射のうち波長280～320 nmのもの）を吸収しているオゾン層が薄くなると，UV-Bの地表への透過を阻止できなくなる．より波長の短いUV-C（200

~280 nm, 害作用がきわめて強い) は酸素分子に吸収されるので, 地表に到達しない. より波長の長い UV-A (320～400 nm) は地表に到達し, 日焼けなどの症状を引き起こす. 植物に対する UV-B の影響は葉緑体の合成阻害, 分解 (クロロシスと呼ばれる葉面に白化や黄化した部分が生じる) や, 成長阻害などが報告されている. しかし, 種や品種によって実験結果には差がある. 一般に, 双子葉植物の感受性は単子葉植物より高いとされている.

5.2.3 植物の遷移

森林や草地などが火山の噴火によって溶岩や火山灰で覆われると裸地化するが, 時間が経つと植物に覆われる. 初期の侵入種は限定されたものであるが, それらの定着に続いて, 色々な種類の植物が侵入してくるようになる. また, 土砂崩れや火山噴出物によって河川が堰き止められると池や湖ができる. 周辺から流れ込む土砂によって岸辺の水草地帯が埋没しアシ原になり, やがてススキ原になり, アカマツ林へと植物が代わっていく場合がある. このように, 時間の経過に従って, ある場所の植物群落の種組成が変化していく現象を遷移という.

海底が隆起して陸地になったり, 地中にあった岩石・砂礫が崖崩れにより地表に現れたり, 火山の噴出物で土地が覆われたりなどして, 本来, 陸上植物が生育していなかった基質上で遷移が始まる現象を一次遷移という. 一次遷移では, 種子や茎葉, 根, 地下茎などの無性繁殖体が他所から風や動物などによって運ばれてきて, それらがもとになって群落が形成されていく. これに対し, 山火事や森林の伐採によって地上植生が失われた土地から遷移が始まる場合を二次遷移という. 二次遷移では, 生きている根や茎, 地中に埋もれている種子が残っていて, これらをもとに群落の再生が図られる. 火山が噴火し火山灰や火山礫が堆積しても, 埋もれた植物体は死なない場合があり, 噴出物の厚さによってはもとの植物が生長して地表に出てくる. 陸上での遷移を乾性遷移という.

池や浅い湖沼において, 流入した土砂や, 岸に生育した植物の遺体が堆積することによって次第に陸化し, 水生植物から陸上植物へと種類が変わっていく遷移を湿性遷移という.

乾性一次遷移の初期段階の場所の土壌は有機物含量がきわめて少なく, 水分保持能力に乏しく, 貧栄養である. このような土壌に生育できる植物は, 乾燥に耐性があり貧栄養に耐えられる性質を持っている. 日本では, シモフリゴケやスナゴケなどの蘚類, ススキやイタドリなどの多年生草本, 木本植物ではアカマツが一般的である. 本来, アカマツは高木であるが, 遷移初期に出現するものは高木にならない. 水や栄養分の不足のため, 本来の大きさまで成長できないのである. これらの植物の落葉や遺体が局所的に堆積すると, 風化によってできた砂や細かい礫がそこに集積し, 有機物と混合する. そして, 保水力があり, 栄養塩をより多く含む土壌が形成される. 土壌の形成には物理的現象だけでなく, バクテリア, カビ, ダニ, センチュウ, トビムシなど, 多種多数の生物の働きが重要である.

形成された土壌を基質として, より多くの水や栄養塩類を必要とし, 成長が速く大形になれる植物が生育する. 遷移初期の段階で, 窒素固定細菌と共生するヤシャブシやハンノキが出現することもある. やがて, アカマツやハンノキが優占する林になる. これらの種の幼木は親木の下では光不足で生育できないので陽樹と呼ばれる. それゆえ, 自然状態ではアカマツ林やハンノキ林は 1 代限りの植生である. 日本の温暖な地域では, 高木の下でも生育できる性質を持つシイやカシ類などの陰樹が, 陽樹林の後に成立する. シイやカシ類の林は, 局所的な種の変化はあっても, 長期間持続する. このような優占種の交代が起こらない林を極相林という. 寒冷の東北地方ではブナが, 北海道の平野部ではミズナラが極相林の優占種である (図 5.8). 極相林において, 大きな木が倒れると成長の速い陽樹が生育するので, 局所的には種の交代が頻繁に起こっている.

ブナやミズナラは, 毎年ほぼ一定数の種子をつけるわけではなく, 不定期に数年の間隔をおいて

大量の種子を生産する．種子が多い年を「なり年」という．なり年の種子の多くは動物に食べられてしまうが，翌年になると食べ残しの中から多数の芽生えが出現する．これらのほとんどは光不足のために1～3年以内に死んでしまう．

遷移において，一般に種の交代は群落内の環境の変化に対応する．土壌水分が多くなれば水を多く必要とする植物が生育できるように，環境が変化すると，その環境でより大きくなれる種が既存種に取って代わる．そのような繰返しによって，種の交代が続く．やがて，環境が大きく変化しない状態に達すると，種の変化はほぼ停止する．これが極相である．極相は気候によって決定されると考えられてきたが，必ずしもそうではない．同

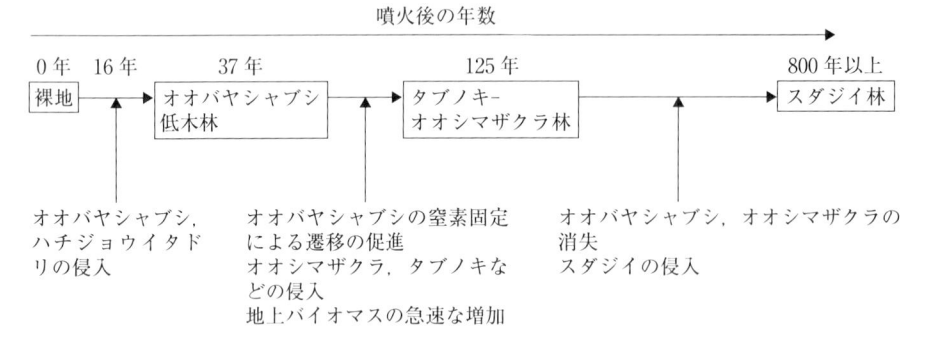

```
噴火後の年数
0年   16年         37年          125年              800年以上
裸地 → オオバヤシャブシ → タブノキ-        → スダジイ林
      低木林          オオシマザクラ林

オオバヤシャブシ，    オオバヤシャブシの窒素固定    オオバヤシャブシ，オオシマザクラの
ハチジョウイタド      による遷移の促進             消失
リの侵入             オオシマザクラ，タブノキな   スダジイの侵入
                    どの侵入
                    地上バイオマスの急速な増加
```

図5.8　三宅島の溶岩上の遷移系列と，そのプロセス　（Kamijo, et al., 2002より作成）
（　）内は調査時点までの経過年数．

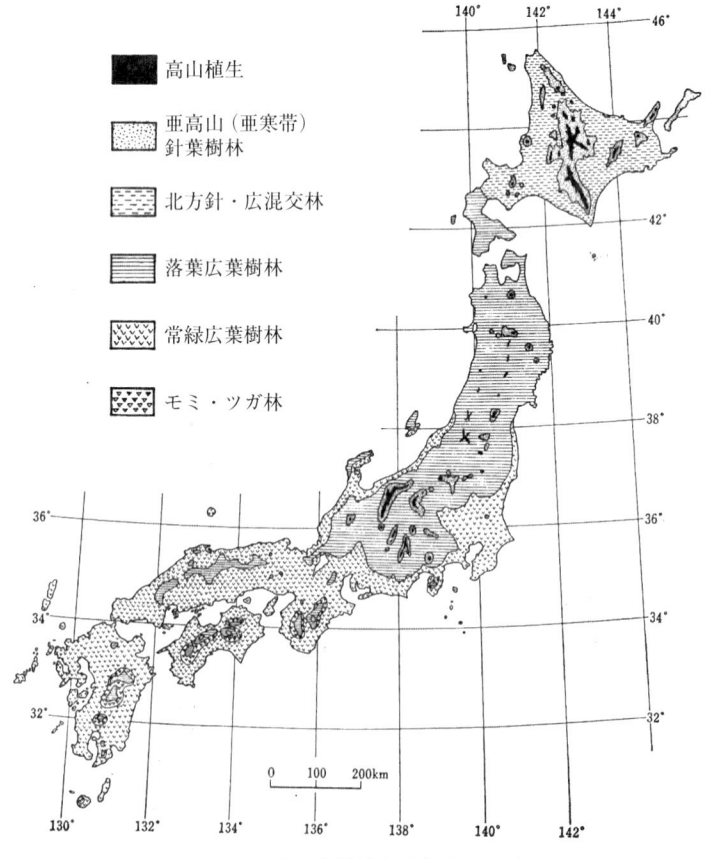

凡例：
- 高山植生
- 亜高山（亜寒帯）針葉樹林
- 北方針・広混交林
- 落葉広葉樹林
- 常緑広葉樹林
- モミ・ツガ林

図5.9　日本の森林植生（吉岡，1973）

じような気候であっても，母岩が石灰岩あるいは蛇紋岩であるという基質の違いによって極相は異なるし，乾生の土地であるか湿地であるかによっても極相は異なる．さらに，雪崩が頻繁に起こる地帯や，放牧・採草が行われている地域には，それぞれ特有の極相が存在する（図5.9）．

多雪地のブナ林では林床にチシマザサが生育している地域が多い．密生したチシマザサの下では，どのような樹種の芽生えも生育できないほど光が弱い．このような林ではチシマザサが開花・結実して枯死するまで，次世代の林をつくる幼植物の生育は難しい．北海道の山地や丘陵部ではエゾマツやトドマツ，本州中部や東北地方の山地ではオオシラビソやシラビソ，コメツガなどの常緑針葉樹が極相林の優占種となっている．しかし，局所的にはこれらとは異なった種によって極相林が構成される場合もある．例えば，寒冷地で排水の不良な地域では，ハンノキやヤチダモを主とする森林が形成されている．また，渓谷や谷間ではシオジやサワグルミが優占する林が形成されている．

5.2.4 植物の日周変化，季節変化，光発芽，暗発芽

植物は光合成や形態形成に光を利用している．地球は自転しているので，高緯度地方を除いて生育地では光が照射される時間とされない時間とがほぼ24時間周期で繰り返される．自転軸が傾いているため，緯度によって1日のうちの光照射の時間は季節的に変動する．また，公転軌道が楕円形なので，地表に到達する光の強度は1年を周期として変動する．植物は，このような明暗の周期性や光の有無を生活に利用している．

a. 発芽

成熟した種子は，ある範囲内の温度と，酸素と水の供給がある条件で発芽する．しかし，多くの野生植物の種子は土壌中で休眠しており，発芽するためには休眠を打破する条件が必要である．光が休眠打破の条件となっているものを光発芽種子という．雑草と称される植物の種子は一般にこの性質を持ち，鍬や鋤，あるいは耕耘機などで地中に埋もれていた種子（埋土種子）が地表に出されると発芽可能になる．発芽条件として光を必要としないものを暗発芽種子というが，発芽に対して光が抑制要因となる種子に対して使うこともある．

b. 葉の日周運動

ダイズやネムノキ，オジギソウなどマメ科の植物は，昼間は葉身を水平に近い角度で支持しているが，暗くなると垂らしてしまう．この運動は昼夜運動であり，葉身と葉柄の間にある葉枕細胞の膨圧の変化によって起こる．昼間は光を多く受けられる位置に葉身を保ち，夜間は水平な面積を減らすことによって葉身からの熱放射を減少させる効果があるとされる（図5.10）．昼夜がある状態から連続した暗所においた場合でも，数日から1週間は，あたかも光の周期的変化があるかのように日周運動を繰り返す．やがて訪れる明期・暗期の予測は，体内にある時間を測定するシステムに基づいていて，これを生物時計という．生物時計による1日のリズムをサーカディアンリズムという．

c. 花弁の日周運動

多くの植物は昼間に花を開き，夜間閉じている．これも昼夜運動である．多くの昆虫は昼行性なので，虫媒花では昼間に開花する種が多い．一

図5.10 葉を閉じたネムノキ
この写真は昼夜運動の結果ではない．昼間，雨の後の閉じた葉を写した．濡れた場合や震動刺激でも，暗くなったと同じように葉は閉じる．

方，夜行性の甲虫やガ，コウモリなどに花粉を託す植物は，夜間に開花し昼間は閉じている．花の開閉は，1枚の花弁の外側と内側の細胞層の成長速度が明暗に応じて日周的に変化することによって起こる．花の開閉にも生物時計が関与していて，昼夜条件から連続した暗所に移しても，数日間は，ほぼ1日を周期とする開閉が観察される．

d. 光周性（花芽形成）

花を咲かせる時期の決定にあたって日長（昼間の長さ）が要因となっている植物が多い．この性質を光周性という．昼間の長さがある一定時間よりも短くなると花芽を形成する植物を短日植物といい，アサガオ，キク，イネなどがある．これに対し，昼間の長さが一定時間より長くなると花芽を形成する植物を長日植物といい，ホウレンソウ，コムギなどがある．昼間の長さには無関係で，他の要因によって花芽形成が誘導される植物を中性植物という．

短日植物，長日植物と呼ばれているが，実際には花芽形成の誘導に影響を与えているのは昼間の長さではなく夜間の長さである．短日植物では夜間の長さが一定時間を超えると花芽を形成する．この一定時間の暗期を限界暗期という．種によって異なるだけでなく，同じ種でも自生する場所によって異なることがある．短日植物に対して，限界暗期以上の暗期を短時間の光照射で分割し，限界暗期以下の2つの暗期に分けてしまうと花芽は形成されない．この短時間の光照射による暗期の中断を光中断という．長日植物は，限界暗期より長い暗期では花芽が形成されないが，光中断によって花芽形成が誘導される．この光中断には短日植物の場合よりも強い光が必要とされる．

花芽形成は葉が光を受けることで行われる．多くの種では本葉にのみ感受性があるが，アサガオは子葉にも感受性がある．1回の限界暗期で花芽が誘導される種もあるが，複数回の刺激を受けることが必要な種もある（花芽形成の詳細については6.7.13項参照）．

e. 生物季節

気温や降水量に季節的変動がある地域に生活する植物は，季節に応じた生活をしている．多くの植物では，成長を開始してからしばらくの間はシュート（茎と葉）を作り続ける．ある期間シュートを成長させてから花芽を形成し，種子の生産に移行する．種子を生産する頃にはシュートの成長を止めている種が多い．植物が大きければ多数の種子を作ることができるが，シュートを作り続けていると種子を作るための同化産物量が減少してしまうからである．植物体の拡大時期を栄養成長期，花芽形成後を繁殖成長期と呼び，便宜的に区別している．トマトやカボチャのように果実をつくりながら成長し続ける植物もある．このような植物では2つの成長期を区別することはできない．光周性のある植物では日長によって2つの成長期が切り替わる．若い多年生植物では，この調節機構が働かず繁殖成長期に入らないものもある．多年生植物の中には，季節的な成長不適期が来る前に地上部シュートが死んでしまうもの（主に草本），葉のみが死ぬもの（落葉樹）などがある．温帯の多くの植物では根や地下茎，幹などが越冬部位であり，冬が来る前に同化産物や葉に含まれていた諸元素などを，枯死する部位から越冬部位に移動させる．物質の移動は常緑の植物でも行われる．熱帯や亜熱帯地方に生育する植物には降水量の変動によって同じような現象が起こるものがある．

5.2.5 相互関係（捕食，病気など）：微生物，動物

地球という限られた場所に，様々な生活様式を持った多数の生物が生活している．生物たちはそれぞれが生活する場所を確保し，生きていくために必要な資源を周りから獲得している．限られた場所や資源をめぐって同種の個体間，あるいは異種の個体間に何らかの相互関係が生ずることがある．最も普遍的にみられるのは「食う−食われる」という関係である．

a. 被食

生物は利用する物質の違いから，独立栄養生物と従属栄養生物とに分けられる．独立栄養生物は光エネルギーあるいは化学エネルギーを利用して，二酸化炭素と水素化合物（植物や一部の細菌では水）を原料として有機物をつくることができる．従属栄養生物にはこの能力がなく，生きていくためには既存の有機物を取り込まなくてはならない．ほとんどの植物は独立栄養生物であり，動物や微生物など従属栄養生物の食物として利用される．

タンパク質は生命現象にとって最重要物質なので，多くの従属栄養生物はタンパク質を多く含む餌を摂取しようとする．植物ではタンパク質を多く含み比較的柔らかい若い葉が被食の対象になることが多い．エネルギー源としては，非構造性の炭水化物に富む種子，塊茎や塊根などが多くの動物に利用される．

b. 被食の防御

植物体全部を食べられると，その植物は消滅する．葉を食べられてしまったら，再生しなくてはならない．そのコストが大きい場合には繁殖に重大な影響が生じる．そのため，植物は植食動物に食べられないように色々な防御策を進化させてきた．大型動物に対しては，茎に棘を生やすのは有効な手段である．また，タンニンなどを大量に含むことによって味を悪くした植物もある．鱗翅目幼虫のような小形の動物に対しては，葉に忌避的な化学物質を含むことで被食を免れる植物が多い．アルカロイドやタンニンなどのほか，香草類の香りや酸味，苦味などもその例である．忌避物質を無毒化したり，耐性を持つことによって，他の動物が摂食しない植物だけを利用する動物が進化した．それらの多くは産卵刺激や幼虫の摂食刺激にこれらの忌避物質を利用している．例えばモンシロチョウの雌は，アブラナ科植物に含まれるグルコブラッシシンやシニグリンに刺激されて産卵する（図5.11）．幼虫は，シニグリンを含まない葉は食べない．グルコブラッシシンやシニグリンは他の昆虫にとっては忌避物質である．アゲハ類が柑橘類に産卵するのも，柑橘類の葉に含まれる物質に雌が刺激されるからである．このような現象は，多くの昆虫類が持つ狭食性の起源であるとされる．さらに，毒物質であるカルデノライドを含むトウワタの葉を食べたオオカバマダラ幼虫や，アセボトキシンを含むアセビの葉を食べたヒョウモンエダシャク幼虫のように，体内に毒物質を蓄えることによって，鳥など天敵による捕食を免れている動物もいる（図5.12, 5.13）．

c. 微生物

植物も，微生物に侵入されると病気になることがある．微生物などの接触や侵入による刺激を引き金として，様々な低分子量の抗菌性物質をつくる植物がある．このような効果を持つ化学物質をフィトアレキシンと呼ぶ．機械的傷害や化学物質，紫外線照射によっても，その生産が引き起こされることがある．フィトアレキシンは植物によって構造が異なり，ジャガイモではリシチン，エンドウではピサチン，ダイズではグリセリオン，トウガラシではカプシジオールなどがある（図5.14）．フィトアレキシンの合成を誘導する細菌や物質をエリシダーといい，細菌表層に由来するオリゴ糖，糸状菌細胞壁由来のキチンやβ-グルカンなどがその例である．

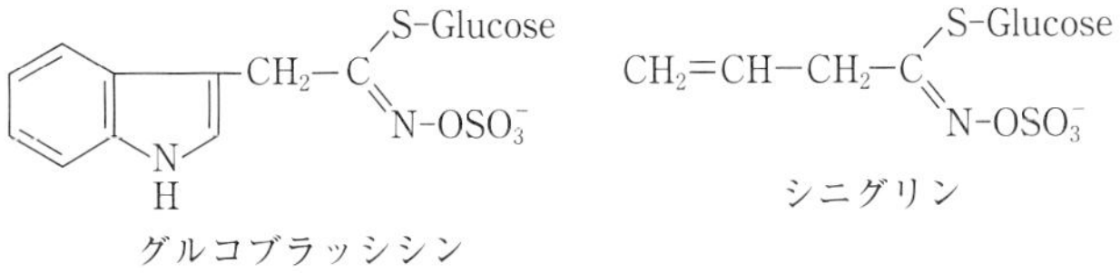

図5.11 モンシロチョウの主な産卵刺激物質（深海，1992）

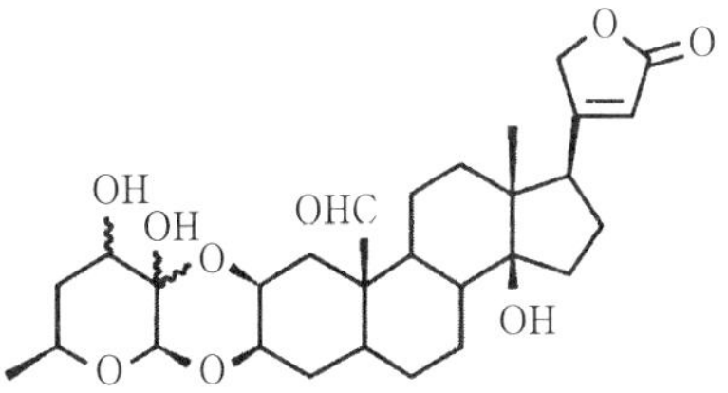

図5.12 オオカバマダラの蓄積するトウワタ毒（カルデノライド）の1種カロトロピン（高林，1995）

1 : R = COCH$_2$CH$_3$
2 : R = H

3 : R = COCH$_2$CH$_3$
4 : R = H

5 : R = COCH$_2$CH$_3$
6 : R = H

7 : R = COCH$_2$CH$_3$

化合物	名　前	含量/虫（μg）
1	アセボトキシン I	197
2	グラヤノトキシン III	53
3	アリカナトキシン I*	9
4	ロドジャポニン III	19
5	アセボトキシン IV	7
6	カルミトキシン I	22
7	アリカナトキシン II*	3

* 新規化合物．ヒョウモンエダシャクの学名にちなんで，この名をつけた．

図 5.13 アセビの葉を食べるヒョウモンエダシャクに含まれるグラヤノイド（深海，1992）
アセビ毒の代表的成分はアセボトキシンで，四環性の骨格を持っているのが特徴である．ツツジ科の植物には同じ骨格の物質が含まれている．代表的なものにハナヒリノキに含まれるグラヤノトキシンがあるので，これらを総称してグラヤノイドと呼んでいる．

リシチン

ピサチン

グリセオリン

カプシジオール

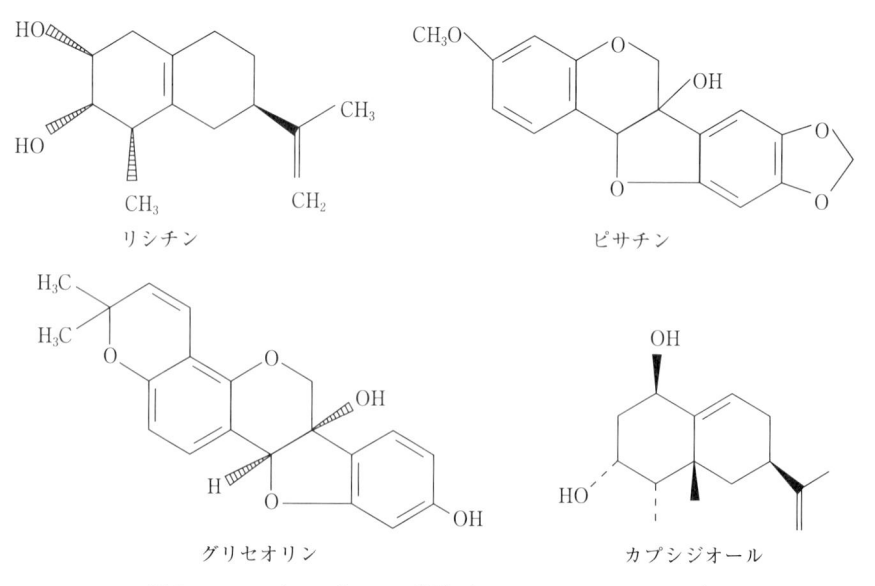

図 5.14 フィトアレキシンの構造（Mohr and Schopfer，1998）

5.2.6 植物の生育地と集団の形成

地球上のどこでも生育可能という植物種はなく，それぞれ好適な生育環境と生存可能な範囲をもっている．関東地方には照葉樹のスダジイが優占する林が残存している．かつては広く分布していたはずであるが，開発によって多くは消滅した．スダジイは琉球列島にもみられる分布範囲の広い，つまり環境要因に関して許容度の大きな種である．スダジイは福島県まで分布するが，福島県では海岸近くに多く生育している．内陸部や北部になるに従い個体数は減少し，ブナやイヌブナが混在するようになる．このような地域による種の交代は高木だけでなく，亜高木や林床の植物にもみられる．気温だけでなく，降水や光放射の総量や，季節的な変化によっても植物は影響を受ける．その結果，地域の環境に応じた，特徴のある群落が形成される．

a. 熱帯雨林

赤道の南北に広がる高木樹林である．最寒月でも月平均気温が18℃以上で，降水量が多く，乾期のない地域に形成される．樹林は3〜5層の階層構造（高木層，亜高木層，低木層，草本層など）からなり，高木層の樹冠は30〜50mの高さになる（図5.15）．少数の巨木が樹冠から抜けて90mに達することもある．生育する種類が多く，木本植物だけでも1haあたり100種以上になることもある．樹高の割に根が発達しないので，植物体を支持するために地際で幹から板状の支持台（板根）を張り出すものもある．林内の湿度が高いため，ラン科やパイナップル科の着生植物が高木の枝上や枝の基部に着生する．日本には存在しない植生である．

b. 亜熱帯林

亜熱帯に分布する樹林である．亜熱帯を規定する温度条件として，年平均気温を20℃以上とすることが多い．しかし，霜や結氷がないという，冬の特徴を条件にすべきとの考えもある．その場合，最寒月の月平均気温が10℃であることが指標となり，屋久島低地以南の南西諸島や小笠原諸島が範囲内になる．スダジイ，タブノキ，イスノキなど，暖温帯でもみられる樹種もあるが，アコウ，ガジュマル，ニッパヤシなど，熱帯性の樹木や木性シダのヘゴ属なども生育する．

c. 照葉樹林

照葉樹林の定義には2つの考え方がある．1つは，亜熱帯地方で，降雨林が分布する地域よりも乾燥した地域に発達する常緑広葉樹の群落とする

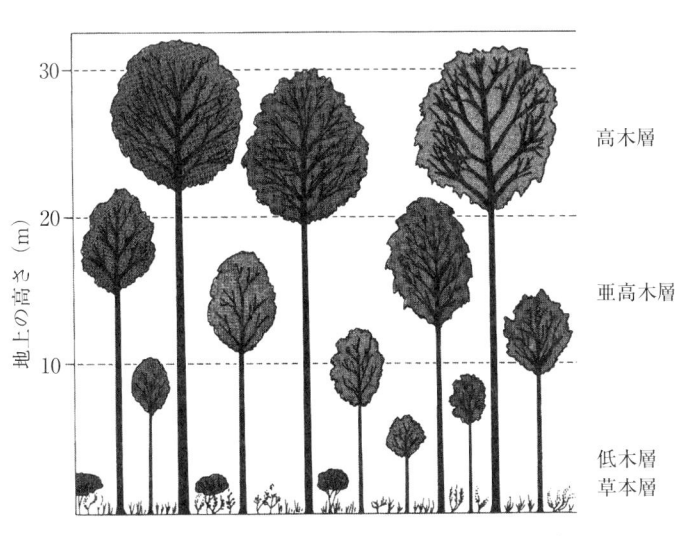

図 5.15 森林の階層構造（ホイッタカー，1974）
このようなはっきりとした構造を持たない森林もある．

考え方である．もう1つは，シイ，カシ，タブノキなど葉の表面にクチクラ層が発達した常緑広葉樹を照葉樹と呼び，それらからなる群落を指す考え方である．日本では後者の定義で使われている．日本の照葉樹林は暖温帯から亜熱帯にかけての，温暖で夏季に降雨の多い地域に発達する．タブノキ林は青森県まで，アカガシ，シラカシ，ウラジロガシなどカシ類の林は東北地方南部（宮城県）まで分布する．亜熱帯の沖縄にはスダジイ，オキナワジイ，オキナワウラジロガシなどが優占する林が分布する．日本列島の温暖な平地は人間の生活圏となったため，多くの照葉樹林は伐採された．大都市周辺では，自然のままの照葉樹林は社寺林などとして，きわめて小さな面積で残っているにすぎない．

d. 夏緑樹林

冬季の低温で落葉する広葉樹からなる樹林をいう．クリ，クヌギなどのコナラ属，ヤマザクラ，イヌシデ，アカシデなどが主要な樹種である暖温帯の林と，ブナ，ミズナラを主とする冷温帯の林とがある．コナラ，クヌギを主とする林は二次的な林で，もともとはシイ，カシの林であったが，それらが伐採された跡に成立したものである．日本の代表的な夏緑樹林はブナ林と，その北方に広がるミズナラ林である．ブナ林は大隅半島（鹿児島県）の高隈山が南限とされ，最北のブナ林は渡島半島（北海道）の黒松内にある．西日本のブナ林は標高の高い山地に飛び石状に分布する．中部地方の山地帯で広く分布するようになり，東北地方北部や北海道南部では低地にも分布する．

e. 針葉樹林

針葉樹が主な構成種である林を指すが，西日本に多くみられるアカマツ林や，暖温帯から冷温帯にかけてみられるスギ林やモミ・ツガ林などは通常，針葉樹林といわない．また，中部地方から東北地方の高山帯や北海道にみられるハイマツ群落も，低木であるので針葉樹林としない．日本の針葉樹林は，本州にみられる亜高山帯針葉樹林と，北海道にみられる亜寒帯針葉樹林に区別される．

亜高山帯針葉樹林は四国，紀伊半島にも小規模に発達しているが，分布の中心は中部地方の標高1500～2500 mの地帯であり，北に向かうにつれて分布域下限の標高は下がり，東北地方北部では1000 mくらいになる．新潟県から東北地方にかけての日本海側の多雪山地では針葉樹林はほとんど発達していない．亜高山帯針葉樹林の主要構成種はシラビソ（四国ではシコクシラベ），オオシラビソ，コメツガ，トウヒである．北海道の常緑針葉樹林（亜寒帯針葉樹林）の主要構成種はトドマツ，エゾマツ，アカエゾマツである．アカエゾマツ林は岩礫地や地下水位の高い土地に成立し，その分布は局所的である．

f. サバンナ

熱帯・亜熱帯の乾燥地に広がる，樹木混じりの草原である．南アメリカ，オーストラリアなどでもみられ，地域によって固有の名称が使われている．森林と草原の中間地帯にあたるので植生や環境の特徴からの厳密な定義はないが，1年のうち，ある長さの乾期が存在することは広く認められている．多くのサバンナではイネ科草本が優占し，それを摂食する植食動物が多数生息する．アフリカではシマウマやヌー，トムソンガゼルなどである．それらを餌とするライオンやハイエナなども生息する．

g. ステップ

温帯で，冬が低温湿潤で短く，夏が高温乾燥である地域に形成される草原である．熱帯ステップをサバンナと称することもある．サバンナと同じように定義の一致は得られていない．多種のイネ科草本や広葉草本からなり，木本植物を欠くか，わずかに低木が生育する．名の由来は，ロシア南部に広がる黒土あるいはその類縁土壌に発達した草原である．北アメリカ中央部のプレーリーや，アルゼンチンのパンパもこれに含めている．土壌が肥沃であるために耕地に変えられ，ムギ類の栽培に利用されている地域が多い．また，放牧地としても利用されている．

h. 砂　漠

サバンナ，ステップが形成される気候よりも乾燥すると，植物が少なくなり砂漠と呼ばれる地域になる．どこからを砂漠と呼ぶかについての定義はない．サバンナ，ステップなどとの中間地帯を半砂漠と称することもある．ここでは植物個体や群が散在して生育し，隣の個体や群との間は裸地になっている．草本だけでなく，矮生低木や，サボテンのような多肉植物も生育する．植物がまったく存在しない，あるいは，ごくわずかしか存在しない砂漠は，砂が動くサハラ砂漠やチリ北部の海岸などでみられるだけである．このような砂漠でも，局地的に水が供給されている場所にはオアシス植生が存在する．

i. 極　地

一般に北緯66.5度以北と南緯66.5度以南の地域をいう．高緯度になるに従い，太陽光の入射角が小さくなる．夏には日照時間が長くなるが，積算日射量は少ない．また，低温が植物の生育を抑制するので植生は貧弱である．北極域と南極域では陸と海の配置が異なることにより，気候が大きく違っている．北極では北緯70度以北にまで，イネ科，カヤツリグサ科，ユキノシタ科，ヤナギ科などの維管束植物が分布するが，南極では南極半島の南緯68度までの地域に2種の維管束植物（ナンキョクコメススキとナンキョクミドリナデシコ）の自生が知られているにすぎない．南極大陸部では，夏に氷が融ける地帯に蘚類と地衣類が局所的に生育している．

j. 高　山

標高が100m高くなるに従い，気温は0.5～0.6℃低下する．アフリカの南緯3度にあるキリマンジャロ山（標高5895m）の山麓はサバンナであるが，3000m付近に雲が発生するので，この高さに雲霧林が発達する．その下部では降水があり，熱帯雨林が形成される．雲霧林の上部は乾燥した草原になり，草原より上部は気温が低いために植生がまばらな荒原になる．さらに上部の頂上付近は冠雪帯になっている．高山は極地と同じように低温環境下にあるが，昼間の日射量が極地より大きいので，植物体の温度はかなり上昇する．高山に生育する植物では，夜間の低温に対する適応が特徴的である．また，高山では標高が高くなるにつれ気圧が低下する．気圧の効果に関する研究は，植物だけでなく，生物全般に少なく，生物に対する気圧の影響はよくわかっていない．

k. 雪　田

亜高山帯や高山帯の風下側や北側の窪地に雪の吹き溜まりができ，遅くまで解けずに残っている場所を雪田という．周囲から徐々に雪が解け，解けた場所から植物が生育を開始する．早く解けた場所では開花していても，残っている雪に近い場所では芽生えたばかりか，まだ裸地状態という光景をみることができる．コバイケイソウ，イワイチョウなどの多年性草本やチングルマやアオノツガザクラなどの矮性低木が，お花畑の景観を示す場所が多い．短い生育期間に適応して，養分を貯蔵するための地下茎を発達させたり，開花・結実を数年に一度に抑える植物が多い．

l. 海　岸

多くの海岸には砂あるいは礫が堆積している．砂が海からの風によって運ばれ，堆積して砂丘が形成されている海岸もある．植物は，波の物理的影響を受けない地域から内陸に向かって生育する．通常，植物相は汀線に対し帯状に移り変わる．前面はハマヒルガオやコウボウムギなど，草丈が低く，砂浜を這うタイプの植物．その内陸側にはより草丈の高い多年生草本が生育し，やがて低木林に移行する．場所によっては防風・防砂のために植林されたクロマツ帯が存在する．熱帯や亜熱帯では，海水が流入する河川下流部や河口にマングローブ林が発達していることが多い．干潮時には根元が露出し，満潮時には根元や幹下部が海水に浸る．基質が泥質のため，支持根や呼吸根を持っている．日本では沖縄県と鹿児島県で，メヒルギ，オヒルギ，ヤエヤマヒルギなどからなるマングローブ林をみることができる．熱帯に近づくほどマングローブ林を構成する樹種は多くなる．

m. 河 川

日本の河川は急勾配であり，また降水量が多いことから，浸食と堆積が植生に大きな影響を与えている．上流部では谷が形成され，岩石の崩落や土砂による埋没などの攪乱が常習的で，サワグルミ，シオジ，カツラなどを主要構成種とする渓畔林（渓谷林）が形成されることが多い．中流から下流にかけて，流れが緩やかになると川岸に砂礫が堆積し河原が形成される．河原に成立する林を川辺林といい，ヤナギ類が代表的な樹種である．さらに下流になると広い河原が形成されることがある．頻繁な増水があると，砂礫が移動するのでヤナギ類も定着しない．そのような場所は直射日光を受けるため高温・乾燥環境になり，植物の定着・生育が厳しくなる．そこでは，カワラノギク，カワラニガナ，カワラヨモギなど，河原に特有の植物がみられる．ダムによる流量調節の影響を受けるなどして，土砂の移動が少なく，細かい土砂が堆積している河原では，広大なオギ群落が形成されることもある．

n. 湿 地

地下水位が高く過湿な場所には，耐湿性の植物が存在する．主に草本植物からなる湿地を湿原と呼んでいる．冷涼な気候下では低温と酸素不足で植物遺体の分解が進まないので，有機物が堆積し泥炭になり，高層湿原が形成される．尾瀬ヶ原や根釧原野がその例である．気温が高い場所では有機物の分解が速いので，堆積する有機物量は少なく，ヨシやスゲなどの草本やハンノキなどの木本が生育する低層湿原になる．北海道の東部や北部を除いて，このような湿原の多くは水田に変えられている．

o. 湖 沼

湖沼や河川で常に水に浸って生活している植物を水生植物という．葉を水面に浮かべるヒシやハス，ジュンサイなどの浮葉植物や，植物全体が水中にあるエビモ，クロモ，オオカナダモなどの沈水植物がある．岸に近いところでは，水中に根や茎下部がある抽水植物のヨシやガマが生育する．

p. 海

波の影響が小さい入り江や内湾には細かい砂や泥が堆積し，しばしば塩湿地が発達する．そこには耐塩性のあるシバナ，シオギク，アッケシソウなどの塩生植物が大きな群落を形成する．満潮時には植物体のすべて，あるいは一部が海水に浸るが，干潮時には植物全体が現れる．海水中にヒルムシロ科のアマモ類の植物が生育する．アマモはワカメやコンブなどの藻類の仲間ではなく顕花植物で，海水中で花を咲かせる．もともとは陸上で生活していたが，進化の過程で海に進出したと考えられている．

q. 海洋島

島には本州や琉球列島のように，かつて大陸と地続きであった大陸島と，海底火山によって海洋の中に誕生したハワイ諸島や伊豆諸島，小笠原群島のような海洋島とがある．大陸島は島になることによって，大陸の植生の影響が小さくなる．時間の経過に従って，島の中で独自の進化が起こり，大陸とは異なった植生に変わっていく．海洋島が大陸や大きな島の近くにあれば，そこに生育する植物の繁殖体が侵入するので，付近の大きな陸地の影響を強く受ける．ハワイのように，大きな陸地から遠く離れている場合には，海流に乗ってきた種子，風や鳥によって運ばれた種子などがもとになって植生が形成される．運ばれる手段や機会は多くないので，侵入する種は限られる．それら少数の種から，進化によって多数の種が分化する．大きな島では，飛来あるいは漂着する繁殖体を受け止める海岸線が長いことと，面積が広いことから，小さな島より侵入する種が多い．島の大きさや，大きな陸地からの距離，島ができてからの時間などによって，島の植物の多様性は異なる．

5.2.7 植物の季節変化

木本植物の葉には寿命がある．稀な例を除いて，針葉樹ではおよそ10年以下，広葉樹では長くても4〜5年である．ある時期に一斉に葉を落とし，葉のない状態になる木本植物を落葉樹と呼ぶ．落

葉樹の葉の寿命は1年以内である．常に葉がついている木本植物を常緑樹と呼ぶが，これは葉の寿命が1年以上あるということではない．個々の葉の寿命が1年以内であっても，新しい葉が次々に展開し，同調せずに（個々の葉がばらばらに）落葉していれば，その樹木は葉を1年中つけていることになる．

落葉という現象は乾期に対する適応として熱帯高地で生まれたとされる．植物が分布域を広げていく際に，低温期を過ごすための適応として，この性質が利用されたと考えられている．日本でみられる落葉樹は低温への適応として葉を落とす種であり，夏緑樹といわれる．それに対して，乾期に落葉する樹木を雨緑樹という．季節風の影響を強く受けているモンスーン林や，オーストラリアや南アメリカの熱帯落葉乾生林の主要構成種は雨緑樹で，これらからなる群落を雨緑林という．

常緑樹の葉の落葉は老化による代謝活性の低下と光環境の悪化が原因と考えられている．植物の成長は枝の伸長を伴うので，早い時期に出た葉は，その後に出た葉によって被陰される．つまり，古い葉の光環境はだんだん悪くなる．

夏緑樹の落葉は，短日条件や，ある温度以下の低温になると起こる．このうち，短日条件の効果は強くないと考えられている．短日条件のみに従うなら，イチョウの黄葉開始や落葉時期が年によって異なる理由が説明できない（表5.1）．ただし，街灯近くの街路樹の落葉が遅いことは，日照時間も落葉に関係があることを示唆している．

同種の樹木でも，標高が高いところに生育している個体や，高緯度地方に生育している個体の落葉時期は早い．これは温度の影響も大きいことを示している．落葉の前には，葉柄基部に離層が形成される．これによって，葉が落下した部分から茎内部の水が失われたり，外部から病原生物が侵入したりするのを防いでいる．葉の中の炭水化物やタンパク質，クロロフィル，核酸などは落葉の前に分解される．これらの一部は低分子化合物になり，越冬部位である枝や幹に移行し，貯蔵される．貯蔵された物質は，来季の成長開始時に新しい葉や茎をつくる材料として使われる．

秋にみられる紅葉や黄葉は，葉に含まれる色素の変化による．ナナカマドやモミジの紅葉はアントシアンによるものである．老化しつつある葉におけるアントシアンの生成は，日中の高温と強い光によって刺激される．アントシアンの生成と同時にクロロフィルが分解されるので，アントシアンの赤色が目立つようになる．アントシアンはそれ自体が老化葉に有用というわけではなく，老化葉から炭水化物や窒素，リンなど来季の成長に必要な物質を回収するために行う代謝の副産物であると考えられている．イチョウやシラカバなどは赤くならずに黄色に変化する．この黄色はカロテノイドの色である．カロテノイドは葉ができるときにクロロフィルとともに合成される．通常はクロロフィルの緑色によって隠されているが，クロロフィルの分解によってカロテノイドの黄色が表れ，葉が黄色に色づいてみえるようになる．

5.2.8 植物の生存競争

陸上植物は芽生えた場所に根を張るので，そこから移動することはできない．光，水，栄養塩類など，生きていくための資源は多くの植物にとって共通である．成長に伴って，植物体は大きくなるので，より多くの資源を必要とするようになる．一定の面積あるいは空間から得られる資源量は限られているので，隣接する個体と資源の取合いが起こる．これを競争という．同種の個体間で起こる競争を種内競争，異種の個体間で起こる競争を種間競争という．

ある種の種子を，質量をそろえて等間隔で多数播いたとする．種子自体の遺伝的形質の差違と環境の偶然性により，ある時点での各個体のサイ

表5.1 東京神宮外苑のイチョウ並木のおよそ8割が落葉した時期

1996年	12月6日頃
1998年	12月23日頃
2000年	12月3日頃
2002年	12月11日頃
2003年	12月19日頃
2004年	12月20日頃

ズには違いが生じている．ある時点の幼植物の草丈を階級別に分け，その個体数をみると，著しく高い個体や著しく低い個体はわずかで，多くの個体は中間の草丈階級に含まれる．通常，草丈や質量の階級別個体数（度数分布）は正規分布を示す．

種子を播く間隔を狭くすると，芽生えた幼植物は成長するにつれて互いに葉を接するようになり，やがて光を奪い合う競争が始まる．遺伝的に伸長速度が速い個体は，そうでない個体よりも葉を上部に展開できる．同じような伸長速度を持つ個体どうしでは偶然によって葉の上下が決まる．下になった個体は被陰によって成長が悪化する．時間が経過するに従って，被陰される個体は増加する．何枚もの葉に被陰される個体も増加する．結果として，成長を抑制された小さな個体が増加する一方で，大きな個体は光を多く受けられるので，成長に抑制がかからず，さらに大きくなる．やがて，大きな個体どうしで競争が起こり，大きなサイズ階級から脱落する個体が出る．少数の大きな個体と多数の小さな個体，その中間サイズの個体に分かれる．個体のサイズ階級と階級別の個体数の分布はL字型になる（図5.16）．中間サイズの個体も存在し，小個体から大個体への数の変化は曲線的になるので，L字型ではなく，逆J字型と表現することもある．中間サイズの個体の成長は時間とともに抑制が強まり，やがて，多数の劣勢個体と少数の優勢個体とに分かれてしまう．小個体の中には枯れるものも現れる．これを自然間引きという．このような現象は光要因に関してだけでなく，土壌中の水や栄養塩類をめぐっても起こる．土壌中での競争の場合は，根の張り方の違いが優劣を決めることになる．

異種個体間の競争は，同種個体間の競争とは異なった仕方で起こる．種が異なっても，光や水，栄養塩など，必要とする資源はほぼ同じである．しかし，遺伝的にプログラムされている形態は同種個体間より大きく異なるし，必要とする資源量にも違いがある．茎を伸長させて，その先に葉をつける草本と，葉を展開してから茎を伸ばし始める草本とを狭い場所で種子から成長させると，後者は前者に被陰されて，光不足になり成長が悪化

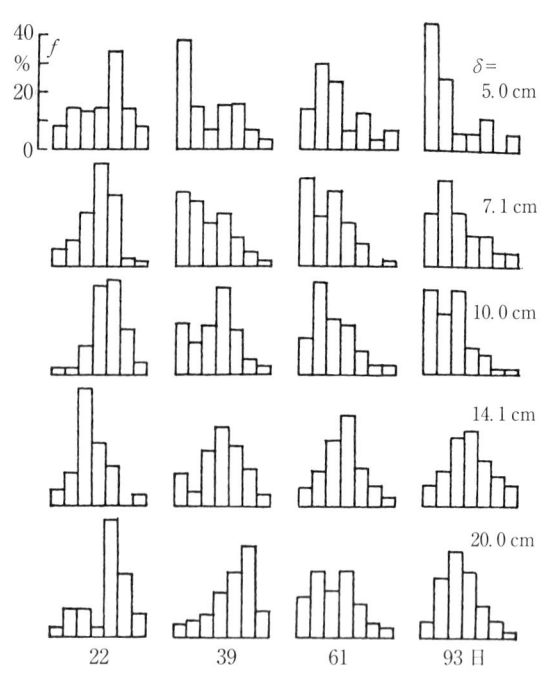

図5.16 色々な密度によるダイズ平均個体重度数分布パターンの時間的変化（Koyama and Kira, 1956）
f は個体重の度数分布，δ は株間距離，横軸は芽生えてからの日数．

する．もし，後者が低い光強度でも純光合成をプラスにできる能力を持っているか，持つように変わると，背が高くなった他種個体の下で生き続けることは可能である．環境が変化した場合に，その環境に順化する性質が多くの植物に備わっているので，好適環境下での生理活性から，変化した環境での生活を推測することは難しい．

海外から渡来し在来種との競争に勝って定着した植物を，帰化植物という．日当たりのよい場所に繁茂しているブタクサ，セイタカアワダチソウ，ヒメジョオンなどキク科の植物は，侵入場所で生活していた在来種よりも速い成長速度など優れた生活特性を持っていると考えられる．日本の在来植物であるクズが北アメリカに，イタドリがヨーロッパに持ち込まれて，それぞれ繁茂し，帰化植物となっている．

5.2.9 植物の栽培

生物の繁殖は，親がいて，子が生まれるという

形式である．バクテリアなどの単細胞生物でも親細胞があって，その分裂によって娘細胞ができる．真核生物では，分裂や出芽など無性的な繁殖（無性繁殖）と，雌雄の配偶体の合体による有性的な繁殖（有性繁殖）とがある．植物では個体に雌雄の別があるものや，1つの個体に雄性器官と雌性器官とが形成されるものがある．植物の多くは有性的な繁殖をする．しかし，有性生殖を営みながら不定芽を出したり，塊根や塊茎，むかごのような無性繁殖体をつくって繁殖するものも多い．種子植物の有性繁殖では，両親の遺伝子を半分ずつ受け継いだ種子が新しい個体の出発点になる．種子から成長した個体は，親とは異なった形質を持っている．通常，1個体の親植物は多数の種子を産出する．しかし，種子の発芽率や，幼植物の生存率はきわめて低いので，繁殖に関われるようになるまで成長できる子の数はきわめて少ないのが普通である．

種子をつくる有性繁殖よりも無性繁殖のほうが確実に子孫を残せる．繁殖体の数は少ないが，繁殖体のサイズが大きいため，新個体の生存率が高くなるからである．無性繁殖によってできた子の遺伝子組成は親と同じなので，子は親とほとんど同じ性質を持つ．栽培植物の場合，親とその子孫が同じ性質を持つことは，品質の均一性を保てる点で都合がよい．ジャガイモは，いもをいくつかに分割して埋めておくと，それぞれから新個体が成長してくる．サツマイモやサトウキビでは，茎の一部を土に挿すと，挿した茎から新個体が成長する．この操作を挿し木という．

作物や果樹，花木は特定部位に重点が置かれて選抜されてきたので，生理活性や，病害虫に対する抵抗性に欠陥がある場合が多い．根の活性が弱いとか，根が病虫害を受けやすい場合には，野生種の根に優良な形質を持つ栽培種の茎を接ぐ．この操作を接ぎ木といい，樹木だけでなくトマトなど草本でも行われている．

ウイルスが組織に入り込んでしまった場合には，挿し木や接ぎ木によってウイルスを取り除くことはできない．ウイルスがまだ入り込んでいない成長点を多数に分割して人工培地上で培養して幼植物をつくり，それを栽培して商品化することも行われている．このような手法を成長点培養法という．

5.2.10 植物の越冬戦略

葉，茎，根などの組織では，質量の70〜90%は水である．通常，0℃以下の温度では，液体の水は凝固して氷に変化する．細胞液には溶質が溶け込んでいるので，固体になる温度（凝固点）は0℃よりも低い．温度が下がって細胞の中に氷の結晶ができると，その先端が細胞膜や細胞小器官を傷付ける．氷が溶けると原形質が細胞外に流出するなどして細胞は死んでしまう．凝固点以上の温度であっても，低温になると細胞膜の透過性に変化が起きたり，代謝速度が低下したりして細胞の機能に障害が起こる．また，低温下では，水の粘性が大きくなるため通導組織の輸送能力が低下する．

1年のうち，ある時期に気温が0℃以下になる地域は広い．そのため，多くの植物は低温に適応して様々な生き方を進化させてきた．最も簡単な方法は，低温害を受ける前に，水をあまり含まない種子をつくり，その状態で低温期間を過ごすことである．これは一年生植物のとる越冬の仕方であり，低温回避とみなすことができる．

多年生植物では種子以外の植物体も低温期を過ごすので，それらが低温害を受けない仕組みが必要になる．多くの植物は，地上に比べ温度低下が小さい地中に，越冬部分を残す方法をとっている．

低温に対する耐性を耐寒性といい，これには凍結回避と耐凍性とがある（図5.17）．前者は植物体のどの部分も凍結させないような仕組みであり，後者は植物体の一部が凍結しても，重要な部分を凍結させない仕組みである．植物体の中で，水は狭い空所にあるので過冷却になりやすい．水が入っている間隙が小さいほど過冷却は強く働き，凍結温度は低くなる．葉の場合，葉肉細胞が密に詰まっているほど凍結しにくい．針葉樹の葉が広葉樹の葉よりも凍結しにくいのは，このためである．亜寒帯や寒帯では，常緑の針葉樹はみら

```
                            耐寒性
                    ┌─────────┴─────────┐
          氷点下の温度に対する抵抗性      冬の乾燥に対する抵抗性
          ┌─────────┴─────────┐
        凍結回避              耐凍性
      a. 過冷却             細胞外凍結
      b. 組織凍結温度の低下   器官外凍結
      c. 脱水
```

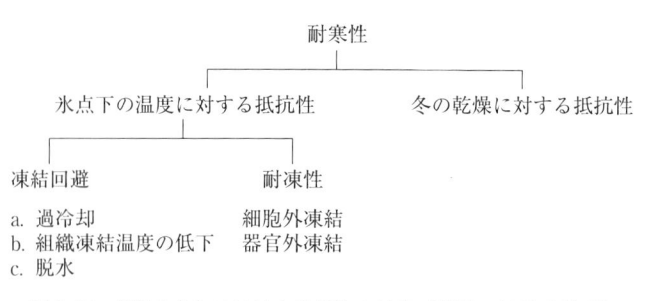

図 5.17 低温ストレスに対する植物の対応（酒井，1982 を改変）

れるが，常緑の広葉樹は少ない．大きな空所である道管にある水は凍結しやすく，融解後，気泡が生じる．凍結・融解を繰り返すと道管や仮道管中の気泡が大きくなり，エンボリズム（水が通道できない状態）が引き起こされることがある．

細胞液中の溶質濃度が 1 M（モル）高まると，凝固点は 1.86°C 低下する．これを凝固点降下という．多くの常緑性の植物は，秋から冬にかけて葉の細胞液中にスクロースを蓄積する．溶質濃度を高めることにより凍結温度を低下させる効果が得られるが，濃度を高めていくと代謝に悪影響を及ぼすようになるので，むやみに溶質濃度を高くすることはできない．

凝固点以下の温度で，細胞外や組織中の空所に氷をつくる植物がある．細胞間隙や組織間隙に小さな氷が形成されると，氷の結晶の成長のために細胞から水が引き出される．脱水によって，細胞液の溶質濃度が高まるので，細胞液の凝固点は低下する．細胞間隙や組織間隙で氷の結晶をつくりやすくするために，氷核形成タンパクが生成されたり，バクテリアが氷核となることがある．このように，細胞外凍結によって細胞自体の凍結を防ぐことを耐凍性という．耐凍性は細胞が凍結に耐えるということではない．

低温下で，地上あるいは積雪上に茎葉の一部を出している植物は乾燥害を受けることがある．土壌温度が 0°C 以下になると土壌水は凍結することがある．根は固体の水（氷）から吸水できないにも関わらず，雪上にある茎葉からは蒸散で水が失われる．結果的に個体の水収支はマイナスになり，植物は脱水して，雪上の茎葉のみ，あるいは全体が死ぬことになる．

気温に比べて，土壌中・水中の温度は低下しにくい．そのため低温期に入る前に地上部を枯死させて，土壌中にある根や茎で越冬する草本類が多い．根や地下茎などの越冬部位には次世代個体の成長に必要な物質が貯蔵されている．この物質は夏から蓄積され始め，地上部が枯死するときに貯蔵量は最大になっている．主に炭水化物が，デンプンのような不溶性の形で蓄積される．冬が過ぎて成長を開始するときに，デンプンはグルコースやスクロースなど可溶性の形に変わって成長部に移動し，新植物体の構成に使われる．

種子の多くは秋に散布されるが，秋に発芽しても幼植物は越冬できないので，休眠に入る種子が多い．このような種子の休眠は一定期間の低温期を経験することによって打破され，温度の上昇によって発芽する．

5.2.11 植物の生育適地と分布

地軸の傾き，楕円の公転軌道，陸と海の配置などにより，地球表面は気候的に不均一な状態にある．このことは生物，特に移動が難しい植物に対して大きな影響を及ぼしている．通常，ある集団を構成する個体間には遺伝的特性の違いがあり，互いに形や機能がわずかではあるが異なっている．それらの形質の違いには，成長速度や繁殖能力だけでなく，環境の変化に対する応答の仕方にも影響していると考えられる．その結果として，集団内で子孫を多く残す個体と，そうでない個体とが生まれる．子孫を多く残す遺伝的特性を持つ個体は「その場の環境に適応したもの」とみなすことができる．その場所は，そのような遺伝的特

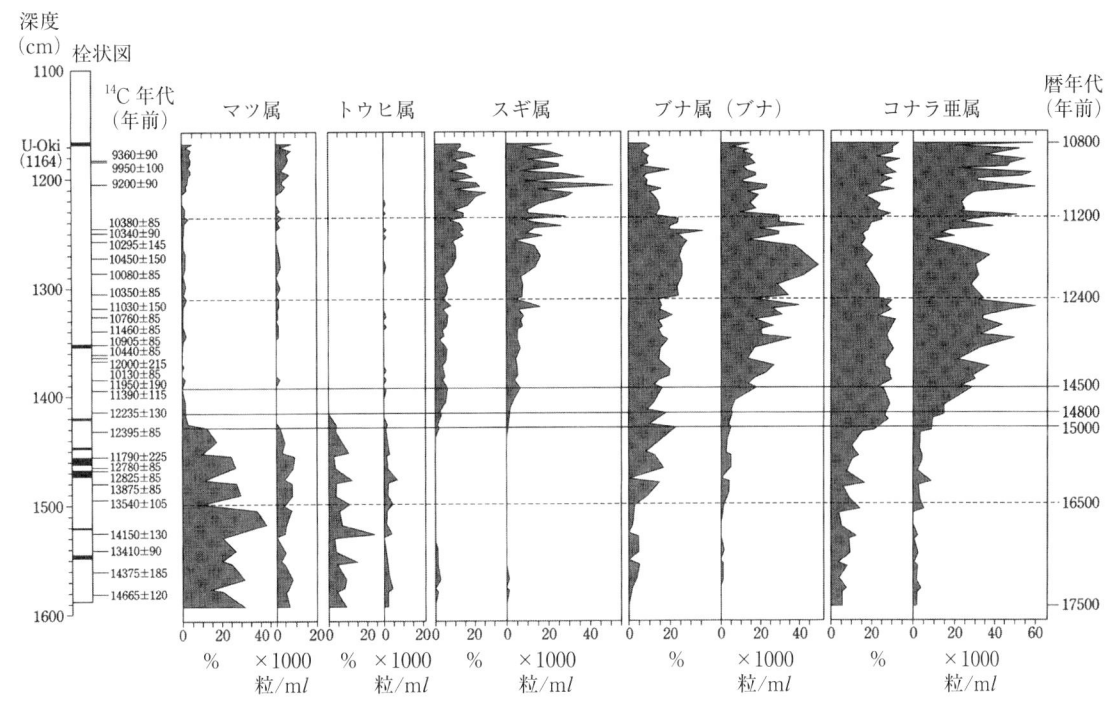

図 5.18 福井県水月湖の花粉ダイアグラム (Yasuda, 2002)
各属の左が樹木花粉を基数とする百分率，右が単位体積あたりの絶対花粉量．

性を持つ個体の生育適地であるとみなされる．しかし，環境は安定したものではなく，小さな変動は頻繁に起き，10年あるいは100年に一度の大きな変動も起こる．また，地球温暖化のように徐々にある方向へ向かっていく変化もある．環境の変化は，「これまでの環境に適応していた」個体に好ましくない影響を及ぼす．生き残るためには，大きな許容度を持つか，新たな環境に対応する変化が必要になる．環境変化に対応できなければ消滅し，他種に置き換わる．環境の地史的変動に伴って，種は交代してきた．長期間にわたる植生の変化は，堆積物中に埋もれている花粉の同定（花粉分析）によって推測することができる（図5.18）．

有性生殖によってつくられた種子から成長した個体は，親とは異なった形質を持っているのが普通である．種子は風や動物など色々な手段で散布される．親から遠く離れて，その種の分布地域外に到達するものもある．散布された種子から芽生えた植物が，その場所に生育していた他種個体よりも成長・繁殖面で優れた性質を持っていれば，既存の種に取って代わることができる．これは分布域の拡大であるが，既存種にとっては絶滅につながることもある．

植物の分布には，繁殖体の分散方式や諸生育段階における環境変動に対する許容度だけでなく，氷期・間氷期，大陸移動などのような地球規模の環境変動も関わっている．また，環境に対する適・不適には，光，温度，水，それらの季節変化などだけでなく，天敵の存在も重要である．気候や土壌の物理的・化学的性質に対して生理学的に適応できたとしても，病気を引き起こす生物や摂食する生物が存在するために，定着が困難な場合もある．

〔伊野良夫〕

●文　献

Campbell, G. S. and Norman, J. M.（久米　篤，ほか　訳）(2003) 生物環境物理学の基礎（第2版），森北出版．

深海　浩 (1992) 生物たちの不思議な物語 —— 化学生態学外論，化学同人．

ホイッタカー，R. H.（宝月欣二　訳）(1974) ホイッタカー生態学概説 —— 生物群集と生態系，培風館．

Kamijo, T., et al. (2002) Primary succession of the warm-temperate broad-leaved forest on a volcanic island, Miyake-jima Island, Japan. Folia Geobotanica 37：71-

91.

Koyama, H. and Kira, T. (1956) Intraspecific competition among higher plants. VII. Frequency distribution of individual plant weight as affected by the interaction between plants. Journal of the Institute of Polytechnics, Osaka City University, Series D **7**：73-94.

Larcher, W.（佐伯敏郎，舘野正樹 監訳）(1999) 植物生態生理学，シュプリンガー・フェアラーク東京．

Mohr, H. and Schopfer, P.（網野真一，駒嶺 穆 訳）(1998) 植物生理学，シュプリンガー・フェアラーク東京．

Nobel, P. S. and Jordan, P. W. (1983) Transpiration stream of desert species：resistances and capacitances for a Cs, a C4, and a CAM plant. Journal of Experimental Botany **34**：1379-1391.

酒井 昭 (1982) 植物の耐凍性と寒冷適応——冬の生理．生態学，学会出版センター．

重定南奈子，露崎史朗 (2008) 撹乱と遷移の自然史——「空き地」の植物生態学，北海道大学出版会．

高林純示 (1995)（シリーズ〈共生の生態学〉4）共進化の謎に迫る——化学の目で見る生態系，平凡社．

Wiebe, H. H., et al. (1970) Water potential measurements in trees. Bioscience **20**：225-226.

Yasuda, Y. (ed.) (2002) Origins of Pottery and Agriculture, Lusre Press and Roli Books.

吉野正敏，福岡義隆 編 (2003) 環境気候学，東京大学出版会．

吉岡邦二 (1973)（生態学講座 12）植物地理学，共立出版．

5.3 動　　　　　物

5.3.1 動物の生息環境要因

a．多変量解析

ある場所が，ある動物にとって棲みよいか否かを最もわかりやすく示す指標は，生息密度である．生息密度は様々な環境要因（餌の豊富さ，植生，営巣場所，捕食者の数，温度などの物理的条件）によって決まる．どの環境要因がどの程度強く影響しているかを解析するには，各種の多変量解析が用いられる．通常の多変量解析は次の式で表される．

$$Y = a_0 + a_1X_1 + a_2X_2 + a_3X_3 \cdots + a_rX_r$$

（Y：環境収容力（生息数），a：常数項，X：環境要因）

多変量解析では一般に樹高や温度のような，数値で表現できる要因を取り扱う．林相などの質的要因は通常の多変量解析法では解析できないが，数量化の手法を用いれば，こうした要因も取り扱うことができる．

ある調査において，日本で最も普遍的な野ネズミといえるアカネズミを取り扱った．環境要素として調査地の植生，樹高，立木密度，草丈，草密度，地形，勾配，方位を取り上げたところ，影響力のある要因は勾配，草丈，草密度，立木密度の順となった．植生や樹高はそれほど大きな影響要因とはなっておらず，アカネズミが各種の森林環境に普遍的に生息しているのは，このような性質に起因すると思われる．北海道においてエゾユキウサギやキタキツネの生息状況を積雪上に残された足跡数から解析した研究では，キタキツネの生息に対する影響度は立木の大きさ，林相，地形，立木密度の順であり，地形的には山の中腹から河岸段丘地域が好まれた．他方，エゾユキウサギへの影響度合いは林相，立木の大きさ，地形，立木密度の順であった．林相では混交林が最も好まれ，二次林，人工林がそれに次いだ．立木については大径木の密生する場所が好まれた．地形では高所を好む傾向がみられ，キタキツネの場合と対照的であった．

b．生息適地の限られるギフチョウ

昆虫には，きわめて限定された餌しか食べない種類が多い．春を告げるチョウとして知られるギフチョウは，幼虫時には明るい雑木林などの林床に生えるカンアオイ属の草本しか食べず，成虫になってからはカタクリなどの花で吸蜜するだけである．ギフチョウはこれらの植物の生育する場所でないと生きていけない．例えばカタクリは多雪で寒冷な気候を好む植物なので，東京付近では，北向きの穏やかな斜面を有する雑木林，冷涼な地温，沖積錐の地形などの条件を満たす場所に限って生育する．これを環境要因としてみると，カタクリの分布好適地は林相，土地傾斜度，傾斜方位，

c. 山奥よりも鎮守の森を好むムササビ

ムササビ（体重約 1.2 kg）は山地の森だけでなく平地の屋敷林などにも生息する．野生動物は山奥に行くほど数が多いと思われがちであるが，多くの哺乳動物は里山を好み，ムササビも例外ではない．本種はとりわけ里山の社寺林に多く生息することが特徴である．ムササビが移動するときに「グルルー」という大きな声を発する習性を利用して，様々なタイプの森で声が聞こえた頻度を調べたところ，巨木の繁る社寺林（鎮守の森）で頻繁に聞かれたのと対照的に，植林地や一般的な山地林ではあまり聞かれなかった（表5.2）．すなわちムササビは山奥よりも鎮守の森を好むといえる．鎮守の森には，ときに樹高30 mを越える照葉樹やスギの巨木が多く残されている．滑空移動するムササビにとって高い木が有利なことはいうまでもない．巨木林にはムササビの営巣に適した樹洞もたくさんある．また，鎮守の森は捕食者が少ないことでも有利である．ムササビは稀にクマタカなどに捕食されるが，鎮守の森はこうした奥山系の捕食者が少ない環境でもある．

表5.2 各種の森において，声によって確認されたムササビの数

調査場所	確認個体数*
大規模社寺林（1 ha 以上）	2.1
小規模社寺林（1 ha 未満）	1.9
孤立社寺林	2.0
村落内の林	1.3
山地林	0.1
スギ植林地	0.1

* 観察者の周囲50 m内で1時間に同時に確認された個体数．安藤・倉持，2008より．

d. 混交林を好むニホンモモンガ

ニホンモモンガ（体重は120 g）はムササビと同様の滑空生活者であるが，本種には鎮守の森を好むという傾向はみられない．長距離滑空の少ない小型の本種にとって，滑空環境としての巨木はそれほど必要ではないのだろう．モモンガが好む森林タイプを巣箱利用頻度からみると，本種はスギやヒノキの純林にはほとんど生息しておらず，また樹上性のヒメネズミが好むブナ林のような天然広葉樹純林にも少なかった（図5.19）．最も多かったのは，モミとカエデなどが混じる天然の針広混交林，および広葉河畔林とスギ林がモザイク状に入り交じる人工・天然の混交林であった．また自動撮影調査の結果，モモンガは，滑空の着地点として有利な太くてまっすぐな針葉樹の幹を主に利用しており，広葉樹の細い枝はあまり使っていないことがわかった．こうした事実からみると，針広混交林は柔らかい樹葉などの餌資源量と移動

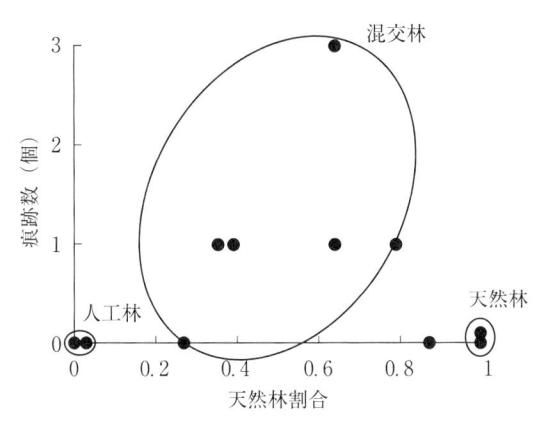

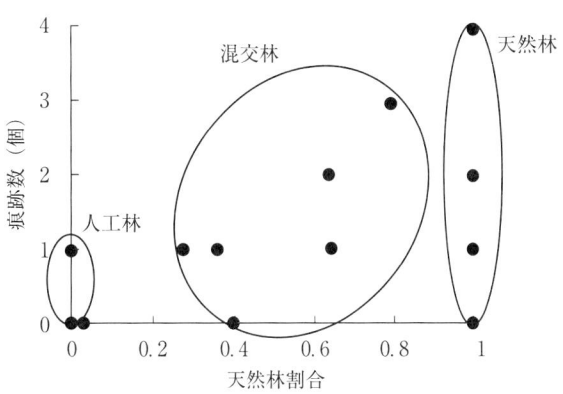

図5.19 ニホンモモンガ（左）とヒメネズミ（右）における，痕跡数と天然林割合との関係
鈴木ほか，2008より．

の容易さを兼ね備えた環境といえる．小型のモモンガの場合にはフクロウやテンなど潜在的な捕食者の種類が多く，こうした捕食者の生息密度も分布に大きく影響する．

樹洞の数も分布を制限する要因である．ムササビ，モモンガは両種ともに樹洞に営巣することを好むが，ムササビは，樹洞が見つからなければ枝上に巣をつくることもあるし，小さな隙間を自ら囓って営巣可能な大きさに広げることもできる．他方，モモンガは枝上に巣をつくらないし，樹幹を囓り穴を広げられるだけの丈夫な歯を持っていない．このため，ムササビが人工林にも広く生息するのに対し，モモンガの分布は天然樹洞の豊富な場所に限られる．

e. 樹洞の多い天然林に分布するヒメホオヒゲコウモリ

森林性哺乳類の多くは，樹洞を巣穴として利用する．しかし樹洞への依存度合は動物種によって異なる．その度合いが最も強いのは，ねぐらや繁殖場所が樹洞に限られ，樹洞の有無によって分布域が限定されてしまう樹洞性コウモリ類のようなタイプである．例えばヒメホオヒゲコウモリの分布は，樹洞や餌動物の多い自然林の分布域とよく一致することが知られている．このコウモリに発信機を装着してねぐらを調べたところ，ねぐら木は立枯れ木や大木に偏っていること，樹洞などの大きな空隙よりも，浮いた樹皮の隙間などの狭い隙間を利用すること，ねぐらを頻繁に変えることなどが明らかとなった．樹洞があったり樹皮のめくれの目立つ木は，樹勢が劣る木として通常の森林管理においては除伐の対象となる．このため樹洞を利用する哺乳類34種中では，樹洞性コウモリ類をはじめ53％（18種）が何らかの危機的状況におかれている．

間接的に樹洞のメリットを受ける種もいる．例えばテンは樹洞で繁殖するだけでなく，樹洞性の鳥類や小哺乳類を捕食する．食物連鎖を通じて間接的にも樹洞の恩恵を受けているのである．日本産陸生哺乳類104種についてみると，約1/3が何らかの形で樹洞の恩恵を受けている．

5.3.2 動物の外敵

a. 日本の生態系における捕食者

哺乳類についてみると，日本の陸地には外来種を除いて7目97種，周辺の海には4目約44種が生息する．このうち何らかの動物質（無脊椎動物を含む）を常食する種は，モグラなどの食虫目，オオコウモリを除く翼手目，テンなどの食肉目，トドなどの鰭脚目，およびクジラ目のすべてである．このうち食虫目，翼手目，鰭脚目は動物質しか食さないが，ツキノワグマやキツネのような食肉目の大部分は，植物質も多く食する雑食性である．他方，植物食といえる哺乳類は，ヤマネを除く齧歯目，ウサギ目，霊長目，偶蹄目，海牛目であり，種数のうえでは日本産哺乳類の7割が捕食者としての地位を有している．

日本の哺乳類相における特徴は，トラやヒョウのような大型肉食獣がいないことである．ニホンオオカミが絶滅した現在，陸域で中型以上の哺乳類を捕食する高次捕食者はいない．他方，海ではイルカやアザラシ類を襲うシャチがこの地位にある．鳥類についても，日本最大の猛禽であるイヌワシが稀にキツネを襲うことがあるが，常食にしているのはせいぜいウサギやヘビ程度のサイズである．

b. 病気による死亡

動物の天敵には，食物連鎖における捕食-被食の関係だけでなく，広義には寄生性動物や病原性微生物など，個体数を抑制する方向に働く生物的な死亡要因すべてが含まれる．鳥インフルエンザウイルスによる渡り鳥の大量死やカエルツボカビ症は，後者の例である．カエルツボカビ症はツボカビの一種が体表に寄生する病気であり，両生類にとって致死的な感染症である．この病気は1990年代にオーストラリアでカエルの激減を招き，以後，中南米，アフリカ，ヨーロッパなどでも流行が確認されている．日本国内でも2006年に，飼育されている中南米産のカエルからカエルツボカビが検出された．これらの感染症は渡り鳥や両生類にとっての脅威であるだけでなく，食物

連鎖を通じて生態系全体に，そして人間生活へも大きな影響を与える可能性がある．

c. 様々な被食回避法

逃げる　これは防御の基本である．ニホンリスは通常は枝上に巣をつくるが，雌は出産・子育て時期である3〜5月に限って樹洞も使う．樹洞巣穴は保温性能に優れ子育てに適しているが，テンなどの捕食者に襲われた場合には逃げ場がない（図5.20）．これに対して，枝上の巣であれば，捕食者に襲われた場合に，子は助からないだろうが親はどの方向にも逃げやすい．優れた運動能力を持つリスは，子育て期以外は逃げやすさを優先して枝上の巣を用いていると思われる．これに対し，リスのような敏捷性と持久力を持たないムササビは，枝上巣よりも樹洞巣を好む．

フリーズする　捕食者にとっては動いている獲物のほうが発見しやすいので，体の動きを止めてフリーズすることのメリットは大きい．体がまったく動かなくなって枝から落ちたりする擬死（死にまね）現象も，広範な動物にみられる．昆虫では，草の震動や，敵が近づくだけで硬直する場合も多く，哺乳類ではオポッサムの擬死行動が知られている．

カムフラージュ　イノシシの幼獣（ウリ坊）で知られるように，哺乳類の幼獣はしばしば成獣にみられない斑紋を有する．氷上で出産するゴマフアザラシでは，幼獣の毛色は純白である（成獣は斑紋を有する）．ナナフシのような昆虫，ヒラメなどの魚類，タコなどの軟体動物をはじめ，多くの動物は自身の姿を隠すために擬態を行う．擬態には上記のような隠蔽擬態だけでなく，カマキリなどの捕食者が獲物に気づかれないように行う攻撃擬態もある．

体の大型化　肉食動物は自分の体サイズに適した獲物を狙う．体の大きなライオンはヌーやシマウマなどの大型動物を，ヒョウはトムソンガゼルやヒヒなど中型動物を，そしてリビアヤマネコはジリスやトカゲなどの小型動物を主に捕食する．自分の体の大きさに比して小さすぎる獲物を食べようとすると，数多く食べる必要があるために時間がかかり，大きすぎる獲物を食べようとすると，反撃されて自らが危険にさらされるからである．海生動物のシャチはアザラシ類を主に食べるが，アザラシが少なくなると，ずっと小型のラッコを襲い始めることが知られている．すなわち，被捕食者にとって，体を大きくすることは捕食される危険を減らすことにつながる．滑空性動物の中でモモンガ（体重約120g）はしばしばフクロウに捕食されるが，ムササビ（体重約1.2kg）はフクロウの餌として大きすぎるらしい．フクロウがとまっている樹木でムササビが採食していても，フクロウは何の反応も示さない．

警戒信号　サルやシカをはじめ広範な動物にみられる防衛策である．オナガはタカ類などの天敵を発見すると遠くまで届く警戒声を発し，捕まったときには遭難声を発する．これらの声を聞くとオナガだけでなくヒヨドリやムクドリも繁みに避難する．また，尻の白い毛を逆立てるニホンシカのように，視覚による警戒信号を用いる種も多い．昆虫のアリマキでは警報フェロモンが用いられており，捕食者に攻撃された個体がにおい物質を出し，そのにおいを感じた個体が逃げる．

図5.20　樹洞巣を襲ったテンによるニホンモモンガ幼獣の捕食

夜行性　世界のリス科には，樹上性の種が128種，ムササビのような滑空性の種が37種いる．このうち前者は昼行性であり，滑空生活者は例外なく夜行性である．昼間の樹上では猛禽類などに捕食される危険性が高いので，敏捷さが必要である．これに対して夜間の樹上には，フクロウなど猛禽の一部やテンなどの樹上性食肉類以外に捕食者は少ない．滑空は筋肉の減少など敏捷性を犠牲にして成り立つ移動様式であるため，夜行性と結び付くのだと思われる．

出産戦略　最も捕食者から狙われやすいのは幼獣である．アフリカのサバンナに大きな群れをつくるヌーなどのレイヨウ類は，ごく限られた時期に一斉に出産する．捕食者は短期間に多くの幼獣を捕食することはできないので，少々の犠牲は否めないが，多くの幼獣が攻撃を逃れることができる（ダーリング効果）．

化学物質　体内に有毒物質を蓄積して，草食動物に食べられないようにすることは，植物ではきわめて一般的である．哺乳類ではこうした戦略は一般的ではないが，トガリネズミ類の脇腹には強い臭腺があり，そのためにこの仲間を餌にする捕食者は少ない．スカンク類は肛門腺から強烈な悪臭のある分泌液を放出するため，ほとんどの捕食者はスカンクを襲わない．またスカンク類は白黒模様の目立つ体色を有しており，外敵に対する警戒色となっている．単孔類のカモノハシのオスは，後肢の踵に毒を分泌するケヅメを持ち，敵の体に毒を打ち込むことができる．フグのように自らの体に毒を蓄積する場合もある．水槽内のフグに電気刺激を与えると，フグはストレスで膨張する．このときに皮からフグ毒が分泌される．イヤな味を感じた魚は，フグ毒の混じった餌を吐き出す．この毒はフグが自ら生産しているわけではなく，ある種の細菌が産生したものである．それが食物連鎖によって上位の生物（フグ）に蓄積されると考えられている．

5.3.3　動物の生息適地と集団形成

ある場所に多数の個体が集合している状態のうち，構成個体が何らかの目的で互いに引き付け合って集まった状態は「群れ」，各個体が独立に勝手な行動をしている状態は「群がり」として区別できる．例えば野良ネコが餌場にたくさん集まってきたような場合は，個体間に誘引性はないので，単なる群がりにすぎない．「群れ」は防衛や，効率よく餌を見つけるために有利であるが，餌，交尾相手，営巣場所など，生きていくのに必要な資源を1頭で独占することができなくなるし，捕食者に対して目立ちやすいという不利もある．

a.　被食を避けるために群れをつくる

きわめて多くの動物種が，被食回避のために群れをつくる．サバンナにおけるヌーのように大きな群れをつくれば，自分が捕食される可能性は相対的に低くなる．群れは同種個体で構成されるが，ときには異種の群れが複数集まって混群をつくることもある．この現象は鳥類では広くみられるが，アフリカと南アメリカの熱帯林では，チンパンジーやゴリラなどの類人猿も含めて多種のサルが混群をつくることが頻繁に観察されている．混群を形成していないアカコロブスとダイアナモンキーの群れにチンパンジーの音声を聞かせると，アカコロブスがダイアナモンキーに近付いて混群を形成する．前者は警戒行動の得意な後者と混群を形成して，チンパンジーによる捕食を避けようとしているのだと考えられる．

逃げるだけでなく積極的に捕食者を追い払う行動がみられることもある．例えば鳥類では，小さい鳥が集まってうるさく騒ぎ立てながら，敵となる鳥の周囲を飛び回って追い払う，モビング（擬攻撃）という現象が多く知られている．小鳥の捕食者である猛禽類に対して，小鳥が群れをつくって集団威嚇を行い猛禽を追い払うことがある．カラス類も小鳥のモビングを受けることがあるが，逆の立場（被食者）となったカラスの集団が，イヌワシやオオタカなど猛禽の周りを飛び交ってモビングすることもある．コアジサシやケリなどは，繁殖期に人間が現れると，親鳥が集まってきて人間に突っ掛かるように飛び回る．これもモビングの一種である．

b. 狩るために群れをつくる

野生のネコ科は，草むらに身を伏せて忍び寄っていく狩りや，ネズミ穴からネズミが出てくるのを待つような待伏せ型の狩りを得意とする．こうした方式の狩りでは，群れよりも単独で行動したほうが相手に気づかれにくく成功率が高まるし，獲物も独占できる．このためネコ科動物は基本的に単独生活を営み，排他的な行動圏を持つ．この社会システムには種による違いが少なく，日本のイリオモテヤマネコやツシマヤマネコも同様である．ただし，開けた場所での捕食行動には集団形成が有効である．遮蔽物のないサバンナは，忍寄りや待伏せによって単独で獲物を倒すには不向きな環境である．しかも，そこに棲むガゼルのような餌動物は，速く走るという防衛能力を発達させている．獲物に気づかれてもなおかつ狩りを成功させるためには，群れによる狩りが必要になる（図5.21）．

ネコ科動物で群れをつくるのは，開けたサバンナに暮らすライオンとチーターだけである．ライオンはプライドと呼ばれる母系中心の群れを恒常的に維持し，群れのサイズはときに20頭を越える．チーターは単独で生活することもあるが，ときに少数頭の家族群や雄成獣グループを形成する．同じサバンナでも河辺林や森林の発達した環境を好むヒョウは，単独性で排他的な社会システムを持つ．ライオンは単独でも十分に獲物を捕獲できるが，単独よりも2頭で狩りをするほうが成功率が2倍程度に高くなる（表5.3）．狩りの参加者が2頭以上になっても成功率はそれ以上には上がらないようだが，1回あたり2～3頭のガゼルを倒せるなど捕獲数は増える．

群れをつくることは，大型の獲物を倒せる点でも有利である．ライオン（雌の体重約150 kg）の主要な獲物はヌー（約200 kg）やシマウマ（約200 kg）などの大型草食獣であるが，これらの体

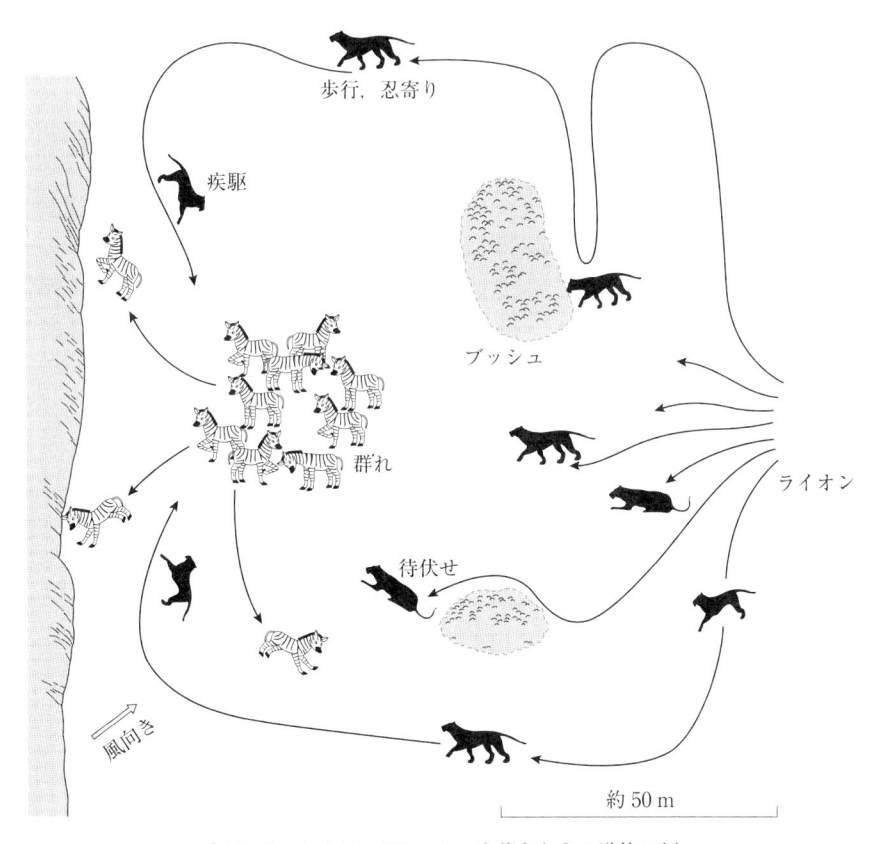

図 5.21　ライオンがシマウマを襲うときの道筋の例
Shaller, 1972 より．

表5.3 ライオンの数と狩猟成功率（%）の関係

ライオンの数	トムソンガゼル		ヌーとシマウマ	
	狩猟数	成功率	狩猟数	成功率
1	185	15	33	15
2	78	31	17	35
3	42	33	16	12.5
4～5	42	31	16	37
6以上	15	4.1	21	43
計	362		103	

重はライオンより重く，単独で襲うには手強い相手である．チーター（約50 kg）は単独では小型のトムソンガゼル（20～30 kg）を主に狙うが，グループではより大きなヌーを狙う傾向がある．

チーターは，他のネコ科動物にはない「追いかける」という能力を発達させたが，スピード走に適応した細身の体では単独で大型の草食獣を倒すことはできない．一方，チーターほど速く走ることができない代わりに，ライオンは強力な筋力と顎を発達させて，他の肉食獣が単独では殺せない大型の草食獣を餌資源とすることができた．大型草食獣を1頭倒すとライオン数頭分の新鮮な生肉が供給されるので，群れをつくっても分け前を確保できる．ブチハイエナやジャッカルなど他の食肉類も多いサバンナでは，餌の横取りも無視できない．ある研究では，ライオン2頭のグループでは獲物の20%がハイエナに横取りされたが，6頭以上の群れでは2%にすぎなかったという．集団狩猟はリカオン，オオカミ，ハイエナなどにもみられ，チンパンジーも共同で狩りをすることがある．

c. 生活場所と活動時間帯で異なる霊長類の群れサイズ

霊長類は，一部に例外はあるものの，群れ生活を基本としている．群れの構成員の入れ替わりが少なく，大変安定しているのが特徴である．また，大部分が昼行性であるという点でも，哺乳類の中で特異である．ただし，原猿類はキツネザル類の多くを除けば夜行性であり，とりわけマダガスカル以外に分布する南アジアのロリス属，アフリカのポットー属やガラゴ属はすべて夜行性である．

真猿類で夜行性なのは東南アジアのメガネザル類と南アメリカのヨザルのみである．これら夜行性のサルは主として小型の単独生活者である．ガラゴは単独で採食して回り，ヨザルは雄雌の繁殖ペアを中心とする2～5頭の小さな群れをつくる．昼行性の種は危険を感じると逃走するのに対し，夜行性の種は隠れるという方法をとるため，単独で生活するのだと考えられる．また，これら夜行性の種は昆虫食の傾向が強い．生活環境内に餌が存在する葉食や果実食と比べて，昆虫食は群れ生活には適さない食性である．

他方，大きな群れをつくる傾向があるのは，平原で採食するような地上性の種である．エチオピアの高地に棲むゲラダヒヒは，ときとして1000頭もの大集団を形成する．地上性の種は樹上生活種よりも捕食者に攻撃されやすいが，群れサイズを大きくすれば捕食者を発見しやすいし，仲間が多くいれば自分が犠牲になる危険性は少なくなる．ゲラダヒヒの群れは，天敵であるヒョウの捕食を避けるため，夜には絶壁の岩棚に移動して，そこで寄り添うようにして眠る．

類人猿はあまり大きな群れをつくらない．オランウータンは単独で行動し，テナガザルは3～4頭，ゴリラは10頭程度の群れをつくる．チンパンジーはときに100頭近い群れをつくるが，活動時間の多くは単独で採食する．類人猿は体が大きくて栄養的な要求が高いことから，餌資源をめぐる競争を避けるためにこのような群れサイズになっていると考えられている．しかし，サルの社会構造は種によって大きく異なっているため，群れサイズだけを取り上げる議論は危険である．

〔安藤元一〕

● 文 献

安藤元一，倉持有希（2008）ムササビ *Petaurista leucogenys* の音声コミュニケーション．東京農業大学農学集報 **53**：176-183.

Bshary, R. and No, R. (1997) Red colobus and Diana monkeys provide mutual protection against predators. Animal Behaviour **54**：1461-1474.

今泉吉晴（1977）動物にとって狩りとは何か．アニマ（57）：28-35.

森林野生動物研究会（1997）森林野生動物の調査．共立出版.

Shaller, G. B. (1972) *The Serengeti Lion*. University of Chicago Press, Chicago.

鈴木 圭, ほか (2008) 丹沢山地の巣箱利用からみたニホンモモンガ *Pteromys momonga* の環境嗜好. 東京農業大学農学集報 **53**：13-18.

5.3.4 動物の回遊・渡り

動物の特徴として感覚と運動が挙げられる．中でも運動（motion, movement）は，個体内の局部的運動（partial movement）と個体全体の移動運動（locomotion）に分けられる．移動運動は生物個体がある場所から他の場所へ移ることをいうが，生物個体または個体群が，ある生息場所から他の生息場所へ動くことを特に移動（migration）という．移動には，①移出，②移入，③回遊と渡りがある．移出（emigration）とは，ある生息場所またはある個体群において，そこにいた個体の一部または全部が他の場所へ去っていくことをいう．逆に移入（immigration）とは，ある生息場所またはある個体群において，そこに個体が外部から入ってくることをいう．ワタリバッタやレミングなどはその代表例である．回遊と渡り（ともに migration）は，それぞれ水中または空中をある生息場所から他の生息場所へ定期的に移動することをいう．

a. 魚類の回遊・移動

よく知られているものとして，サケとウナギの回遊がある．これらは海水と淡水を規則的に移動して生活する発育段階を示す魚類で，通し回遊魚（diadromous fish）と呼ばれる．サケは一生の大部分を海で過ごし，産卵のために川を遡上する種で，昇河回遊魚（または遡河回遊魚，anadoromous fish）と呼ばれる．逆にウナギは一生の大部分を川で過ごし，産卵のために海へ下る種で，降河回遊魚（cetadromous fish）と呼ばれる．昇河回遊魚には，アユや多くの淡水産ハゼ類のように，産卵と直接結び付かない回遊を行う（すなわち成魚は川で生活し産卵も川で行うが，仔稚魚は一時的に海で生活する）ものもあり，これらは両側回遊魚（amphidromous fish）と呼ばれ区別されることがある．ただし昇河回遊魚との区別は不明確である．例えば，サクラマス，アメマス，サツキマス，ベニザケなどは成長とともに海へ下りて回遊し，産卵時に川を遡上する昇河回遊魚と考えられているが，一生を淡水で過ごす陸封型（land-lock type）の個体もいる．ヤマメ，エゾイワナ，アマゴ，ヒメマスは，それぞれサクラマス，アメマス，サツキマス，ベニザケの陸封型の個体に対する呼び名である．その他，海水中のみの回遊を海洋回遊（oceanodromous migration），淡水中のみ（例えば湖や川）の回遊を淡水回遊（limnodromous migration, potamodromous migration）と呼ぶ．

シロザケは北海道や本州北部の川で産卵・孵化し，体長5cmぐらいで川を下る．海に出た幼魚は1～3ヶ月間，河口近くの沿岸で過ごす．初夏までに日本沿岸を離れた幼魚はオホーツク海南部に晩秋まで滞在し，北太平洋西部で最初の冬を越す．翌年の6月までにベーリング海に移動し，未成魚や成魚と合流する．11月頃に未成魚は南下して北太平洋東部（アラスカ湾）に移動し，そこで2年目の冬を越す．未成魚はアラスカ湾とベーリング海の間で季節的な南北移動を繰り返した後，平均約4年間（2～8年）で成熟魚に成長する．成熟魚はベーリング海から千島列島沿いに南下し，9～12月頃に母川に遡上してきて産卵し一生を終えると推定されている（図5.22）．

ニホンウナギの産卵場は，これまで半世紀以上の調査にも関わらず不明であった．しかし，最近の調査研究により，ウナギの産卵場がグアム島の北西約200kmにあるスルガ海山付近（北緯14度，東経143度）であることが突き止められた．ここで生まれた仔魚が北赤道海流と黒潮に乗り，約3000kmを3ヶ月～半年かけてシラスウナギに成長しながら移動し，日本のほか，中国や韓国など東アジアの沿岸に辿り着く（図5.23）．その後，河川を遡上し，湖沼河川で5～10年過ごした後，秋から冬にかけて産卵のために海へ下り産卵場へ向かう．近年，海洋回遊するウナギが存在することも明らかになっている．

普段は海で生活しているが，稀に汽水域や淡水域に遡上してくる魚類を周縁魚と呼ぶ．スズキ，

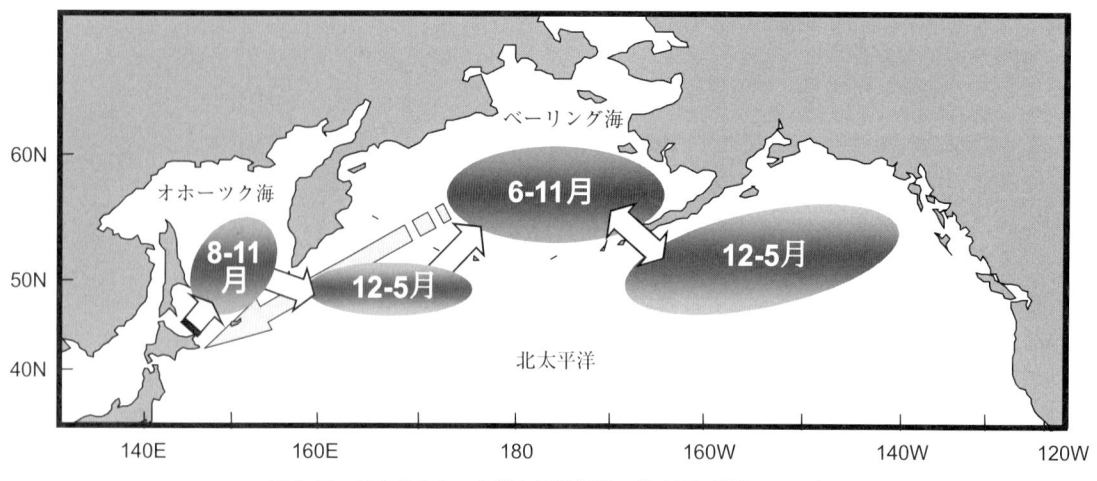

図 5.22 日本系サケの主要な回遊経路の推定図（浦和, 2000）

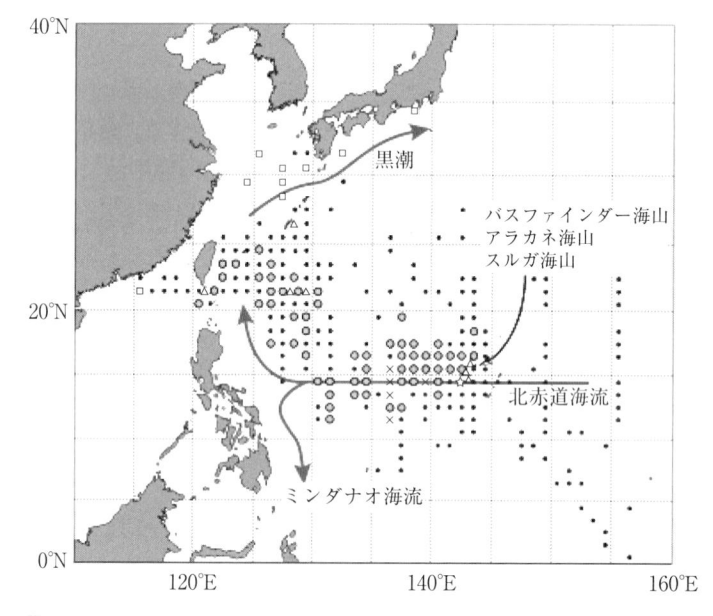

図 5.23 ニホンウナギ仔稚魚の分布（東京大学海洋研究所行動生態研究室）
○はレプトセファルス，△は変態期仔魚，□はシラスウナギの採集測点をそれぞれ示す．×は全長 10 mm 以下の小型のレプトケファルスが採集された測点を示す．●は採集努力を払ったにも関わらず，ニホンウナギの仔稚魚が採集されなかった測点を示す．☆はプレレプトケファルスの採集測点．

クロダイ，シマイサキ，イシガレイ，クサフグ，マハゼ，ボラなどの沿岸魚がよく知られている．

b. 哺乳類の回遊・移動

クジラも海洋回遊を示す．ナガスクジラ科（シロナガスクジラ，セミクジラ，ザトウクジラ，ミンククジラ）の回遊は特によく研究されている．ヒゲクジラ亜目のある種は 4 月から 9 月にかけて北極でオキアミを食べて過ごし，11 月頃に熱帯海域へ移動する．別の種は 11 月から 4 月まで南極で過ごし，5 月頃に熱帯海域へ移動する．熱帯海域での繁殖期間には摂餌を行わず，体重が 25〜40% も減少する．ヒゲクジラのごく少数は両半球を越え，稀に個体群が混ざり合うこともある．ハクジラ亜目（マッコウクジラ）の回遊海域はヒゲクジラよりも狭く，両半球で亜熱帯海域と熱帯

海域を移動する．摂餌は多少連続的で，脂肪の厚さはヒゲクジラよりもずっと薄い．

北極圏ではヘラジカやカリブーが春にツンドラ地帯へ北上し，秋にタイガ地帯の常緑針葉樹林に戻ってくる．サバンナではシマウマやヌーや数種のガゼルなどの有蹄類が，降雨量の変化によって生育状態の変わる牧草地帯を定期的に移動し，年間700～1000 kmを移動する．

c. 爬虫類の回遊・移動

北太平洋に生息するアカウミガメの唯一の産卵場は日本にある．孵化したアカウミガメは黒潮に乗って北上し，北太平洋海流に乗って太平洋を横断し，さらにカリフォルニア海流に乗ってアメリカ西海岸に到達する．そこで豊富な餌となる小動物を食べ成長する．その後，北赤道海流に乗って産卵のため日本に回遊してくるとされている．北大西洋に生息するアカウミガメの産卵場はフロリダ半島に集中している．孵化幼体は北大西洋海流に乗り大西洋を横断しヨーロッパ西岸に達し，その後，成長して北アメリカ大陸沿岸に戻ってくるとされている．

d. 甲殻類の回遊・移動

幼生の生育に塩分を必要とするテナガエビ類の抱卵雌は負の走流性（流れ走性）を示し，幼生を放出するために下流へ下る．ヒラテテナガエビは通常，河川の上・中流域に生息するが，産卵期に一度下流へ下り，放仔後に再び遡上してくる．ヌマエビ類は同様に塩分を必要とするが，抱卵雌は河川を遡上し海水から遠ざかる．これらのエビは産卵後，卵を抱いてそれが孵化するまで腹肢につけて移動する点で魚類とは大きく異なっている．

モクズガニは秋から冬にかけて雌雄とも降河し，汽水域や海水域で交尾・産卵する．孵化した幼生は2～3ヶ月間浮遊生活を送り，ゾエア幼生からメガロパ幼生になって汽水域上端部まで遡上する．変態を5回繰り返し稚ガニに変態した後，淡水域を遡上して下・上流域に分布を広げる．そこで2～3年かけて成体となる．

インド洋東部にあるクリスマス島（オーストラリア領）に生息するアカガニは晩春の雨期の始まり（11月中旬）とともに，まず雄が内陸の森から海岸へ1週間ほどかけて移動する．その後，遅れてやってきた雌と交尾する．雌は産卵後，卵が孵化するまで海岸の穴にとどまり，大潮の夜，孵化した幼生を海水中に放出する．幼生は海水中で脱皮（ゾエア）を繰り返し，その後，海岸に戻り脱皮（メガロパ）し稚ガニに変態した後，親の棲む森を目指す．

e. 昆虫類の渡り・移動

昆虫では長距離移動は比較的稀であるが，北アメリカのオオカバマダラは特異的である．北アメリカ中部で蛹から羽化した成虫は，毎年秋になると南カリフォルニア（ロッキー山脈西側の個体）やメキシコ（ロッキー山脈東側の個体）へ向けて3000 km以上移動し，温暖な針葉森林で大集団となって冬を過ごす．そして翌春，北アメリカ中部を目指して北上を開始し，途中，世代交代を繰り返しながらさらに北上を続ける．南下は1世代で行われるが，北上は3世代から4世代にわたって行われるので，同じ個体が移動する鳥類の渡りとは厳密には異なる．

日本では，オオカバマダラと同じ科のアサギマダラが似た習性を示す．夏に孵化した成虫は，秋になると南西諸島や台湾まで約1000 km南下する．その子孫が春に北上を始め，再び日本本土に現れる．最近では島根県大田市の三瓶山から鹿児島県笠沙町まで，約480 kmを約1ヶ月で飛んだことが確認されている．アサギマダラも同じ個体が移動するわけではないので鳥類の渡りとは厳密には異なる．

その他，ガ，ワタリバッタ・トビバッタ（トノサマバッタやイナゴの群生相），ジカバチ，トンボ，ハナアブ，テントウムシなども渡りや移動を繰り返していることが知られている．

f. 鳥類の渡り・移動

動物の中で最も長距離を移動するものは，おそらくキョクアジサシであろう．この鳥はカモメ科に属し，ヨーロッパ，アジア，北アメリカの北極

圏で繁殖し，主に太平洋東部と大西洋東部の沿岸に沿って南極周辺海域まで移動して非繁殖期を過ごし，繁殖期には再び北極圏に戻ってくる．その移動距離は片道1万9000kmにもなる．例えば，1982年の夏にイギリスのノーサンバーランド州にあるファーン諸島からオーストラリアのメルボルンまで，2万2000kmを3ヶ月で渡った記録がある．

　鳥の渡りのルートについて詳細に調べられるようになったのは，人工衛星を利用した追跡方法（衛星追跡）が1990年に開発されてからである．コハクチョウに始まり，これまでツル類，コウノトリ類，ガン類，タカ類などのルート解析が行われてきている．これまでに最も長い渡りルートが明らかにされているのがハチクマである．この鳥はタカ科に属し，ユーラシア大陸東部に広く分布しているが，日本では本州，佐渡，北海道の低山の林で繁殖する．ここでは同一個体（雌）で秋の渡りと春の渡りのルートが明らかになった例を示す．秋の渡りは，9月中旬に繁殖地の中部地方を飛び立った後，近畿，中国地方，五島列島を経由し，東シナ海を横切り中国の揚子江河口付近に入り，そこから南下してインドシナ半島，マレー半島を通ってインドネシアに到達した．52日間の渡りで9585km移動した．一方，春の渡りは，翌年2月にインドネシアを後にし，秋の渡りと同じ経路をたどるものの，途中から秋のルートから西にずれるようにして中国大陸を北東に向かい，朝鮮半島北部に達し，そこから南下して九州に入り，日本列島を東進し繁殖地に戻った．87日間の渡りで1万651km移動した（図5.24）．

　一般に鳥類の渡りは，おおむね高度1500m以下を飛行する．しかし中には，これ以上の高度を飛行する渡り鳥がいる．標高8000m以上のヒマラヤ上空を越える渡り鳥がいるとの最初の情報は1970年に入った．そのときは鳥の種類まではわからず，アネハヅルだとわかったのは1981年になってからである．その後，ソデグロヅルやインドガンもヒマラヤ山脈を越えて渡りをしていることが明らかになっている．アネハヅルの秋の飛行ルートも衛星追跡により一部が明らかにされてい

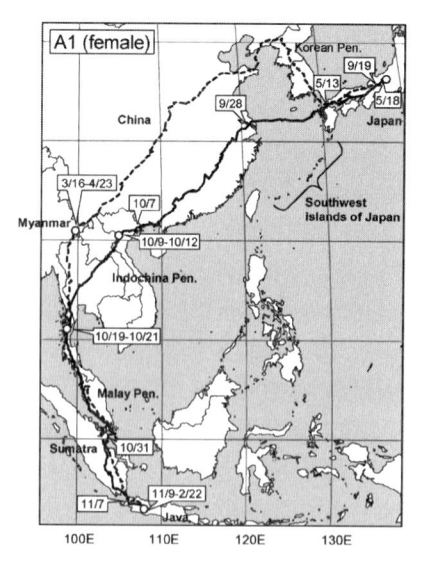

図5.24 衛星追跡によって判明した2003年秋から2004年春にかけてのハチクマの渡りルート（Higuchi, et al., 2005）実線は秋の渡りルート．破線は春の渡りルート．○は繁殖地，滞在地，越冬地を示す．

る．そのうちの一羽は，カザフスタンとの国境近くのモンゴルの繁殖地ハルウス湖を9月中旬に飛び立ち，中国のタクマラカン砂漠とチベット高原を通過し，ヒマラヤ山脈のダウラギリ峰（8172m）の西方を越え，10月中旬にインドのラジャスタン州に飛来したのが確認されている．約30日間の渡りで3300km移動した．高度8000mでは気温は−40℃以下，酸素は地上の1/3という厳しい環境となる．極寒対策として羽毛，特に綿羽が効果を発揮している．また低酸素対策としては，気嚢を備えていること（1回の呼吸で2回ガス交換が行えること），副気管支（哺乳類の肺にあたる）での対向流性ガス交換システムにより血中の酸素濃度が呼気中の酸素濃度よりも高くなること，さらに，高所を飛ぶ鳥だけが備えている酸素親和性の高い特殊なヘモグロビンが効果を発揮していることがわかっている．　　　　　〔野本茂樹〕

● 文　献

樋口広芳（2005）鳥たちの旅――渡り鳥の衛星追跡，日本放送出版協会．
Higuchi, H., et al. (2005) Migration of Honey-buzzards

Pernis apivorus based on satellite tracking. Ornithological Science **4**：109-115.
東京大学海洋研究所行動生態研究室ホームページ (http://www.fishecol.ori.u-tokyo.ac.jp/homepage.data/Components/nature/topics.html)
Tsukamoto, K. (2006) Oceanic biology：Spawning of eels near a seamount. Nature **439**（7079）：929.
浦和茂彦（2000）日本系サケの回遊経路と今後の研究課題. さけ・ます資源管理センターニュース 5：3-9.

5.3.5 動物の冬眠と夏眠

　低温や食物不足といった環境条件の悪化を克服して生き残るために，恒温動物すなわち哺乳類と鳥類の一部は，活動を停止し休眠（torpor）に入る．この活動停止状態には大別して冬眠（hibernation）・夏眠（estivation または aestivation）・日内休眠（daily torpor）の3つがあるが，いずれも体温低下と代謝抑制の程度が通常の睡眠よりもはるかに大きい．したがって，通常，動物の体温を連続観測することで，動物が休眠状態（torpid state）にあるかどうかを判断する．多くの研究では，体温が31あるいは32℃以下に低下した場合に，休眠状態に入ったとしている．

　冬眠と夏眠は，複数回の休眠発現期と中途覚醒（periodic arousal）とから構成される長期間にわたる休眠である．休眠発現期は通常，バウト（bout）と呼ばれる．バウトの長さ，すなわち休眠持続時間は，冬眠・夏眠の場合，2日以上から数週間までと様々である．一方，日内休眠の場合，休眠持続時間は通常数時間で，長くても22時間であり，1日を超えることはない．バウトは日周性リズムを示し，複数日にわたり繰り返される．日内休眠は休息時間帯を中心に発現するので，夜行性動物の場合は明期に，昼行性動物の場合は暗期に休眠が集中する．かつては夏季の日内休眠を夏眠と呼ぶこともあったが，現在では，休眠持続時間の長さに基づき夏眠と日内休眠の間に明確に一線を引いている．

　冬眠の場合，休眠持続時間が1日を超えるので，動物の背中におがくずや小麦粉などを置き，その状態を毎日一定時刻に調べることにより活動を停止していた日数を数えるという手法でも，おおよその休眠持続時間を推定できる．この「おがくず法（sawdust method）」は，高価な測定機器や動物体内への機器埋込み手術を必要としない簡便法として，冬眠の実験観察には依然として有効である．

　冬眠する哺乳類は単孔目，有袋目，食虫目，齧歯目，翼手目，食肉目，霊長目の以上7目にわたって分布することが知られているが，鳥類では北アメリカ産のヨタカの一種プアウィルで冬眠が確認されているにすぎない．一方，日内休眠のみを行う種は，哺乳類では前述の7目から単孔目を除きハネジネズミ目を加えた7目で，鳥類ではキジ目，ハト目，ヨタカ目，アマツバメ目，ネズミドリ目，スズメ目の6目で認められている．夏眠に関しては，恒温動物での知見はきわめて限られている．コウモリ類の一部とオオヤマネで冬眠・夏眠・日内休眠のすべてを行う能力があることが知られているにすぎない．また，北アメリカのジリス類の一部には，夏至以前に活動を停止して地下巣に引き籠り，地上活動を再開することなく冬眠に移行する個体がいる．この夏季の部分の休眠を夏眠と呼ぶことがある．

　冬眠時の体温降下度は種によって異なるが，37種の最低体温の平均は5.8℃であり，恒温動物の常識とかけ離れた低体温（hypothermia）を示す．冬眠時体温の最低記録はホッキョクジリスの-2.9℃であるが，冬眠中の両生類・爬虫類の一部で生成される凍結防止物質はジリス体液中に認められなかった．体温が血清の凝固点以下になっているのにジリスの体が凍らないのは，液体が凝固点以下になっても凍結しない過冷却（supercooling）現象のためと考えられている．また，冬眠中のジリスで実験的に環境温度（ambient temperature）や体内の温度受容器の温度を低下させると熱産生が高まるので，冬眠時も体温調節機構が働き，凍結による死を回避できることがわかっている．体温調節の観点からは，恒温動物の冬眠は，30数℃の活動期体温から体温の設定点を低温側に再設定した状態と考えられている．したがって，冬眠場所の環境温度が体温の設定点より高い場合，冬眠中の個体の体温は環

境温度と等しくなり，環境温度が体温設定点より低い場合には冬眠巣の温度よりやや高めの冬眠時体温を示すことになる．また，長い冬籠りの間には中途覚醒し，排泄を行ったり，巣穴に貯蔵した食物を食べたりする．この際，自ら産熱し平常体温に復温（rewarming）するが，体温維持を外界からの熱に大きく依存する両生類・爬虫類では，環境温度が上がらない限り冬眠中に覚醒することはない．この点からも，哺乳類・鳥類の冬眠は，恒温動物の体温調節機構が機能不全を起こし変温動物と化す現象ではないことがわかる．一方，冬眠に比べ，日内休眠は休眠持続時間がはるかに短く，また休眠時最低体温は49種の平均で17.4℃であり体温降下度は小さい．これら体温降下度の違いから，冬眠は深い休眠，日内休眠は浅い休眠としばしば呼ばれる．以上のように，冬眠，夏眠，日内休眠は一部の恒温動物種の生活史の中に組み込まれた自発的かつ可逆的な低体温である．それゆえ，休眠を行う恒温動物を総称して異温動物（heterotherm）という．

冬眠期には，最低代謝量が基礎代謝量比で約5％に低下する．浅い休眠である日内休眠でも約30％に低下することから，いずれの休眠の場合もエネルギー消費が抑制される．したがって，冬眠も日内休眠も，低温によるエネルギー損失の増大，あるいは食物不足によるエネルギー獲得の減少に対して，予備エネルギーを温存する役割を果たしている．一方，恒温動物での夏眠の知見はきわめて少なく，その生態的役割についてはよくわかっていない．変温動物では，乾季に泥の中に形成した繭状の物体の中で休眠するハイギョや，夏季に殻の入口を膜で閉ざして休眠するカタツムリで夏眠が知られており，いずれの夏眠も暑熱がもたらす乾燥を克服する働きがある．体表面が被毛で覆われた哺乳類の場合，ハイギョやカタツムリに比べ乾燥への耐性は高く，また，夏眠の能力を持つコウモリ類の一部やオオヤマネが北半球の中緯度地域に分布し，砂漠や雨季・乾季地帯のように極端な暑熱・水分欠乏に曝されることはないので，哺乳類の夏眠の役割が乾燥の回避だとは考えがたい．夏眠の生態的な役割を解明するためには，これらの種を対象に，夏眠を引き起こす環境因子を詳細に検討することが必要である．

クマの冬眠はかなり特異なので，冬の穴籠り（winter denning）あるいは冬の眠り（winter sleep）と呼ばれ，通常の冬眠とあえて区別されたこともあった．体温は平常体温から数℃程度下がるにすぎず，他の冬眠動物よりもはるかに眠りが浅い．摂食・飲水はまったく行わず，冬眠前に蓄積した体脂肪を唯一のエネルギー源として数ヶ月間にわたる冬眠期を乗り切る．その間，排糞・排尿は一切しない．妊娠個体はこの間に出産し，

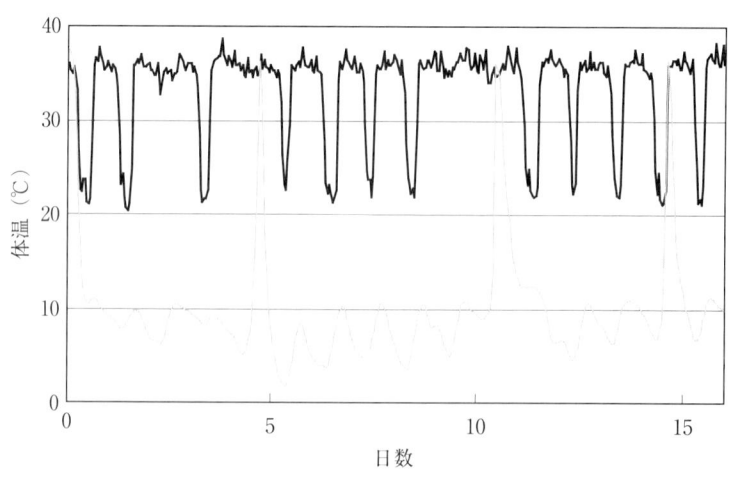

図 5.25 日内休眠と冬眠の際の体温変化
濃い線はアカネズミ，薄い線はニホンヤマネ（江藤ほか，未発表）．

飲まず食わずの状態で哺乳を行うのである．冬眠中の子育てはクマ類に特有の現象で，他の冬眠動物で類例をみることはない．

このように恒温動物の休眠現象にはまだまだ未解明な部分が多い．動物の生理学，生態学の方面からだけでなく，自発的で可逆的な低体温・代謝抑制のメカニズムを知る恰好の材料として，現在，ライフサイエンス研究者からの注目も集めつつある．

〔森田哲夫〕

5.3.6 動物の食性：草食性，肉食性，雑食性

食性とは，動物が野生下でどのような食物を摂るかを示す用語である．草食性は，広義には植物部位（葉，種子，果実，花，樹皮，木部，根など）のいずれかを食す場合を指すが，狭義には草を食べる場合を指す．前者は植食性と呼ぶほうが適切だが，専門用語の域を出ていないので，植物食全体を草食性と呼ぶことが多い．

生態系におけるエネルギーの流れは，生産者（植物）→一次消費者（草食動物）→高次捕食者（肉食動物）の経路を経て栄養段階上位の生物に達する．しかし実際の流れはきわめて複雑であり，その複雑さを強調して，食物連鎖ではなく食物網とも呼ばれる．雑食性はそのような複雑さを反映した食性といえる．こうした連鎖は生きた動植物の間で成り立っており，生食連鎖とも呼ばれる．他方，動植物の死体や排泄物が土壌動物やバクテリアによって最終的に無機物にまで分解され，再び植物の栄養になるという腐食連鎖もある．後者に関わるミミズのような動物を腐食性と呼ぶ場合もある．

a. 食性の幅

動物の餌選択には，ユーカリの葉だけを食べるコアラのように食性を特殊化させる戦略（狭食性）と，折々に入手可能な多様な餌を食べる戦略（広食性）がある．前者の例として，コアラは有毒な二次代謝物質を多く含むユーカリの葉に消化器系を特殊化させ，他の動物が食さない餌資源を手に入れた．他方，雑食性動物は後者の典型であり，多くは一般的な消化器系を有している．

肉食動物が食する肉は，獲物の種類によって栄養価がそれほど変わるものではないので，肉食動物の消化器系はいずれの種でもそれほど特殊化していない．このため草食動物に比べ肉食動物のほうが様々な餌を食べることができるようだ．例えば食肉目は動物を捕らえるのに適した歯と体系を有しているが，実際には雑食に近い食性を持つ種が多い．ヒグマは食肉目の動物だが，餌の約88％は植物であり，動物質としては体のサイズに似合わない昆虫をよく食べる．ジャイアントパンダは食肉目であるが，食物は植物質ばかりである．歯や消化器が植物食に適していないので，1日の半分以上の時間を採食に費やしている．ペットとして飼われるイヌやネコも，食肉目でありながら残飯など雑食的な餌でやっていける．

食性は季節的にも変化する．キツネは鳥・ウサギ・小哺乳類・昆虫などを常食するが，秋季の餌はサルナシの実のような植物質が中心になる．

食性には個体差もある．同一の里山に住むタヌキの中に，自然の餌を多く食べる個体と，ゴミなど人間由来の餌に依存する個体が混在することが知られている．

b. 食性と歯

哺乳類における歯の形状は，動物の食性をよく反映している．食虫類の歯は噛み付いた小動物を逃さないよう，鋭く尖っている．翼手類の多くは飛翔性の昆虫を空中で捕らえて食べるが，歯の形状は食性の違いを反映して種によって少しずつ異なっている．肉食のアラコウモリは犬歯を発達させ，動物の皮膚を切り裂いて血をなめるナミチスイコウモリの犬歯はカミソリのようなエッジを持つが，臼歯はほとんど退化している．吻部を花に突っ込んで花蜜をなめとるハナナガコウモリの仲間は歯が退化している．魚などを捕らえる歯クジラやイルカの仲間では，獲物を逃がさないように三角錐の形をした同じような歯が並んでいる．食肉類は相対的に大きな獲物を捕らえることが多いため，歯は餌をくわえるだけでなく，切り裂くのにも適した形状をしている．

有蹄類や齧歯類などの草食動物では，臼歯が餌を磨り潰すための石臼として機能している．齧歯目の門歯は齧ることに特殊化しており，伸び続ける．また，門歯と臼歯の間には，削りカスを口の外に押し出すための隙間（歯隙）があり，餌を齧って磨り潰すという作業を効率よく行える．齧歯目リス科の多くは種子食であるが，ムササビは，盲腸や，がっしりした下顎を発達させており，冬季には繊維分の多い成葉を食べて過ごすことができる．こうした栄養価は低いが豊富に存在する餌を食べることで，ムササビは餌の少なくなる冬季においても樹上に留まって生活できる．霊長類の多くは，小型種を除けば樹芽や草の種子などを食べる草食性である．しかし歯はそれほど特殊化していないので，歯をみる限りは雑食性といえる．

c. 餌の入手

肉食で生活する場合の問題は，餌を見つけて捕獲するのが難しいことである．このため肉食動物は行動的な特殊化が進んでいる．哺乳類についてみると，真っ暗な地中トンネル内で餌を探すモグラは，鼻先を上下左右に常に振り動かすようにしてトンネル内をパトロールし，ミミズなどの餌をトンネル内に引っ張り込んで食べる．飛翔昆虫を食べる翼手類は，エコロケーションと呼ばれる超音波による獲物探知能力を発達させた．食肉類の多くは，餌動物に発見されにくい夜間に狩りをする．彼らの眼の分解能はそれほど優秀ではなく，色の判別能力についても，錐体視物質を2種類しか持たない赤緑色盲である．一方で，暗いところで物をみるための感度や，捕食行動に不可欠な，動く餌をみる能力は優れている．

草食動物にとって味覚は，果実などの栄養価や葉などの餌に含まれる有毒な二次代謝物を検知するために不可欠な感覚である．例えばヒトを含めた哺乳類の多くは，舌に「甘味」を感じる味蕾（味覚受容体）を有している．一方，肉食動物にとって甘味はほとんど意味を持たない．例えばネコの仲間は，甘味を感じる味覚受容体を機能させるタンパク質を遺伝的に欠いており，甘味を感じることができない．

d. 反芻胃と後部消化管発酵

草食動物の餌は一般に豊富に存在する．ただし餌植物の細胞は，動物細胞には存在しない細胞壁で囲まれており，これは消化困難なセルロースからできている．草食動物は消化管に発酵室を備えることによって，細胞壁成分をエネルギー源としたり，有毒な二次代謝物質を不活性化したりしている．

偶蹄目哺乳類であるウシ・ヤギ・ヒツジ・キリン・シカ・ガゼル・ラクダ・ラマなどは，反芻を行う．すなわち，口で咀嚼された餌は4つの部屋からなる反芻胃の第一胃と第二胃に送られて唾液と混ぜ合わせられ，固形分と液体成分に分けられる．固形分は口に戻され，再び砕かれて唾液と混ぜ合わせられる．液体成分に溶け込んだセルロースは，胃の中の共生細菌と原生動物によって分解される．このときに産出する脂肪酸がエネルギーとして利用されるだけでなく，微生物の死骸もタンパク源として利用される．第三胃では水分が除去され，第四胃ではヒトの胃と同じような作用をする．

奇蹄類のウマは反芻胃を持たないが偶蹄類と同様の餌を食べており，ネズミやウサギの仲間にも繊維含量が20〜30％の餌で生活している種がいる．これらの動物では盲腸と結腸が発酵器官になっている．発酵装置が小腸の後ろに位置することから，後部消化管発酵と呼ばれる．これらの動物では，胃や小腸で消化できる栄養素はすべて消化・吸収され，残りの未消化繊維質が発酵装置に送られる．繊維質が高濃度なので，発酵微生物の働きも強力である．

体を大きくすることも，繊維を消化する方法の1つである．発酵室を持たない消化器系であっても，餌を消化管中に40時間程度保持できれば，繊維分の9割程度は微生物によって分解可能である．例えばゾウは，草食であるにも関わらず反芻胃を持たない．体が大型化し，餌を消化管中に長時間保持できるためである．

e. 食べきれないという問題

植物質を食べる場合の問題点の1つは，消化に

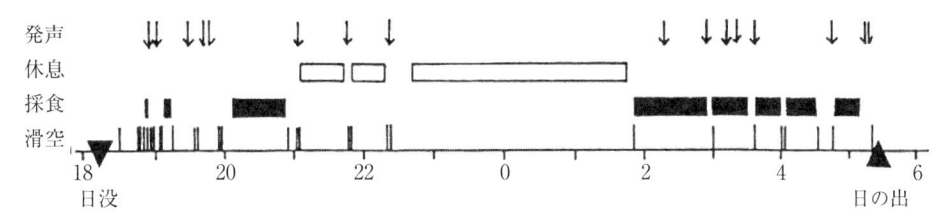

図5.26 ある鎮守の森における1頭のムササビ（3月9日，夜）の活動パターン（安藤・今泉，1982）

時間を要することである．このため草食動物には，腹がいっぱいになって食べられないという「かさ制限」がある．例えばニホンザルは，餌の不足する冬季には繊維分の多い樹皮や常緑樹の成葉などを食べて過ごす．これらの餌が不足することはないが，「かさ制限」のために必要な栄養量を摂取することができず，サルは冬の体重減少を止められない．ニホンザルにおける生息密度の決定要因として，南の群れでは冬季の餌の質（すなわち「かさ制限」）が，北の積雪地の群れでは冬季の餌の絶対量不足が重要であるという分析結果が得られている．

ムササビでは，消化時間が活動パターンに影響している．本種はリス科の中で最も強い葉食傾向を示し，発達した盲腸を有している．日周活動パターンは，日没後と夜明け前に活発となる二山形を示す（図5.26）．日没後の第1山は主に探索行動に使われ，採食時間は30分に満たないが，夜明け前の第2山は主に採食に用いられて採食時間も2時間以上になる．第1山から第2山までの休息時間が5時間程度しかないのに対し，第2山の終了から翌日の第1山までは12時間以上もある．消化に十分な時間のある夜明け前に樹葉を食べることはこの点で適応的である． 〔安藤元一〕

● 文 献

安藤元一，今泉吉晴（1982）狭小生息地におけるムササビの環境利用．哺乳動物学雑誌 9：70-81.
土肥昭夫，ほか（1997）哺乳類の生態学．東京大学出版会．

5.3.7 動物の人工飼育法

野生動物を身近で飼育することが可能になれば，自然状態では調査が困難な，摂食量や子の発育などについて詳細に解析できる．中・大型動物については，動物園がその役割を果たしてきた．しかし，小型哺乳類の多くは夜行性で，動物園の展示に向かない．これらの小型動物を野外で観察することは難しいが，飼育を行い，直接観察することにより，その生態を解き明かすことが可能になる．

ネズミやモグラ，コウモリ類を飼育観察するためには，野生個体を捕獲する必要がある．日本では，鳥獣捕獲許可申請（学術研究，都道府県の環境保全課など）を行い，鳥獣捕獲許可証が出た動物について申請書どおりの方法で捕獲を試みる．

モグラ類については生け捕り罠が数種類市販されているし，自作も可能である（土屋，2001）．ネズミ類の小型種には持ち運びに便利なシャーマン社のアルミ製小型トラップ，ラットやリス類など大型種にはトマホーク社の金網トラップなどのアメリカ製のものを用いる．また，国産の金網トラップを用いることもある（土屋，1987）．

トラップは，午後に生息場所にセットし，ネズミ類については夜間および早朝に見廻る．モグラ類に対しては，通常は罠に餌を用いない．ヒミズやトガリネズミ，ジネズミ類にはシャーマントラップを用い，オートミールを餌にする．トガリネズミ類に対しては，地面に穴を掘り400 mlのプラスチック製コップを埋め，中にティッシュを丸めて入れておき，落とし穴式トラップとして捕獲する．これらの食虫類に対しては2〜3時間間隔で終夜見廻りし，捕獲した個体はケージに移してすぐに給餌する．

森林に生息するコウモリ類については環境省の捕獲許可を得て，霞アミを購入して捕獲するが，洞窟性のコウモリ類については小哺乳類と同様に鳥獣捕獲許可申請を行い許可を得て，ハープト

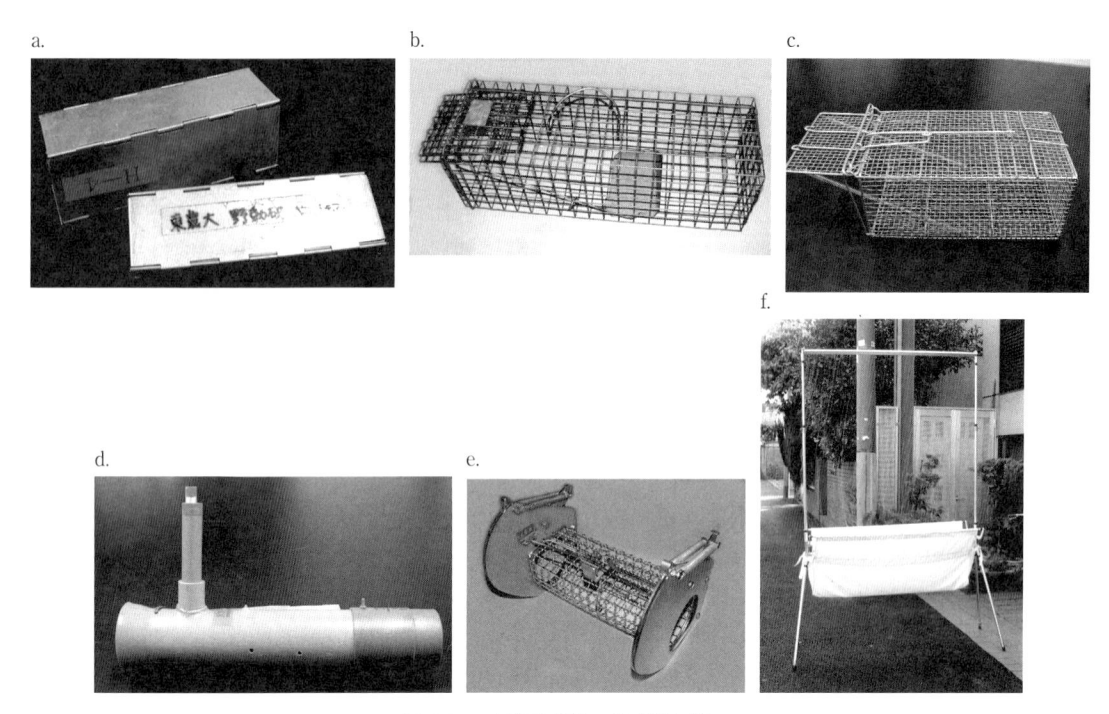

図5.27 小型哺乳類の生け捕り罠
a.シャーマントラップ（SHA型），b.トマホークトラップ（102型），c.国産金網トラップ，d.小西式もぐらとり器，e.もぐらひっこし，f.ハープトラップ．

ラップや捕虫網などで捕獲する．

　捕獲した小型哺乳類はケージに入れ餌を与える．ネズミ類には，餌と水を兼ねたリンゴを適当な大きさに切って与え，罠用のオートミールも与える．モグラやトガリネズミ類には，同時に捕獲して死亡したネズミ類の内臓や，ミミズやミールワームを与える．小型のコウモリに対しては強制給餌（頭を上に上腕部を摑んで保定すると，怒って口を開ける．ミールワームを入れてやると次々と食べる）により1日に1回，食べなくなるまで与える．

　捕獲個体を長期間飼育する場合には，鳥獣飼育許可証を得て飼育を継続することになる．飼育ケージには，種名・雌雄/老幼・飼育個体数・捕獲場所・捕獲年月日などを記入したラベルを，飼育許可証と一緒に添付する．

　小型哺乳類を飼育するには，飼育ケージを置くための無窓の飼育室が必要になる．明暗のコントロールはタイマーで行い，繁殖を目的とする場合には長日で飼育する．室温は動物種により異なり，終日21～25℃の恒温条件に保つ場合と，日中は恒温条件に保つが夜間のみ5℃ほど低温になるようにするか，温度制御をせず外気温と同じ状態で飼育する場合がある（土屋，1985）．

　小型のトガリネズミ類やヒミズ・ヒメヒミズなどには，プラスチック製の昆虫飼育ケージや水槽を用いる．床にはおがくずやペット用床敷き砂などを入れ，巣箱（10 cm×10 cm×10 cmの木製．出入口の穴を開けるか，天井を開ける）を置き，給水器に水，給餌器にミールワームやドッグフード（缶詰で牛などの肉が入っているもの）を入れて毎日与える．

　ジネズミ，ワタセジネズミ，チョウセンコジネズミなどもトガリネズミと同じ方法で飼育し，餌としてミールワームを与える．

　ジャコウネズミについては，すでに実験動物として飼育法が確立しており（織田，1985），実験動物中央研究所が開発したスンクス（ジャコウネズミ）用固形飼料が市販されている．また，キャットフードやドッグフードも食べる．飼育ケージに

はプラスチック製のコンテナボックス（40 cm×55 cm×34 cm）や熱帯魚用の水槽を用い，給水器をセットし，床敷きにおがくずを入れる．

カワネズミは60 cmの熱帯魚用の水槽（30 cm×60 cm×35 cm）で飼育し，床敷きにおがくずを入れ巣箱を置く．餌にはマス用養魚飼料（P-3）かスンクス用固型飼料を水で軟化させて与える．水入れとして大きめの容器を入れて水浴びができるようにし，外側に一回り大きなプラスチックボックスを入れ，水がこぼれてもケージ内が濡れないようにする．

モグラ類の飼育には，金網製のトンネル（今泉，1987）．プラスチック製のコンテナボックス（30 cm×60 cm×35 cm）や熱帯魚用の水槽などを用いる．床敷きにはおがくずを用い，約20 cm×30 cmの金網に5 cmの足をつけたプラットホームを置き，その上に餌と水を小鳥用の小刺型給餌器に入れて置く．餌としてはミールワームや缶詰のドッグフードを用いるが，ミミズしか食べない個体や，挽肉や固型ドッグフードなどを食べる個体もいる（日下部・日下部，1999）．

食虫性の小型コウモリ類の飼育には金網製のコウモリケージ（土屋ほか，1996）を利用するか，プラスチック製昆虫飼育箱にフェルト板を入れ（赤木，2004）コウモリが止まる場所をつくり，給餌器と給水器（ラット用の粉末給餌器）を置く．餌はミールワームで十分だが，多くの種は自発的に摂食することが少ないため，掴まえて強制給餌でミールワームを与える．その後ミールワーム10 gほどを容器に入れて床に置くと，数日間で自発的に食べるようになる（土屋ほか，1996）．しかし，キクガシラコウモリ類は，口にミールワームを運んでやらないと自らは食べない（赤木，2004）．

ネズミ類の飼育には実験動物のラット用飼育ケージを使う．床敷きを入れ，巣材として乾燥牧草を入れて，半月に1回はケージごと交換する．飼料は，ミズハタネズミ亜科には草食獣用固形飼料またはウサギ用の固形飼料，ネズミ亜科にはマウス・ラット用固形飼料などを使用する（土屋，1991）．これら野ネズミ類は固形飼料だけで長期

の飼育が可能だが，繁殖させるためには飼育室の温度設定や，餌の工夫が必要になる．

本州に生息するハタネズミやヤチネズミ類には，草食獣用固形飼料のほかに週に1～2回，ミカンを1匹に1房与える．また繁殖させるためには，巣材用に乾燥牧草を十分に入れてやる．これは巣材として使用するほかに餌としても食べるので，減ってきたら随時追加してやる．

アカネズミ類には小鳥用のカナリアシードやリンゴの小片を与える．エゾヤチネズミやアカネズミを恒温室で飼育するとほとんど繁殖しないが，飼育室の温度を夜間は日中より5℃くらい低くすると，繁殖させることができる．また，飼育ケージ内には巣箱や回転車を入れる．多くのネズミ類では，観察や計測などの際に出産直後の子に触わると，子を食殺することがある．特にアカネズミは，出産直後から1週間くらいの間は，ケージをいじるだけで食殺する．

小型哺乳類の多くに対しては，出産直前から1ヶ月間（育児中）はケージ交換をしないほうがよい． 〔土屋公幸〕

●文　献

赤木麻衣子（2004）日本産キクガシラコウモリの長期飼育及び繁殖．ANIMATE **5**：25-28.

今泉吉晴（1987）モグラ——地下トンネルの住人．アニマ（173）：82-97.

日下部真一，日下部真（1999）モグラ（*Mogera wogura*）とヒミズ（*Urotrichus talpoides*）の人為環境下での飼育条件の開発．広島大学総合科学部紀要IV理系編 **25**：55-59.

織田銑一（1985）飼養管理と繁殖方法．スンクス——実験動物としての食虫目トガリネズミ科動物の生物学（近藤恭司 監修），pp.102-116, 学会出版センター．

土屋公幸（1985）アカネズミ類の実験動物化．日本実験動物技術者協会九州支部会報 **8**：4-12.

土屋公幸（1987）野ネズミ類の採集と飼育．ラボラトリーアニマル **4**：34.

土屋公幸（1991）新しく実験動物として開発された野生齧歯類の維持方法の開発．九州実験動物雑誌 **7**：3-9.

土屋公幸（1996）新しい実験動物とその開発．新編畜産学大事典（田先威和夫 監修），pp.1482-1487, 養賢堂．

土屋公幸（2001）日本のモグラ類．原色ペストコントロール図説V（奥谷禎一 監修），pp.479-486, 日本ペストコントロール協会．

土屋公幸，ほか（1996）小型コウモリ類の飼育法．九州実

験動物雑誌 12：19-23.
土屋公幸，ほか（2009）日本のモグラ類の生態．ANIMATE 通信（13/14）：9-14．

5.3.8 動物の生存競争：弱肉強食，在来種と外来種の生存競争

動物の生存競争について考える場合，「弱肉強食」は誤解を生みやすい言葉である．ライオンがガゼルを捕食するのは食物連鎖の中の安定した関係であり，弱者がいなくなれば強者も生存できない．食う者と食われる者の立場が入れ替わることもない．このような関係は「食うか食われるか」ではなく，「食うか，いかに食われないか」といったほうがよいだろう．

類似の生態的地位を持つ種どうしが餌資源などをめぐって競合する場合には，これはみえない戦いとなる．異種間では相手を追い払う程度の争いはあるが，命をかけるほどの激しい戦いをすることはない．野生動物に目撃される激しい戦いは，雌をめぐる雄間の闘争など同種個体間に限られる．人間社会でも，会社間が激しく競争しているからといって社員どうしが路上で殴り合うことはない．食うか食われるかの戦いは，戦争や暴力団の抗争などに限られている．

a. 似たような生態的地位にいる動物間の競合

ヒミズとヒメヒミズはモグラ科の近縁種である．ヒミズの手は土を掻き分けられるように幅広くなっているが，一方のヒメヒミズは地下生活への適応度合いがヒミズよりも低く，手は相対的に小さい．その代わり，色々な場所を歩けるようにバランス器官としての尾が長い．

これら2種は海抜1500 m ほどを境として，ヒメヒミズは高標高に，ヒミズは低標高に分布するといわれていた．しかし富士山麓の溶岩流の上に生育する森林である青木ヶ原（標高1100 m）は，通常はヒメヒミズが分布しない低標高であるにも関わらず，ここにはヒメヒミズも多く生息する．溶岩と土壌が入り交じった場所において，両種の動きを記号放逐法で調べたところ，ヒミズはすべて土壌地帯から，ヒメヒミズはすべて溶岩流地帯から発見された（図5.28）．すなわち，溶岩流地帯にヒメヒミズ，土壌地帯にヒミズが生息することでヒミズ類の「棲み分け」が成立していた．溶岩流地帯という三次元的な動きを要求されて土を掘る能力がそれほど必要でない場所では，原始的な体型を有するヒメヒミズのほうが「強者」であり，土壌地帯では地中生活により特殊化したヒミズのほうが「強者」であった．一般の山地においてヒメヒミズの分布が高標高に限られるのは，標高が高くなるほど豊かな土壌地帯が少なくなって，溶岩流と似た環境が多くなるためと考えられる．

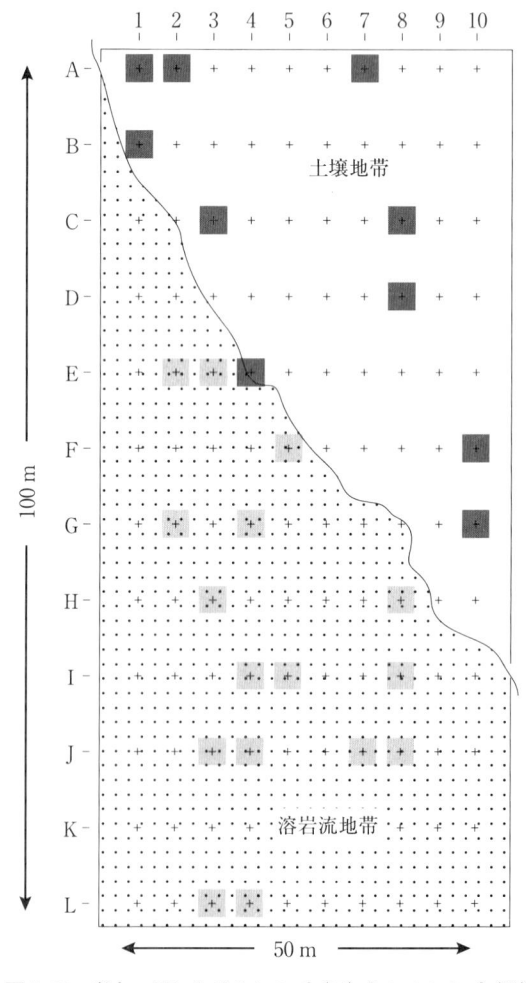

図5.28 青木ヶ原におけるヒミズ（■）とヒメヒミズ（▨）の棲み分け
今泉・今泉，1972 より．

b. 島における外来種の生態影響

孤立した島の生態系では構成種数が少なく，高次捕食者が存在しないケースも珍しくない．そのため外来種が侵入すると，しばしば深刻な生態系の攪乱が起きる．こうしたケースは奄美大島，沖縄本島，小笠原諸島，尖閣諸島など多くの島にみられる．

奄美大島では，特別天然記念物であるアマミノクロウサギのように古いタイプのウサギが生き延びてきた．同島ではハブを駆除する目的で1979年にマングースが放逐され，約1km/年の速度で分布を拡大しており，今ではほぼ全島に広がっている（図5.29）．マングースはアマミノクロウサギなど，様々な動物を捕食しており，マングース糞の8%にアマミノクロウサギの体毛が含まれていた．マングースの高密度地域では，アマミノクロウサギの生息密度は2003年までの10年間に大幅に減少している．鳥類への捕食影響をみると，地上に降りることの多いルリカケスやアカヒゲはマングースの高密度域でかなり減少しているが，あまり地上に降りないオーストンオオアカゲラやアマミコゲラには減少傾向はみられない．

沖縄北部の樹林ではヤンバルクイナが，マングース，野良ネコ，ハシブトガラスなどの脅威にさらされており，とりわけマングースによる影響は大きい．ヤンバルクイナの生息南限は，1985年からの20年間で約15km北上し，生息面積は約40%減少した．生息数は2005年時点で約700～800頭と推定され，1985年と比較して約60%も減少している．沖縄県や環境省によって，駆除や，進入防止フェンス設置などの事業が実施されているが，マングースの駆除は簡単ではない．全世界に約130種が生息するクイナ類には孤島に分布するものも多くおり，その中には固有種で飛べない種も多い．これらのクイナが捕食動物の導入によって数を減らし，絶滅してしまう例がいくつも知られている．

c. 競合による影響

外来種が餌や巣穴などをめぐって，類似の生態的地位にいる在来種を脅かすケースがある．ハクビシンは江戸時代後期に日本に入ったとされる外来種であるが，なぜか近年になって各地で急激に増加している．本種は木登りが上手で，しばしば樹洞に営巣する．東京都の高尾山では，これまでムササビが営巣していた樹洞や屋根裏にハクビシンが営巣するようになっている．ムササビの分布は樹洞数に影響されるので，巣穴をめぐってハクビシンとムササビは競合していることになる．アライグマも原産地の北アメリカでは樹洞などに営巣する．このため，樹洞営巣性のフクロウなどへの影響も懸念される．

複雑な生態系では，外来種による影響がよくわからないことが多い．アライグマは日本各地で急速に分布を広げている外来種である．本種は食性や体型がタヌキに似ている．神奈川県内でアライグマの多い場所と低密度の場所を選んで，両種の密度を調べたところ，アライグマが増えればタヌキが減るといった単純な図式はみられず，むしろ，動物の多い場所はアライグマとタヌキのどちらも多いという傾向があった（図5.30）．

外来種による影響として，外来種が近縁の在来生物と交雑して雑種をつくってしまい，在来生物の遺伝的な独自性がなくなることがある．和歌山県では，在来のニホンザルと動物園から逃げ出した外来のタイワンザルの間で交雑が起こっている．ニホンザルの尾長は約10cm，タイワンザル

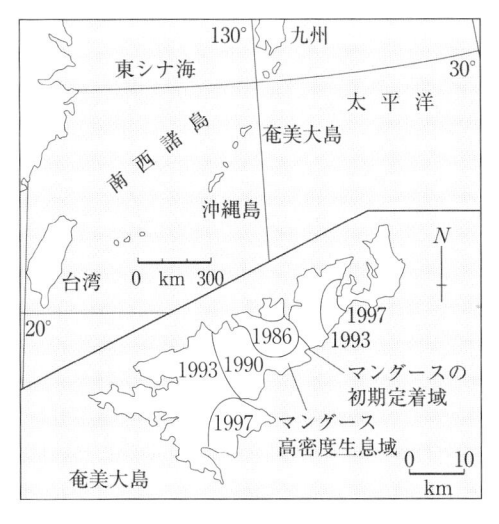

図5.29 奄美大島の位置とマングースの分布拡大

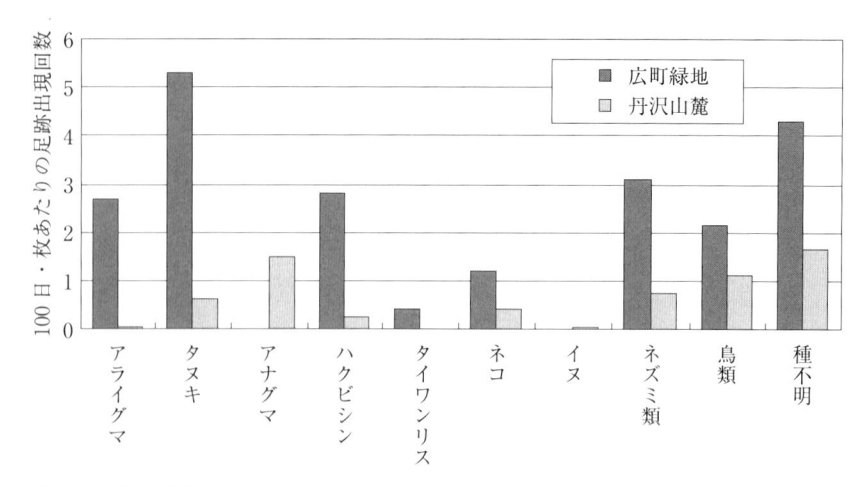

図5.30 神奈川県のアライグマ高密度地域（広町緑地）と低密度地域（丹沢山麓）における足跡出現頻度（安藤, 2008）

は約40 cmだが，雑種サルはその中間である約30 cmの尾を持っている．和歌山県は交雑種の全頭捕獲・安楽死を決定し，計画を実行中である．

5.3.9 動物種の生息適地と分布

動物は物理化学的な環境条件，生息場所の構造，食物などに規定されて，その生活に適した生息場所を選ぶ．気候条件は動物の分布を決定する大きな要件である．

a. 低水温でなければ生きられないラッコ

ラッコは海の生活に適応したカワウソの仲間である．地域によってはまったく陸に上がらず，出産，子育てをはじめ生活のすべてを海上で行う．冷たい海に住むラッコは，体熱の損失を防ぐために毛皮を発達させた．そのためラッコの毛皮は保温性に優れた高級品として扱われており，19世紀には高級な毛皮を目的とする乱獲が行われた．哺乳類が用いる防寒対策は2つあって，1つは毛皮を密にして中に多くの空気を蓄えること，もう1つは皮下脂肪層を発達させることである．水中における保温効果からすると空気断熱よりも脂肪断熱のほうが効率的であり，クジラやアザラシなど大部分の海生哺乳類はこの方法を用いている．ラッコは，海に入ったカワウソであるため，他の海生哺乳類のように皮下脂肪を発達させ脂肪断熱を獲得するだけの進化時間を持たなかった．毛皮を密にするという方法で寒さ対策を行った結果，1 cm^{2}あたり10万本という世界の動物で最も密な毛皮を有することになった．アラスカ湾で1989年に発生したタンカー「エクソン・バルディーズ号」の原油流出事故では，原油が毛に絡み付いて空気層を失った6000頭のラッコたちが，体温を奪われて凍死・溺死した．

密な毛皮を持つことは，暖かな海には棲めないことを意味している．実際，ラッコはアメリカの北太平洋沿岸，カナダ，ロシアなどの北太平洋沿岸一帯（低水温の地域）に生息している．世界のラッコ分布におけるアジア側の南限は北海道であり，北アメリカ側はカリフォルニアである（図5.31）．分布の南限がアジア側よりも北アメリカ側で低緯度まで伸びているのは，北アメリカ側の沿岸には北からの寒流が流れているためである．

またラッコは熱生産を上げるために1日に体重（約40 kg）の3割もの餌を食べ，活動時間の大半を餌探しと毛皮の手入れ（断熱効果を維持するため）に費やしている．そのため本種が生息できる場所は，栄養塩が豊富な湧昇域でウニや貝などの餌が豊富な北方海域に限られる．こうした海域は漁場としても重要であるため，ラッコの保護と漁業活動の両立は困難である．北海道でラッコの骨が出土する遺跡の分布をみると，現在の目撃場所とほぼ重なっている．ラッコの生息できる場所

図 5.31　ラッコの分布 (IUCN/SSC/OSG, 1990)

は，過去にもそれほど広かったわけではないようである．水温と餌条件が本種の分布を制限しているようである．

b. イノシシ，シカの分布に影響する積雪深

イノシシは西日本ではきわめて普遍的な動物であり，獣害も甚大である．一方で，本種は青森・秋田・山形・新潟・富山の各県をはじめとした多雪地帯には分布していない（図 5.32）．これは積雪が原因と思われる．細い足を持つ四足動物にとって，深い雪の中を歩くのは大変である．有蹄類は後肢附関節の高さ以上の積雪があると行動を著しく阻害される．イノシシの場合では約 30 cm の積雪深があれば移動の障害になると思われる．実際の分布と重ね合わせてみると，本種は 30 cm 以上の積雪が 1 冬あたり 70 日以上の地域にはあまり分布していない．

シカの分布も積雪に大きく影響され，積雪の多い地域には分布していない（図 5.32）ホンシュウジカの移動や採食が著しく困難になる積雪深は 45 cm ないし 50 cm 以上である．このため本種は積雪深が 50 cm 以上になる日数が 10 日以上の地域を避ける傾向がある．また積雪日数が 30 日を越えると死亡個体が目立ち始め，50 日を越えると多数死亡が生ずる．事実，ホンシュウジカは積雪深が 50 cm 以上になる日数が 50 日以上に達する地域にはほとんど分布していない．北海道のエゾシカはホンシュウジカよりもひとまわり大型なので，積雪深 60 cm 以上の日数を目安として積雪との関係をみると，積雪日数 80 日以上の地域を避けている傾向がみられる．北海道の多雪地域は西半分に偏っているので，エゾシカは多雪地域を避けるように北海道の東半分に多く分布する．シカはイノシシと異なり長距離を移動できる．北海道の阿寒湖周辺は道東においてもとりわけ積雪の少ない地域なので，シカの越冬地として利用されており，最長 100 km もの距離を移動してくる群れもいる．北海道では 1879（明治 12）年の記録的大雪でエゾシカが大量に餓死し，個体数は近年に至るまで回復しなかった．エゾシカの大量死に伴い，シカを捕食していたエゾオオカミも激減し，捕獲圧と相俟って絶滅にいたるなど，影響は生態系全体に及んだ．

近年，日本各地でシカが増えてシカ食害が深刻になっている．この一因として気候の温暖化が考えられる．例えば，神奈川県の丹沢山地には現在 2400～4200 頭のシカがいると推定されている．以前，この山地の高標高地域ではかなりの積雪があって，冬季にはシカが侵入できなかった．しかし近年は積雪が少なくなり，シカは年間を通じて山地全体で採食できるようになった．こうした栄養条件の改善が個体数の増加につながったと考え

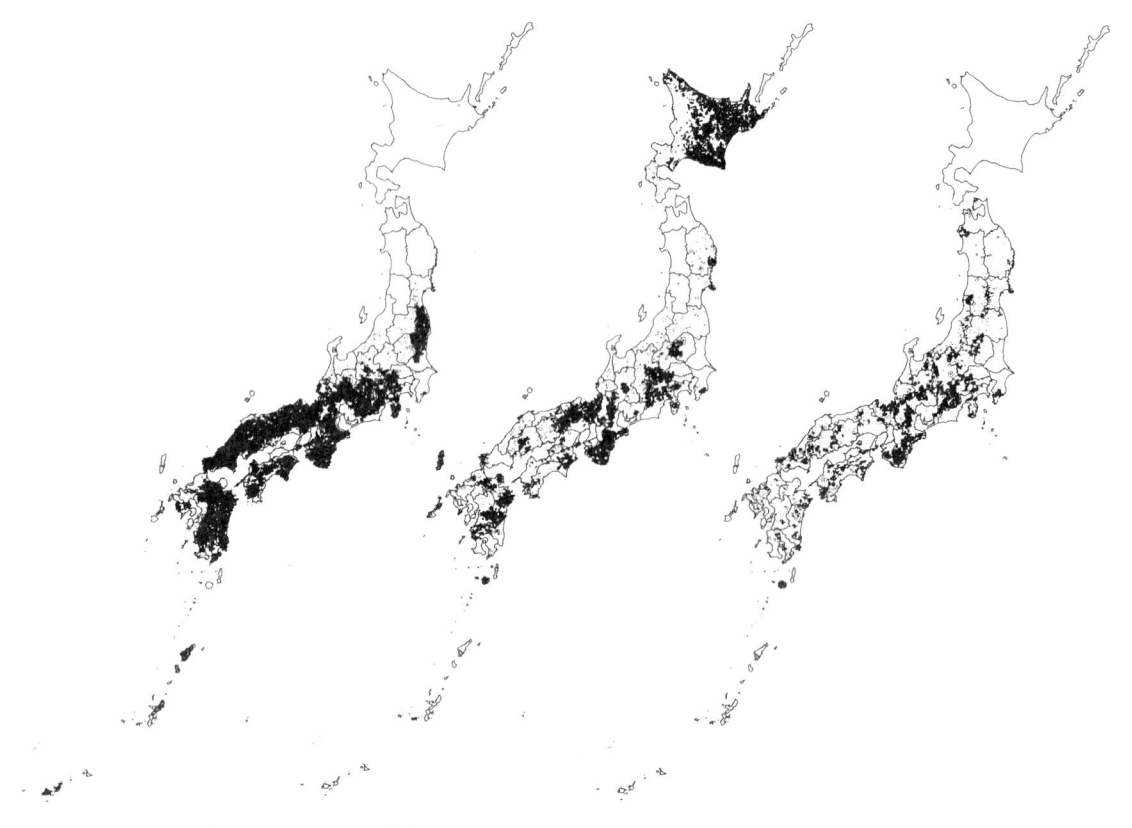

図 5.32 イノシシ（左），シカ（中），ニホンザル（右）の分布（環境省，2004）

られている．

c. 森林タイプに影響されるニホンザルの分布

ニホンザルと積雪の関係は，前述の偶蹄類の場合とは異なっている．ニホンザルは，ヒトを除く世界の霊長類の中で最も北に分布する種である．青森県下北半島は霊長類分布の北限であるが，東北地方における分布は少ない（図 5.32）．しかしニホンザルは裏日本型気候の積雪地域を特に避けるという傾向は示していない．本種は，1.5 m 以上の積雪深が年間 50 日以上に達する最も雪深い新潟県から青森県にかけての地域（白神山地，飯豊山地，越後山地など）にも広く分布しており，積雪深が直接の分布制限要因ではないようだ．

ニホンザルの食餌植物については，亜寒帯林に生息するニホンザルでも，温帯林系の樹種を好んで食すことが知られている．飯豊山地以北の東北地方の亜寒帯林にはニホンザルの群れがほとんど生息していないことから，亜寒帯林の存在が本種の分布を制限していると考えられる．

〔安藤元一〕

● 文　献

安藤元一，ほか（2008）行政，市民，大学による自然環境の保全に向けた取組と外来生物による被害に向けた取組．都市緑化技術 **68**：22-25．

今泉吉晴，今泉忠明（1972）ヒミズとヒメヒミズにおける「すみわけ」．動物学雑誌 **81**：49-55．

IUCN/SSC/Otter Specialist Group (1990) Otters : An Action Plan for their Conservation. INCN, Gland.

神奈川県（2005）神奈川県アライグマ防除実施計画．神奈川県．

環境省自然環境局生物多様性センター（2004）第 6 回自然環境保全基礎調査，哺乳類分布調査報告書．環境省．

6 生物の機能

6.1 生体の情報伝達

6.1.1 細胞間連絡と細胞間結合

 ヒトを含む多細胞生物において，同じ機能や構造を有する細胞が集まることにより，上皮組織（epithelial tissue），結合組織（connective tissue），筋組織（muscle tissue），神経組織（nervous tissue）が形成される．これらの組織が様々に組み合わさることで器官（organ）が形成され，特定の機能を持つようになる．器官はさらに協調した活動を通して，循環，代謝，生殖，運動といった生物に不可欠な機能を発揮する．これらの機能を発揮するにあたっては，体を構成する1つ1つの細胞の間，または細胞外環境を決定する細胞外マトリクス（ECM：extracellular matrix）と細胞の間に働く接着・結合による協調作用が重要な役割を担っている．細胞を取り巻く外部環境からもたらされる情報が細胞に受容され，それにより引き起こされる細胞の反応が，組織・器官の各階層へと統合される．同時に，上位の階層からの情報が直接，または細胞外環境を通して間接的に細胞機能を調節することで，生体全体が協調的に働くようになる．生存維持に重要な役割を果たすこれらの細胞間結合や接着機構は，多細胞生物の生命現象の理解にとってきわめて重要であるが，その構造の種類や関与する分子が多いことから，一般的な解説は非常に難しい．そこで本節では細胞の結合・接着を大きく，①細胞-細胞間結合と，②細胞-ECM間結合に分け，さらにそれぞれを電子顕微鏡で観察できる超微細構造を有するか否かで分類して説明する（表6.1）．

a. 細胞-細胞間結合

 細胞-細胞間でみられる結合のうち電子顕微

表6.1 細胞-細胞間，細胞-ECM間結合の種類

	電子顕微鏡で観察できる細胞内構造		
	あり		なし
	細胞質内での細胞骨格との結合		
	する	しない	
細胞-細胞間	デスモソーム結合（desmosome junction） 接着結合（adherens junction）	密着結合（tight junction） ギャップ結合（gap junction）	カドヘリン（cadherin） Igスーパーファミリー（immunoglobulin superfamily） インテグリン（integrin） セレクチン（selectin）
細胞-ECM間	ヘミデスモソーム（hemidesmosome） 接着斑（focal adhesion）		プロテオグリカン（proteoglycan） インテグリン（integrin）

鏡でその構造を観察できるものは，接着複合体（細胞質内にアクチンもしくは中間径フィラメントを結合させる）を有するか否かで分けられる．前者としてはデスモソーム結合（desmosome junction），接着結合（adherens junction）があり，後者としては密着結合（tight junction），ギャップ結合（gap junction）が挙げられる．密着結合はオクルーディン（occuludin）とクローディン（claudin）の2つの主要な膜タンパク質より形成されている．それらは2つの細胞をつなげるネジのように働き，列をつくって細胞間を密着させている．デスモソーム結合と接着結合は，ともにカドヘリン（cadherin）をアンカーとして結合する．これらカドヘリンを介した結合は，E，PさらにNカドヘリンなど，その種類により接着する相手を選択する．この結合は組織の分化や神経ネットワークの構築に必須とされており，結合自体が周囲の細胞に影響を与えることのできるシグナルとなっている．密着結合は主に上皮や消化管において体内外成分の出入りを制御しており，結合の強度差によって物質透過性を変化させている．密着結合が体内外の物質移動を調節しているのに対して，ギャップ結合は細胞間でのイオンやシグナル物質の移動を可能とする連絡結合（communicating junction）であるといえる．その結合装置はコネキシン（connexin）と呼ばれる膜貫通タンパク質で構成されており，6個のコネキシンが膜を貫通した半チャネル（コネクソン）をつくっている．この構造により，隣接する細胞どうしが電気的・代謝的に結合され，細胞間コミュニケーションが可能となっている．以上の結合が超微細構造を形態的に確認できるのに対して，電子顕微鏡の観察では細胞質内に特徴的な構造がみられず，細胞表面に分子的突起として存在する細胞接着分子（CAM；cell adhesion molecule）による結合が知られている．CAMはカドヘリン，免疫グロブリンスーパーファミリー（immunoglobulin (Ig) superfamily），インテグリン（integrin），セレクチン（selectin）の4つに分類される．カドヘリンとIgスーパーファミリーは同種の分子間で，インテグリンとセレクチンは異種の分子間で結合する．結合の種類によって細胞間相互作用に変化が引き起こされ，その相互作用の違いが組織・器官特有の接着強度を生み出している．それは肝臓細胞間の非常に強い接着や，血液内を自由に動き回る好中球やマクロファージといった免疫細胞どうしの持続性のない弱い結合にみることができる．

b． 細胞-ECM間結合

細胞外マトリクス（ECM）とは，細胞外に存在する網目状の構造体である．タンパク質と多糖類より構成され，組織の形態保持や機能の決定など様々な働きが知られている．さらにECMは体内での位置や生理的状態によって組成や構成が変化する．細胞はECMと結合することにより自分のおかれている位置を認識し，その機能を変化させる．このECMと細胞の結合は，細胞-細胞間結合と同様に，アクチンや中間径フィラメントが結合し，電子顕微鏡で観察することのできる細胞内構造の有無により大別される．前者としてはヘミデスモソーム（hemidesmosome）や接着斑（focal adhesion）が挙げられる．上皮組織において上皮細胞と基底膜やECMとを結合するヘミデスモソームは，細胞内に細胞内アンカータンパク複合体と中間径フィラメントを持ち，細胞外に出ているインテグリンを介してECMと結合している．このヘミデスモソームと先に紹介したデスモソームは，上皮細胞の結合の強度を決定する結合として知られている．例えば，火傷をすると水ぶくれを起こすことがあるが，これは皮膚のヘミデスモソームが破壊されて基底膜から表皮細胞層が外れて，その隙間に体液が溜まるために起こる．一方，腱や軟骨などの非上皮組織において，細胞はECMとの間に接着斑という結合構造をつくる．これもヘミデスモソームと同様にインテグリンを介しており，細胞内の細胞骨格と連結している．これら細胞-ECM間結合の程度はインテグリンの結合活性やその数により調節されている．例えば血小板表面のインテグリンは，通常では不活性で結合できない状態になっているが，出血などを起こすと活性型となってその他の血液凝固因

子と結合できるようになり，止血するために血餅（かさぶた）をつくる．そのため，インテグリンの遺伝子が欠損しているヒトには，血が止まりにくいなどの症状がみられる．一方，特定の細胞内構造（アクチンなどの裏打ち構造）を持たない細胞-ECM間結合としては，プロテオグリカン（proteoglycan）やインテグリンが挙げられる．

近年，細胞接着に欠陥があると，ある種の筋ジストロフィーを引き起こすことが明らかにされた．病気と細胞接着の関連は興味深く，本分野の今後の発展が期待されている．　〔坂井貴文〕

6.1.2 植物体内の物質移動と植物ホルモン

維管束植物は，葉，茎，根，花といった様々な器官を持ち，各器官で相互に非常によく統制のとれた連絡を保つことで1つの体を構成している．特に，植物が陸上で生き延びていくためには，隔たってはいるが栄養的に不可分の2つの空間，つまり，光エネルギーを吸収して空気中の二酸化炭素を同化する地上部（主に葉）と，水や無機イオンを吸収する地下部（根）の働きを協調させることが不可欠である．水や無機イオン，同化産物を含む有機物質の植物体内での移動のほとんどは，植物体の中を網目のように走っている維管束系によって行われているが，一部は維管束を通らずに細胞の外側（アポプラスト）や細胞から次の細胞へと細胞内（シンプラスト）を通して輸送される．また，水や栄養物質の輸送に加えて，環境変化や生育に必要な情報をお互いに取り交わすため，植物ホルモンをはじめとするシグナル分子を伝達することで，秩序だった生育，および環境への適応を可能にしている．

a. 水・無機イオンの移動

植物の根は，土壌から水と無機イオン（栄養塩）を吸収する．この吸収には，① 根毛細胞で取り込まれた水と栄養塩が，隣接細胞間の原形質連絡を通したシンプラスト経由の輸送によって根の中心部にある道管に達するものと，② 根の細胞の間隙を通したアポプラスト経由の輸送により道管に達するものがある．根は，このように水分・栄養塩を吸収する器官であるとともに，地上部をしっかりと支える器官としても重要な働きをしている．このため，根は棒状や糸状に細かく枝分かれし，土壌と接触する面積を増大させて地中に伸びている．根による水分や栄養塩の吸収が地上部の生育と成長のために必要なのはもちろんであるが，地上部の環境状況によっても吸収の速度や量が調節されている．また，根の成長や発達自体も地上部からの情報によって制御される．

葉での蒸散が盛んになると，蒸散流によって根からの水分の吸収が大きくなるが，逆に地上部の水分が十分であれば根での吸水は低下する（図6.1a）．湿度が高いために葉からの蒸散が低下したにも関わらず根からの吸水が続くと，その根圧によって葉の先端に露が生じることになる．一方，空気が乾燥してくると，葉の孔辺細胞が閉じることにより蒸散が押さえられ，植物体からの水分の損失を防ごうとする．このような植物体内における水分の移動は，道管を通して行われている．植物体が乾燥を感じると植物ホルモンの1つであるアブシシン酸が急速に増加して，孔辺細胞の閉鎖を促す．また，明け方の光に相対的に多く含まれ

a. 道管を通した水の移動　　b. 師管を通した産物の移動

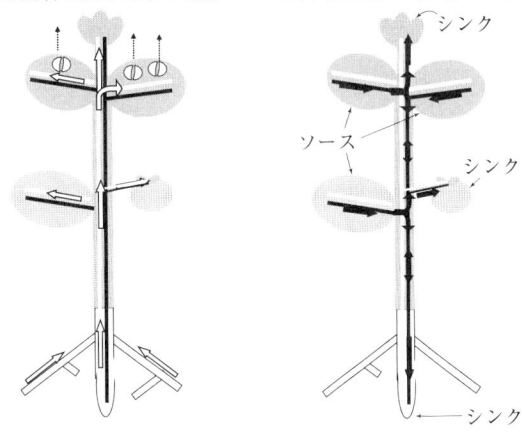

図 6.1 維管束系を通した水分と物質の移動（道管：▭，師管：▬，気孔：◐）

a. 根で吸収された水分と無機イオンは道管を通して全身に運ばれる．気孔からの水の蒸散は根から葉への水分の輸送力（蒸散流）を生む．b. 物質生産が盛んな葉（ソース）でつくられた産物は，師管を通して花芽，果実，根などのシンクに運ばれる．

る青色光は，気孔の開口を促進する．

b. 同化産物などの移動

植物体内でつくられた同化産物の移動は，主に師管を通して行われる．師管で運ばれる主な物質には，光合成産物である糖，窒素代謝産物のアミノ酸，ビタミン類，さらに，多くの無機塩類が含まれる．こうした物質を生産して師管に送り込む組織をソースと呼び，これらの物質を取り込む組織をシンクと呼んでいる（図6.1b）．植物個体における成長点や果実，栄養を蓄えるイモのような塊茎，塊根はシンク組織であり，活発に光合成を行う葉はソース組織である．こうした組織・器官間での物質移動の方向とその量の調節においては，その物質自身が情報となっており，過度の蓄積を抑制したり，不足した場所への移動を促進したりすると考えられているが，その詳細な機構はわかっていない．

c. シグナル分子による組織・器官間の情報伝達

植物ホルモンなどのシグナル分子が植物の体内を移動することにより，離れた組織・器官間の情報伝達が行われる．個々の植物ホルモンに関する説明は4.2節に譲るが，このような長距離の情報伝達に働くシグナル分子として以下のような例を紹介しておく．

(1) オーキシンの頂芽優性作用

多くの植物では，成長の盛んな茎頂付近にオーキシンが多く，オーキシンはそこから主にシンプラスト経由で下方に極性移動する．オーキシンが流れてくることで，下方にある側芽の成長は抑制されるが，茎頂部を切り取ってオーキシンの供給を断つと，側芽の成長が始まる（図6.2a）．オーキシンの頂芽優勢作用によって成長が抑えられている側芽にサイトカイニンを塗ると側芽が成長することから，サイトカイニンには側芽の成長を促進する活性があると考えられている．茎頂を摘み取ることにより枝を増やしたり，オーキシンやサイトカイニンを植物に処理することによって側芽の成長を人為的に調節できることから，農業や園芸で利用されている．

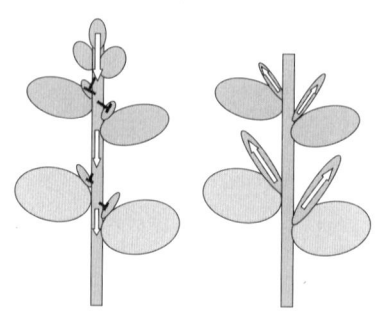

(2) 花成シグナル（ホルモン）

植物にはキクやシソのように日が短くならないと花が咲かない短日植物，反対にコムギやホウレンソウのように日が長くなると花芽を形成する長日植物など，日長の変化を感じとって花芽をつけるものがある．オナモミやシソなどでよく知られているように，1枚の葉を短日処理するだけでも花芽の形成が促進される（図6.2b）．また，処理済みの植物に未処理の植物を接ぎ木した場合でも，未処理の植物の茎頂に花芽が形成される．こうしたことから，光処理によって葉でつくられた物質が茎頂分裂組織に運ばれて花芽の分化を促進

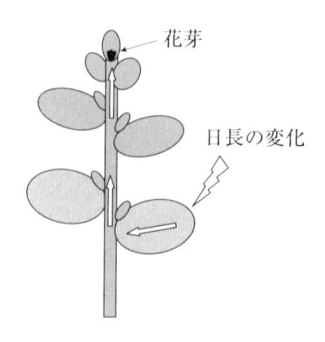

図6.2 シグナル分子（植物ホルモン）による組織・器官間の長距離情報伝達
a. 茎頂部から下方に輸送されるオーキシンにより，下部の側芽（腋芽）の成長が抑制される（左）．先端を切除するとオーキシンの供給がなくなり，側芽の成長が始まる（右）．b. 日長の変化を受け取った葉でつくられた花成シグナルが茎頂部まで移動し，花芽の形成を誘導する．

すると考えられ，その仮想物質に「花成ホルモン（フロリゲン）」と名前が付けられた．長い間この物質は特定されない状態が続いているが，その有力な候補として，シロイヌナズナの花成促進に働く遺伝子（*FLOWERING LOCUS T*（*FT*）遺伝子）の産物（FTタンパク質）が報告された．さらに，同様のタンパク質がイネ，カボチャなどでも確認され，FTタンパク質が葉でつくられ，茎頂に移動して花芽の形成を促進する「フロリゲン」の実体であることが明らかになっている（花成ホルモンの詳細については6.7.13項参照）．

〔小柴共一〕

● 文　献

青木 考（2006）植物の全身を長距離移行する蛋白質とRNA．蛋白質・核酸・酵素 **51**(3)：237-248.
Buchanan, B. B., ほか 編（杉山達夫 監修，岡田清孝，ほか 監訳）(2005) 植物の生化学・分子生物学，学会出版センター.
小柴共一，神谷勇治 編（2010）新しい植物ホルモンの科学（第2版），講談社.
小柴共一，ほか 編（2006）植物ホルモンの分子・細胞生物学，講談社.

6.1.3 動物の神経系，内分泌系，免疫系

動物では，生体内外の情報を捉え，これに対処するシステムがよく発達している．このシステムの中に，特に情報を伝達する機能に特化して神経系，内分泌系，および免疫系がある．なお，生理的・形態的状態を一定の範囲内に安定に保つ性質は，特に「ホメオスタシス」と呼ばれている（6.4節参照）．

a．神経系

生物は，外部環境からの情報（刺激：stimulus）を受容し，それに応答（反応：response）しながら生命を維持している．このような刺激・反応系は，刺激を受けとる受容器（receptor）と応答する作動体（effector）から成り立つ．体制が複雑に進化するとともに，これら受容器と作動体との間に情報を伝達する仕組みが発達した．これが神経（nerve）である．神経細胞（nerve cell）は刺胞動物で初めて分化し，ヒドラでは神経細胞が網目状になった神経網（nerve net）を形成し，散在神経系（diffuse nervous system）と呼ばれる（図6.3）．ただし伝導方向は不定で，伝導速度も毎秒0.13 mmと遅い．扁形動物の高等なものでは神経網の偏在が起こり，集中化がみられる．ヒラムシ（プラナリア）では神経細胞が頭部に集中し始めるとともに体の両側に列をなして並び，はしご型神経系（ladder-like nervous system）になる（図6.4）．動物の体節化とともに，体節ごとに神経細胞の集中化が起こり神経節（nerve ganglion）ができ，神経節のさらなる集中化により中枢化が進行する（図6.4）．脊椎動物の中枢神経系（central nervous system）はこうして完成する．

脊椎動物では，受精卵が卵割を進めて胞胚となり，やがて原口から陥入して生じた細胞層の背側（脊索中胚葉）により神経板が外胚葉に誘導され，これが神経管となって神経系が形成される．このとき，神経管は中枢神経系に，管の両側にあった細胞群は脊髄神経節となる．体の末梢各部にある受容器と作動体および中枢を結ぶ神経系は，末梢神経系（peripheral nervous system）と呼ばれる．

神経系による情報伝達は，細胞膜での電気的な興奮（細胞膜内外でのイオン分布の違いによって

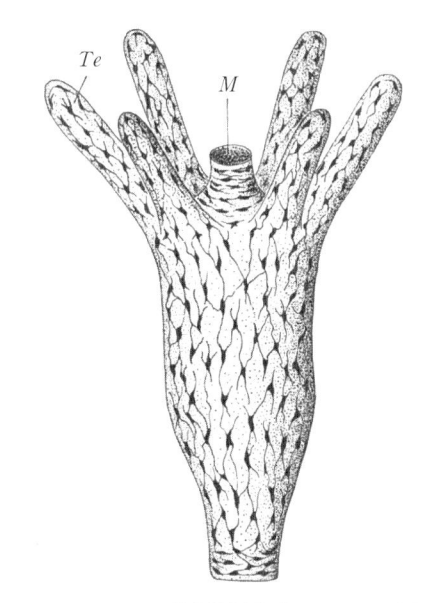

図6.3　ヒドラの散在神経系（Kuhn, 1964より）
M：口，*Te*：触手．

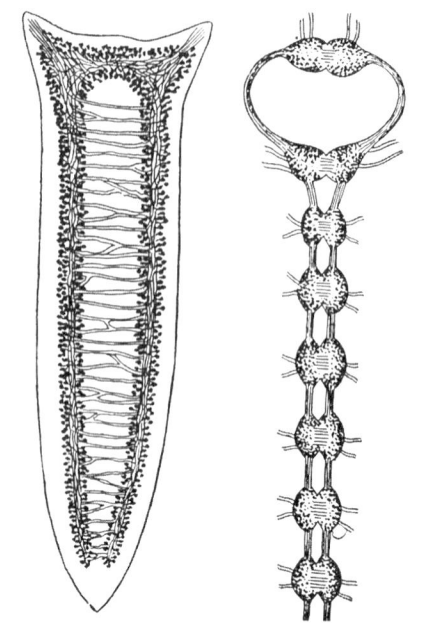

図 6.4　プラナリア（左）とミミズ（右）の神経系
Kuhn, 1964 より

生じる電位差を基本とする）によって説明されてきた．しかし，神経系としての情報伝達では，シナプス伝達系（シナプスにおいてニューロン軸索末端から放出された神経伝達物質がイオンチャネル連結型受容体に結合して伝えられる）が大きな役割を果たしている．主な神経伝達物質にアセチルコリンとノルアドレナリンがある．

b. 内分泌系

動物体内の情報伝達に関わるもう1つの重要なシステムとして内分泌系がある．細胞が合成・分泌する化学物質のホルモンが血流によって運ばれ，標的の細胞に達して受容体と結合して機能を発揮する．神経系における神経伝達物質が，細胞の膜と膜が接するシナプスで局所的に放出・受容されるのに対して，内分泌系では多くの場合，ホルモンは血流によって全身に運ばれ，分泌細胞から離れた部位で受容され機能する．なお，分泌細胞周囲の体液中に分泌され，近隣の細胞に受容されて働くホルモンがある．これは傍分泌と呼ばれ，そのようなホルモンを局所ホルモンという．しかし一般には，ホルモンを分泌する細胞は集合して内分泌腺となっていることが多い（脳下垂体，甲状腺，副甲状腺，膵臓，副腎，卵巣，精巣など）．

ホルモンは，化学構造から，アミノ酸誘導体，ステロイド，ペプチドに分類される．主なアミノ酸誘導体ホルモンは，アミノ酸の1つチロシンから酵素反応により合成されるホルモンで，アドレナリン，ノルアドレナリン，ドーパミン，チロキシンなどがある．ステロイドホルモンはコレステロールから合成され構造にステロイド核を有するもので，副腎皮質ホルモン（コルチゾル，アルドステロン），男性ホルモン（テストステロン），女性ホルモン（エストラジオール，プロゲステロン）などがある．ペプチドホルモンはアミノ酸からなり，小型のペプチド（アミノ酸数個）から大型のタンパク質（多数のアミノ酸からなる）まで，視床下部ホルモン，下垂体ホルモン，インスリン，グルカゴンなど様々な種類がある（表6.2）．

ホルモンには，それぞれに対応した特異的な受容体があり，受容体と結合してホルモン情報を伝える．水溶性のホルモンは細胞膜を通過できないが，非水溶性のホルモンは細胞膜を通過して細胞質内に入ることができる．水溶性ホルモン分子は細胞膜表面の受容体と結合してから，イオンチャネルや酵素を介したり，Gタンパク質を活性化したりして作用する．非水溶性ホルモンは，細胞質内の受容体と結合して核に入り，遺伝子の転写を制御したりする．

内分泌系では，複数のホルモンが階層をなして分泌調節を行っている．例えば，下垂体前葉から分泌される副腎皮質刺激ホルモン(ACTH)は，血流を介して副腎に達し，副腎皮質からのコルチゾルの分泌を促すが，コルチゾルは様々な組織で抗炎症作用や免疫抑制作用を行うだけでなく，脳に至り，ストレスホルモンとして大脳海馬ニューロンなどに作用するとともに，間脳視床下部に働き，ACTH放出ホルモン（CRH）の合成・分泌を調節する．CRHを合成・分泌する神経分泌細胞は，外界からの情報を受けた脳の支配も受けている．さらに，このような階層構造の分泌制御機構全体では，正または負のフィードバック調節がなされている（図6.5）．

表6.2 哺乳類の内分泌器官とホルモン（川島, 1995bより）

内分泌器官	ホルモン（略号または別記）	化学的分類
視床下部	甲状腺刺激ホルモン放出ホルモン（TRH） 生殖腺刺激ホルモン放出ホルモン（GnRH） 副腎皮質刺激ホルモン放出ホルモン（CRH） 成長ホルモン放出ホルモン（GRH） 成長ホルモン抑制ホルモン（GIH, ソマトスタチンSOM）	ポリペプチド
	プロラクチン抑制因子	アミノ酸誘導体
下垂体後葉 （視床下部が生産）	バソプレシン（AVP） オキシトシン（OXT）	ポリペプチド
下垂体前葉	甲状腺刺激ホルモン（TSH） 濾胞刺激ホルモン（FSH） 黄体形成ホルモン（LH）	糖タンパク質
	成長ホルモン（STH） プロラクチン（PRL）	タンパク質
	副腎皮質刺激ホルモン（ACTH）	ポリペプチド
下垂体中葉	中葉ホルモン（MSH）	ポリペプチド
甲状腺	チロキシン（T_4）とトリヨードチロニン（T_3）	アミノ酸誘導体
	カルシトニン	ポリペプチド
副甲状腺	副甲状腺ホルモン（PTH）	ポリペプチド
副腎皮質	コルチコイド	ステロイド
副腎髄質	アドレナリンとノルアドレナリン	アミノ酸誘導体
胃	ガストリン	ポリペプチド
膵臓	インスリン グルカゴン	ポリペプチド
十二指腸	セクレチン	
精巣	テストステロン（アンドロゲンと総称）	ステロイド
卵巣	エストラジオール（エストロゲンと総称） プロゲステロン	ステロイド

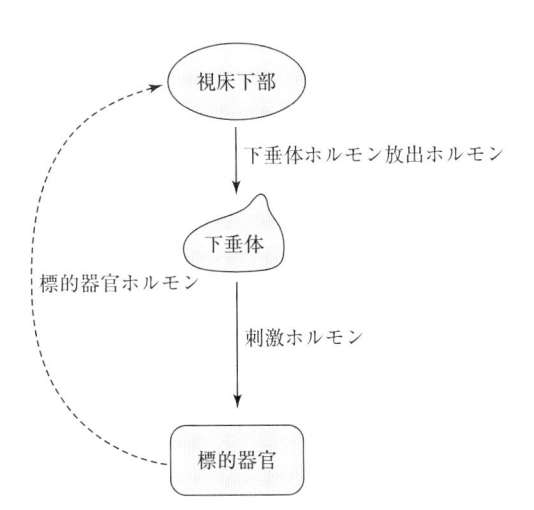

図6.5 ホルモン分泌における負のフィードバック（川島, 1995aより）

c. 免疫系

ウイルスや細菌などの病原体から身を守る生体防御機構として免疫系が発達している．免疫系も生体内の情報伝達系の1つといえる．

皮膚の傷口などから病原体が体内に侵入すると，単球と好中球が毛細血管から組織に出てきて傷口の病原体を貪食して分解する．単球は組織に出るとマクロファージになり活発に貪食する．このとき，傷付いた組織が分泌するヒスタミンは毛細血管の内皮細胞の結合を緩め，単球などを組織に出しやすくしている．また病原体の表面にあるリポ多糖類やリポタンパク質は，マクロファージの持つこれらの受容体と結合して，マクロファージからサイトカインを分泌させる．サイトカインの1つであるインターロイキンは間脳視床下部に働き体温を上昇させるが，これにより白血球の代謝が促進され，マクロファージや好中球の活動が

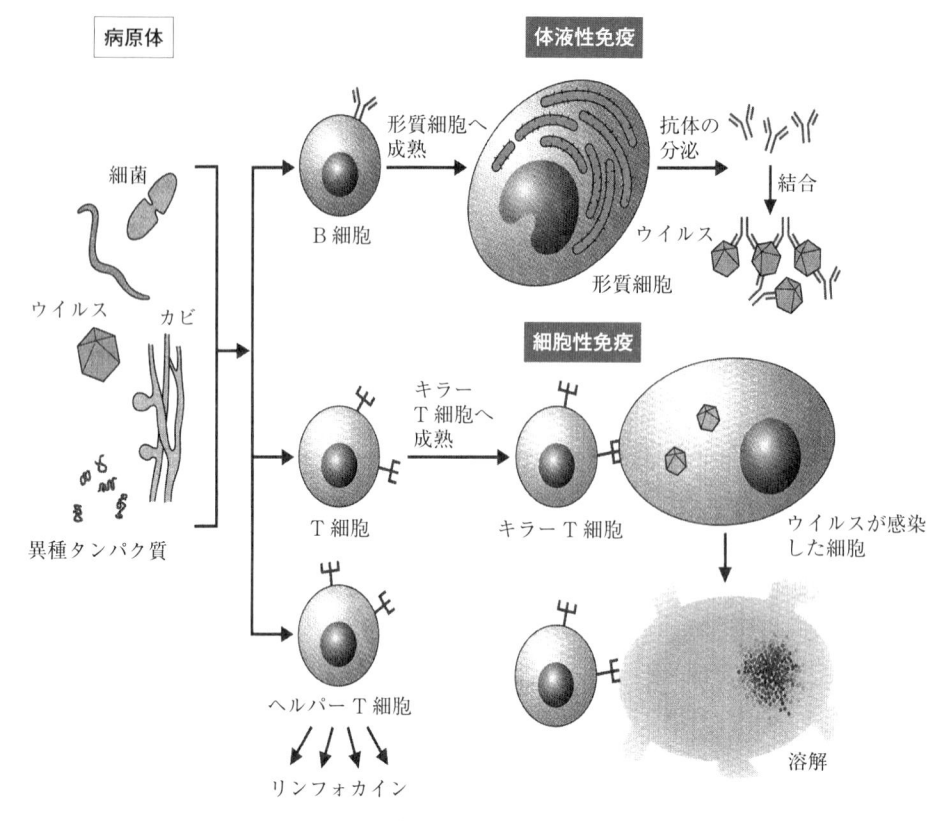

図6.6 免疫系（和田, 2006 より）

活発になる．ヒスタミンやインターロイキンなどサイトカインは，ホルモンと同じように，細胞の膜にある受容体と結合して情報を伝える．

このような生体防御機構は非特異的な生体防御機構として多くの無脊椎動物でみられるが，脊椎動物では，これに加えてさらに進化した特異的な生体防御機構，すなわち免疫系が働いている．免疫系には，体内に入り込んだ病原体の表面のタンパク質や多糖類を抗原として認識し特異的に結合する抗体を形質細胞が分泌する体液性免疫と，ウイルスに感染した細胞をキラーT細胞が溶解する細胞性免疫がある（図6.6）．

非特異的な生体防御機構で働く単球や好中球も白血球であるが，特異的な生体防御機構の免疫系では，白血球のうちリンパ球が活躍する．骨髄でつくられたリンパ球はやがてB細胞またはT細胞に分化する．前者は成熟して形質細胞となって体液性免疫に関わり，後者はキラーT細胞ないしヘルパーT細胞として細胞性免疫を行う．

体液性免疫の主役である抗体タンパク質は2種類のペプチド鎖からなり，5種類の免疫グロブリンにそれぞれいくつもの超可変領域があり，ここに抗原結合部位が形成されるため，きわめて多様で複雑な抗原抗体反応が実現する．

T細胞による細胞性免疫では，T細胞表面のT細胞受容体により自己と非自己の分別がなされている．

〔町田武生〕

● 文　献

新井康允（2000）脳とニューロンの科学，裳華房．
川島誠一郎（1995a）（図解生物科学講座2）内分泌学，朝倉書店．
川島誠一郎（1995b）動物のホルモン，裳華房．
Kuhn, A. (1964) Grundriss der allgemeinen Zoologie (14th ed.), Georg Thieme, Stuttgart.
Raven, P., et al., (2005) Biology, (7th ed.), McGraw Hill, New York.
和田　勝（2006）基礎から学ぶ生物学・細胞生物学，羊土社．

6.1.4 生理活性物質と受容体,細胞内情報伝達

　生体内の恒常性(ホメオスタシス)は,多様な情報伝達物質により調節されている.この調節は,情報を発信する細胞からの化学的な情報伝達物質の分泌,標的細胞による同物質の受容(細胞間の情報伝達),および受容した情報の変換と増幅(細胞内の情報伝達)の過程を経て行われる.一般に,標的細胞には情報伝達物質と特異的に結合する受容体が存在し,同物質の受容と情報の変換を仲介している.

　細胞間の情報伝達の様式は,情報を発信する細胞が分泌した情報伝達物質を,分泌した細胞自身が受容する自己分泌,隣接する細胞やごく近傍の細胞が受容する傍分泌,および血流(体液)を介して遠方の細胞が受容する内分泌に分けられる.また,ニューロンによる情報伝達では,シナプスでのシナプス分泌や,血流を介する神経内分泌などが知られている.これら情報伝達を担う物質は,その化学的性状と作用機構から以下のように大別することができる.

　ステロイドホルモン　コレステロールから,主に生殖腺(精巣と卵巣)や副腎皮質において合成される.生殖腺からは,アンドロゲン(テストステロン,ほか),プロゲスチン(プロゲステロン,ほか)およびエストロゲン(エストラジオール,ほか)などの性ステロイドホルモンが,副腎皮質からはグルココルチコイド(コルチゾル,ほか)およびミネラルコルチコイド(アルドステロン,ほか)などのコルチコイドが分泌される.

　甲状腺ホルモン　甲状腺で合成されるチログロブリン分子の特定のチロシン残基のヨウ素化と縮合,そして加水分解により産生される.チロキシン(T_4)と3,5,3'-トリヨードチロニン(T_3)が主な甲状腺ホルモンで,それぞれ4個と3個のヨウ素原子が芳香環に結合している.

　ビタミン誘導体　ビタミンAの代謝により生じるレチナールやレチノイン酸,また,肝臓に続き腎臓でのビタミンD_3の代謝により生じる活性型ビタミンD_3などが知られている.

　ペプチドホルモン　遺伝情報の転写と翻訳に続き,粗面小胞体,ゴルジ装置,分泌小胞(顆粒)などで翻訳後修飾を受けて合成される.脳下垂体(生殖腺刺激ホルモン,ほか)や膵臓(インスリン,ほか)などの内分泌腺(細胞)に加え,脳(特に視床下部.甲状腺刺激ホルモン放出ホルモン,ほか)や消化管(ガストリン,ほか)などにおいても合成される.ペプチド鎖の大きさは様々で,環状構造を有するもの,糖鎖が付加したもの,C末端がアミド化されたもの,サブユニット構造を有するものなど,多様性に富んでいる.

　細胞増殖因子・サイトカイン　ペプチドホルモンの場合とほぼ同様に合成される.細胞増殖因子は,特定の細胞の増殖と分化を促進する作用を持っており,インスリン様成長因子や表皮成長因子などが知られている.サイトカインは免疫や炎症の調節因子であり,インターロイキンやインターフェロンなどが知られている.

　神経伝達物質　アミノ酸の代謝により合成される生体アミン類(ドーパミン,ノルアドレナリン,アドレナリン,セロトニン,ほか),アミノ酸(グルタミン酸,ほか),アセチルコリンなどが知られている.ペプチドが神経伝達物質として機能している例もある.

　エイコサノイド　不飽和脂肪酸(アラキドン酸,ほか)から合成されるプロスタグランジン,ロイコトリエン,トロンボキサンなどが知られている.

　情報伝達物質の中でホルモンと呼ばれるグループは,その多くが血液により輸送され,標的細胞に存在する特異的な受容体への結合を介して情報を伝達する.この際,ステロイドホルモン,甲状腺ホルモン,ビタミン誘導体,さらに,一部のペプチドホルモンは,血液中でその大部分が結合タンパク質と結合しており,ごくわずかな部分のみが結合せずに遊離した状態で存在している.受容体と細胞内の情報伝達機構は,以下のように大別することができる.

　細胞内受容体　ステロイドホルモン,甲状腺ホルモンおよびビタミン誘導体は,細胞膜を透過して細胞内(細胞質あるいは核内)に存在する特

異的な受容体と結合する．情報伝達物質が結合した受容体はダイマーを形成して，標的遺伝子の転写調節領域に存在するホルモン応答配列に核内で結合することで転写調節因子として働き，細胞の機能を調節する．

細胞膜受容体　ペプチドホルモン，増殖因子・サイトカイン，神経伝達物質およびエイコサノイドは，細胞膜上に存在する特異的な受容体と結合し，情報を伝達する．これら受容体は，構造とその作用機構から以下のように区分できる．

① **Gタンパク質共役型受容体**　細胞膜を7回貫通する構造を有し，α, β, γサブユニットからなるヘテロ3量体GTP結合タンパク質（Gタンパク質）と共役して情報を伝達する．GDPが結合したαサブユニットは不活性型であり，$\beta\gamma$複合体と3量体を形成して受容体に会合している．受容体に情報伝達物質が結合すると，αサブユニットではGDP/GTP交換反応が起き，$\beta\gamma$複合体から解離する．Gタンパク質にはいくつかの種類が知られ，各Gタンパク質から解離したαサブユニットは，アデニル酸シクラーゼやホスホリパーゼCなどのエフェクターを活性化する．アデニル酸シクラーゼが活性化されると，細胞内でATPから環状AMP（cAMP；cyclic AMP）が合成される．cAMPはcAMP依存性プロテインキナーゼA（PKA；protein kinase A）を活性化し，標的タンパク質をリン酸化することで生理反応を調節する．一方，ホスホリパーゼCが活性化されると，細胞膜のリン脂質が加水分解され，イノシトール1,4,5-三リン酸（IP_3；inositol 1,4,5-trisphophate）とジアシルグリセロール（DAG；diacylglycerol）が生じる．IP_3は小胞体からCa^{2+}を動員し，カルモジュリン（CaM；calmodulin），さらにはCaM依存性タンパク質キナーゼ（CaMK；CaM kinase）を活性化する．また，DAGはタンパク質キナーゼC（PKC）を活性化する．活性化されたキナーゼは標的タンパク質をリン酸化することで生理反応を調節する．多くのペプチドホルモンは，この型の受容体を介してシグナルを伝える．また，アセチルコリン（ムスカリン性），グルタミン酸（代謝型），生体アミン類などの神経伝達物質やエイコサノイドも，この型の受容体によりシグナルを伝える．

② **酵素連結型受容体**　この型の受容体の多くは，情報伝達物質が結合する細胞外ドメイン，細胞膜を1回貫通する膜貫通ドメイン，および細胞内に存在しエフェクターとしての活性を有する細胞内ドメインから構成される．エフェクター活性の種類により，以下のように細分できる．

チロシンキナーゼ型受容体は，細胞内ドメインに，標的タンパク質のチロシン残基をリン酸化するチロシンキナーゼ活性を有する．情報伝達物質が細胞外ドメインに結合すると，受容体はダイマーを形成し，その結果，チロシンキナーゼが活性化される．活性化チロシンキナーゼは，受容体自身のチロシン残基をリン酸化（自己リン酸化）し，さらに細胞内の他の標的タンパク質をリン酸化することで標的細胞の機能を調節する．同様に，セリン/スレオニンキナーゼ型受容体は，細胞内ドメインにセリン/スレオニンキナーゼ活性を有する．多くの細胞増殖因子はこれらのキナーゼ型受容体を持つ．一方，チロシンフォスファターゼ型受容体は，標的タンパク質のリン酸化チロシンを，脱リン酸化するフォスファターゼ活性を細胞内ドメインに有する．また，グアニル酸シクラーゼ型受容体は，細胞内ドメインにグアニル酸シクラーゼ活性を内蔵し，GTPより環状GMP（cGMP）を産生する．cGMPはcGMP依存性プロテインキナーゼG（PKG）を活性化し，標的タンパク質をリン酸化して生理反応を調節する．ペプチドホルモンである心房性ナトリウム利尿ペプチドがこの型の受容体を持つ．

③ **酵素共役型受容体**　この型の受容体も酵素連結型受容体と同様に細胞膜を1回貫通しているが，細胞内ドメインにはエフェクター活性が認められない．この型に属する受容体は，情報伝達物質の結合とダイマーの形成に続き，受容体に会合した非受容体型チロシンキナーゼ（Srcファミリー，JAKファミリー，ほか）と受容体自身のリン酸化，さらに標的タンパク質のリン酸化を通して生理作用を発現する．多くのサイトカインや一部のペプチドホルモン（プロラクチン，成長ホ

ルモン）の受容体がこの型に属する．

④ イオンチャネル型　リガンド感受性イオンチャネルは，情報伝達物質の結合により，イオンの通り道となる細孔の開閉が制御されるものであり，膜受容体の1つと考えることができる．神経伝達物質のうちで，アミノ酸（グルタミン酸，グリシン，$GABA_A$，ほか）やアセチルコリン（ニコチン性）などの受容体がこの型である．

なお，各細胞には多くの種類の情報伝達物質の受容体が存在しており，細胞内の情報伝達機構は互いに密接に関連しながら細胞機能を制御している（クロストーク）．

〔小林哲也〕

● 文　献

Griffin, J.E., and Ojeda, S.R. (2004) Textbook of Endocrine Physiology (5th ed.), Oxford University Press.

内田 驍, 香川靖雄 編（1990）（岩波講座 分子生物科学5）情報の伝達と物質の動きI. 岩波書店.

6.2　感　覚　と　反　応

6.2.1　植物の感覚と反応

動物と同様に植物も，外部の環境シグナルを感知して反応する仕組みを持つ．むしろ動物のように自由に動き回ることがない植物にとっては，生存する場における微妙な環境変化を感じとり適切に対応していくことは，種を存続するためにきわめて重要であるともいえる．種子が発芽し，根や茎葉が伸長・展開し，開花・結実にいたる生活のあらゆる局面で，植物は光，水，温度，重力，接触刺激などの外部環境の制御を受けている．ここでは特に，植物が環境刺激を感知して反応し運動する現象について具体例を紹介したい．植物の運動には，長時間のビデオ撮影などにより初めて明らかになる緩やかなものから，食虫植物の捕虫運動のように目にもとまらぬほど迅速なものまである．

身の回りの植物を観察すると，植物が光の方向を向いていることに気づく．植物が光の方向に屈曲することを光屈性という．植物は様々な波長の光を識別している．植物の形態形成を制御する赤色光と近赤外光を受容するフィトクロームは，20世紀の半ばには見つかっていた．一方，すでに100年以上前から存在が予測されていた青色光の受容体は，シロイヌナズナの突然変異体を用いた研究により20世紀の終わりに相次いで発見され，クリプトクローム（隠れた色素），フォトトロピン（光屈性色素）と名づけられた．クリプトクロームは概日リズムなどに関与し，フォトトロピンは光屈性のほか，葉緑体の光定位運動にも関わることが知られている．

19世紀後半にDarwin, C.が息子のFrancisとともに行った実験によって示されて以来，光刺激が子葉鞘などの先端部で感知されると，その情報が伸長部位まで伝達され，影側の細胞が光側より速く伸長することにより茎が光に向かって屈曲すると考えられており，この反応は成長運動とも呼ばれている．影側と光側の細胞の偏差成長は，植物ホルモンであるオーキシンが影側に多く分布することによりもたらされるという説が広く受け入れられているが，光側にオーキシン活性の抑制物質が蓄積するという説もある．

種子が発芽すると根はまず重力方向に伸長し，茎は重力と反対方向に伸長する．発芽した植物体を水平に置くと，根は重力方向に屈曲し，茎は重力と反対方向に屈曲する（図6.7a）．この性質を重力屈性という．この反応も光屈性の場合と同様，成長運動と呼ばれる．根では根冠部にあるコルメラ細胞で重力刺激を感知する（図6.7b, c）．コルメラ細胞は大きなデンプン粒を持つアミロプラストを含む．このアミロプラストが重力方向に沈降し，平衡石として働く（図6.7c）．重力方向の情報は根の伸長部位まで伝達され，そこで重力側の細胞の伸長が抑制されることにより，根が重力方向に屈曲する．この場合も，オーキシンの不均一な分布が重力側と反重力側の細胞の偏差成長の原因であると考えられている．ただし，根の細胞の

場合は茎の細胞と異なり，オーキシンにより伸長が抑制される．

オーキシンは植物体内を極性を持って移動することが知られている．例えば，子葉鞘先端で合成されたオーキシンは一定の速さで基部へと極性移動し，この移動方向は植物体を逆さまにしても影響を受けない（ヤナギの枝やタンポポの根の再生においては，極性は重力に支配される．5.2.1項 i「重力」参照）．根の場合，オーキシンは地上部から維管束を通って根端部まで運ばれた後，そこから表皮細胞や皮層細胞を通って根の伸長部位まで運ばれる．オーキシンの極性移動を司る細胞膜上のオーキシン取り込みキャリアと排出キャリアも，シロイヌナズナの突然変異体を用いた実験から次々と見つかっている．オーキシンの極性移動は，オーキシンの排出キャリアが細胞膜上に不均一に分布することにより引き起こされることが示されている（図6.7d）．

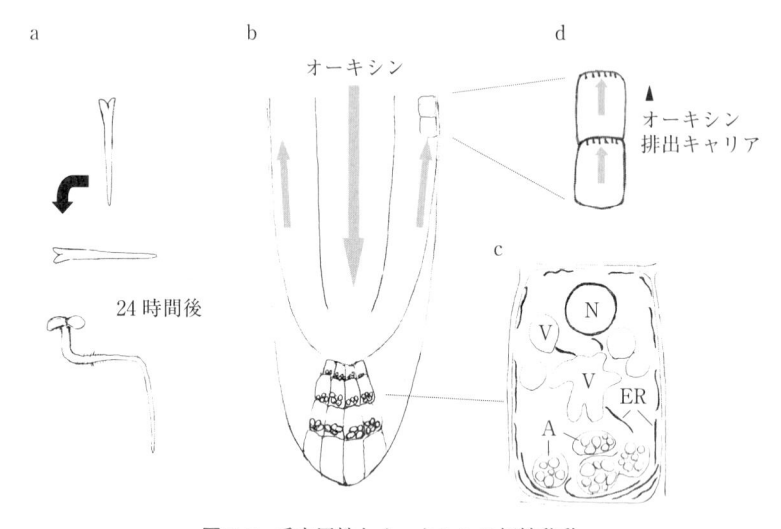

図 6.7　重力屈性とオーキシンの極性移動
a. シロイヌナズナの芽生え，b. 根端部，c. コルメラ細胞（N：核，V：液胞，ER：小胞体，A：アミロプラスト），d. 表皮細胞．

図 6.8　ムジナモの捕虫運動
a. 6〜8枚の捕虫葉が輪生する．矢印は捕獲されたミジンコ．b. 捕虫葉の内側に色々な腺毛が規則的に並ぶ．矢頭は感覚毛．c. 2枚貝のように開いた捕虫葉が獲物を感知して閉じる様子．矢印はミジンコ（a, c：坂本君江 撮影，b：松島 久 撮影）．

オジギソウに触れると葉がすばやく閉じる現象はよく知られている．このとき，接触刺激は電気信号（活動電位）として葉の基部にある運動細胞まで伝えられ，運動細胞の膨圧が変化して葉が閉じる．水生の食虫植物であるムジナモ（図6.8）は，捕虫葉の内側に規則的に配置された感覚毛に獲物が触れると，1/50秒という速さで捕虫葉を閉じ，獲物を捕獲する．このとき，感覚毛で感知された接触刺激はやはり電気信号として運動細胞まで伝達され，運動細胞の膨圧が変化することによって葉が閉じることがわかっている．これらの運動は膨圧運動と呼ばれる．　　　　　〔金子康子〕

● 文　献

福田裕穂（2004）（細胞工学別冊－植物細胞工学シリーズ20）植物ホルモンのシグナル伝達－生理機能からクロストークへ．秀潤社．

サイモンズ，P.（柴岡孝雄，西崎友一郎 訳）（1996）動く植物－植物生理学入門．八坂書房．

瀧澤美奈子（2008）（植物まるかじり叢書2）植物は感じて生きている．化学同人．

和田正三（2001）（細胞工学別冊－植物細胞工学シリーズ16）植物の光センシング－光情報の受容とシグナル伝達．秀潤社．

山村庄亮，長谷川宏司（2002）動く植物－その謎解き．大学教育出版．

6.2.2　動物の感覚器（視覚，聴覚，嗅覚，味覚，触覚，平衡感覚）

a.　感覚器の重要性

動物が植物と最も異なるのは，植物は着生して動かないのに対して，動物は活発に行動するという点である．生物の最も重要な特徴の1つは，種族の保存であり，そのためには個体の維持が必要である．動物が行動する理由には，このことが深く関係している．すなわち，植物は光と二酸化炭素から有機物を合成できる独立栄養生物であるのに対して，動物は従属栄養生物であり，餌を求めて移動しなければならない．しかし，その結果として個体間の距離が離れてしまい，有性生殖が困難になる．そこで，効率的に餌や配偶者を得るために，あるいは捕食者から逃れるために，植物にはない感覚系，神経系および運動系が発達していると考えられる．

b.　感覚器の特徴

感覚器は様々なエネルギー形態を持つ外界の刺激を受容し，これを生体信号である電気的信号に変換するトランスデューサーの役割を果たしている．しかし，感覚器は必ずしも外界の刺激を忠実に再現するわけではなく，きわめて主観的である（刺激の受け止め方には個体差や種差がある）．例えば，ヒトの可視光の波長は約400～700 nmであり，400 nm以下の波長を持つX線や紫外線，700 nm以上の波長を持つ赤外線や短波をみることはできない．一方，ミツバチのような昆虫は紫外線をみることはできるが，赤色光をみることができない．したがって，ヒトとミツバチのみている世界は明確に異なるのである．

c.　感覚器と受容細胞

感覚器には，それぞれの刺激をできるだけ効率よく捉えるための複雑な構造が存在する．例えば，視覚の感覚器は眼である．眼は角膜や水晶体，ガラス体などの構造体からなっている．ただし，光刺激を電気的信号に変える受容細胞は，網膜の中にある視細胞である．脊椎動物の視細胞は桿体細胞と錐体細胞に分けられる．明暗の識別に関与する桿体細胞には，ロドプシンという色素が存在している．ロドプシンは，光を吸収する低分子物質レチナールと，これに結合するタンパク質オプシンからなる．色覚に関与する錐体細胞には，それぞれ青色，緑色，赤色に吸収極大を示す複数種のオプシンが存在し，これらの組合せにより色覚が形成されると考えられている．ヒトの色覚異常の場合は，これらのうちのいずれかの色素形成に関与する遺伝子に変異が存在する場合が多い．

味覚と嗅覚は，化学物質の信号を受容することから，化学感覚と呼ばれる．味覚の感覚器は舌，あるいは舌にある味蕾という構造物であり，その中にある味細胞が，水に溶解した化学物質を受容する．一方，嗅覚の感覚器は鼻，あるいは鼻粘膜上皮であり，その中にある嗅細胞が，空気中を拡散してきて鼻粘膜に溶解した微量の化学物質を受

容する．同様な意味合いにおいて，フェロモン受容も嗅覚の一種に分類される．無脊椎動物の化学感覚器は様々な部位に存在する．例えば昆虫の味覚器は唇弁や肢にあるが，線虫や甲殻類では体表全体に分布している．脊椎動物でも，魚類では体表全体に存在するが，ナマズなどの場合は触髭（口の周囲に4本ある）に密集している．昆虫の嗅覚器は主として触角であるが，体表にも分布しており，この場合は味覚との区別が困難である．

化学受容器にもタンパク質性の受容体が存在する．味覚は大まかに甘味，塩味，苦味，酸味，うま味の5つの基本味質からなるが，それぞれに，対応する受容体群が存在すると考えられている．マウスの嗅細胞では，実に1000以上の受容体遺伝子の存在が示唆されており，個々の嗅細胞には原則としてただ1種の受容体しか発現しない．匂い物質は非常に多様なので，多種の受容体の相対的な応答パターンによって匂いを識別しているようである．

聴覚の感覚器は耳であり，鼓膜や耳小骨，蝸牛管などから構成されている．これらを伝搬して来た音波，すなわち空気の振動刺激の受容細胞は，蝸牛管の中の有毛細胞である．特定の周波数にのみ応答するように，特定の有毛細胞が蝸牛管内の特定の位置に配列されているのである．

やはり耳の中にある前庭器官を感覚器とする平衡感覚（前庭感覚）も，受容細胞は有毛細胞である．前庭器官は耳石器官と半規管からなる．耳石器官には炭酸カルシウムの結晶である耳石を包んだゼラチン質の塊があり，重力の変化によって耳石が移動し，有毛細胞が刺激される．半規管では，クプラと呼ばれるゼラチン質の帽子のような構造物が有毛細胞の感覚毛を覆っており，半規管内を満たしている内リンパが移動することで感覚毛が刺激される．聴覚では空気の振動，平衡感覚では耳石や内リンパの移動を刺激として受容するという相違はあるが，有毛細胞の感覚毛が物理的に刺激されるという点では共通している．このような感覚器を機械受容器という．水の振動を受容する魚の側線器でも，半規管と同様のクプラに覆われた有毛細胞が受容細胞である．

触覚や温度感覚，筋感覚，痛覚などの体性感覚も，機械感覚である．しかしながら他の感覚とは異なり，感覚器の分化は明確ではなく，皮膚や筋そのものが感覚器である．実際に刺激を受容するのは温度感覚や痛覚のように自由神経終末である

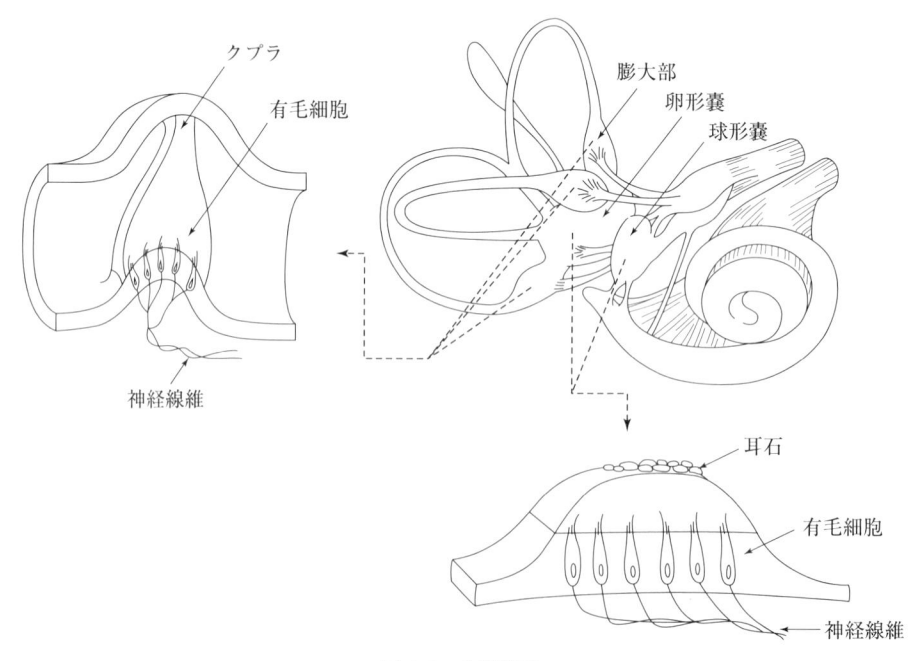

図 6.9 前庭器官

こともあるし，振動感覚や触覚を司るパチーニ小体やメルケル触盤のように，特殊な構造物で修飾された神経終末のこともある．痛覚の感覚器は侵害受容器とも呼ばれ，刺激種は非常に多様である（強い機械的刺激，刃物などによる裂傷，高温による火傷，からしに含まれるカプサイシンなどの侵害性の化学物質など）．

d．その他の感覚器

ナマズやサメなどの魚類は，電気感覚を使って獲物を捕らえたり，敵や仲間の所在を感知することができる．電気感覚には2つある．自分では発電しないが，他から発せられた電気を受容することができる受動的電気感覚と，自ら積極的に発電し，それを使って捕食や定位をする能動的電気感覚に分かれる．電気感覚の受容器には瓶器と瘤器があり，側線器の受容器と類似の構造を持つ．また，ハブやガラガラヘビは，眼とは別に，動物が出す熱線（赤外線）だけを探知するピット器官を頭部に持ち，砂漠の暗闇の中でも小動物を捕えることができる．

昆虫には触角や尾角に湿度受容器があって，大気中の湿度をモニターしている．また，昆虫には偏光感受性があり，曇った日でも太陽の方向を定位できるため，ミツバチは曇りの日でも太陽の位置をもとにして，蜜のありかを仲間に知らせることができる．ミツバチやハト，サメなど，優れた方向感覚を持つ動物には磁気感覚が存在するが，これに関する感覚器は明らかではない．脳そのもので受容しているのかもしれない（細菌の走磁性に関連するマグネタイトを多くの動物も有するが，磁気感覚との関連は明らかではない．細菌の磁気感覚については6.2.3項参照）．

〔宮本武典〕

● 文　献

デルコミン, F.（小倉明彦, 冨永恵子 訳）(2000) 感覚系. ニューロンの生物学, pp.190-337, 南江堂.

シュミット＝ニールセン, クヌート（沼田英治, 中嶋康裕 訳）(2007) 情報と感覚. 動物生理学［原書第5版］－環境への適応, pp.505-546, 東京大学出版会.

6.2.3　細胞の走性

走性（taxis）とは，広義には，ある刺激の発生源に細胞が集まったり遠ざかったりする性質をいう．刺激の種類として，化学物質，光，温度，重力などがある．刺激の発生源に集まる場合は正の走性，遠ざかる場合は負の走性という．一方，狭義には，個々の細胞が刺激の方向を感知して，その方向に対して運動の方向を制御して集散する性質をいう．

狭義の意味での走性を細胞が示すためには，刺激の方向を感知できること，その方向に向かって方向転換できること，という2点が必要である．刺激の方向を細胞が知る仕組みとしては，刺激の強さを空間的に判別する方法と，時間的に判別する方法の2つがある．刺激の強さを空間的に認識するには，例えば，刺激物質の濃度勾配を検出するために細胞の前端と後端で濃度が異なることがわかればよい．空間的な刺激強度の勾配を感じるには，一般的に，原核細胞（大きさが1 μm 以下）では小さすぎるが，真核細胞（大きさが10～20 μm）では可能であるとされる．一方，時間的に認識するには，例えば，細胞の一点で検出される刺激物質の濃度が，細胞が動くに従ってどのように変化するかを判別できればよい．また，これらの方法により受容した刺激方向の情報を，運動方向の転換に結び付ける機構が必須である．細胞の運動方法としては，鞭毛や繊毛による運動，アメーバ運動，滑走などがある．

広義の走性に含まれる運動様式として，刺激の強弱に対応して運動の速度を変える反応であるキネシス（kinesis）がある．キネシスでは直線的な運動の速度が刺激強度に依存して変化するが，刺激に対する方向転換を伴わないので狭義の走性ではない．例えば，刺激の方向がわからなくても，刺激の近くに着くと運動を停止するのであれば，結果として刺激の近くに細胞が集まる．あるいは，刺激の源に向かう場合と，反対方向に移動する場合とで運動速度に違いがあると，細胞の分布に偏りが生じる．細胞が，ある刺激の発生源に集まる

とき，狭義の走性によって集まるのか，それともキネシスにより集まるのかは，細胞が集まる仕組みを知るうえで重要な情報である．狭義の走性とキネシスの両方を同時に示す細胞もある．

　以下，種々の刺激に対する走性について解説する．

　走化性（化学走性，chemotaxis）　化学物質に対する走性である．正の走化性を誘導する物質を化学誘引物質（chemoattractant），負の走化性を誘導する物質を化学忌避物質（chemorepellant）という．例えば，精子が卵に向かって泳ぐ走化性，細胞性粘菌がcAMPを放出することにより集合する走化性，あるいはゾウリムシ（パラメシウム）が酢酸に集まる走化性がある．多細胞生物では，白血球が炎症の場所に向かう，あるいは，繊維芽細胞が血小板の出す物質に誘引される現象も走化性である．また，多くの細胞は酸素に対して走化性を示すが，その場合には走気性（酸素走性，aerotaxis）と呼ばれることもある．化学物質の発生源の方向を知る方法として，細胞の前端と後端における化学物質の濃度の違いを認識する方法（前述した空間的な判別法）があり，細胞性粘菌はこの方法をとると考えられている．バクテリアも走化性を示す．化学誘引物質の濃度が高くなる方向に向かう際はまっすぐに泳ぎ続けるが，化学誘引物質の濃度が低くなる方向に向かう場合は，一時的に同じ場所でのたうちまわるような運動（タンブリング）を行い，ランダムな向きに方向転換してしまう．この場合は刺激源に対する方向転換を伴わないので，広義の走化性である．

　走光性（光走性，phototaxis）　光に対する走性である．例えば，光合成をする単細胞生物であるクラミドモナスやミドリムシは走光性を示す．多くの場合は光合成に適当な光環境を求めて正の走光性を示すが，日周期などの要因で負の走光性を示すこともある．これらの単細胞生物は眼点と呼ばれる指向性のある光受容体を持ち，細胞を自転させながら泳ぐので，細胞の周囲における光強度の分布をレーダーのように360度スキャンできる．光受容体に入ってくる光の強さの変化に応じて運動の方向性を変え，走光性を示す．走光性を示す波長は，光受容タンパク質とそれに結合する色素により決まっている．光受容タンパク質として，ロドプシン（クラミドモナス），フラビンタンパク質（ミドリムシ），photoreactive yellow protein（紅色光合成細菌）などがある．

　重力走性（gravitaxis）　重力の方向に対して起こる走性である．走地性（geotaxis）とも呼ばれるが，走性の刺激は重力であって地球ではないため，重力走性という名称が適当である．一般的に細胞は周囲の溶液（水）よりも比重が大きいが，それに反して上方に集まる，負の重力走性を示す細胞が多い．重力走性は，細胞が重力を感じることにより起こるという生理仮説と，そのような生理的現象が関与しない物理的な現象であるという物理仮説がある．代表的な生理仮説では，細胞の中にある比重の重い顆粒などによる機械刺激を細胞膜が感じて電気的に興奮するとしている．一方，物理仮説の代表例としては，重心の位置が偏っているため，起き上がりこぼうしのように細胞が重力に沿って向きを変えるという説がある．

　走熱性（温度走性，thermotaxis）　温度に対する走性である．例えば，パラメシウムは培養された温度を好んで集まる性質がある．精子が卵に向かって泳ぐ場合，卵の周辺では走化性により近づくが，走化性物質が届かない場合（哺乳類の雌の生殖管）には，走温性により生殖管の奥の温度の高い部位に向かっていると考えられている．

　走電性（電気走性，galvanotaxis）　電流の方向に応じて起こる走性である．この際，正極に近い細胞膜では膜電位が脱分極し，負極に近い細胞膜では過分極する．それぞれの場所での運動が電位依存的に変化することにより，方向転換をすると考えられている．

　走磁性（magnetotaxis）　磁場の方向に応じて集散する性質であり，走磁性細菌の存在が知られている．細胞の中にあるマグネタイト（Fe_3O_4）が，磁場を受ける物質である．

　このほかに，水流の方向に従って運動の方向が変わる走流性（流れ走性，rheotaxis），壁などへの接触を感じると壁に沿って運動する走触性（接触走性，thigmotaxis），水分を刺激として起こる

走水性（水分走性，hydrotaxis）などがある．

〔吉村建二郎〕

● 文 献

内藤 豊（1990）単細胞動物の行動―その制御のしくみ．東京大学出版会．

吉村建二郎（2009）単細胞生物の運動とその制御．（動物の多様な生き方3）動物の「動き」の秘密にせまる：運動系の比較生物学（日本比較生理生化学会ほか 編），共立出版．

6.2.4 動物の体色変化

体色を変化させる動物は多いが，ここでは魚類を例に説明する．

魚は音声によるコミュニケーションができないが，優れた眼を持ち，自分と同種の仲間を認識するのに視覚を利用している．実際，魚の網膜には明暗を認識するロドプシン以外に，赤，緑，青，紫（または紫外）の波長を見分ける光受容分子（視物質）が存在し，微妙な体色の違いを区別することができる．したがって体色とその変化は，魚にとって重要なコミュニケーション手段である．魚の体色は大きく「色素色」と「構造色」に分けられる．メラニンを含む「黒色素胞」，そしてカロテノイド（植物性色素，餌から摂取）やプテリジンを含む「赤色素胞」や「黄色素胞」が，皮膚の真皮に分布することで生じるのが「色素色」である．一方，サンゴ礁に棲む青い魚の真皮には，楕円体の「運動性虹色素胞」が密に並んでいる．虹色素胞の内部（細胞質）にはグアニンの薄い結晶が何枚も等間隔で規則正しく並んでおり，グアニン結晶と細胞質の境界面では光が反射する．ルリスズメダイやナンヨウハギなどの虹色素胞では「青い光」のみが反射され，反射した光の干渉により「多層薄膜干渉」という現象が起き，青く輝く体色が生まれる．このように，多くの熱帯魚の青色は「反射光の色」であり，多層薄膜構造に基づく発色という意味で「構造色」と呼ばれる．

色素色や運動性虹色素胞による構造色は，わずか30秒から数分以内で変化する．これを「生理学的体色変化」と呼ぶ．例えば，カレイなどを白い砂地から黒い砂地に移すと，体色は瞬時に白から黒に変わる（保護色）．また，心理状態を反映した脳活動の結果，色や模様が急激に変わることは，魚では一般的にみられる．黒色素胞や赤色素胞などにおける生理学的体色変化は，それぞれの色素を含む顆粒が，色素胞内で放射状に配列する微小管上を動くことに起因する．色素顆粒が細胞全体に広がると，含まれる色素の色が強く出た皮膚色となる．逆に，色素顆粒が色素胞の中央部に集まると，細胞内で色素顆粒の占める面積が減少して皮膚色は白っぽくなる．近年の研究により，色素顆粒と結合し，ATPを分解して得られたエネルギーを用いて微小管のレール上を走るタンパク質（拡散：キネシン，凝集：細胞質ダイニン）の存在が明らかとなった．一方，運動性虹色素胞における構造色変化は，グアニン結晶どうしの間隔が一斉に変化し，反射光の波長ピークが移動した結果である．例えばネオンテトラの青い縞は，餌にありついて興奮したときや，恐怖を感じたときには瞬時に黄色やオレンジ色に変わるが，このとき，グアニン結晶どうしの間隔増大が起き，反射光ピーク波長は長波長側にシフトする．

「保護色」に代表されるような体色変化は，眼を介しての光環境認識の結果として起きる．昼間は，水面を通過して眼の網膜に直接入射してくる光の量（入射光量）と，魚が泳ぐ背地（川底や海底）から反射して眼に入る反射光量の情報がそれぞれ脳に伝えられ，そこで両者の光量比が判断される．白い背地で泳ぐ場合は反射光量が非常に多く，黒い背地では反射光量が少ないことから，魚は自分のいる環境の色を知るのである（図6.10）．白っぽい環境にいることがわかると，脳から指令が出て，自律神経系の交感神経からノルアドレナリン（ノルエピネフリン）が，脳下垂体後葉からはメラニン凝集ホルモン（MCH：melanin-concentrating hormone）が分泌されて色素顆粒が凝集する．逆に黒っぽい環境では，色素顆粒を拡散させて体色を濃くする黒色素胞刺激ホルモン（MSH；melanophore-stimulating hormone）が分泌される．なお，色素胞にはそれぞれのホルモンに特異的な受容体が存在する．昼間には背地の明暗を認識し，それに合わせて自身の体色を変え

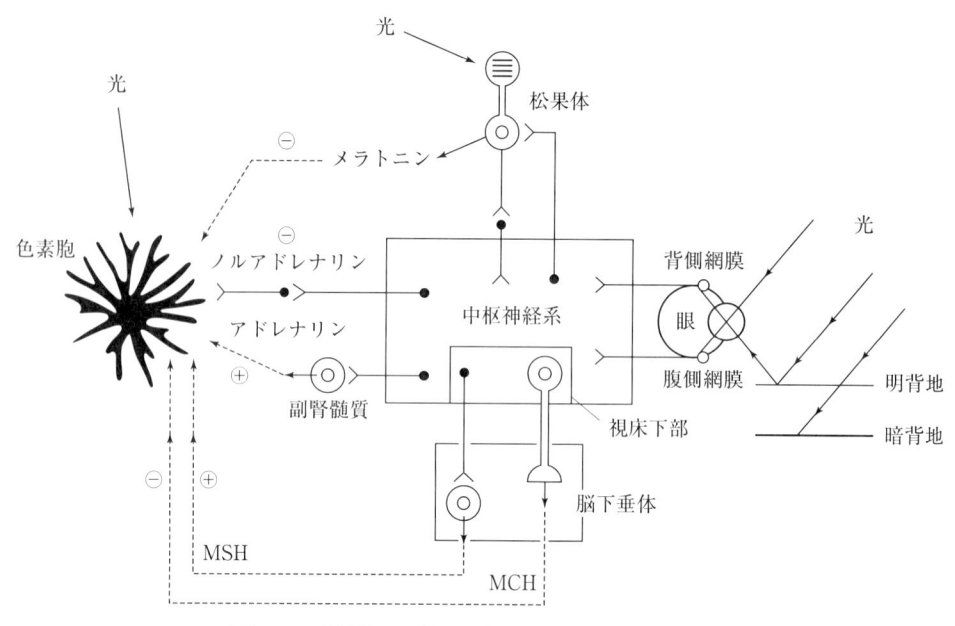

図 6.10 直接的・間接的な光による色素胞反応の制御
視物質が存在する色素胞も見つかっている．⊕：体色を濃くする．⊖：体色を薄くする．破線はホルモンを示す．

る魚も，夜になると，眼からの光情報が役立たなくなる．しかし，松果体でのメラトニンの合成は夜に盛んになり，血液中への分泌量が増加する．その結果，色素顆粒が凝集して体の色が失せてしまうので目立たなくなる．夜間は休む昼行性の小さな魚たちにとってはカムフラージュに好都合である．

一方，黒い背地や白い背地に長時間順応させると，皮膚の色素胞数そのものが変化する現象もよく知られており，こうした変化は「形態学的体色変化」と呼ばれる．この変化は，MCH や MSH が長時間分泌され続けることによって起こる．繁殖のシーズンになると，雄性ホルモンの作用で雄の体の一部が鮮やかな赤色に変わるなどの「婚姻色」の出現がみられる．これは，赤色素胞や黄色素胞の増加による形態学的体色変化であるが，このような変化には新たな色素の合成や色素胞の増加が必要で，最低でも数日かかる．

〔大島範子〕

● 文　献
大島範子（2003）硬骨魚類における色素胞とその運動制御機構の仕組み．比較生理生化学 **20**：131-139.
大島範子, 杉本雅純（2001）魚類における色素細胞と体色変化．色素細胞（松本二郎，溝口昌子 編），pp. 161-176，慶應義塾大学出版会．

6.3 エネルギー生成

6.3.1 炭素と窒素の地球環境内での循環

a. 炭素の循環

現在，産業革命以来の化石燃料消費により大気中の二酸化炭素（CO_2）濃度が急増して温室効果が現実のものとなっている．独立栄養生物（光合成と化学合成をする生物）が固定し，従属栄養生物が食物として摂取・消費する炭素の量（フラックス）は，海水中や地殻・地球内部に存在するものに比べればわずかだが，温室効果に直接関係する大気中の量と比べると無視できない．光合成と

表6.3 地球上の炭素の分布と循環（単位：Gt）

	陸上	海中	地殻・堆積物中
炭素の存在量	大気中 CO_2：750	CO_2 海水：39000（そのうち表層海水：1020）	全炭素：$10^8 \sim 10^9$（そのうち化石燃料・メタン：10^4，炭酸塩堆積物：$1.8 \sim 8 \times 10^7$）
光合成物質生産　光合成生物による消費　微生物による分解	122/年　60/年　60/年	50/年　40/年　10/年	
バイオマス（森林など）	610	4	500?（主として細菌からなる地下生物圏）*
死骸などの有機炭素ストック	1580（土壌中）	700〜2100（海水中）	堆積物：$6.8 \sim 15 \times 10^6$
人類による放出分と，その行き先など	大気：3/年　森林：2/年	海：2/年	火山・地殻活動による大気への放出：0.2/年　人類の産業活動による放出：7.2/年

Dobrovolsky, 1994；IPCC report 2001, 2007；Maier, et al., 2000；Bashkin and Howarth, 2002 による．
*Whitman, et al., 1998；長沼，2003による．

呼吸の微妙なバランスのうえに大気中の CO_2 濃度がほぼ一定に保たれていたのであるが，人類の活動の規模が大きくなり，化石燃料をエネルギー源として CO_2 を大量に（7.2 Gt/年．$Gt = 10^9 t = 10^{15} g$）放出するようになると，独立栄養生物による固定や海水への溶解，そして海底・地殻への包埋では追いつかなくなっている．人類による放出は，表6.3に示すように生物界全体の4%（7.2/(122+50+7.2)）に達している．

これ以外に，水田や反芻動物の消化管などの嫌気的環境に住むメタン合成細菌（古細菌の仲間）が，やはり温室効果ガスであるメタン（CO_2 の21倍の温室効果）を大量に発生している．メタンガスを利用する微生物もいるので，その生成量を正確に見積もることは難しいが，炭素に換算して約 0.5 Gt/年と推定されている．

b. 窒素の循環 —— 炭素についで重要な窒素の代謝

窒素は生命体内で，水素，酸素，炭素についで4番目に原子数の多い元素である．独立栄養生物が利用できる無機体窒素は硝酸・亜硝酸塩であり，生体内でいったんアンモニアにまで還元されてからアミノ酸に取り込まれる（硝酸還元）．しかし，それだけでは絶対量が不足するので，空気中の窒素ガスを固定しアンモニアにする反応が生物的および工業的（ハーバー法）に行われている．その

うち生物的窒素固定では以下のような反応が起きている．

$$N_2 + 8H^+ + 8e^- + 16ATP \rightarrow 2NH_3 + H_2 + 16ADP + 16Pi$$

この反応が起きるためには酸素濃度が非常に低い必要があり，比較的少数種の細菌（海洋のラン藻や土壌中の窒素固定細菌）のみによって行われている．陸上では，それらの多くは植物体と直接・間接の共生関係にある．代表的な例は，マメ科植物の根に根粒をつくる根粒菌（*Rhizobium* 属）

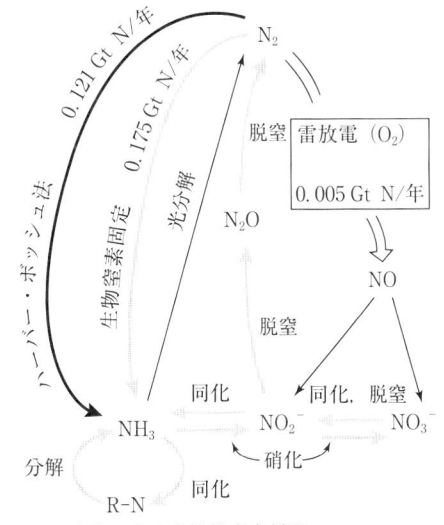

図6.11 窒素の循環（鮫島・南澤，2004を改変）
Gt：ギガトン．灰色の線は生物による反応，黒い線は非生物的な反応である．

である．この反応はエネルギー的に非常に高価な反応であり，産物のアンモニアを効果的に利用する共生生物などが存在しない場合，その活性は非常に低い．

生成したアンモニアは直接，あるいは硝化作用により硝酸・亜硝酸に酸化された後，植物に取り込まれ利用される．また，生物の死骸由来のタンパク質などに含まれる有機窒素は，まずアンモニアとして放出され，さらに，分解生物の働きで硝酸にまで酸化される（硝化）．環境に蓄積した硝酸イオンは，植物によって同化される以外に，細菌類や真菌類による脱窒活性によって，亜硝酸イオンを経て窒素ガスあるいは亜酸化窒素（N_2O）ガスとして放出される．N_2Oガスは，フロン類につぐ（CO_2の310倍もの効果を持つ）温室効果ガスである．

このような窒素の循環過程に対しても，人の活動が影響を与えつつある．農業生産に伴う窒素固定，内燃機関による窒素酸化物の生成，そして特に化学肥料の大量合成・投入に伴い，地域的な硝酸，亜硝酸塩の蓄積が進んでいる．食糧の大量輸入や，作物が利用できる以上の化学肥料の輸入と農地への大量投入は，水環境，特に陸水環境への硝酸流出，富栄養化（リン酸汚染と相俟って）を招き，飲料水の硝酸濃度上昇・亜硝酸汚染，さらに，脱窒過程の中間体である亜酸化窒素の放出による温暖化の促進にもつながっている．

6.3.2 呼吸と光合成

生物が生きているということを物質代謝のレベルで説明するとすれば，細胞内に取り入れた栄養分を酸化分解して生ずるエネルギー，あるいは光エネルギーや環境中の物質の酸化還元を行って得られるエネルギーを利用してATP（図6.12）を合成し，このATPに蓄えられたエネルギーを，細胞成分の合成や分解・輸送などのために利用し続けることであるといえる．この意味で，ATPは生命のエネルギー通貨と呼ぶことができる．ATP 1 M（モル）あたり利用できるエネルギーは，普通の細胞内の状態で約 11 kcal である（図6.12に示すように標準状態［反応に関係する物質すべての濃度が1 M］では 7.3 kcal）．

物質代謝の面からみた呼吸（好気呼吸）と光合成の化学反応は，それぞれ次のように書ける

呼吸
$$[CH_2O] + O_2 + H_2O \xrightarrow{nADP + nPi \quad nATP} CO_2 + 2H_2O \quad (6.1)$$

光合成
$$CO_2 + 2H_2O \xrightarrow{光エネルギー} [CH_2O] + O_2 + H_2O \quad (6.2)$$

（$[CH_2O]$は糖の組成式であり，具体的にはこの

表6.4 地球上の窒素の分布と循環（単位：Gt）

	陸上	海中	
窒素の存在量	大気中：3.9×10^6	海水：20000 無機塩：690	地殻・堆積物：7.7×10^5
窒素固定	0.135/年 （一部は農業生産に伴う）	0.04/年	工業的窒素固定：0.121/年*** 内燃機関による窒素酸化物形成：0.025/年 （人為合計：0.177）
バイオマス	25	0.5	
死骸などの有機窒素ストック（土壌・海底）	110	300	
無機窒素放出（≒同化）*	3.6/年	1.25/年**	脱窒活性（全世界の窒素固定の合計）： 0.175〜0.49/年

主に Maier, et al., 2000；Bashkin and Howarth, 2002 による．
*有機炭素の分解速度から計算したアンモニア・硝酸などの放出量（すなわち同化量）．
**海洋生物・有機物のC：N比を8と仮定した（Myrold, 1998）．
***Galloway, et al., 2008 による．

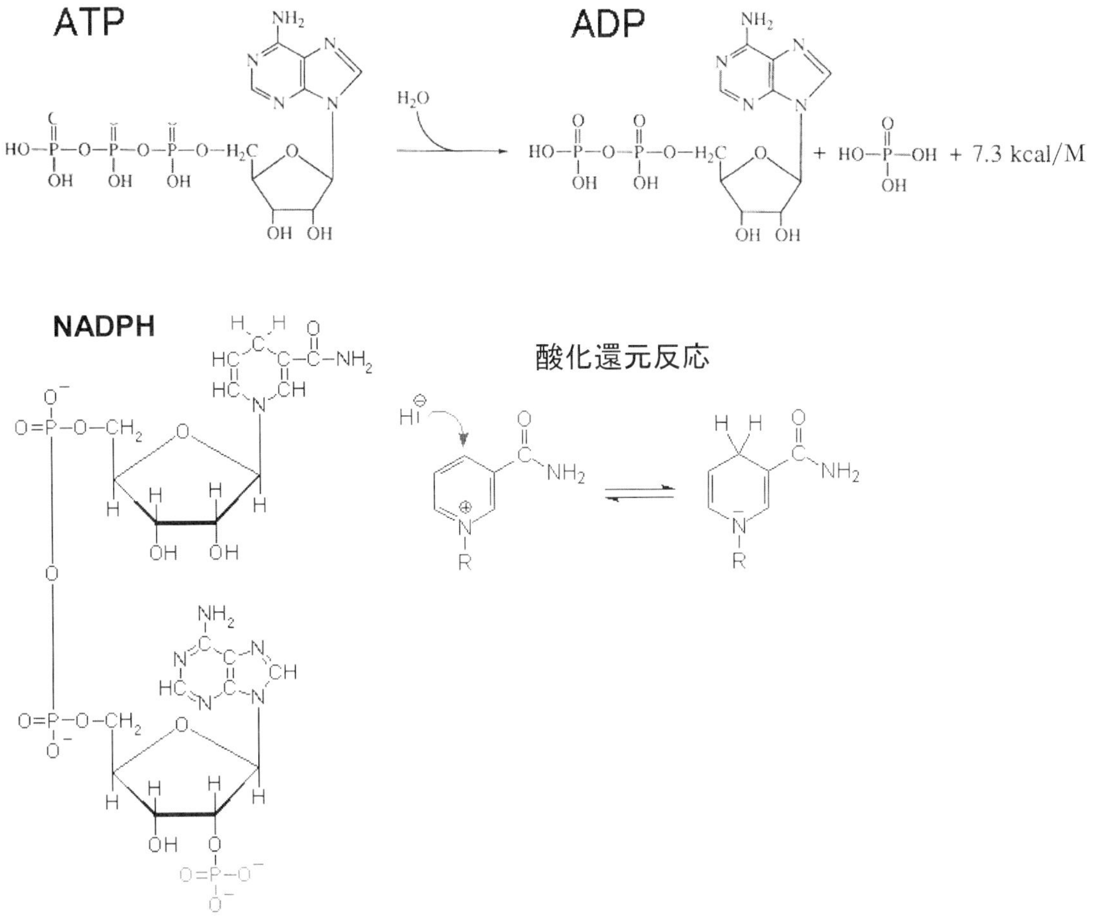

図 6.12 エネルギーの通貨 ATP の加水分解反応（上）と，水素キャリアー（還元力供与体）NAD(P)H の構造と酸化還元反応（下）

ATP（アデノシン 3 リン酸）の分子量は 507 である．NADPH（分子量 744）の上半分はニコチンアミド（リボ）ヌクレオチド，下半分は AMP（アデノシン 1 リン酸）相当である．NADPH の一番下のリン酸基が H に変わったものが NADH である．NAD(P)H は H$^-$（水素イオンと 2 電子）を運ぶキャリアーである．これが実際に酸化されるときには溶液中の水素イオンを 1 つ消費するので，結果的に 2 水素原子（2 水素イオンと 2 電子）を運んでいることになる．

6 倍のグルコース $C_6H_{12}O_6$ などを指している．太字の酸素分子は，反応式の反対側にある水の酸素原子に由来する，あるいはそれに変換されるものである．また，下線を施した水分子の酸素原子は二酸化炭素に由来，あるいは二酸化炭素に変換される）

2 つの式を見比べて容易にわかるように，物質の出入りに関しては，見かけ上はまったく逆の反応である．呼吸の目的は，糖を酸化してエネルギーの通貨である ATP を作り出すことである．光合成では，光エネルギーを利用していったん ATP と還元力（物質としては NADPH（図 6.12），水

から取り出した活性型水素と考えてもよい）をつくり，さらにこれらを用いて空気中の二酸化炭素を還元して糖を作り出す．

呼吸によって糖質などの栄養分を酸化していると述べたが，実際に分子状酸素と結合しているのは，呼吸基質に含まれていた水素原子，およびこれに付加された水分子に由来する水素原子（具体的には水素のキャリアーである NAD(P)H の水素原子）であり，付加水分子の残りの酸素原子が新たに炭素と結合して二酸化炭素に変換され放出されていることに注意されたい．

好気呼吸の反応は，解糖系・TCA 回路・電子

伝達系・ATP合成酵素に分けられる．第1段階の解糖系では，最初に2分子のATPを消費して，グルコースをフルクトース1,6-ビスリン酸（六炭糖の両端の炭素にATP由来のリン酸基が1つずつ付いたもの）に変換する．ついで，フルクトース1,6-ビスリン酸の炭素-炭素の結合が1つ切られ2分子の三単糖リン酸になる．その後，水素2原子が取り去られ，三単糖あたり1分子のNADH*（図6.12参照）と2分子のATPが合成されて，最終的に2分子のピルビン酸（炭素数3の有機酸$CH_3COCOOH$）ができる．ここまでは，細胞質で起こる反応である．

ピルビン酸は，ミトコンドリア内膜の輸送体タンパク質によりミトコンドリア内マトリクスの空間へ運び込まれる．最初のピルビン酸の脱炭酸・脱水素反応（1分子のピルビン酸あたりCO_2およびNADH*が各1分子生成する）により生じたアセチル基（CH_3-CO-）がCoA（コエンザイムA）へ転移され，アセチル-CoAが生成する．このアセチル-CoAは，オキサロ酢酸（C_4）と反応してクエン酸（C_6）となり，α-ケトグルタル酸（C_5），コハク酸（以下，C_4），フマル酸，リンゴ酸を経てオキサロ酢酸を再生する．この回路的反応がTCA回路（別名クエン酸回路）と呼ばれるもので，アセチル-CoAのアセチル基は二酸化炭素にまで完全に分解される．同時にこの過程で3分子の水が付加され，水素8原子が3NADH*および$FADH_2^*$として取り去られる（FADはフラビンアデニンジヌクレオチド：flavin adenine dinucleotideの略．NADH以外のもう1つの水素受容体として働く）．

細胞質の解糖系とミトコンドリアマトリクスのTCA回路で取り去られた水素（上記4ヶ所の*印）は，電子と水素イオンに分けられる．水素イオンは放出され，電子はミトコンドリア内膜の「電子伝達系（図6.13）」によって最終的に酸素分子にまで受け渡される．酸素は電子を受け取って還元され，酵素周辺の水素イオンと結合して水になる．

このとき，膜面内の数種類の酸化還元を行うタンパク質複合体の間で電子が受け渡されるのに伴って，膜を横切って，内膜の外側，内膜と外膜の間の空間（膜間腔）へと水素イオンが能動的に輸送される（NADH1分子酸化＝2電子あたり，10ないし12個の水素イオン）．結果として，マトリクス側で負電荷が多く，水素イオンが少ない（pHが高い）状態となる．このポテンシャルエネルギーを利用して最終的にATPを合成するのが，内膜にあるATP合成酵素である（図6.14）．

ATP合成酵素は生物界で最小の回転モーター分子であり，水素イオン（プロトン）を通すミトコンドリア内膜内部分（F_0，エフオー）と，マトリクスに突き出たドアノブ状の部分（F_1-ATPase，エフワン，ATP分解酵素）とからなる．2つの部分は外側ステータ部分，内側ロータ部分が互いに連結され，それぞれが一体となってステータ-ロータ間ですべり運動をする．上記電子伝達系の働きによって，ミトコンドリア内膜・外膜の間の膜間腔に貯まった水素イオンが，膜両側の電位差と水素イオンの濃度勾配に駆動されF_0部分を通って流入すると，そのエネルギーがロータ部分の回転へと変換される．この回転エネルギーがF_1ステータ部分の構造変化＝化学反応を進め，ADPと無機リン酸からATPが合成される．

この酵素は葉緑体のチラコイド膜や，細菌の細胞膜にも存在しており，広く生物界でATP合成（あるいは逆回しして，ATPを分解して細胞外へ水素イオンを汲み出すこと）に働いている．生物種により，F_0ロータ部分のサブユニット数，すなわち1回転あたりに必要な水素イオンの数は異

$FADH_2$，細胞質のNADH
↓
NADH→複合体I→ユビキノン→複合体III→シトクロムc→複合体IV→酸素

図6.13 電子伝達系の概略
複合体Iは，別名NADH脱水素酵素，複合体IIIは，キノール-シトクロムc酸化還元酵素，複合体IVはシトクロムc酸化酵素とも呼ばれる．それぞれ多数のタンパク質サブユニットからなり，ヘムや鉄-硫黄を中心とする電子伝達体を含む複雑な構造をしている．

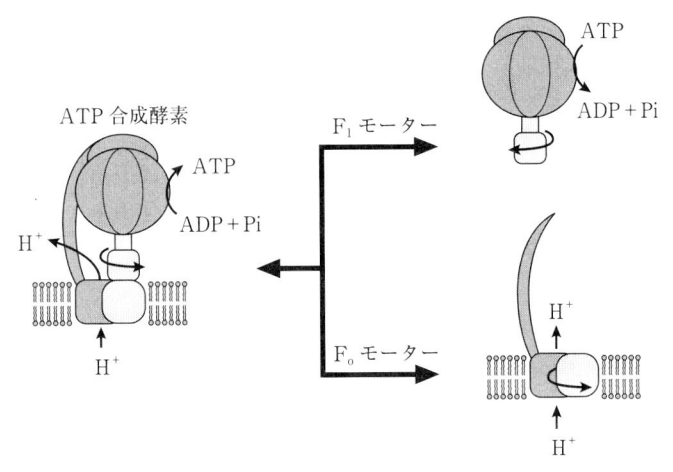

図 6.14 ATP 合成酵素
色の濃い部分，薄い部分どうしが一体となって，相互に回転する．野地, 2002 より．

表 6.5 呼吸系全体の収支（グルコース1分子消費あたり）

代謝系	存在場所	反応の概要	その他の産物	最終的な ATP 収量***
解糖系	細胞質	グルコース→2 三単糖リン酸 →2 ピルビン酸	$(4-2)\times$ATP $2\times$NADH	2ATP 4ATP
ピルビン酸 脱水素酵素	ミトコンドリア マトリクス	2 ピルビン酸 + CoA →2 アセチル CoA	2CO_2 2NADH	6ATP
TCA 回路	ミトコンドリア マトリクス	2 アセチル CoA →4CO_2 + 2CoA	2GTP 2$FADH_2$ 6NADH	2ATP 4ATP 18ATP
電子伝達系* ATP 合成酵素**	ミトコンドリア 内膜	$2[NADH+H^+](2FADH_2) +$ $O_2 \to 2H_2O + 2NAD+ (2FAD)$ ADP + 無機リン酸→ATP	内膜内外の電気化学ポテンシャル差（pH 勾配と膜電位）が介在	—

*電子伝達（NADH, $FADH_2$ の酸化）と，それに共役した膜間腔側へのプロトン輸送．
**マトリクスへのプロトン流入に共役した ATP 合成．
***マトリクスで生じた NADH あたり 3 分子の ATP, $FADH_2$ および細胞質で生じた NADH あたり 2 分子の ATP が生ずると考えられている．合計でグルコース 1 分子あたり 36 分子の ATP が生成する．

なり，10〜14 個という例がそれぞれ知られている．

各段階での産物を ATP 合成に着目してまとめると，表 6.5 のようになり，グルコースが完全酸化されると全部で 36 分子の ATP が合成されることになる．

a. 光合成

光合成とは光エネルギーを使って無機物から有機物をつくる（独立栄養）代謝の一様式である．炭素源としては二酸化炭素が，還元力としては水あるいは水素，硫化水素などが用いられる．水を還元力として用いる場合は，もともと酸化されている水分子が，さらに酸化分解されて酸素と水素（水素イオンと電子）が放出され，生じた還元力（≒水素原子）が二酸化炭素の還元に用いられる（p. 196 の式（6.2）参照）．このような光合成の方式を酸素発生型光合成と呼び，ラン藻と紅藻・緑藻などの藻類や高等植物が行っている．これに対し，ラン藻以外の光合成細菌は，下の式（6.2′）で代表される方式の光合成を行う．

水以外の物質を還元剤として用いる場合は，そ

の反応は多岐にわたる．硫化水素を硫黄まで酸化する場合は次のように書ける．

$$CO_2 + 2H_2S \xrightarrow{\text{光エネルギー}} [CH_2O] + 2S + H_2O \quad (6.2')$$

光合成の過程は，① 光化学反応と酸化還元反応（すなわち電子伝達反応）によって ATP と還元力供与体の NADPH を合成する「明反応」と，② そこで合成された ATP と NADPH を用いて CO_2 の固定・還元を行う「暗反応」とに分けられる．前者は細菌の細胞膜，あるいは葉緑体・ラン藻のチラコイド膜と呼ばれる膜で起こるものであり，後者は光合成細菌の細胞質あるいは葉緑体のストロマと呼ばれる可溶性部分で起こる回路的な酵素反応である．

b. 光合成明反応（膜で起こる反応．図 6.15）

光エネルギーを吸収して励起エネルギーとして貯え，それを光化学反応中心へと伝達する分子は，主としてクロロフィルと呼ばれる色素である．また，反応中心で直接光化学反応に関わるのも，このクロロフィル分子やその誘導体である．クロロフィルは，ミトコンドリアの電子伝達系で働くシトクロームに含まれる色素ヘムとよく似ているが，ヘムでは中心の金属イオンが鉄イオンであるのに対し，クロロフィルでは Mg^{2+} である点で大きく異なる．また，ヘムでは鉄イオン自身が酸化還元を受け，2価/3価の状態を遷移するのに対し，集光性クロロフィルでは周りの環状構造部分のパイ電子の1つが励起され，反応中心のクロロフィルの場合はパイ電子が失われて酸化されるという点で異なる．

高等植物葉緑体において，光エネルギーを最初に吸収して自身の励起エネルギー（電子が基底状態から励起状態へと遷移する）として貯えるのは，クロロフィル a, b を 1 対 1 で含み，膜タンパク質（LHC；light-harvesting chlorophyll a/b protein）からなる複合体であり，集光性クロロフィルタンパク複合体と呼ばれている．チラコイド膜のクロロフィルの半分以上はこの複合体を構成し，残り

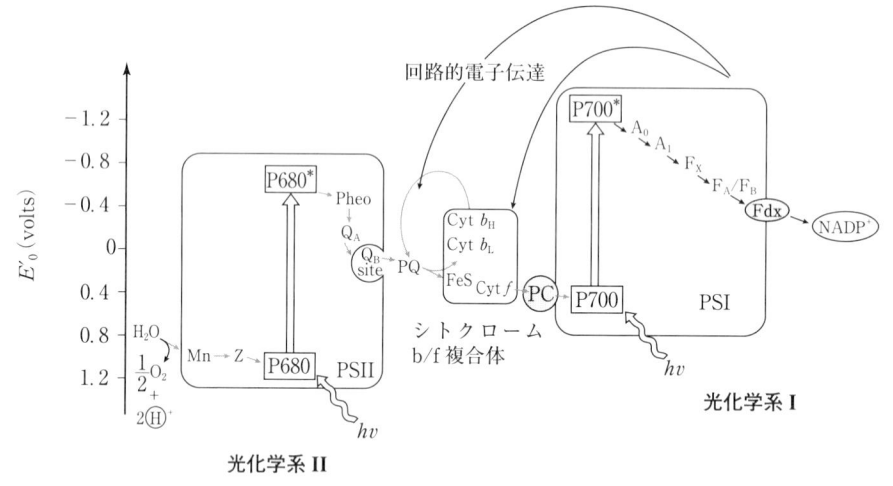

図 6.15 Z スキーム：光合成の電子伝達系と光化学系 I・II（Buchanan, et al., 2000）
チラコイド膜の光合成電子伝達系は，光化学系 II 反応中心と光化学系 I 反応中心，それにシトクローム b/f 複合体の3つの巨大な複合体と，これらの間をつなぐ小分子量電子伝達体であるプラストキノン（PQ：脂溶性分子）とプラストシアニン（PC：膜表在性タンパク質）によって構成される．図中のその他の略号は以下の通りである．Mn：4原子の Mn と 1 原子の Ca からなる水分解系．Z：反応中心タンパク質の特定のチロシン残基．P680：光化学系 II の光化学反応を行うクロロフィル a の 2 量体．Pheo：Phaeophytin，クロロフィル a から Mg イオンが外れた分子．QA, QB：反応中心に結合したプラストキノン．FeS：Rieske の鉄-硫黄クラスタ．Cyt b_H, b_L, f：様々なシトクローム分子．P700：光化学系 I の光化学反応を行う 2 分子のクロロフィル a．A_0：別のクロロフィル分子．A_1：フィロキノン分子（Vitamin K_1）．F_X, $F_{A/B}$：鉄-硫黄クラスタ．Fdx：フェレドキシン．

が，以下に述べる2つの反応中心複合体を構成する．

光化学反応中心複合体と光合成電子伝達系

集光性クロロフィルタンパク質複合体で集められた光エネルギーは，最終的に2つの反応中心複合体のいずれかに集められる．反応中心複合体では，集められたクロロフィルの励起エネルギーを利用して，それぞれ電荷分離を起こし，酸化剤と還元剤のペアをつくる．1つは酸化力が強く水を酸化する能力のある光化学系II（PSII），もう1つは還元力が強く$NADP^+$を還元してNADPH（図6.12参照）をつくることのできる光化学系I（PSI）である．この2つの光化学系が直列に働いて，水を酸化して得られた電子を最終的に$NADP^+$の還元に使用している．そしてこの2つの光化学系をつなぐのが，呼吸の電子伝達系と起源を同じくする光合成の電子伝達系である．

光化学系IIは，4個のフォトンのエネルギーを順次受けとって，2分子の水を酸化して，酸素分子と4つの水素イオンを放出し，4電子を電子伝達系へと渡す．電子伝達系では，好気呼吸の項で説明したのと同じように，約12個の水素イオンをチラコイド膜外（ストロマ）からチラコイド内腔へ送り込む．結果として，チラコイド内腔は非常に強い酸性（pH 4程度）となる．さらに，光化学系Iが電子伝達系より電子を受け取り，フェレドキシン（Fdx；ferredoxin）を介して，2電子あたり1分子の$NADP^+$を還元して，NADPHを生成する．また，電子伝達系でつくられた水素イオンの濃度勾配を利用して，呼吸の項で説明したものと類似の葉緑体ATP合成酵素がATPを合成する．

結果として，8個のフォトンのエネルギーを使用して，次のような反応が起こる．

$$2H_2O + 2NADP^+ + nADP + nPi$$
$$\rightarrow O_2 + 2NADPH + nATP$$

（nの値は現在でも正確に求められてはいないが，2～3の間の値をとると考えられている）

以上のような電子伝達・ATP合成の過程を非回路的光リン酸化反応と呼ぶ．これ以外に，光化学系Iのみが働いて，電子伝達系から受け取った電子を電子伝達系のキノンあるいはシトクロムb/f複合体へ戻してしまう回路的光リン酸化反応が起こっており，正味の酸化還元反応なしに水素イオンを輸送し，次の炭酸固定反応に必要な余分のATPを供給している．

c. 光合成暗反応（ストロマで起こる炭酸固定反応．図6.16）

明反応でつくられたATPとNADPHを利用して，二酸化炭素（CO_2）を還元同化する反応である．放射性同位元素（アイソトープ）を用いたCalvin, M. らの1940年代の研究から，炭酸固定の最初期産物が炭素3つのリン酸を含む有機酸（3-ホスフォグリセリン酸：3-PGA；3-Phosphoglyeric acid）であること，さらにこれが糖リン酸（炭素数3, 4, 5, 6, 7）に変換され，最終的にショ糖やデンプンに変えられるということが次第に解明された．炭素数5のリブロース1,5-二リン酸がCO_2の受容体である．炭酸固定反応は，Rubisco（Ribulose-1,5-bisphosphate carboxylase/oxygenase：リブロース1,5-二リン酸カルボキシラーゼ/オキシゲナーゼ．オキシゲナーゼという言葉の意味についてはd「光呼吸」で後述）によって触媒される．簡単には$C_5 + CO_2 \rightarrow 2C_3$と表せる反応である．初期反応産物$C_3$（3-PGA）2分子のうち1分子に$CO_2$が取り込まれている．3分子の$CO_2$が固定されて，6分子の3-PGAが生成したとする．6分子の3-PGAはNADPHとATPを6分子ずつ消費して，6分子の三炭糖リン酸（TP）に還元される（還元段階）．光合成の産物として，1分子のTPは回路の外に取り出され，残り5分子のTPから，アルドラーゼ，トランスケトラーゼなど7種の酵素が働いて3分子のCO_2受容体C_5（リブロース1,5-二リン酸）を再生し（再生段階），回路が完結する．この段階の最後の反応でリブロース1-リン酸にリン酸基をもう1つ付けるのに3分子のATPが使われる．合わせて9分子のATPと6分子のNADPHが消費され，3分子のCO_2から1分子のTPが生成する．

光合成カルビン回路の産物が葉緑体内でいった

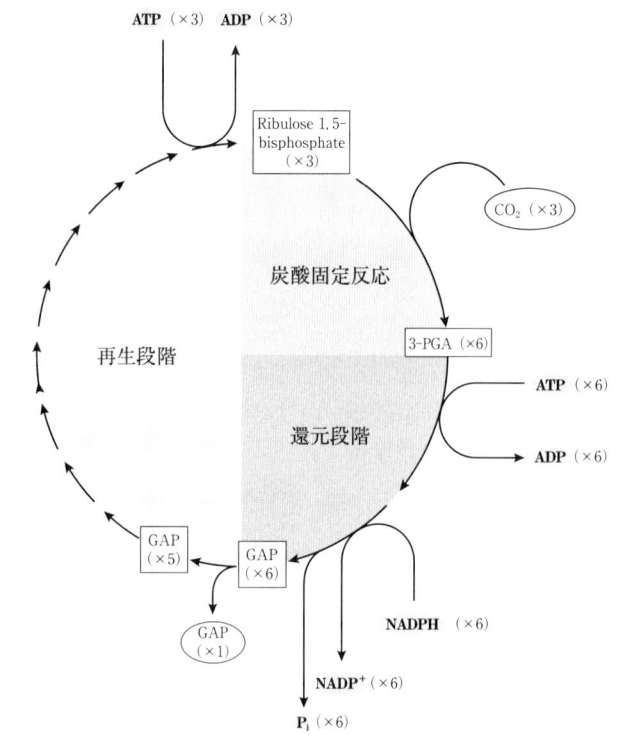

図 6.16 カルビン回路の概略
Buchanan, et al., 2000 より.

ん貯蔵される場合は，解糖系の逆反応で TP からつくられたグルコース 1-リン酸からデンプンがつくられる．光合成産物を葉緑体外へ出す場合は，主として TP の形をとる（専用の膜輸送体がある）ので，葉緑体としての光合成反応は次のようになる．

$$3CO_2 + 6H_2O + Pi\ （細胞質から）$$
$$\rightarrow TP\ （細胞質へ） + 3O_2 + 3H_2O \quad (6.3)$$

多くの植物の細胞質では，葉緑体から輸送されてきた TP からショ糖が合成され，これが植物体の他の部分へ転流される．光合成産物としてグルコースが作られることはほとんどない．以上の明反応と暗反応によって六炭糖が生成したと仮定して表したのが，p.196 の式 (6.2) を 6 倍した一般的な光合成の反応式である．

$$6CO_2 + 12H_2O \xrightarrow{光エネルギー} C_6H_{12}O_6 + 6O_2 + 6H_2O \quad (6.4)$$

d. 光呼吸

Rubisco の名前に含まれるオキシゲナーゼ活性とは，二酸化炭素の代わりに，空気中にふんだんにある酸素を基質とする反応を起こす働きのことである．

$$RuBP + O_2 \rightarrow 3\text{-}PGA + ホスホグリコール酸$$

ここで生成したホスホグリコール酸から生ずるグリコール酸は有毒なので，以下に示すような，葉緑体・ペルオキシソーム・ミトコンドリアという 3 つのオルガネラ（細胞小器官）を経由する複雑な反応系（グリコール酸経路）で代謝され，結果として酸素を消費して二酸化炭素を放出する．光照射時に光合成と一緒に起こる見かけ上の呼吸反応であることから，この反応系は光呼吸と名付けられた．この反応が起こることで，酸素が光合成を阻害し結果的に光合成炭酸同化の効率を下げることになる．

オキシゲナーゼ反応 2 回あたりの反応を順に記すと

$$2O_2 + 2RuBP$$
$$\rightarrow 2(3\text{-}PGA) + 2 ホスホグリコール酸$$
$$（オキシゲナーゼ反応）$$

2 ホスフォグリコール酸 + O_2 + ATP + Glu
→ 3-PGA + NH_3 + CO_2 + ADP + 2Pi + 2-OG
(グリコール酸経路．Glu：グルタミン酸,
2-OG：2-オキソグルタル酸)

3(3-PGA) → 3TP
(カルビン回路の還元段階：3ATP/3NADPH
利用，明反応で1.5 O_2 発生)

NH_3 + 2-OG + NADPH (あるいは 2Fd) + ATP
→ Glu + $NADP^+$ + ADP + Pi
($NADP^+$を再還元するのに0.5 O_2 発生)

全体では

2RuBP + O_2 → 3TP + CO_2 (3ATP/4NADH 消費)

陸上植物では，植物体が乾燥しすぎて気孔を開けられないとき，カルボキシラーゼ反応とオキシゲナーゼ反応が1：2の割合で同時に起こる．二酸化炭素を取り入れることなしに3RuBPを再生し，結果として光合成反応系全体（明反応＋暗反応＋光呼吸系）を動かして，吸収した光エネルギーを消費することができる．すなわち上の反応に加えて以下の反応が起こる．

CO_2 + RuBP → 2PGA → 2TP
(2ATP/2NADPH 消費 O_2 発生)

5TP → 3RuBP (3ATP 消費)

e. C_4 光合成経路

トウモロコシやサトウキビのような一群の植物は，C_4 ジカルボン酸経路と呼ばれる代謝経路で二酸化炭素を濃縮することができ，C_4 植物と呼ばれる．これらの植物の葉はクランツ（ドイツ語で花輪）構造という特徴を示す．普通の植物（C_3 植物：C_3 化合物を炭酸固定の初期産物とするカルビン回路のみを持つ）の維管束はまばらで，その間には多数の葉肉細胞が散らばっている．これに対し，図6.17に示すトウモロコシを代表とする C_4 植物の維管束の間隔は非常に狭く，維管束間には4層の光合成細胞があるのみである．維管束を中心に内側の維管束鞘細胞とその外側を取り巻く葉肉細胞からなる構造が花輪のようになっており，これをクランツ単位と呼ぶ．

葉肉細胞の葉緑体にはカルビン回路がない．葉肉細胞は，二酸化炭素を固定し，産物をリンゴ酸などの C_4 ジカルボン酸に変えて，これを内側の

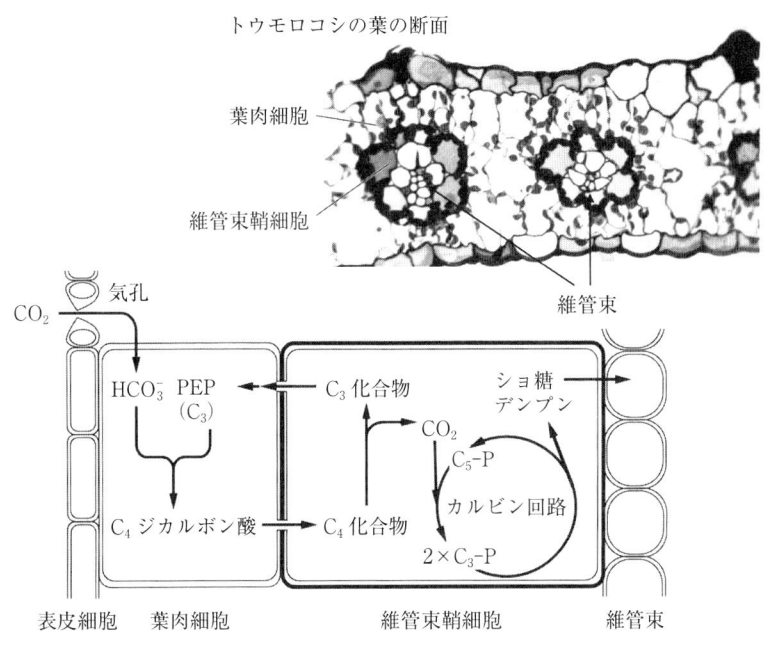

図 6.17 C_4 光合成経路と C_4 植物の葉の断面
PEP：ホスホエノールピルビン酸，C_3 化合物：ピルビン酸またはアラニン，
C_4 ジカルボン酸：オキザロ酢酸，リンゴ酸，またはアスパラギン酸．

維管束鞘細胞に原形質連絡を通じた拡散で送り込む．維管束鞘細胞には，リンゴ酸の脱炭酸酵素とカルビン回路が局在しており，送り込まれた有機酸を脱炭酸し，生成した高濃度の二酸化炭素をカルビン回路で効率的に同化する．結果として，Rubiscoのオキシゲナーゼ活性は抑制される．残ったC_3化合物は葉肉細胞に戻され，ATPを用いてCO_2の受容体PEP（phosphoenolpyruvate：ホスホエノールピルビン酸）が再生される．この過程にATPが必要な分，C_3植物と比べエネルギー的に不利であるが，Rubiscoのオキシゲナーゼ活性が抑制されること，そして気孔を閉じ気味にしても十分な光合成を行えることから，高温と乾燥に，より適応した光合成のやり方といえる．

このような高効率のC_4光合成を行うC_4植物は熱帯から亜熱帯，特にサバンナに多く分布しているが，温帯地域で日陰に適応しているC_4植物もある．

f. CAM ── 乾燥への最大限の適応

砂漠で生存するサボテン科やベンケイソウ科の多くの植物はCAM（crassulacean acid metabolism：ベンケイソウ型酸代謝）という特殊な光合成を行う．C_4光合成が2種の細胞の共同作業であるとすれば，CAMは1種類の細胞のみによる，昼と夜のシフトによる共同作業であるといえる．昼間と比べ低温な夜間に，乾燥の心配なしに気孔を開けて二酸化炭素を取り入れ，C_4光合成経路中の葉肉細胞で起こる反応を行ってリンゴ酸を大量につくり，液胞に貯めておく．昼間は，気孔を閉じてリンゴ酸を脱炭酸し，発生した二酸化炭素を同化する（図6.18）．〔大西純一〕

● 文 献

Bashkin, V. N. and Howarth, R. W. (2002) Modern Biogeochemistry, Kluwer Academic.
Buchanan, B., et al. eds. (2000) Biochemistry & Molecular Biology of Plants, American Society of Plant Physiologists, Maryland.
Dobrovolsky, V. V., et al (1994) Biogeochemistry of the Wold's Land, CRC Press.
Galloway J. N., et al. (2008) Transformation of the nitrogen cycle：Recent trends, questions, and potential solutions. Science 320：889.
IPCC report (2001, 2007)
Maier, et al. (2000) Environmental Microbiology, Academic Press.
Myrold, D. (1998) Microbial nitrogen transformations. Sylvia, D. M., et al (eds.), Principles and Applications of Soil Microbiology, pp.259-294, Prentice Hall.
長沼 毅(2003)深生物圏にさぐる地球圏外生命の可能性．宇宙生命科学 17：310.
野地博行 (2002) F_1モーターはどうやってATPのエネルギーをトルクに変換するのか？ 蛋白質・核酸・酵素 47：1174.
鮫島玲子，南澤 究 (2004) 土壌生態圏はいかに窒素を獲得したか：共生窒素固定系の進化．化学と生物 42：346.
東京大学光合成教育研究会編 (2007) 光合成の科学，東京大学出版会．
Whitman, W., et al. (1998) Prokaryotes：The unseen majority. Proceedings of the National Academy of Sciences USA 95：6578.

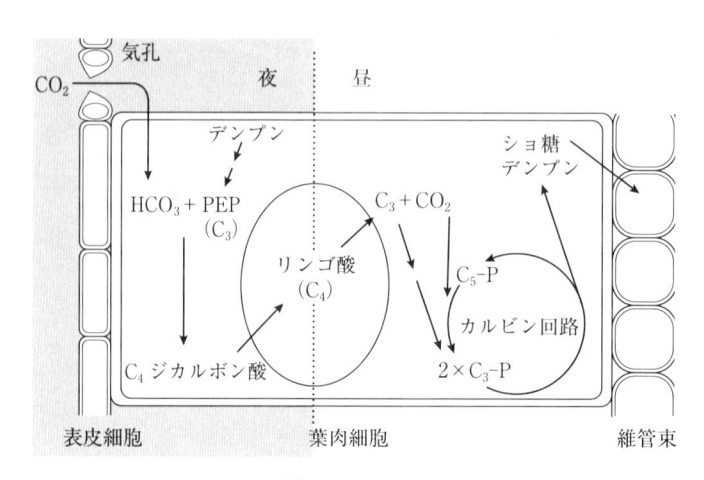

図6.18 CAM

6.3.3 人における食物の消化・吸収・代謝と異物の代謝

日本では，食生活の欧米化に伴い生活習慣病に罹る人が多くなってきている．生活習慣病とは，食習慣，喫煙，飲酒などの生活習慣によって発症する病気の総称で，高血糖症（2型糖尿病），高血圧症，高脂血症，肥満などが含まれる．最近では，これらの生活習慣病を引き起こす危険因子を複数個持つ人が世界的に増加している．この状態は「メタボリックシンドローム（代謝異常症候群，内臓脂肪症候群）」と呼ばれている．人の生命を維持するための基本的かつ必要不可欠な三大栄養素である糖質，タンパク質，脂質の代謝異常の積み重なりにより，生活習慣病やメタボリックシンドロームが引き起こされ，重篤な場合は死にいたることもある．ここでは，これらの三大栄養素の消化・吸収や，その後の代謝，そして異物の代謝について述べる．

a. 人における食物の消化・吸収と同化・異化

食物中の糖質・タンパク質・脂質は，まず唾液・胃などで部分的に消化されて小腸にいたる（図6.19）．小腸には糖質，タンパク質，脂質を分解する酵素が存在し，それぞれの最小単位であるグルコース（ブドウ糖），アミノ酸，脂肪酸などに消化される．その後，小腸細胞内，続いて血液中（脂質の場合はリンパ管を介する）に吸収されて全身に運搬される．これらの分子の代謝は以下に述べる主要な2つの過程を経ることになる．1つは，これらを材料として細胞の機能に重要な材料を生合成する過程であり，同化と呼ばれる．もう1つは，これらの分子をより小さい分子に分解（酸化）し，細胞の活動や機能維持のために必要な化学エネルギーを得る過程であり，異化と呼ばれる．

例えば，筋肉を収縮させるためには，実際に筋肉を動かすためのタンパク質と，化学的エネルギー（ATP）が必要である．このためのタンパク質を産生するために，食物中から得たタンパク質が，まずはアミノ酸に分解される．そしてこのアミノ酸を材料にして筋肉を動かすためのタンパク質が合成される．この過程が同化である．また一方では，食物中から得た糖質・タンパク質・脂質などを水と二酸化炭素に分解して最終的にATPを得ることができ，この過程が異化である．生体内では至る所で，このような同化と異化の反応が常に起こっている．

b. 糖質の代謝

最も身近な糖質の1つとして砂糖が挙げられる．砂糖の主成分はショ糖と呼ばれる二糖（糖質の中で最も単純な単糖が2つ結合した糖質）である．また同じ糖類としてデンプンがあるが，これは天然に最も多く存在する単糖であるグルコース分子が多数重合したもので，多糖として分類される．これらの二糖や多糖は食物から摂取された後，大部分が単糖となるまで分解されるとともに，速やかに吸収され血液を通して全身に運搬される．

乳製品を日常的に摂取する西洋人と比較して，東洋人は牛乳を飲むと下痢になる人の割合が高いことが知られている．牛乳にはラクトース（乳糖）と呼ばれる二糖が含まれており，小腸に存在するラクターゼによりグルコースとガラクトースに分解され吸収される．人は授乳期にはこの酵素を持っているが，中には加齢とともにこの酵素を失ってしまう人もいる．東洋人ではラクトースを分解できない人の割合が非常に多く，この状態は乳糖不耐性と呼ばれる．このような人では，小腸でのラクトースの分解がほとんど行われず大腸にラクトースが溜まっていく．この結果，腸管内に

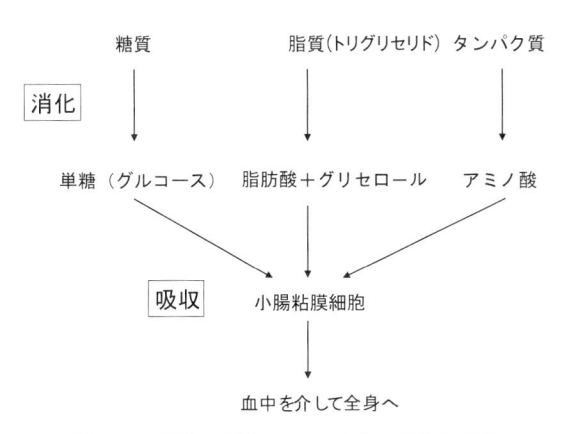

図 6.19 糖質，脂質，タンパク質の消化と吸収

水分が溜まり下痢になると考えられている.

血糖値とは血中の糖質の値であるが,一般的には単糖の大部分を占めるグルコースの値を指す.食後,血糖値が上昇すると,膵臓でインスリンと呼ばれるホルモンが合成されて血中のグルコースを細胞の中へ取り込むように指令する.血糖値が一定値まで下がるとインスリンの産生も減少していく.インスリンは血糖値を下げることのできる唯一のホルモンであるが,血糖値を上昇させるホルモンは数種類ある.これらの作用が相反するホルモンにより,血糖値は常に一定の範囲内に維持されている.このバランスが崩れた状態が糖尿病であり,インスリンの作用不足による慢性的高血糖症と定義され,大きく2種類に分類される.1つは,膵臓からのインスリン分泌が絶対的に不足する1型糖尿病である.膵臓のβ細胞の破壊によりインスリンが分泌されないため,血糖値が上昇したままであり,治療にはインスリン注射が必要である.もう1つは,インスリンの分泌が低下したり,インスリンを受け取る細胞側がインスリンに応答できないインスリン抵抗性を特徴とする2型糖尿病である.現在では後者が,全糖尿病患者の約90%を占めている.

細胞内へ取り込まれたグルコースは酵素的に分解されていき(解糖と呼ばれる),ピルビン酸を生じる(図6.20).十分量の酸素下では,ピルビン酸はアセチルCoAに変換された後,クエン酸回路および電子伝達系と呼ばれる代謝経路を介して最終的には水と二酸化炭素に分解される.この過程では,1分子のグルコースから大量のATPが産生される(グルコース代謝によるATP産生については6.3.2項参照).しかし,活発に運動している筋肉細胞では酸素が不足しており,このような嫌気的条件下ではピルビン酸は,クエン酸回路には進まず,解糖により乳酸に変換されるため,ATPは2分子しか産生されない.

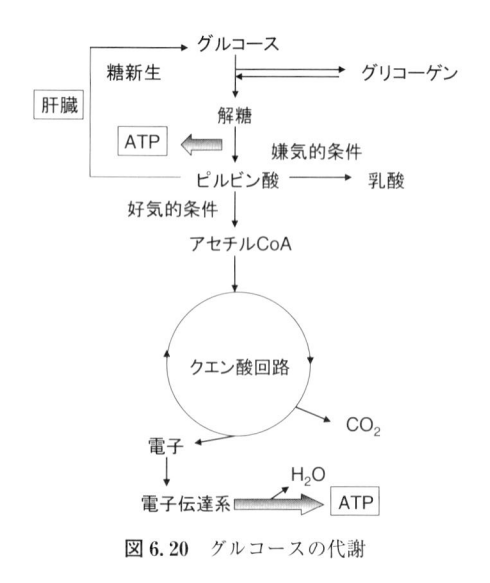

また,細胞内へ過剰に運搬されたグルコースはグリコーゲンとなり,肝臓や筋肉に蓄えられる.血中のグルコース濃度が低くなりエネルギー産生量が減少すると,蓄えられたグリコーゲンを分解することによりATPが産生される.すなわち,食後すぐには吸収されたグルコースを利用してATPが産生されるが,食間は蓄えられたグリコーゲンを分解してATPが産生される.また,主として肝臓において,血糖値が低くなると糖以外の物質からグルコースを新しく合成することができ(糖新生と呼ぶ),全身の組織にグルコースを供給できる.

c. 脂質の代謝

冬眠前のクマは皮下脂肪を大量に蓄えており,冬眠時には何も食べずに数ヶ月間生きていくことができる(クマの冬眠については5.3.5項を参照).また,ラクダの瘤にも大量の脂肪があり,ほとんど何も食べずに長期間生存できる.これは,蓄えられた脂肪をエネルギーと水の供給源として使用しているためである.脂肪がどのように蓄えられ,使われていくのかを,代表的な脂質(脂肪)であるトリグリセリドとコレステロールを例にとって解説していこう.

トリグリセリドは中性脂肪(電荷を持たない脂肪)とも呼ばれ,グリセロールの3つの水酸基に脂肪酸がエステル結合した最も単純な脂肪であり,食事由来の脂質の大部分を占める.トリグリセリドを構成する脂肪酸の長さと飽和度にはバリエーションがあることに加えて,3種類の脂肪酸がグリセロールに結合するため,トリグリセリド

図6.20 グルコースの代謝

には多くの種類が存在する．

食物中のトリグリセリドの消化と吸収は小腸で行われる．小腸では，膵臓から分泌される膵リパーゼ（リパーゼとは脂肪分解酵素のことである）により，主として遊離脂肪酸が1つまたは2つ外れたジグリセリドやモノグリセリドに分解される．トリグリセリドは脂溶性であるが，膵リパーゼは水溶性であるため，このままではトリグリセリドはほとんど消化されない．小腸の蠕動運動と，胆嚢から分泌される胆汁酸塩の乳化作用により，脂質の消化は大幅に促進される．その後，遊離脂肪酸，モノグリセリド，ジグリセリドは小腸粘膜細胞に吸収されて元のトリグリセリドに再合成される．トリグリセリドはコレステロールやタンパク質とともに，キロミクロンと呼ばれるリポタンパク質に積み込まれ，リンパ管，そして血液を介して全身に運搬される．キロミクロン中のトリグリセリドは標的組織表面において，リポタンパク質リパーゼにより加水分解されて，細胞内に吸収される（図6.21）．

加水分解により生成した脂肪酸からは酸化によりアセチルCoAが産生され，グルコースの代謝の場合と同様にクエン酸回路，電子伝達系を介してATPが産生される．肝臓では，脂肪酸の酸化により産生されたアセチルCoAはケトン体と呼ばれるエネルギー産生物質に変換され，肝臓以外の組織に運搬され，アセチルCoAに再変換された後にATPが産生される．また脂肪組織では，取り込まれたモノグリセリドと脂肪酸が再エステル化され，トリグリセリドとして貯蔵される．最近では，脂肪細胞から多くの生理活性物質（アディポサイトカインと呼ばれる）が分泌されることが明らかになり，その分泌異常により代謝異常が引き起こされると考えられるようになった．グルコースやグリコーゲンからのエネルギー産生が減少していくと，貯蔵されたトリグリセリドが分解され，各組織で脂肪酸が酸化され，そしてクエン酸回路によるATP産生が起きる．トリグリセリドからのエネルギー産生の大部分は脂肪酸の酸化によるものであり，グリセロールから産生されるのは5%程度にすぎない．動物では，トリグリセロールはほぼ無制限に蓄積可能であり，しかもグリコーゲンと比較して密度が高く，効率のよいエネルギー源である．

コレステロールは，それ自身が細胞膜の必須成分であり，また胆汁酸合成の材料でもある（図6.22）．全身の細胞はリポタンパク質であるLDL（low density lipoprotein，低密度リポタンパク質）からコレステロールを受け取る．LDL中のコレステロール（LDLコレステロール）は悪玉コレ

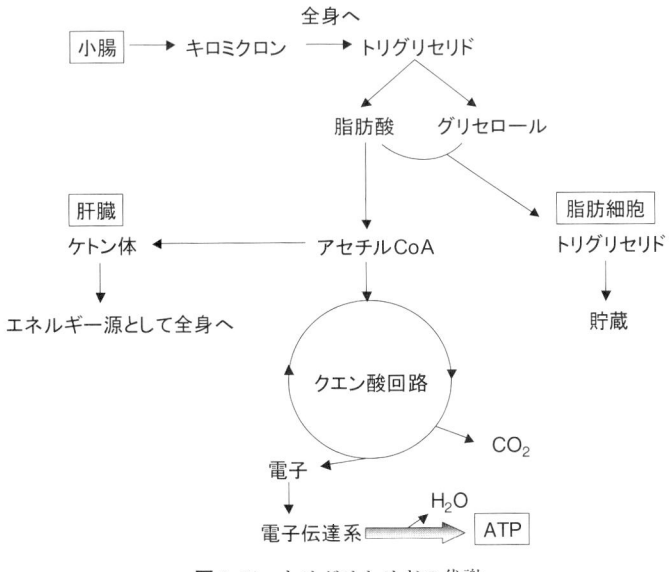

図6.21 トリグリセリドの代謝

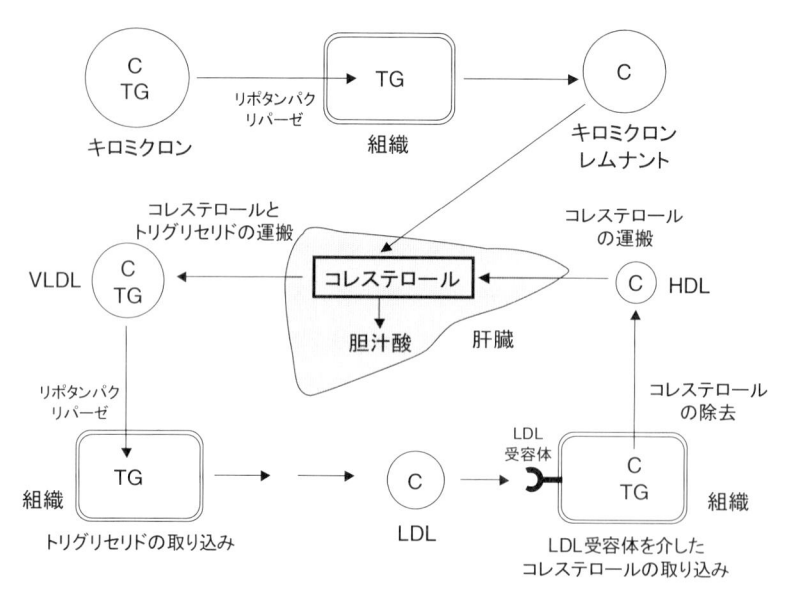

図 6.22 コレステロールの代謝
C：コレステロール，TG：トリグリセリド．

ステロールと呼ばれており，血中濃度が上昇すると血管に沈着する．この症状が続くと徐々に血管が狭められていき，動脈硬化の原因となる．一方，LDLコレステロールと逆の働きをしているのがHDL（high density lipoprotein．高密度リポタンパク質）コレステロールである．生体内の細胞から余分なコレステロールを抜き取って肝臓に運搬（逆輸送）する役割を担っている．善玉コレステロールと呼ばれる所以である．

d. タンパク質とアミノ酸の代謝

食事由来のタンパク質は，まず胃で分泌されるペプシン（タンパク質分解酵素）により部分的に分解される．小腸へ入ると様々なタンパク質分解酵素による分解が進み，最終的にはカルボキシル末端およびアミノ末端からアミノ酸が連続的に分解されていき，遊離アミノ酸を生じる．小腸粘膜細胞に取り込まれた後，血液に入り全身に輸送されていく．各細胞に取り込まれたアミノ酸は同化により新しいタンパク質を合成する際の材料となる（図6.23）．一方，過剰量摂取されたアミノ酸や，体内のタンパク質分解により生じたアミノ酸は，グリコーゲンやトリグリセリドのような形で貯蔵されることはなく，速やかに代謝される．ア

ミノ酸は糖質や脂質とは異なりアミノ基を持っているため，アミノ基と残りの炭素骨格は別々に異化される．アミノ基は生体にとって有毒なアンモニアに変換される．この反応に関与する酵素としてAST（aspartate aminotransferase．アスパラギン酸アミノトランスフェラーゼ，GOT [glutamic oxaloacetic transaminase] とも呼ばれる）とALT（alanine aminotransferase．アラニンアミノトランスフェラーゼ，GPT [glutamic pyruvic transaminase] とも呼ばれる）が挙げられる．これらの酵素は細胞内に存在しており，細胞が障害を受けたり死滅したりすると血中に放出される．これらの酵素は心臓，肝臓などに多く存在するため，その血液中の値を調べることにより，これらの臓器での機能異常や疾患などを予想できる．その後，アンモニアは肝臓の尿素回路で無毒な尿素に変換され，尿中に排泄される．重い肝障害になるとアンモニアを代謝できず，血中アンモニア濃度が上昇する．アンモニアは神経毒として作用し，死にいたることもある．

タンパク質の材料となるアミノ酸は20種類存在する．アミノ基が除去された炭素骨格は，グルコースやケトン体，脂肪酸の合成に使用されたり，クエン酸回路に入りATP産生に用いられる．

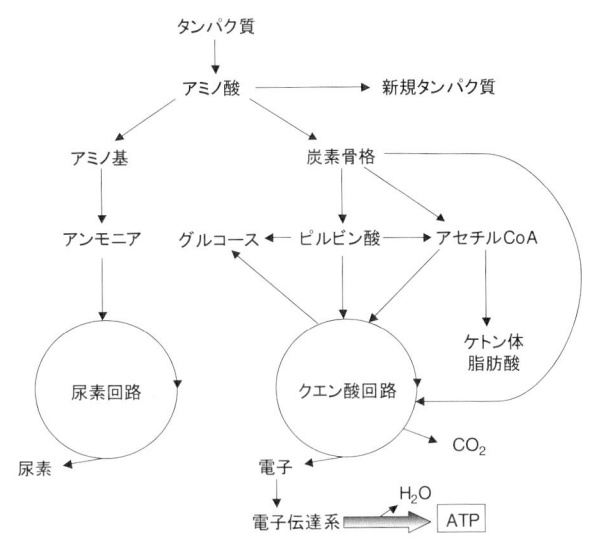

図 6.23 タンパク質の同化と異化

アミノ酸の異化により得られるエネルギーは糖質や脂質と比較して少なく，全エネルギーの10～15%程度である．また，アミノ酸代謝に関与する酵素の欠陥による疾患が，現在までに数多く報告されている．

e. 異物の代謝

食事から吸収される化学物質の中には異物として認識されるものがある．例を挙げると，ダイオキシン，発がん物質，環境ホルモン，薬物などである．これらの異物の大部分は解毒されてから排泄される．異物代謝で中心的な役割を担うのは多種多様の代謝酵素を持つ肝臓であり，その反応は大きく2相に分類される（図6.24）．

第一相では，多種多様の異物（多くは脂溶性）にP450という酵素が働き，水酸基などが導入される．P450は人では50種類以上存在し，毒物や薬物以外に，脂肪酸の酸化や胆汁酸の合成などの生体成分の代謝にも関与している．しかしながら，P450は常に異物の解毒を行っているわけではない．ある種のP450は，発がん物質前駆体を代謝することにより，逆に発がん物質に活性化する作用がある．同様に，P450に活性化されることで薬効が発揮される薬物もある．また，ある種のP450には遺伝的多型（酵素をコードしているDNAの塩基配列に個体間で違いがあること）があり，P450の活性の強弱が認められる．薬物が効きやすい人と効きにくい人がいるのは，このた

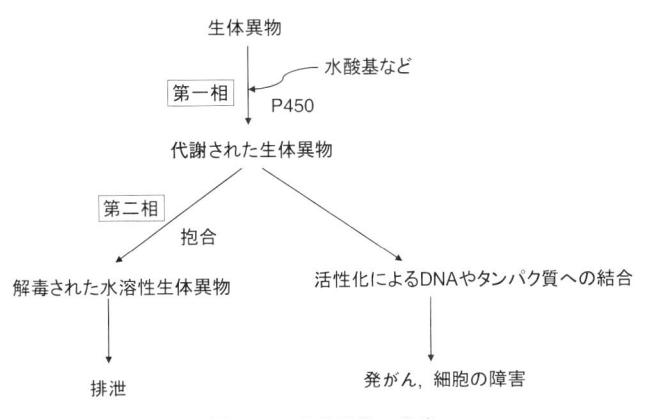

図 6.24 生体異物の代謝

めである．将来的には，個人のP450の遺伝的多型に合わせて薬物量を調節できるオーダーメイド医療の実現が期待されている．

第二相では，第一相で代謝された生体異物に硫酸，グルクロン酸などが結合する．これは抱合と呼ばれる反応で，特異的な酵素により触媒され，異物をより水溶性にする．そして，異物は尿中，または胆汁を介して糞中に排泄される．

〔井上裕介〕

● 文　献

Berg, J. M., et al. (2002) Biochemistry (5th ed.), W. H. Freeman, New York.
Champe, P. C., et al. (2008) Lippincott's Illustrated Reviews : Biochemistry (4th ed.), Lippincott-Raven Publishers, Philadelphia.
Gibbson, G. G. and Skett, P.（村田敏郎 監訳）(1995) 新版 薬物代謝学，講談社．
春日雅人 編（2005）生活習慣病がわかる，羊土社．
Murray, R. K., et al.（上代淑人 監訳）(2007) イラストレイテッド　ハーパー生化学 原書第27版，丸善．
Nelson, D. L. and Cox, M. M.（山科郁男監修，川嵜敏祐，中山和久 編集）(2007) レーニンジャーの新生化学（上，下），第4版，廣川書店．
Voet, D., et al.（田宮信雄，ほか 訳）(2007) ヴォート基礎生化学 第2版，東京化学同人．

6.4　ホメオスタシス

恒常性ともいう．外的および内的環境が不断に変化する中で，生物の個体あるいは生物システムが生理的・形態的状態を一定の安定した範囲内に保ち，生存を維持する性質をいう．

ホメオスタシス（homeostasis. homeo は like, stasis は state を表す）は造語で，はじめ，「ヒトを含めた動物の個体が，生存するために生理的に調和のとれた状態を維持すること」を示す語として，Cannon, W. B. によって1926年に提唱された．これは，すでに1865年にBernard, C. が "Introduction a l'etude de la medecine experimentale" で述べた内部環境（milieu interieur）の固定性（fixite）の考えを，様々な実験的根拠から発展させたものである．Bernardは高等脊椎動物の血液の性状が，摂取した食物などに影響されることなく，物理的・化学的に一定の範囲に維持される事例などを挙げて説明した．Cannonは「生体の中で定常状態の大部分を維持している相互に関連した生理学的過程は，非常に複雑で生物に固有なものである」として，脳・神経，心臓，肺，腎臓，脾臓などを挙げ，これらがすべて協同して働いていることを述べた（Cannon, 1963）．ホメオスタシスが主として神経系と内分泌系の作用によって保たれていることを強調し，これは今日，生理的ホメオスタシス（physiological homeostasis）として扱われている．ホメオスタシスの概念は後になって様々な分野に当てはめられ，発生的ホメオスタシス，生態的ホメオスタシス，遺伝子ホメオスタシスなど，生物システムの様々な階層に適応されている．

6.4.1　ホメオスタシス制御のシグナル

生体の外部環境や内部環境に生じた変化は受容器または受容体で捉えられシグナルに変換され，標準値（種に固有）との差として検出される．この差のシグナルにより制御器は操作シグナルを発し，環境変化に応じた反応を引き起こす．このとき，制御器は中枢神経系にあるか，中枢神経系がシグナル伝達機構として介在することが多い．中枢神経系の調節を受けながら内分泌系が制御器として働いたり，内分泌系の中で一連の制御機構が働く場合もある（図6.25）．

種に固有の標準値は set point ともいわれるが，ホメオスタシスではこの値そのものではなく，この値との誤差ないし差のシグナルが，制御器を動かす操作シグナルとして重要である．

誤差ないし差のシグナルを検出する部位の例を表6.6に挙げる．例えば，血液中のグルコース濃度は膵臓と間脳で検出され，複数のホルモンと神経を介して肝臓や筋肉の代謝活性を調節することにより制御される．血液中の Ca^{2+} 濃度は副甲状

6.4 ホメオスタシス

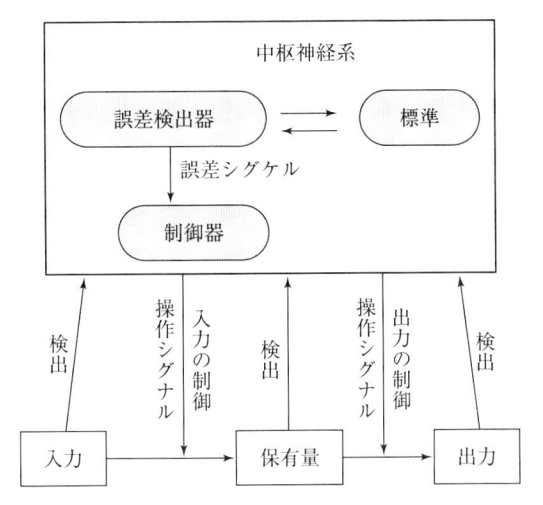

図 6.25 入力，保有量，出力を検出し，標準に照らして入力と出力を制御して保有量を一定に保つ仕組み（川島，1995 より）

表 6.6 誤差検出器の例（川島，1995 より）

制御対象	誤差検出器
体温	間脳
血液浸透圧	間脳
血中 O_2, CO_2 分圧	延髄
赤血球数	骨髄
血糖値	間脳・膵臓
血中 Ca^{2+} 濃度	副甲状腺・甲状腺 C 細胞*

*カルシトニン産生細胞．

腺と甲状腺 C 細胞で検出され，これら器官が分泌するホルモンによって制御される．

6.4.2 赤血球数のホメオスタシス

体内の細胞に酸素を恒常的に供給するためには，酸素を運搬する赤血球数を調節する必要がある．赤血球のヘモグロビンと酸素の結合は，血液の酸素分圧と二酸化炭素分圧によって決まる．高山へ登ったりして酸素分圧の低い環境におかれると，延髄が血液中の酸素分圧の低さを感知し，はじめは呼吸中枢を刺激して呼吸数を増すことにより酸素供給を補うが，すぐに骨髄で赤血球産生が増産される．例えば 5000 m の高地に登ると，血液中の赤血球数は 6〜7 週で 15 ないし 18% 増す．ただし，5000 m の高地に住んでいる住民は平地の住民より 45% 以上も赤血球数が多いことが知

図 6.26 血液中の赤血球数調節の仕組み（川島，1995 より）

られており，高地における酸素供給のホメオスタシスを完全に満たすには長い日時を要すると思われる．

骨髄中では赤骨髄で赤血球の幹細胞から赤血球芽細胞ができ，これがヘモグロビンを含む赤血球となり，やがて核を捨てて成熟赤血球となり血液中を巡る．このような造血の仕組みはエリスロポイエチン（erythropoietin）により促進される．エリスロポイエチンは腎臓の近位尿細管に接する毛細血管内皮細胞で合成され血液中に放出される糖タンパク質ホルモンで，これがないと赤血球芽細胞はアポトーシスを起こし死滅する．血液中の酸素濃度が低下すると，尿細管または血管内皮の酸素濃度感受性細胞から分泌されるプロスタグランジン E2 がエリスロポイエチンの分泌を促す．インターロイキン 3 も赤血球芽細胞の分化を刺激する．チロキシン，テストステロン，コルチゾル，成長ホルモンが赤血球数の増加を促す一方，エストロゲンは抑制に働く．赤血球数の調節は，このようにきわめて複雑で精妙な仕組みによって行われている（図 6.26）．

6.4.3 体液浸透圧の調節

体液の浸透圧は動物の種類によって，また，生息する環境の違いによって著しく異なる．水生動物は海水から淡水まで様々な環境の中に生息するため，体液浸透圧も大きく異なる．外部の環境水の濃度が変化しても一定範囲内で体液浸透圧が不変な動物では，体液浸透圧のホメオスタシス維持

表6.7 尿と血漿の浸透圧比（川島，1995より）

動物	尿/血漿
セキショクヤケイ（*Gallus*）	2.0
クサチヒメドリ（*Sandwichensis**）	5.8
ヒト	4.2
ラット	8.9
アレチネズミ（*Gerbillus**）	14.0
カンガルーネズミ（*Notomys**）	24.6

*乾燥地生息種．

機構が存在する．海洋に下ったり河川を遡上したりする魚類では，海水中では塩類を排出し，淡水中では保持する仕組みが働いている．陸上動物にとって，水の確保は常に重要である．体内で不要となった老廃物などは尿として排出されるが，腎臓には水の排出を少なくする仕組みが備わっていて，尿の浸透圧は体液（血漿）より数～数十倍高い（表6.7）．砂漠や荒地に生息する哺乳類では腎臓の髄質部が発達し水の再吸収能力に優れ，特に高浸透圧の尿を排出するように適応している．陸生脊椎動物全体において，下垂体後葉ホルモンのバソプレシンは腎臓の遠位細尿管と集合管の細胞膜に作用して水の再吸収を促進している．

6.4.4 行動によるホメオスタシス維持

ホメオスタシスを考えるとき，体内の仕組みではなく行動によって対応がなされている場合がある．哺乳類は体温調節の仕組みがよく発達していて，外界の温度範囲が−20～40℃くらいまでなら体温を約37±5℃程度に維持できる．ところが爬虫類のトカゲは，通常25～35℃の範囲でしか活動できない．日光浴により間接的に体温を高めて行動し，気温が高すぎず低すぎない時間帯しか行動しない．また体温調節のための飲水行動がある．熱暑の環境では体から水を蒸散させて体温を下げる必要があり，そのために水を多く飲むのである．

行動の動機付けに生理的な要求が大きな意味を持つ例が多く，ホメオスタシスの側面から行動をみる必要がある．

6.4.5 中枢神経系による機能制御

ホメオスタシスを広く，体の恒常性の維持とみれば，脊椎動物では高等なものほど神経系がきわめて大きな存在となる．中枢神経系の機能は反射と統合にまとめられよう．

a. 反射

反射とは，意思とは関係なく，刺激に対して常に一定の様式で起こる反応のことである．反射は皮膚，内臓，骨格筋などの受容器で受けた刺激が求心性神経を介して反射中枢に伝えられ，刺激に応じた反射運動の指令が遠心性神経を介して骨格筋や内臓などの効果器にもたらされるものである．反射中枢にはさらに高次の中枢神経系から様々な修飾がなされており，一連の経路は反射弓と呼ばれる．反射中枢の部位によって脊髄反射，脳幹反射などと区別される．

b. 統合機能

様々な感覚入力，過去の記憶などをまとめて，意識，言語，記憶・学習，動機付け・情動などの高次な機能が営まれる．特に高次脳機能とされるものには，すべて大脳皮質（主に連合野）が関わる．

種々の感覚情報はそれぞれの感覚野で受容されるが，その情報を認知・判断するのは連合野の統合作用である．認知は記憶と照らし合わせることによりなされる．感覚に関わる連合野が障害を受けると感覚の受容には異常がないにも関わらず，対象を認知できなくなる．例えば，視覚を受ける連合野に障害があると視覚失認（精神盲），聴覚を受ける連合野に障害があると聴覚失認（精神聾）となる．

意識にのぼったことの一部は記憶として蓄えられる．意識にのぼらない情報は記憶されない．刺激を受けると多くの感覚情報は感覚性記憶として脳の中に取り込まれる．しかし，この保持時間はせいぜい1秒以内である．情報の多くは忘却されるが，一部の情報は言語符号化されて短期記憶となる．さらにその一部は長期記憶となり，短期記

憶の反復により長期記憶は促進される．ここまでの過程には大脳辺縁系の海馬が大きな役割を果たしている．長期記憶は必要に応じて取り出し可能な記憶痕跡（エングラム）になり，記憶の固定化がなされる．固定化された記憶はほぼ一生涯にわたって保持され，半永久的なものとなる．長期記憶には陳述記憶と手続き記憶とがある．前者は言語化して他者に伝えられるが，後者は動作として記憶されるものである．自転車の乗り方などがそれである．記憶に関わる脳領域は海馬のほか，皮質連合野，前脳基底部，視床内側部，乳頭体などが挙げられる．

記憶の上に学習が成り立つ．古典的条件付け，オペラント条件付け，運動学習，言語学習などがある．

6.4.6 自律神経系による調節

体の循環，呼吸，消化，排泄などの自律機能を調節する神経系を自律神経系と呼ぶ．運動機能や感覚機能を調節する体性神経系が随意的な調節を受けるのに対して，自律神経系は不随意的である．BernardやCannonが考えた内部環境の恒常性やホメオスタシスは，主に自律神経系と内分泌系とによって維持されている．

自律神経系も体性神経系と同様に，末梢からの情報を中枢に伝える求心性神経と，中枢からの情報を効果器に伝える遠心性神経からなる．自律神経系の遠心性神経は，（胸髄と腰髄上部から出る）交感神経系と（脳幹と仙髄から出る）副交感神経系から構成される．

心臓，胃腸，膀胱など多くの内臓は，交感神経と副交感神経の両方により二重支配を受け，しかも拮抗する支配である場合が多い．

6.4.7 内分泌系によるフィードバック調節

身体機能のホメオスタシスにおいて，神経系と並んで内分泌系による調節が大きな役割を果たしている．ホルモンは，化学的にはアミン，ステロイド，ペプチドの3つにまとめられる．アミンホルモンはチロシンから合成され，構造の中にアミン基を有する．カテコールアミン（アドレナリン，ノルアドレナリン，ドーパミン）と甲状腺ホルモン（チロキシン）がある．ステロイドホルモンはコレステロールより合成され，構造の中にステロイド核を有する．副腎皮質ホルモン（コルチゾル，アルドステロン），男性ホルモン（テストステロン），女性ホルモン（エストラジオール，エストロン，プロゲステロン）などがある．ペプチドホルモンはアミノ酸からなり，視床下部ホルモン，インスリン，グルカゴンなど大多数のホルモンがこのグループである．

内分泌系では，複数のホルモンが階層構造をなしてフィードバックループを形成する．このループがホメオスタシスを維持する仕組みである．

(1) ホルモンによるホルモン分泌調節

多くのホルモンは上位のホルモンにより分泌が調節されている．一方，分泌されたホルモンは上位のホルモンの分泌機構にフィードバック作用し分泌を調節する．フィードバック作用には正のフィードバックと負のフィードバックとがあり，ホメオスタシス維持には多くの場合，後者が機能している（図6.5）．

(2) 血液中の物質によるホルモン分泌調節

血液中の物質によりホルモン分泌が調節される例がある．血糖値が上昇すると膵臓からのインスリン分泌が亢進し，反対に血糖値が低下するとグルカゴン分泌が増す．

(3) 自律神経によるホルモン分泌調節

副腎髄質からのアドレナリン，ノルアドレナリンの分泌は交感神経に支配されている．前述のインスリン，グルカゴンの分泌も自律神経系の支配を受けている．　　　　　　　　〔町田武生〕

● 文　献

Cannon, W. B.（舘 鄰，舘 澄江訳）(1963) からだの知恵，平凡社．
川島誠一郎（1995）（図解生物科学講座2）内分泌学，朝倉書店．
Zigmond, M. J. et al. eds. (1999) *Fundamental Neuroscience*, Academic Press, San Diego.

6.5 生殖と性

6.5.1 生命の連続性

地球上の生物は、それらを取り囲む物理・化学的世界の中で、互いに空間的・時間的に独立した動的な閉鎖系、すなわち個体を形成して存在している。そして、すべての生物個体は、内部環境のホメオスタシスによる個体の維持、生殖による自己複製と継代、死による個体秩序の崩壊、という基本的な機能を持つ点で共通している。個体の死も、生物にとって重要な機能である。そして、生殖によって、生命は次の世代へと継続する。

19世紀の中頃から、Darwinを中心として完成されつつあった進化論は、当時の生物学者に生命現象、特に生物の生殖と個体発生の生物学的意味や機構を理解するうえで画期的な手がかりを与え、現代の生命科学の源流となる重要な概念と実験的方法論を生み出す原動力となった。とりわけ生命の連続性と進化、その担い手である生殖細胞、そして生殖細胞によって継代される生命の実体を解き明かそうとする多くの努力が払われた。もちろん、当時の生命科学の知識はきわめて限られたものにすぎなかったが、優れた洞察と推論により、20世紀の生命科学の基礎となる多くの概念や、現代の生命科学の課題に連なる仮説が得られたことは、驚くべきことである。

a. 生殖細胞系列と生殖細胞質

19世紀末にドイツで活躍した動物学者Weismann, A.（図6.27）は、生物の個体発生の過程で生殖に直接関与する細胞の系列、すなわち生殖細胞系列と、生殖には直接関与せず、個体形成と個体の維持に機能する体細胞系列との区別に注目し、当時、生物学者の間で次第に深まりつつあった推論や議論を背景に、個体発生過程で生殖細胞系列を決定する因子として、仮説的な「生殖質（独：Keimplasm、英：germ plasm）」の存在を提唱した（Weismann, 1892）。生殖細胞系列の概念は進化生物学的意味でも用いられ、生命の連続性が生殖細胞系列の連続性に他ならないことが広く認識されるようになった。

Weismannが考えた「生殖質」は、現代生物学的意味での生殖細胞決定因子とは異なり、遺伝子に近い性質を兼ね備えたものであった。しかし、生殖細胞決定因子としての生殖質には、20世紀初頭から、細胞学ないしは細胞生物学の進歩を背景に生物学者の強い関心が寄せられ、その細胞生物学的実体、さらに分子的実体に関する研究が進

図 6.27 August Weismann (1834-1914)
ドイツの動物学者。フランクフルト・アム・マインに生まれ、ゲッチンゲン大学で医学を修めた後、一時期開業していたが、ギーセン大学のKarl Georg Friedrich Rudolf Leuckart (1822-1898) のもとで、動物発生学や形態学を学んだ。フライブルグ大学の私講師（1863年）、員外教授（1865年）、正教授（1873年）として、現在の遺伝学、発生学、進化学に連なる多くの貢献をした。特に、生殖質と生殖細胞系列に関する仮説、両性混合に関する仮説の提唱などでよく知られている。彼の代表的な著書"Das Keimplasma (1892年)"は、Leuckartの70歳の誕生日に捧げられている。眼の疾患で視力が著しく低下していたため、実験的な貢献よりも理論的な貢献が多い（イラストは奈和浩子による）。

められて,現在に至っている.1990年代に入ると,ショウジョウバエとマウスを中心に,生殖細胞系列の決定に関与している多数の遺伝子が同定された.とりわけショウジョウバエでは,生殖細胞決定因子としての機能が実証されている極細胞質を構成する遺伝子産物が同定され,生殖細胞決定に関わる複雑な遺伝子ネットワークの存在が明らかにされた.しかし,それらの遺伝子の機能と個体発生過程における生殖細胞系列の決定方法の間の関係は未だに解明されておらず,生命科学の大きな謎の1つになっている.

b. 生殖と形質の遺伝

生物個体は,秩序立てられ,構造化された様々な形質を要素とする集合として認識される.このことから,親の世代から子孫に継代される実体は形質であるということができる.すなわち,生物個体を構成するのに必要にして十分な秩序立てられた(=構造化された)形質の組合せの全体が,自然の環境条件下で継代的に子孫に繰り返し伝達される現象が認められ,これを生殖と定義することができる.

個々の形質のみならず,それらを構造化する情報もまた,形質である.少数の形質に着目して,それらの形質が継代される現象が遺伝である.そして,継代されることが認められる形質は,遺伝形質(genetic character)と呼ばれている.一方,個体発生の過程,または完成した個体がその生活環の中で獲得した形質,すなわち獲得形質(acquired character)の遺伝は,一般的には否定されている.しかし最近,遺伝子発現のエピジェネティック制御に関連して,この問題が再び注目されつつある.エピジェネティック制御については後述する(d(8)「遺伝子発現のエピジェネティック制御とエピアレル」参照).

現在では,大部分の形質の発現が,遺伝子の機能発現によっていることが明らかにされているため,形質の遺伝はその下位機構である遺伝子,そして,さらにその下位機構であるDNAの継代の結果であるといえる.したがって生殖においては,個体を形成するのに必要にして十分な遺伝情報すべての組合せ,すなわち遺伝情報のゲノムセット(genomic set)をコードするDNAが複製されて継代され,これより発現した形質が,例えば,生体高分子-細胞小器官-細胞-組織-器官-器官系のように階層化された構造を複製し,最終的に子孫の個体を作り上げて継代が行われる.このような,分子から個体にいたる,生物の様々なレベルで起こる複製現象,すなわち生物学的自己複製現象は,生命の大きな特徴の1つである.

c. 生殖における変異と「揺らぎ」

太古の海に創生された有機高分子物質から現在のヒトにいたるまで,生命と呼ばれる現象が,分子レベルの生物学的自己複製と個体レベルの生殖による継代によって,進化を重ねながら途切れることなく継続していることを疑問視する生命科学者は,現代ではきわめて少数派であろう.また,生物進化を可能にしている基本的機構が,生物学的自己複製過程や生殖過程で起こる変異と揺らぎであることについても,大部分の生命科学者のコンセンサスがあるといってよいだろう.しかし,無数の変異や揺らぎの中からどれが選択されるかという,進化の方向を決定する要因については未解決の問題が多くあり,議論が尽きない.

親を構成する形質群と,その複製により形成される子を構成する形質群とは,大まかな言い方をすると,互いに比例関係で関連付けられた,数学的な意味での相似(similitude)に近い関係にある.生物学用語としての相似(analogy)は,「異種の器官で発生学的な起源は異なるが,機能や形態が類似する現象」をいい,数学的な意味とは著しく異なっている(4.3.5項参照).元来異質の概念に対して数学と生物学で同じ訳語を当てたところから,しばしば誤解や混乱が生ずることになる.ちなみに数学では,analogyは「類比」と訳されていることが多い.

先に,「相似に近い関係」と述べたのは,生物学的複製の場合,親と子の形質は,単なる幾何学的な相似の関係とは異なり,形質そのものに,ある一定の枠組みの中での変異や「揺らぎ」が生じているからである.物理学的な意味での複製と

生物学的自己複製とが顕著に異なるのは，前者では変異や「揺らぎ」が単なるエラーないしはノイズにすぎないのに対して，後者では，積極的に変異や「揺らぎ」を生む機構や，エラーやノイズを固定して利用する機構が内在的に組み込まれていて，生命現象において本質的に重要な役割を果たしている点にある．

なお，ここで変異と「揺らぎ」と表現したのは，一般的な用語としてである．より正確な生物学用語では，前者は遺伝的変異と呼ばれるものに相当する．後者は，遺伝情報のエピジェネティック制御における分子レベルの曖昧さやランダム過程，個体の外部環境の変化による表現型の変動，細胞レベルの形質の持つ自由度，分子過程におけるノイズやエラーなど，主として非遺伝的変異と呼ばれるものに相当する．しかし，遺伝的，非遺伝的と明白に区切るのも不適当な点があると思われるので，あえて変異と「揺らぎ」という表現を用いることとしたい．

d. 変異と「揺らぎ」の生成機構

以下では，生命現象に内在し生物進化の原動力となる，変異と「揺らぎ」を生成する機構について，主として生殖生物学の観点から概説する．

(1) DNA複製の忠実度

生殖による生物学的自己複製において，遺伝情報を無数の世代を通じて正確に継代するうえで，DNA複製の高忠実度（high fidelity）が最も本質的な役割を果たしていることは言うまでもない．しかしその一方で，DNA複製を含む生物学的自己複製の忠実度がある程度低下することで，形質の変異や「揺らぎ」，さらに生物の多様性が生まれ，適応と進化の原動力となっている．さらに，逆説めくが，これらの変異や「揺らぎ」は，DNAの複製過程を介して正確に継代されることによって，次第に種固有の遺伝情報プールの新しい要素として固定され，進化を可能にしているのである．

それでは，生物学的自己複製の最も基本となるDNA複製の忠実度は，どの程度なのであろうか．原核生物の大腸菌（*Escherichia coli*）で実験的に確かめられたデータによれば，塩基対のミスマッチが形成される確率は，おおよそ$10^{-8} \sim 10^{-10}$の範囲，すなわちエラーの頻度は，1億個ないしは100億個の塩基対合成あたり1個程度であることが示されている．真核生物については，不明な点もあるが，おそらく同程度の忠実度があるものと推測されている．

このような高忠実度は，DNA複製に関与するDNAポリメラーゼそのものの性質に加えて，DNAポリメラーゼの持つ校正機能によって達成されていることが実験的に示されている．すなわち，校正機能がない状態での様々なDNAポリメラーゼのミスマッチ形成率は，おおよそ$10^{-6} \sim 10^{-8}$であるが，校正機能によってその90～99.9%が修復され，総合的に$10^{-8} \sim 10^{-10}$の値に到達するのである．

なお，核酸分子内の水素結合による特異的な塩基対，すなわちG-C，A-Tの形成そのものがDNA複製の忠実度に寄与する程度は，一般的に予想されるよりもはるかに微弱なものであるらしく，複製過程における特異的な塩基対の認識と相補鎖の合成に当たっては，ポリメラーゼの構造そのものが水素結合による塩基対結合の強さを増幅し，DNA複製をより確かなものとする機能を持つことが明らかにされている．

損傷したDNAの修復に関わるDNAポリメラーゼの中には，複製に関わるDNAポリメラーゼに比べて著しく忠実度の低い（$10^{-1} \sim 10^{-3}$）種類もあり，テンプレートのT塩基に対してAよりもGを効率的に挿入する（ミスマッチの確率，1.0）Pol$_{iota}$と名付けられたポリメラーゼの存在も知られている．これらのポリメラーゼの生物学的意味には不明な点が多いが，細胞内でのDNAの複製過程が，必ずしも高忠実度を保証する機構のみによっているのではないということは興味深い．DNAの複製過程そのものに，変異を確率的に生成し進化を促す機構が内在していると考えることもできるだろう．

現在のわれわれヒトを含む生物では，地質年代からみれば急速に，きわめて複雑な体制や行動を生み出す進化が起きてきたが，このような進化はDNAの複製過程における変異だけでは不可能で

あったに違いない．個体レベルの生物学的自己複製を可能にする生殖過程の成立と進化が，生物進化そのものに果たした役割の大きさは，いくら強調しても強調しすぎることはないだろう．実際，生殖過程には様々な変異や「揺らぎ」を生成する機構が内在するが，それらは分子レベルの物理化学的な機構とは異なり，きわめて生物学的な性質を持っている．

(2) **生殖様式**——ミクシス生殖とアミクシス生殖

われわれヒトが子孫を残すには，男女が必要であり，われわれの周辺の多くの生物に雌雄があることは，ヒトの最も古い経験的な知識の1つであったはずである．そして，両親から生まれた子は，両親のそれぞれに十分に似てはいるが，いわゆるコピーではなく，部分的に父親から受け継いだ形質と母親から受け継いだ形質の両方を持つユニークな存在であることも経験から得られた「常識」であったに違いない．

Weismannは，このような「常識」を生物学的に理解することを試みて「両性混合（amphimixis）」という概念を提唱し，さらに，混合する実体について推論を試みた．しかし当然のことながら，当時の生命現象についての知識では，機構の本質に迫ることは不可能であった．

現代生物学の用語で表現すれば，両性混合とは，男女または雌雄の個体のゲノムを構成する遺伝子群の混合である．このように，個体を構成するゲノムの遺伝情報の一部が，生殖過程で交換されたり混合されたりする生殖様式はミクシス生殖と呼ばれ，変異や「揺らぎ」を生む重要な過程となっている．

一方，同じ時期に植物や無脊椎動物の生殖・発生過程の研究が進み，「両性混合」を伴わず，例えば，単純な分裂や出芽によって継代する生殖様式のあることも明らかになった．親個体とゲノムがまったく同一の遺伝子構成を持つ子孫の個体群，すなわちクローンを形成する生殖様式である．このような生殖様式は，ミクシス生殖に対して，アミクシス生殖と呼ばれる．

ミクシス生殖において，生殖に関わる個体間に男女ないしは雌雄の別がある場合が有性ミクシス生殖であり，Weismannの考えた「両性混合」に当たる．一方，そのような区別のない個体間で起こるミクシス生殖が，無性ミクシス生殖である．微生物，植物，動物のそれぞれの生物界の生殖様式については，それぞれ該当する部分で記述されるので参照してほしい（6.5.2, 6.5.3, 6.6.2項）．

なお，従来の生物学の教科書では，生殖様式を生殖法，ミクシス生殖を有性生殖，アミクシス生殖を無性生殖と呼び習わし，生殖様式を有性生殖と無性生殖に分ける記述が広く採用されているが，慣用というべきものであって，厳密な生殖生物学的用語としては必ずしも適切ではない．このことを説明するためには，性の定義を明確にしておかなければならない．

(3) **性の定義**

ミクシス生殖による子孫の形成においては，特異的な分化を遂げた生殖細胞の接着や細胞融合によって，親世代の個体が持つゲノム情報を混合したり，一部を交換したりする．このような生殖細胞は配偶子と呼ばれている．さらに，同一種の生物において，配偶子の形態や生理学的性質に2種類以上の区別，すなわち多型が存在することがある．これらの配偶子，すなわち異型配偶子において，特に形態学的に大小の2種類の配偶子がある場合に，小型の配偶子を精子，大型の配偶子を卵子または卵細胞と呼び慣わしている．精子を主に生産する個体が雄，卵子ないしは卵細胞を主として生産する個体が雌である．さらに，生殖において雌雄，またはそれと相同（homologous. 例えば雌雄同体），相似（analogous. 例えばバクテリアや原生動物の接合型）の区別が認められる現象が，性（sex）と定義されている．

なお，一般用語としての「性」は，生物学的な性に関連する現象，例えば社会・文化的な性の役割を意味する英語のgenderの訳語としても広く使われている．

(4) **有性ミクシス生殖，無性ミクシス生殖，およびアミクシス生殖**

有性ミクシス生殖と無性ミクシス生殖　精子と卵子または卵細胞との間で起こる配偶子融合

は，受精（fertilization）と呼ばれる（有性ミクシス生殖）．これに対して，配偶子に形態学的にも生理・生化学的にも多型の区別が認められない，同型配偶子による配偶子融合は，接合と呼ばれていることが多い．

同型配偶子を持つ生物種においては，定義により性現象が認められない．論理的な必然として，同型配偶子の配偶子融合によるミクシス生殖は，無性ミクシス生殖と呼ぶべきものである．国内外の教科書や論文に，「同型配偶子による有性生殖」という記述が散見されるが，「同型配偶子によるミクシス生殖」という記述が，より正確な表現であろう．

有性生殖がしばしばミクシス生殖と同義に用いられるのは，ミクシス生殖様式をとる生物の圧倒的大部分が有性型であるからに他ならない．一方，アミクシス生殖を無性生殖と呼ぶ慣用は，事実に反するものではないが，生殖生物学的には不十分であり，不適切であると言わざるを得ない．

アミクシス生殖　アミクシス生殖様式は，生物種により多様な現象を含んでいるが，①細胞性アミクシス生殖と，②組織性アミクシス生殖に大別することができる．前者は単細胞，または未受精の配偶子が単独で個体形成能を持つ場合で，いわゆる単為生殖が①の代表的なものである．バクテリアやアメーバの二分裂によるアミクシス生殖もこの範疇に入る．多細胞生物の細胞性アミクシス生殖は，有性ミクシス生殖から派生したと考えられるものが多い．自然条件下では卵細胞が受精を経ずに発生する雌性単為生殖（gynogenesis）が一般的である．雄性単為生殖（androgenesis）は，植物の種間雑種で起こる場合のあることが知られているが（童貞生殖），動物については除核された卵細胞を用いた精子核の実験発生学的単為発生が知られているのみで，生殖の定義の範囲には含まれるものの，例はない．脊椎動物の細胞性アミクシス生殖としては，魚類や爬虫類の単性種（雌個体のみが見出される）がよく研究されている．

組織性アミクシス生殖は，通常，栄養生殖と呼ばれているものである．体細胞が全能性を維持しており，体組織の一部から出芽したり，個体そのものが分裂したりすることで次世代の個体を新生する．動物では無脊椎動物，例えばクラゲやヒドラ，ウズムシ，ゴカイ，ヤマトヒメミミズなど多数の例を挙げることができる．ヤマトヒメミミズは福島県の畑で発見され，1993年に新種と認定されて以来，その特異な生殖様式が研究者の注目を集めており，現在ユニークな研究が行われている．脊椎動物をはじめ，体制の複雑な動物では組織性アミクシス生殖の例はない．

一方，植物では，高等植物についても多数の例をみることができる．

(5) ミクシス生殖の生物学的意味

ミクシス生殖，特に有性ミクシス生殖が現在，動物界・植物界にきわめて広く分布していることは，生物進化において，それがいかに重要な働きを果たしたかを示す証拠であろう．アミクシス生殖様式を示す大部分の生物も，生活環のどこかでミクシス生殖世代を持ち，ミクシス世代とアミクシス世代の交代を行う（交代型の生殖様式をとっている）ことが知られている．実際，純粋なアミクシス生殖のみを行って長期間存在した生物はないと考える生物学者が多い．

バクテリアやアメーバは，二分裂のみで継代し，アミクシス生殖を行う生物の典型であると長い間考えられていた．しかし1940年代に，大腸菌において遺伝子組換えの起こる事実が確認され，さらに，この組換えは自律的増殖機能と感染機能を持つ染色体外遺伝因子（プラスミド）を介した接合型の発現によるミクシス生殖の結果であることが見出された．その後，様々なバクテリアでプラスミドによるミクシス生殖の存在が確かめられている．

アメーバについては，薬剤耐性を支配する遺伝子座の組換えが存在することを示唆する事実が比較的早くから見出されていたが，その機構については長い間不明であった．しかし，アメーバにおいてもプラスミドによる組換え現象の存在が確かめられた．また，アメーバのゲノムは複雑な多倍体の構造をとっているが，長年にわたって蓄積された突然変異については，二分裂における染色体

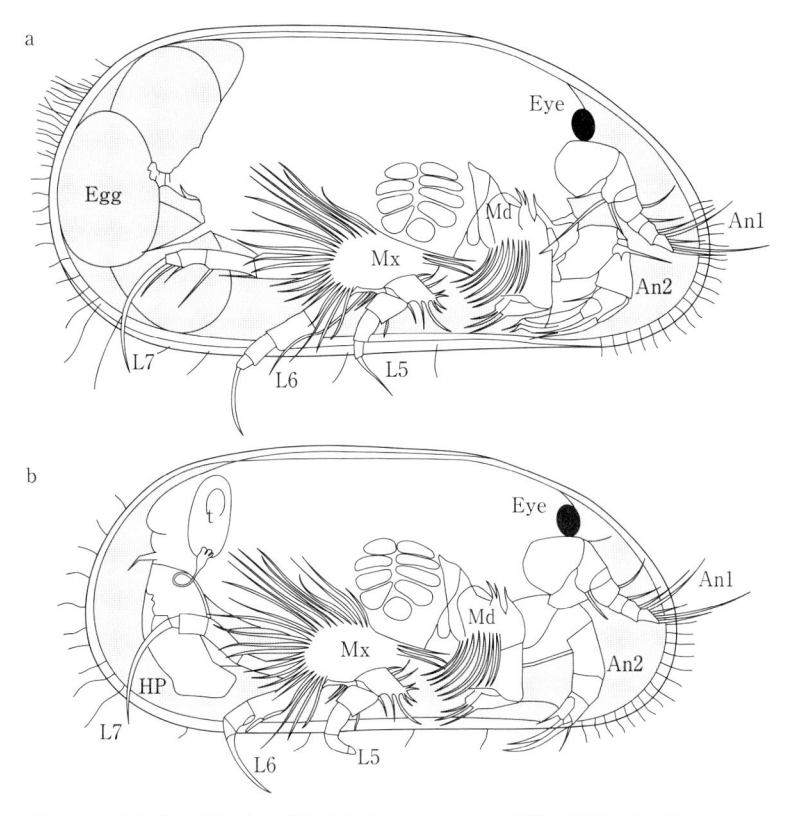

図 6.28 屋久島で 2006 年に報告されたダーウィニュラ科の貝形虫（カイミジンコ，オストラコーダ：甲殻類），*Vestalenula cornelia*（新種）の雌雄個体を示す模式図．
ダーウィニュラ科の生きた雄個体は，19 世紀から 100 年以上にわたって，研究者たちが探していたが，これまで発見されていなかった．a. 右側の殻を取り去った雌個体（殻長：423〜449 μm）．b. 右側の殻を取り去った雄個体（殻長：385〜449 μm）．雄個体は雌個体に比較してやや小さい．An1：第 1 触角，An2：第 2 触角，Egg：卵，Hp：ヘミペニス（雄性交接器），L5〜L7：第 5〜7 脚（図では，それぞれ一対ある脚の片側のみが示してある），Md：第 1 顎脚，Mx：第 2 顎脚，t：精巣．現在のところ，精子の存在や雄としての機能は確認されていない．第 5 脚に性的 2 型が認められ，雄には雌を抱えるためと思われる構造がある（金沢大学大学院 神谷隆宏教授のご好意により，Smith, R. J., et al., 2006 より一部を改変して転載）．

の複製の際に，組換えが起こっているらしいことが知られている．

多細胞生物では，ダーウィニュラ科（*Darwinulidae*）の淡水性カイミジンコ（貝形虫）の例が知られる．この仲間は古生代（3 億 6000 万年前）から中生代（2 億年前）の間に繁栄したもので，何百種もの化石種が知られるが，いずれも，殻の形態が異なる雄個体と雌個体の存在が知られている．しかし 2 億年前以降になると，現生種も含めて雄個体が見出されず，このグループの動物は中生代に一斉に有性ミクシス生殖を捨てて雌性単為生殖（アミクシス生殖）様式をとり現在にいたっているものと考えられていた．しかし最近，現生種に雄個体が発見され，この動物にもミクシス生殖世代が存在するらしいことが明らかにされた（図 6.28）．

ミクシス生殖では複雑な配偶子形成過程が必要であり，また生殖過程として受精や接合，およびそれを可能にするための特別な過程も必要となるために，多大な生物学的コストがかかる．したがって個体数の増加のみを指標とした見地からは効率が悪く，アミクシス生殖に対してデメリットが大

きい.

個体数増加効率が悪く生物学的コストのかかるミクシス生殖の持つメリットは，変異の生成による生存環境への適応能の高度化と，生物進化のポテンシャルの創出にある．ミクシス生殖がなければ，生物進化は極度に遅いものとなった，あるいはまったく起こらなかったであろうことを考えれば，「現生の生物に，ミクシス生殖世代のない生物種，あるいは生殖過程においてミクシス機構をまったく持たない生物種は存在しないのではないか」という推論も十分な説得力を持っている．

交代型生殖　アミクシス生殖（個体数の増加における高効率性）とミクシス生殖（適応度の高度化と進化速度の上昇）の両者のメリットを生かすために，両世代を交代させるミクシス−アミクシス交代型生殖様式を採用する例は，酵母や原生動物などの単細胞生物から体制の複雑な脊椎動物（魚類，爬虫類のトカゲの仲間など）にいたるまで，多数知られている．

ミクシス−アミクシス交代型生殖における生殖様式の切替え機構は生物学的に興味深い問題を提供する．特定種に固有の機構の解明が，一般的な機構の解明や概念の形成に至り得るか否かは今後の課題であろう．

(6) 減数分裂

真核生物のミクシス生殖の場合，異型または同型配偶子融合，すなわち受精または接合の結果，染色体数はそれぞれの配偶子の持つ染色体数の和となる．子の世代における染色体数を一定に保つためには，親の体細胞の持つ染色体数 $2n$ は，配偶子において n とならなければならない．そのために，配偶子形成過程で，体細胞を構成する染色体数を半減する減数分裂が起こる．

受精や接合の結果，染色体数は雄由来の染色体セットと雌由来の染色体セット，すなわち n 対の相同染色体で構成されるようになり，$2n$ に回復する．ただし，性決定に遺伝子が関与する場合，性決定遺伝子が存在する染色体は性染色体と呼ばれる（2型性）．

有性ミクシス生殖では，相同染色体セットの組合せを変えることでゲノムの変異が生じるため，表現型の多様性を生み出す強力な手段となっている．しかし，単に相同染色体セットの組合せを変えるのみであれば，変異は限定的なものになるはずである．性染色体を除く特定の相同染色体対の構成が A_1A_2 の個体と A_3A_4 の個体との間で有性ミクシス生殖が起こる場合を考えてみよう．子孫における相同染色体対の構成は，A_1A_3, A_1A_4, A_2A_3, A_2A_4 のいずれかになるはずである．つまり，1組の両親から生まれる兄弟姉妹の表現型は特定相同染色体対について4種類に分類されることになるが，実際にみられる多様性はこれほど単純ではない．

つまり，単なる染色体対の新たな組合せの形成以上に，多くの変異を生み出し，多様性を保証する機構があるのである．

(7) 遺伝的組換えと突然変異

遺伝的組換え　減数分裂の過程では，相同染色体どうしの交叉によって遺伝子座の連鎖群（linkage group）の部分的な組換えが起こるが，これは子孫の表現型の変異を生む重要な機構の1つになっている．組換えの頻度は遺伝子座の距離に比例するため，遺伝学では遺伝子座間の距離を推定するのに使われている．生物学的には，このような組換えは相同組換え（homologous recombination），または一般組換えと呼ばれている．

これに対して，非相同染色体への転座，プラスミドやファージ，ウイルスなどの遺伝情報の宿主への組込み，トランスポゾンによる遺伝子の非相同部位への組込みなどは，非正統的組換え（illegitimate recombination）と呼ばれる．

また，一対の対立遺伝子において，一方の遺伝子型が他の対立遺伝子のそれに転換する，遺伝子変換（gene conversion）と名付けられた現象が起こることも知られている．

相同組換えと遺伝子変換では，ゲノム中の既存遺伝子および連鎖群が維持され，その組合せが組み換えられるのであり，以下に述べる突然変異には含まれない．

突然変異　1910〜1930年代には，アメリカの Morgan, T. H. 一派により，定量的な手法を駆

使した遺伝子座の連鎖（linkage）に関する研究がショウジョウバエを材料として急速に進展した．それに伴って，遺伝子の突然変異とその表現型としての形質に関する理解が深まり，生物進化における役割についても，多くの精緻な理論的解析が行われるようになった．現在では，遺伝子や遺伝子座に起こった突然変異を DNA の塩基配列に起こった変異として解析することが技術的に容易になり，突然変異の起こる機構の理解も進んでいる．

その結果，本来，ゲノムの遺伝情報を子孫に忠実に伝えることが目的であるはずのゲノムの複製機構に，突然変異を誘発する様々な機構の存在することも明らかになってきた．例えばプラスミドやウイルス，さらにトランスポゾンやレトロポゾン，ホットスポットなどがそれである．

突然変異の最も基本的な単位は DNA の単一ヌクレオチドに起こる変異である．突然変異は，環境中の自然放射能や，食物とともに取り込んだ化学物質などで誘起される．ただし，d(1)「DNA 複製の忠実度」で述べたように，DNA の複製機構自体に内在的に，突然変異を許容するのみでなく，変異を誘起するような機構すらあるらしいことも，最近，徐々に明らかにされつつある．従来，高忠実度に注目が集まっていた DNA 複製機構の新たな視点であるといえるだろう．

(8) 遺伝子発現のエピジェネティック制御とエピアレル

ヒトを含む動物の個体発生機構について，17世紀後半から 20 世紀初頭にいたるまで，生物学的な大論争が展開された．すなわち，前成説と後成説に関するものである．前者の信奉者は，精子または卵子の内部に微小な個体の原基があらかじめ形成されており，それが成長することが個体発生の本質であると考えた．一方，後者の唱道者は，発生に伴って個体の各部が徐々に新たに形成されるのだと主張した．19 世紀末には両論とも複雑で精緻な理論を展開しており，実験発生学を生む契機となった．

20 世紀に入り，発生学，特に実験発生学の進歩とともに，前成説は影を潜めたようにみえた．しかし，20 世紀の後半になって発生機構の分子レベルでの理解が進むにつれ，発生のプログラムはすべてゲノムの中に情報として組み込まれているのだという考えを支持する生物学者が増えてきた．言うなれば，分子レベルの前成説の出現である．

しかし，遺伝子とその発現制御機構の研究の進展に伴って，個体発生のすべてがあらかじめ厳密にゲノムにプログラムされているのではなく，発生開始後に，その進行に伴ってエピジェネティック，すなわち「後成的」に決定されていく部分が多いらしいことが明らかになってきた．

現在では，DNA のメチレーションによる発現パターンの「インプリンティング（刷込み）」やヒストンのメチレーション，アセチレーションなどによる遺伝子発現の動的制御機構を指して，エピジェネティック制御と呼び，その機構解明を目的とする生命科学の分野に対してエピジェネティクスという名称が用いられ始めている．エピジェネティクスという語は，そもそもイギリスの Waddington, C. H. (1956) によって，発生機構学（Entwicklungsmechanik）や実験発生学（experimental embryology）に変わる用語として提唱されたものであるが，現在では意味を変え，より限定的な意味で復活しつつある．

高度に近親交配を行って樹立したマウスの系統や 1 卵性多胎児，核移植技術によって作出されたクローン動物の研究は，遺伝子発現におけるエピジェネティック制御と表現型の「揺らぎ」の関係に，多くの興味深い問題を明らかにしつつある．とりわけ核移植技術によるクローン動物の作出は，これらの問題に実験的にアプローチする強力な研究手段を提供した．

発生過程のエピジェネティック制御の機構は，特に哺乳類のような複雑な体制を持つ生物の個体発生で重要な役割を果たしていると推測されるが，未解明の問題が多く，研究はその端緒についたばかりである．しかし，すでに多くの興味深い事実が明らかにされている．

例えば，植物では DNA のメチレーションパターンやエピジェネティックな遺伝子発現制御パ

ターンが継代され，メンデル型の遺伝をすることが知られている．このような遺伝子は野生型の遺伝子に対する対立遺伝子として，エピアレル（epiallele）と名付けられている．マウスにおいても，最近，エピアレルの存在，およびその形成が個体の栄養条件によって影響を受ける例が報告されている．今後，これらの事実の研究が進展すれば，生物学における古典的な論争テーマの1つである「獲得形質の遺伝」の問題に新しい展望が開ける可能性があるだろう．また，従来から謎の多い，アミクシス生殖を行う生物の遺伝現象の解明に，新しい視点が開かれる可能性も期待される．

〔舘 鄰〕

● 文 献

Smith, R. J., et al. (2006) Living males of the 'ancient' asexural Darwinulidae (Ostracoda, Crustacea). Proceedings of the Royal Society B **273**: 1569-1578.

Weismann, A. (1892) Das Keimplasma-eine Theorie der Vererbung, Jena.

6.5.2 微生物の生殖方法

生物にとって，生殖とは自己と同じ種類の「新たな命」を生むことであり，遺伝子のセットを次の世代へ伝えるという重要な役割を担っている．生殖は個体数の増加，すなわち繁殖という意味合いでも使われる．昨今の日本で深刻化している少子化は，数的な観点からみると，生殖の機会が減少している（？）ことに起因するかもしれない．高等生物における生殖は有性生殖が主であり，雄と雌という分化した2つの性から生じた配偶子の合体がそれに相当するが，微生物の場合はどうであろうか？

大雑把に言うと微生物には，高等生物に近いタイプの有性生殖を行うもの，2つの性を必要としないもの（無性生殖），この両方を行うものの3種類がある．ここでは，その両方の生殖過程を持つアカパンカビ（*Neurospora crassa*）の例をもとに解説する．なお，食パンを常温で湿度の高い環境に放置すると，緑，赤，黒，黄色など，色とりどりのカビが生えてくるが，この中の赤いカビはアカパンカビではない．使用後の冷めたパン焼き釜や，山火事のあとの樹木などに生えてくるオレンジ色のカビが，アカパンカビである．遺伝学的解析を行うに当たって解析しやすいモデル生物の1つであり，これまで生物学的に重要な発見を多くもたらしてきた．ちなみにパンに生える赤い（むしろピンク色に近い）カビはアカカビの1つ，フザリウム属（*Fusarium*）であることが多い．

まず性を必要としない生殖について述べる．カビや細菌などが体細胞分裂によって新しい個体を生じることを栄養成長（無性生殖過程）という．アカパンカビにおいては，菌糸の伸長によって栄養を吸収し，さらに細胞分裂を繰り返す．光の刺激により形成された無数の胞子は，飛散することによって新たな場所で発芽して生育する．この胞子は「分生子（無性胞子）」と呼ばれ，体細胞分裂によって菌糸から直接生じた胞子の持っている遺伝子のセットは同一となる．大腸菌などバクテリアの栄養生殖ではもっとシンプルに数十分に一度分裂するが，遺伝子のセットをほぼ間違いなくコピーし，分裂した細胞に受け渡している．

さて上述のように，高等生物の有性生殖は雄と雌から生じた配偶子の合体であるが，それに該当する現象がアカパンカビにもある．ところがアカパンカビには性の区別はない．多少奇異に聞こえるかもしれないが，アカパンカビは雄にもなれば雌にもなる．これに深く関わっているのが交配型遺伝子である．アカパンカビの交配型遺伝子には A と a があり，各々を有する株を交配型 A，交配型 a と呼んでいる．農作物の品種改良をする際には，別系統どうしの花粉とめしべの組合せにより人為的に有性生殖を起こして有用な種が出てくることを期待する「交配（交雑）」を行うが，アカパンカビで行う「交雑」を例に有性生殖を解説する．

アカパンカビの交雑は，交雑用培地にどちらかの交配型の株を植えることに始まる．仮に交配型 A の株を植えたとする．交雑用培地とは交雑を促進するために考案されたもので，栄養源を満足に含んでいない培地である．「貧乏人の子だくさん」という言葉のとおり，カビも貧しい環境に

おくと子孫を多くつくろうとする気になるのであろうか？　それはさておき，この培地に植えられた交配型 A の株は不足がちの栄養の中で菌糸を這わせて生育を続けるが，ほどなく子孫づくりのモードに入る．その表れとなるのが原子嚢殻という器官である．これは雌型の器官と呼ばれるもので，雄を受け入れる準備段階であることを示している．この原子嚢殻に，異なる交配型である a の分生子（無性胞子），もしくは菌糸が接触することで交雑（受精）が誘起される．まず交配型が違う細胞どうしが融合し，やがて核が融合して減数分裂が起こる．さらに体細胞分裂が 1 回起きることによって，8 つの胞子が生じる．この有性生殖過程を経て生じた胞子を「子嚢胞子」と呼び，前述の分生子（無性胞子）とは区別している．この子嚢胞子には交雑に用いた株の遺伝子が分配されており，それぞれの親由来の新たな組合せの遺伝子のセットを持っている．つまり高等生物の子が

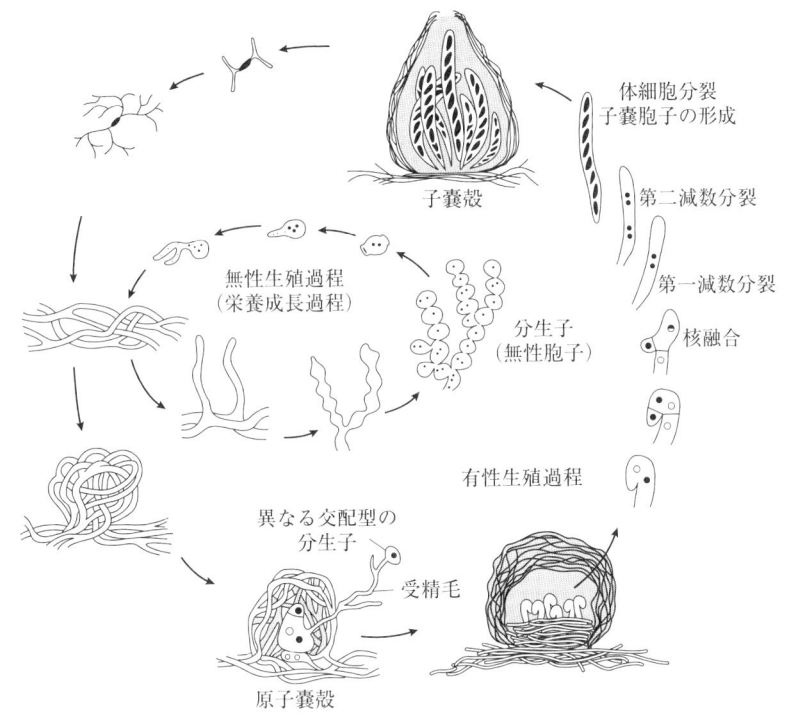

図 6.29　アカパンカビの生活環
Rowland, 2000 を参考に描く．

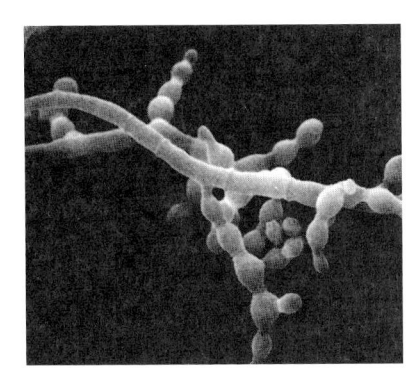

図 6.30　アカパンカビの分生子
Rowland, 2000 を改変．

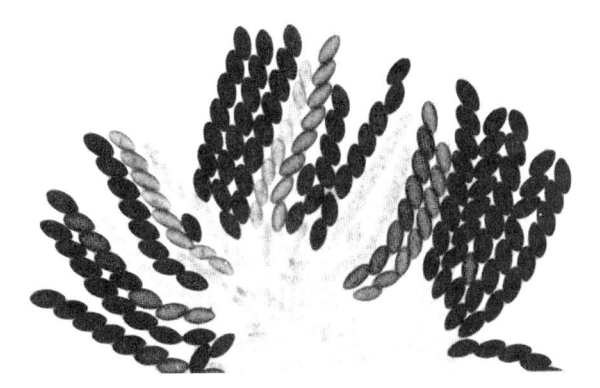

図 6.31　アカパンカビの子嚢胞子
Rowland, 2000 を改変．

両親の遺伝子の組合せを持つのと同様のことが起こっているのである. 〔畠山　晋〕

● 文献

Rowland, H. D. (2000) *Neurospora — Contributions of a model organism*, Oxford University Press, Oxford.

6.5.3　植物の生殖様式

　植物の生殖様式は一般的には大きく2つに区別される．有性生殖（amphimixis）と無性生殖（apomixis）である．有性生殖とは，雄性と雌性の配偶子の合体，すなわち受精によってそれぞれの性の遺伝的混合が起こる生殖のことである．これに対して無性生殖は，配偶子の合体がみられない生殖であり，一般に無融合生殖ともいわれ，後述のように栄養体生殖（vegetative reproduction），無配生殖（apogamy），無融合種子形成（agamospermy）などがある．

　種子植物における無融合生殖は，その生殖に種子の形成がみられるかどうかで，栄養体生殖と無融合種子形成の2つに大きく区別される（図6.32参照）．栄養体生殖はストロンや根茎，あるいは「むかご」による生殖である．例えばイチゴやオリヅルランでは，伸びたストロンの先に新たなシュートが形成される．ストロンが枯れ，形成されたシュートがもとの植物体から分離し新しい植物体へと発達する．オニユリのむかごも，栄養体生殖の一例である．無融合種子形成は，胚を含んだ種子が減数分裂や受精という過程を経ずに形成される生殖であるが，その過程はさらにいくつかの型に分けられる（図6.32参照）．その中で最も単純な型は不定胚形成によるもので，珠心や珠皮の組織から直接的に胚が形成されて種子へと発達するものである．これに対して配偶体アポミクシスでは，非減数の複相の胚嚢が形成される．この場合，胚嚢が珠心や内珠皮の細胞に由来する場合はアポスポリー，胚嚢母細胞に由来する場合はディプロスポリーと呼ばれる．

　一方，シダ植物では無融合生殖として栄養体生殖のほかに無配生殖が比較的頻繁にみられる．ふつうにみられるシダ植物の本体は複相（$2n$）の胞子体であり，有性生殖の場合には胞子体上での減数分裂より単相（n）の胞子が形成される．この胞子は発芽すると葉状の前葉体（配偶体）に発達し，さらにその前葉体上に造卵器と造精器がつくられる．造卵器からは卵細胞（n），造精器からは精子（n）がそれぞれ形成され，これらが接合（受精）することで再び複相（$2n$）の胞子体がつくられる．ところが無配生殖の場合には，胞子を形成するときに減数分裂が行われず，非減数の複相（$2n$）の胞子が形成される．この胞子から発芽した前葉体の一部からは，接合を経ずに新たな胞子体が形成され，次世代へと発達していく

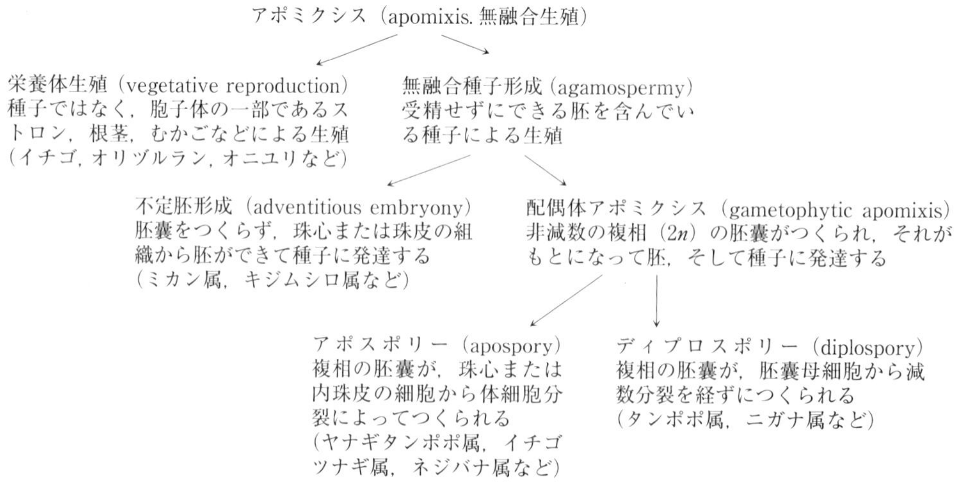

アポミクシス（apomixis. 無融合生殖）

栄養体生殖（vegetative reproduction）
種子ではなく，胞子体の一部であるストロン，根茎，むかごなどによる生殖
（イチゴ，オリヅルラン，オニユリなど）

無融合種子形成（agamospermy）
受精せずにできる胚を含んでいる種子による生殖

不定胚形成（adventitious embryony）
胚嚢をつくらず，珠心または珠皮の組織から胚ができて種子に発達する
（ミカン属，キジムシロ属など）

配偶体アポミクシス（gametophytic apomixis）
非減数の複相（$2n$）の胚嚢がつくられ，それがもとになって胚，そして種子に発達する

アポスポリー（apospory）
複相の胚嚢が，珠心または内珠皮の細胞から体細胞分裂によってつくられる
（ヤナギタンポポ属，イチゴツナギ属，ネジバナ属など）

ディプロスポリー（diplospory）
複相の胚嚢が，胚嚢母細胞から減数分裂を経ずにつくられる
（タンポポ属，ニガナ属など）

図6.32　種子植物における無融合生殖（apomixis）

のである．世界のシダ植物種の10%程度はこのような生殖を行っているといわれるが，日本産のシダ植物ではさらにその値が高く，17%ほどの種が無配生殖種であると考えられている（日本ではコスミイタチシダ，ナガバノイタチシダ，ベニシダ類などが知られている）．

6.5.4 植物の性表現 (plant sex expression)

植物が示す性を一般に性表現（sex expression）と呼ぶが，植物は花のレベル，個体のレベル，そして集団のレベルにおいて様々な性表現をみせる．特に個体や集団レベルでは多様な性表現のあることが知られている．

花のレベルでの性表現は，1つの花におしべとめしべをつける両性花と，おしべのみの雄花，あるいはめしべのみの雌花の3種類だけであるが，個体レベルではこれら3種類の花が組み合わさり，大きく7種類の性表現に区別できる（表6.8参照）．被子植物には両性花だけをつける両全性個体が多いが，中には雄花と雌花を同一個体上に別々につける両性個体や，雌花と両性花を一緒につける雌性両全性個体，あるいは雄花と両性花を一緒につける雄性両全性個体などがある．

集団レベルではこれらの個体が様々な組合せとして共存するため，より複雑な性表現になる（表6.8）．被子植物では，両全性個体のみからなる両全性雌雄同株（hermaphrodity）の割合が高く，全体の7割を占めるといわれている．しかし他方では，雄性個体と雌性個体からなる雌雄異株（dioecy）の植物や，雌性個体と両全性個体からなる雌性両全性異株（gynodioecy）の植物がしばしば野外でみられる．ナデシコ科，シソ科，そしてアザミ属植物には雌性両全性異株が案外多いようである．きわめて稀ではあるが，ミヤマニガウリに代表されるような雄性個体と両全性個体からなる雄性両全性異株（androdioecy）の植物も知られる．これらの多様な性表現は，一般的には両全性雌雄同株から進化したものと考えられているが，機能的には近親交配による弊害を避けて他殖を促進するための機構と考えられている．

なお，雄個体や雌個体はそれぞれ雌性不稔や雄性不稔により生じた遺伝的変異であるため，それぞれの性型は遺伝的にも安定したものである．しかし，一部の植物では同一個体の性型が変化する現象，いわゆる性転換（sex reversal）が知られている．例えばテンナンショウ属植物では，球茎サイズの大小によって雄から雌へ，あるいは雌から雄への変化がみられる．また，クロユリでは着花の初期に雄花をつけるが，個体が成熟するにつれて両性花をつけるようになる．

a. 異型花柱性 (heterostyly)

異型花柱性とは，同一種内に葯（おしべ）の高さと柱頭（めしべ）の高さが相互に異なる二型ないし三型の花が存在し，しかも同型花間には一般に強い不和合性（incompatibility）がみられる現象である．二型の場合は，二型花柱性（distyly）とも呼ばれ，一方の花は柱頭が高く，葯はそれより低いところに位置する長花柱型（long-styled morph）であり，もう一方は柱頭が低く葯が高いところに位置する短花柱型（short-styled

表6.8 被子植物の性表現

花の性型	個体の性型	集団の性型	例
両性花	両全性個体	両全性雌雄同株 (hermaphrodity)	ウメ，ヤマザクラ
	雌性両全性個体	雌性両全性同株 (gynomonoecy)	エゾノギシギシ
	両性個体	三性同株 (trimonoecy)	オオモミジ
雌花	雌性個体	雌性両全性異株 (gynodioecy)	カワラナデシコ
	両性個体	単性雌雄同株 (monoecy)	ブナ
	雄性両全性個体	雄性両全性同株 (andromonoecy)	トチノキ
雄花	雄性個体	雄性両全性異株 (androdioecy)	ミヤマニガウリ
		雌雄異株 (dioecy)	アオキ

二型性

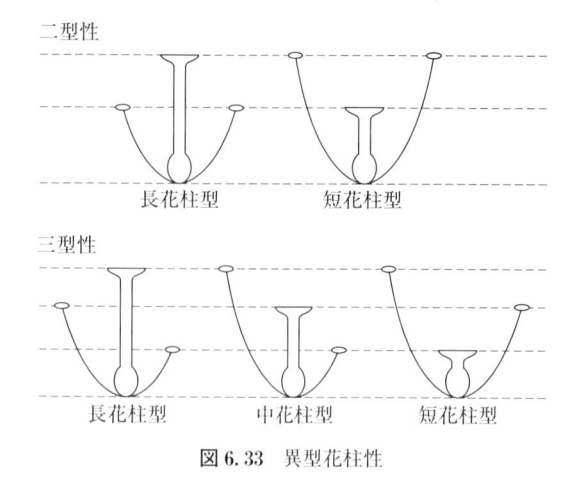

長花柱型　　短花柱型

三型性

長花柱型　　中花柱型　　短花柱型

図 6.33　異型花柱性

morph）である．長花柱型はピン（pin）型，短花柱型はスラム（thrum）型とも呼ばれる（図 6.33 参照）．三型の場合は，三型花柱性（tristyly）と呼ばれ，図に示すように柱頭の高さに長，中，短の 3 種類がある．柱頭が高い場合には葯はそれより低く，異なる高さに配置する．柱頭が低い場合にはその逆になる．二型花柱性，三型花柱性のいずれにおいても，異なる花型間で柱頭の高さと葯の高さは相互に対応する．同じ花型の個体間で受粉が行われても種子は形成されない（不和合性）ので，種子形成には異なる花型間での受粉が必要である．したがって異型花柱性は，完全な他殖（外交配）を行うための繁殖システムであるといえる．この不思議な現象に早くから着目し詳しい調査を行ったのが，進化論で有名な Darwin である．その成果は 1877 年に出版された 1 冊の本 "The Different Forms of Flowers on Plants of the Same Species" にまとめられている．

異型花柱性を示す植物として，古くからサクラソウ属（サクラソウ科）植物が知られているが，これ以外にも，例えばレンギョウ（モクセイ科），ミツガシワやイワイチョウ（ミツガシワ科），アカネ科植物などでもみることができる．これまで被子植物の 25 科で確認されているが，それぞれの科は系統的にあまり関連しない場合もあるので，異型花柱性はそれぞれの科で独立に繰り返し進化したと考えられている．

ところで異型花柱性の植物では，柱頭と葯の高さが二型になるだけでなく，花粉のサイズや花粉表面の形態，さらには柱頭の形態にも二型がみられることが，多くの例で報告されている．具体的には，高い位置にある葯の花粉サイズが大きく，低い位置の花粉が小さくなる傾向にある．これは，高い位置の柱頭に花粉が付着したとき，胚珠に達するまでに長く花粉管を伸ばさなければならず，それに必要な資源を大きな花粉に蓄えているためと考えられているが，花粉サイズに違いがみられない植物も知られている．異型花柱性の進化や適応の意味については，現在も多くの研究が続けられている．

b．鏡像多型性（enantiostyly）

鏡像多型性とは，鏡対称になるような二型の花（mirror-image flowers）が同種内にみられる現象である．めしべが左側を向いて大きなおしべが右側を向く場合には左型（left type），めしべが右側を向いて大きなおしべが左側を向く場合には右型（right type）として区別する．二型の花をそれぞれ別個体に持つ種類もあるが，同一個体の花序内に持つ種類が一般的である（図 6.34 参照）．これまでに，マメ科，ナス科，ミズアオイ科など 10 科 25 属の被子植物で確認されている．国内に産する植物ではミズアオイが典型的である．適応的な意味としては，相互交配を起こし，他殖（外交配）を促進するための機構と考えられている．

めしべ　　鏡像多型性　　めしべ

左型　　　　　　　　右型

Inversostyly

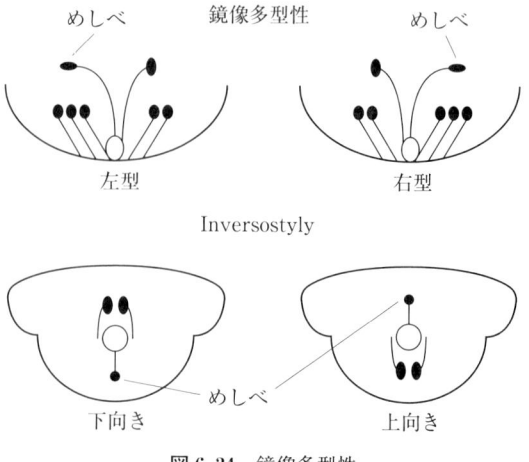

めしべ

下向き　　　　　　上向き

図 6.34　鏡像多型性
指示のない●はおしべ．

実際，これらの植物はいずれも虫媒花であり，鏡対称の位置におしべとめしべを配置することで，吸蜜の際に昆虫の体に付着した花粉がちょうど対称の位置にある柱頭に付着するのである．これは一見，異型花柱性にも似た現象であるが，おしべとめしべの向きを左右に変えるという点で大きく異なる．

ところで，この鏡像多型性に似た現象であるが，おしべとめしべの向きを上下方向に変えた二型性，すなわち花柱上向き・おしべ下向き（style-up），花柱下向き・おしべ上向き（style-down）という二型性を示す植物が報告されている（図6.34参照）．これは南アフリカに産するゴマノハグサ科の一種 *Hemimeris racemosa* にみられる現象で，"inversostyly" と呼ばれている．これも他殖を促進するための機構と考えられるが，植物の花の多様性と進化を考えていくうえでは興味深い現象である．

〔菅原　敬〕

6.6　動物における生殖と種分化

6.6.1　種形成と生殖

生命は多様な種を形成しながら，長い進化の道を歩んできた．

種と呼ばれるのは，われわれ人間が生物に関する知識を一般化して認識し，記述し，理解する際の単位の1つである．生物学における立場や視点の違いによって様々な定義が行われ，未だに「種」に関する議論が尽きない．それらの中で，生物学的種概念（biological species concept. Dobzhansky, T. H. (1937); Mayr, E. W. (1942)）と呼ばれるものが，多くの生物学者に支持されている．すなわち，種とは「互いに交配を行う自然の個体群の集合で，他の同様の（個体群の）集合から生殖的に隔離されたもの（Mayr, 1942．括弧内は筆者が補った）」である．表現を変えれば，種とは，「互いに独立した生殖系列枝を形成する，現存ならびに過去に存在した個体群の集合」ということができるだろう．ここでいう生殖系列枝とは，別の表現をすれば，「時間的・空間的な広がりをもち，生殖によって互いに隔離された閉鎖系を成す包括的な遺伝子プール，および遺伝的組換えの場」である．

生殖では，生殖過程と呼ばれる段階的に連続した様々な生物現象が，自立可能な個体としての子孫の形成に向けて進行する．生殖過程のどの段階で起こる変異でも，それが新しい交配群を形成し，新しい種の成立に結びつく可能性がある．また，種の多様性は生殖過程の多様性でもある．形態学的にはまったく差異が認められないにも関わらず交雑が不能，ないしは交雑の証拠が認められない同胞種（隠蔽種とも呼ばれる）の存在は，生物学的種形成の過程を垣間見せるものとして，研究者の関心を引いている．

生物学的種概念は，生命の起源から現存の生物にいたる進化の道程で生じた，種の多様性と生殖過程の多様性とを理解するうえでのパラダイムの1つとして，現代の生物学において大きな役割を果たしている．

6.6.2　生殖様式

生殖過程は，それぞれの種に特徴的な一定のパターンをもって進行する．それらを共通の特徴で類型化し分類したものが，生殖様式（mode of reproduction）である．

生殖様式の分類法には様々な方法があるが，まず大カテゴリーとして，①ミクシス生殖とアミクシス生殖，②ケア依存型生殖とケア非依存型生殖，③交代型生殖と非交代型生殖とに分け，それぞれの組合せで2^3，すなわち8類型に分けて，さらにそれらの類型を細分化する方法が最も合理的であるように思われる．以下では，これらを主要生殖様式と呼び，その細分化に用いられる様々な生殖様式を副次的生殖様式と呼ぶことにする．

a. 主要生殖様式

ミクシス生殖とアミクシス生殖については，すでに 6.5.1 項 d「変異と「揺らぎ」の生成機構」の項で記述した．

(1) ケア依存型生殖とケア非依存型生殖

子孫の発生や成長の過程で，両親の少なくとも一方や兄姉などの血縁，あるいは血縁のない成体による何らかのケア（care：保護と訳されることが多い）に依存している場合と，そのような依存関係がまったく認められない場合とがある．仮に，前者を生殖におけるケア依存型（care-dependent mode），後者をケア非依存型（care-independent mode）と呼ぶことにしよう．それぞれ省略して，依存型および非依存型，あるいはケア型および非ケア型と呼ぶこともある．

(2) 交代型生殖と非交代型生殖

同種の生物でも世代により生殖様式の異なるものがあることが明らかとなったのは，19 世紀の前半である．まず，Chamisso, A.（1819）が原索動物のトガリサルパで，また後に，Steenstrup, J. J. S.（1842）がトガリサルパやクラゲで生活環を詳細に研究して，2 つの生殖様式による世代が交互に出現することを確かめ，この現象に世代交代（または世代交番，alteration of generation）の名を与えた．その後，Hofmeister, W.（1851）がコケ植物や維管束植物のシダ類で同様の事実を見出し，生物界に広く分布する現象であることが明らかになった．彼らが見出したのは，現在の用語を用いれば，ミクシス生殖とアミクシス生殖の交代現象であったが，その生物学的意味を理解する手がかりは，19 世紀の終りに Weismann が「両性混合」という概念を提唱するまで明らかではなかった（6.5.1 項 d(2)「生殖様式」参照）．

その後，世代のみならず環境条件，系統などによって生殖様式が転換する動植物の例が知られるようになった．同一種で，2 種類以上の生殖様式が何らかの条件で転換するような生殖様式を交代型（alterative mode）生殖，単一の生殖様式のみによるものを非交代型（non-alterative mode）と呼ぶ．

b. 副次的生殖様式

a. 項では，主要生殖様式について述べたが，他にも生殖過程を二分的（dichotomous）に分類する様々な方法を挙げることができる．それらの中で特に動物の生殖に関わるものとしては，① 有性生殖（sexual reproduction）と無性生殖（asexual reproduction），② 体内受精（internal fertilization）と体外受精（external fertilization），③ 卵生（oviparity）と胎生（viviparity），④ 卵子生（ovuliparity）と胚留保（embryo retention），⑤ 単回性生殖（monotelic reproduction）と多回性生殖（polytelic reproduction）などを挙げることができる．

(1) 有性生殖と無性生殖

一般的な生物学の成書では，この区分を主要な生殖様式の区分として用いている．したがって，有性生殖と無性生殖との区分を副次的とすることには異論もあるだろう．しかし，ミクシス生殖とアミクシス生殖との区分がより本質的な生殖様式の区分であるため，有性生殖と無性生殖は明らかにミクシス生殖の下位の区分としての位置づけになる（6.5.1 項 d (2)「生殖様式」，(3)「性の定義」を参照）．

同型配偶子によるミクシス生殖，すなわち無性ミクシス生殖は，動物ではほとんど例がない．植物の藻類などでよく研究されている同型配偶子の例についても，分子レベルの違いも含めて，まったく差がないかどうかは不明である場合が多い（有性ミクシス生殖における性決定機構については，6.6.3 項で記述する）．

雌雄異体と雌雄同体　有性ミクシス生殖を行う生物で，主として精子を生産する個体が雄，卵細胞を形成する個体が雌と定義される．雌雄個体が明確に区別されている生物は雌雄異体と呼ばれ，同一個体において，機能する精子と卵細胞が生産されるような生物を雌雄同体と呼んでいる．植物は多くの場合，雌雄同体であるが，雌雄異体種もある．

選択的配偶と非選択的配偶　有性ミクシス生殖において，雌雄個体間での生殖を目的とした配偶関係の形成システム（配偶システム）がみられ

る．これに関しては，配偶関係の成立が選択的に行われるか，無作為的，非選択的に行われるかの区分がある．海産無脊椎動物の体外受精種では，多数の雌雄個体が一斉に放精や放卵（サンゴ虫類，ウニ，ヒトデ類など）を行う．この場合，精子と卵細胞の組合せは無作為に起こり，典型的な非選択的配偶型の生殖様式である．脊椎動物でも，魚類ではアメリカのカリフォルニア州沿岸のグラニオンや日本のクサフグなどのように，巨大な密集群形成（swarming）による共同繁殖（communal breeding または communal reproduction）の例が知られている．

ホヤ類のように，同時的雌雄同体（simultaneous hermaphroditism）の動物で非選択的配偶による繁殖を行う種では，同一の個体に由来する精子と卵細胞の受精を妨げる自家不稔（self sterility）または自家不和合（self incompatibility）と呼ばれる機構が存在する場合がある．

単配偶と複配偶 有性ミクシス生殖の配偶システムにおいて，雌雄間に 1 対 1 の配偶関係が維持される単配偶と，雌または雄の一個体に多数の異性個体が配偶する複配偶とがある．さらに，複配偶には，雌一個体に多数の雄が配偶する多雄配偶（一妻多夫：polyandry）と，雄一個体に多数の雌個体が配偶する多雌配偶（一夫多妻：polygyny）とが見出される．鳥類では，従来，単配偶と考えられていた種が，遺伝的解析の進歩により実際は複配偶であったことが明らかにされた例も多い．

（2） 体内受精と体外受精

受精が体内で起こるか体外で起こるかは，生殖器官の形態や生殖行動，胚発生の様式に大きな影響を与えるので，その意味で重要な区分である．一般に体外受精動物の生殖器官が単純であるのに対し，体内受精動物のそれは複雑であり，雌雄差も著しい．また，体内受精動物の生殖行動，特に求愛行動や交尾行動には，複雑な進化を遂げたものが多い．また，この区分は以下に述べる卵生と胎生の問題にも密接な関わりを持つ．

（3） 卵生と胎生

卵生と胎生の区別は胚の孵化，すなわち卵膜からの脱出が母親の体外で起こるか体内で起こるかによる．

卵生の動物の中には，体外受精を行うものと体内受精を行うものとがある．体外受精を行う動物は，配偶子としての卵子を未受精卵として放出（放卵）するが，このような生殖様式は後述するように卵子生（ovuliparity）と呼ばれる．

胎生は，大きく 2 つに区別される．1 つは，胚や幼生の発生と成長に，胚や幼生（胎児）の組織と母親（または父親）の組織との間で物質交換が行われることが不可欠である真胎生である．もう 1 つは，そのような交換が行われず，卵黄のみを栄養物質として成長した胚や幼生が母体内で孵化し，分娩される卵胎生である．より狭義に，胚または胎児と，母体または父体との間で胎盤（胎盤の定義については次の（4）「卵子生と胚留保」で述べる）が形成される場合を真胎生と定義する場合もある．

動物の生殖様式を卵生と胎生に分けることはアリストテレスの時代から行われているものであるが，もとより巨視的な現象によるものなので，現代生物学，特に生殖生物学の見地からは様々な問題が生じており，より合理的な定義や分類法を模索する様々な試みがなされている．

未だに十分な方法が確立されているとは言い難いが，最近提唱されているものの 1 つに，以下に述べる，① 卵子生と，② 胚留保（embryo retention）に分類する考え方がある（Lombardi, 1994）．

（4） 卵子生と胚留保

卵子生とは，厳密には配偶子としての卵子のみならず，卵母細胞を含む未受精卵を産卵し，体外受精をする動物の生殖様式のことである（ウニなど）．一方，胚留保は体内受精の確立とともに生じた生殖様式で，受精後，胚は母親の体内に一定の期間保持された後に，体外に産み出される．胚留保はさらに，① 初期胚の段階で産み出される場合（例えば，鳥類や卵生爬虫類）と，② 後期発生を遂げた後に，胚，幼生として産み出される場合（例えば哺乳類や軟骨魚類，胎生爬虫類）とに分けられ，前者は接合子生（zygoparity），後

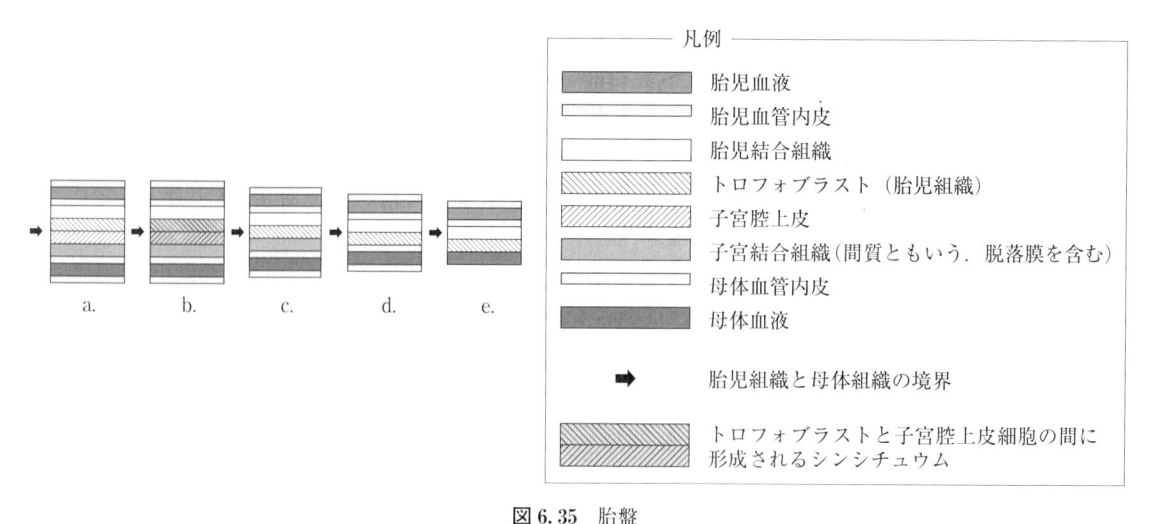

図 6.35 胎盤
a. 上皮漿膜胎盤, b. 融合上皮漿膜胎盤, c. 結合組織漿膜胎盤, d. 内皮漿膜胎盤, e. 血液漿膜胎盤.

凡例：胎児血液／胎児血管内皮／胎児結合組織／トロフォブラスト（胎児組織）／子宮腔上皮／子宮結合組織（間質ともいう．脱落膜を含む）／母体血管内皮／母体血液／→ 胎児組織と母体組織の境界／トロフォブラストと子宮腔上皮細胞の間に形成されるシンシチュウム

者は幼体生（embryoparity. 原語を直訳すれば胚生であるが，胚と胎児は発生学的に区別して定義されているので，試みに幼体生とした．neotenyにならえばneoparityとしてもよいかもしれない）と名付けられている．

胚留保において，胚は母体内に留まっている間は母体の保護下にあるので，接合子生，幼体生のいずれかを問わず，ケア依存型の生殖様式となる．すなわち，ケア依存型生殖のジャンルは，胚留保，抱卵（brooding），胎生（viviparity），哺乳（lactation），保育（nursing），養育（bringing-up）となる．一連のケア依存型生殖過程の相互の関連，および進化の段階にて，より理解しやすくなる点で合理的であるように思われるが，今後いっそうの議論が必要であろう．なお，卵子生は体外受精に，また胚留保は体内受精に一致するが，単に受精の様式についてみるのではなく，生み出される胚の発生段階からみることでケア依存性がはっきりする点が重要である．

卵黄栄養性と母体栄養性　胚や幼生が発生過程で必要とする栄養物質が，卵黄のみによって供給されている生殖様式を卵黄栄養性（lecithotrophic）と呼ぶ．一方，母体組織や胎盤を介して栄養物質の供給が行われる場合は母体栄養性（matrotrophic）と呼ばれる．前者には従来の卵生と卵胎生が相当し，後者には真胎生が相当

する．卵子生-胚留保の様式分類では，卵子生は卵黄栄養性であり，胚留保は卵黄栄養性胚留保（従来の，体内受精後の卵生，および卵胎生）と母体栄養性胚留保（真胎生）に分けられる．

胎盤の定義　生物学的に最も一般的な定義は，Mossmann, H. W.（1937）によるものの表現を一部変えて，「胚組織と母体組織（または父体組織）とが密接な関連を保ち，それを介して物質交換が行われるような組織複合体」とするものである．哺乳類の胎盤のみならず，他の脊椎動物や無脊椎動物の構造についても適用できる（図6.35）．

(5) 単回生殖と多回生殖

動物の中には，一生のうちに1回だけ生殖活動を行うもの（単回生殖：monotelic reproduction. 魚類や無脊椎動物については1回産卵性と訳されることが多い）と，繰返し（複数回）行うもの（多回生殖：polytelic reproduction. 多回産卵性）とがある．ジュウシチネンゼミ（*Magicicada septendecim*）は一生が17年にも及ぶが，地上に出現した年に1回だけ生殖活動を行って死亡する．脊椎動物では，魚類のサケが，海洋で長い年月の回遊を経た後，生まれた河川を遡上し生殖活動を行った後に死亡することがよく知られている．一方，両生類や爬虫類，鳥類，哺乳類には，一生の間に何回も繰り返して生殖活動を行

うものが多い．多回生殖を行う動物では，生殖活動が一定のパターンで繰り返され，生殖周期（reproductive cycle）を示す．

生殖周期 生殖と個体発生は，互いに密接な表裏一体ともいうべき関係にある．生殖過程の一連の現象を巨視的に整理すると，① 胚発生過程における生殖系列細胞の体細胞系譜からの分化，② 生殖系列細胞の増殖と分化，③ 完成期生殖細胞（配偶子）の形成（卵形成，精子形成），④ 配偶子の放出（放卵，放精，排卵，排精），⑤ 受精，⑥ 個体発生の開始と胚の成長（ケア依存型の場合には，妊娠，哺乳，保育など）となる．ケア非依存型多回生殖動物の場合の成体は ④ から ③ へ回帰する．また，ケア依存型多回生殖動物の場合で ⑤，⑥ が成立すれば ⑥ から ③ へ，成立しない場合にはケア非依存型と同様に ④ から ③ へと回帰する．このような生殖周期は，体外受精種，体内受精種の区別を問わず認められるが，周期の長短や，一生の中での頻度は動物種によって異なる．生殖周期は基本的に体内時計に支配されているが，体内時計の設定が外界の環境要因に強く依存している場合には，繁殖期（breeding season）が生ずる．

典型的なケア依存型多回生殖動物である哺乳類の雌においては，個体発生が母体栄養性胚留保（真胎生）すなわち妊娠と分娩，哺乳を伴うので，雌の生殖周期が顕著である．特に，卵巣機能の周期的変化に着目して，妊娠（上述した ⑤ 受精，⑥ 個体発生の開始と胚の成長の過程に相当する），分娩，哺乳が成立してから配偶子形成過程（上述の ③）へと回帰する周期は完全生殖周期（complete reproductive cycle）と呼ばれている．一方，妊娠が成立せずに配偶子の放出と形成過程（上述の ④ と ③）を繰り返す周期は不完全生殖周期（incomplete reproductive cycle）と呼ばれている．

哺乳類の雌の完全生殖周期では，卵形成（卵胞発育），排卵（発情・交尾），受精，個体発生（妊娠・分娩，哺乳）が回帰的に起こる．受精が成立しない場合，排卵と卵形成が周期的に繰り返される．受精が成立していなくても，交尾の刺激のみで妊娠に伴う内分泌学的変化が誘発される（偽妊娠）ことがあるが，不完全周期であることに変わりはない．哺乳類以外の脊椎動物，そして無脊椎動物の多回生殖動物，特にケア依存型生殖動物についても，完全生殖周期，不完全生殖周期という考えを適用することが可能なはずであるが，生殖巣の機能的変化に関する知識が不十分なこともあり，あまり行われていない．

雄では自律的な生殖周期の明確でない種が多いが，繁殖期を持つ種では，雌と同様に生殖周期が認められる．また，ケア依存型生殖動物である鳥類や，一部の魚類でみられるように，雄が抱卵や保育を担当したり分担したりする種では，雄に完全生殖周期というべき現象が生ずる．

(6) 生殖様式の選択 —— 生殖戦略

様々な生殖様式は，言ってみれば，生殖現象という光をプリズムでスペクトル分解して得られた単色光のようなものである．実際の生物の生殖現象においては，主要生殖様式と副次的な生殖様式，さらに個々の様式中の細部の変異の組合せにより，それぞれの種に特有な生殖過程のパターンが形成されている．

種における生殖様式の選択は淘汰による，と考える生物学者が多い．特に，進化の過程を数理モデルで解析しようと試みる場合には，異なる生殖過程のメリットとデメリットを量的に表現して，それが種を構成する個体群の量的な属性，例えば個体数の動的変化にどのような影響を与えるかを，生態系として計算によってシミュレートし一定の結論を導く方法がしばしば用いられる．しかし質的な属性（例えば，脳や知性の発達，あるいは生殖行動の意味など）をこのような数値モデルで解析することには限界があり，難しい場合が多い．

生殖様式の選択を，生殖戦略（reproductive strategy）の名で呼んでいる場合も多い．しかし，「戦略」という語には意思と目的の要素が含まれるので，生物学用語として適当ではないと考える研究者も少なくない．

生物集団における個体数の増加曲線は，P を個体数，r を瞬間増加率，K を個体数上限値，α を

定数とすると，一般にロジスティック曲線

$$P=\frac{K}{1+\alpha e^{-rt}}$$

で表される．MacArthur, R. H. と Wilson, E. O. (1967) は，瞬間増加率（r）が主たる淘汰の要因として作用していると考えられる生物，すなわち r 淘汰型生物（r-戦略生物：r-strategist）と，個体密度が主たる淘汰の要因と考えられる K 淘汰型生物（K-戦略生物：K-strategist）という概念を導入した．r 淘汰型生物は，その特徴として多産，早熟，世代間隔の短縮，体型の小型化，激しい個体数変動が挙げられる．一方，K 淘汰型生物は少産，晩熟，世代間隔の長期化，体型の大型化，個体数の安定を特徴とする．大部分の昆虫や，海産無脊椎動物は r 淘汰型生物で，哺乳類は典型的な K 淘汰型生物となる．しかし同じ哺乳類の中でも齧歯類は r 淘汰型であり，偶蹄類のような大型哺乳類は K 淘汰型である．

この観点から生殖様式をみると，ケア依存型生殖は K 淘汰型であり，ケア非依存型生殖は r 淘汰型であるといえるが，あくまでも，きわめて大まかな目安にすぎない．また，齧歯類の例では，K 戦略生物と r 戦略生物とを生殖様式の明確な区分に用いることもできない．

しかし，K と r という2つのパラメータによる淘汰の間での二者択一による生殖様式の選択が互いに「トレードオフ」の関係にあるという考え方は，様々な「生殖戦略」のモデルを構築するうえでの基本概念として大きな影響を与えた．

卵サイズと卵数の関係に関する Smith と Fretwell の理論　1個体が産卵のために使用できる資源量 R が一定であるとすると，卵サイズ s と産卵数 n の間には，$R=sn$，すなわち $n=R/s$ の関係がある．大きさ s の卵の生殖成功率の期待値が s の関数 $f(s)$ であるとすると，親の適応度 $A(s)$ は，卵の期待される生殖成功率の和，$A(s)=nf(s)=Rf(s)/s$ で表すことが可能である．$A(s)$ が最大になるように $f(s)/s$ が選択されるのであるが，$f(s)$ をどのように仮定するかで結果は大きく変わる．一般に，s が小さければ孵化後の幼生のサイズが小さく，成体になる成功率は低い．一方，s が大きければ幼生のサイズが大きくなり，成功率も高い．

さらに，産卵のための資源量と子の保護（ケア）に必要な資源量の和を定数と考え，これにより高度に洗練された $f(s)$ を用いて $A(s)$ を導く，ケアと卵サイズの関係に関する理論 (Sargent and Gross, 1993) など，様々なモデルが Smith と Fretwell の理論を基礎として提唱されている．

6.6.3 有性ミクシス生殖における性決定機構

有性ミクシス生殖は，生命の連続性における変異と「揺らぎ」の生成機構として，生物進化に中心的な役割を果たしてきた．本項では，有性ミクシス生殖における第一次性決定機構，すなわち生殖巣の性を決定する機構について概要を述べる．以下で性決定機構というのは，すべて第一次性決定機構の意味である（性の定義については，6.5.1 項 d(3)「性の定義」を参照）．

有性ミクシス生殖を行う多細胞生物における性決定機構は，2つのグループに大別することができる．第1のグループでは，個体発生過程でいったん決定された性は固定的であり，個体の一生を通じ，特別に例外的な場合以外に性転換は起こらない．一方，第2のグループでは，個体発生過程で決定される性は固定的なものではなく，個体のライフサイクルの間に雄から雌へ，または雌から雄への転換が起こる．

仮に，前者を離散量的（ディジタル型）性決定機構，後者を連続量的（アナログ型）性決定機構と呼ぶこととしよう．

a. 離散量的性決定機構

このカテゴリーに属するのは2進法における整数，すなわち，1，0のように性が決定される型の性決定機構である．性決定に関与する遺伝因子を仮定し，遺伝の法則を適用することで，現象論として機構を説明することが可能な性決定，すなわち遺伝的性決定（GSD；genetic sex determination）と，個体発生過程における性決定機構の可塑性が高く，環境因子による影響を受けて成

体の性が決定される環境性決定（ESD；environmental sex determination）とに分けられる．

さらにGSDは，説明に必要な遺伝因子の数によって2因子系と多因子系に分けられる．この場合の遺伝因子は，あくまでも遺伝学的解析から存在が推測される仮想上のものであって，必ずしも細胞学的，分子生物学的実体に対応したものではない．しかし，性染色体の存在が確認されている種で，それらと性決定因子との対応が明確な場合も多い．ただし，性決定遺伝子や性決定に関連する遺伝子が明白に同定されているのは，まだきわめて少数の種に限られている（無脊椎動物ではショウジョウバエ，脊椎動物ではヒト，マウスなど）．

(1) 2因子系GSD機構

バクテリアや原生動物における接合型決定機構の大部分は，＋と－で表記される2因子系GSDとして説明可能であるが，多因子系の接合型決定機構を持つ種の存在も知られている．多細胞動物では，昆虫や多くの脊椎動物について，2因子系GSDの存在が確かめられている．2因子（仮にαとβとしよう）は細胞学的に性染色体と対応づけられている場合と，性染色体は確認されないが遺伝学的解析によって想定されている場合とがある．

2因子が異型の組合せである性（異型性：heterogametic sex. $\alpha\beta$）が雄で，同型の組合せである性（同型性：homogametic sex. $\alpha\alpha$または$\beta\beta$）が雌の場合にはXY型（♂＝XYまたはXO，♀＝XX）と記述する．また逆に，異型性が雌で同型性が雄の場合にはZW型（♂＝ZZ，♀＝ZWまたはZO）と記述するのが一般的である．XY型については，特に昆虫のショウジョウバエ（*Drosophila melanogaster*. 図6.36），哺乳類のヒト（*Homo sapiens*）やマウス（*Mus musculus*. 図6.37）で，分子レベルの詳細な研究が行われている．一方，ZW型については，鳥類のニワトリや昆虫のカイコで研究が進められているが，XY型に比較して研究は少ない．

先にも述べたように，2因子は必ずしも遺伝子や性染色体に対応するものではない．例えばカモノハシ（*Ornithorhynchus anatinus*）は10本の性染色体を持つが，減数分裂の結果，精子はXXXXX精子とYYYYY精子に分離し，基本的に性決定機構は2因子型になる．またショウジョウバエはヒトやマウスと同じく典型的なXY型の2因子系性決定機構を持ち，分子レベルでの研究も進んでいるが，両者の性決定遺伝子やその機能

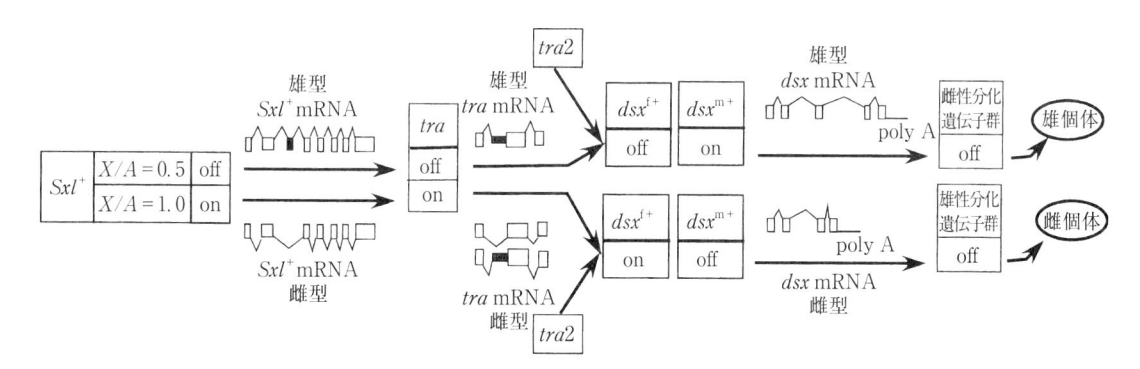

図6.36　ショウジョウバエの2因子系GSD機構

ショウジョウバエの性は，X染色体上の雌性決定因子と常染色体上にある雄性決定因子のバランスにより制御される遺伝子連鎖反応（遺伝子カスケード，*Sex-lethal*, *transformer*, *doublesex*などの遺伝子）の働きで決定される．雌（X染色体数と常染色体セット数の比率（X/A）＝1）の場合，X染色体上の遺伝子の作用で*Sex-lethal*が発生初期に活性化されるが，雄の場合（X/A＝0.5）は，常染色体上の抑制遺伝子の作用で*Sxl*の発現は抑制される．この結果，雌では*Sxl*タンパク質により*transformer*（*tra*）の転写産物から機能的雌型*tra* mRNAが産生され，これより生じる活性型Traタンパク質がTra2タンパク質とともに*doublesex*（*dsx*）転写産物より雌型*dsx* mRNAを産生させる．一方，雄では機能的Traが生じない結果，雄型*dsx* mRNAが発現する．結果として生じる雌型Dsxと雄型Dsxは引き続き，雌および雄特有の形質発現を行う．

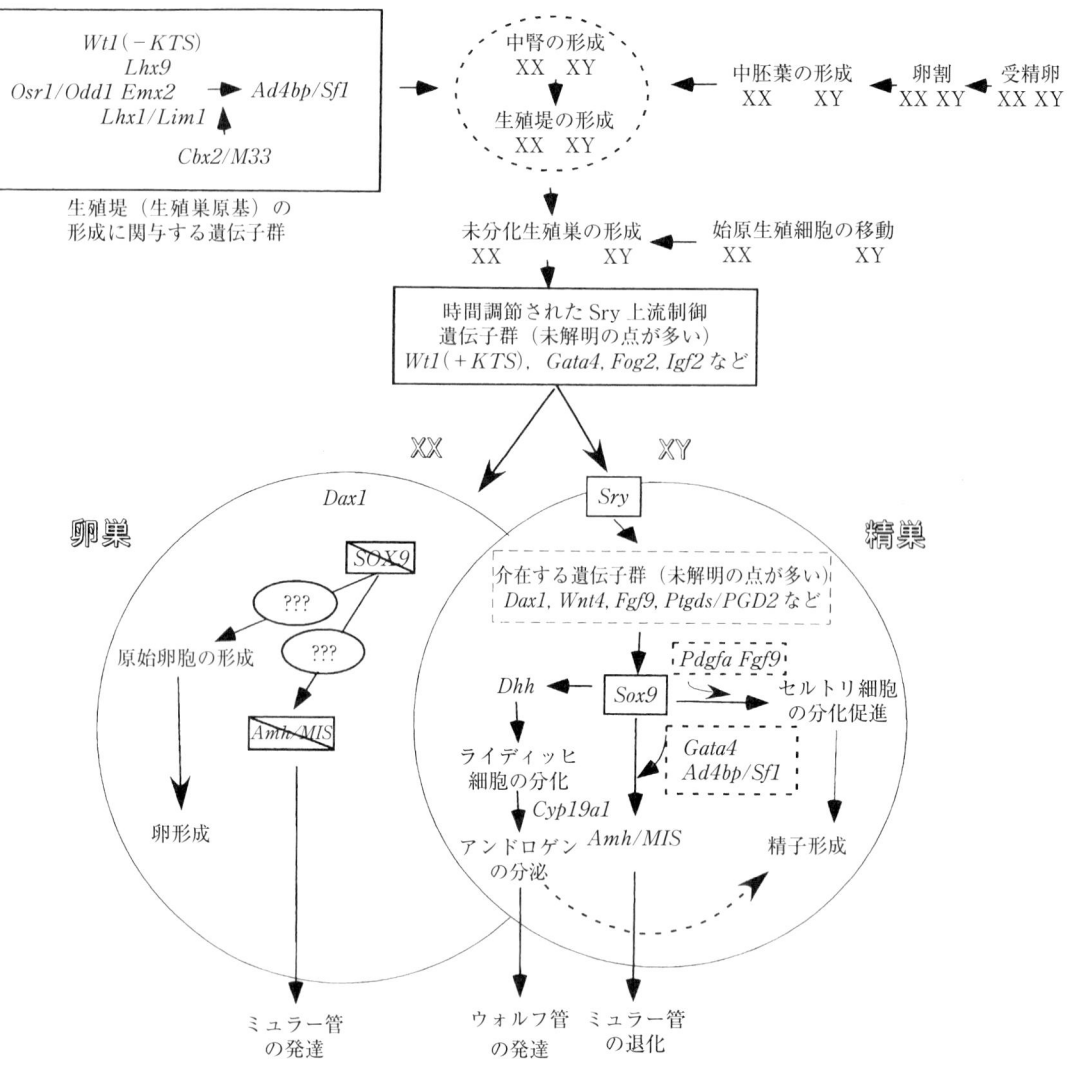

図 6.37 マウスの2因子系 GSD 機構

はまったく異なっている.

顕花植物の大部分は雌雄同体であるが，雌雄異体の種もある．雌雄異体種では，交配による遺伝的解析や細胞学的解析によって，2因子型の性決定機構の存在が確かめられているものもある．その多くはXY型とされているが，バラ科やキク科の植物ではZW型の例も知られている．

(2) 多因子系 GSD 機構

単細胞動物ではミドリゾウリムシの接合型が，A, B 2種類の遺伝子座についての優性・劣性の組合せ，すなわち4因子のメンデル型遺伝によって決定されることが知られる.

多細胞動物では，無脊椎動物に多因子系性決定機構を持つ種が多数存在するのではないかと推測されるが，十分な研究が行われているものは少ない．双翅目の昆虫ではショウジョウバエのGSDが典型的な2因子系である一方，2遺伝子座（4因子）による性決定の例が多数知られている．さらに3遺伝子座，4遺伝子座（イエバエ）など，きわめて複雑な性決定機構の存在も確かめられている．

脊椎動物では魚類，特に観賞魚や養殖魚において，実用的な意味もあって，よく研究されている例が多い．例えば，熱帯魚のソードテイル

(*Xiphophorus helleri*) は性決定機構研究の古典的な材料の1つで，多遺伝子的性決定 (polygenic sex determination) という考えの端緒ともなった．また，同じく熱帯魚のプラティ (*Xiphophorus maculatus*) では，W，X，Yの3染色体を想定することで性決定機構が説明できることが示されている．しかし，これらの性染色体，遺伝子座の特定は，未だに課題として残されている．哺乳類では，タビネズミが，通常のY染色体のほかに，特別なY染色体を持ち，3因子型の性決定機構を示すことが知られている．

ホルモンによる性転換　魚類では，遺伝学的解析でXY型の2因子系GSDを持つことが確かめられているメダカをはじめとする多数の魚類 (ゼブラフィッシュ，ニジマス，ティラピアなど50種以上) において，発生途上で外部からアンドロゲンやエストロゲンなど性ステロイドホルモンを投与することで，人為的に性の転換を誘起できることが知られている．調べられたのは魚類全体からみればきわめて少数の種にすぎないが，性ホルモンの影響を受けるGSD機構は魚類にかなり広く分布しているのではないかと推測される．その機構の詳細については未解明の部分が多いが，生殖細胞が体細胞の分泌するホルモンの標的器官として振舞うようにみえるところから，多因子系GSDとして分類されている．

植物の多因子系GSD　植物の多因子系GSDとしてはイチジクの例がよく研究されており，G/g，A/aという2つの遺伝子の優性，劣性の組合せで決まることが報告されている．また，ナギナタソウの一種 (*Datisca glomerata* : ダティスカ科) は雄株 (雄性個体) と雌雄同体株 (両全性個体) とがある雄性両全性異株 (androdioecious) 植物であるが，雄株か雌雄同体株かの決定に少なくとも2つの性決定遺伝子座が関わっていることが確かめられている (6.5.4項参照).

(3)　特別なGSD機構

雄性産生単為生殖と父性遺伝子欠損　無脊椎動物，特に昆虫において知られている機構で，膜翅目 (アリ，ハチ) や輪形動物のワムシ類の例がよく研究されている．雄性産生単為生殖 (arrhenotoky) を行う動物では，卵から単為発生で発生した半数性の個体が雄になり，雌は受精後に倍数体として発生する．一方，父性遺伝子欠損 (paternal genome loss) といわれる型の性決定機構では，雄も雌も受精卵から生ずるが，雄の場合，父親由来のゲノムは失われる．

内分泌腺による性決定　甲殻類端脚類のハマトビムシでは，造雄腺 (androgenic gland) と呼ばれる内分泌腺が，生殖巣とは独立して輸精管の壁にあり，そこから出るホルモンが第一次性決定に関与している事実が確かめられている．雌に造雄腺を移植すると卵巣の卵原細胞が分裂して精原細胞になり精子形成を行うようになることから，この腺の機能が確かめられた．同様の事実は甲殻類等脚類のオカダンゴムシやワラジムシでも知られている．オカダンゴムシでは，造雄腺ホルモンとして機能するタンパク質の分離・同定も行われている．

カニ，エビ類でも造雄腺が見出されているので，甲殻類全般に類似の機構が広く分布しているものと考えられるが，実験的な研究は少ない．まず内分泌腺で性決定が起こり二次的に生殖巣の性が決定される点で，特殊な性決定機構と考えられるが，多因子系GSDとの関係の解明は今後の課題であろう．

(4)　環境性決定 (ESD) 機構

これまでに知られている環境因子としては，化学物質と温度が挙げられる．特に温度については，爬虫類や魚類に例が多く，研究も多い．

化学物質によるESD　環境中の化学物質によって性決定が行われる場合である．研究の歴史は古いが，実際に知られている例は少ない．

無脊椎動物のボネリムシ (*Bonellia viridis*) では，性決定前の幼生 (trochophore) の大部分は通常，雌として発生する．しかし，幼生に成虫の雌を共存させると，雌の体液の影響で幼生が雄に分化することが明らかにされ (Baltzer, 1912 ; 1914)，当時の生物学者の強い関心を引いた．雄性化成分を含む雌の体液を，雌に付着した幼生が吻から取り込んだり，あるいは体外に分泌されたものを吸収するらしい．環境性決定 (ESD ;

environmental sex determination）と呼ばれる現象が明らかにされた最初の例として重要である．しかし雄性化成分の特定に関する研究は遅れており，未だに十分には解明されていない．

魚類では，カワスズメ科熱帯魚（西アフリカ産の Pelvicachromis 属および南アメリカ産の Apistogramma 属）において，環境水が酸性の場合は雄，アルカリ性では雌が多くなる傾向のあることが報告されている．

温度による ESD　個体発生途上の温度によって性決定が行われる場合であり，温度依存性性決定（TSD：temperature dependent sex determination）と呼ばれる．脊椎動物の性決定に対する温度の影響に関しては研究の歴史が古く，両生類を用いて 1910 年代から調べられている．無尾類（カエル類）では高温（27～32℃）で雄に性分化が偏よる傾向のあること，有尾類（サンショウウオ類）では逆に高温で雌性化傾向が高まることなどが報告されている．

無脊椎動物では，甲殻類橈脚亜綱の淡水性プランクトンで，性比に著しい季節的変動を示す種が多数知られており，発生初期の性決定過程が，温度を含む環境要因の影響を受けることが明らかにされている．

爬虫類については，Charnier, M.（1966）が，西インド諸島に住むアガマトカゲ（Agama agama）の性分化に対して，温度が顕著な影響を持つことを明らかにした．Charnier の発見は，しばらくの間あまり注目されなかったが，その後，多くの爬虫類（ミシシッピーワニ，オーストラリアワニ，ヌマガメ，リクガメ，ウミガメ，ドロガメ，ニシキガメ，カミツキガメ，チズガメ）で温度依存性性決定機構の存在が確認された．この現象は 1970 年代以降，生態学や進化生物学の観点から研究者たちの強い関心を引き，現在でも熱心に研究が進められている．

魚類では，トウゴロウイワシの一種（Menidia menidia）やヒラメ，メダカ類のリビュルス（Rivulusmar moratus．本来，同時的雌雄同体であるが，孵化直前の卵を低温で飼育すると雄個体が生ずる）など，多数の種で TSD の存在が確認されている．その分布は無顎類から有顎類魚類 8 科にわたっており，かなり一般的な性決定機構として用いられているらしい．Apistogramma 属では，調査した 37 種のうち 33 種で性決定機構に対する温度の影響が認められたという．

TSD の様々なパターン　これまでに知られている様々な動物における温度と性決定との関係は，大まかに 4 つのパターンに分類できる．すなわち，① 低温雌-高温雄型，② 低温雄-高温雌型，③ 低高温雌-中間雄型，④ 温度非依存型である．いずれのカテゴリーの温度依存性性決定についても，その分子機構はまだ解明されていないが，個体の成長速度が大きな影響を与えている可能性が指摘されている．また魚類の場合は，温度の性ステロイド合成に対する影響や，後述する連続量的性決定機構における雌性先熟過程，あるいは雄性先熟過程に対する温度の影響などの要因が複雑に絡み合っているものと推測され，機構解明は容易でない．ショウジョウバエでは温度感受性の性変更遺伝子（tra-2）が知られているので，脊椎動物の TSD でも温度感受性の遺伝子が関与している可能性は否定できない．

栄養条件による ESD　栄養条件と性決定の関係は，すでに 19 世紀にアカガエルについて調べられているが，大雑把な記述に止まっており，現在その成果を評価するのは難しい．

昆虫に寄生するメルミス（Mermis）科のセンチュウでは，宿主に寄生するセンチュウの個体数が少ないと雌の比率が高まり（例えば♂/（♀+♂）= 0.07），個体数が多いと雄の比率が高まる（例えば♂/（♀+♂）= 0.98）．この性決定に対する個体群の密集効果（crowding effect）は，センチュウの栄養条件によるものらしい．

ヒトでは，戦争の後に男子の出生率が高まることが報告され（Ploss, 1858），母親の栄養状態の低下が原因であろうという推論が一般の関心を引いたこともあったが，最近では，あまり顧みられない．明確な GSD 機構を持つヒトをはじめとする哺乳類で，母体の栄養条件が胚の第一次性決定機構に影響を与えることは考え難い．妊娠中の XY 胚と XX 胚との生残率の違いなど，副次的な

ものもあるであろう．

b. 連続量型性決定機構

成体の性が，a.「離散量的性決定機構」で述べた場合のように（1，0のように離散量的に）は決定されず，雌雄同体であったり，同一個体が雌から雄へ，あるいは雄から雌へと，自然現象として性転換を行う場合がある．先述したように，このような性決定機構を，離散量型に対して仮に連続量型性決定機構と呼ぶ．

多細胞動物の正常個体における雌雄同体現象は，大まかに3種類に大別されている．すなわち，①同時的（機能的）雌雄同体（simultaneous or functional hermaphroditism：同時的同体），②隣接的雌雄同体（consecutive hermaphroditism：隣接的同体），③周期性隣接的雌雄同体（rhythmical consecutive hermaphroditism：周期性同体）である．なお，これらの略称は本稿で特に用いるものであり，一般的なものではない．

(1) 同時的雌雄同体（同時的同体）

同時的同体の動物個体では，成熟した生殖巣に精子と卵細胞が共存しており，しばしば自家受精が起こる．多細胞動物での同時的同体の分布は広く，線形動物，環形動物（ゴカイ類，ミミズ類），軟体動物（ウミウシ類の大部分，マイマイ類，ニマイガイ類，シャコガイ類など），原索動物（ホヤ類），脊椎動物の魚類（ハダカイワシ類，ハタ類など）など数多くの例を挙げることができる．

これらの同時的同体動物の中には，自家受精を起こさない（自家不稔）機構を持つことが知られている種もある．例えばホヤ類は一般に雌雄同体で，生殖期には放精と放卵を同時に起こすが，同一個体からの精子と卵細胞との間で自家受精は起こらない．この現象は古くから生物学者の関心をひき20世紀初頭から研究されているが，その機構は長い間，未解明のままであった．最近，ホヤ類において，受精に関与する卵膜ライシンの基質分子が卵黄膜上の精子レセプターとして機能し，受精における自己非自己の識別分子としての役割を果たしていることを示唆する事実が明らかにされ，解明の糸口が得られつつある．

植物では，自家受粉における自家不和合性がよく知られている．イネ科，アブラナ科（キャベツ，ハクサイ，ダイコンなど），キク科，ヒルガオ科（サツマイモ），ユリ科など，農業分野で重要な植物では，この現象は実用的にみて大きな問題であるために研究が進んでおり，遺伝子レベルの機構解明も行われている．

(2) 隣接的雌雄同体（隣接的同体）

隣接的同体個体では，発生過程でまず雌雄いずれか一方への性決定が起きるが，成長に伴って性が転換する．最初に発現されるのが雄で，その後一定の条件が満たされると雌に転換する雄性先熟（protoandry）の場合と，逆に雌から雄への転換が起こる雌性先熟（protogyny）の場合とがある．環形動物の *Ophryotrocha* では，雌雄異体，同時的同体，隣接的同体の各種があり，相互の比較研究が行われている．環形動物のほか，軟体動物，原索動物も雌雄同体の例が豊富で，研究も多い．

雄性先熟 一般に配偶子形成のエネルギーコストは雌のほうが著しく高いので，特に配偶システムが非選択的配偶である場合には，多数の卵を形成できる大型の体型を持つ個体が雌になるほうが有利と考えられている．

雄性先熟隣接的同体現象の記載の歴史は古く，すでに19世紀に，マキガイ亜綱（前鰓類）のユキノカサガイ（*Acmaea*）において知られていた．その後の研究で，マキガイ亜綱のほとんどがこの型に属していることが明らかにされている．マイマイ亜綱（有肺類）のナメクジ類，多くのモノアラガイ目（基眼類），多くのニマイガイ綱（斧足類）でも，この型の隣接的同体が知られている．脊椎動物では魚類に例が多い．タイ類（クロダイ，キビレ，ヘダイなど）のほか，コチ類，ツバメコノシロ類，クマノミ類などで雄性先熟隣接的同体種が知られている．クロダイは水産学的な価値が高く人工養殖が行われているので，研究が多い．性転換の起こる機構には未解明の点が多いが，卵巣ステロイドホルモンが何らかの役割を演じていることを示唆する報告もある．魚類で見出されている性ホルモンの介在した多因子系GEDと，どのような機構上の関連があるのか，興味深い問題で

雌性先熟 非選択的配偶システムを持つ種が多い無脊椎動物では，前述した雄性先熟が一般に有利とされ，知られている雌性先熟種の数は少ない．ニマイガイ綱コフジガイ (*Kellia suborbicularis*)，ブンブクヤドリガイ (*Montacuta substriata*)，原索動物ホヤ類で例が知られている．

脊椎動物では魚類に比較的多数知られており，特にハタ類，ベラ類に多い．ハーレム (一夫多妻の群れ) を形成する魚の場合，大型の体型を持つ雄のほうが支配可能な雌の数が多くなり，そのメリットが，卵数が少なくなるデメリットよりも大きくなるため，この様式が選択されると考えられている．

両生類では，ヨーロッパ北部および山地に棲むヨーロッパアカガエル (*Rana temporaria*)，および台湾産ウシガエル (*Rana catesbiana*) の地方品種で，変態直後はすべて雌であるが，成長とともに遺伝的に決められた性に分化するものがあることが知られている．機構は不明であるが，一種の雌性先熟であると推測されている．

行動性決定 (BSD) 魚類の雄性先熟種や雌性先熟種の中には，成長過程で起こる性転換の機構が，個体の社会的または行動的要因に支配されていることが知られているものがある．このような性決定を行動性決定と呼んでいる．

オーストラリアの珊瑚礁に住む雌性先熟隣接的同体種，ホンソメワケベラ (*Labroides dimidiatus*) の行動性決定 (BSD ; behavioral sex determination) 機構はよく研究され，魚類におけるBSD機構研究の端緒の1つとなった．この種では，1匹の雄と3〜6匹の雌からなる小ハーレムが形成され，ハーレムごとに棲み分けがなされている．ハーレム内の雌個体間には順位があり，ハーレムから雄が除去されると1.5〜2.0時間後から，最も大きくて強い1位の雌が雄のような行動をとり始める．2〜3週間後には精子形成が完了し，性転換が完了する．この現象は，雌から雄への転換機構を社会的-行動的要因が抑制していることによると説明されているが，機構の詳細は十分に解明されていない．

雄性先熟隣接的同体種の魚類でも，BSDが行われる例が知られている．クマノミ (*Amphiprion bicinctus*) とその近縁種では，共生しているイソギンチャクを中心に小さな群れをつくるが，群れにおいて体の大きい雌が雄に対して社会的優位を保つことで，雄の雌への転換が抑制されている．3匹以上の群れでは，最優位の雌と次位の雄がペアを形成し，3位以下の雄を攻撃して雌への転換を防ぐと同時に単配偶を維持している．しかし，雌を除去すると約2ヶ月で雄の雌性化が開始する．

(3) 周期性隣接的雌雄同体 (周期性同体)

成長過程で周期的に性転換を起こす現象であり，ニマイガイ綱のイタボガキ類 (*Ostrea*) やセイヨウフナクイムシ (*Teredo navalis*) の例がよく知られている．周期に個体差があり，性転換に時期的なずれが生ずるため，同一コロニー内に雌雄の個体が生ずる．マガキ類 (*Crassostrea*) では周期的転換は不完全にしか起こらず，転換を起こす個体と起こさない個体が共存する．

〔舘 鄰〕

● 文 献

Baltzer, F. (1912) Uber die Entwicklungsgeschichte von Bonellia. Verh. deutsch. zool. Ges. Vers. **22** : 252-261.

Baltzer, F. (1914) Die Bestimmung und der Dimorphismus des Geschlechtes bei Bonellia. Sber. Phys.-Med. Ges. Wurzb. **43** : 1-4.

Chamisso, A. von (1819) De Animalibus quibusdam e classe Vermium Linnaeana. Circumnavigatione Terrae auspicante comite N. Romanzoff, duce Ottone de Kotzbue, annis 1815-1818 peracta. Fasc. 1 De Salpha. Berolini : Apud. ferd. Dummlerum 24 pp. 1 pl [11].

Charnier, M. (1966) Action de la temperature sur la sex-ratio chez l'embryon aAgama agama (Agamidae, Lacertilien). C. R. Soc. Biol. Paris **160** : 620-622.

Dobzhansky, T.H. (1937) Genetics and the Origin of Species. Columbia University Press, New York.

Hofmeister, W. (1851) Vergleichende Untersuchungen der Keimung, Entfaltung und Fruchtbildung hoherer Kryptogamen (Moose, Farrn, Equisetaceen, Rhizocarpeen und Lycopodiaceen) und die Samenbildung der Coniferen.

Lombardi, J. (1994) Embryo retention and evolution of the amniote condition. Journal of Morphology **220** : 368.

MacArthur, R. H. and Wilson, E. O. (1967) The Theory

of Island Biogeography. Princeton University Press, Prlinceton.
Mayr, E. (1942) Systematics and the origin of species. Columbia University Press, New York.
Ploss, H. (1858) Variation in the sex ratio at birth in the United States. Human Biology **10**: 36-64 (cited by Ciocco, A., 1938).
Sargent, R.C. and Gross, M.R. (1993) William's principle, and explanation of parental care in teleost fishes. Behaviour of Teleost Fishes (2nd ed.) (Pitcher, T.J., ed.), pp. 333-361, Chapman and Hall, London.
Smith, C.C. and Fretwell, S.D. (1974) The optimal balance between size and number of offspring. American Naturalist **108**: 499-506.
Steenstrup, J.J.S. (1842) Geognostisk-geologisk Undersogelse af Skovmoserne Vidnesdam og Lillemose i det nordlige Sjalland, ledsaget af sammenlignende Bemarkninger hentede fra Danmarks Skov-, Kjar og Lyngmoser i Almindelighed. Kongelige Danske Videnskabernes Selskabs Afhandlinger **9**: 17-120.

6.7 個体の形成

6.7.1 始原生殖細胞の形成

a. 始原生殖細胞とは

始原生殖細胞とは，配偶子（卵や精子）になる生殖細胞のもとの細胞を指す．多くの多細胞生物において，この細胞は発生初期に生殖腺（卵巣・精巣）とは別の位置に出現し，胚体内を移動して形成中の生殖腺に入る．始原生殖細胞とは，この生殖腺に入る前までの未分化な生殖細胞を指す場合が多い．脊椎動物の場合，生殖細胞の性（卵になるか精子になるか）は生殖腺に生殖細胞が入った後に体細胞の影響を受けて決定されるので，始原生殖細胞の段階では，性はまだ決まっていないと考えられている．

b. 始原生殖細胞の形態的特徴

始原生殖細胞は，特有の細胞内構造物（生殖質，生殖顆粒，極顆粒，ヌアージ，P顆粒などと呼ばれる）を有する大型の核を持つ細胞として，形態的に他の細胞と区別されることが多い．この構造物はタンパク質とRNAとの複合体からなっており，ミトコンドリアと接している場合が多いので，mitochondrial cloud と呼ばれることもある．またこれは始原生殖細胞が確立するため，さらに配偶子形成可能な生殖細胞に分化するために必須の構造物と考えられており，物理的に，あるいは遺伝子操作によってこの構造物（生殖顆粒）を人為的になくすと，始原生殖細胞として維持できなくなり，配偶子を形成できる生殖細胞に分化しない．

c. 始原生殖細胞の形成・分化

始原生殖細胞の出現時期は，次世代を担う生殖細胞の分化機構からも，また配偶子としての多分化能制御を理解するうえでも非常に重要な問題である．哺乳類を除いた脊椎動物では，①体細胞系列から始原生殖細胞への分離の時期と，②始原生殖細胞として確立される時期とに分けることができる．

多くの脊椎動物（ニワトリ，カエル，メダカ，ゼブラフィッシュなど）では受精卵のときから生殖顆粒相当の構造物が認められる．初期卵割期から胞胚期にかけて，この構造物を持つ細胞と持たない細胞とに分かれるが，顆粒を有する細胞が必ずしも生殖細胞になるわけではない．この後，初期原腸形成期にさらに別の遺伝子群が発現することによって，始原生殖細胞（生殖細胞系列）としての確立が行われると考えられている．確立後，生殖腺に入るまでにさらなる分化が起きるかどうかについては不明である．ショウジョウバエ・線虫など，他のモデル動物における始原生殖細胞特異的発現遺伝子が，脊椎動物の始原生殖細胞においても特異的に発現することから，始原生殖細胞形成・分化に動物共通の分子基盤があることが伺い知れる．

マウスやヒトでは原腸形成初期になって初めて，特定遺伝子の発現により，胚体外中胚葉に始原生殖細胞の出現を認めることができる．この出現には，胚体外外胚葉からの細胞外情報伝達物質の誘導が必須であることが知られている．しかしながら生殖細胞特有の細胞内構造物はまだ認めら

れず，生殖腺に入って初めて，クロマトイドボディと呼ばれる，おそらくは生殖顆粒に相当する構造物が雄においてのみ出現する．

ショウジョウバエでは，極顆粒と呼ばれる構造物が受精卵の後極に存在する．細胞分裂過程で極顆粒を取り込んだ細胞が後極側に出現して極細胞となるが，これが始原生殖細胞に相当する．この細胞は脊椎動物の場合と同様に胚体内を移動し，後腸を通り抜けて形成中の生殖腺に入り込む．ショウジョウバエの場合，次世代を得られない突然変異体が多数解析され，原因遺伝子が単離されたが，その遺伝子の多くが極細胞形成・極顆粒構成遺伝子であった．それら（*vasa, nanos, tudor* など，単離されたハエの）遺伝子の相同遺伝子は脊椎動物にも見出され，ショウジョウバエの場合と同様に始原生殖細胞特有の細胞内構造物の構成成分であることが明らかにされた．これらの遺伝子は，脊椎動物においても始原生殖細胞の形成・分化に関与することが知られている．

線虫は，P顆粒と呼ばれる細胞顆粒を保持した細胞が，P系列と呼ばれる生殖細胞系列に分化し，2個の始原生殖細胞（Z2, Z3）となる．P顆粒にもNANOS, VASAといった他の動物と共通の遺伝子産物が構成成分として含まれている．P系列では，PIE1と呼ばれる遺伝子産物がRNAポリメラーゼIIによる転写を抑制している．RNAポリメラーゼIIを強制的に活性化させると，Z2, Z3細胞が分化しない．

RNAポリメラーゼIIは多くの遺伝子の発現（転写）に必須であることから，「特別な細胞に分化しないこと」が生殖細胞系列の特徴であるという考え方（permissiveであるという．これに対して，体細胞は特有の細胞系列に「なる」ことが重要で，instructiveであるという）が，線虫を用いた一連の研究により提唱された．ショウジョウバエの始原生殖細胞でも通常の遺伝子発現は抑制されている．しかしゼブラフィッシュでは，胞胚期の予定始原生殖細胞ですでにRNAポリメラーゼIIが活性化されているとの報告があり，上述の考え方が脊椎動物にも当てはまるかどうかはわからない．

生殖細胞に特異的な細胞内構造物を構成する動物共通の遺伝子産物は，RNAと相互作用できるという特徴を持つ．実際，ショウジョウバエでは，ミトコンドリアから原核生物型のリボゾームRNAが出てきて，極顆粒の構成成分となって働くことが知られている．またこれら極顆粒の形成には，一連の遺伝子のmRNAレベルでの局在と翻訳制御とが重要であることが知られている．さらには始原生殖細胞の維持にも，遺伝子の翻訳レベルでの発現制御が重要であること知られている．このようなことから，始原生殖細胞の形成・分化維持には，細胞内構造物と密接に関与した遺伝子の翻訳制御が重要であることが推定されている．

d. 始原生殖細胞の移動

前述のように，多くの動物の始原生殖細胞は，生殖腺に向かって胚体中を移動する．脊椎動物では，この移動にサイトカイン（炎症反応でリンパ球などを誘導する遺伝子産物）と同様の遺伝子産物が関与していることが示されている．この遺伝子産物（SDF1）は将来生殖腺を構成する体細胞（側板中胚葉の後部）から分泌され，受け手であるCXCR4と呼ばれる遺伝子産物を介して形成中の生殖腺へ始原生殖細胞を誘引する．ニワトリでは生殖新月環と呼ばれる領域に始原生殖細胞が見出され，これが血流に乗って移動することが知られているが，この場合も始原生殖細胞は生殖腺領域で発現するSDF1を検知して，血管から生殖腺領域へと移動してくる．ショウジョウバエではこのサイトカイン系の遺伝子は見出されておらず，むしろイソプレテノイド合成経路が始原生殖細胞の移動に重要であることが知られている．この生合成経路は脊椎動物での始原生殖細胞移動にも関わっていることが報告されている．

e. 多能性分化能

雌性配偶子である卵は，受精後に個体を作り上げることができることから，全能性を有するといわれている．また始原生殖細胞を含めた生殖細胞系列が腫瘍化したものはカルシノーマ細胞と呼ば

れ，様々な体細胞系列に分化する多能性を持つことが知られる．始原生殖細胞の特徴である多能性分化能の維持獲得と始原生殖細胞の形成とがどう関わるかは明らかでない．しかし哺乳類では，細胞の多能性維持に必要な一群の遺伝子（*Oct4* など）は生殖細胞系列で発現していることが知られている．また，ある種の分泌性の因子や転写調節因子（STAT など）は，これら多能性を維持する遺伝子産物の活性調節に関与しており，これらが機能しなくなると他の体細胞系列に分化してしまうことが培養細胞レベルで示されている．

〔田中　実〕

6.7.2 受　精

一般的に，動物，植物を問わず雌雄の配偶子が融合する現象を受精という．動物の場合，両配偶子は卵と精子に分化し，受精の過程において以下のような様々な現象がみられる．

a. 精子の卵への接近

精巣内で形成された精子は運動能・受精能を持たず，機能的には未熟である．この未熟な精子は放精に先立ち，まず運動能力を獲得する必要がある（運動能獲得）．哺乳類では，精子が精巣を出た後，精巣上体を通過する際に運動能を獲得することがわかっている．その他の動物の精子も輸精管出口付近では運動能を持つが，どこで運動能を獲得するのかははっきりしていない．

運動能を獲得した精子は，放精の際に運動を開始する（精子運動開始）．体外受精を行う生物においては，外部環境に起因する刺激によって運動開始が誘起される場合が多い．例えば多くの海産魚類の精子では，浸透圧の上昇が引き金となっていることが知られている（森澤・吉田，2006）．一部の動物では，放精時には際立った運動開始が起きず，卵由来の物質によって運動が活性化されるものもある．一方，哺乳類では，精液に含まれる成分の中に精子の運動を抑制する因子があることが知られている．いずれにしろ精子の運動可能時間は短いため（魚類で数十秒，ウニで数時間程度），精子は卵に近づく直前まで運動を抑制し，限られたエネルギーの使用を極限まで切り詰めているといえる．

運動を開始した精子が卵へと運動する際に，卵に対して走化性を示すことが多くの動物で知られている．この精子の走化性には種特異性がある．精子誘引物質は，これまでにいくつかの動物で同定されており，ステロイド誘導体のような低分子有機化合物からタンパク質まで，その分子種は様々である（森澤・吉田，2006）．

哺乳類の精子では，さらに雌性生殖道（膣，子宮，卵管）を通過する間に受精能を獲得する．受精能獲得の際，細胞膜よりコレステロールが奪われ，膜の流動性が高まることが知られているが，その分子メカニズムの詳細は今なお不明である．

b. 先体反応

卵周辺部に精子が近づくと，精子の頭部にある先体胞が開口放出される．この現象を先体反応と呼ぶ．ウニやヒトデ，カキなど一部の動物では，開口放出と同時にアクチンの重合が起きて先体胞内膜が反転伸長し，先体突起と呼ばれる特徴的な構造をつくる．この反応により，先体胞内にあるライシンと呼ばれる酵素が放出，あるいは細胞膜上に露出され，その作用によって，卵表上にある卵黄膜を精子が通過する．また，先体反応後に露出する先体胞内膜には，卵との結合や融合に必須な izumo, fertilin, bindin などの膜タンパク質が存在しており，先体反応を起こすことによって初めて受精することが可能となる（Inoue, et al., 2005）．先体反応の誘起機構は種特異性が高く，特に体外受精を行う生物において異種間交雑の防止に大きく働いている．

c. 卵成熟

卵巣内において成長を終えた卵（一次卵母細胞）は細胞周期が第一減数分裂前期で停止しており，卵核胞と呼ばれる非常に大きな核を持つ．この一次卵母細胞の段階ではイヌやゴカイなど一部の動物を除いて受精不可能である．放卵の際のホルモン刺激などにより減数分裂が再開し，これにより

卵核胞が消失（卵核胞崩壊）して最終的に受精可能な段階まで減数分裂が進行する．この過程を卵成熟と呼ぶ．減数分裂を完全に終了してから受精する動物はウニなどごく一部であり，多くの脊椎動物では第二減数分裂中期，ホヤやイガイなどでは第一減数分裂中期で受精可能となる．

d. 精子と卵の融合

先体反応を完了した精子は卵黄膜を通過し，卵細胞膜と融合する．現在のところ，精子と卵の融合には卵膜上のタンパク質CD9が必須であることが明らかとなっているが（Miyado, et al., 2000），精子受容体はまだわかっていない．

さて，精子と融合した卵は賦活され，発生を開始する．卵の賦活には，精子刺激によるIP$_3$受容体を介した小胞体からのCa^{2+}放出が重要な役割を担っている．結果として起きる卵内Ca^{2+}の増加は，後述する受精膜の形成や，減数分裂の再開，代謝の活性化を引き起こす鍵となっていることが知られている（宮崎，1998）．

e. 多精拒否

一般的に，受精の際に卵内に侵入する精子は1つであり，卵には多数の精子が侵入すること（多精）を防ぐ機構が備わっている．ウニでは，精子が卵に接触するとすぐに卵の膜電位が脱分極し，その後の精子との結合を阻害する（速い多精拒否）．さらに，受精後30秒〜1分で卵細胞膜の直下にある表層粒の開口放出が起こり，受精膜が形成される．この受精膜が，後から来る余分な精子を排除する最終的な物理的障壁となる（遅い多精拒否）．さらに表層粒からはトリプシン様プロテアーゼが放出され，卵膜に結合した余分な精子を卵から分離させる．ウニ以外の動物では受精膜の形成がみられないことも多く，それぞれに独自の多精拒否機構があると考えられる．イモリなどではごく普通に多精がみられるが，この場合にも最終的に卵核と融合するのは1個の精核だけである（岩尾，1998）．

f. 雌性前核と雄性前核の融合

受精の際に卵内に侵入した精子核は膨潤し，星状体を伴った雄性前核（精核）となる．一方，卵細胞の核は減数分裂を完了した後に雌性前核（卵核）を形成する．雄性前核は雌性前核と近づき，融合もしくは密接する．密接する場合も，第一卵割に入る際の核膜消失時に最終的に融合し，受精が完了する．

〔吉田　学〕

● 文献

Inoue, N., et al. (2005) The immunoglobulin superfamily protein Izumo is required for sperm to fuse with eggs. Nature **434**：234-238.

岩尾康宏（1998）多精拒否——精子1個のみを受け付けるためのしくみ．両生類の発生生物学（片桐千明 編），北海道大学図書刊行会．

Miyado, K., et al. (2000) Requirement of CD9 on the egg plasma membrane for fertilization. Science **287**：321-324.

宮崎俊一（1998）受精．カルシウムイオンとシグナル伝達（御子柴克彦，ほか編），pp. 1814-1820，共立出版．

森澤正昭，吉田 学（2006）精子の活性化・走化性機構．新編精子学（毛利秀雄，星 元紀 監修），東京大学出版会．

6.7.3 卵軸・体軸の決定

卵は通常，形態的あるいは物質的に偏りがあり，2つの極を持つ．そのような卵において，卵核が偏って存在する側を動物極，それに相対し，栄養源となる卵黄に富む側を植物極と呼ぶ．これら二極を結ぶ軸が主たる卵軸であり，動植軸（animal-vegetal axis）と呼ばれる．両生類の卵は動物極側（動物半球）の表層が色素で覆われており，色素を持たない植物極側（植物半球）と容易に区別できるが（図6.38A），卵によっては色素や卵黄の分布に偏りがなく，特に核が中央に位置する場合，卵軸は定めがたい．一般に受精後の極体放出は動物極側から起こることより，卵軸が定かでない卵の場合は極体を放出する側を動物極とし，それに相対する側を植物極とする．なお，ショウジョウバエのように卵黄が中心部に集まっている卵（心黄卵）で，かつ極体が卵内で消滅するものでは，動植軸の概念は当てはまらない．

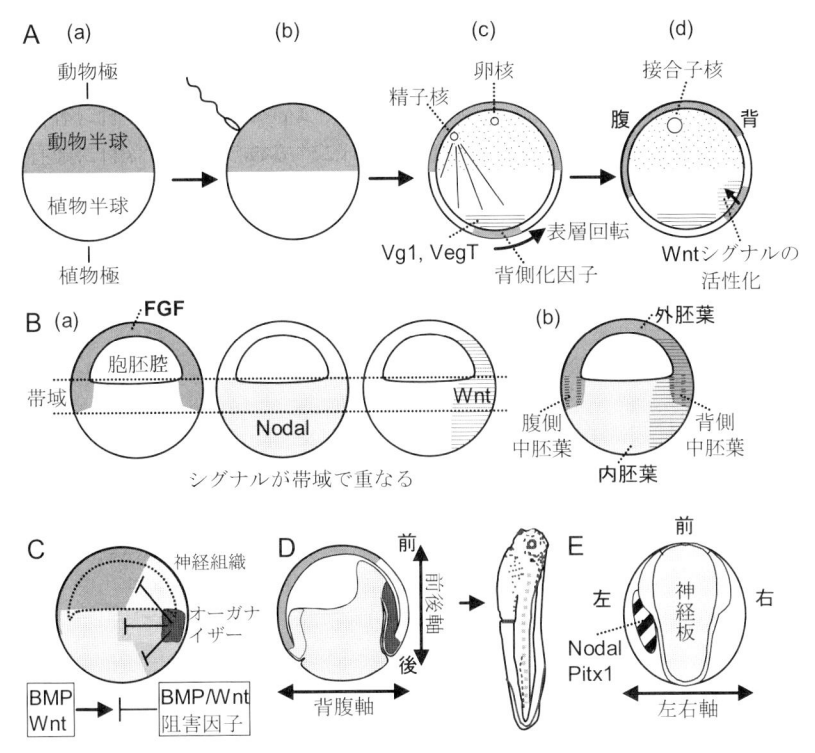

図 6.38 アフリカツメガエルにおける背腹軸の決定と三胚葉の分化
A：背腹軸決定機構のモデル．(a) 卵の模式図．動物極と植物極を結ぶ卵軸を中心に回転対称である．(b) 受精．精子は動物半球から進入する．(c) 卵の断面図．精子核とともに進入した中心体が芯となり細胞骨格系が再編成され，精子進入口と反対方向に表層が回転する．(d) 背腹軸の決定．植物極に局在していた背側化因子が表層回転とともに移動するため，卵の回転対称性が崩れ背腹軸が形成される．背側化因子は移動先でWntシグナルを活性化する．B：胞胚期における三胚葉形成のモデル．(a) 予定外胚葉にはFGFが，予定内胚葉にはNodalが，帯域の片側にはWntのシグナルが活性化している．(b) FGFとNodalシグナルにより中胚葉が，さらにWntシグナルにより背側中胚葉（シュペーマンオーガナイザー）が形成される．C：原腸胚オーガナイザーの役割．オーガナイザーから分泌性阻害因子が放出され，腹側に発現するBMPとWntに拮抗することで背腹軸が維持され，それに沿ったパターン形成がなされる．D：原腸胚期における前後軸の形成．陥入は植物極側から起こり，動物極側に向けて原腸が形成される．動植軸が前後軸に対応する．E：神経胚における左右軸．左側の側板にNodal，ついでPitx1が発現し左右軸に沿ったパターン形成がなされる．

　二胚葉動物のクラゲやヒドラの体制は放射相称で，一般に，一方に開口する袋小路の腸管と表層組織からなる．体軸としては口とその反対側を結ぶ1つの軸が想定されるが，これは口-反口軸（oral-aboral axis）と呼ばれ，放射相称軸に相当する．原腸（内胚葉）形成は胞胚の動物極側から起こるので，動植軸が口-反口軸に対応する．

　左右相称動物（三胚葉動物）では一般に，発生初期に卵軸をもとに前後軸・背腹軸・左右軸の3つの体軸が決定されるとともに，内胚葉・中胚葉・外胚葉の三胚葉が形成される．したがって卵軸・体軸形成，および三胚葉形成には密接な関係がある．両生類であるカエルの原腸胚は体軸と胚葉が比較的明瞭であり，それらの決定機構の解析によく用いられる（図6.38）．受精前のカエル卵は，種々の母性因子が動植軸に沿って分布するため，卵軸を対称軸とした放射相称である．しかし受精により対称性がなくなり，背腹軸が形成される．一方，動物半球と植物半球に存在した母性因子の相互作用により，帯域に中胚葉が形成される．

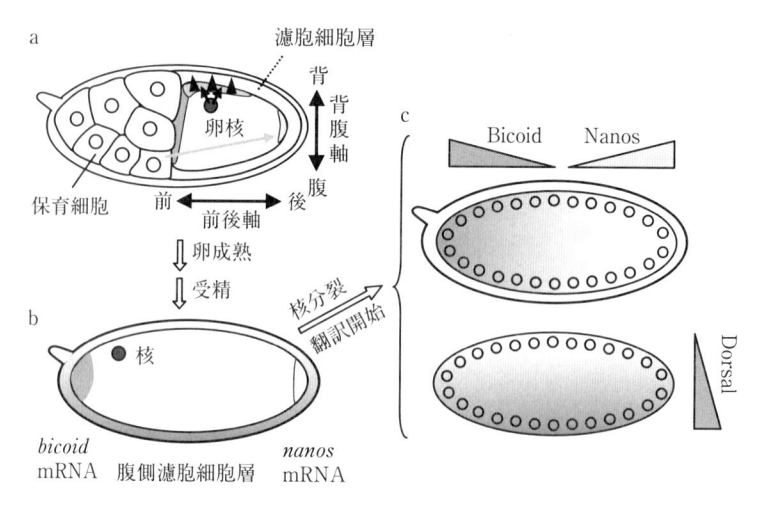

図 6.39 ショウジョウバエにおける体軸形成

卵成熟の過程で前後軸と背腹軸が形成されるが,それを決定するのは卵の周辺にある保育細胞と濾胞細胞である.a. 卵成熟の過程で保育細胞から様々な母性 mRNA が卵に輸送され,bicoid mRNA(濃灰色)は保育細胞側(前側)に,nanos mRNA(淡灰色)はその反対側(後側)に局在する.卵核(黒丸)は一方に偏って存在し,卵核からのシグナル(小矢印)が濾胞細胞を背側濾胞細胞へと分化させ,それにより濾胞細胞層に背腹の違いが生じる.b. 受精卵.発生初期は核分裂のみを繰り返す.また,母性 mRNA からの翻訳が開始される.c. 多核胚盤葉(syncytial blastoderm).Bicoid タンパク質(転写因子)が前方から後方への勾配を形成し,Nanos タンパク質(翻訳制御タンパク質)が逆の勾配をつくる.一方,腹側濾胞細胞からの作用により腹側のみで Dorsal(転写因子)が活性化され,核へ移行する.それにより個々の核が卵内のタンパク質の濃度勾配に従った位置情報を受け取り,前後軸と背腹軸が決定する.その後,核は細胞化し,細胞は核が持つ情報に従いそれぞれの運命をたどる.

帯域より動物極側が外胚葉,植物極側が内胚葉である.背側中胚葉は原腸胚オーガナイザー(両生類ではシュペーマンオーガナイザー)に相当し,この誘導作用により基本的な体制(ボディプラン)がつくられる.内胚葉は背側中胚葉とともに巻き込まれ,原腸を形成する.左右軸は,原腸胚期〜神経胚期に決定されると考えられている.

すでに卵において前後軸と背腹軸が定まっている例として,ショウジョウバエの卵がある(図6.39).卵細胞の前後軸が,それと接する保育細胞の位置により決まるのに対し,卵核と濾胞細胞との相互作用により背腹軸が確立する.卵内における母性 mRNA(bicoid や nanos など)の前後の局在と濾胞細胞の背腹の違いをもとに,受精後にそれぞれの軸に沿ってタンパク質の濃度勾配が形成され,さらにその情報をもとに体軸に沿った領域化が行われる.このように,ショウジョウバエにおける初期の領域化は多核体の段階で行われる過程であり,カエル胚のように誘導や多細胞間の相互作用で決まる領域化とは根本的に異なる.

卵軸と,受精後に起きる胚葉形成や体軸形成との関係については,後生動物で統一性がみられない.例えば,三胚葉動物の端黄卵(卵黄が一方に偏っている卵)では卵黄に富む植物極側が内胚葉になるのに対し,二胚葉動物では動物極側から内胚葉が形成される.哺乳類の場合,胚盤胞は内部細胞塊と胚体外組織に分かれ,内部細胞塊が胚となるが,動植軸と体軸との関係は不明瞭である.

〔平良眞規〕

6.7.4 細胞増殖と形態形成

受精卵から一個体が形成される発生現象において,細胞増殖は時空間的に高度に制御される.こ

の制御は，組織ごとに特有の形態をつくるために，また組織や個体の大きさを適切なものにするために必須である．ここでは，組織の形態形成と大きさの決定における細胞増殖の役割と制御について解説する．

a. 組織の形態形成と細胞増殖

体の中の組織はそれぞれ複雑かつ精緻な形態を持ち，その形態を使って，必要とされる機能を発揮する．この形態形成の機構として，細胞数の制御がある．すなわち，細胞数を組織の領域ごとに調節することにより，領域の大きさ，組織の形を変化させる（図6.40）．

細胞数の制御により，組織内の領域ごとに増殖速度（細胞周期の回転速度）や増殖停止時期（細胞周期を離脱するタイミング）が時空間的に制御されることになる．その上位の情報として，ホックスコードなどのボディプランの情報が対象細胞に伝達される．あるいは，ボディプランの情報により組織内に増殖制御細胞の集団（例えば肢芽における外胚葉性頂堤（AER；apical ectodermal ridge））が形成され，これらの細胞から様々な増殖亢進・抑制因子（FGF, Wnt, BMPファミリーなど）が作用する．例えば，四肢の形成においてはホックスコードの制御下で肢フィールド（肢を形成しうる領域）が決定され，ついでFGF10によるAERの形成，AERから分泌されるFGF4，FGF8による四肢の伸長が起こる．四肢のみならず一般に，このような増殖亢進因子もしくは抑制因子の濃度の違いが，領域ごとに増殖速度や細胞増殖の停止時期に差をもたらすと考えられる．一方，受け手側の細胞においても，領域ごとに受容体や細胞内シグナル伝達系に違いが生じ，これが細胞外の増殖亢進・抑制因子の効果に差を与えることも考えられる．

細胞周期の調節方法としては，細胞周期機構の要であるサイクリン依存性キナーゼの活性化，不活性化が考えられる．例えば心臓の心筋層の形態形成時には，サイクリンD1遺伝子の転写抑制遺伝子（*jumonji*）が発現することにより増殖にブレーキがかかることが示されている（Toyoda, 2003）．しかし，一般に形態形成過程で細胞周期がどのように制御されているかについては，まだ不明な点が多い．

b. 組織の大きさの決定と細胞周期

組織の大きさの全身における比率は一定の範囲内に収まる．この制御は発生および成長過程で起こるばかりではなく，定常状態に達した成体での再生現象においても発揮される．興味深いのは，再生により組織がもとの大きさに戻ると細胞増殖が停止し，再生が終了することである．発生と再生の過程において適切な大きさになると増殖が停止するのは，どのようなメカニズムによるのだろうか？ 細胞はいかにして組織の適切な大きさを関知するのであろうか？

当然，細胞周期を制御する上位の制御機構（制御遺伝子カスケード）が組織の何らかの情報を得て細胞増殖を停止させるのであろう．その情報は組織の細胞数ではなく，その全体の容量と考えられる．すなわち，組織がある大きさに達すると細胞の増殖は停止する．例えば，2倍体の細胞に比べ細胞の大きさが2倍の4倍体細胞で発生しても，形成される個体や組織の大きさは2倍体の場合と

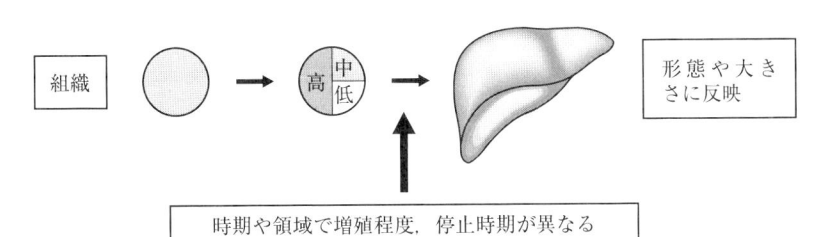

図6.40 形態形成と細胞増殖（模式図）
組織の中の領域ごとにおける細胞増殖速度および停止時期の違いが，最終的な組織の形態や大きさに反映される．

同じで細胞数が半分程度となることが，イモリやマウスで報告されている（Fankhauser, 1952；Henery, 1992）．このことから，組織が一定の大きさになることを上位の制御機構がウォッチし，その情報が組織内の細胞に伝達され，増殖が停止すると考えられる．

このシステムを可能とする機構や，どのように細胞周期を止めるかは未解明であるが，例えば，細胞の数ではなく組織の大きさで量が決まる増殖阻害因子が存在し，組織がある程度以上大きくなると閾値を超え増殖が停止する可能性や，逆に増殖亢進因子がAERのような特定領域や血管から供給され，組織がある程度以上大きくなると十分に届かなくなり増殖が停止する可能性が考えられる．いずれにせよ，この原理を解明することにより，種や組織を越えた普遍的なメカニズムが提示されると考えられ，発生生物学での重大な問題の1つといえる．

c. さらなる課題——種間の形態，大きさの違い

形態形成における細胞増殖の制御に関して興味深い課題の1つは，「種間の大きさ，形の違いがどのような機構で決定されるか」である．例えば，同じ哺乳類でもゾウが大きくマウスが小さいのはどのような機構によるのか？ ヒトと違ってサルはどうして足より手が長いのか？ キリンはどうして首が長いのか？

前述したように細胞の数は，組織と個体の大きさや形の違いに反映される．したがって，種間での組織や個体の大きさ，形の違いは，それぞれの種における発生過程での細胞増殖の制御の違いに負うところが多いと考えられる．その違いは，突き詰めていえばゲノム情報の違いに起因する．いかなるDNAの違いが，いかなる機序で，この種間の違いを決定するのだろうか？ ヒトを含めて様々なモデル動物のゲノムDNA配列が解読されている．それらゲノム情報に記されたボディプラン，その下流遺伝子ネットワーク，そして本稿で述べた発生過程の増殖制御機構の解明により，いつの日にか，この問題の答が出るときが来るであろう．

〔竹内　隆〕

● 文 献

Fankhauser, G. (1952) Nucleo-cyoplasmic relations in amphibian developmnet. International Review of Cytology **1**：163-193.

Henery, C. C., et al. (1992) Tetraploidy in mice, embryonic cell number, and the grain of the developmental map. Developmental Biology **152**：233-241.

Toyoda, M., et al. (2003) Jumonji downregulates cardiac cell proliferation by repressing cyclin D1 expression. Developmental Cell **5**：85-97.

6.7.5　細胞の形態変化と細胞移動

1つの受精卵から複雑な形態を持つ個体を築き上げるためには，指向性を持ち，かつ統合のとれた細胞移動と順序正しい細胞分化が必要である．ここでは，初期胚における様々な様式の細胞移動について概説する．

a.　指向性細胞移動

個々の細胞が指向性を持って移動するための最も一般的な様式として，遊走性移動（chemotaxis）がある（Affolter and Weijer, 2005）．これに関する知見は，主に免疫系細胞の好中球を用いた培養系での研究において集積されてきた（図6.41a）．遊走性移動においては，個々の細胞が液性因子に応答し，その方向へ移動する．この際の最初の細胞応答として，細胞性アクチンの極性化（polarization）が起こることが知られている．すなわち，細胞前方では極性化に伴って糸状仮足（filopodia）・葉状仮足（lamellipodia）が，後方では細胞移動の原動力として収縮性アクトミオシン糸状体が生じる．Rho GTPaseファミリーであるCdc42, Racが細胞の前方で，これらの仮足の形成を担い，後方では，RhoAがこれらのアクチン細胞骨格の調節を担っている．さらに，指向性の極性化に伴って，リン脂質のPIP$_3$の産生と分解が起こる．すなわち，細胞最前線ではPI3 kinaseがその産生を司り，側方あるいは後方ではPTENがその分解を促進する．このPIP$_3$の濃度勾配とRho GTPaseファミリーが協調的に働くことにより，細胞極性が維持される．

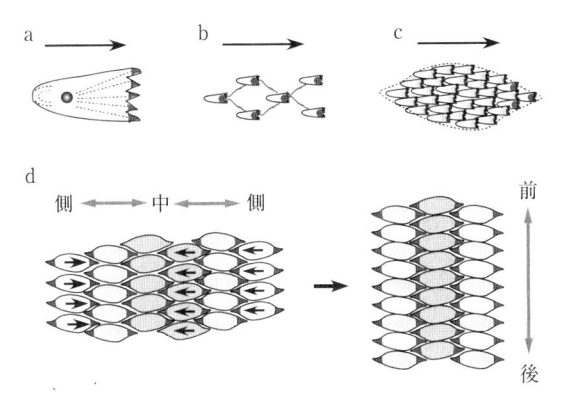

図6.41 初期胚にみられる細胞移動の様式
a. 培養細胞系において，指向性を持って移動する好中球.
b. 初期胚において，単独細胞として移動する神経堤細胞.
c. 初期胚において，細胞塊を形成して移動する側線原基.
d. 初期胚において，細胞群として移動する脊索予定領域.
アクチン細胞骨格による細胞の極性化を黒で示す．細胞の進行方向を矢印で示す．細胞の移動する通路を破線で示す．

b. 初期胚における単独細胞の移動

初期発生において，培養細胞のように単独で細胞移動を行う例として，後脳神経管背側から脱離し様々な末梢組織へ移動していく神経堤細胞（図6.41b）や，初期大脳皮質側部外套帯から背側脳室へ移動する介在ニューロンなどがある（Ayala, et al., 2007）．神経堤細胞の移動は上皮間葉転換（epithelial-mesenchymal transition）に伴い開始する．脱離した神経堤細胞は葉状仮足を進行方向に出し，目的地へと能動的に移動する．一方，ニューロンは軸索を進行方向に伸ばし，その先端に葉状仮足を出しながら移動する．これらの細胞群は目的地へと最短距離を移動するのではなく，湾曲した川を流れるように移動する．興味深いことに，神経堤細胞は細胞間隙を一定に維持しながら移動するのにも関わらず，近隣の細胞に非常に長い糸状突起を伸ばし，お互いにコミュニケーションをとっている．

近年，ニューロンの移動に関わる誘引因子あるいは反撥因子の探索が盛んに行われている．軸索ガイダンス因子として知られるNetrin, Semaphorine, Slitなどは，細胞が移動する通路や主要な曲がり角に発現している．一方，ニューロンにはそれらの受容体が発現しており，これらの誘引因子や反撥因子を認知しながら移動する．

c. 初期胚における細胞塊の移動

初期胚では，単独細胞としてではなく，むしろ細胞どうしが密接し細胞塊を形成し，統合性を保ち指向性を持ちながら移動を行う例が多々みられる．ゼブラフィッシュの側線原基（図6.41c），顔面神経ニューロン，脊索前板などが挙げられる．側線原基は約100個の細胞からなる．細胞塊として，体側を後方へ移動しつつ，一定の間隔で約10個ずつの小細胞塊をあとに残していく（Lecaudey and Gilmour, 2006）．これらの小細胞塊は，それぞれ水流を感知する感覚器へと分化していく．最前列の数個の細胞が方向性を獲得し，葉状仮足を進行方向に出しながら能動的に移動するのに対し，その後方の細胞群は偽足（pseudopodia）を出し，協調性を保ちながら受動的に追従するのが，側線原基の移動の特徴である．すなわち，この細胞塊はあたかも遊走性移動する1つの細胞のごとく前後の極性を確立し，能動的に移動するのである．興味深いことに，実験的に細胞塊を前後に半分に切断すると，この後方の細胞塊から最前列様の細胞が生じ，能動的に移動するようになる．

側線原基の移動では，ガイダンス因子としてケモカインの一種であるSDFが用いられる．細胞塊が移動していく通路に発現しているSDFが，2種類の類似した受容体CXCRを介して，前方と後方の細胞塊の指向性と協調性の両方を制御している．

d. 初期胚における細胞群の移動

個々の細胞が極性と指向性を持ち，かつ細胞間の協調性を保ちながらダイナミックな運動を行う例として，原腸形成運動が挙げられる．いくつかの主要な原腸形成運動の中で，ここでは，収斂-伸長運動（CE；convergent extension）を取り上げる（Keller, 2005）．両生類や魚類の胚の原腸形成期から神経胚初期において，予定脊索および予定体節領域の細胞群は，その上層の神経板の細胞群とともに正中線に向かって収束し，それに伴っ

て前後軸の方向に細胞を再配置することにより，伸長する（図6.41d）．この過程では，個々の細胞が極性を持ち，中軸-側方軸方向に葉状仮足様の突起を形成し，細胞どうしが相互の間隙へ入り込み運動（medio-lateral cell intercalation）を行う．これが収斂-伸長運動の原動力となる．

近年，これらの細胞群が協調性を確立するメカニズムが明らかにされつつある．ショウジョウバエの上皮細胞の平面細胞極性（PCP；planar cell polarity）の制御系と相同の遺伝子・分子系が，収斂-伸長運動を担っていることがわかってきた．しかしながら現在のところ，個々の細胞が広範囲において前後軸あるいは中側軸に沿って指向性を獲得するメカニズムはわかっていない．

〔多田正純〕

● 文　献

Affolter, M. and Weijer, C.J. (2005) Signaling to cytoskeletal dynamics during chemotaxis. Developmental Cell **9**：19-34.

Ayala, R., et al. (2007) Trekking across the brain：The journey of neuronal migration. Cell **128**：29-43.

Keller, R. (2005) Cell migration during gastrulation. Current Opinion in Cell Biology **17**：533-541.

Lecaudey, V. and Gilmour, D. (2006) Organizing moving groups during morphogenesis. Current Opinion in Cell Biology **18**：102-107.

6.7.6　胚葉の形成と分化

図6.42aはゼブラフィッシュの胞胚後期における胚葉の位置と誘導シグナルを示したものである．両生類も，卵黄細胞を除くとほぼ同じように描くことができる．胚盤内で動物極を中心に大きな場所を占める外胚葉は，発生過程で自律的に分化する．一方，植物極側の周縁部では卵黄細胞からの誘導シグナルにより内胚葉・中胚葉が分化する（中胚葉誘導）．本項では，主に魚類と両生類での成果をもとに，脊椎動物の胚葉形成とその分化についてまとめた．

外胚葉はオーガナイザー領域（両生類の原口背唇部に相当）からの分泌因子により，背側半分が神経組織（神経誘導），残った腹側が表皮へと運命づけられる．酵素処理などにより外胚葉領域をばらばらの細胞にして培養すると，主として神経を生じる．これは細胞外に存在する因子が洗い流され，抑制されていた本来の発生運命が現れるのだと解釈されている．実際，TGF-βファミリーの分泌因子，BMP（bone morphogenetic protein，骨形成タンパク質）が胚発生の初期から胚全体で存在し，外胚葉細胞の神経への分化を抑制していることがわかっている．しかし，胞胚後期になると，オーガナイザー領域からBMPと

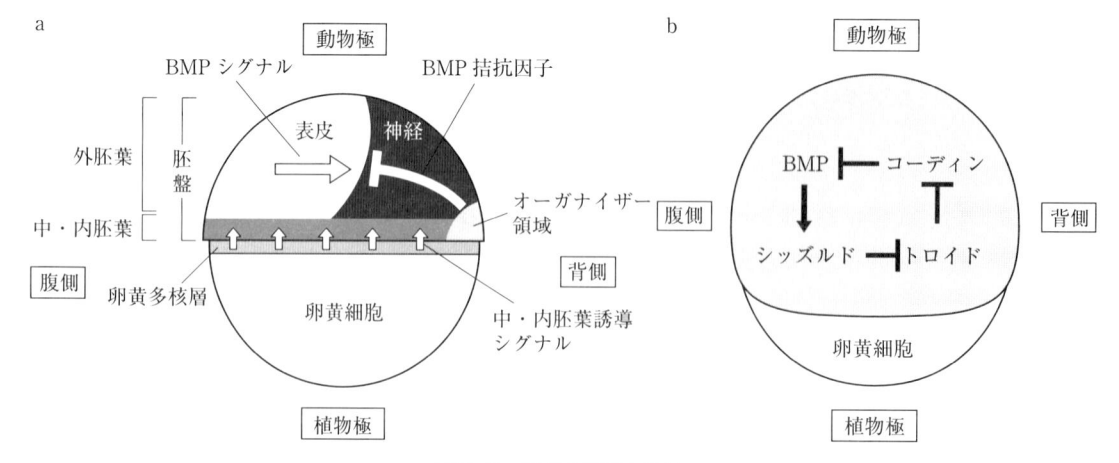

図6.42　胚葉の形成と分化
a. ゼブラフィッシュ胞胚後期（側面図）における胚葉分化と誘導シグナル．
b. 原腸胚期においてBMPシグナル活性の調整に関与する因子群．

拮抗する因子（BMPと細胞外で結合する因子）が分泌される．この因子が到達する背側半分でBMPシグナルが減少して，外胚葉の細胞は本来の発生運命である神経へと分化する．つまり外胚葉は，BMPシグナルが抑制された領域で神経（背側），BMPシグナルが活性化している領域で表皮となる．オーガナイザー領域から分泌されるこのBMP拮抗因子が，実は1920年代のSpemann, H. の実験以来，発生学者が長い間探し求めていた神経誘導因子の実体なのである．代表的なオーガナイザー因子は，アフリカツメガエルで初めて単離されたコーディン（Chordin）である．一方，ショウジョウバエでも，外胚葉の背腹軸に沿ったパターンはBMPシグナルとコーディン相同遺伝子の拮抗作用によって決定されていることが遺伝学的解析により判明している．したがって，BMPとコーディンの関係は進化的に非常に古い時代に確立し，動物界全体で背腹のパターニングに利用されたと考えられる．

最近の研究によると，胚内でのBMPシグナルの活性は，コーディンとの拮抗作用のみでなく，さらに多くの因子により制御されていることが示されている．例えば，コーディンとBMPの複合体を分解することでコーディンのBMP阻害能を減少させることができるトロイド（Tolloid．メタロプロテアーゼの活性を有する）が胚全体に，トロイドと結合してその活性を阻害するシッズルド（Sizzled）が主に腹側に分布している．これらの因子により図6.42bのような誘導や抑制的関係のネットワークが築かれ，BMP活性が背腹軸に沿って微妙に調節されているのである．

内胚葉・中胚葉それぞれから将来発生する組織・器官は大きく異なる（6.7.9, 6.7.8項参照）．しかし羊膜類や魚類では，最初は両者へ分化可能な内胚葉・中胚葉として誘導される．例えばゼブラフィッシュ胚では，胞胚中期の胚盤周縁細胞の1つを標識すると内胚葉性と中胚葉性器官の両方に分布するが，胞胚後期に標識するとどちらか一方の器官だけに分布するようになる．しかしこの時期でも，胚盤の最辺縁部では内胚葉と中胚葉の細胞が混在し，少し離れた（より動物極側の）領域は主として中胚葉細胞で占められる．これまでの研究より，内胚葉・中胚葉は，胞胚期に卵黄細胞（特に胚盤直下の卵黄多核層）から分泌されるTGF-βファミリーのノーダル（Nodal）により誘導されること，ノーダルシグナルをより強く受けた細胞（すなわち胚盤の最辺縁部）が内胚葉に分化する傾向が強いこと，内胚葉と中胚葉の量的バランスは細胞間相互作用を担うノッチ（Notch）シグナルによって制御されていることなどがわかっている．また魚類の卵黄細胞は，誘導活性という観点から，両生類の植物極側に存在する割球と相同なものとみなされている．

内胚葉・中胚葉が分化する際に最も早く発現する転写因子は，それぞれブラキウリ（Brachyury．T-ボックス型転写因子）とソックス17（sox17．HMG型転写因子）である．これらの転写因子はそれぞれの胚葉分化にきわめて重要であり，その機能は脊椎動物間で保存されている．例えば，ゼブラフィッシュとマウスのブラキウリ突然変異体では，中胚葉の形成が悪く（特に背側領域），体が伸長しない．同様に，ソックス17のノックアウトマウスやソックス17類似遺伝子のゼブラフィッシュ突然変異体では，内胚葉形成がほとんど起こらない．いずれの転写因子もノーダルシグナルによって発現が誘導される．

以上のように，BMPシグナルやノーダルシグナルなどの分泌性シグナルの作用によって，初期胚において胚葉の誘導・分化・パターン形成が進行する． 〔武田洋幸〕

● 文　献

De Robertis, E. M. (2006) Spemann's organizer and self-regulation in amphibian embryos. Nature Reviews Molecular Cell Biology **7**(4): 296-302.

Muraoka, O., et al. (2006) Sizzled controls dorso-ventral polarity by repressing cleavage of the Chordin protein. Nature Cell Biology **8**(4): 329-38.

Schier, A. F. and Talbot, W.S. (2005) Molecular genetics of axis formation in zebrafish. Annual review of genetics **39**: 561-613.

Stainier, D. Y. (2002) A glimpse into the molecular entrails of endoderm formation. Genes and development **16**: 893-907.

6.7.7 脳および他の外胚葉性器官の形成

脊椎動物胚の外胚葉は，神経誘導を経てまず神経板と予定表皮領域に分かれ，両者の境界領域には神経堤と呼ばれる細胞群が生じる．神経板からは中枢神経系が形成されるのに対し，予定表皮領域からは表皮とその派生物に加え，感覚器官，神経節などの外胚葉性プラコード由来器官が生じる．また，神経領域と予定表皮領域の両者から眼が形成される（図6.43）．

a. 中枢神経系の形成と神経細胞の分化

神経誘導により生じる予定神経領域は，まず神経板と呼ばれる幅広の板状構造をとるが，その後，細胞再配列により中線に向けて収束するとともに前後に伸張し（収束伸張運動），さらに管状構造となる（神経管）．神経管の前方からは前後に沿って前脳・中脳・菱脳と呼ばれる膨出構造が生じ（一次脳胞），さらに前脳は終脳と間脳，菱脳は後脳と髄脳を形成する（二次脳胞）．一方，神経管後方は脊髄に分化する．これと並行して背腹に沿っても領域化が進行する結果，脳は複雑な領域構造を構築する（図6.43）．

神経板の前後に沿ったパタンはすでに原腸形成時に確立する．神経誘導で生じる予定神経領域は，当初，前方脳領域の性質を持つが，後方領域からの分泌性シグナル（後方化シグナル）により前後に沿ってパタン化される．後方化シグナルとしてはレチノイン酸，FGF，Wntなどが想定されている．その後，神経板内の各領域にシグナル分泌センターが形成され，これらの周辺において脳領域の誘導，パタン形成が行われる．この例としては前脳前端部・ZLI（zona limitans intrathalamica）・中脳後脳境界が知られており，FGF，ソニックヘッジホッグ（Shh；Sonic hedgehog），Wnt，Wnt拮抗物質などの分泌性シグナルを放出する．一方，神経管の背腹軸に沿ったパタン形成は，Shh（腹側に位置する脊索と神経管腹側の底板が分泌する），およびBMP（背側表皮および神経管背側から分泌される）が形成する相反した二重濃度勾配により制御される．また，この勾配に依存して発現し，各脳領域の発生運命を決定する転写因子が明らかになりつつある．

神経上皮細胞は偽重層上皮を構成しており（図6.44左），その一端は脳室，他端は脳・神経管の表層に伸びている．脳室に面した脳室帯では細胞分裂が活発であり，生じた神経芽細胞は外套帯に移動した後にニューロンおよびグリア細胞に分化する．一方，脳表層側に位置する周辺帯は，次第

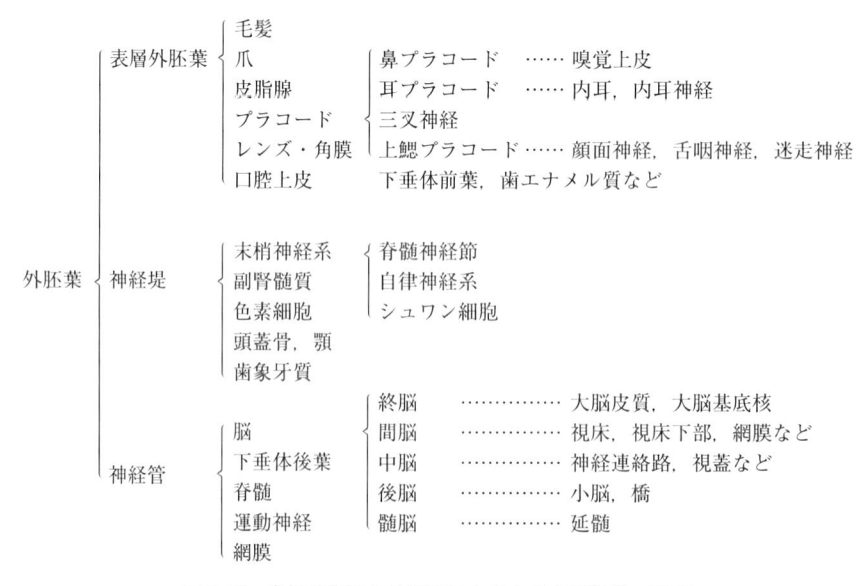

外胚葉
- 表層外胚葉
  - 毛髪
  - 爪
  - 皮脂腺
  - プラコード
    - 鼻プラコード …… 嗅覚上皮
    - 耳プラコード …… 内耳，内耳神経
    - 三叉神経
    - 上鰓プラコード …… 顔面神経，舌咽神経，迷走神経
  - レンズ・角膜
  - 口腔上皮 下垂体前葉，歯エナメル質など
- 神経堤
  - 末梢神経系
    - 脊髄神経節
    - 自律神経系
    - シュワン細胞
  - 副腎髄質
  - 色素細胞
  - 頭蓋骨，顎
  - 歯象牙質
- 神経管
  - 脳
    - 終脳 …………… 大脳皮質，大脳基底核
    - 間脳 …………… 視床，視床下部，網膜など
    - 中脳 …………… 神経連絡路，視蓋など
    - 後脳 …………… 小脳，橋
    - 髄脳 …………… 延髄
  - 下垂体後葉
  - 脊髄
  - 運動神経
  - 網膜

図6.43 脊椎動物胚の外胚葉に由来する主要組織・器官

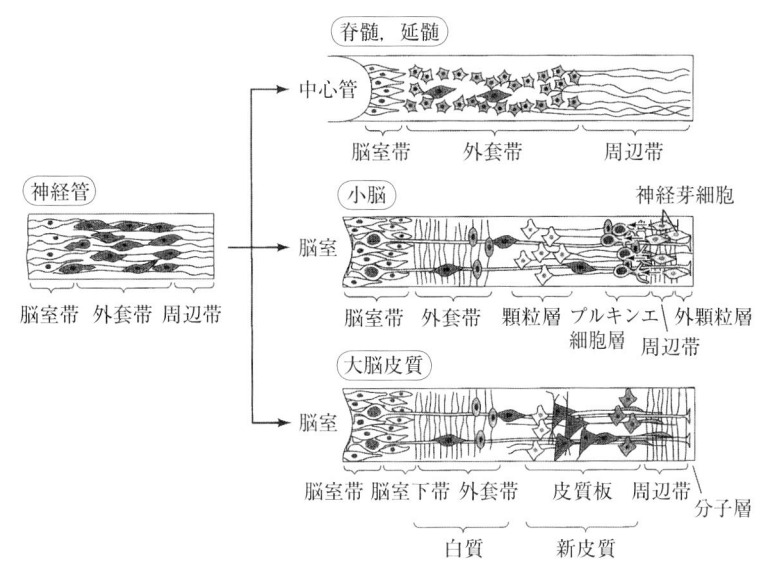

図 6.44 神経管壁における層構造（Jacobson, 1991 を改変）
ヒト5週齢胚において，神経管は3層から構成される．脊髄，延髄ではその後も同様の構造をとるが，小脳では第2の分裂層（外顆粒層）が生じ，この領域が新たに神経芽細胞を供給するようになる．大脳皮質では神経芽細胞およびグリア芽細胞層の移動により6層からなる皮質板が形成される（すべての図で，左が脳室側，右が脳表層）．

に末梢神経系や他の脳領域からの神経線維に置換される．前脳，中脳，そして小脳領域では，その後の二次的な細胞分裂と細胞移動の結果，さらに複雑な層構造を形成する．なお，中枢神経系におけるニューロンの数・分布は，プログラム細胞死（アポトーシス）によっても制御される．

b. 神経堤

神経堤（神経冠）は脊椎動物特有の胚組織であり，脊椎動物の進化に密接な関わりを持つとされる．予定表皮と神経板の境界で生じた神経堤細胞は，神経管の閉鎖と前後して胚体の様々な部位に移動し，多様な組織に分化する（図 6.43）．神経堤細胞の分化と移動にはBMP・Wnt・FGFなどの分泌性因子，Slug・FoxD3などの転写因子が関与する．また，移動経路の決定はエフリンなどの膜タンパク質に依存する．移動後の神経堤細胞の分化は基本的に最終移動位置からの制御因子により決定されるが，神経堤の生じる位置により，ある程度分化能が限定されることも知られる．

c. 眼および外胚葉性プラコードの形成

脳形成初期に間脳領域の両側部に膨出して生ずる眼胞は，表層外胚葉（予定表皮）に隣接した後，接触面で陥入して眼杯となる．一方，眼杯と接した表層外胚葉組織は肥厚し（レンズプラコード），眼胞内に取り込まれてレンズを形成する．眼杯の外層は網膜色素上皮，内層は神経性網膜となる．神経性網膜では光受容体および光刺激を伝達するニューロンが分化する．なお，レンズ形成は，眼杯からのシグナルのほか，周辺中胚葉，内胚葉からのシグナルを必要とする．脊椎動物・昆虫などに共通して，$Pax6$が眼の形成の中心的遺伝子（マスターコントロール遺伝子）であるとされる．また，頭部外胚葉の一部は，レンズのほかにも肥厚上皮構造（プラコード，図 6.43）を形成し，神経堤細胞とともに頭部神経を生じる上鰓プラコード・内耳原基などに分化する．近年の研究により，これらのプラコード構造の形成は，中胚葉・内胚葉および神経板に由来するFGFなどの成長因子に依存することが明らかとなりつつある．

d. 表皮とその派生物

以上の器官に加え，外胚葉は外側被覆構造として表皮を形成する．これは数層の細胞からなる層状構造であり，最深部に位置する基底層（胚芽層）が幹細胞として細胞分裂を継続し，表層に向けて細胞を供給する．表皮細胞は顆粒層で大量のケラチンを蓄積して角質化し，強度・不透過性などの物理的性質を獲得するが（角質層），最終的には脱落する．なお，表皮とその下部にある中胚葉性の真皮により皮膚が構成される．無脊椎動物の表皮は単層上皮であり，特に昆虫・甲殻類などではクチクラを分泌して外骨格を形成する．

〔弥 益 恭〕

● 文 献

Gilbert, S. F. (2006) Developmental Biology (8th ed.), Sinauer Associates, Massachusetts.

Jacobson, M. (1991) Developmental Neurobiology (2nd ed.), Plenum, New York.

6.7.8 中胚葉性器官の形成

中胚葉とは，原腸胚期以降の胚において，体の表面を覆う外胚葉（6.7.7項参照）と，消化管などを形成する内胚葉（6.7.9項参照）の中間に位置する構造である．脊椎動物初期胚期にみられる代表的な構造として，背側正中線上には脊索が存在し，その側方には中軸側から順に体節，中間中胚葉，側板中胚葉が形成される．この項では，これらの中胚葉組織の形成過程や機能について述べ，さらにそこから形成される器官について概説する．

a. 脊 索

背腹軸の形成に重要な役割を担うオーガナイザー領域が，胚内に陥入した後，前後軸に沿って形成する棒状の構造である．脊索自身は最終的に脊椎骨に置き換えられるため，成体の体を構成することはなく，発生において近隣の構造の形態形成を誘導する役割のほうが重要といえる．例えば，脊索の背側には神経管が位置し，その腹側領域では正中線に沿って底板，その両脇に運動神経細胞が形成されるが，このパターンの形成には脊索から分泌される液性因子のSonic hedgehog (Shh) タンパク質が関与する．すなわち，正中線上では脊索に近くShhタンパク質が高濃度なために底板が，その側方では脊索から比較的遠くShhタンパク質が低濃度なため運動神経細胞が，それぞれ形成されると考えられている．

b. 体 節

脊索の側方に形成され，前後軸に沿って分節した繰返し構造である．原腸胚期に中軸中胚葉に続いて陥入し，その側方に位置する沿軸中胚葉から発生する．この沿軸中胚葉がその後，前方から順にくびれ，規則正しい分節構造を形成するのである．分節の速度は動物種によって決まっており，例えばニワトリでは約90分，ゼブラフィッシュでは約30分に1回くびれることが知られている．その周期性から何らかの計時機構の存在が推定されていたが，1997年に，体節形成と同一周期で発現パターンの変化を繰り返す遺伝子 c-hairy1 の存在がニワトリ胚で報告され，分節形成に関わる遺伝子の発現の周期性が体節の周期性に非常に重要であることが強く示唆された（図6.45a）．その後，分節前の中胚葉において，後方で強く前方で弱いという発現勾配を示す *fibroblast growth factor8* (*fgf8*) 遺伝子が，分節形成に関して抑制的に働くことが明らかとなった．*fgf8* の発現自身は体軸の伸長とともに後方へと移行するため，前方から順に体節が形成されると考えられている．事実，未分節中胚葉中のFGFシグナルの一時的遮断により大型の体節が形成されること，これと逆に持続的にFGF刺激を与え続けると体節形成が抑制されることなどが実験的に示されており，この考えの正しいことを示している．現在ではこれらの観察結果から，未分節中胚葉中の細胞群（分節形成遺伝子が同調して周期的発現を繰り返す）が，FGFシグナルによる分節抑制から解放されたときに一斉に分節形成を起こすことで，規則的な体節形成が行われると考えられている（図6.45b, c）．

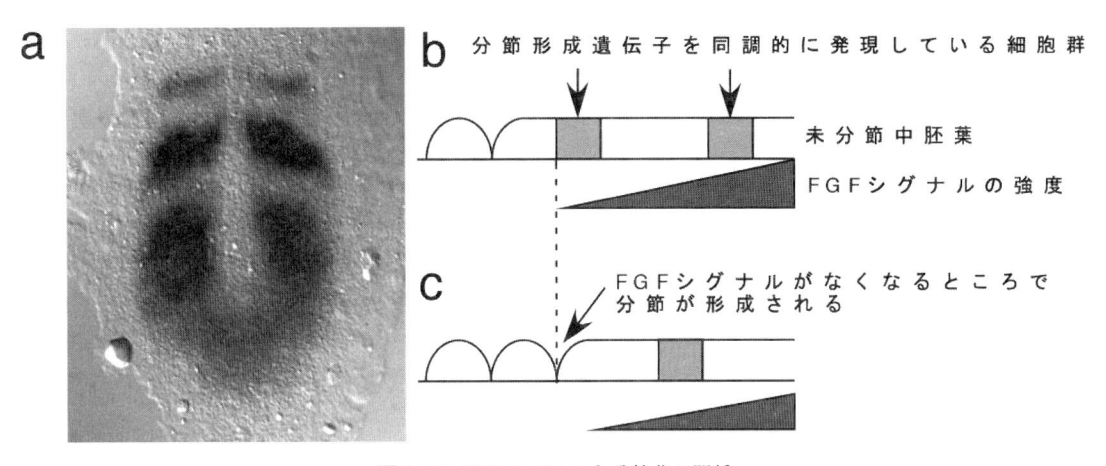

図 6.45 FGF シグナルと分節化の関係
a. ゼブラフィッシュ hairy 様遺伝子 her1 の 5 体節期における未分節中胚葉中での発現．このようなストライプが体節形成に伴って後方（図の下部）から前方（上部）へ移動するようにみえる．
b, c. 体節形成のモデル．分節形成に関わる遺伝子を同調的に発現している未分節中胚葉中の細胞群（矢印で示す）が，FGF シグナルが及ぶ領域より前側に位置することで分節抑制から解放されると (b)，一斉にくびれを形成する (c)．その間に FGF による分節抑制領域は後方に後退する．図中，左が前方．

分節後の体節は上皮化し，背側から皮節・筋節・硬節に分かれるが，皮節からは真皮が，筋節からは体幹部の筋肉が，硬節からは脊椎骨や肋骨が形成される．これらの分化には，やはり周囲の組織からのシグナルが重要であることが知られる．例えば硬節の分化には脊索や神経管腹側からの誘導シグナルが必要である．

c. 中間中胚葉

背側（中軸側）の体節と腹側（側方）の側板中胚葉の中間領域に相当する．体節ほど明瞭ではないものの，前後軸に沿った分節構造を示し，ここから腎臓および生殖腺が形成される．

腎臓については，発生初期に前方の中間中胚葉から前腎管が形成される．前腎管が前後軸に沿って後方へと伸長する過程で，周囲の間充織との相互作用の結果として細管を形成し，まず最前方に前腎を形成する．ただしこれは羊膜類では痕跡器官であり，魚類と両生類においても幼生期のみで機能する．その後，前腎が退縮するが，前腎より後方まで伸長して退縮を免れた前腎管（以降，ウォルフ管と呼称される）と周囲の間充織の相互作用により中腎が形成される．魚類と両生類では中腎が成体の腎臓として機能するが，羊膜類ではさらに中腎も退縮して後腎が形成され，成体での腎臓となる．

一方，生殖腺の原基は，中間中胚葉側から体腔（次の d「側板」を参照）側へと突出した生殖隆起と呼ばれる構造である．生殖隆起は中間中胚葉からなる内側の間充織と，体腔上皮に始原生殖細胞が取り込まれた外側の生殖上皮より構成される．生殖上皮から形成される性索が発達し，最終的に雄では精子が，雌では卵細胞などが形成される．

d. 側 板

中間中胚葉よりもさらに腹側（側方）に相当する中胚葉構造の呼称である．体表側の体壁板と体内側の内臓板の 2 層より構成されており，その間には後に体腔と呼ばれる腔所が生じる．側板からは腸間膜や消化管壁のほか，循環器系の器官（心臓，血管系，血液など）が形成される．この中で例えば心臓は，前方の側板中胚葉からなる左右一対の原基が内胚葉を足場にして正中線上に移動し，前腸の腹側で癒合することから形成が始まる．形成当初は 1 心房 1 心室の単純な構造だが，ヒトや鳥類などではその後，屈曲とくびれを繰り返して 2 心房 2 心室の複雑な構造を形成する．

〔二階堂昌孝〕

6.7.9 内胚葉性器官の形成

多くの多細胞動物は発生の過程で外胚葉・中胚葉・内胚葉の3胚葉を生じ，それ以後たいていの場合，これらの胚葉の組合せによって器官（臓器）が形成される．内胚葉性器官とは，その構築の一部に内胚葉が関与する器官であり，器官の機能の主要な部分を内胚葉由来の上皮組織が担うことが多い．脊椎動物では，内胚葉性器官の主要なものは消化器官と呼吸器官であり，また，それ以外にもいくつかの器官が派生する．無脊椎動物でも消化器官は内胚葉性器官である．

脊椎動物の場合，内胚葉は，発生の初期に胚を構成する単純なシート状細胞層から，陥入などの原腸形成運動により形成される．このとき中胚葉もほとんど同時に生じる．その形成については，分子的な側面がかなり明らかになりつつある．多くの動物群で *Nodal*, *Sox17* などの遺伝子の作用を必要とすることがわかっており，これらの遺伝子の作用が阻害されると内胚葉は形成不全となる．

脊椎動物のうち両生類では，原腸形成によって内胚葉が胚内に陥入し，原始的な消化管（原腸）を形成する．爬虫類・鳥類・哺乳類では原腸は形成されないが，やはり原腸形成と呼ばれる現象によって，胚盤葉上層から内胚葉が形成される．これらの内胚葉はやがて左右からの褶曲によって管を形成し，消化管となる．ニワトリ胚についてこの過程を少し詳しく説明すると，まず胚前方の内胚葉が管を形成し，前腸となる．少し遅れて胚後方でも管の形成が進行し，後腸となる．前腸は後方へ，後腸は前方へと伸び，やがて胚中央部でわずかな間隔をおいて相対する．前腸と後腸の間は中腸と呼ばれる．中腸は発生の後期まで完全に閉じることはなく，ここから卵黄嚢が突出する．

前腸・中腸・後腸のそれぞれは，さらに前後方向（口から肛門に向かう方向）に領域が細分され，各領域から消化器官をはじめとする「内胚葉性器官」が生じる．

最も前方は口腔である．ただし，成体の口腔領域のかなりの部分は外胚葉性であって，例えば唾液腺上皮は外胚葉由来である．口腔のどこからが内胚葉由来であるかを厳密に定めることは困難であるが，およそ舌の付け根付近であるとされている．舌の大部分（乳頭が存在するところ）は外胚葉性である．

つづいて咽頭領域がある．咽頭からは多くの器官が派生する．咽頭は脊索動物において呼吸器官（鰓）の存在領域であり，軟骨魚類・硬骨魚類・両生類では，ある時期に鰓を生じる．羊膜類では発生の途上で鰓に類する構造を生じるが，鰓として機能することはない．鰓の原基となる内胚葉の陥没を鰓嚢といい，ここから耳管，口蓋扁桃，上皮小体（内分泌器官），胸腺などの器官が生じる．また咽頭部の床（腹側）からは甲状腺が形成される．

咽頭に続く喉頭領域内胚葉からは肺上皮が分化する．肺は喉頭部の腹側に，内胚葉と内臓板中胚葉が突出した肺芽として生じ，肺芽中では上皮が分枝を繰り返す．原始腸管から分岐した最初の部分は気管となり，左右に分枝して気管支を生じ，ついでさらに細かい気管支が分かれていく．最末端部では上皮はきわめて薄くなり，肺胞を形成して酸素と二酸化炭素の交換を行う．気管と気管支の上皮細胞は繊毛を持つ．肺の形成にはいくつかの成長因子，例えば繊維芽細胞成長因子10（FGF10）や Wnt などが必要不可欠である．

原始腸管のうち，前腸からは消化器官として食道と胃が形成される．食道は食物が（口腔で咀嚼された後）最初に通過する領域であるので，上皮はきわめてしっかりした作りになっている．食道上皮は発生中に活発に増殖して，一時は内腔を塞ぐほどになる．また他の消化器官と異なり，上皮は多層化する．また粘液腺が発達して食物のスムーズな通過を助けている．

胃は，最初の消化を行う器官であるとともに，一時的に食物を保留する機能もある．胃には胃腺が形成され，その上皮細胞からは，消化酵素ペプシンや，ペプシンのタンパク質分解活性を高めるための酸（胃酸）を分泌する細胞が分化する．また内腔に面した上皮細胞は，上皮細胞自身を胃酸

やペプシンの活性から保護する物質を分泌する．これらの胃上皮細胞の分化には胚期の間充織からの誘導作用が必要であること，また骨形成タンパク質（BMP）などの成長因子が重要であることが繰返し明らかにされている．なお，鳥類では胃が2つの部分に分かれ，口側は前胃（腺胃），後方の部分は砂嚢（筋胃）と呼ばれる．

前腸の後端部と中腸からは小腸が分化する．ヒトなどでは小腸は十二指腸・空腸・回腸に分かれるが，これらの腸は基本的に類似の構造を持っている．上皮は結合組織を伴って，内腔に突出した絨毛を形成し，また絨毛の基部には幹細胞の存在する陰窩がある．上皮細胞は消化・吸収を行う腸細胞，粘液を分泌する杯細胞，および内分泌細胞に分化し，早い細胞回転を示す．また腸細胞の細胞表面には，二糖分解酵素の局在する微絨毛があり，これは消化面積の拡大に役立っている．小腸の分化においても組織間相互作用の重要性が指摘されている．

後腸から分化する大腸（結腸と直腸）は水分の吸収を行い，同時に便を肛門に運ぶ．またその一部は盲腸と呼ばれヒトでは退化しつつあるが，草食動物では大量の原生生物を容れてセルロースの消化を行うために，きわめて長大になっている．大腸の多くの細胞は粘液産生細胞である．

肝臓は十二指腸の終端部から突出して形成される．肝臓原基も他の器官と同様，内胚葉性上皮と内臓板中胚葉から構成されている．肝臓上皮は盛んに分枝し，また分枝した塊は肝葉をつくる．上皮の終末部は肝細胞索となるが，ここの細胞が肝実質細胞である．肝実質細胞からは胆汁が分泌され，これは上皮細胞から生じる肝内輸胆管・肝管・胆嚢・総胆管を経て腸管内に輸送される．肝臓にはその他きわめて多数の機能があり，小腸で吸収された栄養分が肝門脈を経て運ばれることと密接に関連している．肝臓の発生には，近接する心臓原基からの誘導が必要であり，逆に心臓の発生にも肝臓の存在が重要であるなど，相互依存性がみられる．

膵臓は多くの脊椎動物で，十二指腸の終末部の背側と腹側に生じる2つの原基より生じる．これらはやがて，腹側原基が背側に移動して合体する．膵臓上皮はやはり活発に分枝形態形成を行い，その末端部は膵腺房という，消化酵素を分泌する外分泌腺を形成する．腺房以外の上皮細胞は消化酵素を腸管に送る輸送管になるが，発生中にその一部の細胞が上皮から離脱して間充織中に細胞塊を形成し，インスリン，グルカゴンなどの重要なホルモンを分泌する内分泌腺となる．膵臓の形成には，脊索からのソニックヘッジホッグ（Shh）の作用によってPdx1という転写因子が誘導されることが必要で，*Pdx1*遺伝子の働きを失わせたノックアウトマウスでは膵臓が形成されない．種々の外分泌・内分泌細胞の分化に関わる遺伝子も多く同定されていて，膵臓の再生医療などへの応用が期待されている． 〔八杉貞雄〕

● 文 献

福田公子，八杉貞雄（2005）消化管の領域化と器官形成．蛋白質・核酸・酵素 50：670-677.
Wilt, F. H. and Hake, S. C.（赤坂甲治，ほか 訳）(2006) ウィルト発生生物学．東京化学同人．

6.7.10 再 生

a. 再生と再生医療
(1) 再生

生物における再生とは，損傷した一部の組織や器官を細胞によって元通りに戻すことを指す．擦り傷などの修復も広義の再生だが，修復の範囲が狭いときや損傷の程度によっては損傷治癒と呼ぶことがある．

(2) 再生医療

病気や事故で損傷した組織や器官を細胞の移植によって治療することを再生医療と呼ぶ．ロボットの修理のようにして臓器などを丸ごと移植する場合は，再生医療とはいわずに移植治療と呼ぶ．

b. 色々な幹細胞
(1) 幹細胞とは

色々な細胞に分化できる状態を維持したまま自己増殖できる細胞を幹細胞と呼ぶ．由来や分化で

きる細胞の種類によって，さらに細かく分類される．発生や再生過程において，必要な種類の細胞を必要な数だけ産み出してくれるので，発生と再生，そして再生医療の鍵を握る細胞として脚光を浴びている．

(2) 全能性幹細胞

全能性幹細胞の定義は歴史とともに変化しているので注意が必要である．元来は，幹細胞のうち，生殖細胞を含むあらゆる種類の細胞になれる能力（分化全能性）を持った幹細胞を全能性幹細胞（totipotent stem cell）と呼んでいた．よって受精卵と，キメラマウスにしたときに生殖細胞にも分化できる胚性幹細胞（ES細胞）が全能性幹細胞と定義されていた．しかし1998年にヒトのES細胞が樹立されて以降は，ES細胞と受精卵を同じ分類にすると，ヒトのES細胞から人間が生まれるかのような誤解を一般の人々に与えてしまうので，分化全能性を有するものの自律的に個体になれない幹細胞（すなわちES細胞やiPS細胞など）は，pluripotent stem cell（日本語訳では多能性幹細胞）と呼ぶように2000年に改訂された．すなわち現在の定義では，「全能性幹細胞」は受精卵にのみ適用される言葉となったのである．

(3) 多能性幹細胞

すべての種類ではないが複数の種類の細胞になれる幹細胞を多能性幹細胞と呼んでいた．血液幹細胞や神経幹細胞などが代表例であった．しかし，この定義も全能性幹細胞の定義変更によって微妙に変化しつつある．本来の英語名はmultipotent stem cellだったが，ES細胞やiPS細胞が2000年にpluripotent stem cellと定義変更されたことに伴い，これらの細胞を日本語で多能性幹細胞（分化全能性を有するにも関わらず）と呼ぶようになり，血液幹細胞や神経幹細胞は組織幹細胞と呼ぶことが定着しつつある．

(4) ES細胞

初期胚から，分化全能性を維持して増殖している細胞を取り出し，シャーレの中で分化全能性を維持したまま増殖できるようしてつくった多能性幹細胞が胚性幹細胞（embryonic stem cell）であり，頭文字をとってES細胞と呼ぶことになっ

た（最初は作製に成功した2人の研究者の頭文字をとってEK細胞と呼ばれていたが，その後ES細胞に統一された）．1998年に，不妊治療で余ったヒト胚からヒトのES細胞がつくられたことによって，ES細胞を使った再生医療研究が本格化するが，ヒトの受精卵を使う倫理的問題と，他人由来の細胞を使うことによる拒絶反応のために移植に使えないという難点があった（9.2.3項b「ES細胞」参照）．

(5) iPS細胞

成体から，分化した細胞を取り出し，遺伝子を導入することによって人為的につくった分化全能性を持つ多能性幹細胞をiPS細胞と呼ぶ．分化した細胞から多能性幹細胞をつくることに世界で初めて成功した山中伸弥がinduced pluripotent stem cellの頭文字をとってiPS細胞と呼んだので，この呼称が世界的に定着した．ES細胞と同じ能力を持つ細胞を，胚からではなく成体からつくれるので，ES細胞の難点であった倫理上の問題はなくなった．また，患者自身の細胞からつくれるので拒絶反応の問題もなくなり，再生医療を実現可能にする細胞として世界的な注目を浴びている（9.2.3項c「iPS細胞」参照）．

(6) その他の多能性幹細胞

分化全能性を有した多能性幹細胞は最初，ES細胞が作製される以前に，生殖細胞や胚ががん化してできた奇形腫の中から分離された．この奇形腫の中から分離された多能性幹細胞の英語名はembryonal carcinoma cellで，EC細胞と呼ばれた．松居 靖がマウス胚の生殖幹細胞から樹立した多能性幹細胞はEG細胞と命名され，篠原隆司が成体マウスの精巣にある生殖幹細胞から樹立した多能性幹細胞はGS細胞と命名されている．iPS細胞を作製した山中伸弥といい，この分野での日本人研究者の活躍が目立つ．

(7) 組織幹細胞

成体になると全能性幹細胞はどこにも存在しなくなるが，一部の組織には多分化能を持った幹胞が残っており，組織の恒常性維持や再生に役立っている．このように成体になっても各組織に残っている幹細胞を組織幹細胞と呼ぶ．胚性幹細

胞と違い，分化できる細胞の種類は大幅に限定されていると考えられているが，一部には全能性に近い能力を保持した幹細胞があることが報告されている．

(8) 神経幹細胞

脳などの神経系が神経管から出来上がるときに，神経系の細胞への分化運命は決定しているが，色々な神経細胞になれる能力を保持したまま増殖して，色々な神経細胞に分化する幹細胞を神経幹細胞と呼ぶ．長い間，成体の神経組織には神経幹細胞は残っていないと考えられていたが，1996年にGage, F. H.が成体ラットの脳に神経幹細胞が残っていることを示したことによって，神経系の幹細胞治療が脚光を浴びるようになった．

(9) 血液幹細胞

成体になっても骨髄に残っていて，各種の血球系の細胞を供給する幹細胞を血液幹細胞と呼ぶ．ヒトの各種の血球系の細胞は，この骨髄にある血液幹細胞から恒常的に生産されている．白血病の治療に用いられる骨髄移植は，骨髄の中に存在している血液幹細胞を移植することによって行われる再生医療といえる．

c. 再生の様式

(1) 再生芽

両生類の四肢の再生時などに，切断面に幹細胞様の細胞が集まってつくる細胞塊を再生芽と呼ぶ．一般に再生過程の初期段階において，傷口が表皮に覆われた後，傷口を覆った表皮直下に幹細胞様の細胞が集まってくる．表皮直下には色素細胞があるのが普通だが，再生芽の表皮直下では色素細胞の分化が抑制されるらしく，再生芽は白っぽくみえる部分として認識される．

(2) 付加再生と再編再生

再生には2つの様式があると考えられていた．1つは，再生芽が形成されて再生する場合である．切断などで残された根元の部分はそのままで，再生芽から失われた部分が再生するというもので，付加再生と呼ばれた．両生類の四肢の再生が典型的な例である．もう1つは，ヒドラの再生にみられるように，再生芽は形成されずに，残った部分全体の位置情報が再編されて個体を再生するもので，再編再生と呼ばれるようになった．しかし，近年のプラナリアの再生研究を契機に，どちらもインターカレーションモデルで統一的に説明できることが提唱されている．例えば，プラナリアでは，再生芽が形成されるにも関わらず再編再生が行われている．これは，再生芽が再編再生を引き起こすシグナルセンターとして機能することを示唆する．

(3) インターカレーションモデル

両生類の四肢や昆虫の付属肢の再生研究からFrench, O.やBryant, G.らによって1970年代に提唱された，再生を理解するための新しいモデルである．動物の細胞には位置情報が付加されており，損傷などによってある番地の細胞（例えばa）が失われ，傷口が修復して離れた番地の細胞（例えばe）が接したときには，その番地のギャップ（b〜d）を埋めるように細胞が反応することによって元の形を再生できるとした．プラナリアでは，形成された再生芽が，失われた部分の最先端の役割を担い，根元の部分とインターカレーションを引き起こすことによって，体のどの部分の断片からでも個体を再生できると考えられている．

(4) 極座標モデルと境界モデル

四肢や付属肢に極座標を想定してインターカレーションモデルを説明しようとするものを極座標モデルと呼んだ．その後，ショウジョウバエの遺伝学を使った研究から，モルフォゲンを分泌する細胞の境界でインターカレーションが起きることが証明され，これを境界モデルと呼ぶようになった．

d. 脱分化と核のリプログラミング

(1) 脱分化と分化転換

イモリなどの両生類の再生においては，再生芽に参加する細胞の中に，切断された四肢の根元に残っていた幹細胞だけではなく，すでに分化した細胞が，再生の刺激を受け取ることで分化形質を失って幹細胞のように振る舞い，再生を実行することが知られている．このように，分化した細胞が元の形質を失うことを「脱分化」と呼び，脱分

化した細胞が増殖後にもとの形質の細胞に分化し直す場合は「再分化」，違う形質の細胞に分化するときは「分化転換」と呼ぶ．

イモリのレンズ再生過程において，虹彩の色素細胞が脱分化し，レンズ細胞に分化転換することが知られている．これは，分化した細胞でも，幹細胞様の細胞になって色々な細胞になれること，分化形質が決して固定されたものでないことを示唆している．

(2) 核のリプログラミング

分化した細胞の分化形質が固定されたものでないことは，核移植実験によっても示されるようになった．核の状態をリセットして再び色々な細胞に分化できるようにすることを，核のリプログラミングと呼ぶ．1962年にGurdon, J. B.がゼノパス（アフリカツメガエル）を用いて，成体の中にある分化した細胞の核を除核した受精卵に移植して，個体をつくることに成功した．核移植によってクローンカエルが誕生したことによって，分化した細胞の核の状態をリセットして再び色々な細胞に分化するようにできることが実験的に証明された．この現象は核のリプログラミングと呼ばれるようになる．その後，核移植によってクローンヒツジのドリーが誕生し，クローンマウスが日常的につくられるようになり，核のリプログラミングは両生類に限られたものでなく，哺乳類でも可能であることが示された．

最近では，山中伸弥が4つの転写因子を導入することによって分化細胞から分化全能性を持つ多能性幹細胞をつくることに成功し，除核した受精卵への核移植によらずに，どんな細胞の核でもリプログラミングできる方法が開発された（前述のb(5)「iPS細胞」参照）．

(3) エピジェネシス

受精卵が分裂して発生していく過程において，分裂した細胞には同じDNAが分配されるものの，細胞の運命は少しずつ異なるものになっていく．この過程で，転写因子を介した遺伝子プログラムによって遺伝子発現が制御されるだけでなく，DNAのシトシン残基のメチル化，DNAと複合体を形成するヒストンタンパク質のメチル化・アセチル化・リン酸化，あるいはnon-coding RNAの結合などによって，遺伝子発現が制御されることが示され，これらの分子修飾による遺伝子発現制御をエピジェネシスと呼ぶようになった．核のリプログラミングの過程では，分化した細胞に固有にみられるそれらの分子修飾がリセットされることが知られている．これらの分子メカニズムが明らかにされる以前から，三毛猫にみられるように，遺伝形質だけでは決まらないエピジェネティックな生命現象が知られていたが，近年急速にその分子メカニズムが解明されつつある．ネコでは，毛の色を制御する遺伝子はX染色体にあり，雌では2本あるX染色体のうち1本がnon-coding RNAによってランダムに不活化される．その結果，雌では，クローンネコを作ったとしても，毛の色が個体ごとに多様化することが明らかにされた．

〔阿形清和〕

6.7.11 変　　態

昆虫や甲殻類などの節足動物，カエルなどの両生類や魚類，ウニなどの棘皮動物，ホヤなどの原索動物，クラゲなどの腔腸動物など，ほとんどの動物門に属する生物の中には，胚発生後にいったん幼虫や若虫あるいは幼生と呼ばれる形態となり，その後，形態を大きく変貌させて成虫あるいは成体へとなるものがいる．この変貌する過程は不可逆的であり，「変態」と呼ばれている．

a. 変態による形態の変化

変態による変化は生物種により多種多様であり，それぞれの生物においてそれぞれ大きな意味がある．変態がよく知られている昆虫の多くは，チョウの幼虫のように，変態前には移動能力が親と比べて格段に劣る代わりに，体の内部は消化器官が大半を占めるなど，食物摂取して体を成長させるのに適した形態をとる．また，幼虫期には擬態などによって外敵から身を守るような形態をとる場合も多く知られている．一方で護身や餌の確保のため，セミの幼虫のように地中での生活を選んだり，トンボの幼虫のヤゴのように水中生活に

適した形態をとっているものもいる．水中生活に適した体を有している幼生として，カエル幼生のオタマジャクシも知られている．これらの生物は，変態後には翅を持つなど，飛んだり跳ねたりする移動能力が飛躍的に増す．このため，生殖相手を見つけ，幼生が生育しやすい場所を探して産卵し，生活圏を変えることが容易となる．

以上の例とは逆に，ウニやホヤなどの場合は，幼生期（ホヤはオタマジャクシ幼生）に移動能力があり，生育に適した場所を探すことができるが，変態後には移動能力をほとんど失い，特殊な構造を持つことで外敵から身を守りながら成長する．幼生の時期に高い移動能力を持つ生物として魚類のウナギなども挙げられる．レプトケファルス（葉形幼生）と呼ばれる幼生期には，海流に乗って長距離移動するのに適した形態をとる．同じ魚でもヒラメなどは，変態により目が正中線を越えてもう1つの目と同じ体側面に移動し体も平たくなるため，海底で砂に身を隠しながらの生活が可能となる．

変態により生理機能が大きく変わる生物もいる．カエルはオタマジャクシのときの鰓呼吸から肺呼吸に替わり，トンボもヤゴの間は鰓呼吸である．サケは海に降りる前に鱗の色が銀白色になる銀化変態を起こすとともに，海水で生きるための生理機能を有するようになる．

以上のように，それぞれの発生過程において合理的に機能を発揮するために，変態によって形態を変化させるのである．このことが，それぞれの生物が各発生のステージで行う役割の遂行を容易にし，それぞれの種の繁栄に重要な基盤を与えている．

b. 変態による組織や細胞レベルでの変化

例えばカエルでは，外見上みられるように単に尾が消えて足が生え，目の位置が変わるだけでなく，尾や消化器官などの幼生型細胞がプログラム細胞死を起こす．代わって未分化細胞が増殖・分化によって発達し，これらが成体型細胞として幼生型細胞と入れ替わり，神経系にも再配置が起こる．種数の割合が全動物種の3/4近くを占める昆虫では，種によって変態の様式がかなり異なり，完全変態，不完全変態，そして，無変態の3種類に大別される．

完全変態昆虫にはチョウやハエなどが含まれ，幼虫期のあと蛹を経て成虫となる．翅は幼虫期に体内で成虫原基として徐々に発達し，成虫になって表面に現れる．ハエでは脚・触覚・目なども成虫原基として，幼虫体内で袋状の組織として発達し，変態期になると表皮の外側へと反転しながら押し出され，最終的な形態へと変化する．このとき，表皮・消化器官・筋肉などでも幼虫期の細胞が分解され，幼虫期に未分化部分などとして存在した細胞と入れ替わり，成虫の体が形成される．さらに神経も，軸索の投射を含め部分的に入れ替わることが知られており，体のほとんどが再編されることになる．ショウジョウバエでは発生過程での全遺伝子の発現パターンが調べられている．それによると，胚の時期に発現した遺伝子が変態期に再度発現する傾向がみられ，変態期に再び体を作り上げていることが遺伝子発現パターンからも支持されている．

バッタやトンボに代表される不完全変態昆虫は，若虫の時期から翅や外部生殖器の原基が外部に現れており，脱皮を繰り返し成長するのに伴って原基を発達させて最終的に成虫で完成する．同じ不完全変態に属するバッタとトンボであるが，バッタはそれほど形態が変化しないのに対し，トンボは大きく変化する．ただし，外部変化が少ない不完全変態昆虫でも，内部の再編成が起こる部位のあることが知られている．

無変態の昆虫としてはシミなどが知られている．シミの場合，外部生殖器を除けば，孵化したときから成虫とほぼ同じ形態を有し，成虫になっても脱皮を続ける点で，変態する昆虫と異なる．

c. ホルモンによる変態のコントロール

このように変態の様式は各生物によって多様であるが，ホルモンでコントロールされるという点では，両生類と昆虫には共通性がある．主な受容機構として核内受容体型の転写因子を用いる点，ホルモンで様々な遺伝子が誘導され，その多くは

組織特異的に発現し,変態時に起こる組織特異的な反応を支える点で類似がみられる.一方,両生類で作用するホルモンはアミノ酸の1つ,チロシンの誘導体である甲状腺ホルモンだが,昆虫で作用するホルモンはステロイド骨格を持つエクダイソンである点で異なる.また,両生類の場合は1回のホルモンの作用で変態が完了するのに対し,昆虫では数回のコントロールされたホルモンの放出が必要であるという違いがある.さらに昆虫の場合,エクダイソンは別のホルモンである幼若ホルモン存在下では幼虫脱皮を誘導し,幼若ホルモン非存在下では変態を誘導する. 〔上田　均〕

● 文　献

Arbeitman, M. N. (2002) Gene expression during the life cycle of Drosophila melanogaster. Science **297**：2270-2275.

Gilbert, L. I., et al. eds. (1996) Metamorphosis：Postembryonic Reprogramming of Gene Expression in Amphibian and Insect Cells (Cell Biology), Academic Press, San Diego.

6.7.12 老化と死

　生物にとって「生きる」ことの最大の目的は,生命を再生産し,遺伝子を次世代に引き継ぐことである.したがって地球上に現存している生物種のゲノムDNA上には,少なくとも次世代の再生産をなし終えるまでの期間は生命を維持できるように遺伝子群がセットされている.「生殖」によって種を保存している生物個体では,およそ性成熟期を過ぎた頃から徐々に生命維持機能の低下が現れ始め,最終的に生命維持機能が破綻する.この機能低下のプロセスが「老化」であり,破綻が「死」である.昆虫や魚類の一部などでは,老化と死が世代交代の時期と密接にリンクしているが,爬虫類や鳥類,哺乳類などでは次世代を再生産した後も比較的長い余命を保っており,少なくとも世代交代後に積極的に古い個体を排除するような機構は働いていない.このことから,老化は個体発生のように厳密に遺伝子群によってコントロールされたプロセスではなく,生物個体が,世代交代をなし終えた後に徐々に崩壊していくプロセスであると考えられる.

a. 老化仮説

　老化のメカニズムについては,これまでに様々な仮説が提唱され議論されてきたが,その中でも有力な2大仮説は「プログラム説」と「傷害蓄積説（エラーカタストローフ説）」である.

　プログラム説は,「老化は遺伝子の中にコードされている」とする考え方で,生物種によって最長寿命が異なることや,遺伝子に変異のあるミュータント（突然変異体）で寿命が異なることが,その根拠となっている.哺乳動物の正常2倍体線維芽細胞を培養すると有限の分裂回数しか継代できないというHayflick, L.の「細胞老化」の発見と,細胞が分裂する度ごとに染色体DNA末端の繰返し塩基配列構造部分（テロメア）の長さが短縮することの発見は,老化のプログラム説の有力な証拠とされてきた.しかし,脳や心筋のように,成熟後にほとんど細胞分裂を行わない組織の老化については説明できないなど,多くの課題が残されている.

　一方,傷害蓄積説は,老化した組織や細胞の中に,老人斑などの封入体の蓄積や,酸化によって生じたカルボニル化タンパク質,自家蛍光を帯びた不溶性タンパク質など,様々な異常タンパク質が蓄積されることをうまく説明できるが,異常タンパク質の蓄積が細胞に与える影響についてはよくわかっていない.ミトコンドリアで発生する活性酸素などのフリーラジカルが老化の原因であるとする説（フリーラジカル説）も,基本的には傷害蓄積説と同じ考え方であるといえる.

b. 寿命遺伝子と老化

　上述の2大仮説は,互いに相容れないものとして長年にわたり議論を闘わせ続けてきたが,最近になって1つの理論に統一され始めている.その呼び水となったのは,寿命の異なるミュータントやトランスジェニック動物（発生初期の受精卵に外来の遺伝子を導入し,すべての細胞内にその遺伝子を組み込んだ動物.遺伝子導入動物）を用い

た比較研究において同定された「寿命遺伝子」に関する知見である．

　線虫の成体は雌雄同体で959個，雄で1031個の分裂終了細胞で構成されており，通常約2〜3週間で死を迎える．2週間を越えたあたりから消化管細胞などに老化色素の蓄積やカルボニル化タンパク質の増加など，老化に特徴的な変化が現れることから，老化研究のモデル動物として古くから使われている．老化色素やカルボニル化タンパク質は，活性酸素による酸化傷害によって生じることがわかっており，上記の傷害蓄積説に沿った形で老化が起きているものと考えられている．

　この線虫において，*age1*, *clk1*, *daf2*, *sod3* などの寿命遺伝子が見つかり，機能も明らかにされた．*age1* の転写産物はPI3Kのサブユニットとしてインスリン様増殖因子シグナル伝達経路の下流で機能しており，この遺伝子の変異体ではエネルギー産生が抑制され活性酸素の発生が低下する．*daf2* は哺乳動物のインスリン受容体遺伝子のホモローグであり，この遺伝子の変異体でもやはりエネルギーの産生が低下し，活性酸素の発生が抑えられる．*clk1* は体内時計に関わる遺伝子であり，この遺伝子がうまく働かないと活動が緩慢になり，その結果代謝レベルが下がって寿命が延長されると考えられている．*sod3* は活性酸素を消去する酵素をコードする遺伝子であり，この酵素がうまく働くと，活性酸素が分解されることによって寿命が延びると考えられている．線虫ではこのほか，*gas1*, *mev1* などの寿命遺伝子も同定されているが，これらはいずれもミトコンドリアにおける活性酸素の発生に関わっていることがわかっている．

　さらに最近ショウジョウバエで見つかった *indy* という遺伝子の変異体では，寿命が約2倍に延びている．*indy* 遺伝子はクエン酸回路の代謝中間体輸送に関わっており，この変異体ではマウスの低カロリー摂取の場合と同様，活性酸素の発生が抑制されることによって寿命が延びているものと考えられている．

　これらの寿命遺伝子はすべて，活性酸素による細胞傷害によって老化が起きていることを示唆している．「プログラム説」で主張された「遺伝子が老化を支配し寿命を決定している」という事柄の多くは，活性酸素の発生とそれによる細胞傷害の除去能力に関わっており，これは正しく「傷害蓄積説」の主張とも合致するものである．すなわち，相反すると思われていた両仮説は，実は一連の共通するプロセスを異なる視点からみていたのである．

〔戸田年総〕

● 文　献

藤本大三郎（2001）老化のしくみと寿命．ナツメ社．
Hayflick, L. (1965) The limited in vitro lifetime of human diploid cell strains. Experimental Cell Research 37: 614-636.
近藤　昊，井藤英喜（2001）老化．山海堂．
杉本正信，古市泰宏（1998）老化と遺伝子．東京化学同人．

6.7.13　植物の花芽形成

a.　光周性の発見

　1918年，アメリカのGarner, W. W. とAllard, H. A. は，ダイズの品種ビロキシとタバコの品種メリーランドマンモスにおいて，昼が短くなり夜が長くなると花芽を形成することを見出した．この発見がきっかけとなって，植物は，季節により変動する昼と夜の長さに反応して花芽を形成することがわかった．1日の昼の長さを「日長」と呼び，「植物は日長に反応して花芽を形成する」といわれる．

　昼と夜の長さに対する反応は「光周性」と呼ばれ，落葉や越冬芽の形成など，植物の成長や発育に重要な働きをしていることが，その後，明らかになった．花芽の形成における光周性に着目すると，植物は主に3つのグループに分けられる．短日植物，長日植物，中性植物である（表6.9）．

　短日植物・長日植物には，適切な日長を受けなければ，いつまでも花芽を形成しない植物がある．品種により異なることもあるが，短日植物ではアサガオやオナモミなど，長日植物ではサトウダイコンやムシトリナデシコなどが挙げられる．一方，不適切な日長でも花芽を形成するが，適切な日長下では花芽形成が促進されるという植物がある．

表 6.9 花芽形成における光周性による植物の3グループ

短日植物（昼が短く夜が長くなると花芽を形成する植物）
  アサガオ，オナモミ，イネ，シソ，キク，コスモス，ダイズなど
長日植物（昼が長く夜が短くなると花芽を形成する植物）
  アブラナ，ダイコン，コムギ，ホウレンソウ，ムシトリナデシコ，
  シロイヌナズナ，カーネーションなど
中性植物（昼と夜の長さに影響されずに花芽を形成する植物）
  トマト，キュウリ，トウモロコシ，セイヨウタンポポ，インゲンマメ，
  エンドウなど

短日植物ではキクやコスモスなど，長日植物ではシロイヌナズナやペチュニアなどが挙げられる．

光周性は，1日の昼と夜の長さに支配される．1日は24時間と決まっているので，昼が短くなれば夜が長くなり，逆に昼が長くなれば夜が短くなる．昼と夜の長さは同時に逆の変化をするため，光周性にとって昼と夜のどちらの長さの変化が重要であるのかはわからない．そこで，1日24時間連続して照明を当てる条件下で，色々な長さの夜（暗黒）を与える実験が行われた．その結果，光周性において重要なのは，連続したある一定の長さの暗黒であることが明らかになった．

1日24時間のうち，花芽形成が起こるか起こらないかの境目の夜の長さを限界暗期という．それぞれの植物の限界暗期の長さは，種類や品種により様々である．また，適切な長さの暗期に対する反応性は，植物の種類や品種によって異なる．ただ1回の適切な長さの暗期に反応して花芽を形成する敏感な植物は，短日植物ではアサガオの品種ムラサキなど，長日植物ではイボウキクサなどが挙げられる．複数回の適切な長さの暗期を受けなければ花芽を形成しない植物は，短日植物ではシソやダイズなど，長日植物ではヒヨスやムシトリナデシコなどが挙げられる．

植物は，花芽形成を支配する夜の長さを葉で感受する．一方，花芽を形成するのは芽である．そのため，花芽を形成するような適切な長さの暗期を葉が感受したという情報は，葉から芽に伝えられなければならない．1937年，ソ連のChailakhyan, M. K. は，「一定の長さの暗黒を感じた葉は，特別の物質をつくり芽に送る」と考え，その物質を「フロリゲン」と名付けた．フロリゲンは，日本語では「花成ホルモン」といわれる．

b. 葉から芽への情報の伝達

その後，フロリゲンを探し求める研究が世界中で展開された．しかしフロリゲンの正体はまったく不明であり，その存在すら定かでない状態で約70年が経過した．ようやく近年，シロイヌナズナやイネを使って，「葉から芽に伝えられるフロリゲンの正体は，タンパク質である」ことが明らかにされつつある．

シロイヌナズナでは，葉の維管束で発現する FT（$FLOWERING\ LOCUS\ T$）遺伝子が，花芽の形成が誘導される条件下で活性化される．また，この遺伝子に変異が起こると花芽形成が遅れ，この遺伝子を過剰に発現させると花芽形成が促進される．そのため，この遺伝子の活性化が花芽形成に重要であると考えられる．さらに，この遺伝子がコードするタンパク質が，花芽形成が起こる条件下にある葉でつくられたあと，葉から芽に師管を通って移動することが見出されている．

イネでは，花芽形成が誘導される条件下で $Hd3a$（$Heading\ date\ 3a$）遺伝子が活性化され，この遺伝子を恒常的に発現させると花芽形成が促進される．この遺伝子にコードされるタンパク質は，シロイヌナズナの場合と同じように，花芽形成が起こる条件下にある葉でつくられたあと，葉から芽に師管を通って移動することが示されている．それゆえ，イネにおいては，この遺伝子のコードするタンパク質が花芽形成を引き起こすと考えられる．

シロイヌナズナの FT 遺伝子とイネの $Hd3$ 遺伝子は，相同性がきわめて高い．長日植物のシロ

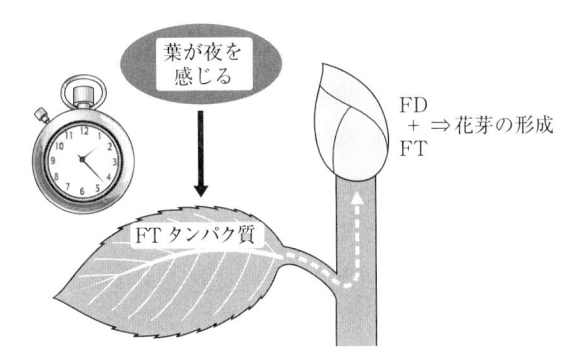

図 6.46 シロイヌナズナの花芽形成について考えられているスキーム

イヌナズナと短日植物のイネにおいて，ほとんど同じ性質のタンパク質が葉でつくられ，芽に送られて花芽形成を促していることになる．これは，「フロリゲンは長日植物と短日植物に共通の物質である」との知見に合致する．それゆえ，現在，これらのタンパク質がフロリゲンの正体であると考えられている．

シロイヌナズナでは，「芽に移動した FT 遺伝子がコードするタンパク質は，芽で発現する FD 遺伝子がコードするタンパク質と結合し，この結合した複合体により，花芽の形態を形成する遺伝子の転写を制御している」ことが知られている．

以上の結果から，「花芽形成を誘導するような長さの暗黒を受けた葉で FT 遺伝子が活性化され，その産物がフロリゲンとして葉から芽に移動し，芽で FD 遺伝子の産物と結合することにより花芽の形態形成が始まる」というスキームが考えられる（図 6.46）．

c. 芽での花芽の形態形成

フロリゲンが芽に到達したあとに，芽で花の形態が形成される．その際，どのような遺伝子がどのように発現しているかがシロイヌナズナで明らかにされ，「花器官形成の ABC モデル」と呼ばれている．

シロイヌナズナの花は，外側から，萼，花弁（花びら），おしべ，めしべ（2 本の心皮が融合したものなので「心皮」と表されることも多い）の 4 つの器官で構成される（図 6.47）．これらは，whorl と呼ばれる同心円状の領域に外側から順に

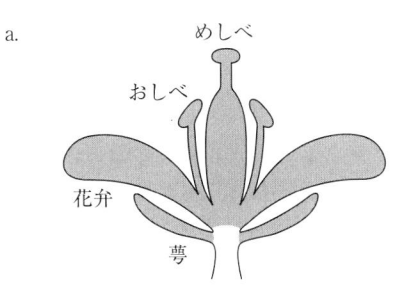

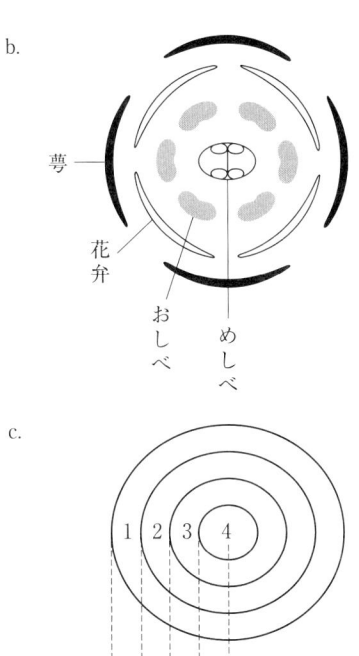

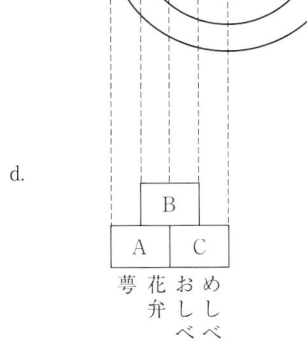

図 6.47 シロイヌナズナの花の構造と，花器官形成の ABC モデル
a. 花の構造．b. 花式図．c. 花器官を形成する同心円状の領域．d. ABC モデルで分化する器官．

形成される．この 4 つの器官を形成するための遺伝子は，A, B, C の 3 つのグループからなっている．

A, B, C のグループの遺伝子が働く場所は，それぞれ決まっている．便宜上，同心円状の領域に花の外側から順に 1, 2, 3, 4 と番号をつけると，

whorl 1 では A グループの遺伝子だけが働き，whorl 2 では A グループと B グループの遺伝子が働き，whorl 3 では B グループと C グループの遺伝子が働き，whorl 4 では C グループの遺伝子だけが働く（図 6.47）．

結局，萼が形成されるためには A グループの遺伝子だけが働き，花びらが形成されるためには A グループと B グループの遺伝子が働き，おしべが形成されるためには B グループと C グループの遺伝子が働き，めしべが形成されるためには C グループの遺伝子だけが働いている．

A, B, C グループのうち，A グループと C グループの遺伝子は互いに牽制し合っており，どちらかが欠損した場合には，欠損していないほうがその領域に入って働くことが知られている．そのため，A グループの遺伝子が欠損した変異体の花は，外側から「めしべ，おしべ，おしべ，めしべ」となる．B グループの遺伝子が欠損した変異体では，外側から「萼，萼，めしべ，めしべ」となる．C グループの遺伝子が欠損した変異体では，外側から「萼，花弁，花弁，萼」となる．

A, B グループの遺伝子が同時に欠損した変異体には，外側から「めしべ，めしべ，めしべ，めしべ」となる花が咲く．B, C グループの遺伝子が欠損した変異体では，外側から「萼，萼，萼，萼」となる．A, C グループの遺伝子が欠損した変異体には，外側から「葉，花弁あるいはおしべ，花弁あるいはおしべ，葉」となる花が咲く．A, B, C の 3 グループの遺伝子がすべて欠損した突然変異体は，外側の領域から「葉，葉，葉，葉」を作り出す．

A, B, C のそれぞれのグループに属する遺伝子は，ある程度明らかになっている．A グループの遺伝子として *Apetala 1* や *Apetala 2*，B グループでは *Pistilla* や *Apetala 3*，C グループでは *Agamous* などが知られている． 〔田中　修〕

● 文　献

Corbesier, L., et al. (2007) FT protein movement contributes to long-distance signaling in floral induction of Arabidopsis. Science **316**：1030-1033.

Tamaki, S., et al. (2007) Hd3a protein is a mobile flowering signal in rice. Science **316**：1033-1036.

7 生物の行動と生態

7.1 個体の行動

7.1.1 捕食行動

　捕食とは他の生物を食べることであるが、ここでは捕食者と呼ばれる動物が被食者と呼ばれる動物を殺して消費する行動を取り扱い、植物を食べる動物や食虫植物などには触れない。捕食者は様々な感覚器官を使って被食者を検知する。視覚、聴覚、嗅覚などが主な感覚器であるが、ヘビ類のように温度を感知するもの、クモ類のように巣にかかる振動を感知するもの、アメンボのように水面を伝わる振動を利用するものなど、種特有の感覚を発達させることもある。被食者からの信号をとらえるだけでなく、コウモリのように自分で探索装置（超音波感知）を作り出したものもいる。

　動物は、餌となる被食者を探すときに被食者のイメージを思い浮かべながら探している、という示唆がある。例えば、アオカケスを使った実験がある。アオカケスに、餌としている2種類のガのいずれか一方のみを繰り返して呈示すると、正しい反応が次第に増えてくる。しかし2種類を混ぜて呈示すると正答率はよくならない（図7.1）。

　餌が豊富にあるときはエネルギー摂取効率が最適になるような餌を選ぶことが、ムラサキイガイ

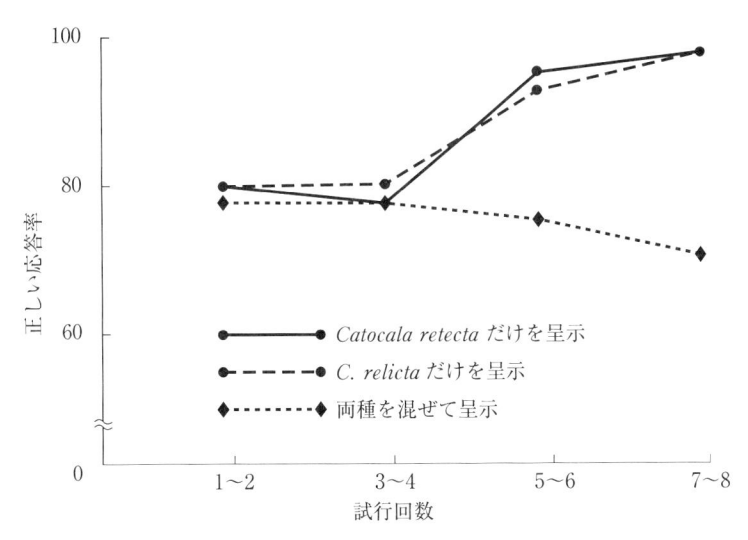

図 7.1　アオカケスの探索イメージの影響
餌となるガを呈示する試行において、同一種ばかりを呈示した場合には試行数とともに正しい反応が増加するが、2種を混ぜて呈示した場合には増加しなかった。Pietrewicz and Kamil, 1979 より。

を食べるカニや，フンバエを食べるハクセキレイで報告されている．巣で待っている雛に与える餌としてガガンボの幼虫を探しているホシムクドリは，巣と餌場との距離を勘案して運ぶ幼虫数を決定している．巣まで遠いときは，少し無理をしてでも一度に多くの幼虫を運ぼうとするのである．何種類かの餌が手に入る場合には，餌に関する好き嫌いも当然現われる．

しかし一般的には，苦労しなければ餌はなかなか手に入らない．捕食者は被食者を探し回り，あるものは忍び寄り，あるものは追いかけて捕まえようとする．追いかけ方にも，チーターのように短距離に強いものもいれば，リカオンの群れのように長距離を得意とするものもいる．また，待ち構えるという方法をとるタコやクモのような動物もいる．チョウチンアンコウの雌やイザリウオも待ち構えるという方法をとるが，彼らの場合には背鰭の一部が変形した擬似餌のようなものがあり，それによって被食者をおびきよせる．

社会性の発達した捕食者は集団で狩りをする．それによって自分たちより強大な，あるいは足の速い動物を捕食できる．狩りに加わる個体数は状況に応じて変化するが，数が多いほうが狩りは成功しやすい．集団による狩りは陸上だけでなく水中でも行われている．バンドウイルカやザトウクジラはチームワークよろしく集団で小魚を追い込む狩りをみせる．

被食者のほうも，ただ手をこまねいて捕食者のなすがままになっているわけではなく，様々な対抗手段を手に入れてきた．しかし，それは捕食行動をさらに発達させることにもなった．捕食者から逃れるには，まずは目立たないことであろう．体色や体形が背景に溶け込めば捕食者に見つかる危険はなくなる．ノウサギやライチョウなど，シーズンによって体色を変えるものもいる．

逆に，ひどく目立つ動物もいる．これらは捕食者に対し，自分を食べるなと警告しているのである．毒があったり，味がまずかったりするらしい．黄と黒の縞模様や赤などは警告色として使われることが多く，例えばハチの仲間には黄と黒の縞模様の形態が多い．食べられそうになったハチが鳥

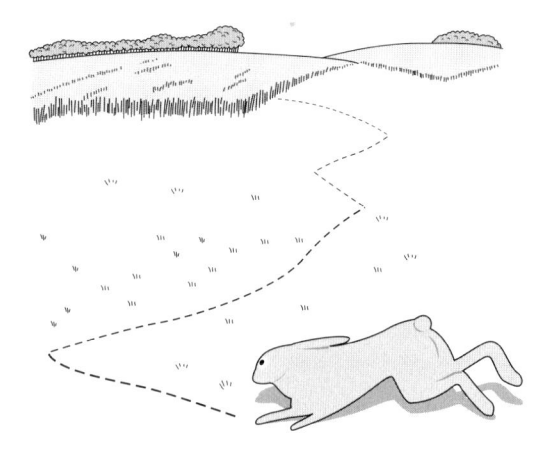

図7.2 ノウサギの逃走行動
Tinbergen, 1969 より．

を刺すこともあるし，また，味もよくないようである．鳥たちは生得的あるいは学習によって，このような色の動物を避けるようになる．この鳥の習性を利用しているのがアブである．アブには針はないが，黄と黒の縞模様のおかげで捕食を免れている．

逃げることに自信があれば目立っても構わないわけで，熱帯魚は珊瑚礁という逃げ場を確保しているためにカラフルな体色をしていられる．逃げる合図を出す見張りを立てている動物もいる．マングースやプレーリードッグなど，またサバンナモンキーでは，捕食者がヘビのときとワシのときで警戒音が異なり，それを聴いた仲間は捕食者の種類に対応した逃げ方をする．

逃げるときの工夫もある．方向を変えながら逃げるノウサギ（図7.2），墨を煙幕として用いるタコ，海上に飛び出て姿をくらますトビウオ，飛び立つときに目玉模様の翅を広げて捕食者をたじろがせるチョウやガなど，多彩である．

最終的には，「窮鼠猫を噛む」という方法もある．ハチは針を，トゲウオは棘（とげ）を使って攻撃し，スカンクは悪臭を放つ．小鳥たちは集団で捕食者を囲んで騒ぎ立て（モビング），たまには攻撃も試みる．ライバルとの闘いは雄だけにみられることが多いが，このような最後の手段には雌も訴える．

7.1.2 求愛行動

異性を誘い，交尾にいたるまでの行動が求愛行動である．異性を引き付けるため（多くは雄が雌を引き付けるため）に，動物は様々な信号を発達させてきた．求愛用の構造物をつくるアオアズマヤドリ（オーストラリアにいる鳥）や，小山をつくるスナガニなどのように環境を変化させる種もいるが，自分の体を直接使ったディスプレイで異性の視覚や聴覚，嗅覚（別項参照）に訴えるのが一般的である．異性を引き付けるためには目立つほうがよい．しかしそれは捕食者をも引き付けることになりがちである．そこで多くの動物は繁殖期に限って婚姻色という色をまとったり，異性のいるときに限って派手な飾りを見せつけたりする．クジャクの広げた羽は代表例といってもよいが，このような派手さはなくとも様々な異性誘引ディスプレイを観察することができる．ホオジロガモは泳ぎながら首を後ろに曲げて空を見上げ，グンカンドリは喉の赤い袋を膨ませて雌を誘う（図7.3）．そこには決まった姿勢や動きがあるが，中にはまるでダンスのようなリズミカルな動作にまで発展した求愛ディスプレイもある．フウチョウやカツオドリ，マイコドリなどの求愛ダンスはかなり複雑なものである．マナキン（マイコドリ科）にいたっては弟子の鳥も参加させて，雌を誘うダンスを踊る．弟子にとっては，その場はただの奉仕にすぎないが，将来の役に立つのであろう．

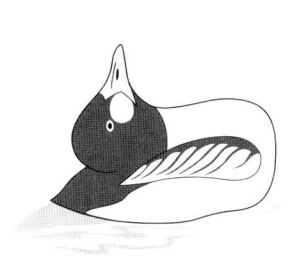

図7.3 鳥の求愛行動
ホオジロガモは首を後ろに反らし，グンカンドリは喉の袋を膨ます．McFarland, 1981 より．

鳥類ほどには目立たないが，トカゲやトゲウオ，シオマネキなど，儀式化された動作が求愛行動の一部をなしていることは多い．視覚刺激として有名なのはホタルである．独特の発光パターンで雌を引き付ける．雌は同種の雄の発光パターンを見つけると，自らも光を放って存在を教える．ホタルイカも発光するが，求愛のためではないようで，捕食者の目をくらますためのものと考えられている．

またディスプレイの変形として，餌（求愛給餌と呼ばれている）や巣の材料をプレゼントする動物たちもいる．

視覚があまり役に立たないところでは，異性を引き付けるために音を用いることが多い．夜行性動物のカエルやコオロギは鳴き声を利用してきた．長く鳴いていられるだけ体力も強いことになり，鳴き声で自分を宣伝するのである．森林では視界が木に遮られているため，そこに棲む鳥たちにとっては視覚的なディスプレイよりも，囀りのほうが効果的な場合がある．このような鳥たちは見事な囀りを聴かせてくれる．木を突っついて音を立てるキツツキはその応用といってもよいであろう．異性を引きつける鳴き声がライバルを退ける効果を持つ場合もあるが，ライバルに対する攻撃用の鳴き方を別に持つ場合もある．

儀式化され明確なパターンとなった求愛ディスプレイは，同種であることを確認する役割も果たしていると思われる．雌雄ともに参加し，パートナーとしてそれぞれの役を果たすダンスは鳥類に顕著であるが，これは確実な確認方法であろう．

相互的なダンスはイモリ，サソリなどでもみられる．種や性別の確認だけでなく，交尾への動機づけを高める効用もありそうである．つまり求愛行動のもう1つの側面は，交尾へ向かう態勢を整えさせること，あるいは確かめることである．雄と雌が出会っても，一方がすぐに逃げ出したり，場合によっては攻撃してくることもある．縄張りを構えていたトゲウオの雄は縄張りに入ってきた雌に求愛のジグザグダンスを踊るが（図7.4），これは相手を縄張りから追い出そうとする動機付けと巣へ誘い込もうとする動機付けが一緒になっ

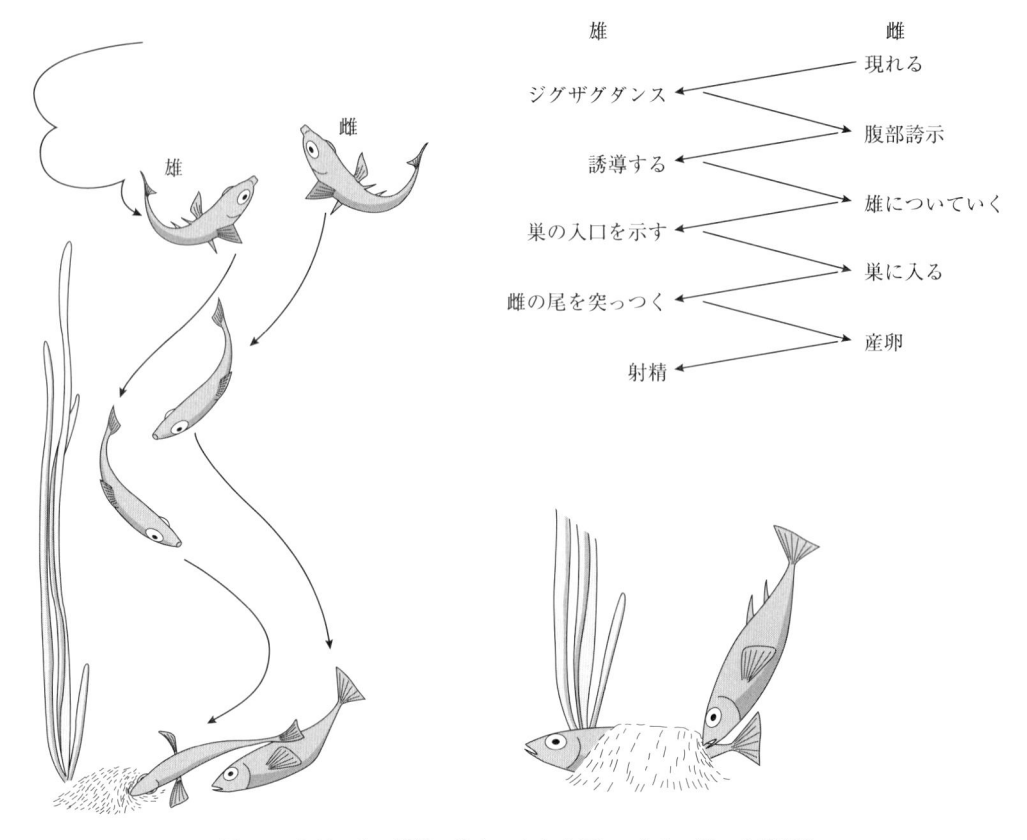

雄　　　　　　　　雌
　　　　　　　　　現れる
ジグザグダンス
　　　　　　　　　腹部誇示
誘導する
　　　　　　　　　雄についていく
巣の入口を示す
　　　　　　　　　巣に入る
雌の尾を突っつく
　　　　　　　　　産卵
射精

図 7.4 トゲウオの雌雄の出会いから産卵にいたる一連の求愛行動
Tinbergen, 1969 より．

てできたものと言われている．産卵意欲の高まっていない雌は，ダンスの追い出そうとする部分で逃げてしまうであろうから雌の準備態勢の確認になろうし，雄も精子放出へ向けた準備が整っていくと思われる．

　求愛行動が相手の内分泌系に影響する場合もある．例えばジュズカケバトでは雄の求愛が雌のホルモン分泌の変化を促し，それが次の段階の行動ならびに行動の結果による別の種類のホルモン変化を促し，結局排卵に辿り着く．齧歯類も雄と出会ってから2日ほどして排卵となる．またトゲウオでは雄が雌の腹を突っついて産卵を促す．このように時間的な調整も求愛行動の効果の1つである．

7.2 行動の発達

7.2.1 学　　習

　動物の行動には，程度の差こそあれ，ほとんどの部分に生得的要素と学習ないし環境からの影響という要素が入り交じっていると思われる．そのうちの学習は，経験により行動の変わることと定義できよう．疲労や成長による変化などは含まれない．学習の形式は様々である．その代表的なものを紹介していく．

慣れ　動物界に広くみられる現象である．例えばゴカイは海底に巣穴を掘って棲んでいるが，餌を食べるために穴から出てくる．そのときに光を遮ると，危害が及ばなくても巣穴に引っ込むが，このような刺激を繰り返すうちに反応が遅くなる．これが疲労でないことは，反応が鈍くなっ

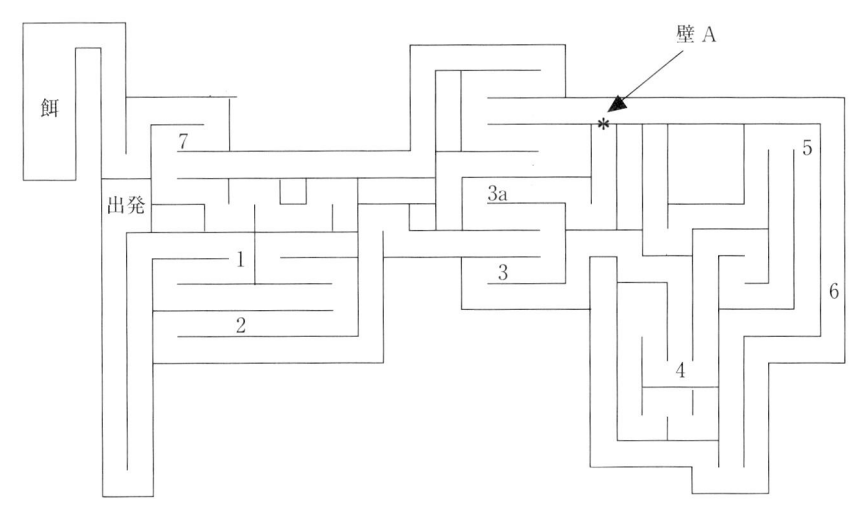

図 7.5 ラットの洞察学習
壁 A（取外し可能）がない場合は 3a に入るほうが近道で，壁がないことに気付いたラットは次回の試行でそのように行動する．Maier and Schneirla, 1935 より．

たゴカイを棒で突っつくと素早く引っ込むことからわかる．

古典的条件付け（連合学習）　Pavlov, I. P. はイヌを用いて生理実験を行った．食物を与えるとイヌは唾液を分泌する．この唾液分泌を無条件反射，食物を無条件刺激と呼ぶ．ベルを鳴らしても唾液が出るわけではないが，ベルを鳴らした直後に食物を与える試行を繰り返すと，ベルを鳴らしただけで唾液が出るようになる．この状況でのベルの音を条件刺激，唾液分泌を条件反射という．ベルと食物という組合せを何度も経験しているうちに，ベルという刺激に対する反応が変化したことになる．

オペラント条件付け（連合学習）　道具的条件付けということもある．偶然の行動が餌などの報酬（正の強化刺激）をもたらし，それを繰り返しているうちに，行動と報酬を関連付け，報酬を得るためにその行動をとるようになる．また，電気ショックなどの罰（負の強化刺激）に結び付くとその行動を避けるようになる．試行錯誤学習とも呼ばれ，迷路やスキナー箱などが代表的な実験装置である．動物に仕込む芸も，試行錯誤学習を積み重ねたものであることが多い．

洞察学習　試行錯誤を実際に実行するのではなく，頭の中で行う．図 7.5 の実験で壁 A（取外し可能）がないことに気づいたラットの中に，次回の試行では今までの正解の 3 ではなく近道の 3a に入っていくものが出てくる．

潜在学習　マウスやラットに迷路学習をさせるとき（図 7.5 も一例），前の晩に動物をその迷路に入れておくとゴールを目指す学習が早くなる．報酬がまったくない状況でも動物は探索を行い，迷路に関する情報を得ていたことになる．

観察学習　他個体の行動を観察して模倣することである．幸島のサルの芋洗いのように，個体群の中に特異な行動が根付くもとになる学習様式である．

このような学習にも生得的な要素がからんでいて，白紙に何かを描くというようなものではない．例えばラットに味付きの水や餌（味覚）と吐き気を関連させる学習は，音や光あるいは餌の大小（聴覚，視覚）と吐き気を関連させるよりも容易であるが，痛みを学習させる場合には，味よりも音と光あるいは餌の大小のほうが関連させやすい（表 7.1）．嗅覚よりも視覚をよく用いて餌を探す鳥たちには，食べた物の見た目と食後の気分の悪さを関連させ記憶する能力がある．学習能力も適応の賜物であり，生活に必要のない学習能力は発達させてこなかった．

刷込みという現象も特殊な学習形態で，生得的

表 7.1 ラットの学習傾向

手がかり （条件刺激）	強化 （無条件刺激）	条件付けられた刺激への反応変化
水の味	吐き気	飲水量減少
	痛み	変化なし
飲水時の音と光	吐き気	変化なし
	痛み	飲水量減少*
餌の味	吐き気	摂食量減少
	痛み	変化なし
餌の大きさ	吐き気	変化なし
	痛み	摂食開始の遅れ**

吐き気はX線照射，痛みは電撃ショックによる軽度のもの．
 * Garcia and Koelling, 1966 による．
** Garcia, et al., 1968 による．

要素が大いに関与している．個体発生のわりと早い時期に，しかもそのときに限って，一生続く記憶を形成する．ガンやカモなどの雛，幼いウマやヒツジは母親を記憶し，後を追いかける．正常に刷込み時期を過ごした雄鳥は成熟後に母親に近い姿の雌に求愛する．ある種の鳥では囀りのパターンに同様の現象が知られており，幼い頃の特定の時期に手本を聴き記憶しなければならない．

本能 動物行動学の創始者の1人とされる Tinbergen, N. は，研究成果を『本能の研究』という題で1951年に出版した．当時は，種特有の固定的な行動パターンに本能という言葉を用いたり，また体内から湧き出る衝動のようなものを本能と呼ぶ心理学系の研究者がいたりして，本能という言葉は曖昧な定義で使われていた．「本能」を遺伝子だけに規定された生得的なものという意味で用いるならば，学習の要素や環境からの影響をまったく受けていない行動は報告されていないので，純粋な本能行動は存在しないといえる．また，何かに向かわせる衝動のようなものは，動機付けとして扱われる．したがって今日の動物の行動に関する学術的な論文で「本能」という言葉を用いて議論することはめったにない．

7.2.2 行動と社会形成

同じ種に属する複数の個体が何らかの相互関係を持ちながら生活している動物は多い．餌が集中しているために，たまたまそこに集まったという程度のものから，個体の識別はしないが仲間と身近な距離で生活することによって何らかの恩恵を得ているもの，それぞれの個体識別までして相手によって対応を変えているものまで様々である．

動物社会と呼べるものには様々なタイプがある．無脊椎動物での代表例はハチやアリであろう．ミツバチの場合，繁殖を専門とする女王がいて，多数のワーカーと呼ばれる雌が世話をする．女王はフェロモンでワーカーの活動を支配し，ワーカーが繁殖できないように抑えている（8.3.2項参照）．ワーカーは女王の娘であるが，特殊な繁殖様式をとるため，ワーカー間の平均血縁度（遺伝子の共有度）は 0.75 である．

脊椎動物に典型的な個体関係として配偶システムがある．鳥類に多い一夫一妻，哺乳類に多い一夫多妻，稀にではあるが一妻多夫というものもある．一夫一妻の鳥類では雄も雌と同様に子の世話をする．2羽以上の雌と配偶した雄が世話するのは，主に最初の妻との子である（表7.2）．世話される子のDNAを鑑定してみると，実際には配偶関係にない雄の子であることも，種によっては少なくない．哺乳類でもイヌ科の動物やテナガザルは一夫一妻が多く，雄も子の世話をすることがある．しかし母乳を与える必要もあり，雌が雄よりも子の世話に関与する．一夫多妻の雄は，新たな雌を獲得し群れに加えることや，群れの維持・防衛と，それにまつわるライバルとの闘いにエネ

表 7.2　雛が巣立つ割合と夫の協力

	一夫一妻		一夫多妻	
	つがいの雌	夫除去の雌	第一妻	第二妻
マダラヒタキ*	1		1.00	0.62
オオヨシキリ**	1		0.97	0.33
ユキホオジロ***	1	0.60		
ユキヒメドリ****	1	0.45		

一夫一妻のペアが育てた雛の数を1とすると，一夫一妻の夫除去雌と一夫多妻の第二妻では，夫の協力が望めないため巣立つ割合が減る．

　　* Alato, et al., 1981 による．
　 ** Catchpole, et al., 1985 による．
　*** Lyon, et al., 1987 による．
**** Wolf et al., 1988 による．

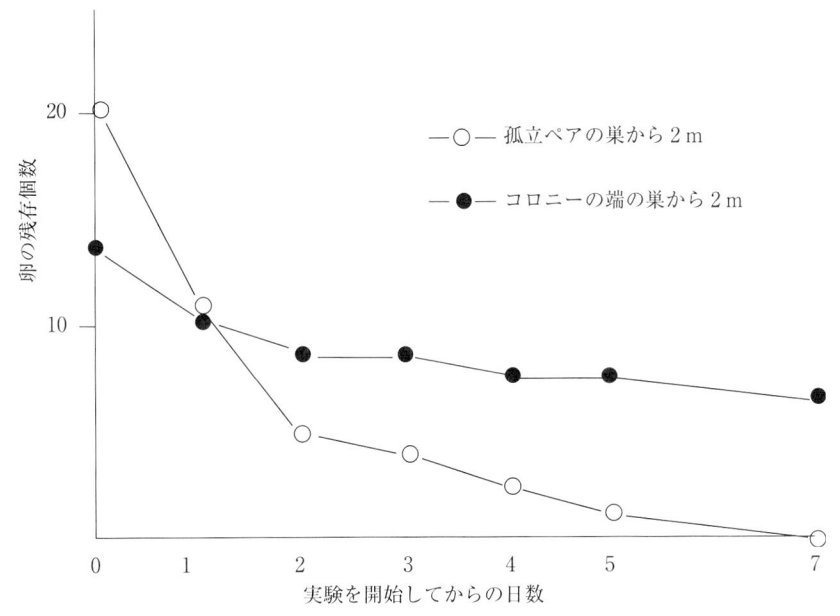

図 7.6　捕食者に対するカモメの集団攻撃（モビング）の効果
単独の巣から2mのところに置かれた卵は捕食されてしまうが，コロニーの端の巣から2mに置かれた卵はコロニーのメンバーの攻撃で守られる．Gotmark and Andersson, 1984 より．

ルギーを費やす．雌雄とも複数で集団をつくるときは個体間の配偶関係がはっきりと現われないこともある．チンパンジーやヒヒがそうである．チンパンジーのような乱婚の霊長類では，個体の繁殖成功度を高めるために精子の量を増やす必要があり，体の大きさの割に精巣が重い．

　個体識別能力を備えた動物が集団をつくると，順位制という秩序が頻繁に現われる．順位制のもとでは，競争状況に置かれるたびに争って決着をつけるのでなく，順位に応じた勝敗を予想し，無駄な争いを避けるようになる．最下位の動物の繁殖成功度は低いが，その集団を出るよりはましなのかもしれない．捕食者やよそ者が現われると，順位が上のものから下のものまで一団となって対抗する．ニホンザルでは1つの群れにいくつかの家系があり，家系内だけでなく家系ごとの順位が決まっている．その群れで育った雄は群れを出ていくが，雌は留まる．順位の高い家系の娘は身分

が保証されているようなものである.そのためか,順位の高い家系では雌が生まれることが多く,順位の低い家系では雄が生まれることが多い.

縄張りもよく知られた社会組織の1つである.動物は特定の区域を確保し,同種の他個体を排除しようとする.縄張りを構成するのは1個体であったり,つがいとその家族であったり,もっと大きい集団であったりする.隣接する縄張りの保有者はライバルではあるが,互いに認知もしており,まったく未知の個体とは違った対応をする.

社会をつくる利点は多岐にわたるが,そのいくつかを紹介する.

捕食者に対抗する手段として,集団でいることは有利である.集団でいることによって警戒する目が増え,不意打ちをくらう前に対応できる.数をたよりに捕食者を直接攻撃して退散させることもある(図7.6).また,猛禽類に襲われた小鳥たちが寄り集まって,空飛ぶ大きな塊のようになることで捕食者をひるませたり,大魚に追われた小魚の群れが瞬時に方々に散って攻撃目標を見失わせたりする方法もある.一方,捕食する立場にとっても,集団での狩りは単独での狩りよりも成功率が高いようである.

集団内の個体数が多いと,縄張りをつくる種であれば縄張り争いで有利に働く.鳥類や少数の哺乳類では,子育てや縄張り防衛に協力するもの(ヘルパーと呼ばれる)が知られている.ヘルパーの多くは巣から離れる前の子どもであることが多い.

餌探しにおいても数がたよりになる場合がある.ミツバチのダンスは有名であるが,シジュウカラも仲間が餌を見つけたという情報を利用する.またチスイコウモリのコロニーでは,空腹な他個体に餌を吐き戻して与える相互扶助のようなことも観察されている. 〔林 進〕

● 文 献

Alato, R. V., et al. (1981) The conflict between male polygany and female monogamy. American Naturalist **117**：738-753.
Catchpole, C., et al. (1985) The evolution of polygyny in the great reed warbler, *Acrocephalus arundinaceus*: A possible case of deception. Behavioral Ecology and Sociobiology **16**：285-291.
Garcia, J. and Koelling, R. A. (1966) Relation of cue to consequence in avoidance learning. Psychonomic Science **4**：123-124.
Garcia, J., et al. (1968) Cues: Their relative effectiveness as a function of the reinforcer. Science **160**：794-795.
Gotmark, F. and Andersson, M. (1984) Colonial breeding reduces nest predation in the common gull (*Larus canus*). Animal Behaviour **32**：485-492.
Lyon, B. E., et al. (1987) Male parental care and monogamy in snow buntings. Behavioral Ecology and Sociobiology **20**：377-382.
Maier, N. R. F. and Schneirla, T. C. (1935) *Principles of Animal Psychology*, McGraw-Hill, New York.
McFarland, D. (1981) *The Oxford Companion to Animal Behaviour*. Oxford University Press, Oxford.
Pietrewicz, A. T. and Kamil, A. C. (1979) Search images formation in the blue jay (*Cyanocitta cristata*). Science **204**：1332-1334.
Tinbergen, N. (1969) *The Study of Instinct*. Oxford University Press, Oxford.
Wolf, L., et al. (1988) Paternal influence on growth and survival of dark-eyed junco young: Do parental males benefit? Animal Behaviour **36**：1601-1618.

7.2.3 動物の縄張り

多くの動物では,個体,つがい,群れ,集団などが同種の他の個体や集団などと行動圏を分けて生息し,侵略されないよう防御する.このような行動圏ないし空間を「縄張り(テリトリー:territory)」という.動物の社会を維持する秩序の1つとして「縄張り制(territoriality)」とも呼ばれ,「順位制(dominance hierarchy)」と並んで重要である.ある程度の持続性と安定性のある定住生活者に成り立つシステムで,行動圏の一部ないし全部がこれにあたる.行動圏の全部は生活圏ともいえる.脊椎動物では広くみられ,昆虫の一部でもよく知られている.

縄張りが最もよく調べられ顕著なのは鳥類で,特に繁殖との関連から Howard (1920) 以来,膨大な知見が蓄積されている.典型的なものは,雄がまず縄張りを確立し,そこに雌を迎え入れて営巣・産卵し育雛するもので,雛を育てるための餌も基本的には縄張り内で得る.繁殖の視点から提

えれば，縄張りは繁殖の終了とともに解消されることになるが，家族としての群が常に縄張りを保持し，繁殖のためのつがいの形成も群の中でなされる例もある．

縄張りの確立・維持には一般に攻撃行動を伴うが，多大なエネルギーと時間を要するため，それなりの価値がなければならない．得られる利益がコストを上回る場合に，縄張りが維持されると考えられよう．例えばブチハイエナは，タンザニアのゴロンゴロ火口原では，その食糧となるトムソンガゼル，シマウマ，ウシカモシカなどが豊富にいて捕まえやすいことから家族群ごとの縄張りを維持しているが，セレンゲティでは餌が季節的に限られるため，ハイエナたちは餌を求めて広い区域を歩き回り，固定した縄張りを持たない．ホクオウハクセキレイは，冬の間，食糧が豊富なところで1羽ずつが永続的な縄張りをつくるものがある一方，同じ時期に同じ地域で群れをつくって飛び回り，あちこちの餌場を利用するものもある．

a. 採餌縄張り

縄張りの保持によって得られる利益の1つに食物の獲得がある．霊長類，鳥類，トカゲなどでは，縄張りの広さが体重に比例しており，体の大きな動物ほど個体の維持に多くの食物を必要とすることを反映している．縄張りの広さには食物の種類も影響する．コロブス類（アフリカ産のオナガザルの仲間）において，果実や花を主食とするアカコロブスは，葉を食べるクロシロコロブスよりも広い縄張りを維持している．果実や花が食物資源として葉より分散しているためであろう．ツタノハガイは岩に付着した藻類を餌としているが，藻が密に生えているところでは縄張りが狭い．

採餌縄張りのコストと利益の相関を数量的に捉える試みがなされている．花の蜜を餌としているハチドリ類では，個体ごとの縄張りの広さに大きな差があり，2桁のオーダーで異なることがある．ところが，どの縄張りもその中で咲いている花の数はほぼ同じで，1羽のハチドリが1日に必要なエネルギーをちょうど満たす数となっている．同様にアメリカリスでも，地域によって縄張りの広さに違いがあるが，どの縄張りをみても1個体が1年間に必要とする種子の量がある．採餌縄張りは必要なエネルギーをちょうど満たすように維持されている．

冬期に川岸に沿って採餌縄張りを形成・維持するハクセキレイの例をみてみよう．日照時間の短い冬に十分な餌を得るために，ハクセキレイは昼間のほとんどを採餌に費やし，川岸で虫などを探すが，各個体は川岸のほぼ同じ長さの範囲を縄張りとしている．岸に沿って餌を探しながら川上へと歩き，縄張りの境界に達すると川を渡り，対岸を今度は川下に向かって歩く．縄張りの広さは，ハクセキレイが再びもとの場所に戻ったときに餌が現れているような時間で一巡できるような規模となっている．

縄張りへの侵入者はその場所での食糧の更新パターンを知らないので，占有者によってすでに餌を採られた後であることが多く，摂食効率が悪いため，まもなく立ち去ることになる．採餌縄張りは通常，侵入者よりも縄張りの所有者に有利になるように維持されている．

縄張りの維持・防衛は，縄張り内の食糧の更新速度に応じて変化する．ハクセキレイは，もし川岸に出現する昆虫の更新速度が非常に速ければ，他個体が縄張りに入り込んでも追い払わない．資源が速やかに回復するので，一部が侵入者に消費されても縄張り所有者の採餌効率は低下せず，侵入者を追い払うコストは無駄になる．反対に，食糧の更新速度が遅く，縄張りを防衛しても所有者の必要エネルギーを満たすことができなければ，縄張りは放棄される．

資源量が多くもなく少なくもない場合に，縄張り内にもう1個体（通常は若い個体）が生活することを許容される例がある．資源の一部を奪うことにはなるが，その存在が縄張り防衛を助けることになり，資源にゆとりがあれば利益になる．

採餌縄張りを防衛する動物は，採餌効率が最大となるように行動するわけで，効率的に生きているといえる．

b. 配偶縄張り

縄張りを形成する最大の理由の1つは繁殖にある．通常は雄が縄張りを持ち，そこに雌がやってきて交尾し繁殖にいたる．雄は餌や巣，産卵場所など雌が求める資源を提供することにより雌を獲得できる．これら繁殖に必要な資源を含む縄張りが多数存在するとき，資源量の最も豊富な縄張りを保持する雄と交尾すると，雌は最も確実に繁殖を行えることになる．

ウシガエルでは，水温が一定に保たれ比較的温度変化の小さい環境が卵の発生に最適なので，そのような場所を防御できる雄が生殖に成功する．雄はよりよい縄張りを求めて激しく争うが，体が大きく強い雄がよい縄張りを支配し，繁殖の成功をみる．

イトヨでは，広い縄張りを保持する雄ほど，雌を誘って自分の巣に産卵させることに成功する率が高い．これは，産んだ卵が失われる最大の原因は他の雄による捕食であり，大きな縄張りを保持できる雄ほど，他の雄の侵入を排除できるからである．

カタシロクロシトドでは，雛は強い日光にさらされると死亡することから，良好な日陰が好適な営巣場所になる．したがって，好適な日陰のある縄張りを保持する雄は複数の雌を得ることができる一方，適した日陰を含まない縄張りの雄は雌を得られない．ハゴロモガラスでも，雛が安全に生育できる植生を縄張りとした雄は複数の雌を得る．

c. レック

雄が集まって雌に求婚ディスプレイを行う「集団求婚場」ともいうべき配偶縄張りをレック（Lek）という．雄は代々受け継がれているレックに集合し，個々の雄はごく狭い範囲を防衛し，互いに優位を競う．それぞれの縄張りは直径数十cmないし数mの狭い裸地で，特に守るべき資源は見当たらない．ここで雄は目立つディスプレイをしたり歌を歌ったりして雌の関心を引こうとする．

北アメリカ西部高地のヤマヨモギの生える平原に棲むキジオライチョウの雄は，繁殖期になると気嚢は黄色，胸は白色になり目立つようになる．雄の中で順位ができ，優位の個体はレック中央に縄張りを維持する．やってきた雌が雄を選ぶが，交尾の80％以上は中央の3羽の雄と行われる．

エリマキシギもレックを形成する．この種では，繁殖のための縄張りを守る攻撃的な雄（縄張り雄）がいる一方，縄張りを持つことなく攻撃的でない雄もレック内にいる．縄張り雄が侵入者を追い払うことにかまけている間に，多くの雌は縄張りを持たない雄とこっそり交尾してしまう．縄張り雄は黒っぽい襟巻き状の羽毛を持つが，縄張りを持たない雄は羽毛が白く目立つ．雌をレックに惹きつけるのは，この白い襟巻き状の羽毛といわれる．したがって，実は白い襟巻きのディスプレイに惹かれてレックにやって来る雌を，黒い羽毛の縄張り雄が横取りしているともいえる．

レックは，ライチョウ，クジャク，ハチドリ，ニワシドリ，ズグロウロコハタオリなど多くの鳥類でみられ，哺乳類ではウガンダコーブの例が知られている．「集団求婚場」を持つ哺乳類は多いが，雌が配偶者を選択する例はウガンダコーブだけで，他は厳密なレックとはいえない．

d. 種間縄張り

縄張りは通常，同種個体間で防衛される．種が異なれば利用する資源が異なるのが普通だが，同じ資源を求める種が重複する場合に「種間縄張り」がみられることがある．アメリカのハゴロモガラスとキガシラムクドリモドキ，ヨーロッパのヨーロッパヨシキリとスゲヨシキリの例がよく調べられている．

魚類ではスズメダイの1種で，38種の魚を自分の縄張りから排除する例が知られ，少なくとも35種は同じ食物を競合していた．

e. 縄張り防御の手段

縄張りを防御するために様々なディスプレイが展開される．鳴禽類では，まず鳴声の信号，次に視覚的ディスプレイ，最後に実際の攻撃と3段階で防御がなされる．視覚的に立ち入り禁止の信号

を示す例も知られる．ハゴロモガラスでは翼の上面にあざやかな赤と黄色の斑点があり，これを誇示して侵入者に避けさせる．シジュウカラでは，囀りが縄張り防御の有効な信号となっている．

哺乳類では，においが立ち入り禁止の信号になっていて，尿，糞，分泌物によるマーキングが，縄張りを区切る印として使われる．アナグマの群れでは溜め糞により群れの縄張りを標識している．

〔町田武生〕

● 文 献

Barash, D. P. (1977) Sociobiology and Behavior. Elsevier North-Holland, New York.
Howard, H. E. (1920) Territory in Bird Life. John Murray, London.
McFarland, D.（木村武二 監訳）(1993) オックスフォード動物行動学事典，どうぶつ社．

7.3 生態系の形成

7.3.1 微生物による赤潮の形成

赤潮とは，水中の微小生物，特に浮遊生活を送る微細藻類（植物プランクトン）の大量増殖や集積の結果生ずる海水の着色現象と定義される．赤潮を形成する生物は，ラン藻，珪藻，渦鞭毛藻，ラフィド藻などの多くの分類群に属し，100種以上に及ぶ．赤潮生物の中で，夜光虫は例外的に摂餌を行う従属栄養生物である．光合成を営む植物プランクトンは，一次生産者として海洋の生物生産の始まりとなる重要な生態的地位を占めている．富栄養化した沿岸海域では微細藻類が頻繁に赤潮を形成するが，種によっては人類や海洋生物に悪影響を与える．そのような微細藻は "harmful algae" と呼ばれ，それらが個体群を増加させる現象は "harmful algal bloom (HAB)" と呼ばれる (Hallegraeff, 1993)．日本においては現在，HAB は表7.3のように4つに類型化されている（今井，2001）．

代表的な有害赤潮生物を図7.7に示す．ラフィド藻の *Chattonella antiqua, C. marina, C. ovata*（合わせてシャットネラと称される），*Heterosigma akashiwo*（ヘテロシグマ），渦鞭毛藻の *Noctiluca*

表7.3 harmful algal bloom のタイプ分け

大量増殖赤潮（基本的には無害であるが，高密度に達した場合には溶存酸素の欠乏などを引き起こして魚介類を斃死させる）
　　原因生物：*Gonyaulax polygramma, Noctiluca scintillans, Trichodesmium erythraeum, Scrippsiella trochoidea*

有毒ブルーム（強力な毒を産生し，食物連鎖を通じてヒトに害を与えるもの．海水が着色しない低密度の場合でも，毒化現象が（特に二枚貝で）しばしば起こる）
　　原因生物：*Alexandrium tamarense, Gymnodinium catenatum* など→麻痺性貝毒．*Dinophysis fortii, D. acuminata, Prorocentrum lima* など→下痢性貝毒．*Pseudo-nitzschia multiseries, P. australis* など→記憶喪失性貝毒．*Karenia brevis*→神経性貝毒．*Gambierdiscus toxicus*→シガテラ毒

有害赤潮（ヒトには無害であるが養殖魚介類を中心に大量斃死被害を与えるもの）
　　原因生物：*Chattonella antiqua, C. marina, C. ovata, Heterosigma akashiwo, Heterocapsa circularisquama, Karenia mikimotoi, Cochlodinium polykrikoides, Chrysochromulina polylepis* など

珪藻赤潮（通常は海域の基礎生産者として重要な珪藻類が，海苔養殖の時期に増殖して海水中の栄養塩類を消費し，海苔の品質低下を引き起こして漁業被害を与えるもの）
　　原因生物：*Eucampia zodiacus, Coscinodiscus wailesii, Chaetoceros* spp., *Skeletonema costatum, Thalassiosira* spp., *Rhizosolenia imbricata* など

今井，2001 より．

表7.4 赤潮・貝毒関係の年表

1972年	瀬戸内海の播磨灘において，史上最大の魚類斃死被害を起こした赤潮が発生した．原因生物はラフィド藻の *Chattonella antiqua*（シャットネラ）．養殖ハマチ1428万尾が死亡し，約71億円の被害が出た．後に漁業者による「播磨灘赤潮訴訟」が起こり，赤潮が社会問題となった．
1973年	赤潮の問題が直接的な契機となって，「瀬戸内海環境保全臨時措置法」が施行された．1978年に同特別措置法として恒久化された．
1977年	世界で最も発生頻度の高い麻痺性貝毒の原因である渦鞭毛藻 *Alexandrium* の越冬シストがDale, B. によって，ノルウェー沿岸の海底泥から発見された．
1986年	世界で最も魚類斃死被害の大きい赤潮原因生物シャットネラの越冬シストが，今井一郎と伊藤克彦によって，瀬戸内海の海底泥から発見された．

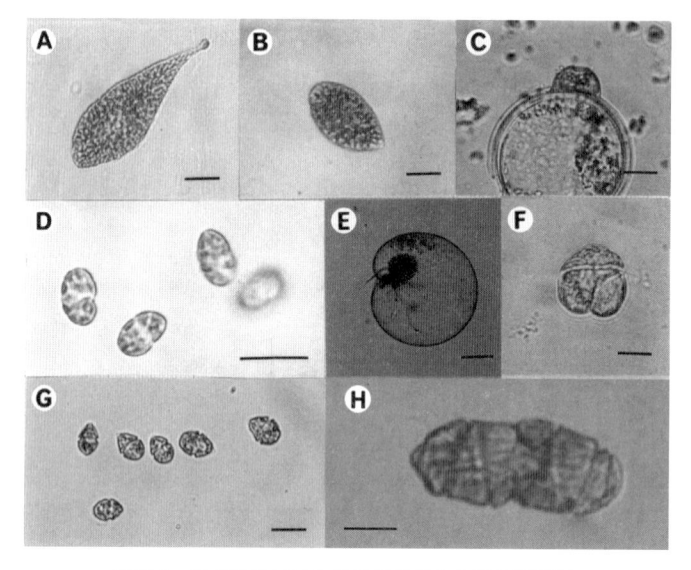

図7.7 日本沿岸域における代表的な有害赤潮藻類
(A) 魚類を斃死させるラフィド藻 *Chattonella antiqua*, (B) *Chattonella marina*, (C) *Chattonella* のシスト (D) *Heterosigma akashiwo*, (E) 赤潮渦鞭毛藻の夜光虫 *Noctiluca scintillans*, (F) 魚介類を斃死させる *Karenia mikimotoi*, (G) 二枚貝を斃死させる *Heterocapsa circularisquama*, (H) 魚介類を斃死させる *Cochlodinium polykrikoides*. スケールは (E) が100 μm，その他は20 μm．

scintillans（夜光虫），*Karenia mikimotoi*（カレニア），*Heterocapsa circularisquama*（ヘテロカプサ），および *Cochlodinium polykrikoides*（コクロディニウム）が挙げられる．最も大きな漁業被害を与えてきたのはシャットネラであり，渦鞭毛藻のカレニアとヘテロカプサがこれに続き，近年はコクロディニウムが台頭してきている（Imai, et al., 2006）．

赤潮生物は光合成生物であるので，光，水温，塩分，栄養塩類（窒素やリン，珪藻類では珪酸塩），微量栄養（鉄などの微量金属，ビタミン類）などが大きな増殖要因となる．一方，動物プランクトンや従属栄養性渦鞭毛藻による捕食，微生物による寄生，ウイルス感染や細菌による殺藻など

が主要な減耗要因である（広石ほか，2002）．増殖に必要な条件が満たされ，かつ減耗要因が軽微になった場合，赤潮が発生することになる．

　赤潮の発生過程をみると，初期個体群の出現（シストの発芽，栄養細胞による個体群の越冬），栄養細胞の増殖，そして赤潮状態の維持という段階を経る．沿岸域において発生する赤潮の頻度は，珪藻類によるものが圧倒的に多い．しかしながら，ラフィド藻や渦鞭毛藻による赤潮も発生し，特に夏季に養殖魚介類を大量斃死させる．栄養細胞の増殖速度をみると，ラフィド藻や渦鞭毛藻の場合は1日に1回程度の分裂速度が最大であるが，珪藻類は1日に2〜3回分裂できるものが多い．単純に増殖速度のみを比較すると，有害鞭毛藻類による赤潮が発生する可能性はほとんどない．それでも競争的弱者である鞭毛藻類による赤潮は現実に発生する．なぜか？　瀬戸内海のシャットネラ赤潮を例に考えてみよう．

　シャットネラ赤潮発生時の状況として，珪酸塩の濃度の高低に関係なく，海水中で栄養塩をめぐって競合する珪藻類が少ないことが知られている．春から夏にかけて現場海域で成層が生じると，表層水中の栄養塩は植物プランクトンの増殖によって消費され欠乏状態になり，珪藻類は休眠期細胞を形成して沈降し，水中の珪藻の細胞数が減少する．珪藻の休眠期細胞は一般に復活／発芽するのに光を要求するが，シャットネラのシストは暗黒条件下でも発芽可能である．シャットネラはこの暗発芽の能力により，低照度条件下の海底において発芽し，水中への栄養細胞の供給を継続的に行っている．

　夏季の赤潮シーズンの前期に成層が発達して有光層で一度栄養塩類が枯渇すると，珪藻類は休眠期細胞を形成して海底へ沈降する．表層に留まるとしても，サイズの回復が不可能になるまで分裂して小型化し，ついには死滅する．このように珪藻類が増殖できない状態になった時期に気象・海象条件の変化によって鉛直混合が起こると，海底付近の栄養塩類が表層に供給され，栄養塩をめぐる有力な競争者が有光層中にほとんどいない環境条件となり，シャットネラにとってきわめて有利

になる．このように有利な独占的条件のもとで，本来は競争的弱者であるシャットネラが優占し赤潮が発生すると考えられる（Imai, et al., 1998）．

〔今井一郎〕

● 文　献

Hallegraeff, G. (1993) A review of harmful algal blooms and their apparent global increase. Phycologia **32**: 79-99.

広石伸互，ほか 編（2002）有害・有毒藻類ブルームの予防と駆除，恒星社厚生閣．

今井一郎（2001）沿岸海洋の富栄養化と赤潮の拡大．海と環境——海が変わると地球が変わる（日本海洋学会 編），pp. 203-211，講談社．

Imai, I., et al. (1998) Ecophysiology, life cycle, and bloom dynamics of *Chattonella* in the Seto Inland Sea, Japan. *Physiological Ecology of Harmful Algal Blooms* (Anderson, D. M., et al. eds.), pp. 95-112, Springer Verlag, Berlin.

Imai, I., et al. (2006) Eutrophication and occurrences of harmful algal blooms in the Seto Inland Sea, Japan. Plankton and Benthos Research **1**: 71-84.

7.3.2　食物連鎖と生態ピラミッド

　生物は独立栄養生物と従属栄養生物とに分けられる．前者は光合成や化学合成によってエネルギーの固定と有機物生産を行う生物で，後者は光合成や化学合成の機能を持たない生物である．すなわち，従属栄養生物は自らが必要とするエネルギーや有機物を他生物から摂取しなければならない．肉食動物は肉食動物か草食動物（植食動物）を捕食し，草食動物は独立栄養生物が作り出した有機物を摂取する．それゆえ，すべての肉食動物は独立栄養生物が生産した有機物に依存しているといえる．

　緑色植物はバッタに食べられ，バッタは小鳥に食べられ，小鳥は猛禽類に食べられるという「捕食者-被者者（食う-食われる）」関係が自然界には存在する．このように食物を介した生物の関係を食物連鎖という．連鎖の段階は栄養段階として表される．無機物から有機物をつくる緑色植物など独立栄養生物は一次栄養段階の生物であり，一次栄養段階の生物を食べるバッタは二次栄養段階

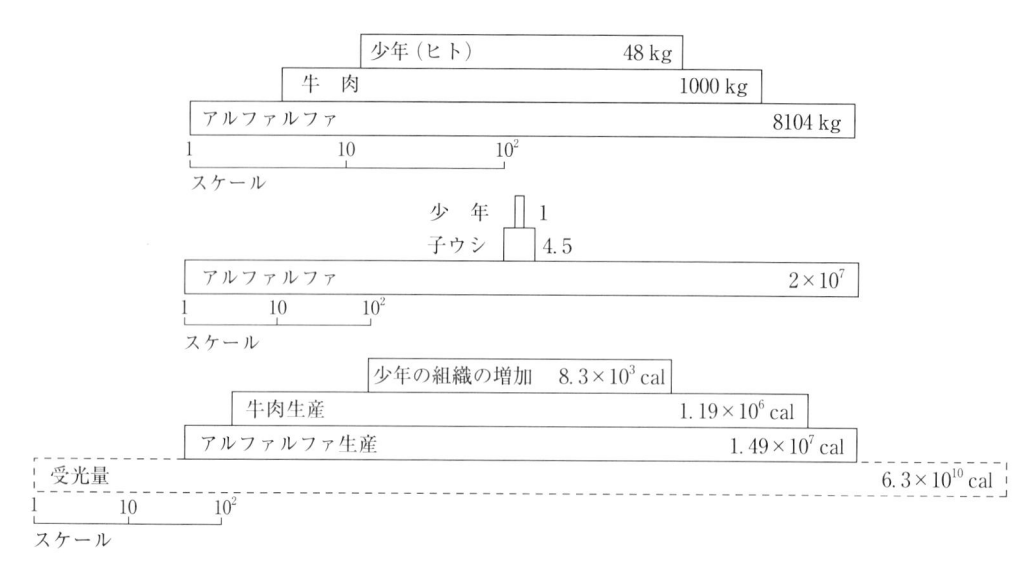

```
                    少年（ヒト）        48 kg
              牛　肉                   1000 kg
         アルファルファ                  8104 kg
    |―――|――――|――――|
    1   10   10²
      スケール

                    少　年      │1
                    子ウシ      │4.5
         アルファルファ                  2×10⁷
    |―――|――――|――――|
    1   10   10²
      スケール

                少年の組織の増加    8.3×10³ cal
            牛肉生産                1.19×10⁶ cal
         アルファルファ生産           1.49×10⁷ cal
    |  受光量                                 6.3×10¹⁰ cal |
    |―――|――――|――――|
    1   10   10²
      スケール
```

図 7.8　生態ピラミッド

3つの栄養段階で表した生態ピラミッド．上から生物量のピラミッド，個体数のピラミッド，エネルギー量で表した成長のピラミッド．10エーカー（およそ4 ha＝4万 m^2）の土地での仮想的なものである．エネルギーは1年間の増加量である．少年（ヒト）や子ウシを例に挙げたのは成長が速いからである．少年が牛肉だけを食べるようにしてあるのはエネルギー量の比較のためである．calはカロリーの略で熱量を表す（1 cal ＝ 4.184 J）．スケールは対数で表されている．オダム，1974 より．

の生物である．小鳥は，バッタを食べれば三次栄養段階の生物であるが，植物の葉や果実を食べる場合には二次栄養段階の生物になる．従属栄養生物は栄養段階が二次より高いが，その次数が厳密に決まっているわけではない．ある動物がどのような餌を食べるかという食物の連鎖は1本の直線ではなく，網状になる．この網状の関係を食物網という．

バッタが草を食べても，食べた量だけ太るわけではない．食べたもののうち消化可能な量がどの程度か，消化した量のうちどの程度をバッタの体に転換できたかなどによって体重の増加量が決まる．餌をとるため，敵から逃げるための運動エネルギー消費は，体重増加を抑制する大きな要因である．自然界では，ある動物が食べた植物量のおよそ1/10が体重増加量になるとされるが，成長速度の速い段階にある若い動物を自由に動けない状態で飼育（閉鎖型畜舎生産）すると，この割合は著しく高くなる．

一定面積の中で各栄養段階の生物量を比較すると，高次の栄養段階になるほど生物量は少なくなる．栄養段階が1段上がるごとに生物量が1/10になるとすれば，四次栄養段階の生物量は一次栄養段階の生物量の1/1000になってしまう．このことから，栄養段階の高い猛禽類や猛獣が生存するためには莫大な一次栄養段階の生物量とそれを供給する広大な土地が必要であることがわかる．一定面積あたりの各栄養段階の生物量を，一次の栄養段階を最下段にして順に積み重ねるとピラミッド型になる．こうすると，この関係を視覚的に理解することができる．これを生物量のピラミッドという．生物量ではなく，一定面積内の各栄養段階の生物の個体数を積み上げてもピラミッド型になる．これは個体数のピラミッドである．植物と動物では生物体を構成する有機物の質が大きく異なり，また植物は光を必要とする．これらを勘案すると，エネルギーという1つの単位で表すことが望ましい．ある面積に生息する生物が，ある期間の成長に必要としたエネルギー量で表したのが最下段のピラミッドである（図7.8）．

水界生態系では，ある瞬間において一次栄養段階の生物量が二次栄養段階の生物量に比べ少ない

ことがある．一次栄養段階の生物である植物プランクトンは頻繁に分裂して増殖するので，このような場合にも，二次栄養段階生物の摂食量に十分応じることができるからである．〔伊野良夫〕

● 文 献

オダム，E. P.（三島次郎 訳）(1974) 生態学の基礎，培風館．

7.3.3 植物遷移

　陸上植物群落が移り変わっていく過程を遷移と呼ぶ．このうち，火山の噴火により火山灰などが堆積し，土壌有機物と植物の種子や胞子が失われた場所で始まる遷移を一次遷移と呼ぶ．森林火災や農地の放棄などによって生じた場所で始まる遷移は二次遷移と呼ぶ．日本の暖温帯では，一次遷移のごく初期，例えば火山の噴火跡では，地衣類やコケ植物が侵入する場合が多い．土壌中の水分や有機物が増加すると，イタドリなどの多年生の陽生草本が侵入する（図7.9）．やがてハコネウツギなどの陽樹が侵入してくると低木層と草本層の階層が生じる．低木の間にアカマツなど高木となる陽樹の幼木が生育し始め，これらが成長して陽樹を中心とした林が形成されると，その林床に届く光量が少なくなり，陽樹の幼木は育ちにくくなる．一方で，シイやカシなど陰樹の幼木は，弱い光でも光合成量が呼吸量を上回るため，このような林床でも成長する．やがてそれらの陰樹が陽樹に代わって林冠を構成するようになる．こうして生じた陰樹を中心とした林は長年にわたり安定した極相（クライマックス）となる．

　一次遷移の前期では土中に腐植質が少ないために，植物が利用できる窒素が不足している場合が多い．そのため，地衣類の一部や陽樹のヤシャブシなどは，共生菌による窒素固定を行うことによって必要な窒素を得ている．多くの場合，一次遷移が進行するためには数百年を要する．

　二次遷移の場合は初期から養分（有機物）が存在し，植物の成長に必要な窒素が遷移の初期から供給される．また，土壌中には発芽能力を持った休眠状態の種子（埋土種子）が残っている．そのため，遷移は一次遷移よりも急速に進行する．二次遷移の初期に出現する草本にはシロザなどの1年草も多く，窒素固定力を持つ植物はほとんどみられない．ススキや帰化植物のセイタカアワダチソウは，二次遷移の初期に多くみられる多年草である（図7.10）．

　以上の遷移は陸上で生じる遷移であり，乾性遷移と呼ぶ．これに対して，湖沼から始まる遷移を湿性遷移と呼ぶ．富栄養化して生物が増加した湖沼では，水草などの遺体が分解されずに堆積を続けると，次第に浅くなって湿原となる．さらに堆積が進むと陸地化し，そこへ樹木が侵入して低木林となる．以後は乾性遷移と同様の経過を経て極

図 7.9 富士山の一次遷移初期の様子
パッチ状に広がっているのはイタドリ．

図 7.10 二次遷移初期に出現するセイタカアワダチソウ

相に達する．

　遷移が進行して極相に達したとき，陰樹以外の植物はどうなっているのだろうか．多くの場合，極相林の面積の数％は，陰樹が枯死した後にできる明るい空き地であり，ギャップと呼ばれる．ここでは成長の速い陽樹の稚樹が盛んに成長していることが多い．大きなギャップでは，遷移初期にみられる草本も成長できる．こうして，極相林の中にも様々な植物がみられることになる．ギャップでは小規模な二次遷移が進行し，再び陰樹が林冠を占めるようになる．極相林とはいえ，陰樹だけで構成された森林とはならないのである．ギャップを中心とした森林の更新をギャップ更新と呼ぶ．

　遷移の進行には，腐植質の蓄積などによる土壌形成と，群落内の光条件の変化が関係している．土壌中に窒素の少ない環境では窒素固定植物が優勢だが，土壌形成が進行し窒素が豊富になると，成長の速い非窒素固定植物に置き換わっていく．強い光のもとでだけよく成長する陽生植物は，弱い光のもとでも着実に成長できる陰生植物に徐々に取って代わられる．このように，すべての環境に対して適応できる性質を持ったオールマイティーな生物は存在しないため，環境の変化に合わせて優占する種が変化する遷移がみられることになる．

7.3.4　環境要因と気候帯

　地球上ではほぼ緯度に沿って，低緯度から熱帯・温帯・寒帯と気候帯を分けることができる．さらに，熱帯は熱帯・亜熱帯に，温帯は暖温帯・冷温帯・寒温帯に，寒帯は寒帯・亜寒帯に分けることができる．一般に，熱帯から寒温帯までは森林となる．亜寒帯では森林とツンドラが混在し，寒帯にはツンドラのみが成立する．

　森林は気候帯によってその相観が違う．この相観の違いは，主に気温と降水量の違いに対応している．世界中の植物群落を比較し，種組成ではなく相観によって分類したものを植物群系という．また，それぞれの植物群系内の植物と動物をまとめて生物群系（バイオーム）と呼ぶこともある．

　熱帯で降水量の豊かな地域には熱帯多雨林が発達する．様々な種の常緑広葉樹からなり，高木の樹高は 70 m にも達することがある．林内は暗く，着生植物やつる植物も多い．熱帯よりもやや気温の低い亜熱帯で降水量の多い地域には亜熱帯多雨林が分布している．熱帯や亜熱帯の河口付近では，根系を地上部に出した植物が優占し，マングローブ林を形成している．雨季と乾季が明瞭な一部の熱帯・亜熱帯域では，雨季に緑葉をつけ乾季に落葉するチークなどの優占する雨緑樹林が分布している．気温の低い冬季がある温帯地方では，硬葉樹林・照葉樹林・夏緑樹林がみられる．硬葉樹林は，

冬には雨が多いが夏に雨が少ない地中海性気候の地域に分布する．日差しが強く雨の少ない夏には著しく乾燥するので，葉が硬くて小さいオリーブやコルクガシのような耐乾性のある樹種が優占する．照葉樹林は暖温帯に分布し，葉が厚くて光沢のあるシイやカシなどの照葉樹（常緑広葉樹）を優占種としている．夏緑樹林は，冬に落葉し夏に葉をつけるブナやミズナラなどの落葉広葉樹を優占種とし，冷温帯に分布する．冬が長くて寒さの厳しい寒温帯から亜寒帯には針葉樹林（タイガ）が分布している．スカンジナビア半島・シベリア・アラスカなどには，トウヒ・トドマツ・エゾマツの仲間が優占する常緑針葉樹林が分布している．ここでは落葉性の針葉樹であるカラマツも多くみられる．

年平均気温が$-5°C$以下となる寒帯では，地衣類やコケ植物などの葉状植物が優占するツンドラが分布している．熱帯や温帯でも年降水量が約700 mmより少ない地域では森林が形成されず，草原となる．熱帯地方で乾季の長い地域ではイネ科草本を主としたサバンナが発達し，傘状の高木や低木が散在している．また，温帯地方で雨が少なく冬に気温が下がる地域では，やはりイネ科草本を主としたステップが発達し，樹木はほとんどない．さらに，年降水量が200 mmにも達しない地域では砂漠が広がり，わずかにサボテンのような多肉植物がまばらに生えているだけである．

一般に，生物の種数は熱帯地域で多く，高緯度地方にいくほど少なくなる．これを生物多様性の緯度勾配と呼ぶ．この原因については様々な説が提唱されているが，その実証は今後の課題となっている．

7.4 生物と自然

7.4.1 生物地理 —— 植物地理区，動物地理区

生物地理学とは地球規模での生物の分布に関する問題を扱う学問であり，植物地理学と動物地理学に分けることができる．生物の分布には適応と地史という2つの要因が影響を与えている．北アメリカ大陸やユーラシア大陸の常緑樹は，北方に常緑針葉樹が，南方に常緑広葉樹が分布している．これは地史的な効果ではなく，常緑針葉樹が寒冷地により適応しており，常緑広葉樹が温暖な地域により適応しているからである．オーストラリア大陸の哺乳類は有袋類のみであり，真獣類は分布していない．これは，真獣類が進化する以前にオーストラリア大陸が他の大陸から分離したことに起因している．海を越えることのできない哺乳類の場合には，このように地史的な影響によって分布域が決定されることがある．これらの例では，適応と地史のどちらかが単独で分布域を決定しているが，適応と地史の両方が影響を与えることも多い．

植物地理区とは，似通った特徴を持つフロラごとに地域を分類したものである．一般には地球上を以下の6つの区系界に大別する（図7.11）．I. 全北植物区系界：北半球の熱帯以外の地域であり，日本で一般的にみられるような植物の仲間が分布している．この区系界はさらに区系区に細分される．ヒマラヤから中国・日本は日華植物区系区に含まれており，植物のフロラが似ている．II. 旧熱帯植物区系界：旧大陸の熱帯地方が中心である．III. 新熱帯植物区系界：新大陸全域の熱帯地方であり，旧熱帯植物区系界とは地史的な理由によってフロラが異なっている．例えば，サボテンは新熱帯植物区系界にのみ分布している．また，マメ科の高木が多いのも特徴の1つである．IV. オーストラリア植物区系界：オーストラリア大陸とタスマニアである．ユーカリはここにのみ分布しているが，これは地史的な影響である．V. ケープ植物区系界：アフリカ南端付近ではきわめて特異的なフロラが成立している．そのためごく狭い地域ではあるが独立した区系界となっている．VI. 南極植物区系界：南アメリカの南端をはじめとし，南極，および南極に近い島嶼を含む．ナンキョクブナなどが分布している．

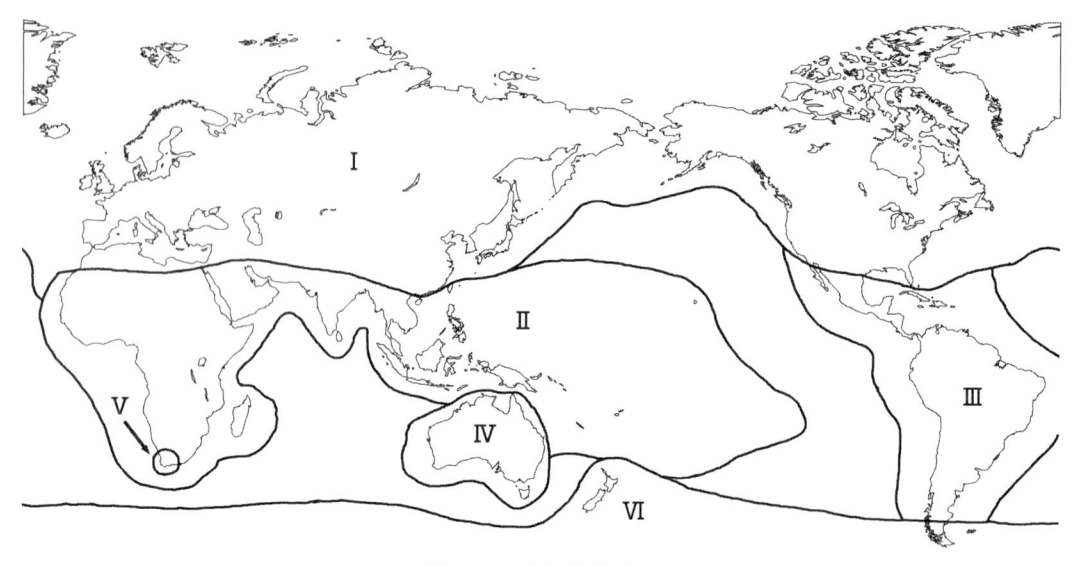

図 7.11 世界の植物区系
I：全北植物区系界，II：旧熱帯植物区系界，III：新熱帯植物区系界，IV：オーストラリア植物区系界，V：ケープ植物区系界，VI：南極植物区系界．

動物地理区で植物地理区の区系界に相当するものは界である．従来，北界・新界・南界の3つに分類されてきたが，植物区系界とレベルを合わせるために，全北界・旧熱帯界・新熱帯界・オーストラリア界・大洋界の5つに細分されることも多い．動物地理区の場合は，植物地理区ほど明瞭な区分けをすることが困難なことが多い．これは動物の移動能力の高さ，適応の可塑性の高さなどが原因であると考えられる．

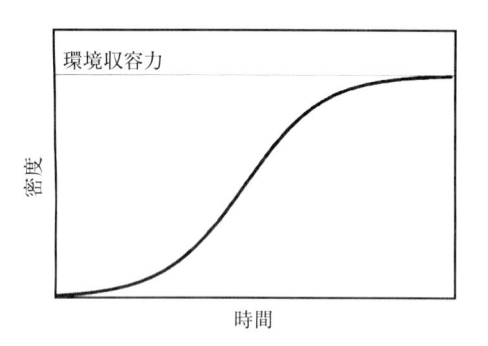

図 7.12 個体群の成長曲線

7.4.2 個体群と密度効果

ある一定の地域に生息する同種個体の集まりを個体群と呼ぶ．個体群が集まると群集が形成される．個体群の大きさを単位空間あたりの個体数で示したものを個体群密度といい，陸上で生活する生物の場合は単位面積あたりで示すことが多い．個体数が増えていく様子を示す曲線を個体群の成長曲線という（図7.12）．食物や生活空間に制限がなく，産まれた子がすべて次世代の親になるとしたら，個体数は無制限に増加することになり，成長曲線は基本的に指数関数的なカーブを描くはずである．しかし食物や生活空間には限りがあり，個体群密度が増すにつれて個体間の競争（種内競争）も激しくなるため，次第に増殖率は低下し，やがて0に近づく．したがって，個体数は時間の経過とともに一定の値に近づくS字状の成長曲線を示すことになる．この場合の上限の密度を環境収容力という．このS字状の曲線をロジスティック曲線と呼び，密度の上昇に伴って増殖率が低下することを密度効果と呼ぶ．

また，密度効果は個体の形態や行動にも影響する．例えばトノサマバッタを卵期から低密度で飼育すると，体が緑色の成虫となる．これを孤独相という．後脚が頑丈で飛び跳ねるのに適している．反対に高密度で飼育すると成虫の体色は黒ずみ，後脚が短く体がやや小さい割に翅が長くなる．これを群生相という．飛翔能力に優れ，集合性が強

い．この形質は，高密度で環境の悪化した生息地を離れ，新しい生息地を求めて集団で移動するのに適している．ただし，群生相のバッタが産んだ卵を低密度で飼育すると，成虫の性質は孤独相に戻る．このような個体群密度の違いによって生じる形態や行動の変異を相変異と呼ぶ．

植物では，単一の種で構成された植物群落において，密度効果の研究が行われている．密度が高まると主に光が不足し，個体あたりの光合成量が低下するようになる．その結果，個体の平均サイズが小さくなって，個体あたりの平均種子生産数が低下する．しかし，個体群全体の重さは，密度の違いに関わらず，成長に伴って同じような値に近づく傾向がある．これを最終収量一定の法則という．また，こうした群落では時間とともに小さな個体が枯れ，残った個体が大きく成長する．これを自己間引きという．自己間引きの起きている群落では平均個体重 w と密度 ρ との間に $w \propto \rho^{3/2}$ という関係がみられる．これを2分の3乗則と呼ぶ．

7.4.3 水平分布，垂直分布

日本はほぼ全域にわたって降水量が豊かであり，森林が成立する条件を備えている．そのため，植物群系の違いは主に気温の違いを反映している．日本列島は南北に長いだけでなく，高度の違いも著しく，水平方向と垂直方向の温度の違いに沿って異なる植物群系がみられる．緯度の違いによって生じる水平方向の分布を水平分布，標高の違いによって生じる垂直方向の分布を垂直分布という．日本の森林は古くから切り開かれ，農地や宅地などに変わっている場所も多い．たとえ森林であっても，スギやヒノキの人工林や，薪や炭の生産に用いられてきた薪炭林として利用されることで成立した二次林（雑木林）が多く，人の手の加わっていない自然の植物群系を観察するのは難しい．

低地における自然の植物群系の水平分布は，北海道北東域にトドマツ・エゾマツなどの針葉樹林，北海道南部から東北地方にかけてブナ・ミズナラ・カエデ類などの夏緑樹林，関東地方から屋久島にかけてシイ・カシ・タブノキ・ツバキ・クスノキなどの照葉樹林，屋久島より南の島々では木本性シダであるヘゴ・ビロウ・アダン・ガジュマル・リュウキュウアオキなどの亜熱帯多雨林となる．また，南西諸島の河口域では，ヒルギ類などからなるマングローブ林が分布している．

一般に，高度が1000 m増すごとに気温が5～6℃低下するため，山岳地帯では植物群系の明瞭な垂直分布がみられる．例えば本州中部の太平洋側では，海抜700 m付近までの丘陵帯は暖温帯の照葉樹林である．（図7.13a）．ここから約1700 m付近の山地帯（低山帯）には冷温帯の夏緑樹林が多い（図b）．さらに，ここから約2500 m付近までの亜高山帯は亜寒帯の針葉樹林であり，シラビソやコメツガが分布している（図c）．亜高山帯の上限は針葉樹が点在する森林限界となっている．森林限界を越えた高山帯ではいつも風が強く，ハイマツ・シャクナゲの矮小林とお花畑からなる高山草原が広がっている（図d）．

冷温帯には夏緑樹林が広くみられるが，冷温帯の自然植生が果たして夏緑樹林なのかどうかについては未だに議論の余地が残されている．屋久島などの原生林においては，標高が上がるにつれて照葉樹林からスギやモミを中心とした常緑針葉樹林に直接に移行しており，伐採しない限り夏緑樹林は成立しない．また，ブナを中心とした夏緑樹林の多い日本海側の山地でも，ブナにスギやヒノキアスナロという針葉樹が混交した森林がみられる（図e）．

7.4.4 生物群集とその多様性

生物群集を構成する種は多様であり，一般に緯度が低いほど種数が多くなる．熱帯雨林では1 haに数百種もの高木が混在している．反対に高緯度のツンドラではすべての植物種の合計が10種に満たないことも多い．

熱帯で種の多様性が高い理由については，大きく分けて2つの説が提唱されている．1つは平衡説である．これは，熱帯では狭い範囲に多様な環

図7.13 a.暖温帯照葉樹林（静岡），b.冷温帯夏緑樹林（福島），c.亜高山帯針葉樹林（栃木），d.高山帯の矮小林と高山草原（長野），e.冷温帯ブナ-スギ混交林（福島）

境が存在し，それぞれの環境に適した種が生きているために種数が多くなるという考え方である．ここでいう平衡とは，それぞれの種は環境に対して完全に適応しており，他の種に置き換わること

がないということである．もう1つは非平衡説である．環境はそれほど多様ではないが，種間の優劣がほとんどないためになかなか平衡に達することはなく，多様な種が混在した状態が続くとい

う考え方である．熱帯の環境が多様であることを示唆する結果は少ないため，現在では非平衡説によって熱帯の多様性を説明するのが主流となっている．しかし，なぜ熱帯で多くの種が分化してくるのかという問題が残っており，これを解決しない限り熱帯の種の多様性を完全に説明することはできない．

一般に，種が多様であることは生態系の安定性を高めると理解されることが多い．しかし，生態学的にはそう単純な問題ではない．生態学では生態的地位という概念を用いて，それぞれの種の機能を理解する．生態的地位を考える限り，群集を構成する種数が多くても少なくても，どのような生態系でもほぼ同じような性質を持っている．熱帯でもツンドラでも，植物を摂食する地位にある草食動物は存在するし，草食動物を食べる地位にある肉食動物も存在する．ツンドラの植物の生産力が低いのは，低温などの物理的環境条件が劣悪であることが原因であり，植物種の多様性が低いことが原因ではない．多くの生態系において，植物種が5種程度あれば生産力はその生態系のほぼ上限に到達することがわかっている．また，生産力の年変動も種数とはほとんど無関係である．このように，種の多様性は必ずしも生態系の安定性に寄与するわけではない．

多様な種を維持することの必要性は，人を中心に考えてみると最も合理的に理解できる．農作物の品種改良や医薬品の開発にとって，多様な遺伝子資源が必要であることは明白である．また，人は，最低限必要な種数を確保できないまでに自然を改変してしまうこともできる．これを止めるためには，「多様な種を保持することを規範として開発を行う」という基本的な姿勢が重要であることもまた明白である．
〔舘野正樹〕

● 文 献

エイビス，J.C.（西田睦，武藤文人 監訳）(2008) 生物系統地理学——種の進化を探る，東京大学出版会．
中西哲 (1983) 日本の植生図鑑 (1) 森林，保育社．

7.5 生物の相互作用

共生（相利共生，片利共生，菌根，共生）

共生とは，異なる種の生物が近接して，あるいは，ある種の生物が他種生物の体内に入り込んで生活している状態で，互いに，または一方が他方に何らかの生活上の影響を及ぼしている関係をいう．ある地域・空間に生息する生物集団を共生関係にあるということもあるが，生物学的な使い方ではない．

アリとアブラムシ，ワニとワニチドリなどのように，近接した個体対個体の関係を外部共生という．マメ科植物と根粒菌，シロアリと腸内原虫のように，細菌や原生生物のような小型生物が大型生物の体内に入り込んでいる関係を内部共生という．

共生により互いの生存や繁殖に利益がある関係を相利共生という．一方に利益がありながら，他方の利害が不明な関係を片利共生と呼ぶ．ヒトと病原体や，バラとアブラムシの関係のように，一方が利益を受け他方が害を被る寄生も共生の1つのタイプである．

イソギンチャクの触手には強い毒があり，ほとんどの動物は寄り付かないが，クマノミはイソギンチャクの触手の隙間を捕食者からの避難場所にしている．クマノミの体表にある特殊な物質に，イソギンチャクに他動物として認識させない効果があるとされる．ヤドカリイソギンチャクとそれを乗せて歩くヨコスジヤドカリや，大型魚とその体表や口腔内の寄生動物を捕食するホンソメワケベラとの関係などは，相利共生の例とされる．アフリカや南アメリカなどに生育するアカシアの類で，アリを体内の空洞に生息させている植物がある．複葉の元に蜜腺があり，小葉の根元からアリにとって栄養に富んだ物質（ベルティアン体）を分泌する．アリはアカシアの葉を食べにきた昆虫類を撃退する．アリを除去するとアカシアの成長は著しく悪化するとされる．このようにアリと共

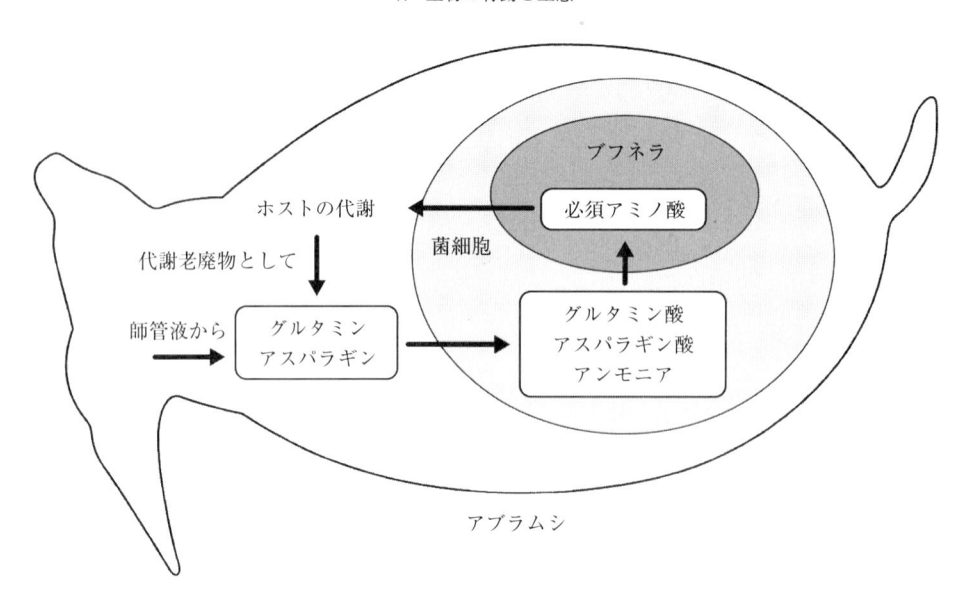

図 7.14 アブラムシ菌細胞共生系における窒素リサイクリング
石川, 2004 より.

生関係にある植物をアリ植物という.
　深海の熱水噴出孔付近に生息する環形動物のチューブワーム（ハオリムシ）は熱水中の硫化水素を取り込み，体内にいる硫黄酸化細菌に供給する．硫黄酸化細菌は硫化水素を酸化する過程で獲得したエネルギーを使って化学合成で有機物をつくり，それをハオリムシに供給する．両者の関係は内部共生であり，相利共生である．アブラムシの体内でブフネラ（アブラムシの腹にある菌細胞の中にいる細菌）は，アブラムシが直接利用できないグルタミンとアスパラギンを，アブラムシが合成できない必須アミノ酸に合成し，アブラムシに供給する（図7.14）．このように，互いに単独では生活できなくなってしまった共生関係（必須共生）もあるが，アリとアブラムシのように単独でも生活できるが，環境によっては共生することで互いに利益を受ける生物もいる．
　アブラムシとブフネラのような内部共生の関係は寄生関係に起源があるとされる．ブフネラが大腸菌に近縁であることから，かつては病原体としてアブラムシに寄生していたと考えられている．病原体が宿主をすぐに殺してしまうと共倒れになる．自らが増殖して宿主の体外に繁殖体を放出するまでは，宿主を生かしておく必要がある．さらに，宿主を殺さずに生かしておけば，利用し続けることができる．そのためには宿主の免疫作用を無効にする必要がある．宿主に対する害作用を弱めると片利共生に近づく．宿主に利益を与えるような関係（相利共生）を築くと，宿主の体内に長く留まることができるようになる．
　今から20億年も前に，色々な機能を持ったいくつかの原核細胞が共生することによって真核細胞がつくられたとされる．ある原核細胞に酸素呼吸能力を獲得していた原核細胞が取り込まれ，消化されずに残存してミトコンドリアになり，酸素発生型の光合成を営むシアノバクテリアに類似した原核細胞が取り込まれて葉緑体になったとされるミトコンドリアや葉緑体などにDNAが含まれ，そのいくつかの遺伝子と発現システムが原核細胞のものと似ていることがわかっている（4.1.3項参照）.

〔伊野良夫〕

●文　献

石川　統，ほか（2004）（シリーズ進化学3）化学進化・細胞進化．岩波書店．

7.5.1 植物の相互作用

植物の個体どうしの競争のメカニズムは主に資源の奪い合いである．資源の中でも，エネルギーについては葉から太陽光のエネルギーを取り入れるが，水と栄養塩（窒素，リン，カリ，カルシウム，マグネシウムなど）は土壌中にあるものを根から吸収する．このため競争が起きるのは，空中の葉と土壌中の根においてである．光をめぐる競争では，葉が少しでも高い位置にあるとほとんどの光を取得できるため，下になった植物は大変不利となり，非対称な関係になる．しかし土壌中ではこのような一方的な有利・不利の関係は顕著ではなく，より対称的な競争となる．

資源競争以外の相互作用として，他の植物の生育を阻害する物資をつくるアレロパシーも知られている（後述）．ただしアレロパシーは資源競争と比べると重要度が低いことが知られていて，連作障害なども種に特有な病気や害虫の増加，その種で特に必要性が高い元素の欠乏などによる場合が多い．またそれほど種数は多くないが，寄生植物では相手の体から水分や栄養塩，場合によっては光合成産物を直接奪うことがあるし，着生植物や蔓植物のように他の植物の支持器官を使用するものもある．

光をめぐる資源競争では，前述のように背の高い植物がより多くの光を受けるため，結果としてより多くの光合成を行い，より大きく成長できる．強いものがより強くなる正のフィードバックが働くため，いったん負け始めると大変不利になる．1年草ではこのような場合に茎をひょろ長くして背伸びをすることが知られている．しかしすべての植物が背伸びをするわけではなく，ヨモギ（多年草）などは背伸びをしないし，はじめから茎をほとんどつくらずに有機物を節約して，葉と根のみで耐乏生活を送るシダやエビネなどの林床植物もある．

葉のついた枝は自ら光合成による生産を行っているが，そのような枝の間での有機物の移動もある．樹木では効率（光環境）の悪い枝から良い枝に光合成産物を送ることが多いようである．たとえ光合成と呼吸を総合した収支が黒字であっても，自らの光合成産物を自らの枝に投資して新しい葉や茎をつくるのでなく，同じ個体内に相対的に光環境の良い枝があれば，資本投下効率のより高い枝に光合成産物を回してしまうようだ．企業が，たとえ黒字であっても相対的に成長率が小さい部門を廃止し，より成長率の高い部門に投資を集中させて全体の成長率を高めるのに似ている．

これとは逆に，林床で優占するササは，光条件の良い環境にある稈が生産した有機物を，暗い環

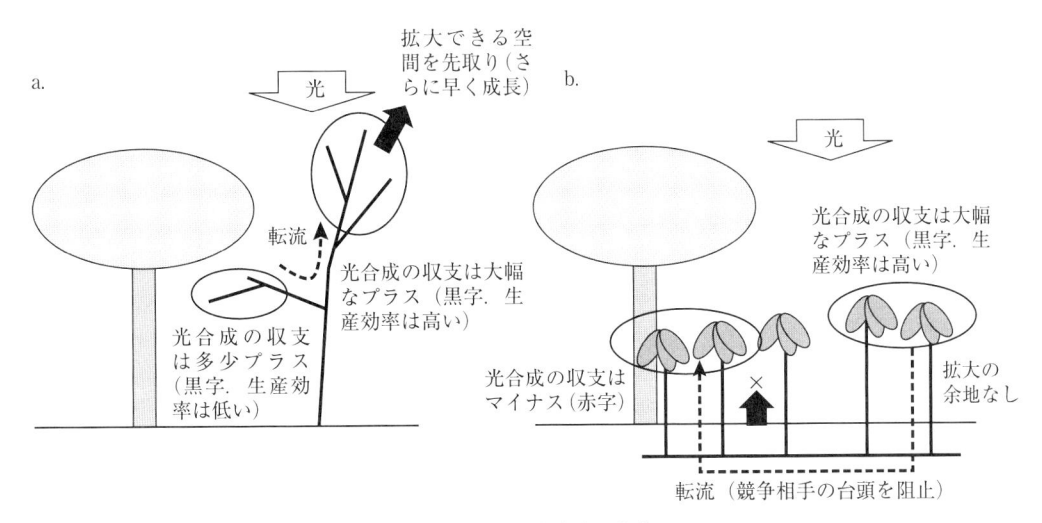

図 7.15 光合成産物の移動
a. 多くの樹木は利回りを重視するが，b. ササ類は独占の維持を重視する．

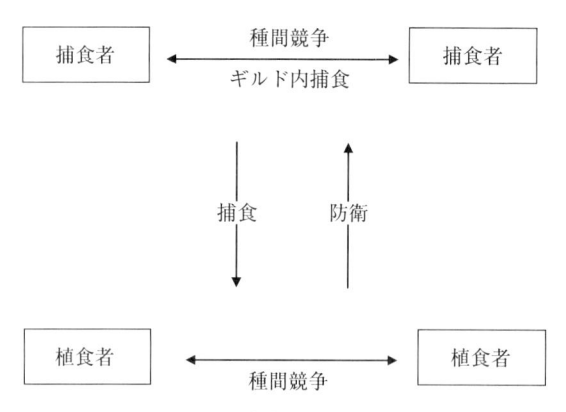

```
            種間競争
  ┌─────┐ ←─────────→ ┌─────┐
  │捕食者│   ギルド内捕食   │捕食者│
  └─────┘              └─────┘
      │         ↑
    捕食│       │防衛
      ↓         │
  ┌─────┐              ┌─────┐
  │植食者│ ←─────────→ │植食者│
  └─────┘    種間競争    └─────┘
```

図 7.16 動物間の相互作用
異なる栄養段階を通した被食-捕食関係（捕食と防衛），および同じ栄養段階の種間競争とギルド内捕食．

境にある桿に転流させているという．この場合は，黒字部門からの補填で赤字部門を維持していることになる．成長率は低くなってしまうが，独占企業が赤字部門を使って他社の台頭を防ぎ独占を維持しているのと似た戦略なのかもしれない．

植物の相互作用は資源をめぐる競争なので，資源が多量にあれば競争が緩和されて多くの種が共存しやすいと思うかもしれない．しかし実際は逆である．栄養塩（肥料分）が極度に少ない場所ではさすがに生育できる種は限られるが，一般的に栄養塩が多い場所では植物の多様性が低下することが普通である．この現象は熱帯多雨林から乾燥低木林，イギリスの草地など多くの植物群集で知られている．栄養塩が多いと背の高い種が優占して鬱閉した葉群をつくり，光エネルギーを独占してしまうためであると考えられている．このため，森林や草原の植物の多様性を保全するためには，土壌を貧栄養の状態に保つことがきわめて重要である．

日本の都市近郊では，大気汚染物質である窒素酸化物（NO_x）由来の窒素肥料が雨などに混じって降下する．そのため森林の富栄養化が進んでいて，里山の管理放棄地での植生遷移による多様性の低下を，さらに促進させている可能性がある．

多くの植物種からなる植物群集の中で生態的な性質が似ていて同じ生態的地位（ニッチ）に属する種の間では，強い競争が働き一方が排除されてしまうため，類似した2種は共存できない，と従来は考えられていた（競争排除）．限り無い時間の中での安定した共存を考えればそのとおりである．しかし非常に類似した種であれば競争で優劣がつかないため，2種の個体数の比率は確率的に変動するのみである．どちらかの種が確率的に絶滅するまでには大変長い時間がかかり，それまでの間は共存し続けることになる．新種形成や新しい種の自然な移入による種数の増加と，確率的な絶滅速度がバランスすれば，地域の多様性は維持されることになる．この考え方は遺伝子の中立説をもとにしていて，群集の中立説と呼ばれる．

生態学では個体群の密度効果を考えることも多い．密度効果とは，個体の密度（一定面積内の個体数）が高いと資源不足などによって当該の種の個体数の増加率が減少し，それ以上に増えなくなる現象である．しかし野外の植物では密度効果を検出できないことも多いようで，間引いて密度を下げても増加率が向上しない．自然の状態で他種に混じってまばらに生えている場合には，競争している相手は自種でなく他種の個体であり，単一種がよほど密生している場合以外は，密度効果は働かないようだ．

魚類の資源管理として，最大持続可能漁獲量（毎年，持続的に獲り続けることのできる最大量）を想定することもあるが，これは密度効果が働いているために漁獲により個体数が減れば増殖速度が増えると仮定しているのである．しかし前述したように，まばらに生えた野生植物では採取しても

密度効果で増殖速度の上がることが期待できないのと同様に，持続可能な採取が不可能な種も多いだろう．　　　　　　　　　　　　　　〔小池文人〕

●文　献

Hubbell, S. P.（平尾聡秀，ほか 訳）(2009) 群集生態学——生物多様性学と生物地理学の統一中立理論．文一総合出版．

小池文人 (1993) 植物の相互作用．(基礎生物学講座 9) 生物と環境 (太田次郎 編), pp. 66-82, 朝倉書店．

アレロパシー

アレロパシー（allelopathy）はギリシャ語のアレロ（allelo-：相互の）とパシー（-pathy：感ずる）を連結した語として，ドイツの Molisch, H. が 1937 年につくった語で，「ある植物の産生する化学物質が環境に放出されることによって，他の植物に直接または間接的に与える作用」と定義された．他感作用という訳語がつくられているが一般的ではない．

アレロパシーとみられる現象は古い記録に残っている．ギリシャの Aristoteles の弟子であった Theophrastos の残した『植物誌』に，「ヒヨコマメは雑草を滅ぼし，とりわけハマビシをきわめてはやく滅ぼす」という記述がある．ローマの Plinius は『博物誌』の中で「カシワはクルミの近くに植えられると枯れる」とか，「クルミの陰は重苦しい．その付近に植えられたどんな物にも害を与えさえする」と書いている．クルミの作用物質がどのようなものかは，1990 年代になって明らかにされた．クロクルミの放出する成長阻害物質はクロクルミの学名（*Juglans nigra*）にちなんでユグロン（juglon：5-hydroxy-α-naphthoquinone）と名付けられた（図 7.17）．ユグロンは 0.002％の濃度でレタスの発芽を阻害するとされる．ユグロンがなぜクルミ自体に阻害作用を及ぼさないのかという疑問から，さらに研究が進められた．そして，クルミ体内では無害のハイドロユグロンとその配糖体の形で存在し，雨水によって体外に溶出してから酸化され，害作用を持つユグロンに変わることが明らかになった．江戸時代前期に岡山藩の儒学者であった熊沢蕃山が『大学或問』の中で「松にかゝりたる雨露毒なる故に，下木下草も生ぜず，田畠に落入てあしゝ」と書いている．これはアカマツのアレロパシーの例である．近年になって，アカマツの葉の水浸出液が草本類の生育に影響を与えることが実験的に明らかにされた．害を与える主要物質はクマリンである．

北アメリカのチャパラル（硬葉半低木林）と呼ばれる乾燥地植生でもアレロパシーが認められている．シソ科アキギリ属の低木，*Salvia leucophylla* やキク科ヨモギ属の低木，*Artemisia colifornica* の周りに幅 1〜2 m の裸地が形成されていて，ドーナッツ現象（またはサルビア現象）と呼ばれている．これらの低木の葉から揮発されたショウノウ，1,8-シネオール，β-ピネンなどのテルペン類（図 7.18）が地表に落下して，土壌中で他植物の種子の発芽を阻害した結果とされる．この効果は木から離れるほど弱くなるので，低木群落からある距離をおくことにより草本類は生育が可能となる．テルペン類は雨が降ると微生物の働きにより分解されて消失する．また，野火によっても消失する．

日本では，耕作地が放棄されるとブタクサやオオブタクサ（ともに北アメリカ原産の 1 年生草本）などキク科の帰化植物が繁茂する．数年たつ

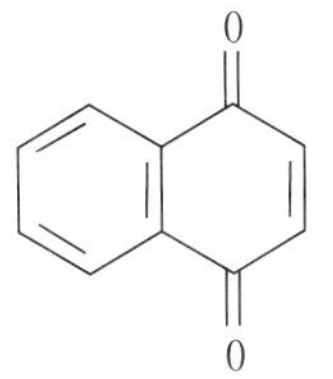

図 7.17　クルミのアレロパシー物質ユグロン
今村，1994 より．

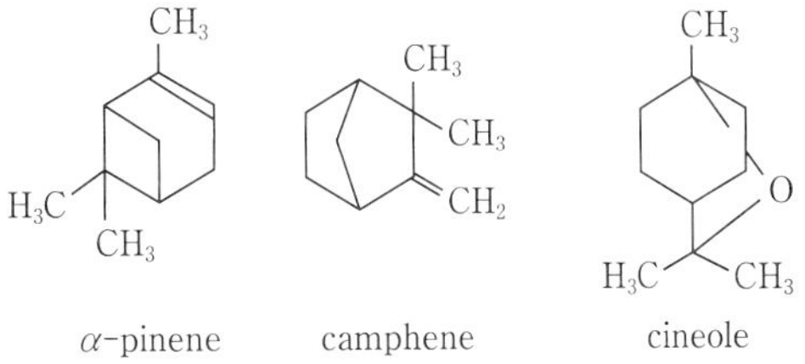

図 7.18　サルビア現象を引き起こす物質のいくつか
田崎，1978 より．

```
ブタクサ
  ↓
エリゲロン属
(ヒメジョオン
 ハルジオン
 ヒメムカシヨモギ
 オオアレチノギク)
  ↓
セイタカアワダチソウ
  ↓
ススキ
```

名称

$CH_3-\underset{H}{\overset{H}{C}}=\underset{H}{\overset{H}{C}}-C\equiv C-C\equiv C-\underset{H}{\overset{H}{C}}=\underset{}{\overset{H}{C}}-COOCH_3$ トランスマトリカリアエステル

$CH_3-\underset{H}{\overset{H}{C}}=\underset{}{\overset{H}{C}}-C\equiv C-C\equiv C-\underset{}{\overset{H}{C}}=\underset{H}{\overset{H}{C}}-COOCH_3$ シスマトリカリアエステル

$CH_3-CH_2-CH_2-C\equiv C-C\equiv C-\underset{}{\overset{H}{C}}=\underset{}{\overset{H}{C}}-COOCH_3$ シスラクノフィリウムエステル

〔セイタカアワダチソウに含まれる C_{10}-ポリアセチレン〕

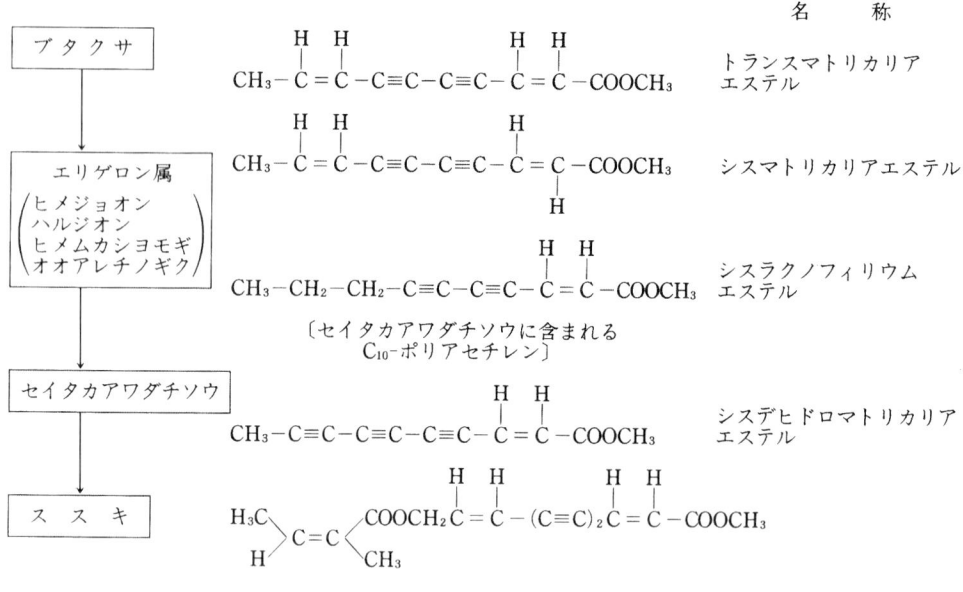

$CH_3-C\equiv C-C\equiv C-C\equiv C-\underset{}{\overset{H}{C}}=\underset{}{\overset{H}{C}}-COOCH_3$ シスデヒドロマトリカリアエステル

$\underset{H}{\overset{H_3C}{>}}C=C\underset{CH_3}{\overset{COOCH_2}{<}}\underset{}{\overset{H}{C}}=\underset{}{\overset{H}{C}}-(C\equiv C)_2\underset{}{\overset{H}{C}}=\underset{}{\overset{H}{C}}-COOCH_3$

図 7.19 キク科植物に含まれるポリアセチレン類
今村, 1994 より.

ずしてヒメジョオン（北アメリカ原産の1年生または2年生草本）やハルジオン（北アメリカ原産の越年生または多年生草本）などに取って代わられる．その後，ヒメムカシヨモギ（北アメリカ原産の越年生草本）やオオアレチノギク（ブラジル原産の越年生草本）が侵入し，やがて，セイタカアワダチソウ（北アメリカ原産の多年生草本）の群落になる．これらはすべてキク科の帰化植物である．これ以後，在来種であるススキやクズなどの多年生植物が侵入して帰化植物は衰退する．セイタカアワダチソウの根には数種のポリアセチレン化合物が含まれている．このうち2-dehydromatricaria ester (*cis*-DME) が，それまで繁茂していたヒメムカシヨモギやオオアレチノギクに対して強い生育阻害作用を持つことがわかっている．セイタカアワダチソウが出現する前に生育していたキク科の帰化植物もポリアセチレン化合物を持っているが，その量は遷移の初期に出現するものほど少ない．エリゲロン属植物に含まれるポリアセチレンの濃度を調べた結果，ハルジオンはヒメジョオンよりも，オオアレチノギクはヒメムカシヨモギよりも高かった．このため，この化合物が種の交代に何らかの役割を果たして

いるのではないかと推測されている（図 7.19）.

アレロパシー物質はピルビン酸やシキミ酸を経由して，二次代謝物から生合成される．生体維持には関係ない物質で，生体外に排出されて他植物に色々な害を与える．低分子の有機酸類，フェノール類，アルカロイド類，テルペノイド類などに分けられる（植物に含まれる天然化合物については，表 4.1 参照）．これらは葉から気体として放出されたり，雨水や霧で溶出されたり，根から排出される．生体だけでなく，茎葉や根の枯死部から溶脱されるものもある．他植物の体内に入って，細胞分裂や細胞の成長，膜透過性や根による無機物の取込み，諸酵素の合成や活性などを阻害し，結果として発芽や生育を阻害する．

作物の枯死体や放出された物質が土中に残っているために，次の生育期に，同種・異種に関わらずその場所で生育しようとする植物の成長や収量に害作用を及ぼすことがある．これは忌地現象と呼ばれ，古くから，耕作できる作物の種類を制限してきた．日本ではトマト，キュウリ，エンドウ，スイカなどでの連作障害が知られている．忌地現象は残存するアレロパシー物質によるだけでなく，特定元素の消耗，土壌構造の悪化，病原菌

やセンチュウなど有害生物の増加など，色々な要因によって起こることがわかっている．

〔伊野良夫〕

● 文　献

後藤陽一，友枝龍太郎（1971）（日本思想大系 30）熊沢蕃山，岩波書店.

今村壽明（1994）化学で勝負する生物たち（Ⅱ）：アレロパシーの世界，裳華房.

古前 恒，林 七雄（1985）身近な生物間の化学的交渉――化学生態学入門，三共出版.

プリニウス（中野定雄，ほか訳）（1986）プリニウスの博物誌，雄山閣出版.

田崎忠良 編（1978）環境植物学，朝倉書店.

テオフラストス（大槻真一郎，月川和雄 訳）（1988）テオフラストス植物誌，八坂書房.

7.5.2　動物の相互作用

動物は，植物から栄養を摂取する植食者，さらにその植食者から栄養を摂取する捕食者や寄生者に分けられる．動物間の相互作用は，異なる栄養段階に属する種間の被食-捕食関係と，同じ栄養段階に属する種間の競争関係に代表される（図7.16）．

a.　被食-捕食

テントウムシはアブラムシを襲って食べてしまう．このように餌（被食者）を攻撃して直ちに食べてしまう生物を捕食者と呼ぶ．一方，餌（寄主）の体内で発育し，成虫になると寄主を殺してしまう寄生バチなどは捕食寄生者である．これに対して，寄主から栄養を摂取するが殺すことはない条虫やノミのような生物は，寄生者として区別する．ここでは，これらの代表として捕食者を扱う．

餌密度に対する捕食者の反応には，数の反応と機能の反応がある．数の反応とは餌密度に対する捕食者密度の増加や移出入による変化であり，機能の反応とは捕食者個体の摂食量の変化を指す．一般に餌密度が増加すると捕食数も増加するが，捕食者が処理できる数には上限があるため，餌密度がある値以上に増えても捕食数は頭打ちになる．

食う-食われる（被食-捕食）の関係により，捕食者は生存率・成長率・繁殖率の増加などの利益を得ており，被食者は死亡率の増加などの不利益を被っている．捕食は被食者個体群の密度制御や周期的変動の要因と考えられており，捕食者と被食者の相互作用のダイナミクスは野外研究とともに理論研究の対象となってきた．特に，生物的害虫防除事業のいくつかは，導入天敵が害虫の密度を持続的に低密度で維持させることを明らかにした（Murdoch, et al., 2003）．また，餌生物が増えると捕食者も増え，それがさらに餌密度を低下させ，ついで捕食者の密度が低下するという，周期的変動も知られている（Berryman, 2002）．

最近になって，捕食者間の被食-捕食関係の存在が明らかにされてきた（Polis and Holt, 1992）．これをギルド内捕食と呼んでおり，野外では頻繁に生じている．ギルド内捕食は，捕食者と被食者からなる動物群集の構造に大きな影響を与える可能性がある．

捕食者の攻撃に対して，被食者も擬態・警戒色・毒の蓄積など，様々な防衛手段を進化させている．擬態にはベイツ型擬態（まずい味や毒を持つ種に，そうでない種が似る）と，ミューラー型擬態（毒のあるものどうしが似ることにより防衛効果を高める）がある．また，色や形を背景に似せて目立たなくする隠蔽色や，逆にまずさや危険性を捕食者に知らせるために派手な警告色を用いる種もある．一方，サンショウウオやカエルのような両生類の幼生は，捕食者が近くにいると，それを感知して，捕食されにくい形態に変わる．

b.　種間競争

もう 1 つの重要な相互作用は，同じ資源を利用する生物間で生じる種間競争である（Keddy, 2001）．食物，交尾相手，空間（縄張り，営巣場所，越冬場所，避難場所）など，制限のある資源が競争の対象になる．競争する 2 種は生存率・成長率・繁殖率・個体群増加率の低下など，相手に負の効果を与える．競争は消費型競争と干渉型競争の 2 つに分けられる．消費型競争は，一方の種が資源を消費することにより，他種が利用できる資源量

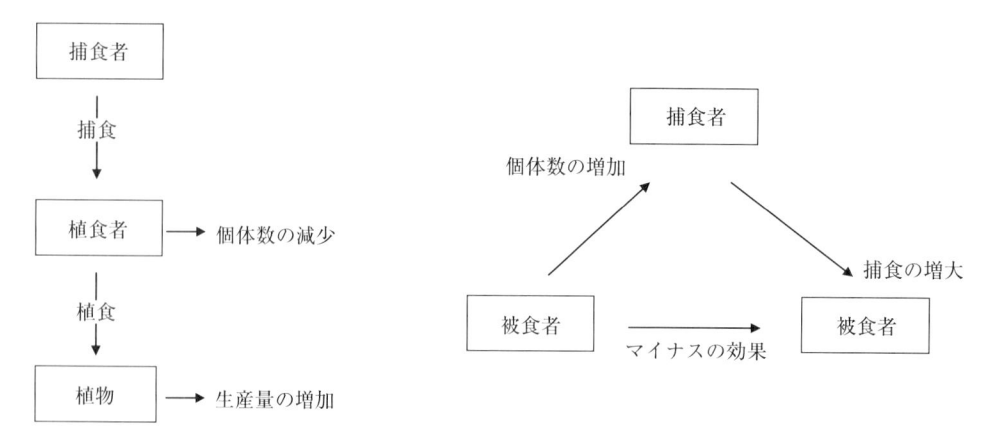

図 7.20 栄養カスケード（左）と，見かけの競争（右）

を減少させる場合に起こる．一方，干渉型競争は，2種の個体が縄張りや営巣場所などの資源の獲得をめぐって直接争う競争である．

同じ生態的地位を占める2種は，種間競争により共存できないと考えられており，これを競争排除と呼ぶ．しかし野外では，同じ資源を利用しているにも関わらず複数種がしばしば共存している．ロトカ・ボルテラの競争方程式により，種間競争の結果は条件により競争的排除または平衡状態での共存のいずれかになることが理論的に示されている．特に共存は，自種に対する密度の制限（密度効果）が，他種による密度の制限（種間競争の効果）よりも大きな場合に限られる．一方，野外では個体数を制限する要因の強さが時間的あるいは空間的に変動するので，種間競争が一方の種に常に有利に働くとは限らず，競争排除が必ずしも成り立つわけではない．

自然界で動物が生育するためには，彼らにエネルギーを供給する植物が必要である．このため，動物間の相互作用の強さと方向は，生存基盤である植物からの影響を無視することはできない．植物の質・防衛手段・構造などは植食者の行動・分布・個体数に大きな影響を与えており，植物は動物間の相互作用の結果をしばしば大きく変える重要な要因である（Hunter, et al., 1992）．

c. 間接効果

2種の直接的な相互作用は第3種の介在によって変化する．これを間接効果と呼ぶ．特に被食-捕食および種間競争に関わる間接効果として，栄養カスケードと見かけの競争が注目されている（図7.20）．

捕食者が植食者の個体数を低下させると，その影響は植物にまで波及する．捕食者が植食者の個体数を減らし，このために植物の生産量が増えることがわかってきた．この3栄養段階を通した捕食者から植物への影響を，（トップダウン）栄養カスケードという（Pace, et al., 1999）．例えば，カリフォルニア沖ではかつてラッコが多数生息していた．彼らはコンブの主要な植食者であるウニを主食としており，このためコンブの被害は大幅に軽減されていた．しかし20世紀に入り毛皮をとるためにラッコが乱獲されるようになると，ウニが大発生しコンブは大打撃を受けてしまった．

また，資源をめぐる種間競争が生じない場合でも，共通の捕食者が存在すると，被食者間で負の影響を与えることがある．一方の被食者の増加に反応して捕食者の密度も増え，その結果，他方の被食者に対する捕食もより強くなる．このような捕食者を介する間接効果を，見かけの競争と呼んでいる（Holt and Lawton, 1994）．

7.5.3 植物と動物の相互作用

a. 植物と動物の食う-食われる関係

植物は光合成によって，必要なエネルギーを自

7.5 生物の相互作用

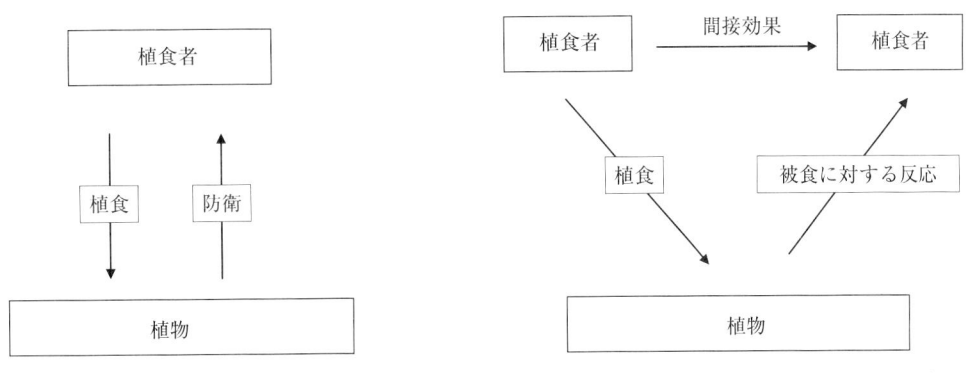

図 7.21 植食者と植物の相互作用（左）と，植物の被食反応を介する植食者間の間接相互作用（右）

表 7.5 植物の防衛戦略

防衛戦略	防衛タイプ	手段
植物による防衛（直接防衛）	化学防衛	アルカロイド，青酸配糖体，フェノール，タンニン
	物理防衛	棘，トリコーム
	補償反応	二次成長，光合成速度の増加，繁殖投資の増加
他者による防衛（間接防衛）	共生者	アリ，捕食寄生者，内生菌

ら作り出す．これに対して動物は，エネルギーを摂取するために他の生物を食べなければならない．生態系は植物とそれに依存する動物によるエネルギーのやりとりを通した階層構造から成り立っている．

植物と動物の相互作用は，このような異なる栄養段階に属する生物の食う-食われる関係に基づいている（図 7.21 左）．これを動物間の食う-食われる関係である「捕食」に対して，「植食」と呼んでいる．植物を摂食する動物は植食者と呼ばれる．中でも，地球上に 2000 万種以上ともいわれる植食性の昆虫は，その代表格である．彼らは葉，茎，枝，根，花，果実，種子など植物のあらゆる器官を摂食するが，葉を食べる食葉性昆虫や種子を食べる種子食昆虫のように，種によって利用する部位が決まっていることが多い．一方，ウシやヒツジのような草食動物には，植物の部位に依存するような特殊化はみられない．

陸上生態系では，植物の年生産量のせいぜい 10〜20% が食べられるにすぎない．このため動物間の被食-捕食関係に比べて，植物と植食者の相互作用の理解は大変遅れていた．しかし，最近になって植食者が植物の適応度，個体群動態，さらに植物間の相互作用に大きな影響を与えている事実が明らかになり，植物と植食者の相互作用の研究が飛躍的に発展してきた（鷲谷・大串，1993）．例えばオウシュウナラの新葉は，昆虫によるわずかな（10% 以下）食害を受けた場合にも種子の生産量が 50% 以上も低下し，この傾向はその後数年も続く（Crawley, 1985）．このような植食者に対抗するために植物は，毒を持つ，二次的な成長を行う，アカシアなどのように，アリに巣場所を提供することで植食者の攻撃から守ってもらうなど，種々の防衛戦略を進化させてきた（表 7.5）．

しかし，植食者は植物にとってマイナスの影響を与えるものばかりではない．植物の繁殖成功度を高めるものもいる．その代表例が，チョウやハチ，あるいはコウモリなどによる花粉の運搬（送粉）と，トリやネズミ，あるいはアリなどよる種子散布であり，これらの関係は相利共生としてよく知られている．送粉者や種子散布者は，花蜜や花粉，果肉などを摂食する植食者である．昆虫媒

の顕花植物は花蜜や花粉をチョウやハチに提供することにより，風媒花に比べて受粉をより確実なものにする．このために，植物は送粉者を引き付ける多様な形質（花の形態，色彩，におい，報酬など）を進化させている．一方，トリなどの種子散布者に遠くに運んでもらうために，植物は様々な形態や機能を持つ果実や種子をつける．例えばナナカマドのように種子散布をトリに依存している植物は，赤や紫など目立つ色の果実をつけている．このような果実には，果肉にしばしば発芽抑制物質が含まれているが，トリの消化管を通る間に果肉が除去され，発芽が促進される．この結果，長距離散布による次世代の生育地域の拡大がもたらされる．また，スミレやカタクリはエライオソームと呼ばれる糖分に富んだ栄養物質を種子の表面につけており，これでアリを誘引し，種子を散布してもらう．さらに，鉤や棘，あるいは粘液によってトリや哺乳類の体に付着するオナモミやメナモミのような種子は，動物の移動に伴い広範囲の散布を可能にしている．

b. 被食に対する植物の反応

植物が植食者の食害によって死亡することはほとんどないが，被食を受けるとその後様々な形質を変化させる．これが同じ食う-食われる関係である動物の被食-捕食関係との最大の違いである．

植物は防衛手段として二次代謝物質を生産するが，それにはコストがかかる．そのため，多くの植物は，食害を受けない間は防衛化学物質の生産を低いレベルに留めておき，食害を受けてから増加させる．このような誘導防衛は生活型（1年生草本，多年性草本，木本など）や系統（被子植物，裸子植物，シダ植物など）に関わらず，種々の植物で認められている（Karban and Baldwin, 1997）．誘導防衛が作用する期間は種によって大きく異なる．タバコの産するアルカロイドは2週間と短いが，カンバの産するフェノールのように数年にわたる場合もある．食害による防衛形質の誘導反応は，葉や茎の表面に密生している細かい毛（トリコーム）や棘のような物理的防衛形質にもみられる．また，花外蜜によりアリを誘引して植食者を排除してもらう植物では，食害を受けると蜜量を増やすことがある．

植物は昆虫や草食動物などに食べられると，その後，休眠芽から新しい枝を伸ばすなど，しばしば二次的な成長をみせる．この反応は補償成長と呼ばれており，木本・草本を問わず様々な植物で知られている．補償的な再成長は，頂芽優勢の解除，光合成活性の増加，貯蔵器官からの資源の転流などによって起こる．

c. 植物と動物の相互作用と生物群集

ある植食者の植食に対する植物の反応は，他の植食者に対しても間接的に大きな影響を与える（図7.21右）．例えば，ハコヤナギを利用するアブラムシとハムシによる植食は，昆虫群集の種多様性と個体数を変えている（Waltz and Whitham, 1997）．ハコヤナギからアブラムシを取り除くと，他の昆虫の種数と個体数はそれぞれ32％，55％減少した．これは，アブラムシが誘引する捕食者が減少したこと，およびアブラムシの吸汁によって生じる植物の質の向上がなかったことによる．一方，ハムシを除去すると種数と個体数は逆に増加した．新梢の成長を阻害するハムシの除去により新梢の成長がよくなり，他の昆虫が利用できる食物資源が増えたためである．このように，植食に対する植物の反応は植物上の昆虫群集の生物多様性に大きな影響を与えていることがわかってきた．自然生態系では，ある生物の変化は生物間相互作用のネットワークを通して，多くの生物に波及する．特に，植食者が誘導する植物の変化は，新たな生態系ネットワークである「間接相互作用網」を生み出すという重要な役割を担っている（Ohgushi, et al., 2007）．

〔大 串 隆 之〕

●文 献

Berryman, A. ed. (2002) *Population Cycles*, Oxford University Press, Oxford.

Crawley, M. J. (1985) Reduction of oak fecundity by low-density herbivore populations. Nature **314**：163-164.

Holt, R. D. and Lawton, J. H. (1994) The ecological consequences of shared natural enemies. Annual

Review of Ecology and Systematics **25**:495-520.
Hunter, M. D., et al. eds. (1992) *Effects of Resource Distribution on Animal-Plant Interactions*, Academic Press, San Diego.
Karban, R. and Baldwin, I. T. (1997) *Induced Responses to Herbivory*, University of Chicago Press, Chicago.
Keddy, P. A. (2001) *Competition* (2nd ed), Kluwer Academic, Dordrecht.
Murdoch, W. W., et al. (2003) *Consumer-Resource Dynamics*, Princeton University Press, Princeton.
Ohgushi, T., et al. eds. (2007) *Ecological Communities*: *Plant mediation in indirect interaction webs*, Cambridge University Press, Cambridge.
Pace, M. L., et al. (1999) Trophic cascades revealed in diverse ecosystems. Trends in Ecology and Evolution **14**:483-488.
Polis, G. A. and Holt, R. D. (1992) Intraguild predation: The dynamics of complex trophic interactions. Trends in Ecology and Evolution **7**:151-154.
Waltz, A. M. and Whitham, T. G. (1997) Plant development affects arthropod communities: Opposing impacts of species removal. Ecology **78**:2133-2144.
鷲谷いづみ，大串隆之 編（1993）動物と植物の利用しあう関係，平凡社.

7.6 人間と自然

7.6.1 食物連鎖，エネルギーの流れ，物質循環

　食うものと食われるもののつながりを食物連鎖という．自然界では独立栄養生物（主に植物）が，無機物から有機物を作り出す．この有機物を従属栄養生物（細菌や菌類，動物）が利用し，その従属栄養生物は，さらに他の従属栄養生物に利用される．食物連鎖の各段階を栄養段階といい，無機物から有機物を作り出す最初の栄養段階に属する生物群を生産者，生産者の作り出した有機物を食べる次の栄養段階を一次消費者（植食者），その一次消費者を捕食する栄養段階を二次消費者（肉食者），さらにその上の栄養段階は三次消費者，四次消費者という．生産者や消費者の死骸や排出物を利用し，それらを分解して無機物にする従属栄養生物（主に細菌や菌類）は分解者と呼ばれる．物質やエネルギーは，食物連鎖を通して次々と栄養段階間を受け渡されていく．各栄養段階は複数の種で構成され，また，同種が複数の栄養段階に属することもある．実際の生態系では多数の食物連鎖が存在し，それらが複雑に絡まり合っており，食物連鎖というよりも食物網を形成しているといったほうが適当である（7.3.2項参照）．

　食物連鎖において，生きている植物から始まる食物連鎖を生食（採食）食物連鎖（grazing food chain），生物死骸やその分解物・排出物から始まる食物連鎖を腐食食物連鎖（detritus food chain）という．森林生態系をはじめとする陸上生態系では，生食食物連鎖を通しての物質・エネルギーの流れは小さく，腐食食物連鎖が圧倒的である場合が多い（Schlesinger, 1997）．陸上植物は，動物

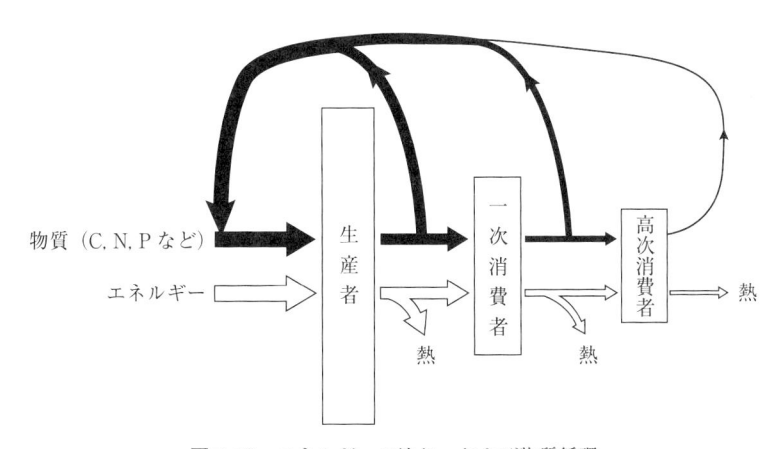

図 7.22 エネルギーの流れ，および物質循環

が消化できないリグニンやセルロース，ヘミセルロースを多量に含み，またアルカロイドや青酸化合物などの有毒物質を含有する種も多いため，草食動物は採食した植物体の一部しか利用できないことが多い．一方，海洋生態系では，植物プランクトンを出発点とし，植食性動物プランクトン，肉食性動物プランクトン，魚類へとつながる生食食物連鎖の割合が大きい．また最近では，植物プランクトンから排出される溶存有機物を出発点とし，それを細菌が利用し，その細菌を鞭毛虫や繊毛虫などの微小な原生動物が食べる微生物食物連鎖（微生物ループ：microbial loop）の存在が明らかになってきた（パーソンズほか，1996）．海洋の微生物食物連鎖は陸上の腐食食物連鎖に相当し，最終的には生食食物連鎖につながり魚類にまで達するが，栄養段階の数が多くなるため物質・エネルギー伝達の面では効率が悪い．微生物食物連鎖は，その過程で有機物が無機物に分解されるので，海洋生態系の中で栄養塩類の再生として機能している．

　エネルギーや物質は食物連鎖を通して上位の栄養段階に移行するが，その際，多くのエネルギーは生物の呼吸により熱として失われる．熱に変換されたエネルギーは，生物には利用されず，大気や水中に放散する．エネルギーは食物連鎖を通して一方的に流れ，循環はしない．上位の栄養段階ほど利用できるエネルギーは少なくなる．各栄養段階をエネルギー量で表すと，ピラミッド形になる（上位の栄養段階ほど小さい．エネルギーのピラミッド）（オダム，1991）．

　一方，生物体を構成する炭素や窒素，リンなどの物質は，生物とその周りの環境との間を行き来し，生態系内で循環している．例えば炭素の循環では，まず生産者である植物が大気中の二酸化炭素を光合成により固定し有機物にする．消費者がこの有機物を摂食して，有機物を再合成する．生産者や消費者の枯死体や遺体，排出物は分解者により利用・分解される．生産者や消費者，分解者の呼吸や，分解者による分解の過程で，有機物は二酸化炭素になり，大気中に戻される．炭素の場合は大気と生物との間に活発で開放的な循環がみられるが，窒素やリンの場合は，大気と生物との間の循環は限られており，生物と土壌，あるいは水体との間で，より閉鎖的な循環・再利用がみられる．ただし生態系内での物質循環は完全なものではなく，系外からの流入や，系外への流出が少なからずある．

　地球上のほとんどの生態系は，不断に供給される太陽からのエネルギーに依存して成立している．例外として，深海底の熱水噴出孔群集がある．そこでは，海底から吹き出す硫化水素などの還元的な物質を酸化して得られる化学エネルギーを用いて，化学合成細菌が作り出した有機物を出発点とした生態系が成立している（長沼，1996．7.5節の「共生」参照）．

　生産者による光エネルギーの利用効率を生産効率という．人が管理する農作物の生育期には，生産効率（純生産量/可視光エネルギー量）が3〜5%に達することもあるが（オダム，1991），通常は1%程度であり，陸上平均では0.6%，海洋平均では0.1%程度といわれている（ホイッタカー，1979）．消費者におけるエネルギーの利用効率は10%程度であり，栄養段階が上がるほど高まる傾向（20%程度まで）がみられる．上述したように生態系では，高次の栄養段階になるほど，そのエネルギー量は急速に（栄養段階を1つ上がるごとに1桁ずつ）減少していくことになる．食糧の質を考えずに，その量だけを考えるのであれば，より低次の栄養段階を利用するほうが，より多くの人を賄えることになる．ウシやブタなどの肉を食べるよりは，その飼料となっている穀物を直接利用したほうが，エネルギー的には効率がよいのである．海産物はわれわれ日本人にはなじみ深く，また貴重なタンパク資源となっているが，食卓に載るイカやマグロ，サンマは4次ないし5次消費者に相当し，長い食物連鎖の頂点近くに位置している．そのような高次の栄養段階にいたるまでには，大量のエネルギーが消失してしまうため，その生産量だけではとても人類の食糧を賄いきれない．人の食糧について世界全体でみた場合，海産物の寄与は小さく，陸上生産物への依存度が大きい（川島，2008）．

7.6.2 生態系を管理する（生態系の維持・保全）

　生態系は，ある範囲内に生息する生物群集と，それを取り囲む無機的環境から成立している．無機的環境には，光，温度，大気，水，土壌がある．生物群集は，機能面から生産者，消費者，分解者に大別でき，それぞれの構成要素には多数の生物種が含まれる．生産者とは無機物から有機物を作り出すことのできる生物群集であり，光合成を行う植物や化学合成細菌などの独立栄養生物である．生産者の作り出した有機物を食べて生きている従属栄養生物が消費者，生物の死骸や排出物を利用し，それらを分解して無機物にする従属栄養生物（主に細菌や菌類）が分解者である．生物を構成する炭素や窒素，リンなどの物質は，生産者により無機的環境から取り込まれ，有機物に合成され消費者・分解者に受け渡されていく．有機物は，消費者や分解者の代謝過程で無機物に分解され，再び周囲の環境中に放出される．生産者，消費者，分解者に属する各生物種は，競争・被捕食・共生・寄生関係などを通して相互に密接に結び付いていることに加え，物質循環を通して無機的環境とも密接に関連しており，いずれの生物構成要素も単独では生存できない．生態系の維持・保全には，無機的環境を含む生態系全体の維持・保全が必要不可欠である．

　生態系の維持・保全には，その機能的側面だけでなく，その構成要素の維持もまた必要である．食糧増産のための農耕地の拡大に伴う生息場所の消失と分断，狩猟や漁獲，人為的な生物移入により，世界各地で種や個体群の絶滅が起きている．種や個体群の絶滅は自然界でもみられるが，その発生頻度は人間活動により飛躍的に増大してきた．生物多様性（biodiversity）とは，種の多様性に加えて，種内の遺伝的多様性，生物群集や生態系の多様性も含み，あらゆるレベルでの生物の多様性を包括する用語である（マッケンジーほか，2001）．生物多様性の重要性は，1992年にリオデジャネイロで開催された地球サミット（国連環境開発会議）で採択された生物多様性条約により，広く認識されるようになった．この条約は152ヶ国によって署名され，生物多様性を保全するための方針と方法を法的に策定し，生物多様性を利用することによる利益の公平な配分を保証することを各国に義務づけた．この条約により，効果的な保全に必要な財政的手段と専門的知識を持つ先進国と，生物多様性の大半が存在する発展途上国の共同努力を前提に，世界の生物多様性保全に向けた統一的かつ包括的アプローチの基礎が築かれた（マッケンジーほか，2001）．

　生物多様性の保全には，その目的により，様々なレベルの項目および規模（局所的な地域から地方，国，地球全体まで）での対応が必要である．地球規模での保全戦略には，国際的協調が不可欠であり，世界自然保護連合をはじめ，各国政府組織，グリンピースなどの非政府組織（NGO；non-governmental organization）が取り組んでいる．国際的協調の結果として制定された「絶滅のおそれのある野生動物の種の国際取引に関する条約」は，希少動物の絶滅を防ぐうえで一定の効果を上げてきた．国・地方レベルの保全戦略には，各国政府による自然保護に関する法律の制定，国または地方自治体による自然保護区・公立公園の設置，生産活動を抑制される農家への補償などがある（マッケンジーほか，2001）．

　実際の生態系の保全として，ある特定種，例えばトキやイヌワシ，ホタルなどの象徴種の保全を目的とすることがよくみられる．しかし，上述したように各生物種は緊密な生物間相互作用に加えて，無機的環境とも密接に関係して生息しており，特定種だけを保護することは一時的には可能でも永続はしない．特定種の保護は，無機的環境を含めた生態系全体の維持・保全を含めて実施されなければならない．

　生態系の維持・保全にあたっては，その対象の現状把握と目標の認識が重要である．保全の対象とする生態系が，どの程度の人為的撹乱を受けているかによって，またどのような生態系の復元・維持を目指すかによって，その後の取るべき対策は異なってくる．人為的撹乱をほとんど受けていない土地固有の生態系であれば，その現状維持が

求められるであろう．人為的攪乱を受けている，あるいは過去に受けた生態系の場合には，土地固有の生態系の完全な復元を目指すものから，様々な程度の妥協案，あるいは現状維持まで，保全目標として幅広い選択肢がありうる．保全目標の設定は，個々のケースに応じて，自然条件，社会条件を考慮して選択することになる（樋口，1996）．

　生物系の保全を具体的に実現するにあたって，一般には保護区を設定する．可能な限り広く，複数設置するのが望ましいが，実際には自然的・社会的・経済的に様々な制約を受ける．保護区設定の際には各生物種の生活史・行動圏・分散能力，同種の供給源からの距離，周縁効果（エッジ効果：edge effect）などを考慮する必要がある．保護区の周縁部は他の環境と接するため，中央部とは異なる特有の環境条件下で特有の生物群集が成立し，また外部からの病気や外来種の侵入を受けやすい．周縁効果を小さくするためには，保護区の形状を円形に近くすればよい．周囲を保護区同様の生息地（緩衝地帯）で囲むことができれば，周縁効果を減じ，保護区の厳しい規制に反発する周辺住民との衝突を緩和する効果も期待できる．種の分散能力などに応じた中小の保護区の連接，あるいは飛び石状配置などが有効な場合もある（樋口，1996；鷲谷・矢原，1996）．　〔戸田任重〕

●文　献

樋口広芳 編（1996）保全生物学，東京大学出版会．
川島博之（2008）世界の食料生産とバイオマスエネルギー：2050年の展望，東京大学出版会．
マッケンジー，A. ほか（岩城英夫 訳）（2001）生態学キーノート，シュプリンガー・フェアラーク東京．
長沼 毅（1996）深海生物学への招待，日本放送出版協会．
オダム，E. P.（三島次郎 訳）（1991）基礎生態学，培風館．
パーソンズ，T. R. ほか（高橋正征，ほか 監訳）（1996）生物海洋学3：動物プランクトン/生物サイクル，東海大学出版会．
Schlesinger, W. H. (1997) Biogeochemistry : An Analysis of Global Change (2nd ed.), Academic Press, New York.
鷲谷いづみ，矢原徹一（1996）保全生態学入門――遺伝子から景観まで，文一総合出版．
ホイッタカー，R. H.（宝月欣二 訳）（1979）生態学概説――生物群集と生態系（第2版），培風館．

7.6.3　自然との共存（開発と保全）

　生物の多様性に富んだ環境の保全と，生物の持続可能な利用が人の生存にとって重要であるとの考え方は，1992年の地球サミットで「生物多様性条約」が採択されたことで，国際的な合意事項となった．一方で，生物の多様性の減少を示す目安の1つである，絶滅に瀕した動植物の数は，近年増加の一途をたどっている．かつては身近な存在であったメダカやキキョウをはじめ，日本に生息・生育する脊椎動物や維管束植物の約2割が「絶滅危惧種」に選定されるにいたっている．この絶滅への赤信号が灯った動植物の減少要因には様々なものが挙げられるが，最も大きな圧力の1つが人間活動に伴う各種の開発行為である．

　開発は，生物の生息・生育基盤である自然環境そのものを改変・破壊する直接的な影響をもたらす行為である．人類誕生以来の歴史の中で，開発の内容や影響の程度は時代により大きく変遷してきたといえる．

　日本では元来，地理的・気候的な位置から照葉樹林やブナ林を中心とした森林が全国的に発達する環境条件下にあった．しかし縄文期以降に顕著となる焼畑などの開発行為の進展に伴い，原生的自然はオープンランドの拡大を意味する農耕的自然へと姿を変えてきた．しかしながら農耕による人為の関与は，自然環境の適度な攪乱やモザイク化などを促す一面を有し，結果として現在みられる多様な生物相の成立に貢献してきた側面が少なくない．先に挙げたメダカは水田，キキョウは萱場としての開発とその維持継続の中で，分布の拡大・安定化がなされてきたということができる．

　こうした農耕を主とした開発行為は数千年にわたって永続され，多様な生物相を育む要因ともなってきたが，第二次世界大戦後に大きな潮流となった都市化や工業化による開発行為は，それまでの開発による生物相への影響を質的にも量的にも劇的に変えるものとなった．すなわち自然環境の緩やかな改変行為である農耕による開発から，自然環境そのものを破壊し人の生活や経済活動に

とってのみ都合の良い空間へと造り変える都市型開発への移行である．高度経済成長期やバブル経済期を通じて，住宅・工場・道路などの都市的インフラ整備の開発のみならず，農地の生産効率と管理効果を高めるための圃場整備や，レクリエーションニーズを満たすためのゴルフ場・スキー場などの大規模開発が，公共・民間を問わず全国各地で押し進められてきた．

その結果は，レッドデータブックに記載される絶滅危惧動植物の増加に反映されているとおりである（巻末の付録II「生物のレッドリスト」参照）．

それでは，こうした開発から野生生物や自然環境を守るための保全への取組みは，どのような状況にあるのであろうか．

野生生物や自然環境への影響が大きい開発に対し，土地利用の観点から制度的な対応が本格化し始めたのは，公害や自然破壊が社会問題化した1970年代前半以降である．環境庁（現 環境省）が設置され，「自然環境保全法」などが施行されるとともに，建設省（現 国土交通省）においても都市近郊の緑地を対象とした「都市緑地保全法」を施行するなどの法整備が進められた．

現在まで続く開発と自然環境との調整を図るための主要な方策の1つは，自然環境上の重要地域を選定し「保全地域」を設定する手法である．指定された「保全地域」については，開発行為に対する届出や許可などの一定の土地利用制限が課せられる．重要性の高い自然環境を着実に各種の「保全地域」に指定していくことは，開発と保全の調和を図るうえでの有効な対策の1つといえるが，絶滅に瀕する動植物の減少を食い止めるほどの効果を上げるにはいたっていない．「保全地域」の指定に伴い私権を制限しなければならないが，経済的な補償制度が必ずしも十分に整備されておらず，総じて「保全地域」の指定地拡大が困難な実情にあるからである．日本においては，自然環境は次世代に引き継ぐべき大切な社会ストックであるとの認識が弱く，未だにフローとしての制度的対応に留まっている点が大きな課題である．

開発と保全の調和を図るための試みとしては，環境影響評価（環境アセスメント）制度もその1つに挙げられる．一定規模以上の開発事業に対して開発区域を主とした自然環境を調査し，保全すべき動植物や環境資源が認められた場合には，開発の影響を回避・低減・代償する対策を提示し，関係住民との合意形成を図る手続きである．ただし，規模の大きな開発事業に限定されることや，対策の有効性を客観的に示すために必要となる動植物の生息環境の定量評価手法が確立されていないことなどの課題があり，今後の制度面での強化拡充が求められている．

また，河川整備や農地整備などの個別開発に関しては，1990年代以降，関連法の改正の中で，環境の保全や調和が重視されるようになり，事業の実施に伴い様々な環境配慮がなされるようになっている．

さらに，「環境の世紀」とも呼ばれる21世紀に入り，過去に損なわれた生態系やその他の自然環境を取り戻し，生物の多様性の確保を通じて自然と共生する社会の実現を図る「自然再生推進法」が施行された．これまで開発によって一方的に減少を続けるだけの不可逆的な関係にあった自然環境を，生物多様性の重要性に基づく新たな公共事業として位置づけた「自然再生事業」は，従来の保全対策から一歩踏み出した自然と人との共存策として期待される取組みといえよう．

〔須永伊知郎〕

●文　献

地球環境保全に関する関係閣僚会議（2002）新・生物多様性国家戦略．
環境省（2003）自然再生推進法のあらまし，環境省．

8 生物の社会

8.1 微生物の社会

　実験的に培養するような特殊な状況を除いては，微生物が単一の種類で存在することはまず考えられない．たいていは色々な種類の微生物がごちゃまぜになっており，あるバランスのもとで集団となっている．この集団を取り巻く環境が変化すると，集団を構成する微生物の数的なバランスも変化する．ここではそのような微生物の集団の例をいくつか挙げてみる．

8.1.1 ウシの反芻胃の微生物集団

　焼肉といえば，まずカルビ，ロース，タンが連想される．食べやすくて子どもにも人気のあるメニューである．一方，ウシの内臓をメニューにしたミノ，ハチノス，センマイ，ギアラ，ハツ，ホルモンなども捨てがたい．これら内臓系メニューの出来は，焼肉屋の意気込みや力量を推し量るには恰好の対象である．さて，この内臓系メニューのはじめの4つは，ウシの4つの胃を示している．またの名をそれぞれ，第一胃（反芻胃，ルーメン），第二胃（蜂巣胃），第三胃（葉状胃），第四胃（腺胃，真胃）という（図8.1）．微生物の集団に関するトピックとしてしばしば取り上げられるのが第一胃（反芻胃）である．この胃はウシが食べた牧草などを一度蓄えると同時に，この中に棲み着く微生物の働きによって分解を行う．反芻胃は非常に巨大で，「醗酵タンク」にも喩えられる．その容量たるや大きいものでは200 l と，ユニットバスくらいの容積を持つ．このタンクの中ではウシの生存に必要な醗酵現象が様々な微生物の働き

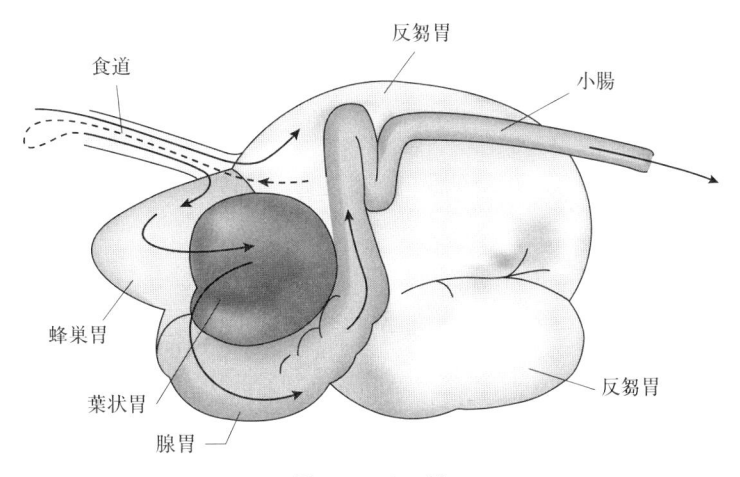

図 8.1　ウシの胃
Madigan, et al., 2003 を改変．

によって起きている.

ヒトを含めて一般的な哺乳動物が草（ヒトの場合は葉もの野菜）を摂取する際には，これらは主にビタミンなどの栄養源となる．草の主成分であるところのセルロース分は分解できないために，ほぼそのまま排泄される．これは哺乳動物がセルロース分解酵素（セルラーゼ）を持っていないことによる．セルロースには食物繊維としての重要な機能はあるにせよ，大部分の哺乳動物はビタミン類とわずかなデンプンを取り込むだけであり，主たる栄養のために草を摂取するということはない．ところが同じ哺乳動物ながら，反芻動物と呼ばれるウシ，ヒツジは草を主たる栄養源としている．つまりセルロースを分解することができるのである．しかし，ウシ，ヒツジが遺伝的にセルロース分解酵素を持っているわけではない．セルロースの分解を担っているのは第一胃の中に棲み着くバクテリアたちなのである．数種類のバクテリアの働きが組み合わさることによってセルロースが分解され，続いて起こる醗酵によって，ウシが栄養として利用する物質となるのである．

草に含まれるセルロースをまず最初に分解するのは，セルロース分解細菌である．この細菌が分泌するセルラーゼによって，セルロースが分解されて低分子化される．低分子化によって生じたグルコースは醗酵によってコハク酸，乳酸，酢酸，蟻酸などの有機酸となる．さらに乳酸分解細菌，コハク酸分解細菌が醗酵を行って，結果として酢酸塩，プロピオン酸塩，酪酸塩などの揮発性脂肪酸を生産する．これらの物質はウシの反芻によって第二胃以降の消化器官に入り，血液中に吸収される．こうしてウシにとって主要なエネルギーの源となるのである．

一方，草に含まれるもう1つの巨大な糖分であるデンプンは，デンプン分解細菌によって分解され，セルロース分解菌の醗酵とほぼ同じ種類の有機酸が作り出される．このようにして反芻胃に棲み着く微生物は草を分解・醗酵することによってウシにエネルギー源を供給し，さらに哺乳動物が摂取しなければならない必須アミノ酸やビタミンも合成してくれるのである．以上のように，ウシなどの反芻動物は，胃の中に棲んでいる微生物の助けを借りることにより，他の哺乳動物が食べても大した栄養にならない草を食べて良質の栄養分を得ることができるのである．一方，反芻胃に棲息する微生物にとっては，醗酵に必要な場所が提供されるだけでなく，生存に必要な草が絶えず供給されるというメリットがある．このようにウシと反芻胃の微生物たちの間には良好な関係が築かれている．このような関係を「共生」と称する．

ただし，この反芻胃の微生物たちの中には，ウシにとってあまり役に立たない微生物がいる．それがメタン生成菌である．今まで登場した微生物が「真正細菌」と呼ばれるのに対して，メタン生成菌はまったく別の「古細菌」というグループに分類される（1.4節参照）．淀んだ沼の底からプクプクと気体が発生しているのをみることがある．この気体はメタンであり，メタン生成菌が生きるためのエネルギーを獲得するときの副産物として出されるものである．メタン生成の反応は，二酸化炭素と水素，もしくは蟻酸塩などを原料として，非常に複雑な反応を経ている．ウシの反芻胃には他の細菌の醗酵によって生じた多量の二酸化炭素と蟻酸塩が存在し，メタン生成菌のお好みの環境（嫌気的条件と適度な温度）が保たれていることから，メタン生産菌にとって大変居心地のよい場所となっている．ほぼ無尽蔵に存在する原料をもとにして大量のメタンを合成するメタン生成菌は，この胃の中の微生物の集団において1つの大きな勢力となっている．ウシにとってメタンはまったく必要のない気体であるので，反芻もしくは排泄に伴って，ゲップやオナラとして，使い切れなかった二酸化炭素とともに大気に放出されることになる．ご存知のように，メタンおよび二酸化炭素は，近年深刻化している地球温暖化において「温室効果ガス」として問題となっており，その排出量を抑えることがわれわれ人の責務となっている．もちろん二酸化炭素の排出は化石燃料の燃焼などによって人為的に出されるものが圧倒的に多いのであるが，数年前から反芻動物のゲップやオナラによる温室効果ガスも軽視できないといわれるようになってきた．ちなみに牛乳を

30 l 出すウシは 1 日に 500 l のメタンガスを出すとの報告もある．現在飼育されているウシの頭数を考えると，これもまた人の産業活動がもたらした地球温暖化の 1 つであることは容易に想像できるであろう．このようにメタン生成菌は厄介者とも捉えられがちであるが，近年，メタン生成菌などを用いてメタンを含む「バイオガス」を生産し化石燃料の代替燃料として使ったり，バイオガスから効率的にメタン，メタノールを取り出し燃料電池に用いる研究も進んでいる．地球温暖化を食い止めるための微生物利用という側面からもメタン生成菌に注目したい．

さて，話が横道にそれたので，本筋である微生物の集団についての話に戻す．反芻胃の中では多くの微生物が，その数的なバランスを保ちながら生育していることを最初に述べた．仮に，ウシのことを気遣ってもっと消化のよい餌を与える，すなわち微生物の醗酵に必要な材料を変えることによって反芻胃の環境を違うものにしたらどうなるであろうか？　例えばウシの食糧を草から穀類に完全に変えたとする．変更前に比べて大量にデンプンが存在するため，デンプン分解菌が反芻胃の中で優勢になることが容易に想像される．この菌は醗酵によって乳酸を大量に産出するため，反芻胃が酸性化する．この変化に対応できず他の細菌が死滅する．さらに悪いことに，吸収された乳酸のために血液の酸性化（アシドーシス）が起こる．本来，哺乳動物は血液の pH バランスを巧みにとることができるのだが，巨大な醗酵タンクから供給されるおびただしい量の乳酸のために血液の pH が酸性側に偏り，ときとして生命の危機にさらされることになる．ウシにとっては，「消化の良くない（？）」草を食べていたほうが幸せなのである．

8.1.2 腸内細菌

健康の回復やダイエットのために断食をする人が増えている．断食を始めて幾日か経過すると，「宿便」と呼ばれる，腸内に長いこと溜まっていたどす黒い便が出るそうだ．宿便は腸のひだひだに，こびりついているもので，これが出るからスッキリと快調（快腸）になるという．しかし実際に腸の内部を覗いてみると，腸のひだひだは意外にきれいなもので，宿便と呼ばれるようなものは見当たらないことがわかっている．では宿便とは何モノであろうか？

日常われわれが排泄する「大便」は，単なる食ベカスのかたまりではない．これには腸内細菌の死骸が 30 %含まれている．「腸内環境を整えてキレイになりましょう！」といわれ，われわれは徐々に腸内に棲み着く微生物を意識するようになり，善玉菌を増やし悪玉菌を駆逐するように心がけるようになった．腸内細菌は古くからその存在が知られていたものの，単に腸内に生息しているだけでなくヒトの健康に深く関わっていることが明らかとなったのは 20 世紀の中頃である．以後，嫌気培養技術の開発に伴って腸内細菌の研究は飛躍的に進行した．その成果として，腸の中の複雑で繊細な細菌集団について多くのことがわかってきた．

もうおわかりのように，前述した宿便の正体は腸内細菌である．メシを食べないのに大便が出るのは，代謝によって生じた老廃物を栄養として増殖する微生物が腸内に存在しているからである．ヒトが生きて代謝を行う限りは腸内細菌は生存することができ，微生物の死骸を主成分とする大便が排出され続けるのである．

腸内細菌がどのようにしてヒトの体内に入り込むのかは，実のところよくわかっていない．生まれたての赤ちゃんは無菌的であるので，腸内細菌は存在していない．ところが生後 1 日以内に大腸菌，腸球菌，腐敗菌が増殖し，ついで 1〜2 日で乳酸桿菌，そして 5 日後にお馴染みのビフィズス菌が増殖する．体内では，各種の細菌の力関係に応じて，「いい塩梅に」バランスがとられる．このバランスは，この赤ちゃんが成長しても「基本的には」変わらない．ただし食事が母乳から離乳食に代わり，親のつくる料理，そしてさらに成長して嗜好が変わっていくにつれて，腸内細菌のバランスも変化する．また年を重ねて内臓の機能が低下すると，それに伴い善玉菌であるビフィズス

菌が減少し、ウェルシュ菌、乳酸菌が増加して、あまり健康とはいえない腸内環境となる。このような理由から、腸内微生物集団の構成は十人十色であるといえる。

イモしか食べないパプアニューギニアのある部族や、一汁一菜で生活する修行僧は、肉を一切断っているにも関わらず健康に生活し、鍛えられた筋肉を持っている。空気中の窒素からアミノ酸をつくる微生物集団が腸内に形成されているためだと推測される。また、これに加えて、生存に必要なビタミンなども腸内の微生物が供給すると考えられている。さて「微生物の生活環境」の項（5.1節）でも述べたが、有機物がなくても、窒素のような無機物からエネルギーを獲得し、二酸化炭素の固定などによって自らの体の構成成分を合成できる微生物がいる。この微生物をはじめとして、ヒトが代謝に必要とする物質をすべて供給できる微生物集団が仮に腸内に形成されたとしたら、「カスミを食べて生きる仙人」もありえない話ではなくなるだろうか？

〔畠山　晋〕

● 文　献

Madigan, M. T., et al.（室伏きみ子，関 啓子 監訳）(2003) Brock 微生物学．オーム社．

8.2　植　物　の　社　会

8.2.1　自然・気象環境と集団

物理的に同じような環境においては全世界的に同じ種が生育している、というわけではない。それは地史的な影響が強いからである。ただし、科や属が異なっていても生態学的に同じような特徴を持つ種は、同じような自然環境に生育している。砂漠のような乾燥地帯に生育している植物に薄くて広い葉を持つものはなく、枝のようにみえる葉を持つもの、あるいは葉が棘に変化してしまい茎そのもので光合成をするサボテンのようなものが生育している。これらの植物は葉の表面積を減らすことで蒸散を抑制し、乾燥への耐性を高めている。このように植物の形態と機能は、生育する自然環境と密接な関係を持っている。

植物にとって重要な物理的な環境は、光、気温、水、無機栄養、風である。これらは独立して植物に働きかけることもあれば、ある要因が他の要因を介して働きかけることもある。例えば降水量が多くても気温が高ければ植物は水を失いやすく、結果として乾燥ストレスが生じやすい。

a. 光

太陽高度の高い低緯度地方の日射量は、太陽高度の低い高緯度地方の2倍以上である。しかし、この差が植物群落の形成に直接的に影響することは少ない。むしろ、同所における林冠と林床での日射量の差のほうがはるかに大きく、これは植物の形態や生産、そして遷移の順序に大きな影響を与える。

林床の光環境は、林冠を構成する植物の種類により異なる。積算葉面積指数（群落最上部からその高さまでに存在する葉面積．F；単位は m^2/m^2）が5程度の落葉樹林林床では相対光量子束密度は、夏期には5〜10%である場合が多い。落葉する冬期には60〜70%になる。これに対し、積算葉面積指数が10近くにも達する常緑樹林では1年を通して相対光量子束密度が低く、2%以下となることも多い。

相対光量子束密度が20%程度あれば、陽生の植物でも、その形態や生産量はオープンな環境でのものとそれほど変わることはない。しかし5%程度まで低下すると、陽生の植物は伸長量が低下し、垂直方向には伸びず、横に広がった形態となる。さらに2%まで低下すると、陽生の植物は生存できなくなる。陰生の植物の場合、5%程度では形態にそれほどの変化はない。2%では横に広がった形態をとるようになり生産量が低下するが、生存は可能である。さらに暗い場所では、コケ植物のようなものだけしか生存できない。

高木の遷移は陽樹（陽生の植物）から陰樹（陰

生の植物）へと進む．日本の場合，陽樹は基本的に葉の寿命の短い落葉樹であり，陰樹は基本的に葉の寿命の長い常緑樹である．暖温帯の陰樹は常緑広葉樹であり，冷温帯から寒温帯の陰樹は常緑針葉樹である．熱帯や亜熱帯では，陽樹も陰樹も常緑広葉樹であるが，陽樹の葉の寿命が短く陰樹のそれが長いことに変わりはない．

陽樹から陰樹への遷移は，林床の光環境がその順序を決めていると考えられている．陽樹の稚樹は，陽樹の林床でよくみられる5%程度の相対光量子束密度でも成長が難しい．そのため，陽樹から陽樹への森林の更新はできない．一方，陰樹は陽樹の下での成長が可能である．そのため陽樹が枯死すれば，その下で成長を続けている陰樹が林冠を構成するようになる．陽樹が枯死しなくとも，長い年月の間に陰樹は陽樹の林冠に到達し，林冠を構成するようになる．こうして陽樹から陰樹への遷移が起きる．

b. 気温

気温は植生を決定する重要な要因である．日本の植生において気温が決定的な役割を果たす例として挙げられるのは，常緑広葉樹と常緑針葉樹の分布についてである．

常緑広葉樹は暖温帯に分布し，常緑針葉樹は冷温帯から寒温帯にかけて分布する．この分布の境界の特徴は，冬季の最低気温が−4℃程度に下がることである．多くの常緑広葉樹はこれより低い気温では生育に不都合が生じる．常緑広葉樹の細胞が−4℃程度の低温で壊死することはないので，不都合とは主に凍結融解によるエンボリズムのことであると考えられている．エンボリズムとは，道管に気泡が入り水の輸送が困難になる現象のことである．道管の中の水は凍結するとその中に気泡を生じる．水が融解した後でもこの気泡が残ることを，凍結融解によるエンボリズムという．エンボリズムが生じると水の移動が妨げられ，深刻な水ストレスが生じることが知られている．この水ストレスによって常緑広葉樹が冬季に枯死することが確かめられている．一方，常緑針葉樹はエンボリズムを回避することができる．裸子植物である常緑針葉樹は，道管を持たず，より細い仮道管を持っている．細い仮道管には気泡が入りにくいため，寒冷地でも水ストレスを受けにくい．こうした理由で常緑針葉樹は冷温帯と寒温帯でも生きていけるのだと考えられている．

ここで問題となるのは，常緑針葉樹が暖温帯に分布できないのはどのような理由によるのかということである．多くの常緑針葉樹は暖温帯で栽培することが可能であり，自然分布が暖温帯にないのは生理的な限界というわけではない．ただし，細い仮道管は凍結融解によるエンボリズムを回避するためには有効であるが，夏季に葉に大量の水を送ることに関しては向いていない．流体力学のハーゲン＝ポワズイユ則によれば，水の通りやすさは直径の4乗に比例する．夏季の光合成は気孔を開けるほど盛んに行われる．気孔を開けると蒸散が増加するため，盛んに光合成を行うためには葉に水を送る能力が高い必要がある．しかし，仮道管では盛んな光合成に必要なだけの水を送ることができず，気孔を十分に開くことができない．こうした理由で，温暖な地方において常緑針葉樹は常緑広葉樹よりも生産性が低くなり，競争的に排除されてしまうのだと理解されている．

気温は緯度と標高が高くなるにつれて低下する．緯度が少々変化しても気温はそれほど変わらないが，標高に関しては，100 mにつき0.5℃程度の変化がある．そのため，山岳地帯では狭い地域の中で気候帯がはっきりと変化し，気温の変化に伴う植生の明確な変化をみることができる．

c. 水

日本のように湿潤な地域では，植物の旺盛な成長に見合うだけの降水量があることが多い．そのため，水不足が植生に影響を与えるのは，水はけのよい岩尾根などに限られる．マツの仲間は乾燥に耐性を持つため，そのような場所をニッチとしている．

世界的にみれば，植物の成長が水の不足によって制限されている地域はかなり広い．サバンナと呼ばれる熱帯草原，砂漠，ステップやプレーリーと呼ばれる温帯草原などがその典型である．他

にも地中海性気候や熱帯モンスーン地帯の一部では，1年のうちのある期間，ほとんど降水がない時期がある．季節的ではあるが，水が極端に不足する場所である．

乾燥地帯の植物は，乾燥に対する耐性を持つ場合も多いが，むしろ乾燥を回避するような性質を持っていることが多い．回避する性質としては，蒸散を抑制する効果の高いクチクラを発達させる，サボテンのように貯水組織を発達させるなどがある．また，乾期に落葉したり，種子の状態で乾期をやり過ごしたりという方法をとる植物も多い．光合成の仕組みを変えることで乾燥を回避する植物もある．C_4植物は，気孔をあまり開けなくとも二酸化炭素を固定することができる．サボテンなどのCAM植物は，湿度の高まる夜間にだけ気孔を開けて乾燥を回避する（6.3.2項 e「C_4光合成経路」，f「CAM」参照）．

乾燥に対する耐性の強い植物は，前述のマツのように，ときどき乾燥にさらされるが，その乾燥が長くは続かないような環境に多い．こうした植物は，ある程度の乾燥でも気孔を開いて光合成を行う性質を持っている．そのため細胞の水ポテンシャルが低下し，含水量の低下もみられる．こうした状況にも耐えるのが乾燥耐性である．乾燥地帯では，乾燥耐性では乗り切れないほどの乾燥にさらされるため，むしろ乾燥回避の仕組みを持つほうが有利に働くのだと考えられている．

d. 無機栄養

一次遷移初期においては，無機栄養が植物群落の形成を決定する．一次遷移初期において，植物は有機物の含まれない母材のみから形成された土壌に生育している．母材には窒素が含まれていないため，植物は極端に窒素の不足した状態で生育していくことになる．

一次遷移初期には，大気中の窒素ガスをアンモニアに変換することのできるマメ科などの窒素固定植物が優占することがある．しかし，多くの一次遷移では，イタドリなど非窒素固定性の多年草がパイオニアになっている．こうした非窒素固定植物は，降水などに含まれる微量の窒素を利用して成長するが，その成長は非常にゆっくりとしたものである．その過程で土壌には徐々に窒素を含んだ有機物が蓄積していき，パイオニア以外の植物が侵入し定着するようになる．一次遷移の進行は遅く，極相に至るまでに数百年かかることも稀ではない．

一次遷移初期に出現するイタドリの性質を調べた研究によれば，イタドリは窒素が不足した環境では極端に根の割合を増加させることで，少ない窒素の効率的な吸収を実現している．

二次遷移では，初期から土壌に窒素が多く含まれており，豊かな窒素を使って急速に成長できる植物がパイオニアになることが多い．典型的なのは1年草のシロザである．シロザは好窒素植物と呼ばれている．シロザは発芽初期から根の割合を小さく維持し，光合成産物を主に葉の展開のために利用する．窒素の豊富な環境では，小さな根でも十分な窒素を吸収できるため，成長速度を高く維持できる．しかし，窒素が少ないと極端な窒素欠乏になってしまい，成長速度は非常に小さくなる．

窒素以外にも，リンが植物の成長を制限する可能性のある環境が存在する．母材が風化したばかりの土壌では，窒素は少ないが，植物に利用可能なリン酸は豊富に存在する．時間とともにリン酸は不動化され，植物に利用可能な水に溶けやすい形態のリン酸は減少していく．そのため，数万年という時間が経過すると，植物はリン酸の不足によって成長が制限される可能性があるとされている．しかし，数億年前に風化してできた土壌にも森林が発達しており，実際に時間とともにリン酸が欠乏してくるのかどうかは確かではない．利用可能なリン酸はわずかであっても，それを有効にリサイクルしているため，実際にはリン酸の欠乏にはいたらないのかもしれない．

自然の生態系と異なり農地では，リン酸の欠乏がしばしば問題となる．これは，収穫物に含まれるリン酸が農地から持ち出されてしまうことが最大の問題と考えられる．植物体に含まれるリン酸は植物に利用可能な形態であり，枯死した植物体が分解されると速やかに他の植物に吸収されてい

く,枯死した植物体がすべて土壌に供給されるわけではない農地では,リン酸の総量は多くとも,その大部分が不動化されたものとなっているため,容易にリン酸欠乏が生じる.

e. 風

海岸沿いや山岳地帯の稜線付近など,風の強い場所に成立する群落は背丈がそろい,かつ背丈が低いという特徴を持つ.生理的には接触形態形成と呼ばれる仕組みが働くことで,こうした矮性の群落が形成される.接触形態形成とは,風などによる力学ストレスが加わるとエチレン合成が盛んになり,このエチレンによって茎頂の伸長成長が抑えられ,相対的にずんぐりとした形が形成されることである.他の個体よりも上部に葉を展開すると,より強い風を受けることになり伸長成長が強く抑制されるため,背丈のそろった群落ができるものと考えられている.

山岳の森林限界は気温の低下がその成因と考えられることもあるが,山頂付近での強風が高木の生育を妨げる結果として形成される森林限界も多い.例えば秋田県と青森県の県境付近に広がる白神山地は標高 1100 m ほどであるが,山頂付近に高木はなく,チシマザサなどの群落となっている場所が多い.北海道の日高山脈は白神山地よりも標高が高く気温も低いが,1100 m 付近は常緑針葉樹などの森林となっており,白神山地よりも高いところに森林限界がある.これより,白神山地の森林限界は気温によって決まっているのではないことがわかる.山頂付近は一般に1年を通して風が強いため,高木の生育には不適な環境であり,結果として矮性の植物群落が形成されている可能性が高い.

f. 複合的要因

自然環境には複数の環境要因が存在し,それらがかなり独立に変化する.環境は,これらの要因の無限の組合せにより形成されていると考えられる.ある環境要因の組合せにおいて最も適応した植物がその場所に生存し,群落を形成する可能性が高い.

しかし,環境要因の組合せの中には単独では影響を与えないものも多く,相互に,あるいは一方向に影響を与えている場合がある.その例としては,光,気温,風が植物の水環境に与える影響を挙げることができる.葉温が高かったり,飽差(大気の乾燥度合い)が大きかったりする場合に,蒸散速度が増大する.葉に吸収された光と気温は葉温を上げる作用を持ち,風は,気孔から出て行った湿度の高い空気が葉の表面近くで停滞し飽差が小さくなることを妨げる.したがって,高い光強度,高い気温,強い風はともに植物の水環境を悪化させ,水ストレスを生じさせる可能性がある.

熱帯では年間降水量が 1000 mm 以下になると乾燥のために森林が成立せず,雨期の間以外は休眠する草本が優占する.暖温帯では年間降水量が 700 mm 以下の場合に草原となる.さらに寒温帯のタイガでは降水量が 500 mm 程度でも森林が成立する.寒温帯には永久凍土があるため降水が地下に浸透しない.そのため降水量が少なくても植物の利用できる水が多い.これも降水量の少ない寒温帯で森林が成立する要因の1つである.また,高緯度になるほど日射量・気温が低下する.それによって植物からの蒸散が減ることも,緯度が上がるにつれて森林の成立する限界の降水量が低下する重要な要因となっている.このように水環境は,光や気温といった直接には水に関係していない環境要因の影響下にある.

g. 生存競争による適地・適応

人為的に栽培する場合には,植物は幅広い環境で生育できる.例えば,自然の状態では亜高山帯に生育している針葉樹を,より暖かな地方で栽培することも可能である.それではなぜ自然の中での植物の分布域は,生育可能な環境よりも狭いのだろうか.

現在,2つの説明が可能である.1つは,種間競争の結果として分布域が決まるというものである.植物は最も適した環境でしか種間競争に打ち勝つことができないが,そうした環境はあまり広くはなく,そのため狭い範囲にしか分布できないとする.もう1つは,時間的空間的な障害によっ

て分布が平衡に達していないという地史的な要因に原因を求めるものである．

後者の例としては，最終氷期後の気候変動と分布域の変化を挙げることができる．ヴュルム氷期と呼ばれる最後の氷河期は，約7万年前に始まり約1万年前に終わった．このとき，日本の暖温帯は九州南部,紀伊半島,伊豆半島などだけに狭まっており，暖温帯の常緑広葉樹はレフュージ（待避所）と呼ばれるこうした場所で氷期を生き延びたと考えられている．氷期が終わったあと，常緑広葉樹は北方あるいは高所に分布域を広げていくわけであるが，例えば1万年間に500 km北上するためには,1年間に50 m分布を広げる必要がある．風散布種子をつくり，発芽後1〜2年で種子をつくる草本ならば可能かもしれない．しかし，ドングリのようにほとんど親の真下に落果する重力散布種子をつくり，発芽後数十年は種子をつくることのない木本では，これは容易なことではない．したがって，自然環境だけならば分布できるはずの場所に，辿り着いていない種も多数あるはずである．

特定の種に関してみれば，上述のように分布できるはずの場所まで分布できていない場合も多いと考えるのは合理的である．しかし，大局的に捉えれば，暖温帯の森林は常緑広葉樹を極相としているし，冷温帯や寒温帯は常緑針葉樹が極相となっている．常緑広葉樹が冷温帯より寒冷な場所に分布できないのは，先に述べたように生理的な限界によることがわかっている．しかし多くの常緑針葉樹は暖温帯でも生育可能である．例えば，スギは冷温帯に分布する常緑針葉樹であるが，その有用性のために暖温帯に広く植林されている．このことを説明する最も強力な説は競争排除である．

常緑針葉樹は先に述べたように細い仮道管を持つため，気孔を十分に開くことができず，結果として成長速度が小さくなる．おそらく，暖温帯ではその成長速度の小ささによって常緑広葉樹に競争的に排除されている可能性が高い．

種が分布可能な場所を基本ニッチと呼び，競争などの結果として実際に分布している場所を実現ニッチと呼ぶ．

h. 環境耐性（極限環境とトレハロース，グリセロール）

植物細胞にとって，低温ストレスと乾燥ストレスは部分的に同じようなものと考えることができる．乾燥は細胞から水を奪い，低温もまた脱水と結び付くからである．氷点下になると，細胞外の水が細胞内の水に比べて早く凍結を始める．これを細胞外凍結という．その理由の1つとして，細胞外の水は溶質が少ないため，凝固点降下が起こりにくいことが挙げられる．細胞外の水が凍結してしまうと，水は細胞内から細胞外へと自動的に移動し，これも凍結する．このように低温になると細胞は脱水されていくため，乾燥と同じような効果を持つことになる．$-10°C$では，細胞膜で囲まれた部分の体積は常温時の1/10近くまで減少するといわれている．

こうした脱水に伴いタンパク質や膜に吸着している水が失われると，酵素が失活したり，細胞の構造が破壊されたりする．これを防ぐために，植物はトレハロースなどの物質をつくって膜やタンパク質の表面を保護していると考えられている（図8.2）．

こうした脱水による問題が解決されれば，細胞外凍結による脱水は低温に対する耐性を上げるというプラスの効果を生み出す．細胞内凍結は生物

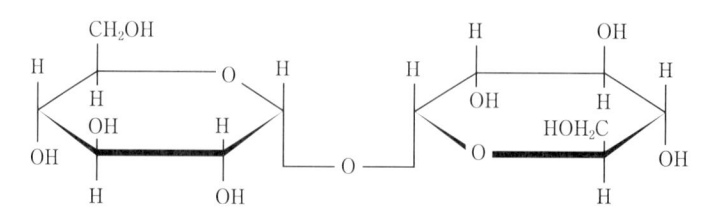

図8.2 二糖類であるトレハロースの構造式

にとって致命的であり，これを避けることは低温環境下で生存するために必須である．脱水されると細胞内の溶質の濃度が上がり，ガラス化という状態になる．この状態では細胞内が凍結することはなく，致命的な細胞内凍結を回避できる．寒冷地に生育する多くの植物がこうした方法で低温を乗り切っている．

細胞内凍結を避けるもう1つの方法は，細胞内を過冷却の状態に維持することである．特殊なポリペプチドなどが氷核の成長を何らかのメカニズムで阻害し，過冷却の維持に寄与していると考えられている．過冷却で耐えられる限界は-20℃程度である．過冷却で細胞内凍結を回避する植物の典型としてイネ科の植物が挙げられる．

8.2.2 植物の年齢の査定

成長錐 温帯の木本は年輪をつくるため，年輪の数を数えることで樹齢を推定することができる．生きた樹木の樹齢を推定するためには通常，幹の外周から中心に向かって小さな穴を開け，コア（成長錐と呼ばれる）をサンプリングする．ここに含まれる年輪の数から樹齢を推定する．しかし習熟しないと，中心を通るコアを取り出すのは難しい．

炭素同位体 熱帯の木本の多くは年輪をつくらない．この場合，炭素の放射性同位体である炭素14が材の中で占める割合から樹齢を推定するのが一般的である．大気中の炭素14は崩壊による減衰と生成が釣り合っているので，炭素の中に占める炭素14の割合は常に一定である．植物体が構成された後，炭素14は崩壊によって一方的に減少していく．この性質を使って，植物体ができた年を推定することができる．

年代年輪法 年輪は気象条件によってその幅が変わる．生産に適した環境があった年には年輪の幅は広く，天候不順の年の年輪幅は狭い．年輪幅の標準的な変化パターンと，対象となる木材の年輪パターンを比較することで，この木材がどの時代に生きていたのを1年以内の精度で決めることができる（図8.3）．この方法は年代年輪法と呼ばれる．実際に，これによって法隆寺の建立時期が明らかになった．また，年代年輪法は森林内の倒木がいつ頃のものなのかを推定する用途にも用いられている．ヒノキの場合，300年程度は腐朽せずに林床に残るため，倒れた時期を江戸時代まで遡って推定することができるといわれている．

〔舘野正樹〕

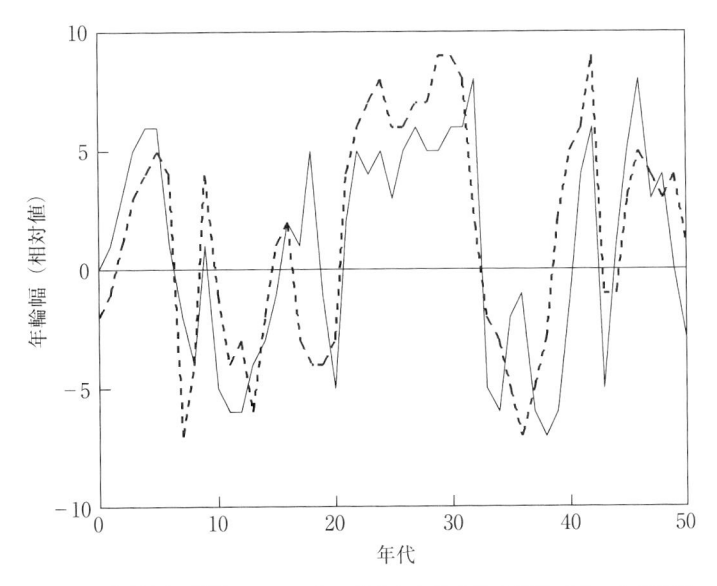

図8.3 年輪幅の標準パターンと，対象となる木材の年輪パターンの比較
実線：標準パターン．破線：対象となる木材のパターン．

● 文 献

Larcher, W.（佐伯敏郎，舘野正樹 訳）(2004) 植物生態生理学（第2版），シュプリンガーフェアラーク東京．

酒井 昭（1995）植物の分布と環境適応——熱帯から極地・砂漠へ，朝倉書店．

8.3 動物の社会

8.3.1 脊椎動物の社会

動物の社会は，Wilson, E. O. の比較的狭い定義によると，「同種の個体が協同によって組織するグループであり」，それゆえ単独性の種に社会は認められず，群れや集団に限定して考察される（ウィルソン，1984）．広い定義では，繁殖行動などの他個体と関わる社会行動を考慮し，すべての種に何らかの社会を認める立場から（トリヴァース，1991），人間社会と比較したり，社会性昆虫の集団を1個の生き物とみなす超有機体説まで，多くの見解がある．ここでは広い定義に立って社会行動全般について取り上げ，①魚類の回遊，鳥類の渡り，および哺乳類の季節移動の際にみられる集団行動，②求愛，交尾などの配偶時に生じる一連の繁殖行動，③産卵や育児などの親子関係，④生活の場の確保における縄張り防衛，⑤順位やリーダー制などでみられる社会行動（群れのコントロール）などにも言及する．

ここでは脊椎動物のうち，冷血脊椎動物を代表して魚類，および温血動物である鳥類と哺乳類について解説する．哺乳類については，全体の特徴を述べた後に，陸上の大型哺乳類を草食性の有蹄類と，その捕食者である食肉類について，および霊長目をサル類と類人猿を含むヒト上科に分けて詳しく紹介する．これらのグループは脳神経系の進化に伴って行動の複雑さが増していく．魚類から順番にみていくことで，高度な社会生活を展開する類人猿までの道筋が提示されて人間社会への進化が裏付けられる．社会行動の発展を裏付ける脳神経系の進化は，本節で扱う順序（魚類→鳥類→哺乳類→霊長類→類人猿）と一致する．脳幹（爬虫類脳）が反射や本能行動を司り，大脳辺縁系（哺乳類脳）が加わって情動と記憶を司る．

そして霊長類などの新哺乳類では大脳新皮質が拡大し，類人猿では高度に発達した学習を行い感情・意志を持つ．最後にヒト独自の特徴である自意識，言語，概念，理性そして文化を出現させる．

a. 魚類の社会
(1) 魚のスクール（群れ）

海生魚（ニシン目，ボラ目，スズキ目など）や淡水魚（コイ目など）のうちの数千種では，2～数百万尾がスクールと呼ばれる集合をつくり，1つの大きな生き物のようにみられる明確な編成をして，一糸乱れず旋回や逆戻りをしながら行動する．このような魚の群れは，通常，同種の個体が回遊などの際に一時的に集まったもので，特定のリーダーが全体の動きをコントロールするものではない．大部分の個体は同一の生活段階にあり，互いに積極的な接触を保つ．群れの全員にとって生物学的に有用な組織的行動をとるか，行動をとる用意のある群れである（ウィルソン，1984）．

各スクール内の個体の大きさは，同じスピードで泳げるよう，流体力学に基づいて，最小と最大の個体差がほぼ60%以下に保たれている．また，左右の個体間隔は，他個体の引き起こす乱流による減速効果を避けるため，脇腹と渦の外側までの距離より2倍ほど大きくなる．このスクール形成の行動的基盤は，生得的にプログラムされた相互誘引力と，互いの視覚認知による個々の魚の反発力とのバランスに基づく反射である．

スクールの生態的機能として，次の3つが考えられる．①捕食者からの保護：室内実験によると，捕食者の攻撃に対して，単独個体よりも群れの個体のほうが上手く逃げる．②摂食能力の改善：他個体の餌発見情報や以前の経験が利用可能であり，特にパッチ状や予測できない不規則分布の資源を利用する際には，競争上の不利を補うこ

表 8.1 魚類の分類群と繁殖様式の特徴

分類群	科数	性の様式	受精様式	子の保護様式
無顎亜綱	2	雌雄異体	体外受精	無保護
軟骨魚亜綱	45	雌雄異体	体内受精	体内運搬
硬骨魚亜綱	435	雌雄異体＞90% 雌雄同体＜10%	体内受精＜10%→ 体外受精＞90%←	体内運搬 無保護＞80% 見張・体外運搬＜20%

科数は Nelson, 1994 に基づく.

とができる.③エネルギーの保存:スクール内では,自分の前を泳ぐ他個体の生み出す渦に乗ることができる.また,冷水域の魚にとっては密集して熱を保存することが重要であり,水温 0～5℃では,単独個体の泳ぐ速度はスクールのメンバーの半分しかない.

(2) 魚類の繁殖戦略

軟骨魚亜綱(サメ類とエイ類の約 850 種)は,大部分の陸上動物と同様に雌雄異体であり,交尾と体内受精を行う.一方,硬骨魚亜綱は,全種 2 万 4000 弱の 90% あまりが卵と精子を水中に放出する体外受精であり(ヤツメウナギやメクラウナギなど約 80 種の無顎亜綱も同じ受精様式),10% 弱が体内受精である.体外受精の魚は,雌雄のペアで同時に放卵・放精するペア産卵が多い.ペア産卵のときに他の雄が飛び込んで放精するスニーキング(sneaking)は,ペア形成のできない個体の生活史における代替え戦術として知られている.多数の雌雄が同時に行う放卵・放精を群れ産卵と呼ぶが,多くは複数の雄が雌 1 尾に対して次々に放精するものである(川那部ほか,1993,表 8.1).

産まれた子の保護様式には,①見張り型(沈性卵の半数でみられる),②体外運搬型,③体内運搬型の 3 種がある.見張り保護は,口・鰭(ひれ)による卵や巣の掃除,新鮮な水流の供給,および捕食者の追い払いであり,ほとんどの場合,子への給餌は行われない.体外運搬型では,仔稚魚を口内・育児嚢・鰭・体表面などに入れたり付着させたりして持ち運び,捕食されないように守る.体内受精の種は,受精卵あるいは孵化した稚魚を産卵・産仔までの一定期間,雌親の体内で運搬して保護する(表 8.2).

表 8.2 硬骨魚類の保育様式

保護方法	科数	雄単独	両親	雌単独
見張り	69	62%	24%	14%
体外運搬	21	54%	8%	38%
体内運搬	24	0%	0%	100%

各タイプの保護を行う種類を含む科の数,および保護者の性がわかっている種類を含む科について,延べ科数に対する%を示す(桑村,1987 を改変).

(3) 配偶システムと子の保護

配偶システムは,雌雄それぞれが一定期間に配偶する数に基づいて,次の 4 タイプに区分される.①一夫一妻:同じペアで繰り返し繁殖を行う,あるいは,さらに両親が協力して子育てする.②ハレム型一夫多妻:雄の縄張り内に複数の雌が行動圏を持つ,あるいは互いの縄張りを分割している.③縄張り訪問型複婚:雄の縄張りに来た雌が産卵あるいは交尾し,その後そこを立ち去る.④非縄張り型複婚(乱婚):異なる雌とペア産卵あるいは群れ産卵を繰り返す(図 8.4).

両親のどちらが子育てをするかは,子育てのコスト負担が雌雄で基本的に対立するので,繁殖システムのタイプと密接に関連する.一夫一妻では,両親,もしくは雄による保護が一般的である.ハレム型一夫多妻では,雄が子育てをすると,雄自身の配偶者獲得の機会が減少するので,雌による保護が一般的である.縄張り訪問型複婚では,雌が雄の縄張りから受精卵を持ち去って口内で保護したり,体内で運搬したりする,あるいは雌の残した受精卵を雄が見張り保護する.陸上動物では雌による保護が一般的であるが,硬骨魚類では雄の保護が過半数を占めている.この理由として,受精様式,性差と同性間競争,生態的要因,子の保護の様式など様々な仮説が提出されている.親

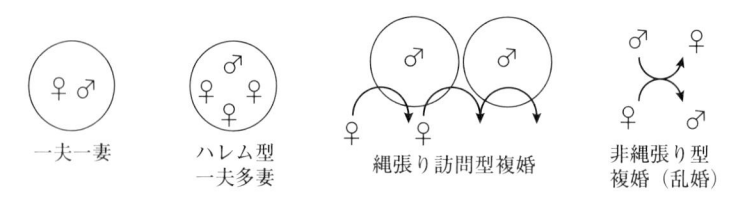

図 8.4 魚類における配偶システムの 4 タイプ
桑村・中嶋, 1996 より.

による子の保護は現在の繁殖成功と将来のそれとトレードオフの関係にあるので，ここでは詳細を省くが，性転換や代替え戦術などの魚類に特徴的な繁殖システムがさらに多彩に展開していく（川那部ほか，1993；桑村・中嶋，1996；桑村・狩野，2001）．

b. 鳥類の社会
(1) 鳥類の群れ

全鳥類約 9000 種の 9 割以上は一夫一妻のペアを形成し，その多くは繁殖期を縄張り内で一緒に生活する．縄張り外に採食場所を求める種や，繁殖終了後にペアのメンバーが他個体と一緒に群れで行動する種もある．環境要因が強く作用して形成される群れは，繁殖地や越冬地への渡りの際に，あるいは特定の場所にある集団営巣地や交尾相手を求める集団求愛場所（レック：lek）においてみられる．群れをつくるのは，渡りや営巣地，レックなどの環境要因によるほかに，採食効率の向上や捕食者対策も重要な要因である．採食効率を高める複数個体の協力がフラミンゴ類の群れで知られている．また，餌のある場所に関する情報の交換は多くの種で確認されている．安定して均一に分布する餌については，単独またはペアで特定地域を縄張り防衛するほうが，群れでの採食よりも有利となる．一方，時間的に変化する集中分布の餌では，単独よりも群れのほうが採食効率が向上する．また，群れでは多数の個体が見張りをして捕食者を警戒するので，見張りをしない時間を自身の採食に回せる利点が加わる．捕食者の侵入に対して群れの全個体が騒ぎ立てるモビング（mobbing）は，多くの鳥類で観察される協同の防衛戦術である．その他にも，発見されて襲われる確率との兼合いがあるにしても，群れの場合には攻撃される機会の「薄め効果」があり，単独よりも群れのほうが生き残る確率が高くなる（上田，1987；1993）．

(2) 一夫一妻制の社会

鳥類の配偶システムは，交尾相手の数，交尾相手の獲得方法，つがいの絆の程度，および子育ての性による分担によって特徴付けられる．配偶様式は交尾相手の数に応じて，①一夫一妻，②一夫多妻，③一妻多夫，④多夫多妻あるいは乱婚の 4 タイプに分類される．一夫一妻または単婚は，雄 1 羽と雌 1 羽の間に継続的なつがい関係がみられる場合である．イギリスの鳥類学者 Lack, D.（1968）は，全鳥類の 92％がペアで協力して子育てする一夫一妻制であるとした．鳥類は，母乳で育児する哺乳類と異なり，雌雄のどちらでも給餌による子育てが可能である．また飛翔によるエネルギー負担が大きいため，片親だけの子育てよりも，両親が協力したほうが子の生き残りに有利となるので，多くの種が一夫一妻制を進化させたといわれている．1 羽の雄または雌が複数のつがい相手を持つ場合を一夫多妻または一妻多夫といい，全鳥類の数％が含まれる．また，複数の雌雄が行う協同の子育ては，数％の種で記録されており，特に複数のペアが同じ場所で集団繁殖するときによく生じる．そして，ヘルパーなどの利他的行動がみられる最も複雑な社会組織へと発展していく．

交尾相手の獲得方法として，それぞれの種で独自に進化した身体的・行動的資質の本能行動が求愛誇示として用いられる．雄間の雌獲得競争および雌の「選り好み」を反映して，次のような雄の資質が，雌のつがい形成の選択基準となる．身体的資質としては，羽色の斑紋・線，体重など体の大きさ，および尾の形状（長さ・目玉模様の数・

対称性)が重要であり，トサカの大きさ，嘴(くちばし)の厚さ，目の色，および年令も関係する．行動的資質としては，囀(さえず)りのレパートリー・率・長さ・方言・タイプ，およびディスプレイが重要であり，帰還日（繁殖に帰ってくる日），順位，繁殖経験，および求愛給餌も関係する．場所的資質としては，縄張りの面積・質，およびレックの位置・出席率が重要であり，巣の質・場所，求愛場の小屋・質，その他の資質では寄生虫，カラーリングの色も関係する（Andersson, 1994，表8.3）．

つがいの関係は，次の5つに分けることができる．①ほぼ生涯にわたってつがいを続ける，②数年間つがい関係を続ける，③少なくともその繁殖シーズン中はつがいを続ける，④1回の繁殖ごとにつがい相手を変える，⑤交尾だけして別れる．ツル類やアホウドリ類など大型で長寿の鳥は一夫一妻の絆が強固で永続的であり，配偶者の一方が死ぬまで何年間も続く．一方，頻繁につがい相手を変える鳥は，多少なりとも一夫多妻傾向のある種でよくみられ，カモ類やツバメなどは繁殖期ごとに相手を変える．その他，一繁殖期中に繁殖に失敗したつがいでは，つがい関係を解消して雌が雄の縄張りから出ていく．

(3) 非一夫一妻制の社会

一夫多妻制はダチョウなどの走鳥類，キジ目のキジ科，シチメンチョウ科，ホロホロチョウ科などにみられる．飛翔は大量のエネルギーを必要とするため，鳥類の子育て方法を制限するが，制限要因である飛翔力のない，あるいは弱い種では，雄の協力なしに雌単独での子育てが生起しやすく，哺乳類と同様に多数の雌との交尾が雄の繁殖成功率を高める．ダチョウは，縄張り雄と複数の

表 8.3 雌が雄を選ぶ基準と，それを採用する種数

	非スズメ目	スズメ目	計
身体的資質			
羽色（斑紋・線）	4	8	12
大きさ（体重）	2	4	6
尾長（目玉模様の数・対称性）	2	4	6
トサカ（大きさ）	2	0	2
嘴（厚さ）	0	2	2
目の色	0	1	1
年齢	0	1	1
行動的資質			
囀り（レパートリー，率，長さ，方言，タイプ）	1	22	23
ディスプレイ	6	6	12
帰還日	0	3	3
順位	1	1	2
繁殖経験	1	1	2
求愛給餌	1	0	1
場所的資質			
縄張り（面積，質）	1	11	12
レック（位置，出席率）	4	0	4
巣（質，場所）	0	1	1
求愛場（小屋，質）	0	1	1
その他			
寄生虫	0	1	1
カラーリングの色	0	1	1
計	12種	38種	50種

1種でいくつもの基準を持つものは重複して数えられているので，合計種数と合わない（Andersson, 1994 より作成）．

雌からなる一夫多妻の社会を持ち，縄張り雄は優位雌と緩やかなつがい関係を持つ．縄張り内にあるペアの巣には，産卵しても抱卵しない劣位雌2～5羽の卵を加えた，合計20～60個が産み落とされる．優位雌は最大13個を産卵し約20個を抱卵できる．残りの卵ははみ出してしまうが，自他の卵を識別する能力があるため，抱卵しない他個体の卵による捕食圧の低減や薄めの効果を受け取る．一夫一妻を基本とする鳴禽類においても，広い面積や質のよい縄張りを持つ雄が複数の雌に選択されると，一夫多妻となる．その例として湿地環境に生息する種オオヨシキリがよく知られている．わずかの種（1%以下）であるが，一夫多妻とは逆の一妻多夫制がシギ・チドリ類やシギダチョウ目などにみられ，羽の色も雌より雄のほうが鮮やかである．一妻多夫制が進化する要因としては，餌条件が厳しいことや，その変動が大きいことなど，厳しい環境状況が指摘されている．

近年，一夫多妻制の多くの種を中心に（一夫一妻制の種にもある），つがい相手以外との交尾（つがい外交尾）や乱婚がかなり普遍的にみられ（例えば，調査した70種中49種で確認など），DNA分析の親子判定によって，つがい間以外でも受精・産卵・育雛・巣立にいたることが様々な種（100種以上）で報告されてきた．このことは，つがいの絆が交尾や受精に必須でなく，見かけのつがい関係や親子関係が，実際の性関係や遺伝的な親子関係と一致しないことを意味しており，精子競争という繁殖成功上の淘汰圧が雄と雌との間に進化的な利益対立をもたらすからである．つがい外交尾や乱婚は鳥類の繁殖生理や生殖器の特性から，自然に行われるものと推測されるが，それにも関わらずなぜ一夫一妻制が採用され続けているかは，今後に解決されるべき重要な問題となっている．

つがい外交尾から生じる子育ての押し付けと同様に，托卵は自分の子を他種のペア（同種で生じる場合は種内托卵）に任せる繁殖方法であり，育児寄生と呼ばれる．托卵は鳥類の約1%で観察されており，全体では一夫一妻制の変型といえるが，寄生される側（寄主）の対抗戦略も進化するので，

必ずしも旨味のある繁殖形態ではないことが明らかになっている（山岸・樋口，2003）．

自身は産卵せず他個体の雛を育てるヘルパーは，1つがい以上の成体が同じ巣で一緒に子育てをする協同繁殖においてみられる．この利他的な役割を持つ鳥類の社会は，昆虫社会の階級分化に比較される最も発展した社会形態である．日本で詳しく研究されているオナガは，年中一緒に過ごす20羽程の群れで個々のつがいが独立して繁殖するので，いくつかのつがいにヘルパーが付いても群れ全体の協同繁殖までにはいたらない．ヘルパーのいるカラス科には様々な段階の協同繁殖がみられ，中でも最も複雑な協同社会を形成するのは，群れ全体で集団繁殖するメキシコカケスの大家族である．大家族はホームエリア内に2つがい以上が8～20羽の群れを構成しており，給餌量の半分を両親から受け取るが，群れの全メンバーからも給餌を受ける．

c. 哺乳類の社会 —— 陸上大型種の有蹄類と食肉類

(1) 単独性社会と群れ型社会

約4300種を有する哺乳類は，繁殖や授乳・育児のわずかな期間を除き雌雄とも1頭でいる単独性社会と，母子の群れ，雌の群れ，1頭の雄と複数（または1頭）の雌による単雄複雌群（またはペア型），血縁関係にある個体の群れ，および複数の雄と雌からなる複雄複雌群など様々なタイプの群れ型社会がある．まずはじめに，単独性社会と群れ型社会に関する目レベルでの比較を三浦（1998）の総説から紹介する．

単独性の種が多いのは，食虫目，食肉目，齧歯目，貧歯類である．食虫目（ハリネズミ，モグラなど376種）は昆虫やミミズを食べて地下生活しており，1種を除いてきわめて単独性が強い．食肉目（ライオン，オオカミ，クマなど274種）は詳しく調査された80種の4/5以上が単独性である．齧歯目（ネズミ，リスなど1750種）はほとんどの種が地下の巣に棲んで種子・葉・昆虫を食べ，3/4以上が単独性の強い傾向を持つ．貧歯類（アルマジロ，ナマケモノ，アリクイなど30種）

や有鱗類（センザンコウなど7種）も単独性である．

群れ型の種が多いのは，霊長目，翼手目，有蹄類，クジラ目，ウサギ目，有袋類である．霊長目（ゴリラ，ニホンザルなど281種）は単独性の一部を除き，大半（95%）が群れかグループ（ペアなどの比較的小さな集団）である．翼手目（各種コウモリ986種）は洞窟や樹洞など特定の環境を選択した個体の集まり（休眠や繁殖のコロニー）をつくり，単独性の種はきわめて少ない．有蹄類（ゾウ2種とハイラックス類7種，奇蹄類17種，偶蹄類211種の計237種）は詳しく調査された種の大半が群れ型社会を持ち，残りの10%が単独性である．クジラ目（79種）は多くの種が様々なタイプの群れ型社会をつくり，ごく少数が単独性である．ウサギ目（69種）のうち，アナウサギ科は巣穴を中心とした群れ社会をつくり，ノウサギ科は単独性の種が多い．ナキウサギ亜目のうち，草原に生息する種では群れ社会が，岩場の種では単独性が多い．有袋類（カンガルーなど271種）はオーストラリア大陸で独自の進化を遂げ，多様な形態と生活様式に適応放散した．有袋類の社会組織には，上記の真哺乳類の動物群における生息環境と生活型（草食性，肉食性など）に対応した社会のタイプが並行的に認められる．

単独性社会が進化する理由は，種子や昆虫など少量の餌が安定して均等分布する環境では，他個体から積極的に資源を防衛する必要があり，縄張りを形成した単独での採食のほうが群れよりも有利となるからである．また，特定の場所に多量の餌が集中する，あるいは食物資源が不規則に変動するなど，縄張りの成立しがたい環境においては緩やかな単独性社会が存在する．これには多産を促して個体を分散させる機能が考えられる．

群れ型社会の利点としては，①天敵の回避，②採食行動上の利益，③相互刺激による適応度の増加が一般に指摘される．天敵回避の方法としては，早期に発見して逃げる，集団で反撃する，群れを四散させて攻撃目標を混乱させる，および警戒音や誇示行動で対応する方法がある．採食行動上の利点は，食物資源の発見効率向上が群れの全員に行き渡ること，縄張り内を群れで遊動生活するため競争者に対して群れで対応できること，およびグループハンティングにより狩りの成功率が向上することである．相互刺激により，繁殖・心理的安定・学習の効果や体温の維持など適応度が増加する．

(2) 有蹄類の社会

有蹄類は，発達した四肢を持つ奇蹄目と偶蹄目のほかに，原始有蹄類と呼ばれたゾウ目とハイラックス目を含み，いずれも代表的な草食獣である．なお，近年の分子生物学研究の進展に基づく哺乳類の系統関係は伝統的な分類を大きく変えたが，有蹄類の社会生態学の立場からはほとんど変更を加えない．森林性の小型有蹄類は単独性社会を持つが，一部の種は雌雄がほぼ同じ場所の縄張りで繁殖期にペアを形成する．偶蹄類，特にウシ科やシカ科では，単独性社会から群れ型社会への発展が森林から草原への生息環境の変化に対応してみられる．その社会進化には食性（若葉の摘み食い（browser）から無選択の貪り食い（grazer）へ），体の大きさ（小型から大型へ），および対捕食者行動（隠れる，逃走，反撃）が相互に密接に関連している．社会組織は，血縁の雌と子の小群から出発して複数の雌群が合流して大きな群れにいたるまでの様々なタイプの雌集団と，ペアやハレムあるいは順位制を持つ雄たちが結び付き，互いに繁殖成功度を高めながら複雑で多様な群れ型社会へと発展する．東アフリカの草原で100万頭を超える大群が季節移動するウシレイヨウ（オグロヌー）の社会は，定着期における約10頭の母子ハード（herd．集団）や独身雄ハードを基本として，徐々にハードが集合し，移動期には数万頭のスーパーハード（超群）にまで集団サイズが拡大する．ウシ科の中で最も高度に進化したアフリカスイギュウの社会組織は，比較的安定した構成の母子数百頭のハードに，順位制で組織された複数雄が強く結び付いている（土肥ほか，1997；高槻，1998. 表8.4）．

有蹄類の中で最も複雑な社会組織を持つアフリカゾウは，雌と子からなる10～20頭の家族群が基本であり，強力なリーダーに率いられて広い地

表 8.4　アフリカのレイヨウとスイギュウ類の行動的・生態的分類

	社会組織	摂食様式	体の大きさ（平均体重 kg）	対捕食者行動	例
A.	単独またはつがい，ときに子連れ．群れの大きさは1～3頭．小さい永続的な行動圏を持つ	多様な植物の特定部分を食べる．あらゆる種のうち最も変化に富んだ食物をとる	1～20	じっとしているか，うずくまるか，隠れられるところまで走ってからじっとする．体が小さいため，大部分の捕食者からは逃げきることができないし，大勢で反撃することもできない	ディクディク，ダイカー
B.	ふつう数組の母子単位が一緒にいる．群れの大きさは1～12頭（ふつう3～6頭）．単独雄の行動圏内に永続的行動圏を持つ	イネ科の草はすっかり食べるが，その他の植物は特定部分を選んで食べる	15～160	Aの種と同じ	リードバック，リーボック，オリビ，レッサークードゥー
C.	大群をなす．地域や季節によって6～数百頭までと様々である．繁殖期には少数の雄が縄張りを構え，他の雄を排除する．追い出された雄の多くは単独または独身群で放浪する．コブの雄はレックをなす	多様なイネ科の草およびその他の植物の一部を選んで食べる	20～200	多様．植物が密生しているところでは，じっとしているか，または（みつかったときに）走る．開けた場所では，走るときにはあらゆる方向に四散し，後に再び集まる．仲間の警戒行動を利用して，すばやく捕食者を発見する	コブ，ウォーターバック，プーク，リーチュエ，スプリングボック，ガゼル，インパラ，クードゥー
D.	食糧が豊富な定住期には，社会はCの種と同じように組織されている．食物供給の変化に伴って生じる移住期には，ハードは合体して，しばしば数万頭にのぼる「スーパーハード」を形成する	多様なイネ科の草を食べるが，食べる部分は選択的である．この資源は空間的にも時間的にも分布がまばらなので，適切な季節に集団をなして移住する	100～250	大きな捕食者からは逃げるが，群れで敵に立ち向かったり，全員で敵を攻撃したりすることさえある	ウシレイヨウ（ヌー），ハーテビースト，トビ，ブレスボック
E.	雌と子からなる比較的安定した大きなハードに，順位制で組織された複数の雄がついている．これらの群れはふつう数百頭からなるが，ときに1000～2000頭に達することもある．独身雄の群れもある．移住期にスーパーハードをつくることはない	多種類のイネ科の草や，その他の植物の色々な部分を無差別に食べる．食物の大部分は栄養価が低い	200～700	大型捕食者に対しても，防御隊形を組んで共同攻撃を試みる．苦痛を知らせる子の鳴き声には，群れ全体が反応する	スイギュウ，おそらくはエランド，ベイサオリックス，ゲムスボック

Jarman, 1974 より．

域を遊動する．経験豊富な最年長個体がリーダーとなり，群れの前面に出て移動の際の誘導や危険に対する防御を行う．数 km 以内にいる家族群のメンバーは，10 km もの長距離通信が容易な超低周波音（鼻の反響でつくられる）をはじめ，70種類の音声コミュニケーションを複雑に用いて相互の密接なつながりを維持している．家族内では協力と利他性がきわめて高く，ミルクの出るすべての雌が赤ん坊に授乳し，子の世話は叔母役の若い雌が担当する．家族群を社会組織の第1段階と

すると，第2段階は，大きな家族群が分裂した後も近距離にいて緩やかな近隣関係を維持する，家族群の集まった血縁グループである．血縁グループよりも大きな社会的複合としては，地方個体群と同レベルの，100～250頭のクラン（clan）になり，ときには1000頭もの移動集団が形成される．成熟した雄は雌より広い地域に散らばって，単独行動か緩やかな結合のバンド（band）を形成し，優位雄が繁殖期に雌の群れに加わって交尾する．

(3) 食肉目の社会

食肉目は大半の種が単独生活をしているが，イヌ科は主にペア型，ライオンなどの一部は群れ型である．発情期（雄と雌）と育児期（母と子）を除き単独生活する種は，雄・雌の行動圏が同性に対して排他的か許容的かの違いで類別できる．その可能な4パターンすべてに，それぞれ該当する種がいる（図8.5）．その際，雄雌それぞれがほぼ同じ場所で排他的行動圏を持って繁殖する，あるいは排他的な雄の行動圏内に含まれる雌の排他的行動圏の複数において繁殖が行われれば，前者がペア型，後者が一雄多雌群への移行的な社会形態となる．イヌ科のペア型社会では，両親のもとに残る一部の子が繁殖しないでヘルパーになる．ヘルパーの役割は両親の子（弟妹にあたる）の世話，捕食者からの防衛や採食効率の向上であり，包括適応度による血縁選択が働いていると考えられる．ヘルパーの利他的行動の裏には，親の死亡後にその地位を引き継げるという利益がある．血縁者のみならず非血縁のヘルパーが存在するのも，それが主な理由と考えられる（池田，1991）．

雄の集団と雌の集団の結び付き方により，複雄複雌の群れ型社会にはいくつかのタイプがみられる（図8.6）．オオカミの社会（図中の6）には，ペアのみの小集団から，複数の子が繁殖しないで出自群に残る大集団（最大36頭）まである．リカオン（図中の6）は，雄が出自群（パック：pack）に留まる父系社会を持つ．雄の群れ間移籍が基本の哺乳類の中では特異である．大型の有蹄類を捕食するブチハイエナの社会（図中の5）は，雄のグループと雌のグループが弱いつながり

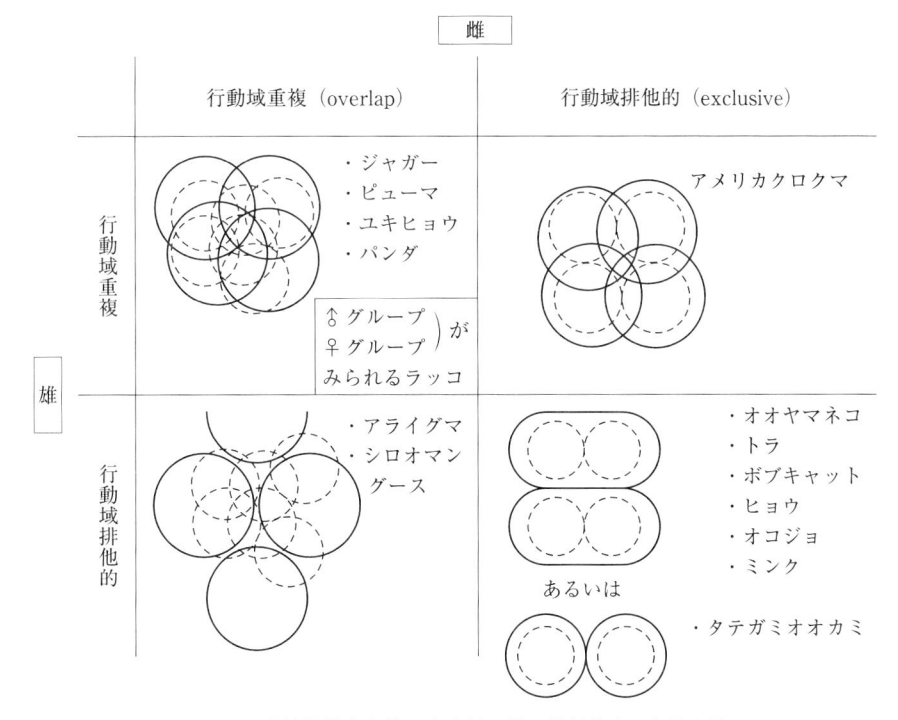

図8.5 単独性社会を持つ食肉類の雄・雌行動域の空間配置
◯：雄の行動域，◌：雌の行動域．池田，1991より．

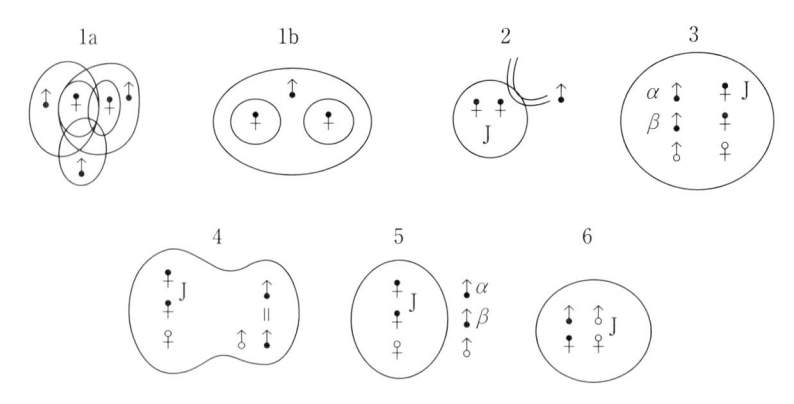

図 8.6 食肉類の繁殖様式
↕♀は成獣，↕♀は亜成獣，Jは幼獣を示す．池田，1991 より．

で結び付いており，母親が巣穴で自分の子だけを別々に育児する．シママングースのグループ（図中の3）は，雄雌ほぼ同数の15頭ほどで構成され，複数の雌が繁殖して協同授乳する．

　食肉目の中で最も複雑な社会組織を持つライオンの群れ（プライド：pride，図8.6の4）は，血縁関係にある閉鎖的な雌集団（平均4～5頭）が中核となり，2～3頭の群れの雄集団が付随する．この雄集団は平均2～3年間隔で群れ外の雄集団（主に同じ群れ出身者）と交代（乗っ取り）する．雌がきわめて強い協力関係をもってハンティングから協同保育までを中心的に行うのに対して，雄は雌が捕獲した獲物に全面的に依存する．新たな雄集団が群れを乗っ取った後は，群れ外で子孫を残せない雄間の厳しい繁殖競争を反映して，授乳中の雌の繁殖を促すため，前雄の赤ん坊がしばしば惨殺される．群れを乗っ取る際にみられる子殺しは，ライオン以外にも，いくつもの種で観察される．普遍的ではないにしても哺乳類ではかなり一般的で適応的な行動と考えられている（池田，1991）．

d. 霊長目（ヒト上科を除く）の社会
(1) 社会構造と系統関係

　霊長目は，従来から祖先的形質を多く持つ原猿亜目と進歩的な特徴の真猿亜目に二分されていたが，近年，原猿類の中で真猿類的特徴のあるメガネザル下目を後者に入れ，前者を曲鼻猿亜目，後者を直鼻猿亜目と呼ぶようになった．後者は，メガネザル類のほかに，真猿類が中南米に分布する広鼻猿下目（新世界ザル）とアジア・アフリカの狭鼻猿下目に分かれる．また，その後者がさらにニホンザルなどのオナガザル上科（旧世界ザル）と，類人猿とヒトを含むヒト上科に分かれる．

　霊長目は，熱帯雨林の地上付近に生息する食虫性のツパイ目と系統上近縁である．樹上環境に適応しながら昆虫などの動物食から果実食，葉・茎・花などの植物食へと発展を遂げ，体も大型化していった．これは，動物のエネルギー要求量が体重の3/4乗に比例し（クレイバー則），大型種ほど高品質の食糧を必要とせず，貧栄養だが大量にある植物を利用できる（ジャーマン・ベル原理）からである．各系統ごとに体重が最小と最大の種を比較すると，曲鼻猿亜目が30 g（コビトキツネザル）～10 kg（インドリ），新世界ザルが100 g（ピグミーマーモセット）～15 kg（クモザル），狭鼻猿下目が1 kg（コビトグエノン（旧世界ザル））～200 kg（ゴリラ（類人猿））までで，それぞれ最大150～330倍の増加が認められる（河合，1992；松沢ほか，2007．表8.5）．

　霊長目の社会構造は，生態的要因と系統的慣性によって決定されるが，まずはじめに系統関係と社会構造との関連を示す．曲鼻猿亜目は，夜行性の種が単独性で，昼行性の種がペア型ないし複雄複雌群を持つ．直鼻猿亜目は，夜行性であるメガネザル類と新世界ザルのヨザルがペア型を，他の新世界ザル類がペア型から複雄複雌群や様々なタイプの群れ社会を持つ．オナガザル上科は，母系

表8.5 霊長類の分類表（松沢ほか，2007）

プレシアダピス類（偽霊長類）Plesiadapiformes
    プルガトリウス　*Purgatorius*
    カルポレステス　*Carpolestes*
霊長類（目）Primates
 <u>曲鼻猿類</u>（亜目）Strepsirrhini
  キツネザル類（上科）Lemuroidea (or Lemuriformes)
  ロリス類（上科）Lorisoidea
  アダピス類（上科）Adapoides (or Adapiformes)
   ノタルクトゥス科　Notharctidae
   アダピス科　Adapidae
  オモミス科（上科）Omomyoides (or Omomyiformes)
   ミクロケルス科　Microchoeridae
   オモミス科　Omomyidae
 <u>直鼻猿類</u>（亜目）Haplorrhini
  メガネザル類（科）Tarsiidae
  真猿類　Anthropoidea
  広鼻猿類（下目，＝新世界ザル，南米ザル）Platyrrhini
   クモザル類（科）Atelidae
   サキ類（科）Pithecidae
   マーモセット類（科）Callitrichinae
  狭鼻猿類（下目）Catarrhini
   旧世界ザル（＝オナガザル上科）Cercopithecoidea
   オナガザル類（科）Cercopithecidae
   コロブス類（科）Colobidae
  ホミノイド類（＝ヒト上科）Hominoidea
   小型類人猿（テナガザル科）Hylobatidae
   大型類人猿（オランウータン科）Pongidae
   アウストラロピテクス類（科）Australopithecidae
    アウストラロピテクス　*Australopithecus*
    パラントロプス　*Paranthropus*
   ヒト科（＝人類）Hominidae
    ヒト亜科　Homininae
     ネアンデルタール人　*Homo neanderthalensis*
     現代人　*Homo sapiens*

の血縁集団に雄1頭が加わったコロブス科の単雄複雌群と，複数雄が加わったオナガザル科の複雄複雌群が基本であるが，例外も少し認められる．ヒト上科の社会形態については次のe「ヒト上科の社会」で詳説するが，単独性，ペア型，単雄複雌群，および複雄複雌群の4タイプすべてが存在する．

霊長目の社会進化は，上に示したように社会構造と系統関係との間に平行関係が存在しており，哺乳類とも共通であるが，基本的に単独性社会からペア型，そして群れ型社会への発展が認められる．いくつかの分類群での例外を補足すると，オナガザル上科では，オナガザル科のグエノン属にペア型や単雄複雌群が，コロブス科の一部にペア型や複雄複雌群がある．母系社会が基本である系統の中にも，マントヒヒとクモザルは雌が移籍する父系社会，アカコロブスとベローシファカは雄雌がともに移籍する双系性社会である．またマントヒヒとゲラダヒヒは単雄群とその上部構造のバンドやトループからなる重層社会を持つ．日本の霊長類学者は，研究開始当時から生態的要因よりも系統関係に焦点を当てながら，種に基本的な社会構造を抽出して，ヒトの家族社会にいたるまでの社会進化論を熱心に議論してきた．しかしなが

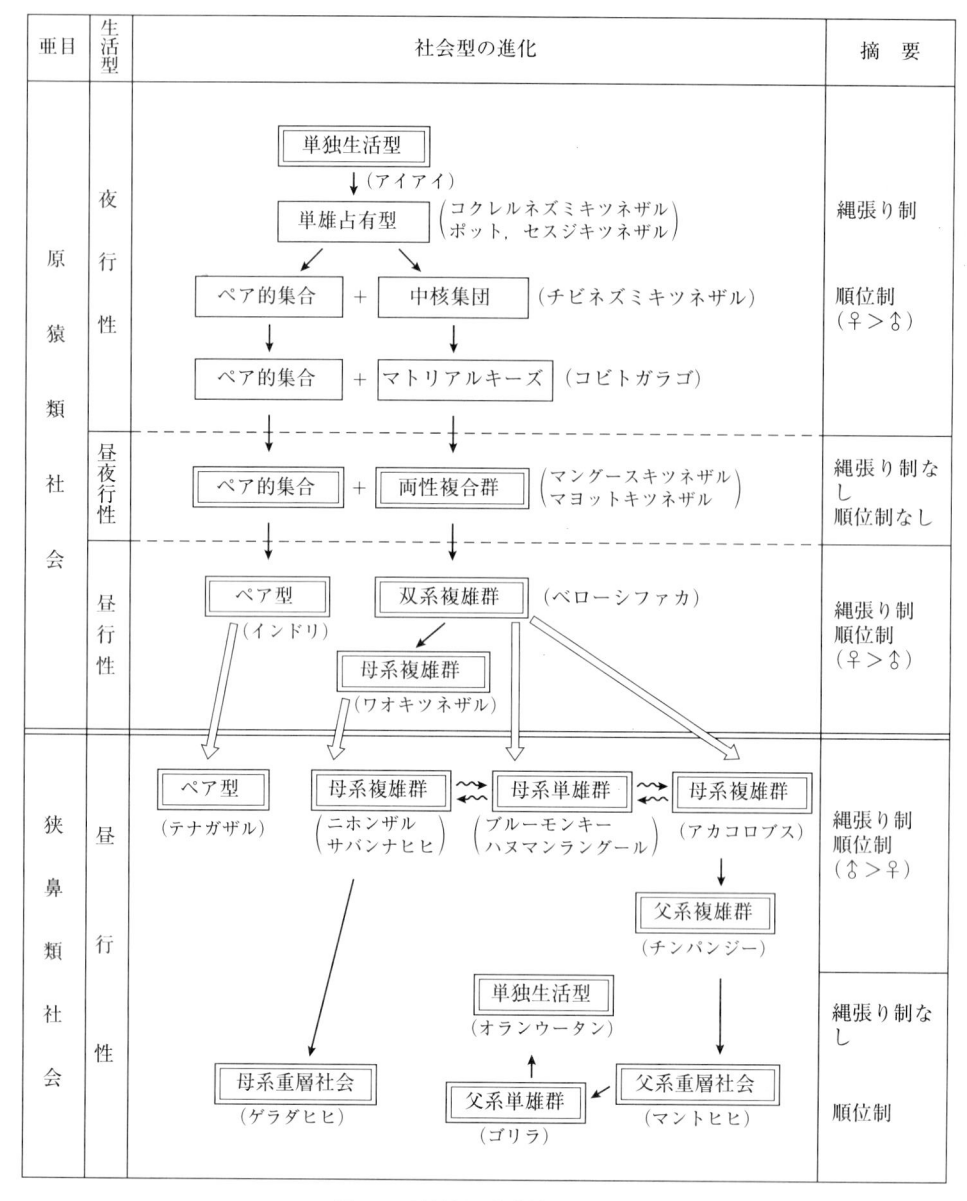

図8.7 霊長類の社会構造の進化

☐：社会型，▭：ある社会型から他の社会型への移行型，→：社会型の移行，⇨：原猿から狭鼻類への社会型の移行，⇜：1つの種が社会的相転位により両社会型をとりうることを示す．( )の中は，社会型をつくる主な種．河合，1997 より．

ら，進化の道筋のシナリオや一部の例外的な社会形態の解釈に関してはまだ通説にいたらず，生態学的要因からの異なるアプローチが検討されている（河合，1997．図8.7）．

(2) 社会生態学

単独性の種は，類人猿のオランウータンを除くと，夜行性で食虫性の曲鼻猿類だけである．これは，c「哺乳類の社会」で示した採食上の理由に加えて，昆虫食の小型種は単独で隠れたほうが捕食者に発見されにくいからである．一方，群れ型社会の成立要因としては，c「哺乳類の社会」で示した採食行動上の利益および天敵の回避と同様に，霊長類社会生態学においても資源防衛仮説と捕食者回避仮説などが提案されている．

樹上で生活する霊長類の，捕食者に対する対抗戦略は地上で生活する有蹄類や食肉類とは異なり，また食糧発見を主に記憶力で補うため，群れの有効性についても数（あるいは群れ）の効果が薄い．群れの利益と不利益のトレードオフから，最適な群れサイズが論理的に存在しており，具体的な群れサイズの決定要因については，資源防衛仮説と捕食者回避仮説の双方からいくつもの異なった分類系統群で議論されている．群れ内の雄の数を決定する要因としては，群れ間での資源防衛仮説，大型猛禽類に対する捕食者回避仮説，子殺しなどをする雄への用心棒説，赤ん坊の運搬役（双児出産する小型種の場合，母親だけでは困難），交尾期の持続期間（長ければ，雄1頭による全雌の独占が可能），雌の空間的分布（雌が多いと複雄になる）など諸説が出されている．また，チンパンジー，ボノボ，クモザル，ウーリークモザルなどの離合集散型の社会において，群れの凝集性がきわめて低くなる要因は，捕食の危険性（凝集性が低いと危険），パッチの大きさ・密度・分布様式などが様々に関係している．これらの議論の決着は，いずれも未だ不明確であり，今後の研究の進展が待たれる（西田・上原，1999）．

e. ヒト上科（現生人類を除く）の社会
(1) 類人猿の社会
類人猿は，東南アジアに生息するテナガザルとオランウータン，アフリカのゴリラ，チンパンジーおよびボノボ（以前の呼び名はピグミーチンパンジー）を含み，ヒトを加えてヒト上科に分類される．伝統的なヒト上科の分類・類縁関係では，小型類人猿として他と区別されるテナガザル8種をテナガザル科に分類し，大型類人猿であるオランウータン，ゴリラ，チンパンジーおよびボノボの4種をショウジョウ科（オランウータン科）に，そしてヒトをヒト科に分けていた．しかし近年の分子生物学研究の進展により，テナガザル科を除くヒト上科の分類は，ゴリラ（ニシゴリラとヒガシゴリラの2種に），チンパンジーおよびボノボをオランウータン科からヒト科に移す，あるいは全6種をヒト科に入れオランウータン亜科（1属）とヒト亜科（ゴリラ，チンパンジーおよびヒトの3属）に分ける，など諸説が提唱されている．

それぞれがまったく異なる類人猿の社会構造は，他の霊長類（分類関係と社会構造の間に比較的きれいな相関が存在する）とは対照的である．すなわち，テナガザルが核家族社会，オランウータンが単独性の社会，ゴリラが基本的には単雄複雌群，そしてチンパンジーとボノボが複雄複雌群であるが，それらの社会関係のあり方は，他の哺乳類の類似した社会に比べると，脳の発達に対応してより複雑に展開されている（図8.7）．

東南アジアの熱帯林に生息するテナガザルとオランウータンは，哺乳類や霊長類の社会生態学（c，d項）でみたように，小さなパッチに分散する果実の採食効率を高めるため，ペアの縄張りや単独性の行動圏を持つ．テナガザルはペアとその子（多くて4頭）からなる核家族をつくり，性的に成熟した子は同性の親に攻撃されて独立する．テナガザルは高い社会性を有する．例えば，息子の縄張り獲得や娘のペア形成には両親の支援が重要な役割を果たす．また，父親の死亡後には，独立前後の息子がその地位をテナガザル独自の方法で受け継ぐし，フクロテナガザルでは父親が子育てに加わる．親の支援で独立した子のペアと両親の縄張りは隣接し，コミュニティの萌芽的存在となる．

オランウータンは，6〜7歳までの子と母親が一緒にいる時期を除けば，すべての個体が単独性の強い生活をする．雌は自己の得意とする2〜3 km^2 の利用場所を数ヶ所持ち，1ヶ所に数年間定着することもある．体のサイズ，犬歯，大きく膨らむ顔ヒダなど，二次性徴の発達した優位雄は自身の縄張り内に雌の行動圏を複数含むので，オランウータンの社会は「拡大型」の単雄複雌社会とされているが，最近の研究でその上部構造の存在が示唆されている．その一例は，5, 6頭の成熟した雄とそれに近い数の母子からなる20頭前後のコミュニティである．複数の雄が連帯・同盟して一緒に遊動するチンパンジーとは異なり，顔見知りの雄がかなり広い場所（数十〜100 km^2）に，必要以上に接近しないで生活している．ただし，一定の距離（数百m〜2 km）を保ちながら連動

することもあり，採食樹の探索や遠征などの際には若い雄が経験豊富な雄に追随する．隣接するコミュニティの雄たちは互いの縄張りに侵入せず，それぞれが自分のコミュニティの雌とだけ交流しているらしい．近年の研究で，特定の雌の行動圏と重複して生活する二次性徴発達の遅れたおとな雄（小さい雄）が記録された．DNA分析の結果によると，その行動圏で生まれた子の半数はその小さい雄が遺伝的父親と判定された．この事実と「拡大型」の単雄複雌社会はコミュニティの存在に矛盾しないが，今後の資料蓄積が待たれる（鈴木，2003）．

アフリカの大型類人猿であるゴリラ（ニシゴリラとヒガシゴリラ），チンパンジーおよびボノボは，サル類でみられる母系の群れ型社会と違って，雄を中核とする集団に非母系の雌たちが加わった父系社会をつくる．群れの構成は，ゴリラが単雄を基本としながら，ヒガシゴリラの亜種マウンテンゴリラでは約40％の群れが少数雄（父親の群れに残った息子）である．一方，雄の厳格な順位制を持つチンパンジーと，雄が雌より劣位なボノボは複雄の集団である．従来の見解では，ゴリラの群れが集合的な個体分布を，チンパンジーが高い離合集散性を示すと考えられていた．前者が大きなパッチ状分布の葉茎食，後者が散在分布の果実食であることが，その違いの理由とされた．ところが最近の研究によると両種とも地域差が大きく，ゴリラもチンパンジー同様に果実食を中心とすることがあるし，チンパンジーもそれほど離合集散しない地域がある．この事実は，生態的要因と系統的慣性のどちらが社会構造の決定に重要であるかを改めて考えさせる．雄が出自集団に留まり雌が集団間を移籍する非母系社会については，その成立要因として食物分散仮説や発情性比仮説などが検討されているが，いずれもさらなる資料の収集と新たな議論の進展が待たれる．

チンパンジーの雌が集団間を移籍するプロセスは多様で比較的自由に行われる．一方，ゴリラでは移籍先の雄の保護能力と雌の受け入れ可能性が重要であり，雌が集団と出会った際に短時間に加入の可否を評価して決定する．マントヒヒの雌移籍時に働く雄の肉体的・社会的な強さや，鳥類のつがい形成時に働く雄の遺伝的資質・環境要因とは異なり，このゴリラの行動には，チンパンジーの雄間における連合や協力などの社会的知能を高度に働かせた，複雑な社会関係と類似な認知能力が関与しているのであろう（杉山，2000；片山ほか，1996；西田ほか，2003）．

(2) 初期人類の社会

人類進化の道筋を，主に大脳の拡大と生業戦略や文化に関連して示す．まず最初にチンパンジーとの共通祖先から分岐し，約700万年前に直立二足歩行を獲得する．その後350万～150万年前に多くの種を輩出したアウストラロピテクス類は，脳容積も大型類人猿とあまり変わらないレベルに留まり，果実食のチンパンジーあるいは葉茎食のゴリラに類似した生業戦略を持っていたと想定されている．250万年前に出現したホモ属は，最初の脳拡大や石器製作を伴う新しい生活技術（オルドワン文化）を出現させて肉食や骨髄食を始めたが，食糧をホームベースに持ち帰って仲間に分配することはなかった．次の段階のアシュール文化（150万～20万年前）時には，主に社会関係の淘汰圧を受け大脳の認知能力が拡大したが，専門化した武器による本格的狩猟はまだ開始していなかった．15万～3万年前の中期旧石器文化を持つネアンデルタール人は，現代人より大きな脳による高度な認知能力とともに，解剖学的にはある程度の言語能力があったとされている．また，狩猟による大量の肉食がなされ，洞窟遺跡の炉床で火が使用されていた．約20万年前にアフリカで誕生したホモ・サピエンスは5万～4万年前に後期旧石器文化を発展させた．脳拡大による解剖学的・遺伝学的な変化を伴わない状態で，「文化の爆発的開花，ビッグバン（ミズン，1998）」と呼ばれる，芸術・宗教・生存（石器）技術・遠距離交易・言語など，現代人に直接つながる様々な行動様式を出現させた．

現生人類の最も未発達な段階にある社会組織は，狩猟採集民の遊動的な居住集団におけるバンドと呼ばれる社会であり，旧石器時代以来ほとんどすべての地域の人類が経験してきたものとされ

表 8.6 チンパンジーとヒトの相違点

	チンパンジー	ヒト
道具行動	一次的道具行動	石器製作などの二次的道具能力
狩猟行動	肉体による臨時的・場当たり的な狩猟	武器を用いた計画的・協同的な狩猟
分配行動	消極的分配	積極的分配
言語能力	単語レベルの段階	文法使用や多語発話段階
自己意識	自己鏡像反応の感覚モダリティ間同一性	自己概念
他者の心	他者の誤った信念が理解できない	他者の心を理解する能力が4歳以降に発達
メタ表象	無（1次の社会観察なし）	表象の表象を形成する能力がある

ている．バンドは，本質的には夫婦とその子からなる核家族の集合体で構成され，一般に 30〜100 人程度の小規模の集団である．家族単位の小集団は柔軟な可塑性を備えており，離散集合を繰り返す．集団内では，男性は狩猟，女性は採集という性役割の分化が認められる．多くのバンド社会で行われているバンド外婚には，親族関係を広めバンド間の交流と連帯を強める機能がある．夫方居住婚は男性間の協同と結束を深める必要から生じたと考えられている（石川ほか，1994）．

考古学的証拠が直接的に何かを語ることはほとんどないので，初期人類社会の解明には，化石からの古人類形態学，霊長類学，社会人類学や民族学など様々な方面からのアプローチを必要とする．現生霊長類の性的二型と雌雄の社会構成との相関関係から類推すると，体重の性差（雄/雌）が 1.3〜1.5 倍あるアウストラロピテクス属の社会は，ゴリラ（1.7 倍）の単雄複雌群やテナガザル（1.1 倍）のペア型家族ではなく，チンパンジー（1.4 倍）の複雄複雌群に相当する．生長速度を示す歯の形態や萌出の順番から推測すると，幼児期が現代人のように長くなり始めたのは，約 180 万年前のホモ・エルガスターからである．子が大人への依存を長期間必要とするため，性的二型の減少も伴いながら，雌が雄にも子育てを求めるようになり，雌雄の絆が強くなった．これらの推測は，初期人類の社会がチンパンジー的な複雄複雌集団から出発して，（ペア型か一雄多雌集団かの違いはあるが）特定の雌雄間の結び付きを強めていったことを示している．

チンパンジーの社会的・認知的行動は初期人類の社会を復元するうえで重要な手掛りとなるため，道具行動，狩猟行動，分配行動，言語能力，自己意識や心の理論などが取り上げられて，ヒトの行動との類似性と限界が議論されている．チンパンジーとヒトの共通性と相違点は様々な行動にみられる（表 8.6）．ヒトの幼児の発達段階に当てはめると，3, 4 歳前後の認知レベルがチンパンジーの限界になる（プレマック・プレマック，2005）．

チンパンジーの認知能力や社会性を発展させながら，生物学的条件のもとにペア集団が出現するが，8.3.4 項で取り上げる現生人類の家族が持つ文化的な仕組みである社会制度との隔たりはまだ大きかったのであろう．5 万年前の「文化のビッグバン」の段階では，かなり類似した家族のあり方が予想されるが，それ以前のいつの時代に，どのような過程を経て家族社会が出現したかは，今後解明されるべき問題である．

f. おわりに

脊椎動物の脳神経系によって発現する社会行動の進化は，およそ 5 億年前に誕生した魚類，そして鳥類において脳幹で生じる反射や本能行動，哺乳類の大脳辺縁系による情動・記憶で裏付けられる社会性の獲得，そして霊長類，特に類人猿とヒトの大脳新皮質で発達した高度な社会的知能によって特徴付けることができた．人類進化の数百万年間に生じた脳拡大（ほぼ 3 倍）は哺乳類進化の中でも特に急激な変化であり，この形態的拡大とともに社会のあり方にも大きな変化が生じたであろう．家族やその上部構造のバンドの起源に関しては，言語，意識，概念や文化などが複雑に関与している．考古学，社会人類学，霊長類学な

ど様々な方面から諸説が提出されているが，議論の方向性が十分に見出せないままに，今後の興味深い課題として残っている． 〔乗越皓司〕

● 文 献

Andersson, M. (1994) *Sexual Selection*, Princeton University Press, Princeton.
土肥昭夫，ほか (1997) 哺乳類の生態学, 東京大学出版会.
遠藤秀紀 (2002) 哺乳類の進化, 東京大学出版会.
池田 啓 (1991) 食肉類の社会生態. 現代の哺乳類学 (朝日 稔, 川道武男 編), pp. 218-243, 朝倉書店.
石川栄吉，ほか 編 (1994) 文化人類学辞典, 弘文堂.
Jarman, P. J. (1974) The social organization of antelope in relation to their ecology. Behavior **48**, 215-267.
片山一道，ほか (1996) 人間史をたどる──自然人類学入門, 朝倉書店.
河合雅雄 (1992) 動物たちの地球・哺乳類 I, 朝日新聞社.
河合雅雄 (1997) 人間の由来, 小学館.
川那部浩哉，ほか 編 (1993) (週刊朝日百科) 動物たちの地球・魚類, 朝日新聞社.
桑村哲生 (1987) 魚類における子の保護の進化と保護者の性. 日本生態学会誌 **37**: 133-148.
桑村哲生，狩野賢司 編 (2001) 魚類の社会行動 1, 海遊舎.
桑村哲生，中嶋康裕 編 (1996) 魚類の繁殖戦略 1, 海遊舎.
Lack, D. (1968) *Ecological Adaptation for Breeding in Birds*, Chapman and Hall, London.
松沢哲郎，ほか (2007) 霊長類学への招待. 霊長類進化の科学 (京都大学霊長類研究所 編), pp. 1-10, 京都大学学術出版会.
三浦慎吾 (1998) 哺乳類の生物学 4 社会, 東京大学出版会.
ミズン, S. (松浦俊輔, 牧野美佐緒 訳) (1998) 心の先史時代, 青土社.
Nelson, J. S. (1994) Fishes of the World (3rd ed.), John Wiley and Sons, New York.
西田正規，ほか 編 (2003) 人間性の起源と進化, 昭和堂.
西田利貞, 上原重男 (1999) 霊長類学を学ぶ人のために, 世界思想社.
プレマック, A., プレマック, D. (長谷川寿一 監修, 鈴木光太郎 訳) (2005) 心の発生と進化──チンパンジー, 赤ちゃん, ヒト, 新曜社.
杉山幸丸 編 (2000) 霊長類生態学, 京都大学学術出版会.
鈴木 晃 (2003) オランウータンの不思議社会, 岩波書店.
高槻成記 (1998) (哺乳類の生物学 5) 生態, 東京大学出版会.
トリヴァース, R. (中嶋康裕, ほか 訳) (1991) 生物の社会進化, 蚕業図書.
上田恵介 (1987) 一夫一妻の神話──鳥の結婚社会学, 蒼樹書房.
上田恵介 (1993) ♂♀のはなし──鳥, 技報堂出版.
ウィルソン, E. O. (1984) 社会生物学, 思索社.
山岸 哲, 樋口広芳 編 (2003) これからの鳥類学, 裳華房.

8.3.2 昆虫の社会

地球上にみられる様々な動物の中で，陸上において最も多くの種が認められるのは昆虫である．その昆虫の中でも，アリ・ハチ・シロアリ類は最も繁栄を勝ち得たグループといえるが，これらの共通の特徴として挙げられるのが，分業に基礎を置く社会性の発達である．

すべての昆虫は，単独性から社会性までの系列のいずれかの段階に位置する生活形態を有しているが，一般に集団生活をすることがよく知られているのはアリやハチの仲間であろう．これらは，同種が単に集まり群れているわけではなく，家族を単位とする社会組織の形成が認められる．特に，同一の巣内で親子 2 世代が共存し共同で子育てを行い，繁殖個体である女王と非繁殖個体の不妊階層が分化しているという特性を持っている．育児を専門とする働き蟻（蜂）や巣の防衛に努める兵隊（攻撃専門要員）などの特定の役割を担う階級（カースト）で構成された集団であり，まさに分業に基づく組織性が認められることから，「社会」と呼ぶにふさわしい実態といえよう．

社会性を獲得するにいたった昆虫の中でも，その内容や程度は様々である．何らかの社会性を有するとされる昆虫は，現在のところシロアリモドキ目（紡脚目），バッタ目（直翅目），ジュズヒゲムシ目（絶翅目），ハサミムシ目（革翅目），シロアリ目（等翅目），ゴキブリ目（綱翅目），チャタテムシ目（噛虫目），アザミウマ目（総翅目），セミ目（同翅目），コウチュウ目（鞘翅目），ハチ目（膜翅目）の 11 目にわたることが知られている．これらのうちシデムシ類などでは，親子が一緒に生活し子どもの養育を行う期間があるものの，集団を構成したり階層区分による分業を行ったりする様子まではみられない．これらの仲間は「亜社会性」の昆虫と呼ばれる．これに対し，生殖専門個体と養育専門個体による繁殖への役割分担が明確な集団性昆虫は，「真社会性」として区分している．特に，労働および兵隊のみの役割を果す非生殖階層（不妊カースト）の存在の有無が，真社会性昆

虫であるか否かを見極める際に重視されることが多い．

　真社会性昆虫は，最も発達した社会システムを持つにいたった仲間といえる．膜翅目のアリ・ハチ類の一部，等翅目のシロアリ類全部，そして同翅目のアブラムシの仲間だけが，真社会性昆虫に該当する．古くからアリ・ハチ・シロアリ類については，女王・王・労働・兵隊などの階層を持っていることがよく知られていたが，植物に集団で付着しアリとの共生関係にあるアブラムシが真社会性昆虫であることが確認されたのは，比較的最近である．アブラムシの集団内で生まれた子どもの一部に，天敵であるアブの幼虫などが近づくと，口の針や頭の角を武器に，しがみついて刺し殺す役割を持つ兵隊アブラムシが誕生することが発見されたのである．補食者から仲間を防御するために誕生した兵隊アブラムシは，不妊カーストであり成熟せずに死ぬことから，10種類程度のアブラムシが真社会性昆虫に位置付けられることとなった．

　人の社会を成立させるための交信手段は言語の発達にあるが，昆虫では人とはまったく異なるコミュニケーション手段が発達している．昆虫においては，同種の集団内の交信は特殊なにおいに頼っている部分が大きい．昆虫などが体内から分泌する交信用の化学物質は，フェロモンと呼ばれている．このフェロモンは，昆虫の社会を成立させるうえで単に言語的交信の役割を果たすのみならず，生理的機能も担うきわめて重要な化合物である．

　例えば，真社会性昆虫の繁栄にとって不妊カーストの存在が注目されることは前述したが，ミツバチの女王を意図的に取り除いた場合，働き蜂の卵巣が発達し，やがて産卵を行うことが知られている．これは，女王蜂の出すフェロモンが働き蜂の生殖能力を抑える作用に基づいたものと解釈されている．こうした不妊カーストを誕生させるフェロモンは「階級分化フェロモン」と呼ばれている．他にも，仲間を呼び寄せるための「集合フェロモン」，仲間に危険が迫っていることを知らせる「警報フェロモン」，餌の場所を仲間に知らせ効率的な運搬を図るための「道しるべフェロモン」など，昆虫の社会の形成や維持を図るうえでフェロモンの果たす役割は大きい．

　アズキゾウムシやマクラメイガの仲間では，子どもの食糧となる植物の産卵部位に「密度調節フェロモン」を付着させ，他個体による産卵を牽制し共倒れになることを未然に防いでいる．キクイムシは，当初は仲間を誘引する「集合フェロモン」を分泌するが，過密になると「抗集合フェロモン」を発散させ，適正密度となるように調節を行うといわれている．

　昆虫の社会を形成するうえでの伝達手段として，フェロモンのほかに，体の動きにも重要な役割があることが知られている．ミツバチは，よい蜜源を仲間に知らせる際に，8の字を描きながら巣内を踊り歩く「収穫ダンス」を行い，翅の上下振動の音や尻の振り方で蜜源までの距離や蜜の質・量などを表現するという．また，巣の周辺に食糧が少なくなり集団全体の移動を意図する場合には「逃去（引越し）ダンス」を踊るという．このダンスが踊られると，巣外へまったく出たことのない個体も引越しを理解するとのことである．

　昆虫は，フェロモンの分泌や体の動きなどの交信伝達手段を発達させることで，独自の社会を育むことに成功している．　　　　　　〔須永伊知郎〕

● 文　献

安部琢哉（1996）シロアリ類．日本動物大百科，平凡社．
青木重幸（1984）兵隊を持ったアブラムシ．どうぶつ社．
高橋秀徳（2006）社会生物学によって生れた新しい理論と仮説（http://www.hi-ho.ne.jp/~takahachisn281/sn281.htm）．
Wheeber, W. M.（渋谷寿夫　訳）(1986) 昆虫の社会生活．紀伊國屋書店．

8.3.3　成長と寿命

a.　成長曲線
(1)　絶対成長

　生物が生まれてから（ときには胎児期も含めて）体重や体長をはじめとする体各部の変数が時間とともに増加していくことを，絶対成長という．動

物の年齢を横軸に，変数を縦軸にとって，それが年齢とともにどのように変化するかを表したものが成長曲線である．生物の成長は一般に初期に遅く，次第に加速度をもって増加し，ある程度成長が進むと頭打ちになるケースが多い（図8.8）．多くの哺乳類は性成熟する頃にはほぼ成獣の大きさに達し，成長が頭打ちになる．これに対し爬虫類や魚類は生涯を通じて，次第に成長率を落としながらも成長を続ける．例えばホホジロザメは9〜14歳で成熟するが，そのときの全長は4m程度である．捕獲される最大の個体は全長7.6mくらいなので，成長曲線から推定すると最大寿命は27歳くらいになる．

S字状の成長パターンは生物の分野に限らず，商品売上げ高や製品の品質管理など産業分野でも広くみられ，多くの分野で実務に応用されている．例えば新製品を発売した場合，その製品が広く知られるにつれて販売数は急激に伸びていく．しかし大部分の人がその製品を所有するようになったり飽きられたりすると，売行きは頭打ちになる．コンピュータプログラムのバグ取り作業におけるバグ発見数についても，当初は少ないが中途で大きくなり，作業が進んでバグが少なくなると再び発見数が少なくなるというS字状の信頼度成長モデルがみられる．

S字型の線形（シグモイド曲線）をモデル化するために使われる曲線として，累積正規分布曲線，ロジスティック曲線，ゴンペルツ曲線などがある．累積正規分布曲線は，出現頻度が正規分布する事象を累積頻度で表した場合に生じる．例えば急性毒性試験で動物に毒を与えたときには，少量で死亡する個体もいれば，大量に与えなければ死なない個体もいる．死亡個体の出現頻度はある用量で最大となる正規分布を示すので，投与量と累積死亡個体数との関係をグラフに表すと，S字状になる．

ロジスティック曲線は当初，人口増加を説明するモデルとして考案された微分方程式であり，個体群生態学における個体群成長のモデル式として広く使われるようになった．生物は親から生まれるので，生物の個体数の増加率 dy/dt は直前の個体数 y に比例すると考えられる．すなわち，増加率を r とすれば，個体数 N の個体群における時間に対する（絶対）増加率は指数曲線になってすぐに人口爆発を引き起こす．しかし現実の生物が暮らす環境では餌の量などの限界があるので，そこに生活できる個体数には上限がある．その環境が収容可能な個体数の上限を K とすれば，$N=K$ のときには個体数増加率は0になるはずである．ロジスティック曲線はこれら2つの条件を満たす微分方程式であって，$dy/dt=ry(K-y)$ となる．これは次のようにも表現できる．

$$y=\frac{K}{1+be^{-ct}}$$

こうした曲線は体の成長パターンにも適用可能である．

ゴンペルツ曲線も似たようなS字型曲線である．ロジスティック曲線が変曲点を中心に左右対称になるのに対し，ゴンペルツ曲線は少し複雑な線形になり，対称性がないのが特徴である．成長の様子を表す際にどの曲線を用いるかについては厳密な使い分けはない．経験的に最もよく当てはまる式を使えばよい．

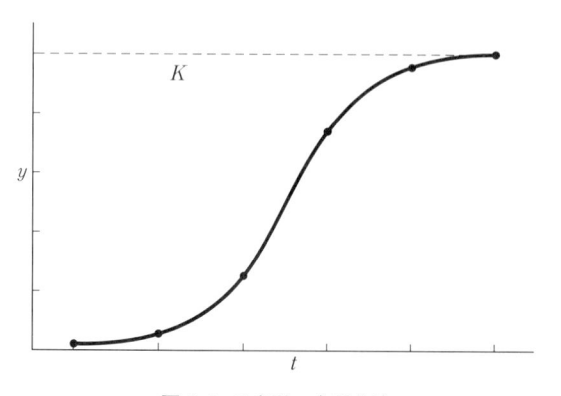

$$y=c\cdot a^{bt}$$

図8.8 S字型の成長曲線
$y=c\cdot a^{bt}$

(2) 相対成長

体の各部が同じ割合で成長すれば，幼体から成体まで体はほぼ相似形に成長する．イグアナなど多くの爬虫類はこうした成長パターンを示す．しかし多くの動物において，体のプロポーションは成長につれて変化する．例えばヒトも含めて哺乳

類では，幼獣期において相対的に頭部が大きく，四肢の発達に劣る．これは大きな大脳を有していることが一因である．脳を保護する頭蓋骨についても，幼獣期にはいくつもの骨からなるが，成長に伴ってそれらが癒合してしまえば，それ以上の大きさにはなれないからである．体各部の長骨も同様に一定の時期に成長を止める（c(5)「骨の骨化度」参照）．幼獣期に乳で育つ哺乳類と異なり，鳥類のヒナは親鳥が食べるのとほぼ同じ餌を与えられるので，ヒナの口は相対的に大きい．爬虫類は親の世話を受けず，体にみあった大きさの餌を自分で捕食して成長するので，プロポーションの制約は少ない．小さなプランクトンを鰓で濾過摂食するようなタイプの魚類も，餌による体型への影響は少ない．

運動能力についても体型変化が必要である．日本の代表的なノネズミであるアカネズミの成獣体重は，25～60gと個体差が大きい．これに対して後足の長さは，23～27mmと個体差が小さいだけでなく，幼獣が巣穴から出始める頃には，すでに成獣と変わらぬ23mmに達している．これは，地面を走り回る本種にとって脚力が死活的な能力であることを示している．ムササビやモモンガは飛膜を用いて滑空する．彼らが体のプロポーションを変えずに成長すれば，膜面積は体長の2乗に比例して，体重は3乗に比例して増えるので，体が大きくなるほど翼面荷重が増えてしまい，滑空距離をかせげない．これを防ぐためには，体が大きくなるにつれて相対的に飛膜面積を増やすか，あるいは筋肉（体重）を減らして痩せた体を持つようにしなければならない．ムササビはこの両方を実現している．手首のところに発達する針状軟骨が成長とともに固く，長くなっていくことで飛膜面積を増やしているし（図8.9），成長につれて体型が痩せ型になっていく（図8.10）．

体の任意の2つの部分の大きさをx, yとすると，成長の過程において両者には$y=bx^\alpha$（α, bは定数）という関係の成立することが経験的に知られており，これは相対成長と呼ばれる．体重など個体変異の多い個別要素の絶対成長と比較して，相対成長ではばらつきが少ない．相対成長は異種間の比較にも用いることができるし，年齢のわからない個体の齢査定にも適用できる．例数が十分にあれば化石生物についても，成長に伴って変化する複数の量的形質を調べて成長様式を議論することができる．相対成長に用いる2変量の測定値

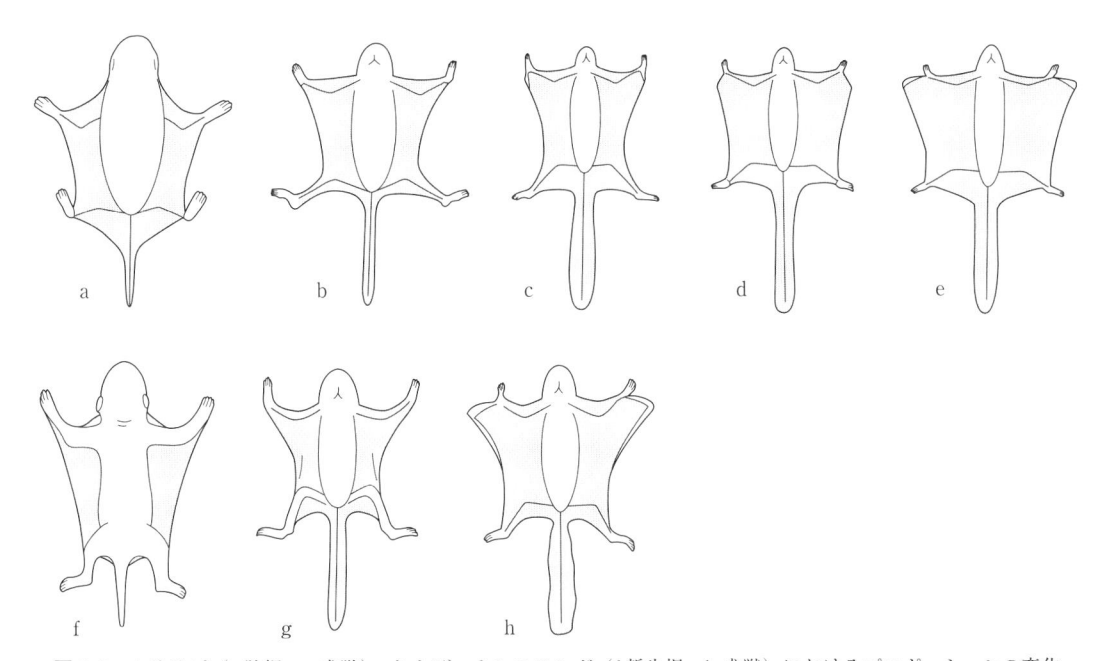

図8.9 ムササビ（a胎児～e成獣），およびニホンモモンガ（f新生児～h成獣）におけるプロポーションの変化

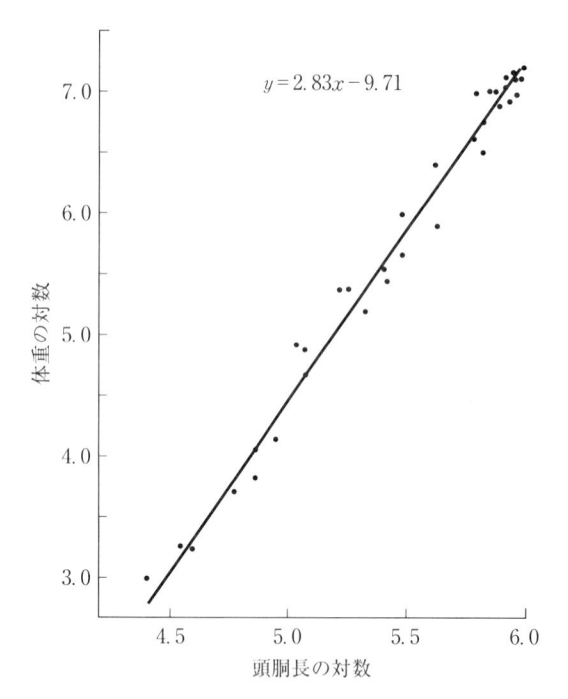

図 8.10 体が大きくなるにつれて痩せ型体型になっていく（直線の傾きが 3 以下）ことを示すムササビの相対成長

を対数変換すれば，相対成長式をグラフ上で直線によって表すことができるので，取扱いにも便利である．

b. 動物の寿命
(1) 生理的寿命と生態的寿命

動物の寿命には「生理的寿命」と「生態的寿命」がある．

「生理的寿命」は，動物が動物園や家庭などで飼育される場合の寿命である．病気は治療され，餌不足や捕食者に襲われる心配もないので，生理的な限界の近くまで生きられる．飼育下において最大寿命近くで死亡した動物を調べてみると，ヒトにおける老化現象と同様に，脱毛，歯の脱落，白内障，栄養不良，臓器萎縮などが認められる．飼育下の哺乳類は性成熟年を 5～6 倍した年齢くらいまで生きることが経験的に知られている．ただし，飼育環境は栄養や衛生管理の点で有利であるが，ストレスの点では不利である．近年の研究によると，ヨーロッパの動物園で生まれたアフリカゾウの平均寿命が 17 年であるのに対し，ケニアの野生ゾウは 56 年ほどである．また，動物園で生まれたアジアゾウの寿命が 19 年で妊娠率も低いのに対し，ミャンマーで放し飼いにされている個体は 42 年程度も生きる．すなわち，ゾウのような知能の高い動物においては，閉鎖空間がストレスとなって肥満を招き，母性の喪失や短命につながりかねない可能性がある．しかし大部分の動物においては，こうしたデメリットよりも栄養条件などのメリットのほうが大きい．

「生態的寿命」は，野生下の個体が示す平均的な寿命である．野生下で老齢化すると歯が摩耗し，脚力が衰えて狩りができなくなるし，捕食者に襲われやすくなる．実際には，こうした老衰現象が現れる前に，同種個体間の争い（雄どうし）での負傷や，捕食，餌不足が原因で死亡するケースがずっと多い．さらに幼獣は，捕食されやすいだけでなく，病気や寄生虫の影響で死亡することも多い．このため多くの種において，生態的寿命は生理的寿命の半分に満たない．

生態的寿命は老衰や捕食によって決まるだけでなく，動物自身が設定している場合もある．例えばアユは，水槽内を海水で満たして大事に飼えば 2 年以上育てることができるが，自然環境下においては，年魚といわれるように，春に川を遡上し，秋には川を下って産卵して死ぬので，生態的寿命は 1 年である．サケは生まれた川に 3～4 年目に戻り，そこで産卵すると死を迎えるので，遡上時期が生態的な寿命となる．ほとんどの昆虫類も産卵すると一生を終える．これらは次の世代の存続と引き換えに死を受け入れることを強いられる種といえる．他方，哺乳類や鳥類の場合は出産・産卵後も生き続けて積極的に幼獣や雛・卵を守るし，授乳や給餌によって子育てをするので世代は重複する．このため，子育てを通じて，遺伝的な本能によらない情報伝達も可能になる．このように子どもは積極的に保護されるが，老化した個体を助け保護するような社会システムは，野生動物の世界にはみられない．

(2) 生存曲線

ある個体群における個体数が時間を追ってどのように減っていくかを示したのが，生存曲線であ

る．縦軸の生存個体数は対数で示される．生存曲線は平均型，晩死型，早死型に大別される．

平均型は生涯を通じて死亡率があまり変わらない生物の場合であって，生存曲線は直線的な右下がりになる．キツネなどの中型哺乳類，鳥類，爬虫類などにみられる．

晩死型は若年齢の死亡率は低いが，高年齢の死亡率が高くなるパターンであり，曲線は上に凸な形の右下がりになる．ゾウやクマなどの大型哺乳類にみられる．ヒトもこのタイプであり，日本人の死亡率は男女とも70歳を過ぎると急激に増加する．

早死型は多くの個体が若いうちに死ぬパターンであり，曲線は凹状を示す．多産な魚類や無脊椎動物にみられる．

これを繁殖戦略としてみると，晩死型は少なく大きく生んで，大事に育てる戦略であり，早死型は若齢におけるロスを覚悟してたくさん出産・産卵する戦略である．前者においては子どもや卵1つの価値が相対的に高く，失った場合の損失が大きいので，安定した環境に適している．これに対して後者は環境条件がよければ個体数を一気に増やすことができるため，攪乱の大きな環境で有利である．

(3) 各種動物の寿命

各種動物の飼育下における寿命例を表8.7に示すが，種間の比較ができるような信頼性のある数字ではない．また，動物の年齢について，「ヒトに喩えると何歳」という表現がしばしば行われるが，科学的な根拠に基づいて換算されているわけではない．

哺乳類ではクジラ類が一般に長命であり，多くのクジラ類が50～100年程度生きる．シカをはじめとする偶蹄目は体こそ大きいが食われる側の動物であり，寿命はそれほど長くない．ニホンジカの野外における平均寿命は約4年だが，雄は最長12年程度，雌は16年程度まで生きる．霊長類も一般に長寿であり，ライオンなどの大型食肉類よりも長く生きる．キツネなどの中型食肉類は飼育下で15年程度生きるが，野外で10年以上生きることは稀であり，イヌやネコも同程度の寿命である．齧歯類や食虫類は一般に短命である．リス類の野外での寿命はせいぜい3～5年であり，エゾリスでは1歳まで生きる個体は1/4程度にすぎない．昆虫食のコウモリ類では，ホオヒゲコウモリのように平均体重5g程度の小型種も珍しくないが，コウモリ類はしばしば10年以上の寿命を持ち，キクガシラコウモリでは20年以上の個体も知られている（図8.11）．捕食者の少ない空間で暮らし，餌条件の厳しい時期は冬眠するという生活様式が長寿と結び付いていると考えられる．

鳥類には長生きする種が多い．ツル類の寿命は飼育下で50～80年程度，野生では30年程度と思われるが，鳥類の中で突出して長生きというわけではない．爬虫類のカメ類は最も長生きする動物の1つであり，アルダブラゾウガメでは152年という記録がある．昆虫のカゲロウは短命な動物として知られている．しかし，例えばフタオカゲロウは羽化すると1日のうちに交尾して水中に卵を産んで死ぬが，幼虫として水中に1～3年も暮らすので，昆虫としての一生は短いとはいえない．

動物の中には，環境条件が悪化すると，きわめて長期間休眠する種もいる．緩歩動物門に属する

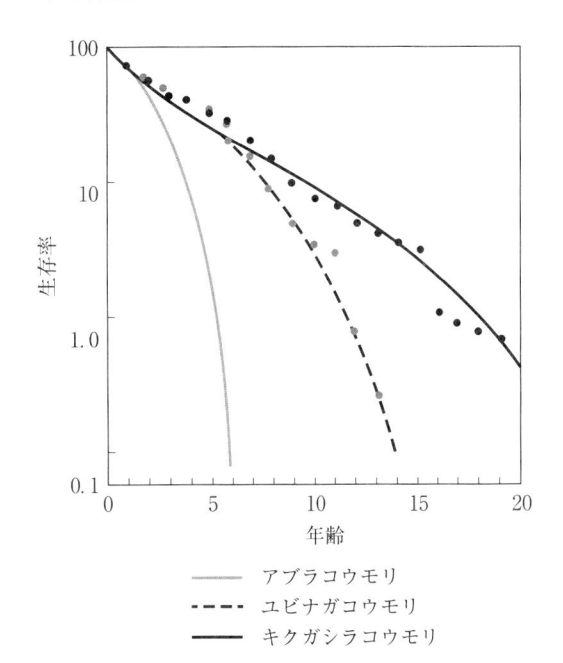

図8.11 住家性のアブラコウモリ，洞窟性のユビナガコウモリ，キクガシラコウモリの生存曲線
庫本，1996より．

表 8.7 各種動物の寿命例（単位は年．日高，1996 などの事例をもとに作成）

種 名		飼育下の長寿例	野生下の平均的寿命	野生下の長寿例
哺乳類	トガリネズミ			1.5
	モグラ			3
	アブラコウモリ		♂1	♀6
	キクガシラコウモリ			20
	エゾリス	16	1 年以下	3～5
	シマリス	9		5～6
	ムササビ	20		10
	ヤマネ	8		2～3
	ハタネズミ		1	
	アカネズミ	2～3		2
	ドブネズミ	3		1～2
	キタキツネ	15	6～7	13
	ツキノワグマ		10 以下	28
	ヒグマ	38		34
	ニホンザル		10 以下	30 以上
	シロナガスクジラ		30	100
	ミンククジラ		50	90
	シャチ		29～50	90
	ハンドウイルカ			46
	トド			♂18 ♀30
	ニホンカモシカ		5	20 以上
	ニホンジカ			10～20
鳥類	スズメ	10～15	2～3	
	ツバメ		1.5	16
	カモ類		5～10	
	ハクチョウ類	20～30		20
	ツル類	50～80		30
	ニワトリ	30		
	セキセイインコ	15		
爬虫類	ゾウガメ	152		
	アカウミガメ	57		
両生類	オオサンショウウオ			50 以上
魚類	キンギョ	8～15		
	メダカ	1～2		
昆虫類	ワモンゴキブリ			0.5～2
	キアゲハ成虫			0.03

クマムシ類はいずれも 1 mm 以下の小さな動物であり，周囲が乾燥してくると代謝をほぼ止めて乾眠と呼ばれる特殊な休眠状態に入る．この状態であれば水がなくても 120 年生きられる．

単細胞生物では細胞分裂がそのまま個体の増殖になるため，寿命は無限大であるかのようにみえる．しかし分裂回数には制限があって，ゾウリムシでは分裂回数の上限は約 60 回で，それまでに有性生殖である接合が行われる．接合が行われなかった場合，その後の分裂は行われず，次第に衰退して死滅する．このような動物の寿命は，高等動物と同列には論じられない．

c. 動物の年齢査定

現在，日本で少子化や年金が焦眉の課題となっているが，これは，人間社会の年齢構成が把握されているためである．仮に年齢構成が把握されていなければ，少子化や年金が話題となることはありえない．

かつて野生動物の年齢査定は個体群生態学にお

ける純粋学問的な課題であった．しかし，獣害，外来種問題，希少種再導入などが社会的な課題になっている現在においては，駆除や再導入の計画を策定するうえで，野生個体の年齢構成を把握することは実用的に必要な技術となっている．人間の場合でも，法医学の分野においては高精度な年齢査定が要求されるので，例えば歯の象牙質中の D-アスパラギン酸と L-アスパラギン酸の比を用いる方法などが開発されている．牛海綿状脳症（BSE：Bovine spongiform encephalopathy）対策に関しては，輸入牛の月齢調査が必要であり，歯の萌出程度が判断基準となっている．野生哺乳類については下記のような年齢査定法が用いられる．

(1) 体重

動物の体重は加齢に伴い増加するが，哺乳類では一般に性成熟齢頃に体重増加が停止する．性成熟までは体長・体重測定値から，ある程度は年齢を推定することができるが，それ以降の齢査定には使えない．また体重には個体差が大きい．冬眠する種では冬眠前と冬眠明けの体重には大きな違いがあり，アナグマは秋期に体重を4割近く増やす．

(2) 角

雄シカの角は毎年春に脱落して，新しい角を秋にかけて発達させる．生まれた年（0歳）には角を持たないが，1歳では枝分かれのない棒のような角が生える．2歳では枝分かれして枝先が2本，3歳で3本，4歳以上では4本になった角が生える．角の状態は遠くからでもわかるため，捕獲する必要はない．

ニホンカモシカは雌雄ともに角を持つ．角は生え替わらず生涯にわたり成長するが，その成長量には季節差があり，冬季の餌不足期には角の基部に樹木の年輪のような角輪が形成される．この角輪数を数えることで年齢推定ができる．また雌では，妊娠した年には体の成長に栄養をまわせないので，角の成長も遅くなって角輪の間隔が狭まる．これを調べることによって妊娠歴が推定できる．

(3) 水晶体

哺乳類の眼球水晶体重量は，加齢に伴い増加する．例えばニホンカモシカの水晶体重は15歳くらいまで，すなわちほぼ寿命まで増加し続けるが，特に0.5歳から1.5歳にかけての増加率が高い．このため，既知年齢の個体から水晶体重量の増加曲線を求め，年齢不明個体の測定値をその曲線に当てはめることで齢が推定できる．作業の簡便さから，水晶体重量ではなく水晶体直径を用いることもある．

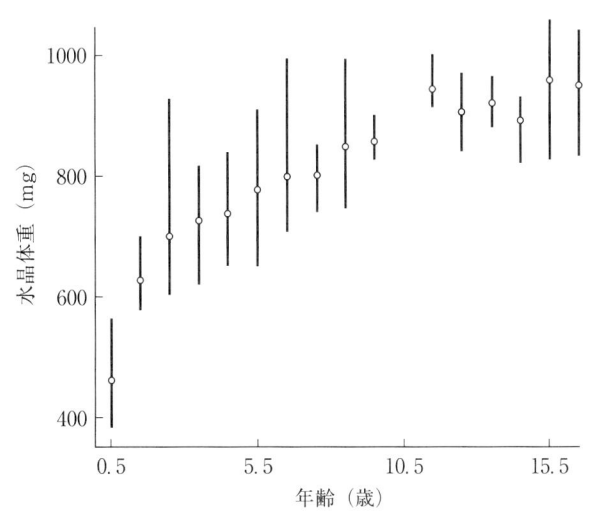

図 8.12 ニホンカモシカにおける水晶体重量の加齢変化
金森，1985 より．

(4) 歯

エナメル質に覆われた歯は動物の体の中で最も堅くて腐りにくい部位であり，利用価値は大きい．歯を用いた齢査定方法は多くある．歯の生えていない新生児から乳歯が生え揃うまでの各歯種の萌出齢は動物の種類ごとにほぼ一定している．臼歯では一般に前の方から萌出し，最奥の臼歯が最後になる．乳歯から永久歯に生え替わるときにも，各歯種によって生え替わり時期が決まっており，おおむね切歯から始まり，次第に奥の歯に移っていく．大型草食獣では最後臼歯の萌出は生後数年かかる．哺乳類では年とともに歯が磨り減っていくので，歯の磨耗度から老齢個体であるかどうかを知ることができる．食虫類などの小哺乳類では，1歳未満の個体にもかなりの磨耗がみられる．ただし，磨耗度は食性や生息環境によってばらつきが大きい．齧歯類の切歯（一生伸び続けるので歯根部が常に開いている）を例外として，哺乳類の歯は萌出が終わると歯根部が閉鎖して成長しなくなる．ツキノワグマでは，こうした方法で1～4歳の年齢を推定可能である．

歯根部セメント層の年輪を観察する方法は，年単位で年齢を推定できるので広く使われている．哺乳類の歯は萌出が終わって歯根部が閉鎖すると，象牙質部および歯冠部エナメル質部の成長が止まるが，象牙質の周りのセメント層はセメント芽細胞の働きによって厚さを増していく．セメント芽細胞の活動は冬季に不活発となるので，よく染色される暗層が毎年1本ずつ形成されていく．アライグマなど，野外の寿命が数年程度の動物にはこの方法が使いやすい．シカでは，歯の微細成長跡を顕微鏡で調べることで週単位程度の精密な推定を行う技術も開発されつつある．

(5) 骨の骨化度

頭骨は多くの骨から構成されるが，加齢とともにこれらの骨は癒合していき，骨と骨との間にある縫合腺がみえなくなる．頭骨各部位における縫合腺の癒合状態を総合的にみることで，年齢が推定可能である．ただし，この方法は個体差が大きくて測定者によっても判断基準がばらつくので，個々の頭骨を高精度に査定するには不向きである．若い哺乳類の長骨（四肢骨や指骨）には骨端部に軟骨組織があって，そこで骨細胞が増殖して骨が成長する．性成熟齢に達し成長が停止すると，骨端軟骨部は骨化する．したがって，骨端軟骨部の骨化度が年齢指標となる．キツネの場合は，上腕骨や脛骨の骨端は9～10ヶ月齢で閉じる．

(6) 鳥類の場合

鳥類の齢査定は哺乳類の場合より困難である．多くの鳥類は，幼鳥が親から独立する時点で成鳥と変わらぬ大きさとなっているし，角や歯のように，一生の間にわたって成長や摩滅を続ける器官を持たないためである．ただし羽毛の色，虹彩の色，口内の色などから，おおよその年齢を区分する方法はある．齢査定は方法によって，精度，コスト，サンプル入手の難易などに一長一短があるが，複数の方法を組み合わせることによって精度を高められる．いずれの方法についても，年齢のわかっている個体でサンプル標本をつくっておくことが不可欠である．齢査定を行うに当たって，正確な年齢までが必要とされる場合はそれほど多くなく，生後何年以上かどうかといった区分ができればよい場合も多い．また，精度の低い方法であっても，サンプル数を多くして統計的に扱うことで対応できるケースも多い． 〔安藤元一〕

● 文献

日高敏隆（1996）日本動物大百科（全11巻），平凡社．
庫本 正（1996）コウモリの個体群．哺乳類Ⅰ（日本動物大百科1）川道武男 編，平凡社．
米田政明，ほか（1996）野生動物調査法ハンドブック，自然環境研究センター．

d. 動物の病気と診断

動物の病気と診断は獣医学の中心的課題であり広範多岐にわたるので，詳細は関連成書（例えば，中村ほか，1988；Fowler and Miller, 2003）に譲る．ここでは，野生動物が伝播に関わる感染症について解説する．

感染症を惹起する病原体には，プリオン（核酸を欠くが自己増殖能を持つタンパク分子），ウイルス（RNAあるいはDNAを有し，生きた細胞内で増殖），細菌（原核細胞），真菌（真核細胞）

という微生物学関連分野のものと，原虫類，蠕虫類，節足動物（以上，真核細胞）という寄生虫学関連分野のもので構成される．細胞共生説によって立つのなら（Margulis and Schwartz, 1982），真核細胞の出現も2種類以上，それぞれ独立した生物の融合を起源としている．もちろん，当初は穏やかな共生というよりも，どちらかに病原性が強く生ずるような寄生であったはずである．すなわち感染は，生物進化の原動力の一翼を担う現象でもある．

感染は特殊な現象ではない．ある種動物に感染していても，必ずしも病気（感染症）として顕在化するわけではない．例えば，生息環境の激変や化学物質の暴露，飢餓や高齢あるいは若齢などにより抵抗力が減じた場合に，病気として顕在化することが多い．すなわち感染症は，病原体，宿主および環境の合作により引き起こされるものである．一方，症状を示さないで体内に病原体を保有した状態を不顕性感染といい，そのような動物をキャリアーという．また，寄生虫の幼虫が成長過程で寄生する動物を中間宿主といい，成虫を宿す終宿主と区別する．

動物の感染症について，獣医療では個体レベルの診療に重点が置かれるが，野生動物に対しては，流行を予測する診断・疫学が重要である．特に昨今は，ヒトや家畜・家禽同様，野生動物でも，新興・再興感染症に悩まされている．野生動物の疫学基盤は，どのような動物に，どのような病原体が保有されているかを把握することである．広域的な調査が展開すれば詳細な地理的分布情報を得られ，生物地理学的な側面からもアプローチできる．また，病原体（宿主特異性が強い場合は，特異的な宿主動物も）を実験室に持ち込み生活史を解明することができれば，生態学的な解析が可能となる．さらに解析が進めば，宿主-寄生体関係の平行進化の理論構築や生物進化モデルの研究も可能になる．

野生動物の疫学は，多様な野生動物と多様な病原体とで組み合わせられた無限に近いデータの収集から始まる．そのような責務を担う学問分野が保全医学である（Aguirre, et al., 2002）．この保

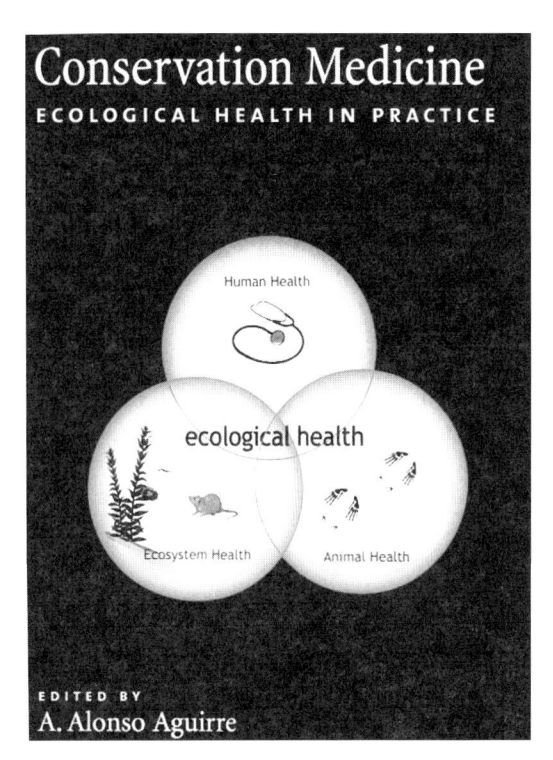

図8.13 Aguirreら（2002）の編纂した教科書の表紙
保全医学が，医学，獣医学，および保全生態学の学際分野であることが一目で理解できる優れたデザイン．保全医学の視点で動物の病気を捉えることが，現在の潮流である．

全医学は医学，獣医学および保全生態学の学際で行われる（図8.13）．具体的な研究事例としては，熱帯・亜熱帯海岸域におけるサンゴ類の死滅とそれに伴う珊瑚礁における生物多様性の減少，両生類の世界的な個体数減少あるいは絶滅，渦鞭毛虫類の大量発生による水鳥類・哺乳類などの大量死，感染症（エボラ出血熱やサル類HIV）の熱帯雨林地域における蔓延など，生物多様性のホットスポットである熱帯地域をフィールドにしたものが多い．日本でも保全医学の学術団体として日本野生動物医学会が，野生動物の保護管理を実践するための理論の確立，致死性の感染症の予防や発生時の対処法の確立，人獣共通感染症の感染環とそのメカニズムの解明，生体機構と個体群動態との関連を調べる環境科学，保全生物学などの幅広い分野を守備範囲としている．

野生動物の感染症を，外貌の肉眼所見だけで特定するのは困難である．免疫機能を低下させるウ

イルス感染や有毒化学物質の吸入が最初にあり，ついで普遍的に生息する細菌の二次感染を起こして死んだような事例の特定作業は，いっそう困難となる．第一，病理学的診断に耐えるような好条件の死体を野外で得ること自体が難しい．まず，死体は自然界では貴重な餌資源である．無傷で残っているほうが不思議である．また，時間の経過とともに死体は変性する．獣医学には，変性した死体をしっかりと分析する法医学に相当する科学的背景がないので，たとえ野生動物医学に対応した施設に運び込まれたとしても，結論は「死因不明」となることが少なくない（浅川，2006）．

最近は西ナイル熱や高病原性インフルエンザなど，野鳥が関わる感染症の話題が喧しいため，鳥の死体については，発見・収集・運搬・受け入れ先の確保などが整備されつつある．感染症がヒト（間）で発生した場合には厚生労働省関係の行政機関が，また家畜・家禽の場合には農林水産省関連が，それぞれ対応する．大量死が普通種の野生動物に限局された場合，対処する法的な仕組みはないが，社会不安の元凶となるのを避けるため，環境行政の担当者が野生動物疫学者に相談を持ちかけることになる．

野生動物と接触することで新たな感染が起こることが多いので，最後に，野生動物を調査する場合の注意事項を示したい（浅川，2007）．麻疹（ハシカ）ウイルス，結核菌，ヒト蟯虫などが，（無症状の）ヒトから類人猿に感染して重篤な疾病を惹起した事例がある．また，野生タヌキの疥癬が，飼いイヌ由来ジステンパーによって免疫機能が低下したために引き起こされたとされるように，飼育種（調査に伴うイヌなど）から野生種への感染もある．そして，ヒトはこのような病原体が往来する現場に立ち会ってしまうことがある．特に，野外研究の場では，①野生種から作業者への感染，②動物間の感染の仲立ち，③作業者から野生種への感染のリスクは，一般のヒトより可能性が高い．危険因子を完全に除去することは不可能である．むしろ，その計画遂行により起こりうる最悪の事故を鑑みても，人類福祉や保全施策への貢献の度合いのほうが遙かに凌駕するというのでなければ，計画実施は諦めたほうが望ましいかもしれない．

しかし，野外調査に習熟した研究者は，感染症

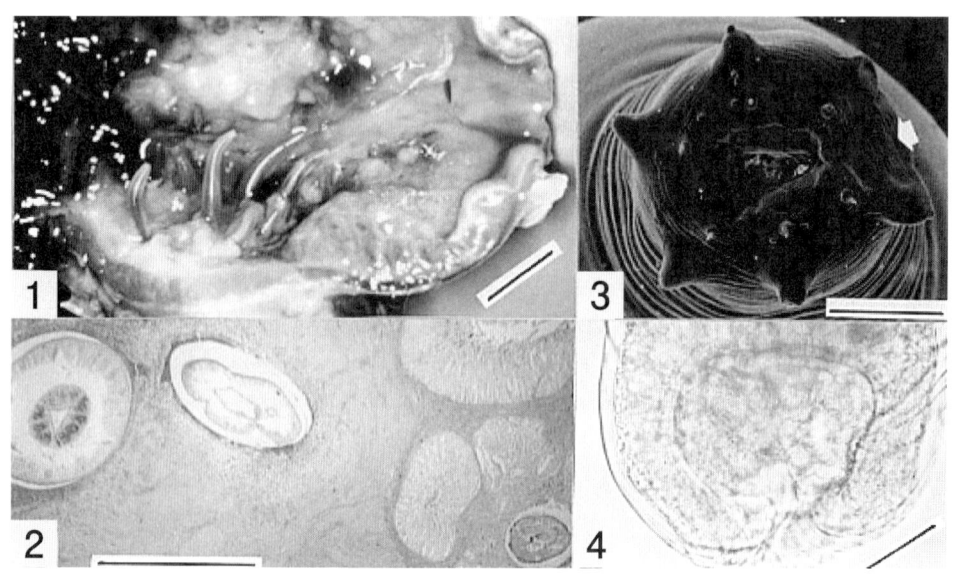

図 8.14 兵庫県で捕獲されたカイツブリの筋胃で発見された寄生線虫 *Eustrongylides tubifex*
この宿主（カイツブリ）は穿孔性胃炎および腹膜炎で死亡した．この線虫の幼虫が餌となる淡水魚類に寄生し，カイツブリがこの魚を捕食することで感染が成立する．この線虫は，このような方法で雛や若鳥に致死的な効果を惹起するが，生態学的には，魚食性水鳥の個体群調整に重要な因子であるとみなされている．Asakawa, et al., 1997 より．1. 寄生部肉眼像，2. 寄生部組織像，3. 線虫頭部 SEM 像，4. 線虫尾部光顕像．

対策を実行するうえで不可欠な人材である．感染症発生のタイプは，大きく分けて二通りに分けられる．ボクシングに喩えると，一晩で死体の山が築かれるストレートパンチ型と，じわじわと長期的に（個体ではなく）個体群に効くボディーブロー型である．新興感染症は前者のタイプが多く，社会問題化すると巨大な予算が投入され，即時的な対応がなされる．一方，ボディーブロー型のほうは目立たないが，長期的には当該種の存亡に関わることがある．感染個体に直接的な致死作用を惹起しないが，繁殖能力，栄養状態，危機回避能，免疫能などを減ずるようなものは，個体群サイズに長期的影響を与えるであろう．ヘルペスウイルスや寄生線虫類（図8.14）などの多くは，このようなタイプの病原体とみなされている．ボディーブロー型を実証するためには，宿主個体群動態やその種が生息する生態系，群集構造の変遷などを長期的に研究する野外生態学者との協同が必要である．要は，感染の危険因子をできるだけ排除しつつ，習熟した野外研究者をキーパーソンとする点が，飼育動物における感染症調査とは大きく異なるのである． 〔浅川満彦〕

● 文　献

Aguirre, A. A., et al. (2002) *Conservation Medicine*: *Ecological health in practice*, Oxford University Press, New York.

浅川満彦（2006）我が国の獣医学にも法医学に相当するような分野が絶対に必要！——鳥騒動の現場から．野生動物医学会ニュースレター **22**：46-53.

浅川満彦（2007）野生種を対象にした感染症の疫学研究はどのように哺乳類学に関わるのか．哺乳類科学 **47**（1）：162-167.

Asakawa, M., et al. (1997): First record of *Eustrongylides tubifex* (Dioctophymatidae) from Little grebe, *Tachybaptus ruficollis* in Japan. Journal of Veterinary Medical Science **59**：955-956.

Fowler, M.E. and Miller, R.E. (2003) *Zoo and Wild Animal Medicine* (5th ed.), Saunders, Philadelphia（中川志郎 監訳（2007）野生動物の医学，文永堂）．

Margulis, L. and Schwartz, K.V. (1982): *Five Kingdoms*: An illustrated guide to the Phyla of life on Earth, Freeman, San Francisco（川島誠一郎，根平邦人 訳（1987）図説・生物界ガイド五つの王国，日経サイエンス社）．

中村良一ほか編（1988）獣医ハンドブック，養賢堂．

8.3.4　ヒトの社会

a.　家族

ヒトの社会を構成する最も基礎的な単位は家族であり，家族を成り立たせる基本的な要素は婚姻という仕組みにある．家族は，男女の間の婚姻に基づく夫婦関係と，子どもとの間の親子関係によって成り立つ核家族が最小の単位となっている．

婚姻や家族のあり方は，近代国家においては法律によって定められているが，近代以前においてもそれぞれの社会が慣習的に取り決めを行っていた．家族と婚姻はヒトに普遍的にみられる制度ということができる．

一方，遺伝子構成からいえばヒトに最も近い現生動物であるチンパンジーの社会では，雄と雌は一時的に生殖関係を持つが，ヒトの社会にみられるような夫婦関係は存在しない．また，出産した雌は子との間に母子という一時的な関係を保つが，それが永続することはなく，子が自立すれば関係は解消してしまう．つまりヒトのように恒常的に安定した家族というものを構成することはない．

(1)　ヒトの一生，人間の一生

生物体としてのヒトの一生を簡単にまとめると次のようになる．ヒトは生まれ，母によって育てられ，自ら個体を維持できるようになると自立し，自分のための食糧を獲得し，生殖活動を営んで次世代の個体を残し，やがて自らの個体が維持できなくなると死ぬ．このような個体の基本的一生は，チンパンジーをはじめとするあらゆる霊長類に共通している．

しかし人間としてみると，いくつかの重要な違いがある．まず，子は父によっても育てられる．男が父親として子育てに関与するのである．また，子として育てられる期間が長くなり，自ら個体を維持できるようになっても自立せず親と生活をともにするし，生殖能力を獲得しても直ちに次世代の個体を残すことはない．このように自立する時期は必ずしも生物体としての能力だけでは決定

生物体としてのヒトの一生

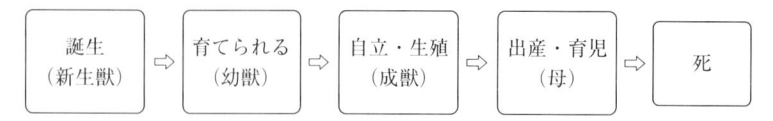

誕生（新生獣） → 育てられる（幼獣） → 自立・生殖（成獣） → 出産・育児（母） → 死

人間の一生

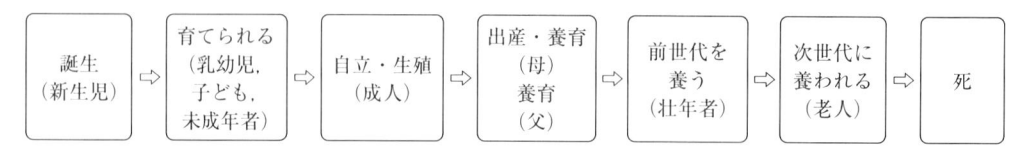

誕生（新生児） → 育てられる（乳幼児，子ども，未成年者） → 自立・生殖（成人） → 出産・養育（母）養育（父） → 前世代を養う（壮年者） → 次世代に養われる（老人） → 死

図 8.15 ヒトの一生，人間の一生

されない．また人間の一生では，自らが食糧を獲得できなくなっても家族の他のメンバーに養われるという新しいステージが加わる．人間の一生だけにみられるこれらの特徴は，いずれも次世代の子孫を確実に残すという点で有利に働く．それを保障し，有効に機能させるのが家族という文化的仕組みである．

(2) 婚姻

チンパンジーなど多くの霊長類の雄は，交尾という生殖行為以外に雌と関係を持たない．ヒトだけが，成人した男女の間で婚姻という社会的関係を結ぶ．

婚姻には色々な意味や働きがあり，それぞれの社会が独自の規範を定めている．一夫一妻制だけではなく一夫多妻婚あるいは一妻多夫婚を認める社会もある．このように実際の婚姻のあり方は多様であるが，基本的に共通しているのは，婚姻関係にある男女が，産まれた子の成育に責任を持ち核家族を形成するという点である．母が子を育てるのは他の霊長類も変わりがないが，決定的な違いは男が子の養育に関与するというところにある．

ところで，ある女性から産まれた子の父親が誰であるかを生物学的次元で決定するのはなかなか難しい．しかし男女の間に婚姻という社会的関係を認め，妻は配偶者以外の男性と性的関係を結ばないように定めておけば，産まれた子の父親は自動的に配偶者である夫ということになる．つまり婚姻には，産まれてくる子の父親をあらかじめ決めておく仕組みという側面がある．こうして子は生物学的・遺伝的次元での父親だけではなく，社会的な意味での父親を有することになり，父親からの養育が保障される．したがって婚姻という仕組みが，結果として確実に次世代に子孫を残していくのである．このような文化的な制度が，種としての人類の繁栄に大きな意味を持ったと考えられる．

(3) 家族

一組の夫婦とその間に産まれた子どもで構成される家族を核家族という．これが家族の最も基本的な単位である．そこには男女の間の夫婦関係，父と息子，父と娘，母と息子，母と娘という4種類の親子関係，そして兄弟姉妹それぞれの関係が含まれている．

ある個人は，まず子として核家族の一員になるが，やがて成長して結婚し自分の子を産めば，親としてもう1つの核家族を構成する．つまり個人は同時に2つの核家族の成員となる．夫婦は自分たちの子どもとともに同じ核家族のメンバーになるが，同時に，それぞれの親とともに構成する別の核家族にも属する．また，再婚すればもう1つ別の核家族ができるし，一夫多妻制の社会などでは男は複数の核家族を持つことになる．

このように核家族は個人の持つ複数の所属関係によって重なり合い，この連鎖は世代を越えて広がっていく．いわば核家族という基本単位はそれぞれが独立して存在するわけではなく，必然的に拡大するのである．多くの社会ではいくつかの核

8.3 動物の社会

家族で構成される拡大家族を実際の家族と考え、社会的単位として意味を持つのも拡大家族のほうである。核家族がどのように結び付いて拡大家族となるかは、それぞれの社会のあり方と関係している。

b. 親族集団

ヒトの社会において、特に小規模な社会では、政治や経済なども含めて生活のあらゆる面で親族集団が重要な機能を果たしてきた。親族は家族を超えた大きな範囲でつながりを保つ社会集団である。近代社会以降、親族の社会的機能はだんだん薄れてきたが、現代においても冠婚葬祭などの場面では依然として意味を持っている。

親族とは互いの血縁関係を基礎にして成り立つ集団であるが、血縁関係の広がりというのは想像以上に大きい。原理的には、ある個人は2人の親、4人の祖父母、8人の曽祖父母から血を受け継ぎ、その数は世代を遡るごとに2倍ずつ増えていく。そして同時代に生きているそれらの子孫たちは遠近の違いこそあれ互いに血縁関係を有していることになる。しかし実際には、その中の限られた関係の人々だけを血縁者とみなす。親族組織とは、多岐にわたる実際の血縁者の中から特定の関係者だけを取り出す仕組みといえよう。

（1） 出自

血縁関係を限定する1つの方法が出自という概念である。出自とは血のつながりのことで、それは特定の個人から子孫代々に受け渡されるという考え方に基づいている。ただし出自の継承にははっきりとしたルールがあり、すべての子孫に受け継がれるわけではない。親族とは基本的に同じ出自関係にある人々から構成される社会集団であり、共通の祖先を持つ人々ということになる。

ある個人は生物的意味からいえば父の血と母の血の両方を受け継いでいく。父の出自を継承するのが父系出自、母の出自を継承するのが母系出自である。父系出自の場合には、息子はもちろん、娘も父の出自と同じになるが、娘がそれを自分の子に伝えることはない。子は夫（娘の配偶者）の

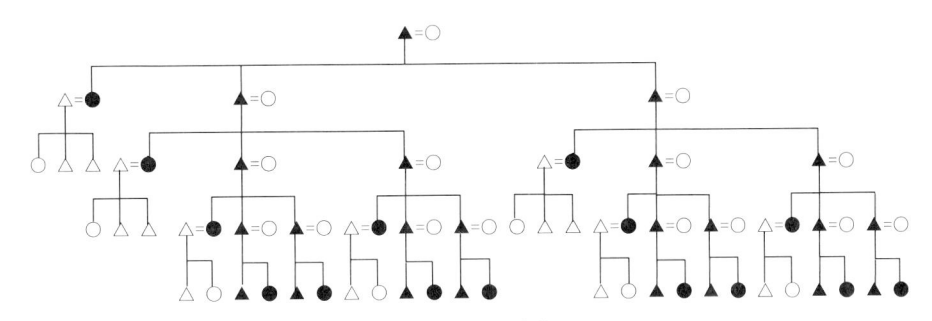

図 8.16 父系出自集団
△：男性，▲：父系出自集団の男性成員，○：女性，●：父系出自集団の女性成員．縦のラインは親子関係，横のラインは兄弟姉妹関係，＝は夫婦関係を示す．

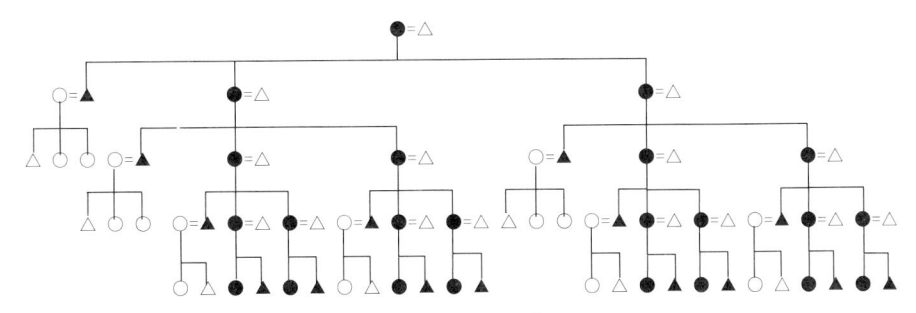

図 8.17 母系出自集団
△：男性，▲：母系出自集団の男性成員，○：女性，●：母系出自集団の女性成員．縦のラインは親子関係，横のラインは兄弟姉妹関係，＝は夫婦関係を示す．

出自を受け継ぐからである．これに対して母系出自の場合には，息子が次世代の継承に関与しなくなる．

ある個人が複数の出自を継承できる社会もあるが，一般には1つの出自に限定することが多い．親族の構成原理を父系か母系かの単系出自に決めておけば，ある個人が生まれたときに属すべき親族集団が自動的に決まる．このルールがあれば，ある社会は複数の親族集団によってきちんと構成され，個人は必ずどれか1つの親族集団に帰属することになり，社会集団としてきちんとした区分が出来上がる．このように社会全体が親族集団を基礎的単位として構成されている場合には，親族集団どうしの相互関係も重要な意味を持ってくる．

(2) 親族集団の相互関係

出自集団の規模が大きくなると，例えば分家のように枝分かれしていく．これが繰り返されると，やがて具体的な出自関係をたどれなくなってしまうが，それでも分節した親族集団どうしが同じ系列の一族として意識され，何らかの関係を保ち続ける場合も多い．このような大きな集団をクラン（氏族）と呼ぶ．

出自集団どうしは，それぞれのメンバーが婚姻関係を結ぶことによって互いの関係が強化される．婚姻は，近代的な考えでは個人あるいは家族どうしの問題であるが，ヒトの多くの社会では，むしろ親族集団どうしを結び付ける機能として意味があった．相互の親族集団は婚姻によって姻族としての関係を結ぶことができる．逆に，同一親族集団内での婚姻は，新しい姻族関係を創出するという利点がないため忌避される傾向にある．

しかし親族集団が実際の社会単位として機能するには，色々と問題を含んでいる．例えば，社会の最も基本的な単位である核家族を構成する夫婦が，別々の親族集団に属するという問題が生じる．親族集団は個人単位で帰属するものであり，核家族が単位とはならない．父系出自の場合には父と子どもは同じ集団に属するが，母だけはその集団に加われないのである．親族関係は出生から死にいたるまでメンバーシップが変わることはなく，個人は一生同じ親族集団に帰属するのが原則である．ただし女性は婚出すると自分の親族集団とは縁遠くなり，事実上は配偶者である夫の親族集団と関わりを持つようになることもある．

(3) 個人的な親類（キンドレッド）

親族は人類史においてきわめて重要な社会集団であった．しかし近代社会では，家族が依然として意味を持ち続けるのに対して，親族関係のほうは希薄になっていく．言い換えれば親族集団の構成には何らかの限界があり，より大きな社会集団の構成原理とは矛盾してしまうということである．

近代社会においては，個人が親族集団つまり出自を選択できる場合が多くなる．複数の出自関係を許容する社会もある．例えば血縁関係を父方と母方の双方でたどる考え方は，現代の日本を含めてより一般的かもしれない．ある個人がはっきりした親族集団に加わるのではなく，自分との血縁関係や婚姻関係をたどり，近い縁者として認識し合うのである．これを親族とは区別して親類（キンドレッド）と呼ぶ．この場合には出自という考えが希薄になり，むしろ個人がその都度の判断で親類と関わりを持つことになる．

c. 小規模社会のリーダー

ヒトが生み出した最初の本格的な社会は狩猟民の社会であった．少なくとも原人ホモ・エレクトゥスは確実に狩猟活動を行っていたから，狩猟民社会の歴史は100万年以上になる．人類は狩猟活動を行う中で，社会集団形成の基本を培っていったようだ．社会構成の基本的な成り立ちを考えるうえでは，現存する狩猟民社会に関する人類学の調査研究の成果が多くのヒントを与えてくれる．

(1) 互酬性の原理

狩猟民社会では成員の間に政治的上下関係はなく，政治的リーダーも存在しない．基本的に平等の精神が貫かれている．狩猟民は大型動物などの主要な獲物を狩るときには集団で猟を行い，獲物は仲間の間で分配される．これは人類だけに特徴的な行動である．チンパンジーをはじめとする霊長類が，自分が獲得した食糧を他者に分け与える

ことは決してない．しかも狩猟民社会では，その都度の判断で分配が行われるのではなく，分配方法があらかじめ具体的なルールとして定められていることが多い．獲物の分配は，社会集団の中で適切に行われるだけではなく，それによって貸し借りのような関係が生まれないように配慮されている．

このような狩猟民の食糧分配のあり方は互酬性の原理に基づくものと解釈される．すなわち，あるときは他人に物を分け与えることになるが，いずれ自分も受け取る立場になるので，長い時間の中では互いに物などがやり取りされることになり，したがって，その都度の精算を行わなくても結局は互いにとってプラスになるという観念である．贈答などは互酬性の原理に基づく典型的な行為といえる．また互酬性の考え方には，そのような打算だけではなく，相手との友好的な関係を強めるという期待も含まれている．

ところで，互酬性の原理が生まれたのは狩猟民社会が本質的に平等な社会であったから，と考えるのは誤りであろう．狩猟活動では個人の資質，技能などによって獲物の多寡が顕著に現れるし，集団猟を行うためには優れたリーダーが必要になる．つまり狩猟民社会では特定の人物が力を持ってしまう可能性があり，潜在的には不平等な状態が発生しやすいのである．一方で，集団猟を成功させるためにはメンバー相互の緊密な協力が不可欠であり，社会的な不平等はそのような協力関係を阻害する要因となってしまう．仲間どうしの関係が不平等になると狩猟活動にとってマイナスが生じるという経験が，平等への強い志向と協調の精神を生じさせたと考えられる．それを実際に支えたのが互酬性という観念であり，獲物を分配するというルールや慣習であった．

つまり狩猟民は，もともと平等や互酬精神に富んでいたわけではない．いわば必然的に生じてしまう個人差や不平等の芽を獲物の分配によって解消させ，社会的平等を保っていたのである．

狩猟民が平等社会を維持できたもう1つのメカニズムが，集団の分裂である．これも多くの民族誌的観察の中で認められている．狩猟民社会は，社会内の緊張状態が高まり政治的不平等の兆しが出てくると分裂し，仲間の一部が別のテリトリーに移動してしまう．こうして規模が小さくなった社会の中で再び平等性が回復されるのである．

(2) ビッグマン

狩猟民社会にみられる平等性は人類社会を広く眺めると異例であり，ほとんどの社会は何らかの形で不平等になっている．人類史は，平等を保とうとした狩猟民社会を出発点にしながら，次第に不平等な社会にいたる歴史であったとみることができる．

農耕という新しい経済システムを取り入れると必然的に定住性が高まり，狩猟民社会のような集団の分裂は難しくなり，地域的，局地的な人口の増加現象が生じる．このような状況の中で，やがて政治権力が発生し，社会の不平等化が進行していったと考えられる．

メラネシア（オーストラリア大陸の北東に位置する太平洋の島々）における小規模な農耕村落社会の研究の中で，人類学者は独特の政治的リーダーの存在を確認し，それをビッグマンと呼んだ．生産活動で成功を収めた人物が村人から名声や信望を集めビックマンとなる．それは制度的な役職ではなく，政治的特権や義務も明確ではない．また，その地位も継承されない．他人より多く物資を集めることのできた者が，それを独占せずに気前よく人々に分け与え，代わりに名声や信望を得る．つまり，たまたま発揮された個人的な資質や能力が人々に評価され，リーダーとして一目置かれるのである．したがってビッグマンは本格的な政治リーダーではなく，政治権力の出現とは直結しない．これは，個人に集中しがちな資源や富を他の者に分け与え，経済的な不平等を排斥するシステムといえる．

ビッグマンの存在は，社会内部で必然的に生じてしまう経済的不平等を解消する1つのメカニズムとして働いている．ただし，その代償として名声や信望をビッグマンに与えることになるため，緩やかとはいえ何らかの政治的上下関係が生じ，もはや狩猟民社会のような徹底した平等性は貫かれなくなる．狩猟民社会との最大の違いは，集団

の流動性にある．メラネシアなどの農耕社会では小規模とはいえ土地に拘束されており定着性が高い．したがって集団内に緊張が生じたり不平等の兆しが出ても，狩猟民のように分裂して，もとの平等な社会秩序を回復することが難しいのである．

このように小規模な農耕社会では経済的に成功した者に名声や信望を与え，それと交換に富を吐き出させる仕組みをとる．経済的な不平等を排斥することが優先され，ビッグマンの存在を許容して政治的不平等を甘受するが，それを制度化することはしないという戦略をとっているのである．ただし，ビッグマン的なリーダーのあり方をそれほど特殊なものと考えてはならない．実は現代社会においても小規模な集団内では，しばしばみられる現象である．

d. 首長制社会

前述したように小規模な村落社会などでは，人々の名声や信望を集める人物が政治的なリーダーの役割を果たしている．その典型がメラネシア社会などでみられるビッグマンである．これらのリーダーは富を蓄積せず，気前よく振る舞うことで人々から支持を得る．経済的不平等を排斥し，一方で社会的地位を固定化させない工夫が図られている．しかし小規模な集団が自律的な単位であり続けることは難しい．人の多くの社会では，近隣の他の村落社会とも関係を持つことになり，いくつかの村落社会が組織化されて村落連合が形成される．このように，より大きな社会へと展開するとき，ビッグマンのようなリーダーは変質する．

(1) 村落連合と首長制社会

村落単位を越えた社会関係の中では，村落内をまとめるだけではなく対外的な問題にも対処する必要が生じ，特定の人物にある程度の権限が委ねられるようになる．こうして社会を統括する役職者が現れてくる．制度的に確立した身分としての政治的リーダーで，首長と呼ばれるものである．首長の地位は世襲化され，身分の継承についても明確に定められていく．

首長は一般の人々とは異なる地位であることを強調するため，普通とは違った振舞いをし，衣装や装身具も特別の物を身に付け，一般の人々にはそれを禁じる．このような首長の権力あるいは正当性は，神聖性の観念と結び付けられる場合が多い．例えば神話や伝承の中では，首長は聖なるものに近い存在であり，神とも関係があったなどと語られる．また，政治権力の正当性を人々に確認させるために，首長は自ら重要な宗教的儀式や儀礼を執り行う．

村落連合にあっては，それぞれの村落が対等・平等とはならない．村落の規模や経済力には差があるからである．首長どうしはそれらを背景にして競い合い，その中で最も政治力に長けたものが全体の長としての最高首長となる．つまり，より大きな社会になると首長が序列化され，階層化されていくのである．

最高首長は，傘下にある各村落の人々を直接管轄することはなく，配下となった首長たちに対して政治権力を行使する．首長が階層化され，それを最高首長が統括する形で全体が統合される社会を首長制社会と呼ぶ．このような社会は，かつてハワイなどの太平洋の島々やアメリカ大陸に存在した，西欧とは異なるタイプの王国などがモデルになっている．

(2) 首長制社会と再分配経済

首長制社会の大きな特徴として再分配経済が挙げられる．首長の威信や権力の源泉は，人々に物資を再分配するという行為に由来している．首長は配下の人々から多くの貢物を受け取り，人々の労働奉仕によって資源を獲得することができるが，それらの物資をすべて自分で消費するのではなく，人々に再分配しなければならない．首長に対する奉仕や貢物の提供を人々が強制とは思わず，あるいは強制を受け入れて従うのは，再分配という具体的な見返りが期待できるからである．首長は人々が納得するような再分配を行うことでますます名声を獲得し，威信を高めていく．

再分配経済というのは規模が大きいほどメリットが大きくなる．資源が限られた小規模社会では入手できないような特別の物資も，手に入れることができるからである．首長は自分が中心となっ

て取り仕切る再分配経済への参加者を増やすことを試み，一方で，もっと大規模な再分配経済の輪に積極的に加わろうとする．つまり地域社会において再分配を行う首長は，より高次の再分配経済の中心者である最高首長に従属して再分配を受けようとする．

このとき，同じ傘下にある他の首長とは競合関係になる．首長は管轄下の人々により多くの拠出を求め，労働力の管理強化によって余剰生産物を増やすことに努め，さらに特別な物資や価値のある交易品などの入手を図る．これを最高首長に貢物として拠出し，より多くの必要物資が再分配されることを期待するのである．首長制社会の再分配経済はこのような競争的メカニズムによって成り立っているため，結果として社会的な生産性が増大するという特徴を持っている．

一方，再分配の規模が大きくなると，物資を供出する行為と，分配を受ける行為が切り離され，誰が何をどのくらい出したのか，何をどのくらい受け取ったのかがみえなくなる．経済的な不均衡が表面化しなくなるのである．狩猟民社会では経済的不均衡が顕在化して集団内に軋轢が生じることが問題であった．ところが首長制社会における再分配経済では，その不均衡状態がみえなくなってしまう．そうすると政治的権力が発生しやすくなり，政治的不平等も生じてしまうのである．首長制社会は，国家などにみられるような本格的な政治権力の確立を許し，経済的にも政治的にも不平等状態が固定化していく社会の初期的形態，あるいは移行形態であると考えられる．

e. 国家社会

現代においては，いかなる社会も国家という政治体制の中にあり，国家と無関係な社会は存在しないといってもよい．ただし，国家の枠組みの中では，依然として数多くの小規模な社会集団に分かれ，家族という基本的社会集団が機能している．互酬的な考え方も存続しているし，ビッグマンのような制度化されない政治的リーダーも存在する．首長制社会にみられるような再分配経済の考え方も，例えば国家が徴収する租税を社会福祉などとして国民へ還元するという形で受け継がれている．しかし人類史的にみると，国家社会はそれ以外の社会のあり方とは決定的に異なっている．小規模社会の様々な平等原理を内包しつつも，一方で不平等の構造をはっきりと確立させた社会なのである．

(1) 国家

そもそも国家という仕組みを生み出したものは何なのであろうか．初期の国家を，首長制社会などの前段階的な社会と厳密に区分することは難しいが，首長制社会は複数の村落社会の連合体という性格を持っているのに対して，国家は1つの明確なまとまりを持つ統合体であり，その規模もはるかに大きいという点に違いがある．

社会規模が拡大するのは，社会内部の矛盾を解決するというのが1つの動機だった．集団内の平等や均衡維持に矛盾が生じた場合に，生じた矛盾を集団間の関係に転化し，自分たちとは別の社会集団を犠牲にするというのは，しばしば採られる方策である．しかし集団内の諸問題を，集団間に矛盾を創出して解決しようとすると，個々の集団どうしの直接の軋轢が生じてしまう．それを避けるため，より高次の大きな政治経済体制を確立して，複数の集団を取り込む中で問題の解決が図られる．それがまさに国家である．こうして国家は多くの社会集団を征服や併合などによって統合していくことになる．

国家に統合され取り込まれた集団は，相互の区分がやがて不明確になり，国民という単一の集団としての意識が形成されていく．国民意識が形成されると，国民としての平等の志向性が高まってくる．そのため，矛盾を転化するための新たな社会集団を作り出さなければならない．その解決策は，さらに別の社会を併合することであり，国家はその規模をますます拡張していく．このように繰り返される国家拡張の帰結として，帝国が出現する．強大な力を持った国家が他の国家を吸収し併合していくのである．その際には，もはや同化政策は採られず，植民地などを別集団として存続させる．このような世界帝国を目指す試みは，人類の歴史においては何回となく繰り返されてきた

（例えばローマ帝国やモンゴル帝国など）．しかし帝国を支配するには膨大な軍事組織と官僚組織が必要であり，やがて領土拡張に伴うメリットがコストと見合わなくなる．このため帝国の拡張はいつも途中で失敗に終わってしまう．

(2) 近代世界システム

帝国とは異なる形で社会規模を拡大させるのが，世界経済システムである．そこでは国家の領域的拡張は行われない．その中に包含される国家や帝国は，それぞれが政治単位として独立性を保っており，政治的統一体を構成することはない．しかし，経済面では1つの統一体をなす．それぞれの国家は経済的に自立した単位とはならず，より大きな分業体制の中に組み込まれている．世界経済システムを構成する諸国家は基本的には経済面で相互につながり，それを政治的な連帯や同盟関係で補完し強化している．

15世紀から始まった西欧世界の地球規模での拡大は，まさに世界経済システムを形作るスタートであった．それは，やがて西欧で発達した資本主義経済として結実し，その他の様々な辺境的地域での非資本主義経済をも組み込んで1つのシステムにまとめあげていった．このような資本主義を核とする世界経済システムを近代世界システムと呼ぶ．近代以降，それぞれの国家，および国家に含まれる地域社会は，とりわけ経済面において，このような国家を超えた大きなシステムの中で機能することになった．

ところで，この近代世界システムの中核において経済的恩恵を受けた西欧諸国の国民は，やがて政治面での自由や平等の復権を主張するようになる．人類史的にみれば，人々が政治権力を許容し不平等を甘受したのは，そもそも経済的なメリットが伴っていたからである．近代国家は，今や世界システムという仕組みの中で，それぞれ経済的発展を求め，一方，国内の政治体制の中では国民の平等を図っていくという新しい課題を抱えるようになった．

一方，現代社会は別の課題にも直面している．近代世界システムは，辺境各国の多様な非資本主義的様式から得られる生産物を吸収する仕組みであったともいえる．しかし20世紀末にいたって各国の市場経済化が急速に進み，全世界がいわば資本主義という単一の経済システムに統一されようとしている．また，この新しい世界システムは通信・情報・運搬の高度化によって，まさに地球上のほとんどすべての国を時間差なく同時にカバーするようになった．まさにグローバル化が進行する中で，人類は新しい社会経済体制を模索し始めている．

〔加藤泰建〕

● 文 献

フルディ, サラ・ブラッファー（加藤泰建，松本亮三 訳）(1989) 女性の進化論, 思索社.

本多俊和, ほか (2007) 人類の歴史・地球の現在 —— 文化人類学へのいざない. 放送大学教育振興会.

レヴィ＝ストロース, クロード（福井和美 訳）(2000) 親族の基本構造. 青弓社.

ポランニー, カール（玉野井芳郎, 中野 忠 訳）(1980) 人間の経済 II —— 交易・貨幣および市場の出現. 岩波書店.

サーリンズ, マーシャル（山内 昶 訳）(1984) 石器時代の経済学. 法政大学出版局.

ウォーラーステイン, イマニュエル（川北 稔 訳）(2006) 近代世界システム I —— 農業資本主義と「ヨーロッパ世界経済」の成立. 岩波書店.

山際寿一 (1994) 家族の起源 —— 父性の登場. 東京大学出版会.

9 人類

9.1 ヒトの個体数（人口）

9.1.1 世界の人口動態

ヒトは地球上のあらゆる環境に住んでいる．別の種や亜種に分かれることはなく，単一の種を構成しており，その個体数すなわち人口はきわめて多い．これは他の生物種と比べた場合の大きな違いであり，ヒトの重要な特徴といえる．人口の拡散と増加は，そもそもホモ・サピエンスの出現以来の現象ではあるが，近現代文明の展開とともにとりわけ顕著になってきた．そこには生物体としての法則以上に，文化や文明という要素が大きく働いていることがわかる．

a. 急増する世界の人口

国連人口基金（UNFPA；United Nations Population Fund）が発表した『世界人口白書2009』によれば，地球上の全人口は総計68億2940万人であり，この数値は年1.2％の割合で増加しているという．世界の人口が32億人を超えたのは1963年で，わずか40年あまりの間に倍増したことになる．

アメリカ合衆国統計局の資料では，世界の人口が1億人規模に到達したのは紀元前500年頃と推計している．2億人になったのは紀元後200年頃で，人口が倍になるのに700年かかっている．ヨーロッパ社会が地球規模で広がり始めた大航海時代の1500年頃の推計人口は5億人とされているが，それが10億人になったのは300年後の1800年頃であった．このように，人口が増加する速度は緩やかに，しかし確実に上昇してきた．それが，近現代の文明の発展とともに加速度的に増大する．1900年には15億人となり，1950年には25億人を超え，1988年には50億人に達した．比較的安定した割合で増加してきた人類の人口は20世紀になって急速に増大するようになり，推計によれば2050年には90億人を超えるという．

ただし，このような地球規模の人口増加現象はすでに転換期を迎えている．年平均の増加率はもはや上昇することはなく，着実に減少し始めている．増加率が最も高かったのは1963年の2.19％であり，この年は7100万人の人口増加があった．年間2％台という高い人口増加率は1962～1971年の10年間に限られた現象であり，このときが世界の人口増加傾向のピークといえる．1972年以降は1％台に留まるようになり，毎年減少している．推計によれば2016年には増加率は1％以下になると予測されている．

一方，年間の人口増加数そのものをみると，ピークは8800万人増えた1989年で，それ以降は減り続けており2005年には7400万人の増加に留まった．2050年の予測人口増加数は4200万人とされており，これは100年前の1950年に匹敵する低いレベルの数値である．年増加率が1.47％であった1950年以降，着実に増え続けてきた世界の人口は，1990年になってその傾向に歯止めがかかったのである．2050年の予測増加率は0.46％にまで下がることが見込まれている．

b. 国別の人口

世界の人口を国別にみると，現在最も多いのは中国で13億人を超える．人類の20％が中国に住んでいることになる．これにインド，アメリカが続く．日本の人口は1億2720万人で世界では10番目となっている（表9.1）．

ところが世界の人口が90億人に達するとされる2050年の予測値では，微増に留まる中国に代わって人口16億1400万人あまりのインドが世界一となる．また，すでに人口減少傾向のある日本の場合には1億170万人と推定され，世界では16番目になる．この間に人口数で日本を追い抜くのはコンゴ民主共和国，エチオピアなどのアフリカ諸国で，いずれも増加率2％以上の急ピッチで人口を増加させていく（表9.2）．

人類の人口増加については様々な要因が複雑に絡んでいるが，一般的に人々の生活が安全で幸福なものであれば人口は増える．近現代文明における科学技術の発達がそれを保障してきた．つまり人口増加は，文明のプラスの指標と捉えることもできる．しかし，文明に起因する戦争や疾病の蔓延，大規模災害などが，局地的にせよ人口減少をもたらすこともあった．また，文明の発達が食糧問題や居住環境問題などを引き起こし，それが人口を抑制する要因ともなっている．

9.1.2 アンバランスな人口の分布

世界の人口構造には明らかな偏りがある．『世界人口白書2009』によれば，いわゆる先進工業地域とされる国々には12億3330万人が住んでいる．これは全人口68億2940万人の18％に当たる．一方，開発途上地域の人口は55億9610万人あまりで，全体の82％を占めている．

先進工業地域の国々の年間人口増加率は平均して0.3％であり，すでに増加率がマイナスに転じている国も少なくない．これらの国々では一般に長寿化の方向に進んでおり，人口構成は少子高齢化の傾向にある．これに対して開発途上地域の国々では依然として人口増加率が高く，平均すれば1.2％であるが，2％を超える国もかなり多い．また，人口の半数近い25億人が25歳未満の若者（15～24歳）で占められており，少子高齢化の進む先進工業地域の国々とは対照的な人口構成になっている．

a. 平均寿命の格差

世界経済を主導するG7諸国と呼ばれる先進諸国（日本，アメリカ，ドイツ，イギリス，フランス，イタリア，カナダ）では，平均寿命がいずれも高い数値を示している．平均寿命とは0歳児が平均して何歳まで生きられるかという余命を計算したものであり，世界全体では女性が70.2歳，男性が65.8歳である．G7諸国では女性の平均寿命がいずれも80歳を超えており，男性でも77歳以上になっている．日本の場合は女性が86.5歳，男性が79.4歳で，いずれも世界で最も高い水準に

表9.1 2009年国別人口数（100万人）

順位	国名	人口
1	中国	1346
2	インド	1198
3	アメリカ	315
4	インドネシア	230
5	ブラジル	194
6	パキスタン	181
7	バングラデシュ	162
8	ナイジェリア	155
9	ロシア	142
10	日本	127
	世界全体	6829

United Nations Population Fund, 2009 より．

表9.2 2050年国別推計人口数（100万人）

順位	国名	人口	年増加率（％）
1	インド	1614	1.4
2	中国	1417	0.6
3	アメリカ	404	1.0
4	パキスタン	335	2.2
5	ナイジェリア	289	2.3
6	インドネシア	288	1.2
7	バングラデシュ	223	1.4
8	ブラジル	219	1.0
9	エチオピア	174	2.6
10	コンゴ民主共和国	148	2.8
	世界全体	9150	1.2

United Nations Population Fund, 2009 より．

ある（表9.3）．

一方，年間人口増加率がいずれも2%以上と急増しているアフリカのエチオピア，コンゴ民主共和国，ナイジェリアなどでは，平均寿命が男女とも50〜40歳台で，先進諸国とは大きな開きがある．開発途上地域においては出生率が高いが，死亡率も高い．つまり現在の地球上には，科学技術の進歩や医療技術の発達など，文明の恩恵に浴する度合いに著しいアンバランスが存在しているのである．このことは経済的指標にも端的に表れている．国民1人あたりの総所得ではG7諸国が抜きん出ており，3万米ドル以上の値を示すのは，この7ヶ国に限られる．これに対して，人口大国の中で最も値の低いコンゴ民主共和国の場合には290米ドル，エチオピアが780米ドル，ナイジェリアが1760米ドルである．

平均寿命の違いは新生児の死亡率が大きな要因になっている．世界全体の平均では，出生例1000件あたり46人の乳児が死亡しているとされるが，G7諸国では平均して4.4人であり，中でも日本は3人と最も低い．一方，アフリカでは平均で80人が死亡しており，中にはその数が100人を超え，10件に1人の割合で乳児が死亡している国もかなりある．

妊産婦の死亡率にも大きな違いがある．G7諸国では出産例10万件につき平均7人の妊産婦が死亡している．死亡率は0.01%であり，出産時に伴う危険がほとんどなくなってきたことを示している．一方，アフリカの人口急増諸国では，この数値が700〜1100人台に達し，妊産婦の死亡率が1%前後という高い数値になっている．出産時に死亡する妊産婦の99%は開発途上地域の女性である．

新生児や妊産婦の死亡率の高さは，医師や専門技能を持つ助産者が立ち会うかどうかと関係している．先進国ではほぼ100%だが，その比率がまだ40%以下の国も少なくない．

b. リプロダクティブヘルス

人口問題は人類が抱える大きな課題である．1994年にエジプトのカイロで開催された国連人口開発会議では，医療や衛生など次世代の生産に関わる諸条件をリプロダクティブヘルスと定義した．その後10年以上にわたって様々な調査が行われ，改善策が提言されてきた．例えば若年女性の出産負担の大きさが問題であるということが指摘され，それを軽減するための具体的な目標が設定された．20歳未満の若年女性が出産する比率は，世界全体では5.2%とそれほど高くないが，コンゴ民主共和国では20.1%という数値を示している．これに対して日本の場合はわずか0.5%にすぎない．

HIV（human immunodeficiency virus．ヒト免疫不全ウイルス）感染の予防も，リプロダクティ

表9.3 G7諸国とアフリカの人口大国の比較

国 名	2009年人口数(100万人)	年平均人口増加率(%)	女性平均寿命(歳)	男性平均寿命(歳)	1人あたり国民総所得(米ドル)	乳児死亡数(1000人中)	妊産婦死亡数(10万人中)
日本	127	−0.1	86.5	79.4	34750	3	6
イタリア	60	0.5	84.3	78.3	30190	4	3
フランス	62	0.5	84.9	78.0	33850	4	8
カナダ	34	1.0	83.1	78.6	35500	5	7
ドイツ	82	−0.1	82.6	77.4	34740	4	4
イギリス	62	0.5	81.8	77.4	32690	5	8
アメリカ	315	1.0	81.6	77.1	45840	6	11
エチオピア	83	2.6	57.1	54.3	780	77	720
コンゴ民主共和国	66	2.8	46.2	49.4	290	115	1100
ナイジェリア	155	2.3	48.7	47.6	1760	108	1100
世界全体	6829	1.2	70.2	65.8	9947	46	400

United Nations Population Fund, 2009 より．

ブヘルスの大きな課題になっている.日本の場合,感染率は0.1％以下であるが,アフリカでは10％を超える国も少なくなく,25％以上という高い感染率を示す国もある.

〔加藤泰建〕

● 文 献

United Nations Population Fund (2009) State of World Population 2009——Facing a Changing World : Women, Population and Climate, United Nations Population Fund (UNFPA).

9.2 人類の最新医療

9.2.1 現代人を取り巻く疾病

現在,日本人の死因の第1位はがんであり,様々な治療の試みが行われている.また近年,日本人の海外旅行や日本企業の海外進出の増加に伴い,感染症の知識や,国外での疾病(風土病など)に対する知識も要求されるようになっている.また,社会構造の変化や環境因子による疾病もクローズアップされてきた.さらに,今まで原因が明らかとされていなかった疾病に対しても,分子生物学研究によって新たな疾患概念が明らかにされつつある.ここでは最近話題となった疾病を中心に解説する.

多くの疾病は,遺伝性要因と環境因子がどの程度関与するかという観点により分類される.「病気になりやすい素因」というのは確かに存在し,それは何らかの遺伝子の異常を伴う.ただし,単一の遺伝子の異常のみが原因になることはむしろ少ない.異常な遺伝子は,遺伝によって受け継がれることもあれば,変異の結果として自然発生的に現れることもある.ヒトの遺伝子を短時間にすべて解読する技術はすでに実用できる段階に来ているため,近い将来,個人情報に遺伝子情報が含まれる日が来るかもしれない.

また,薬の代謝に関わるタンパクをコードする遺伝子の一部が個々に異なるため,同じ薬を飲んでも,効果の現れ方,副作用の現れ方など,薬に対する反応には個人差のあることが知られているが,遺伝子を解析し遺伝子のタイプを診断することにより,最も適切な薬を選ぶ方法がある(テーラーメイド医療).今後の医療はテーラーメイド化していくことが予想される.

a. 感染症

現代人を取り巻く感染症について,後天性免疫不全症候群(AIDS ; acquired immune deficiency syndrome),新型肺炎SARS (severe acute respiratory syndrome),鳥インフルエンザのヒトへの感染,牛海綿状脳症(BSE ; bovine spongiform encephalopathy),生物兵器などが最近のトピックスとして挙げられる.また,海外旅行が頻繁に行われるようになったため,輸入伝染病の知識も必要である.

(1) エイズ,後天性免疫不全症候群

ヒト免疫不全ウイルス(HIV)は「レトロウイルス」と呼ばれるタイプのウイルスであり,遺伝情報をDNAではなくRNAに蓄えている.宿主の細胞内に入るとレトロウイルスはRNAと逆転写酵素を放出し,ウイルスRNAを鋳型としてDNAをつくり,そのウイルス由来のDNAを宿主細胞のDNAに組み込ませる.感染の初期にHIVが増殖し,インフルエンザ様症状が出現する.HIVが増殖するのはリンパ球のCD4陽性T細胞(ヘルパーT細胞)とマクロファージにおいてである.CD4陽性T細胞はHIVが増殖すると大量に死滅するが,次々と新しい細胞が補給されるために急速には減少せず,徐々に減っていく.一方,増殖するHIVは免疫反応により体内から除かれるが,少量のHIVが血液中に存在している.その後HIVの増殖と免疫の能力が拮抗すると,HIVの量は低く抑えられ,ほとんど無症状で経過する.この時期に効果的な薬剤治療が行われない場合,血中のHIV数は急速に増加していく.HIV数の増加に伴いCD4陽性細胞数が減少していき,感染に対する抵抗力がなくなるとエイズを発症する(図9.1).

9.2 人類の最新医療

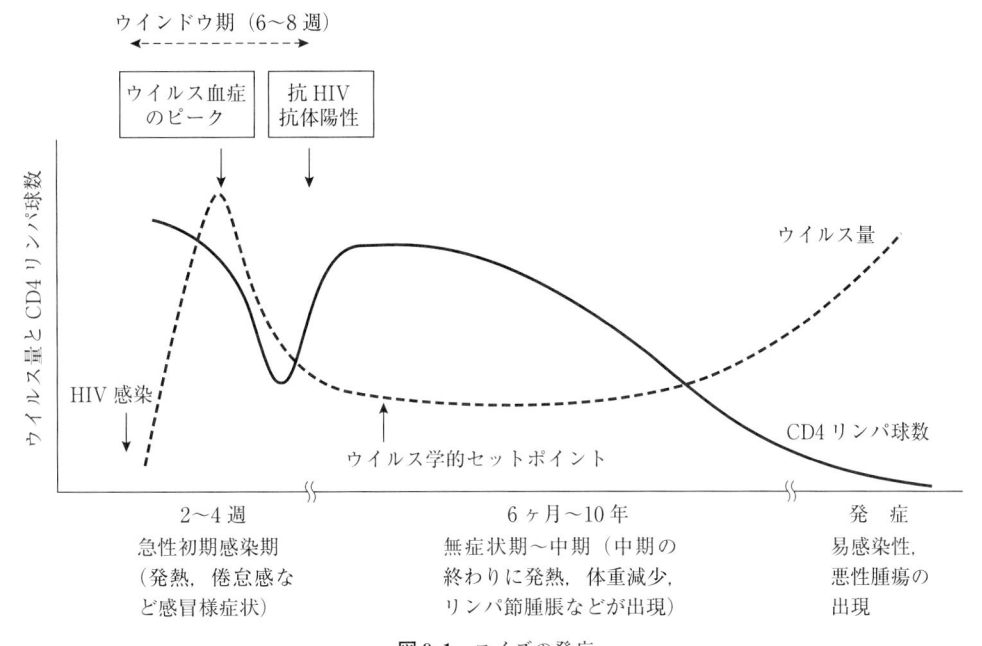

図 9.1 エイズの発症
国立感染症研究所 感染症情報センター，疾患別情報を改変．

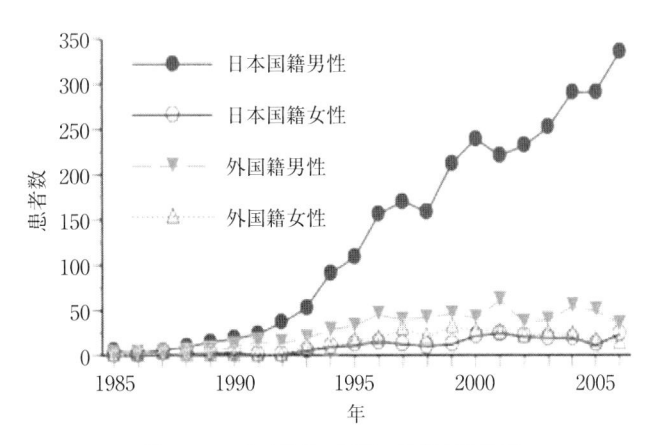

図 9.2 エイズ患者の国籍・性別年次推移
国立感染症研究所 感染症情報センター，疾患別情報より．

　欧米では従来，主に男性同性愛者や，注射針の使い回しをする麻薬常習者の間でHIV感染が広まってきたが，最近は異性間の性交による感染が急増している．日本では，2006年までに総計7838人のHIV感染者が報告され，うち男性6061人（日本国籍86.3％），女性1777人（日本国籍31.4％）であった．感染経路は，男性では同性間性的接触が56.2％と最も多く，異性間性的接触が28.3％であった．女性では同性間性的接触はほとんどなく，異性間性的接触が65.2％であった．一方，薬物乱用によるものは総計で0.5％であった．また，2006年3月までの1年間に新たに約600人の感染者が報告された（図9.2）．日本ではHIV感染症患者のスクリーニング検査には，比較的簡単で精度の高いELISA法（enzyme-linked immunosorbent assey．ある特定の抗原を認識する抗体を使った血液検査）を用いて，HIVに対する抗体を検出する．ELISA法で陽性と出た場合は，さらに精度の高い検査で確認するが，通常はウエスタンブロット法が用いられ

る（これも抗体を用いる方法である）．これらの検査は一般病院や保健所などでも実施できる（非保険診療）．ただし，体内でウイルスに対する抗体ができるまでには時間がかかるので，両検査とも感染後1〜2ヶ月は陽性反応は出ない．その点，ウイルス負荷（血液中のウイルス量をPCR（polymerase chain reaction）を用いて直接定量する方法）やP24抗原の検査（抗体を用いてHIVを計測する方法）では，感染後の血液中のHIVをより早期に検出できる．ただし，P24抗原の検査は，感染直後には高値を示すが，その後は低値を示すため，他の検査と並行して行われることが多く，現在は輸血用に献血された血液のスクリーニング検査に使用されている．

HIV感染症の治療には，ヌクレオシド逆転写酵素阻害薬，非ヌクレオシド逆転写酵素阻害薬，プロテアーゼ阻害薬という3つの異なるタイプの薬剤を使用する．2つの逆転写酵素阻害薬は，ともにウイルスRNAをDNAに変換する酵素を阻害する働きがある．プロテアーゼ阻害薬は，HIVのプロテアーゼという酵素（タンパク質を加水分解する酵素）を阻害する．複製が十分に抑えられれば，HIVによるCD4細胞の破壊が劇的に減り，CD4陽性リンパ球数が増加し始める．その結果，免疫システムが受けた障害の大部分が回復する．これらの治療はウイルス量を測りながら行われる．これらの薬剤を単独で使用すると耐性を持つようになるので，少なくとも2,3種類の薬剤を組み合わせて投与される（カクテル療法）．薬剤を併用する理由は，①薬剤耐性が獲得されにくくなる，②単剤よりも複数の薬剤を併用したほうがより強力である，③HIV治療薬の中には他のHIV治療薬の代謝を遅らせてその血中濃度を上げる役目を担うものがあるからである．こうした治療法により，HIV感染者のエイズ発病を遅らせ，余命を延ばすことが可能になっている．まだ治癒は可能となっていないが，治癒に向けた研究が精力的に続けられている．

(2) 重症急性呼吸器症候群（SARS）

38℃以上の高熱が急に出たり，咳，呼吸困難など，重い肺炎と同様の症状を起こす感染症である．原因は，風邪などを引き起こすコロナウイルスの一種とみられている．2003年2月下旬，香港やベトナムで患者が確認され始め，ホテルやマンションなどでの集団感染が次々に報告されたのは記憶に新しい．世界保健機関（WHO；World Health Organization）は，中国南部で2002年11月に発生していた肺炎も同じウイルスによるものだとしており，流行はここから広がったとみられている．診断は，臨床的特徴（①発熱（38℃以上）および1つ以上の下気道症状（咳，呼吸困難，息切れ）を有する，②肺炎または呼吸窮迫症候群（発症機序は不明だが急性の呼吸困難，重症の低酸素血症，肺損傷を特徴とする）の肺浸潤影と矛盾しない放射学的所見（胸部レントゲン写真で白っぽく写る），あるいは病理解剖所見がある．③他にこの病態を完全に説明できる診断がない）のほかに病原体検査，疫学的要因（流行地域にいた，発病者と接触した，病原ウイルスを扱う実験室にいたなど）を加えて診断する．

SARSの再流行が懸念された折，厚生労働省は新しく開発されたSARS診断キットを導入し，13都道府県の検疫所などに配備した．海外からの入国者が高熱などの症状を訴えた場合には検疫ブースで便を採取し，遠心分離機などで抽出したウイルス遺伝子をこのキットで検査すると，最短15分でSARSに感染しているか否かを診断できる．2003年7月5日，WHOは最後のSARS伝播確認地域である台湾の指定を解除し，SARSの終息を宣言した．終息宣言までに感染者8098名，死者774名が発生した．日本では，2003年6月20日までに52件の疑い例と16件の可能性例が報告されたが，専門家の症例検討の結果，すべて否定されている．ただし終息宣言後に，実験室内感染などによる14名のSARS患者が報告された．

(3) インフルエンザ

これまでヒトに感染しなかったインフルエンザウイルスがその性質を変え（変異），ヒトへと感染するようになり，そしてまたヒトからヒトへと感染するようになると，いわゆる新型インフルエンザが出現することになる（図9.3）．2003年12月以降，タイ，ベトナム，インドネシアなどの東

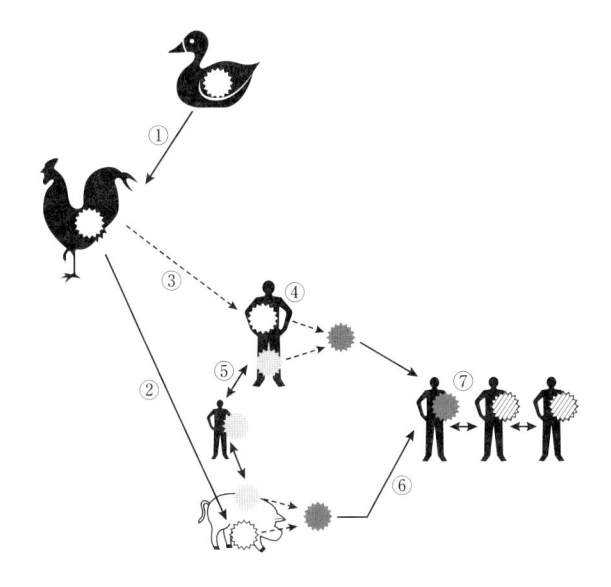

図 9.3 インフルエンザの感染
① 水鳥から家禽，② 鳥から家畜，③ 鳥からヒト，④⑤⑦ ヒトからヒト，⑥ 家畜からヒト．鳥に感染するインフルエンザウイルスはヒトには感染しないと考えられているが，②③ の過程で突然変異が起き，ヒトへの感染力を持つ新型のウイルスが誕生する．厚生労働省「新型インフルエンザ対策報告書」より．

南アジアにおいて，通常ヒトには感染することがない鳥インフルエンザに 125 人が感染し，これまでに 64 人の死者が出ている（2005 年 11 月 10 日現在）．これまでのところヒトからヒトへの感染は確認されてないが，ヒトからヒトへ感染するウイルス（新型インフルエンザウイルス）へと変異し，世界的な流行（パンデミック）を起こす可能性が出てきている．特に，65 歳以上の高齢者，乳幼児，妊婦，呼吸器系や循環器系に慢性疾患を持つ患者，糖尿病，慢性腎不全，免疫低下状態の患者などでは，インフルエンザに罹患すると，入院を必要とする肺炎・気管支炎などの重篤な合併症がもたらされ，さらに脳炎などを併発して死亡する危険性が高く，死亡率は一般成人の数倍から数百倍にもなるといわれている．

今後の新型インフルエンザの動向には注目する必要がある．WHO は 1999 年に対インフルエンザパンデミック計画を発行しており，また 2006 年 5 月には世界インフルエンザ事前対策計画が改訂され，WHO および各国の対応が示された．厚生労働省では，新型インフルエンザの発生および蔓延防止のために，2004 年 8 月に基本的な方針としての報告書をとりまとめ，2005 年 4 月に「感染症の予防の総合的な推進を図るための基本的な指針」および「インフルエンザに関する特定感染症予防指針」を改正し，ワクチン，治療薬の確保，情報入手などに関する方針を定めた．また同年 10 月には，新型インフルエンザ対策推進本部を設置し，その対策のための行動計画を策定した．

ブタインフルエンザ： ブタは，ヒトのインフルエンザウイルスと鳥類のインフルエンザウイルスに加えて，ブタのインフルエンザウイルスに対する感受性を有する．感染したブタの症状は食欲低下など一般症状のほか，咳，発熱，鼻水などヒトの症状と類似する．ブタは 3 系統のインフルエンザウイルスに感受性を有することから，異なる株（例えば，アヒルとヒト）のインフルエンザウイルスに同時に感染する可能性がある．異なる株が同時に感染した場合には，両者の遺伝子の混合（この現象を遺伝子再集合という）により新たなウイルスが生み出される可能性がある（抗原不連続変異）．この現象により，新型インフルエンザが発生する．例えば，ヒトのインフルエンザウイルスと鳥類のインフルエンザウイルスが同時に

ブタに感染し，抗原不連続変異によって大部分がヒトのインフルエンザウイルス由来の遺伝子を有するようになると，この新しいインフルエンザウイルスは感染したヒトから別のヒトへ伝播することが可能となる．これは，表面抗原が以前にヒトへと感染したインフルエンザウイルスと異なるため，多くのヒトで免疫系が機能しないあるいはわずかしか機能を示さないからである．

(4) 牛海綿状脳症

BSE は，TSE（transmissible spongiform encephalopathy，伝達性海綿状脳症）という，未だ十分に解明されていない伝達因子（病気を伝えるもの）と関係する病気の1つで，ウシの脳の組織をスポンジ状に変化させ，起立不能などの症状を呈す遅発性かつ悪性の中枢神経系の疾病である（図9.4）．BSEの原因は，他のTSEと同様，十分に解明されていないが，最近，最も広く受け入れられつつあるのは，プリオンという異常化した細胞タンパクを原因とする考え方である（図9.4）．プリオンとは，「感染能を持つタンパク質因子」を示す英語（proteinaceous infectious particle）からつくられた言葉である．プリオンに対して効果のある薬は未だ開発されていないのが実情である．また，異常化したプリオンは，通常の加熱調理などでは不活化されない．プリオン病は，ヒツジ，ヤギ，ウシなどの家畜のほか，ミンク，ヘラジカ，ヤギなどの野生動物に発生する．クロイツフェルト-ヤコブ病という，ヒトの脳がスポンジ様に変化する病気もプリオンが原因と考えられている．プリオン病のヒトや動物には，徐々に筋肉の協調運動障害が現れ，続いて精神障害の症状が現れる．スクレイピーはヒツジのプリオン病で，病気のヒツジが自分の体を柵や柱などに擦り付けて（スクレイプ）羊毛をちぎるような動作をするため，この名前がつけられている．狂牛病は，この病気にかかったウシが著しく興奮するため，そう呼ばれている．スクレイピーに感染したヒツジの組織が混じった餌をウシが食べることにより，スクレイピーはヒツジからウシへと伝染すると考えられている．イギリスの海綿状脳症諮問委員会は，「BSEとスクレイピーの間に直接的な科学的証拠はないが，確度の高い選択肢もない．最も適当な説明としては，患者の発生は，1989年に特定の内臓（specified bovine offal）の使用が禁止される前にこれらを食べたことに関連がある」とした．この新型は，1996年に初めて言及されて以来，異型クロイツフェルト-ヤコブ病と呼ばれている．新しいタイプと従来型（クロイツフェルト-ヤコブ病）とには多くの相違点がある．顕微鏡でみると新型は脳組織に異なる変性がみられ，初期症状としても，従来型に多い記憶喪失ではなく，精神病の症状が現れる傾向がある．この新しい病気に罹患していると確定されたヒトは，2005年1月現在，イギリスで153名，フラ

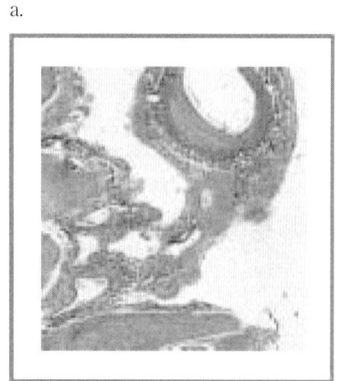

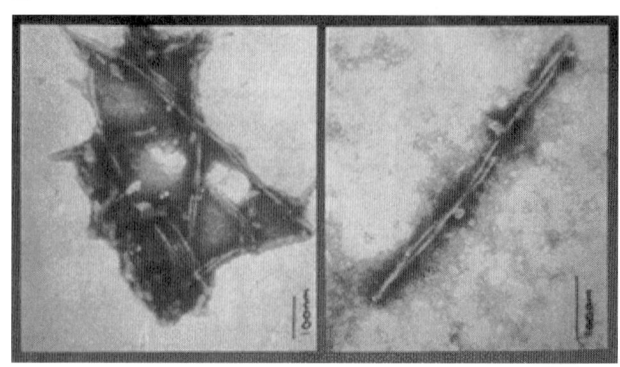

図9.4　牛海綿状脳症
a：BSEの脳組織（世界保健機構資料より）．b：プリオンタンパク質（スクレイピー関連繊維）の電子顕微鏡写真（写真右下部の縦線は100 nm．動物衛生研究所資料より）．

ンスで9名，アイルランドで2名，イタリア，アメリカおよびカナダで各1名が報告されている．日本では，BSEのウシは2006年までに28頭報告されたが，市場に出回る前にすべて処分された．BSEの原因とされているプリオンは特定部位など（舌および頬肉を除く頭部，脊髄ならびに回腸遠位部（盲腸から2mの部位））に分布することから，特定部位などを含まない牛肉，および牛肉などを用いた加工品は，安全性に問題がないとされる．また，すでに輸入され，国内に流通しているアメリカ産牛肉などを用いた加工品のうち，特定部位が混入している，またはそのおそれがあるものについては，輸入業者に対して回収の指示が出されている．また，TSEに関するWHO専門家会議報告によると，動物やヒトの海綿状脳症において乳はこれらの病気を伝達しないとされており，BSEの発生率が高い国であっても乳および乳製品は安全と考えられている．

(5) 生物兵器

病原微生物を敵対的な目的で使用する兵器のことをいう．国際法で禁じられており，実際のところ，近代史における戦争で使用された例はほとんどない．現在，NATO加盟国は生物兵器を廃止しているが，人目に触れずに運び込みやすく，また効果が現れるまでに時間がかかるので実行犯の逃走時間を確保できるという利点から，テロリストにとっては理想的な武器であるという見方もされている．生物兵器として使用できる微生物や関連物質には，炭疽菌，ボツリヌス毒素，ブルセラ菌，脳炎ウイルス，出血熱ウイルス（エボラ，マールブルグ），ペスト菌，野兎病菌，天然痘ウイルスなどがある．いずれも致死的な病原性を持ち，炭疽菌とボツリヌス毒素以外はヒトからヒトへ感染する．炭疽菌については実際にテロリストが2001年にアメリカ各地で，炭疽菌に汚染された郵便物を送り付ける事件があったが，ごくわずかの死者と重症感染者が出る程度の被害に留まった．炭疽菌以外に，テロリスト集団がアメリカで生物兵器を使用した唯一の例として，1984年にオレゴン州で起こったサルモネラ菌混入事件がある．これは，カルト宗教集団が選挙妨害目的でレストランのサラダバーにサルモネラ菌を混入させた事件で，751人が下痢症状を訴えたが，死者は出なかった．

b. 発がんとその治療

(1) 発がんとそのメカニズム

がんが発生するには複数の条件が必要であり，多くの場合，反応しやすい細胞と発がん物質が組み合わさることでがんが生じる（9.2.1項で「がん」とひらがなで表記する場合は，上皮細胞から発生する癌腫と間質細胞から発生する肉腫を合わせた総称とする）．がん細胞は，変異と呼ばれる複雑なプロセスを経て健康な細胞から生じる．変異の第1段階はイニシエーションといい，細胞のがん化，および細胞の遺伝物質に変化が生じて始まる．細胞の遺伝物質の変化は自然に起こる場合と，がんを起こす物質（発がん物質）が原因となる場合がある．発がん物質には，様々な化学物質やタバコ，ウイルス，放射線，紫外線などがある．がん発生の第2段階（最終段階）はプロモーション（促進期）といい，これを引き起こす物質はプロモーター（促進因子）と呼ばれている．促進因子は発がん物質とは異なり，単独でがんを発生させる力はない．環境中の物質や，ときにはある種の薬（バルビツール酸類など）がプロモーターとして作用する．無論，遺伝的素因や食生活，地理的影響などの環境因子も影響する．電離放射線（X線検査に使われるほか，原子力発電所内，原子爆弾の爆発でも発生する）は甲状腺がん，白血病，乳がんなどを発症させる強力な発がん因子である．食生活や地理的影響も無視できない．例えば日本では大腸がんや乳がんの発症率は低いが，アメリカに移住し欧米式の食事をするようになった日本人では大腸がんや乳がんの発症率が増大し，最終的にはアメリカ人と同程度になる．また，日本人の胃がんの発症率はきわめて高いが，アメリカに移住した日本人では，胃がんになる割合はアメリカ人と同程度に低くなる．

(2) がん遺伝子

生理的に細胞の増殖を制御するタンパクをコードする遺伝子が，何らかの理由により正常に作動

しなくなるとがんが発生する．これらの遺伝子群をがん遺伝子という．必要以上に活性化して，分裂すべきでない細胞に分裂を指示するようになると，がんが発生する．がん遺伝子の活性化の機序については完全には明らかになってないが，化学的発がん物質やがんウイルスなど，多くの要因が関与していると考えられている．また慢性骨髄性白血病など，DNAの転座（DNAの一部が，ある染色体から離れて別の染色体に結合すること）などによる染色体の再配列も，がん遺伝子を活性化する場合がある．

(3) がん抑制遺伝子

正常時はがんの発生と増殖を抑えるタンパクをコードし，がんの発生を抑制している．がん抑制遺伝子に変異が生じると，細胞周期（複製，増殖，死）の調節が正しく行われなくなり，影響を受けた細胞が連続的に分裂してがんが生じる．

(4) がんの治療法の進歩

発生の仕方が多様であるため，治療法も多岐にわたる．手術が最も一般的な治療法であるのは昔も今も変わらないが，最近では侵襲の少ない腹腔鏡手術も普及してきた．腹腔鏡手術は，腹部に開けた小さな穴に小型カメラを入れ，拡大映像をモニターでみながら，別の穴から入れた超音波メスや鉗子などの手術器具を使って，胃腸や胆嚢，リンパ節を切除する方法である．他に放射線療法，化学療法（抗がん剤），ホルモン療法，がんワクチン療法，がんウイルス療法，重粒子線療法なども行われている．

(5) 生物学的反応調節物質

生物学的反応調節物質（BRM；biological response modifier）には，正常な細胞を刺激して，情報を伝達する化学物質（メディエーター）をつくらせるなどの作用があり，免疫システムの能力を増強し，がん細胞を見つけて破壊するために使われる．インターフェロンは最もよく知られている生物学的反応調節物質で，広く使われている．ヒトのほとんどの細胞はもともとインターフェロンをつくるが，遺伝子組換えにより人工的につくることもできる．その作用の正確な仕組みはまだわかっていないが，インターフェロンはいくつかのがんの治療に使われている．慢性骨髄性白血病の大多数，カポジ肉腫の約30％，腎細胞がんや悪性黒色腫では10～15％の患者で効果が認められている．

(6) がんワクチン療法

免疫療法の1つ．がん細胞に存在する成分のうち，患者の免疫系が標的抗原として認識しうる構成成分（がん抗原）を患者に外部から投与することで，そのがんだけを攻撃する抗腫瘍免疫を誘導する．がんワクチン療法では，実際に生体内でウイルスや細胞などの抗原をリンパ球に提示して免疫誘導を行っている．樹状細胞（DC；dentric cell）と呼ばれる免疫細胞を利用する．この樹状細胞と，がん細胞にだけ発現している抗原を用いて患者にワクチンとして投与すると，患者の体内ではこの抗原だけを認識するリンパ球が誘導される．このリンパ球をがん抗原ペプチドに特異的なcytotoxic T lymphocyte（CTL）と呼ぶ．CTLは，以前はキラーT細胞と呼ばれていたもので，リンパ球の中でも特異的な抗原を認識して攻撃するリンパ球である．そのため，その抗原を発現しているがん細胞だけが攻撃される．がん細胞のうち免疫細胞に攻撃されるがん抗原として，悪性黒色腫におけるMAGE（メイジ），乳がんなどにおけるHER2（ハー2），大腸がんにおけるCEA，各種白血病や各種がんにおけるWT1など，多数報告されている．がん抗原は正常細胞ではまったく発現していないか，発現していても少量である．一方，がん細胞においては過剰に発現しているので，免疫細胞が特異的にがん抗原を認識して攻撃すれば，正常細胞を攻撃することなく（副作用なく），抗がん作用を呈する．

がんワクチン療法の効果をさらに強力なものにするために，腫瘍抗原ペプチドを提示する樹状細胞などの抗原提示細胞を用いた工夫や，腫瘍に対する生体反応を増強する物質（BRM）を併用した治療，遺伝子治療との併用など，様々な角度からの研究が進められている．BRMとしては，古くからカワラタケ（クレスチン：PSK），シイタケ（レンチナン）や，細菌成分としての溶連菌（ピシバニール：OK-432），結核菌（BCG，丸山ワ

クチン）などが知られている．

(7) がんウイルス療法

「ウイルス療法」とは，増殖型ウイルスをがん（腫瘍）細胞に感染させ，ウイルス複製に伴うウイルスの殺細胞効果により抗腫瘍効果を図る治療法である．遺伝子組換えによりがん細胞でのみ複製を行うように改変された増殖型の遺伝子組換え単純ヘルペスウイルスⅠ型（HSV-1）は，がん細胞に感染すると増殖し，その過程で宿主のがん細胞を攻撃する．増殖したウイルスは周囲に散らばって再びがん細胞に感染し，その後，「複製（増殖）→細胞死→感染」を繰り返してがん細胞の全滅が図られる．一方，正常細胞に感染したがん治療用ウイルスは複製しないため，正常組織には害が生じない．また腫瘍内でのウイルス増殖は，特異的抗腫瘍免疫を誘導する．したがって，ウイルス複製による直接的殺細胞効果と，特異的抗腫瘍免疫の惹起により，特定の治療遺伝子の発現なしにがんを治癒させることが可能で，新しいがん治療法として高い効果が期待できる．

(8) モノクローナル抗体療法

細胞表面の特定のタンパク質に結合する抗体を，体外で人工的に生産して使う．トラスツズマブはこうした抗体からなる医薬品の1つで，進行した乳がんのある女性に対し単独で，あるいは化学療法薬との併用で使われる．HER2 というタンパクに結合しシグナル伝達を阻止して，マクロファージやNK細胞による抗腫瘍効果をもたらす．リツキシマブは，抗ヒトCD20 ヒト・マウスキメラ抗体からなる医薬品で，リンパ腫や慢性リンパ球性白血病の治療に使われる．ヒトCD20 はヒトB細胞（リンパ球の1つ）のみに発現し，正常・腫瘍細胞を問わず，preB～成熟Bにかけて細胞膜表面に認められる．ゲムツズマブ・オゾガミシンは，抗CD33抗体と抗がん剤であるカリケアミシンを結合させた製剤で，急性骨髄性白血病の一部の患者に有効である．放射性同位元素を結合させた抗体を使えば，がん細胞に放射線を直接照射できる．ミサイル療法というほうが，わかりやすいかもしれない．がんに特異的な結合活性を有するモノクローナル抗体を作製し，その抗体にがん細胞を殺す抗がん剤やリシンなどの毒素を結合させて全身的あるいは局所的に投与すると，抗体がミサイルのようにがん細胞を集中的に攻撃し，特異的かつ効果的に治療を行うのである．

(9) 重粒子線治療

重粒子線の1つである炭素イオンは，従来のX線や電子線などの放射線に比べ線量分布が集中する性格が強く，さらに2～3倍強いがん細胞殺傷効果を有している．そのため炭素イオン線（重粒子線）治療は，放射線の効きにくいがんに対する有効な治療法であり，「切らずにがんをなおす」方法として期待されている（図9.5）．この炭素イオン線治療法の研究は日本が最も進んでお

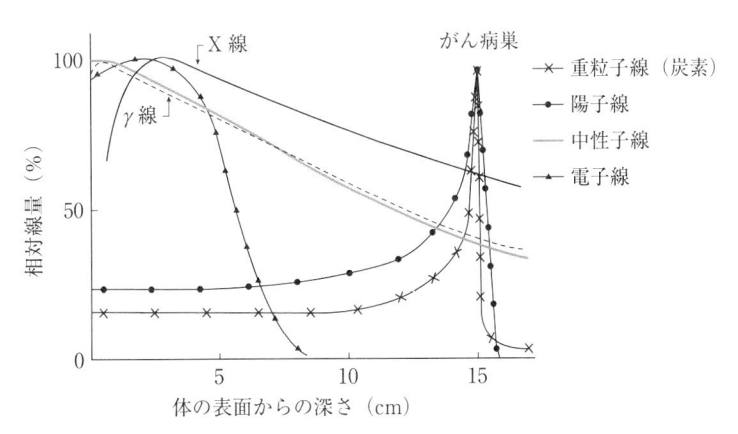

図 9.5 重粒子線治療
重粒子線は，正常組織への照射線量を抑えつつがんに対して高線量を照射することが可能である．群馬大学重粒子線医学研究センター資料より．

り，群馬大学（前橋市）では全国の大学病院に先駆けて医療専用の重粒子線治療装置を建設した．この装置の完成により，あらゆるがん治療を1つの病院で受けられることになり，がん治療センターとしての1つの理想を具現化する試みでもある（2010年3月より始動）．放射線医学総合研究所（千葉県）では，対がん10ヶ年総合戦略（1983年～）の一環として医療専用の重粒子加速器（HIMAC；Heavy Ion Medical Accelerator in Chiba）が建設された．従来の放射線治療では治癒が困難な各種がん症例を対象に1994年6月から炭素イオン線による治療試験が行われ，2008年8月までに3452名が治療された．このうち，少なくとも肺がん，前立腺がん，肝がん，悪性黒色腫，骨軟部腫瘍では目覚しい治療成績が得られた．重粒子線の治療上の特徴は，放射線抵抗性腫瘍に効果があるだけでなく，分割回数を少なくしたほうが周囲の正常組織より腫瘍に効果的に作用することである．つまり副作用が少なく，外来でも治療が可能である．1週間4回法や1日4回照射法などの治療法により，短期間で多数の患者を治療でき，患者の体に対する負担や治療費用の面でも長所が認められる．また，線量分布の集中性が優れることから，がん細胞だけを集中的に殺傷し，周囲の正常組織の副作用を最小限に抑えることができる．

c． 社会構造の変化や環境因子による疾病
(1) ストレスに伴う疾病

生理学的には，ストレスは副腎皮質ホルモン（ACTH；adrenocorticotropic hormone）を促進分泌するものの総称と定義できる．心身症という用語は，心理的な要因がもとで身体症状が生じたり悪化したりする場合に使われるもので，身体的な病気が原因となる場合とは分けて扱う．ただし，この場合の身体症状は架空のものでも詐病でもなく，患者はその症状を実際に経験する．つまり心身症の発症と経過においては，心理的な要因と身体症状が常に密接に結び付いている．

心身症は身体表現性障害とは異なり，診断上の明確な分類がなく，様々な形で現れる．例えば，① 社会的なストレスや精神的なストレスが原因で，糖尿病，冠動脈疾患，喘息など各種の身体疾患が発病・悪化する，② 精神的な反応だけが原因で蕁麻疹が出る，③ やっかいな感情問題から気持ちをそらせようとする無意識の働きにより，精神症状が身体症状に転換される，④ 他者と自分を同一視し，その人に痛みがあれば自分の身体にも症状が現れる，⑤ 過去に経験した病気や障害の症状を再体験する形で，精神症状が身体症状に転換される，などである．精神症状が身体症状に転換されるプロセスは，重大な精神障害がない人にもみられる．つまり，このような現象は誰にでも起こりうるといえる．このような患者の場合，結果として生じる症状の診断は難しく，体の病気が原因ではないことを確認するために，往々にして様々な検査を受けることになる．

心身症とは逆に，身体疾患を原因として精神状態が悪化する場合がある．例えば命に関わる病気の発病・再発，慢性の病気などが原因で，鬱病になる人がいる．

(2) 代謝症候群

メタボリックシンドロームは，代謝症候群，シンドローム X（Reaven, G. M., 1988年），死の四重奏（Kaplan, N. M., 1989年），インスリン抵抗性症候群（De Fronzo, R. A., 1991年），内臓脂肪症候群とも呼ばれる複合生活習慣病である．代謝症候群は，インスリン抵抗症候群とも呼ばれるように，中性脂肪（トリグリセライド）高値，高血圧症，耐糖能異常（糖尿病ではないが，糖代謝がうまく行われていない状態），内臓肥満，HDLコレステロール（いわゆる善玉コレステロール）低値，インスリンの作用への反応低下，高血糖値，血栓（血液の塊）ができやすくなるなどの障害が生じる．また，特に内臓脂肪が蓄積することにより，アディポサイトカインと呼ばれる生理活性物質の分泌が異常になり代謝異常や体重過多も生じる．WHOでは診断基準を定めているが，各国の実情に合わせ微妙に異なる基準が設けられている．

日本の基準は表9.4のようになっている．また，近年，内臓脂肪がホルモンを分泌していて，

表9.4 メタボリックシンドロームの診断基準 (2005)

- 内臓脂肪（腹腔内脂肪）蓄積：
- ウエスト周囲径（腹囲）：男性85 cm以上，女性90 cm以上
 （内臓脂肪面積は男女とも100 cm^{2}以上に相当）
 上記に加え以下のうちの2項目以上
- 高トリグリセライド（TG）血症（150 mg/dl以上）かつ/または
 低HDLコレステロール（HDL-C）血症40 mg/dl以下（男女とも）
- 収縮期血圧130 mmHg以上　かつ/または　拡張期血圧85 mmHg以上
- 空腹時血糖110 mg/dl以上

このことが悪循環を促しているという報告がなされ，脂肪も内分泌組織であるという概念が確立しつつある．表9.4の障害がすべて合算されると冠動脈疾患のリスクが高まり，正常の場合の30倍にも達するという報告がある．高脂血症の動脈イベントである動脈硬化になるリスクは，総コレステロール値の上昇とともに高くなる．動脈硬化は，心臓に血液を運ぶ動脈，脳に血液を運ぶ動脈，そして体の各部に血液を運ぶ動脈に影響を及ぼし，それぞれ冠動脈疾患，脳血管疾患，末梢動脈疾患を引き起こす．したがって，総コレステロール値が高いと，心臓発作や脳卒中のリスクも高くなる．

内臓脂肪の量は，腹囲で計測されることが多く，欧米人と日本人では基準が異なる（例えばアメリカ人男性102 cmに対し，日本人男性は85 cm．アメリカ人女性88 cmに対し，日本人女性は90 cm）．アメリカ人の4人に1人はこの病気を抱えているとされる．また，代謝レベルでは，表中の4つの状態は密接に相互作用しており，単純1つの状態でも心血管イベントのような大イベントはドミノ倒しのピースのように連結しているという概念が提唱されてきている．

(3) 免疫と免疫過敏症

アレルギー反応（過敏性反応）とは，通常は無害な物質に対して働く，異常な免疫応答である．正常な免疫システムは，抗体，白血球，肥満細胞，補体タンパクなどからなり，抗原と呼ばれる異物から体を守っている．しかし，免疫過敏な人の免疫システムは，多くの人にとって無害である抗原に対しても過剰に反応する．これがアレルギー反応である．花粉症やアトピー性皮膚炎，喘息，シックハウス症候群などが該当する．アレルギー誘発物質（アレルゲン）が皮膚や眼に付着したり，呼吸時に吸い込まれたり，食べ物として摂取されたり，注射されたりすると，アレルギー反応が起こる．

急性型のI型アレルギー反応では，免疫システムが最初にアレルゲンに接したときに免疫グロブリンE（IgE）と呼ばれる抗体がつくられる．このIgEは，血流中の好塩基球と呼ばれる白血球の一種と組織の肥満細胞とに結合する．最初の接触によりアレルゲンに感作されて過敏になるが，この段階ではアレルギー症状は起こらない．その後，再度アレルゲンに接すると，表面にIgEを持つ細胞はヒスタミン，プロスタグランジン，ロイコトリエンのような物質を放出し，周囲の組織に炎症を起こす．これらの物質は反応の連鎖を引き起こし，程度の差はあれ組織を刺激し続ける．

アレルギーかどうかの診断には血液検査を行う．アレルギー反応であれば，好酸球の数が増加しているはずである．また，アレルギー反応は特定のアレルゲンにより引き起こされるので，アレルゲンを特定することが診断の主な目的になる．いつアレルギーが始まったか，どのくらいの頻度で起きるか，季節性があるかどうか，特別な食物を食べた後に起きるものかどうかなどがわかれば，アレルゲンを推定できる．アレルゲンを特定する際には血液検査(放射性アレルゲン吸着試験: RAST; radioaller gosorbent test) を行うことが多い．この検査では，草木の花粉，カビ，ほこり，動物の表皮，昆虫の毒液，食物，ある種の薬品などに対する反応を調べる．それぞれのアレルゲンに特有なタイプのIgEの血中濃度を測定し，その結果をもとにアレルゲンを特定する．

近年，アレルギー疾患には世界的に増加傾向がみられる．厚生省が1992〜1996年に行った「アレルギー疾患の疫学に関する研究」の結果によると，何らかのアレルギー疾患を持っている人は乳幼児28.3%，小中学生32.6%，成人30.6%と，国民のおよそ3人に1人がアレルギー疾患を持っていることが判明している．また，東京都が1999年に3歳児を対象に行った「アレルギーに関する3歳児全都実態調査」によると，3歳児の約5人に2人が何らかのアレルギー性疾患に罹患していた．アメリカでも，国民のおよそ3分の1がアレルギーを持っているといわれる．

(4) 性同一性障害

日本性科学会では，性同一性障害を，「自分が身体的，社会的にどちらの性別であるかを認識していながら，精神的には自分自身の身体的，社会的な性別に違和感を抱き，または反対の性別に属していると感じ，それにより強い精神的な葛藤をおぼえ，身体的及び社会的な性別や性役割を精神の性に合わせようとする．精神の性別と生まれ育てられてきた性別との間に生ずる適応の障害」と定義している（日本性科学会，1998）．

性同一性とは，主観的に自分自身の性別がどちらに属していると認識しているかという精神的なことであり，性役割とは，その人の身体的あるいは社会的な性別が客観的にどうみなされているのかということである．ほとんどの人では，性同一性と性役割が一致している．子どものうちから，男児には自分が男であるという認識が，また女児には自分が女であるという認識が育まれる．性同一性は小児期のはじめ，1歳半から2歳頃までに形成されるといわれている．性同一性障害では，身体的な性別と自分自身の内的な感覚が一致せず，自分の性（男性なのか女性なのか，あるいはその中間なのか）に著しい違和感を感じている．性同一性障害の極端な形が性転換症（トランスセクシュアリズム）と呼ばれるものである．性転換症の人は，自分は生物学的な偶然の出来事の犠牲者で，自分の真の性同一性に適合しない体に閉じ込められていると信じているという．性転換を希望する人のほとんどが，身体的には男性である．たいていは小児期の早期から自分は女性であると感じていて，自分の生殖器や男性的な外見に嫌悪感を抱いている．性転換症はおよそ，男性の3万人に1人，女性の10万人に1人の割合で生じると推定されている．

性転換症の人の中には，身体的性別とは逆の性の行動，服装，しぐさをするだけでなく，性ホルモンの投与を受けて第二次性徴を変える人もいる．さらに，性転換手術を受けたいと考える人もいる．身体的性別が男性の場合は，陰茎と睾丸を除去し，人工腟を形成する．身体的性別が女性の場合は，乳房と子宮，卵巣を除去し，腟を閉鎖し，人工ペニスを形成する．男女とも，手術の前に性ホルモンの投与を受ける．性転換手術を受けると子どもをつくれなくなるが，多くの場合，かなり満足のいく性的関係を持つことができるようになる．術後もオルガスムに達する能力は保たれることが多く，初めて性的な快感が得られたと報告する人もいる．別の性として性的な機能を果たせるようになりたいという目的だけで性転換手術を受けるケースはほとんどなく，通常は性同一性を一致させることが主な動機である．

d. おわりに

医学の進歩とともに，今までよくわからなかった疾病の原因が明らかになったり，環境の変化などから新たな疾病概念が確立されたりしてきた．その意味では，近年，問題となっている環境化学物質が原因と考えられている疾患や，注意欠陥・多動性障害（AD/HD；attention deficit/hyperactivity disorder）や「すぐに切れる」子どもの問題などはここ（9.2.1項）で扱ってもよいかもしれないが，未だ原因がはっきりしておらず，また紙面の都合もあり，ここでは割愛した．

新たな疾患概念が生まれると新たな治療法が考えられていき，医学は進歩していく．人類が宇宙に進出するようになったり，新たな治療法が一般化されたりすると，また新たな問題が生じてくるのかもしれない．

〔岩崎俊晴・鯉淵典之〕

● 文 献

Dixon, T. C., et al. (1999) Anthrax. New England Journal of Medicine 341:815-826.
Docter, R. F. and Fleming, J. S. (2001) Measures of transgender behavior. Archives of Sexual Behavior 3:255-271.
Duesberg, P. and Li, R. (2003) Multistep carcinogenesis: A chain reaction of aneuploidizations. Cell Cycle 2:202-210.
木村 哲, 喜田 宏 編 (2004) 人獣共通感染症, 医薬ジャーナル社.
Mann, J. and Tarantola, D.（山崎修道, 木原正博 監訳）(1998) エイズ・パンデミック――世界的流行の構造と予防戦略, 日本学会事務センター.
Money, J. and Musaph, H. J.（広井正彦, ほか 訳）(1985) 性科学大事典, 西村書店.
Nigro, J., et al. (2006). Insulin resistance and atherosclerosis. Endocrine Reviews 27:242-259.
日本性科学会 (1998) 性同一性障害理解マニュアル 第1版 (http://www.geocities.co.jp/CollegeLife-Labo/7835/gid/rikai/rikai_1.html#01).
Olsen, B., et al. (2006) Global patterns of influenza a virus in wild birds. Science 312:384-388.
Robinson,. D. S., et al. (2004) Tregs and allergic disease. Journal of Clinical Investigation 114:1389-1397.
斉藤博久 編 (2005)（別冊・医学のあゆみ）アレルギー疾患研究の最前線, 医歯薬出版.
辻井博彦 編 (2000) 重粒子線治療の基礎と臨床――21世紀のがん治療, 医療科学社.
若杉 尋 編 (2003)（別冊・医学のあゆみ）細胞免疫療法の現状, 医歯薬出版.
Wang, L. F., et al. (2006) Review of bats and SARS. Emerging Infectious Diseases 12:1834-1840.

9.2.2 生殖医療

1978年にSteptoe, P. C.とEdwards, R. G.が世界で初めての体外受精-胚移植（IVF-ET；in vitro fertilization and embryo transfer）による妊娠・出産を報告して以来，IVF-ETによる児の誕生は年々増加し，現在ではIVF-ETとその関連技術による生殖医療（生殖補助医療，ART；assisted reproductive technology）は難治性不妊治療の中心的治療法となっている．

日本でも1982年にIVF-ETにより児が誕生して以来，ARTによる妊娠・出産は増加し，日本産科婦人科学会の報告によれば，2007年のART治療周期総数は16万1164，ARTにより出生した児は1万9595人である（日本産科婦人科学会平成20年度倫理委員会, 2009）．これは2007年度の総出生児数の1.8%にあたり，56人に1人がARTにより出生したことになる．また，2007年度までのARTによる累積出生児数は19万4051人に達している．

ARTは体外に配偶子を取り出して行う不妊治療で，配偶子卵管内移植（GIFT；gamete intrafallopian transfer）や接合子卵管内移植（ZIFT；zygote intrafallopian transfer）を含む医療であるが，ここでは代表的なIVF-ETと，その関連医療技術について解説する．

a. IVF-ET

IVF-ETは，一般的に卵巣刺激，採卵，媒精（体外受精）・胚培養，胚移植，黄体賦活の一連のステップにより行われる（日本生殖医療学会, 2007. 図9.6）

(1) 卵巣刺激法

IVF-ETにおいて卵子を採取するには，自然月経周期を利用する方法と，調節卵巣刺激法がある．

自然月経周期を用いた採卵　　SteptoeとEdwardsによるIVF-ETをはじめ，IVF-ETの黎明期に用いられたのは自然月経周期における採卵であった．自然月経周期を用いる最大の利点は，卵巣過剰刺激症候群を引き起こす危険性がないことである．一方，自然月経周期における成熟卵胞の発育は1卵胞であるため採卵率が低く，早期のLH（黄体形成ホルモン）の上昇や，卵胞の発育不良などにより，採卵中止となることが多いのが

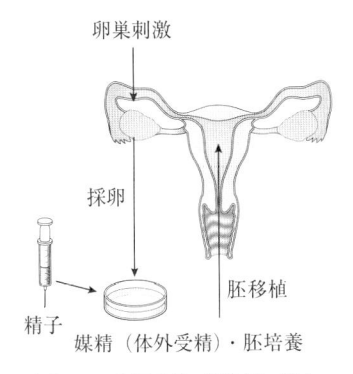

図9.6　体外受精-胚移植の流れ

欠点である．

調節卵巣刺激法（COS；controlled ovarian stimulation）　ARTの成功は採取された成熟卵子数に依存する部分が大きいために，一般的には調節卵巣刺激法により複数の卵胞を発育させ，複数の成熟卵子を安定して採取する方法が用いられている．種々の方法が工夫されているが，通常用いられるのは，①GnRH（生殖腺刺激ホルモン放出ホルモン）アナログ，②FSH（濾胞刺激ホルモン）作用を有するゴナドトロピン，③hCG（ヒト絨毛膜性生殖腺刺激ホルモン）の3種類の薬剤を用いる方法である．すなわち，①により内因性のゴナドトロピンの分泌を抑制しつつ，②により多数の卵胞を発育・成熟させた後に，③のLH作用により卵胞の成熟を促進させる方法である．

ゴナドトロピンによる卵巣刺激では，複数の卵胞の発育に伴い血中エストロゲンが急激に上昇し，個々の卵胞が未熟な段階でLHが上昇することで，採卵前に排卵してしまう危険性が生じる．これを回避する目的でGnRHアナログが用いられる．GnRHアナログには，GnRHアゴニストとGnRHアンタゴニストがあるが，臨床使用可能な薬剤の開発はGnRHアゴニストで先に進んだ．このため，これまではもっぱらGnRHアゴニスト（持続的投与により，GnRH刺激に対する下垂体の反応性を低下させる）により内因性のゴナドトロピン分泌を抑制する方法が用いられてきた．一方，臨床使用可能なGnRHアンタゴニストの開発は遅れていたが，近年，その開発は目覚ましく，日本でも2006年にGnRHアンタゴニストの注射薬が新薬として発売された．ところで，GnRHアナログを用いる場合には，LH分泌抑制により黄体機能不全（黄体機能の低下により胚の着床が妨げられる）を生じる．これに対して，黄体賦活や黄体補充（hCGやプロゲステロンの投与）が行われる．

卵巣刺激に用いられる，FSH作用を有するゴナドトロピン製剤には，human menopausal gonadotropin（hMG）製剤，高純度FSH製剤，recombinant FSH（rFSH）製剤がある．1970年代より臨床に用いられているhMG製剤は，開発当初はFSHとLHの含有率が同率の製剤であった．その後，FSHの含有比率の高い種々のhMG製剤が開発され，高純度FSH製剤ではFSHに対するLHの比率は0.0001以下に精製されている．rFSH製剤は日本では2005年に発売され，2008年にはカートリッジ製剤による患者の自己注射も可能となった．LH作用を有する製剤としてはrecombinant LH（rLH）製剤，recombinant chorionic gonadotropin（rCG）製剤が相次いで開発され，すでに欧米では使用されている．

(2)　採卵法

初期には腹腔鏡下で採卵が行われた．その後，経腟超音波プローブが開発され採卵に応用された．この方法は，経腟超音波断層法による観察を行いつつ，専用の穿刺針を用いて経腟的に卵胞を穿刺する方法である．卵胞の超音波断層像が明瞭であり，かつ卵胞へのアクセスが容易なことより，現在，世界中で基本的な採卵法として用いられている．

(3)　媒精

採卵後から胚移植までの過程には，卵子の前培養，精子の調整，媒精，胚培養のステップがある．採取直後の卵子は通常すでに第2減数分裂中期にあるが，完全に成熟するまでには数時間の前培養が必要である．

射出精子の調整法には，密度勾配遠心法とswim-up法がある．密度勾配遠心法は精子濃縮，精漿除去，良好精子選別の目的で使用される．成熟精子の比重は未成熟精子や死滅精子に比べ高値であるため，密度勾配遠心分離用担体を用いた遠心分離により成熟精子のみを沈殿させることができる．swim-up法は，精子自身の運動により精子懸濁液中から培養液中に移動してきた運動精子を回収する方法である．密度勾配遠心法とswim-up法を組み合わせた方法が用いられることもある．

体外受精（IVF）　通常の体外受精（conventional IVF．単にIVFということも多い）では，調整した精子を卵子の入った媒精用培養液に注入する．施設間で差があるが，精子の濃度は10万～40万/mlになるように注入されることが多い．

顕微授精 重症乏精子症，精子無力症，精子奇形症，精子-透明帯/細胞膜貫通障害，抗精子抗体陽性などの難治性受精障害に対して顕微授精が行われる．顕微授精のうち，透明帯開孔法（ZD；zona drilling，PZD；partial zona dissection，ZO；zona opening）や囲卵腔内精子注入法（SUZI；subzonal insemination）は受精率が低く，受精が成立した場合には高頻度で多精子受精となることから，普及にいたらなかった．これに対して，1個の精子を直接卵細胞質内に注入する卵細胞質内精子注入法（ICSI；intracytoplasmic sperm injection）による妊娠がPalermoにより報告されて以来，この方法が一般に普及した（Palermo，1993．図9.7）．

受精現象では，受精能獲得，先体反応，hyperactivation，透明帯貫通，卵細胞膜との接触・融合の過程を経るが，ICSIではこれらの過程がバイパスされる．少数の精子が存在すればICSIを実施できるため，重症の乏精子症でも射出精子を用いることが可能である．精液中に精子が認められない無精子症の場合には，顕微鏡下精巣上体精子吸引法（MESA；microsurgical epididymal sperm aspiration）により採取される精巣上体精子や，精巣内精子回収法（TESE；testicular sperm extraction）により採取される精巣精子がICSIに用いられる．

ICSIは男性不妊症に対する画期的な治療法であるが，重症乏精子症や無精子症患者の3～7%でみられる異常（Y染色体長腕部のAZFc（azoospermia factor c）領域における染色体欠失）は，ICSIで生まれた男児に継承される．また，染色体異常の発症率が一般児に比べると高率であることや，先天異常（泌尿生殖器系の異常による）の発症率の上昇が報告されており，長期的なフォローが推奨されている．

(4) 胚培養と胚移植

通常は媒精の17～20時間後に卵を検鏡し，雌雄前核の有無により受精の確認を行い，培養液を媒精用培養液から胚培養液に変更する．正常な胚では，媒精後約26～28時間で2細胞期，約40～48時間で4細胞期，約72時間で8細胞期となる（ウニやカエルでは規則的に卵割が進むが，哺乳類では次第に不規則になる．図9.8）．

胚の移植は経腹または経腟超音波ガイド下で，移植用カテーテルに充填した胚を頸管より子宮腔に注入する方法で行われている．これまでは媒精後24～72時間の初期胚，すなわち2細胞期から8細胞期くらいまでの胚1～3個が子宮内に移植されてきた．しかし近年，ARTにおける胚培養技術と培養液の進歩により，胚を長期培養することが可能となった．

胚は，前核期から8細胞期までの初期胚と，それ以降の後期胚では代謝や栄養要求性が異なる．初期胚では解糖系が未発達でグルコースはあまり利用されず，ピルビン酸や乳酸が利用される．これに対して，8細胞期胚から胚盤胞にいたる過程では，内部細胞塊はグルコースおよび必須アミノ酸を利用し，栄養芽細胞は非必須アミノ酸を利用する．これに基づいて，時期により組成の異なる培養液（初期胚培養液と胚盤胞培養液）を一組としたsequential mediumや，胚盤胞までの培養が可能なsingle mediumが開発され，胚培養に

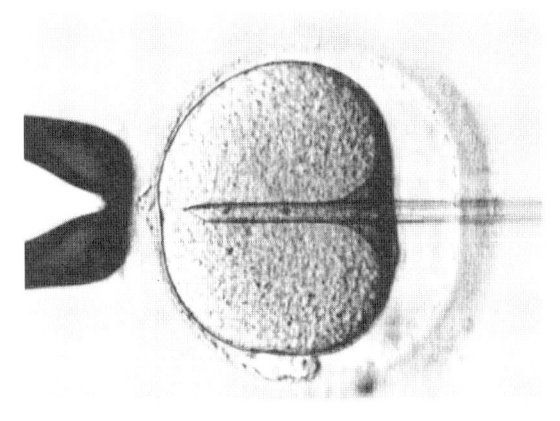

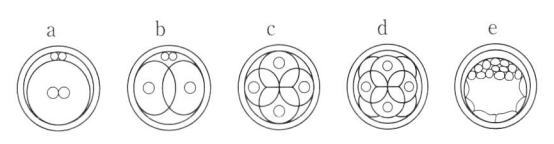

図9.7 ICSI
Veeck, 1999を引用．

図9.8 胚の発生
初期胚（a. 前核期胚，b. 2細胞期胚，c. 4細胞期胚，d. 8細胞期胚），後期胚（e. 胚盤胞）．

用いられている．着床率が高いことから胚盤胞移植が増加しているが，長期培養によりエピジェネティックな異常が生じる可能性については注意が必要である．また2008年からは，多胎防止のために，35歳未満の女性に移植する胚の数は原則として1個とされている．

(5) 胚凍結

1983年にヒト凍結胚を用いた妊娠例が報告され（Trounson, 1983），翌1984年には出産例が報告されている．現在では，胚凍結法はARTに不可欠な技術として用いられている．

ARTでは通常，多数の胚が得られる．多胎防止のため，1回の移植に用いる胚の数は限られており，移植に用いなかった胚は凍結保存する．新鮮胚移植で生児が得られなかった場合には凍結胚を融解して再度，移植することができる．これにより患者負担の軽減を図り，採卵周期あたりの累積妊娠率を向上させることができる．また，卵巣過剰刺激症候群や子宮内環境が不良の場合にはすべての胚を凍結保存し，その後，良好な環境が整うのを待って胚移植を行うことも可能となる．

代表的な凍結法として，緩慢凍結法とガラス化（vitrification）法がある．緩慢凍結法はプログラムフリーザーを用いた凍結法で，初期胚で高い生存率を示し，操作が一定でマニュアル化されているため技術差が生じにくく，一度に多数の検体の凍結が可能なことから頻用されてきた．ガラス化法は，凍結保護剤の組合せと超急速冷却により，氷晶を形成することなく凍結する方法である．熟練した技術が必要であるが，未受精卵から胚盤胞までのすべてのステージの生殖細胞の凍結が可能で，高い生存率を得られるため，近年，急速に普及している．胎児の発育，周産期のリスク，産科的合併症，先天奇形，児の発育について，新鮮胚移植と凍結胚移植との間に有意差は認められないと報告されている（Wennerholm, et al., 1988）．

b. 卵の体外成熟

IVM（in vitro maturation）とは，無刺激または軽度刺激の卵巣内にある卵胞径10 mm前後の卵胞より採卵し，卵子を体外で卵核胞期から第2減数分裂中期まで成熟させる方法である．この方法により成熟した卵子を受精させ（IVM-IVF），得られた受精卵を子宮内に移植する．採卵には，特殊二重針を用いて行う方法と，通常の体外受精用の採卵針を用いて，通常の吸引圧よりも低圧で採卵する方法がある．体外成熟卵は透明帯硬化があり，通常の媒精では受精率が低いためにICSIを行う．技術的には未完成の部分が多く，培養液のさらなる改良も必要とされている．また，出生児の数が少なく，児への影響も今後十分に注視する必要がある．一方，卵巣刺激のためのゴナドトロピン注射を必要としないため，卵巣過剰刺激症候群の発生を回避できるという利点があり，ゴナドトロピンにより卵巣過剰刺激症候群を発症する頻度の高い多嚢胞性卵巣症候群症例に対する不妊治療の1つとして行われている．

c. 未受精卵・卵巣組織の凍結保存

近年，若年がん患者の生存率は飛躍的に向上したが，化学療法や放射線療法により妊孕性が障害されることが少なくない．配偶子のうち精子の凍結保存法は確立されているが，未受精卵は精子や受精卵に比べ凍結保存が困難であった．しかし，この分野のARTも急速に進展している．

(1) 未受精卵の凍結

従来の凍結法では凍結融解後の成熟未受精卵の受精率は低く，受精をした場合にも染色体異常の発症率が高く，妊娠成功率はきわめて低かった．これに対し，ガラス化法を用いると，受精卵の染色体異常の発症率が新鮮卵を用いた場合と同等に低下することが報告された．近年は，凍結法にはガラス化法を，媒精にはICSIを用いることにより，受精率・妊娠率とも大きく改善されてきている．

(2) 卵巣組織の凍結保存

採卵により採取できる卵子の数は限られているが，卵巣組織には数万個以上の未熟卵母細胞が含まれている．このため，臨床に用いることのできる凍結保存法と，解凍後の卵子の成熟法の確立が待望されている．Donnez, J.らは，凍結融解後の卵巣組織を自家移植した自然妊娠により生児を

得た症例を報告している（Donnez, et al., 2004）．この報告では，IV期のホジキン病患者から，化学療法開始前に卵巣皮質が採取された．卵巣皮質は細切後に緩慢凍結法により凍結され，化学療法終了後，移植は正所性（もとの卵巣の位置）に行われた．一方，これまでのところ出産例の報告はないが，卵巣組織の移植には腫瘍細胞の混入・移植の危険性が伴うことを考慮し，モニターや腫瘍再発時の処置が容易な前腕皮下への異所性移植も報告されている．将来的には，保存卵巣から卵胞を単離し，体外発育（IVG；in vitro growth）と体外成熟（IVM）により受精可能な卵にまで発育させる方法を確立することが期待されている．

d. 核移植

2006年，イギリスではミトコンドリア病の治療として核置換の臨床応用が認められた．認められたのは前核期移植という，第1減数分裂および第2減数分裂が終了している段階での移植であり，染色体異常による卵の質の低下を防ぐことはできない．ミトコンドリア病の治療のみを目指したものである．現時点では，除核，電気融合の技術はヒトにおいては未完成である（日本生殖医療学会，2007）．

e. 着床前診断

ヒトでの着床前遺伝子診断（PGD；preimplantation genetic diagnosis）は，1989年にHandysideらがPGDによる性別診断をX連鎖遺伝性疾患に対して行い，その後，女児を出産させたのが始まりである（Handyside, et al., 1990）．彼らは体外受精卵より1個の割球を採取し，Y染色体特異的遺伝子配列をPCRで増幅して性別を判定した．PGDは，移植前の体外受精胚より遺伝情報を得て，遺伝性疾患の発症を回避する目的で開発された．これに対して，着床前スクリーニング（PGS；preimplantation genetic screening）は，PGDの技術を用いて受精卵の染色体異常をスクリーニングし，流産の防止と妊娠率の向上を図るものである．

着床前診断の適応となる疾患について，日本では日本産科婦人科学会において，申請された症例ごとに審査をしている．これまでに，デュシェンヌ型筋ジストロフィー，副腎白質ジストロフィー，オルニチンカルバミラーゼ欠損症，筋強直性ジストロフィー，ミトコンドリア遺伝子病Leigh脳症，染色体転座による習慣流産に対して，日本産科婦人科学会が審査し着床前診断の施行を承認している．

一方，European Society for Human Reproduction and Embryology（ESHRE）の報告によると，2006年にヨーロッパの57センターで実施された着床前診断は5858例で，筋強直性ジストロフィー，ハンチントン病，神経線維腫症，Charcot-Marie-Toothなどの常染色体優性遺伝病，囊胞性線維症，サラセミア，脊髄筋萎縮症などの常染色体劣性遺伝病，脆弱X症候群，デュシェンヌ型筋ジストロフィー，ベッカー型筋ジストロフィー，血友病のようなX連鎖遺伝病などの単一遺伝子病のほか，均衡型相互転座，ロバートソン型転座，逆位，欠失などの染色体構造異常や染色体異数性（aneuploidy）の発生リスク（母体高齢など）に対してPGD/PGSが行われている．現在，世界で行われているPGD/PGSの大半はPGSである．

診断に用いられる細胞としては，①未受精卵または接合胚から採取できる極体，②分割期胚からの割球，③胚盤胞からの栄養膜細胞がある．①は卵子や胚の発生・発育にあまり関与していないため，診断には適しているが，父方の遺伝情報の診断ができない．③は摘出できる細胞数が多く，分裂中期像を得ることもできるという利点がある．しかし，大部分の着床前診断で用いられているのは②，すなわち，受精後2～3日の4～8細胞期の胚から得られた1～2個の割球である．これは，この時期の胚細胞が全能性を有し，割球1つでも個体を発生させる能力があるため，また各割球は相同の遺伝子を保有し，1～2個の細胞を摘出しても被摘出胚の発育に重大な影響を与えないためである．また，細胞の採取が比較的容易で検査の時間が十分にとれるという利点もある．

未受精卵から分割期胚までの生検は，透明帯開

孔と細胞採取の2段階の操作により行う．透明帯開孔法としては，①酸性タイロードによる透明帯の化学的開孔法，②レーザーによる開孔法，③機械的開孔法があるが，分割期胚の透明帯開孔法としては②が主流となりつつある．細胞の採取には大別して細胞吸引法と細胞圧出法があるが，主に用いられているのは細胞吸引法である．生検を行った後の胚はそのまま培養を継続し，診断の結果をもとに胚移植を行う．

診断法としては，FISH（fluorescence in situ hybridization）法と PCR（polymerase chain reaction）法が用いられる（Palermo, 1993）．

着床前診断における FISH 法は，染色体異常や性別の診断に用いられる．数的異常の頻度が高い染色体に対しては multi-color FISH 法が確立されていて，市販されているプローブとしては 13, 18, 21 および X, Y 染色体に対するプローブや，13, 16, 18, 21, 22 に対するプローブがある．数的異常以外に，部分トリソミーや部分モノソミーなどの構造異常を調べることも可能である．

PGD では単一細胞の微量なゲノム DNA の診断が必要なため，単一遺伝子疾患の診断には PCR 法が用いられている．様々な PCR 法が開発されているが，目的とする遺伝子に対する複数組のプライマーミックスを用いて，複数の遺伝子部分を同時に増幅させる multiplex PCR が PGD の基本技術として行われることが多い．また，増幅産物を経時的に定量化する real-time PCR（quantitative PCR）法は，近年，PGD においても急速に普及している．

表9.5 日本産科婦人科学会の「わが国の生殖補助医療（ART）による妊娠の転帰および出生児の予後調査小委員会」の提言（2007年）による調査項目

調査項目	・両親年齢，妊娠歴，既往歴 ・不妊期間，不妊因子 ・ART 分類（IVF-ET, ICSI, GIFT, AID, IVM, ZIFT） ・卵巣刺激法（自然，clomid, hMG, recFSH, GnRHa, GnRHant） ・培養条件，AH ・移植胚；Grade（新鮮胚，凍結胚） ・Stage（早期胚，胞胚） ・移植胚数 ・妊娠経過，妊娠合併症 ・児性別，男女，不明 ・分娩週数，分娩様式 ・出生体重，身長，頭囲 ・単胎，多胎（双胎，3胎，4胎，5胎以上） ・卵性診断，膜性診断（MD, MM, DD） ・早産，正期産，過期産 ・死産，新生児亡 ・先天異常，大奇形，小奇形 ・身体発育，知能・神経運動発達 ・罹病率，死亡率 ・生殖機能
特殊調査項目	・減数手術 ・PGD, PGS ・2卵性1絨毛膜性双胎（フリーマーチン） ・インプリンティング異常；Beckwith-Wiedemann 症候群，Angelman 症候群，Prader-Willi 症候群 ・小児癌；白血病，Retinoblastoma, Lymphoma, 精巣癌 ・思春期早発症 ・成人病胎児期発症説（Barker 学説）

日本産科婦人科学会 生殖・内分泌委員会, 2007 より．

f. 今後の課題（ART児の長期予後調査）

近年，IVF-ET，ICSIはともに技術的に安定し，妊娠率も一定の水準に達し，一般社会に受け入れられ不妊治療として定着している．一方，最近では，ARTによる妊娠における問題として，多胎に伴う障害とともに，先天奇形やゲノムインプリンティング異常の増加の可能性に注意が払われている．

多胎妊娠では早産および低出生体重児の発症リスクが上昇する．ARTに伴う問題点の大部分は多胎率の上昇に起因すると考えられている．近年のARTでは移植胚数の制限により多胎妊娠の防止に留意されているが，胚盤胞移植では一卵性双胎の頻度を上昇させるという報告がみられる．

これまでの多くの報告ではARTと先天奇形に相関は認められていないが，最近のオーストラリアにおける大規模調査では，IVFおよびICSIによる妊娠例で先天奇形を合併する割合は自然妊娠に比べ約2倍増加していると報告された(Hansen, et al., 2002)．IVFやICSIで生まれた児におけるAngelman症候群，Beckwith-Wiedemann症候群などのインプリンティング関連疾患の報告は，体外での培養が持つリスクを示唆しており，インプリンティング遺伝子とこれらの疾患についての系統的なサーベイが必要とされている．ニュージーランドでは，IVFにより生まれた児で網膜芽細胞腫の発症が有意に増加していることが報告されており（Moll, et al., 2003），児に対する長期的なフォローが望まれている（染色体異常，遺伝性疾患については，3.4節g, hを参照）．

日本では，これまで日本産科婦人科学会によりARTの臨床実施成績が毎年報告されてきたが，出生した児についての全国規模での大規模で系統的な長期予後調査は行われていなかった．これに対して，2007年6月，日本産科婦人科学会の「わが国の生殖補助医療（ART）による妊娠の転帰および出生児の予後調査小委員会」は，多施設前方視的研究の提言を行った．調査対象児の年齢と調査項目は表9.5のとおりである．調査は継続的に毎年実施され，調査結果は学会誌，学会ホームページ上で公表することが提言されている．日本においてARTで出生した児の予後に関する信頼性の高い知見が得られることが期待される．

〔安部由美子〕

● 文　献

Donnez, J., et al. (2004) Livebirth after orthotopic transplantation of cryopreserved ovarian tissue. Lancet **364**(9443)：1405-1410.

Handyside, A. H., et al. (1990) Pregnancies from biopsied human preimplantation embryos sexed by Y-specific DNA amplification. Nature **344**(6268)：768-770.

Hansen, M., et al. (2002) The risk of major birth defects after intracytoplasmic sperm injection and in vitro fertilization. New England Journal of Medicine **346**(10)：725-730.

Moll, A. C., et al. (2003) Incidence of retinoblastoma in children born after in-vitro fertilisation. Lancet **361**(9354)：309-310.

日本産科婦人科学会 生殖・内分泌委員会（2007）平成18年度倫理委員会報告．日本産科婦人科学会誌 **56**：1142-1147.

日本生殖医療学会 編（2007）生殖医療ガイドライン 2007，金原出版．

Palermo, G., et al. (1993) Sperm characteristics and outcome of human assisted fertilization by subzonal insemination and intracytoplasmic sperm injection. Fertility and Sterility **59**(4)：826-835.

Steptoe, P. C. and Edwards, R. G. (1978) Birth after the reimplantation of a human embryo. Lancet **2**(8085)：366.

Trounson, A. and Mohr, L. (1983) Human pregnancy following cryopreservation, thawing and transfer of an eight-cell embryo. Nature **305**(5936)：707-709.

Wennerholm, U. B., et al. (1988) Postnatal growth and health in children born after cryopreservation as embryos. Lancet **351**(9109)：1085-1090.

Veeck, L. L. (1999) *An Atlas of Human Gametes and Conceptuses*, Parthenon Publishing, New York.

9.2.3　移植と再生医療

肝臓は再生する臓器としてよく知られており，そのことはすでにギリシャ神話に記されている．「プロメテウスは，最も偉い神であるゼウスの目を盗み人間に火を与えた．しかし，それを知ったゼウスは怒り，罰としてプロメテウスを岩山に縛り付け，プロメテウスの肝臓を大鷲に食べさせた．だが驚いたことに翌日には肝臓は元通りに再

図 9.9 『縛られたプロメテウス (1612)』
バロック時代を代表するフランドル出身の画家 Rubens により描かれた，ギリシャ神話の一場面．ゼウスの怒りに触れたプロメテウスがカウカソスの山の頂に縛り付けられ，大鷲に肝臓を食べられている場面．

生しており，プロメテウスは毎日大鷲に肝臓を食べられるという苦難を受けることとなった」というものである．これはまさしく再生する肝臓に関する最初の逸話であり，この話をもとにした絵画が，バロック時代の有名な画家 Rubens, P. P. や Jordaens, J. によって描かれている（図 9.9）．

心臓，肺，肝臓，腎臓など様々な臓器が調和を保ちつつ働くことにより人は生きていくことができる．再生医療とは，病気や事故により傷害を受けた臓器や組織を，薬や人工素材，幹細胞，組織，臓器などを用いて再び蘇らせる（再生させる）医療のことである．日本で「再生医療」という言葉が使われ始めたのは 21 世紀に入ってからであるが，実際の医療における再生医療はそれ以前より行われてきた．例えば，火傷の治療における培養皮膚細胞の使用や，輸血，骨髄移植などであり，臓器移植も再生医療の 1 つとして位置づけられる．最近では，限界がみえつつある人工臓器によ

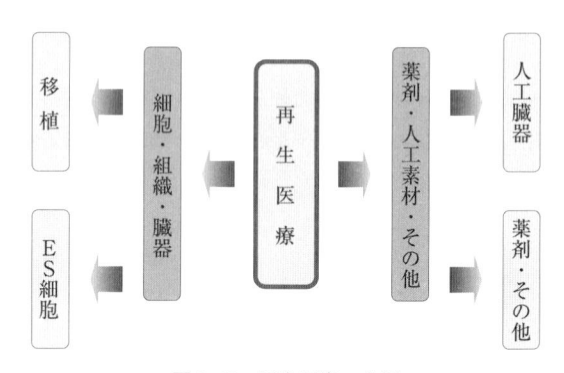

図 9.10 再生医療の分類
再生医療は，細胞，組織，臓器を用いるものと，薬剤や人工素材などを用いるものに大きく分類される．前者は，さらに移植と ES 細胞に分けられる．また後者は，人工臓器と薬剤などに分けられる．

る臓器移植の代わりを担うものとして，様々な細胞へと分化する能力を持った幹細胞が注目されている．

再生医療は大きく 2 つに分類することができる（図 9.10）．1 つは細胞や臓器を用いたもの，も

う1つは薬剤や人工素材などの物質を用いたものである．細胞や臓器を用いた再生医療には，従来の移植と，最近話題の胚性幹細胞（ES細胞：embryonic stem cell）や人工多能性幹細胞（iPS細胞：induced pluripotent stem cell）を用いたものが挙げられる．ここでは，移植と幹細胞，人工臓器について解説する．

a. 移植
(1) 臓器移植・組織移植

図9.11に示すとおり，移植は臓器移植，組織移植，細胞移植の3種類に分類できる．日本での臓器移植としては，生体，および脳死または心停止後の人から提供された臓器による移植が行われている．また，組織移植としては心臓弁，血管，皮膚，骨，膵島の移植が行われており，細胞移植としては骨髄移植と造血幹細胞移植が行われている．移植による治療では他の誰かから臓器や組織をもらわなければならない．臓器や組織の移植を受ける患者をレシピエント，臓器や組織を提供する人をドナーと呼ぶ．臓器移植の方法には，前述のとおり脳死ドナー移植，心停止ドナー移植，生体ドナー移植の3種類がある．脳死とは，病気や事故により脳全体の不可逆的機能不全が起こり，人工呼吸器と薬剤投与により心臓や肺を動かしてはいるが，やがてそれらも働かなくなり死にいたるという状態である．脳死ドナーからは心臓，肺，肝臓，腎臓，膵臓，小腸，角膜を移植することができる．この場合，心臓が動いている間は臓器に血液が流れているため，状態の良い臓器が移植できる．一方，心停止後の移植では臓器の状態が脳死の場合より悪くなるため，移植できるのは腎臓，膵臓，角膜のみとなる．生体ドナー移植は，レシピエントの健康な家族（肉親）の臓器の一部を移植するものであり，肝臓，膵臓，腎臓，肺に対して行うことができる．これらの臓器の中で，再生と大きく関係しているのは肝臓である．肝臓は，様々な機能を担う体内で最大の臓器（1000～1500 g）であり，腹部の右上に位置し，心臓や肺と同様に肋骨で守られている．英語の「肝臓（liver）」と「命（lives）」，ドイツ語の「肝臓（leber）」と「命（leben）」が同じ語源であることからもわかるように，古代より肝臓は生命維持に対して重要な臓器と考えられてきた．肝臓は通常，10％ほどしか働いていないため余力があり，かなり悪化するまで症状が出ない．そのため，沈黙の臓器とも呼ばれている．また，肝臓には500以上の機能があり，その多くがわれわれヒトの生命維持に必要不可欠である．先のプロメテウスの話のように肝臓は再生力の強い臓器として知られており，マウスでは肝臓の95％を切除しても2週間後にはもとの大きさまで再生する．肺や腎臓が体内に2つずつ存在するのは，肝臓のような再生機能がないためであるという説もある．

1人の人間から他の人間に体の一部を移植しようとする発想は，これまでに多くの伝説を作り出してきた．例えば，紀元前5世紀にはHippokratesが皮膚移植について記しており，紀元前4世紀頃の中国の文献には心臓移植のくだりが存在する．また，古代エジプトでは歯の移植が行われていたことが考古学的に明らかにされている．16世紀には，戦争や体罰，もしくは梅毒で失われた鼻を他の部位の皮膚を用いて作るという技術が生み出され，19世紀には角膜移植が行われるようになった．20世紀に入り外科的技術は飛躍的に進歩し，世界初の腎臓移植が1936年，肝臓移植が1963年，心臓移植が1967年にそれぞれ行われ，日本でも1956年に腎臓移植，1964年

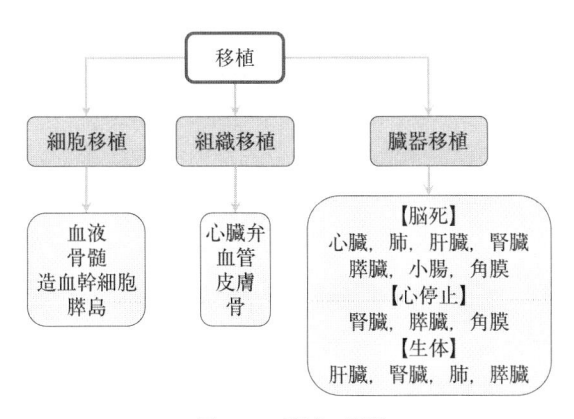

図9.11 移植の分類
移植は，臓器移植，組織移植，細胞移植に分類される．臓器移植は，さらに脳死ドナー，心停止ドナー，生体ドナーに分けられる．

```
移植
├─ 細胞移植 ─ 血液／骨髄／造血幹細胞／膵島
├─ 組織移植 ─ 心臓弁／血管／皮膚／骨
└─ 臓器移植
     【脳死】心臓，肺，肝臓，腎臓，膵臓，小腸，角膜
     【心停止】腎臓，膵臓，角膜
     【生体】肝臓，腎臓，肺，膵臓
```

に肝臓移植，1968年に心臓移植が実施されたが，いずれの場合もすぐに拒絶反応という大きな問題に直面した．また，当時の日本では脳死が人間の死として認められておらず，心停止で行われる腎臓と角膜の移植以外はまったく行われなくなった．その後，拒絶反応を抑える免疫抑制剤の開発により，移植技術の長足の進歩があり，世界中に臓器移植が広まった．こうした流れにより移植希望の患者が増え，臓器が足りなくなったため，生体移植が始まった．1988年にポルトガルで生体肝移植が始まり，1989年には日本でも生体肝移植が取り入れられた．脳死移植が行えない日本では，重度の肝臓病患者を助けることが可能な治療法として生体肝移植が広まり，これまでに4000人以上の患者が生体肝移植を受けている．1997年，日本でもようやく脳死移植に関する法律が施行されたが，1999年までは脳死移植が行われることはなかった．それ以降，2008年5月15日現在までに70人の脳死ドナーからの臓器移植が行われたが，これはアメリカの年間5000例と比較するときわめて少なく，日本で脳死移植が広まるにはまだ時間が必要であると思われる．一方，心停止後の移植が可能な腎臓は年間250例，角膜は年間2000例の移植が日本で行われている．

(2) 細胞移植

細胞移植として最も身近なものは血液の移植，すなわち輸血である．血液型さえ合えば強い拒絶反応なしで他人と血液をやりとりできるという事実が，輸血を身近な医療にしている．この拒絶反応なしでの移植こそが再生医療の目指すところであり，血液以外の細胞，組織，臓器においても拒絶反応のない移植を可能にすることが現在の目標となっている．しかし，輸血に比べ，骨髄移植となると非常に強い拒絶反応が現れるため，詳しい検査により適合度の高いドナーを選び，少しでも拒絶反応を抑える工夫をしているのが現状である．骨髄移植は白血病や再生不良性貧血（血液を産生する細胞が枯渇する病気）に対する治療法で，他家（他人）骨髄移植と自家（患者自身）骨髄移植とがある．後者は，がんに対する強力な化学療法（抗がん剤投与）を実施した場合に起こる骨髄抑制（一過性の重症な貧血と白血球減少）の治療に用いられている．骨髄移植において鍵となるのは造血幹細胞である．この細胞は骨髄中にのみ存在すると考えられてきたが，現在では血液中にもわずかながら含まれることが知られている．末梢血中の幹細胞を使用するのが末梢血幹細胞移植であるが，末梢血中より幹細胞を得るためにはいくつかの工夫が必要である．まず，G-CSF（granulocyte-colony stimulating factor，顆粒球コロニー刺激因子）というサイトカインを注射し，白血球の一種である好中球を増加させる．それと同時に末梢血の造血幹細胞を増加させ，細胞の増加をFlow Cytometryという特殊な装置で確認する．G-CSFの投与により末梢血から自己造血幹細胞を非侵襲的に採取することが可能になり，造血幹細胞の性質に関する研究が進歩した．

その他の細胞移植として，これまでに行われているものが2つある．1つ目は，パーキンソン病（脳内伝達物質であるドーパミンにより作動する神経細胞が変性し，ふるえ，硬直，歩行障害などの症状を呈する）に対する治療法である．パーキンソン病は，症状が軽度のうちは薬物治療が有効だが，重症になると薬が効かなくなる．重症例に対しては，中絶した胎児から得た神経細胞を移植するという方法が約10年前から行われている．しかし，倫理的な問題や患者1人への移植に約8体分の胎児組織が必要であることから，広く普及していない．2つ目は，生活習慣病の代表ともいえる糖尿病のうち，1型糖尿病の治療法である．1型糖尿病は，インスリン（血糖値を低下させるホルモン）を分泌する膵臓のベータ細胞が破壊されてインスリンが絶対的に不足することが原因で起こる病で，子どもの頃からインスリン注射をする必要がある．このベータ細胞が存在する膵島を，脳死もしくは心停止ドナーの膵臓から分離しレシピエントに注入するという細胞移植が，近年，日本でも行われるようになった．しかし，多くの膵島を必要とすることや，繰返しの移植が必要であることから，まだ普及はしていない．

日本の移植医療を進めていくうえで，最も大きな問題は脳死である．脳死が人間の死と認めら

てから10年以上が経過しようとしており，これまでに約70人に臓器が提供されてきたが，脳死ドナーの数が増える兆しはまったくみられない．アメリカやヨーロッパの国々と比較し，日本では家族・親族のつながりが強いためか生体肝移植が広まっている．その一方で脳死での提供が少数なのは，ドナー家族の問題というよりは，移植は特別な医療であり日常の診療とはほとんど関係がないと未だに考えている医療従事者に原因があると考えられる．医療従事者に移植を身近に感じてもらうことにより，移植への理解が深まり，脳死ドナーの必要性が少しずつ理解されていくのではないだろうか．生体肝移植が定着してきた現在，本来の脳死移植について，もう一度考えるべき時がきていると思われる．

b. ES細胞

1998年11月，アメリカのThomson, J. A. 教授らにより，ヒトのES細胞を取り出すことに成功したとの論文が発表された（Thomson, 1998）．すべての生物は細胞により構成されており，ヒトには200種類以上，約60兆個の細胞があるといわれている．このようなきわめて多種類・多数の細胞も，もとをたどれば受精卵という1つの細胞に行き着く．生死を日々繰り返している多種多様な細胞それぞれも，もとをたどると1つの細胞に行き当たる．この細胞を幹細胞（stem cell）と呼ぶ．幹から多くの枝が分かれ，大きな木へと成長していくように，幹細胞からも多くの細胞が分かれ，様々な細胞へと変化を遂げて体の組織や器官を形作るのである．幹細胞には，胚性幹細胞（ES細胞）と成体幹細胞とがある．

ES細胞は，受精卵が成長を始める初期の段階である胚から取り出されてつくられる．卵子と精子が受精してできた受精卵は胎児へと成長していく過程で分裂を繰り返し，5～6日目には直径0.1mmほどの胚盤胞と呼ばれる球形の胚となる．胚盤胞は，外側の細胞層である栄養外胚葉と，内部細胞塊（将来に体をつくるもととなる細胞の塊）を抱く胞胚腔から構成されている（図9.12）．内部細胞塊はいずれ内胚葉・中胚葉・外胚葉へと成長し，体のあらゆる細胞を形作っていく部分で，栄養外胚葉は胎盤と胚を外界から隔離する袋を形成する．内部細胞塊をほぐし，細胞が分化しない環境下で培養することによりES細胞を得ることができる．ES細胞には，2つの驚くべき能力が備わっている．1つ目は，体を形作るあらゆる細胞になりうる多能性，2つ目は，培養皿上で一定の条件下にあれば，いくらでも自らのコピーを作り出せる無限の自己複製能力である．ES細胞を目的の細胞へとうまく分化させる方法を確立できれば，病気や事故あるいは老化が原因で失われた体の機能を，ES細胞からつくった細胞で補うことにより治療する再生医療が可能になると考えられる．

このES細胞を用いた方法と組織工学とを組み

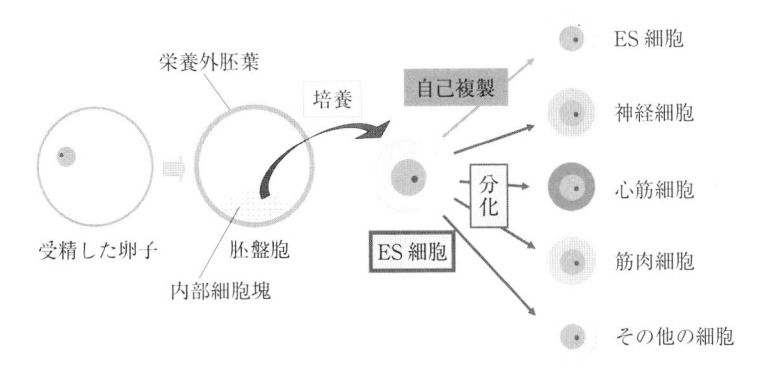

図9.12　ES細胞
ES細胞とは，胚盤胞（成長過程にある受精卵）から取り出された内部細胞塊を分離培養したものである．ES細胞は，無限の自己複製能力と多能性を持っている．

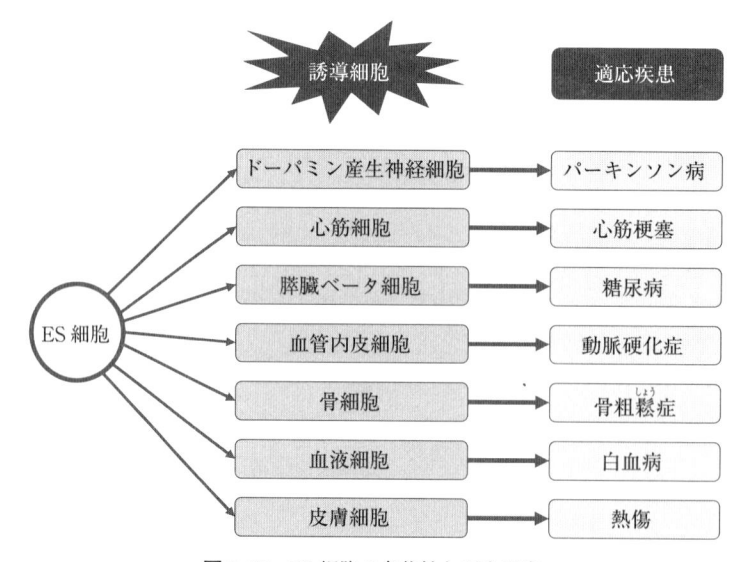

図 9.13 ES 細胞の多能性と再生医療
ES 細胞を目的の細胞へと分化させることにより，様々な病気の治療に利用できる．

合わせることにより立体的な構造を持つ臓器を作り出すことが可能となれば，ドナー不足という臓器移植の現状を打開することも夢ではないだろう．現在，ES 細胞の細胞レベルまでの誘導は多くの領域で進んでいるが，組織や器官を作り出すには構造を形成するための足場作りや複雑な機能を持たせるための研究が必要であり，治療に辿り着くまでにはかなりの時間を要するであろう．

様々な細胞の作製が可能となり再生医療が現実のものとなるためには，ES 細胞を目的の細胞へと分化させる技術の発展が不可欠である．また，移植のためには，目的とする細胞のみを確保することも重要である．仮に，移植用に分化させた細胞群の中に ES 細胞が混入していた場合，移植後に体内で思わぬ細胞を作り出してしまうおそれがある．また，現在 ES 細胞の培養には動物由来製剤が使用されており，ヒトの治療に使用するにあたっては安全性の問題が考えられるため，こうした面での研究も進める必要がある．

ES 細胞を用いた治療を行うに当たり，何より解決されなければならないのは，移植時に生じる免疫拒絶反応の問題である．この問題の解決方法としては，患者自身の体細胞の核を卵子の核と入れ替えることにより作成したクローン胚から ES 細胞を得るという方法が考えられる（図 9.14）．しかし，ヒトクローン胚研究については，「ヒトに関するクローン技術等の規制に関する法律（2001 年 6 月施行）」に基づいて作成された「特定胚の取り扱いに関する指針」により，現在，日本では研究が禁じられている．ES 細胞の性質を備え，患者本人が免疫拒絶を起こさない細胞を生み出すことができれば，治療への可能性は大きく広がると考えられるが，実際にヒトで研究するにあたっては，胚を新規に作成することへの倫理的な懸念があるため，一部の国でのみ許されているのが現状である．

ヒト ES 細胞は，いずれ胎児へと成長する途中の段階である初期胚に手を加えることで初めて得られるものである．初期胚の捉え方には，細胞の集合体にすぎないという考え方もあれば，受精した段階からヒトであるという考え方もあり，その利用には議論がある．このため，ヒト ES 細胞の研究および治療への利用は，様々な生命観を持つ人々が集まる社会の声に耳を傾けながら明確なルールのもとに行われることが求められる．世界各国においても，ヒト ES 細胞の作成を認めないドイツのような国から，ヒトのクローン胚研究を認めているイギリスまで，考え方は様々である．多様な意見が存在するアメリカでは，国民の声に配慮し，2001 年に大統領令によりヒト ES 細胞を

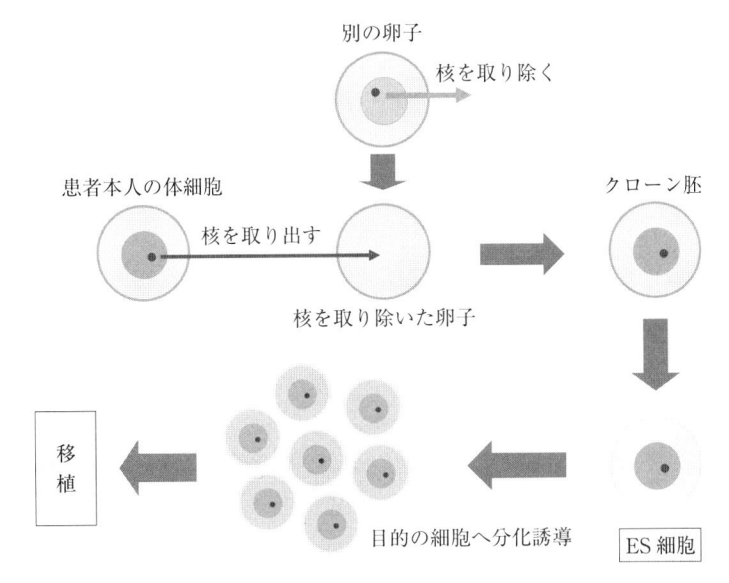

図 9.14 患者自身の体細胞を用いたクローン胚による ES 細胞の作製
ES 細胞を用いた再生医療において拒絶反応は大きな問題となるが，それを解決する方法として患者本人の体細胞から作製したクローン胚を用いる方法がある．こうして作製した ES 細胞は，患者自身の細胞であるため拒絶反応が抑制される．

使用した研究への公的助成が認められたが，使用できるヒト ES 細胞は現在までに作製されている 78 株に限られ，新たなヒト ES 細胞の作成は認められていない．

日本においては，「ヒト ES 細胞に関する樹立と使用に関する指針」が 2001 年 9 月に出され，ヒト ES 細胞の作製と基礎研究への利用が認められることとなった．研究利用については，不妊治療の際にできた凍結胚のうち，研究利用への無償提供に夫婦から同意が得られた場合にのみ使用することができる．

c. iPS 細胞

倫理的問題により研究が制限されるようになった ES 細胞の問題点を解決すべくつくられたものが iPS 細胞である．iPS 細胞（人工多能性幹細胞：induced pluripotent stem cell）は，成体細胞に数種類の遺伝子を導入することによって ES 細胞と同じような分化能を持たせた細胞である．2006 年に京都大学の山中伸弥教授らにより，マウスの皮膚細胞から多能性幹細胞を樹立したという報告がなされ（Takahashi and Yamanaka, 2006），さらに 2007 年にはヒト iPS 細胞樹立の報告がアメリカの Thomson 教授ら（Yu, et al., 2007）と京都大学の山中伸弥教授ら（Takahashi, et al., 2007）によりほぼ同時に発表された．倫理的問題の解決につながることを受けて，すぐさまカトリック総本山のバチカンより，「歴史的な成果である．受精卵を使う ES 細胞も，治療のためと称するクローン技術も必要なくなり，つらい議論も終わりになるだろう」という声明が出された．

しかし，iPS 細胞作製時に遺伝子を導入する際に用いるレトロウイルスが，がんを引き起こす危険性があり，レトロウイルスを用いない導入法では作出効率が非常に悪くなるという問題がある．現在のところヒト iPS 細胞からは心筋細胞や神経細胞，膵島細胞などへの分化が確認されているが，iPS 細胞から分化した細胞が実際に拒絶反応を起こさないということも証明されてはいない．さらに，現在行われている実験は細胞レベルの基礎研究であり，実際に高度な機能と構造を持った組織や臓器レベルで実用化するまでの道のりはまだまだ遠い．今現在注目されているのは，患者の皮膚などの体細胞から iPS 細胞をつくり，その疾患に効く薬剤の候補を絞って創薬につなげるということである．特に有望なのは，原因不明の難病や心

筋および中枢神経系疾患患者の iPS 細胞を様々な組織の細胞に分化させ，健康な人の細胞と比較して発症原因を探り薬剤を開発することであり，日本や欧米で国家プロジェクトとして研究が進められている．

d．人工臓器

人工臓器の研究は古く，第二次世界大戦中の1940 年代にはすでに臨床応用されていた．しかし，人体の免疫拒絶反応が強く現れるため結果は芳しくなく，一時的な利用に留まっていた．その後の工業技術の発達により組織反応の少ない材料が開発され，近年では次第にその利用が現実的なものとなってきている．この技術をさらに応用し，生体組織や細胞を直接用いる方法も開発された．

人工臓器は，工学技術に基づくものと組織生体工学に基づくものとに分類することができる（図9.15）．

工業技術に基づく人工臓器には義歯，義手，義足，人工心臓，人工心肺，人工水晶体，ペースメーカー，人工腎臓などがあり，傷害を受けた臓器の代行を目的として機能補助に用いられている．近年ではコンピュータや動力を内蔵した義手や義足が開発され，神経センサーを介して自分の意志で義手や義足を動かすことが可能となり，患者の社会復帰への期待が高まっている．一方，組織生体工学に基づく人工臓器とは，生きた細胞を操作したり人工材料を補助として新たな組織を形成させたりすることにより生まれた人工臓器を指しており，機能補助ではなく機能置換を目的としている．

組織生体工学に基づく人工臓器の作製は，先に述べた幹細胞とも密接に関係しており，現在最も研究に力が入れられている部門である．ほぼすべての組織・臓器の再生について臨床応用を目指した研究がなされており，今のところ角膜，軟骨，皮膚，骨，歯周組織，心臓，血管がすでに臨床応用にいたっている．角膜では当初，患者本人の健康な角膜上皮幹細胞を培養し移植する方法が行われていたが，両眼性病変の場合には，この方法を適用できなかった．しかし，近年では口腔粘膜組織を培養し移植する方法が開発され，両眼性病変の患者にも移植が可能となっている．軟骨では患者本人の軟骨細胞を培養し病変部分に移植する方法で，主に外傷による膝関節軟骨損傷に対して行われている．人工皮膚は完全な代用にはならないが，皮膚細胞の培養により作製した人工皮膚は患者自身の皮膚細胞の増殖を促進するため，熱傷などの治療に利用されている．骨では自家骨移植による骨再生が行われているが，最近では骨形成タンパクが発見され，このタンパクを用いた治療が欧米で行われ始めている．歯周病に対しては，口腔粘膜上皮を培養して作製したシートで患部を被うことにより歯周組織の再生を促す治療が行われており，最近では歯そのものの再生を目的とした研究が行われている．心臓では心筋梗塞に骨格筋細胞を移植することにより機能が改善することが発見され，欧米で現在臨床治験中である．血管では細胞治療や遺伝子治療とも関連して血管成長因子や幹細胞移植による血管新生治療が行われている．また，先ほど述べたように，組織反応の少ない，より有用な新しい医療材料の開発も再生医療の重要な鍵となっている．

e．その他

その他の再生医療として，薬剤を用いる方法やリハビリテーション，高圧酸素による再生促進が挙げられる（図 9.16）．薬剤による再生医療とは，再生誘導因子（細胞増殖因子，サイトカイ

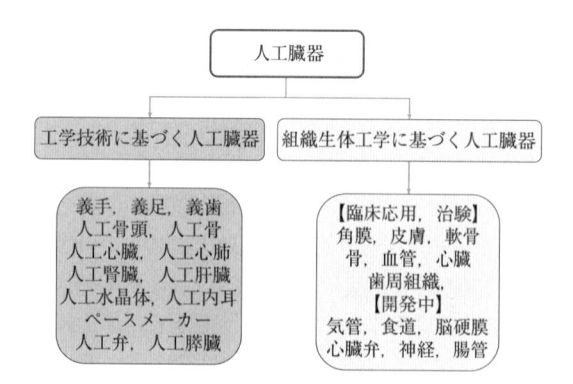

図 9.15　人工臓器の分類
人工臓器は，工学技術に基づくものと，組織生体工学に基づくものに大きく分類される．前者は義手や人工心臓など機能補助を目的としており，後者は角膜や軟骨など機能置換を目的としている．

9.2 人類の最新医療

```
           ┌──────────────┐
           │ 薬剤・その他 │
           └──────┬───────┘
        ┌────────┼────────┐
    ┌───┴──┐ ┌───┴──┐ ┌───┴────┐
    │ 薬剤 │ │リハビリ│ │ 高圧酸素│
    └───┬──┘ └───┬──┘ └───┬────┘
```

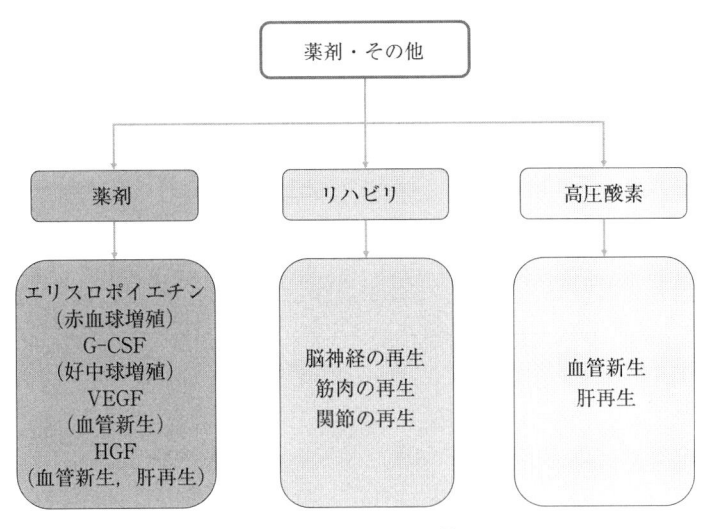

薬剤：エリスロポイエチン（赤血球増殖）／G-CSF（好中球増殖）／VEGF（血管新生）／HGF（血管新生，肝再生）

リハビリ：脳神経の再生／筋肉の再生／関節の再生

高圧酸素：血管新生／肝再生

図 9.16 薬剤・その他
その他の再生医療として，薬剤投与やリハビリテーション，高圧酸素療法が挙げられる．

ン，ペプチド，ホルモン）を全身もしくは局所に投与することにより再生を促す治療法である．例えば，エリスロポエチン投与による赤血球増殖促進は透析患者の貧血症治療に利用され，G-CSF 投与による好中球増殖促進は抗がん剤の副作用治療に利用されている．また，VEGF（vascular endothelial growth factor, 血管内皮細胞増殖因子）や HGF（hepatocyte growth factor, 肝細胞増殖因子）などの増殖因子を利用した血管新生療法も行われている．リハビリテーションによる筋肉や神経の再生も再生医療であり，また高圧酸素による血管再生療法も再生医療の1つである．

f. 今後の課題

再生医療の問題点は多い．実用化の目処は立っているのか，臓器移植と同様の倫理的問題は生じないか，経済的に成立するのか，医療費の高騰に拍車を掛ける過剰医療ではないか…など，まだまだ解決に多大な努力と時間を要する問題が山積みである．発生学，分子遺伝学，分子生物学などの研究の進歩により，かつては生命の神秘として捉えられてきた出来事が次々に科学的に解明されようとしている．様々なことがわかってくることにより人々の生命観は変化し，個々人の価値観は多様化してきている．生命倫理という問題ひとつを取り上げても考え方は人それぞれである．あらゆる立場の人の意見を束ねることは困難だが，議論を続けていくことは可能である．そのためには研究者がどのような研究を何のために行っているのかを社会に対して説明し，情報を伝えていくことが重要であると考えられる．今後，再生医療に関する研究が本格化するに当たり，研究者や医療従事者だけでなく，広く市民が様々な立場に思いをめぐらせながら再生医療について学び，語ることこそが，多くの患者が安全に再生医療の恩恵を享受できるようになるために必要である．

〔桑野博行〕

● 文 献

Takahashi, K. and Yamanaka, S. (2006) Induction of pluripotent stem cells from mouse embryonic and adult fibroblast cultures by defined factors. Cell **126**: 663-676.

Takahashi, K., et al. (2007) Induction of pluripotent stem cells from adult human fibroblasts by defined factors. Cell **131**: 861-872.

Thomson, J. A., et al. (1998) Embryonic stem cell lines derived from human blastocysts. Science **282**: 1145-1147.

Yu, J., et al. (2007) Induced pluripotent stem cell lines derived from human somatic cells. Science **318**: 1917-1920.

9.3 人類と動物

9.3.1 人類と動物との関わり

あらゆる動物は，別の種に属している他の動物と何らかの関係を持っており，完全に孤立した存在というのは考えにくい．ただし，異種間の相互関係は捕食やテリトリーの棲み分けなどに限られ，関わりを持つ相手となる動物種の数も限定されている．ところが人類の場合には他の動物との関係が実に多岐にわたっており，様々な形で，しかも数多くの動物種と関わっている．このこと自体，生物界における人類の特徴を示すものといえるだろう．人類はさらに自然界の動物以外にも，家畜という新しい種を作り出したり，現実には存在しない架空の動物を生み出したりもする．

a. 人類史における生業

そもそも人と他の動物の関わりは捕食という関係であった．チンパンジーの祖先と別れた頃の最も初期の人の仲間は，他の動物を狩る捕食者というより，むしろ狩られる獲物の側にあったようだ．アフリカで誕生した人の祖先は，サバンナに生息する大型肉食獣の捕食対象になっていたのである．やがて猿人アウストラロピテクス段階になると，捕食者の側にも立つようになる．ただし，当初は他の肉食獣の食べ残しを利用することが多く，まだ本格的な狩猟者とはいえない．猿人の生活は基本的には菜食中心であったとされている．

人と動物の関係が大きく転換したのは原人ホモ・エレクトゥスのときである．原人は石器などの優れた道具や集団猟などの技術を用いることによって，大型の動物でさえも獲物として狩ることが可能になった．こうして食糧を獲得するための狩猟という生業形態を確立させ，他の動物に対して優越した捕食者の地位に立ったのである．

氷河時代のホモ・サピエンスも優れた狩猟民であった．そして，この頃から人はトナカイや野牛など群生の草食動物を狩猟の対象とするようになり，草地を求めて移動する動物の群れと行動をともにする生活パターンも始まった．単なる捕食ではなく，共生という新たな関係も出来上がったのである．これら旧石器時代の狩人は，動物に密着した生活の中で観察を深め，その生態を熟知するようになった．人類最初の芸術表現として知られるラスコーやアルタミラなどの洞窟絵画からは，当時の人々の動物に対する深い関心がうかがわれる．

今から1万年前に氷河時代が終わり，地球規模の温暖化や乾燥化が急激に進む中で，人と動物の関係は根本的に変化した．すなわち，人がそれまで狩猟対象としてきた動物の数が激減し，その多くは絶滅していった．このとき人は植物性食糧への依存度を高め，やがて植物を栽培化して農耕を開始した．その一方で動物を家畜化し，牧畜という別の生業形態も取り入れた．少なくとも100万年にわたって続いてきた狩猟という単一の食糧獲得法に加えて，農耕と牧畜によって食糧を生産するという新しい可能性を切り開いたのである．氷河期が終わった後の急激な気候および環境の変動に人が適応できたのは，このように3つの異なるタイプの生業を営むようになったからである．そして多様な生業のあり方が，人と動物との関係にも多様性を生み出すことになった．

b. 狩猟民の社会

狩猟民の生活は貧しく，その日の食糧を獲得することだけに追われ，いつも食糧の欠乏に苦しめられていると考えられがちである．またそれは発展の可能性が閉ざされ，文明から取り残された社会であると従来は考えられてきた．しかし，この食糧の欠乏は，農耕社会や牧畜社会の開発が猟場を奪い，狩猟民を追い詰めてしまった結果として引き起こされたという面がある．しかも，狩猟民社会に対するこのような考え方のほとんどは実態とかけ離れた単なるイメージにすぎないことがわかってきた．

環境に恵まれさえすれば食糧危機とは縁遠い豊かな暮らしが可能であり，食糧獲得のために費やす時間は意外に短く，生業以外の活動を行う余裕が十分にあることを，現代の狩猟民についての調査研究を行った人類学者たちは明らかにしている．

狩猟民は，自然の資源と，その利用法についての豊富な知識を持っている．例えば自然の食糧資源には季節性があり，獲物は季節によって特定の場所に集中的に現れる．この点に着目し，それぞれの獲物をいつ，どのようにして獲れば効率的なのかを十分に考慮し，しかも資源を枯渇させないような利用戦略がとられているのである．

狩猟民は比較的小さな集団を単位として，移動性の高い生活を送っている．このような集団をバンドと呼ぶ．バンドは獲物を求めて無計画に放浪しているわけではなく，季節ごとに決まった場所を移動する．移動性の高い生活であるが，根拠地としてよく利用する場所が存在する．それぞれのバンドは，まったく関係なく孤立して点在しているわけではない．毎年，獲物が多い季節になると，同じ場所に多くのバンドが集まってマクロバンドと呼ばれる比較的大きな社会が出来上がる．そして獲物が少なくなると，それぞれのバンドが分散して小さなテリトリーの中で生活するようになる．

このように，狩猟民は狩りの対象となる動物の生態に合わせて社会のあり方を調整し，自分たちの集団の規模や行動などを決めている．

9.3.2 牧　　畜

狩猟民の社会では，人の側が動物の生態に合わせて社会を調節するという面はあるものの，基本的には人は狩猟者であり動物は獲物であった．ところが牧畜が始まると，その関係は大きく変わった．人が関わりを持つのは，捕食の対象としての動物ではなく，人が管理する家畜になったのである．人にとっての利点が重視され，人の都合で動物の生態を変えていく．そして人と動物との関係は，それまでよりもはるかに密接なものとなった．

a. 遊　牧

家畜動物を利用する生業を牧畜というが，そのあり方は様々である．牧畜の典型は遊牧であろう．トナカイ，ヒツジ，ラクダ，ヤギ，ウシなど群生の草食動物を管理しながら放牧地を移動して生活を営むのが遊牧である．人は，これらの家畜から入手する乳製品と肉を主な食糧源とする．遊牧といっても常に移動生活を送るわけではなく，季節ごとに根拠地となる放牧キャンプを替えて移動することが多い．移動のパターンにも一定の規則性がある．このように動物の生態に合わせて移動しながらも，一方で家畜を人為的に管理していくのが遊牧である．

遊牧と農耕を，まったく切り離された別々の生業とみなすのは誤りである．純粋な遊牧生活というのはきわめて特殊で，遊牧民が農耕を行うことは少なくない．例えば畑の近くに定住的根拠地を設けて農耕生活を営み，成年男子など成員の一部だけが遊牧を行う場合がある．また，成員全体が移動する場合でも，それぞれのキャンプ場所の近くに畑をつくって一時的に農耕を行うことがある．

遊牧民が農耕民と接触する機会も多く，実際に様々な関係を保っている．生産物を交換することはごく一般的である．遊牧民は乳製品や肉，あるいはその他の製品を供給し，それと交換に穀類などの農作物を農耕民から入手する．また農耕民は遊牧民が所有する家畜を運搬手段として利用する．ただし農耕民と遊牧民の関係は必ずしも友好的とは限らない．むしろ互いに異質な社会集団として認識していることが多い．社会関係としては緊張していることが多いが，実際の経済的側面からみれば両者は明らかに相補的な関係にある．

農耕と遊牧を複合した農牧社会を形成することも多い．農耕民が家畜を飼い，近くの牧草地で放牧したり，居住地の敷地や畜舎内で飼料を与えて生育させるやり方であり，ごく普通の農村によくみられるタイプである．ただし放牧地が専有化され，大規模に囲われた牧場で飼育することになれば，農牧兼業というよりも，独立した生業，すなわち畜産業となる．畜産の場合には，生産物を自

分たちで消費するのではなく，他の生業に携わる人たちに商品として提供する．したがって生産性が優先され，動物の生態はますます人為的に変更されるようになる．

b. 家畜の管理

人と動物の関係は，牧畜社会において最も顕著に現れる．牧畜民は家畜の群れをただ守り育てているわけではない．人の利用目的に合わせて様々な飼育方法や管理技術を開発していくのである．

牧畜において最も重要な技術の1つが，放牧時における群れの管理である．交尾期には，雄どうしの争いで群れが混乱することが多い．そこで，いつも統制がとれた状態に保つために，雄の多くを出生後数ヶ月以内に屠殺もしくは去勢し，生殖能力を持つ種雄の数を人為的に調節するという工夫がとられる．こうすると，群れの中の雄と雌の比率は，野生状態とはまったく違ってくる．このとき，どの個体を種雄として残すかは飼育者の判断により，人にとってプラスとなる形態的特徴や性向などが考慮される．牧畜においては動物の繁殖が人為的に調節され，人の関与によって特定の遺伝子が多く残されるという結果をもたらすのである．つまり繁殖レベルでの人為的淘汰である．また異種の動物を交尾させて雑種を作り出すということも行われる．このような生殖管理が近代における育種技術に通じていく．

牧畜民は生産性を高めるために牧草地を選択し，飼料の工夫を図る．例えば乳量が多くなったり肉質がよくなったりするような牧草地を経験的に知ると，いつも家畜をそこに放牧させるようになる．さらに畜舎内の飼育では，自然状態では摂取しにくい組合せの飼料を配合して与えることもできる．このようにして家畜は採食行動においても人に完全に依存してしまうのである．

牧畜の成否は家畜の繁殖がうまくいくかどうかにかかっている．とりわけ出産は大きな関心事であり，牧畜民は産まれた子がきちんと育つように授乳・哺乳などにも介入する．動物界では，雌は実子以外には授乳を許容しないが，人が介助すれば，母を失った子でも別の雌から哺乳を受けられるようになり，生育が可能になる．このような授乳への介入が，やがて搾乳という行為に結び付き，人にとって価値の高い乳製品を利用できるようになったと考えられる．

9.3.3 家　　畜

人が最も密接な関係を持っている動物が家畜である．しかし，家畜といってもその種類や用途は様々で，厳密な定義は難しい．野生状態ではなく人の管理のもとで，特定の目的をもって飼育される動物というのが最低限の定義になるが，管理のあり方の度合いや目的によって，実に様々な家畜が存在する．

a. 様々な家畜

比較的なじみのある家畜から列挙してみよう．ウシ科に属するウシ，ヤギ，ヒツジなどは，一般に肉や乳を利用するために飼育されている．ただしウシの場合には農作業の役獣として使われ，車を曳かせることもあり，また，皮が様々なものに加工されるなど，その利用価値は高い．ヒツジも，食用のほかに毛を織物の原料として利用する．

ラクダ科では，ラクダが砂漠の乗り物として利用されることがよく知られている．荷物を運搬するためにも用いられるが，乳や肉も大切な食糧資源となる．ところが，同じラクダ科でも，南アメリカで家畜化されたラマやアルパカの場合には，利用方法がやや異なっている．肉は食用となるが搾乳はまったく行われない．ラマは主として荷物の運搬に供されるが，騎乗することはない．アルパカは，もっぱら毛を採るために飼育されている．

このように家畜動物は，人にとって貴重な動物性タンパク資源になるとともに，荷物の運搬や獣毛の利用など多目的で飼育されるものが多い．これに対して，ある目的だけに特化して飼育される家畜もいる．

ウマ科のウマとロバは，騎乗や荷運び，あるいは車を曳く駄獣に特化してきた家畜といえる．少なくとも今は，食糧の対象となることはあまりない．モルモットは，マウスなどとともにもっぱら

実験動物として飼育されている．ただし，もともと南アメリカでは先史時代から重要な動物性タンパク資源として家畜化されており，現在も食用として利用されている．

逆に，完全に食用のためだけに飼育され，他の用途がほとんどない家畜もいる．代表的なのがイノシシ科のブタである．ブタは群れとして放牧されることはなく，畜舎内で飼われるのが一般的である．同じように食用だけを目的にして飼育されるのはアヒル，ガチョウ，シチメンチョウ，ウズラ，ニワトリなどである（ただしガチョウについては，胸毛などを衣料に用いる）．これらは家禽と呼ばれるが，広い意味では家畜の仲間に分類される．ある目的を持って飼育するという点ではミツバチやカイコも家畜に加えることができるが，これは一般の家畜のイメージとはかなり異なっている．

もともと猟犬として，あるいは番犬として飼育されたイヌは家畜の代表ともいえるが，牧畜の対象動物ではなく，むしろ人の補助者としての役割を果たしてきた．食用としての利用は例外的であり，今は家庭内のペットとしての意味合いが強い．

人との親密性という点でイヌ以上に関係が強いのがネコである．ネコは代表的な家畜と考えられているが，実はその役割がはっきりしない．今は典型的なペット動物である．ただしペット動物が必ずしも家畜であるというわけではない．人は数多くの野生動物を飼育し，手なずけ，観賞の対象としているが，それらはあくまで野生動物であり家畜化されることはほとんどない．

b. 家畜化の起源

家畜化の起源，すなわち人類はいつ，どこで，どのような動物を家畜化したかという問いに答えるのは，かなり難しい．最も古い家畜はイヌとされているが，牧畜などの生業とは直接結び付かないので他の動物の家畜化と一緒には論じにくい．

牧畜の主たる対象となる家畜は群居性の草食動物（有蹄類）である．これは氷河時代の狩猟民としての生活からの発展として理解することができる．これらの動物と日常的に接触し集中的に利用してきた狩猟民が，その生態についての豊富な知識を蓄積させていったことは想像に難くない．例えばトナカイの場合には，遊動的な狩猟民集団が動物とともに移動生活を送る中で家畜化していったと考えられる．

しかし動物の家畜化の具体的な起源やプロセスを実証的に解明するとなると大きな問題がある．生物学的な次元での野生種と家畜種の区分が必ずしも明確ではないのである．野生種がはっきりしない家畜種もあるし，家畜が人の手を離れて再び野生動物化してしまう場合も少なくない．家畜化のプロセスは漸次的なものであり，ある瞬間をとらえて家畜化されたということはできないのである．

それでも西アジアでは，獣骨などの考古学的な証拠から，紀元前7000年紀に動物利用のあり方にはっきりした変化が生じたことが明らかになっている．初期農耕を始めた定住村落社会の中で，最初にヤギが，やや遅れてヒツジが家畜化されていったようだ．いずれにしても動物の家畜化は，植物の栽培化とともに，氷河時代の後に生じた気候変動の中で人の適応戦略の結果として生じたものであり，多くの家畜の起源は文明社会成立以前の紀元前数千年に遡る．その後，家畜の品種改良は進んだが，新たな野生動物が家畜化された例はあまりない．

9.3.4 想像上の動物

人は動物に対して様々なイメージを付与する．それは現実に接触している動物の観察から得られる場合もあるが，むしろ信仰などとの関連のほうが強い．神話や伝承，説話などによって，イメージが語り継がれ定着していくのである．その中で人は動物との関係付けを行い，非現実的な属性を付与したり，ときには空想の動物を創り出したりする．

a. 擬人化される動物

多くの社会では神話において人の成り立ちが語られ，なぜ人が他の動物と違うのか，どのように

して人となったのかという説明がなされる．このとき，始原の時代には動物も言葉を話すことができ，人のように振る舞い，人とコミュニケーションをとることができたと語られる．動物が擬人化されるのである．神話や説話に出てくる動物は，しばしば絵画などにも表現されるが，そのときは擬人化した半人半獣の姿として描かれる．

神話などでは動物の持つ様々な能力が強調され，人は動物から色々な知恵を授かることになる．最後には，それらを獲得した人が自然界で超越した特別な存在になると語られるのである．人々は，このような話の中でそれぞれの動物の能力や気質，性格などについてのイメージを形成し，それが次第に人々の間に定着していく．

起源神話における動物の擬人的表現の背景には，かつては人に近い存在であった動物が今のような姿になり，一方，人のほうは動物とは異なる人間らしさを獲得していったという考え方がある．つまり，動物は退化し，人は進化したという発想であり，一種の進化論とみることができる．

b. トーテミズム

動物には不思議な力が備わっていると考え，それを信仰の対象にすることがある．このような動物崇拝の典型とされるのがトーテミズムである．トーテミズムとは，ある特定の人間集団が特定の動物種を自分たちのトーテム動物とし，それとは特別な関係にあるとみなす信仰のことをいう．日本でもなじみのあるトーテムポールは，この信仰に由来している．トーテムポールは，もともと北アメリカ北西海岸部の先住民社会で，建物の入口に立てられていたものである．大きな木の柱に，それぞれの部族が関係するトーテム動物の顔がいくつも重ねて彫刻されていた．

トーテム動物と人間集団との特殊な関係は，神話などで具体的な話として伝承される．例えば，集団の始祖がその動物と親密な間柄にあったなどと語られる．トーテム動物が集団に敵対して成員を襲うことはないと信じられ，逆に人の側がむやみに殺したり，食べたりすることも禁じられる．その動物を狩る場合には，しかるべき儀礼を行って許しを求めなければならない．集団が執り行う儀礼や祭礼において，トーテム動物は中心的な存在として取り扱われる．集団の名称がトーテム動物の名前で呼ばれることも多い．ある集団に属する人々の性格や気質までが動物になぞらえて語られ，例えば「あの集団はワシのように勇敢である」とか「ハヤブサのように敏捷である」などといわれる．

トーテミズムは地球上の広い範囲でみられる信仰の形態であり，かつては人と動物との根源的な関係を表す原初的信仰と説明されてきた．しかし，ある集団が動物の名前を冠し，それを特別に扱うということは，必ずしも信仰だけに限られるものではない．例えば現代の日本でも，プロ野球の球団はタイガースやライオンズなどのように動物種の名前をつけている．

トーテム動物は，それぞれの人間集団が何らかの個性を主張し，わかりやすい形で他の集団と識別するための標識であったという説明には説得力がある．人の社会では，それぞれの集団を区分しようとしても一見しただけでは違いがわからないことが多い．そこで，自然界の中で明瞭に識別でき分類できる動物種の名称を借用して集団の区分を図ったのではないか，という解釈である．トーテム動物に関する信仰は，集団を識別するために特定の動物種が選び出された後で形成されたと考えられる．

c. 空想の動物

人は自分たちの社会を構成するために動物の性質や特徴をイメージ化し色々と利用してきた．このようなイメージ化においては，自然界における動物の実際の生態とはかけ離れていくこともある．その最たるものが空想上の動物であり，その代表としては世界各地の神話や伝承に登場する竜（ドラゴン）が挙げられる．動物界の中で，地を這うヘビは異質な存在として認識され，天空を飛ぶトリも他の動物とは違うものとみなされた．この特殊な位置にある2つを合体させた空想上の動物が竜である．

このように現実には存在しない空想動物を創り

出すのは，なにも科学が未発達な古代的心性とは限らない．ゴジラやポケモンなど，現代が生み出した想像上の動物は数多い．動物に対して多彩なイメージを育み，実在しない動物を空想するのは人の特性なのである．

9.4 人類の習慣

9.4.1 習慣と慣習

人は，生物体の行動としては説明できない様々な振舞いをする．それは，生来備わっている本能に基づくものではなく，後天的に習得した文化的行動として説明されてきた．しかし本能や文化という言葉はかなり曖昧である．本能については，今は遺伝子によって規定される行動と言い換えることができ，いずれきちんと解明されることになろう．一方，文化についても，まだ全体的な理解にはいたっていないが，習慣や慣習に着目することで文化的行動のある側面を理解することは可能である．

a. 習慣と慣習

人は自分が属している社会の中で，いつも決まりきった行動をごく自然に繰り返している．それが習慣である．しかし，そのような習慣的行為は別の社会では必ずしも当たり前というわけではない．つまり習慣とは人に本来的に備わっているものではなく，それぞれの社会で個人個人が身につけたものであることがわかる．

人の行動の多くは，集団を構成する他のメンバーとの相互行為によって成り立っている．他の動物の行動にも相互行為という面はあるが，人の場合にはそれが同時に社会的行動になるという点が違っている．人は社会の中で行動するのである．そして個人が属する社会は，動物の群れと比べるとはるかに複雑であり，その規模も大きい．さらに社会集団はそれだけでは完結せず，もっと大きな広がりを持つ社会とも関わっている．

近代社会においては法律や規則などが社会的行動を規定しているが，具体的な行動に際して人々が法律を参照することはほとんどない．多くの社会成員と同じように振る舞うこと，あるいは皆の了解が得られるように振る舞うことが，行動を決める準拠になっている．このような暗黙の規範を慣習と呼ぶ．慣習は広義の意味では習慣に含まれるが，より社会的な意味合いが強いといえる．

b. 人生儀礼

人はどのようにして，それぞれの社会における習慣を身につけていくのだろうか．一般には親や他の成員から個別に学びとるが，節目においては社会全体がこれに関与し，習慣を共有化させようとする．その代表的な例が人生儀礼と呼ばれるものである．個人の誕生から成人，結婚など，人生における重要な結節点を社会の成員全体で祝い，また個人の死を全員で悼む．このような人生儀礼の場においては慣習がとりわけ重んじられ，しきたり通りに振る舞うことが求められる．個人は，慣習的に行われる人生儀礼を繰り返し経験する中で社会的に次の段階に進み，新たな役割や責任を負うと同時に，それに応じた新しい習慣を身に付けていくのである．

c. 埋葬の慣習

同じ人生儀礼の中でも葬儀や埋葬など死に関する儀礼は特別なものであり，とりわけ入念に，また厳格に執り行われる．それぞれの社会における慣習が最も表面化する場ともいえる．

そもそも死者を埋葬するという行為は，動物界の中ではヒトだけに特徴的な行為であり，他の動物にはまったくみられない．チンパンジーは仲間の死に際して特別の感情を表現するといわれるが，それは一時的なものであり，死体に対し埋葬のような行為を行うことはない．ところがヒトの場合には，いかなる社会でも死者を必ず埋葬するという慣習を持っている．

人類史的にみれば、チンパンジーの祖先から分岐した最初のヒト科動物にも、その後で登場する猿人にも、死者を埋葬した痕跡はまったくみられない。ヒト属に含まれる原人ホモ・エレクトゥスも、墓をつくることはなかった。しかし旧人の場合には、死者を埋葬した事例がいくつか確認されている。したがって埋葬は現生人類ホモ・サピエンスだけに限られた慣習ではなく、ヒトが進化の途上で獲得した最も基本的な慣習の1つであったと考えられる。

ヒトだけが行う慣習としての葬儀や死者の埋葬には、2つの意味がある。死は、生者が直接に経験できない事柄である。したがって死の観念は、抽象的な思考能力がなければ生まれてこない。また、墓をつくり、そこを死者の場所とみなすのは象徴能力と関連している。ヒトだけが、そのような重要な能力を開花させたのである。

葬儀や埋葬のもう1つの意味は、個人の生物学的な死を社会的な死として位置付ける点にある。人は社会的な存在であり、個人の死は社会にとっての喪失となる。死は悲しむべき、忌むべき個人的事柄ともいえるが、社会の側からみれば、故人が果たしてきた社会的役割や機能が失われることになり、社会の秩序が乱れて危機を招くという面がある。葬儀や埋葬は死者のためというよりも、残された人々、そして社会のために行われる意味のほうが大きい。

このように社会として、失われた機能や秩序を回復するために、まさに慣習として葬儀や埋葬儀礼が行われるのである。

9.4.2 儀礼的交換

習慣が、ごく日常の何気ない個人的振舞いであるとすれば、慣習は、社会をより意識した行動ということになる。その典型が儀礼的行為と呼ばれるものである。儀礼的行為は必ずしも日常的に繰り返されるわけではないが、決まりきったやり方があり、儀礼の場ではそれが当たり前のように振る舞われる。習慣には、さしたる意味はないが、儀礼的行為については、なぜそうするのかという説明が与えられるし、他の色々な社会事象と関連することも多い。

日本では中元や歳暮などの儀礼的贈答という慣習が今でも広く行われている。バレンタインデーにチョコレートを贈るのもその1つである。これらの贈答は一方向ではなく返礼を伴うので、むしろ儀礼的交換と呼ぶべきであろう。物資が交換されるという点では一種の経済行為になるが、それ自体の物質的価値よりも、むしろ相互の人間関係の絆を深めるという社会的な機能を持った交換である。

このような儀礼的交換は世界中の多くの社会で、様々な形で行われている。別の社会の人にとっては奇妙な行い、不思議な慣習とみなされることが多いが、その社会の当事者にとっては意味のある大切な行為になっている。

a. クラ交換

ニューギニアの南東にある太平洋の島々では、クラと呼ばれる儀礼的交換が行われていた。交換されるのは、赤い貝のビーズでつくった首飾り（ソウラヴァ）と白い貝の腕輪（ムワリ）である。この儀礼的交換は、広く円環状に位置している多くの島々の間で行われる。ソウラヴァは時計回りの方向に、ムワリは逆回りに、島々の間で受け渡されていく決まりになっている。隣の島から届けられた貝の装身具を手許に長い間おくことは許されない。海を隔てた別の島にできるだけ速やかに持っていき、次の相手に渡さなければならない。逆向きに回ってきた別の装身具も同様に手渡す必要がある。装身具を渡すために、島の人々は命がけの遠洋航海に乗り出すのである。こうして、いくつもの島々を巻き込む壮大な儀礼的交換が展開する。

循環する装身具には、それぞれ由緒来歴がある。それを受け取ること、そして相手に贈ることは大変な名誉と考えられている。しかし、それにしても人々はなぜ実質的な価値のない貝製品の受け渡しに、これほどの情熱を注ぐのだろうか。

実は、クラ交換に伴って実質的な物資の交換が行われていた。ムワリやソウラヴァを運んできた

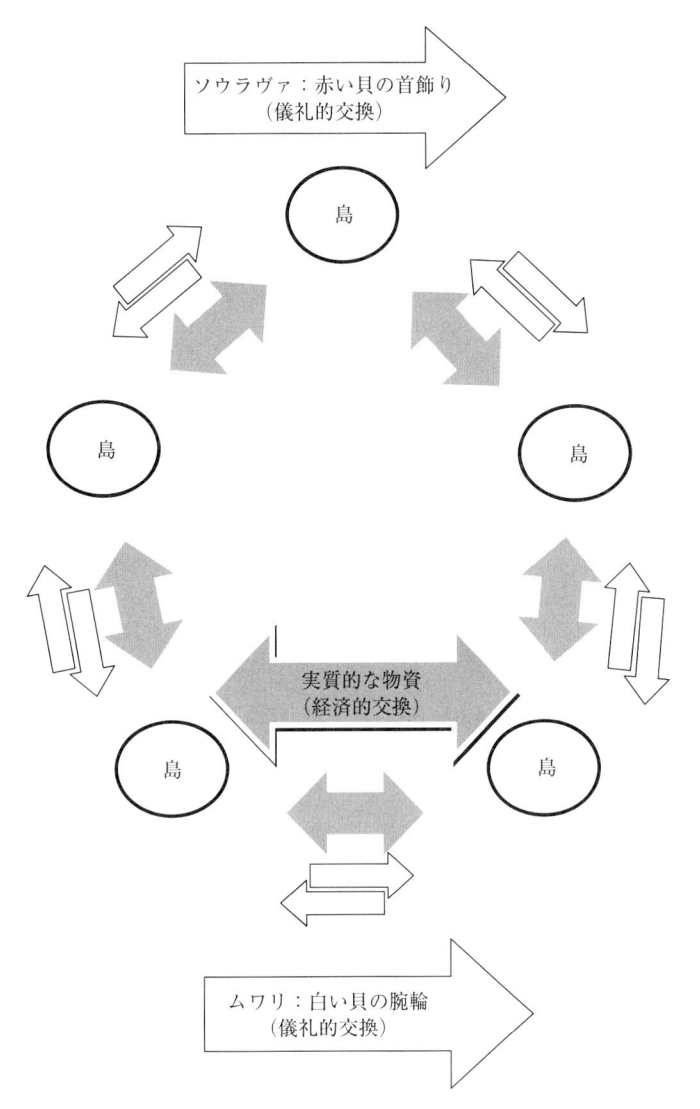

図 9.17 クラ交換

遠来の客は盛大に歓待するのが慣習になっている．この儀礼的交換により，日頃は交流もなく，むしろ敵対的な関係にある島どうしの人々の間に友好的な雰囲気が作り出され，揉め事も起こらずスムースに実質的な物資の交換がなされるのである．クラ交換のために航海に参加する仲間たちは，相手の島の人々と実質的な交換ができるからこそ進んで協力をする．一方，主催者はクラ交換を行ったということで名声を得るだけではなく，実質的な経済交換の機会を設けた人物として高い評価を受け，島の中での政治的な地位を高めることができる．

このように，一見すると慣習的に行われている儀礼的交換が，社会的にも大きな意味を持ち，実質的な経済交換を保障する機能も果たしているのである（図 9.17）．

b. ポトラッチ

儀礼的交換では，贈られた側の返礼が義務とされ，その具体的な内容や方法なども慣習的に定められていることが多い．香典の半返しや，バレンタインデーのお返しをホワイトデーに行うのも，その例である．

儀礼的交換は必ずしも双方の友好的関係が前提

とは限らない．むしろ新たな関係を結ぶため，あるいはこじれた関係の修復のために交換が行われたりする．だからこそ慣習的な決まりが必要なのである．仮に，儀礼的交換にルールがない場合には，例えば物のやりとりを互いに競い合うなど社会的な混乱を招くことになりかねない．

その典型的な例が，19世紀に北アメリカ北西海岸の先住民社会で行われていたポトラッチという儀礼的交換である．この社会では，人々を招いて盛大な宴会を催し，その場で多くの贈り物を与えるのが名誉とされていた．一方，招かれた者は後日それ以上の宴会を開かなければ不名誉の誹りを受ける．こうして宴会や贈答が競い合われるようになった．例えば，気前のよさを誇示するために，贈り物として用意した毛布を宴会の場で燃やしてしまうこともあった．これは，その毛布が相手の次の宴会の資源にならないようにするための作戦でもある．このようにエスカレートしてしまった儀礼的交換によって富が無意味に蕩尽されることを危惧したカナダ政府は，ついにポトラッチを禁止するにいたった．

ポトラッチは儀礼的交換の極端な事例として紹介されることが多く，先住民社会の後進性などが強調されたこともあった．しかし，実際には当時の北西海岸ではヨーロッパ系の人々との交易が盛んに行われるようになり，先住民社会の経済事情が大きく変動して消費の観念などが変化していたことが背景にあった．ポトラッチの事例は，従来の慣習が，社会の変動期においては必ずしもうまく機能しない例として考えるべきであろう．

9.5 人類の宗教

9.5.1 宗教と呪術

いかなる社会であれ，人々は何らかの形で宗教と関わりを持っている．宗教は人の生活に深く根ざしたものということができる．しかし宗教とは何かという定義になると意外に難しい．代表的な宗教といえばキリスト教，仏教，イスラム教などが挙げられるが，それ以外にも，地球上の様々な社会には実に多様な形態の宗教が存在している．

a. 世界宗教と民俗宗教

キリスト教，仏教，イスラム教などは世界中に広く信者を持っている．各地に教団組織があり，教会や寺院なども数多く存在している．これらの世界宗教は教義の内容が明確で，聖書や経典などの書物としてまとめられている．そこでは，人はなぜ生きるのか，生にはいかなる価値があるのか，人はなぜ死ぬのかなど，人生についての究極的な意味が語られる．さらに宇宙や世界の成り立ちについても解き明かしてくれる．このような世界宗教の教義は，前近代においてはすべての知識や学問の源泉であり，近代になっても思想体系の重要な背景をなしてきた．世界宗教は人としての普遍性を説いており，それゆえに地域や民族を超えた広がりを持つのである．

一方，特定の地域や社会に根ざした宗教もある．それを世界宗教と区別して民俗宗教と呼ぶことがある．たしかに信者の規模や教義の体系性など，両者の間には多くの点で際立った違いがある．世界宗教は，その普遍性ゆえに異質な民俗宗教に対して不寛容な立場をとることが多く，民俗宗教も当然のことながら普遍性を掲げる宗教とは相容れない．しかし世界宗教と民俗宗教をはっきり区別し，互いにまったく異なるものとみなしてしまうのは妥当ではない．少なくとも宗教の果たす役割を正しく理解しようとするなら，両者の重なる面のほうをみていく必要がある．

人々は実際の生活の中で神に対して祈り，嘆願し，ときに許しを乞う．これがごく普通の宗教的実践であり，その点では世界宗教も民俗宗教も違いはない．そのときに教義の普遍性や体系性を意識することは，ほとんどない．現代においては，宗教を神聖の観念や聖なる特別な領域に限定する傾向が強いが，本来は日常の実践こそが宗教の根幹をなすものである．日常の世俗的領域に属する

事柄では，いわゆる民間の信仰も多くみられる．民俗宗教はこのような民間信仰のほうに，より深く根ざしていると考えられるが，世界宗教の場合にも必ず世俗の民間信仰が共存している．

民俗や民間という言葉には，一段低い劣ったもののというニュアンスが含まれている．そのために誤ったイメージを与えるようであるが，そのような区分をせずに宗教を広く捉え，宗教の領域には多様な側面が含まれると理解すべきであろう．

b. 呪術

宗教をより広く理解するために，一般には宗教とは別次元のものと考えられている呪術を，あえて取り上げてみよう．呪術というと日本では「のろい」や「まじない」が連想され，非科学的あるいは邪なイメージが伴うが，英語でいえばマジック（magic）であり，「魔法や不思議な力による技」という意味である．一般の人は呪術を行うことができないが，それがまったく理解不能というわけではない．そもそも人々がある程度納得できるものでなければ呪術としての意味がない．

呪術的思考というのは古代や未開社会に特有のものではなく，ある種の普遍性を持っている．ある状況を引き起こしたいときに，類似した事柄，関連した事物を使うというテクニックを類感呪術と呼ぶ．雨乞いの儀式に水を使い，太鼓を鳴らして雷鳴を呼ぼうとするのが，その例である．また感染呪術と呼ばれるものがある．対象となる人物の毛髪や爪，あるいは一度手に触れたものなどを使って，例えば呪いをかけたりする．これは，かつて体の一部であったもの，接触していたものは，後になっても当人に影響を及ぼすという考え方に基づいている．このような類感呪術や感染呪術の考え方は，われわれにも理解できるものである．

現代のわれわれは必ずしも呪術を信じてはいない．しかし，お守りや願掛けなど，ちょっとした呪術的行為は現代社会にも意外に多くみられる．そして呪術がもたらす効果を神などの力に求めるならば，それは宗教観念と結び付くのである．したがって，宗教は神聖な信仰に基づくものであり呪術は迷信にすぎないと簡単に区分することはできない．

いわゆる宗教では，神に祈るという側面が強く，人の側は神の意思を待つ受身の立場にある．これに対して呪術は，より積極的に神に働きかけ，その力を借りて事物を操作しようとする．つまり呪術は宗教のもう1つの側面であり，相補的な関係にあるともいえる．

呪術は特定の問題を解決するために特別な技法を用いる．その技法が呪いなど他者にとって災いとなる場合があり，そのため宗教とは一線が画されることになる．しかし呪術が人々の幸福や安寧を願うものであれば，宗教との違いはあまりない．人は精神や感情に関連する様々な事柄について絶えず不安を抱え，その解決を神などの霊的な力に求めている．宗教を人々の心の拠り所として広く捉えるならば，呪術的行為もまた宗教現象の1つと考えられるのである．

9.5.2 アニミズムとシャマニズム

そもそも宗教の起源はどこにあるのだろうか．最も根源的な宗教とは何だろうか．このような問いかけのもと，かつて人類学者は地球上の様々な宗教現象についての比較研究を行い，いわゆる原始宗教というものを想定した．そこから多くの宗教が派生し，やがて体系的な本格的宗教である世界宗教が誕生したと考えたのである．このとき原始宗教として注目されたのがアニミズムやシャマニズムであった．今はそのような単純な社会進化論的考え方は否定されている．かつて原始的あるいは根源的とみなされた信仰形態は，実は人が生み出した多様な宗教的側面の1つと考えられている．

人が持つ宗教の多様性を理解するには，現代社会のわれわれが慣れ親しんでいる世界宗教だけではなく，アニミズムやシャマニズムなど，それぞれに大きく異なる多様な宗教観の存在をきちんと知ることも必要である．

a. アニミズム

アニミズムとは，動物や植物をはじめとする

様々な自然の事物には魂が内在しているという信仰である．魂には色々な捉え方がある．精霊，霊魂，神などは，人にとってプラスの価値があり，善なる存在として信仰される．一方，死霊，悪霊，亡霊，邪鬼なども魂の一種とされる．これら人に災いをもたらすような霊が物に宿るという考え方もアニミズムであり，呪物信仰や死霊崇拝などと呼ばれる．

そもそも人々は夢や幻の中で漠然とした魂の存在を関知し，そのような魂の所在を自然の事物に求めたという．このような認識から，次第に霊魂や霊的な存在に対する考え方が洗練され，やがて宗教が誕生した．これが，かつて論じられた原始宗教としてのアニミズム論である．これに対して，宗教の起源は霊魂観そのものだけではなく，むしろ人に対して強い影響を及ぼす超自然的力についての観念であったとする議論も生まれた．太平洋のメラネシア地域では，マナと呼ばれる特別な力に対する信仰があった．マナを持つ事物には普通以上の効力があり，人々によい結果をもたらしたり，また逆に災いのもとになったりするという．このような信仰をアニマティズムと呼ぶが，広い意味ではアニミズムに含めることができる．

ところでアニミズムやアニマティズムを単に原始宗教あるいは未開の信仰とみなすことはできない．その考え方は現代のわれわれでも十分に理解できるものであり，それと共通するような行いは今でも実際にかなり多くみられる．むしろ，アニミズム的な考え方は人の持つ心性の基本的なものの1つと考えることができる．

b． シャマニズム

人の多くの社会にみられる宗教現象の1つとして，シャマニズムを挙げることができる．その語源は，北アジアのツングース系言語を話す社会において宗教的職能者をサマン（シャマン）と呼ぶことに由来している．シャマンは激しい踊りや音楽の中で意識を失い，尋常とは思えない言葉で神のお告げを発する．当初は，この極端な行為だけが取り上げられ，特定の地域に限定された特殊な宗教現象と考えられた．しかし，同じような宗教職能者は北アジアに限らずアジアの各地，アフリカ，そしてアメリカ大陸にも広く見出されることがわかってきた．日本でも，東北地方のイタコや沖縄・奄美地方のユタなどは基本的な共通点を多く持つ宗教職能者であり，シャマンとみなすことができる．

シャマンの特徴は，神や精霊などと直接の交流ができるという点にある．交流するためには様々な儀礼が必要であり，その中でエクスタシー状態，トランス状態になったシャマンの体から魂が脱け出して超自然界に赴く（脱魂型シャマニズム）．そしてシャマンは与えられた託宣や予言の内容を人々に告げる．あるいは，神や精霊のほうがシャマンの体に入り込む場合もある（憑霊型シャマニズム）．このとき人々はシャマンの口を通して死者や祖先の霊とも対話することができる．いわゆる口寄せである．

シャマンは神や精霊から選ばれた人物がなる．例えば原因不明の重病に罹った人が回復すると，シャマンとしての試練を受けて特殊な能力を得たと信じられる．自ら志願してシャマンになる場合もあるが，そのときには先達のシャマンに弟子入りして厳しい修業を積み特殊な技能や能力を身に付けなければならない．

シャマニズムの重要な機能の1つは病の治療である．シャマンは病の因果関係を，医学的に解明するのではなく，それぞれの社会が持つ独自の災因論に基づいて究明する．治療も，生物学的次元ではなく，人間関係などの社会的・心理的な原因を取り除く形で行われる．

シャマンは神や精霊の意思に基づいて行動すると信じられている．実際，シャマンは一種の技術を持った宗教職能者であり呪術的行為を行うが，超自然的な力を自由に操作できるわけではない．シャマニズムは社会全体の成員が共有する信仰体系の中にあり，特異な行為としての予言や治療は，あくまでその一部でしかない．その体系は，シャマンが中心となって執り行う祭儀や様々な慣習によって成り立っている．つまり，シャマニズムは宗教の1つのあり方ということができる．

9.6 人類の文化

9.6.1 文化の様々な定義

現在，ヒトは地球上のあらゆる地域に住むことができ，個体数すなわち人口も65億人を超える．このような生物種としての繁栄は，ヒトが文化を持つ生物であるということが大きな要因になっている．近縁種であるチンパンジーがアフリカの限られた地域だけに生息し，絶滅の危機にあることと比べると大きな違いである．

われわれはチンパンジーをゴリラなどと一緒に類人猿として扱い，ヒトとは決定的に違う生物体とみなしている．しかしゲノム間の相同性をみればチンパンジーはゴリラよりもはるかにヒトに近い．生物学的次元以上にチンパンジーとの違いを際立たせているのが文化である．

この重要な概念である文化という言葉を，われわれは意外に曖昧に使っている．その定義についても様々である．「文化とは，他の動物，とりわけ近縁種チンパンジーにはみられないヒトだけに特徴的な事柄である」という定義は，とりあえず文化の範囲を定めるのには有効であろう．動物との対比において文化を論じる場合には，ヒトが普遍的に持つものであるということが念頭に置かれる．それは抽象概念としての文化であり，しばしば自然という概念と対置される．

しかし日本文化やアメリカ文化，あるいは縄文文化や漢字文化というように，特定の民族や国家，時代や特徴的な現象などに限定して文化という言葉を用いることがある．この場合には人に普遍ということではなく，特定の人々だけが共有するものを指している．つまり，一方では人に普遍的な抽象概念としての文化というものがあり，他方において，具体的な個々の文化が数多く存在するのである．

a. 生活様式としての文化

広義の文化は，生活様式と定義される．人は明らかに動物とは異なる生活を送っている．「文化的生活」という表現は，まさに人間らしい生活を意味し，動物とは違うという含意がある．その点ではヒトに普遍的に当てはまる定義といえる．しかし，実際の生活様式はそれぞれの社会によって異なっている．つまり数多くの生活様式があり，様々な文化が存在する．

生活様式には様々な事柄が含まれる．習慣的な振舞いや慣習から，知識，道徳，法律，信仰，芸術など，いずれも社会の中で学び，習得するものである．生活様式は，このように多くの要素から成り立っているが，それらは相互に関連し合っており，個々の文化要素を切り離して考えることはできない．多様な要素が複合して1つの体系をなしているのであり，それを総体として生活様式と呼ぶ．

ところで文化という言葉は，生活様式とはやや異なる意味でも用いられる．基本的な生活以外のゆとりの部分を指す場合で，例えば新聞では文化面，文化欄などで扱われる話である．このようなゆとりの部分は，経済や政治など実生活に直接関わる活動とは区別して文化的活動と呼ばれる．その最たるものが音楽や美術などの芸術である．文化という言葉の用法としては，むしろこちらの方が一般的かもしれない．食糧を獲得するという基本的な営み，つまり動物の行動に連続するような部分を除き，人だけに特徴的な行動を峻別するという考え方からきているのであろう．同じ発想から，文化的価値が高いなどという表現も出てくる．しかし生活様式の総体という観点からいえば，その根底にあるのは政治経済の側面であり，それを除外して文化を語るのは必ずしも適切とはいえない．

b. 環境への適応としての文化

人は，なぜ他の動物と異なる生活様式，つまり文化を持つようになったのだろうか．人類史からみれば，そのきっかけは食糧獲得方法の変化とい

うことになる．人は狩猟という生業形態を確立したが，そのスタートは原人ホモ・エレクトゥスに遡る．生物学的には優れた捕食能力を持たなかった人が狩猟民として成功したのは，石器などの武器を開発し集団猟を行うことができたからである．これは，単なる群れではなく組織だった社会を構成したことが契機になっている．社会を成り立たせ，維持発展させるための仕組みが必要となるが，それが，生活様式としての文化であった．人は，生物体としての限られた適応能力だけではなく，社会を組織することによって様々な環境に適応できるようになった．

やがて人は，狩猟だけではなく農耕や牧畜など新たな食糧獲得の道を切り開いた．これは氷河期の終末，今から1万年前に地球規模で起こった大きな気候変動に適応した結果である．このときからヒトは，社会を別な形に再編成することによって環境の変化に適応できるようになった．多様な生業形態の確立は，ますます多様な環境への適応を可能にさせ，それとともに生活様式を変化させ，洗練させていったのである．

このように考えると文化の根幹を成すのは，やはり経済や政治などであり，特に環境への適応という側面が大きい．生活様式とは，基本的には環境への適応の結果として社会が共有化していったものと考えられる．

9.6.2 文化と言語

文化には多様性がある．世界中の色々な地域に別れて住む民族は，それぞれ固有の文化を持っている．文化の基本的な単位は民族であり，同じ歴史の中で文化を共有してきた集団といえる．このような民族集団が持つ文化について考えるとき，生活様式としての文化という定義だけでは，あまりに漠然としている．

そもそも，なぜ文化は共有されるのだろうか．同じような事物をつくり，同じような行為を行ってきた結果として共有されるというよりも，むしろ，それらを生み出す背景としての基本的な観念が共通しているのではないかと考えられる．物事を理解するための基本的な枠組みが共通しているのである．実際の生活場面において人々が行動するときには様々な選択を行うことになるが，その際の拠り所となる規範というものがある．それは集団が共有している基本的な考え方といってもよい．つまり観念や意味の体系としての文化という捉え方が必要なのである．

民族は基本的に同じ言葉を話す集団である．同じ言語を使っているからこそ互いにコミュニケーションをとることができる．逆に，異なる民族というのは自分たちとは違う言語を話す集団であり，それゆえ意思の疎通や相互理解が難しい．ここでは言語を手がかりにして，観念や意味の体系としての文化について考えてみよう．

a. 言語能力

動物も音声を発することで相手に自分の意思を示すことがある．しかし動物の場合には音の数や種類が限られており，ヒトのように数多くの音を発することはできない．またヒトは，音声を組み合わせることにより言語を作り出し，様々な意味を表すことができるようになった．ヒトは言語によって，単に意思を伝えるだけではなく，文化を共有する集団すなわち同じ民族の間で意味を伝達し合っているのである．

ヒトは進化の段階で多様な発声能力を獲得していったと考えられる．このような能力は喉や舌，あるいは唇や口などの複雑な構造に起因している．ヒトの近縁種チンパンジーの場合には，複雑な音を発するための発声構造が欠落しているのである．さらに，言語を生み出すには，単に複雑な音を出すだけではなく，音の組合せに意味を与える象徴能力が必要である．それは脳の進化と関係がある．おそらく発声構造の複雑化と象徴能力とは相互に関連して進化したと考えられる．こうしてヒトは言語を持つようになった．

すべてのヒトは言語能力を有している．これはホモ・サピエンスへの基本的な進化の1つであったと考えられる．一方，旧人の場合にも発声に関わる構造の変化が起こっていたことが，頭蓋骨化石の研究からわかっている．サピエンスほどの能

力はないとしても，チンパンジーに比べれば，はるかに多くの複雑な音声を出せたと考えられる．さらに旧人については死者を埋葬していた事例が確認されており，死という抽象的な観念を持っていたと考えられる．つまり，ある程度の象徴能力があり，言語能力を持っていた可能性がある．

b. 象徴的意味の体系としての文化

言語は，具体的な事象あるいは抽象的な概念を音の組合せで表現する．それ自体は意味を持たない音の組合せによって，ある事象を象徴（シンボル）としての言葉で言い表すのである．さらにヒトは言語によって様々な事象に意味を付与し，言語を通して事象の意味を理解することもできる．文化を共有する人々は，このような意味についての共通認識を持ち，意味を相互に理解することが可能なのである．

事象の意味は，人々の具体的な社会的相互行為の中でつくられていくという面がある．意味は必ずしも，はじめからすべて固定化されているわけではなく，それを単に学べばよいというものではない．共有される生活様式に即して社会的行動が行われる中で意味が確認されていくし，新たに意味が生成されることもある．

意味を与え，意味を理解する最も基本的な手段は言語であるが，意味を表す象徴はそれだけには限らない．自然の事物や，人々がつくる人工物，音，人の体，動作，振舞いなど，言葉以外の様々な事柄にも，それが持っている本来の意味とは別に，象徴的な意味が付与される．個々の象徴と意味が必ずしも1対1の対応をしているわけではなく，いくつかの象徴が組み合わさって意味を構成することも多い．また実際の社会的な場面によっても，象徴的な意味は色々と変化する．このように象徴的意味は全体として1つの体系をなしているのであり，それを文化として捉えることができる．民族は固有の言語を持ち，それを基本にして様々に構成される象徴的意味の体系を共有しているのである．

ただし民族という集団を固定的に考えることはできない．母集団から分離して新しい民族集団が生まれることもあるし，逆に，複数の民族が統合されて，より大きな新しい民族が生まれることもある．つまり民族という単位は，その歴史の中で絶えず揺れ動いていくものなのである．したがって，その中で共有される象徴的意味の体系も変化していくことになる．

9.6.3 相対主義と多文化主義

かつてはヒトをいくつかの人種に細分できると考えられていた．その代表的なものが，コーカソイド（白人），モンゴロイド（黄色人），ネグロイド（黒人）の人種三区分である．しかし生物学的特徴からヒトを分類するという試みは，いずれも科学的な根拠に乏しいと批判され，今では，このような人種区分そのものが否定されるようになっている．ヒトはすべて生物種としては単一のホモ・サピエンスに属しており，下位区分としての亜種すなわち人種に分化されることはなかった．地球上の様々な地域に住む民族集団は，生物的な次元での多様性ではなく文化の多様性によって，それぞれの環境に適応してきたのである．

人種という言葉は今でもしばしば一般用語として使用されているが，このような人種概念には生物学的な根拠はなく，むしろ社会的な偏見に根ざした考え方によるものである．そして同じような偏見や差別は，民族集団やそれぞれの文化に対しても存在してきた．

a. 文化相対主義

文化がそれぞれの民族集団により異なっていることは昔から認識されていた．しかし，かつては自民族を中心に考えて，自分たちの文化の基準で他の文化・異文化を判断するきらいがあった．例えば近代において社会的先進性を示したヨーロッパ人は，自文化を絶対的なもの，あるいは最も進んだものと考え，それとの対比で異文化を位置づけた．そして他の民族を発展段階の途上にある遅れた存在とみなし，野蛮な，あるいは未開の文化という概念を作り上げた．多様な文化を1つの価値基準で序列化し，その結果として，文化の優劣

によって民族を差別する考え方を生み出したのである．

問題は，誤った価値基準を適用したということだけではない．偏見や先入観によって，他の民族の文化を実際とは異なるイメージとして捉えた点にも問題がある．その典型が，西欧からみた東洋像というものであり，その固定したイメージに即して他の文化を一方的に解釈していった．これは近年，オリエンタリズムとして批判されるようになった．こうして，文化を測る絶対的価値基準などというものは存在しないことが明らかにされ，様々な民族の固有な文化を尊重し，それぞれを相対的なものとして捉えるという考え方が浸透してきた．これを文化相対主義という．

しかし，グローバル化が進む現代社会では，民族固有の伝統的文化も大きく変質しており，民族という集団区分自体が不明確になってきた．それぞれの文化の担い手としての民族という概念は，もはや成り立ちにくくなっている．かつて民族として捉えられてきた固有の集団は，国家という枠組みのもとに急速に統合され，そこでは新たな文化が形成されようとしている．それは，民族文化・伝統文化に対して国民文化などと呼ばれる．変動する民族という単位に代わって，国民という新たな集団単位が形成されているのである．このような傾向は，国家の側からの政治的統合の動きだけではなく，人々の側が自由に国境を越えて移動し，移住する中でますます促進されてきた．つまり現代においては，かつてのように民族が必ずしも文化を共有する固有の単位とはならないのである．

民族どうしの接触が頻繁になり相互に関連し合う状況にあっては，文化相対主義という考え方も多くの問題を抱えることになる．異なる価値観が衝突するときに互いの立場を尊重し合うということは，現実には難しくなっている．また，特定の文化にみられる独特の慣習などが，人権など，より普遍的概念から問題にされるようになった．例えばアフリカのいくつかの社会にみられる割礼の儀式，特に女性の性器切除などの慣習は，国際的な人権擁護団体から厳しく批判されている．

b. 多文化主義

現代の国家は，理念としての文化相対主義よりも，むしろ具体的な政策として多文化主義を掲げる必要に迫られつつある．今日の多くの国家は国内に様々な民族を内包する多民族国家である．これまで国家は，統合した民族を1つの国民として同化する政策をとってきたが，実際には少数民族などのマイノリティ集団がいつも犠牲になってきた．そのため，民族の分離や独立の動きが強まってくる．そこで民族間の不幸な対立を融和し，分裂を回避する政策として，多文化主義がとられるようになったのである．

多文化主義とは，国家内における民族対立を文化のレベルで解決しようとするものであり，それぞれの伝統文化を認め，維持発展させる政策である．具体的には，多言語による公教育の実施や，伝統文化の公認，あるいはそれを許容するための財政的措置などが含まれる．とりわけ少数民族などマイノリティの権利を保障するためには，ときに優遇政策も図られる．

多文化主義の考え方は，もともとヨーロッパ系移民によって構成されたアメリカ合衆国で生まれた．差別されてきたアフリカ系アメリカ人や先住民にもやがて目が向けられるようになり，近年は中南米からの移民，アジア系移民などとの共存も問題になっている．今日，多文化主義を積極的に取り入れている国としてはカナダやオーストラリアなどが挙げられるが，いずれ日本も含めて多くの国々がこの課題に取り組んでいくことになろう．

〔加藤泰建〕

● 文　献

福井勝義，谷泰編（1987）牧畜文化の原像――生態・社会・歴史．日本放送出版協会．

フレイザー，ジェームズ G.（神成利男，石塚正英監修）（2004）金枝篇．国書刊行会．

ギアツ，クリフォード（吉田禎吾，ほか訳）（1987）文化の解釈学（I, II）．岩波書店．

ギアツ，クリフォード（小泉潤二訳）（2002）解釈人類学と反＝反相対主義．みすず書房．

Lee, R. B. and DeVore, I. eds.（1968）Man the Hunter, Aldine de Gruyter, Chicago.

レヴィ＝ストロース，クロード（仲澤紀雄訳）（2007）今

日のトーテミズム，みすず書房.
マリノフスキー，ブロニスラウ（泉 靖一 編纂）(1967)（世界の名著 59）西太平洋の遠洋航海者，中央公論社.
モース，マルセル（有地 亨 訳）(1962) 贈与論，勁草書房.
サイード，エドワード（今沢紀子 訳）(1993) オリエンタリズム（上，下），平凡社.

佐々木宏幹 (1984) シャーマニズムの人類学，弘文堂.
センプリーニ，アンドレア（三浦信孝，長谷川秀樹 訳）(2003) 多文化主義とは何か，白水社.
ファン・ヘネップ，アルノルト（綾部恒雄，綾部裕子 訳）(1995) 通過儀礼，弘文堂.

付　録

- Ⅰ　生物多様性について ……………………… 391
- Ⅱ　生物のレッドリスト ……………………… 397
- Ⅲ　生命科学年表 ……………………………… 473
- Ⅳ　日本の主な動物園・水族館・植物園 ……… 504
- Ⅴ　生物学に関連する展示のある主な博物館 … 508
- Ⅵ　生物学に関連のある学会 ………………… 512
- Ⅶ　都道府県のシンボルとなっている生物 …… 521
- Ⅷ　主要参考文献 ……………………………… 523

付録I 生物多様性について

様々な生物種が保全されていることが人類の生存・繁栄に極めて重要であることが提唱されてから，かなりの年月が経過している．しかし，この今も，地球上で多くの絶滅危惧生物（日本の絶滅危惧生物については，付録II「生物のレッドリスト」参照）が絶滅の危機に瀕している．2010年は国際生物多様性年である．また，2010年10月に名古屋市にて生物多様性条約第10回締約国会議が開催される．生物多様性条約については，外務省のホームページ（http://www.mofa.go.jp/mofaj/gaiko/kankyo/jyoyaku/bio.html）に詳しい記載がある．これを参考にしつつ，解説を加える．

生物多様性条約

(1) 経緯

1987年の国連環境計画管理理事会によって設立された専門家会合における検討や政府間条約交渉会議を経て，1992年5月にナイロビ（ケニヤ）にて開催された合意テキスト採択会議において本条約は採択された．本条約は1992年6月にリオデジャネイロで開催された国連環境開発会議において署名のため開放され，日本もこれに署名した（この時に168ヶ国が署名した）．1993年12月に，本条約は所定の要件を満たし発効した．2008年7月現在，190ヶ国と欧州共同体が締結している（ただし，アメリカ合衆国は未締結である）．

(2) 目的

生物多様性条約の目的は3つあり，本条約の第1条に記載されている．それは，① 生物の多様性保全，② 生物資源の持続可能な利用，③ 遺伝資源の利用から生ずる利益の公正かつ衡平な配分である．

(3) 生物多様性条約締約国会議

第1回締約国会議は，1994年11月にナッソー（バハマ）で開催された．それ以降，何度かの締約国会議が開催されてきた．2010年には名古屋市で第10回締約国会議が開催される．

(4) 生物多様性条約——2010年目標

「2010年までに世界，地域，国家レベルで生物多様性の損失速度を顕著に減少させる」というのが2002年に掲げた世界目標である．主な目標は，① 世界で少なくとも10％の地域が効果的に保全されること，② 絶滅危惧種の状況の改善，③ 動植物の生息地や土地の劣化損失割合の改善，④ 外来種の管理計画の整備，⑤ 目標達成に向けた資金，人，技術能力の向上である．生物多様性条約第10回締約国会議（名古屋）に向けた専門家会合が，2010年5月にナイロビ（ケニヤ）の国連環境計画本部で開催され，条約事務局は生物多様性の現状を評価した報告書「地球規模生物多様性概況第3版」を発表した．これに先立って欧米などの研究チームが2010年4月に米科学誌「サイエンス（電子版）」に「条約の目標達成は失敗」，「多様な生態系の破壊は依然進行している」という内容の論文を発表したが，報告書の内容もこれを追認するものになっている．報告書では，地球上の両生類の3分の1，

鳥類の7分の1が絶滅または絶滅の危機にあること（地球全体の絶滅危惧種の状況は悪化した），在来種の生存を脅かす外来種の問題が深刻化したこと，大量生産用の特定品種が普及し家畜や農作物の遺伝的多様性が失われたことを指摘している．これらの結果をふまえて，「多くの絶滅危惧種で絶滅のリスクが増大し，生物多様性の損失が続いている」と報告した．さらに，「効果的な対策を打たなければ人類の未来は危うい」と警告した．

以上のことから，2002年に定められた世界目標は達成されなかったという判断が下された．その原因は，各国政府が生物多様性を最優先課題と認識していなかったためとしている．2010年第10回締約国会議では，実効性のある目標設定が重要である．

(5) 遺伝資源の利用から生ずる利益の公正かつ衡平な配分

第10回締約国会議（名古屋）では，「絶滅危惧種を保全するための実効性のある目標設定」とともに「遺伝資源の利用から生ずる利益の公正かつ衡平な配分方法の策定」が重要になる．近年，バイオ技術の進展で，生物遺伝資源が持つ経済的価値は莫大なものになった．例えば，インフルエンザの治療薬であるタミフル（オセルタミビル）は，中国原産の常緑樹であるトウシキミの果実であり，中華料理で香辛料に使われる八角から抽出されるシキミ酸を原材料にしていた．シキミ酸から出発し，幾多の化学合成を経て合成されていた．なお，シキミ酸とオセルタミビルは構造が全く違う化合物なので，八角を食べてもインフルエンザには効かない．タミフル（商品名）を生産しているロッシュ社（スイス）では，現在，シキミ酸を遺伝子組換えによる生合成によって量産しているので，八角を原材料に使用していない．タミフル以外にもまた，新たな抗がん剤や免疫抑制剤などの医薬品のような人類にとって有益な物質が，様々な生物の遺伝資源から開発されようとしている．この利益の配分に関して，発展途上国側と先進国側が鋭く対立している．途上国が提供した生物遺伝資源を先進国が製品化した場合に，先進国が利益を独占するのではないかという懸念を発展途上国側が抱いているためである．1992年に採択された生物多様性条約では，① 遺伝資源に対する原産国の主権を認める，② 利用国が遺伝資源を持ち出す時には原産国の同意を得る，③ 利益は両者で公平に分配すると定めた．しかし，この規定があいまいで罰則もないため，途上国側は法的拘束力のある議定書の採択を要求している．2006年3月にクリチバ（ブラジル）で開催された第8回締約国会議において，2010年がこの交渉の期限とされたため，第10回締約国会議（名古屋）では紛糾すると予想されている．途上国側の主な主張は，① 企業が特許申請する際に遺伝資源の出所開示を義務づけること，② 利益配分の対象を条約発効以前に持ち出された遺伝資源にも適用することである．先進国側はこれらの主張に反対しており，議定書発効後のものだけを利益配分の対象とすることを主張している．

国際生物多様性年

第8回締結国会議において提起された勧告に従って，2006年12月の国連第61回総会において，2010年を国際生物多様性年と宣言した．また，生物多様性事務局を国際多様性年の担当窓口として特定した．国際生物多様性年設定の目的は，① 生物多様性条約が果たす役割に関する認識を高めること，② 条約の3つの目的（生物多様性の保全，生物資源の持続可能な利用，遺伝資源の利用から生ずる利益の公正かつ衡平な配分）を達成するために，条約の実施および協調的な取組みへの参加を

促進することである．2009年11月10日には国際生物多様性年のウェブサイト（http://www.cbd.int/2010/welcome）が開設された．また，毎年5月22日は，国連が定めた「国際生物多様性の日」である．世界各地において5月22日を中心に記念イベントを開催することが奨励されている．これについては，環境省のホームページ（http://www.env.go.jp/press/press.php?serial=12068）に詳しく記載されている．

「生物の多様性に関する条約」要旨*

本条約は，前文，本文42か条，末文及び2つの附属書から成っており，その主たる規定は，次のとおり．

(1) 第1条　目的

「この条約は，生物の多様性の保全，その構成要素の持続可能な利用及び遺伝資源の利用から生ずる利益の公正かつ衡平な配分をこの条約の関係規定に従って実現することを目的とする．この目的は，特に，遺伝資源の取得の適当な機会の提供及び関連のある技術の適当な移転（これらの提供及び移転は，当該遺伝資源及び当該関連のある技術についてのすべての権利を考慮して行う）並びに適当な資金供与の方法により達成する」．

(2) 第6条　保全及び持続可能な利用のための一般的な措置

締約国は，「生物の多様性の保全及び持続可能な利用を目的とする国家的な戦略若しくは計画を作成し，又は当該目的のため，既存の戦略若しくは計画を調整し，特にこの条約に規定する措置で当該締約国に関連するものを考慮したものとなるようにすること」を行う．

(3) 第7条　特定及び監視

締約国は，「生物の多様性の構成要素であって，生物の多様性の保全及び持続可能な利用のために重要なものを特定」し，また，そのように「特定される生物の多様性の構成要素を監視する」．

(4) 第8条　生息域内保全

締約国は，「(b) 必要な場合には，保護地域又は生物の多様性を保全するために特別の措置をとる必要がある地域の選定，設定及び管理のための指針を作成すること」を行う．

締約国は，「(g) バイオテクノロジーにより改変された生物であって環境上の悪影響（生物の多様性の保全及び持続可能な利用に対して及び得るもの）を与えるおそれのあるものの利用及び放出に係る危険について，人の健康に対する危険も考慮して，これを規制し，管理し又は制御するための手段を設定し又は維持すること」を行う．

締約国は，「(j) 自国の国内法令に従い，生物の多様性の保全及び持続可能な利用に関連する伝統的な生活様式を有する原住民の社会及び地域社会の知識，工夫及び慣行を尊重し，保存し及び維持すること，そのような知識，工夫及び慣行を有する者の承認及び参加を得てそれらの一層広い適用を促進すること並びにそれらの利用がもたらす利益の衡平な配分を奨励すること」を行う．

締約国は，「(k) 脅威にさらされている種及び個体群を保護するために必要な法令その他の規制措

(5) 第9条　生息域外保全

締約国は，「(a) 生物の多様性の構成要素の生息域外保全のための措置をとること」を行う．

(6) 第14条　影響の評価及び悪影響の最小化

締約国は，「生物の多様性への著しい悪影響を回避し又は最小にするため，そのような影響を及ぼすおそれのある当該締約国の事業計画案に対する環境影響評価を定める適当な手続きを導入」する．

「締約国会議は，今後実施される研究を基礎として，生物の多様性の損害に対する責任及び救済（原状回復及び補償を含む）についての問題を検討する」．

(7) 第15条　遺伝資源の取得の機会

「各国は，自国の天然資源に対して主権的権利を有するものと認められ，遺伝資源の取得の機会につき定める権限は，当該遺伝資源が存する国の政府に属し，その国の国内法令に従う」．

「締約国は，他の締約国が遺伝資源を環境上適正に利用するために取得することを容易にするような条件を整えるよう努力し，また，この条約の目的に反するような制限を課さないよう努力する」．

「遺伝資源の取得の機会が与えられるためには，当該遺伝資源の提供国である締約国が別段の決定を行う場合を除くほか，事前の情報に基づく当該締約国の同意を必要とする」．

「締約国は，遺伝資源の研究及び開発の成果並びに商業的利用その他の利用から生ずる利益を当該遺伝資源の提供国である締約国と公正かつ衡平に配分するため」，「適宜，立法上，行政上又は政策上の措置をとる」．

(8) 第16条　技術の取得の機会及び移転

締約国は，開発途上国に対し，「生物の多様性の保全及び持続可能な利用に関連のある技術又は環境に著しい損害を与えることなく遺伝資源を利用する技術」の取得の機会の提供及び移転について，公正で最も有利な条件で行い，又はより円滑なものにする．

「特許権その他の知的所有権によって保護される技術の取得の機会の提供及び移転については，当該知的所有権の十分かつ有効な保護を承認し及びそのような保護と両立する条件で行う」．

(9) 第18条　技術上及び科学上の協力

「締約国は，必要な場合には適当な国際機関及び国内の機関を通じ，生物の多様性の保全及び持続可能な利用の分野における国際的な技術上及び科学上の協力を促進する」．

また，「締約国会議は，第一回会合において，技術上及び科学上の協力を促進し及び円滑にするために情報交換の仕組み（a clearing-house mechanism）を確立する方法について決定する」．

(10) 第19条　バイオテクノロジーの取扱い及び利益の配分

「締約国は，バイオテクノロジーにより改変された生物であって，生物の多様性の保全及び持続可

能な利用に悪影響を及ぼす可能性のあるものについて，その安全な移送，取扱い及び利用の分野における適当な手続（特に事前の情報に基づく合意についての規定を含むもの）を定める議定書の必要性及び態様について検討する」．

(11) 第20条 資金
「先進締約国は，開発途上締約国が，この条約に基づく義務を履行するための措置の実施に要するすべての合意された増加費用を負担すること及びこの条約の適用から利益を得ることを可能にするため，新規のかつ追加的な資金を供与する」．

(12) 第21条 資金供与の制度
「この条約の目的のため，贈与又は緩和された条件により開発途上締約国に資金を供与するための制度を設けるもの」とする（There shall be a mechanism for～）．

(13) 第22条 他の国際条約との関係
「この条約の規定は，現行の国際協定に基づく締約国の権利及び義務に影響を及ぼすものではない．ただし，当該締約国の権利の行使及び義務の履行が生物の多様性に重大な損害又は脅威を与える場合は，この限りでない」．

(14) 第39条 資金供与に関する暫定措置
国際連合開発計画（UNDP），国際連合環境計画（UNEP）及び国際復興開発銀行（IBRD＝世界銀行（World Bank））の地球環境基金（GEF）は，締約国会議が第21条の規定によりいずれの制度的な組織を指定するかを決定するまでの間暫定的に，同条に規定する制度的組織となる．

これまでの経緯[*]

1987年6月	国際連合環境計画（UNEP）管理理事会が，生物の多様性の保全等について検討する専門家会合の設置を決定
1988年11月	第1回専門家会合開催（UNEP主催）［ナイロビ（ケニア）］
1990年2月	第2回専門家会合開催［ジュネーブ（スイス）］
1990年7月	第3回専門家会合開催［ジュネーブ（スイス）］
1990年11月	第1回交渉会合開催（UNEP主催）［ナイロビ（ケニア）］
1991年2～3月	第2回交渉会合開催［ナイロビ（ケニア）］
1991年6～7月	第3回交渉会合（第1回政府間交渉会議）開催［マドリード（スペイン）］
1991年9～10月	第4回交渉会合（第2回政府間交渉会議）開催［ナイロビ（ケニア）］
1991年11～12月	第5回交渉会合（第3回政府間交渉会議）開催［ジュネーブ（スイス）］
1992年2月	第6回交渉会合（第4回政府間交渉会議）開催［ナイロビ（ケニア）］
1992年5月	最終交渉会合開催［ナイロビ（ケニア）］ 条約テキストを含むナイロビ・ファイナル・アクトを採択
1992年6月	環境と開発に関する国連会議（UNCED）開催［リオ・デ・ジャネイロ（ブラジル）］ 環境と開発に関するリオ宣言，アジェンダ21を採択 条約採択，署名開放．我が国署名

1993 年 5 月	我が国受諾
1993 年 12 月	「生物の多様性に関する条約」発効
1994 年 11〜12 月	第1回締約国会議開催［ナッソー（バハマ）］
1995 年 11 月	第2回締約国会議開催［ジャカルタ（インドネシア）］
1996 年 11 月	第3回締約国会議開催［ブエノス・アイレス（アルゼンチン）］
1998 年 5 月	第4回締約国会議開催［ブラチスラバ（スロヴァキア）］
1999 年 2 月	バイオセイフティ第6回作業部会開催［カルタヘナ（コロンビア）］
	生物多様性条約特別締約国会議開催［カルタヘナ（コロンビア）］
	（バイオセイフティ議定書の採択予定が延期）
1999 年 9 月	バイオセイフティ議定書非公式協議開催［ウィーン（オーストリア）］
2000 年 1 月	生物多様性条約特別締約国会議再開会合開催［モントリール（カナダ）］
2000 年 5 月	第5回締約国会議開催［ナイロビ（ケニア）］
2002 年 4 月	第6回締約国会議開催［ハーグ（オランダ）］
2004 年 2 月	第7回締約国会議開催［クアラルンプール（マレーシア）］
2006 年 3 月	第8回締約国会議開催［クリチバ（ブラジル）］
2008 年 5 月	第9回締約国会議開催［ボン（ドイツ）］

*【「生物の多様性に関する条約」要旨】，【これまでの経緯】については外務省のホームページ「生物多様性条約（http://www.mofa.go.jp/mofaj/gaiko/kankyo/jyoyaku/bio.html）」を引用した．

〔末光隆志〕

付録 II 生物のレッドリスト

レッドデータブックにみる日本の絶滅危惧動植物の現状

　地球温暖化問題とともに，生物多様性の喪失が世界規模の環境問題として浮上し，2010年10月の愛知県名古屋市における「生物多様性条約第10回締約国会議（COP10）」の開催を契機に，国内でも急速にその関心が高まっている．生物多様性問題の中心的な課題の1つは，野生動植物の絶滅が年々増大していることで，1966年に国際自然保護連合（IUCN；International Union for Conservation of Nature）が絶滅のおそれのある地球上の野生生物種をリストアップした「レッドデータブック」を刊行して以来，客観的な事実として広く認識されるようになった．野生動植物種の絶滅問題は，地域レベルの絶滅の積み重ねが国や大陸レベルに拡大し，ひいては地球レベルでの絶滅に至るというプロセスを経ることから，動植物の置かれている現状について地域や国といった空間スケールごとに把握することが望ましいとされ，日本でも全国レベルのみならず都道府県などのレベルでも「レッドデータブック」の編纂が積極的に取り組まれてきた．

　環境庁（当時）による国レベルの「レッドデータブック」は，1991年の「脊椎動物」編と「無脊椎動物」編の発行を皮切りに，各生物分類ごとのレッドデータブックが編纂・刊行された．その後，1994年にIUCNが絶滅までの危険度を評価するカテゴリーの基準を変更したことや，野生動植物の分布状況は変化することから5～10年間隔程度で適宜見直していくべきことを踏まえ，レッドリストの修正と「改訂・レッドデータブック」の刊行が，2000年の「爬虫類・両生類」編から新たに開始された．さらに，2002年からは各分類群ごとのレッドリスト第2次見直し作業が逐次進められ，2006年には「鳥類」，「爬虫類」，「両生類」，「クモ形類・甲殻類」の4分類群，2007年には「哺乳類」，「汽水・淡水魚類」，「昆虫類」，「貝類」，「維管束植物」，「維管束植物以外」の6分類群の計10分類群におけるレッドリストの見直しが完了し，公表された状況にある．

　上記したように，日本では「レッドデータブック」の刊行と2次にわたる「レッドリスト」の改訂によって，近年の約20年間に及ぶ野生動植物の種・亜種レベルでの絶滅危惧の程度とその変遷が明らかにされた．その概要をみると，動物，植物ともに一部の分類群や種では新たな分布が確認され，積極的な保護活動の成果によって絶滅危惧が緩和されカテゴリーのランクが低下した例もみられたものの，多くは絶滅の危険性がさらに高まる傾向が顕著である．例えば，評価基準が同一である第1次改訂（2000年）から第2次改訂（2007年）までの7～8年間での変化を，いわゆる絶滅のおそれのあるカテゴリー（絶滅危惧I類とII類の合計種数の差）でみたのが次の表である．これらの生物分類群全体としては2694種だった絶滅危惧種が3155種と，わずか数年の間に461種も増加している．

	第1次	第2次	第2次−第1次
哺乳類	48	42	−6
鳥類	89	92	3
爬虫類・両生類	32	52	20
汽水・淡水魚類	76	144	68
昆虫類	171	239	68
陸・淡水貝類	251	377	126
クモ形類・甲殻類など	33	56	23
維管束植物	1665	1690	25
維管束植物以外の植物	329	463	134
計	2694	3155	461

2007年に閣議決定された「第3次生物多様性国家戦略」では，生物多様性の危機を招いた主な要因として以下の3つを挙げているが，これはそのまま，絶滅危惧動植物が増加の一途をたどっている要因ともいえる．

- 第1の危機：人間活動ないし開発が直接的にもたらす種の減少，絶滅，あるいは生態系の破壊，分断，劣化を通じた生息・生育空間の縮小，消失
- 第2の危機：生活様式・産業構造の変化，人口減少など社会経済の変化に伴い，自然に対する人間の働きかけが縮小徹退することによる里地里山などの環境の質の変化，種の減少ないし生息・生育環境の変化
- 第3の危機：外来種など人為的に持ち込まれたものによる生態系の攪乱

よく知られた動植物が絶滅危惧種とされたことに照らして見ると，イヌワシやイリオモテヤマネコなどの原生的自然に生息基盤を持つ種では，第1の危機とされる道路建設やダムなどの各種開発に伴う生息環境の破壊・減少は，かつてほどの勢いはないとはいえ依然として止まっていない．近年，新たな脅威となっているのが，里山などの人との関わりの中で望ましい生息・生育環境が保たれてきた攪乱依存性の種（第2の危機）や，外来種の侵入の影響を受ける在来競合種や，食害されやすい小型種（第3の危機）などの存在である．オオタカに入れ換わるように絶滅危惧種にランクインしたサシバについては，人工的な圃場整備の進展（第1の危機）とともに，水田・農地の管理放棄地の拡大が餌動物の急速な減少を招いた（第2の危機）影響が大きいといわれている．雑木林の林床に咲くキンランや，茅場などの草地に生育するキキョウなどが絶滅危惧種とされるにいたったのも，過度の採取が行われたことのほかに，人の手が入らなくなり植生の遷移が進行していることの影響が少なくない．

最もありふれた存在であったメダカが絶滅危惧種に仲間入りした衝撃は大きな話題となったが，これも圃場整備や水質悪化のみならず，外来種のカダヤシとの競合やブラックバス，ブルーギルなどによる食害（第3の危機）の影響が大きいとされる．

「レッドデータブック」や「レッドリスト」の発行・改訂を通じ，野生動植物の置かれている現状や実態については，年を経るに従い精度の高い情報の蓄積が進んでいる．都道府県レベルの「レッドデータブック」の作成についても全国47都道府県で完了し，絶滅危惧動植物に関する分布実態が地

域ごとにきめ細かく把握されている．こうした調査段階の成果に関して日本は，世界に誇れる実績をあげているといえよう．しかしながら，先に見た絶滅危惧種の増加傾向は，絶滅への道を回避し改善させるために取り組まれてきた保護対策が全体的に十分な成果を得られていない事実を端的に示しているといえる．

　この間に取り組まれた主な保護施策としては，まず1993年に「絶滅のおそれのある野生動植物の種の保存に関する法律（種の保存法）」が施行され，法に基づいて保護対象種と保護区が指定され，保護管理事業計画の策定などの制度的対応が整備されたことが挙げられる．また，2005年には「特定外来生物による生態系等に係る被害の防止に関する法律（特定外来法）」が制定されるなど，絶滅危惧動植物を直接・間接に保護するための法制度が様々に整えられてきた．

　しかしながら，これらの法律の対象とされる該当動植物の種数がきわめて少ないという問題があり，上記の3つの危機に対応した総合的・一体的な政策の展開がより望まれている現状にあるといえよう．

　年々，深刻化の度合いを深める野生動植物の絶滅問題においては，レッドデータブックなどによる科学的な現状評価を踏まえ，絶滅危惧種の数を減らすことに焦点を定めた対策がますます重要となるものと思われる．

〔石原勝敏〕

レッドリストカテゴリー（環境省）

- 絶滅（EX）
- 野生絶滅（EW）
- 絶滅危惧（Threatened）── 絶滅危惧Ⅰ類（CR+EN）── ⅠA類（CR）
   ── ⅠB類（EN）
   └ 絶滅危惧Ⅱ類（VU）
- 準絶滅危惧（NT）
- 情報不足（DD）
- 絶滅のおそれのある地域個体群（LP）[*1]

[*1] 絶滅のおそれのある地域個体群については，レッドリストの付属資料として添付されているものである．

■ カテゴリー定義（カテゴリー区分のための基準）

数値基準による評価が可能となるようなデータが得られない種も多いことから，「定性的要件」と「定量的要件（数値基準）」を併用し，数値基準に基づいて評価することが可能な種については，「定量的要件」を適用することとした．しかし，「定性的要件」と「定量的要件」は，必ずしも厳密な対応関係にあるわけではない．

区分及び基本概念			定性的要件		定量的要件
絶滅 Extinct（EX） 我が国ではすでに絶滅したと考えられる種[*1]			過去に我が国に生息したことが確認されており，飼育・栽培下を含め，我が国ではすでに絶滅したと考えられる種		
野生絶滅 Extinct in the Wild（EW） 飼育・栽培下でのみ存続しいる種			過去に我が国に生息したことが確認されており，飼育・栽培下では存続しているが，我が国において野生ではすでに絶滅したと考えられる種 【確実な情報があるもの】 ① 信頼できる調査や記録により，すでに野生で絶滅したことが確認されている． ② 信頼できる複数の調査によっても，生息が確認できなかった． 【情報量が少ないもの】 ③ 過去50年間前後の間に，信頼できる生息の情報が得られていない．		
絶滅危惧 Threa-tened	絶滅危惧Ⅰ類（CR+EN） 絶滅の危機に瀕している種 現在の状態をもたらした圧迫要因が引き		次のいずれかに該当する種 【確実な情報があるもの】 ① 既知のすべての個体群で，危機的水準にまで減少している． ② 既知のすべての生息地で，生息条件が著しく悪化してい	絶滅危惧ⅠA類 Critically Endangered（CR） ごく近い将来における野生での絶滅の危険	絶滅危惧ⅠA類（CR） A. 次のいずれかの形で個体群の減少が見られる場合． 1. 過去10年間もしくは3世代のどちらか長い期間[*2]を通じて，90％以上の減少があったと推定され，その原因がなくなってお

区分及び基本概念		定性的要件		定量的要件
絶滅危惧 Threa-tened	続き作用する場合，野生での存続が困難なもの	る． ③ 既知のすべての個体群がその再生産能力を上回る捕獲・採取圧にさらされている． ④ ほとんどの分布域に交雑のおそれのある別種が侵入している． 【情報量が少ないもの】 ⑤ それほど遠くない過去（30年〜50年）の生息記録以後確認情報がなく，その後信頼すべき調査が行われていないため，絶滅したかどうかの判断が困難なもの．	性が極めて高いもの	り，且つ理解されており，且つ明らかに可逆的である． 2. 過去10年間もしくは3世代のどちらか長い期間[*2]を通じて，80%以上の減少があったと推定され，その原因がなくなっていない，理解されていない，あるいは可逆的でない． 3. 今後10年間もしくは3世代のどちらか長い期間[*2]を通じて，80%以上の減少があると予測される． 4. 過去と未来の両方を含む10年間もしくは3世代のどちらか長い期間[*2]において80%以上の減少があると推定され，その原因がなくなっていない，理解されていない，あるいは可逆的でない． B. 出現範囲が100 km² 未満もしくは生息地面積が10 km² 未満であると推定されるほか，次のうち2つ以上の兆候が見られる場合． 1. 生息地が過度に分断されているか，ただ1カ所の地点に限定されている． 2. 出現範囲，生息地面積，成熟個体数等に継続的な減少が予測される． 3. 出現範囲，生息地面積，成熟個体数等に極度の減少が見られる． C. 個体群の成熟個体数が250未満であると推定され，さらに次のいずれかの条件が加わる場合． 1. 3年間もしくは1世代のどちらか長い期間[*2]に25%以上の継続的な減少が推定される． 2. 成熟個体数の継続的な減少が観察，もしくは推定・予測され，且つ次のいずれかに該当する． a) 個体群構造が次のいずれかに該当 i) 50以上の成熟個体を含む下位個体群は存在しない．

区分及び基本概念			定性的要件		定量的要件
絶滅危惧 Threa-tened	絶滅危惧Ⅰ類 (CR＋EN)		絶滅危惧ⅠA類 Critically Endangered (CR)		ii) 1つの下位個体群中に90％以上の成熟個体が属している． b) 成熟個体数の極度の減少 D. 成熟個体数が50未満であると推定される個体群である場合． E. 数量解析により，10年間もしくは3世代のどちらか長い期間*²における絶滅の可能性が50％以上と予測される場合．
			絶滅危惧ⅠB類 Endangered (EN) ⅠA類ほどではないが，近い将来における野生での絶滅の危険性が高いもの		絶滅危惧ⅠB類（EN） A. 次のいずれかの形で個体群の減少が見られる場合． 1. 過去10年間もしくは3世代のどちらか長い期間*²を通じて，70％以上の減少があったと推定され，その原因がなくなっており，且つ理解されており，且つ明らかに可逆的である． 2. 過去10年間もしくは3世代のどちらか長い期間*²を通じて，50％以上の減少があったと推定され，その原因がなくなっていない，理解されていない，あるいは可逆的でない． 3. 今後10年間もしくは3世代のどちらか長い期間*²を通じて，50％以上の減少があると予測される． 4. 過去と未来の両方を含む10年間もしくは3世代のどちらか長い期間*²において50％以上の減少があると推定され，その原因がなくなっていない，理解されていない，あるいは可逆的でない． B. 出現範囲が5000 km²未満もしくは生息地面積が500 km²未満であると推定されるほか，次のうち2つ以上の兆候が見られる場合． 1. 生息地が過度に分断されているか，5以下の地点に限定されている．

区分及び基本概念		定性的要件	定量的要件
絶滅危惧 Threatened	絶滅危惧 I 類 (CR＋EN)	絶滅危惧 IB 類 Endangered (EN)	2. 出現範囲，生息地面積，成熟個体数等に継続的な減少が予測される． 3. 出現範囲，生息地面積，成熟個体数等に極度の減少が見られる． C. 個体群の成熟個体数が2500未満であると推定され，さらに次のいずれかの条件が加わる場合． 1. 5年間もしくは2世代のどちらか長い期間*2 に20%以上の継続的な減少が推定される． 2. 成熟個体数の継続的な減少が観察，もしくは推定・予測され，かつ次のいずれかに該当する． a) 個体群構造が次のいずれかに該当 i) 250以上の成熟個体を含む下位個体群は存在しない． ii) 1つの下位個体群中に95%以上の成熟個体が属している． b) 成熟個体数の極度の減少 D. 成熟個体数が250未満であると推定される個体群である場合． E. 数量解析により，20年間もしくは5世代のどちらか長い期間*2 における絶滅の可能性が20%以上と予測される場合．
	絶滅危惧 II 類 Vulnerable (VU) 絶滅の危険が増大している種 現在の状態をもたらした圧迫要因が引き続き作用する場合，近い将来「絶滅危惧 I 類」のランクに移行することが確実と考えられるもの	次のいずれかに該当する種 【確実な情報があるもの】 ① 大部分の個体群で個体数が大幅に減少している． ② 大部分の生息地で生息条件が明らかに悪化しつつある． ③ 大部分の個体群がその再生産能力を上回る捕獲・採取圧にさらされている． ④ 分布域の相当部分に交雑可能な別種が侵入している．	絶滅危惧 II 類（VU） A. 次のいずれかの形で個体群の減少が見られる場合． 1. 過去10年間もしくは3世代のどちらか長い期間*2 を通じて，50%以上の減少があったと推定され，その原因がなくなっており，且つ理解されており，且つ明らかに可逆的である． 2. 過去10年間もしくは3世代のどちらか長い期間*2 を通じて，30%以上の減少があったと推定され，その原因がなくなっていない，理解されていない，あるいは可逆的でない．

区分及び基本概念		定性的要件	定量的要件
絶滅危惧 Threa-tened	絶滅危惧Ⅱ類 Vulnerable (VU)		3. 今後10年間もしくは3世代のどちらか長い期間[*2]を通じて,30％以上の減少があると予測される. 4. 過去と未来の両方を含む10年間もしくは3世代のどちらか長い期間[*2]において30％以上の減少があると推定され,その原因がなくなっていない,理解されていない,あるいは可逆的でない. B. 出現範囲が20000 km^2 未満もしくは生息地面積が2000 km^2 未満であると推定され,また次のうち2つ以上の兆候が見られる場合. 1. 生息地が過度に分断されているか,10以下の地点に限定されている. 2. 出現範囲,生息地面積,成熟個体数等について,継続的な減少が予測される. 3. 出現範囲,生息地面積,成熟個体数等に極度の減少が見られる. C. 個体群の成熟個体数が10000未満であると推定され,さらに次のいずれかの条件が加わる場合. 1. 10年間もしくは3世代のどちらか長い期間[*2]に10％以上の継続的な減少が推定される. 2. 成熟個体数の継続的な減少が観察,もしくは推定・予測され,且つ次のいずれかに該当する. a) 個体群構造が次のいずれかに該当 i) 1000以上の成熟個体を含む下位個体群は存在しない. ii) 1つの下位個体群中にすべての成熟個体が属している. b) 成熟個体数の極度の減少 D. 個体群が極めて小さく,成熟個体数が1000未満と推定されるか,生息地面積あるいは分布地点が極めて限定されている場合.

区分及び基本概念		定性的要件	定量的要件
絶滅危惧 Threatened	絶滅危惧Ⅱ類 Vulnerable(VU)		E. 数量解析により，100年間における絶滅の可能性が10%以上と予測される場合．
準絶滅危惧 Near Threatened (NT) 存続基盤が脆弱な種 現時点での絶滅危険度は小さいが，生息条件の変化によっては「絶滅危惧」として上位ランクに移行する要素を有するもの		次に該当する種 生息状況の推移から見て，種の存続への圧迫が強まっていると判断されるもの．具体的には，分布域の一部において，次のいずれかの傾向が顕著であり，今後さらに進行するおそれがあるもの． a) 個体数が減少している． b) 生息条件が悪化している． c) 過度の捕獲・採取圧による圧迫を受けている． d) 交雑可能な別種が侵入している．	
情報不足 Data Deficient (DD) 評価するだけの情報が不足している種		次に該当する種 環境条件の変化によって，容易に絶滅危惧のカテゴリーに移行し得る属性（具体的には，次のいずれかの要素）を有しているが，生息状況をはじめとして，ランクを判定するに足る情報が得られていない種． a) どの生息地においても生息密度が低く希少である． b) 生息地が局限されている． c) 生物地理上，孤立した分布特性を有する（分布域がごく限られれた固有種等）． d) 生活史の一部または全部で特殊な環境条件を必要としている．	

*[1] 種：動物では種及び亜種，植物では種，亜種及び変種を示す．
*[2] 最近 a 年間もしくは b 世代：1世代が短く b 世代に要する期間が a 年未満のものは年数を，1世代が長く b 世代に要する期間が a 年を超えるものは世代数を採用する．

● 付属資料

絶滅のおそれのある地域個体群 Threatened Local Population (LP) 地域的に孤立している個体群で，絶滅のおそれが高いもの	次のいずれかに該当する地域個体群 ① 生息状況，学術的価値等の観点から，レッドデータブック掲載種に準じて扱うべきと判断される種の地域個体群で，生息域が孤立しており，地域レベルで見た場合，絶滅に瀕しているか，その危険が増大していると判断されるもの． ② 地方型としての特徴を有し，生物地理学的観点から見て重要と判断される地域個体群で，絶滅に瀕しているか，その危険が増大していると判断されるもの．

レッドリスト

環境省により指定された生物名を，わかりやすいよう各項目ごとに50音順に記した．

■ 動物

動物種の後の（ ）内の年月は環境省の最終的な見直し年月を示す．データは「環境省生物多様性センター」作成の「生物多様性情報システム（http://www.biodic.go.jp/J-IBIS.html）」から引用した．

哺乳類（2007.8）

ランク	和名	ランク	和名
絶滅（EX）	エゾオオカミ		リュウキュウテングコウモリ
	オガサワラアブラコウモリ		リュウキュウユビナガコウモリ
	オキナワオオコウモリ	絶滅危惧II類（VU）	コジネズミ
	ニホンオオカミ		コヤマコウモリ
絶滅危惧IA類（CR）	イリオモテヤマネコ		シナノホオヒゲコウモリ
	エラブオオコウモリ		テングコウモリ
	オガサワラオオコウモリ		トウキョウトガリネズミ
	オキナワトゲネズミ		トド
	ジュゴン		ホンドノレンコウモリ
	セスジネズミ	準絶滅危惧（NT）	アズミトガリネズミ
	センカクモグラ		エゾオコジョ
	ダイトウオオコウモリ		エゾクロテン
	ツシマヤマネコ		サドノウサギ
	ニホンアシカ		サドモグラ
	ニホンカワウソ（北海道亜種）		シナノミズラモグラ
	ニホンカワウソ（本州以南亜種）		シロウマトガリネズミ
	ミヤコキクガシラコウモリ		チョウセンイタチ
	ヤンバルホオヒゲコウモリ		ツシマテン
	ラッコ		ヒワミズラモグラ
絶滅危惧IB類（EN）	アマミトゲネズミ		フジホオヒゲコウモリ
	アマミノクロウサギ		フジミズラモグラ
	イリオモテコキクガシラコウモリ		ホンドオコジョ
	ウスリホオヒゲコウモリ		ミヤマムクゲネズミ
	エゾホオヒゲコウモリ		ヤマコウモリ
	エチゴモグラ		ヤマネ
	オキナワコキクガシラコウモリ		リシリムクゲネズミ
	オヒキコウモリ		ワタセジネズミ
	オリイコキクガシラコウモリ	情報不足（DD）	エゾシマリス
	オリイジネズミ		オゼホオヒゲコウモリ
	カグラコウモリ		クチバテングコウモリ
	クビワコウモリ		クロオオアブラコウモリ
	クロホオヒゲコウモリ		コウライオオアブラコウモリ
	ケナガネズミ		シコクトガリネズミ
	ゼニガタアザラシ		スミイロオヒキコウモリ
	トクノシマトゲネズミ		ツシマクロアカコウモリ
	モリアブラコウモリ		ヒメヒナコウモリ
	ヤエヤマコキクガシラコウモリ		

ランク	和名	ランク	和名
絶滅のおそれのある地域個体群 (LP)	夕張・芦別のエゾナキウサギ 石狩西部のエゾヒグマ 天塩・増毛地方のエゾヒグマ 九州地方のカモシカ 九州地方のカワネズミ 本州のチチブコウモリ 四国のチチブコウモリ 下北半島のツキノワグマ 紀伊半島のツキノワグマ 東中国地域のツキノワグマ		西中国地域のツキノワグマ 四国山地のツキノワグマ 九州地方のツキノワグマ 本州のニホンイイズナ 中国地方のニホンリス 九州地方のニホンリス 北奥羽・北上山系のホンドザル 金華山のホンドザル 徳之島のリュウキュウイノシシ

鳥類（2006.12）

ランク	和名	ランク	和名
絶滅（EX）	オガサワラガビチョウ オガサワラカラスバト オガサワラマシコ カンムリツクシガモ キタタキ ダイトウウグイス ダイトウミソサザイ ダイトウヤマガラ ハシブトゴイ マミジロクイナ ミヤコショウビン ムコジマメグロ リュウキュウカラスバト		ヘラシギ ミユビゲラ ヤンバルクイナ ワシミミズク
		絶滅危惧IB類（EN）	アカアシカツオドリ アカオネッタイチョウ アカコッコ アカモズ イヌワシ ウチヤマセンニュウ オオクイナ オオセッカ オオヨシゴイ オガサワラカワラヒワ オガサワラノスリ オジロワシ キンバト キンメフクロウ クマタカ クロウミツバメ コアホウドリ コシャクシギ サンカノゴイ シマクイナ チュウヒ ツクシガモ ナミエヤマガラ ハハジマメグロ ヒメウ ブッポウソウ ホントウアカヒゲ
野生絶滅（EW）	トキ		
絶滅危惧IA類（CR）	アカガシラカラスバト ウミガラス ウミスズメ エトピリカ カラフトアオアシシギ カンムリワシ クロコシジロウミツバメ クロツラヘラサギ コウノトリ シジュウカラガン シマアオジ シマハヤブサ シマフクロウ ダイトウノスリ チゴモズ チシマウガラス ノグチゲラ		

ランク	和名	ランク	和名
絶滅危惧IB類（EN）	ミゾゴイ		ライチョウ
	モスケミソサザイ		リュウキュウオオコノハズク
	ヤイロチョウ	準絶滅危惧（NT）	アカヤマドリ
	ヨナクニカラスバト		ウズラ
	リュウキュウツミ		エリグロアジサシ
絶滅危惧II類（VU）	アオツラカツオドリ		オオジシギ
	アカアシシギ		オオタカ
	アカヒゲ		オオヒシクイ
	アホウドリ		オリイヤマガラ
	アマミヤマシギ		カラシラサギ
	イイジマムシクイ		カラスバト
	オオアジサシ		カリガネ
	オオトラツグミ		コシジロヤマドリ
	オオワシ		チュウサギ
	オーストンウミツバメ		ノジコ
	オーストンオオアカゲラ		ハイタカ
	オーストンヤマガラ		ハチクマ
	カンムリウミスズメ		マガン
	クマゲラ		ミサゴ
	ケイマフリ		ヨシゴイ
	コアジサシ	情報不足（DD）	アカツクシガモ
	コクガン		アカハジロ
	コジュリン		ウスアカヒゲ
	サシバ		エゾライチョウ
	サンショウクイ		オシドリ
	シラコバト		クロヅル
	ズグロカモメ		クロトキ
	ズグロミゾゴイ		コウライアイサ
	セイタカシギ		コトラツグミ
	タネコマドリ		サカツラガン
	タンチョウ		シベリアオオハシシギ
	ツバメチドリ		シロハラミズナギドリ
	トモエガモ		セグロミズナギドリ
	ナベヅル		チシマシギ
	ハヤブサ		ハクガン
	ヒクイナ		ヘラサギ
	ヒシクイ		マダラウミスズメ
	ヒメクロウミツバメ	絶滅のおそれのある地域個体群（LP）	青森県のカンムリカイツブリ繁殖個体群
	ベニアジサシ		東北地方以北のシノリガモ繁殖個体群
	ホウロクシギ		
	マナヅル		
	ヨタカ		

爬虫類（2006.12）

ランク	和名	ランク	和名
絶滅危惧 IA 類 （CR）	イヘヤトカゲモドキ キクザトサワヘビ クメトカゲモドキ		ヨナグニキノボリトカゲ リュウキュウヤマガメ
絶滅危惧 IB 類 （EN）	アオスジトカゲ アカウミガメ オビトカゲモドキ シュウダ タイマイ マダラトカゲモドキ ミヤコカナヘビ ミヤコヒバァ ミヤコヒメヘビ ヨナグニシュウダ	準絶滅危惧 （NT）	アカマダラ アマミタカチホヘビ アムールカナヘビ イシガキトカゲ イワサキセダカヘビ オオシマトカゲ オガサワラトカゲ オキナワトカゲ オキナワヤモリ（通称クメヤモリ） サキシマアオヘビ サキシマキノボリトカゲ サキシマバイカダ タカラヤモリ トカラハブ ハイ ヒャン ヤエヤマタカチホヘビ
絶滅危惧 II 類 （VU）	アオウミガメ イイジマウミヘビ イワサキワモンベニヘビ エラブウミヘビ オキナワキノボリトカゲ キシノウエトカゲ クメジマハイ クロイワトカゲモドキ コモチカナヘビ サキシマカナヘビ サキシマスジオ バーバートカゲ ヒロオウミヘビ ミヤコトカゲ ミヤラヒメヘビ ヤエヤマセマルハコガメ	情報不足（DD）	タシロヤモリ ダンジョヒバカリ ツシマスベトカゲ ニホンイシガメ ニホンスッポン
		絶滅のおそれ のある地域個 体群（LP）	沖永良部島，徳之島のアオカナヘビ 大東諸島のオガサワラヤモリ 三宅島，八丈島，青ヶ島のオカダトカゲ

両生類（2006.12）

ランク	和名	ランク	和名
絶滅危惧 IA 類 （CR）	アベサンショウウオ	絶滅危惧 II 類 （VU）	アマミハナサキガエル イボイモリ オオイタサンショウウオ オオサンショウウオ オオダイガハラサンショウウオ オキサンショウウオ カスミサンショウウオ トウキョウサンショウウオ ハナサキガエル ベッコウサンショウウオ ヤエヤマハラブチガエル
絶滅危惧 IB 類 （EN）	アカイシサンショウウオ イシカワガエル オットンガエル コガタハナサキガエル ナゴヤダルマガエル ナミエガエル ハクバサンショウウオ ホクリクサンショウウオ ホルストガエル		

ランク	和名	ランク	和名
準絶滅危惧（NT）	アカハライモリ		トウキョウダルマガエル
	オオハナサキガエル		トウホクサンショウウオ
	キタサンショウウオ		ヒダサンショウウオ
	クロサンショウウオ		ブチサンショウウオ
	シリケンイモリ		ミヤコヒキガエル
	チョウセンヤマアカガエル		リュウキュウアカガエル
	ツシマアカガエル		
	ツシマサンショウウオ	情報不足（DD）	エゾサンショウウオ

汽水・淡水魚類（2007.8）

ランク	和名	ランク	和名
絶滅（EX）	クニマス		スイゲンゼニタナゴ
	スワモロコ		スジシマドジョウ小型種山陽型
	チョウザメ		ゼニタナゴ
	ミナミトミヨ		セボシタビラ
絶滅危惧IA類（CR）	アオギス		タイワンキンギョ
	アカボウズハゼ		タニヨウジ
	アゴヒゲオコゼ		ツバサハゼ
	アゴヒゲハゼ		ドウクツミミズハゼ
	アブラヒガイ		トカゲハゼ
	アユモドキ		トミヨ属雄物型
	アリアケシラウオ		ナミダカワウツボ
	アリアケヒメシラウオ		ニセシマイサキ
	イサザ		ニッポンバラタナゴ
	イタセンパラ		ハヤセボウズハゼ
	イチモンジタナゴ		ハリヨ
	ウシモツゴ		ヒゲソリオコゼ
	ウラウチイソハゼ		ヒナモロコ
	ウラウチフエダイ		ヒメサツキハゼ
	ウラウチヘビギンポ		ヒメテングヨウジ
	オガサワラヨシノボリ		ヒメトサカハゼ
	カエルハゼ		ヒルギギンポ
	カガミテンジクダイ		ベニザケ（ヒメマス）
	カワギンポ		ホシイッセンヨウジ
	カワクモハゼ		ホホグロハゼ
	カワボラ		ホンモロコ
	キセルハゼ		ミスジハゼ
	クロトサカハゼ		ミヤコタナゴ
	コゲウツボ		ムサシトミヨ
	コマチハゼ		ヨコシマイサキ
	コンジキハゼ		ヨロイボウズハゼ
	コンテリボウズハゼ		リュウキュウアユ
	シナイモツゴ	絶滅危惧IB類（EN）	アオバラヨシノボリ
	シマサルハゼ		アカヒレタビラ
	シミズシマイサキ		アカメ

ランク	和名	ランク	和名
絶滅危惧IB類 (EN)	アトクギス		ルリボウズハゼ
	アミメカワヨウジ		ワタカ
	イシドジョウ	絶滅危惧II類 (VU)	アカザ
	イトウ		アサガラハゼ
	ウキゴリ属の1種（ジュズカケハゼ関東型）		アジメドジョウ
	ウケクチウグイ		エツ
	エソハゼ		エドハゼ
	エゾホトケドジョウ		オショロコマ
	カジカ小卵型		オヤニラミ
	カジカ中卵型		カマキリ（アユカケ）
	カゼトゲタナゴ		カワヤツメ
	カワバタモロコ		ギバチ
	キバラヨシノボリ		キララハゼ
	クボハゼ		ゴギ
	ゲンゴロウブナ		ゴマハゼ
	コビトハゼ		シロウオ
	シマエソハゼ		シンジコハゼ
	ジャノメハゼ		スジシマドジョウ中型種
	シロヒレタビラ		スナヤツメ北方種
	スジシマドジョウ大型種		スナヤツメ南方種
	スジシマドジョウ小型種東海型		チクゼンハゼ
	スジシマドジョウ小型種琵琶湖型（淀川個体群を含む）		ツチフキ
			デメモロコ
	スジシマドジョウ小型種山陰型		ナンヨウタカサゴイシモチ
	スジシマドジョウ小型種九州型		ハス
	タウナギ		ハゼクチ
	タナゴ		ヒゲワラスボ
	タナゴモドキ		ホシマダラハゼ
	タビラクチ		ボルネオハゼ
	タメトモハゼ		マサゴハゼ
	チワラスボ		ミナミアシシロハゼ
	トゲナガユゴイ		ミナミヒメミミズハゼ
	トサカハゼ		ミヤベイワナ
	ドロクイ		メダカ北日本集団
	ナガレフウライボラ		メダカ南日本集団
	ナガレホトケドジョウ		ヤマトシマドジョウ
	ニゴロブナ		ワラスボ
	ネコギギ	準絶滅危惧 (NT)	アブラボテ
	ヒナイシドジョウ		アリアケギバチ
	ホトケドジョウ		イシカリワカサギ
	マングローブゴマハゼ		イドミミズハゼ
	ムツゴロウ		イワトコナマズ
	ヤエヤマノコギリハゼ		エゾトミヨ
	ヤマノカミ		カジカ大卵型
			カワヒガイ

ランク	和名	ランク	和名
準絶滅危惧（NT）	キンブナ		ニセシラヌイハゼ
	クルメサヨリ		ニセツムギハゼ
	ゴシキタメトモハゼ		ニッコウイワナ
	コモチサヨリ		ニューギニアウナギ
	サクラマス（ヤマメ）		ネムリミミズハゼ
	サツキマス（アマゴ）		ハナダカタカサゴイシモチ
	シベリアヤツメ		ヒルギヌメリテンジクダイ
	ショウキハゼ		ビワヨシノボリ
	スゴモロコ		フタゴハゼ
	トウカイヨシノボリ		フタホシハゼ
	トビハゼ		フナ属の1種（沖縄諸島産）
	トミヨ属汽水型		ヘビハゼ
	ナンヨウチヌ		ホホグロスジハゼ
	ヒモハゼ		マイコハゼ
	ビワマス		ムジナハゼ
	ホクロハゼ		モンナシボラ
	ヤチウグイ		ヤマナカハヤ
	ヤリタナゴ		ワキイシモチ
情報不足（DD）	アンピンボラ	**絶滅のおそれのある地域個体群**（LP）	福島県以南の陸封のイトヨ太平洋型
	イシドンコ		本州のイトヨ日本海型
	ウナギ		東北地方のエゾウグイ
	エリトゲハゼ		東北・北陸地方のカンキョウカジカ
	オニボラ		
	カキイロヒメボウズハゼ		沖縄島のクサフグ
	カマヒレボラ		琵琶湖のコイ野生型
	カワアナゴ科の1種		襟裳岬以西のシシャモ
	ギンポハゼ		鳥海山周辺地域のジュズカケハゼ
	コクチスナゴハゼ		富山平野のジュズカケハゼ
	ゴマクモギンポ		有明海のスズキ
	シラヌイハゼ		北海道南部・東北地方のスミウキゴリ
	スダレウロハゼ		
	ダイダイコショウダイ		本州のトミヨ属淡水型
	タスキヒナハゼ		太平洋側湖沼系群のニシン
	テッポウウオ		東北地方のハナカジカ
	ドウケハゼ		本州日本海側のマルタ
	トンガスナハゼ		栃木県のミツバヤツメ
	ナガブナ		紀伊半島のヤマトイワナ（キリクチ）
	ナミノコハゼ		
	ナリタイトヒキヌメリ		

昆虫類（2007.8）

ランク	目名	和名	ランク	目名	和名
絶滅(EX)	コウチュウ目	カドタメクラチビゴミムシ			チビアオゴミムシ
		キイロネクイハムシ			ツヅラセメクラチビゴミムシ
		コゾノメクラチビゴミムシ			ツマベニタマムシ聟島亜種
絶滅危惧 I類 (CR+EN)	カメムシ目	イシガキニイニイ			トサムカシゲンゴロウ
		カワムラナベブタムシ			トサメクラゲンゴロウ
		シオアメンボ			ナカオメクラチビゴミムシ
		ブチヒゲツノヘリカメムシ			ニセキボシハナノミ小笠原亜種
	ガロアムシ目	イシイムシ			
	コウチュウ目	アオキクスイカミキリ			ニセミヤマヒメハナノミ
		アオノネクイハムシ			ハハジマモリヒラタゴミムシ
		アオヘリアオゴミムシ			ヒゲシロアラゲカミキリ
		アブクマナガチビゴミムシ			ヒメカタゾウムシ母島亜種
		アマミスジアオゴミムシ			フサヒゲルリカミキリ
		アマミナガゴミムシ			フタモンアメイロカミキリ父島亜種
		イカリモンハンミョウ			
		ウケジママルバネクワガタ			フタモンアメイロカミキリ母島亜種
		ウスケメクラチビゴミムシ			
		オオイチモンジシマゲンゴロウ			フチトリゲンゴロウ
					マスゾウメクラチビゴミムシ
		オオミネクロナガオサムシ			マダラシマゲンゴロウ
		オオメクラゲンゴロウ			マルコガタノゲンゴロウ
		オガサワラアオゴミムシ			ミイロトラカミキリ
		オガサワラオビハナノミ			ミハマオサムシ
		オガサワラキンオビハナノミ			ムコジマトラカミキリ
		オガサワラハンミョウ			ヤエヤマツギリゾウムシ
		オガサワラムツボシタマムシ母島亜種			ヤシャゲンゴロウ
					ヤンバルテナガコガネ
		オガサワラモリヒラタゴミムシ			ヨコハマナガゴミムシ
					ヨナグニマルバネクワガタ
		オガサワラモンハナノミ			リシリキンオサムシ
		カガミムカシゲンゴロウ			リシリノマックレイセアカオサムシ
		カダメクラチビゴミムシ			
		キイロホソゴミムシ			リュウノイワヤツヤムネハネカクシ
		キタヤマメクラチビゴミムシ			
		ギフムカシゲンゴロウ			リュウノメクラチビゴミムシ
		キンモンオビハナノミ			ワタナベヒメハナノミ
		クスイキボシハナノミ		チョウ目	ウスイロオナガシジミ九州亜種
		クロサワオビハナノミ			
		ケバネメクラチビゴミムシ			ウスイロヒョウモンモドキ
		コガタノゲンゴロウ			オオウラギンヒョウモン
		シャープゲンゴロウモドキ			オオルリシジミ本州亜種
		スジゲンゴロウ			オオルリシジミ九州亜種
		スリカミメクラチビゴミムシ			オガサワラシジミ
		タカモリメクラチビゴミムシ			カバシタムクゲエダシャク
					キタアカシジミ冠高原亜種

ランク	目名	和名	ランク	目名	和名
絶滅危惧Ⅰ類(CR+EN)	チョウ目	クロシジミ			ゴミアシナガサシガメ
		ゴイシツバメシジミ			シロウミアメンボ
		シルビアシジミ			ズイムシハナカメムシ
		タイワンツバメシジミ南西諸島亜種			ダイトウヒメハルゼミ
		タイワンツバメシジミ本土亜種			タガメ
					チャマダラキジラミ
		タカネヒカゲ八ヶ岳亜種			チョウセンケナガニイニイ
		チャマダラセセリ			ツツジコブアブラムシ
		ノシメコヤガ			トゲアシアメンボ
		ヒメヒカゲ本州中部亜種			トゲナベブタムシ
		ヒメヒカゲ本州西部亜種			ハシバミヒゲナガアブラムシ
		ヒョウモンモドキ			フサヒゲサシガメ
		ホシチャバネセセリ			ムニンヤツデキジラミ
		ミツモンケンモン		カワゲラ目	コカワゲラ
		ミヨタトラヨトウ		コウチュウ目	アオナミメクラチビゴミムシ
	トンボ目	オオキトンボ			アカツヤドロムシ
		オオセスジイトトンボ			アカムネハナカミキリ
		オオモノサシトンボ			アサカミキリ
		オガサワラアオイトトンボ			アマミマルバネクワガタ
		オガサワラトンボ			アヤスジミゾドロムシ
		コバネアオイトトンボ			イスミナガゴミムシ
		ハナダカトンボ			イワタメクラチビゴミムシ
		ヒヌマイトトンボ			イワテセダカオサムシ
		ベッコウトンボ			ウガタオサムシ
		マダラナニワトンボ			エゾガムシ
		ミヤジマトンボ			エゾゲンゴロウモドキ
	ハエ目	イソメマトイ			オオクワガタ
		サツマツノマユブユ			オオコブスジコガネ
		ヤツシロハマダラカ			オガサワライカリモントラカミキリ
		ヨナクニウォレスブユ			オガサワラキイロトラカミキリ
		ヨナハニクバエ			
	ハチ目	オガサワラメンハナバチ			オガサワラキボシハナノミ
		キムネメンハナバチ			オガサワラクチキゴミムシ
		ヤスマツメンハナバチ			オガサワラトビイロカミキリ
絶滅危惧Ⅱ類(VU)	カメムシ目	アシナガナガカメムシ			オガサワラトラカミキリ
		イトアメンボ			オガサワラムツボシタマムシ父島列島亜種
		エグリタマミズムシ			
		オオサシガメ			オガサワラムネスジウスバカミキリ
		オガサワラミズギワカメムシ			
		オヨギカタビロアメンボ			オキナワサビカミキリ
		クロイワゼミ			オキナワマルバネクワガタ
		ケブカオヨギカタビロアメンボ			カワラハンミョウ
					キムネキボシハナノミ
		コバンムシ			クチキゴミムシ

ランク	目名	和名	ランク	目名	和名
絶滅危惧 II類(VU)	コウチュウ目	クメジマボタル			タカネヒカゲ北アルプス亜種
		コカシメクラチビゴミムシ			チョウセンアカシジミ
		コクロオバボタル			ツマグロキチョウ
		コハンミョウモドキ			ハマヤマトシジミ
		ジャアナヒラタゴミムシ			ヒメシロチョウ
		セスジガムシ			ヒメチャマダラセセリ
		セマルヒメドロムシ			ミヤマシジミ
		ダイコクコガネ			ミヤマシロチョウ
		ダイトウヒラタクワガタ			ヤマキチョウ
		チャバネエンマコガネ			ルーミスシジミ
		ツマベニタマムシ父島・母島列島亜種		トビケラ目	オガサワラニンギョウトビケラ
		ツヤケシマグソコガネ			ビワアシエダトビケラ
		ドウキョウオサムシ		トンボ目	アオナガイトトンボ
		ニセチャイロヒメハナノミ			アサトカラスヤンマ
		ハハジマヒメカタゾウ			オガサワライトトンボ
		ハラビロハンミョウ			オキナワミナミヤンマ
		ヒメフチトリゲンゴロウ			オグマサナエ
		マークオサムシ			シマアカネ
		マルダイコクコガネ			ナニワトンボ
		モニワメクラチビゴミムシ			ハネナガチョウトンボ
		ヤクシマエンマコガネ			ハネビロエゾトンボ
		ヨコミゾドロムシ			ベニイトトンボ
		ヨツボシカミキリ		ハエ目	クロマガリスネカ
		ヨドシロヘリハンミョウ			ゴヘイニクバエ
		ルイスハンミョウ			ニホンアミカモドキ
		ワタラセハンミョウモドキ			マガリスネカ
	チョウ目	アカセセリ		ハチ目	オガサワラアナバチ
		アサヒナキマダラセセリ			オガサワラキホリハナバチ
		アサマシジミ北海道亜種			オガサワラギングチバチ
		アサマシジミ中部高地帯亜種			オガサワラセイボウ
		アサマシジミ中部低地帯亜種			オガサワラチビドロバチ
		ウラナミジャノメ本土亜種			オガサワラムカシアリ
		オオイチモンジ			チチジマジガバチモドキ
		オガサワラセセリ			チチジマピソン
		キタアカシジミ北日本亜種			ノヒラセイボウ
		ギフチョウ			ハハジマピソン
		クロヒカゲモドキ	**準絶滅危惧（NT）**	カゲロウ目	ヒトリガカゲロウ
		コヒョウモンモドキ			リュウキュウトビイロカゲロウ
		ゴマシジミ北海道・東北亜種			
		ゴマシジミ本州中部亜種		カメムシ目	イシガキヒグラシ
		ゴマシジミ八方尾根・白山亜種			エサキアメンボ
					エサキタイコウチ
		ゴマシジミ中国・九州亜種			エサキナガレカタビロアメンボ
		タカネキマダラセセリ南アルプス亜種			

ランク	目名	和名	ランク	目名	和名
準絶滅危惧（NT）	カメムシ目	エノキカイガラキジラミ		コウチュウ目	オオチャイロハナムグリ
		オオカバヒラタカメムシ			オオヒョウタンゴミムシ
		オオミズムシ			オガサワラビロウドカミキリ
		オオムラハナカメムシ			オクエゾクロマメゲンゴロウ
		オガサワラアオズキンヨコバイ			オビヒメコメツキモドキ
		オガサワラアメンボ			キイロコガシラミズムシ
		オガサワラチャイロカスミカメ			キバネキバナガミズギワゴミムシ
		オガサワラハナダカアワフキ			キバネマグソコガネ
		オキナワマツモムシ			キベリマルクビゴミムシ
		オモゴミズギワカメムシ			キボシチビコツブゲンゴロウ
		クヌギヒイロカスミカメ			キボシツブゲンゴロウ
		ケシヒラタカメムシ			キンオニクワガタ
		コオイムシ			クロオビヒゲブトオサムシ
		サンゴアメンボ			クロシオガムシ
		シロヘリツチカメムシ			クロヒラタカミキリ
		スナヨコバイ			クロヘリウスチャハムシ
		タカラサシガメ			クロモンマグソコガネ
		ツシマキボシカメムシ			ケスジドロムシ
		ツマグロマキバサシガメ			ケズネケシカミキリ
		ツヤセスジアメンボ			ケハラゴマフカミキリ
		ナガミズムシ			ゲンゴロウ
		ニシキギヒゲナガアブラムシ			コトラカミキリ
		ハウチワウンカ			スナハラゴミムシ
		ババアメンボ			ダイセツマグソコガネ
		ハマベッチカメムシ			チャイロヒメカミキリ小笠原亜種
		ハマベナガカメムシ			チュウブホソガムシ
		ヒメミズギワカメムシ			ツツイキバナガミズギワゴミムシ
		ヒラタミズギワカメムシ			ツマキレオナガミズスマシ
		フクロヨコバイ			ツヤヒメマルタマムシ
		ホッケミズムシ			トダセスジゲンゴロウ
		マダラアシミズカマキリ			ノブオオオアオコメツキ
		ミカントゲカメムシ			ヒメカタゾウムシ父島亜種
		ミズナシミズムシ			ヒメキイロマグソコガネ
		ミナミナガカメムシ			フタキボシケシゲンゴロウ
		ミヤモトベニカスミカメ			フタモンマルクビゴミムシ
		ヤセオオヒラタカメムシ			フトキバスナハラゴミムシ
		リンゴクロカスミカメ			ホソハンミョウ
	カワゲラ目	フライソンアミメカワゲラ			マダラコガシラミズムシ
	コウチュウ目	アカガネクイハムシ			マルガタゲンゴロウ
		アマミセスジダルマガムシ			マルコブスジコガネ
		アラメエンマコガネ			ミクラミヤマクワガタ
		ウミホソチビゴミムシ			ミチノクケマダラカミキリ
		エゾコガムシ			

ランク	目名	和名	ランク	目名	和名
準絶滅危惧（NT）	コウチュウ目	ミヤコマドボタル		チョウ目	ヒメギフチョウ本州亜種
		ヤエヤマクビナガハンミョウ			ヒメシジミ本州・九州亜種
		ヤエヤマルバネクワガタ			ヒョウモンチョウ東北以北亜種
		ヤマトエンマコガネ			
		ヤマトオサムシダマシ			ヒョウモンチョウ本州中部亜種
		ヤマトモンシデムシ			
	チョウ目	アカボシゴマダラ奄美亜種			フジシロミャクヨトウ
		アサヒヒョウモン			フタオチョウ
		アズミキシタバ			ベニヒカゲ本州亜種
		イワカワシジミ			ベニモンカラスシジミ中部亜種
		ウスバキチョウ			
		ウラギンスジヒョウモン			ベニモンカラスシジミ中国亜種
		オオゴマシジミ			
		オオムラサキ			ベニモンカラスシジミ四国亜種
		カラフトヒョウモン			
		カラフトルリシジミ			ベニモンマダラ道南亜種
		キマダラモドキ			ベニモンマダラ本土亜種
		キマダラルリツバメ			マサキウラナミジャノメ
		ギンイチモンジセセリ			ミヤマモンキチョウ浅間山系亜種
		クモマツマキチョウ八ヶ岳・南アルプス亜種			
					ミヤマモンキチョウ北アルプス亜種
		クモマツマキチョウ北アルプス・戸隠亜種			
					ヤエヤマウラナミジャノメ
		クモマベニヒカゲ北海道亜種			ヨナグニサン
		クモマベニヒカゲ本州亜種			リュウキュウウラナミジャノメ
		クロツバメシジミ東日本亜種			
		クロツバメシジミ西日本亜種			リュウキュウウラボシシジミ
		クロツバメシジミ九州沿岸・朝鮮半島亜種		トビケラ目	オオナガレトビケラ
					オキナワホシシマトビケラ（オキナワオオシマトビケラ）
		クロフカバシャク			
		コノハチョウ			ギンボシツツトビケラ
		シロオビヒカゲ			クチキトビケラ（クロアシエダトビケラ）
		シロオビヒメヒカゲ札幌周辺亜種			
				トンボ目	アカメイトトンボ
		スジグロチャバネセセリ北海道・本州・九州亜種			アマミサナエ
					アマミヤンマ
		スジグロチャバネセセリ四国亜種			イシガキヤンマ
					エゾアカネ
		ダイセツタカネヒカゲ			エゾカオジロトンボ
		タカネキマダラセセリ北アルプス亜種			オオサカサナエ
					オキナワコヤマトンボ
		ツシマウラボシシジミ			オキナワサナエ
		ハグルマヤママユ			オキナワサラサヤンマ
		ヒメイチモンジセセリ			カラカネイトトンボ
		ヒメギフチョウ北海道亜種			カラフトイトトンボ

ランク	目名	和名	ランク	目名	和名
準絶滅危惧（NT）	トンボ目	キイロヤマトンボ		カメムシ目	カバヒラタカメムシ
		グンバイトンボ			カワムラヨコバイ
		ナゴヤサナエ			ケヤキワタムシ
		ネアカヨシヤンマ			コリヤナギグンバイ
		ヒナヤマトンボ			サガミグンバイ
		ヒメイトトンボ			タイワンコオイムシ
		ヒロシマサナエ			タイワンタガメ
		フタスジサナエ			チシマミズムシ
		ベニヒメトンボ			テングオオヨコバイ
		ミナミトンボ			ナカハラヨコバイ
		メガネサナエ			ハリサシガメ
		モートンイトトンボ			ヒラタツチカメムシ
		ヤエヤマサナエ			ヒロオビフトヨコバイ
	ハエ目	オオハマハマダラカ			ムクロジヒゲマダラアブラムシ
	ハチ目	ウマノオバチ			
		エラブツチスガリ			ヤエヤマサシガメ
		オオナギナタハバチ		ガロアムシ目	チュウジョウムシ（メギシマガロアムシ）
		オガサワラクマバチ			
		カワラアワフキバチ		カワゲラ目	カワイオナシカワゲラ
		キアシハナダカバチモドキ		コウチュウ目	アカオニアメイロカミキリ
		ケシノコギリハリアリ			アカマダラコガネ
		コウノハバチ			アバタツヤナガヒラタホソカタムシ
		スダセイボウ			
		タイワンハナダカバチ			アマミハリムネモモブトカミキリ
		トクノシマツチスガリ			
		ナガセクロツチバチ			アラメゴミムシダマシ
		ニッポンハナダカバチ			イソジョウカイモドキ
		ババアワフキバチ			オオキバナガミズギワゴミムシ
		フクイアナバチ			
		ホソハナナガアリ			オオズウミハネカクシ
		ムコジマスナハキバチ			オガサワラナガタマムシ
		ムサシトゲセイボウ			オキナワカブトムシ
	バッタ目	アマミヒラタヒシバッタ			キマダラオオヒゲナガゾウムシ
		オキナワキリギリス			
		ツシマフトギス			キョウトチビコブスジコガネ
		ムニンツヅレサセコオロギ			クロツヤアラゲカミキリ
情報不足（DD）	アミメカゲロウ目	ツシマカマキリモドキ			ケズネチビトラカミキリ
		ヤマトセンブリ			ゴマダラオオヒゲナガゾウムシ
	カゲロウ目	アカツキシロカゲロウ			
		ビワコシロカゲロウ			サキシマチビコガネ
	カメムシ目	アマミオオメノミカメムシ			シラフオガサワラナガタマムシ
		オオカモドキサシガメ			
		オオチャイロヒラタカメムシ			シロスジトゲバカミキリ
		オオメノミカメムシ			ズグロヒメハナノミ
		オオメミズムシ			スジヒメカタゾウムシ

ランク	目名	和名	ランク	目名	和名
情報不足 （DD）	コウチュウ目	ススキサビカミキリ		ハエ目	カエルキンバエ
		セスジマルドロムシ			カスミハネカ
		セマルオオマグソコガネ			キョクトウハネカ
		ダイトウスジヒメカタゾウムシ			キンシマクサアブ
					ケンランアリノスアブ
		ダルママグソコガネ			シマクサアブ
		チチジマヒメハナノミ			ネグロクサアブ
		チャバネホソミツギリゾウムシ			ハマダラハルカ
					ヒメシマクサアブ
		ニッポンセスジダルマガムシ			モイワエゾカ
		ノブオフトカミキリ			ヤマトクチキカ
		ハガマルヒメドロムシ		ハサミムシ目	ムカシハサミムシ
		ハハジマヒメハナノミ		ハチ目	アギトギングチ
		ヒゲナガヒラタドロムシ			アケボノベッコウ
		ヒメダイコクコガネ			アマミカバフドロバチ
		ホソキマルハナノミ			オガサワラコンボウヤセバチ
		ボニンヒメハナノミ			カラトイスカバチ
		ムカシゲンゴロウ			キマダラズアカベッコウ
		メクラゲンゴロウ			キンケセダカヤセバチ
		ヤエヤマクロスジホソハナカミキリ			クチナガハバチ
					シロアリモドキヤドリバチ
	ゴキブリ目	エサキクチキゴキブリ			シロズヒラタハバチ
		エラブモリゴキブリ			タイセツギングチ
		キカイホラアナゴキブリ			チャイロナギナタハバチ
		ホラアナゴキブリ			ツヤミカドオオアリ
		ミヤコホラアナゴキブリ			テングツチスガリ
		ミヤコモリゴキブリ			ニトベギングチ
	シリアゲムシ目	アマミシリアゲ			ノサップマルハナバチ
		イシガキシリアゲ			ハナナガアリ
		エゾユキシリアゲ			ヒダクチナガハバチ
		シコクミスジシリアゲ			ヒメアギトアリ
		ツシマシリアゲ			マエダテツチスガリ
		ヒウラシリアゲ			ミヤマアメイロケアリ
	チャタテムシ目	ホソヒゲチャタテ			ミヤマツヤセイボウ
	チョウ目	コンゴウミドリヨトウ			ヤクシマハリアリ
		ヒメウラボシシジミ			ヤクシマムカシアリ
	トビケラ目	ウジヒメセトトビケラ（ウジセトトビケラ）		バッタ目	ヒメヒゲナガヒナバッタ
					マボロシオオバッタ
		ツノカクツツトビケラ	絶滅のおそれのある地域個体群（LP）	カメムシ目	宮古島のツマグロゼミ
	ハエ目	アルプスニセヒメガガンボ		トンボ目	房総半島のシロバネカワトンボ（f. edai）を含むアサヒナカワトンボ
		イトウタマユラアブ			
		エサキニセヒメガガンボ			

貝類（2007.8）

ランク	和名	ランク	和名
絶滅（EX）	アカビシヤマキサゴ		オウトウハマシイノミガイ
	アツクチハハジマヒメベッコウ		オオイタシロギセル
	エンザガイ		オオステンキビ
	エンザガイモドキ		オオムシオイ
	オオエンザガイ		オガサワラキセルガイモドキ
	オガサワラキビ		オガサワラレンズガイ（オガサワラベッコウ）
	キバオカチグサガイ		オキヒラシイノミガイ
	コシタカエンザガイ		オキビロウドマイマイ
	コダマエンザガイ		オグラヌマガイ
	ソコカドエンザガイ		オナガラムシオイ
	ソロバンダマヤマキサゴ		オモイガケナマイマイ
	チチジマヤマキサゴ		オンセンミズゴマツボ
	チチジマレンズガイ		カザアナギセル
	ツヤエンザガイ		カスガコギセル
	ナカクボエンザガイ		カズマキノミギセル
	ナカタエンザガイ		カタシイノミミミガイ
	ハゲヨシワラヤマキサゴ		カタヤマガイ
	ハタイエンザガイ		カドエンザガイ
	ハハジマレンズガイ		カドオガサワラヤマキサゴ
	ヒラクボエンザガイ		カドバリコミミガイ
	ヒラセヤマキサゴ		カナマルマイマイ
	ヒラマキエンザガイ		カリントウカワニナ
絶滅危惧Ⅰ類（CR＋EN）	アズママルクチコギセル		カワネジガイ
	アツクチハマシイノミガイ		カンダマイマイ
	アナカタマイマイ		キカイキビ
	アニジマヤマキサゴ		キザキコミズシタダミ
	アマノヤマタカマイマイ		キヌメハマシイノミガイ
	アマミカワニナ		キノボリカタマイマイ
	アマミヤマタカマイマイ		キバサナギガイ
	イイジマギセル		クチキレムシオイ
	イケチョウガイ		クチヒダエンザガイ
	イシカワギセル		クビキレガイモドキ
	イソムラマイマイ		クビナガムシオイ
	イトウムシオイ		クビレイトウムシオイ
	イトカケマイマイ		クメジママイマイ
	イトヒキオオベソマイマイ		クリイロコミミガイ
	イトヒキツムガタノミギセル		クロダアツクチムシオイ
	イヘヤヤマタカマイマイ		クロヘナタリ
	ウミマイマイ		ケショウギセル
	ウラキヤマタカマイマイ		ケショウマイマイ
	ウラジロヤマタカマイマイ		コウモリミミガイ
	ウルシヌリハマシイノミガイ		コガタカワシンジュガイ
	ウロコマイマイ		コダマコギセル
	エゾコギセル		

ランク	和名	ランク	和名
絶滅危惧Ⅰ類 （CR＋EN）	コハクオオカミミガイ		ニシキコギセル
	コベソコミミガイ		ニッポンノブエガイ
	サキシマヒシマイマイ		ニハタズミハマシイノミガイ
	サダミマイマイ		ヌノメカタマイマイ
	サドマイマイ		ネニヤダマシギセル
	サナギガイ		ハチジョウキセルガイモドキ
	シイノミミミガイ		ハチジョウキバサナギガイ
	シイバムシオイ		ハナコギセル
	シコクタケノコギセル		ハハジマキセルガイモドキ
	シマヘナタリ		ハハジマヤマキサゴ
	シロハダギセル		ハマダモノアラガイ
	シンチュウギセル（エイネギセル）		ハンジロギセル
	スガカワニナ		ヒゴコンボウギセル
	スベスベヤマキサゴ		ヒシカタマイマイ
	センベイアワモチ		ヒダリマキモノアラガイ
	ゾウゲツヤノミギセル		ヒメカタマイマイ
	タイシャクギセル		ヒメカドエンザガイ
	タカチホムシオイ		ヒメシイノミミミガイ
	タキギセル		ヒメシロギセル
	タケノコギセル		ヒメムシオイ
	タダアツプタムシオイ		ヒメユリヤマタカマイマイ
	タビトギセル（アラトラギセル）		ヒョットコイトウムシオイ
	チチジマエンザガイ		ヒラコベソマイマイ
	チチジマカタマイマイ		ヒラセキセルガイモドキ
	チチジマキセルガイモドキ		ヒロクチコギセル
	チチジマスナガイ		フクイシブキツボ
	デンジハマシイノミガイ		ヘゴノメミミガイ
	トカラコギセル		ヘタナリエンザガイ
	トクサギセル		ベニゴマガイ
	トクネニヤダマシギセル		ヘリトリケマイマイ
	トクノシマツムガタノミギセル		ホウライジギセル
	トクノシマビロウドマイマイ		ホラアナゴマオカチグサガイ
	トクノシマムシオイ		マキスジベッコウ
	トリコハマシイノミガイ		マキスジヤマキサゴ
	ナカセコカワニナ		マルクチコギセル
	ナカダコギセル		マルクボエンザガイ
	ナカノシマヤマキサゴ		ミスジカタマイマイ
	ナカヤママイマイ		ミドリマイマイ
	ナガヤマヤマツボ		ミヤザキムシオイ
	ナズミガイ		ムチカワニナ
	ナチマイマイ		ムラヤママイマイ
	ナナツガマホラアナミジンニナ		メルレンドルフマイマイ
	ナナツガマミジンツボ		モリサキオオベソマイマイ
	ナンピギセル		ヤコビマイマイ
	ニシキキセルガイモドキ		ヤセキセルガイモドキ

ランク	和名	ランク	和名
絶滅危惧Ⅰ類 (CR+EN)	ヤノムシオイ		オオシマムシオイ
	ヤベカワモチ		オオタキマイマイ
	ヨシカワニナ		オオツヤマイマイ
	ヨシワラヤマキサゴ		オオミケマイマイ
	ヨナクニダワラガイ		オカイシマキガイ
	ラッパガイ		オガサワラオカモノアラガイ
	リュウキュウギセル		オガサワラカワニナ
	ワキシメゴマガイ		オガサワラノミガイ
絶滅危惧Ⅱ類 (VU)	アキヨシミジンツボ		オガサワラヤマキサゴ
	アケボノカタマイマイ		オカメタニシ
	アズキカワザンショウ		オカミミガイ
	アズマギセル		オカムラムシオイ
	アツブタムシオイ		オキナワヤマタカマイマイ
	アツマイマイ		オキノエラブヤマタカマイマイ
	アニジマカタマイマイ		オキノエラブヤマトガイ
	アベギセル		オクシリギセル
	アポイマイマイ		オトコタテボシガイ
	アラハダシロマイマイ		オバエボシガイ
	イオウジマノミガイ		オモロヤマタカマイマイ
	イササコミミガイ		カギヒダギセル
	イトカケゴマガイ		カタハガイ
	イトカケノミギセル		カタマイマイ
	イトマキミジンヤマタニシ		カタママイマイ
	イトマンマイマイ		カドシタノミギセル
	イナバマメタニシ		カドマルウロコケマイマイ
	イノウエヤマトガイ		カモハラギセル
	イボウミニナ		カワアイ
	イヨギセル		カワシンジュガイ
	イワミマイマイ		カワタレカワザンショウ
	ウオズミゴマガイ		カワモトギセル
	ウスチャイロキセルガイモドキ		カワリダネビロウドマイマイ
	ウチマキノミギセル		キヌカツギハマシイノミガイ
	ウブギセル		キバウミニナ
	ウロコケマイマイ		キビオカチグサガイ
	エゾゴマガイ		キョウトギセル
	エダヒダノミギセル		キンチャクギセル
	エチゴマイマイ		クサレギセル
	エムラマイマイ		クチジロビロウドマイマイ
	エラブマイマイ		クチマガリスナガイ
	エリマキガイ		クニガミゴマガイ
	オオアガリマイマイ		クビナガギセル
	オオウスビロウドマイマイ		クメジマゴマガイ
	オオクリイロカワザンショウ		クルマヒラマキガイ（レンズヒラマキガイ）
	オオシマゴマガイ		
	オオシマフリイデルマイマイ		クロカワニナ

ランク	和名	ランク	和名
絶滅危惧II類 （VU）	クロズギセル		テンスジオカモノアラガイ
	クンチャンマイマイ		トウカイヤマトガイ
	ケハダシワクチマイマイ		トウガタノミガイ
	コウツムシオイ		トウガタホソマイマイ
	コウフオカモノアラガイ		トウゲンムシオイ
	コガネカタマイマイ		トクノシマアズキガイ
	コガラヨシワラヤマキサゴ		トクノシマオオベソマイマイ
	コゲツノブエガイ		トクノシマギセル
	ココロマイマイ		トクノシマケハダシワクチマイマイ
	コシキジマギセル		トクノシマゴマガイ
	コデマリナギサノシタタリ		トクノシマヤマタカマイマイ
	コバヤシミジンツボ		トクノシマヤマトガイ
	コメツブダワラガイ		トサビロウドマイマイ
	サカヅキノミギセル		トビシママイマイ
	サカマキオカミミガイ		トライオンギセル
	サチマイマイ		ドロアワモチ
	サドムシオイ		ナカムラギセル
	ザレギセル		ナタネキバサナギガイ
	シコクビロウドマイマイ		ナタネミズツボ
	ショウドシマギセル		ナタマメギセル
	シリブトギセル		ナラビオカミミガイ
	シリブトゴマガイ		ニシノシマギセル
	スミスヒメベッコウ		ニホンミズシタダミ
	セタシジミ		ヌノビキケマイマイ
	センカクコギセル		ヌマコダキガイ
	ソトバウチマキノミギセル		ヌメクビムシオイ
	タイワンヒルギシジミ		ネジヒダカワニナ
	タカヒデマイマイ		ノミガイ
	タカラノミギセル		ハクサンマイマイ
	タカラホソマイマイ		ハジメテビロウドマイマイ
	タケノコカワニナ		ハナグモリガイ
	タシママイマイ		ハハジマヒメベッコウ
	タブキギセル		ハブタエギセル
	ダンジョキセルガイモドキ		ヒヅメガイ
	チビノミギセル		ヒメナミギセル
	チャイロキセルガイモドキ		ヒメヒラシイノミガイ
	チリメンマイマイ		ヒメビロウドマイマイ
	ツクバビロウドマイマイ		ヒメマルマメタニシ
	ツシマゴマガイ		ヒラコハクガイ
	ツバキカドマイマイ		ヒラマキビロウドマイマイ
	ツバクロイワギセル		ヒロクチカノコガイ
	ツムガタノミギセル		ヒロクチソトオリガイ
	ツヤマイマイ		ベニゴマオカタニシ
	ツルギサンマイマイ		ベニムシオイ
	デールギセル		ホシヤマビロウドマイマイ

ランク	和名	ランク	和名
絶滅危惧 II 類 (VU)	ホソウチマキノミギセル		アケボノマイマイ
	ホソヒメギセル		アナナシマイマイ
	ホラアナミジンニナ		アラハダノミギセル
	マツシマクチミゾガイ		アワクリイロベッコウ
	マドモチウミニナ		イエジママイマイ
	マメタニシ		イシマキシロマイマイ
	マメヒロベソマイマイ		イッシキマイマイ
	マヤサンマイマイ		イツマデガイ
	マルテンスオオベソマイマイ		イトウケマイマイ
	マルドブガイ		イトマキヤマトガイ
	マンガルツボ		イヘヤタメトモマイマイ
	ミカヅキノミギセル		イボアヤカワニナ
	ミカワマイマイ		イボイボナメクジ
	ミズコハクガイ		イボカワニナ
	ミックリギセル		イリオモテコギセル
	ミニビロウドマイマイ		イロタマキビガイ
	ミノブマイマイ		ウジグントウギセル
	ミヤコオキナワギセル		ウジグントウゴマガイ
	ミヤコゴマガイ		ウジグントウマイマイ
	ミヤコダワラガイ		ウスコミミガイ
	ミヤザキギセル		ウネナシトマヤガイ
	ミヤマオオベソマイマイ		ウミニナ
	ミヤマヒダリマキマイマイ		ウメムラシタラガイ
	ミヨシギセル		ウラシマミミガイ
	ヤエヤマクチミゾガイ		ウロコビロウドマイマイ
	ヤエヤマヒルギシジミ		エサキケマイマイ
	ヤクシママイマイ		エゾマメタニシ
	ヤクスギイトカケノミギセル		エドガワミズゴマツボ
	ヤグラギセル		エレガントカドカドガイ
	ヤサガタイトウムシオイ		エンシュウギセル
	ヤセアナナシマイマイ		オイランカワザンショウ
	ヤマトキバサナギガイ		オウミガイ
	ヤママメタニシ		オオカサマイマイ
	ヤマモトミジンオカチグサガイ		オオコウラナメクジ
	ヤンバルマイマイ		オオコベルトゴマガイ
	ヨシダカワザンショウ		オオシマギセル
	ヨナクニカタヤマガイ		オオシマキセルガイモドキ
	リュウキュウゴマガイ		オオシマケマイマイ
	リュウキュウヒダリマキマイマイ		オオスミビロウドマイマイ
	リュウキュウヒルギシジミ		オオタキキビ
	リュウキュウヤマタニシ		オオタニシ
	レンズガイ		オオトノサマギセル
	ワカウラツボ		オオヤマタニシ
準絶滅危惧 (NT)	アオミオカタニシ		オキシメクチマイマイ
	アカグチカノコガイ		オキナワミズゴマツボ

ランク	和名	ランク	和名
準絶滅危惧 (NT)	オキマイマイ		コシキコウベマイマイ
	オキモドキギセル		コシキフリイデルマイマイ
	オクガタギセル		コシタカコベソマイマイ
	オマオオベソマイマイ		コシダカヒメベッコウ
	カゴメカワニナ		コシボソギセル
	カサネシタラガイ		コスジギセル
	カドコオオベソマイマイ		ゴトウコウベマイマイ
	カドバリオトメマイマイ		ゴトウゴマガイ
	カドヒラマキガイ		コハクカノコガイ
	カミングフネアマガイ		コハラブトギセル
	カラスガイ		ゴマオカタニシ
	カワグチツボ		ゴマセンベイアワモチ
	カワグチレンズガイ		サキシマノミギセル
	カワナビロウドマイマイ		サッポロマイマイ
	カントウビロウドマイマイ		サツマムシオイ
	キイオオベソマイマイ		サドギセル
	キカイオオシママイマイ		サンインコベソマイマイ
	キカイキセルガイモドキ		シコクケマイマイ
	キタノビロウドマイマイ		シマカノコガイ
	キヌビロウドマイマイ		シモキタシブキツボ
	グゥドベッコウ		シュジュコミミガイ
	クサカキノミギセル		シュリケマイマイ
	クシロキバサナギガイ		シライシカワニナ
	クチバガイ		シリオレトノサマギセル
	クチビラキムシオイ		シリボソギセル
	クチマガリマイマイ		シロバリギセル
	クニノギセル		シロマイマイ
	クビマキムシオイ		スカシベッコウ
	クマドリヤマタカマイマイ		スギモトギセル
	クリイロキセルガイモドキ		スジキビ
	クロイワヒダリマキマイマイ		スタアンズギセル
	クロオビオトメマイマイ		スナガイ
	クロシマギセル		スルガギセル
	クロダカワニナ		ダイトウジマスナガイ
	クロチビギセル		ダイトウジママイマイ
	クロヒラシイノミガイ		ダイトウノミギセル
	クロマイマイ		タカカサマイマイ
	ケシガイ		タカキビ
	ケハダビロウドマイマイ		タケシマカワニナ
	ケハダヤマトガイ		タシナミオトメマイマイ
	ケブカヤマトガイ		タダマイマイ
	コウニケマイマイ		タダムシオイ
	コウロマイマイ		タテヒダカワニナ
	コケハダシワクチマイマイ		タネガシマアツブタガイ
	コケラマイマイ		タネガシマギセル

ランク	和名	ランク	和名
準絶滅危惧 (NT)	タネガシママイマイ		ハダカアツブタガイ
	タネガシムシオイ		ハダカケマイマイ
	ダンジョゴマガイ		ハタケダマイマイ
	ダンジョマイマイ		ハチジョウノミギセル
	ダンジョレンズガイ		ハチジョウヒメベッコウ
	チイサギセル		ハチノコギセル
	チビハマシイノミガイ		ハラブトゴマガイ
	チュウゼンジギセル		ハラブトノミギセル
	ツシマケマイマイ		ハンミガキゴマガイ
	ツシマナガキビ		ハンミガキマイマイ
	ツシマベッコウ		ヒゲマキシイノミミミガイ
	ツシマムシオイ		ヒゼンキビ
	ツバサカノコガイ		ヒナユキスズメ
	ツボミガイ		ヒメオカマメタニシ
	ツメギセル		ヒメカサキビ
	ツヤカサマイマイ		ヒメタマゴマイマイ
	ツヤダワラガイ		ヒメハリマキビ
	ツヤノミギセル		ヒメヤコビギセル
	テラマチベッコウ		ヒラオキビ
	デリケートカドカドガイ		ヒラケマイマイ
	トウガタゴマガイ		ヒラコウベマイマイ
	トウキョウコオオベソマイマイ		ヒラセアツブタガイ
	ドームカドカドガイ		ヒラマキアマオブネガイ
	トクノシマケマイマイ		ヒラマキガイモドキ
	トサシリボソギセル		ヒルグチギセル
	トノサマギセル		ヒルゲンドルフマイマイ
	トライオンノミガイ		ピルスブリギセル
	トンガリササノハガイ		ビワコミズシタダミ
	ナガオカミミガイ		フカシマコベソマイマイ
	ナガオカモノアラガイ		フクダゴマオカタニシ
	ナガケシガイ		フチマルオオベソマイマイ
	ナガシリマルホソマイマイ		フトヘナタリ
	ナカダチギセル		ヘグラマイマイ
	ナガタニシ		ヘソアキアツマイマイ
	ナカノシマノミギセル		ヘソアキコミミガイ
	ナギサノシタタリ		ヘソカドケマイマイ
	ナタネガイモドキ		ベッコウフネアマガイ
	ナニワクチミゾガイ		ヘナタリガイ
	ナンブマイマイ		ホウヨギセル
	ニクイロシブキツボ		ホソキセルガイモドキ
	ニセノミギセル		ホソハマシイノミガイ
	ニセマツカサガイ		ホソマキカワニナ
	ニヨリゴマガイ		ボニンキビ
	ヌノメハマシイノミガイ		ボニンスナガイ
	ハスヒダギセル		ホリマイマイ

ランク	和名	ランク	和名
準絶滅危惧 (NT)	マキスジコミミガイ		リュウキュウゴマオカタニシ
	マシジミ		リュウキュウノミガイ
	マダラヒラシイノミガイ		リュウキュウヒラマキガイモドキ
	マツカサガイ	情報不足 (DD)	アッカミジンツボ
	マツシマギセル		アワキビ
	マルクチゴマガイ		イセキビ
	マルタニシ		イヤヤマキビ
	ミカドギセル		イワテビロウドマイマイ
	ミカワギセル		エイコベッコウ
	ミサキギセル		エゾキビ
	ミジンサナギガイ		エゾヒメベッコウ
	ミズイロオオベソマイマイ		エゾミジンマイマイ
	ミズゴマツボ		エチゼンビロウドマイマイ
	ミズシタダミ		エナクリイロベッコウ
	ミチノクマイマイ		オオウエキビ
	ミニカドカドガイ		オオウラカワニナ
	ミヤケチャイロマイマイ		オオヒラベッコウ
	ミヤコドリ		オキキビ
	ミヤコヤマタニシ		オキノクニキビ
	ムコウジマコギセル		オキノシマキビ
	ムシヤドリカワザンショウ		カズマキベッコウ
	メシマコギセル		カドヒメベッコウ
	メシマベッコウ		カワネミジンツボ
	モジャモジャヤマトガイ		カワムラケマイマイ
	モノアラガイ		カンダベッコウ
	モリカワニナ		カントウベッコウ
	モリサキギセル		カンムリレンズガイ
	モリヤギセル		キイキビ
	ヤエヤマアツブタガイ		キヌツヤベッコウ
	ヤエヤマヒラセアツブタガイ		キヨスミビロウドマイマイ
	ヤエヤマヤマタニシ		クリイロベッコウ
	ヤギヅノマイマイ		クルイミジンツボ
	ヤクシマゴマガイ		クロシマベッコウ
	ヤマコウラナメクジ		コウチミジンツボ
	ヤマタカマイマイ		コウベヒラベッコウガイ
	ヤマトカワニナ		コシキオオヒラベッコウ
	ヤマトシジミ		コンゴウクリイロベッコウ
	ユキタノミギセル		サイコクビロウドマイマイ
	ヨコハマシジラガイ		サガノミジンツボ
	ヨナクニアツブタガイ		ササミケマイマイ
	ヨナクニゴマガイ		サツマヒメカサキビ
	ヨナクニマイマイ		サドタカキビ
	ヨワノミギセル		シコクベッコウ
	リシケオトメマイマイ		シチトウベッコウ
	リュウキュウキセルガイモドキ		シラブビロウドマイマイ

ランク	和名	ランク	和名
情報不足（DD）	ソコスジカサキビ タカハシベッコウ タテジワカワニナ タンザワキビ ダンジョベッコウ ツミヤママイマイ トウカイビロウドマイマイ トガリキビ トクノシマベッコウ トサキビ ナカダノミガイ ナンゴウカワニナ ニッコウヒラベッコウ ハクサンベッコウ ハコネヒメベッコウ ハタイノミガイ ハチジョウキビ ヒタチビロウドマイマイ ヒトハノミガイ ヒメオオタキキビ		ヒラベッコウガイ ヒラマキミズマイマイ フトマキカワニナ ベッコウマイマイ ホソミジンツボ マサキベッコウ マルキビ ミズギワキバサナギガイ ミドリベッコウ ミヤコベッコウ ヤクシマベッコ
		絶滅のおそれのある地域個体群（LP）	東北地方以南のエゾマイマイ 東北地方以南のコハクモドキ 東北地方以南のナガナタネガイ 東北地方・佐渡島のハコダテヤマキサゴ 近畿地方以西のパツラマイマイ 九州以北のヒラシタラガイ 八丈島・佐渡島のヤマボタルガイ

その他の無脊椎動物（2006.12）

ランク	門名	綱名	目名	和名
野生絶滅（EW）	節足動物門	蛛形綱（クモ形綱・クモ綱）	ダニ目	トキウモウダニ
絶滅危惧Ⅰ類（CR+EN）	節足動物門	蛛形綱（クモ形綱・クモ綱）	クモ目	イツキメナシナミハグモ
		剣尾綱（カブトガニ綱） 甲殻綱（エビ綱）	カブトガニ目 エビ目	カブトガニ オガサワラヌマエビ センカクサワガニ トカシキオオサワガニ ヒメユリサワガニ ミヤコサワガニ
			ヨコエビ目 ワラジムシ目	シオカワヨコエビ オガサワラコツブムシ ヒガタスナホリムシ ホンドワラジムシ
		倍脚綱（ヤスデ綱）	フサヤスデ目	シノハラフサヤスデ
	扁形動物門	渦虫綱（ウズムシ綱）	ウズムシ目	イズズムシ カブトガニウズムシ カントウイドウズムシ キョウトウズムシ ビワオウズムシ

ランク	門名	綱名	目名	和名
絶滅危惧II類 (VU)	環形動物門	蛭綱（ヒル綱）	ヒルミミズ目	アオモリザリガニミミズ
				イヌカイザリガニミミズ
				ウチダザリガニミミズ
				エゾザリガニミミズ
				オオアゴザリガニミミズ
				カムリザリガニミミズ
				ザリガニミミズ
				ツガルザリガニミミズ
				ニッポンザリガニミミズ
				ヒメザリガニミミズ
				ホソザリガニミミズ
	節足動物門	蛛形綱（クモ形綱・クモ綱）	クモ目	イソコモリグモ
				オキナワキムラグモ（広義）
				キムラグモ（広義）
				フジホラヒメグモ
				マツダタカネオニグモ
				ミズグモ
			ザトウムシ目	クメコシビロザトウムシ
		甲殻綱（エビ綱）	エビ目	アマミミナミサワガニ
				アラモトサワガニ
				イシガキヌマエビ
				イヘヤオオサワガニ
				ウリガーテナガエビ
				オガサワラモクズガニ
				オキナワオオサワガニ
				クメジマオオサワガニ
				クメジマミナミサワガニ
				サキシマオカヤドカリ
				シオマネキ
				チカヌマエビ
				ドウクツヌマエビ
				ニホンザリガニ
				ネッタイテナガエビ
				ハクセンシオマネキ
				ヤシガニ
		倍脚綱（ヤスデ綱）	マルヤスデ目	ヤエヤママルヤスデ
	扁形動物門	渦虫綱（ウズムシ綱）	ウズムシ目	ソウヤイドウズムシ
				ヒダカホソウズムシ
				ホクリクホソウズムシ
準絶滅危惧 (NT)	海綿動物門	普通海綿綱	ザラカイメン目	ヤワカイメン
	環形動物門	貧毛綱（ミミズ綱）	ナガミミズ目	ハッタミミズ
	節足動物門	蛛形綱（クモ形綱・クモ綱）	クモ目	カネコトタテグモ
				キシノウエトタテグモ
				キノボリトタテグモ
				ダイセツカニグモ

ランク	門名	綱名	目名	和名
準絶滅危惧 （NT）	節足動物門	蛛形綱（クモ形綱・クモ綱）	クモ目 ザトウムシ目	ワスレグモ ヒトハリザトウムシ
		甲殻綱（エビ綱）	エビ目	アシナガヌマエビ イリオモテヌマエビ オオナキオカヤドカリ オガサワラコテナガエビ オキナワヒライソガニ オキナワミナミサワガニ オハグロテッポウエビ カッショクサワガニ カワスナガニ コウナガカワスナガニ コムラサキオカヤドカリ サカモトサワガニ サキシマヌマエビ ショキタテナガエビ ツブテナガエビ ハラグクレチゴガニ ヒメオカガニ ヒラアシテナガエビ ヘリトリオカガニ マングローブヌマエビ ミカゲサワガニ ミナミオニヌマエビ ミネイサワガニ ムラサキオカガニ ムラサキサワガニ ヤエヤマヤマガニ ヤエヤマヤワラガニ ヨウナシカワスナガニ ヨツハヒライソモドキ リュウキュウサワガニ
			ヨコエビ目	アナンデールヨコエビ ナリタヨコエビ
情報不足（DD）	海綿動物門	普通海綿綱	ザラカイメン目	アカンコカイメン オオツカイメン ハケカイメン ホウザワカイメン
	環形動物門	蛭綱（ヒル綱）	ウオビル目	イカリビル イボビル スクナビル タゴビル（新称） ヌマエラビル ミドリビル
	苔虫動物門	被口綱（ハネコケムシ綱）	ハネコケムシ目	アユミコケムシ

ランク	門名	綱名	目名	和名
情報不足（DD）	刺胞動物門 節足動物門	ヒドロ虫綱 蛛形綱（クモ形綱・クモ綱）	ヒドロムシ目 カニムシ目 クモ目	イセマミズクラゲ テナガカニムシ アシマダラコモリグモ エダイボグモ ドウシグモ ハラナガカヤシマグモ ヤマトウシオグモ
			ザトウムシ目	アカスベザトウムシ アワマメザトウムシ サドスベザトウムシ シロウマスベザトウムシ テングザトウムシ フセブラシザトウムシ ミナトザトウムシ ムニンザトウムシ ムニンセグロザトウムシ
			ダニ目	アシュウタマゴダニ
		甲殻綱（エビ綱）	エビ目	アマミマメコブシガニ アリアケヤワラガニ イリオモテマメコブシガニ カネココブシガニ タイワンオオヒライソガニ ドウクツベンケイガニ ドウクツモクズガニ ハチジョウヒライソモドキ
			ワラジムシ目	ヒメコツブムシ
		倍脚綱（ヤスデ綱）	オビヤスデ目	ホシオビヤスデ リュウオビヤスデ

■ 植物

植物種の後の（　）内の年月は環境省の最終的な見直し年月を示す．データは「環境省生物多様性センター」作成の「生物多様性情報システム（http://www.biodic.go.jp/J-IBIS.html）」から引用した．

維管束植物（2007.8）

ランク	和名	ランク	和名
絶滅（EX）	イオウジマハナヤスリ		ムジナノカミソリ
	イシガキイトテンツキ		リュウキュウベンケイ
	ウスバシダモドキ	絶滅危惧IA類（CR）	アイヅヒメアザミ
	オオアオガネシダ		アオイガワラビ
	オオイワヒメワラビ		アオキラン
	オオミコゴメグサ		アカササゲ
	カラクサキンポウゲ		アカハダコバンノキ
	キリシマタヌキノショクダイ		アカヒゲガヤ
	クモイコゴメグサ		アシガタシダ
	コウヨウザンカズラ		アタシカカナワラビ
	サガミメドハギ		アッケシソウ
	シビイタチシダ		アポイアザミ
	ジンヤクラン		アポイアズマギク
	ソロハギ		アポイカンバ
	タイヨウシダ		アポイマンテマ
	タイワンアオイラン		アマギテンナンショウ
	タカネハナワラビ		アマノホシクサ
	タカノホシクサ		アマミアオネカズラ
	タチガヤツリ		アマミアワゴケ
	チャイロテンツキ		アマミイケマ
	ツクシアキツルイチゴ		アマミイワウチワ
	ツシマラン		アマミエビネ
	トヨシマアザミ		アマミカジカエデ
	ハイミミガタシダ		アマミカタバミ
	ヒトツバノキシノブ		アマミサンショウソウ
	ヒメソクシンラン		アマミスミレ
	ヒュウガホシクサ		アマミセイシカ
	ホクトガヤツリ		アマミタチドコロ
	ホソスゲ		アマミデンダ
	ホソバノキミズ		アマミナットウダイ
	マツラコゴメグサ		アマミヒイラギモチ
	ミドリシャクジョウ		アリサンタマツリスゲ
	ムニンキヌラン		アリサンムヨウラン
野生絶滅（EW）	オリヅルスミレ		アワチドリ
	キノエササラン		アワムヨウラン
	コシガヤホシクサ		アンドンマユミ
	コブシモドキ		イイデトリカブト
	ツクシカイドウ		イシガキカラスウリ
	ナルトオウギ		イシダテクサタチバナ

ランク	和名	ランク	和名
絶滅危惧 IA 類 （CR）	イシヅチカラマツ		エンレイショウキラン
	イシヅチテンナンショウ		オオアマミテンナンショウ
	イシヅチボウフウ		オオイソノギク
	イチゲイチヤクソウ		オオイワツメクサ
	イッスンテンツキ		オオウバタケニンジン
	イトシシラン		オオカゲロウラン
	イトスナヅル		オオカナメモチ
	イナコゴメグサ		オオキヌラン
	イナヒロハテンナンショウ		オオサワトリカブト
	イヌイトモ		オオシマガンピ
	イヌイノモトソウ		オオスズムシラン
	イヌニガクサ		オオナガバハグマ
	イブリハナワラビ		オオニンジンボク
	イヘヤヒゲクサ		オオヌカキビ
	イヤリトリカブト		オオバケアサガオ
	イラブナスビ		オオバシシラン
	イワムラサキ		オオバナオオヤマサギソウ
	イワヤクシソウ		オオバフジボグサ
	インドヒモカズラ		オオバヨウラクラン
	ウケユリ		オオベニウツギ
	ウジカラマツ		オオホウキガヤツリ
	ウスイロホウビシダ		オオミズトンボ
	ウチダシクロキ		オオミネイワヘゴ
	ウナヅキテンツキ		オオミノトベラ
	ウラジロコムラサキ		オオヤグルマシダ
	ウラジロヒカゲツツジ		オオヨドカワゴロモ
	ウロコノキシノブ		オキナワアツイタ
	エゾイトイ		オキナワイ
	エゾイヌノヒゲ		オキナワスナゴショウ
	エゾオオケマン		オキナワテンナンショウ
	エゾタカネツメクサ		オキナワヒメウツギ
	エゾニガクサ		オキナワヒメラン
	エゾノクサタチバナ		オキノクリハラン
	エゾノクモマグサ		オクタマツリスゲ
	エゾノダッタンコゴメグサ		オトメシダ
	エゾノトウウチソウ		オドリコテンナンショウ
	エゾマメヤナギ		オナガカンアオイ
	エゾマンテマ		オナガサイシン
	エゾムギ		オニカモジ
	エゾモメンヅル		オニツクバネウツギ
	エゾルリソウ		オニマメヅタ
	エゾルリムラサキ		オンタケブシ
	エゾワタスゲ		カイサカネラン
	エダウチアカバナ		カサモチ
	エノキフジ		カザリシダ

ランク	和名	ランク	和名
絶滅危惧 IA 類 （CR）	ガシャモク		ケナシハイチゴザサ
	カッコソウ		ケナシハテルマカズラ
	カドハリイ		コウシュンシュスラン
	カヤツリマツバイ		コウシュンスゲ
	カラフトアツモリソウ		コウヤハンショウヅル
	カラフトグワイ		コウライタチバナ
	カラフトゲンゲ		コウライブシ
	カワゴケソウ		コオロギラン
	カワバタハチジョウシダ		コカゲラン
	カンカケイニラ		コキンモウイノデ
	カンチヤチハコベ		コケセンボンギク
	カンラン		コゴメキノエラン
	キイウマノミツバ		コスギトウゲシバ
	キクモバホラゴケ		コヌマスゲ
	キソエビネ		コハクラン
	キタカミヒョウタンボク		コバトベラ
	キタダケイチゴツナギ		コバノアマミフユイチゴ
	キタダケキンポウゲ		コバノクスドイゲ
	キタダケトリカブト		コバヤシカナワラビ
	キバナコクラン		ゴバンノアシ
	キバナシュスラン		コビトホラシノブ
	キバナスゲユリ		コヒナリンドウ
	キバナノツキヌキホトトギス		コヘラナレン
	キバナホウチャクソウ		ゴムカズラ
	キュウシュウイノデ		コモチイヌワラビ
	キリギシソウ		コモチナナバケシダ
	キリシマイワヘゴ		コモロコシガヤ
	クシロチドリ		ゴヨウザンヨウラク
	クシロネナシカズラ		コラン
	グスクカンアオイ		サガリラン
	クスクスラン		サキシマエノキ
	クニガミトンボソウ		サキシマスケロクラン
	クニガミヒサカキ		サクラジマイノデ
	クマイワヘゴ		サクラジマエビネ
	クマガワブドウ		ササキカズラ
	クマヤブソテツ		サツマアオイ
	クモイジガバチ		サツマオモト
	クモマキンポウゲ		サツマチドリ
	クロカミシライトソウ		シイバサトメシダ
	クロカミラン		シジキカンアオイ
	クロボウモドキ		シソノミグサ
	クロミノハリイ		シソバキスミレ
	クロミノハリスグリ		シタン
	ケイタオフウラン		シナクスモドキ
	ケサヤバナ		シナノノダケ

ランク	和名	ランク	和名
絶滅危惧IA類 (CR)	シノブホングウシダ		ダイトウダン
	シビイヌワラビ		タイヨウフウトウカズラ
	シビカナワラビ		タイワンアサマツゲ
	シマカコソウ		タイワンアマクサシダ
	シマキンレイカ		タイワンアリサンイヌワラビ
	シマクモキリソウ		タイワンカンスゲ
	シマジリスミレ		タイワンシシンラン
	シマソケイ		タイワンショウキラン
	シマタキミシダ		タイワンチトセカズラ
	シマトウヒレン		タイワンツクバネウツギ
	シマホザキラン		タイワンハマサジ
	シマムラサキ		タイワンビロウドシダ
	シマヤワラシダ		タイワンフシノキ
	シモダカンアオイ		タイワンホトトギス
	シモツケコウホネ		タイワンミヤマトベラ
	ジャコウシダ		タイワンルリソウ
	シュミットスゲ		タカオオスズムシラン
	ジュロウカンアオイ		タカクマムラサキ
	ジョウロウラン		タカサゴアザミ
	シリベシナズナ		タカサゴヤガラ
	シロコスミレ		タカツルラン
	シロテンマ		タカネエゾムギ
	シロホンモンジスゲ		タカネシダ
	シンチクヒメハギ		タカネマンテマ
	スイシャホシクサ		タガネラン
	スエヒロアオイ		タコガタサギソウ
	スズカケソウ		タシロカワゴケソウ
	スナジマメ		タシロマメ
	スルガイノデ		タチミゾカクシ
	スルガラン		タネガシマシコウラン
	セキモンウライソウ		タマザキエビネ
	セキモンノキ		タモトユリ
	セッピコテンナンショウ		タンゴグミ
	センカクオトギリ		チシマイチゴ
	センカクカンアオイ		チシマツメクサ
	センカクツツジ		チシママンテマ
	センカクトロロアオイ		チチジマイチゴ
	センカクハマサジ		チチブシラスゲ
	センジョウスゲ		チャボカワズスゲ
	センリゴマ		チュウゴクボダイジュ
	ソウウンナズナ		チョウセンキバナアツモリソウ
	ソハヤキトンボソウ		チョウセンニワフジ
	タイシャクカモジ		ツクシアブラガヤ
	ダイセツヒナオトギリ		ツクシアリドオシラン
	ダイセンアシボソスゲ		ツクシイワシャジン

ランク	和名	ランク	和名
絶滅危惧 IA 類 (CR)	ツクシサカネラン		ハチジョウツレサギ
	ツクシテンナンショウ		ハツシマラン
	ツクシムレスズメ		ハナシノブ
	ツツイイワヘゴ		ハナナズナ
	ツルキジノオ		ハマタイセイ
	テリハオリヅルスミレ		ハヤトミツバツツジ
	テリハニシキソウ		ハラヌメリ
	テリハモモタマナ		ヒゲナガトンボ
	テングノハナ		ヒシバウオトリギ
	トウカテンソウ		ヒダカソウ
	トウシャジン		ヒトツバマメヅタ
	トカチビランジ		ヒナカンアオイ
	トカラタマアジサイ		ヒナノボンボリ
	トキワカワゴケソウ		ヒナヒゴタイ
	トクノシマテンナンショウ		ヒナリンドウ
	トゲイボタ		ヒノタニリュウビンタイ
	トゲミノイヌチシャ		ヒメイノモトソウ
	トサオトギリ		ヒメイバラモ
	トックリスゲ		ヒメウシノシッペイ
	トナカイスゲ		ヒメカクラン
	ドンコバンノキ		ヒメカモノハシ
	トリガミネカンアオイ		ヒメキカシグサ
	ナガエチャボゼキショウ		ヒメクリソラン
	ナガバアサガオ		ヒメクロウメモドキ
	ナガバウスバシダ		ヒメコザクラ
	ナガバエビモ		ヒメジガバチソウ
	ナガバキブシ		ヒメシラヒゲラン
	ナガバコウラボシ		ヒメスイカズラ
	ナガバヒゼンマユミ		ヒメスズムシソウ
	ナガボナツハゼ		ヒメセンブリ
	ナガミカズラ		ヒメタニワタリ
	ナスヒオウギアヤメ		ヒメツルアズキ
	ナナツガママンネングサ		ヒメデンダ
	ナンゴクヤツシロラン		ヒメネズミノオ
	ナンバンカモメラン		ヒメハイチゴザサ
	ナンブトラノオ		ヒメハブカズラ
	ニイガタガヤツリ		ヒメホウキガヤツリ
	ニッパヤシ		ヒメミヤマコナスビ
	ヌマスゲ		ヒメヨウラクヒバ
	ネジリカワツルモ		ヒモスギラン
	ハイルリソウ		ヒュウガカナワラビ
	ハガクレナガミラン		ヒュウガタイゲキ
	ハカマウラボシ		ヒュウガヒロハテンナンショウ
	ハギクソウ		ヒルギモドキ
	ハザクラキブシ		ビロードメヒシバ

ランク	和名	ランク	和名
絶滅危惧 IA 類 （CR）	ヒロハガマズミ		マルバヌカイタチシダモドキ
	ヒロハタマミズキ		マルバミゾカクシ
	ヒロハヒメウラボシ		マンシュウボダイジュ
	フォーリーガヤ		ミスズラン
	ブコウマメザクラ		ミチノクナシ
	フジタイゲキ		ミドリアカザ
	フタナミソウ		ミドリムヨウラン
	ヘツカコナスビ		ミヤウチソウ
	ヘツカラン		ミヤココケリンドウ
	ベニシオガマ		ミヤコジマソウ
	ヘラハタザオ		ミヤマゼキショウ
	ボウカズラ		ミヤマノギク
	ホウキガヤツリ		ミヤマハナワラビ
	ボウコツルマメ		ミョウギイワザクラ
	ホウサイラン		ミョウギカラマツ
	ホウザンスゲ		ムギガラガヤツリ
	ホウザンツヅラフジ		ムサシモ
	ホウライウスヒメワラビ		ムジナモ
	ホウライツヅラフジ		ムニンクロキ
	ホウライムラサキ		ムニンツツジ
	ホコガタシダ		ムニンノボタン
	ホザキツキヌキソウ		ムニンミドリシダ
	ホザキヒメラン		モイワラン
	ホシザキシャクジョウ		モダマ
	ホシザクラ		モノドラカンアオイ
	ホシツルラン		ヤエヤマスケロクラン
	ホソバイワガネソウ		ヤエヤマハシカグサ
	ホソバシケチシダ		ヤエヤマハマゴウ
	ホソバドジョウツナギ		ヤエヤマヒメウツギ
	ホソバヌカイタチシダ		ヤエヤマホラシノブ
	ホソバノギク		ヤエヤマヤマボウシ
	ホソバハマセンダン		ヤクイヌワラビ
	ホソバフジボグサ		ヤクシマウスユキソウ
	ホソバヘラオモダカ		ヤクシマタニイヌワラビ
	ホソフデラン		ヤクシマトンボ
	ホテイアツモリ		ヤクシマノギク
	ホロテンナンショウ		ヤクシマヒロハテンナンショウ
	マツゲカヤラン		ヤクシマフウロ
	マツバニンジン		ヤクムヨウラン
	マツムラソウ		ヤシャイノデ
	マノセカワゴケソウ		ヤチシャジン
	マメダオシ		ヤツガタケナズナ
	マメヅタカズラ		ヤツガタケムグラ
	マルバコケシダ		ヤドリコケモモ
	マルバタイミンタチバナ		ヤナギタウコギ

ランク	和名	ランク	和名
絶滅危惧IA類 (CR)	ヤハズカワツルモ		アズミノヘラオモダカ
	ヤブミョウガラン		アゼオトギリ
	ヤブレガサモドキ		アソシケシダ
	ヤマタバコ		アソタイゲキ
	ヤマドリトラノオ		アツバシロテツ
	ヤマワキオゴケ		アマギツツジ
	ヤリスゲ		アマクサミツバツツジ
	ユウバリクモマグサ		アマミクサアジサイ
	ユウバリシャジン		アマミタムラソウ
	ユウバリソウ		アマミテンナンショウ
	ユウバリリンドウ		アラガタオオサンキライ
	ユズノハカズラ		アラゲタデ
	ユワンツチトリモチ		イイヌマムカゴ
	ユワンドコロ		イエジマチャセンシダ
	ヨナグニカモメヅル		イシガキスミレ
	ヨナクニトキホコリ		イズアサツキ
	リシリゲンゲ		イズコゴメグサ
	リシリソウ		イゼナガヤ
	リュウキュウアセビ		イソノギク
	リュウキュウキンモウワラビ		イソフジ
	リュウキュウスズカケ		イツキカナワラビ
	リュウキュウタイゲキ		イトイバラモ
	リュウキュウチシャノキ		イヌカモジグサ
	リュウキュウツルマサキ		イヌヤチスギラン
	リュウキュウヒエスゲ		イネガヤ
	リュウキュウヒキノカサ		イモネヤガラ
	リュウキュウヒメハギ		イモラン
	リュウキュウヒモラン		イヨトンボ
	リュウキュウホウライカズラ		イリオモテトンボソウ
	ルゾンヤマノイモ		イリオモテラン
	ルリハッカ		イワウラジロ
	レブンサイコ		イワチドリ
	ロッカクイ		イワホウライシダ
	ワダツミノキ		ウシオスゲ
	ワタヨモギ		ウスカワゴロモ
	ワラビツナギ		ウスギワニグチソウ
絶滅危惧IB類 (EN)	アオカズラ		ウスバアザミ
	アオジクキヌラン		ウスユキクチナシグサ
	アカイシリンドウ		ウスユキトウヒレン
	アカンスゲ		ウバタケギボウシ
	アキザキナギラン		ウラジロギボウシ
	アコウネッタイラン		エゾイチヤクソウ
	アサヒエビネ		エゾイワツメクサ
	アシノクラアザミ		エゾウスユキソウ
	アズミイヌノヒゲ		エゾオヤマノエンドウ

ランク	和名	ランク	和名
絶滅危惧 IB 類 (EN)	エゾコウゾリナ		カイコバイモ
	エゾコウボウ		カギガタアオイ
	エゾノタカネヤナギ		カケロマカンアオイ
	エゾノチチコグサ		ガッサンチドリ
	エゾノミクリゼキショウ		カツラカワアザミ
	エゾハコベ		カツラギグミ
	エゾハリスゲ		カミガモソウ
	エナシシソクサ		カムイコザクラ
	エンビセンノウ		カムイビランジ
	オオイチョウバイカモ		カヤツリスゲ
	オオウサギギク		カラフトイワスゲ
	オオエゾデンダ		カラフトハナシノブ
	オオオサラン		カラフトヒロハテンナンショウ
	オオギミラン		カラフトマンテマ
	オオキリシマエビネ		カラフトモメンヅル
	オオキンレイカ		カリバオウギ
	オオサンカクイ		カワゴロモ
	オオスミミツバツツジ		カワゼンゴ
	オオチッパベンケイ		カワユエンレイソウ
	オオチョウジガマズミ		カワラノギク
	オオツルコウジ		カンザシワラビ
	オオトキワイヌビワ		ガンジュアザミ
	オオバカンアオイ		カンダヒメラン
	オオバシナミズニラ		カンチスゲ
	オオバネムノキ		キイジョウロウホトトギス
	オオハマギキョウ		キエビネ
	オオバヨモギ		キタダケカニツリ
	オオホシダ		キタダケナズナ
	オオマツバシバ		キタダケヨモギ
	オオマルバコンロンソウ		キタメヒシバ
	オオミネテンナンショウ		キノクニスズカケ
	オオムラホシクサ		キバナコウリンカ
	オオモクセイ		キバナサバノオ
	オオヤマイチジク		キバナシオガマ
	オガサワラグワ		キバナノアツモリソウ
	オガサワラシコウラン		キバナノショウキラン
	オキナワスミレ		キバナノセッコク
	オキナワセッコク		キビノミノボロスゲ
	オグラセンノウ		キブネダイオウ
	オトメクジャク		ギボウシラン
	オニコナスビ		キリガミネアサヒラン
	オニビトノガリヤス		キリガミネヒオウギアヤメ
	オノエリンドウ		キリシマエビネ
	オハグロスゲ		キレハオオクボシダ
	オモゴウテンナンショウ		キンキヒョウタンボク

ランク	和名	ランク	和名
絶滅危惧 IB 類 （EN）	クグスゲ		サンコカンアオイ
	クザカイタンポポ		サンプクリンドウ
	クサミズキ		シコウラン
	クスクスヨウラクラン		シコクイチゲ
	クニガミシュスラン		シコクシモツケソウ
	クマガワイノモトソウ		シコクテンナンショウ
	クマノダケ		シコクハンショウヅル
	クモタンポポ		シコクヒロハテンナンショウ
	クモマユキノシタ		シナノショウキラン
	クラガリシダ		シバタカエデ
	クルマギク		シブカワシロギク
	クロクモキリソウ		シマイガクサ
	クロミサンザシ		シマイヌワラビ
	ゲイビゼキショウ		シマウツボ
	ケミヤマナミキ		シマカモノハシ
	ケルリソウ		シマギョウギシバ
	ゲンカイモエギスゲ		シマクジャク
	コウヤカンアオイ		シマコウヤボウキ
	コウヤシロカネソウ		シマシャジン
	コウライスズムシソウ		シマツレサギソウ
	コウライワニグチソウ		シマヤマソテツ
	コウリンギク		シムライノデ
	コゴメカラマツ		ジャコウキヌラン
	コゴメヒョウタンボク		ショウドシマレンギョウ
	コシキイトラッキョウ		シラガブドウ
	コシキジマハギ		シレトコトリカブト
	ゴショイチゴ		シロウマナズナ
	コトウカンアオイ		シロミノハリイ
	コニシハイノキ		シロヤマブキ
	コバノミミナグサ		ジンヨウキスミレ
	コバンムグラ		ジンリョウユリ
	コブラン		スルガジョウロウホトトギス
	ゴマシオホシクサ		スルガスゲ
	サカバイヌワラビ		スルガヒョウタンボク
	サカバサトメシダ		セイタカヌカボシソウ
	サガミジョウロウホトトギス		セトウチギボウシ
	サガミランモドキ		セトヤナギスブタ
	サクライソウ		センジョウデンダ
	サクラジマハナヤスリ		ダイサギソウ
	サクラソウモドキ		タイシャクイタヤ
	ササバラン		タイシャクカラマツ
	サツマシダ		ダイセツリカブト
	サヤスゲ		ダイトウシロダモ
	ザラツキヒナガリヤス		タイワンアオネカズラ
	サワトラノオ		タイワンウラジロイチゴ

ランク	和名	ランク	和名
絶滅危惧IB類 （EN）	タイワンエビネ		ツクシナルコ
	タイワンヒメワラビ		ツクシボダイジュ
	タカウラボシ		ツクモグサ
	タカクマソウ		ツシマヒョウタンボク
	タカクマミツバツツジ		ツチグリ
	タカネキンポウゲ		ツチビノキ
	タカネグンバイ		ツルウリクサ
	タカネコウリンギク		ツルカコソウ
	タカネシバスゲ		ツルカメバソウ
	タカネタンポポ		ツルキケマン
	タカネヒメスゲ		ツルギテンナンショウ
	タカハシテンナンショウ		ツルダカナワラビ
	タキミシダ		テツオサギソウ
	タシロノガリヤス		トウゴクヘラオモダカ
	タチイチゴツナギ		トウサワトラノオ
	タチスズシロソウ		トガクシナズナ
	タデスミレ		トカチオウギ
	タニマスミレ		トキワガマズミ
	タヌキノショクダイ		トキワバイカツツジ
	タネガシマアザミ		トキワマンサク
	タネガシマムヨウラン		トクノシマエビネ
	タブガシ		トサカメオトラン
	タマボウキ		トサノハマスゲ
	チクセツラン		トダスゲ
	チシマイワブキ		トチナイソウ
	チシマキンレイカ		トヨグチウラボシ
	チシマヒカゲノカズラ		トラキチラン
	チシマミクリ		ナガバアリノトウグサ
	チチジマクロキ		ナガバサンショウソウ
	チチジマナキリスゲ		ナゴラン
	チチブミネバリ		ナヨテンマ
	チチブリンドウ		ナリヤラン
	チトセバイカモ		ナンゴクカモメヅル
	チャンチンモドキ		ナンゴクデンジソウ
	チョウセンカメバソウ		ナンブイヌナズナ
	チョウセンノギク		ナンブソモソモ
	チョウセンヤマツツジ		ナンブトウウチソウ
	チョクザキミズ		ノカイドウ
	ツキヌキオトギリ		ノヒメユリ
	ツクシオオガヤツリ		ノルゲスゲ
	ツクシガヤ		ハイツメクサ
	ツクシクガイソウ		ハクチョウゲ
	ツクシコゴメグサ		ハタケテンツキ
	ツクシタチドコロ		ハタベスゲ
	ツクシチドリ		ハチジョウカナワラビ

ランク	和名	ランク	和名
絶滅危惧 IB 類 （EN）	ハチジョウコゴメグサ		ヒメヤツシロラン
	ハチジョウネッタイラン		ヒメユリ
	ハツシマカンアオイ		ヒモラン
	ハナカズラ		ヒュウガアジサイ
	ハナコミカンボク		ヒュウガシケシダ
	ハナタネツケバナ		ヒルギダマシ
	ハナハタザオ		ヒレフリカラマツ
	ハナビスゲ		ビロードキビ
	ハナヤマツルリンドウ		ヒロハイッポンスゲ
	ハハジマテンツキ		ヒロハツリシュスラン
	ハハジマノボタン		フキヤミツバ
	ハハジマハナガサノキ		フクレギシダ
	ハハジマホザキラン		フクロダガヤ
	ハハジマホラゴケ		フササジラン
	ハマタマボウキ		フサタヌキモ
	ハマビシ		フジチドリ
	ハヤチネウスユキソウ		フタマタタンポポ
	ハライヌノヒゲ		ヘラナレン
	ハリナズナ		ホウオウシャジン
	ヒイラギソウ		ホウライイヌワラビ
	ヒイラギデンダ		ホウライクジャク
	ヒゲナガコメススキ		ホウライヒメワラビ
	ヒゴカナワラビ		ホザキキカシグサ
	ヒゴミズキ		ホザキザクラ
	ヒジハリノキ		ホシザキカンアオイ
	ヒシモドキ		ホソバウルップソウ
	ヒゼンコウガイゼキショウ		ホソバエゾノコギリ
	ヒゼンマユミ		ホソバニガナ
	ヒダカミツバツツジ		ホソバハナウド
	ヒナノキンチャク		ホソバママコナ
	ヒナラン		ホテイラン
	ヒノタニシダ		ホロムイコウガイ
	ヒメアマナ		マキノシダ
	ヒメイヨカズラ		マシケゲンゲ
	ヒメウラボシ		マツバシバ
	ヒメキクタビラコ		マメナシ
	ヒメキリンソウ		マルバアサガオガラクサ
	ヒメサギゴケ		マルバチャルメルソウ
	ヒメタツナミソウ		マルバテイショウソウ
	ヒメツルアダン		マルバハタケムシロ
	ヒメトキホコリ		マルミカンアオイ
	ヒメドクサ		マンシュウクロカワスゲ
	ヒメバイカモ		ミカワコケシノブ
	ヒメミコシガヤ		ミカワシオガマ
	ヒメミミカキグサ		ミクリガヤ

ランク	和名	ランク	和名
絶滅危惧IB類 （EN）	ミズスギナ ミスミイ ミセバヤ ミソボシラン ミノシライトソウ ミミモチシダ ミヤケスゲ ミヤコジマハナワラビ ミヤビカンアオイ ミヤマスカシユリ ミヤマハンモドキ ミョウギシダ ムカゴサイシン ムカゴトンボ ムニンイヌツゲ ムニンカラスウリ ムニンコケシダ ムニンタイトゴメ ムニンノキ ムニンヒサカキ ムニンビャクダン ムニンヒョウタンスゲ ムニンフトモモ ムニンボウラン ムニンホオズキ ムニンホラゴケ ムニンモチ ムラクモアオイ ムラサキ ムラサキカラマツ モイワナズナ モミジバショウマ ヤエヤマカンアオイ ヤエヤマネムノキ ヤエヤマハマナツメ ヤクシマイトラッキョウ ヤクシマウラボシ ヤクシマカナワラビ ヤクシマカワゴロモ ヤクシマグミ ヤクシマシロバナヘビイチゴ ヤクシマチドリ ヤクシマトウヒレン ヤクシマネッタイラン ヤクシマヨウラクツツジ		ヤクシマラン ヤクシマリンドウ ヤクタネゴヨウ ヤチツツジ ヤチラン ヤツガタケキンポウゲ ヤツガタケトウヒ ヤツシロソウ ヤナギバモクセイ ヤブザクラ ヤブヒョウタンボク ヤマオウシノケグサ ヤマナシウマノミツバ ヤマホオズキ ヤワラケガキ ユウバリカニツリ ユウバリキンバイ ユウバリコザクラ ユキイヌノヒゲ ユキクラヌカボ ユキヨモギ ユズリハワダン ヨウラクヒバ ヨナクニイソノギク ラウススゲ ラハオシダ ランダイミズ リシリヒナゲシ リュウキュウサギソウ リュウキュウセッコク レブンアツモリソウ レブンソウ
		絶滅危惧II類 （VU）	アオイカズラ アオシバ アオツリバナ アオナシ アオホオズキ アオモリマンテマ アカウキクサ アカスゲ アカネスゲ アカバシュスラン アキノハハコグサ アクシバモドキ アケボノアオイ

ランク	和名	ランク	和名
絶滅危惧Ⅱ類 （VU）	アシタカツツジ		イワギリソウ
	アズマシライトソウ		イワタカンアオイ
	アズマホシクサ		イワツクバネウツギ
	アソタカラコウ		イワヤスゲ
	アツイタ		イワヨモギ
	アッケシソウ		イワレンゲ
	アツモリソウ		ウエマツソウ
	アポイカラマツ		ウキミクリ
	アポイタチツボスミレ		ウスバシケシダ
	アポイタヌキラン		ウスバヒョウタンボク
	アポイヤマブキショウマ		ウチョウラン
	アマギカンアオイ		ウバタケニンジン
	アマミクラマゴケ		ウミショウブ
	アマミトンボ		ウメウツギ
	アラゲサンショウソウ		ウラギク
	アワコバイモ		ウラジロキンバイ
	イイデリンドウ		ウラジロミツバツツジ
	イオウノボタン		ウラホロイチゲ
	イシガキキヌラン		ウンゼンカンアオイ
	イズカニコウモリ		ウンゼンマンネングサ
	イズドコロ		エゾオトギリ
	イズノシマホシクサ		エゾキヌタソウ
	イズハハコ		エゾサンザシ
	イズモコバイモ		エゾシモツケ
	イソスミレ		エゾタカネニガナ
	イソニガナ		エゾナミキソウ
	イソマツ		エゾノジャニンジン
	イトクズモ		エゾノヒモカズラ
	イトテンツキ		エゾハナシノブ
	イトナルコスゲ		エゾヒメアマナ
	イトハコベ		エゾヒメクワガタ
	イトヒキスゲ		エゾヒョウタンボク
	イナトウヒレン		エゾベニヒツジグサ
	イナベアザミ		エゾミヤマクワガタ
	イヌカタヒバ		エゾムグラ
	イヌセンブリ		エゾムラサキツツジ
	イヌノフグリ		エゾヨモギギク
	イヌフトイ		エチゼンダイモンジソウ
	イブキコゴメグサ		エッチュウミセバヤ
	イブキトボシガラ		エビガラシダ
	イリオモテガヤ		エヒメアヤメ
	イリオモテムヨウラン		エンシュウツリフネソウ
	イワカゲワラビ		オオアカウキクサ
	イワカラマツ		オオアカバナ
	イワギク		オオアブノメ

ランク	和名	ランク	和名
絶滅危惧 II 類 (VU)	オオアマモ		オノエスゲ
	オオイワインチン		オノエテンツキ
	オオギミシダ		カイジンドウ
	オオクリハラン		カイフウロ
	オオシマノジギク		カガシラ
	オオシロショウジョウバカマ		カクチョウラン
	オオタニワタリ		カシノキラン
	オオチダケサシ		ガッサントリカブト
	オオハクウンラン		カトウハコベ
	オオバケエゴノキ		カネコシダ
	オオハコベ		カノコユリ
	オオヒキヨモギ		カミコウチテンナンショウ
	オオヒラウスユキソウ		カラフトアザミ
	オオミクリ		カラフトイチヤクソウ
	オオヤマカタバミ		カラフトカサスゲ
	オガアザミ		カラフトノダイオウ
	オガコウモリ		カラフトホシクサ
	オガサワラアザミ		カワチスズシロソウ
	オガサワラクチナシ		カワラウスユキソウ
	オガサワラツルキジノオ		カワリバアマクサシダ
	オガサワラボチョウジ		カンエンガヤツリ
	オガサワラモクレイシ		ガンゼキラン
	オキナグサ		キイイトラッキョウ
	オキナワギク		キキョウ
	オキナワコウバシ		キクシノブ
	オキナワソケイ		キシュウナキリスゲ
	オキナワチドリ		キセワタ
	オキナワツゲ		キタザワブシ
	オキナワマツバボタン		キタダケソウ
	オキナワヤブムラサキ		キタダケトラノオ
	オクタマシダ		キタミソウ
	オグラコウホネ		キドイノモトソウ
	オグラノフサモ		キナンカンアオイ
	オサラン		キバナイソマツ
	オゼコウホネ		キバナノホトトギス
	オゼソウ		キビノクロウメモドキ
	オゼヌマアザミ		キビヒトリシズカ
	オチフジ		キョウマルシャクナゲ
	オナガエビネ		キヨシソウ
	オナモミ		キリシマシャクジョウ
	オニイノデ		キリシマミツバツツジ
	オニオトコヨモギ		キレンゲショウマ
	オニカンアオイ		キンセイラン
	オニバス		キンチャクアオイ
	オニヒョウタンボク		キンモウワラビ

ランク	和名	ランク	和名
絶滅危惧II類 （VU）	キンラン		コケコゴメグサ
	キンロバイ		コケタンポポ
	クゲヌマラン		コゴメビエ
	クサナギオゴケ		コシキギク
	クサノオウバノギク		コジマエンレイソウ
	クシロハナシノブ		コショウジョウバカマ
	クシロホシクサ		コツブヌマハリイ
	クシロワチガイソウ		コナミキ
	クスノハカエデ		コバナガンクビソウ
	クマガイソウ		コバノアカテツ
	クモイイカリソウ		コバノクロヅル
	クモイコザクラ		コバノヒルムシロ
	クモイナズナ		コバノミヤマノボタン
	クモマナズナ		コマイワヤナギ
	クリイロスゲ		ゴマクサ
	クリヤマハハコ		ゴマノハグサ
	クロイヌノヒゲモドキ		コミダケシダ
	クロガネシダ		コモチミミコウモリ
	クロコウガイゼキショウ		コモチレンゲ
	クロバナキハギ		コンジキヤガラ
	クロバナハンショウヅル		サイコクイカリソウ
	クロビイタヤ		サイコクヌカボ
	クロヒメシライトソウ		サカイツツジ
	クロフネサイシン		サカネラン
	クロホシクサ		サガミトリゲモ
	クロミノシンジュガヤ		サカワサイシン
	クワイバカンアオイ		サクノキ
	グンバイヅル		サクラガンピ
	ケスナヅル		ササエビモ
	ケラマツツジ		サツマアザミ
	ゲンカイイワレンゲ		サドアザミ
	コアニチドリ		サヤマスゲ
	コイブキアザミ		サルメンエビネ
	コイワザクラ		サンイントラノオ
	コウシュンウマノスズクサ		サンショウバラ
	コウシンソウ		シオン
	コウトウシュウカイドウ		シコクカッコソウ
	コウトウシラン		シコクフクジュソウ
	コウライイヌワラビ		シコタンスゲ
	コウライトモエソウ		シコタンハコベ
	コウリンカ		シコタンヨモギ
	コキクモ		シシンラン
	コギシギシ		シチメンソウ
	コキツネノボタン		シナチバナ
	コケカタヒバ		シナノアキギリ

ランク	和名	ランク	和名
絶滅危惧Ⅱ類 （VU）	シナミズニラ		タガソデソウ
	シノノメソウ		タカネクロスゲ
	シブカワツツジ		タカネソモソモ
	シマカナメモチ		タカネタチイチゴツナギ
	シマガマズミ		タカネトリカブト
	シマギョクシンカ		タカネトンボ
	シマクマタケラン		タカネナルコ
	シマゴショウ		タカネママコナ
	シマザクラ		タカネミミナグサ
	シマササバラン		タキミチャルメルソウ
	シマジタムラソウ		タキユリ
	シマシュスラン		ダケスゲ
	シマタイミンタチバナ		タジマタムラソウ
	シマバライチゴ		タチアマモ
	シマムロ		タチゲヒカゲミズ
	シムラニンジン		タチスミレ
	シャクナンガンピ		タチハコベ
	ジョウロウスゲ		タチバナ
	ジョウロウホトトギス		タテヤマギク
	シライワシャジン		タマカラマツ
	シラオイエンレイソウ		タマノカンアオイ
	シラタマホシクサ		タライカヤナギ
	シラトリシャジン		タルマイスゲ
	シロウマチドリ		ダルマエビネ
	シロエゾホシクサ		ダンギク
	ジングウツツジ		チイサンウシノケグサ
	スギラン		チケイラン
	スズフリホンゴウソウ		チシマウスバスミレ
	スズメハコベ		チシマコハマギク
	ステゴビル		チシマツガザクラ
	スブタ		チシマヒメドクサ
	セキショウイ		チシマヒョウタンボク
	セキモンスゲ		チシママツバイ
	センウズモドキ		チシマミズハコベ
	センダイソウ		チトセカズラ
	ソナレセンブリ		チドリケマン
	ソハヤキミズ		チャボイ
	ソラチコザクラ		チャボカラマツ
	ダイセンカラマツ		チャボシライトソウ
	ダイトウセイシボク		チャボツメレンゲ
	タイホクスゲ		チャボハナヤスリ
	タイワンスゲ		チョウカイフスマ
	タイワントリアシ		チョウセンキハギ
	タイワンハシゴシダ		チョウセンキンミズヒキ
	タカサゴソウ		チョウセンナニワズ

ランク	和名	ランク	和名
絶滅危惧 II 類 （VU）	ツガルミセバヤ		ナガバハグマ
	ツキヌキソウ		ナギラン
	ツクシアオイ		ナツエビネ
	ツクシクロイヌノヒゲ		ナヨナヨコゴメグサ
	ツクシタンポポ		ナンカイアオイ
	ツクシテンツキ		ナンカイシダ
	ツクシトウキ		ナンゴクアオイ
	ツクシトラノオ		ナンゴクミツバツツジ
	ツクシフウロ		ナンゴクモクセイ
	ツクシボウフウ		ナンゴクヤブミョウガ
	ツシマスゲ		ナンバンキンギンソウ
	ツツイトモ		ナンブワチガイソウ
	ツルギキョウ		ヌイオスゲ
	ツルギハナウド		ヌカボタデ
	ツルラン		ヌマアゼスゲ
	ツルワダン		ヌマクロボスゲ
	テシオコザクラ		ヌマゼリ
	テバコマンテマ		ヌマドジョウツナギ
	デンジソウ		ヌマハコベ
	テンノウメ		ネコヤマヒゴタイ
	トウテイラン		ネムロコウホネ
	トガサワラ		ネムロシオガマ
	トカチスグリ		ネムロブシダマ
	トカラカンスゲ		ネムロホシクサ
	トキホコリ		ノジトラノオ
	トクノシマカンアオイ		ノスゲ
	トケンラン		ノタヌキモ
	トサコバイモ		ノハラテンツキ
	トサチャルメルソウ		ノヤシ
	トサトウヒレン		バアソブ
	トサノミゾシダモドキ		バイケイラン
	トサボウフウ		ハコネグミ
	トサムラサキ		ハコネコメツツジ
	トダイアカバナ		ハコネシロカネソウ
	トダイハハコ		ハコネラン
	トネテンツキ		ハゴロモグサ
	トネハナヤスリ		バシクルモン
	トモシリソウ		ハシナガカンスゲ
	トリゲモ		ハタベカンガレイ
	ドロニガナ		ハツバキ
	ナガサキギボウシ		ハナガガシ
	ナガバカラマツ		ハナノキ
	ナガバトンボソウ		ハナヒョウタンボク
	ナガバノイシモチソウ		ハナムグラ
	ナガバノモウセンゴケ		ハハコヨモギ

ランク	和名	ランク	和名
絶滅危惧II類 （VU）	ハハジマトベラ		ヒメヒゴタイ
	ハハジマヌカボシ		ヒメビシ
	ハマウツボ		ヒメフトモモ
	ハマカキラン		ヒメホテイラン
	ハマクワガタ		ヒメマサキ
	ハマサワヒヨドリ		ヒメマツカサススキ
	ハマジンチョウ		ヒメミクリ
	ハマトラノオ		ヒメミズトンボ
	ハマナツメ		ヒメムヨウラン
	ハマネナシカズラ		ヒモヅル
	ハリママムシグサ		ビャッコイ
	ハルカラマツ		ヒュウガトウキ
	ハルザキヤツシロラン		ヒラモ
	ヒキノカサ		ヒルゼンスゲ
	ヒゴシオン		ピレオギク
	ヒゴタイ		ビロードムラサキ
	ヒダアザミ		ヒロハアツイタ
	ヒダカイワザクラ		ヒロハケニオイグサ
	ヒダカトウヒレン		ヒロハスギナモ
	ヒダカミセバヤ		ヒロハトンボソウ
	ヒダカミネヤナギ		ヒロハノアマナ
	ヒダカミヤマノエンドウ		ヒロハノカワラサイコ
	ヒトツバタゴ		ヒロハマツナ
	ヒナシャジン		ヒンジモ
	ヒナチドリ		フウラン
	ヒナワチガイソウ		フォーリーアザミ
	ヒメアゼスゲ		フガクスズムシソウ
	ヒメイワタデ		フサカンスゲ
	ヒメウミヒルモ		フサスギナ
	ヒメウラジロ		フジノカンアオイ
	ヒメカンガレイ		フタマタイチゲ
	ヒメキセワタ		フナバラソウ
	ヒメキンポウゲ		ヘイケイヌワラビ
	ヒメコウホネ		ベニバナヒョウタンボク
	ヒメコウモリソウ		ベニバナヤマシャクヤク
	ヒメシシラン		ホザキシオガマ
	ヒメシロアサザ		ホザキマスクサ
	ヒメタデ		ホソバウキミクリ
	ヒメツルコケモモ		ホソバオグルマ
	ヒメトケンラン		ホソバシャクナゲ
	ヒメナエ		ホソバシロスミレ
	ヒメノボタン		ホソバツルリンドウ
	ヒメノヤガラ		ホソバトウキ
	ヒメハナワラビ		ホソバノシバナ
	ヒメバラモミ		ホソバヒナウスユキソウ

ランク	和名	ランク	和名
絶滅危惧Ⅱ類 （VU）	ホソバヒルムシロ		ミヤマキタアザミ
	ホソバムカシヨモギ		ミヤマシロバイ
	ホソバヤマジソ		ミヤマツチトリモチ
	ボロジノニシキソウ		ミヤマハシカンボク
	ホロマンノコギリソウ		ミヤマハナシノブ
	ホロムイクグ		ミヤマハルガヤ
	ホンゴウソウ		ミョウコウトリカブト
	マイヅルテンナンショウ		ムカシベニシダ
	マツノハマンネングサ		ムカデラン
	マツモトセンノウ		ムシャリンドウ
	マツラン		ムセンスゲ
	マメヒサカキ		ムニンイヌノハナヒゲ
	マヤラン		ムニンエダウチホングウシダ
	マルバウマノスズクサ		ムニンゴシュユ
	マルバオモダカ		ムニンサジラン
	マルバコゴメグサ		ムニンシダ
	マルバシマザクラ		ムニンシャシャンボ
	マルバノサワトウガラシ		ムニンセンニンソウ
	マルミスブタ		ムニンタツナミソウ
	ミカワイヌノヒゲ		ムニンテンツキ
	ミカワショウマ		ムニンハマウド
	ミカワシンジュガヤ		ムニンベニシダ
	ミカワタヌキモ		ムニンヤツシロラン
	ミカワバイケイソウ		ムニンヤツデ
	ミギワガラシ		ムラサキツリガネツツジ
	ミギワトダシバ		ムラサキベニシダ
	ミコシギク		ムラサキベンケイソウ
	ミシマサイコ		メアカンキンバイ
	ミズオオバコ		メヘゴ
	ミズキカシグサ		モクビャクコウ
	ミズキンバイ		モミジコウモリ
	ミズタカモジ		モミジチャルメルソウ
	ミズトラノオ		モミラン
	ミズトンボ		ヤエヤマスズコウジュ
	ミズニラモドキ		ヤエヤマネコノチチ
	ミズマツバ		ヤエヤマヒトツボクロ
	ミチノクコザクラ		ヤクシマアカシュスラン
	ミチノクサイシン		ヤクシマシソバタツナミ
	ミツモリミミナグサ		ヤクシマシライトソウ
	ミノコバイモ		ヤクシマヒヨドリ
	ミヤコジマツルマメ		ヤクシマミツバツツジ
	ミヤコミズ		ヤクシマヤマツツジ
	ミヤマアオイ		ヤクシマヤマムグラ
	ミヤマイワスゲ		ヤチカンバ
	ミヤマカニツリ		ヤチコタヌキモ

ランク	和名	ランク	和名
絶滅危惧 II 類 (VU)	ヤチスギナ		イトキンポウゲ
	ヤナギニガナ		イトトリゲモ
	ヤナギヌカボ		イトモ
	ヤナギノギク		イトラッキョウ
	ヤハズマンネングサ		イナデンダ
	ヤブムグラ		イヌタヌキモ
	ヤブヨモギ		イヌハギ
	ヤマコンニャク		イブキレイジンソウ
	ヤマタニタデ		イワザクラ
	ヤマトホシクサ		ウスギムヨウラン
	ヤリテンツキ		ウスギモクセイ
	ユウシュンラン		ウスゲチョウジタデ
	ユキバヒゴタイ		ウミジグサ
	ユキモチソウ		ウミヒルモ
	ユビソヤナギ		ウルップソウ
	ヨウラクツツジ		ウンヌケ
	リシリオウギ		ウンヌケモドキ
	リシリカニツリ		エキサイゼリ
	リシリビャクシン		エゾゴゼンタチバナ
	リシリリンドウ		エゾサワスゲ
	リュウキュウアケボノソウ		エゾミヤマヤナギ
	リュウキュウコケリンドウ		エビアマモ
	リュウキュウコンテリギ		エビネ
	リュウビンタイモドキ		オオウメガサソウ
	ルリトラノオ		オオクグ
	レブンコザクラ		オオシケシダ
	レンギョウエビネ		オオシバナ
	ロクオンソウ		オオタヌキモ
	ワガトリカブト		オオニガナ
	ワタナベソウ		オオバタチツボスミレ
	ワタムキアザミ		オオビランジ
	ワダンノキ		オオメノマンネングサ
	ワンドスゲ		オオヤマジソ
準絶滅危惧 (NT)	アカハダクスノキ		オキナワヒメナキリ
	アギナシ		オキナワムヨウラン
	アサザ		オダサムタンポポ
	アサマスゲ		オトメアオイ
	アサマフウロ		オモロカンアオイ
	アシボソスゲ		ガガブタ
	アズマツメクサ		カキツバタ
	アソノコギリソウ		カゲロウラン
	アツバタツナミソウ		カザグルマ
	アテツマンサク		カモメラン
	アワガタケスミレ		カワヂシャ
	イシモチソウ		カワツルモ

ランク	和名	ランク	和名
準絶滅危惧 (NT)	カワラニガナ		シマモチ
	キイシモツケ		シラヒゲムヨウラン
	キクガラクサ		シラン
	キクタニギク		シロウマリンドウ
	キタダケオドリコソウ		ジングウスゲ
	キノクニスゲ		スキヤクジャク
	キバナハナネコノメ		スゲアマモ
	キリシマミズキ		スジヌマハリイ
	クサタチバナ		スズサイコ
	クジュウツリスゲ		ズソウカンアオイ
	クニガミサンショウヅル		セツブンソウ
	クモマスズメノヒエ		センダイタイゲキ
	クロイヌノヒゲ		タイキンギク
	ケナシツルモウリンカ		タイワンアシカキ
	ゲンカイツツジ		タカクマホトトギス
	ゲンカイミミナグサ		タカチホガラシ
	コアツモリソウ		タカネイ
	コイヌガラシ		タカネコウリンカ
	コウシュンカズラ		タカネスミレ
	コウズシマクラマゴケ		タカネハリスゲ
	コケトウバナ		タカネヤガミスゲ
	コゴメヌカボシ		タコノアシ
	コシノカンアオイ		タシロラン
	コスギイタチシダ		タチキランソウ
	コヤスノキ		タチモ
	サギソウ		タヌキモ
	サクラソウ		タマミクリ
	サクラバハンノキ		チシマリンドウ
	サコスゲ		チョウカイアザミ
	サツマハギ		チョウジガマズミ
	サツママンネングサ		チョウジソウ
	サンショウモ		チョウセンスイラン
	シオニラ		チョウセンヒメツゲ
	シオミイカリソウ		ツクシアケボノツツジ
	シコタンキンポウゲ		ツクシチャルメルソウ
	シチョウゲ		ツシマノダケ
	シデコブシ		ツメレンゲ
	シナノコザクラ		ツルカタヒバ
	シバナ		ツルマンリョウ
	シブツアサツキ		テイネニガクサ
	シマイワウチワ		テバコワラビ
	シマオオタニワタリ		テングノコヅチ
	シマギンレイカ		トガクシソウ
	シマサルスベリ		トカラカンアオイ
	シマタヌキラン		トカラノギク

ランク	和名	ランク	和名
準絶滅危惧 (NT)	トキソウ		ブゼンノギク
	トクサラン		ベニアマモ
	トサノアオイ		ボウラン
	トサミズキ		ホソバイヌタデ
	トチカガミ		ホソバオゼヌマスゲ
	ナガエミクリ		ホソバクリハラン
	ナカガワノギク		ホソバナコバイモ
	ナガバコバンモチ		ホソバヤロード
	ナガバノウナギツカミ		マツバウミジグサ
	ナガミノツルキケマン		マツバコケシダ
	ニコゲルリミノキ		マツバラン
	ニセヨゴレイタチシダ		マネキグサ
	ニッケイ		マメヅタラン
	ニョホウチドリ		マヤプシギ
	ニンドウバノヤドリギ		マルバニッケイ
	ネズミシバ		マルミノウルシ
	ネムロスゲ		マルヤマシュウカイドウ
	ノウルシ		ミクリ
	ノカラマツ		ミズアオイ
	ノダイオウ		ミズニラ
	ハイハマボッス		ミズネコノオ
	ハコネオトギリ		ミスミソウ
	ハマサジ		ミゾコウジュ
	ハママンネングサ		ミチノクフクジュソウ
	ハリツルマサキ		ミヤマイ
	ヒゲハリスゲ		ミヤマコアザミ
	ヒメウシオスゲ		ミヤマムギラン
	ヒメウスユキソウ		ミヤマヤチヤナギ
	ヒメカイウ		ムカゴソウ
	ヒメカカラ		ムカゴネコノメ
	ヒメキツネノボタン		ムギラン
	ヒメコヌカグサ		ムニンアオガンピ
	ヒメサユリ		ムラサキセンブリ
	ヒメシャガ		ムラサキミミカキグサ
	ヒメタヌキモ		ヤエガワカンバ
	ヒメハッカ		ヤエヤマコクタン
	ヒメホウビシダ		ヤエヤマヤシ
	ヒメミズニラ		ヤエヤマラセイタソウ
	ヒメミゾシダ		ヤクシマカンスゲ
	ヒメミヤマカラマツ		ヤクシマサルスベリ
	ヒメワタスゲ		ヤクシマヒメアリドオシラン
	ヒロハオゼヌマスゲ		ヤシャビシャク
	ヒロハヤマヨモギ		ヤチマタイカリソウ
	フクド		ヤマクボスゲ
	フジバカマ		ヤマザトタンポポ

ランク	和名	ランク	和名
準絶滅危惧（NT）	ヤマジソ		オオバナオガタマノキ
	ヤマシャクヤク		オオミネヒナノガリヤス
	ヤマスカシユリ		オクシリエビネ
	ヤマトミクリ		オクトネホシクサ
	ヤマトレンギョウ		オトギリマオ
	ヤンバルキヌラン		オニコメススキ
	ヤンバルフモトシダ		カラピンラセンソウ
	ユウレイラン		コツブチゴザサ
	ヨコヤマリンドウ		サツマビャクゼン
	リシリトウウチソウ		シバネム
	リュウキュウアマモ		タイワンキジョラン
	リュウキュウクロウメモドキ		タイワンヤマモガシ
	リュウキュウスガモ		タニイチゴツナギ
	リュウキュウツワブキ		タンバヤブレガサ
	リュウキュウハナイカダ		チシマスズメノヒエ
	リュウノヒゲモ		チチブイワザクラ
	ワカサハマギク		ツシマカンコノキ
	ワニグチモダマ		ツシマニオイシュンラン
情報不足（DD）	アポイミセバヤ		ハリザクロ
	イヌノグサ		ヒメクチバシグサ
	ウサギソウ		フウセンアカメガシワ
	エゾセンノウ		ホウライアオカズラ
	エゾヤママンテマ		マシュウヨモギ
	エチゴボダイジュ		マルバオウセイ
	オオバサンザシ		ムラサキムヨウラン

菌類（2007.8）

ランク	門名	目名	科名	和名
絶滅（EX）	子嚢菌門	ミクロチリウム目	ミクロチリウム科	ヒュウガハンチクキン
	担子菌門	スッポンタケ目	ヒステランギウム科	ハハシマアコウショウロ
		ハラタケ目	イッポンシメジ科	ムニンチャモミウラモドキ
			ウラベニガサ科	オカベベニヒダタケ
				ダイドウベニヒダタケ
				ムニンシカタケ
				フサベニヒダタケ
				マチダベニヒダタケ
			キシメジ科	ムニンチヂミタケ
				ムニンヒメサカズキタケ
				ハハノツエタケ
			チャダイゴケ科	カバイロチャダイゴケ
				ムニンチャダイゴケ
			チャヒラタケ科	ムラサキチャヒラタケ
			ヌメリガサ科	オオミノアカヤマタケ
				フタイロコガサタケ

ランク	門名	目名	科名	和名
絶滅（EX）	担子菌門	ハラタケ目	ヌメリガサ科	ムニンキヤマタケ
			ハラタケ科	スナタマゴタケ
				ハハジマモリノカサ
				ムニンヒメカラカサタケ
			ヒトヨタケ科	オガサワライタチタケ
				ムニンヒトヨタケ
			ヒラタケ科	ヘゴシロカタハ
				和名なし
			フウセンタケ科	オガサワラツムタケ
			ベニタケ科	オガサワラキハツダケ
				オガサワラハツタケ
		ヒダナシタケ目	ニンギョウタケモドキ科	アミラッパタケ
			マンネンタケ科	ニセカンバタケ
		ホコリタケ目	ホコリタケ科	コメツブホコリタケ
野生絶滅（EW）	接合菌門	ケカビ目	クスダマカビ科	ドウタイクスダマカビ
絶滅危惧I類（CR＋EN）	子嚢菌門	タフリナ目	タフリナ科	シイノキ類葉ぶくれ病菌
			プロトミケス科	タンポポ浮腫病菌
		チャワンタケ目	クロチャワンタケ科	キリノミタケ
		ニクザキン目	バッカクキン科	アカエノットノミタケ
				アブヤドリタケ
				イネゴセミタケ
				エダウチタンポタケ
				カンザシセミタケ
				クサギムシタケ
				クビオレカメムシタケ
				クロミノクチキムシタケ
				コゴメカマキリムシタケ
				サキシマヤドリバエタケ
				サンチュウムシタケモドキ
				シロアリタケ
				シロタマゴクチキムシタケ
				シロハナヤスリタケ
				スズキセミタケ
				タンポエゾゼミタケ
				ナガボノケンガタムシタケ
				ハエヤドリトガリツブタケ
				ハネカクシヤドリタケ
				ハヤカワセミタケ
				ヒメハルゼミタケ
				ミオモテタンポタケ
				ミドリトサカタケ
		ビンタマカビ目	ビンタマカビ科	ビンタマカビ
		ホネタケ目	ホネタケ科	ホネタケ
	担子菌門	ケシボウズタケ目	ケシボウズタケ科	オニノケヤリタケ
		スッポンタケ目	アカカゴタケ科	キアミズキンタケ

ランク	門名	目名	科名	和名
絶滅危惧Ⅰ類 （CR＋EN）	担子菌門	スッポンタケ目 チャダイゴケ目 ハラタケ目 ヒダナシタケ目 メラノガステル目	スッポンタケ科 チャダイゴケ科 キシメジ科 サルノコシカケ科 タバコウロコタケ科 マンネンハリタケ科 メラノガステル科	アカダマスッポンタケ ハゲチャダイゴケ チチシマシメジ ヤチヒロヒダタケ カンバタケモドキ ヒジリタケ オオメシマコブ コウヤクマンネンハリタケ シンジュタケ
絶滅危惧Ⅱ類 （VU）	子嚢菌門	チャワンタケ目 ニクザキン目	ベニチャワンタケ科 ニクザキン科 バッカクキン科	キツネノサカズキ オオボタンタケ ウスキタンポセミタケ エゾハナヤスリタケ エリアシタンポタケ カイガラムシツブタケ クビナガクチキムシタケ タンポヤンマタケ トビシマセミタケ ミドリクチキムシタケ
	担子菌門	ケシボウズタケ目 スッポンタケ目 ハラタケ目 ヒダナシタケ目 ホコリタケ目	ケシボウズタケ科 アカカゴタケ科 スッポンタケ科 キシメジ科 イボタケ科 サルノコシカケ科 ニンギョウタケモドキ科 ホウキタケ科 ボトリオスフェリア科 ホコリタケ科	ウロコケシボウズタケ コナガエノアカカゴタケ アカダマノオオタイマツ バカマツタケ シシタケ アラゲカワウソタケ ダイダイサルノコシカケ ナンバンオオカワウソタケ メシマコブ ヤエヤマキコブタケ ニンギョウタケモドキ ヌメリアイタケ ササナバ タブノキキハダカビ トゲホコリタケ
準絶滅危惧 （NT）	子嚢菌門	ニクザキン目	バッカクキン科	ウスアカシャクトリムシタケ オグラクモタケ クモノオオトガリツブタケ フトクビクチキムシタケ ヤエヤマコメツキムシタケ ヤクシマセミタケ ヨコバイタケ
	担子菌門	ビョウタケ目 ハラタケ目	ビョウタケ科 キシメジ科	クロムラサキハナビラタケ シイノトモシビタケ シロマツタケモドキ ニセマツタケ

ランク	門名	目名	科名	和名
準絶滅危惧 (NT)	担子菌門	ハラタケ目	キシメジ科	マツタケ
				マツタケモドキ
		ヒダナシタケ目	サンゴハリタケ科	フサハリタケ
			サルノコシカケ科	コカンバタケ
				チョレイマイタケ
				ワニスタケ
情報不足 (DD)	子嚢菌門	チャワンタケ目	アミガサタケ科	オオズキンカブリ
				トガリフカアミガサタケ
			ピロネマキン科	アカハナビラタケ
			ベニチャワンタケ科	ヒュウガサラタケ
		ツチダンゴ目	ツチダンゴ科	コウボウフデ
		ニクザキン目	バッカクキン科	ウスイロヒメフトバリタケ
				オガサワラクモタケ
				オグラムシタケ
				キイロクビオレタケ
				キビノムシタケモドキ
				クサナギヒメタンポタケ
				ケラタケ
				コゴメセミタケ
				シロトガリクモタケ
				シロヒメサナギタケ
				チチブクチキムシタケ
				トワダミドリクチキムシタケ
				ヒメタンポタケ
		ビョウタケ目	ビョウタケ科	クチキトサカタケ
		ユーロチウム目	マユハキタケ科	エダウチホコリタケモドキ
	担子菌門	ケシボウズタケ目	ケシボウズタケ科	アラナミケシボウズタケ
				ウネミケシボウズタケ
				ケシボウズタケ
				ナガエノホコリタケ
		スッポンタケ目	アカカゴタケ科	ツクシタケ
			スッポンタケ科	ウスキキヌガサタケ
				タヌキノベニエフデ
			プロトファルス科	ニカワショウロ
		ニセショウロ目	ニセショウロ科	ツチグリカタカワタケ
		ハラタケ目	イグチ科	アキノアシナガイグチ
				トライグチ
				ヤマドリタケ
			イッポンシメジ科	ワカクサウラベニタケ
			ウラベニガサ科	キヌオオフクロタケ
			キシメジ科	シモコシ
				シロタモギタケ
				ナガエノヤグラタケ
				ハチマキイヌシメジ
			テングタケ科	コササクレシロオニタケ

ランク	門名	目名	科名	和名
情報不足（DD）	担子菌門	ハラタケ目	テングタケ科	ムニンヌメリカラカサタケ
			ヌメリガサ科	クロゲキヤマタケ
				ネッタイアカヌメリガサ
			ヒラタケ科	ツバヒラタケ
		ヒダナシタケ目	イボタケ科	クロカワ
				マツバハリタケ
			コウヤクタケ科	ヘゴノコウヤクタケ
			サルノコシカケ科	ツガマイタケ
			タバコウロコタケ科	エヒメウスバタケ
				カバノアナタケ
			ニンギョウタケモドキ科	ニンギョウタケ
			マンネンハリタケ科	マンネンハリタケ
		ヒメノガステル目	ショウロ科	ショウロ
				ホンショウロ
		ホコリタケ目	ホコリタケ科	ハマベダンゴタケ

蘚苔類（2007.8）

ランク	門名	目名	科名	和名
絶滅（EX）	苔類	ゼニゴケ目	ハマグリゼニゴケ科	ヒカリゼニゴケ
絶滅危惧Ⅰ類 （CR＋EN）	蘚類	アブラゴケ目	アブラゴケ科	オクヤマツガゴケ
				コアブラゴケ
		イヌマゴケ目	イタチゴケ科	オオヤマトイタチゴケ
				コマイタチゴケ
				シワナシチビイタチゴケ
				ツヤダシタカネイタチゴケ
				ヨコグライタチゴケ
			イトヒバゴケ科	イトヒバゴケ
				シライワスズゴケ
			カワゴケ科	コシノヤバネゴケ
			ムジナゴケ科	オニゴケ
			ハイヒモゴケ科	コサナダゴケモドキ
				ホソヒモゴケ
			ヒラゴケ科	エビスゴケ
				ハナシタチヒラゴケ
				ヒメタチヒラゴケ
				ヒメハネゴケ
		キセルゴケ目	キセルゴケ科	コバノイクビゴケ
				スズキイクビゴケ
				ミギワイクビゴケ
		ギボウシゴケ目	ギボウシゴケ科	ウシオギボウシゴケ
				ミギワギボウシゴケ
		シッポゴケ目	キヌシッポゴケ科	エゾキヌシッポゴケ
				オリンピックゴケ
				キヌシッポゴケ

ランク	門名	目名	科名	和名
絶滅危惧I類 （CR＋EN）	蘚類	シッポゴケ目	キヌシッポゴケ科	コキヌシッポゴケ
				ノグチゴケ
			シッポゴケ科	ニセタマウケゴケ（シバゴケ）
				ハタキゴケ
				ヒロスジツリバリゴケ
				フジサンギンゴケモドキ
				マエバラナガダイゴケ
				ヤマゴケ
		シトネゴケ目	イワダレゴケ科	オオシカゴケ
				フウチョウゴケ
			コゴメゴケ科	カマバコモチゴケ
			サナダゴケ科	マッカリタケナガゴケ
			シノブゴケ科	トガリバギボウシゴケ
				ヌマシノブゴケ
			ナガハシゴケ科	イボミスジヤバネゴケ
			ハイゴケ科	オオカギイトゴケ
				キャラハゴケモドキ
				コモチイチイゴケ
				ハイヒバゴケモドキ
				ヒメコガネハイゴケ
				フトハイゴケ
				ヤクシマヒラツボゴケ
				ヤワラクシノハゴケ
			ヒゲゴケ科	カイガラゴケ
				トガリカイガラゴケ
			ヤナギゴケ科	オニシメリゴケ
				ササオカゴケ（アオモリカギハイゴケ）
		スギゴケ目	スギゴケ科	オキナスギゴケ
		センボンゴケ目	カタシロゴケ科	イボイボカタシロゴケ
				キイアミゴケ
				ヤクシマアミゴケ
			センボンゴケ科	アカネジクチゴケ
				クロコゴケ
				ナガバハリイシバイゴケ
				ミヤマコネジレゴケ
				ムカゴネジレゴケ
			ヤリカツギ科	シナノセンボンゴケ（セイタカヤリカツギ）
				シロウマヤリカツギ
				ミヤマヤリカツギ
		タチヒダゴケ目	タチヒダゴケ科	イボタチヒダゴケ
				キサゴゴケ
				キブネゴケ
				クチボソミノゴケ
				ヤクシマキンモウゴケ

ランク	門名	目名	科名	和名
絶滅危惧Ⅰ類 （CR＋EN）	蘚類	タチヒダゴケ目	タチヒダゴケ科	ヤマタチヒダゴケ
		ナンジャモンジャゴケ目	ナンジャモンジャゴケ科	ナンジャモンジャゴケ
		ヒョウタンゴケ目	オオツボゴケ科	オオツボゴケ
				スルメゴケ
				タイワンユリゴケ
				マルバユリゴケ
		ホウオウゴケ目	ホウオウゴケ科	ヤクホウオウゴケ
		ホンマゴケ目	クサスギゴケ科	ラクヨウクサスギゴケ
			タマゴケ科	ウワバミゴケ
			チョウチンゴケ科	タチチョウチンゴケ
				タチチョウチンゴケモドキ
			ヌマチゴケ科	ヌマチゴケ
			ハリガネゴケ科	ツブツブヘチマゴケ
	苔類	ウロコゴケ目	ウロコゴケ科	トゲバウロコゴケ
			オヤコゴケ科	ケナシオヤコゴケ
			クサリゴケ科	オチクサリゴケ
				キララヨウジョウゴケ
				ゴマダラクサリゴケ
				サンカクヨウジョウゴケ
				ナガバムシトリゴケ
				ホソバイトクズゴケ
			ケビラゴケ科	オガサワラケビラゴケ
				オビケビラゴケ
				ミミケビラゴケ
			ジンチョウゴケ科	ヤツガタケゼニゴケ
			チチブイチョウゴケ科	モグリゴケ
			ツボミゴケ科	オノイチョウゴケ
				カラフトイチョウゴケ
				マエバラアミバゴケ
				ヤクシマアミバゴケ
			ヒシャクゴケ科	ミゾゴケモドキ
			マツバウロコゴケ科	サトミヨツデゴケ
			ミズゴケモドキ科	オオミズゴケモドキ
				ミズゴケモドキ
			ミゾゴケ科	ハッコウダゴケ
			ムチゴケ科	ヤエヤマスギバゴケ
			ヤクシマスギバゴケ科	ヤクシマスギバゴケ
			ヤスデゴケ科	サカワヤスデゴケ
				サガリヤスデゴケ
				ハットリヤスデゴケ
			ヤバネゴケ科	イイシバヤバネゴケ
				ヒメウキヤバネゴケ
		コマチゴケ目	コマチゴケ科	キレハコマチゴケ
		ゼニゴケ目	ジンガサゴケ科	ウルシゼニゴケ
				イワゼニゴケ

ランク	門名	目名	科名	和名
絶滅危惧I類 (CR+EN)	苔類	フタマタゴケ目	ウロコゼニゴケ科 クモノスゴケ科 トロイブゴケ科	ヤツガタケウロコゼニゴケ ヤマトヤハズゴケ ヒメトロイブゴケ
	ツノゴケ	ツノゴケ目	ツノゴケ科	キノボリツノゴケ
絶滅危惧II類 (VU)	蘚類	アブラゴケ目	アブラゴケ科	サオヒメゴケ フチナシツガゴケ マルバツガゴケ
			ウニゴケ科	シダレウニゴケ
			クジャクゴケ科	フチナシクジャクゴケ
		イヌマゴケ目	カワゴケ科	クロカワゴケ カワゴケ
			タイワントラノオゴケ科	タイワントラノオゴケ
			トラノオゴケ科	イヌコクサゴケ
			ハイヒモゴケ科	トサノタスキゴケ ヒカゲノカヅラモドキ ミミヒラゴケ
			ヒムロゴケ科	カクレゴケ カタナワゴケ ヤクシマナワゴケ
			ヒラゴケ科	モミノキゴケ
		キセルゴケ目	キセルゴケ科	カシミールクマノゴケ
		ギボウシゴケ目	ギボウシゴケ科	ヤマトハクチョウゴケ
			ヒナノハイゴケ科	アオシマヒメシワゴケ
		クロゴケ目	クロゴケ科	ガッサンクロゴケ
		シッポゴケ目	キヌシッポゴケ科	キヌシッポゴケモドキ ハナシキヌシッポゴケ
			シッポゴケ科	ヘビゴケ マユハケゴケ
			シラガゴケ科	ジャバシラガゴケ ニセハブタエゴケ
		シトネゴケ目	サナダゴケ科	オオサナダゴケ
			シノブゴケ科	カラフトシノブゴケ スギバシノブゴケ ムチエダイトゴケ
			ツヤゴケ科	オオミツヤゴケ ホソバツヤゴケ（タチミツヤゴケ）
			ナガハシゴケ科	オオタマコモチイトゴケ シマフデノホゴケ ハシボソゴケ ヒロハコモチイトゴケ マムシゴケ ミスジヤバネゴケ リュウキュウカギホソエゴケ リュウキュウホソエゴケ

ランク	門名	目名	科名	和名
絶滅危惧Ⅱ類 （VU）	蘚類	シトネゴケ目	ハイゴケ科	サジバラッコゴケ
			ヒゲゴケ科	レイシゴケ
		センボンゴケ目	カタシロゴケ科	イサワゴケ
				シラガゴケモドキ
			センボンゴケ科	ダンダンゴケ
				ハリエゾネジレゴケ
		タチヒダゴケ目	タチヒダゴケ科	イブキキンモウゴケ
				カメゴケモドキ
				ヒログチキンモウゴケ
		ヒョウタンゴケ目	オオツボゴケ科	イシヅチゴケ
				フガゴケ
		ホウオウゴケ目	ホウオウゴケ科	ジャバホウオウゴケ
				ジョウレンホウオウゴケ
		ホンマゴケ目	キダチゴケ科	キダチゴケ
			クサスギゴケ科	ミヤマクサスギゴケ
			チョウチンゴケ科	シノブチョウチンゴケ
				テヅカチョウチンゴケ（アズミチョウチンゴケ）
			ハリガネゴケ科	カサゴケモドキ
				コシノシンジゴケ
				ヒョウタンハリガネゴケ
				ホソバゴケ
	苔類	ウロコゴケ目	ウロコゴケ科	アマノウロコゴケ
			オオサワラゴケ科	オオサワラゴケ
			オヤコゴケ科	ヤクシマオヤコゴケ
			クサリゴケ科	アマカワヒメゴヘイゴケ
				イヌイムシトリゴケ
				オオシマヨウジョウゴケ
				オオハラバクサリゴケ
				オガサワラキララゴケ
				カギヨウジョウゴケ
				ツメクサリゴケ
				ヒメゴヘイゴケ
				ボウズムシトリゴケ
				マルバサンカクゴケ
				ヤマトケクサリゴケ
				リュウキュウシゲリゴケ
			コヤバネゴケ科	ケスジヤバネゴケ
				タガワヤバネゴケ
			チチブイチョウゴケ科	ケハネゴケモドキ
				チチブイチョウゴケ
			ツキヌキゴケ科	サイシュウホラゴケモドキ
				マルバホラゴケモドキ
			ツボミゴケ科	イギイチョウゴケ
				エゾヒメソロイゴケ
				キノボリヤバネゴケ

ランク	門名	目名	科名	和名
絶滅危惧II類 （VU）	苔類	ウロコゴケ目	ツボミゴケ科	タチクモマゴケ
				ハンデルソロイゴケ
				ヒラウロコゴケ
			ハネゴケ科	サケバキハネゴケ（ムニンハネゴケ）
				シャンハイハネゴケ
				ハットリムカイバハネゴケ
			ヒシャクゴケ科	ムカシヒシャクゴケ
			ムチゴケ科	カネマルムチゴケ
				テララゴケ
				ミジンコゴケ
			ヤスデゴケ科	イボヤスデゴケ
				イリオモテヤスデゴケ
				キヤスデゴケ
			ヤバネゴケ科	フクレヤバネゴケ
		ゼニゴケ目	ジンガサゴケ科	オオサイハイゴケ
				オキナワサイハイゴケ
			ジンチョウゴケ科	ジンチョウゴケ
				チチブゼニゴケ
				ヤツガタケジンチョウゴケ
			ハマグリゼニゴケ科	ハマグリゼニゴケ
			ヤワラゼニゴケ科	ヤワラゼニゴケ
		フタマタゴケ目	アリソニア科	ミヤマミズゼニゴケ
			ウロコゼニゴケ科	イリオモテウロコゼニゴケ
			スジゴケ科	ケミドリゼニゴケ
	ツノゴケ	ツノゴケ目	ツノゴケ科	オガサワラキブリツノゴケ
				ミドリツノゴケ
準絶滅危惧 （NT）	蘚類	アブラゴケ目	クジャクゴケ科	キジノオゴケ
				コキジノオゴケ
				シナクジャクゴケ
		イヌマゴケ目	イトヒバゴケ科	カワブチゴケ
			ハイヒモゴケ科	ヒロハシノブイトゴケ
			ヒムロゴケ科	カトウゴケ
			ヒラゴケ科	キブリハネゴケ
				トサヒラゴケ
				ヒメハゴロモゴケ
				ホウライハゴロモゴケ
		キセルゴケ目	キセルゴケ科	クマノゴケ
		シトネゴケ目	イワダレゴケ科	ヒヨクゴケ
			ナガハシゴケ科	リュウキュウナガハシゴケ
			ハイゴケ科	コウライイチイゴケ
		スギゴケ目	スギゴケ科	ヒメハミズゴケ
		ヒカリゴケ目	ヒカリゴケ科	ヒカリゴケ
		ホンマゴケ目	ハリガネゴケ科	ヤスダゴケ
		ミズゴケ目	ミズゴケ科	オオミズゴケ

ランク	門名	目名	科名	和名
準絶滅危惧 (NT)	苔類	ウロコゴケ目	クサリゴケ科	カビゴケ
				ヨウジョウゴケ
		ゼニゴケ目	ウキゴケ科	イチョウウキゴケ
				ウキゴケ
情報不足 (DD)	蘚類	アブラゴケ目	アブラゴケ科	クロジクツガゴケ
				タカサゴツガゴケ
		イヌマゴケ目	イタチゴケ科	キタイタチゴケ
		シッポゴケ目	シッポゴケ科	ヒトヨシゴケ
			シラガゴケ科	シロシラガゴケ
		センボンゴケ目	カタシロゴケ科	オガサワラカタシロゴケ
		タチヒダゴケ目	タチヒダゴケ科	イブキタチヒダゴケ
				マゴメゴケ
		ミズゴケ目	ミズゴケ科	ホソベリミズゴケ
	苔類	ウロコゴケ目	オヤコゴケ科	フィリピンオヤコゴケ
			クサリゴケ科	オノクサリゴケ
				ヤエヤマサンカクゴケ
				ユーレンキララゴケ
			クモノスゴケ科	チヂレヤハズゴケ
			クラマゴケモドキ科	トガリバクラマゴケモドキ
			コヤバネゴケ科	ムカシヤバネゴケ
			ツボミゴケ科	オオイチョウゴケ
				コダマイチョウゴケ
				ヒトスジウロコゴケ
				ヒメモミジゴケ
				マルバイチョウゴケ
				ミツデモミジゴケ
				ミヤマウロコゴケ
				ユキミイチョウゴケ
				リシリツボミゴケ
			ヒシャクゴケ科	タニガワヒシャクゴケ
				ツバサヒシャクゴケ
			ミゾゴケ科	イトミゾゴケ
				コサキジロゴケ
			ヤスデゴケ科	オキナワヤスデゴケ
		ゼニゴケ目	ジンチョウゴケ科	タカネゼニゴケ
				リシリゼニゴケ
		フタマタゴケ目	スジゴケ科	イトスジゴケ

藻類（2007.8）

ランク	綱名	目名	科名	和名
絶滅（EX）	紅藻綱 車軸藻綱	ウシケノリ目 シャジクモ目	ウシケノリ科 シャジクモ科	コスジノリ イケダシャジクモ キザキフラスコモ チュウゼンジフラスコモ ハコネシャジクモ
野生絶滅（EW）	車軸藻綱	シャジクモ目	シャジクモ科	テガヌマフラスコモ
絶滅危惧Ⅰ類 （CR＋EN）	アオサ藻綱	アオサ目 イワヅタ目 カサノリ目 シオグサ目	アオサ科 イワヅタ科 ダジクラズス科 カサノリ科 シオグサ科	カワアオノリ ケイワヅタ ケブカフデモ ホソエガサ マリモ
	黄緑藻綱 褐藻綱 紅藻綱	フシナシミドロ目 ケヤリモ目 シオミドロ目 イギス目 ウシケノリ目	フシナシミドロ科 ケヤリモ科 ニセイシノカワ科 フジマツモ科 ウシケノリ科	クビレミドロ ウミボッス イズミイシノカワ フサコケモドキ アサクサノリ カイガラアマノリ タニウシケノリ マルバアサクサノリ
		オオイシソウ目	オオイシソウ科	アツカワオオイシソウ イバラオオイシソウ インドオオイシソウ オオイシソウモドキ ムカゴオオイシソウ
		カワモズク目	カワモズク科	アズキイロカワモズク（新称） イシカワモズク イリオモテカワモズク クシロカワモズク（新称） セイヨウユタカカワモズク （新称） チュウゴクユタカカワモズク （新称） ツマグロカワモズク（新称） ニシノカワモズク（新称） ニセカワモズク ミナミイトカワモズク（新称） ミナミクロカワモズク（新称） ミナミホソカワモズク（新称） ヤエヤマカワモズク ユタカカワモズク
		チスジノリ目	チスジノリ科	オキチモズク シマチスジノリ フトチスジノリ（新称）
		ベニミドロ目	ベニミドロ科	ニセウシケノリ

ランク	綱名	目名	科名	和名
絶滅危惧Ⅰ類 （CR＋EN）	車軸藻綱	シャジクモ目	シャジクモ科	アメリカシャジクモ アメリカフラスコモ アレンフラスコモ イトシャジクモ イトフラスコモ イノカシラフラスコモ オウシャジクモ オウフラスコモ オオバホンフサフラスコモ オトメフラスコモ オニチリフラスコモ カタシャジクモ カラスフラスコモ カワモズクフラスコモ キヌイトフラスコモ キヌフラスコモ グンマフラスコモ ケナガシャジクモ ケフラスコモ コイトシャジクモ サイトウフラスコモ サカゴフラスコモ サキボソフラスコモ サヌキフラスコモ ジュズフラスコモ シラタマモ シンフラスコモ セイロンフラスコモ ダイシフラスコモ タナカフラスコモ チャボフラスコモ チリフラスコモ トガリフラスコモ トゲフラスコモ ナガフラスコモ ナガホノフラスコモ ニッポンフラスコモ ハダシシャジクモ ハデフラスコモ ハナビフラスコモ ヒナフラスコモ ヒメフラスコモ フタマタフラスコモ フラスコモダマシ ホシツリモ ホソバフラスコモ

ランク	綱名	目名	科名	和名
絶滅危惧I類 (CR＋EN)	車軸藻綱	シャジクモ目	シャジクモ科	ホンフサフラスコモ ミキフラスコモ ミゾフラスコモ ミノフサフラスコモ ミルフラスコモ レイセンジシャジクモ（新産）
	藍藻綱	クロオコックス目	クロオコックス科	スイゼンジノリ
絶滅危惧II類 (VU)	アオサ藻綱	イワズタ目	イワズタ科	イチイズタ キザミズタ ヒナイワズタ
			ハゴロモ科	オオハゴロモ テングノハウチワ
		カサノリ目 ハネモ目 フシナシミドロ目 コンブ目 ヒバマタ目	ダジクラズス科 チョウチンミドロ科 フシナシミドロ科 チガイソ科 ホンダワラ科	ウスガサネ チョウチンミドロ ウミフシナシミドロ ホソバワカメ カラクサモク コバモク
	黄緑藻綱 褐藻綱			
	紅藻綱	イギス目 ウミゾウメン目 オオイソウ目 カワモズク目	フジマツモ科 コナハダ科 オオイソウ科 カワモズク科	ハナヤナギ ケコナハダ オオイソウ カワモズク タニガワカワモズク（新称） ニホンカワモズク ホソカワモズク
		チスジノリ目	チスジノリ科	チスジノリ
	車軸藻綱	シャジクモ目	シャジクモ科	シャジクモ
	トレボキシア藻綱	カワノリ目	カワノリ科	カワノリ
準絶滅危惧 (NT)	アオサ藻綱	イワズタ目	イワズタ科 ハゴロモ科	クロキズタ イトゲノマユハキ コテングノハウチワ ソリハサボテングサ ヒナマユハキ ヒロハサボテングサ フササボテングサ モツレチョウチン
		カサノリ目	カサノリ科 ダシクラズス科	カサノリ カタミズタマ ナガミズタマ
		シオグサ目	ウキオリソウ科 シオグサ科	ホソバロニア オオネダシグサ
		ミドリゲ目	マガタマモ科	タンポヤリ ヒメミドリゲ マガタマモ

ランク	綱名	目名	科名	和名
準絶滅危惧 (NT)	褐藻綱	コンブ目	コンブ科	アツバミスジコンブ エナガコンブ エンドウコンブ チジミコンブ
		ヒバマタ目	ホンダワラ科	ヤバネモク
	紅藻綱	イギス目	コノハノリ科	アヤギヌ セイヨウアヤギヌ ヒロハアヤギヌ ホソアヤギヌ
			フジマツモ科	タニコケモドキ ツクシホウズキ
		ウシケノリ目	ウシケノリ科	ソメワケアマノリ
		ウミゾウメン目	カサマツ科	ハイコナハダ
		オゴノリ目	オゴノリ科	リュウキュウオゴノリ
		カワモズク目	カワモズク科	アオカワモズク チャイロカワモズク（新称）
		スギノリ目	イソモッカ科	イソモッカ シオカワモッカ
			ミリン科	アマクサキリンサイ キリンサイ トサカノリ
			リュウモンソウ科	オキツバラ
		テングサ目	テングサ科	ヤタベグサ
		ベニマダラ目	ベニマダラ科	タンスイベニマダラ
情報不足(DD)	アオサ藻綱	アオサ目	カブサアワノリ科	ヒモヒトエグサ
		イワヅタ目	イワヅタ科	クビレヅタ
			ハゴロモ科	スズカケモ ツナサボテングサ
		ハネモ目	ハネモ科	ハネモモドキ
	褐藻綱	コンブ目	コンブモドキ科	コンブモドキ
		ヒバマタ目	ホンダワラ科	ナガシマモク ナンキモク
	紅藻綱	イギス目	イギス科	ベニゴウシ
			コノハノリ科	エツキアヤニシキ
			コノハノリ科	ヒメカラゴロモ
			フジマツモ科	セトウチハネグサ タカサゴソゾ フクレソゾ
		ウシケノリ目	ウシケノリ科	ウタスツノリ カヤベノリ キイロタサ タネガシマアマノリ ベニタサ
		ウミゾウメン目	ウミゾウメン科	アケボノモズク ヌルハダ

ランク	綱名	目名	科名	和名
情報不足（DD）	紅藻綱	ウミゾウメン目	コナハダ科	コナハダモドキ
				ナンバンガラガラモドキ
				ホソバノガラガラモドキ
		オゴノリ目	オゴノリ科	ナンカイオゴノリ
		スギノリ目	イトフノリ科	ナガオバネ
			ムカデノリ科	フイリグサ
			アツバノリ科	アツバノリ
			ミリン科	オオキリンサイ
				オカムラキリンサイ
				カタメンキリンサイ
				トゲキリンサイ
				ビャクシンキリンサイ
	車軸藻綱	シャジクモ目	シャジクモ科	クサシャジクモ（新産）
				ジュズフサフラスコモ（新産）
				ミノリノフラスコモ（新産）
				モリオカフラスコモ

地衣類（2007.8）

ランク	目名	科名	和名
絶滅（EX）	ズキンタケ目	アオシモゴケ科	コバノシロツノゴケ
			シロツノゴケ
	チャシブゴケ目	ハナビラゴケ科	ヌマジリゴケ
		ムカデゴケ科	イトゲジゲジゴケモドキ
			ホソゲジゲジゴケ
絶滅危惧 I 類（CR+EN）	アナイボゴケ目	アナイボゴケ科	クロウラカワイワタケ
			ミヤマウロコゴケ
	サネゴケ目	サネゴケ科	オガサワラピルギルス
	チャシブゴケ目	イワタケ科	オオウラヒダイワタケ
		イワノリ科	ヒメキノリ
		ウメノキゴケ科	アマギウメノキゴケ
			オアケシゴケ
			コガネエイランタイ
			タカネトコブシゴケ
			タチクリイロトゲノリ
			トゲエイランタイモドキ
			トゲナシフトネゴケ
			トゲナシフトネゴケモドキ
			ナヨナヨサガリゴケ
			ニュウガサウメノキゴケ
			フクレセンシゴケ
			ミヤマヒジキゴケ
		カブトゴケ科	タカネヨロイゴケ
		キゴケ科	ニセミヤマキゴケ
			ヒロハキゴケモドキ

ランク	目名	科名	和名
絶滅危惧Ⅰ類 （CR＋EN）	チャシブゴケ目	ツブミイボゴケ科 ツメゴケ科	フジカワゴケ エダウチヤイトゴケ クボミヤイトゴケ ハナビラツメゴケ ヒラミヤイトゴケ
		トリハダゴケ科 ハナゴケ科	オガサワラトリハダゴケ オオツブミゴケ コウヤハナゴケ ツブミゴケ ヘラゴケ ミゾハナゴケモドキ
		ハナビラゴケ科 ヘリトリゴケ科	アキハゴケ キタダケヘリトリゴケ
	モジゴケ目	モジゴケ科	イリオモテシロコナモジゴケ ウチキモジゴケ ニセユモジゴケ フジノモジゴケ
	リキナ目	リキナ科	オオバキセガワノリ ヤブレガサゴケ
	ピンゴケ目	ピンゴケ科	イシガキピンゴケ カニメゴケ
絶滅危惧Ⅱ類（VU）	チャシブゴケ目	イワタケ科 イワノリ科 ウメノキゴケ科	トゲイワタケ テガタアオキノリ アワフキカラクサゴケ ウスキエイランタイ ウスキクダチイ クロカワアワビゴケ トゲナシウメノキゴケ ヒメキウメノキゴケ
		カブトゴケ科	トゲカブトゴケ コフキセンスゴケ
		サビイボゴケ科 ツメゴケ科	オオサビイボゴケ コヒラミツメゴケ ヒメツメゴケ
		ハナゴケ科 ハナビラゴケ科 ホネキノリ科	フクレヘラゴケ コフキニセハナビラゴケ ヨシノミヤマクグラ
	モジゴケ目	モジゴケ科	ウスカワフチヒロモジゴケ フチヒロモジゴケ ヤクシマモジゴケ
準絶滅危惧（NT）	サネゴケ目	アオバゴケ科	オニマンジュウゴケ ヒラマンジュウゴケ
		サラゴケ科 ホシザネゴケ科	ニセサクラゴケ イガグリマルゴケ クロカワホルトノキゴケ

ランク	目名	科名	和名
準絶滅危惧（NT）	チャシブゴケ目	アミハシゴケ科	ベニハシゴケ
		イワザクロゴケ科	ザクロゴケモドキ
		イワノリ科	ガリンイワノリ
			ウスバイシバイイワノリ
		ウメノキゴケ科	クイシウメノキゴケ
			コウヤサルオガセ
			コナマツゲゴケ
			タチナミガタウメノキゴケ
			ツブクダチイ
			トゲエイランタイ
			トゲタイワントコブシゴケ
			ヤクシマサルオガセ
		カイガラゴケ科	ハナビラチイ
		カブトゴケ科	ハクテンヨロイゴケ
		キンカンゴケ科	キンカンゴケ
		チズゴケ科	キイロスミイボゴケ
		チャヘリトリゴケ科	アバタフスキデア
		ツブミイボゴケ科	アマミイボゴケ
		ツメゴケ科	アカウラヤイトゴケ
		ハナゴケ科	ヒメミゾハナゴケ
		ハナビラゴケ科	シマハナビラゴケ
		ムカデゴケ科	エゾハクフンゴケ
		ワタヘリゴケ科	ウスチャワタヘリゴケ
			ビスケットゴケモドキ
			リュウキュウワタヘリゴケ
	ピンゴケ目	サビクギゴケ科	コガネサビクギゴケ
	ホシゴケ目	リトマスゴケ科	ヒョウモンメダイゴケ
			フェルトゴケ
			マダラフェルトゴケ
			ヨウジョウクチナワゴケ
		ヒゲゴケ科	ヒメヒゲイ
		ホシゴケ科	アマミホシゴケ
			チャイロホシゴケ
	モジゴケ目	モジゴケ科	スギノウエノモジゴケ
情報不足（DD）	クロイボタケ目	シズクゴケ科	シズクゴケ
	サネゴケ目	アオバゴケ科	クロミアオバゴケ
			コミノマンジュウゴケ
			ツブマンジュウゴケ
		チクビゴケ科	アカチクビゴケ
		バショウゴケ科	バショウゴケ
		ホシザネゴケ科	キイロホルトノキゴケ
			ミドリホルトノキゴケ
	チャシブゴケ目	アミハシゴケ科	ツエミハシゴケ
			ヨツハシゴケ
		イワノリ科	アツバイワノリ

ランク	目名	科名	和名
情報不足（DD）	チャシブゴケ目	イワノリ科	コツブイワノリ
			サツマ（ツクシ）イワノリ
			シオバラノリ
			ツノイワノリ
		ウメノキゴケ科	オニヒゲサルオガセ
			キフトネゴケモドキ
			コナタカネゴケ
			コフキカラクサゴケ
			シコクサルオガセ
			トゲオリーブゴケモドキ
			ナガヒゲサルオガセ
			ニセヨコワサルオガセ
			ニッパラサルオガセ
			ハナサルオガセモドキ
			ヒュウガウメノキゴケ
		クボミゴケ科	ウロコクボミゴケ
		ザクロゴケ科	コフキザクロゴケ
		チャヘリトリゴケ科	アオチャゴケ
			チャイロヘリトリゴケ
		ハナゴケ科	イノベハナゴケ
		ハナビラゴケ科	ムニンゴケ
		ヘリトリゴケ科	ミナミノヘリトリゴケモドキ
		ムカデゴケ科	コナムカデゴケモドキ
			ヒイロクロボシゴケ
			ミナミクロボシゴケ
			ムニンゲジゲジゴケ
		ワタヘリゴケ科	ナガミイボゴケ
	ビョウタケ目	ヒロハセンニンゴケ科	チゾメセンニンゴケ
	ピンゴケ目	サビクギゴケ科	コフキサビクギゴケ
			サビクギゴケ
	モジゴケ目	チブサゴケ科	コゲボシゴケモドキ
		ヒゲゴケ科	ツブクボミサラゴケ
			ヨウジョウシロヒゲ
			ヨウジョウクロヒゲモドキ
		モジゴケ科	ウチグロシロコナモジゴケ
			ナカチャシロモジゴケ
	リキナ目	リキナ科	イシバイキノリ

付録 III 　生命科学年表

- 人名が登場するのは原則として，その人物の代表的な業績のあった年とする．
- ノーベル賞受賞者には下線を引く．
- アジア圏で人名の後に活躍地の記載されていないものは，すべて日本を中心に活躍した人物である．

〔溝口　元〕

年代	非アジア（欧米）圏 人名（活躍地）	事項	アジア圏 人名（活躍地）	事項
BC1600 以前	著者不詳（エジプト）	「スミス・パピルス」：最初期の医学知識，約50の臨床例（スミスというのは所有者名）		
BC1550 頃	著者不詳（エジプト）	「エベルス・パピルス」：最初期の医学文献，800以上の処方（エベルスというのは発見者名）	著者不詳（インド）	『アユール・ヴェーダ』（BC1500頃）：古代インドの医典
BC6C	Anaximandros（ギリシャ）	生物進化の考えの萌芽		
	Alkmaion（ギリシャ）	意識と脳の関連性		
BC4C	Theophrastos（ギリシャ）	『植物誌』（全9巻）：約550種記載	著者不詳（中国）	『山海経』：動物約270種，植物約160種記載
	Hippokrates（ギリシャ）	体液病理学説（血液，粘液，黄胆汁，黒胆汁），「ヒポクラテス集典」		
BC3C	Aristoteles（ギリシャ）	『動物誌』：約540種記載，自然の階梯動物分類，生殖法	著者不詳（中国）	『黄帝内経』（BC3C）：中国最古の医学書
	Herophilos（アレクサンドリア）	血管を動脈と静脈に，神経系を運動神経と感覚神経に区分．神経の中枢が脳にあることを指摘		
	Erasistratos（アレクサンドリア）	心臓弁の発見．運動や栄養の調節がプネウマによると推定		
1C	Dioskorides（ギリシャ）	『薬物について』：西洋初の本草書，600種以上記載		
	Plinius（ローマ）	『博物誌』（全37巻．77頃）		
2C	Galenos（ローマ）	筋の記載．生体の調節に3種のプネウマが関与すると推定．4種の体液がそれぞれ4つの気質と関係すると推定	張　仲景（中国）	『傷寒論』（200年頃）：中国初期の代表的医書

年代	非アジア（欧米）圏		アジア圏	
	人名（活躍地）	事　項	人名（活躍地）	事　項
5C			陶 弘景（中国）	『神農本草経』（全3巻．500頃）：薬用動植物，鉱物等730種記載，本草学の創始
6C				百済より医博士，採薬師が来日（554）
7C			巣 元方（中国）	『諸病源候論』（全50巻．610）：隋代の代表的医書
8C			王 寿（中国）	『外台秘要』（725）：唐代の代表的医書
			光明皇后	悲田院，施薬院（老病者，貧者の保護施設）を設置（730）
10C			深根輔仁	『本草和名』（918頃）：約550種の和名
			丹波康頼	『医心方』（全30巻．984）：日本初の医学書
11C	Ibn Al-Hazen［ラテン名：Alhazen］（アラビア）	眼球の構造		
	Ibn Sinā［ラテン名：Avicenna］（アラビア）	『医学典範』（1020頃）：アラビア最大の臨床医学書	陳 師文（中国）	『和剤局方』（全5巻．1106）：宋代の代表的医書
12C	Albertus Magnus（ドイツ）	『動物について』（全6巻．1300頃），『植物論』（全7巻．1300頃）		
14C		ヨーロッパで黒死病（ペスト）大流行（1348）		
15C		イタリアのベネチアで黒死病患者を隔離（1403）		
	Leonardo da Vinci（イタリア）	解剖手稿，比較解剖，化石の意義を表明		
16C	Brunfels von Mainz（ドイツ）	『植物写生図』（全3巻．1530頃）：約230種の木版図と薬効		
	Fuchs（ドイツ）	『植物誌』（1542）：約480の図入り		
	Andreas Vesalius（ベルギー，イタリア）	『人体の構造』（1543）：世界初の解剖学書，近代解剖学の創始	曲直瀬道三	田代三喜が学んだ金元医学（当時の中国医学）を医学の主流にすることを提唱（1545）
	Konrad Gesner（スイス）	『動物誌』（全5巻．1551-1558）：それまでに知られていた動物をすべて記載，1000以上の木版図	Luis de Almeida［ポルトガル人］	日本初の西洋式病院を豊後（大分県）に設立（1557），南蛮医学の伝来

年代	非アジア（欧米）圏		アジア圏	
	人名（活躍地）	事　項	人名（活躍地）	事　項
16C	Pierre Belon（フランス）	『鳥類誌』(1555)：トリの分類およびトリとヒトの外骨格の比較	李 時珍（中国）	『本草綱目』(1590)：本草学最高の書
	Andrea Cesalpino（イタリア）	『植物学』(1583)：西洋初の植物学教科書と評価される		
	Zacharias およびHans Janssen父子（オランダ）	2枚のレンズを組み合わせた顕微鏡を作製 (1590．名称は1620年代)		
	Ulysses Aldrovandii（イタリア）	『鳥類』（全3巻．1600），「昆虫について」(1602)ボローニャ大学内に植物園を設立 (1565)		
17C	Girolamo Fabrizio（イタリア）	心臓の静脈弁発見 (1603)，『卵とヒヨコの形成』(1621)		
	Santorio Santorio（イタリア）	『医療静力学』(1614)，体温計の発明，日常生活の定量化	許 浚（朝鮮）	『東医宝鑑』(1613)：当時の朝鮮の代表的医書
	Whiliam Harvey（イギリス）	血液循環論 (1623)，『動物発生論』(1651)：すべての卵は卵より生ず	沢野忠庵［ポルトガル人，帰化］	『南蛮流外科秘伝書』(1633)
	Jan Baptista van Helmont（ベルギー）	『新医学の門』(1648)，植物生理実験（ヤナギが水からできる）		徳川幕府が江戸城南北に薬草園を設置 (1638)，南園を小石川に移転 (1684)，小石川植物園 (1875)
	Robert Boyle（イギリス）	呼吸生理の研究 (1660)	向井元升	『紅毛外科秘録』(1651)
	Marcello Malpighi（イタリア）	『肺の構造についての書簡』(1661)：動脈と静脈が毛細血管を介してつながっている，『卵内におけるヒヨコの形成』：顕微鏡を使った胚発生の観察		
	Rene Descartes（フランス）	『人間論』(1664)：人間機械論的発想	黒川道祐	『本朝医考』（全3巻，1663）：初の日本医学史書
	Robert Hooke（イギリス）	『顕微鏡図譜』(1665)：細胞の観察と命名		
	Niels Sttensen（デンマーク）	サメの卵胞発見 (1667)，哺乳類の卵胞発見 (1677)	中村惕斎	『訓蒙図彙』（全20巻，1666）：動物図約300，植物図350
	Francesco Redi（イタリア）	自然発生の否定 (1668．昆虫が直接肉に接しなければウジは湧かない)，『寄生虫学書』(1684)	戸田旭山	『中條流産科全書』(1668)：江戸期の代表的な産科学書
	Jan Swammerdam（オランダ）	『昆虫学総論』(1669)：顕微鏡を使った昆虫研究，チョウの変態過程を記載		

年代	非アジア（欧米）圏 人名（活躍地）	事項	アジア圏 人名（活躍地）	事項
17C	Richard Lower（イギリス）	『心臓論』（1669）：動脈血と静脈血が異なることを証明		
	Nehemiah Grew（イギリス）	『植物の解剖学』（上：1671，下：1682）：植物の基本構造が「小胞（bladder）」から成り立つと主張		
	Reinier de Graaf（オランダ）	『雌性生殖器新研究』（1672）：哺乳類の卵胞（濾胞）を記載		
	Johan Ham（オランダ）	ヒトの精液から精子を発見（1675）		
	Antony von Leeuwenhoeck（オランダ）	自作の単式顕微鏡でヒトの精子を発見（1677），手近な生物の顕微鏡観察		
	Francis Glisson（イギリス）	被刺激性（外界からの刺激に生体が反応）を発見（1677）	名古屋玄医	『医方問余』（1679）：経験に基づいた医学（古医方）の提唱
	Giovanni Alfonso Borelli（イタリア）	『動物運動論』（1680）：動物運動の力学的解析		徳川綱吉が生類憐み令を発する（1685-1709）
	Antonius Nuck（オランダ）	卵黄の結紮（けっさつ）実験から，イヌは卵だけから生まれると主張，卵子論（卵原説）支持（1691）		
	John Ray（イギリス）	動物の系統分類，種の概念（1693．後にリンネの先駆者と評価される）	杏林庵医生	『眼目明鑑』（全5巻，1689）：日本初の眼科学書
	Nicolas Hartsoeker（オランダ）	精子の頭部に「微小人間」の存在（1694），精子論（精原説：生殖における精子の優位性）支持		
	Rudolph Jakob Camerarius（ドイツ）	植物で有性生殖を確認（1694），花が生殖器であることを認識	宮崎安貞	『農業全書』（1697）
	Joseph Pitton de Tournefort（フランス）	植物分類において正確な属の概念を提唱（1700）		
18C	Hermann Boerhaave（オランダ）	『箴言』（1708）：臨床教育，臨床検査の創始，医学論	野木道玄 貝原益軒	『蚕飼養法記』（1701） 『大和本草』（全16巻，附録2巻，図2巻，1709），『養生訓』（全8巻，1713）
	Stephen Hales（イギリス）	『植物静力学』（1727）：植物生理に力学を導入．蒸散，根圧等の測定	Engelbert Kaempfer［ドイツ人］	『廻国奇観』（1712）：日本産植物約500種記載，日本の生物を初めて記した外国人
	Johann Adam Kulmus（ドイツ）	『ターヘル・アナトミア』（1734）：解体新書の原本	神田玄泉	『日東魚譜』（1731）：日本産魚介類約400種記載

年　代	非アジア（欧米）圏		アジア圏	
	人名（活躍地）	事　項	人名（活躍地）	事　項
18C	Carl von Linne（スウェーデン）	『自然の体系』(1735)：1万8000種記載．1758年刊の第10版で二名法を提唱		
	Abraham Abbe Trembley（スイス）	ヒドラで再生を研究 (1744)		
	Charles Bonnet（スイス）	アリマキの単為生殖を発見 (1745)		
	John Turberville Needham（イギリス）	ヒツジの肉汁を加熱しても微生物が自然発生することを発見		
	August Johann Rosel von Rosenhof（ドイツ）	『昆虫の楽しみ』(1746)：昆虫の生活史にも触れた図鑑		
	Julien Offray de La Mettrie（フランス）	『人間機械論』(1747)		
	Georges-Louis Buffon（フランス）	『博物誌』(全36巻，1749-1789)		
	Albrecht von Haller（スイス，ドイツ）	『生理学要綱』(1756)：刺激生理学の体系化	山脇東洋	『臓志』(全2巻，1754)：日本初の人体解剖書
			野呂元丈	『阿蘭陀本草和解』(1755)：西洋博物学研究の発端
	Caspar Friedrich Wolff（ドイツ）	『発生論』(1759)：後成説を主張．腸の形成について (1768)	田村藍水	薬品会：薬草等約200品種を展示 (1757-1758)
			阿部将翁	『採薬使記』(全3巻，1757)
	Giovanni Battista Morgani（イタリア）	疾病の発生部位の研究 (1761．病理解剖学の創始)	梶取屋治右衛門	『鯨志』(1760)：鯨の専門書
	Lazzaro Spallanzani（イタリア）	自然発生説を実験的に否定 (1765)，イヌの人工授精 (1786)		
			杉田玄白，中川淳庵，前野良沢	『解体新書』(1774)：ドイツの解剖学者 J. A. Kulmus による『ターヘル・アナトミア』の蘭訳解剖書『Ontleedige Tafelen』の部分訳
	Jan Ingenhouz（オランダ）	今日でいうところの緑色植物の光合成において，葉から酸素が発生することを発見 (1779)，植物の二酸化炭素利用の研究		

付録III 生命科学年表

年代	非アジア（欧米）圏		アジア圏	
	人名（活躍地）	事　項	人名（活躍地）	事　項
18C	Luigi Galvani（イタリア）	動物電気を発見（1780）	Carl Peter Thumberg［スウェーデン人］	『日本植物誌』（1784），『日本動物誌』（1822）．リンネ門下で，来日は1775年
	Jean Senebier（スイス）	植物は二酸化炭素を吸収し，酸素を放出して平衡を保つことを発見（1782）		
	Antoine Caurent de Jussieu（フランス）	『植物の属』（1789）：植物を隠花植物，単子葉類，双子葉類に3分類		
	Gilbert White（イギリス）	『セルボーンの博物誌』（1789）		
	Johann Wolfgang von Goethe（ドイツ）	『植物変態論』（1790）：植物の原型を提唱		
	Erasmus Darwin（イギリス）	『ズーノミア』（1794）：種の変化を記述	田村元長	『豆州諸島産物図説』（1793）：伊豆諸島近海の生物も記載
	Edward Jenner（イギリス）	牛痘を人体接種（1798．ワクチン療法の創始）	大槻玄沢	『重訂解体新書』（全13巻，1798-1826）
19C	Karl Friedrich Burdach（ドイツ）	「Biologie（生物学）」の語を提唱（1801．他にCuvier（1801），Traviranus（1802）らも）		
	Marie-Francois-X. Bichat（フランス）	『一般解剖学』（全4巻，1801）：組織の命名および分類		
	Georges Leopold Chretien Frederic Cuvier（フランス）	『比較解剖学講義』（1801-1805）：古生物学の創始		
	Alexander von Humboldt（ドイツ）	『植物地理学』（1805）	華岡青洲	植物アルカロイドの麻酔を使って妻の乳がんを手術（1805）
	Lorenz Oken（ドイツ）	原型思想（1805）		
	Jean Baptiste Pierre Antoine de Lamark（フランス）	『動物哲学』（1809）：用不用説を含む進化要因論，『無脊椎動物誌』（1815-1822）	小野蘭山	『本草綱目啓蒙』（全48巻，1803-1806）：日本最高水準の本草書
			大蔵永常	「農家益後編」（1810），「農具便利論」（1822）
	Charles Bell（イギリス）	脳の解剖からベルの法則を発見（1811）	栗本丹州	『虫譜』（全14巻，1811）：当時のいわゆる「むし（爬虫類や両生類なども含む）」の図譜　徳川幕府が蛮書和解御用局（蘭書の翻訳機関）設置（1811）→洋学所へ改組（1855）

付録III 生命科学年表

年代	非アジア（欧米）圏		アジア圏	
	人名（活躍地）	事　　項	人名（活躍地）	事　　項
19C	Rene Theophile Hyacinthe Laennec（フランス）	聴診器の発明（1816）		
	Christian Heinrich Pander（ドイツ）	胚盤葉，体節の研究（1817．胚葉の存在を予見）		
	François Magendie（フランス）	「ベル＝マジャンディの法則」（1822）：脊髄の前根が運動を，後根が感覚を司る	宇田川榕庵	『菩多尼訶経』（1822），『植学啓原』（1833）：リンネ式分類法を紹介
	Etienne Geoffroy Saint-Hilaire（フランス）	ニワトリで実験的に異常胚を作成（1822）．奇形学の発端		
	Thomas Andrew Knight（イギリス）	エンドウを使った交雑実験（1823）	Philipp Franz von Seibold［ドイツ人］	1823年に来日，1828年に帰国．『日本植物誌』（1835-1844），『日本動物誌』（1833-1850）
	Justus von Liebig（ドイツ）	ギーセン大学に実験室を開設（1825．実験室科学の創始）．「薬学年報」創刊（1832）．栄養最小律（1843）		
	Karl Ernst von Baer（ドイツ）	『動物の発生史』（1828）：胚葉説を確立	岩崎常正	『本草図譜』（全96巻，1828-1844）：日本初の原色植物図説
	Friedrich Wöhler（ドイツ）	尿素の人工合成（1828）		
	Martin Heinrich Rathke（ドイツ）	無脊椎動物でも胚葉から体の各部が形成されることを確認（1828）	伊藤圭介	『泰西本草名疏』（全2巻，1929），『小石川植物園草木目録』（1876），日本初の理学博士（1888）
	Robert Brown（イギリス）	植物細胞で核を発見（1831）		
	Barthelemy Charles Dumortier（フランス）	菌類で細胞分裂を観察（1832）	高野長英 杉田立卿	『医原枢要』（1832）：生理学書 『瘍科新選』（1832）：外科学書
	Johannes Peter Müller（ドイツ）	『人体生理学提要』（1833）：感覚器官の特殊神経エネルギーの法則を提唱		
	Anselme Payen（フランス），Jean F. Persoz（フランス）	ジアスターゼ（酵素）を発見（1833）		
	Hugo von Mohl（ドイツ）	植物で細胞分裂を記載（1835）		

年代	非アジア（欧米）圏		アジア圏	
	人名（活躍地）	事項	人名（活躍地）	事項
19C	Gabriel Gustav Vakentin（チェコ）	核小体（仁）の発見（1836）		
	Matthias Jakob Schleiden（ドイツ）	「植物発生論」（1838）：植物の構造上の基本単位は細胞		
	Theodor Ambrose Schwann（ドイツ）	『動物及び植物の構造と成長の一致に関する顕微鏡的研究』（1839）：生物の基本単位は細胞．ペプシン発見（1835）		
	Jan Evangelista Purkinje（チェコ）	細胞内包物を「生きた物質」として原形質と命名（1839）		
	Carl Matteucci（イタリア）	カエルを用いて肢から脊髄への電流を測定（1840）		
	Friedrich Gustaf Jacob Henle（ドイツ）	疾病と病原体との関係でヘンレの要請（疾病に罹った動物から得た病原体を別の動物に接種すると，その疾病が発病すること）を提唱（1840）		
	Robert Remak（ドイツ）	赤血球細胞の分裂像観察（1841）		
	Emil Heinrich Du Bois-Reymond（ドイツ）	神経，筋肉に電流が流れていることを呈示（1843）		
	Richard Owen（イギリス）	生体器官の対応関係を相同，相似（比較解剖学的研究）に区分（1843）		
	Rudolf Albert von Kölliker（スイス）	核分裂が細胞質分裂に先行することを発見（1844．頭足類の卵割研究から）	武蔵孫左衛門	『目八譜』（1844）：貝類の彩色図譜
	Carl Wilhelm von Nägeli（スイス，ドイツ）	有糸分裂の詳細な観察（1846）		
	Claude Bernard（フランス）	小腸の消化機能（1846），肝臓のグリコーゲン蓄積（1855），『実験医学序説』（1865）		
	Ignaz Philipp Semmelweis（ハンガリー）	産褥熱の発症を防止（1847．消毒法の開発）		
	Lambert Adolphe Jacques Quetelet（ベルギー）	生物統計学の創始（1848）		

年代	非アジア（欧米）圏		アジア圏	
	人名（活躍地）	事項	人名（活躍地）	事項
19C	Arnold Adolph Berthold（ドイツ）	精巣に雄の特徴発現物質（雄性ホルモン）が存在（1849）		
	Hermann Ludwig Ferdinand von Helmholtz（ドイツ）	カエルを用いて神経興奮の伝導速度を測定（1850），「聴覚の理論」（1863）：音響生理学の創始	緒方洪庵	『病学通論』（全3巻，1849）：病理学書
	Ernst Heinrich Weber（ドイツ）	刺激と感覚との関係におけるウェーバーの法則を提唱（1851）		
	Rudolf Virchow（ドイツ）	「細胞は細胞から」の標語を提唱（1855），『細胞病理学』（1858）	飯沼慾斎	『草木図説』（全30巻，1856-1862）：日本の植物をリンネ式分類法で約2000種記載
	Alfred Russel Wallece（イギリス）	論文「変種がもとのタイプから無限に遠ざかる傾向について」（1858）を発表（C. Darwin同様の生物進化の自然選択説）	伊東玄朴	江戸に種痘所を設置（種痘実施，西洋医学の拠点）→西洋医学所と改称（1861）→東京大学医学部へ発展
	Charles Darwin（イギリス）	『種の起原』（1859），『ビーグル号航海記』（1839），『飼育栽培の下での変異』（1868），『人間の由来』（1871）		
	Wilhelm Knop（ドイツ）	水栽培の方法を考案（1860．クノップ液と呼ばれる）		
	Heinrich Georg Bronn（ドイツ）	『種の起原』のドイツ語訳（1860）	Karl Johan Maximowicz［ロシア人］	箱館（函館）を中心に日本産植物を調査（1860-1861）
	Julius von Sachs（ドイツ）	葉緑素で光合成が行われ，デンプンは光合成の産物であることを発見（1861），『植物生理学講義』（1882）		
	Max Johann Sigismund Schultze（ドイツ）	動植物細胞の類似における原形質説を提唱（1861）	伊東玄朴	脱疽手術にクロロフォルム麻酔を使用（1861）
	Paul Broca（フランス）	大脳皮質に言語中枢を発見（1861）		
	Louis Pasteur（フランス）	『自然発生説の検討』（1861）：自然発生説の否定．狂犬病の予防法（1881）		
	Ernst Felix Immanuel Hoppe-Seyler（ドイツ）	ヘモグロビン研究（1862），「生理化学雑誌」創刊（1877）		

付録III 生命科学年表

年代	非アジア（欧米）圏		アジア圏	
	人名（活躍地）	事項	人名（活躍地）	事項
19C	Thomas Henry Huxley（イギリス）	『自然における人間の位置』(1863)：類人猿とヒトとの類縁関係を検討		
	Charles Naudin（フランス）	サクラソウ，オシロイバナで交雑結果に法則性を発見(1863)	Thomas Wright Blakiston［イギリス人］	鳥類の分布の研究からブラキストン線（津軽海峡線）を提唱(1863)，『日本鳥類目録』(1880)
	Fritz Müller（ドイツ，ブラジル）	系統発生における幼生の類似性を発見(1864)	中川淡斎	『西医日用法』(1864)：西洋薬品の処方
	Gregor Johann Mendel（オーストリア）	遺伝の法則の口頭発表(1865．論文は1866)	鎌井正寿	『本革正誤』（全32巻，1865)
	Ernst Heinrich Haeckel（ドイツ）	『一般形態学』(1866)，『自然創造史』(1868)：生物発生原則：個体発生は系統発生を繰り返す		
	John Langdon Down（イギリス）	ダウン症候群の発見(1866)		
	Alpheus Hyatt（アメリカ）	生物進化の「老齢説」(1866)：定向進化後に退化して滅亡する		
	Joseph Lister（イギリス）	石炭酸による消毒法を開発(1867)		
	Moritz Friedrich Wagner（ドイツ）	生物進化の要因としての隔離説(1868)		明治維新(1868)
	Paul Langerhans（ドイツ）	膵臓のランゲルハンス島を発見(1869)		大坂（阪）医学校設立(1869)
	Johann Friedrich Miescher（スイス）	白血球の残骸からヌクレインを発見(1869)		
		「Nature」創刊(1869)		海外留学生規則制定(1870)
	Wilhelm His（スイス，ドイツ）	ミクロトームの発明(1870)，胚の部域の不均等な折りたたみから諸部分が形成されると主張(1874．発生の因果分析の必要性)		
	Anton Dohrn（ドイツ，イタリア）	ナポリ臨海実験所を設立(1872)		文部省設置(1871)
	Oskar Hertwig（ドイツ）	ウニの受精で精子核と卵核が合一することを観察(1875)		東京医学会社（医学会）設立(1875)
			田中芳男［訳編］	『動物学初編』（全2巻，1875)

年代	非アジア（欧米）圏		アジア圏	
	人名（活躍地）	事　項	人名（活躍地）	事　項
19C	Eduard Strasburger（ドイツ）	有糸分裂過程の解明（1875）	Paul Amedee Savatier［フランス人］, Adrian Franchet［フランス人］	『日本植物目録』（全2巻．1875-1879）：種子植物2743種，シダ植物198種等記載
	Edouard van Beneden（ベルギー）	哺乳類卵の分裂（1875），減数分裂の研究（1883）		
		Benjamin Disraei 政権（イギリス）下，動物虐待防止法が成立（1876）	津田 仙	「農業雑誌」創刊（1876） 札幌農学校開校（1876）
	Richard Louis Dugdale（アメリカ）	『デューク家』（1877）：遺伝性の家系調査の端緒		東京大学理学部生物学科設立（1877） 医師開業試験法（1877）
	Karl August Mobius（ドイツ）	カキの養殖における生活共営説（1877）	Edward Sylvester Morse［アメリカ人］	1877年に来日．大森貝塚を発見，江ノ島で生物採集，動物学講義，進化論講演
	Willhelm Kühne（ドイツ）	酵素概念，「エンチーム（Enzyme）」の語を提唱（1878）		東京大学生物学会設立（1878）→東京生物学会（1882）→東京動物学会（1885）→日本動物学会（1923），化学会設立（1878），「東京化学会雑誌」創刊（1880）
	Jean Henri Fabre（フランス）	『昆虫記』（全10巻，1879-1910）	Charles Otis Whiteman［アメリカ人］	E.S. Morseに次ぐ第2代動物学教授として来日，1879年まで滞在．駒場農学校（後の東京大学農学部）設立（1879）
	Francis Maitland Balfour（イギリス）	『比較発生学』（全2巻，1880） 「Science」創刊（1880）		
	Alphonse Milne-Edwards（フランス）	地中海，東大西洋の深海調査（1881）		東京薬学会設立，「薬雑誌」創刊（1881）
	Robert Koch（ドイツ）	結核菌（1882），コレラ菌（1883）を発見．ツベルクリン創製（1890）→ノーベル生理学医学賞（1905）		
	George John Romanes（イギリス）	『動物の知能』（1882）：進化心理学の発端		東京植物学会発足（東京大学生物学会より分離（1882））→日本植物学会と改称（1933）
	Sydney Ringer（イギリス）	生理食塩水の作成（1882）		
	Walter Flemming（ドイツ）	固定色素標本を用い，動物の細胞分裂を観察（1882）		

年代	非アジア（欧米）圏		アジア圏	
	人名（活躍地）	事　項	人名（活躍地）	事　項
19C	Francis Galton（イギリス）	優生学（優秀な子孫を増やし民族の向上を図る）を提唱（1883）	E. S. Morse［口述］，石川千代松［翻訳筆記］	『動物進化論』（1883）
	Élie Metchnikoff（ロシア，フランス）	白血球の食菌作用を発見（1883），細胞免疫を提唱（1892）→ノーベル生理学医学賞（1908）		
	Theodor Eimer（ドイツ）	生物進化の要因として定向進化の考えを提唱（1885）	岩川友太郎	『生物学語彙』（1884）：日本初の生物用語集
	Camillo Golgi（イタリア）	銀染色による神経繊維の構造を解明（1885），ゴルジ体の発見（1899）→ノーベル生理学医学賞（1906）		東京大学が三崎臨海実験所を設立（1886）
	Charles Sedgwick Minot（アメリカ）	回転式ミクロトームの作製（1886）		「植物学雑誌」創刊（1887） 日本薬局方施行（1887）
	Wilhelm Roux（ドイツ）	カエルで半胚実験（1888），「発生機構学雑誌」創刊（1895） パスツール研究所開設（1888．フランス） ウッズホール臨海実験所設立（1888．アメリカ）		「動物学雑誌」創刊（1888）
	Heinrich Wilhelm Gottfried von Waldeyer-Hartz（ドイツ）	細胞分製時に塩基性色素でよく染まる塊を「染色体」と命名（1888）	田原良純	フグ毒研究（1889），毒性成分からテトロドトキシンを単離（1909）
	Richard Altmann（ドイツ）	「ヌクレイン」を「核酸」と改称（1889）		水産伝習所（東京海洋大学の前身）開所（1889），薬剤師試験規則（1889），日本公衆衛生学会設立（1889）
	Emil Adolph von Behring（ドイツ）	ジフテリアの血清療法の開発（1890）→ノーベル生理学医学賞（1901）	北里柴三郎	ジフテリアの血清療法（1890）
	Ivan Petrovich Pavlov（ロシア）	消化腺の実験生理学的研究（1891）→ノーベル生理学医学賞（1904）	矢田部良吉	『日本植物図解』（1891-1893），『日本植物編』（1900）
	Eugene Dubouis（オランダ）	化石人類 Pithecanthropus erectrus の発見（1891）		
	Dmitry Isosifovich Ivanovsky（ロシア）	タバコモザイクウイルスの発見（1891）		
	August Friedrich L. Weismann（ドイツ）	生殖質連続説（1892）		東京大学理学部人類学・古生物学科設置（1892） 「日本医事雑誌」創刊（1892）
	Hans Driesh（ドイツ）	ウニの割球分離実験（1892）	長井長義	麻黄よりエフェドリンを抽出 伝染病研究所設立（1892）

年代	非アジア（欧米）圏		アジア圏	
	人名（活躍地）	事項	人名（活躍地）	事項
19C	Paul Ehrlich（ドイツ）	免疫理論における側鎖説を提唱（1892）→ノーベル生理学医学賞（1908）		
	Johann Wilhelm Haacke（ドイツ）	「定向進化」を造語（1893）．Theodor Eimer（ドイツ）の使用（1897）以降普及		東京地質学会創立，「地質学雑誌」創刊（1893） 解剖学会設立（1893） 国立農事試験場設置（1893）
	Albrecht Kossel（ドイツ）	核酸が五炭糖を含有することを発見（1894）→ノーベル生理学医学賞（1910）	御木本幸吉	半円真珠貝の養殖（1893），真円真珠の養殖（1908）
	Emil Hermann Fischer（ドイツ）	糖の酵素分解法を開発（1894），プリン族の合成（1895）→ノーベル化学賞（1902）		
	Johannes Eugenius Warming（デンマーク）	『植物群落』（1895）：群落遷移の概念	三好 学	『欧州植物学輓近之進歩』（1895）：植物生態学の語を植物生理学に導入，天然記念物保存を提唱（1906） 「昆虫雑誌」創刊（1895）
	Sigmund Freud（オーストリア，イギリス）	精神分析を開始（1895）		
	Edward Drinker Cope（アメリカ）	『生物進化の第一要因』（1896）：定向進化の法則性	平瀬作五郎 池野成一郎 名和 靖	イチョウの精子運動を発見（1896） ソテツの精子運動を発見（1896） 名和昆虫研究所を設立（1896），「日本昆虫図説」（1904）
	Edmund Beecher Wilson（アメリカ）	『発生と遺伝における細胞』（1896）		
	Eduard Buchner（ドイツ）	酵母の無細胞抽出物がアルコール発酵することを発見（1897）→ノーベル化学賞（1907）	志賀 潔	赤痢菌の発見（1897）
	Ronald Ross（イギリス）	マラリア原虫の発見と生活史の解明（1897）→ノーベル生理学医学賞（1902）		「Annotationes Zoologicae Japoneses（動物学彙報）」創刊（1897）
	Alfred Fischel（チェコ，オーストリア）	クシクラゲの卵がモザイク卵の性質を持つことを呈示（1898）	松村松年	『日本昆虫論』（1898） 日本外科学会設立（1898）
	Karl Eberhard Goebel（ドイツ）	『植物器官学』（1898）		
	Martinus Willem Beijerinch（オランダ）	濾過性細菌の存在を発見（1898）		
	Jacques Loeb（ドイツ，アメリカ）	ウニ卵の人工単為生殖実験（1899），『生命の機械観』（1912），『生体論』（1916）		
	C. Benda（ドイツ）	イモリの精子からミトコンドリアを発見（1899）		

年代	非アジア（欧米）圏		アジア圏	
	人名（活躍地）	事項	人名（活躍地）	事項
19C	Hugo Marie de Vries（オランダ），Carl Franz Joseph Erich Correns（ドイツ），Erich von Seysenegg Tschermak（オーストリア）	メンデルの遺伝法則を再発見（1900）．『突然変異説』（上巻：1901，下巻：1903）	五島清太郎 岡村金太郎	『実験動物学』（上・下，1900）『海藻学汎論』（1900），『日本藻類図譜』（1909-1935）
20C	Karl Landsteiner（オーストリア，アメリカ）	ヒトでABO式血液型を発見（1901）→ノーベル生理学医学賞（1930）	高峰譲吉	アドレナリンを発見（1901），タカジアスターゼを創製（1909）京都動物園開園（1901）
	Karl Pearson（イギリス）	専門誌「生物測定学」創刊（1901）		
	Lucien Claude Jules Marie Cuénot（フランス）	ネズミの毛の色がメンデルの遺伝の法則に従うことを発見（1902）		歯科医学会（1902）日本神経学会（1902）日本内科学会設立（1902）
	Reginald Crundall Punnett（イギリス）	ニワトリのトサカの形がメンデルの遺伝の法則に従うことを発見（1902）		
	Clarence Erwin McClung（アメリカ）	バッタの生殖細胞から性染色体を発見（1902）		
	Ernest Henry Starling（イギリス），William Maddock Bayliss（イギリス）	セクレチンを発見（1902），ホルモンの語を提唱（1905）		
	Alexis Carrel（フランス，アメリカ）	血管縫合（1902），腎臓・脾臓移植（1908），心臓組織培養（1911）→ノーベル生理学医学賞（1912）		
	Friedrich August Johannes Loeffler（ドイツ）	Paul Froschとウイルス概念を提唱（1902）		
	Phoebus Aaron Theodor Levene（アメリカ）	2種の核酸は塩基の組成が異なることを発見（1903）		
	Willem Einthoven（オランダ）	心電図法の考案（1903，心臓電気生理研究）→ノーベル生理学医学賞（1924）		

年代	非アジア（欧米）圏		アジア圏	
	人名（活躍地）	事　項	人名（活躍地）	事　項
20C	Wilhelm Ludwig Johannsen（デンマーク）	生物進化における「純系説」を提唱（1903），『精密遺伝学原理』（1909）：「遺伝子（gene）」の語を提唱	桂田富士郎, 藤浪 鑑 丘浅次郎 宮島幹之助	それぞれ独立に日本住血吸虫を発見（1904） 『進化論講話』（1904），『進化と人生』（1906） 『日本蝶類図説』（1904）：日本初の原色図説 「昆虫学雑誌」創刊（1905）
	Jules Jean Baptiste Bordet（ベルギー） Blackman	補体結合反応（1905），百日咳菌の発見（1906）→ノーベル生理学医学賞（1919） 光合成の暗反応を発見（1905）	外山亀太郎	カイコの繭色や幼虫の斑紋がメンデルの遺伝の法則に従うことを発見（1906）
	Christiaan Eijkman（オランダ）	米ぬかの一成分の欠如が脚気の原因であることを発見（1906）→ノーベル生理学医学賞（1929）	飯塚 啓 松村任三, 早田文蔵	『動物発生学』（1906） 『台湾植物誌』（1906）
	Charles Scott Sherrington（イギリス） Ross Granville Harison（アメリカ）	脊髄における神経の統御作用を発見（1906）→ノーベル生理学医学賞（1932） 神経組織の体外（in vitro）培養に成功（1907）		「介類雑誌」創刊（1907）：民間の貝類研究者，平瀬與一郎が発行 日本癌研究会設立（1907）
	Henry von Peters Wilson（アメリカ） Christen Raunkiaer（デンマーク） Frederick Gowland Hopkins（イギリス）	カイメンにおいて解離した細胞が再集合して元の体になること（解離細胞再集合系）を報告（1907） 植物の生活型を分類（1907） 筋収縮時の乳酸発生（1907），グルタチオン（1927）→ノーベル生理学医学賞（1929）		
	Godfrey Harold Hardy（イギリス），Wilheln Weinberg（ドイツ）	ハーディ＝ワインベルグの公式（1908．集団遺伝学の発端）	池田菊苗	味の素を創製（1908）
	William Bateson（イギリス）	『メンデル遺伝原理』（1909）：「遺伝学（Genetics）」の語を提唱	秦佐八郎 石川日出鶴丸 中井猛之進	サルバルサンを創製（1909） 『大生理学』（上巻，1909） ダーウィン生誕100年祭（1909） 『朝鮮植物誌』（1909）

付録III 生命科学年表

年代	非アジア（欧米）圏		アジア圏	
	人名（活躍地）	事項	人名（活躍地）	事項
20C	Thomas Hunt Morgan（アメリカ）	ショウジョウバエで伴性遺伝を発見（1910），「遺伝子説」（1926）→ノーベル生理学医学賞（1933）	鈴木梅太郎 八田三郎	オリザニンを創製（1910） 八田線を提唱（1910）
	Richard Martin Willstätter（ドイツ）	植物色素クロロフィルの構造を解析（1910）→ノーベル化学賞（1915）		日本病理学会設立（1910）
	Johan Hjort（ノルウェー）	北大西洋の海洋生物調査（1910）		
	Francis Peyton Rous（アメリカ）	ラウス肉腫の発見（1911．濾過性因子による肉腫形成）→ノーベル生理学医学賞（1966）	野口英世 田中茂穂	スピロヘータの純粋培養（1911） 『日本産魚類図譜』（1911） 史蹟名勝天然記念物保存協会発足（1911）
	Frederick Gudernatsch（ドイツ，アメリカ）	両生類における甲状腺ホルモンの変態支配を発見（1912）	真島利行	ウルシの成分，ウルシオールの構造を決定（1912）
	Casimir Funk（ポーランド，アメリカ）	脚気の原因物質を「ビタミン」と命名（1912）		
	John Broadus Watson（アメリカ）	行動主義心理学を提唱（1912）		
	Alfred Henry Sturtevant（アメリカ）	染色体地図の作成（1913）	黒田チカ	東北帝国大学へ女性初の入学（1913），「紅花の色素カーサミンの構造」により理学博士（1929）
	Elmer McCollum（アメリカ）	ビタミンAの発見（1913）		
	Richard Benedict Goldschmidt（ドイツ，アメリカ）	マイマイガの性決定機構を研究（1914），『進化の物質的基盤』（1940），1924年に来日，東京帝国大学で講義 第一次世界大戦勃発（1914〜1918）	飯島 魁	『動物学提要』（1914） 北里研究所設立（1914） 日本法医学会設立（1914）
	Karl von Frish（ドイツ）	ミツバチの行動を報告（1915）→ノーベル生理学医学賞（1973）	稲田龍吉， 井戸 泰	ワイル氏病の病原菌を発見（1915） 日本微生物学会設立（1915） 日本育種学会設立（1915）
	Frederic William Twort（イギリス）	濾過性因子の溶菌現象を発見（1915）		
			石原 忍	色覚検査表を考案（1916） 日本植物病理学会設立（1916）

年代	非アジア（欧米）圏		アジア圏	
	人名（活躍地）	事項	人名（活躍地）	事項
20C	Frederic Edward Clements（アメリカ）	植物群落における「植物遷移」の考えを提唱（1916）	山極勝三郎, 市川厚一	タール塗布による人工がん発生を発表（1916, 論文は1918）
	Félix Hubert d'Hérelle（カナダ, フランス）	濾過性因子をファージと命名（1917）	野村徳七	東京帝国大学植物学会に遺伝学講座を寄付（1917）日本鳥類学会設立（1917）
	Henry Fairfield Osborn（アメリカ）	『生命の起源と進化』（1917）：適応放散, 直線的移行を解説		徳川生物研究所設立（1917）理化学研究所設立（1917）日本植物病理学会設立（1917）
	Otto Heinrich Warburg（ドイツ）	検圧計の考案（1920）, 呼吸酵素の発見（1921）, 呼吸における鉄の触媒作用を発見（1924）→ノーベル生理学医学賞（1931）	川村多実二	『日本淡水生物学（1918）』日本遺伝学会設立（1920）
	Otto Fritz Meyerhof（ドイツ, アメリカ）	乳酸発酵の基質がグリコーゲンであることを発見（1920）→ノーベル生理学医学賞（1922）		
	Frederic Grant Banting（カナダ）, John James Richard Macleod（カナダ）, Charles Herbert Best（カナダ）	アイレチンを発見. Macleodがインスリンと改称（1921）→ノーベル生理学医学賞（1923）		京都帝国大学理学部動物学科, 植物学科設置（1921）日本微生物学会設立（1921）
			会田龍雄	シロメダカで限性遺伝を発見（1921）
	Raymond Pearl（アメリカ）	個体群生態学の端緒を開く（1922）	柿内三郎	「Journal of Biochemistry（生化学雑誌）」創刊（1922）
	Hans Söding（ドイツ）	植物の屈光性機構の解析（1923）	橋田邦彦	「Journal of Biophysics（生物物理学雑誌）」創刊（1923）日本哺乳動物学会設立（1923）「醸造学雑誌」創刊（1923）
	Aleksandr Ivanovich Oparin（ソ連）	生命の起原を発表（1924. 出版は1936）		東北帝国大学理学部生物学科設置（1923）
			加藤元一	神経不減衰伝導説提唱（1923）
	Hans Spemann（ドイツ）, Hilde Mongold（ドイツ）	イモリで形成体を発見（1924）→ノーベル生理学医学賞（1935）		日本農学会, 日本農芸化学会, 日本畜産学会, 日本造園学会設立（1924）
			荻野久作	女性の排卵周期に関する学説（オギノ避妊法）を提唱（1924）
	David Keilin（イギリス）	チトクロームを発見し, 細胞呼吸における役割を実証（1925）	増井 清	ニワトリヒナの雌雄鑑別法を開発（1925）
	Walther Vogt（ドイツ）	両生類胚の予定原基分布図（1925）		日本生化学会設立（1925）日本感染症学会設立（1925）

年代	非アジア（欧米）圏		アジア圏	
	人名（活躍地）	事項	人名（活躍地）	事項
20C	Alfred James Lotka（オーストリア，アメリカ），Vito Volterra（イタリア）	被食者と捕食者の相互作用を示す数理モデルを発表（1925）		
	Charles Robert Harrington（イギリス）	甲状腺ホルモン「チロキシン」の化学構造を決定（1926）		
	Jakob Johann von Uexkull（ドイツ）	ハイデルベルグ大学に環境世界研究所を設立（1926）		
	James Batcheller Sumner（アメリカ）	ウレアーゼの精製（1927）→ノーベル化学賞（1946）		日本薬理学会設立（1927） 日本作物学会設立（1927）
	Hermann Joseph Muller（アメリカ，ソ連，イギリス）	X線による人工突然変異の発見（1927）→ノーベル生理学医学賞（1946）	保井コノ	「日本産の亜炭，褐炭，瀝青炭の構造について」により女性初の理学博士（1927）
	Charles Sutherland Elton（イギリス）	『動物生態学』（1927）：食物連鎖の概念		
	Fred Griffith（イギリス）	肺炎双球菌で形質転換（1928）		日本貝類学会設立（1928） 日本内分泌学会設立（1928）
	Alexander Fleming（イギリス）	ペニシリンの発見（1928）→ノーベル生理学医学賞（1945）		
	Frits Warmolt Went（オランダ，アメリカ）	オーキシンの発見（1928）		
	Franz Ruttner（オーストリア）	スンダ群島湖沼の調査（1928）		
	Edward Adelbert Doisy（アメリカ）	エストロンの抽出（1929），エストラジオールの発見（1936）ビタミンK2の分離（1939）→ノーベル生理学医学賞（1943）	藤井健次郎	「Cytologia（細胞学雑誌）」創刊（1929） 農林省が水産試験場を創設（1929）
	Karl Lohmann（ドイツ）	ウサギの筋肉からATPを抽出（1929）		
	Adolf Fridrich Johann Butenandt（ドイツ）	女性ホルモン（エストロン）の結晶化（1929），男性ホルモン（アンドステロン）の構造解析（1931）→ノーベル化学賞（1939）		
	John Howard Northrop（アメリカ）	ペプシンの結晶化（1930）→ノーベル化学賞（1946）	柴田圭太，田宮 博	チトクロームの研究（1930）

年代	非アジア（欧米）圏		アジア圏	
	人名（活躍地）	事項	人名（活躍地）	事項
20C	Max Theiler（南アフリカ，アメリカ）	黄熱病ワクチンの開発（1930）→ノーベル生理学医学賞（1951）	木原 均	コムギでゲノム分析（1930），木原生物研究所を設立（1942），国立遺伝学研究所長（1965）
	Ernst August Friedrich Ruska（ドイツ）	電子顕微鏡の発明（1931）→ノーベル物理学賞（1986）		
	Frits Frederik Zernike（オランダ）	位相差顕微鏡の発明（1932）→ノーベル物理学賞（1953）		日本水産学会設立（1932） 日本学術振興会発足（1932）
			吉田富三	アゾ化合物の経口投与により，人工的に肝臓がんを発生（1932）
	Hans Adolf Krebs（ドイツ，イギリス）	尿素回路（1933），TCA回路（1940）の発見→ノーベル生理学医学賞（1953）		三井海洋生物学研究所設立（1933）
	Theophilus Shickel Painter（アメリカ）	ショウジョウバエ幼虫で唾液腺染色体を発見（1933）．Emil Heitz（ドイツ）は，独立にケバエで同染色体を見出す	早田文蔵	動物心理学会設立（1933） 『植物分類学』（1933）
	Albert von Szent-Györgyi（ハンガリー，アメリカ）	ビタミンCの構造，クレブス回路を解明（1933）→ノーベル生理学医学賞（1937），アクトミオシン糸がATPで収縮することを実証（1942）		
	Carl Peter Henrik Dam（デンマーク，アメリカ）	ビタミンKの発見（1934），単離（1939）→ノーベル生理学医学賞（1943）	田中義麿	『遺伝学』（1934） パラオ熱帯生物研究所設立（1934）
	Georgii Frantsevich Gause（ソ連）	『生存競争』（1934）：個体群生態学におけるガウゼの法則		癌研究会（研究所，病院）発足（1934）
	Wendel Meredith Stanley（アメリカ）	タバコモザイクウイルスの結晶化（1935）→ノーベル化学賞（1946）	吉井義次	「生態学雑誌」創刊（1935） 生物地理学会設立（1935） 日本古生物学会設立（1935）
	Arthur George Thansley（アメリカ）	「生態系」の概念を提唱（1935）		
	Konrad Zacharias Lorenz（オーストリア，ドイツ）	鳥類の刷り込み行動の発見（1935）→ノーベル生理学医学賞（1973）		
	Carl Ferdinand Coli（チェコ，アメリカ）	グルコース―リン酸の発見（1936，糖代謝研究）→ノーベル生理学医学賞（1947）		

年代	非アジア（欧米）圏		アジア圏	
	人名（活躍地）	事　項	人名（活躍地）	事　項
20C	Theodosius Dobzhansky（ソ連，アメリカ）	『遺伝学と種の起源』(1937)		
	Arne Wilhelm Kaurin Tiselius（スウェーデン）	電気泳動法によるタンパク質の分離（1937）→ノーベル化学賞（1948）		
	Albert Claude（ベルギー，アメリカ）	電子顕微鏡観察からミクロソームを発見（1938）→ノーベル生理学医学賞（1974）		
	Robert Hill（イギリス）	光合成におけるヒル反応を発見（1938）	薮田貞治郎，住木諭介	植物成長ホルモン，ジベレリンの発見（1938）
		南アフリカ沖で「生きている化石」シーラカンスを発見（1938）		
	Paul Hermann Müller（スイス）	DDTの合成（1939）→ノーベル生理学医学賞（1948）		
	Victor Ernest Shelford（アメリカ），Frederic Edward Clements（アメリカ）	「生物群集」の概念を提唱（1939）		
	René Jule Dubos（フランス）	土壌微生物より抗生物質グラミシジンを分離（1939）		
		第二次世界大戦勃発（1939～1945）		
	Barbara McClintock（アメリカ）	トウモロコシの斑入りから動く遺伝子の概念を提唱（1940）→ノーベル生理学医学賞（1983）	牧野富太郎 福田宗一	『牧野植物図鑑』（1940） 昆虫変態における前胸腺の役割を呈示（1940）
	Richard Benedict Goldschmidt（ドイツ，アメリカ）	『進化の物質的基盤』（1940）：大進化と小進化に分ける		
	Fritz Albert Lipmann（ドイツ，アメリカ）	高エネルギーリン酸結合の概念（1941）→ノーベル生理学医学賞（1953）	今西錦司 吉川秀男 元村 勲	『生物の世界』で棲分け理論を提唱（1941） 眼色色素形成経路の解明（1941） ウニ卵の極性（1941）
	Albert Hewett Coons（アメリカ）	蛍光抗体法の開発（1941）		日本癌学会設立（1941）
	Julian Sorell Huxley（イギリス）	『進化——現代的総合』（1942）		日本植物分類学会設立（1942） 日立製作所が電子顕微鏡を作製（1942）
	Ernst Walter Mayr（アメリカ）	『分類学と種の起源』（1942），『動物の種と進化』（1963）		

年代	非アジア（欧米）圏		アジア圏	
	人名（活躍地）	事項	人名（活躍地）	事項
20C	Selman Abraham Waksman（ロシア，アメリカ）	ストレプトマイシンの発見（1943）→ノーベル生理学医学賞（1952）	団 勝磨	細胞分裂機構における紡錘体伸張説（1943）
			神谷宣郎	原形質流動の研究（1943）
	Salvador Edward Luria（イタリア，アメリカ）	細菌の突然変異を発見（1943），ファージの遺伝子組換え現象を発見（1945）→ノーベル生理学医学賞（1969）		
	Erwin Schrödinger（オーストリア）	ノーベル物理学賞（1933），『生命とは何か』（1944）		「動物心理学年報」創刊（1944）
	Oswald Theodore Avery（カナダ，アメリカ）	肺炎双球菌の形質転換物質がDNAであることを発見（1944）		
	George Gaylord Simpson（アメリカ）	『進化の速度と様式』（1944）		
	George Wells Beadle（アメリカ），Edward Lawrie Tatum（アメリカ）	一遺伝子一酵素説（1945）→ノーベル生理学医学賞（1958）		
	Alfred Day Hershey（アメリカ）	バクテリオファージの遺伝的組換え現象を発見（1945），遺伝物質はDNAと実証（1952）→ノーベル生理学医学賞（1969）	石田寿老	ウニ卵の孵化を研究（1945） 日本鱗翅学会設立（1945）
	Keith Roberts Porter（アメリカ）	小胞体（細胞内小器官）の発見（1945）		フルブライト（留学生）制度発足（1946）
	Joshua Lederberg（アメリカ）	大腸菌の染色体地図を作成（1947），大腸菌で遺伝子組換えを発見（1951）→ノーベル生理学医学賞（1958）	八杉龍一	ルイセンコ論争を日本に紹介（1947）
	Uif von Euler（スウェーデン）	神経伝達物質としてのノルアドレナリンを発見（1948）→ノーベル生理学医学賞（1970）	山田常雄	両生類の胚発生における重複ポテンシャル説を発表（1948）
	Christian Rene Marie Joseph de Duve（ベルギー，アメリカ）	ラット肝臓よりリソソームを発見（1949）→ノーベル生理学医学賞（1974）		国立遺伝学研究所発足：初代所長は小熊 捍（1949） 新制大学発足（1949） 動物分類学会設立（1950） 日本細胞生物学会設立（1950）
			横尾 晃	フグ毒テトロドトキシンの結晶化（1950）

付録III 生命科学年表

年代	非アジア（欧米）圏 人名（活躍地）	事項	アジア圏 人名（活躍地）	事項
20C	Erwin Chargaff（オーストラリア，アメリカ）	DNAの塩基組成でアデニンとチミン，グアニンとシトシンの含量が等しいことを呈示（1950）		
	Bernard Katz（ドイツ，イギリス）	アセチルコリンの性質・作用を解明（1951）→ノーベル生理学医学賞（1970）	殿村雄治	タンパク質の構造変化による筋収縮説を提唱（1951）
	Linus Carl Pauling（アメリカ）	タンパク質構造の解析（1951）→ノーベル化学賞（1954）		
	George Otto Gey（アメリカ）	ヒトの不死細胞株ヒーラ細胞を確立（1951）		
	Alan Lloyd Hodgkin（イギリス），Andrew Fielding Huxley（イギリス）	イカの巨大軸索を材料に神経細胞膜の活動電位を測定（1952）→ノーベル医学生理学賞（1963）	赤堀四郎	アミノ酸決定法を開発（1952）
			団 ジーン（アメリカ，日本）	受精における先体反応を発見（1952）
	James Dewey Watson（アメリカ），Francis Harry Compton Crick（イギリス）	DNAの二重らせん構造を解明（1953）→ノーベル生理学医学賞（1962）	田宮 博	クロレラの同調培養（1953）東京大学が応用微生物学研究所を設置（1953）
			門司正三，佐伯敏郎	植物生産の解析（1953）
			山本時男	性ホルモンによるメダカの完全性転換を発見（1953）
	Maurice Hugh Frederick Wilkins（ニュージーランド，イギリス）	X線回折によるDNA構造を研究（1953）→ノーベル生理学医学賞（1962）		
	Frederick Sanger（イギリス）	インスリンのアミノ酸配列を決定（1953）→ノーベル化学賞（1958），ファージの塩基配列を決定（1977）→ノーベル化学賞（1980）		
			名取礼二	電気刺激による筋繊維の収縮を発見（1954）
			伊谷純一郎	ニホンザルの社会構造を発見（1954）
	Rodney Robert Porter（イギリス）	クロマトグラフィーによるγグロブリンの分析（1955），これが2種のポリペプチド鎖からなることを呈示（1962）→ノーベル医学生理学賞（1972）		

年代	非アジア（欧米）圏 人名（活躍地）	事項	アジア圏 人名（活躍地）	事項
20C	Severo Ochoa de Albornoz（スペイン，アメリカ）	RNAの人工合成（1955）→ノーベル生理学医学賞（1959）	長野泰一，小島保彦 早石 修	ウイルス抑制因子（インターフェロン）の発見（1954） 酸素添加酵素の命名（1956）
			平本幸男	分裂装置を除去しても細胞質分裂が生じることを発見（1956）
	Arther Kornberg（アメリカ）	DNAの人工合成（1956）→ノーベル生理学医学賞（1959）		科学技術庁開庁（1956）→文部省と統合し文部科学省へ（2001） 国際遺伝学会（東京・京都）開催（1956）
	Melvin Calvin（アメリカ）	光合成サイクル（カルビン回路）の発見（1957）→ノーベル化学賞（1961）		「蛋白質・核酸・酵素」創刊（1956） 京都大学がウイルス研究所を設置（1956）
	Vernon M. Ingram（ドイツ，アメリカ）	鎌形赤血球症では正常赤血球と比べてヘモグロビンのアミノ酸1個が異なることを発見（1957）	柴田和雄	クロロフィルの合成（1957）
	Earl Wilbur Sutherland（アメリカ）	環状AMPの発見（1958）→ノーベル生理学医学賞（1971）	梅沢浜夫	抗生物質カナマイシンの発見（1958） 東京大学が理学部生物化学科を設置（1958）
			岡田善雄	HVJウイルスによる細胞融合を発見（1958）
	Mattew Stanley Meselson（アメリカ），Franklin Stahl（アメリカ）	大腸菌を使ってDNAの複製機構を解明（1958）	茅野春雄	大阪大学がたんぱく質研究所を設置（1958） 昆虫休眠卵のグリコーゲン変化の機構を解明（1958）
	Max Ferdinand Perutz（オーストリア，イギリス），John Cowdery Kendrew（イギリス）	三次元解析による球状タンパク質の構造を解析（1958）→ノーベル化学賞（1962）		
	Frank Macfarlane Burnet（オーストラリア）	抗体生産におけるクローンの選択説を提唱（1959）→ノーベル生理学医学賞（1960）	森下正明	個体群の空間分布構造を解析（1959） 日本植物生理学会設立（1959）
	Sune Karl Bergström（スウェーデン）	プロスタグランジンE, Fの分離（1960）→ノーベル生理学医学賞（1982）	丘 英通［編］	『ダーウィン進化論百年記念論集』（1960） 日本生物物理学会設立（1960）
	Robert Bruce Merrifield（アメリカ）	ペプチド合成の固相法を開発（1960）→ノーベル化学賞（1984）	原田 馨, Sidney Walter Fox［アメリカ］	生命の起原解明につながる化合物をプロテノイドと命名（1960）

年代	非アジア（欧米）圏 人名（活躍地）	事 項	アジア圏 人名（活躍地）	事 項
20C			江上不二夫, 浅野仁子	タカジアスターゼ中のリボヌクレアーゼを核酸構造研究へ利用（1960）
	François Jacob（フランス）, Jacques Louis Monod（フランス）	オペロン説（1961）→ノーベル生理学医学賞（1965）		名古屋大学が分子生物学研究施設を設置（1961）
				国立がんセンター設立（1961）
	Marshall Warren Nirenberg（アメリカ）	人工伝令RNAによるタンパク質の合成（1961）→ノーベル生理学医学賞（1968）	加藤 栄, 高宮 篤	クロレラの光合成に銅タンパク質プラストシアニンが必要であることを明示（1961）
			小林英司	下垂体前葉機能の神経内分泌調節を呈示（1961）
	Peter Dennis Mitchell（イギリス）	化学浸透説（1961. 生体内エネルギー変換機構）→ノーベル化学賞（1978）	江橋節郎	筋収縮の制御に直接，カルシウムが関与することを発見（1961），トロポミオシンの発見（1965）
	John Carew Eccles（オーストラリア，アメリカ）	シナプスによる情報伝達（1962. 神経細胞の興奮抑制機構）→ノーベル生理学医学賞（1963）		東京大学が海洋研究所を設置（1962）→東京大学大気海洋研究所（2010）
	Rodney Robert Porter（イギリス）	γグロブリンが2本のポリペプチド鎖から構成されることを呈示（1962. 抗体の化学構造）→ノーベル生理学医学賞（1972）	佐藤 了, 大村恒雄	肝臓ミクロソームからチトクローム P-450 を抽出精製（1962）
			下村 脩	オワンクラゲよりエクオリンおよび緑色蛍光タンパク質を発見（1962）→ノーベル化学賞（2008）
	M. M. Nass（スウェーデン），S. Nass（スウェーデン）	ミトコンドリアDNAを電子顕微鏡で観察（1963）		
	Allan McLeod Cormack（南アフリカ，アメリカ）	コンピュータX線断層撮影技術の開発（1963）→ノーベル生理学医学賞（1979）	花房秀三郎	ラウス肉腫ウイルスの増殖欠損型の性質を解明（1963）
			大熊和彦	植物ホルモン，アブシジンの化学的実体を解明（1963）
	Robert William Holley（アメリカ）	アラニン転移RNAの全塩基配列を決定（1964）→ノーベル生理学医学賞（1968）	朝倉 昌, 江口吾朗, 飯野徹雄	サルモネラべん毛を試験管内で再構成（1964）
	Michael Lesch（アメリカ），William Leo Nyhan（アメリカ）	レッシュ・ナイハン症の発見（1964. 自傷症がみられる代謝異常症で，遺伝子治療の対象）		

付録III 生命科学年表

年代	非アジア（欧米）圏		アジア圏	
	人名（活躍地）	事　項	人名（活躍地）	事　項
20C	William Donald Hamilton（イギリス）	社会行動の遺伝的基盤（1964）	平田義正, 津田恭介	それぞれのグループが独立にフグ毒テトロドトキシンの構造を解明（1964）
	Hans Tuppy（オーストリア）, Ellen Haslbuner（オーストリア）, Gottfried Schatz（スイス, オーストリア）	ミトコンドリアDNAを生化学的に単離（1964）	箱守仙一郎	糖脂質, 多糖に対する迅速完全メチル化法を開発（1964）
			富沢純一	組み換え過程にあるファージDNAを分離（1964）, 増殖中のDNAを電子顕微鏡で撮影（1968）
	Har Gobind Khorana（インド, アメリカ）	遺伝暗号の解読（1965）→ノーベル生理学医学賞（1968）		科学研究費補助金制度発足（1965）：科学研究費交付金と科学研究試験研究費補助金を統合
			春名一郎, Sol Spiegelman［アメリカ人］	RNAレプリカーゼを研究（1965）
			殿村雄治, 金沢徹	筋肉タンパク質ミオシンのATPアーゼに対する反応機作を解明（1965）
			小西正一	ミヤマシトド幼鳥の歌形成にフィードバック機構が必要であることを発見（1965）
	John Bertrand Gurdon（イギリス）	核移植からクローンガエルを作成（1966）	萩原生長, 中島重広	細胞膜興奮に伴うカルシウム・スパイク概念を提唱（1966）
			大沢文夫, 秦野節司	粘菌変形体からアクチン様タンパク質を分離（1966）
			石坂公成, 石坂照子	アトピーを引き起こす仮想因子レアギンが新たな免疫グロブリンEに属することを発見（1966）
			中西香爾	植物由来の昆虫変態ホルモン（フィトエクジソン）を報告（1966）, 竹本常松らも同様の結果を報告（1967）
				京都大学が霊長類研究所を設置（1967）
				国際生化学会議開催（1967）
			塩川光一郎, 山名清隆	両生類胚におけるリボソームRNA合成阻害物質を発見（1967）

年代	非アジア（欧米）圏		アジア圏	
	人名（活躍地）	事項	人名（活躍地）	事項
20C			杉村 隆, 藤原真示	ラットにおいて環境変異原MNNG投与により腺胃への腫瘍が誘発されることを発見（1967）
			富田恒男	キンギョの錐体を用い，色覚にヤング-ヘルムホルツの3色説が適用できることを呈示（1967）
	Werner Arber（スイス）	大腸菌より制限酵素を発見（1968）→ノーベル生理学医学賞（1978）	和田寿郎	日本初の心臓移植（1968）：患者は82日後に死亡
			木村資生	分子進化の中立説（1968）
			岡崎令治	大腸菌を用い，DNAの不連続な複製経路を呈示（1968）
			大野 乾	生物進化の「遺伝子重複説」（1968），哺乳類調節遺伝子突然変異としての睾丸性女性化症を提唱（1971）
	Robert J. Huebner（アメリカ），George J. Todaro（アメリカ）	がん遺伝子（oncogene）説の提唱（1969）	金谷晴夫, 白井浩子, 中西香爾, 黒川 忠	日本発生生物学会設立（1968）ヒトデにおいて卵成熟誘起物質が1-メチルアデニンであることを呈示（1969）
	Howard Martin Temin（アメリカ）	逆転写酵素の発見（1970）→ノーベル生理学医学賞（1975）	垣内史郎	筑波研究学園都市起工（1969）W. Y. Cheung（アメリカ）とは独立にカルモジュリンを発見（1970）
	Hamilton Othanel Smith（アメリカ）	細菌ヘモフィルスより制限酵素を発見（1970）→ノーベル生理学医学賞（1978）	堀田凱樹	ショウジョウバエにおける視覚突然変異と行動遺伝との関係を解明（1970）
			野村真康, 水島昭二	30Sリボゾームの再構成（1970）
	Daniel Nathans（アメリカ）	発がんウイルスSV40の遺伝子構造を解明（1971）→ノーベル生理学医学賞（1978）		環境庁開庁（1971）→環境省へ昇格（2001）三菱化成生命科学研究所設立（1971）
			多田富雄	サプレッサーT細胞の発見（1971）
			高橋国太郎, 宮崎俊一, 城所良明	ホヤ胚における興奮性膜の分化（1971）

年　代	非アジア（欧米）圏		アジア圏	
	人名（活躍地）	事　項	人名（活躍地）	事　項
20C	Martin Rodbell（アメリカ），Alfred Good Gilman（アメリカ）	細胞内情報伝達に関わるGタンパク質を発見（1971）→ノーベル生理学医学賞（1994）	香川靖雄，Efrain Racker［オーストリア人］	リン脂質膜共役装置の作動と膜小胞構造の必要性を呈示（1971）
	van Rensselaer Potter（アメリカ）	『生命倫理——未来への架け橋（1971）』：生命倫理研究の発端	増井禎夫	卵成熟促進因子（MPF）の発見（1971）
	Godfrey Newbold Hounsfield（イギリス）	走査型X線断層撮影装置（CTスキャナー）の開発（1972）→ノーベル生理学医学賞（1979）	鈴木義昭	カイコ絹糸腺から純粋なmRNAを単離（1972）
	Paul Berg（アメリカ）	異種の遺伝子組換えに成功（1972）→ノーベル化学賞（1980）		
	Seymour Jonathan Singer（アメリカ），Garth L. Nicholson（アメリカ）	細胞膜の流動モザイクモデルを提唱（1972）		
	Stephen Jay Gould（アメリカ），Niles Eldredge（アメリカ）	生物進化の「断続平衡説（1972）」：短期間に種分化が生じる時期があったという考え		
	Stanley Noman Cohen（アメリカ），Herbert. Wayne Boyer（アメリカ）	細菌雑種プラスミドの作成と増殖，遺伝子のクローン化（1973）→特許出願（1974）→特許取得（1980）	江口吾朗，岡田節人	ニワトリ胚虹彩細胞の分化転換能を発見（1973）
				富山大学が和漢薬研究所を設置（1974）
	Georses Jean Franz Köhler（ドイツ，スイス），César Milstein（アルゼンチン，イギリス）	モノクローナル抗体の作成法（1975）→ノーベル生理学医学賞（1984）	三浦謹一郎	RNA末端の閉塞構造を発見（1975）
		アシロマ会議：遺伝子組換え実験に対する自己規制に関する国際会議（1975），アメリカ国立保健研究所ガイドライン（1976）		
	Edward Osborn Wilson（アメリカ）	『社会生物学』（1975）		

付録III 生命科学年表

年代	非アジア（欧米）圏		アジア圏	
	人名（活躍地）	事項	人名（活躍地）	事項
20C	John Michael Bishop（アメリカ），Harold Elliot Varmus（アメリカ）	がん遺伝子が正常細胞に存在することを発見（1976）→ノーベル生理学医学賞（1989）	丸山工作	筋肉弾性タンパク質コネクチンの発見（1976）
			利根川進	抗体で多様性が生じる機構の解明（1976）→ノーベル生理学医学賞（1987）
	John Robert Vane（イギリス）	プロスタサイクリン（プロスタグランジンの一種）を発見（1976）→ノーベル生理学医学賞（1982）		
		ベンチャー企業ジェネンティク社（アメリカ）が遺伝子組換え技術でソマトスタチン（1977），インスリン（1978）を合成		
	Sidney Altman（カナダ，アメリカ）	RNAの触媒機能を発見（1978）→ノーベル化学賞（1989）	本庶 佑	免疫グロブリンH鎖の構造を解明（1978）
	Michael Smith（イギリス，カナダ）	位置特異的突然変異誘発法の開発（1978）→ノーベル化学賞（1993）		
				文部省が「組み換えDNA実験指針」を告示（1979）
	Martin J. Cline（アメリカ）	遺伝性貧血症ベータ・サラセミアに対する遺伝子治療（1980）		
		多国籍企業バイオジェン社・ハーバード大学・チューリッヒ大学が遺伝子組換え技術でインターフェロンを合成（1980）		
	Thomas Robert Cech（アメリカ）	テトラヒメナで触媒を行うリボソームRNAを発見（1981）→ノーベル化学賞（1989）	真野 徹	沖縄でヤンバルクイナ（新種）発見（1981）
			猿橋勝子	「猿橋賞」制定（1981）：女性科学研究者への褒賞
	Hartmut Michel（ドイツ），Johann Deisenhofer（ドイツ），Robert Huber（ドイツ）	光合成細菌の膜タンパク質の構造を解明（1982）→ノーベル化学賞（1988）		大阪大学が細胞工学センターを設置（1982）
				京都大学がウイルス研究所内に遺伝子銀行を設置（1982）
	Kary Banks Mullis（アメリカ）	合成酵素連鎖反応法の開発（1982）→ノーベル化学賞（1993）		
	Walter Jakob Gehring（スイス）	ホメオボックスの発見（1983．この遺伝子は肢や体節形成に関与）		

年代	非アジア（欧米）圏		アジア圏	
	人名（活躍地）	事項	人名（活躍地）	事項
20C			飯塚理八，毛利秀雄，中島 熙，鈴木雅州	ヒトのX，Y精子の分離に成功（1983）東北大学病院で日本初の体外受精児出産に成功（1983）
	Alec Jeffrresy（イギリス）	DNA鑑定法の考案（1984）	谷口維紹	生理活性物質インターロイキン-2の遺伝子構造解明（1983）
	Luc Montagnier（フランス，アメリカ）	パスツール研究所のチームとヒト免疫不全ウイルスを発見（1984）→ノーベル生理学医学賞（2008）		
	Michael Stuart Brown（アメリカ），Joseph Leonard Goldstein（アメリカ）	コレステロール代謝の調節機構を解明，ノーベル生理学医学賞（1985）		日本学術振興会が国際生物学賞を制定：第1回受賞者はEdred John Henry Corner（イギリスの分類学者．1985）
	Rita Levi-Montalcini（イタリア），Stanley Cohen（アメリカ）	神経成長因子を発見，ノーベル医学生理学賞（1986）		理化学研究所が筑波に遺伝子組み換え実験P4施設（最高度の安全実験施設）を設置（1985）
		第1回国際人工生命会議（1987）		
	Timothy Hunt（イギリス）	ウニ胚より細胞周期制御因子サイクリンを発見（1989）→ノーベル生理学医学賞（2001）		日本生命倫理学会設立（1988）
	John Michael Bishop（アメリカ），Harold Elliot Varmus（アメリカ）	レトロウイルスがん遺伝子が細胞起原であることを発見，ノーベル生理学医学賞（1989）		
		ヒトゲノム計画開始，アメリカ国立保健研究所とエネルギー省との5年計画（1990）		
	Erwin Neher（ドイツ），Bert Sakmann（ドイツ）	細胞内単一イオンチャンネル機能を研究，ノーベル生理学医学賞（1991）		
	Edmond Henri Fischer（スイス，アメリカ），Edwin Gerhard Krebs（アメリカ）	可逆的タンパク質リン酸化を発見，ノーベル生理学医学賞（1992）		

年代	非アジア（欧米）圏		アジア圏	
	人名（活躍地）	事　項	人名（活躍地）	事　項
20C	Richard John Roberts（イギリス），Phillip Allen Sharp（アメリカ）	分断構造がある遺伝子を発見，ノーベル生理学医学賞（1993）		
	Edward B. Lewis（アメリカ），Christiane Nüsslein-Volhard（ドイツ），Eric Frank Wieschaus（アメリカ）	ショウジョウバエを用いた発生遺伝学的研究，ノーベル生理学医学賞（1995）		第1回アジア・太平洋バイオテクノロジー会議（静岡，1995）
	Ian Wilmut ほか（イギリス）	クローン羊「ドリー」の作成（1997）	黒尾　誠	抗老化ホルモン「クロトー」の発見（1997）
	Günter Blobel（ドイツ，アメリカ）	細胞内におけるタンパク質の標的機能を発見，ノーベル生理学医学賞（1999）		日本バイオインフォマティクス学会設立（1999）
	Arvid Carlsson（スウェーデン），Paul Greengard，Eric Richard Kandel（ともにアメリカ）	神経系における情報伝達，疾病に関する発見，ノーベル生理学医学賞（2000）		ヒトに関するクローン技術の規制に関する法律（2000）
21C		国際ヒトゲノムシークエンスコンソーシアムが「ネイチャー」誌に，John Craig Venter（アメリカ）らが「サイエンス」誌にヒトゲノムシークエンスを発表（2001），解読終了宣言（2003）		人間植物関係学会設立（2001）
	Sydney Brenner（イギリス，アメリカ），Howard Robert Horvitz（アメリカ），John Edward Sulston（イギリス）	線虫を使い，プログラムされた細胞死を研究，ノーベル生理学医学賞（2002）		日本地衣学会設立（2002）
				イネゲノムリソースセンター開設（2003）
		国際HapMap計画開始（2003．アメリカ，イギリス，カナダ，日本，ナイジェリア，中国でコンソーシアムを形成しハプロタイプ遺伝子を研究）		

年　代	非アジア（欧米）圏		アジア圏	
	人名（活躍地）	事　　項	人名（活躍地）	事　　項
21C	Paul Lauterbur（アメリカ），Peter Mansfield（イギリス）	核磁気共鳴画像法に関する研究，ノーベル生理学医学賞（2003）		
	Richard Axel（アメリカ），Linda B. Buck（アメリカ）	嗅覚受容器・システムに関する研究，ノーベル生理学医学賞（2004）		国立大学法人設立（2004）

ヒトクローン胚からのＥＳ細胞作成については激しい競争があり，黄 禹錫（韓国）による虚偽報告もあった（2005） |
| | Andrew Fire（アメリカ），Craig Mello（アメリカ） | RNA干渉を発見，ノーベル生理学医学賞（2006） | 山中伸弥 | 薬学部6年制課程導入（2006）
人工多能性幹細胞（iPS細胞）の作成：マウス（2006），ヒト（2007） |
| | | イギリス国教会がC. Darwinに謝罪（2008） | 諏訪 元 | ラミダス猿人の化石から人類進化を推定（9ヶ国47名との国際共同研究．2009） |

参考文献：アシモフ，アイザック（小山慶太，輪湖 博 訳）アイザック・アシモフの科学と発見の年表，丸善．
Bynum, W. F., Browne, F. and Porter, R. (eds.) (1983) Dictionary of the History of Science, Macmillan.
平凡社（1956）科学技術史年表，平凡社．
伊東俊太郎 編（1971）現代科学思想事典，講談社．
伊東俊太郎，ほか 編（1983）科学史技術史事典，弘文堂．
岩波書店（1980）「科学」50巻記念増刊号，論文にみる日本の科学の50年．
日蘭学会 編（1984）洋学史事典，雄松堂．
三木 栄・阿知波五郎（1981）人類医学年表，思文閣出版．
溝口 元・松永俊男（2005）改訂新版 生物学の歴史，放送大学教育振興会．
溝川徳二 編集代表（1990）最新版 ノーベル賞受賞者総覧，教育社．
Williams, T. I. (ed.) (1969) A Biographical Dictionary of Scientists, Wiley Interscience.
八杉龍一，ほか（1996）岩波 生物学辞典（第4版），岩波書店．
湯浅光朝 編（1988）コンサイス科学年表，三省堂．

付録 IV　日本の主な動物園，水族館，植物園

日本動物園水族館協会および日本植物園協会のホームページ（http://www.jazga.or.jp, http://www.syokubutsuen-kyokai.jp）をもとに，加盟施設を中心に作成した．以下に掲げる施設以外にも多くの動物園，水族館，植物園，類似施設がある．

	動物園	水族館	植物園
北海道	円山動物園（札幌市），旭山動物園（旭川市），おびひろ動物園（帯広市），のぼりべつクマ牧場（登別市），釧路市動物園（釧路市）	小樽水族館（小樽市），稚内市立ノシャップ寒流水族館（稚内市），サンピアザ水族館（札幌市），登別マリンパーク（登別市），サケのふるさと館（千歳市），標津サーモン科学館（標津町），氷海展望台オホーツクタワー（紋別市）	札幌市平岡樹芸センター（札幌市），札幌市百合が原緑のセンター（札幌市），札幌市豊平公園緑のセンター（札幌市），北海道大学北方生物圏 フィールド科学センター植物園（札幌市），北海道大学薬学部附属薬用植物園（札幌市），北海道医療大学薬学部付属薬用植物園・北方系生態観察園（当別町）
東北	盛岡市動物公園（岩手県盛岡市），八木山動物公園（宮城県仙台市），大森山動物園（秋田県秋田市）	浅虫水族館（青森県青森市），岩手県立水産科学館（岩手県宮古市），久慈地下水族科学館（岩手県久慈市），マリンピア松島水族館（宮城県松島市），男鹿水族館GAO（秋田県男鹿市），加茂水族館（山形県鶴岡市），アクアマリンふくしま（福島県いわき市）	仙台市野草園（宮城県仙台市），東北大学植物園（宮城県仙台市），東北大学大学院薬学研究科 附属薬用植物園（宮城県仙台市），秋田市植物園（秋田県秋田市），能代エナジアムパーク（秋田県能代市），山形市野草園（山形県山形市）
関東	かみね動物園（茨城県日立市），宇都宮動物園（栃木県宇都宮市），那須どうぶつ王国（栃木県那須町），桐生が岡動物園（群馬県桐生市），群馬サファリパーク（群馬県富岡市），大宮公園小動物園（埼玉県さいたま市），埼玉県こども動物公園（埼玉県東松山市），東武動物公園（埼玉県宮代町，白岡町），智光山動物園（埼玉県狭山市），千葉市動物公園（千葉県千葉市），市川市動植物園（千葉県市川市），市	山方淡水魚館（茨城県常陸大宮市），アクアワールド茨城県大洗水族館（茨城県大洗町），なかがわ水遊館（栃木県大田原市），さいたま水族館（埼玉県羽生市），犬吠埼マリンパーク（千葉県銚子市），鴨川シーワールド（千葉県鴨川市），サンシャイン国際水族館（東京都豊島区），葛西臨海水族園（東京都江戸川区），しながわ水族館（東京都品川区），エプソン品川アクアス	水戸市植物公園（茨城県水戸市），森林総合研究所 樹木園（茨城県つくば市），国立科学博物館筑波実験植物園（茨城県つくば市），茨城県植物園（茨城県那珂市），茨城県フラワーパーク（茨城県石岡市），東京大学大学院理学系研究科附属植物園［日光分園］（栃木県日光市），ぐんまフラワーパーク（群馬県宮城村），川口市立グリーンセンター（埼玉県川口市），国営武蔵丘陵森林公園都市緑化植物園（埼玉県滑川町），城西大学薬学部附属薬用植物園（埼玉県坂戸市），清水公園（千葉県野田市），水郷佐原水生植物園（千葉県香取市），千葉県南房パラダイス（千葉県館山市），千葉県立中央博物館生態園（千葉県香取市），東京大学大学院農学生命科学研究科 附属緑地植物実験所（千葉県千葉市），

付録IV 日本の主な動物園，水族館，植物園

	動物園	水族館	植物園
関東	原ぞうの国（千葉県市原市），江戸川区自然動物園（東京都江戸川区），上野動物園（東京都台東区），多摩動物公園（東京都日野市），井の頭文化園（東京都武蔵野市），大島公園動物園（東京都大島町），羽村市動物公園（東京都羽村市），夢見ケ崎動物公園（神奈川県川崎市），野毛山動物園（神奈川県横浜市），横浜市立金沢動物園（神奈川県横浜市），ズーラシア（神奈川県横浜市），小田原動物園（神奈川県小田原市）	タジアム（東京都港区），井の頭自然文化園水生物館（東京都三鷹市），よみうりランド（東京都稲城市），京急油壺マリンパーク（神奈川県三浦市），新江ノ島水族館（神奈川県藤沢市），八景島シーパラダイス（神奈川県横浜市），相模川ふれあい科学館（神奈川県相模原市）	東京大学大学院薬学系研究科薬学部 附属薬用植物園（千葉県千葉市），市川市動植物園（千葉県市川市），東邦大学薬学部 附属薬用植物園（千葉県船橋市），日本大学薬学部附属薬用植物園（千葉県船橋市），東京都夢の島熱帯植物館（東京都江東区），板橋区立赤塚植物園（東京都板橋区），板橋区立熱帯環境植物館（東京都板橋区），新宿御苑（東京都新宿区），東京大学大学院理学系研究科附属植物園［小石川植物園］（東京都文京区），渋谷区ふれあい植物センター（東京都渋谷区），昭和大学薬学部 薬用植物園［旗の台薬草園］（東京都品川区），星薬科大学薬用植物園（東京都品川区），明治薬科大学薬用植物園（東京都清瀬市），昭和薬科大学薬用植物園（東京都町田市），神代植物公園（東京都調布市），森林総合研究所 多摩森林科学園（東京都八王子市），東京薬科大学薬用植物園（東京都八王子市），八丈植物公園（東京都八丈町），神奈川県立フラワーセンター大船植物園（神奈川県鎌倉市），北里大学薬学部 附属薬用植物園（神奈川県相模原市），帝京大学薬学部 薬用植物園（神奈川県相模原市），東京農業大学農学部植物園（神奈川県厚木市），箱根町立箱根湿生花園（神奈川県箱根町），横浜市こども植物園（神奈川県横浜市）
中部	富山ファミリーパーク（富山県富山市），高岡古城公園動物園（富山県高岡市），いしかわ動物園（石川県能美氏），鯖江市西山動物園（福井県鯖江市），遊亀公園動物園（山梨県甲府市），小諸動物園（長野県小諸市），須坂市動物園（長野県須坂市），茶臼山動物園（長野県長野市），飯田市動物園（長野県飯田市），大町山岳博物館（長野県大町市），楽寿園（静岡県三島市），富士サファリパーク（静岡県裾野市），伊豆アニマルキングダム（静岡県東伊豆町），伊豆	マリンピア日本海（新潟県新潟市），上越市立水族博物館（新潟県上越市），寺泊水族博物館（新潟県長岡市），魚津水族館（富山県魚津市），のとじま水族館（石川県七尾市），越前松島水族館（福井県坂井市），富士湧水の里水族館（山梨県忍野村），蓼科アミューズメント水族館（長野県茅野市），岐阜県世界淡水魚園水族館（岐阜県各務原市），森の水族館（岐阜県高山市），三津シーパラダイス（静岡県沼津市），下	新潟県立植物園（新潟県新潟市），佐渡植物園（新潟県佐渡市），富山県中央植物園（富山県富山市），富山県薬用植物指導センター（富山県上市町），富山大学薬学部附属 薬用植物園（富山県富山市），南砺市園芸植物園フローラルパーク（富山県南砺市），氷見市海浜植物園（富山県氷見市），石川県林業試験場（石川県白山市），金沢大学薬学部 附属薬用植物園（石川県金沢市），北陸大学薬学部 附属薬用植物園（石川県金沢市），福井総合植物園プラントピア朝日（福井県越前町），笛吹川フルーツ公園（山梨県山梨市），軽井沢町植物園（長野県軽井沢町），岐阜薬科大学 附属薬草園（岐阜県岐阜市），内藤記念くすり博物館 附属薬用植物園（岐阜県各務原市），花フェスタ記念公園（岐阜県可児市），伊豆シャボテン公園（静岡県伊東市），熱川バナナワニ園（静岡県伊豆町），浜松市

	動物園	水族館	植物園
中部	シャボテン公園（静岡県伊東市），熱川バナナワニ園（静岡県伊豆町），日本平動物園（静岡県静岡市），浜松動物園（静岡県浜松市），豊橋総合動植物公園（愛知県豊橋市），東山動物園（愛知県名古屋市），モンキーセンター（愛知県犬山市），豊田市鞍ケ池公園（愛知県豊田市），岡崎市東公園動物園（愛知県岡崎市）	田海中水族館（静岡県下田市），伊豆アンディランド（静岡県河津町），東海大海洋博物館（静岡県静岡市），竹島水族館（愛知県蒲郡市），南知多ビーチランド（愛知県美浜町），碧南海浜水族館（愛知県碧南市），名古屋港水族館（愛知県名古屋市）	フラワーパーク（静岡県浜松市），浜松市フルーツパーク（静岡県浜松市），富士竹類植物園（静岡県長泉町），らんの里堂ヶ島（静岡県西伊豆町），あおいパーク（愛知県碧南市），安城産業文化公園デンパーク（愛知県安城市），豊橋総合動植物公園（愛知県豊橋市），名古屋市東山植物園（愛知県名古屋市），庄内緑地（愛知県名古屋市），荒子川公園ガーデンプラザ（愛知県名古屋市），名古屋市立大学薬学部 薬用植物園（愛知県名古屋市），名古屋市緑化センター（愛知県名古屋市），名城公園フラワープラザ（愛知県名古屋市），名城大学薬学部 薬草園（愛知県春日井市），豊田市鞍ケ池植物園（愛知県豊田市）
近畿	京都市動物園（京都府京都市），みさき公園（大阪府岬町），天王寺動物園（大阪府大阪市），五月山動物園（大阪府池田市），王子動物園（兵庫県神戸市），姫路動物園（兵庫県姫路市），姫路セントラルパーク（兵庫県姫路市），淡路ファームパーク（兵庫県南あわじ市），和歌山公園動物園（和歌山県和歌山市），アドベンチャーワールド（和歌山県白浜町）	鳥羽水族館（三重県鳥羽市），志摩マリンランド（三重県志摩市），二見シーパラダイス（三重県二見町），琵琶湖博物館（滋賀県草津市），宮津水族館（京都府宮津市），水道記念館（大阪府大阪市），海遊館（大阪府大阪市），須磨海浜水族園（兵庫県神戸市），城崎マリンワールド（兵庫県豊岡市），姫路市立水族館（兵庫県姫路市），京都大学 白浜水族館（和歌山県白浜市），串本海中公園（和歌山県串本町）	草津市立水生植物公園みずの森（滋賀県草津市），塩野義製薬（株）油日ラボラトリーズ（滋賀県甲賀市），宇治市植物公園（京都府宇治市），京都府立植物園（京都府京都市），京都薬科大学 附属薬用植物園（京都府京都市），京都市洛西市竹林公園（京都府京都市），武田薬品工業（株）京都薬用植物園（京都府京都市），日本新薬（株）山科植物資料館（京都府京都市），大阪市立大学理学部 附属植物園（大阪府交野市），大阪市立天王寺公園（大阪府大阪市），大阪市立長居植物園（大阪府大阪市），咲くやこの花館（大阪府大阪市），大阪府立花の文化園（大阪府河内長野市），大阪薬科大学薬用植物園（大阪府高槻市），摂南大学薬学部 附属薬用植物園（大阪府枚方市），尼崎市都市緑化植物園（兵庫県尼崎市），奇跡の星の植物館（兵庫県淡路市），神戸市立森林植物園（兵庫県神戸市），神戸薬科大学 薬用植物園（兵庫県神戸市），六甲高山植物園（兵庫県神戸市），（株）三栄源エフ・エフ・アイ 有用植物研究所（兵庫県川西市），宝塚ガーデンフィールズ（兵庫県宝塚市），丹波市立薬草薬樹公園（兵庫県丹波市），姫路市立手柄山温室植物園（兵庫県姫路市），兵庫県立フラワーセンター（兵庫県加西市），和歌山県植物公園緑花センター（和歌山県岩出市）
中国	松江フォーゲルパーク（島根県松江市），池田動物園（岡山県岡山市），林原類人猿研究センター（岡	しまね海洋館（島根県浜田市），宍道湖自然館（島根県出雲市），玉野海洋博物館（岡山県玉	鳥取県立とっとり花回廊（鳥取県南部町），岡山市 半田山植物園（岡山県岡山市），広島市植物公園（広島県広島市），広島大学医学部 附属薬用植物園（広島県広島市），湧

	動物園	水族館	植物園
中国	山県玉野市），安佐動物公園（広島県広島市），福山動物園（広島県福山市），徳山動物園（山口県周南市），秋吉台自然動物公園サファリランド（山口県美祢市），ときわ公園（山口県宇部市）	野市），宮島水族館（広島県廿日市市），海響館（山口県下関市），なぎさ水族館（山口県周防大島町）	永満之記念庭園 併設薬用植物園（広島県安芸高田市），ときわ公園（山口県宇部市），緑と花と彫刻の博物館（山口県宇部市）
四国	徳島動物園（徳島県徳島市），とべ動物園（愛媛県砥部町），わんパークこうちアニマルランド（高知県高知市），のいち動物公園（高知県香南市）	虹の森公園おさかな館（愛媛県松野町），桂浜水族館（高知県高知市），足摺海洋館（高知県土佐清水市）	高知県立牧野植物園（高知県高知市），徳島文理大学薬学部 附属薬用植物園（徳島県徳島市）
九州・沖縄	到津の森公園（福岡県北九州市），福岡市動植物園（福岡県福岡市），大牟田市動物園（福岡県大牟田市），鳥類センター（福岡県久留米市），海の中道海浜公園 動物の森（福岡県福岡市），いしだけ動植物園（長崎県佐世保市），佐世保市亜熱帯動植物園（長崎県佐世保市），長崎バイオパーク（長崎県西海市），熊本市動植物園（熊本県熊本市），九州自然動物公園（大分県宇佐市），宮崎市フェニックス自然動物園（宮崎県宮崎市），平川動物公園（鹿児島県鹿児島市），沖縄こどもの国（沖縄県沖縄市），ネオパークオキナワ（沖縄県名護市）	マリンワールド海の中道（福岡県福岡市），長崎ペンギン水族館（長崎県長崎市），天草いるかワールド（熊本県天草氏），大分マリーンパレス水族館［うみたまご］（大分県大分市），大分県マリンカルチャーセンター（大分県佐伯市），かごしま水族館（鹿児島県鹿児島市），沖縄美ら海水族館（沖縄県本部町）	九州大学大学院薬学研究院 附属薬用植物園（福岡県篠栗町），福岡市動植物園（福岡県福岡市），いしだけ動植物園（長崎県佐世保市），佐世保市亜熱帯動植物園（長崎県佐世保市），長崎県亜熱帯植物園［サザンパーク野母崎］（長崎県長崎市），熊本市動植物園（熊本県熊本市），熊本大学大学院薬学教育部 附属薬用植物園（熊本県熊本市），南立石緑化植物園（大分県別府市），佐野植物園（大分県大分市），青島亜熱帯植物園（宮崎県宮崎市），宮崎県総合農業試験場 薬草・地域作物センター（宮崎県野尻町），フラワーパークかごしま（鹿児島県指宿市），仙巌園自然植物園（鹿児島県鹿児島市），奄美アイランド植物園（鹿児島県奄美市），沖縄記念公園 熱帯亜熱帯都市緑化植物園（沖縄県本部町），東南植物楽園（沖縄県沖縄市），ナゴパラダイス（沖縄県名護市），ネオパークオキナワ（沖縄県名護市），ビオスの丘（沖縄県うるま市）

付録V 生物学に関連す

全国科学博物館協議会のホームページおよび科学技術振興機構のポータルサイト「日本の科学館めぐり」の博物館がある.

様々な分野の展示を行う博物館が多い. 分類分けはあくまで編集部の判断で行ったものであり, 詳細は各博

「陸上の生物」,「海・河川の生物」,「植物」については, 付録IV「日本の主な動物園, 水族館, 植物園」も参

	陸上の生物	海・河川の生物	昆虫・微小生物	植物・農業	古生物・化石
北海道	阿寒国際ツルセンター（釧路市）, 厚岸水鳥観察館（厚岸町）, 北海道海鳥センター（羽幌町）	札幌市豊平川さけ科学館（札幌市）		洞爺湖森林博物館（壮瞥町）	足寄動物化石博物館（足寄町）, 忠類ナウマン象記念館（幕別町）, 中川町エコミュージアムセンター（中川町）, むかわ町立穂別博物館（むかわ町）, 滝川市美術自然史館（滝川市）
東北	牛の博物館（岩手県奥州市）	岩手県立水産科学館（岩手県宮古市）, 山田町立鯨と海の科学館（岩手県山田町）, 陸前高田市海と貝のミュージアム（岩手県陸前高田市）, 大船渡市立博物館（岩手県大船渡市）, 志津川ネイチャーセンター（宮城県南三陸町）	ムシテックワールド（福島県須賀川市）	岩手大学農学部付属農業教育資料館（岩手県盛岡市）, 岩手大学農学部附属植物園（岩手県盛岡市）, 岩手県立農業ふれあい公園農業科学博物館（岩手県北上市）, 秋田県立農業科学館（秋田県大仙市）, 木の博物館（福島県塙町）	久慈琥珀博物館（岩手県久慈市）, 秋田大学工学資源学部附属鉱業博物館（秋田県秋田市）, いわき市石炭・化石館（福島県いわき市）, いわき市アンモナイトセンター（福島県いわき市）
関東	我孫子市鳥の博物館（千葉県我孫子市）, 丸の内さえずり館（東京都千代田区）, 根岸競馬記念公苑馬の博物館（神奈川県横浜市）	千葉県立中央博物館分館 海の博物館（千葉県勝浦市）	つくば市立豊里ゆかりの森昆虫館（茨城県つくば市）, 目黒寄生虫館（東京都目黒区）	神奈川県立21世紀の森（神奈川県南足柄市）	産業技術総合研究所 地質標本館（茨城県つくば市）, 木の葉化石園（栃木県那須塩原市）, 浅間火山博物館（群馬県長野原町）, 神流町恐竜センター（群馬県神流町）
中部		イヨボヤ会館（新潟県村上市）, 石川県海洋漁業科学館（石川県能登町）, のと海洋ふれあいセンター（石川県	胎内昆虫の家（新潟県胎内市）, 北杜市オオムラサキセンター（山梨県北杜市）, 辰野町博物館 世界昆虫館（長	森林科学館（石川県輪島市）, 東京大学大学院農学生命科学研究科附属演習林樹芸研究所（静岡県南伊豆町）, や	フォッサマグナ ミュージアム（新潟県糸魚川市）, 魚津埋没林博物館（富山県魚津市）, 福井県立恐竜博物館（福井県勝山市）, 阿南町化石館（長野県阿南町）, 信州新町化石博物館（長野県信州新町）, 戸隠地質化石館（長野

付録V 生物学に関連する展示のある主な博物館

(http://www.jcsm.kahaku.go.jp, http://museum-dir.jst.go.jp) をもとに作成した．以下に掲げる以外にも多く物館のホームページなどを参照されたい．

人類学，医学・健康，研究機器	自然一般	青少年向け
	旭川市博物館（旭川市），旭川市科学館「サイパル」（旭川市），帯広百年記念館（帯広市），小樽市総合博物館（小樽市），士別市立博物館（士別市），市立函館博物館（函館市），北海道大学総合博物館（札幌市）	釧路市こども遊学館（釧路市），札幌市青少年科学館（札幌市），室蘭市青少年科学館（室蘭市）
山形市郷土館（山形県山形市），野口英世記念館（福島県猪苗代町），吉田富三記念館（福島県浅川町）	岩手県立博物館（岩手県盛岡市），北上市立博物館（岩手県北上市），陸前高田市立博物館（岩手県陸前高田市），斎藤報恩会自然史博物館（宮城県仙台市），仙台市科学館（宮城県仙台市），秋田県立博物館（秋田県秋田市），月山あさひ博物村（山形県鶴岡市），山形県立博物館（山形県山形市），山形大学附属博物館（山形県山形市）	自然科学学習館（秋田県秋田市），子どもの夢を育む施設こむこむ（福島県福島市）
日本科学未来館（東京都江東区）	ミュージアムパーク茨城県自然博物館（茨城県坂東市），小山市立博物館（栃木県小山市），栃木県立博物館（栃木県宇都宮市），群馬県立自然史博物館（群馬県富岡市），入間市博物館（埼玉県入間市），埼玉県立自然の博物館（埼玉県長瀞町），狭山市立博物館（埼玉県狭山市），戸田市立郷土博物館（埼玉県戸田市），市立市川自然博物館（千葉県市川市），千葉県立中央博物館（千葉県千葉市），国立科学博物館（東京都台東区），東京大学総合研究博物館（東京都文京区），東京大学総合研究博物館小石川分館（東京都文京区），小田原市郷土文化館（神奈川県小田原市），神奈川県立生命の星・地球博物館（神奈川県小田原市），神奈川県立自然保護センター（神奈川県厚木市），観音崎自然博物館（神奈川県横須賀市），横須賀市自然・人文博物館（神奈川県横須賀市），相模原市立博物館（神奈川県相模原市），日本大学生物資源科学部博物館（神奈川県藤沢市），平塚市博物館（神奈川県平塚市）	わくわくグランディ科学ランド（栃木県宇都宮市），高崎市少年科学館（群馬県高崎市），向井千秋記念子ども科学館（群馬県館林市），越谷市立児童館ヒマワリ（埼玉県越谷市），川口市立科学館（埼玉県川口市），彩湖自然学習センター（埼玉県戸田市），千葉市科学館（千葉県千葉市），科学技術館（東京都千代田区），杉並区立科学館（東京都杉並区）
上越科学館（新潟県上越市），とやま健康パーク生命科学館（富山県富山市），あいち健康の森 健康科学総合センター 健康科学館（愛知県東浦町），歯の博	青海自然史博物館（新潟県糸魚川市），柏崎市立博物館（新潟県柏崎市），長岡市立科学博物館（新潟県長岡市），新潟県立自然科学館（新潟県新潟市），山岳博物館（富山県上市町），富山市科学博物館（富山県富山市），石川県白山自然保護センター 中宮展示室（石川県白山市），小松市立博物館（石川県小松市），福井市自然史博物館（福井県福井市），福井県自然保護センター（福井県大野市），山梨県立富士ビジターセ	七尾市少年科学館（石川県七尾市），佐久市子ども未来館（長野県佐久市），平成記念かざこし子どもの森公園（長野県飯田市）

	陸上の生物	海・河川の生物	昆虫・微小生物	植物・農業	古生物・化石
		能登町），木曽川源流ふれあい館（長野県木祖村），東海大学海洋科学博物館（静岡県静岡市），蒲郡情報ネットワークセンター「生命の海科学館」（愛知県蒲郡市）	野県辰野町），八ヶ岳自然文化園（長野県原村），名和昆虫博物館（岐阜県岐阜市）	しの実博物館（愛知県田原市），名古屋市農業文化園（愛知県名古屋市）	県長野市），松本市四賀化石館（長野県松本市），柏木博物館（長野県茅野市），中津川市鉱物博物館（岐阜県中津川市），日本最古の石博物館（岐阜県七宗町），瑞浪市化石博物館（岐阜県瑞浪市），光記念館（岐阜県高山市），石の博物館（静岡県富士宮市），伊豆アンモナイト博物館（静岡県伊東市），国際文化交友会 月光天文台（静岡県函南町），東海大学自然史博物館（静岡県静岡市），豊橋市自然史博物館（愛知県豊橋市）
近畿	滋賀サファリ博物館（滋賀県甲賀市）	真珠博物館（三重県鳥羽市），日本サンショウウオセンター（三重県名張市），水のめぐみ館アクア琵琶（滋賀県大津市），くじらの博物館（和歌山県太地町），和歌山県立自然博物館（和歌山県海南市）	伊丹市昆虫館（兵庫県伊丹市），おもしろ昆虫化石館（兵庫県新温泉町），橿原市昆虫館（奈良県橿原市）	南方熊楠記念館（和歌山県白浜市）	藤原岳自然科学館（三重県いなべ市），多賀町立博物館（滋賀県多賀町），益富地学会館（京都府京都市）
中国		鳥取県立博物館附属山陰海岸学習館（鳥取県岩美町），島根県立宍道湖自然館（島根県出雲市）	倉敷昆虫館（岡山県倉敷市），広島市森林公園こんちゅう館（広島県広島市），豊田ホタルの里ミュージアム（山口県下関市），岩国市立ミクロ生物館（山口県岩国市）	県立「21世紀の森」森林学習展示館（鳥取県鳥取市）	奥出雲多根自然博物館（島根県奥出雲町），笠岡市立カブトガニ博物館（岡山県笠岡市），日本化石資料館（岡山県岡山市），なぎビカリアミュージアム（岡山県奈義町），高梁市成羽美術館（岡山県高梁市），秋吉台科学博物館（山口県秋芳市），美祢市化石館（山口県美祢市），美祢市歴史民俗資料館（山口県美祢市）
四国		四万十川学遊館（高知県四万十市）			西予市立城川地質館（愛媛県西予市），佐川地質館（高知県佐川町）
九州・沖縄	出水市ツル博物館クレインパークいずみ（鹿児島県出水市）	天草パール・マリア館（熊本県上天草市），大淀川学習館（宮崎県宮崎市）		球泉洞森林館・エジソンミュージアム（熊本県球磨村），宮崎大学農学部附属農業博物館（宮崎県宮崎市），屋久島町立屋久杉自然館（鹿児島県屋久島町）	北九州市立自然史・歴史博物館（福岡県北九州市），御所浦白亜紀資料館（熊本県天草市），御船町恐竜博物館（熊本県御船町）

人類学, 医学・健康, 研究機器	自然一般	青少年向け
物館（愛知県名古屋市），名古屋市科学館（愛知県名古屋市），南山大学人類学博物館（愛知県名古屋市）	ンター（山梨県藤河口湖町），飯田市美術博物館（長野県飯田市），菅平高原自然館（長野県上田市），茅野市八ヶ岳総合博物館（長野県茅野市），長野市立博物館（長野県長野市），長野市立博物館 茶臼山自然史館（長野県長野市），信州大学 志賀自然教育園（長野県山ノ内町），岐阜県博物館（岐阜県関市），岐阜市科学館（岐阜県岐阜市），飛騨・北アルプス自然文化センター（岐阜県高山市），裾野市立富士山資料館（静岡県裾野市），鳳来寺山自然科学博物館（愛知県新城市）	
島津創業記念資料館（京都府京都市）	三重県立博物館（三重県津市），京都大学総合博物館（京都府京都市），鞍馬山霊宝殿（京都府京都市），万博公園（大阪府吹田市），大阪市立自然史博物館（大阪府大阪市），貝塚市立自然遊学館（大阪府貝塚市），きしわだ自然資料館（大阪府岸和田市），JT生命誌研究館（大阪府高槻市），姫路科学館（兵庫県姫路市），兵庫県立六甲山自然保護センター（兵庫県神戸市），兵庫県立人と自然の博物館（兵庫県三田市）	京都市青少年科学センター（京都府京都市），福知山市児童科学館（京都府福知山市），キッズプラザ大阪（大阪府大阪市），東大阪市立児童文化スポーツセンター（大阪府東大阪市），神戸市立青少年科学館（兵庫県神戸市），和歌山市立こども科学館（和歌山県和歌山市）
川崎医科大学現代医学教育博物館（岡山県倉敷市），広島市健康づくりセンター健康科学館（広島県広島市）	鳥取県立博物館（鳥取県鳥取市），鳥取県立氷ノ山自然ふれあい館（鳥取県若桜町），島根県立三瓶自然館（島根県大田市），倉敷市立自然史博物館（岡山県倉敷市），つやま自然のふしぎ館（岡山県津山市），高原の自然館（広島県北広島町），庄原市立比和自然科学博物館（広島県庄原市），山口県立山口博物館（山口県山口市）	防府市青少年科学館（山口県防府市）
	愛媛県総合科学博物館（愛媛県新居浜市），西条市立西条郷土博物館（愛媛県西条市），越知町立横倉山自然の森博物館（高知県越知町），龍河洞博物館（高知県香美市）	徳島県子ども科学館（徳島県板野町），香川県立五色台少年自然センター 自然科学館（香川県坂出市）
中冨記念くすり博物館（佐賀県鳥栖市），北里柴三郎記念館（熊本県小国町）	佐賀県立博物館（佐賀県佐賀市），佐賀県立宇宙科学館（佐賀県武雄市），長崎市科学館（長崎県長崎市），熊本市立熊本博物館（熊本県熊本市），宮崎県総合博物館（宮崎県宮崎市），鹿児島県立博物館（鹿児島県鹿児島市），名護博物館（沖縄県名護市），宮古島市総合博物館（沖縄県宮古島市），琉球大学資料館（沖縄県西原町）	福岡市立少年科学文化会館（福岡県福岡市），大村市子ども科学館（長崎県大村市），外海子ども博物館（長崎県長崎市）

付録 VI 生物学に関連のある学会

・生物学に関連のある学会を分野別に記す.
・調べのついた学会については事務局の連絡先を記す（年により変更する学会もある）.

● 動物関連

応用動物行動学会
日本動物学会　〒113-0033　東京都文京区本郷 2-27-2 東真ビル 3 階
　　　　　　　TEL：03-3814-5461　FAX：03-3814-6216
日本動物行動学会　〒603-8148　京都府京都市北区小山西花池町 1-8　（株）土倉事務所内
　　　　　　　TEL：075-451-4844　FAX：075-441-0436
日本動物心理学会　〒113-0033　東京都文京区本郷 3-32-7 MSK ビル 3 階　（株）ケーアンドユー内
　　　　　　　TEL：03-3815-4800　FAX：03-3815-4807

● 植物関連

植生学会　〒183-8509　東京都府中市幸町 3-5-8　東京農工大学農学部 植生管理学研究室内
　　　　　TEL/FAX：042-367-5741
東北森林科学会　〒020-8550　岩手県盛岡市上田 3-18-8　岩手大学農学部 共生環境課程内
　　　　　TEL/FAX：019-621-6141
日本海岸林学会　〒224-0015　神奈川県横浜市都筑区牛久保西 3-3-1　東京都市大学内
　　　　　TEL：045-910-2556　FAX：045-910-2605
日本花粉学会　〒275-0012　千葉県習志野市本大久保 2-7-4　NPO 法人花粉情報協会気付
　　　　　TEL/FAX：047-475-7116
日本植生史学会　〒240-0193　神奈川県三浦郡葉山町（湘南国際村）総合研究大学院大学 葉山高等研究センター　TEL：046-858-1598　FAX：046-858-1544
日本植物学会　〒113-0033　東京都文京区本郷 2-27-2 東真ビル 2 階
　　　　　TEL：03-3814-5675　FAX：03-3814-5352
日本植物形態学会　〒630-8506　奈良県奈良市北魚屋西町　奈良女子大学理学部 生物科学科内
　　　　　TEL/FAX：0742-20-3417
日本植物細胞分子生物学会　〒169-0075　東京都新宿区高田馬場 4-4-19　（株）国際文献印刷社内
　　　　　TEL：03-5389-6076　FAX：03-3368-2822
日本植物生理学会　〒602-8048　京都府京都市上京区下立売通小川東入ル　（株）中西印刷内
　　　　　TEL：075-415-3661　FAX：075-415-3662
日本植物病理学会　〒170-8484　東京都豊島区駒込 1-43-11　日本植物防疫協会ビル
　　　　　TEL：03-3943-6021　FAX：03-3943-6086
日本森林学会　〒102-0085　東京都千代田区六番町 7　日林協会館内
　　　　　TEL/FAX：03-3261-2766
日本草地学会　〒329-2793　栃木県那須塩原市千本松 768　畜産草地研究所内
　　　　　TEL/FAX：0287-37-7684

根研究会　〒113-8657　東京都文京区弥生 1-1-1　東京大学大学院農学生命科学研究科 栽培学研究室内
　　　　TEL/FAX：03-5841-5045

● 微生物関連

日本土壌微生物学会　〒305-8604　茨城県つくば市観音台 3-1-3　（独）農業環境技術研究所 生物生態機能
　　　　　　研究領域内　TEL：029-838-8262　FAX：029-838-8199
日本微生物資源学会　〒292-0818　千葉県木更津市かずさ鎌足 2-5-8（独）製品評価技術基盤機構 生物遺伝
　　　　　　資源部門内　TEL：0438-20-5763　FAX：0438-52-2329
日本微生物生態学会　〒277-8564　千葉県柏市柏の葉 5-1-5　東京大学大気海洋研究所 微生物分野内
　　　　　　FAX：04-7136-6169
日本臨床微生物学会　〒141-0031　東京都品川区西五反田 1-26-2 五反田サンハイツ 1209
　　　　　　TEL：03-5437-1480　FAX：03-5437-1488

● 細胞

日本細胞生物学会　〒602-8048　京都府京都市上京区下立売通小川東入ル　（株）中西印刷内
　　　　　　TEL：075-415-3661　FAX：075-415-3662
日本組織細胞化学会　〒602-8048　京都府京都市上京区下立売通小川東入ル　（株）中西印刷内
　　　　　　TEL：075-415-3661　FAX：075-415-3662
日本動物細胞工学会　〒112-0012　東京都文京区大塚 5-3-13 小石川アーバン 4 階　（有）学会支援機構内
　　　　　　TEL：03-5981-6011　FAX：03-5981-6012
日本ミトコンドリア学会　〒106-0032　東京都港区六本木 6-15-1 けやき坂テラス 6 階
マトリックス研究会　〒192-0392　東京都八王子市堀之内 1432-1　東京薬科大学薬学部 病態生化学教室内
　　　　　　TEL/FAX：042-676-5670

● 発生，繁殖，遺伝関連

国際染色体植物学会　〒243-0034　神奈川県厚木市船子 1737　東京農業大学農学部 農学科遺伝育種学研究室
染色体学会　〒739-8526　広島県東広島市鏡山 1-4-3　広島大学大学院理学研究科 附属植物遺伝子保管実験
　　　　　施設内　TEL：082-424-2471　FAX：082-424-0738
日本 RNA 学会　〒113-8510　東京都文京区湯島 1-5-45　東京医科歯科大学 難治疾患研究所　M&D タワー
　　　　　22 階南　片岡直行気付　TEL：03-5803-5838/4877　FAX：03-5803-5853
日本遺伝学会　〒411-8540　静岡県三島市谷田 1111　国立遺伝学研究所内
　　　　　TEL：055-981-6736　FAX：055-981-6736
日本 DNA 多型学会　〒261-8502　千葉県千葉市美浜区真砂 1-2-2　東京歯科大学 法歯学講座内
　　　　　TEL：043-270-3786　FAX：043-270-3788
日本発生生物学会　〒650-0047　兵庫県神戸市中央区港島南町 2-2-3　理化学研究所 発生・再生科学総合研
　　　　　究センター内　TEL/FAX：078-306-3072
日本繁殖生物学会　〒464-8601　愛知県名古屋市千種区不老町　名古屋大学大学院生命農学研究科
　　　　　TEL：052-789-4162　FAX：052-789-4072

● 生態，環境，生物保護

生き物文化誌学会　〒158-0098　東京都世田谷区上用賀 2-4-28　（財）進化生物学研究所内

TEL/FAX：03-5701-7861
応用生態工学会　〒102-0083　東京都千代田区麹町 4-7-5 麹町ロイヤルビル 405 号室
　　　　　　　TEL：03-5216-8401　FAX：03-5216-8520
個体群生態学会　〒603-8148　京都府京都市北区小山西花池町 1-8　（株）土倉事務所内
　　　　　　　TEL：075-451-4844　FAX：075-441-0436
生態工学会　〒164-0003　東京都中野区東中野 4-27-37　（株）アドスリー内
　　　　　TEL：03-5925-2840　FAX：03-5925-2913
日本環境動物昆虫学会　〒550-0005　大阪府大阪市西区西本町 1-12-19 清友ビル
　　　　　　　　　　TEL/FAX：06-6535-4684
日本生態学会　〒603-8148　京都府京都市北区小山西花池町 1-8
　　　　　　TEL/FAX：075-384-0250
日本生物環境工学会　〒812-8581　福岡県福岡市東区箱崎 6-10-1　九州大学生物環境調節センター内
　　　　　　　　　TEL/FAX：092-642-3063
野生生物保護学会　〒100-0003　東京都千代田区一ツ橋 1-1-1 パレスサイドビル 2 階　（株）毎日学術フォーラム内　TEL：03-6267-4550　FAX：03-6267-4555

● 進化，古生物
日本古生物学会　〒113-0033　東京都文京区本郷 2-27-2 東真ビル 3 階
　　　　　　　TEL：03-3814-5490　FAX：03-3814-6216
日本進化学会　〒102-0072　東京都千代田区飯田橋 3-11-15 UEDA ビル 6 階　（株）クバプロ内
　　　　　　TEL：03-3238-1689　FAX：03-3238-1837
日本第四紀学会　〒169-0072　東京都新宿区大久保 2-4-12　新宿ラムダックスビル 10 階　（株）春恒社
　　　　　　　学会事業部内　TEL：03-5291-6231　FAX：03-5291-2176

● 生物教育，分類学関連
種生物学会　〒105-0001　東京都港区虎ノ門 1-15-16 海洋船舶ビル 8 階　CANPAN センター ACNet 事務局
　　　　　TEL：03-5251-3967　FAX：03-3504-3909
日本植物分類学会　〒606-8502　京都市左京区北白川追分町　京都大学大学院理学研究科 生物科学専攻
　　　　　　　　植物学系 植物系統分類学分科　TEL/FAX：075-753-4125
日本生物教育学会　〒980-0845　宮城県仙台市青葉区荒巻字青葉 149　宮城教育大学 田幡研究室内
　　　　　　　　TEL：022-214-3420
日本動物分類学会　〒169-0073　東京都新宿区百人町 3-23-1　国立科学博物館分館内
　　　　　　　　TEL：03-3364-2311　FAX：03-3364-7104
日本分類学会連合　〒169-0073　東京都新宿区百人町 3-23-1　国立科学博物館動物研究部
　　　　　　　　TEL：03-3364-7120　FAX：03-3364-7104

● 分類群などのグループごとにある学会
日本ウイルス学会　〒112-0002　東京都文京区小石川 4-13-18　（株）微生物科学機構内
　　　　　　　　FAX：03-6231-4035
日本ウマ科学会　〒320-0856　栃木県宇都宮市砥上町 321-4　JRA 競走馬総合研究所内
　　　　　　　TEL：028-648-5099　FAX：028-647-0686

付録VI 生物学に関連のある学会

日本応用動物昆虫学会　〒170-8484　東京都豊島区駒込1-43-11　日本植物防疫協会内
　　　　　　　　　　　TEL：03-3943-6021　FAX：03-3943-6086

日本きのこ学会　〒680-8553　鳥取県鳥取市湖山町南4-101　鳥取大学農学部 微生物資源学分野
　　　　　　　　TEL/FAX：0857-31-5372

日本魚類学会　〒169-0075　東京都新宿区高田馬場4-4-19　（株）国際文献印刷社内
　　　　　　　TEL：03-5389-6274　FAX：03-3368-2822

日本菌学会　〒305-8687　茨城県つくば市松の里1　（独）森林総合研究所 きのこ・微生物研究領域内
　　　　　　TEL：029-829-8278　FAX：029-874-3720

日本蜘蛛学会　〒860-8555　熊本県熊本市黒髪2-40-1　熊本大学教育学部 理科教育学科 生物
　　　　　　　TEL/FAX：096-342-2532

日本昆虫学会　〒169-0075　東京都新宿区高田馬場4-4-19　（株）国際文献印刷社内
　　　　　　　TEL：03-5389-6246　FAX：03-3368-2822

日本細菌学会　地域ごとに支部がある

日本雑草学会　〒110-0016　東京都台東区台東1-26-6　植調会館6階
　　　　　　　TEL/FAX：03-3834-6375

日本芝草学会　〒110-0016　東京都台東区台東1-26-6　植調会館6階
　　　　　　　TEL：03-3834-6385　FAX：03-3834-6888

日本蘚苔類学会　〒739-8526　広島県東広島市鏡山1-3-1　広島大学大学院理学研究科 生物科学専攻
　　　　　　　　TEL：082-424-7404　FAX：082-424-7452

日本線虫学会　〒062-8555　北海道札幌市豊平区羊ヶ丘1　北海道農業研究センター バレイショ栽培技術研究チーム内　TEL：011-857-9247　FAX：011-859-2178

日本藻類学会　〒060-0810　北海道札幌市北区北10条西8丁目　北海道大学大学院理学研究院 自然史科学部門　TEL：011-706-2745　FAX：011-706-4851

日本ダニ学会　〒980-0845　宮城県仙台市青葉区荒巻字青葉149　宮城教育大学 環境教育実践研究センター　FAX：022-211-5594

日本地衣学会　〒010-0195　秋田県秋田市下新城中野街道端西241-438　秋田県立大学生物資源科学部 生物生産科学科 次世代生物生産システム学講座　TEL：018-872-1646　FAX：018-872-1678

日本鳥学会　〒169-0075　東京都新宿区高田馬場4-4-19　（株）国際文献印刷社内
　　　　　　TEL：03-5389-6346　FAX：03-3368-2822

日本微生物学連盟　〒112-0002　東京都文京区小石川4-13-18　（株）微生物科学機構内
　　　　　　　　　FAX：03-6231-4035

日本付着生物学会　〒022-0101　岩手県大船渡市三陸町越喜来字烏頭160-4　北里大学海洋生命科学部 海洋基礎生産学研究室内　TEL：0192-44-2121　FAX：0192-44-2125

日本放線菌学会　〒100-0003　東京都千代田区一ツ橋1-1-1 パレスサイドビル2階　（株）毎日学術フォーラム　TEL：03-6267-4550　FAX：03-6267-4555

日本哺乳動物卵子学会　〒252-8510　神奈川県藤沢市亀井野1866　日本大学生物資源科学部 動物生体機構学研究室内　TEL/FAX：0466-84-3790

日本哺乳類学会　〒464-8650　愛知県名古屋市千種区楠元町1-100　愛知学院大学歯学部 解剖学講座
　　　　　　　　TEL：052-757-6756　FAX：052-757-6755

日本鱗翅学会　〒192-0063　東京都八王子市元横山町2-5-20

日本霊長類学会　〒603-8148　京都府京都市北区小山西花池町1-8　（株）土倉事務所内　日本霊長類学会係

TEL：075-451-4844　FAX：075-441-0436

● 人類関連

日本家族社会学会　〒169-0075　東京都新宿区高田馬場 4-4-19　（株）国際文献印刷社内
　　　　　　　　TEL：03-5389-6491　FAX：03-3368-2822
日本人類学会　〒170-0004　東京都豊島区北大塚 3-21-10　アーバン大塚 3 階　ガリレオ学会業務情報化センター内　TEL：03-5907-3750　FAX：03-5907-6364
日本人類遺伝学会　〒113-8510　東京都文京区湯島 1-5-45　東京医科歯科大学 難治疾患研究所 ゲノム応用医学研究部門 分子細胞遺伝内　TEL：03-5803-5820　FAX：03-5803-0244
日本生理人類学会　〒169-0075　東京都新宿区高田馬場 4-4-19　（株）国際文献印刷社内
　　　　　　　　TEL：03-5389-6218　FAX：03-3368-2822
日本文化人類学会　〒108-0073　東京都港区三田 2-1-1 秀和第 2 三田綱町レジデンス 813
　　　　　　　　TEL：03-5232-0920　FAX：03-5232-0922
人間・環境学会　〒565-0871　大阪府吹田市山田丘 2-1　大阪大学大学院工学研究科 建築工学専攻 建築デザイン学講座建築・都市計画論領域内　TEL/FAX：06-6879-7641
人間・植物関係学会　〒243-0034　神奈川県厚木市船子 1737　東京農業大学農学部 バイオセラピー学科 園芸療法研究室内　TEL/FAX：046-270-6539
ヒトと動物の関係学会　〒537-0025　大阪府大阪市東成区中道 3-8-15　大阪ペピイ動物看護専門学校事務局内　TEL/FAX：06-6971-1120

● 衛生関連

関西病虫害研究会　〒514-2392　三重県津市安濃町草生 360　（独）農業・食品産業技術総合研究機構 野菜茶業研究所 野菜 IPM 研究チーム内　TEL：059-268-4641　FAX：059-268-1339
北日本病害虫研究会　〒014-0102　秋田県大仙市四ッ屋字下古道 3　東北農業研究センター 大仙研究拠点内
　　　　　　　　TEL：0187-66-1221　FAX：0187-66-2639
九州病害虫研究会　〒861-1192　熊本県合志市須屋 2421　九州沖縄農業研究センター内
　　　　　　　　TEL：096-242-7255　FAX：096-242-7255
日本衛生動物学会　〒852-8523　長崎県長崎市坂本 1-12-4　長崎大学 熱帯医学研究所 病害動物学分野
　　　　　　　　TEL：095-819-7811　FAX：095-819-7812
日本家屋害虫学会　〒160-0022　東京都新宿区新宿 2-1-8 エスケー新宿御苑ビル 6 階
　　　　　　　　TEL/FAX：03-3353-4878
日本寄生虫学会　〒113-8519　東京都文京区湯島 1-5-45　東京医科歯科大学 国際環境寄生虫病学分野内
　　　　　　　　TEL：03-5803-5193　FAX：03-5684-2849
日本動物原虫病学会　〒229-8501　神奈川県相模原市中央区淵野辺 1-17-71　麻布大学獣医学部 伝染病学研究室内　TEL：042-754-7111　FAX：042-754-7661
日本防菌防黴学会　〒550-0005　大阪府大阪市西区西本町 1-13-38 新興産ビル
　　　　　　　　TEL：06-6538-2166　FAX：06-6538-2169

● 医学・歯学関連

日本医学会　〒113-8621　東京都文京区本駒込 2-28-16　日本医師会館内
　　　　　　TEL：03-3946-2121　FAX：03-3942-6517

日本癌学会　〒160-0016　東京都新宿区信濃町35 信濃町煉瓦館　（財）国際医学情報センター内
　　　　　TEL：03-5361-7156　FAX：03-3358-1633
日本歯科医学会　〒102-0073　東京都千代田区九段北4-1-20　日本歯科医師会内
　　　　　TEL：03-3262-9214　FAX：03-3262-9885
日本生殖医学会　〒102-0083　東京都千代田区麹町4-2-6　第2泉商事ビル5階
　　　　　TEL：03-3288-7266　FAX：03-5275-1192
日本生殖免疫学会　〒606-8305　京都府京都市左京区吉田河原町14　（財）近畿地方発明センタービルB13
　　　　　知人社内　TEL：075-771-1373　FAX：075-771-1510
日本ヒト細胞学会　〒102-8159　東京都千代田区富士見1-9-20　日本歯科大学生命歯学部 再生医科学研究
　　　　　室内　TEL：03-3261-8291　FAX：03-3261-8357
臨床微生物迅速診断研究会　〒501-1194　岐阜県岐阜市柳戸1-1　岐阜大学生命科学総合研究支援センター
　　　　　（嫌気性菌研究分野）　TEL：058-230-6555　FAX：058-230-6551

● 実験動物関連
日本実験動物学会　〒113-0033　東京都文京区本郷5-29-12 赤門ロイヤルハイツ1103
　　　　　TEL：03-3814-8276　FAX：03-3814-3990
日本実験動物環境研究会　〒112-0002　東京都文京区小石川3-22-1
　　　　　TEL：03-5848-7664　FAX：03-5848-7664
日本実験動物技術者協会　〒164-0003　東京都中野区東中野4-27-37　（株）アドスリー内
　　　　　TEL/FAX：03-3363-7223
日本動物実験代替法学会　〒112-0012　東京都文京区大塚5-3-13　（社）学会支援機構内
　　　　　TEL：03-5981-6011　FAX：03-5981-6012

● 獣医学関連
鶏病研究会　〒305-0856　茨城県つくば市観音台1-21-7 サンビレッジ川村C-101
　　　　　TEL/FAX：029-836-8533
獣医疫学会　〒305-0856　茨城県つくば市観音台3-1-1　（独）動物衛生研究所 予防疫学チーム内
　　　　　TEL：0298-38-7769　FAX：0298-38-7907
動物臨床医学会　〒682-0025　鳥取県倉吉市八屋214-10　（財）鳥取県動物臨床医学研究所内
　　　　　TEL：0858-26-0851　FAX：0858-26-2158
日本獣医学会　〒113-0033　東京都文京区本郷6-26-12 東京RSビル7階
　　　　　TEL：03-5803-7761　FAX：03-5803-7762
日本獣医画像診断学会　〒889-2192　宮崎県宮崎市学園木花台西1-1　宮崎大学農学部獣医学科 獣医外科学
　　　　　研究室内　TEL/FAX：0985-58-7279
日本獣医公衆衛生学会　〒107-0062　東京都港区南青山1-1-1 新青山ビル西館23階　（社）日本獣医師会内
　　　　　TEL：03-3475-1601
日本獣医循環器学会　〒169-0075　東京都新宿区高田馬場4-4-19　（株）国際文献印刷社内
　　　　　TEL：03-5389-6243　FAX：03-3368-2822
日本獣医針灸学研究会
日本小動物獣医師会　〒105-0014　東京都港区芝2-5-7 芝JIビル5階
　　　　　TEL：03-5419-8465　FAX：03-5419-8467

日本豚病研究会　〒305-0856　茨城県つくば市観音台3-1-5　動物衛生研究所内
　　　　　　　　TEL/FAX：029-838-7745
日本胚移植研究会　〒606-8502　京都府京都市左京区北白川追分町　京都大学農学研究科 応用生物科学専攻 生殖生物学研究室内　TEL：075-753-6057　FAX：075-753-6329
日本野生動物医学会　〒060-0818　北海道札幌市北区北18条西9丁目　北海道大学大学院獣医学研究科 環境獣医科学講座生態学教室　TEL：011-706-5101/5104　FAX：011-706-5569

● 農業・造園関連

園芸学会　〒602-8048　京都府京都市上京区下立売小川東入ル　（株）中西印刷内
　　　　　TEL：075-415-3661　FAX：075-415-3662
樹木医学会　〒113-8657　東京都文京区弥生1-1-1　東京大学大学院農学生命科学研究科　森林植物学研究室内　FAX：03-5841-7554
日本作物学会　〒104-0033　東京都中央区新川2-22-4 新共立ビル2階
　　　　　TEL：03-3551-9891　FAX：03-3553-2047
日本造園学会　〒150-0041　東京都渋谷区神南1-20-11 造園会館6階
　　　　　TEL：03-5459-0515　FAX：03-5459-0516
日本庭園学会　〒150-0041　東京都渋谷区神南1-20-11　（有）造園会館事務所内
　　　　　TEL：03-3462-2850　FAX：03-3464-8456
日本農学会　〒113-8657　東京都文京区弥生1-1-1　東京大学農学部内
　　　　　TEL：03-5842-2287　FAX：03-5842-2237
日本農芸化学会　〒113-0032　東京都文京区弥生2-4-16 学会センタービル2階
　　　　　TEL：03-3811-8789　FAX：03-3815-1920
日本有機農業学会　〒020-0198　岩手県盛岡市下厨川字赤平4　（独）農業・食品産業技術総合研究機構 東北農業研究センター内
日本緑化工学会　〒113-0033　東京都文京区本郷4-26-8 河内屋ビル2階
　　　　　TEL：03-3818-8281　FAX：03-3818-8282

● 畜産関連

家畜栄養生理研究会　〒305-0901　茨城県つくば市池の台2　（独）農業・食品産業技術総合研究機構 畜産草地研究所 栄養素代謝研究チーム　TEL：029-838-8645
関東畜産学会　〒321-8505　栃木県宇都宮市峰町350　宇都宮大学農学部内
東北畜産学会　〒981-8555　宮城県仙台市青葉区堤通雨宮町1-1　東北大学大学院農学研究科内
肉用牛研究会　〒606-8502　京都府京都市左京区北白川追分町　京都大学大学院農学研究科 比較農業論分野内　TEL：075-753-6459　FAX：075-753-6459
日本家禽学会　〒305-0901　茨城県つくば市池の台2　（独）農業・食品産業技術総合研究機構　畜産草地研究所内　TEL/FAX：029-838-8777
日本家畜衛生学会　〒252-5201　神奈川県相模原市中央区淵野辺1-17-71　麻布大学獣医学部 衛生学第一研究室内　TEL：042-769-1641　FAX：042-768-2612
日本家畜管理学会　〒229-8501　神奈川県相模原市中央区淵野辺1-17-71　麻布大学獣医学部 動物行動管理学研究室内
日本家畜臨床学会　〒020-8550　岩手県盛岡市上田3-18-8　岩手大学農学部 附属動物病院内

　　　　　　　　　　TEL：019-621-6235
日本暖地畜産学会　〒869-1401　熊本県阿蘇郡南阿蘇村河陽　東海大学農学部 応用動物科学科 家畜飼養学
　　　　　　　　研究室内　TEL：0967-67-3941　FAX：0967-67-3960
日本畜産学会　〒110-0008　東京都台東区池之端 2-9-4 永谷コーポラス 201 号
　　　　　　TEL：03-3828-8409　FAX：03-3828-7649
日本動物遺伝育種学会　〒700-8530　岡山県岡山市北区津島中 1-1-1　岡山大学農学部 動物遺伝解析学内
　　　　　　　　　TEL：086-251-8325　FAX：086-251-8388
日本ペット栄養学会　〒164-0003　東京都中野区東中野 4-27-37　（株）アドスリー内
　　　　　　　　TEL：03-5386-7255　FAX：03-5386-7256
日本緬羊研究会　〒113-0034　東京都文京区湯島 3-20-9　（社）畜産技術協会内
　　　　　　　TEL：03-3831-3195　FAX：03-3836-2302
日本野蚕学会　〒305-0851　茨城県つくば市大わし 1-2　（独）農業生物資源研究所内
　　　　　　TEL：029-838-6073/6285　FAX：029-838-6072
日本酪農科学会　〒102-0073　東京都千代田区九段北 1-14-19 乳業会館　（財）日本乳業技術協会内
　　　　　　　TEL：03-3264-1921　FAX：03-3264-1569
北海道畜産学会　〒069-8501　北海道江別市文京台緑町 582　酪農学園大学酪農学部内
　　　　　　　TEL：011-388-4803

● 水産関連
水産育種研究会
水産海洋学会　〒169-0075　東京都新宿区高田馬場 4-4-19　（株）国際文献印刷社内
　　　　　　TEL：03-5389-6285　FAX：03-3368-2822
地域漁業学会　〒890-0056　鹿児島県鹿児島市下荒田 4-50-20　鹿児島大学水産学部内
　　　　　　TEL/FAX：099-286-4280
日本育種学会　〒602-8048　京都府京都市上京区下立売通小川東入ル　（株）中西印刷 NACOS 学会フォー
　　　　　　ラム内　TEL：075-415-3661　FAX：075-415-3662
日本蚕糸学会　〒305-8634　茨城県つくば市大わし 1-2　（独）農業生物資源研究所内
　　　　　　TEL/FAX：029-838-6056
日本食品微生物学会　〒103-0015　東京都中央区日本橋箱崎町 44-1 イマス箱崎ビル　（財）東京顕微鏡院内
　　　　　　　　　TEL：03-3663-9697　FAX：03-3663-9685
日本水産学会　〒108-8477　東京都港区港南 4-5-7　東京海洋大学内
　　　　　　TEL：03-3471-2165　FAX：03-3471-2054
日本水産工学会　〒314-0408　茨城県神栖市波崎 7620-7　（独）水産総合研究センター 水産工学研究所内
　　　　　　　FAX：0479-44-1875
日本水産増殖学会　〒759-6595　山口県下関市永田本町 2-7-1　（独）水産大学校 生物生産学科内
　　　　　　　　TEL/FAX：083-286-5220
マリンバイオテクノロジー学会　〒105-0001　東京都港区虎ノ門 3-16-7 KY ビル 4 階　（株）エス・アール・
　　　　　　　　　　　　　シー内　TEL：03-3434-1083　FAX：03-3434-2789

● その他，生物学に関連するもの
生物科学学会連合　〒113-0033　東京都文京区本郷 5-29-12-1304　（株）中西印刷東京事務所内

TEL：03-3816-0738　FAX：03-3816-0766

低温生物工学会　〒060-8589　北海道札幌市北区北9条西9丁目　北海道大学大学院農学研究科 環境資源学専攻内　TEL：011-706-2511　FAX：011-736-1791

日本計量生物学会　〒101-0051　東京都千代田区神田神保町3-6 能楽書林ビル5階　（財）統計情報研究開発センター内　FAX：03-3234-7472

日本時間生物学会　〒162-8480　東京都新宿区若松町2-2　早稲田大学先端生命医科学センター 柴田研究室内　TEL/FAX：03-3341-9815

日本生化学会　〒113-0033　東京都文京区本郷5-25-16 石川ビル3階
　　　　　　　TEL：03-3815-1913　FAX：03-3815-1934

日本生物工学会　〒565-0871　大阪府吹田市山田丘2-1　大阪大学工学部内
　　　　　　　TEL：06-6876-2731　FAX：06-6879-2034

日本生物地理学会

日本生物物理学会　〒113-0033　東京都文京区本郷5-29-12-1304　（株）中西印刷東京事務所内
　　　　　　　TEL：03-3816-0738　FAX：03-3816-0766

日本生理学会　〒113-0033　東京都文京区本郷3-30-10 布施ビル
　　　　　　　TEL：03-3815-1624　FAX：03-3815-1603

日本数理生物学会　〒432-8561　静岡県浜松市中区城北3-5-1 静岡大学工学部システム工学科　佐藤研究室内　TEL：053-478-1212　FAX：053-478-1212

日本比較生理生化学会　〒808-0196　福岡県北九州市若松区ひびきの2-4　九州工業大学大学院生命体工学研究科 脳情報専攻内　TEL/FAX：093-695-6093

日本分子生物学会　〒102-0072　東京都千代田区飯田橋3-11-5 20山京ビル11階
　　　　　　　TEL：03-3556-9600　FAX：03-3556-9611

日本水処理生物学会　〒565-0871　大阪府吹田市山田丘2-1（S4棟）　大阪大学大学院工学研究科 環境・エネルギー工学専攻気付　TEL：06-6879-7673　FAX：06-6879-7675

放射線生物研究会　〒634-8521　奈良県橿原市四条町840　奈良県立医科大学 放射線腫瘍医学講座内
　　　　　　　TEL：0744-22-3051　FAX：0744-25-3434

付録 VII　都道府県のシンボルとなっている生物

	木	花	鳥	魚[*1]	獣
北海道	エゾマツ	ハマナス	タンチョウ		
青森県	ヒバ	リンゴ	ハクチョウ	ヒラメ	
岩手県	ナンブアカマツ	キリ	キジ	ナンブサケ	
宮城県	ケヤキ	ミヤギノハギ	ガン		シカ
秋田県	アキタスギ	フキノトウ	ヤマドリ	ハタハタ	
山形県	サクランボ	ベニバナ	オシドリ	サクラマス	カモシカ
福島県	ケヤキ	ネモトシャクナゲ	キビタキ		
茨城県	ウメ	バラ	ヒバリ	ヒラメ	
栃木県	トチノキ	ヤシオツツジ	オオルリ		カモシカ
群馬県	クロマツ	レンゲツツジ	ヤマドリ	アユ	
埼玉県[*2]	ケヤキ	サクラソウ	シラコバト	ムサシトミヨ	
千葉県	マキ	ナノハナ	ホオジロ	タイ	
東京都	イチョウ	ソメイヨシノ	ユリカモメ		
神奈川県	イチョウ	ヤマユリ	カモメ		
新潟県	ユキツバキ	チューリップ	トキ		
富山県	タテヤマスギ	チューリップ	ライチョウ		ニホンカモシカ
石川県	アテ	クロユリ	イヌワシ		
福井県	マツ	スイセン	ツグミ	エチゼンガニ[*3]	
山梨県[*2]	カエデ	フジザクラ	ウグイス		カモシカ
長野県	シラカバ	リンドウ	ライチョウ		カモシカ
岐阜県[*2]	イチイ	レンゲソウ	ライチョウ	アユ	
静岡県	モクセイ	ツツジ	サンコウチョウ		
愛知県	ハナノキ	カキツバタ	コノハズク	クルマエビ	
三重県	ジングウスギ	ハナショウブ	シロチドリ	イセエビ	カモシカ
滋賀県	モミジ	シャクナゲ	カイツブリ		
京都府	キタヤマスギ	シダレザクラ[*4]	オオミズナギドリ		
大阪府	イチョウ	サクラソウ, ウメ	モズ		
兵庫県	クスノキ	ノジギク	コウノトリ		
奈良県	スギ	ナラヤエザクラ	コマドリ		
和歌山県	ウバメガシ	ウメ	メジロ	マグロ	
鳥取県	ダイセンキャラボク	ニジュッセイキナシ	オシドリ	ヒラメ	
島根県	クロマツ	ボタン	ハクチョウ	トビウオ	
岡山県	アカマツ	モモ	キジ		
広島県	モミジ	モミジ	アビ	カキ	
山口県	アカマツ	ナツミカン	ナベヅル	フグ	ホンシュウジカ
徳島県	ヤマモモ	スダチ	シラサギ		
香川県	オリーブ	オリーブ	ホトトギス	ハマチ	シカ
愛媛県	マツ	ミカン	コマドリ	マダイ	ニッポンカワウソ
高知県	ヤナセスギ	ヤマモモ	ヤイロチョウ	カツオ	

	木	花	鳥	魚	獣
福岡県	ツツジ	ウメ	ウグイス		
佐賀県	クス	クス	カササギ		
長崎県	ツバキ，ヒノキ[*5]	ウンゼンツツジ	オシドリ	12種[*6]	キュウシュウシカ
熊本県	クスノキ	リンドウ	ヒバリ	クルマエビ	
大分県	ブンゴウメ	ブンゴウメ	メジロ		
宮崎県	フェニックス	ハマユウ	コシジロヤマドリ		
鹿児島県	カイコウズ，クス	ミヤマキリシマ	ルリカケス		
沖縄県	リュウキュウマツ	デイゴ	ノグチゲラ	タカサゴ（グルクン）	

[*1] エチゼンガニ，クルマエビ，イセエビ，カキは魚ではないが，海産物として入れてある．これは，長崎県の「12種」のうちのイカ，アワビも同様である．

[*2] 埼玉県は県の蝶としてミドリシジミを指定している．ギフチョウは岐阜県で初めて発見されたためにこの名が付けられているが，岐阜県は特に県の蝶に指定していない．山梨県北杜市にはオオムラサキセンターがあるが，山梨県は県の蝶に指定していない．

[*3] ズワイガニの福井地方での呼び名．

[*4] 京都府の草花（サガギク，ナデシコ）を別途制定．

[*5] 県の花木（ツバキ），県の林木（ヒノキ）．長崎県ではツバキの花を観賞する．ツバキの木はツバキ油の材料として有名である．

[*6] 四季ごとに12種類選定：春（タイ，イカ，アマダイ），夏（アジ，イサキ，アワビ），秋（サバ，アゴ，ヒラメ），冬（ブリ，イワシ，フグ）．

付録 VIII　主要参考文献

第1章

Boolootian, R. A. and Stiles, K. A. eds. (1976) College Zoology 9th ed., Collier Macmillan.

Cavalier-Smith, T. (2003) Protist phylogeny and the high-level classification of Protozoa. European Journal of Protistology **39**(4)：338-348.

Gilbert, S. F. (2006) Developmental Biology (8th ed.), Sinauer Associates.

石原勝敏，ほか 編（2002）生物学データ大百科事典，朝倉書店.

中村裕輔（2005）ゲノム医学からゲノム医療へ，羊土社.

中山 剛（2003）生物多様性研究の現在．つくば生物ジャーナル **2**(1)：4-5.

太田次郎，ほか 編（1987）生物学ハンドブック，朝倉書店.

第2章

Barton, N. H., et al.（宮田 隆，星山大介 監訳）(2009) 進化-分子・個体・生態系，メディカルサイエンス・インターナショナル.

鎮西清高，植村和彦 編（2004）（古生物の科学5）地球環境と生命史，朝倉書店.

クレイトン，T. E. 編（太田次郎 監訳）(2006) 分子生物学大百科事典，朝倉書店.

平野弘道（2006）絶滅古生物学，岩波書店.

石川 統，ほか 編（2004-2006）（シリーズ進化学）1. マクロ進化と全生物の系統分類，2. 遺伝子とゲノムの進化，3. 化学進化・細胞進化，4. 発生と進化，5 ヒトの進化，6. 行動・生態の進化，7. 進化学の方法と歴史，岩波書店.

太田次郎 編（2007）バイオサイエンス事典（新装版），朝倉書店.

第3章

Griffiths, A. J., et al. (2008) Introduction to Genetic Analysis 9th ed., W. H. Freeman.

ハートル，D. L., ジョーンズ，E. W.（布山喜章，石和貞男 訳）(2005) エッセンシャル遺伝学，培風館.

東江昭夫，ほか 編（2005）遺伝学事典，朝倉書店.

ワトソン，J. D.（中村佳子，ほか 訳）(2006) 遺伝子の分子生物学（第5版），東京電機大学出版局.

ウインター，P. C., ほか（東江昭夫，田嶋文生，西沢正文 訳）(2003) 遺伝学キーノート，シュプリンガー・フェアラーク東京.

第4章

藤田尚男，藤田恒夫（1992）標準組織学　各論，医学書院.

藤田尚男，藤田恒夫（2002）標準組織学　総論，医学書院.

原 襄（1984）植物の形態（増訂版），裳華房.

原 襄（1994）植物形態学，朝倉書店.

Madigan, M. T., et al.（室伏きみ子，関 啓子 監訳）（2003）Brock 微生物学，オーム社．

本川達雄（1992）ゾウの時間 ネズミの時間──サイズの生物学，中央公論社．

ラウ，W.（中村信一，戸部 博 訳）（2009）植物形態の事典，朝倉書店．

Stanier, R. Y., et al. eds.（高橋 甫，ほか 共訳）（1980）微生物学 入門編，培風館．

Stanier, R. Y., et al. eds.（高橋 甫，ほか 共訳）（1989）微生物学（上，下）（原著第4版）培風館．

トロール，W.（中村信一，戸部 博 訳）（2004）トロール 図説植物形態学ハンドブック（上・下），朝倉書店．

Wainwright, S. A.（本川達雄 訳）（1989）生物の形とバイオメカニクス，東海大学出版会．

第5章

Allaby, M. 編（木村一郎，ほか訳）（2005）オックスフォード動物学辞典，朝倉書店．

福嶋 司，岩瀬 徹 編著（2005）図説 日本の植生，朝倉書店．

Madigan, M. T., et al.（室伏きみ子，関 啓子 監訳）（2003）Brock 微生物学，オーム社．

Paul Simons（柴岡孝雄，西崎友一郎 訳）（1996）動く植物，八坂書房．

瀧澤美奈子（2008）植物は感じて生きている，化学同人．

第6章

Bruce Alberts（中村桂子，松原謙一 訳）（2004）細胞の分子生物学（第4版），ニュートンプレス．

Berg, J. M., et al.（入村達郎，ほか 監訳）（2008）ストライヤー生化学（第6版），東京化学同人．

菅野富夫，田谷一善 編（2003）動物生理学，朝倉書店．

三村徹郎，鶴見誠二 編（2009）植物生理学，化学同人．

日本比較内分泌学会 編（1996-1998）ホルモンの分子生物学（1〜8巻），学会出版センター．

太田次郎，ほか 編（1994）（基礎生物学講座3）動物体の調節，朝倉書店．

シュミット＝ニールセン，クヌート（沼田英治，中嶋康裕 訳）（2007）動物生理学──環境への適応，東京大学出版会．

ラウ，W.（中村信一，戸部 博 訳）（2009）植物形態の事典，朝倉書店．

Slack, J.（大隅典子 訳）（2007）エッセンシャル発生生物学（改訂第2版），羊土社．

Wilt, F. H. and Hake, S. C.（赤坂甲治，ほか 訳）（2006）ウィルト発生生物学，東京化学同人．

第7章

Bburdic, A.（伊藤和子 訳）（2009）翳りゆく楽園，ランダムハウス講談社．

藤井義晴（2000）アレロパシー，農山漁村文化協会．

太田次郎，ほか 編（1995）（基礎生物学講座4）動物の行動，朝倉書店．

種生物学会 編（2008）共進化の生態学，文一総合出版．

寺島一郎，ほか（2004）植物生態学，朝倉書店．

第8章

Fowler, M. E. and Miller, R. E.（中川志郎 監訳）(2007) 野生動物の医学，文永堂.

Larcher, W.（佐伯敏郎，舘野正樹 監訳）(2004) 植物生態生理学（第2版），シュプリンガーフェアラーク東京.

Madigan, M. T., et al.（室伏きみ子，関 啓子 監訳）(2003) Brock 微生物学，オーム社.

嶋田正和，ほか (2005) 動物生態学 新版，海游舎.

新獣医学辞典編集委員会 編 (2008) 新獣医学辞典，チクサン出版社.

田中昌子 (1985) 魚類（コイ）の年齢推定．動物学雑誌，**2**.

寺島一郎，ほか (2004) 植物生態学，朝倉書店.

ウイルソン，E. O.（坂上昭一 訳）(1984) 社会生物学，思索社.

第9章

石川栄吉，ほか 編 (1994) 文化人類学事典，弘文堂.

日本生殖医学会 編 (2007) 生殖医療ガイドライン2007，金原出版.

日本文化人類学会 編 (2009) 文化人類学事典，丸善.

事項索引

欧字

2界説　15
2分の3乗則　283
3界説　15
3-ホスフォグリセリン酸　201
4界説　15
4倍体　245
5界説　15
6界説　16
8界説　16
−10配列　66
−35配列　66
46億年　47

A部位　62
ABCモデル　263
ACTH（adrenocorticotropic hormone）　354
AER（apical ectodermal ridge）　245
age1　261
ART（assisted reproductive technology）　357
ATP　196, 205
ATP合成酵素　198
avoidance　46

BMP（bone morphogenetic protein）　248
BRM（biological response modifier）　352
BSE（Bovine spongiform encephalopathy）　350

C4光合成　203
C4植物　203, 306
CAM（Classulacean acid metabolism）　204
CAM植物　306
CD4陽性T細胞　346
CEA　352
clk1　261
COS（controlled ovarian stimulation）　358
CXCR4　240

daf2　261
disjunctive distribution　46
DNA（deoxyribonucleic acid）　58, 75, 98
DNAチップ　75
DNA複製　62
DNAポリメラーゼ　216
DNAマイクロアレイ　75

EC細胞　256
EG細胞　256
ES細胞　256, 367

F1-ATPase　200
FISH（fluorescence in situ hybridization）　19, 362
*FT*遺伝子　262

Gタンパク質共役型受容体　186
GIFT（gamete intrafallopian transfer）　357
GnRH　358
GS細胞　256

Hardy-Weinbergの法則　41
*Hd3a*遺伝子　262
HDL（high density lipoprotein）　208
HER2　352
HIV（human immunodeficiency virus）　346
*Hox*遺伝子　115
HSV-1　353

ICSI（intracytoplasmic sperm injection）　359
IgE　355
indy　261
iPS細胞　256, 369
IVF-ET（in vitro fertilization and embryo transfer）　357
IVM（in vitro maturation）　360
IVM-IVF　360

jumonji　245

LBA（long branch attraction）　19
LDL（low density lipoprotein）　207

MAGE　352
MESA（microsurgical epididymal sperm aspiration）　359
miRNA　70
mRNA　59

NADH　197
NADPH　197
nanos　240
non-coding RNA　258

Oct4　241

P24抗原　348
P450　209

P顆粒　239
PCR（polymerase chain reaction）　70, 362
PGD（preimplantation genetic diagnosis）　361
PGS（preimplantation genetic screening）　361
PIE1　240
PTGS（post-transcriptional gene silencing）　70

quantitative PCR　362

*Rb*遺伝子　82
real-time PCR　362
RNA（ribonucleic acid）　59
RNA干渉　70
rRNA　60
Rubisco　201

SARS　348
SDF1　240
SNP（single nucleotide polymorphism）　80
snRNA　60
sod3　261

TATAボックス　66, 68
TCA回路　197
T-DNA　72
TESE（testicular sperm extraction）　359
tRNA　60
TSE（transmissible spongiform encephalopathy）　350

vasa　240
VNTR多型（variable number of tandem repeat）　80

WT1　352

XY型　233

Zスキーム　200
ZIFT（zygote intrafallopian transfer）　357
ZW型　233

ア行

赤潮　275
亜寒帯林　175
アクチベーター　67
アーケゾア　16

事項索引

ア行

顎　25, 118
アセチル-CoA　198
アデニル酸シクラーゼ　186
アニミズム　381, 382
アニーリング　71
アピコンプレックス　21
アブシジン酸　110, 179
アポスポリー　224
アポプラスト　42, 179
アミクシス生殖　217
アミノ酸代謝　209
アミノ酸誘導体ホルモン　182
アミロース　113
アミロペクチン　113
アメーボゾア　20, 21
アリ植物　285
アリル　89
アルカロイド　112
アルケオプラスチダ　20, 21
アルベオラータ　17, 20
アレルギー反応　355
アレルゲン　355
アレロパシー　287, 289
アントシアニン　111
アントシアン　149
暗反応　201
アンモニア　195, 208

胃　118, 254
イオンチャネル型　187
異温動物　166
異化代謝産物抑制　66
異化反応　127
維管束　22
維管束鞘　105
維管束組織　100
生きている化石　34
育児嚢　26
異型花柱性　225
異型配偶子　217
異質染色質　88
移出　161
移植　365
異所的種分化　37
異所的分布　47
異数性　94
一次遷移　139, 279
一次大気　29
一次脳胞　250
位置情報　257
一妻多夫　312
一般的組換え　92
一夫一妻　311, 312, 313, 314
一夫多妻　312, 313, 314
イデオグラム　93
遺伝暗号　61
遺伝形質　215
遺伝子組換え技術　87
遺伝子工学　98
遺伝子交流　47
遺伝子多型　80

遺伝子変換　92, 220
遺伝性疾患　95
遺伝的組換え　91
遺伝的性決定　232
遺伝的浮動　41
遺伝病　95
移動　161
　始原生殖細胞の——　240
移入　161
イネの葉緑体ゲノム　77
イノシトール1,4,5-三リン酸　186
異物同名　9
忌地現象　290
インシトゥハイブリダイゼーション　74
陰樹　304
インスリン　206
陰生植物　280
インターカレーション　257
インターフェロン　352
咽頭　254
イントロン　38, 63
インプリンティング　221
インフルエンザ　348

ウイルス　1, 332
ウォルフ管　253
右型　226
牛海綿状脳症　350
ウマの前足　12
羽毛　26
ヴュルム氷期　308
裏日本型気候　175
雨緑樹　149
鱗　26
運動　161
運動開始　241
運動器系　119
運動性　26
運動能獲得　241
運搬RNA　60
雲霧林　147

永久凍土　307
エイコサノイド　185
エイズ　346
衛星追跡　164
栄養塩　277, 287
栄養カスケード　292
栄養生殖　2
栄養成長期　142
栄養体生殖　224
栄養段階　277, 295
疫学　333
エキソン　63
液胞　100
エクスカバータ　19, 21
エクダイソン　260
エチレン　110, 307
エッジ効果　298
エディアカラ化石群　32
エディアカラ紀　31

エネルギーのピラミッド　296
エピアレル　221, 222
エピジェネティクス　68, 258
エピジェネティック制御　215, 216, 221
鰓　26
エラーカタストロフ説　260
エリスロポイエチン　211
塩基除去修復　84
塩生植物　148
エンハンサー　67
エンボリズム　305

黄体機能不全　358
岡崎フラグメント　62
オーガナイザー　248
オキサロ酢酸　198
オーキシン　180, 187
雄集団　318
オゾン層　33, 42
オタマジャクシ　26
夫方居住婚　323
オートミール　169
オピストコンタ　16, 20, 23, 26
オペラント条件付け　269
オペレーター　67
オペロン　63
オリエンタリズム　386
オルガネラ　98
温血動物　117
温室効果　194
温室効果ガス　302
温帯林　175
温度依存性性決定　236

カ行

科　9
界　9
介在成長　103, 104
外性菌根菌　129
回旋運動　103
階層構造　145
外敵　156
解糖系　197
外套帯　250
貝毒　276
外胚葉　24, 243, 250
外部共生　285
海綿状組織　105
海綿動物　23
回遊　161
海洋回遊　161
海洋無酸素事変　33
外来種　173
カエルツボカビ症　156
化学修飾・分解法　72
化学受容器　190
化学進化　3, 35
化学的環境　133
化学物質　158
化学法　72
化学無機栄養　131

事項索引

花器官形成　263
核移植　258, 361
核家族　321, 323, 335
核型　93
角質層　252
学習　268
拡大家族　337
カクテル療法　348
獲得形質　215, 222
　　——の遺伝　39
核内低分子RNA　60
核様体　98
隔離分布　46
角輪　331
かさ制限　169
仮軸分枝　103
花序　106
数の反応　291
ガス胞　98
花成ホルモン　181, 262
化石燃料　195
家族　323
家族群　315, 317
家族社会　319
カタボライトリプレッション　66
家畜　374, 375
活性化因子　67
活動時間帯　160
仮道管　102
花被　106
カビ　26
花粉管　22
カボゾア　19
夏眠　165
カムフラージュ　157
ガラス化　360
体の大型化　157
体のプロポーション　327
夏緑樹　149
カルシウム　113
カルシノーマ細胞　240
カルビン回路　202
カルボニル化タンパク質　260
過冷却　309
カロテノイド　110, 149
川辺林　148
がん　346
がん遺伝子　351
がんウイルス療法　353
感覚器　189
環境アセスメント　299
環境浄化　128
環境性決定　233
環境要因　154
幹細胞　255
観察学習　269
慣習　377
環状AMP　186
管状マスチゴネマ　17
乾性遷移　139, 279
間接効果　292

間接相互作用網　294
感染症　333, 346
完全変態　259
肝臓　118, 120, 255
カンブリア大爆発　32, 43
緩慢凍結法　360
がん抑制遺伝子　80, 352
冠輪動物　24
がんワクチン療法　352

偽遺伝子　38
偽果　108
機械受容器　190
帰化植物　150
器官　100
気管系　119
気孔　180
儀式化　267
寄生　129
寄生虫　333
偽体腔動物　24, 25
基底膜　124
キネシス　191
気嚢　119, 164
機能の反応　291
キノコ　26
忌避物質　143
基本転写因子　68
基本ニッチ　308
気門　119
逆位　91
逆転写　61
ギャップ更新　280
キャリアー　333
求愛行動　267
旧口動物→前口動物
休眠　165
休眠期細胞　277
休眠持続時間　165
境界層　137
境界モデル　257
狂牛病　350
競合　173
狭食性　167
共生　129, 302
共生進化説　43, 99
競争　150, 287
　　見かけの——　292
競争関係　291
鏡像多型性　226
競争排除　292
共有派生形質　13
恐竜類　26
極顆粒　239
極細胞　240
極細胞質　215
極座標モデル　257
極性化　246
極相　279
魚類　25, 26
ギルド内捕食　291

儀礼的交換　378
菌界　15, 26
菌糸　26
菌糸体　26
筋肉　124
筋肉組織　125

食う-食われる　277
クエリング　70
クエン酸　198
クエン酸回路　206
茎　22
鎖の異性化　92
クジラの鰭　12
クチクラ蒸散　134
嘴　26
口-反口軸　243
屈光性　135
組換え価　91
クライマックス　279
クラウン生物　19
クラ交換　378
グラム染色　18, 97
クラン　317
クランツ　203
グリコーゲン　206
グリセロール　207
グルコース　205
グループ　315
クレード　11
グレード　11
クロイツフェルト-ヤコブ病　350
クロマチン　87
クロマトイドボディ　239
クロマルベオラータ　20
クロミスタ　16, 17, 20
クロラムフェニコール　99
クロロフィル　110
群集　282
　　——の中立説　288

警戒音　266
警戒信号　157
警告色　266
形質状態　12
茎針　104
形成層　104
形態学的体色変化　194
形態形成　244
形態分化　46
茎頂分裂組織　103
系統樹　10, 38
系統地理　48
渓畔林　148
血液幹細胞　257
血縁グループ　317
血管　25
結合組織　125
欠失　82, 91
ケトン体　207

ゲノム　75
ゲノム生物学　41
限界暗期　142
原核生物　1
言語　384
原口　24
原始形質　13
原始大気　29
原子嚢殻　223
原腎管　24, 25
減数分裂　220
原生生物界　15
原生動物界　21
原腸胚オーガナイザー → シュペーマンオーガナイザー
顕微鏡　97
顕微鏡下精巣上体精子吸引法　359
顕微授精　359

コアノゾア　16
綱　9
恒温性　26
降河回遊魚　161
光化学反応中心複合体　201
口腔　254
光合成　130, 196
光合成電子伝達系　201
後口動物　24, 25, 43, 115
硬骨魚類　26
交叉（交差）　91
交叉価　91
好酸球　355
高次脳機能　212
光周性　261
甲状腺ホルモン　185, 260
広食性　167
後生動物　43
抗生物質　99
厚生労働省　334
高層湿原　148
構造色　193
酵素共役型受容体　186
酵素法　72
酵素連結型受容体　186
後天性免疫不全症候群　346
口-反口軸　243
後部消化管発酵　168
孔辺細胞　179
後鞭毛類　20
コウモリの翼　12
肛門　25
古環境変動　47
呼吸　196
呼吸器系　116, 118
国連人口基金　343
古細菌　16, 131, 195, 302
古細菌ドメイン　19
互酬性　339
コスミド　71
互生　104
個体群　42, 282

個体数のピラミッド　278
国家社会　341
骨化度　332
コーディン　249
古典的条件付け　269
コドン　61, 63
コルチカータ　19
コレステロール　206
根圧　179
婚姻　335, 336, 338
婚姻色　267
根冠　101
混交林　155
根端分裂組織　101
コンタミネーション　99
ゴンペルツ曲線　326
根毛　101

サ 行

細菌　97, 332
細菌学　97
サイクリン D1　245
サイクリン依存性キナーゼ　245
最古の真核生物　36
採餌縄張り　273
最終収量一定の法則　283
採食食物連鎖　295
再生　245, 255
再生医療　255
再生芽　257
最節約原理　14
最大持続可能漁獲量　288
サイトカイニン　180
サイトカイン　183, 185
再分配経済　340
再編再生　257
再編成　91
細胞-ECM 間結合　178
細胞移植　366
細胞間結合　177
細胞間連絡　177
細胞共生説　43
細胞進化　3
細胞性免疫　184
細胞増殖　244
細胞増殖因子　185
細胞内小器官　98
細胞内受容体　185
細胞壁　18, 26, 98, 100, 114
細胞膜受容体　186
細胞老化　260
最尤法　14
サーカディアンリズム　141
柵状組織　105
左型　226
サザン法　74
雑食性　167
サテライト DNA　58
サバンナ　160
サフラニン　97
左右軸　243

左右相称　24, 106, 114
サリチル酸　110
サルビア現象　289
三型花柱性　226
散在神経系　181
酸素の拡散　116
三単糖リン酸　198
三胚葉性　24
ジアシルグリセロール　186
シアン配糖体　112
自家不稔　228
自家不和合　228, 237
師管　102
色素　110
色素色　193
色素体　100
色素胞　193
子宮　26
シークエンシング　72
シクロヘキシミド　99
試験管内パッケージング　71
始原生殖細胞　239
——の移動　240
試行錯誤学習　269
自己分泌　185
歯根部　332
脂質　206
脂質骨格　18
子実体　26
示準化石　34
シスト　277
雌性先熟　237
雌性単為生殖　218, 219
雌性両全性異株　225
自然再生推進法　299
自然淘汰　39
自然分類　10
自然間引き　150
実現ニッチ　308
湿性遷移　139, 279
ジデオキシ鎖停止法　72
子嚢胞子　223
シノニム　9
死物寄生　129
ジベレリン　110
脂肪酸　206
資本主義　342
姉妹群　13
縞状鉄鉱層　31, 36
社会　310, 312
社会性　324
社会ダーウィニズム　41
弱肉強食　172
ジャスモン酸　110
シャフリング　91
シャマニズム　381, 382
シャマン　382
シャーマントラップ　170
種　6, 7, 37
獣医学　332

事項索引

雌雄異株　106, 225
雌雄異体　228
周縁魚　161
周縁効果　298
周縁分裂組織　104
周期的変動　291
シュウ酸　113
重症急性呼吸器症候群　348
重層社会　319
従属栄養生物　143, 277, 295, 297
収束伸張運動　250
集団　310
集団遺伝学　40
集団形成　158
集団性昆虫　324
雌雄同株　106
雌雄同体　228
重複　91
重複受精　23, 108
周辺帯　250
終宿主　333
重粒子線治療　353
重力屈性　138, 187
重力走性　192
収斂現象　13
収斂-伸長運動　247
種間競争　149, 291
種間縄張り　274
縮重　63
種群　42
種子散布　293
種子植物　22
呪術　381
樹状細胞　352
種小名　8
受精能獲得　241
受精膜　241
首長制社会　340, 341
出産戦略　158
出自　337
出自集団　322
シュート　103
樹洞　156
種内競争　149
『種の起源』　39
種の多様性　5
種分化　37, 46
　　植物の——　43
シュペーマンオーガナイザー　244
寿命　329
寿命遺伝子　261
受容細胞　189
受容体　185
狩猟成功率　160
狩猟民　373
狩猟民社会　338
順位　310
順位制　271
循環器系　116, 118
消化　168
硝化　196

傷害蓄積説　260
昇河回遊魚　161
消化管　254
消化器官系　118
消化・吸収　205
条件反射　269
硝酸還元　195
蒸散流　179
小腸　118, 120, 255
上皮間葉転換　247
消費者　295, 297
上皮組織　124
漿膜　26
小葉　104
常緑樹　149
植食　293
食性　167
食道　254
植物界　15, 22
植物極　242
植物の種分化　43
植物の変態　104
植物ホルモン　109
食物不足　165
食物網　278, 295
食物連鎖　277
ショ糖　202
自律神経系　213
人為分類　10
真果　108
真核生物　1
　　最古の——　36
真核生物ドメイン　19
進化ゲノム学　41
進化生態学　41
新型インフルエンザ　349
進化の総合説　40
進化分類学　13
腎管　25
真菌　332
シンク　180
神経芽細胞　250
神経管　25, 250
神経幹細胞　257
神経系　181
神経性網膜　251
神経節　181
神経組織　125
神経堤　250, 251
神経伝達物質　182, 185
人工飼育法　169
人工臓器　370
新口動物→後口動物
真社会性昆虫　325
人種　385
真正細菌　16, 18
真正染色質　88
真正中心柱　103
心臓　25, 118, 121
　　——の発生　253
腎臓　25, 118, 122

　　——の発生　253
親族　337, 338
真体腔　43
真体腔動物　24, 25
診断　333
真皮　252
シンプラスト　179

髄　103
水蒸気濃度　134
水晶体重量　331
膵臓　255
スクール　310
スクレイピー　350
スクロース　113
スタッキング　59
ステロイドホルモン　182, 185
ストラメノパイル　17, 20
ストレス　354
ストロマ　201
スーパーハード　315
スプライシング　63
棲み分け　172
刷込み　269

生活習慣病　205
制限酵素　72
生産者　295, 297
生殖隔離　7, 37
　　——の強化　37
生殖顆粒　239
生殖細胞　239
生殖細胞系列　214
生殖細胞決定因子　214
生殖質　214, 239
生食食物連鎖　295
生殖腺　239
生殖補助医療　357
精巣上体　241
精巣内精子回収法　359
生息適地　154
生存曲線　328
生態系　297
生態系ネットワーク　294
生態的寿命　328
生態的地位　172
生態的分化　37, 46
成長運動　187
成長曲線　325
成長錐　309
成長パターン　326
性転換　225
性転換症　356
性同一性障害　356
性淘汰　40
正のフィードバック　287
性表現　225
生物学的種概念　7, 37
生物学的反応調節物質　352
生物間相互作用のネットワーク　294
生物群系　280

生物群集　297
生物進化　3, 35
生物多様性　297, 391
生物多様性条約　298
生物地理　333
生物的環境　133
生物的窒素固定　195
生物時計　141
生物と無生物　1
生物分類学　6
生物兵器　351
生物量のピラミッド　278
性変更遺伝子　236
生命現象　2
生命の流れ　2
性役割　356
生理学的体色変化　193
生理的の寿命　328
世界経済システム　342
世界宗教　380
世界人口白書　343
世界帝国　341
世界的な流行　349
脊索　25, 44
脊髄　25
積雪深　175
脊椎動物　25
節　103
接合　218
接合子卵管内移植　357
接触形態形成　307
絶対成長　325
絶滅危惧種　298
瀬戸内海　277
背腹軸　115, 243
セルラーゼ（セルロース分解酵素）　302
セルロース　114
セレンディピティ　99
遷移　139
前口動物　24, 43, 115
前後軸　115, 243
潜在学習　269
先取権　9
染色質　87
染色体　75, 98
染色法　97
先体突起　241
先体胞　241
線虫　261
セントロメア　88
全能性幹細胞　256
繊毛　98

走化性　192, 241
臓器移植　365
双系性社会　319
走光性　192
相似　45, 104, 125, 215, 217
早死型　329
走磁性　192
草食性　167

走性　191
相対湿度　134
相対成長　326
走電性　192
相同　13, 104, 125, 217
相同器官　12
相同組換え　92, 220
相同染色体　220
挿入　82, 91
走熱性　192
送粉　293
造雄腺　235
遡河回遊魚　161
属　9
促進因子　351
側頭窓　44
属名　8
組織　100
組織移植　365
組織幹細胞　256
ソース　180
側根　102

タ 行

体液浸透圧　211
体液性免疫　184
体外受精-胚移植　357
耐寒性　151
体腔　23, 24, 253
胎児　26
体軸　114
代謝　127
代謝症候群　354
体重　331
大進化　38
対生　104
耐性菌　99
体節　25
体節性　25
ダイソミー　94
大腸　118, 120, 255
耐凍性　151
耐糖能異常　354
胎盤　26
太陽放射　133
大陸移動　47
対立遺伝子　89
大量死　334
大量絶滅　33
ダウン症　94
タクサ　8, 9
タクソン　9
多型　39
タコの眼球　13
脱窒　196、
脱皮動物　24
脱分化　257
多能性幹細胞　256
多夫多妻　312
多文化主義　386
多変量解析　154

多様性　288
単為結実　108
単為生殖　218
短花柱型　226
短期記憶　212
単系出自　338
単系統群　11
炭酸固定反応　201
担子器　26
単軸分枝　103
短日植物　142, 262
短日処理　180
担子胞子　26
単純ヘルペスウイルスⅠ型　353
淡水回遊　161
単性花　106
炭素イオン線　353
炭疽菌　351
炭素同位体　309
炭素の循環　194
単独性　310, 315, 318, 319, 321, 324
単独性社会　314, 315
タンニン　112
タンパク質　60
タンパク質キナーゼC　186
単雄複雌群　314, 317, 319, 321, 323
単葉　104

地域個体群　47
地球温暖化　43
地球規模　47
地球の誕生　29
窒素固定　129
窒素固定植物　306
窒素酸化物　288
窒素の循環　195
地方個体群　317
着床前（遺伝子）診断　361
着床前スクリーニング　361
チャパラル　289
中間宿主　333
中心柱　101
中枢神経系　181
中性植物　142, 262
中腸腺　118
中途覚醒　165
中脳後脳境界　250
中胚葉　24, 243
中胚葉誘導　248
長花柱型　226
頂芽優勢　180
長期記憶　212
長期予後調査　362
超群　315
長日植物　142, 262
鳥獣飼育許可証　170
鳥獣捕獲許可申請　169
調節卵巣刺激法　358
腸体腔　24
腸内細菌　303
重複　91

事項索引

重複受精 23, 108
鳥類 25, 26
直立二足歩行 50, 51
チラコイド膜 200
地理的隔離 48
チロシンキナーゼ型受容体 186
陳述記憶 213
沈水植物 148

角 331

低温 165
低温回避 151
ディスプレイ 267
低層湿原 148
低体温 165
ディプルールラ幼生 24
ディプロスポリー 224
適応度 41
手続き記憶 213
テーラーメイド医療 346
テリトリー 272
テロメア 88, 260
電気感覚 191
転座 82, 91
電子顕微鏡 98
電子伝達系 197, 206
電磁波 135
転写 60
転写後遺伝子サイレンシング 70
転写制御因子 68
伝達性海綿状脳症 350
天地創造論 41
点突然変異 82
天然化合物 111
天然林 156
デンプン 113, 202
点変異 82
転流基質 202
伝令RNA 59

同化・異化 205
同化反応 127
道管 102
同義置換 38
動機付け 267
同型配偶子 218
凍結回避 151
動原体 88
洞察学習 269
糖質 205
動植軸 242
同所的種分化 37
同心円 46
同定 8
童貞生殖 218
糖尿病 206
逃避能力 46
同物異名 9
動物界 15, 23
動物極 242

動物地理区 47
同胞種 7
冬眠 165
透明帯開孔法 362
通し回遊魚 161
独占企業 288
独立栄養生物 143, 194, 277, 295, 297
独立の法則 90
突然変異 39, 46
トーテミズム 376
ドーナッツ現象 289
トマホークトラップ 170
ドメイン 16
トラスツズマブ 353
トランスファーRNA 60
トリグリセリド 206
トリソミー 94
トリプトファンオペロン 67
トリプレット 61
ループ 319
トレハロース 308
トロコフォア幼生 24, 25

ナ 行

内骨格 25
内鞘 102
内臓肥満 354
内胚葉 24, 243
内胚葉性器官 254
内皮 101
内部共生 285
内分泌 185
内分泌系 182
内分泌腺 182
投げ縄構造 63
慣れ 268
縄張り 267, 272
縄張り訪問型複婚 311
軟骨 26
軟骨魚類 26

肉食性 167
二型花柱性 225
二酸化炭素 194
　　——の固定 130
二次遷移 139, 279
二次代謝産物 111, 294
二次脳胞 250
二次林 283
日内休眠 165
日周活動パターン 169
日長 261
二胚葉性 23
日本野生動物医学会 333
二名式名 8
二名法 8
尿酸 26
尿素回路 208
尿膜 26

ヌアージ 239

ヌクレオチド除去修復 84
ヌルソミー 94

根 22
ネオ・ダーウィニズム 40
熱水噴出孔群集 296
年代年輪法 309
粘着末端 72
年輪 332
年齢査定 330

脳 25
農耕 373
農林水産省 334
ノーザン法 74
ノーダル 249
ノッチ 249

ハ 行

葉 22
歯 167, 332
ハー2 352
胚 26
肺 26, 118, 122, 254
バイオエタノール 113
バイオマーカー 36
バイオーム 280
バイオレメディエーション 128
胚芽層 252
配偶子 241
配偶システム 270, 311
配偶子卵管内移植 357
配偶体 22
　　雌の—— 107
配偶縄張り 274
バイコンタ 19
胚珠 22
杯状胚 6
倍数性 93
胚性幹細胞 256
排泄器官 24
胚乳種子 108
胚嚢 107
ハイパーサイクル 36
胚発生 101
胚盤胞 359
背腹軸 115, 243
ハイブリダイゼーション 74
胚膜 26
胚葉 23
バクテリア 97
バクテリオクロロフィル 130
バージェス頁岩層 32
はしご型神経系 181
派生形質 13
爬虫類 25, 26
発がん遺伝子 80
発がん物質 351
醱酵 128
発生 23
パッチ状 46

花　22
ハープトラップ　169
波紋　46
ハレム型一夫多妻　311
晩死型　329
反射　212
繁殖成長期　142
繁殖戦略　329
反芻　168
反芻胃　301
パンデミック　349
バンド　317, 319, 322, 323
バンド外婚　323

非一夫一妻制　313
皮下脂肪　174
光　287
光屈性　187
光呼吸　202
微細藻類　275
被子　43
被子植物　22, 23
被食-捕食関係　291
ヒストン　59, 87, 98
非正統的組換え　220
微生物学　97
微生物食物連鎖（微生物ループ）　296
皮層　101, 103
ビタミン誘導体　185
ビッグマン　339, 340, 341
必須元素　137
ピッチ　59
非同義置換　38
ヒトCD20　353
ヒトの腕　12
ヒトの眼球　13
ヒト免疫不全ウイルス　346
非縄張り型複婚　311
非母系社会　322
病気　156
表形分類学　13
標準化石　34
表皮　252
微量元素　137
ピルビン酸　198
鰭　26
貧栄養　288
品種　47

フィトアレキシン　143
フィードバック調節　182
封入体　98
富栄養化　275
フェロモン　325
付加再生　257
不完全菌門　27
不完全変態　259
復温　166
副気管支　164
腹腔鏡手術　352
副腎皮質ホルモン　354

複並立維管束　103
複雄複雌群　314, 318, 319, 321, 323
複葉　104
父系社会　317, 319, 322
父系出自　337, 338
腐食食物連鎖　295
不斉中心柱　104
ブタインフルエンザ　349
二又分枝　103
物理的環境　133
不定根　101, 102
不定胚形成　224
不妊カースト　325
浮葉植物　148
プライド　318
プラコード　251
ブラシノステロイド　110
プラスミド　71, 98
フラボノイド　111
プリオン　350
フリーラジカル説　260
フルードの法則　120
プレート運動　29, 31
プログラム説　260
プロテアーゼ阻害薬　348
プロティスタ　15
プロテインキナーゼA　186
プロテオバクテリア　99
プロトプラスト　100
プローブ　74
プロモーター　66, 351
フロリゲン　181, 262
分解酵素　128
分解者　295, 297
文化相対主義　386
分化転換　257
分岐点移動　92
分岐点配列　63
分岐分類学　13, 44
分散　47
分子遺伝学　41
分子系統学　38, 44
分子進化学　38
分子進化速度　14
分子進化の中立説　38
分断　47
分布拡大　46
分布制限要因　175
分離の法則　90
分離分布　46
分類　6
分類階級　9
分類群　8, 9
分類体系　7, 9
分裂組織　100, 103, 104
ペア型　314, 317, 318, 319
ペア型家族　323
ペア型社会　317
平滑末端　72
平均寿命　344
平面細胞極性　248

並立維管束　103
ヘキソースリン酸　113
ベクター　71, 98
ヘテロクロマチン　88
ペニシリン　99
ペプチドグリカン　97
ペプチドホルモン　182, 185
ヘモグロビン　164
ペルオキシソーム　202
ヘルパー　272
変種　47
変態　258
　植物の――　104
鞭毛　98
保育細胞　244
保因者　95
膨圧　189
包囲維管束　104
防衛戦略　293
抱合　210
胞子　26
胞子体　22
胞子嚢　26
放射維管束　102
放射相称　23, 106, 114
傍分泌　185
保温効果　174
牧畜　373, 374
母系社会　319
母系出自　337
保護区　298
母子ハード　315
補償成長　294
捕食行動　265
捕食者　156, 291
捕食者-被食者関係　277
ホスホリパーゼC　186
母性因子　243
保全医学　333
ホックスコード　245
ボディプラン　245
ポトラッチ　380
哺乳　26
哺乳類　25, 26
骨　123
ホノニム　9
ホメオスタシス　185, 210
ポリアセチレン化合物　290
ホリディモデル　92
ポリメラーゼ連鎖反応　70
ホルモン療法　352
本能　270
翻訳　61
翻訳後修飾　60
翻訳制御　240

マ 行

マイクロアレイ解析　75
マイクロサテライト多型　80
埋葬　377

事 項 索 引

マグネトソーム 98
末梢神経系 181
磨耗度 332
マングローブ林 147

味覚 168
見かけの競争 292
ミクシス生殖 217
ミクロRNA 70
ミサイル療法 353
水ポテンシャル 137
ミスマッチ形成率 216
密度効果 282, 288
密度制御 291
ミトコンドリア 76, 96, 99, 198, 202
ミトコンドリア・イブ 54
ミトコンドリアDNA 38, 54
ミールワーム 170
民族 384, 385
民俗宗教 380

無機イオン 113
無機的環境 297
無性生殖 22, 222, 224
無性繁殖 151
無性胞子 223
無脊椎動物 25
無体腔動物 24
無配生殖 43, 224
無胚乳種子 108
無胚葉性 23
無変態 259
無融合種子形成 224
無融合生殖 224
群れ 158, 310, 312, 315
ムレイン 18
群れ型 317
群れ型社会 314, 315, 322
群れサイズ 160

眼 251
メイジ 352
明反応 200
命名規約 8
雌集団 318
雌の配偶体 107
メタボリックシンドローム 354
メタン 195
メチル化 258
メッセンジャーRNA 59
綿羽 164
免疫グロブリン 184
免疫グロブリンE 355
免疫系 183
メンデルの法則 88

網膜色素上皮 251
目 9
もぐらとり器 170
模式標本 8
モデル動物 261
モネラ 6, 15
モネルラ 6
モノクローナル抗体療法 353
モノソミー 94
モビング 158, 266
門 9

ヤ 行

夜行性 158
野生動物 169

雄性産生単為生殖 235
有性生殖 22, 43, 222, 224
有性世代 22
雄性先熟 237
雄性単為生殖 218
優性の法則 89
雄性配偶体 107
雄性両全性異株 225
遊走性移動 246
有胎盤類 26
有袋類 26
誘導防衛 294
遊牧 373
優劣の法則 89
ユーグレノゾア 17
ユークロマチン 88
ユグロン 289
ユニコンタ 20
揺らぎ 63, 215, 216, 217, 221

葉縁成長 104
葉原基 104
陽樹 304
葉序 104
葉針 104
幼生 23
陽生植物 280
用・不用説 39
羊膜 26
葉緑体 76, 99, 200

ラ 行

ラエトリ遺跡 50, 51
ラギング鎖 62
ラクトースオペロン 65
落葉樹 148
裸子 42
裸子植物 22
らせん卵割 24
ラリアート構造 63

卵黄膜 241, 242
卵殻 26
卵核胞 241
卵核胞崩壊 241
乱婚 311, 312
卵細胞質内精子注入法 359
卵割 242
卵巣過剰刺激症候群 360
卵の体外成熟 360
卵軸 242

陸封型 161
離合集散型 321
リザリア 19, 21
離層 105
リゾチーム 39, 99
リーダー制 310
リツキシマブ 353
リーディング鎖 62
リプレッサー 67
リプログラミング 257
リブロース1,5-二リン酸カルボキシラーゼ/オキシゲナーゼ 201
リプロダクティブヘルス 345
リボソームRNA 60
リボタンパク質 207
流線形 116
両性花 106
両性混合 217
両生類 25, 26
両全性雌雄同株 225
両側回遊魚 161
リン酸 113
リン酸欠乏 307
輪生 104
リンネ式階層分類体系 9

累積正規分布曲線 326
ルーシー 50
ルーメン 301

冷血動物 117
歴史生物地理 47
レック 274
裂体腔 24
レッドデータブック 299, 397
レトロウイルス 346
レフュージ 308
連鎖 221

老化仮説 260
ロジスティック曲線 282, 326
濾胞細胞 244

ワ 行

渡り 161

生物名索引

ア 行

アウストラロピテクス 49, 50, 51, 52, 372
アオカケス 265
青カビ 99
アカウミガメ 163
アカガニ 163
アカネズミ 166, 171
アカパンカビ 222
アガマトカゲ 236
アサギマダラ 163
アセビ 144
アネハヅル 164
アブラコウモリ 329
アブラナ 106
アブラムシ 286, 325
アフリカゾウ 120
アフリカツメガエル 243
アマミノクロウサギ 173
アメーバ 218
アライグマ 173
アリ 325
アルディピテクス 49, 50
アンモナイト類 33, 34

硫黄酸化細菌 131
イタドリ 279
イチョウ 35, 108, 149
イネ 77, 109
——の葉緑体ゲノム 77
イネ科 136
イノシシ 175

ウシ 301
渦鞭毛藻 21, 275
ウマ
——の前足 12

エゾヤチネズミ 171
襟鞭毛虫 22, 23
エンドウ 90

オオカバマダラ 143, 163
オオシマザクラ 9
オカダンゴムシ 235

カ 行

カイツブリ 334
カイミジンコ 219
褐藻 42
カニ 115
カメ類 45
カモノハシ 232

カモメ 271
カレイ 193
カレニア 276
カワネズミ 170
環形動物 24, 25

キク科 136, 290
キクガシラコウモリ 329
寄生線虫類 335
ギフチョウ 154
キョクアジサシ 163
棘皮動物 25

クジラ 162
——の鰭 12
クマノミ 238
クラゲ 115
グラントシマウマ 120
グリパニア 37
クリプト藻門 20
クロクルミ 289
グンカンドリ 267

珪藻 275
ゲラダヒヒ 160
原猿類 160
原索動物 25

光合成細菌 100
紅藻 42
高度好塩古細菌 19, 132
好熱菌 19
コウモリ
——の翼 12
コウモリ類 171
コクロディニウム 276
コケ 42
コケ植物 22
枯草菌 98
ゴリラ 383
根粒菌 195

サ 行

サカゲカビ 15
サケ 162
ササ 287
サトウキビ 203
サピエンス種 49
サンショウウオ 26

シアノバクテリア 15, 31, 36, 42, 47
シカ 175
シダ 22, 42
ジネズミ 170

子嚢菌門 26
刺胞動物 24
シマウマ 159
シャガ 102
ジャコウネズミ 170
シャジクモ 15
シャットネラ 275
シャミセンガイ 35
ジュウシチネンゼミ 230
ショウジョウバエ 215, 233, 244
食虫類 169
シーラカンス 35
シロアリ 325
シロイヌナズナ 263, 188
シロザケ 161

スイギュウ 316
スズメ目 313

セイタカアワダチソウ 280
脊索動物 25
接合菌門 26
節足動物 24
ゼブラフィッシュ 248, 253
線形動物 24, 25
センニンソウ 103
センペルセコイア 108
繊毛虫類 21

走磁性細菌 99
ソラマメ 101, 105

タ 行

ダイズ 129, 150
大腸菌 215, 218
タイワンザル 173
ダーウィニュラ科 219
タコ
——の眼球 13
タヌキ 173
タビネズミ 235
担子菌門 26
淡水性カイミジンコ 219

地衣類 27
チーター 159
窒素固定細菌 129
超好熱菌 131
チンパンジー 49, 51, 52, 323, 335, 336, 338, 372, 377, 383, 384

ツボカビ門 26

テナガエビ 163

テン 157

トウモロコシ 104, 203
トガリネズミ 170
トゲウオ 268
トノサマバッタ 282
トムソンガゼル 160
トリコモナス 20
トリパノソーマ 20

ナ 行

ナズナ 101, 108
ナメクジウオ 25
軟体動物 24, 25
ナンヨウハギ 193

ニホンウナギ 161, 162
ニホンカモシカ 331
ニホンザル 176
ニホンモモンガ 155, 157, 327
ニホンヤマネ 166

ヌー 160
ヌマエビ 163

ネアンデルタール 54, 55
ネズミ亜科 171
ネムノキ 141

ノウサギ 266

ハ 行

白色腐朽菌 128
ハクビシン 173
ハタネズミ 171
ハチ 325
ハチクマ 164
ハテナ 100
ハプト藻門 20
ハマトビムシ 235
ハリセンボン 126
ハロバクテリウム 132

尾索動物 25
ヒドラ 181
ヒノキ科 136
ヒミズ 169, 172
ヒメネズミ 155
ヒメヒミズ 172
ヒメホオヒゲコウモリ 156
ヒョウモンエダシャク 144

不等毛植物門 20
プラナリア 2, 182

ベギアトア属 131
ヘテロカプサ 276
ヘルペスウイルス 335
扁形動物 25

放散虫門 21
ホオジロガモ 267
ボネリムシ 235
ホモ・エレクトゥス 51, 52, 53, 54, 338, 372, 378, 384
ホモ・サピエンス 49, 52, 54, 55
ホモ属 49
ホモ・ハビリス 50, 52
ホヤ 25
ホンソメワケベラ 238

マ 行

マイコプラズマ 98
マウス 215, 234
マツ 108, 109
マツタケ 129
マングース 173
マンボウ 126

ミクソゾア 24
ミズハタネズミ亜科 171
ミドリゾウリムシ 234
ミドリムシ 19
ミミズ 2, 182

無顎類 25
ムササビ 155, 169, 327
ムジナモ 188

メタン細菌 4, 19, 302

モクズガニ 163
モグラ 170
モンシロチョウ 143

ヤ 行

ヤチネズミ 171
ヤツメウナギ 25
ヤマトヒメミミズ 218
ヤンバルクイナ 173

有孔虫門 21
有櫛動物 24
ユビナガコウモリ 329

ヨルギア 31

ラ 行

ライオン 159
ラッコ 174
ラット 269
ラフィド藻 275
ラン色細菌 31, 36
ラン藻 15, 27, 31, 42, 47

リュウゼツラン科 136
緑藻 27, 42
輪形動物 24, 25

類人猿 160
ルリスズメダイ 193

霊長類 160
レイヨウ 316

ワ 行

ワラジムシ 235

人名索引

473ページ以降は「付録III 生命科学年表」中に出現する.

欧字

Aldrovandii, Ulysses 475
Alhazen 474
Allard, H. A. 261
Altman, Sidney 500
Altmann, Richard 484
Anaximandros 473
Arber, Werner 498
Aristoteles 1, 15, 473
Avery, Oswald Theodore 493
Avicenna 474
Avise, J. C. 48
Axel, Richard 503

Balfour, Francis Maitland 483
Baltzer, F. 235
Banting, Frederic Grant 489
Bateson, William 487
Bayliss, William Maddock 486
Beadle, George Wells 493
Beijerinch, Martinus Willem 485
Beijerinck, M. 131
Bell, Charles 478
Belon, Pierre 475
Benda, C. 485
Berg, Paul 499
Bergström, Sune Karl 495
Bernal, J. D. 35
Bernard, Claude 210, 480
Berthold, Arnold Adolph 481
Best, Charles Herbert 489
Bichat, Marie-Francois-X. 478
Bishop, John Michael 500, 501
Blackman 487
Blakiston, Thomas Wright 482
Blobel, Günter 502
Boerhaave, Hermann 476
Bonnet, Charles 477
Bordet, Jules Jean Baptiste 487
Borelli, Giovanni Alfonso 476
Boyer, Herbert Wayne 499
Boyle, Robert 475
Brenner, Sydney 502
Broca, Paul 481
Bronn, Heinrich Georg 481
Brown, Michael Stuart 501
Brown, Robert 2, 479
Bryant, G. 257
Buchner, Eduard 485
Buck, Linda B. 503
Buffon, Georges-Louis 477
Burdach, Karl Friedrich 478
Burnet, Frank Macfarlane 495

Butenandt, Adolf Fridrich Johann 490

Calvin, Melvin 495
Camerarius, Rudolph Jakob 476
Cannon, W. B. 210
Carlsson, Arvid 502
Carrel, Alexis 486
Cavalier-Smith, T. 16, 19
Cech, Thomas Robert 500
Cesalpino, Andrea 475
Chailakhyan, M. K. 262
Chamisso, A. 228
Chargaff, Erwin 494
Charnier, M. 236
Cheung, W. Y. 498
Claude, Albert 492
Clements, Frederic Edward 487, 489
Cline, Martin J. 500
Cohen, Stanley 501
Cohen, Stanley Noman 499
Coli, Carl Ferdinand 491
Coons, Albert Hewett 492
Cope, Edward Drinker 485
Copeland, H. F. 15
Cormack, Allan McLeod 496
Corner, Edred John Henry 501
Correns, Carl Franz Joseph Erich 486
Crick, Francis Harry Compton 58, 494
Cuénot, Lucien Claude Jules Marie 486
Cuvier, Georges Leopold Chretien Frederic 478

d'Hérelle, Félix Hubert 489
Dam, Carl Peter Henrik 491
Darwin, Charles 4, 10, 35, 39, 226, 481, 503
Darwin, Erasmus 478
de Albornoz, Severo Ochoa 495
de Almeida, Luis 474
de Duve, Christian Rene Marie Joseph 493
De Fronzo, R. A. 354
de Graaf, Reinier 476
de Jussieu, Antoine Caurent 478
de La Mettrie, Julien Offray 477
de Lamark, Jean Baptiste Pierre Antoine 478
de Tournefor, Joseph Pitton 476
de Vries, Hugo Marie 486
Descartes, Rene 475
Dioskorides 473
Dobzhansky, Theodosius 227, 491
Dohrn, Anton 482

Doisy, Edward Adelbert. 490
Donnez, J. 360
Down, John Langdon 482
Driesh, Hans 484
Du Bois-Reymond, Emil Heinrich 480
Dubos, René Jule 492
Dubouis, Eugene 484
Dugdale, Richard Louis 483
Dumortier, Barthelemy Charles 479

Eccles, John Carew 496
Ehrlich, Paul 485
Eigen, M. 35
Eijkman, Christiaan 487
Eimer, Theodor 480, 484
Einthoven, Willem 486
Eldredge, Niles 499
Elton, Charles Sutherland 490
Erasistratos 473

Fabre, Jean Henri 483
Fabrizio, Girolamo 475
Fire, Andrew 503
Fischel, Alfred 485
Fischer, Edmond Henri 501
Fischer, Emil Hermann 485
Fisher, R. A. 41
Fleming, Alexander 98, 490
Flemming, Walter 483
Fox, Sidney Walter 490
Franchet, Adrian 483
French, O. 257
Fretwell, S. D. 232
Freud, Sigmund 485
Frosch, Paul 486
Fuchs 474
Funk, Casimir 488

Gage, F. H. 257
Galenos 473
Galton, Francis 484
Galvani, Luigi 478
Garner, W. W. 261
Gause, Georgii Frantsevich 491
Gehring, Walter Jakob 500
Gesner, Konrad 474
Gey, George Otto 494
Gilbert, W. 72
Gilman, Alfred Good 499
Glisson, Francis 476
Goebel, Karl Eberhard 485
Goethe, J. W. 104
Goldschmidt, Richard Benedict 488, 492

人名索引

Goldstein, Joseph Leonard 501
Golgi, Camillo 484
Gould, Stephen Jay 499
Gram, C. 97
Greengard, Paul 502
Grew, Nehemiah 476
Griffith, Fred 490
Gross, M. R. 232
Gudernatsch, Frederick 488
Gurdon, John Bertrand 258, 497

Haacke, Johann Wilhelm 485
Haeckel, Ernst Heinrich 6, 10, 482
Halden, J. B. S. 35
Hales, Stephen 476
Ham, Johan 476
Hamilton, William Donald 41, 497
Handyside, A. H. 361
Hanstein, J. 101
Hardy, Godfrey Harold 487
Harison, Ross Granville 487
Harrington, Charles Robert 490
Hartsoeker, Nicolas 476
Harvey, Whiliam 475
Haslbuner, Ellen 497
Hayflick, L. 260
Heitz, Emil 486
Henle, Friedrich Gustaf Jacob 480
Herophilos 469
Hershey, Alfred Day 493
Hertwig, Oskar 482
Hill, Robert 492
Hippokrates 365, 473
His, Wilhelm 482
Hjort, Johan 488
Hodgkin, Alan Lloyd 494
Hofmeister, W. 228
Holley, Robert William 496
Holliday, R. 92
Hooke, Robert 2, 475
Hopkins, Frederick Gowland 487
Hoppe-Seyler, Ernst Felix Immanuel 481
Horvitz, Howard Robert 502
Hounsfield, Godfrey Newbold 499
Hunt, Timothy 501
Huxley, Andrew Fielding 494
Huxley, Julian Sorell 492
Huxley, Thomas Henry 482
Hyatt, Alpheus 482

Ibn Al-Hazen 474
Ibn Sinā 474
Ingenhouz, Jan 477
Ingram, Vernon M. 495
Ivanovsky, Dmitry Isosifovich 484

Jacob, François 65, 496
Jansen, Zacharias 475
Janssen, Hans 475
Jeffrresy, Alec 501

Jenner, Edward 478
Johannsen, Wilhelm Ludwig 487
Jordaens, J. 364

Kaempfer, Engelbert 476
Kandel, Eric Richard 502
Kaplan, N. M. 354
Katz, Bernard 494
Keilin, David 489
Kendrew, John Cowdery 495
Khorana, Har Gobind 497
Knight, Thomas Andrew 479
Knop, Wilhelm 481
Koch, Robert 97, 131, 483
Köhler, Georges Jean Franz 499
Kornberg, Arther 495
Kossel, Albrecht 485
Krebs, Edwin Gerhard 501
Krebs, Hans Adolf 491
Kühne, Willhelm 483
Kulmus, Johann Adam 476

Laennec, Rene Theophile Hyacinthe 479
Lamarck, A. 39
Lamarck, J. B. 35
Landsteiner, Karl 486
Langerhans, Paul 482
Lauterbur, Paul 502
Lederberg, Joshua 493
Leeuwenhoek, A. 1, 97, 131
Leonardo da Vinci 2, 474
Lesch, Michael 496
Levene, Phoebus Aaron Theodor 486
Lewis, Edward B. 502
Linne, C. 8
Lipmann, Fritz Albert 492
Lister, Joseph 482
Loeb, Jacques 485
Loffler, Friederich August Johannes 486
Lohmann, Karl 490
Lombardi, J. 229
Lorenz, Konrad Zacharias 491
Lotka, Alfred James 490
Lower, Richard 476
Luria, Salvador Edward 493

MacArthur, R. H. 232
Macleod, John James Richard 489
Magendie, François 479
Magnus, Albertus 474
Malpighi, Marcello 475
Mansfield, Peter 502
Margulis, L. 15
Matteucci, Carl 480
Maxiam, A. M. 72
Maximowicz, Karl Johan 481
Mayr, A. 7
Mayr, Ernst Walter 227, 492
McClintock, Barbara 492

McClung, Clarence Erwin 486
McCollumm, Elmer 488
Mello, Craig 503
Mendel, Gregor Johann 40, 88, 482
Merrifield, Robert Bruce 495
Meselson, Mattew Stanley 495
Metchnikoff, Élie 484
Meyerhof, Otto Fritz 489
Michel, Hartmut 500
Miescher, Johann Friedrich 482
Miller, S. L. 4, 35
Milne-Edwards, Alphonse 483
Milstein, César 499
Minot, Charles Sedgwick 484
Mitchell, Peter Dennis 496
Mobius, Karl August 483
Molisch, H. 289
Mongold, Hilde 489
Monod, Jacques Louis 65, 496
Montalcini, Rita Levi 501
Montagnier, Luc 501
Morgan, Thomas Hunt 220, 488
Morgani, Giovanni Battista 477
Morse, Edward Sylvester 483, 484
Mossmann, H. W. 230
Müller, Fritz 482
Müller, Hermann Joseph 490
Müller, Johannes Peter 479
Muller, Paul Hermann 492
Mullis, Kary Banks 500

Nass, M. M. 496
Nass, S. 496
Nathans, Daniel 498
Naudin, Charles 482
Needham, John Turberville 477
Neher, Erwin 501
Nicholson, Garth L. 499
Nirenberg, Marshall Warren 496
Northrop, John Howard 490
Nüsslein-Volhard, Christiane 502
Nuck, Antonius 476
Nyhan, William Leo 496

Oken, Lorenz 478
Oparin, Aleksandr Ivanovich 4, 35, 489
Osborn, Henry Fairfield 489
Owen, Richard 480

Painter, Theophilus Shickel 491
Pander, Christian Heinrich 479
Pasteur, Louis 131, 481
Pauling, Linus Carl 494
Pavlov, Ivan Petrovich 269, 484
Payen, Anselme 479
Pearl, Raymond 489
Pearson, Karl 486
Perutz, Max Ferdinand 495
Plinius 473
Porter, Keith Roberts 493

Porter, Rodney Robert 494, 496
Potter, van Rensselaer 499
Punnett, Reginald Crundall 486
Purkinje, Jan Evangelista 480

Quetelet, Lambert Adolphe Jacques 480

Racker, Efrain 499
Rathke, Martin Heinrich 479
Raunkiaer, Christen 487
Ray, John 476
Reaven, G. M. 354
Redi, Francesco 475
Remak, Robert 480
Ringer, Sydney 483
Roberts, Richard John 502
Rodbell, Martin 499
Romanes, George John 483
Ross, Ronald 485
Rous, Francis Peyton 488
Roux, Wilhelm 484
Rubens, P. P. 364
Ruska, Ernst August Friedrich 491
Ruttner, Franz 490

Saint-Hilaire, Etienne Geoffroy 479
Sakmann, Bert 501
Sanger, Frederick 72, 494
Santorio, Santorio 475
Sargent, R. C. 232
Savatier, Paul Amedee 483
Schatz, Gottfried 497
Schleiden, Matthias Jakob 3, 480
Schrodinger, Erwin 493
Schultze, Max Johann Sigismund 481
Schwann, Theodor Ambrose 3, 480
Semmelweis, Ignaz Philipp 480
Senebier, Jean 478
Sharp, Phillip Allen 502
Shelford, Victor Ernest 492
Sherrington, Charles Scott 487
Simpson, George Gaylord 493
Singer, Seymour Jonathan 499
Smith, C. C. 232
Smith, Hamilton Othanel 498
Smith, Michael 500
Söding, Hans 489
Sokal, R. R. 13
Southern, E. M. 75
Spallanzani, Lazzaro 477
Spemann, Hans 249, 489
Spiegelman, Sol 497
Stahl, Franklin 495
Stanley, Wendel Meredith 491
Starling, Ernest Henry 486
Steenstrup, J. J. S. 228
Strasburger, Eduard 483
Sttensen, Niels 475
Sturtevant, Alfred Henry 488
Sulston, John Edward 502

Sumner, James Batcheller 490
Sutherland, Earl Wilbur 495
Swammerdam, Jan 475

Tatum, Edward Lawrie 493
Temin, Howard Martin 498
Thansley, Arthur George 491
Theiler, Max 491
Theophrastos 473
Thompson, D. W. 125
Thomson, J. A. 367, 369
Thumberg, Carl Peter 478
Tinbergen, N. 270
Tiselius, Arne Wilhelm Kaurin 491
Todaro, Robert J. Huebner George J. 498
Trembley, Abraham Abbe 477
Tuppy, Hans 497
Twort, Frederic William 488

Vakentin, Gabriel Gustav 480
van Beneden, Edouard 483
van Helmont, Jan Baptista 475
Vane, John Robert 500
Varmus, Harold Elliot 500, 501
Vesalius, Andreas 474
Virchow, Rudolf 481
Vogt, Walther 489
Volterra, Vito 490
von Baer, Karl Ernst 479
von Behring, Emil Adolph 484
von Euler, Uif 493
von Frish, Karl 488
von Goethe, Johann Wolfgang 478
von Haller, Albrecht 477
von Helmholtz, Hermann Ludwig Ferdinand 481
von Humboldt, Alexander 478
von Kölliker, Rudolf Albert 480
von Leeuwenhoek, Antony 476
von Liebig, Justus 479
von Linne, Carl 477
von Mainz, Brunfels 474
von Mohl, Hugo 479
von Nägeli, Carl Wilhelm 480
von Rosenhof, August Johann Rosel 477
von Sachs, Julius 481
von Seibold, Philipp Franz 479
von Seysenegg Tschermak, Erich 486
von Szent-Györgyi, Albert 491
von Uexkull, Jakob Johann 490
von Waldeyer-Hartz, Heinrich Wilhelm Gottfried 484

Waddington, C. H. 221
Wagner, Moritz Friedrich 482
Waksman, Selman Abraham 493
Wallece, Alfred Russel 481
Warburg, Otto Heinrich 489
Warming, Johannes Eugenius 485

Watson, James Dewey 58, 494
Watson, John Broadus 488
Weber, Ernst Heinrich 481
Weinberg, Wilhelm 487
Weismann, August Friedrich L. 214, 217, 228, 484
Went, Frits Warmolt 490
White, Gilbert 478
Whiteman, Charles Otis 483
Whittaker, R. H. 15
Wieschaus, Eric Frank 502
Wilkins, Maurice Hugh Frederick 494
Willstatter, Richard Martin 488
Wilmut, Ian 502
Wilson, Edmund Beecher 485
Wilson, Edward Osborn 232, 310, 499
Wilson, Henry von Peters 487
Winogradsky, S. 131
Woese, C. R. 16
Wöhler, Friedrich 479
Wolff, Caspar Friedrich 477

Zernike, Frits Frederik 491

ア 行

会田龍雄 489
赤堀四郎 494
朝倉 昌 496
浅野仁子 496
阿部将翁 477

飯島 魁 488
飯塚 啓 487
飯塚理八 501
飯沼慾斎 481
飯野徹雄 496
池田菊苗 487
池野成一郎 485
石川千代松 484
石川日出鶴丸 487
石坂公成 497
石坂照子 497
石田寿老 493
石原 忍 488
伊谷純一郎 494
市川厚一 489
伊藤圭介 479
伊東玄朴 481
井戸 泰 488
稲田龍吉 488
今西錦司 492
岩川友太郎 484
岩崎常正 479

宇田川榕庵 479

梅沢浜夫 495

江上不二夫 496
江口吾朗 496, 499
江橋節郎 496

人名索引

王 寿　474
大熊和彦　496
大蔵永常　478
大沢文夫　497
大槻玄沢　478
大野 乾　498
大村恒雄　496
丘 浅次郎　487
岡崎令治　62, 498
緒方洪庵　481
岡田節人　499
岡田善雄　495
丘 英通　495
岡村金太郎　486
荻野久作　489
小野蘭山　478

カ 行

貝原益軒　476
香川靖雄　499
柿内三郎　489
垣内史郎　498
桂田富士郎　487
加藤元一　489
加藤 栄　496
金沢 徹　497
金谷晴夫　498
鎌井正寿　482
神谷宣郎　493
川村多実二　489
神田玄泉　476
梶取屋治右衛門　477

北里柴三郎　484
吉川秀男　492
城所良明　498
木原 均　491
木村資生　38, 498
杏林庵医生　476
許 浚　475

栗本丹州　478
黒尾 誠　502
黒川 忠　498
黒川道祐　475
黒田チカ　488

黄 禹錫　503
光明皇后　474
小島保彦　495
五島清太郎　486
小西正一　497
小林英司　496

サ 行

佐伯敏郎　494
佐藤 了　496
猿橋勝子　500
沢野忠庵　475

塩川光一郎　497

志賀 潔　485
篠原隆司　256
柴田和雄　495
柴田圭太　490
下村 脩　496
白井浩子　498

杉田玄白　477
杉田立卿　479
杉村 隆　498
鈴木梅太郎　488
鈴木雅州　501
鈴木義昭　499
住木諭介　492
諏訪 元　503

巣 元方　474

タ 行

高野長英　479
高橋国太郎　498
高峰譲吉　486
高宮 篤　496
多田富雄　498
田中茂穂　488
田中芳男　482
田中義麿　491
谷口維紹　501
田原良純　484
田宮 博　490, 494
田村元長　478
田村藍水　477
団 勝磨　493
団 ジーン　494
丹波康頼　474

茅野春雄　495
張 仲景　473
陳 師文　474

津田恭介　497
津田 仙　483

陶 弘景　474
戸田旭山　475
利根川進　500
殿村雄治　494, 497
富沢純一　497
富田恒男　498
外山亀太郎　487

ナ 行

中井猛之進　487
長井長義　484
中川淳庵　477
中川淡斎　482
中島重広　497
中島 煕　501
中西香爾　497
長野泰一　495
中村惺斎　475

名古屋玄医　476
名取礼二　494
名和 靖　485

野木道玄　476
野口英世　488
野村徳七　489
野村真康　498
野呂元丈　477

ハ 行

萩原生長　497
箱守仙一郎　497
橋田邦彦　489
秦 佐八郎　487
秦野節司　497
八田三郎　488
華岡青洲　478
花房秀三郎　496
早石 修　495
早田文蔵　487, 491
原田 馨　495
春名一郎　497

平瀬作五郎　485
平瀬與一郎　487
平田義正　497
平本幸男　495

深根輔仁　474
福田宗一　492
藤井健次郎　491
藤浪 鑑　487
藤原真示　498

堀田凱樹　498
本庶 佑　500

マ 行

前野良沢　477
牧野富太郎　492
真島利行　488
増井 清　489
増井禎夫　499
松居 靖　256
松村松年　485
松村任三　487
曲直瀬道三　474
真野 徹　500
丸山工作　500

三浦謹一郎　499
御木本幸吉　485
水島昭二　498
宮崎俊一　498
宮崎安貞　476
宮島幹之助　487
三好 学　485

向井元升　475
武蔵孫左衛門　480

毛利秀雄　501
元村 勲　492
森下正明　495
門司正三　494

ヤ 行

保井コノ　490
八杉龍一　493
矢田部良吉　484

藪田貞治郎　492
山極勝三郎　489
山田常雄　493
山中伸弥　256, 369, 503
山名清隆　497
山本時男　494
山脇東洋　477

横尾 晃　493

吉井義次　491
吉田富三　491

ラ 行

李 時珍　475

ワ 行

和田寿郎　498

MEMO

総編集者略歴

石原　勝敏 （いしはら かつとし）

1931 年　島根県に生まれる
1953 年　島根大学文理学部卒業
1957 年　東京大学大学院
　　　　　博士課程退学
現　在　埼玉大学名誉教授
　　　　　理学博士

末光　隆志 （すえみつ たかし）

1948 年　大阪府に生まれる
1970 年　東京大学理学部卒業
1975 年　東京大学大学院理学系
　　　　　研究科博士課程修了
現　在　埼玉大学大学院理工学研究科教授
　　　　　理学博士

生 物 の 事 典　　　　　定価はカバーに表示

2010 年 9 月 15 日　初版第 1 刷

総編集者　石　原　勝　敏
　　　　　末　光　隆　志
発行者　　朝　倉　邦　造
発行所　　株式会社 朝倉書店
　　　　　東京都新宿区新小川町 6-29
　　　　　郵便番号　162-8707
　　　　　電　話　03(3260)0141
　　　　　F A X　03(3260)0180
　　　　　http://www.asakura.co.jp

〈検印省略〉

© 2010 〈無断複写・転載を禁ず〉　　印刷・製本　東国文化

ISBN 978-4-254-17140-2　C 3545　　Printed in Korea

前埼玉大 石原勝敏・前埼玉大 金井龍二・東大 河野重行・
前埼玉大 能村哲郎編集代表

生物学データ大百科事典

〔上巻〕17111-2 C3045　　B5判 1536頁 本体100000円
〔下巻〕17112-9 C3045　　B5判 1196頁 本体100000円

動物，植物の細胞・組織・器官等の構造や機能，更には生体を構成する物質の構造や特性を網羅。又，生理・発生・成長・分化から進化・系統・遺伝，行動や生態にいたるまで幅広く学際領域を形成する生物科学全般のテーマを網羅し，専門外の研究者が座右に置き，有効利用できるよう編集したデータブック。〔内容〕生体構造(動物・植物・細胞)／生化学／植物の生理・発生・成長・分化／動物生理／動物の発生／遺伝学／動物行動／生態学(動物・植物)／進化・系統

前お茶の水大 太田次郎他編

生物学ハンドブック

17061-0 C3045　　A5判 664頁 本体23000円

生物学全般にわたって，基礎的な知識から最新の情報に至るまで，容易に理解できるよう，中項目方式により解説。各項目が，一つの読みものとしてまとまるように配慮。図表・写真を豊富にとり入れて，簡潔に記述。生物学，隣接諸科学の学生や研究者，関心をもつ人々の座右の書。〔内容〕細胞・組織・器官(45項目)／生化学(34項目)／植物生理(60項目)／動物生理(49項目)／動物行動(47項目)／発生(45項目)／遺伝学(45項目)／進化(27項目)／生態(52項目)

T.E.クレイトン編
前お茶の水大 太田次郎監訳

分子生物学大百科事典

17120-4 C3545　　B5判 1176頁 本体40000円

21世紀は『バイオ』の時代といわれる。根幹をなす分子生物学は急速に進展し，生物・生命科学領域は大きく変化，つぎつぎと新しい知見が誕生してきた。本書は言葉や用語の定義・説明が主の小項目の辞典でなく，分子生物学を通して生命現象や事象などを懇切・丁寧・平易な解説で，五十音順に配列した中項目主義(約450項目)の事典である。〔内容〕アポトーシス／アンチコドン／オペロン／抗原／抗体／ヌクレアーゼ／ハプテン／B細胞／ブロッティング／免疫応答／他

野生生物保護学会編

野生動物保護の事典

18032-9 C3540　　B5判 792頁 本体28000円

地球環境問題，生物多様性保全，野生動物保護への関心は専門家だけでなく，一般の人々にもますます高まってきている。生態系の中で野生動物と共存し，地球環境の保全を目指すために必要な知識を与えることを企図し，この一冊で日本の野生動物保護の現状を知ることができる必携の書。〔内容〕Ｉ：総論(希少種保全のための理論と実践／傷病鳥獣の保護／放鳥と遺伝子汚染／河口堰／他)Ⅱ：各論(陸棲・海棲哺乳類／鳥類／両生・爬虫類／淡水魚)Ⅲ：特論(北海道／東北／関東／他)

日大 石井龍一・前東大 岩槻邦男・環境研 竹中明夫・
甲子園短大 土橋　豊・基礎生物学研 長谷部光泰・
九大 矢原徹一・九大 和田正三編

植物の百科事典

17137-2 C3545　　B5判 560頁 本体20000円

植物に関わる様々なテーマについて，単に用語解説にとどまることなく，ストーリー性をもたせる形で解説した事典。章の冒頭に全体像がつかめるよう総論を掲げるとともに，各節のはじめにも総説を述べてから項目の解説にはいる工夫された構成となっている。また，豊富な図・写真を用いてよりわかりやすい内容とし，最新の情報も十分にとり入れた。植物に関心と好奇心をもつ方々の必携書。〔内容〕植物のはたらき／植物の生活／植物のかたち／植物の進化／植物の利用／植物と文化

日本古生物学会編

古生物学事典・(第2版)

16265-3 C3544　　B5判 584頁 本体15000円

古生物学は現生の生物学や他の地球科学とともに大きな変貌を遂げ，取り扱う分野は幅広い。専門家以外の読者にも理解できるように，単なる用語辞典ではなく，それぞれの項目についてまとまりをもった記述をもつ「中項目主義」の事典とし，さらに関連項目への参照を示した「読む事典」として構成。恐竜などの大型化石から目に見えない微化石までの生物，さまざまな化石群，地質学や生物学の研究手法や基礎知識，古生物学史や人物など，日本古生物学会の総力を結集した決定版。

森林総合研究所編

森林大百科事典

47046-8　C3561　　　B5判　644頁　本体25000円

世界有数の森林国であるわが国は，古くから森の恵みを受けてきた。本書は森林がもつ数多くの重要な機能を解明するとともに，その機能をより高める手法，林業経営の方策，木材の有効利用性など，森林に関するすべてを網羅した事典である。〔内容〕森林の成り立ち／水と土の保全／森林と気象／森林における微生物の働き／野生動物の保全と共存／樹木のバイオテクノロジー／きのことその有効利用／森林の造成／林業経営と木材需給／木材の性質／森林バイオマスの利用／他

前静岡大　八木達彦・前阪大　福井俊郎・前創価大　一島英治・
前阪医大　鏡山博行・岡山大　虎谷哲夫編

酵素ハンドブック（第3版）
〔CD-ROM付〕

17113-6　C3045　　　B5判　1012頁　本体48000円

国際生化学分子生物学連合の命名委員会が出版した Enzyme Nomenclature Recommendation 1992とSupplement 5(1999)に記載されている酵素約3300を網羅。それぞれの酵素について反応，測定法，所在，構造と性質，などについて最新の知見を要点的に記載。また，立体構造については付属のCD-ROMに記載。〔内容〕酸化還元酵素，トランスフェラーゼ(転移酵素，移転酵素)，加水分解酵素，リアーゼ(脱離酵素)，イソメラーゼ(異性化酵素)，リガーゼ(シンテターゼ，合成酵素)

猪飼　篤・伏見　譲・卜部　格・上野川修一・
中村春木・浜窪隆雄編

タンパク質の事典

17128-0　C3545　　　B5判　876頁　本体28000円

タンパク質は，学部・専門を問わず広く研究の対象とされ，最近の研究の著しい発展には大きな興味が寄せられている。本書は，理学・工学・農学・薬学・医学など多岐の分野にわたる，タンパク質に関連する約200の事項をとりあげ解説した中項目形式50音順の事典である。生命現象にきわめて深い結び付きをもつタンパク質についての知見を網羅した集大成とする。〔内容〕アミノ酸醱酵／遺伝子工学／NMR／酵素／細胞増殖因子／受容体タンパク質／膜タンパク質／リゾチーム／他

早大　石渡信一・前遺伝研　桂　勲・徳島文理大　桐野　豊・
名大　美宅成樹編

生物物理学ハンドブック

17122-8　C3045　　　B5判　680頁　本体28000円

多彩な生物にも，それを司る分子と法則がある：生物と生命現象を物理的手法で解説する総合事典〔内容〕生物物理学の問うもの／蛋白質（構造と物性／相互作用）／核酸と遺伝情報系／脂質二重層・モデル膜／細胞（構造／エネルギー／膜動輸送／情報）／神経生物物理（イオンチャネル／シナプス伝達／感覚系と運動系／脳高次機能）／生体運動（分子モーター／筋収縮／細胞運動）／光生物学（光エネルギー／情報伝達）／構造生物物理・計算生物物理／生物物理化学／概念・アプローチ／他

進化生物研　駒嶺　穆監訳
筑波大　藤村達人・東大　邑田　仁編訳

オックスフォード辞典シリーズ
オックスフォード 植物学辞典

17116-7　C3345　　　A5判　560頁　本体9800円

定評ある"Oxford Dictionary of Plant Science"の日本語版。分類，生態，形態，生理・生化学，遺伝，進化，植生，土壌，農学，その他，植物学関連の各分野の用語約5000項目に的確かつ簡潔な解説をした五十音配列の辞典。解説文中の関連用語にはできるだけ記号を付しその項目を参照できるよう配慮した。植物学だけでなく農学・環境科学・地球科学およびその周辺領域の学生・研究者・技術者さらには植物学に関心のある一般の人達にとって座右に置いてすぐ役立つ好個の辞典

早大　木村一郎・前老人研　野間口隆・埼玉大　藤沢弘介・
東大　佐藤寅夫訳

オックスフォード辞典シリーズ
オックスフォード 動物学辞典

17117-4　C3545　　　A5判　616頁　本体14000円

定評あるオックスフォードの辞典シリーズの一冊"Zoology"の翻訳。項目は五十音配列とし読者の便宜を図った。動物学が包含する次のような広範な分野より約5000項目を選定し解説されている。――動物の行動，動物生態学，動物生理学，遺伝学，細胞学，進化論，地球史，動物地理学など。動物の分類に関しても，節足動物，無脊椎動物，魚類，は虫類，両生類，鳥類，哺乳類などあらゆる動物を含んでいる。遺伝学，進化論研究，哺乳類の生理学に関しては最新の知見も盛り込んだ

絶滅危惧動物百科〈全10巻〉

絶滅のおそれのある動物を五十音順に見開き頁で解説したカラー図鑑。第1巻は総説。

自然環境研究センター監訳
絶滅危惧動物百科 1
総説—絶滅危惧動物とは
17681-0 C3345　　A4変判 120頁 本体4600円

本図鑑シリーズの総説編。〔内容〕絶滅危惧種とは何か／保全のための組織／絶滅危険度の区分／動物の生態／動物への脅威／動物界／哺乳類／鳥類／魚類／爬虫類／両生類／無脊椎動物／保全活動の実際

自然環境研究センター監訳
絶滅危惧動物百科 2
17682-7 C3345　　A4変判 120頁 本体4600円

アイアイ／アオフウチョウ／アザラシ類／アジアアロワナ／アポロウスバシロチョウ／アメリカカブトガニ／アリゲーター類／アンデスフラミンゴ／イカンテモレ／イグアナ類／イルカ類／インコ類／インドライオン／インドリ／ウサギ類／他

自然環境研究センター監訳
絶滅危惧動物百科 3
17683-4 C3345　　A4変判 120頁 本体4600円

オウム類／オオアルマジロ／オオウミガラス／オオカミ類／オオコウモリ類／オオサンショウウオ／オオバタン／オカピ／オーストラリアハイギョ／オットセイ／オランウータン／オリックス類／オルネイトパラダイスフィッシュ／カエル類／他

自然環境研究センター監訳
絶滅危惧動物百科 4
17684-1 C3345　　A4変判 120頁 本体4600円

カザリキヌバネドリ／カナヘビ類／カメ類／カモ類／ガラパゴスペンギン／カリフォルニアコンドル／カリフォルニアベイカクレガニ／カワウソ類／カンガルー類／キツネザル類／クアトロシエネガスプラティ／クイナ類／クジラ類／他

自然環境研究センター監訳
絶滅危惧動物百科 5
17685-8 C3345　　A4変判 120頁 本体4600円

クジラ類／クマ類／クマネズミ／クモ類／クロツラヘラサギ／クロテテナガザル／クロマグロ／ゲルディモンキー／コアラ／コウモリ類／コキンチョウ／コモドオオトカゲ／ゴリラ類／ゴールドソーフィングーデア／コンゴクジャク／サイ類／他

自然環境研究センター監訳
絶滅危惧動物百科 6
17686-5 C3345　　A4変判 120頁 本体4600円

サイガ／サメ類／サラマンダー類／シギ類／シクリッド類／シフゾウ／シベリアジャコウジカ／シマウマ類／ジャガー／シャチ／ジュゴン／シーラカンス／シロエリハゲワシ／シワバネヒラタオサムシ／スッポンモドキ／ステラーカイギュウ／他

自然環境研究センター監訳
絶滅危惧動物百科 7
17687-2 C3345　　A4変判 120頁 本体4600円

ゾウ類／タイセイヨウタラ／タイマイ／タカヘ／ダマガゼル／チスイビル／チーター／チビオチンチラ／チョウゲンボウ類／チョウザメ類／チンパンジー類／ツノシャクケイ／テングザル／トカゲ類／トド／ドードー／トラ／ナキハクチョウ／他

自然環境研究センター監訳
絶滅危惧動物百科 8
17688-9 C3345　　A4変判 120頁 本体4600円

ニシキフウキンチョウ／ニホンザル／ネコ類／ネズミ類／ノガン／ハイイロペリカン／ハイエナ類／バイソン類／バク類／ハシジロキツツキ／ハチドリ類／バテリアフラワーラスボラ／ハト類／バーバリーシープ／ハワイガラス／パンダ類／他

自然環境研究センター監訳
絶滅危惧動物百科 9
17689-6 C3345　　A4変判 120頁 本体4600円

ヒョウ類／ヒョウモンナメラ／ピラルク／フクロアリクイ／フクロウ類／フクロオオカミ／フロリダピューマ／フロリダマナティー／ヘビ類／ヘルメットモズ／ボア類／ホオダレムクドリ／ホクオウクシイモリ／ポタモガーレ／ホライモリ／他

自然環境研究センター監訳
絶滅危惧動物百科 10
17690-2 C3345　　A4変判 120頁 本体4600円

マホガニーフクロモモンガ／ミツスイ類／ミドリイトマキヒトデ／ミノールカメレオン／メコノオオナマズ／モウコノウマ／モーリシャスベニノジコ／ヤブイヌ／ヤマネ類／ヨーロッパミンク／ラッコ／ロバ類／ワシ類／ワタリアホウドリ／他

R.S.K.バーンズ他著　東工大 本川達雄監訳
図説 無脊椎動物学
17132-7 C3045　　B5判 592頁 本体22000円

無脊椎動物の定評ある解説書 The Invertebrate—a synthesis—（第3版）の翻訳版。豊富な図版を駆使し、無脊椎動物のめくるめく多様性と、その奥にひそむ普遍性《生命と進化の基本原理》が、一冊にして理解できるよう工夫のこらされた力作

◈ 海の動物百科〈全5巻〉 ◈
美しく貴重な写真と精細なイラストで迫る多様性に満ちた海の動物たちの世界

A.キャンベル・J.ドーズ編
鯨類研 大隅清治監訳
海の動物百科1
哺　乳　類
17695-7　C3345　　　　A4判 88頁 本体4200円

"The New Encyclopedia of Aquatic Life"の翻訳（全5巻）。美しく貴重なカラー写真と精密な図を豊富に収め，水生動物の体制・生態・進化などを総合的に解説するシリーズ。1巻ではクジラ・イルカ類とジュゴン・マナティの世界に迫る。

A.キャンベル・J.ドーズ編
国立科学博 松浦啓一監訳
海の動物百科2
魚　類　Ｉ
17696-4　C3345　　　　A4判 100頁 本体4200円

「ヤツメウナギとサメは，トカゲとラクダが遠縁である以上に遠縁である」。多様な種を内包する魚類を分類群ごとにまとめ，体制や生態の特徴を解説。ヤツメウナギ類，チョウザメ類，ウナギ類・エイ類・カタクチイワシ類，エソ類ほか含む。

A.キャンベル・J.ドーズ編
国立科学博 松浦啓一監訳
海の動物百科3
魚　類　II
17697-1　C3345　　　　A4判 104頁 本体4200円

『魚類 I』につづき，豊富なカラー写真と図版で魚類の各分類群を紹介。ナマズ類・タラ類・ヒラメ類・タツノオトシゴ類・ハイギョ類・サメ類・エイ類・ギンザメ類ほか含む。魚類の不思議な習性を紹介する興味深いコラムも多数掲載。

A.キャンベル・J.ドーズ編
国立科学博 今島　実監訳
海の動物百科4
無　脊　椎　動　物　Ｉ
17698-8　C3345　　　　A4判 104頁 本体4200円

多くの個性的な種へと進化した水生無脊椎動物の世界を紹介。美しく貴重なカラー写真とイラストに加え，多くの解剖図を用いて各動物群の特徴を解説。原生動物・海綿動物・顎口動物・刺胞動物など原始的な動物から甲殻類までを扱う。

A.キャンベル・J.ドーズ編
国立科学博 今島　実監訳
海の動物百科5
無　脊　椎　動　物　II
17699-5　C3345　　　　A4判 92頁 本体4200円

『無脊椎動物 I』につづき，水生無脊椎動物の各分類群を紹介。軟体動物（貝類・タコ・オウムガイ類ほか）・ホシムシ類・ユムシ類・環形動物・内肛動物・腕足類・棘皮動物（ウミユリ類・ウニ類ほか）・ホヤ類・ナメクジウオ類などを扱う。

◈ 図説哺乳動物百科〈全3巻〉 ◈
世界中の主要な哺乳動物について，地域ごとにまとめた"MAMMAL"の翻訳

東大 遠藤秀紀監訳　日本生態系協会 名取洋司訳
図説 哺 乳 動 物 百 科　1
―総説・アフリカ・ヨーロッパ―
17731-2　C3345　　　　A4変判 88頁 本体4500円

〔内容〕総説（哺乳類とは／進化／人類の役割／哺乳類の分類）。アフリカ（生息環境／草原／砂漠／山地／湿地／森林）。ヨーロッパ（生息環境／草原／山地／湿地／森林）

東大 遠藤秀紀監訳　日本生態系協会 名取洋司訳
図説 哺 乳 動 物 百 科　2
―北アメリカ・南アメリカ―
17732-9　C3345　　　　A4変判 84頁 本体4500円

〔内容〕北アメリカ（生息環境／草原／山地と乾燥地／湿地／森林／極域）。南アメリカ（生息環境／草原／砂漠／山地／湿地／森林）

東大 遠藤秀紀監訳　日本生態系協会 名取洋司訳
図説 哺 乳 動 物 百 科　3
―オーストラレーシア・アジア・海域―
17733-6　C3345　　　　A4変判 84頁 本体4500円

〔内容〕オーストラレーシア（生息環境／草原／砂漠／湿地／森林／島）。アジア（生息環境／草原／山地／砂漠とステップ／湿地／森林）。海域（生息環境／沿岸域／外洋／極海）

駒嶺　穆・斉藤和季・田畑哲之・
藤村達人・町田泰則・三位正洋編

植 物 ゲ ノ ム 科 学 辞 典

17134-1　C3545　　　　A5判 416頁 本体12000円

分子生物学や遺伝子工学等の進歩とともに，植物ゲノム科学は研究室を飛び越え私たちの社会生活にまで広範な影響を及ぼすようになった。とはいえ用語や定義の混乱もあり，総括的な辞典が求められていた。本書は重要なキーワード1800項目を50音順に解説した最新・最強の「活用する」辞典。〔内容〕アブジシン酸／アポトーシス／RNA干渉／AMOVA／アンチセンスRNA／アントシアニン／一塩基多型／遺伝子組換え作物／遺伝子系統樹／遺伝地図／遺伝マーカー／イネゲノム／他

図説生物学30講

楽しく学ぶ生物学の入門書

前埼玉大 石原勝敏著
図説生物学30講〈動物編〉1
生命のしくみ30講
17701-5 C3345　　B5判 184頁 本体3300円

生物のからだの仕組みに関する30の事項を、図を豊富に用いて解説。細胞レベルから組織・器官レベルの話題までをとりあげる。章末のTea Timeの欄で興味深いトピックスを紹介。〔内容〕酵素の発見／細胞の極性／上皮組織／生殖器官／他

北大 馬渡峻輔著
図説生物学30講〈動物編〉2
動物分類学30講
17702-2 C3345　　B5判 192頁 本体3400円

動物がどのように分類され、学名が付けられるのかを、具体的な事例を交えながらわかりやすく解説する。〔目次〕生物の世界を概観する／生物の普遍性・多様性／分類学の位置づけ／研究の実例／国際命名規約／種とは何か／種分類の問題点／他

前埼玉大 石原勝敏著
図説生物学30講〈動物編〉3
発生の生物学30講
17703-9 C3345　　B5判 216頁 本体4300円

「生物のからだは、どのようにできていくのか」という発生生物学の基礎知識を、図を用いて楽しく解説。各章末にコラムあり。〔内容〕発生の基本原理／卵割と分子制御／細胞接着と細胞間結合／からだづくりの細胞死／老化と寿命／他

前東大 岩槻邦男著
図説生物学30講〈植物編〉1
植物と菌類30講
17711-4 C3345　　B5判 168頁 本体2900円

植物または菌類とは何かという基本定義から、各々が現在の姿になった過程、今みられる植物や菌類たちの様子など、様々な話題をやさしく解説。〔内容〕藻類の系統と進化／種子植物の起源／陸上生物相の進化／シダ類の多様性／担子菌類／他

前東大 岩槻邦男著
図説生物学30講〈植物編〉2
植物の利用30講
17712-1 C3345　　B5判 208頁 本体3500円

人と植物の関わり、植物の利用などについて、その歴史・文化から科学技術の応用までを楽しく解説。〔内容〕役に立つ植物、立たない植物／農業の起源／栽培植物の起源／遺伝学と育種／民俗植物学／薬用植物と科学的創薬／果物と果樹／他

大阪市立大 平澤栄次著
図説生物学30講〈植物編〉3
植物の栄養30講
17713-8 C3345　　B5判 192頁 本体3500円

植物の栄養（肥料を含む）の種類や、その摂取・同化のしくみ等を解説する、植物栄養学のテキスト。〔内容〕土と土壌／窒素同化／養分と同化産物の転流／カリウム／微量必須元素／有害元素／遺伝子組換え／有機肥料／家庭園芸肥料／他

中央大 大森正之著
図説生物学30講〈植物編〉4
光合成と呼吸30講
17714-5 C3345　　B5判 152頁 本体2900円

生物のエネルギー供給システムとして重要な「光合成」と「呼吸」について、様々な話題をやさしく解説。〔内容〕エネルギーと植物／葉緑体の光合成光化学反応／藍藻の出現／光合成色素／光呼吸と酸素阻害／呼吸系の調節／光環境応答／他

C.ダーウィン著　堀　伸夫・堀　大才訳
種の起原（原書第6版）
17143-3 C3045　　A5判 512頁 本体4800円

進化論を確立した『種の起原』の最終版・第6版の訳。1859年の初版刊行以来、ダーウィンに寄せられた様々な批判や反論に答え、何度かの改訂作業を経て最後に著した本書によって、読者は彼の最終的な考え方や思考方法を知ることができよう。

農工大 福嶋　司・前千葉高 岩瀬　徹編著
図説日本の植生
17121-1 C3045　　B5判 164頁 本体5800円

生態と分布を軸に植生の姿をカラー図説化。待望の改訂。〔内容〕日本の植生の特徴／変遷史／亜熱帯・暖温帯／中間温帯／冷温帯／亜寒帯・亜高山帯／高山帯／湿原／島嶼／二次草원／都市／すづまり現象／平尾根効果／縞枯れ現象／季節風効果

産総研 石田直理雄・北大 本間研一編
時間生物学事典
17130-3 C3545　　A5判 340頁 本体9200円

生物のもつリズムを研究する時間生物学の主要な事項を解説。生理学・分子生物学的な基礎知識から、研究方法、ヒトのリズム障害まで、幅広く新しい知見も含めて紹介する。各項目は原則として見開きで解説し、図表を使ったわかりやすい説明を心がけた。〔内容〕生物リズムと病気／生物リズムを司る遺伝子／生殖リズム／アショフの法則／レム睡眠／睡眠脳波／脱同調プロトコール／社会性昆虫／ヒスタミン／生物時計の分子システム／季節性うつ病／昼夜逆転／サマータイム／他

上記価格（税別）は2010年8月現在